WICHTIGE FORMELN

Strahlensätze

S. 286ff

Zwei von einem Punkt Z ausgehende Strahlen schneiden zwei parallele Geraden. Dabei verhalten sich die einzelnen Strecken in bestimmter Weise:

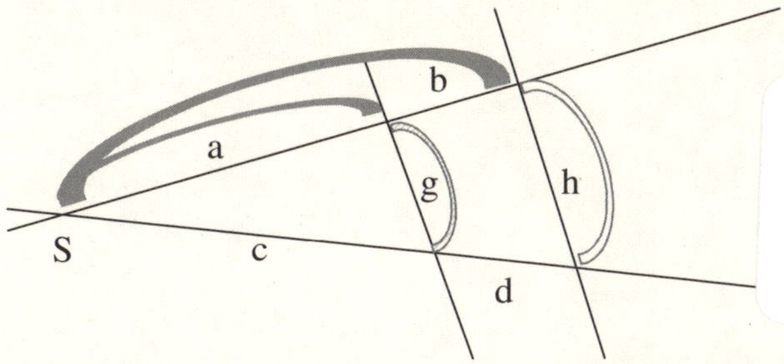

1. Strahlensatz

$$\frac{a}{b} = \frac{c}{d} \quad \text{und} \quad \frac{a}{a+b} = \frac{c}{c+d}$$

Als Merksatz: „Auf dem einen Strahl verhält sich der **große Abschnitt zum kleinen** wie die **entsprechenden Abschnitte** auf dem anderen Strahl!"

2. Strahlensatz (bezieht Streckenabschnitte der parallelen Geraden mit ein)

$$\frac{g}{h} = \frac{a}{a+b} \quad \text{und} \quad \frac{g}{h} = \frac{c}{c+d}$$

Als Merksatz: „Die Abschnitte auf den Parallelen verhalten sich zueinander wie die Abschnitte der Strahlen von Punkt Z zur entsprechenden Parallelen!"

Satz des Pythagoras

S. 234ff

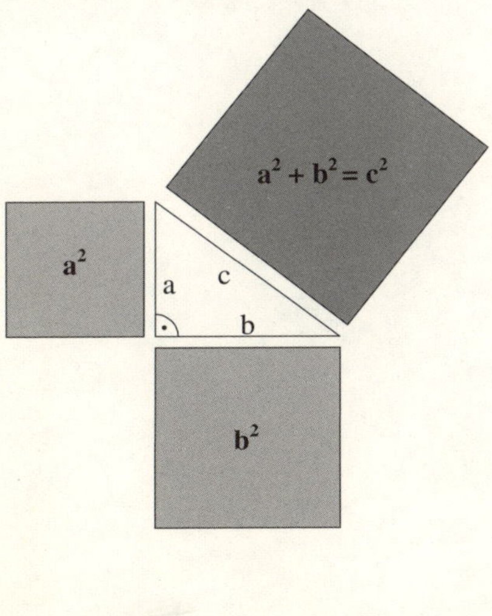

Im ebenen, rechtwinkligen Dreieck gilt:

Die Summe der Quadrate über den Katheten ist gleich dem Quadrat über der Hypotenuse

$$\mathbf{a^2 + b^2 = c^2}$$

Mathematik verständlich

$(a+b)\cdot(a-b)=$
$a^2+ab-ab-b^2=$
a^2-b^2

ROBERT MÜLLER-FONFARA
WOLFGANG SCHOLL

Mathematik
verständlich

Arithmetik und lineare Algebra
Mengenoperationen
Gleichungen und Ungleichungen
Ebene und räumliche Geometrie
Vektorrechnung
kaufmännisches Rechnen
Differential- und Integralrechnung
Statistik
Wahrscheinlichkeitsrechnung

$$(a+b)\cdot(a-b)=$$
$$a^2+ab-ab-b^2=$$
$$a^2-b^2$$

Weltbild

Besuchen Sie uns im Internet:
www.weltbild.de
www.jokers-online.de

Genehmigte Lizenzausgabe der Verlagsgruppe Weltbild GmbH,
Steinerne Furt, D-86167 Augsburg

Umschlaggestaltung: Atelier Seidel, Neuötting
Gesamtherstellung: Freiburger Graphische Betriebe GmbH & Co. KG,
Bebelstraße 11, 79108 Freiburg
Printed in Germany
ISBN 3-8289-3439-0

2006 2005
Die letzte Jahreszahl gibt die aktuelle Lizenzausgabe an.

Inhaltsverzeichnis

Vorwort

Mit diesem umfangreichen Werk soll der großen Nachfrage nach einer geeigneten Darstellung mathematischer Inhalte begegnet werden, die sich als unterrichtsbegleitende Literatur einsetzen läßt, mit der aber auch alte Schulkenntnisse aufgefrischt werden können. Der Band umfaßt alle Themen bis zum Abitur, ergänzt sie und rundet sie sinnvoll ab:

- Arithmetische und algebraische Grundlagen wie Zahlbereiche, Terme, Gleichungen und Ungleichungen, aber den zentralen Funktionsbegriff;
- ebene und räumliche Geometrie;
- Analysis, also zunächst Differential- und Integralrechnung, aber auch numerische Verfahren der Analysis und Differentialgleichungen;
- Wahrscheinlichkeitsrechnung und Statistik einschließlich der Kombinatorik.

Das Gesamtwerk ist so aufgebaut, daß Schüler aller Schulformen ihre Unterrichtsthemen in einer ausführlichen und verständlichen Darstellung vorfinden. Die einzelnen Kapitel können auch unabhängig voneinander durchgearbeitet werden. Somit kann das Buch auch als Nachschlagewerk zu allen Themen der gymnasialen Unter-, Mittel- und Oberstufe, der Realschulen, der Abendschulen jeder Schulform oder etwa der beruflichen Schulen und anderer Ausbildungsstätten dienen.

Dieses Buch ist aus der Schulpraxis heraus entstanden, wurde aus den Erfahrungen von Schülern mit mathematischen Fragestellungen und Übungsaufgaben heraus entwickelt, und es wird von der erprobten und bewährten Methodik und Didaktik vieler anderer Bücher derselben Autoren getragen. Alle Inhalte sind mit Schülern erprobt und grundsätzlich auf ihre Bedürfnisse abgestimmt worden.

Die einzelnen Kapitel werden durch eine Vielzahl von hilfreichen Abbildungen aufgelokkert, die dem Lernenden die Arbeit mit dem Buch erleichtern. Im Text wird vor allem auf eine durchschaubare und einleuchtende Erklärung mathematischer Inhalte Wert gelegt. Etliche Beispiele mit ausführlicher Beschreibung der Rechenwege ergänzen, festigen und vertiefen den behandelten Stoff. Am Schluß eines jeden Kapitels erhält der Leser die Möglichkeit einer systematischen Lernkontrolle durch praxisnahe Übungsaufgaben. Die Lösungen und Lösungswege sind in aller Ausführlichkeit im Anhang, neben praktischen und hilfreichen Tabellen, zu finden. In jedem Fall sollten die Lösungen nur nachgeschlagen werden, um eine eigene Rechnung zu überprüfen oder (im Notfall) vielleicht eine Idee für die Lösung zu bekommen.

Robert Müller-Fonfara, Taunusstein
Wolfgang Scholl, Wiesbaden

Algebraische Grundlagen

Mengen und Mengenoperationen

Die Mengenlehre wurde noch vor einigen Jahren in der Schule „ohne Rücksicht auf Verluste“ betrieben. Keiner wußte so recht, was die Mengenlehre in den niedrigen Klassenstufen (sogar die Grundschule hatte sich verstärkt damit auseinanderzusetzen) in der damaligen umfangreichen Form zu suchen hatte. Die Schüler lernten zwar den Umgang mit Mengen, nicht aber den Umgang mit Zahlen.
Dies ist inzwischen anders!
Unbestreitbar hat die Mengenlehre ihren Stellenwert, um gewisse mathematische Strukturen erkennbar werden zu lassen, doch ist ein gutes Maß bekanntlich bei allen Dingen gut. Wir wollen uns deshalb mit Begriffen aus der Mengenlehre und Logik insoweit vertraut machen, als diese eine spätere Hilfe im Umgang mit Rechnungen und beim Verständnis der mathematischen Inhalte wirklich von Nutzen sind.
Die Algebra befaßt sich in ihrem ursprünglichen Verständnis mit dem sogenannten Buchstabenrechnen, dem analytischen Umgang mit Platzhaltern.
Schwierig erscheinende Probleme können dabei entwirrt und mathematisch strukturiert dargestellt werden; allzuoft ist ein mathematisches Problem ohne diese notwendige algebraische Formulierung nicht faßbar oder lösbar.
Der Begriff der **Menge** ist im Prinzip viel ursprünglicher als der *Zahlenbegriff*; denn jeder Urmensch hat Mengen gekannt, auch wenn er sie vielleicht nicht so willkürlich bezeichnete.

Eine Menge ist eine nach bestimmten Gesichtspunkten oder Kriterien vorgenommene Zusammenfassung von beliebigen Dingen oder etwa auch Begriffen aus einem bestimmten Grundbereich.

Demnach ist der mathematische Mengenbegriff anders als der volkstümliche Mengenbegriff zu verstehen, bei dem es bei einer Menge meist um eine Vielzahl (Quantität) von gewissen Dingen geht. Die Dinge einer Menge, auf die es hierbei ankommt, werden **Elemente der Menge** genannt. Üblicherweise werden Mengen durch große lateinische Buchstaben A, B, C, ... M, N, ... gekennzeichnet; die zugehörigen Elemente stellt man durch kleine lateinische Buchstaben, etwa a, b, c, ... x, y, z oder auch a_1, a_2, a_3 ..., dar.

Beispiele:

1. Die Menge A soll aus den Monaten der 2. Jahreshälfte bestehen:
A = {Juli, August, September, Oktober, November, Dezember}
Durch die Schreibweise **Juli $\in$ A** bzw. **Januar $\notin$ A** wird gekennzeichnet, ob ein Element zu einer Menge gehört (ist Element von: $\in$) oder nicht (ist nicht Element von: $\notin$).

2. Die Menge aller natürlicher Zahlen erhält den Erkennungsbuchstaben $\mathbb{N}$:
$\mathbb{N} = \{1, 2, 3, 4, 5, 6 \ldots\}$
Die Menge $\mathbb{N}$ ist ein Beispiel für eine **unendliche Menge**, während die Menge A aus dem 1. Beispiel eine **endliche Menge** vorstellt.
3. Die sogenannte **leere Menge** $\{\ \}$ besitzt überhaupt keine Elemente.

Eine Menge kann in der aufzählenden Form $A = \{1, 2, 3, 4, 6, 12\}$ oder zum Beispiel in der beschreibenden Form $A = \{x | x$ ist ein Teiler von $12\}$ angegeben werden. Die letzte Darstellung wird gelesen:

Die Menge A besteht aus den Elementen aller x, für die gilt:
x ist ein Teiler von 12.

In der beschreibenden Form wird mit dem senkrechten Strich | die Beschreibung der in der Menge vorkommenden Elemente begonnen. Der Strich wird gelesen: für die gilt.
Die in der Menge B vorkommenden Elemente können auch zum Beispiel alle in einer anderen Menge A (neben weiteren Elementen) vorkommen. Die größere Menge A wird in einem solchen Fall Obermenge von B ($A \supseteq B$) oder die kleinere Menge B Untermenge oder Teilmenge von A ($B \subseteq A$) genannt.

Beispiele:

1. Die Menge $B = \{6, 7, 29, 2367\}$ ist Teilmenge der natürlichen Zahlenmenge (siehe oben): $B \subseteq \mathbb{N}$ oder $\mathbb{N} \supseteq B$.
2. Die leere Menge ist Teilmenge einer jeden Menge: $A \supseteq \{\ \}$.
3. Wenn die Obermenge A Elemente besitzt, die nicht zugleich in der betrachteten Untermenge B vorkommen, so spricht man von einer echten Teilmenge und schreibt $A \supset B$ bzw. $B \subset A$. Bestehen 2 Mengen A und B aus genau denselben Elementen, so sind beide Mengen gleich:
$\{2, 3, 4\} \subset \{2, 3, 4, 5, 6\}$; $\{3, 5, 8, 10\} = \{10, 5, 8, 3\}$
4.

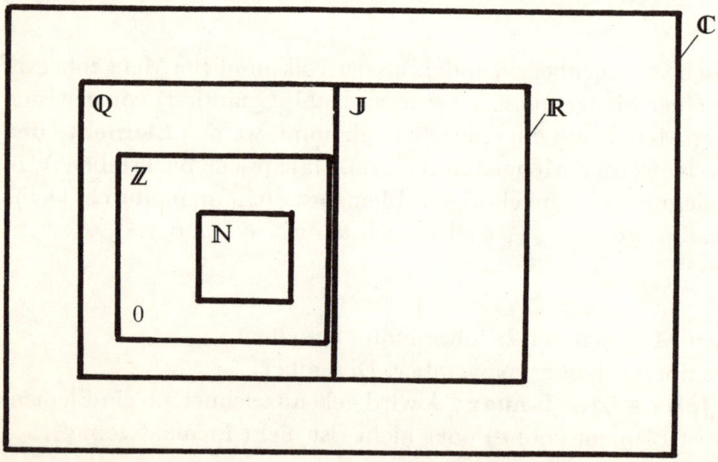

Abb. 1 Die Zahlenmengen $\mathbb{C}\ \mathbb{R} \supset \mathbb{Q} \supset\ \supset \mathbb{N}$ als Teilmengen

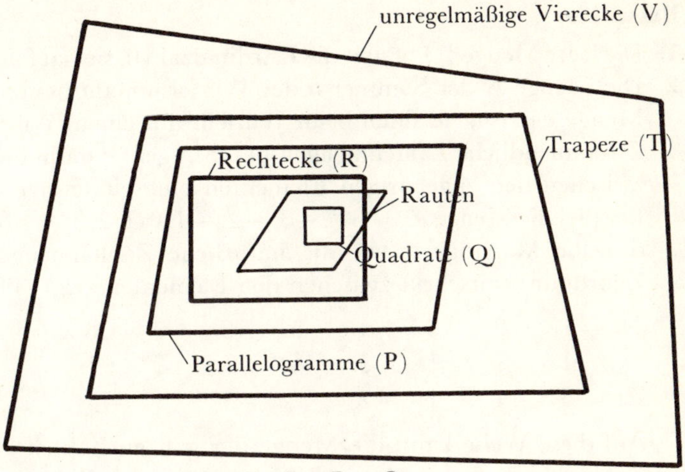

Abb. 2 Die Menge der Vierecke als Teilmengen

$V \supset T \supset P \supset R \supset Q$

Die Menge aller Teilmengen einer Menge A nennt man Potenzmenge P(A).

Die Potenzmenge besitzt also Elemente, die selbst wieder Mengen sind.

Beispiele:

Die Menge A = {a, b, c} besitzt die Potenzmenge

P(A) = {{ }, {a}, {b}, {c}, {a, b}, {a, c}, {b, c}, {a, b, c}}

Fügt man zu der Menge A das Element d hinzu, also A = {a, b, c, d}, so erweitert sich die zugehörige Potenzmenge um die Untermengen {d}, {a, d}, {b, d}, {c, d}, {a, b, d}, {a, c, d}, {b, c, d} und {a, b, c, d}; insgesamt wächst dabei die Anzahl der Teilmengen auf die zweifache (doppelte) ursprüngliche Kardinalzahl an:

Jede Menge von n Elementen besitzt genau 2n Teilmengen.

Manchmal ist es von Vorteil, die Anzahl der Elemente einer Menge zu kennen, um diese dann mit anderen Mengen besser vergleichen zu können. Zwei Mengen A und B heißen gleichmächtig oder von gleicher Mächtigkeit (geschrieben: $A \sim B$), wenn sie eine übereinstimmende Anzahl von Mengenelementen besitzen. Für die Mächtigkeit werden sogenannte Kardinalzahlen gesetzt, die also Auskunft über die Elementezahlen von Mengen geben.

Unter der Mächtigkeit |M| einer Menge M versteht man die Anzahl ihrer Elemente.

Beispiele:

1. Die leere Menge { } besitzt die Kardinalzahl 0, sie hat folglich keine Elemente: $|\{\ \}| = 0$
2. Die Menge A der Sommer- oder Wintermonate besitzt dieselbe Mächtigkeit wie die Menge der Augenzahlen beim Würfeln mit einem Würfel: $|A| = 6$
3. Zwei unendliche Zahlenmengen besitzen genau dann die gleiche Mächtigkeit, wenn es zwischen den zugehörigen Elementen eine eindeutige Zuordnung gibt. So hat zum Beispiel die Menge $\mathbb{Z} = \{\ldots -3, -2, -1, 0, 1, 2, 3 \ldots\}$ (die Menge der ganzen Zahlen) dieselbe Mächtigkeit wie die natürliche Zahlenmenge $\mathbb{N}$, wie folgende eindeutige Zuordnungsvorschrift zwischen den Elementen zeigt (Pfeildiagramm):

$\mathbb{N}$:	1	2	3	4	5	6	7	8	...
	↕	↕	↕	↕	↕	↕	↕	↕	
$\mathbb{Z}$:	0	−1	1	−2	2	−3	3	−4	...

Auf diese Weise kann die Menge der ganzen Zahlen abgezählt werden, weshalb die Zahleigenschaft der Menge $\mathbb{N}$ der natürlichen Zahlen und die der ganzen Zahlen $\mathbb{Z}$ abzählbar unendlich genannt wird.

Wenn die Mengen A und B äußerlich zwar verschieden erscheinen, können sie dennoch Gemeinsamkeiten aufweisen. Man kann dann nach gemeinsamen Elementen in beiden Mengen suchen. Dies leistet die Schnittmenge:

Einführungsbeispiel:

Von den Schülern einer Jugendgruppe fahren 23 gerne Rad, 24 spielen gerne Tennis und 17 Schüler spielen gerne Klavier, 8 Schüler betreiben beide Sportarten und spielen aber nicht Klavier, 10 Schüler spielen ausschließlich nur Klavier und ebenfalls 10 Schüler fahren ausschließlich nur mit dem Rad. Ein einziger Schüler geht allen drei Freizeitbeschäftigungen nach. Wie viele Schüler fahren Rad und spielen Klavier, wie viele spielen Tennis und Klavier und wie viele Schüler spielen ausschließlich Tennis?

Die Lösung läßt sich mit Hilfe eines Venndiagramms leicht finden, wenn man die drei Mengen der Tennis-, Klavierspieler und Radfahrer als Flächen symbolisiert und bekannte Kardinalzahlen in die jeweils zugehörigen Mengenbilder einträgt:

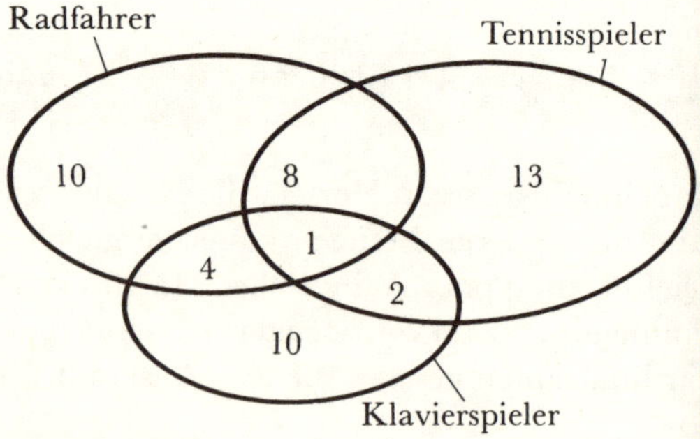

Abb. 3

Wegen $23 - 10 - 8 - 1 = 4$

müssen 4 Schüler Radfahrer sein und Klavier spielen, deshalb spielen $17 - 4 - 1 - 10 = 2$ Schüler Tennis und Klavier und $24 - 8 - 2 - 1 = 13$ Schüler spielen nur Tennis.

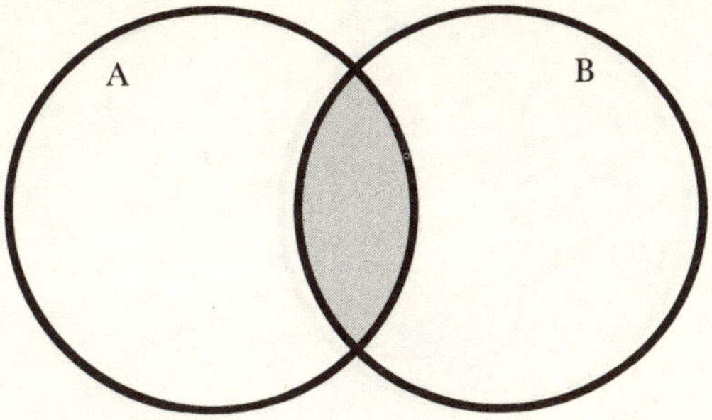

Die Schnittmenge $A \cap B$ (A geschnitten mit B) oder der Durchschnitt der beiden Mengen A und B enthält genau diejenigen Elemente, die sowohl in der Menge A als auch in der Menge B vorkommen:

$A \cap B = \{x \mid x \in A \text{ und } x \in B\}$

Abb. 4 Die Schnittmenge $A \cap B$

Beispiele:

1. $A = \{\text{Menge aller Primzahlen}\}$; $B = \{\text{Menge aller geraden Zahlen}\}$
$A \cap B = \{2\}$, da die Zahl 2 die einzige gerade Primzahl ist.

2. $\mathbb{N} \cap \mathbb{Z} = \mathbb{N}$; $\mathbb{Q} \cap \mathbb{R} = \mathbb{Q}$ $A \cap \{\ \} = \{\ \}$

3. Ist der Mengendurchschnitt zweier Mengen A und B leer, besitzen die beiden Mengen somit keine gemeinsamen Elemente, so heißen die Mengen A und B elementfremd oder disjunkt: $A \cap B = \{\ \}$. Jede Menge ist deshalb zur leeren Menge stets disjunkt.

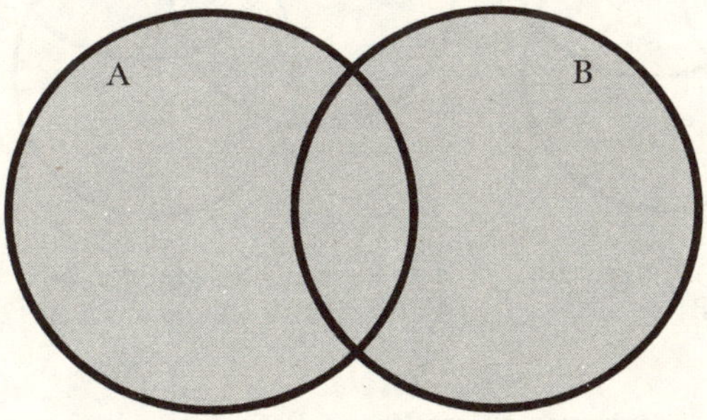

Die Vereinigungsmenge $A \cup B$ (A vereinigt mit B) von A und B enthält alle Elemente, die entweder zur Menge A oder zur Menge B oder zu beiden gehören:

$A \cup B = \{x \mid x \in A \text{ oder } x \in B\}$

Abb. 5 Die Vereinigungsmenge $A \cup B$

Beispiele:

1. $\mathbb{N} \cup \mathbb{Z} = \mathbb{Z}$; $\mathbb{Q} \cup \{x \mid x \text{ ist eine irrationale Zahl}\} = \mathbb{R}$;

2. $A = \{2, 3, 4, 5, 6\}$; $B = \{3, 5, 7, 8, 10\}$; $C = \{5, 12, 17\}$
$A \cap B = \{3, 5\}$; $A \cup B = \{2, 3, 4, 5, 6, 7, 8, 10\}$; $A \cap C = \{5\}$
$A \cap B \cap C = \{5\}$; $A \cup B \cup C = \{2, 3, 4, 5, 6, 7, 8, 10, 12, 17\}$

Die Restmenge $A \setminus B$ (A vermindert um B) erhält man aus der Menge A durch Reduzierung der Elemente von B:

$A \setminus B = \{x \mid x \in A \text{ und } x \notin B\}$

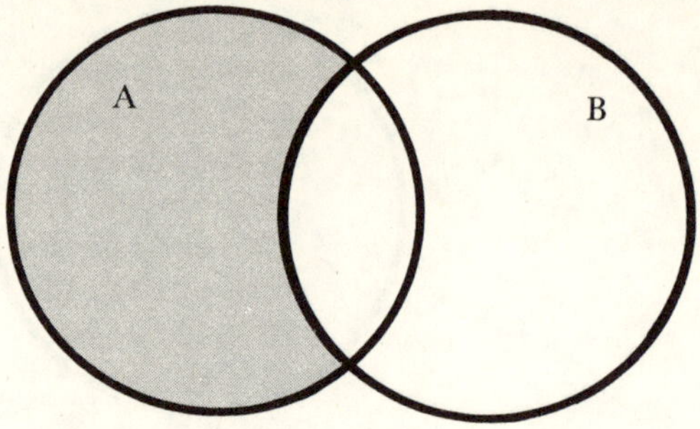

Abb. 6 Die Restmenge $A \setminus B$

Beispiele:

1. $\mathbb{Z} \setminus \mathbb{N} = \mathbb{Z}_0^- = \{0, -1, -2, -3, \ldots\}$: $\mathbb{R} \setminus \{x \mid x \text{ ist eine irrationale Zahl}\} = \mathbb{Q}$

2. Aus $A \setminus B = A$ folgt, daß A und B elementfremd sein müssen; aus $A \setminus B = \{\ \}$ folgt $B \supseteq A$.

3.

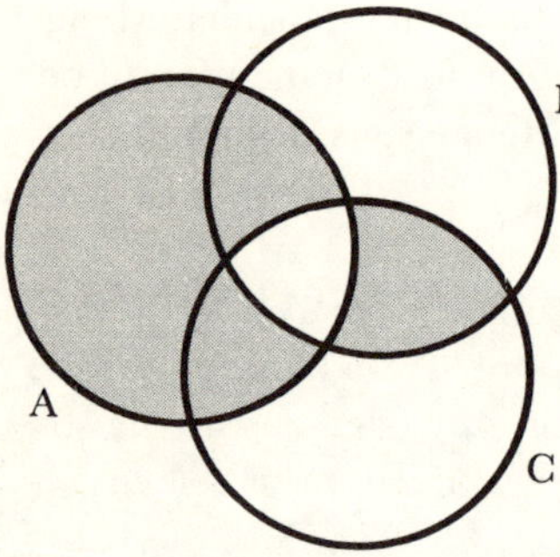

Abb. 7 $[A \cup (B \cap C)] \setminus (A \cap B \cap C)$

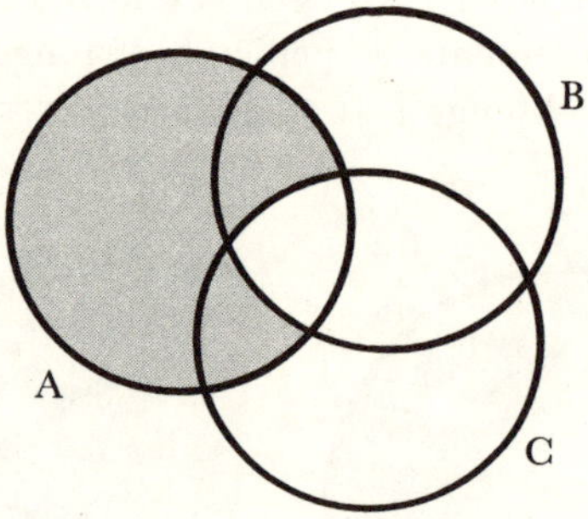

Abb. 8 Für alle Mengen gilt: $A \setminus (B \cap C) = (A \setminus B) \cup (A \setminus C)$

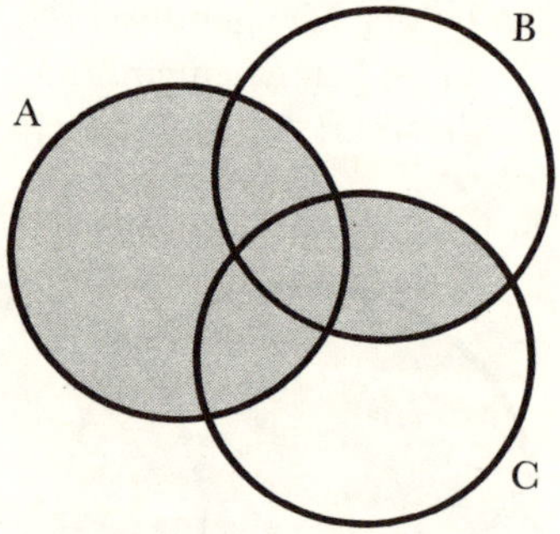

Abb. 9 Für alle Mengen gilt: $A \cup (B \cap C) = (A \cup B) \cap (A \cup C)$

Besonders wichtig sind in der Mathematik sogenannte **geordnete Paare**. Beispielsweise ist es bei der Subtraktion der beiden Zahlen a und b sicher von Wichtigkeit, welche Zahl von welcher abgezogen werden soll; damit wird folglich der *Minuend* und *Subtrahend* der *Differenz* festgelegt. Die Vertauschung von Minuend und Subtrahend führt zu einem anderen Ergebnis, weshalb das Paar (a; b) als geordnet anzusehen ist.

Die Produktmenge oder das Mengenprodukt $A \times B$ (A kreuz B) der beiden Mengen A und B besteht aus allen geordneten Paaren (a; b). Das Element $a \in A$ heißt 1. Komponente oder 1. Koordinate, das Element $b \in B$ wird 2. Komponente oder 2. Koordinate genannt:

$A \times B = \{(a; b) \mid a \in A \text{ und } b \in B\}$

Eine Vertauschung der Mengen A und B führt somit zu einer anderen Produktmenge $B \times A$.

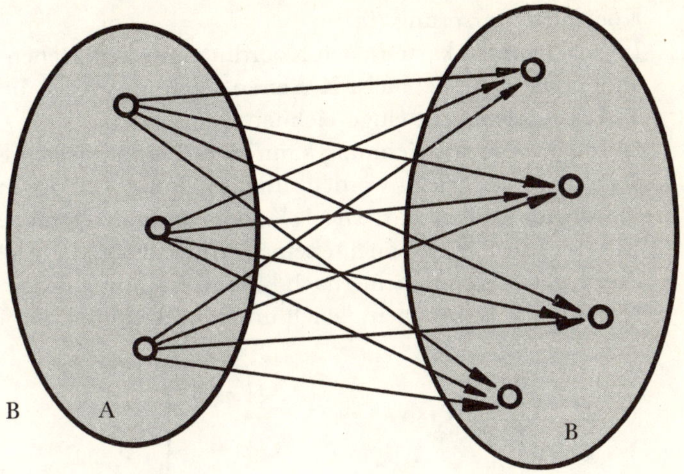

Abb. 10 Die Produktmenge $A \times B$

Beispiele:

1. $A = \{a, b\}$; $B = \{1, 2, 3\}$

$A \times B = \{(a; 1), (a; 2), (a; 3), (b; 1), (b; 2), (b; 3)\}$

$B \times A = \{(1; a), (1; b), (2; a), (2; b), (3; a), (3; b)\}$

2.

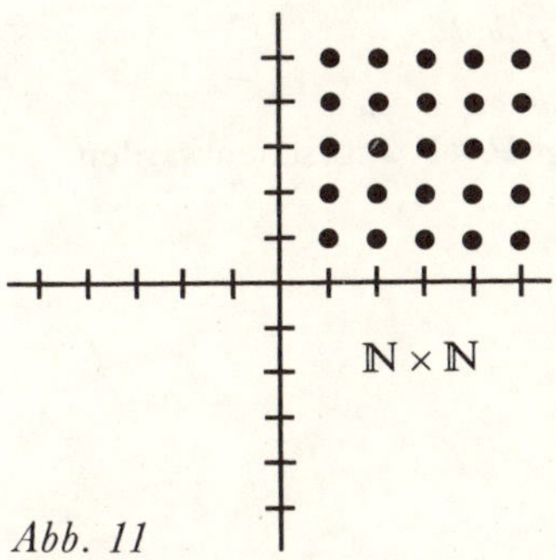

Abb. 11

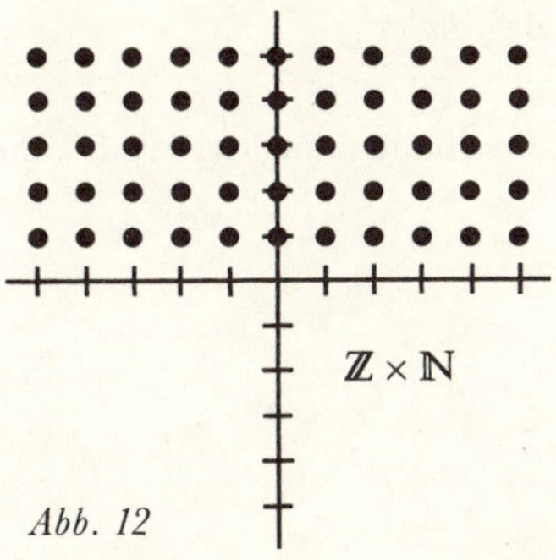

Abb. 12

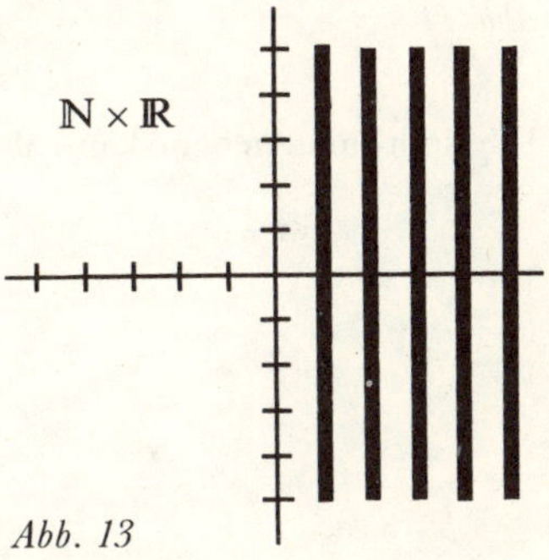

Abb. 13

3. Für die Mathematik und viele Bereiche der Technik sind **Koordinatensysteme** besonders wichtig. Bei einem Koordinatensystem schneiden sich 2 Achsen in dem Koordinatenursprung (0; 0).
Im sogenannten kartesischen Koordinatensystem stehen diese Achsen senkrecht aufeinander. Die 1. Achse, meist **X-Achse** genannt, wird dabei waagerecht, die 2. Achse, die **Y-Achse**, senkrecht eingezeichnet.
Durch diese Kennzeichnung kann jeder Punkt mit den Koordinaten (x; y) eindeutig in der Ebene festgelegt werden. Einem Punkt entspricht folglich ein wohlbestimmtes geordnetes Zahlenpaar. Die 1. Komponente des Punktes gibt seinen Abstand von der Y-Achse, die 2. Komponente seinen Abstand von der X-Achse an. Hierbei sind negative Werte der 1. Komponente nach links in Richtung der negativen X-Achse und negative Werte der 2. Komponente nach unten in Richtung der negativen Y-Achse abzutragen.

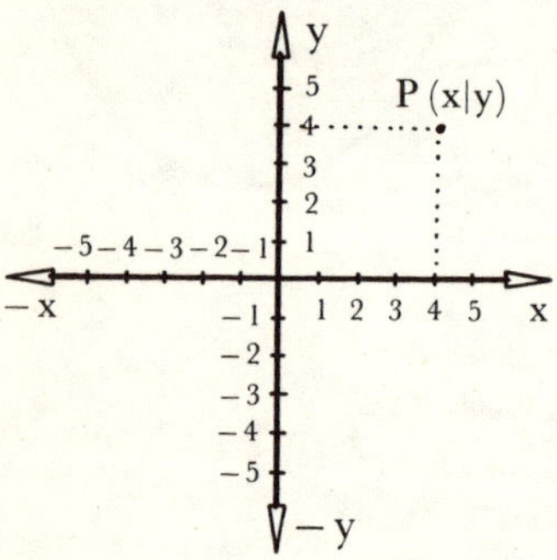

Abb. 14

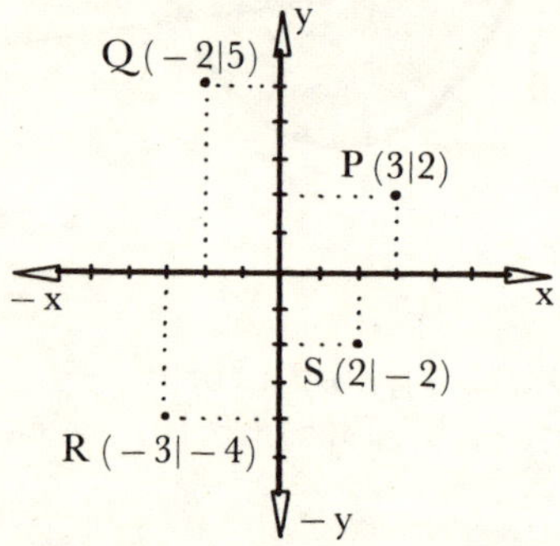

Abb. 15

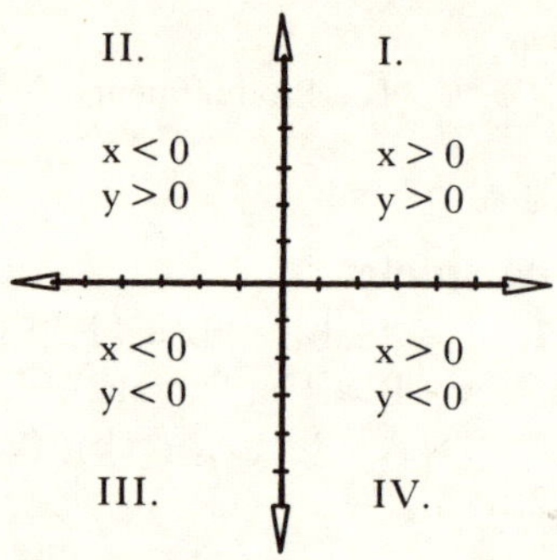

Abb. 16

Die Koordinatenebene kann als Veranschaulichung der Produktmenge $\mathbb{R} \times \mathbb{R}$ angesehen werden.

Übungen:

1. Zeichnen Sie ein Mengendiagramm für die Mengen A, B und C, wenn diese den Bedingungen
a) $A \cap B \neq \{\ \}$ und $A \cap C = \{\ \}$ und $B \cap C \neq \{\ \}$
b) $A \cap B = B$ und $B \cap C = C$ genügen.

2. Die Grundmenge G bestehe aus den Schülern einer Schule. A ist die Menge aller Kinder dieser Schule unter 14 Jahren, B die Menge der Jungen der Schule. Geben Sie die Mengen
a) $G \setminus A \cup B$ b) $A \setminus B$ c) $A \cap B$ d) $B \setminus A$ in der beschreibenden Form an!

3. Bilden Sie die Mengen:
a) $\{\ \} \cup \{0\} =$ b) $\mathbb{N}_0 \cap \mathbb{Z} =$
c) $\{x \mid x < 0\} \cup \{y \mid y^2 = 9\} =$ d) $(\mathbb{Z} \setminus \mathbb{N}) \cap \{x \mid x > 0\} =$

4. Veranschaulichen Sie die Menge
T = {(Peter; Claudia), (Robert; Karin); (Kurt; Claudia); (Bernd; Rita)}
mit einem Pfeildiagramm!

5. Von den Mengen A, B und C kennt man folgende Kardinalzahlen:
$|A| = 19$; $|(A \cap B) \setminus C| = 6$; $|(A \cap C) \setminus B| = 9$; $|C \setminus (A \cup B)| = 5$;
$|B \cup C| = 30$; $|B \cap C| = 5$
Bestimmen Sie die Kardinalzahlen der Mengen
a) $|B|$ b) $|C|$ c) $|B \setminus C|$ d) $|A \cap B \cap C|$ e) $|A \cup B \cup C|$

6. In einer Kurklinik befinden sich 200 Patienten. 50 Patienten haben Kreislaufbeschwerden, 60 Patienten leiden an einer Erkrankung der Atemwege und 30 Patienten sind Rheumatiker. 15 Patienten haben Kreislauf- und Atembeschwerden, 10 Patienten leiden an Rheuma und an Kreislaufbeschwerden; von den Rheumatikern haben 5 Atembeschwerden. Kein Patient leidet an allen drei Krankheiten. a) Wie viele Patienten dieser Klinik leiden an genau einer dieser Krankheiten und an welcher? b) Wie viele Patienten der Klinik haben andere Krankheiten als die hier aufgezählten?

7. Bestimmen Sie a) $A \cup A =$ b) $A \setminus A =$ c) $A \setminus \{\ \} =$ d) $\{\ \} \setminus A =$

8. Welche Schlußfolgerungen lassen sich ziehen, wenn
a) $A \cup B = B$ b) $A \setminus B = A$ c) $A \cup B = \{\ \}$

Lösungen Seite 709.

Logische Grundlagen

Unsere Umgangssprache eignet sich nicht, mathematische Denkprozesse korrekt beschreiben zu können. Zu oft ergeben sich bei einer umgangssprachlichen Formulierung zwei- oder mehrdeutige Interpretationsmöglichkeiten. *Gottfried Wilhelm Leibniz* (*1646–1716*) beschäftigte sich als erster mit einer künstlichen Sprache, der Logik, um mathematische Inhalte eindeutig beschreiben zu können.
Mathematische Kenntnisse werden in sogenannten Aussagen formuliert und mit Hilfe von aussagenlogischen Symbolen kurz und verständlich dargestellt. In der Aussagenlogik werden Verknüpfungen von Aussagen betrachtet. Zum Beispiel kann eine Aussage rein mathematisch in Form einer Gleichung oder Ungleichung oder aber auch umgangssprachlich formuliert werden.

Beispiele:

1. $3 + 4 = 7$ (Gleichung) **2.** $5 + 6 \cdot 2 = 22$ (Gleichung)

3. $3 > 0$ (Ungleichung) **4.** Alle Autos haben 4 Räder (sprachl. Aussage)

Wie die Beispiele zeigen, können Aussagen entweder wahr oder falsch sein (Aussage 2 ist falsch!). Man spricht deshalb von einer zweiwertigen Logik, die nur die beiden Zustände **wahr** (w) oder **falsch** (f) unterscheidet.
Aussagen entstehen aus Aussageformen, wenn man die in den Aussageformen vorkommenden Variablen durch konkrete Größen (Zahlen) ersetzt. Damit ist auch der Begriff Variable erklärt:

> Eine Variable ist ein Zeichen (meist in Form eines Buchstabens gegeben), für das ein Element (Individuum) aus einem vorgegebenen Grundbereich eingesetzt werden darf.

Gleichwertig hierzu sind die Begriffe **Unbekannte** oder Platzhalter, weil für die einzusetzende Zahl ja ein Platz freigehalten wird.

Beispiele:

1. Die **Aussageformen** werden zu .... **Aussagen**

2. $3 \cdot x = 2 \cdot x + 4$ .... $3 \cdot 4 = 2 \cdot 4 + 4$ (wahr)

3. n ist eine Quadratzahl .... 100 ist eine Quadratzahl (wahr)

4. $30x + 4y - 2z > 1000$ .... $30 \cdot 20 + 4 \cdot 100 - 2 \cdot 3 > 1000$ (falsch)

Zahlen und Variablen sowie Verbindungen daraus werden in der Mathematik als Term bezeichnet. Ein Term nimmt bei einer Belegung aller in ihm vorkommenden Variablen mit Zahlen einen konkreten Wert an.

Terme, die nur die Unbekannte x enthalten, bezeichnen wir mit T (x), gelesen: T von x.

Beispiele:

$T(x) = 3x - 4$; $T(x;y) = 2y^2 - 3x - 5$

Wird in einem Term eine Variable (zum Beispiel x) mit einer Zahl (zum Beispiel 4) durch Multiplikation verknüpft, so schreibt man entweder $4 \cdot x$ oder auch kurz 4x, wenn keine Mißverständnisse auftreten können. Werden jedem Element aus einer Grundmenge ein oder mehrere Prädikate durch eine Aussage zugesprochen, so spricht man von **Allaussagen**. Allaussagen werden durch den sogenannten **Allquantor** (Allzeichen) ∀ logisch abgekürzt. Das Zeichen ∀ wird gelesen: für alle.

Beispiele:

1. $\forall n \in \mathbb{N}$ gilt: $n > 0$

2. Wenn $A \cap B = C$ ist, dann gilt: $\forall c \in C$ ist $c \in A$ und $c \in B$

Wird in einer Aussage die Existenz von mindestens einem Element aus einer Grundmenge mit einer bestimmten Eigenschaft behauptet, so spricht man von einer **Existenzaussage**. Existenzaussagen werden durch den **Existenzquantor** (Seinszeichen) ∃ logisch abgekürzt. Das Zeichen ∃ wird gelesen: *es gibt ein.*

Beispiele:

1. $\exists n \in \mathbb{N}$, so daß $n^2 = 1$

2. $A \cap B \neq \{\ \}$, also $\exists x | x \in A$ und $x \in B$

In der Mathematik gibt es aber auch Festlegungen, die weder *wahr* noch *falsch* sind:

Eine Definition ist eine Begriffsbestimmung, die eindeutig und widerspruchsfrei zu sein hat.

Dies sollte sich der Leser auch für außermathematische Probleme merken: Bei Diskussionen entstehen oft vor allem deshalb Auseinandersetzungen, weil gleiche Begriffe von verschiedenen Personen manchmal unterschiedlich *definiert* und damit unterschiedlich betrachtet werden.

Bei der Einführung einer mathematischen Definition wird meist folgende Schreibweise benutzt:

Beispiele:

1. $a := b$ bedeutet „a ist definitionsgemäß gleich b"

2. $a = \log_b c \overset{\text{Def}}{\Leftrightarrow} b^a = c$ Definition des Logarithmus.

Die mathematischen Definitionen stellen das unverzichtbare Rüstzeug einer eindeutigen Wissenschaft.

Alle wahren Aussagen werden in der Mathematik *Sätze* genannt, die meist eines *Beweises* für ihre Anerkennung bedürfen. Unbeweisbare, als wahr angenommene Aussagen, nennt man *Axiome.* Mathematische Sätze beinhalten oft eine Voraussetzung und eine Behauptung, die es eben unter Verwendung der Voraussetzung zu beweisen gilt. Die Voraussetzung wird dann durch „*Wenn* ... " angekündigt, während die Behauptung im 2. Teil des Satzes mit „ ..., *so* ..." eingeleitet wird.

Beispiele:

Axiome: a) 1 ist eine natürliche Zahl (Peano).
b) Ein Punkt ist, was keine Teile besitzt (Euklid).
c) Das sichere Ereignis hat die Wahrscheinlichkeit 1.

Sätze: a) Wenn ein Dreieck rechtwinklig ist, so gilt der Lehrsatz von Pythagoras!
b) Wenn $a|b$ und $a|c$, so gilt auch $a|b+c$.
c) Eine Primzahl, die größer als 2 ist, muß immer ungerade sein!

Bei dem letzten Satz läßt sich die Voraussetzung (wenn eine Primzahl größer als 2 ist ...) und die Behauptung (..., so ist sie immer ungerade) durch Umformulierung erkennen.

Durch Vertauschung der Voraussetzung und der Behauptung in einem mathematischen Satz erhält man die Umkehrung desselben. Aus der Richtigkeit eines Satzes kann nicht immer die Richtigkeit der zugehörigen Umkehrung gefolgert werden:

Beispiel:

Satz: Wenn $6|a$, so auch $2|a$ (wahr)

Umkehrung: Wenn $2|a$, so auch $6|a$ (falsch)

Einen (wahren) Satz und seine wahre Umkehrung faßt man üblicherweise in der Formulierung „...*genau dann, wenn*..." zusammen.

Beispiel:

Satz: Wenn in einem Parallelogramm die Innenwinkel jeweils 90° groß sind, so handelt es sich um ein Rechteck.

Umkehrung: Wenn ein Parallelogramm ein Rechteck ist, so sind die Innenwinkel jeweils 90° groß.

Zusammenfassung:
Ein Parallelogramm ist genau dann ein Rechteck, wenn die Innenwinkel jeweils 90° groß sind.

Wer sich mit mathematischen Texten auseinandersetzen will (oder muß), sollte auch folgende Formulierungen unterscheiden können:

a) **Es gibt ein ...** bedeutet: *es gibt mindestens ein*
Hier wird eine Existenz angekündigt!

b) **Es gibt höchstens ein ...** bedeutet: *es gibt eins oder keins*
Im Falle der Existenz ist diese eindeutig!

c) **Es gibt genau ein ...** bedeutet: *es gibt ein und nur ein, nicht mehr und nicht weniger*
Es liegt eine eindeutige Existenz vor!

Beispiele:

1. Es gibt eine ungerade Primzahl (wahr)
2. Jeder Mensch hat höchstens eine lebende Mutter (wahr)
3. Es gibt genau eine Lösung der Gleichung $4x + 3 = 9$ (wahr)

Wie zuvor angedeutet, eignet sich der umgangssprachliche Wortschatz keinesfalls, um mathematische Zusammenhänge in geeigneter Weise zu beschreiben. In der Mathematik werden deshalb alle wesentlichen vorkommenden Begriffe genau (eindeutig) definiert, um dann daraus weitere neue Begriffe mit ebenfalls eindeutiger Bedeutung zu konstruieren. Im folgenden werden Begriffe, die auch eine umgangssprachliche Bedeutung haben, für einen mathematischen Gebrauch präzisiert.
Aussagen können mit Hilfe der Junktoren (zum Beispiel $\neg$, $\wedge$, $\vee$, $\Rightarrow$, $\Leftrightarrow$) zu Aussagenverbindungen zusammengeschlossen werden. Dabei hängt der Wahrheitswert der Aussagenverbindung natürlich von den Wahrheitswerten der Einzelaussagen ab; diese Wahrheitswerte faßt man in sogenannten *Wahrheitstafeln* zusammen, wo alle möglichen Kombinationen der Einzelaussagen zusammengestellt und somit definiert werden.
Die einfachste Aussagenverbindung, die aus einer Aussage A erzeugt werden kann, ist die Verneinung $\neg$ A oder Negation (lies: non A) derselben. Die Verneinung $\neg$ A der Aussage A erhält man durch Umkehrung der Wahrheitswerte, wie die Wahrheitstafel zeigt:

A	$\neg$ A
w	f
f	w

Beispiele:

1. A = „2 ist eine Primzahl“ (w);
$\neg$ A = „2 ist keine Primzahl“ (f)
2. A: $\frac{1}{3} = 0{,}3$ (f); $\neg$ A: $\frac{1}{3} \neq 0{,}3$ (w)
3. A = „Alle Kinder sind klein“ (f);
$\neg$ A = „Nicht alle Kinder sind klein“ (w)

Das letzte Beispiel zeigt, daß *negierte Allaussagen* zu *Existenzaussagen* führen, umgekehrt gilt dies auch:

Die Negation einer Allaussage hat eine Existenzaussage zur Folge; die Negation einer Existenzaussage führt auf eine Allaussage.

Die Doppelverneinung einer Aussage macht eine einfache Negation rückgängig.

Beispiele:

1. A = „Es gibt eine gerade Primzahl" (wahre Existenzaussage)
¬ A = „Es gibt nicht eine (also keine) gerade Primzahl"
oder ¬ A = „Alle Primzahlen sind ungerade" (falsche Allaussage)
¬ (¬ A) = „Es gibt nicht keine (also mindestens eine) gerade Primzahl" (wahr)

2. A = „Alle Meerestiere sind Säugetiere" (falsche Allaussage)
¬ A = „Nicht alle Meerestiere sind Säugetiere" (wahre Existenzaussage)
oder ¬ A = „Es gibt ein Meerestier, das kein Säugetier ist"
¬ (¬ A) = „Es gibt nicht ein (also kein) Meerestier, das kein Säugetier ist" (falsche Aussage)

Die umgangssprachlichen Begriffe *und* bzw. *oder* werden auch in der Mathematik häufig verwendet. Die Verwendung des Wortes *und* ist in der Umgangssprache eindeutig bestimmt, und nur selten führen Aussagen mit diesem Wörtchen zu Mißverständnissen. Viel schwammiger ist dagegen die umgangssprachliche Verwendung einer *oder*-Aussage.

Einführungsbeispiele:

Bei der Verwendung der Formulierung „Mein Auto ist schnell und sparsam" ist offenbar klar, daß hier beide Adjektive, „schnell" und „sparsam", vorhanden sein müssen, andernfalls wäre die Gesamtaussage falsch.
Allerdings ist der Ausruf: „Ich kaufe mir ein schnelles oder ein sparsames Auto!" eher zweideutig. Die Aussage hätte Gültigkeit, wenn sich die betreffende Person ein Auto zulegen würde, das entweder schnell oder sparsam ist. Treffen sogar beide Eigenschaften zugleich zu, so könnte man sicher noch nicht von einer falschen Ankündigung der kaufwilligen Person reden, die Aussage wäre also auch wahr. Dagegen ist die Aussage „Zahl oder Wappen" eindeutig, weil beides im allgemeinen nicht gleichzeitig eintreten kann.

Unter der Aussagenverbindung $A \wedge B$ (lies: A und B) versteht man die zusammengesetzte Aussage, die genau dann wahr ist, wenn A und B zugleich wahr sind. $A \wedge B$ heißt Konjunktion von A und B.

A	B	$A \wedge B$
w	w	w
w	f	f
f	w	f
f	f	f

Beispiele:

A: „9 ist eine Kubikzahl" (f)

B: „4 ist keine Primzahl" (w)

C: „Null ist keine Zahl" (f)

D: „$3 \cdot 6^2 = 108$" (w)

Die Konjunktionen $A \wedge B$, $A \wedge C$, $A \wedge D$, $B \wedge C$ und auch $C \wedge D$ sind alle falsch, weil hierbei mindestens eine Teilaussage bereits falsch ist. Dagegen ist die Aussagenverbindung $B \wedge D$ wahr: $B \wedge D$ = „4 ist keine Primzahl und $3 \cdot 6^2 = 108$".

Das *oder* in den Einführungsbeispielen ist in mehrdeutiger, aber auch in einer eindeutigen Weise verwendet worden. Die Verbindung *oder* ist in der Aussage „Ich kaufe mir ein schnelles oder ein sparsames Auto" nicht im ausschließenden, also einschließenden Sinn benutzt, dagegen in der Aussage „Zahl oder Wappen" in der ausschließenden Bedeutung verwendet worden.

Unter der Aussagenverbindung $A \vee B$ (lies: A oder B) versteht man die zusammengesetzte Aussage, die genau dann wahr ist, wenn eine der beiden Aussagen A bzw. B oder beide wahr sind. $A \vee B$ heißt Disjunktion (nicht ausschließende Oder-Verbindung). Eine ausschließende Oder-Verbindung wird Alternative genannt. Für die Alternative schreibt man $A \succ\!\prec B$.

A	B	$A \vee B$	$A \succ\!\prec B$
w	w	w	f
w	f	w	w
f	w	w	w
f	f	f	f

Beispiele:

A: 17 ist eine Primzahl (w)

B: 99 ist eine Quadratzahl (f)

C: Null ist keine Zahl (f)

D: $0^2 = 0$ (w)

Die Aussagenverknüpfungen $A \vee B$, $A \vee C$, $A \vee D$, $B \vee D$, $C \vee D$, $A \succ\!\prec B$, $A \succ\!\prec C$, $B \succ\!\prec D$, $C \succ\!\prec D$ sind alle wahr, dagegen sind $B \vee C$, $A \succ\!\prec D$ und $B \succ\!\prec C$ falsche Aussagen.

Die folgenden Begriffspaare *Subjunktion/Implikation* bzw. *Bijunktion/Äquivalenz* haben jeweils eine ähnliche Bedeutung. Während man bei einer Aussagenverknüpfung von Subjunktion bzw. Bijunktion spricht, führt die Verknüpfung von den allgemeineren Aussageformen auf eine Implikation bzw. Äquivalenz.

Die Subjunktion $A \rightarrow B$ (lies: wenn A, so B) zweier Aussagen A und B ist genau dann falsch, wenn A wahr, B aber falsch ist. In allen anderen Fällen ist sie als wahr anzusehen.

A	B	$A \rightarrow B$
w	w	w
w	f	f
f	w	w
f	f	w

Beispiele:

$2 \cdot 3 = 6 \rightarrow 3^2 = 9$ (wahr)

$2 \cdot 3 = 6 \rightarrow 3^3 = 9$ (falsch)

$2 \cdot 3 = 4 \rightarrow 3^2 = 9$ (wahr)

$2 \cdot 3 = 4 \rightarrow 3^3 = 9$ (wahr)

Es ist nur schwer einzusehen, daß die Subjunktion $A \to B$ dann und nur dann falsch sein soll, wenn A eine wahre, aber B eine falsche Aussage ist. Dies hängt offensichtlich mit der umgangssprachlichen Interpretation des Zeichens $\to$ (daraus folgt) zusammen. Die unsinnige umgangssprachliche Aussage „*Wenn ein Auto 10 Räder hat, so ist 12 · 12 =* 144" ist in dem definierten Sinn als wahr anzusehen. Allerdings ist dies ein absurdes Beispiel mit der Umgangssprache. Jedoch besteht überhaupt keine Veranlassung, wegen einiger nicht passender Beispiele außerhalb der Mathematik die Wahrheitstafel der Subjunktion zu ändern. In der Mathematik hat sich nämlich diese Definition als sinnvoll erwiesen. Allerdings begegnen uns auch „*wenn* ..., *so* ...-Aussagen" im täglichen Leben, die mit der mathematischen Definition sehr wohl in Einklang zu bringen sind:

Einführungsbeispiel:

Die Aussage „Wenn der Junge 6 Jahre alt ist, muß er in die Schule gehen!" ist doch im Sprachgebrauch nur dann als falsch anzusehen, wenn der Junge zwar 6 Jahre (A ist wahr) alt ist, aber noch nicht in die Schule geht (B ist falsch). Sollte der Junge 6 Jahre alt sein (A ist wahr) und zur Schule gehen (B ist wahr) oder jünger sein (A ist falsch) und entweder zur Schule gehen (B ist wahr) oder auch nicht (B ist falsch), so muß die anfangs gemachte Aussage als wahr angesehen werden.

Eine Subjunktion in beiden Richtungen wird Bijunktion genannt:

Die Bijunktion $A \leftrightarrow B$ (lies: A genau dann, wenn B) zweier Aussagen A und B ist genau dann wahr, wenn A und B denselben Wahrheitswert besitzen.

Dies folgt unmittelbar aus der zweifachen Anwendung der Subjunktion in beiden Richtungen.

A	B	$A \leftrightarrow B$
w	w	w
w	f	f
f	w	f
f	f	w

Beispiele:

4 ist eine Quadratzahl	$\leftrightarrow$	2 ist eine Primzahl (wahr)
1 ist eine Kubikzahl	$\leftrightarrow$	0 ist Teiler von 2 (falsch)
3 ist eine Kubikzahl	$\leftrightarrow$	2 ist Teiler von 0 (wahr)
0 ist eine natürliche Zahl	$\leftrightarrow$	$\frac{3}{8}$ (wahr)

Die Aussagenverknüpfung „Eine Kugel ist genau dann eckig, wenn ein Würfel rund ist" ist zwar umgangssprachlich unsinnig, aber im mathematischen Sinne wahr.

Eine Subjunktion $A \rightarrow B$ heißt Implikation $A \Rightarrow B$ (lies: A impliziert B), wenn die Verknüpfung $A \rightarrow B$ für jede Belegung einer vorkommenden Variablen mit Elementen aus einer Grundmenge wahr ist.

Auf Seite 24 ist gesagt, was man unter einer Aussageform in der Mathematik versteht: meist eine Gleichung oder eine Ungleichung, die eine Unbekannte beinhaltet. Durch Einsetzen aller Zahlen eines vorgegebenen Grundbereiches für die Unbekannten erhält man wahre oder falsche Aussagen.

Die Menge aller Zahlen einer Grundmenge, die eine Aussageform A zu einer wahren Aussage machen, nennt man Lösungsmenge $\mathbb{L}(A)$ dieser Aussageform.

Üblich ist dafür auch der Begriff *Erfüllungsmenge*, weil jede Zahl daraus die Gleichung oder Ungleichung erfüllt.
Sollte die Lösungsmenge $\mathbb{L}(A)$ der Aussageform gerade mit der Grundmenge G übereinstimmen, so wird die Aussageform allgemeingültig in G genannt.

Eine Aussageform A impliziert die Aussageform B genau dann, wenn $\mathbb{L}(A) \subseteq L(B)$ ist.

B ist folglich immer dann erfüllt, wenn auch A erfüllt ist; die Umkehrung muß hier nicht der Fall sein. Die Erfüllung der Aussageform B ist also notwendige aber keinesfalls hinreichende Voraussetzung für die Erfüllung der Aussageform A.

Beispiele:

1. $9|a \Rightarrow 3|a$. Die Aussageform $3|a$ ist immer dann erfüllt, wenn die Aussageform $9|a$ bereits erfüllt ist.
$\mathbb{L}(A) = \{9, 18, 27, 36, 45, 54, \ldots\}$; $\mathbb{L}(B) = \{3, 6, 9, 12, 15, 18, \ldots\}$;
es gilt also $\mathbb{L}(A) \subseteq \mathbb{L}(B)$.
Die Erfüllung der Aussageform $3|a$ ist notwendig, aber nicht hinreichend für die Erfüllung der Aussageform $9|a$. Die Umkehrung der Implikation gilt hier nicht!

2. $x = -3 \Rightarrow x^2 = 9$; auch hier gilt die Implikation nur in der einen Richtung, da $x^2 = 9 \Rightarrow x = 3 \vee x = -3$ ist.
Die Aussageform $x^2 = 9$ ist notwendig, aber nicht hinreichend für die Erfüllung der Aussageform $x = -3$.

Dem Leser wird es nun nicht schwerfallen, sich eine Implikation in beiden Richtungen vorzustellen.

Eine Bijunktion $A \leftrightarrow B$ nennt man Äquivalenz $A \Leftrightarrow B$ (lies: A äquivalent B), wenn die Verknüpfung $A \leftrightarrow B$ bei jeder Belegung einer vorkommenden Variablen mit Elementen aus einer Grundmenge wahr ist.

Ähnlich wie bei der Implikation findet man:

Die Aussageformen A und B sind genau dann äquivalent, wenn $\mathbb{L}(A) = \mathbb{L}(B)$ ist.

A ist immer dann erfüllt, wenn dies auch für B der Fall ist und umgekehrt.
Jede Umformung, die eine Aussageform A in eine äquivalente Aussageform B überführt, wird aus diesem Grund auch **Äquivalenzumformung** genannt.

Beispiele:

1. Die Aussageformen $x^2 = a$ und $|x| = \sqrt{a}$ sind äquivalent:
$x^2 = a \Leftrightarrow |x| = \sqrt{a}$; $x \in \mathbb{R}$; $a \in \mathbb{R}_0^+$
allerdings gilt nur: $x^2 = a \Leftarrow x = \sqrt{a}$; $x \in \mathbb{R}$; $a \in \mathbb{R}_0^+$

2. A: Frau x hat einen Sohn
B: Frau x ist Mutter

Die Aussageformen A und B sind nicht äquivalent; es gilt vielmehr zwar $A \Rightarrow B$, aber $B \not\Rightarrow A$. Die Aussageform B ist notwendige, aber nicht hinreichende Voraussetzung für die Aussageform A.

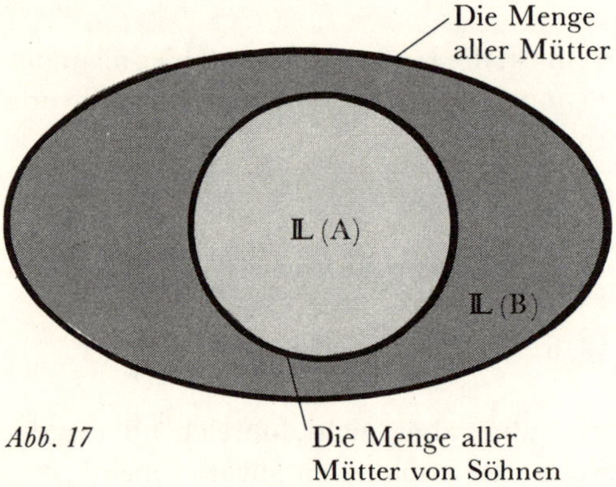

Abb. 17

Übungen:

1. Es seien A und B Aussagen, etwa

A: Herr Müller spielt Tennis

B: Herr Müller spielt Schach

Zeigen Sie, daß die Disjunktion $A \vee B$ durch die Aussagenverknüpfung $\neg(\neg A \wedge \neg B)$ dargestellt werden kann

a) umgangssprachlich, b) mit einer Wahrheitstafel

2. Verändern Sie die Aussage $a^2 + b^2 = (a + b)^2$ so, daß eine wahre Existenzaussage bzw. eine wahre Allaussage entsteht!

3. Zeigen Sie, daß der Aussageform $A \Leftrightarrow B$ die Zusammensetzung $\neg(A \wedge \neg B) \wedge \neg(B \wedge \neg A)$ entspricht!

4. Gegeben sind die Aussagen

A: Ein Vieleck besitzt kongruente (längengleiche) Kanten

B: Ein Vieleck besitzt die Innenwinkelsumme von 180°

C: Ein Vieleck ist ein Dreieck

Konstruieren Sie die zusammengesetzten Aussagen

a) $(A \wedge B) \rightarrow C$ bzw. b) $((\neg A) \vee B) \rightarrow (\neg C)$

umgangssprachlich!

5. In welcher Richtung gilt die Implikation?

a) A: Heute ist Sonntag	B: Heute ist schulfrei
b) A: Hans ist mein Bruder	B: Hans und ich sind Geschwister
c) A: Die Figur ist ein Rhombus	B: Die Figur ist eine Raute

Lösungen Seite 710.

Zahlenbereiche

Der Begriff *Zahl* ist in der Mathematik keineswegs so eindeutig, wie man dies erwarten könnte. Der Zahlenbegriff wird deshalb in der Fachsprache dadurch spezifiziert und eindeutig gekennzeichnet, daß man ihn als Oberbegriff für sich nacheinander umfassende Zahlenmengen ansieht.
Die Notwendigkeit der Konstruktion der einzelnen Zahlenmengen ergab sich aus der Unzulänglichkeit der einzelnen Rechenoperationen in bestimmten Zahlenmengen:
Jede Rechenoperation, wie zum Beispiel die *Addition*, fordert auch die Verwendung der zugehörigen Umkehroperation, mit der eine soeben durchgeführte Berechnung rückgängig gemacht werden kann. Beispielsweise ist die Umkehroperation der Addition die *Subtraktion*. Höhere Rechenarten, die zunächst als abkürzende Schreibweise für eine niedere Rechenoperation eingeführt sind (zum Beispiel $4 \cdot 6 = 6 + 6 + 6 + 6$), legen sodann mit ihrer zugehörigen Umkehroperation eine Zahlenbereichserweiterung nahe. Auf diese Weise entsteht aus der natürlichen Zahlenmenge $\mathbb{N}$ mit der Addition und der Subtraktion als Umkehroperation die Menge der **ganzen Zahlen** $\mathbb{Z} = \{\ldots -4, -3, -2, -1, 0, 1, 2, 3, 4, \ldots\}$, weil das Ergebnis einer Subtraktion mit natürlichen Zahlen nicht immer eine natürliche Zahl, sondern eine ganze Zahl, darstellt. Ebenso erfordert dann in der Menge $\mathbb{Z}$ die *Multiplikation* als Kurzschreibweise der Addition durch die *Division* als Umkehroperation eine Erweiterung zu der Zahlenmenge der **rationalen Zahlen** $\mathbb{Q}$. Die Menge $\mathbb{Q}$ besteht wegen der Unzulänglichkeit der Division in der Menge $\mathbb{Z}$ aus allen Bruchzahlen.
Bis auf eine Ausnahme sind hier alle Divisionsaufgaben erklärt, nur die Division durch Null ist hier und auch in jedem anderen Zahlenbereich nicht definiert.
Die Menge der rationalen Zahlen hat also die Darstellung:

$$\mathbb{Q} = \left\{ \frac{a}{b} \,\middle|\, a \in \mathbb{Z} \text{ und } b \in \mathbb{N} \right\}$$

Die Multiplikation kann durch das *Potenzieren* verkürzt werden, doch führt die zugehörige Umkehroperation, das *Radizieren*, aus der Menge $\mathbb{Q}$ hinaus:
Die Wurzel aus einer rationalen Zahl ist in den meisten Fällen irrational.
Beispielsweise ergibt $\sqrt{4}$ die rationale Zahl 2, aber $\sqrt{2}$, $\sqrt{3}$, $\sqrt{5}$, $\sqrt{6}$, $\sqrt{7}$ oder etwa $\sqrt{8}$ sind alle irrationale Zahlen.
Die Menge der *rationalen Zahlen* $\mathbb{Q}$ und die Menge der *irrationalen Zahlen* $\mathbb{J}$ ergänzen sich zu der Menge der **reellen Zahlen** $\mathbb{R}$:

$$\mathbb{R} = \mathbb{Q} \cup \mathbb{J}$$

Aus Gründen, die auf Seite 64 näher besprochen sind, ist auch die Menge $\mathbb{R}$ keineswegs ausreichend, um die zahlenmäßige Lösung jedes mathematischen Problemes auszudrücken. Mathematische Fragen, die zum Beispiel auf die Quadratwurzel einer negativen Zahl führen, sind im Bereich der reellen Zahlen nicht faßbar. Die reellen Zahlen müssen deshalb um die sogenannte *imaginäre Einheit* $i = \sqrt{-1}$ ergänzt und zu der Menge der **komplexen Zahlen** $\mathbb{C}$ vervollkommnet werden. Im folgenden sollen die angesprochenen Zahlenmengen näher besprochen werden.

Die Menge $\mathbb{N}$ der natürlichen Zahlen

Einführungsbeispiel:

Die Stadtbusse der Linie 4 fahren vom Hauptbahnhof alle 7 Minuten, die der Linie 10 alle 6 Minuten und die Busse der Linie 19 sogar alle 4 Minuten. In welchem Zeitrhythmus fahren jeweils Busse der drei Linien zusammen ab? Wenn die Busse der Linie 4 alle 7 Minuten, die der Linie 10 alle 6 Minuten vom Hauptbahnhof abfahren, so gibt es alle 42 Minuten einen gemeinsamen ‚Start' vom Bahnhof. Nicht so einfach wird es, wenn auch die Linie 19 mit ihrem 4-Minuten-Zyklus berücksichtigt wird. Auf alle Fälle fahren alle drei Buslinien nach jeweils $4 \cdot 42 = 168$ Minuten gemeinsam vom Hauptbahnhof ab; dies ist hier aber auch schon früher der Fall, nämlich nach 84 Minuten. Die Zahl 84 ist das sogenannte **kleinste gemeinsame Vielfache** (kgV) der beiden Zahlen 42 und 4.

Die natürlichen Zahlen sind deshalb als natürlich anzusehen, weil jeder *Menge* (s. S. 10) eine dieser Zahlen als **Kardinalzahl** zugeordnet werden kann. Mit der Kardinalzahl wird die Anzahl der Elemente einer Menge dargestellt.

Beispiele:

Die Leere Menge hat keine Elemente, besitzt folglich die Kardinalzahl 0. Die Kardinalzahl der Menge der Bundesländer in Deutschland lautet 16.

Die Kardinalzahl eignet sich also zum Abzählen bestimmter Dinge, nicht aber zur Festlegung einer Rangordnung wie man dies zum Beispiel vom Sport oder vielen anderen Beispielen her kennt.

Die **Ordinalzahl** bestimmt den Platz eines Elementes in seiner Menge; es wird somit eine *Ordnung* festgelegt.

Beispiele:

Die 3. Mahnung, der 10. Versuch usw.
Boris Becker war die Nummer 3 in der Tennisweltrangliste.

Abb. 18

Abb. 19

Die Zahl 3 als Kardinalzahl und die Zahl 3 als Ordinalzahl

Die meisten Völker der Erde rechnen heute im sogenannten **Dezimalsystem**, wobei die Position einer Ziffer innerhalb einer Zahl den Wert derselben bestimmt. Zum Beispiel besitzt die Zahl 41 sicher einen anderen Wert als die Zahl 14. Beim Dezimal- oder Zehnersystem werden die 10 Zahlzeichen 0, 1, 2, 3, 4, 5, 6, 7, 8, 9 benutzt. Die Zahl 10 wird deshalb Basis des Dezimalsystems genannt. Allerdings eignet sich auch jede andere natürliche Zahl als Basis eines Zahlensystems. Die Basis 2 hat dabei aus technischen Gründen eine Sonderstellung: Im Bereich der Computer lassen sich nur zwei verschiedene elektrische Zustände unterscheiden, nämlich *es fließt Strom* oder *es fließt kein Strom*. Aus diesem Grund werden alle Zahlen, die von einem Computer verarbeitet werden sollen, im sogenannten **Binär-** oder **Dualsystem** dargestellt. Beim Dualsystem ist die 2 die Basis des Stellenwertsystems.

Beispiele:

Die im Zehnersystem dargestellte Zahl $25 = 2 \cdot 10^1 + 5 \cdot 10^0$ läßt sich in das Dualsystem durch folgende Zerlegung überführen:

$$25_{10} = 1 \cdot 2^4 + 1 \cdot 2^3 + 0 \cdot 2^2 + 0 \cdot 2^1 + 1 \cdot 2^0 = 11001_2$$

Die tiefgestellte Zahl gibt die Basis des jeweils benutzten Systems an.
Weitere Beispiele:

$15_{10} = 1111_2$; $1312_4 = 118_{10}$; $75034_8 = 31260_{10}$
$1000111{,}11_2 = 71{,}75_{10}$; $3{,}007_8 = 3{,}013671875_{10}$ weil $3{,}007_8 = 3 \cdot 8^0 + 7 \cdot 8^{-3}$

Anders als die Stellenwertsysteme funktionieren die sogenannten **Additionssysteme**, bei denen der Zahlenwert durch Addition oder Subtraktion der vorkommenden Zahlzeichen bestimmt wird. Das bekannteste Additionssystem ist das römische Zahlensystem.

Die römischen Zahlzeichen

Dezimalzahl	1	5	10	50	100	500	1000
römische Zahl	I	V	X	L	C	D	M

Beispiele:

3 = III; 14 = XIV; 16 = XVI; 33 = XXXIII; 49 = XLIX;
1988 = MCMLXXXVIII; MMMCCCLXXXIII = 3383;
Das letzte Beispiel lehrt bereits die Nachteile dieser Additionssysteme. Zum einen müssen für große Zahlen viele verschiedene Zahlzeichen eingeführt werden, zum anderen werden die Zahlen dadurch sehr unübersichtlich und schwierig lesbar.

Die **Addition** und die **Subtraktion** sind die einfachsten Rechenoperationen; sie werden deshalb auch *Rechenart erster Stufe* genannt.

Summand plus Summand gleich Summe:	$a + b = s$
Minuend minus Subtrahend gleich Differenz:	$a - b = d$

Die Subtraktion und die Addition sind im Bereich der ganzen Zahlen *Umkehroperationen* zueinander, da jede Addition durch eine Subtraktion rückgängig gemacht werden kann und umgekehrt. Strenggenommen ist die Subtraktion auch eine Addition, allerdings eine Addition mit dem Summanden – b (Gegenzahl von b, s. S. 45). Algebraisch besitzen folglich die Addition und die Subtraktion dieselben Eigenschaften, wenn man die Vorzeichenregeln für den Umgang mit negativen Zahlen (s. S. 43) berücksichtigt und eine Zahl und ihr Vorzeichen als untrennbare Einheit auffaßt.
Die Verwendung einer natürlichen Zahl als Ordinalzahl läßt folgende Festlegung sinnvoll erscheinen: Eine natürliche Zahl a heißt *kleiner als* eine andere natürliche Zahl b, wenn sich b als Summe von a und einem weiteren natürlichen Summanden n schreiben läßt,

also

$a < b \Rightarrow a + n = b$	(a kleiner b)	$n \in \mathbb{N}$
$a > b \Rightarrow a - n = b$	(a größer b)	

Es leuchtet ein, daß für beliebige natürliche Zahlen a und b immer einer der drei Fälle zutrifft:

$a < b$ oder $a = b$ oder $a > b$ (Trichotomiegesetz)

Nun ist $a < b$ gleichwertig mit $a + n_1 = b$ und $b < c$ gleichwertig mit $b + n_2 = c$. Folglich ergibt sich hieraus $a + n_1 + n_2 = c$ und somit $a < c$:

Transitivitätsgesetz:
Wenn $a < b$ und $b < c$, dann auch $a < c$

Beispiel:

Aus $23 < 45$ und $45 < 89$ folgt $23 < 89$

Die **Multiplikation** und **Division** sind *Rechenarten zweiter Stufe*.

Faktor mal Faktor gleich Produkt:	$a \cdot b = p$
Dividend durch Divisor gleich Quotient:	$a : b = q$

Die Reihenfolge beim Ausführen der Rechenoperationen erster und zweiter Stufe ist durch folgenden wichtigen Satz der elementaren Mathematik geregelt:

Punktrechnung geht vor Strichrechnung!

Dies bedeutet, daß in einem Term immer zuerst die Multiplikation und Division (gleichrangig) durchzuführen sind, bevor eine Summe oder Differenz bestimmt wird. Dieses Gesetz kann nur durch Setzen von Klammern umgangen werden.

Beispiele:

$2 + 4 \cdot 5 = 2 + 20 = 22$; $5 \cdot 6 - 18 : 3 = 30 - 6 = 24$; $(2 + 4) \cdot 5 = 6 \cdot 5 = 30$;
Allerdings ist die Berechnung des Terms $20 : 4 \cdot 5$ nicht eindeutig! Da beide Rechenoperationen den gleichen Rang besitzen, ist die Reihenfolge der Berechnung unklar. Berechnet man zunächst den Quotienten, so ergibt sich 25 als Lösung. Bei der umgekehrten Rechenreihenfolge erhält man 1. Computer berechnen solche Terme mit gleicher Rechenhierarchie von links nach rechts. Richtigerweise sind hier für die Eindeitigkeit Klammern zu setzen.
Als Divisionszeichen verwendet man entweder den Doppelpunkt $a : b$ oder den Bruchstrich a/b bzw. $\frac{a}{b}$. Somit kann jede Multiplikation $x \cdot ? = y$ auch als Division $x/y = ?$ geschrieben werden; allerdings muß x/y nicht immer eine natürliche Zahl sein (s. S. 34).
Für die Multiplikation und Division mit der Zahl Null ist zu beachten:

Ein Produkt ist genau dann gleich 0, wenn mindestens ein Faktor gleich 0 ist: $a \cdot b = 0 \Rightarrow a = 0 \vee b = 0 \vee a = b = 0$

Dieser Satz wird in der Algebra häufig gebraucht (s. S. 177).

Für jede natürliche Zahl gilt $0 : a = \frac{0}{a} = 0$

Allerdings ist der Ausdruck $a : 0 = \frac{a}{0}$ nicht definiert

Beispiele:

1. Aus $(3 - x) \cdot (y + 4) = 0$ folgt, daß entweder $x = 3$ oder $y = -4$ ist oder beides zutrifft.
2. $0 : 4 = 0$ muß wegen $4 \cdot 0 = 0$ richtig sein.
3. Aus der Division $a : 0 = x$ würde die Multiplikation $0 \cdot x = a$ folgen. Hier leuchtet ein, daß eine solche Zahl x nicht existieren kann.

Die Addition und Multiplikation bzw. die Subtraktion und Division können natürlich auch in den verschiedensten Kombinationen in einem Term vorkommen (s. S. 25). Sind keine Klammern gesetzt, so wird die Reihenfolge der Berechnung des Terms durch die Rechenhierarchie der Rechenarten untereinander bestimmt (s. S. 38 und S. 61). Bei geklammerten Ausdrücken sind die Klammerwerte zuerst zu bestimmen, da Klammern nur zur Aufhebung und Umgehung der Rechenhierarchie benutzt werden und sinnvoll sind.

Beispiele:
In den Termen $2y + 3 \cdot (2x \cdot 4)$ und $(2 + 3y) + 4x : 2$ haben die Klammern keine Bedeutung, da diese zu keiner veränderten Berechnungsreihenfolge des Terms führen. Allerdings kann die Klammer in dem Term $3x \cdot (4y - 2)$ oder etwa in dem Term $3z - 3 \cdot (2x + 4)$ nicht ohne weiteres weggelassen werden; denn hier verändert sich der Term, weil in der Klammer mit der Differenz bzw. mit der Summe eine von der Rechenhierarchie tiefere Rechenart als außerhalb der Klammer vorkommt.

Wie eine solche Klammer aufzulösen ist, regelt das sogenannte

Distributivgesetz: $a \cdot (b + c) = a \cdot b + a \cdot c$

Wegen der Verwandtschaft der Addition mit der Subtraktion (s. S. 43) bzw. der Multiplikation mit der Division (s. S. 48) sind aus dem genannten Distributivgesetz viele andere Gesetze ableitbar.

1. $a \cdot (b - c) = a \cdot b - a \cdot c = (b - c) \cdot a$

Für $a \cdot b$ kann ab geschrieben werden

2. $a \cdot (b + c + d) = ab + ac + ad = (b + c + d)\, a$
3. $(a - b) : c = a : c - a : c$

Beispiele:
1. $3 \cdot (4 + 5 - 7) = 3 \cdot 4 + 3 \cdot 5 - 3 \cdot 7 = 6$
2. $2 + 30 \cdot (6 + 10 - 1) = 2 + 30 \cdot 6 + 30 \cdot 10 - 30 \cdot 1 = 452$
3. $(210 - 35 + 14) : 7 = 210 : 7 - 35 : 7 + 14 : 7 = 27$

Wir wollen jetzt einmal die Teilbarkeit der natürlichen Zahlen näher untersuchen.

Die natürliche Zahl a nennt man Teiler der natürlichen Zahl n, wenn es eine weitere natürliche Zahl b gibt mit der Eigenschaft $a \cdot b = n$. Die Zahl n heißt dann Vielfaches der Zahl a (und auch von b).

Ist a ein Teiler von n, so schreibt man kurz $a \mid n$; im anderen Fall bedeutet $a \nmid n$: a ist kein Teiler von n. Ist von der natürlichen Zahl n ein Teiler a bekannt, so hat man mit b wegen $a \cdot b = n$ einen weiteren, den komplementären Teiler bezüglich n, gefunden.

Beispiel:
Die Zahl 40 hat die acht Teiler 1, 2, 4, 5, 8, 10, 20, 40.
Die Zahlen 1 und 40, 2und 20, 4 und 10 bzw. 5 und 8 sind jeweils komplementäre Teiler bezüglich 40.

Natürliche Zahlen, die den Teiler 2 besitzen, heißen **gerade**; die anderen werden **ungerade** genannt. Die Zahl 0 soll als Sonderfall zu der Menge der geraden Zahlen gerechnet werden.
An dem vorstehenden Beispiel erkennt man, daß eine natürliche Zahl stets eine gerade Anzahl von Teilern besitzen muß, wenn sie keine Quadratzahl ist (s. Tabelle S. 856), und eine Zahl besitzt auch mindestens 2 Teiler:

Eine natürliche Zahl n, die nur die beiden trivialen Teiler 1 und n besitzt, nennt man Primzahl.

Demnach ist die 2 die kleinste Primzahl und zugleich die einzige gerade Primzahl.
Die natürliche Zahlenmenge $\mathbb{N}$ ist eine unendliche Menge; deshalb gibt es auch unendlich viele gerade und unendlich viele ungerade Zahlen. Aber es müssen auch unendlich viele Primzahlen existieren, wie man sich wie folgt überlegt: Angenommen, die Anzahl der Primzahlen wäre endlich. Dann läßt sich aus all diesen Primzahlen sicher das Produkt bestimmen. Dieses Produkt ist natürlich größer als jede in ihm als Faktor vorkommende Primzahl, und das Produkt selbst kann natürlich keine neue Primzahl sein, wohl aber muß das um 1 erhöhte Produkt, weil die bekannten und zuvor zur Produktbildung benutzten Primzahlen nicht als Teiler dieser neu konstruierten natürlichen Zahl in Frage kommen. Eine natürliche Zahl $(n > 1)$ kann nämlich unmöglich Teiler einer anderen und zugleich Teiler in deren Nachfolger sein – oder? Somit handelt es sich bei dem um 1 vergrößerten Produkt der angeblich vollständigen Primzahlmenge um eine weitere (neue) Primzahl. Dieses Verfahren könnte nun beliebig oft wiederholt werden, woraus die Unendlichkeit der Primzahlmenge sofort gefolgert werden kann!
Aufgrund der Tatsache, daß mit einem Teiler automatisch auch der dazu komplementäre Teiler einer Zahl gefunden ist, folgt, daß bei der Überprüfung einer natürlichen Zahl auf Primzahleigenschaft lediglich Teiler gesucht werden müssen, deren *Quadrate* kleiner oder gleich der Zahl selbst sind. Eine Tabelle aller Primzahlen, die kleiner als 10 000 sind, finden Sie auf Seite 863 f.
Jede natürliche Zahl, die keine Primzahl darstellt, muß, wie aus der Definition der Primzahl folgt, in (nichttriviale) Teiler zerlegbar sein, wobei diese Zerlegung so lange verfeinert werden kann, bis nur noch Primzahlen als Teiler auftreten.
Diese Teiler nennt man dann sinnvollerweise **Primteiler** und die dazugehörige eindeutige Darstellung eines Produktes **Primfaktorzerlegung**. Eine Tabelle der Primfaktorzerlegungen der ersten 500 natürlichen Zahlen findet sich auf Seite 862.
Bei der Bestimmung der Primfaktoren spaltet man irgendwelche Teiler ab (s. Tabelle S. 856) und zerlegt diese neuen Faktoren in gleicher Weise bis nur noch Primfaktoren dastehen. Man kann allerdings auch systematisch vorgehen und alle Primzahlen 2, 3, 5, 7... der Reihe nach als Teiler überprüfen.

Beispiele:

1. $240 = 24 \cdot 10 = 3 \cdot 8 \cdot 2 \cdot 5 = 2 \cdot 2 \cdot 2 \cdot 2 \cdot 3 \cdot 5 = 2^4 \cdot 3 \cdot 5$

2. $2310 = 2 \cdot 1155 = 2 \cdot 3 \cdot 385 = 2 \cdot 3 \cdot 5 \cdot 77 = 2 \cdot 3 \cdot 5 \cdot 7 \cdot 11$

3. $3750 = 25 \cdot 15 \cdot 10 = 5 \cdot 5 \cdot 3 \cdot 5 \cdot 2 \cdot 5 = 2 \cdot 3 \cdot 5^4$

Wie die Beispiele zeigen, besitzen die beiden natürlichen Zahlen 3750 und 240 beide den gemeinsamen Teiler 2, aber auch den gemeinsamen Teiler $6 = 2 \cdot 3$. Vielleicht gibt es bei diesen Zahlen noch einen größeren gemeinsamen Teiler?

Zu 2 vorgegebenen natürlichen Zahlen a und b findet man den größten gemeinsamen Teiler (ggT) durch Multiplikation aller in beiden Zerlegungen gleichzeitig vorkommender Primteiler.

Ist die Zahl 1 der größte gemeinsame Teiler zweier Zahlen, so nennt man diese *teilerfremd.*

Beispiele:

1. Die Zahlen 240 und 3750 haben den größten gemeinsamen Teiler $2 \cdot 3 \cdot 5 = 30$

2. $408 = 2^3 \cdot 3 \cdot 17$
$748 = 2^2 \cdot 11 \cdot 17$, also ggT $(408; 748) = 2^2 \cdot 17 = 68$

3. ggT $(30; 66; 114) = 6$, weil $30 = 2 \cdot 3 \cdot 5$ und $66 = 2 \cdot 3 \cdot 11$ und
$114 = 2 \cdot 3 \cdot 19$ ist.

4. Die Zahlen 54 und 65 sind teilerfremd, weil $54 = 2 \cdot 3 \cdot 3 \cdot 3$ und $65 = 5 \cdot 13$ ist.

Zu 2 vorgegebenen natürlichen Zahlen a und b findet man das kleinste gemeinsame Vielfache (kgV) durch Multiplikation der höchsten Potenzen (s. S. 65) aller überhaupt vorkommender Primteiler.

Beispiele:

1. In den Primfaktorzerlegungen der beiden Zahlen 75 und 189 kommen die Primzahlen 3, 5 und 7 vor:
$75 = 3 \cdot 5^2$; $189 = 3^3 \cdot 7$
Also ist kgV $(75; 189) = 3^3 \cdot 5^2 \cdot 7 = 4725$

2. $24 = 2^3 \cdot 3$; $160 = 2^5 \cdot 5$; $180 = 2^2 \cdot 3^2 \cdot 5$
Also kgV $(24; 160; 180) = 2^5 \cdot 3^2 \cdot 5 = 1440$

Den ggT der beiden Zahlen a und b kann man mit der Kenntnis des kgV (und umgekehrt) aus dem Produkt $a \cdot b$ berechnen:

$$\text{ggT}(a; b) \cdot \text{kgV}(a; b) = a \cdot b$$

Beispiel:
$35 = 5 \cdot 7$ und $75 = 3 \cdot 5 \cdot 5$, also ist ggT (35; 75) = 5 und
kgV (35; 75) = $5 \cdot 5 \cdot 3 \cdot 7 = 525$. Es ist aber gleichzeitig
$35 \cdot 75 = 5 \cdot 525 = 2625$

also
$$a \cdot b = \text{ggT} \cdot \text{kgV}$$
$$35 \cdot 75 = 5 \cdot \text{kgV}$$
$$\frac{35 \cdot 75}{5} = \text{kgV} = 525$$

oder
$$35 \cdot 75 = \text{ggT} \cdot 525$$
$$\frac{35 \cdot 75}{525} = \text{ggT} = 5$$

Übungen:

1. Berechnen Sie folgende Ausdrücke:
a) $30 + 14 \cdot 2 + 3 \cdot 5 \cdot 6 =$
b) $200 - 12 : 4 + 3 \cdot 5 + 6 =$
c) $21 \cdot (2 + 4 - 3 + 12) =$
d) $20 + 3 \cdot (2 \cdot 4 + 4 - 7 + 5 \cdot 7) =$
e) $(24 + 13 - 22) \cdot (3 + 5 - 2) =$
f) $(20 + 45 + 66) \cdot (3 - 4 + 25) =$
g) $(27 + 67 + 120) \cdot (25 - 12 - 4 + 5) \cdot (3 + 6 + 3 + 14) =$

2. Zeigen Sie die Gültigkeit folgender Aussagen:
a) Wenn $a \mid b$ und $a \mid c$, so auch $a \mid (b + c)$
b) Wenn $a \mid b$ und $a \mid c$, so auch $a \mid bc$
c) Wenn $a \mid b$ und $c \mid d$, so auch $(ac) \mid (bd)$
d) Wenn $a \mid b$, so auch $(ac) \mid (bc)$
e) Wenn $a \mid c$ und $b \mid c$ und ggT (a; b) = 1, so auch $(ab) \mid c$

3. Finden Sie zu jeder der Aussagen in Übung 2 Zahlenbeispiele.

4. Zeigen Sie, daß aus der Gültigkeit von $a \mid (b + c)$ nicht die Gültigkeit von $a \mid b$ und/oder $a \mid c$ geschlossen werden kann!

5. Zerlegen Sie folgende Zahlen in Primfaktoren
a) 2016 = b) 1782 = c) 5005 = d) 26 741 =
(Hinweis: Teilbarkeitsregeln, Seite 237)

6. Bestimmen Sie den ggT und das kgV folgender Zahlenpaare und überprüfen Sie die Regel

$$\text{ggT}(a; b) \cdot \text{kgV}(a; b) = a \cdot b$$

a) 16 und 18 b) 46 und 88 c) 48 und 112

7. Drei Wanderer haben jeweils eine Schrittlänge von 68 cm, 70 cm und 74 cm. In welchen Abständen gehen sie alle drei im Gleichschritt, wenn sie zusammen wandern?

8. Man bestimme das kleinste gemeinsame Vielfache und den größten gemeinsamen Teiler der Zahlen 28, 126, 392, 588 und 882.

Lösungen Seite 711.

Die Menge $\mathbb{Z}$ der ganzen Zahlen

Einführungsbeispiel:

Ein Kunde hat auf einer Bank ein Guthaben von € 3.750,–. Er möchte sich neue Möbel für seine Wohnung kaufen, die € 8.400,– kosten sollen. Die Bank gewährt ihm ein sogenanntes „Überziehungsdarlehen" und belastet das Konto mit dem vollen Betrag des Möbelkaufes. Wie ist der Kontostand danach?

Im letzten Kapitel ist gezeigt worden, daß die Addition (und damit auch die Multiplikation) von natürlichen Zahlen stets wieder eine solche ergibt. Man sagt auch: Die Menge der natürlichen Zahlen ist bezüglich der Addition und Multiplikation als Verknüpfung abgeschlossen. Dagegen ist die Subtraktion in der Menge $\mathbb{N}$ nicht abgeschlossen, wie das Einführungsbeispiel bereits zeigt. Hier wird die Subtraktion $3750 - 8400 = -4650$ erforderlich, die aus der Menge der natürlichen Zahlen hinausführt.

Positive Zahlen sind größer als Null, sie haben + (plus) als Vorzeichen; negative Zahlen sind kleiner als Null und haben − (minus) als Vorzeichen.

Positive Zahlen werden auch oft ohne Vorzeichen geschrieben.

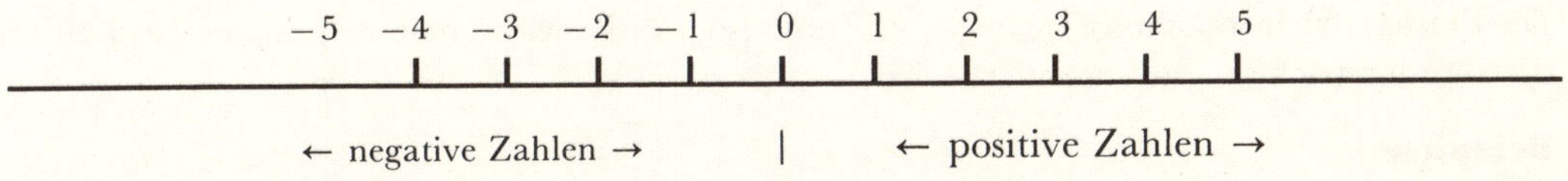

Abb. 20 Die Menge der ganzen Zahlen auf der Zahlengeraden

Somit setzt sich die Menge $\mathbb{Z}$ der ganzen Zahlen aus den positiven ganzen (natürlichen) und den negativen ganzen Zahlen und der Null zusammen:

$$\mathbb{Z} = \mathbb{Z}^{+} \cup \mathbb{Z}^{-} \cup \{0\} = \left\{\begin{matrix} 1 \\ 2 \\ 3 \\ 4 \\ \vdots \end{matrix}\right\} \cup \left\{\begin{matrix} -1 \\ -2 \\ -3 \\ -4 \\ \vdots \end{matrix}\right\} \cup \{0\}$$

Eine ganze Zahl ist um so größer, je weiter rechts diese auf einer Zahlengeraden anzuordnen ist. Von zwei Zahlen ist somit immer diejenige die kleinere, deren zugehöriger Bildpunkt weiter links auf der Zahlengeraden angeordnet werden muß; dies gilt auch für negative Zahlen.

Beispiele:

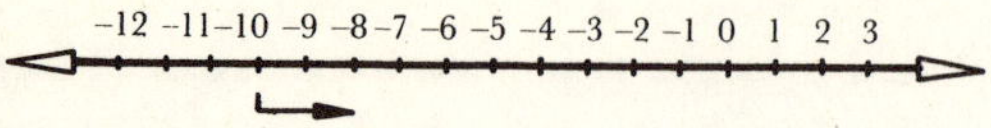

Abb. 21 $-10 < -8$

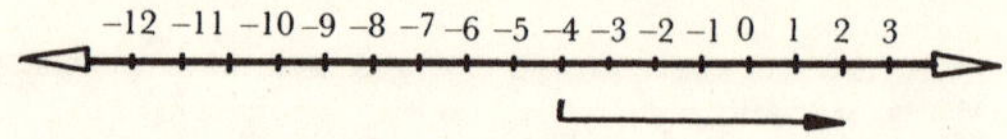

Abb. 22 $-4 < 2$

Jede ganze Zahl kann durch eine Klasse von gleichlangen und gleichgerichteten Pfeilen dargestellt werden. Die ganzen Zahlen als Pfeilklassen unterscheiden sich deshalb durch ihre Richtung und durch ihre Länge.

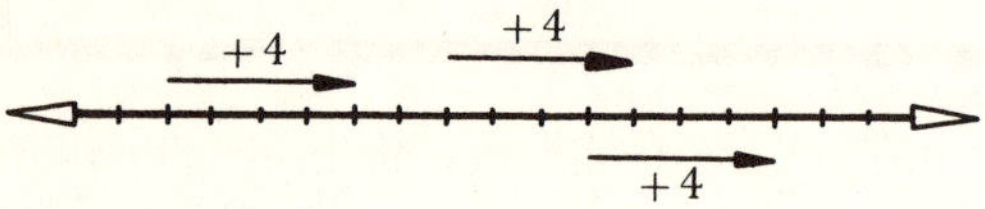

Abb. 23 Die Klasse der ganzen Zahl + 4

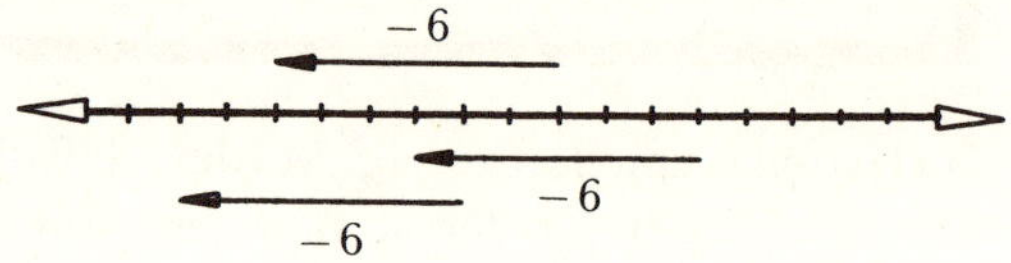

Abb. 24 Die Klasse der ganzen Zahl – 6

Die Länge eines Pfeiles nennt man den Betrag der ganzen Zahl. Für den Betrag einer Zahl a ist die Schreibweise $|a|$ üblich:

Der Betrag: $|a| = \begin{cases} a, & \text{wenn } a \geqq 0 \\ -a, & \text{wenn } a < 0 \end{cases}$

Die Betragsstriche machen eine negative Zahl also positiv, während eine positive Zahl durch die Betragsstriche nicht verändert wird.

Beispiele:

1. Der ganzen Zahl -3 entspricht ein Pfeil auf der Zahlengeraden mit der Länge 3, also ist $|-3| = 3$

2. $|4| = 4$; $|-10| = 10$; $|0| = 0$

Die Addition und die Subtraktion können ebenso wie die Multiplikation und auch die Division mit ganzen Zahlen auf der Zahlengeraden optisch gut verdeutlicht werden. Dabei muß lediglich beachtet werden, daß negative Zahlen durch *linksgerichtete* Pfeile und positive Zahlen durch *rechtsgerichtete* Pfeile veranschaulicht werden:

Addition und Subtraktion ganzer Zahlen

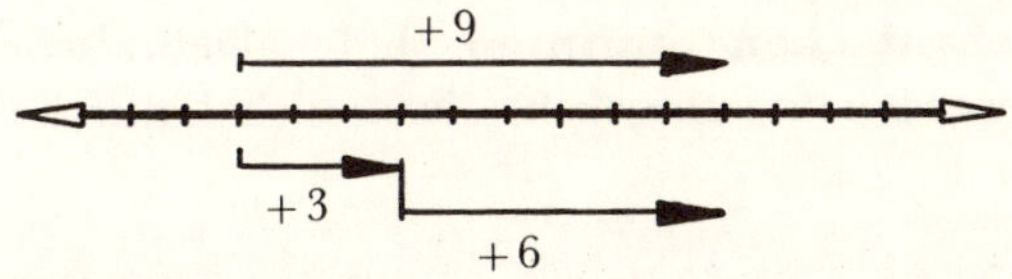

$a + b$ *Abb. 25* $3 + 6 = 9$

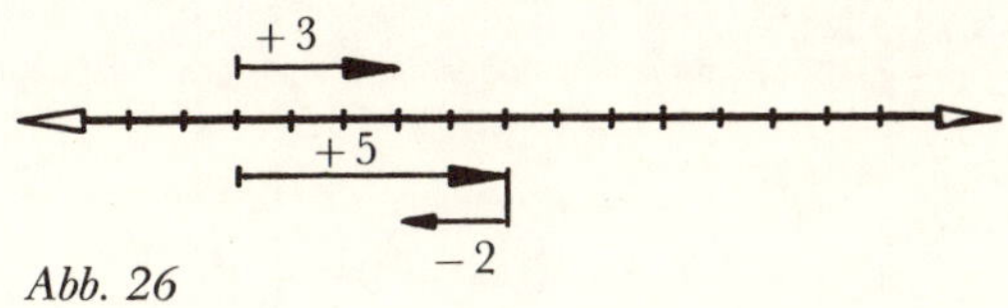

$a - b$ mit $a > b$ *Abb. 26* $5 - 2 = 3$

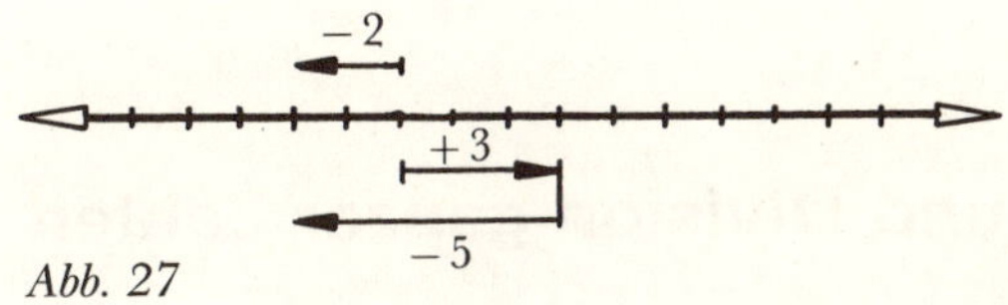

$a - b$ mit $a < b$ *Abb. 27* $3 - 5 = -2$

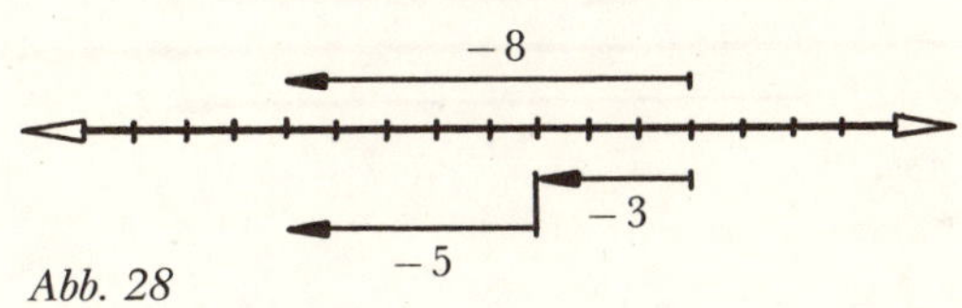

$-a - b$ *Abb. 28* $-3 - 5 = -8$

Ergibt die Summe zweier ganzer Zahlen Null, so müssen diese beiden Zahlen gleiche Beträge, aber verschiedene Vorzeichen besitzen.

Zwei Zahlen sind Gegenzahlen zueinander, wenn ihre Summe Null ergibt.

Die Subtraktion mit ganzen Zahlen kann somit als Addition entsprechender Gegenzahlen aufgefaßt werden, weshalb die Eigenschaften der Addition (s. S. 93) bedenkenlos auf die Subtraktion übertragbar sind.

Beispiele:

$a + b = b + c$; $-a - b = -b - a$; $-a + b = b - a$ (Kommutativgesetze)
Hierbei ist zu beachten, daß bei der Vertauschung der Glieder auch deren Vorzeichen mitzuvertauschen sind: $-6 + 4 = +4 - 6 = -2$.

Zahlen, die nacheinander subtrahiert werden sollen, kann man auch addieren und en bloc als Summe subtrahieren: $-a - b - c - d = -(a + b + c + d)$
Summen und Differenzen treten in Termen auch kombiniert auf; man spricht in einem solchen Fall von **algebraischen Summen**. Jede algebraische Summe kann durch Klammern umgeformt werden und umgekehrt, wenn sich dadurch Rechenvorteile ergeben.

Steht vor einer Klammer ein Minuszeichen (Minusklammer), so erhalten alle Summanden innerhalb der Klammer umgekehrte Vorzeichen, wenn die Klammer aufgelöst wird. Plusklammern haben keine Bedeutung und können deshalb ohne Veränderung weggelassen werden.

Beispiele:

1. $3 + 5 - (3 - 4 + 5) = 3 + 5 - 3 + 4 - 5 = +4 = 4$

2. $-(4 + 6 - 2) - (8 + 3) + (3 + 7) = -4 - 6 + 2 - 8 - 3 + 3 + 7 = -9$

Multiplikation und Division ganzer Zahlen

$a \cdot b$

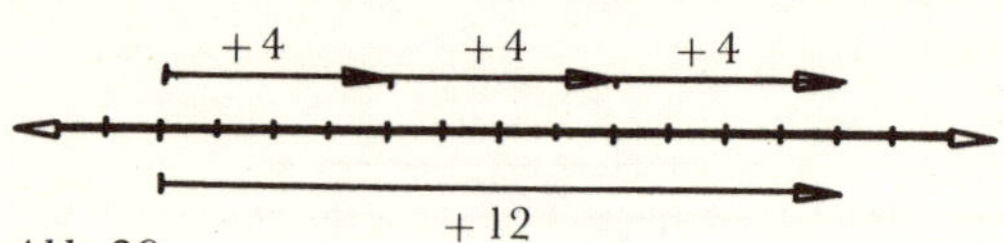

Abb. 29

$3 \cdot 4 = 12$

$a \cdot (-b)$

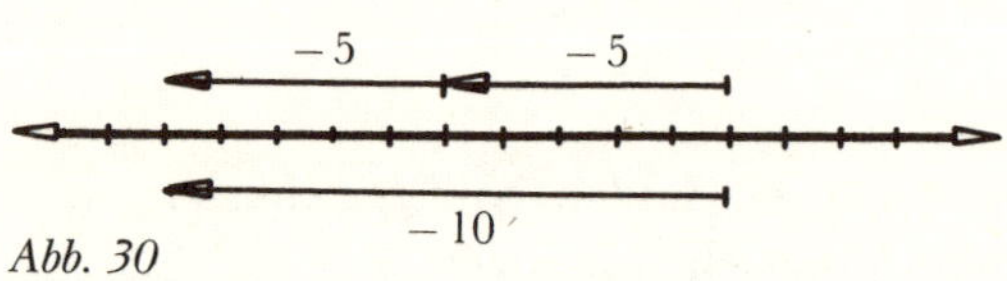

Abb. 30

$2 \cdot (-5) = -10$

$(-a) \cdot b$

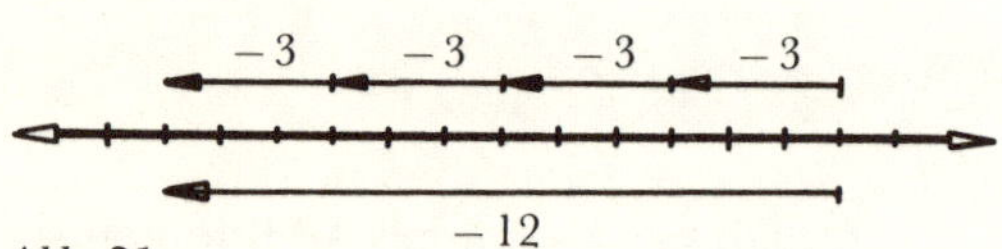

Abb. 31

$(-3) \cdot 4 = -12$

$(-a) \cdot (-b)$

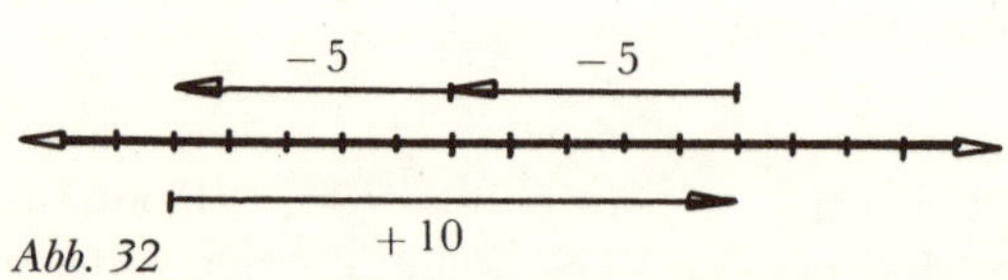

Abb. 32

$(-5) \cdot (-2) = +10$

Jede Division $a : b$ kann auch als Multiplikation $a \cdot \frac{1}{b}$ gedeutet werden, weshalb die oben genannten Multiplikationsregeln auch für die Division mit ganzen Zahlen gültig sind.

Beispiele:

1. $30 : 10 = 3$; **2.** $40 : (-5) = -8$, weil $(-8)(-5) = 40$ ist

3. $100 : (-25) = -4$, weil $(-4)(-25) = 100$ ist

4. $(-1000) : (-125) = 8$, weil $8 \cdot (-125) = -1000$ ist

Das Produkt (der Quotient) zweier ganzer Zahlen ist genau dann positiv, wenn beide Faktoren (Dividend und Divisor) dasselbe Vorzeichen besitzen; im anderen Fall ist das Produkt (der Quotient) immer negativ:

plus × plus = plus	plus : plus = plus
minus × minus = plus	minus : minus = plus
plus × minus = minus	plus : minus = minus
minus × plus = minus	minus : plus = minus

Die Eigenschaften der Multiplikation (s. S. 93) sind natürlich auf die Division übertragbar. Läßt man jedoch ganze Zahlen und damit negative Zahlen zu, so gibt es eine Wichtigkeit zu beachten:

Die Ordnungsrelation dreht sich bei der Multiplikation mit einer negativen Zahl (bzw. bei der Division durch eine negative Zahl) um:

Mit $c < 0$ und $a < b$ folgt $ac > bc$ bzw. $a : c > b : c$

Beispiel: **1.** $4 > -6$, also $4(-5) < (-6)(-5)$, weil $-20 < 30$
2. $4 : (-2) < (-6) : (-2)$, weil $-2 < 3$

Übungen:

1. Bestimmen Sie die Lösung, nachdem die Klammer beseitigt wurde:

a) $(4-5) + 5(2-4+6) =$ b) $(-3+4) - 5(2-3) =$
c) $3 + (-4(2-3+6)) =$ d) $(3+6) - (+(2-4) - (12-8)) =$
e) $6 - (2-5-7+(2-6)+3) =$ f) $100 - (-20-3(2+5)-3+7) =$

2. Berechnen Sie die Produkte auf zwei Arten:

Beispiel: $(3+5)(6-8) = 8(-2) = -16$ oder $= 18 + 30 - 24 - 40 = -16$
a) $(45-75+30)(3-5) =$ b) $12(22-45+46)(-3)(3+6) =$
c) $(-4-5)(+4-5)(-2-1) =$ d) $(-1)(-2)(3-4)(5-6) : (-1) =$

3. Bestimmen Sie die Lösung auf verschiedene Arten:

a) $34 + 4(5-6-9) + (3-4) - (4-2)(4-10) - 12 =$
b) $-100 - ((-(3+5-6) + (-4+3)+4) - (2+4)) =$

4. Welche ganzen Zahlen müssen hier für die Platzhalter eingesetzt werden, damit wahre Aussagen entstehen? a) $4 + x - 6 = 9$ b) $x \cdot x \cdot x = -8$ c) $x \cdot y = -10$
d) $4 \cdot x = 0$ e) $x - 10 = -45$ f) $x - (-23+5) = 10$
g) $-(-(x+4) - (4+4)) = 12 - 25$ h) $y \cdot y = 9$ Lösungen Seite 211 f.

Die Menge $\mathbb{Q}$ der rationalen Zahlen, Bruchzahlen

Wie gezeigt, ist die Menge $\mathbb{N}$ abgeschlossen bezüglich der Addition und der Multiplikation: Die Addition (und damit die Multiplikation) zweier natürlicher Zahlen ist wieder eine natürliche Zahl. Die Menge $\mathbb{Z}$ der ganzen Zahlen ist sogar abgeschlossen bezüglich der Addition, Multiplikation und der Subtraktion; allerdings kann die Division mit ganzen Zahlen aus der Menge $\mathbb{Z}$ hinausführen.

Einführungsbeispiele:

Teilungsprobleme kommen im täglichen Leben ständig vor: Da sind zum Beispiel 4 Törtchen auf 5 Kinder oder 30 € auf 7 Freunde oder vielleicht auch 1000 Hausnummern auf 9 Vertreter für Staubsauger zu verteilen. Jedes dieser Teilungsprobleme wäre bereits unlösbar, wenn nur ganzzahlige Lösungen gewünscht würden. Wir müssen vielmehr für eine zufriedenstellende Lösung in den Bereich der sogenannten Bruchzahlen, den gebrochenen Zahlen, vorstoßen.

Nimmt man von jedem der 4 Törtchen den fünften Teil weg und setzt diese vier Fünftelteile zu einem neuen Törtchen zusammen, so bekommt jedes der 5 Kinder denselben Anteil, nämlich $\frac{4}{5}$ Törtchen. 5 mal $\frac{4}{5}$ Törtchen ergeben wieder 4 ganze Törtchen.

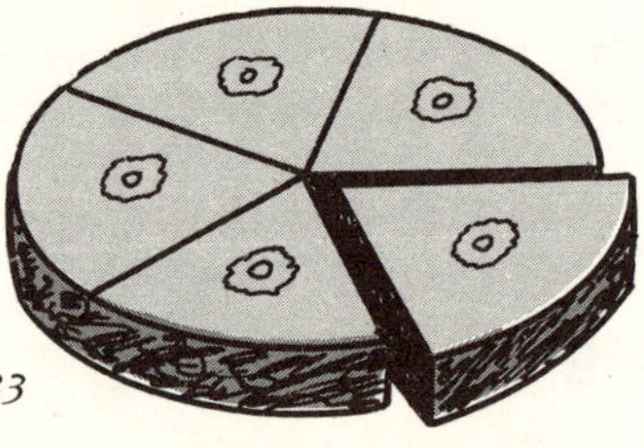

Abb. 33

In ähnlicher Weise ergibt die Verteilung von € 30,– unter 7 Freunden $\frac{30}{7}$ €; allerdings kann hier für die Praxis keine exakte Aufteilung vorgenommen werden, da dies auf die gleichmäßige Teilung von 3000 Cent unter 7 Leuten, also auf die Auszahlung von etwas mehr als 428,5 Cent, hinausliefe.

Wenn 1000 Hausnummern unter 9 Vertretern zu verteilen sind, werden jedem Vertreter etwas mehr als 111 Hausnummern zugewiesen. Der exakte Wert (nämlich 111,11 ... Hausnummern) ist hier nur von mathematischer, nicht aber von praktischer Bedeutung.

Das Ergebnis einer Rechnung, bei der eine Division (also eine Teilung) durchzuführen ist, nennt man Quotient oder Bruch. Die Bruchrechnung befaßt sich mit den Regeln und Gesetzen beim Umgang mit Bruchzahlen.

Jede Divisionsaufgabe a : b ($b \neq 0$) läßt sich damit in der Bruchform a/b oder $\frac{a}{b}$ angeben; dem Bruchstrich entspricht hierbei das Divisionszeichen. Der Dividend steht über dem Bruchstrich und wird **Zähler** genannt, weil damit die Bruchanteile gezählt werden. Der Divisor gibt dem entstehenden Bruch seinen Namen, weshalb der Divisor auch **Nenner** genannt wird. Der Nenner steht immer unterhalb des Bruchstriches.
Die Bezeichnung *Bruch* ist vielleicht etwas irreführend, assoziiert man hiermit beispielsweise das Zerbrechen eines Tellers. Freilich ist in diesem Fall das Brechen in gleichmäßige bzw. gleich große Teile gemeint. Die „Törtchenaufgabe" eignet sich in besonderer Weise, den Umgang mit Brüchen zu erlernen oder zu vertiefen. Bei einer Teilung soll immer von der *gleichmäßigen*, also gerechten Teilung ausgegangen werden.
Im folgenden sollen einige Brüche optisch dargestellt werden, indem wir eine beliebig vorgegebene Einheit (Torte) entsprechend teilen (siehe Abb. 34):

Wie bei den negativen ganzen Zahlen $\mathbb{Z}^-$ werden auch negative Bruchzahlen definiert.

Negative Brüche haben die Form $-\frac{a}{b}$ oder $\frac{-a}{b}$ oder $\frac{a}{-b}$;
alle Formen sind jedoch äquivalent, also gleichwertig.

Die Menge der positiven und negativen Brüche mit der Null nennt man rationale Zahlen $\mathbb{Q}$:

$$\mathbb{Q} = \left\{ \frac{a}{b} \,\middle|\, a \in \mathbb{Z} \text{ und } b \in \mathbb{N} \right\}$$

Jede rationale Zahl läßt sich als Bruch schreiben, bei dem der Zähler eine ganze Zahl und der Nenner eine natürliche Zahl darstellt.

Beispiele:

$-2 = \frac{-2}{1}$; $\quad -\frac{3}{2} = \frac{-3}{2}$; $\quad 0 = \frac{0}{5}$; $\quad 10 = \frac{10}{1}$

Dies ist eine wichtige Charakterisierung der Brüche, die zugleich *notwendig* und *hinreichend* für die Beschreibung jedes Bruches ist. Damit ist beispielsweise ausgeschlossen, daß durch Null dividiert wird. In dieser Definition sind auch die *ganzen und natürlichen Zahlen* als *Teilmenge* der rationalen Zahlen erfaßt:

$\mathbb{N} \subset \mathbb{Z} \subset \mathbb{Q}$.

Der Leser weiß vermutlich aus eigener Erfahrung, daß verschiedene Bruchzahlen nicht unbedingt auch verschiedene Zahlenwerte besitzen.

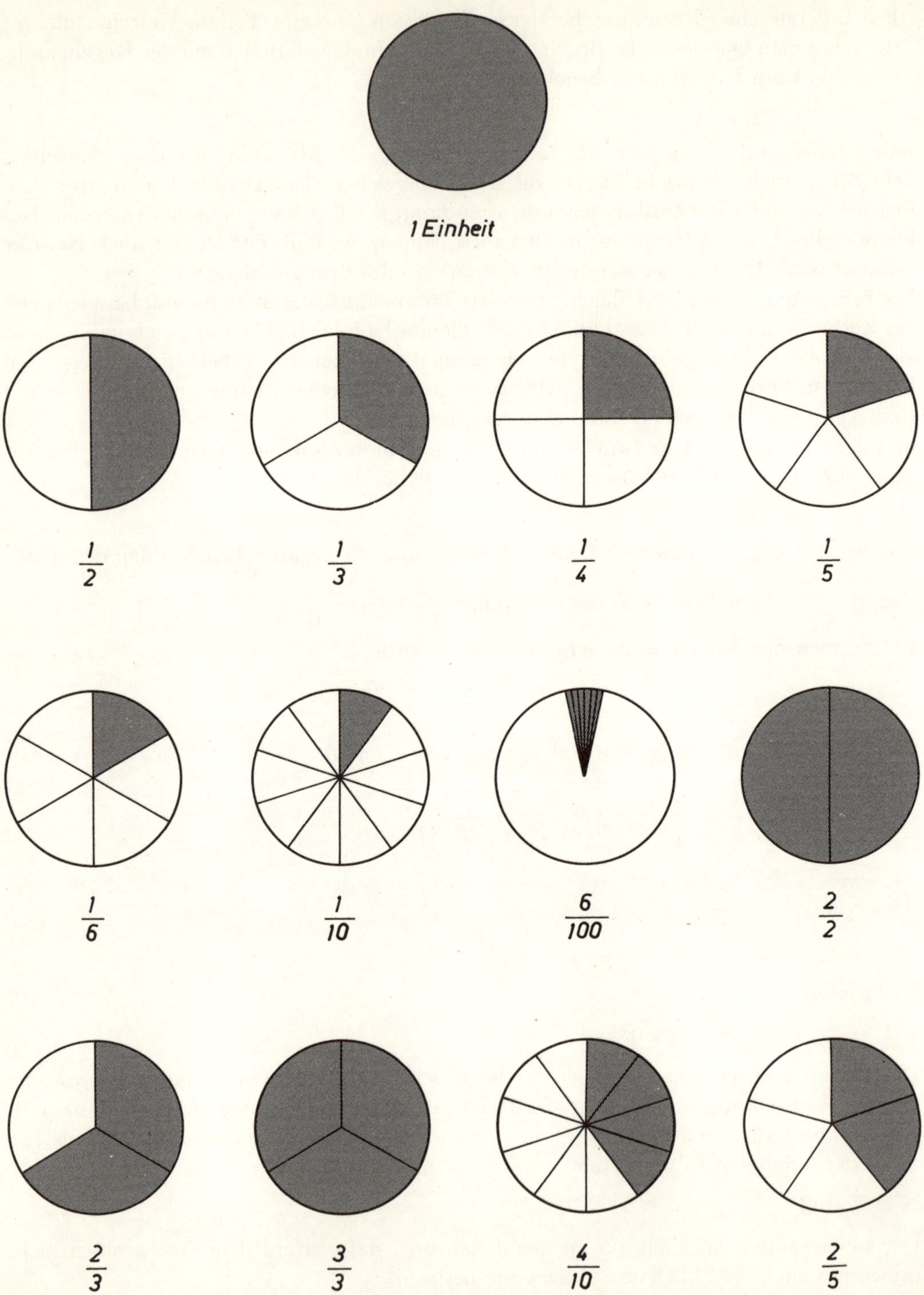

Abb. 34

Beispiele:

$\frac{4}{2} = \frac{6}{3} = \frac{100}{50} = \frac{3400}{1700}$ oder $\frac{3}{7} = \frac{30}{70} = \frac{300}{700} = \frac{3\,000\,000}{7\,000\,000}$

Dies läßt die Frage aufkommen, wie viele Brüche mit ein und demselben Wert überhaupt konstruierbar sind:

Multipliziert man den Zähler und den Nenner eines Bruches mit derselben Zahl, so hat man den Bruch erweitert. Der Wert des Bruches bleibt dabei unverändert.

$$\frac{a}{b} = \frac{a \cdot c}{b \cdot c}; \qquad c \neq 0$$

Beispiele:

1. $\frac{5}{3} = \frac{15}{9} = \frac{35}{21} = \frac{150}{90} = \frac{850}{510}$ Hier wurde mit 3, 7, 30 bzw. 170 erweitert.
2. $\frac{17}{13} = \frac{34}{26} = \frac{102}{78} = \frac{3230}{2470}$ Hier wurde mit 2, 6 bzw. 190 erweitert.

Dividiert man den Zähler und den Nenner eines Bruches durch dieselbe Zahl, so hat man den Bruch gekürzt. Der Wert des Bruches bleibt dabei unverändert.

$$\frac{a}{b} = \frac{a : c}{b : c}; \qquad c \neq 0$$

Beispiele:

1. $\frac{18}{6} = \frac{9}{3} = 3$ **2.** $\frac{24}{18} = \frac{12}{9} = \frac{4}{3}$ **3.** $\frac{1540}{2310} = \frac{220}{330} = \frac{20}{30} = \frac{2}{3}$

Mehrfaches Erweitern oder Kürzen kann man durch einen Erweiterungs- bzw. Kürzvorgang ersetzen. Würde ein Bruch mit 0 erweitert werden, so entstünde in jedem Fall der Quotient $\frac{0}{0}$, also ein nicht zulässiger Ausdruck.

Ein Bruch darf nicht mit Null erweitert (oder gekürzt) werden.

Es ist klar, daß ein Bruch nur dann ganzzahlig und damit sinnvoll gekürzt werden kann, wenn der Zähler und der Nenner einen *gemeinsamen Teiler* besitzen. Beim Kürzen wird man dann bestrebt sein, den *größten gemeinsamen Teiler* (ggT) des Zählers und Nenners zu finden.

Beispiele:

1. $\frac{90}{120}$ kann durch 3, 6, 10, 15 oder gar 30 gekürzt werden,
   also $\frac{90}{120} = \frac{30}{40} = \frac{15}{20} = \frac{9}{12} = \frac{6}{8} = \frac{3}{4}$

2. $-\frac{315}{735} = -\frac{105}{245} = -\frac{21}{49} = -\frac{3}{7}$ **3.** $\frac{160}{880} = \frac{2}{11}$ **4.** $\frac{170}{17} = \frac{10}{1} = 10$

Es gibt folglich zu jedem beliebigen Bruch unendlich viele andere Brüche mit demselben Wert. Alle diese Brüche gehen durch Kürzen oder Erweitern ineinander über. Die Menge aller Brüche mit ein und demselben Wert bilden eine *Bruchklasse*, deren Repräsentant der jeweils am weitesten gekürzte Bruch ist.

Die Menge der Bruchzahlen ist in Klassen eingeteilt. Jede Klasse besitzt einen gekürzten Repräsentanten:

$$\mathbf{\frac{1}{2}} \quad \dots \quad \frac{2}{4}; \ \frac{17}{34}; \ \frac{19}{38}; \ \frac{-200}{-400}; \ \frac{50\,000}{100\,000} \quad \dots$$

$$\mathbf{\frac{2}{3}} \quad \dots \quad \frac{4}{6}; \ \frac{34}{51}; \ \frac{-200}{-300}; \ \frac{5000}{7500}; \ \frac{15\,110}{22\,665} \quad \dots$$

$$\mathbf{0} \quad \dots \quad \frac{0}{3}; \ \frac{0}{-2}; \ \frac{0}{17}; \ -\frac{0}{1756}; \ \frac{0}{55\,391} \quad \dots$$

$$-\mathbf{\frac{1}{6}} \quad \dots \quad -\frac{7}{42}; \ -\frac{22}{132}; \ -\frac{171}{1026}; \ -\frac{1000}{6000}; \ -\frac{1751}{10\,506} \quad \dots$$

$$-\mathbf{\frac{5}{3}} \quad \dots \quad -\frac{10}{6}; \ -\frac{15}{9}; \ -\frac{285}{171}; \ -\frac{855}{513}; \ -\frac{5000}{3000} \quad \dots$$

$$-\mathbf{\frac{23}{11}} \quad \dots \quad -\frac{230}{110}; \ -\frac{276}{132}; \ -\frac{1173}{561}; \ -\frac{2530}{1210}; \ -\frac{23\,000}{11\,000} \quad \dots$$

Die Brüche $\frac{a}{b}$ und $\frac{c}{d}$ sind genau dann gleich und gehen durch Erweitern oder Kürzen ineinander über, wenn $a \cdot d = b \cdot c$ ist:

$$\frac{a}{b} = \frac{c}{d} \Leftrightarrow a \cdot d = b \cdot c \quad \text{(Kreuzregel)}$$

Beispiele:

1. $\frac{3}{2} = \frac{9}{6}$, weil $3 \cdot 6 = 2 \cdot 9$

2. $\frac{12}{42} = \frac{4}{14}$, weil $12 \cdot 14 = 42 \cdot 4$

Die Brüche mit dem Zähler 1 nennt man **Stammbrüche**. Ist der Zähler kleiner als der Nenner ($a < b$), so spricht man von *echten Brüchen*, im anderen Fall ($a > b$) von *unechten Brüchen*. Jeder unechte Bruch läßt sich durch Abspalten einer ganzen Zahl in eine *gemischte Zahl* umschreiben. Ganze Zahlen lassen sich somit auch als Brüche schreiben, bei denen der Zähler ein Vielfaches des Nenners darstellt.

Beispiele:

Stammbrüche: $\frac{1}{5}$; $\frac{1}{7}$; $-\frac{1}{3}$; $\frac{1}{18}$; $\frac{1}{100}$

echte Brüche: $\frac{4}{5}$; $\frac{1}{4}$; $\frac{2}{3}$; $-\frac{4}{9}$; $-\frac{2}{11}$

unechte Brüche und gemischte Zahlen: $\frac{4}{3} = 1\frac{1}{3}$; $\frac{7}{2} = 3\frac{1}{2}$; $-\frac{8}{3} = -2\frac{2}{3}$

ganze Zahlen als unechte Brüche: $3 = \frac{3}{1}$; $-4 = -\frac{4}{1}$; $-14 = -\frac{14}{1}$

Wie bei der Anordnung der ganzen Zahlen auf der Zahlengeraden, können auch rationale Zahlen auf der Zahlengeraden durch ihnen zugeordnete Punkte gekennzeichnet werden. Verschiedenen Punkten entsprechen dabei auch verschiedene rationale Zahlen. Die *rationalen Punkte* liegen auf der Zahlengeraden zwischen den *ganzzahligen Punkten.* Auch hier gilt: Je weiter links eine rationale Zahl bzw. ihr zugehöriger Bildpunkt anzuordnen ist, um so kleiner ist auch ihr Wert.
Die Größenordnung innerhalb der Menge $\mathbb{Q}$ wird bekanntlich durch $<$ (kleiner) $\leqq$ (kleiner oder gleich), $>$ (größer) oder $\geqq$ (größer oder gleich) dargestellt.
Die Größenrelation zwischen zwei Bruchzahlen kann praktisch durch Multiplikation mit einer geeigneten positiven Zahl nachgewiesen werden.

Beispiele:

$\frac{5}{2} > \frac{7}{4}$, weil $5 \cdot 4 > 7 \cdot 2$; $\frac{19}{2} < \frac{29}{3}$, weil $19 \cdot 3 < 29 \cdot 2$

Eine Möglichkeit, Brüche größenmäßig zu vergleichen, ist im vorstehenden Beispiel erkennbar und bereits durch den Satz auf S. 52 gegeben. Hierbei muß allerdings Beachtung finden, daß sich die Ordnungsrelationen $<$ oder $>$ bzw. $\leqq$ oder $\geqq$ umdrehen, wenn beide Seiten mit einer negativen Zahl multipliziert werden.
Wem dieser Aufwand zu groß ist, der kann Bruchzahlen auch anders miteinander vergleichen:

Von zwei Brüchen mit gleichen (positiven) Nennern ist derjenige der größere, der den größeren Zähler besitzt:

$$\text{wenn} \quad a > c \Rightarrow \frac{a}{b} > \frac{c}{b} \quad (b > 0)$$

Auf Seite 49 ist gezeigt, daß man in jedem Bruch einen positiven Nenner erzeugen kann.

Beispiele:

1. $\frac{9}{7} < \frac{19}{7}$, weil $9 < 19$

2. $-\frac{7}{2} < -\frac{5}{2}$, weil $\frac{-7}{2} < \frac{-5}{2}$ oder $-7 < -5$

Von zwei Brüchen mit gleichen (positiven) Zählern und Nennern mit gleichem Vorzeichen ist derjenige der größere, dessen Nenner der kleinere ist:

$$\text{wenn} \quad b < c \Rightarrow \frac{a}{b} > \frac{a}{c} \quad (a > 0)$$

Beispiele:

1. $\frac{5}{7} < \frac{5}{3}$, weil $7 > 3$

2. $-\frac{11}{3} > -\frac{11}{2}$, weil $\frac{11}{-3} > \frac{11}{-2}$ oder $-3 < -2$

Wie gesehen ist ein Größenvergleich dann besonders einfach, wenn die Nenner übereinstimmen. Ist dies jedoch nicht der Fall, so kann man natürlich hier nachhelfen und gleiche Nenner durch ein geeignetes Erweitern erzeugen.

Brüche, die von ihrer Größe her zu vergleichen sind, kann man durch Erweitern gleichnamig machen, also auf einen gleichen Nenner bringen. Dieser gemeinsame Nenner wird Hauptnenner genannt und ist im günstigsten Fall das kleinste gemeinsame Vielfache der Nenner.

Beispiele:

1. $\frac{3}{4}$ und $\frac{7}{9}$ werden verglichen, indem man beide Brüche auf den Hauptnenner 36 erweitert, also $\frac{3}{4} = \frac{27}{36} < \frac{28}{36} = \frac{7}{9}$. Man kann aber auch zum Beispiel über den gemeinsamen Nenner 72 die beiden Brüche vergleichen: $\frac{3}{4} = \frac{54}{72} < \frac{56}{72} = \frac{7}{9}$

2. $\frac{13}{18}$ und $\frac{20}{27}$ sind zu vergleichen: $\frac{13}{18} = \frac{39}{54} < \frac{40}{54} = \frac{20}{27}$

Es ist sicher einleuchtend, daß man zu 2 verschiedenen rationalen Zahlen stets eine weitere rationale Zahl finden kann, die größenmäßig zwischen den zugehörigen rationalen Punkten auf der Zahlengeraden angeordnet werden muß. Trotzdem gibt es ein Verfahren, mit dem man ausnahmslos *alle* Bruchzahlen erfassen und somit systematisch abzählen kann.

Mit dem **Cantorschen Zählverfahren** werden beim Durchlaufen des angegebenen Zahlenschemas alle rationalen Zahlen (unendlich oft) erfaßt:

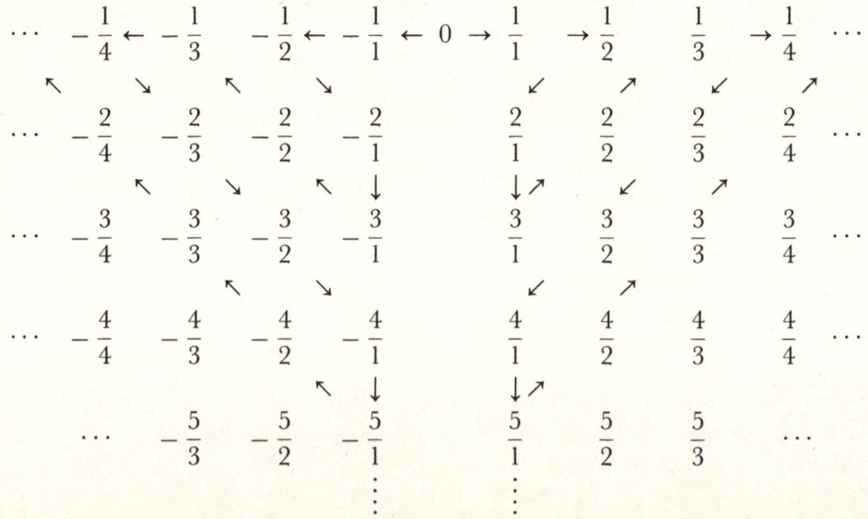

Wie anfangs beschrieben, stellt jeder Bruch $\frac{a}{b}$ im Prinzip einen Quotienten mit dem Dividenden a und dem Divisor b dar. Aus diesem Grunde kann die Division a : b ja auch „ausgerechnet“ und der Bruch $\frac{a}{b}$ damit in einer anderen Form, der sogenannten **Dezimalbruchdarstellung**, angegeben werden.

Beispiele:

1. $\frac{3}{4} = 3 : 4 = 0{,}75$ **2.** $\frac{2}{25} = 2 : 25 = 0{,}08$ **3.** $\frac{7}{6} = 7 : 6 = 1{,}1666\ldots$

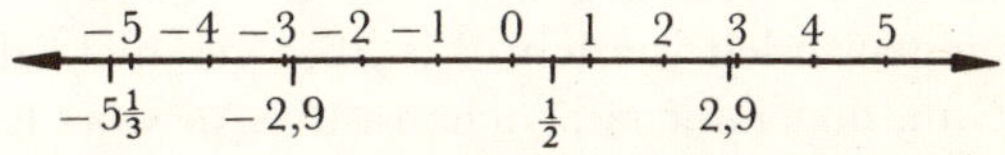

Abb. 35 Die rationale Zahlengerade

Die Dezimalbruchentwicklung wird im Alltag häufiger benutzt als die Bruchdarstellung, weil sie besonders gut eine anschauliche Vorstellung über die Größenordnung einer betrachteten Bruchzahl liefert. Wie die Beispiele $\frac{1}{3} = 0{,}33\ldots$ oder $\frac{2}{7} = 0{,}285714\ldots$ zeigen, sind die zu Brüchen gehörigen Dezimalzahlen nicht immer endlich, da sich bei der Division durch den Nenner bestimmte Reste wiederholen können. Man spricht in solchen Fällen von **periodischen Dezimalzahlen** und unterscheidet *reinperiodische* (Periode beginnt sofort hinter dem Komma) von *gemischtperiodischen* Dezimalbrüchen, bei denen die Periode erst später nach dem Komma anfängt. Die Länge der Periode eines Bruches kann natürlich maximal b – 1 Stellen erreichen, da bei der Division durch den Nenner b ja auch nur b – 1 verschiedene Reste auftreten können und bei einer Periode der entstehende Rest von Null verschieden sein muß.

Die Periode wird durch einen waagerechten Strich über alle sich periodisch wiederholenden Nachkommazahlen gekennzeichnet.

Beispiele:

reinperiodische Dezimalzahlen sind

$\frac{1}{3} = 1 : 3 = 0{,}333\ldots = 0{,}\overline{3}$; $\frac{1}{7} = 1 : 7 = 0{,}1428571428\ldots = 0{,}\overline{142857}$;

gemischtperiodische Dezimalzahlen sind

$\frac{5}{6} = 5 : 6 = 0{,}8333\ldots = 0{,}8\overline{3}$; $\frac{3}{900} = 3 : 900 = 0{,}00333\ldots = 0{,}00\overline{3}$;

Die dezimale Darstellung kann natürlich nur endlich sein, wenn die Umwandlung des Nenners in eine Zehnerpotenz gelingt; ansonsten kann der Bruch durch eine endliche Stellenzahl nur angenähert werden.

Die Umwandlung in eine Zehnerpotenz gelingt aber nur, wenn in der gekürzten Darstellung des Nenners höchstens die Primfaktoren 2 und/oder 5 vorkommen, weil dies ja auch bei jeder Zehnerpotenz der Fall ist.

Der gekürzte Bruch $\frac{a}{b}$ stellt nur dann eine endliche Dezimalzahl dar, wenn der Nenner b nur die beiden Primfaktoren 2 und/oder 5 enthält. Im anderen Fall ist $\frac{a}{b}$ nur durch eine unendliche periodische Dezimalzahl darstellbar.

Beispiele:

1. $\frac{6}{15}$ kann gekürzt werden in $\frac{2}{5}$ und muß deshalb in einen endlichen Dezimalbruch umwandelbar sein: $\frac{6}{15} = 0{,}4$

2. Auch $\frac{7}{20}$ ist wegen $20 = 2 \cdot 2 \cdot 5$ durch einen endlichen Dezimalbruch darstellbar: $\frac{7}{20} = \frac{35}{100} = 0{,}35$

3. $\frac{5}{300}$ kann nicht durch einen endlichen Dezimalbruch dargestellt werden, weil der Nenner unter anderem den Primfaktor 3 enthält: $\frac{5}{300} = \frac{1}{60} = 0{,}01\overline{6}$

Damit ist bekannt, wie Brüche in endliche oder unendliche periodische Dezimalbrüche umgewandelt werden. Wie aber geschieht die Umwandlung in der anderen Richtung? Nun, für endliche Brüche ist die Antwort leicht zu geben:

Ein endlicher Bruch wird in den zugehörigen Dezimalbruch umgeschrieben, indem man die Nachkommastellen als Zähler und den Nenner als der Stellenzahl entsprechende Zehnerpotenz darstellt.

Beispiele:

1. $3{,}45 = 3\frac{45}{100} = 3\frac{9}{20}$ **2.** $45{,}00567 = 45\frac{567}{100\,000}$ **3.** $0{,}0000023 = \frac{23}{10\,000\,000}$

Unendliche periodische Dezimalbrüche können nach folgendem Lehrsatz umgewandelt werden:

Ein reinperiodischer Dezimalbruch läßt sich sofort in einen Bruch umschreiben, bei dem der Zähler die Periode ist und der Nenner so viele Neuner enthält, wie die Periode lang ist.

Gemischtperiodische Dezimalbrüche können zunächst in eine Summe aus einer endlichen und einer reinperiodischen Dezimalzahl umgeschrieben werden; dann kann auch hier die genannte Regel benutzt werden. Der Beweis für diesen Satz kann über *unendliche geometrische Reihen* geführt werden. Die Addition und Subtraktion von Bruchzahlen wird auf Seite 58 behandelt.

Beispiele:

1. $4{,}\overline{636} = 4\frac{636}{999} = 4\frac{212}{333}$

Dies kann man sich auch so überlegen:

$$\begin{array}{lrcl} & 4{,}\overline{636} \cdot 1000 & = & 4636{,}\overline{636}\ + \\ \text{und} & 4{,}\overline{636} \cdot 1 & = & 4{,}\overline{636}\ - \quad \text{(Subtraktion)} \\ \hline \text{also} & 4{,}\overline{636} \cdot 999 & = & 4632{,}0 \quad , \text{ weil die Periode wegfällt.} \end{array}$$

Deshalb ist folglich $4{,}636 = \frac{4632}{999} = 4\frac{636}{999}$

2. $0{,}3\overline{34} = 0{,}3 + 0{,}\overline{34} \cdot \frac{1}{10} = \frac{3}{10} + \frac{34}{99} \cdot \frac{1}{10} = \frac{331}{990}$

Es ist nämlich $0{,}3\overline{34} \cdot 1000 = 334{,}\overline{34}$ +

und $0{,}3\overline{34} \cdot 10 = 3{,}\overline{34}$ – (Subtraktion)

also $0{,}3\overline{34} \cdot 990 = 331{,}0$

Damit ist $0{,}3\overline{34} = \frac{331}{990}$

3. $4{,}45\overline{897} = 4{,}45 + 0{,}\overline{897} \cdot \frac{1}{100} = 4\frac{45}{100} + \frac{897}{999} \cdot \frac{1}{100}$

$= 4\frac{44955}{99900} + \frac{897}{99900} = 4\frac{45852}{99900} = 4\frac{3821}{8325}$

Bei der Verwendung von Dezimalzahlen hat man zwar den Vorteil, die Größenordnung leichter einschätzen zu können, doch müssen periodische Dezimalbrüche in der Praxis als endliche Näherungszahlen *gerundet* verwendet werden. Die Rechnung wird dadurch manchmal ungenau.

Soll ein Dezimalbruch oder auch eine ganze Zahl auf n Stellen (vor oder hinter dem Komma) gerundet werden, so ist für die Rundung die (n + 1)-te Stelle maßgebend. Die n-te Stelle wird aufgerundet, wenn die nachfolgende Stelle eine 5, 6, 7, 8 oder 9 ist; im anderen Fall wird abgerundet. Eine Mehrfachrundung ist unzulässig!

Beispiele:

3435,0954563 ergibt gerundet der Reihe nach von links nach rechts ($\approx$ bedeutet: ungefähr gleich):

3435,0954563	$\approx$ 3400	gerundet auf Hunderter
	$\approx$ 3440	Zehner
	$\approx$ 3435	Einer
	$\approx$ 3435,1	Zehntel
	$\approx$ 3435,10	Hundertstel
	$\approx$ 3435,095	Tausendstel
	$\approx$ 3435,0955	Zehntausendstel
	$\approx$ 3435,09546	Hunderttausendstel
	$\approx$ 3435,095456	Millionstel

Abschließend halten wir nochmals fest:

Jede rationale Zahl $\frac{a}{b}$ läßt sich entweder durch einen endlichen, einen unendlichen reinperiodischen oder unendlichen gemischtperiodischen Dezimalbruch schreiben. Umgekehrt stellt jeder endliche oder unendliche periodische Dezimalbruch eine rationale Zahl $\frac{a}{b}$ dar.

Rechenoperationen mit rationalen Zahlen, Bruchrechnen

Rationale Zahlen können also entweder als Brüche oder als Dezimalzahlen dargestellt werden. Wir wollen uns nun mit der *Verknüpfung* rationaler Zahlen untereinander befassen; es handelt sich folglich im weitesten Sinne um die Gesetze der **Bruchrechnung**. Parallel zu den gewöhnlichen Brüchen sollen die entsprechenden Verknüpfungen auch mit Dezimalbrüchen ausgeführt und erklärt werden.

Brüche werden addiert bzw. subtrahiert, indem man sie zunächst gleichnamig macht, d. h. auf einen Hauptnenner bringt. Der Hauptnenner ist das kleinste gemeinsame Vielfache (s. S. 41) der Nenner. Die anschließende Addition bzw. Subtraktion der neuen Zähler ergibt den Zähler der Summe bzw. Differenz; der Nenner wird beibehalten.

Addition von Brüchen: $\frac{a}{b} + \frac{c}{d} = \frac{ad}{bd} + \frac{bc}{bd} = \frac{ad + bc}{bd}$

Subtraktion von Brüchen: $\frac{a}{b} - \frac{c}{d} = \frac{ad}{bd} - \frac{bc}{bd} = \frac{ad - bc}{bd}$

Beispiele:

1. $\frac{2}{3} + \frac{1}{4} + \frac{1}{2} = \frac{8}{12} + \frac{3}{12} + \frac{6}{12} = \frac{8+3+6}{12} = \frac{17}{12} = 1\frac{5}{12}$

2. $4\frac{1}{2} - \frac{1}{9} + \frac{2}{3} = 4\frac{9}{18} - \frac{2}{18} + \frac{12}{18} = 4\frac{9-2+12}{18} = 4\frac{19}{18} = 5\frac{1}{18}$

3. $40\frac{1}{6} - \frac{4}{5} = 40\frac{5}{30} - \frac{24}{30} = 39\frac{35}{30} - \frac{24}{30} = 39\frac{11}{30}$

Sind rationale Zahlen in Form von Dezimalbrüchen additiv zu verknüpfen, so werden die zu addierenden (oder subtrahierenden) Dezimalzahlen so untereinander geschrieben, daß ihre Kommata genau untereinander stehen. Dann werden die Dezimalzahlen wie in der von der Elementarmathematik her bekannten Methode addiert bzw. subtrahiert.

Beispiele:

1. $10{,}03 + 7{,}445 + 34 + 17{,}0001 + 2{,}4 =$

$$\begin{array}{r} 10{,}0300 \\ +\ 7{,}4450 \\ +34{,}0000 \\ +17{,}0001 \\ +\ 2{,}4000 \\ \hline 70{,}8751 \end{array}$$

2. $0{,}004 - 55{,}87 - 100{,}98 + 4{,}6799 =$

Hier faßt man am besten die positiven und negativen Dezimalzahlen getrennt zusammen und führt zum Schluß die Subtraktion durch. Wenn der Subtrahend größer als der Minuend ist, wird die Subtraktion nach der Regel (s. S. 45, Minusklammer) $a - b = -(b - a)$ umgestellt.

$$\begin{array}{r} 0{,}0040 \\ +\ 4{,}6799 \\ -\ 55{,}8700 \\ -\ 100{,}9800 \\ \hline 4{,}6839 \\ -\ 156{,}8500 \\ \hline -(\ 156{,}8500) \\ -(-\ 4{,}6839) \\ \hline -\ 152{,}1661 \end{array}$$

Erstaunlicherweise ist die Multiplikation und Division mit Brüchen einfacher zu handhaben als die Addition/Subtraktion; strenggenommen ist die Multiplikation nämlich eine multiple (vielfache) Addition.

Einführungsbeispiel:

Die 240 Schüler einer Grundschule sollen in 4 Klassenstufen, 1.–4. Schuljahr, unterteilt werden. Jede Jahrgangsstufe umfaßt dann bei gleichmäßiger Unterteilung 60 Schüler/Schülerinnen, die außerdem auf jeweils 3 Klassen verteilt werden sollen. Nach dieser „zweifachen Teilung" stellt jede Jahrgangsstufe den 4. Teil, aber jede Klasse mit 20 Schülern den 12. Teil der gesamten Schülerzahl dar. Hier wurde sozusagen der 3. Teil des vierten Teiles gebildet; dies ergab den zwölften Teil der Gesamtheit. Der Teilung liegt folglich die Rechnung $\frac{1}{4} \cdot \frac{1}{3} = \frac{1}{12}$ zugrunde.
Ist beispielsweise von 3 Jahrgangsstufen mit je 60 Schülern die Rede, so entspricht diese Schülermenge dem $\frac{3}{4}$-Teil der gesamten Schülerschaft. Greift man jetzt hier noch 2 Klassen aus jeder Jahrgangsstufe heraus, so erhält man gerade $\frac{3}{4} \cdot \frac{2}{3} = \frac{6}{12} = \frac{1}{2}$ der Schülergesamtheit, also 120 Schüler.

Brüche werden also multipliziert, indem man die vorkommenden Zähler und Nenner getrennt multipliziert:

$$\frac{a}{b} \cdot \frac{c}{d} = \frac{ac}{bd}$$

Beispiele:

1. $\frac{1}{3} \cdot \frac{1}{5} = \frac{1}{15}$ **2.** $\frac{2}{7} \cdot \frac{3}{8} = \frac{6}{56} = \frac{3}{28}$

3. $\frac{1}{6} \cdot \frac{5}{7} \cdot \frac{11}{12} = \frac{55}{504}$ **4.** $(-\frac{2}{3}) \cdot \frac{4}{5} \cdot (-\frac{1}{8}) = \frac{(-2) \cdot 4 \cdot (-1)}{3 \cdot 5 \cdot 8} = \frac{8}{120} = \frac{1}{15}$

5. $\frac{2}{9} \cdot (-2\frac{1}{4}) \cdot 3\frac{1}{7} = -\frac{2 \cdot 9 \cdot 22}{9 \cdot 4 \cdot 7} = -\frac{396}{252} = -\frac{11}{7} = -1\frac{4}{7}$

Meist ist es von Vorteil, wenn man vor der eigentlichen Ausführung der Multiplikation die Zähler und Nenner durch Kürzen vereinfacht; dies gilt insbesondere, wenn mehrere Faktoren im Zähler und Nenner auftreten (Beispiele 4. und 5.).
Allerdings darf nur aus Produkten (auch über kreuz), nicht aber bei algebraischen Summen gekürzt werden, doch können algebraische Summen manchmal durch Ausklammern in Produkte umgeschrieben werden.

Beispiele:

1. $\frac{2}{9} \cdot (-2\frac{1}{4}) \cdot 3\frac{1}{7} = -\frac{2 \cdot 9 \cdot 22}{9 \cdot 4 \cdot 7} = -\frac{2 \cdot 1 \cdot 11}{1 \cdot 2 \cdot 7} = -\frac{11}{7} = -1\frac{4}{7}$

2. $\frac{3}{28} \cdot \frac{7}{18} \cdot \frac{9}{7} \cdot \frac{14}{9} = \frac{3 \cdot 7 \cdot 9 \cdot 14}{28 \cdot 18 \cdot 7 \cdot 9} = \frac{3 \cdot 1 \cdot 1 \cdot 14}{28 \cdot 18 \cdot 1 \cdot 1} = \frac{1 \cdot 1 \cdot 1 \cdot 1}{2 \cdot 6 \cdot 1 \cdot 1} = \frac{1}{12}$

3. $\frac{ab + ac}{ad} = \frac{a(b + c)}{ad} = \frac{b + c}{d}$

Wir wollen jetzt die Division $\frac{a}{b} : \frac{c}{d}$ berechnen. Bekanntlich muß das Produkt aus Quotient und Divisor gerade den Dividenden ergeben.

Beispiel: $7 \cdot \frac{4}{3} = \frac{28}{3} \iff 7 = \frac{28}{3} : \frac{4}{3} = \frac{28}{3} \cdot \frac{3}{4}$

Brüche werden dividiert, indem man mit dem Kehrwert des Divisors multipliziert:

$$\frac{a}{b} : \frac{c}{d} = \frac{a}{b} \cdot \frac{d}{c}$$

Beispiele:

1. $\frac{1}{2} : \frac{4}{3} = \frac{1}{2} \cdot \frac{3}{4} = \frac{3}{8}$ **2.** $\frac{7}{9} : \frac{7}{11} = \frac{7}{9} \cdot \frac{11}{7} = \frac{11}{9} = 1\frac{2}{9}$

3. $(4\frac{1}{2} \cdot 7\frac{1}{6}) : 3\frac{1}{5} = (\frac{9}{2} \cdot \frac{43}{6}) \cdot \frac{5}{16} = \frac{3 \cdot 43 \cdot 5}{2 \cdot 2 \cdot 16} = \frac{645}{64} = 10\frac{5}{64}$

4. $(-2\frac{1}{4}) : (-\frac{3}{7}) = (-\frac{9}{4}) \cdot (-\frac{7}{3}) = \frac{21}{4} = 5\frac{1}{4}$

Für Multiplikation und Division gelten also die Vorzeichenregeln von S. 47. Die Division $\frac{a}{b} : \frac{c}{d}$ ist quasi eine doppelte Division, weshalb für das Divisionszeichen (:) auch ein weiterer Bruchstrich verwendet werden kann.

Die Division $\frac{a}{b} : \frac{c}{d}$ kann als Doppelbruch in der Form $\dfrac{\frac{a}{b}}{\frac{c}{d}}$ geschrieben werden.

Allerdings ist die Verwendung mehrerer Divisionszeichen in Folge in gleicher Weise mehrdeutig wie auch die entsprechende Bruchschreibweise.

Beispiele:

1. $(4 : \frac{1}{7}) : \frac{2}{5} \neq 4 : (\frac{1}{7} : \frac{2}{5})$, weil $4 \cdot \frac{1}{7} \cdot \frac{5}{2} \neq 4 : (\frac{1}{7} \cdot \frac{5}{2}) = 4 \cdot \frac{14}{5}$

2. $(2 : 3) : 5 = 2 \cdot \frac{1}{3} \cdot \frac{1}{5} \neq 2 : (3 : 5) = 2 : (3 \cdot \frac{1}{5}) = 2 \cdot \frac{5}{3}$

Aus diesem Grund muß die Reihenfolge (Hierarchie) der auszuführenden Divisionen festgelegt werden. Dies geschieht im allgemeinen durch die Verwendung von Neben- und Hauptbruchstrichen, die etwas dicker (entsprechend ihrer Rangfolge) zu zeichnen sind.

Beispiele:

1. $\dfrac{\frac{3}{4}}{\frac{5}{6}} = \frac{3}{4} : \frac{5}{6} = \frac{3}{4} \cdot \frac{6}{5} = \frac{9}{10}$

2. $\dfrac{3}{\frac{\frac{4}{5}}{6}} = 3 : (\frac{4}{5} : 6) = 3 : (\frac{4}{5} \cdot \frac{1}{6}) = 3 \cdot \frac{15}{2} = \frac{45}{2}$

3. $\dfrac{\frac{\frac{3}{4}}{5}}{6} = (\frac{3}{4} : 5) : 6 = (\frac{3}{4} \cdot \frac{1}{5}) : 6 = \frac{3}{20} \cdot \frac{1}{6} = \frac{3}{120} = \frac{1}{40}$

Man beachte die verschiedenen Ergebnisse bei gleicher Zahlenkonstellation, aber verschiedener Bruchhierarchie.

Die Multiplikation und Division mit Dezimalbrüchen unterscheidet sich nur unwesentlich von der mit natürlichen oder ganzen Zahlen. Bei der Multiplikation zweier Dezimalbrüche wird die Multiplikation wie in der von der Elementarmathematik her bekannten Methode ausgeführt. Das Produkt erhält so viele Dezimalstellen hinter dem Komma, wie beide Faktoren zusammen aufweisen.

Beispiele:

1. 0,4587 · 56,78

```
 0,4587 · 56,78
 ---------------
   36696
   32109
  27522
 22935
 ---------------
 26,044986
```

2. –0,021 · 4678,8

```
 –0,021 · 4678,8
 ---------------
 93576
   46788
 ---------------
 –98,2548
```

Bei der schriftlichen Division mit Dezimalbrüchen ist zunächst der Divisor durch geeignetes Erweitern mit einer Zehnerpotenz (s. S. 65) in eine Zahl ohne Komma umzuschreiben. Dann wird die schriftliche Division in der üblichen Weise ausgeführt. Der Quotient erhält dabei genau an derjenigen Stelle ein Komma, an der man bei der fortlaufenden Division durch den Divisor das Komma überspringt.

> Ein Dezimalbruch wird mit 10, 100 bzw. 1000 usw. multipliziert, indem man das Komma um 1, 2 bzw. 3 Stellen usw. nach rechts verschiebt. Entsprechend ist bei der Division durch eine Zehnerpotenz zu verfahren; dann wird das Komma analog nach links verschoben.

Beispiele:

1. $0{,}07392 \cdot 10^4 = 739{,}2$; $\quad 0{,}07392 : 10^2 = 0{,}0007392$

2. $14{,}3579 \cdot 10^6 = 14357900$; $\quad 14{,}3576 : 10^5 = 0{,}000143576$

3. $0{,}00423 \cdot 10^{-4} = 0{,}00423 : 10^4 = 0{,}000000423$

Beispiele

für die Division mit Dezimalbrüchen:

1.

$$\begin{array}{l} 26{,}044986 : 0{,}4587 = \\ 260449{,}86 : 4587 \quad = 56{,}78 \\ -22935 \\ \hline \quad 31099 \\ \quad -27522 \\ \hline \qquad 35778 \\ \qquad -32109 \\ \hline \qquad\quad 36696 \\ \qquad\quad -36696 \\ \hline \qquad\qquad 0 \end{array}$$

2.

$$\begin{array}{l} 98{,}2548 : 4678{,}8 = \\ 982{,}548 : 46788 \quad = 0{,}021 \\ -93576 \\ \hline \quad 46788 \\ \quad -46788 \\ \hline \qquad 0 \end{array}$$

Die Rechengesetze für die Menge $\mathbb{Q}$ der rationalen Zahlen finden sich in einer Übersicht auf Seite 93.

Übungen:

1. Schreiben Sie als gekürzten Bruch:

a) $\frac{17}{34} =$ b) $\frac{34}{153} =$ c) $\frac{200}{3200} =$ d) $-\frac{228}{209} =$

e) $\frac{315}{255} =$ f) $\frac{210}{315} =$ g) $\frac{840}{1050} =$ h) $\frac{1330}{2090} =$

2. Setzen Sie $<$, $>$ oder $=$ ein:

a) $\frac{1}{3} \quad \frac{1}{2}$ b) $\frac{5}{4} \quad \frac{4}{5}$ c) $\frac{7}{3} \quad \frac{6}{4}$

d) $\frac{5}{8} \quad \frac{95}{152}$ e) $-\frac{7}{4} \quad -\frac{8}{3}$ f) $-\frac{2}{7} \quad -\frac{3}{11}$

3. Suchen Sie den Hauptnenner und vergleichen Sie dann folgende Bruchpaare:

a) $\frac{11}{7}$; $\frac{3}{2}$ b) $-\frac{6}{5}$; $-\frac{4}{3}$ c) $-\frac{6}{20}$; $-\frac{7}{25}$ d) $\frac{2}{9}$; $\frac{12}{51}$

4. Welcher Bruch stellt eine endliche Dezimalzahl dar? Wie heißt diese?

a) $\frac{1}{5}$ b) $\frac{1}{150}$ c) $\frac{12}{30}$ d) $\frac{3}{120}$ e) $\frac{80}{70}$ f) $-\frac{17}{512}$

5. Verwandeln Sie die periodischen Dezimalzahlen in gekürzte Bruchzahlen:

a) $0{,}\overline{58}$ b) $0{,}7\overline{9}$ c) $2{,}4\overline{55}$ d) $12{,}056\overline{73}$ e) $11{,}00\overline{001}$ f) $2{,}43\overline{453}$

6. Schreiben Sie als Dezimalbruch bzw. Bruch:

a) $\frac{1}{3}$ b) $\frac{2}{3}$ c) $\frac{1}{4}$ d) $\frac{3}{4}$ e) $\frac{1}{5}$ f) $\frac{3}{5}$ g) $\frac{1}{6}$ h) $\frac{5}{6}$ i) $\frac{3}{7}$ j) $\frac{1}{15}$
k) $\frac{7}{12}$ l) $\frac{7}{18}$ m) $0{,}67$ n) $3{,}057$ o) $-2{,}1073$ p) $0{,}4375$
q) $0{,}53125$ r) $0{,}0000100$

7. Durch Rundung welcher Zahl könnte entstanden sein?

a) $0{,}75$ b) $0{,}379$ c) $1{,}0$ d) $0{,}3476$

8. Addieren bzw. subtrahieren Sie:

a) $\frac{2}{3} + \frac{1}{2} - \frac{3}{4} - \frac{1}{6} =$
b) $\frac{1}{9} - \frac{7}{6} + \frac{3}{4} - \frac{1}{5} + \frac{1}{2} =$
c) $\frac{5}{6} - \frac{7}{8} + \frac{5}{12} - \frac{3}{4} + \frac{1}{3} + \frac{5}{9} =$
d) $-\frac{17}{20} + \frac{12}{13} - \frac{25}{26} + \frac{3}{5} + \frac{7}{16} =$
e) $2\frac{1}{2} + 3\frac{1}{7} - 2\frac{2}{9} - 4\frac{5}{6} =$
f) $5\frac{1}{3} + 4\frac{1}{6} - 2\frac{2}{7} + 4\frac{1}{10} =$

9. Multiplizieren bzw. dividieren Sie:

a) $\frac{2}{3} \cdot \frac{1}{2} \cdot \frac{5}{4} =$
b) $\frac{10}{7} \cdot \frac{3}{9} \cdot \frac{21}{30} =$
c) $\left(\frac{4}{5} : \frac{7}{80}\right) \cdot \frac{1}{16} =$
d) $\left(\frac{1}{3} \cdot 3\frac{1}{5}\right) : \left(4\frac{1}{6} \cdot \frac{1}{4}\right) =$
e) $\frac{75}{13} \cdot \frac{65}{150} \cdot \frac{2}{7} \cdot \frac{77}{22} =$
f) $4\frac{1}{9} \cdot \frac{81}{4} \cdot 7\frac{1}{3} \cdot \frac{6}{22} \cdot \frac{1}{37} =$

10. a) $0{,}4375 + 4{,}796 - 0{,}0379 + 0{,}00017 =$
b) $20{,}5007 - 0{,}6325 + 100{,}4 - 600{,}003 =$
c) $0{,}796 + \frac{1}{5} - 2{,}349 - \frac{1}{3} + 4{,}6205 =$
d) $16\frac{1}{4} - 2\frac{1}{9} - 0{,}0075 - 0{,}435 + \frac{1}{8} =$

11. Berechnen Sie:

a) $\frac{9}{18} : 4$ b) $\frac{2}{7} \cdot \frac{1}{9} : 5$ c) $10\frac{11}{25} : 13$ d) $\frac{32}{55} : \frac{8}{77}$ e) $12\frac{1}{5} : 16\frac{4}{9}$ f) $201\frac{4}{13} : \frac{5}{26}$

12. Berechnen Sie:

a) $\left[\frac{1}{2} \cdot \left(\frac{5}{3} + 2\right) - \frac{1}{6} \cdot \frac{10}{11}\right] \cdot 4 =$
b) $-\left[\frac{1}{4} - \frac{10}{11} \cdot \frac{1}{8} + \frac{1}{3} + \frac{1}{6} : \frac{1}{18}\right] + \frac{1}{3} =$
c) $\left[\left[\left[\frac{1}{3} + \frac{1}{4} - \frac{1}{6}\right] \cdot \frac{1}{2}\right] \cdot (-10)\right] : \frac{1}{2} =$
d) $-\left[4 + \frac{1}{2}\left(3 - \frac{1}{6}\right) - \frac{1}{5} : \frac{2}{3} - 4\right] - \frac{1}{9} =$

13. Berechnen Sie folgende Doppelbrüche:

a) $\dfrac{7}{\frac{5}{6}}$ b) $\dfrac{\frac{13}{7}}{\frac{26}{14}}$ c) $\dfrac{\frac{72}{17}}{\frac{12}{17}}$ d) $\dfrac{\frac{13}{5}}{\frac{15}{7}}$

e) $\dfrac{13}{\dfrac{5}{\frac{15}{7}}}$ f) $\dfrac{\dfrac{13}{\frac{5}{15}}}{7}$ g) $\dfrac{4\frac{1}{5}}{3\frac{1}{3}}$

14. Berechnen Sie:

a) $\dfrac{\frac{5}{12} - \frac{1}{2} \cdot \frac{1}{6} + 3\frac{1}{3}}{\left(\frac{7}{8} - \frac{1}{9}\right) : 2\frac{1}{2}}$ b) $\dfrac{\dfrac{2\frac{1}{2} - 3\frac{1}{4}}{4\frac{1}{6}}}{\dfrac{5\frac{1}{9} - 3\frac{2}{9}}{10\frac{1}{2}}}$

15. Bestimmen Sie den Wert folgender Kettenbrüche:

a) $\dfrac{1}{2 + \dfrac{1}{3 + \frac{1}{4}}} =$ b) $\dfrac{1}{3 + \dfrac{1}{3 + \dfrac{1}{3 + \frac{1}{3}}}} =$

16. Textaufgaben zur Bruchrechnung:

a) Was ergibt die Differenz aus dem 4-fachen Produkt von 4,5 und dem Quotienten der Zahlen $3\frac{1}{9}$ und $\frac{1}{7}$?

b) Was ergibt die Hälfte vom Drittel?

c) Durch welche Zahl muß man $\frac{4}{5}$ teilen, um $\frac{1}{7}$ zu erhalten?

d) Ein Rinderhirt geht mit $\frac{2}{3}$ seines Rinderbestandes auf die Weide; dann sind 70 Rinder auf der Weide. Wie groß ist sein Gesamtbestand?

e) Peter und Fritz wandern in einer Stunde $3\frac{2}{5}$ km. Wie lange benötigen beide für eine Strecke von 4600 m (Antwort in Stunden, Minuten und Sekunden)?

f) Was ist mehr: I. Ein Drittel von einem Sechstel
oder II. Ein Fünftel von der Hälfte vom Halben?

g) Drei Zahnräder greifen ineinander.
Führt das 1. Zahnrad eine Viertelumdrehung aus, so dreht sich das 2. Zahnrad um 30°. Dreht sich das 3. Zahnrad um 90°, so dreht sich das 2. Zahnrad $1\frac{7}{8}$mal.
Wie oft drehen sich die anderen Räder, wenn das dritte Zahnrad 100 Umdrehungen macht?

h) Zauberquadrat:
Im gegebenen Quadrat soll die Summe der 3 Brüche in jeder Spalte, Zeile und Diagonale $\frac{5}{4}$ betragen. Bestimmen Sie die noch fehlenden Brüche!

$\frac{1}{3}$		$\frac{1}{6}$
	$\frac{5}{12}$	

i) In Kapitasialand verlangt man für die Benutzung bestimmter Wege Goldstücke als Wegezoll.
Auf dem 1. Weg wird immer die Hälfte der vorhandenen Goldstücke verlangt, auf dem 2. Weg läßt man dem Reisenden noch $\frac{1}{3}$ vom Rest, und auf dem 3. Weg werden $\frac{3}{4}$ der verbleibenden Goldstücke einkassiert. Wer die Wegezölle nicht bezahlen kann, wird bestraft. Wie viele Goldstücke sollte jeder Reisende mit sich führen, um einer Bestrafung zu entgehen?

Lösungen Seite 712.

Die Menge $\mathbb{R}$ der reellen Zahlen

Die rationalen Zahlen kommen in der alltäglichen Mathematik sehr häufig vor, doch kann nicht jedes mathematische Problem mit rationalen Zahlen formuliert oder erfaßt werden. Es gibt nämlich Rechenoperationen, die aus der Menge $\mathbb{Q}$ hinausführen.

Einführungsbeispiele:

1. Das Volumen eines Quaders berechnet man bekanntlich aus dem Produkt der drei Kanten a, b und c, also $V = a \cdot b \cdot c$. Aus einem Quader wird ein Würfel, wenn alle drei Kantenlängen der verschiedenen Ausdehnungsrichtungen längengleich sind, wenn also $a = b = c$ ist. Die Formel für den Rauminhalt des Würfels vereinfacht sich deshalb in $V = a \cdot a \cdot a = a^3$.
2. Ein Vater möchte seinen Söhnen zwei flächengleiche Grundstücke vermachen. Einer der Söhne soll ein rechteckiges Grundstück mit den Ausdehnungen $10\,\text{m} \times 20\,\text{m}$ erhalten. Für den anderen Sohn ist ein quadratisches Grundstück mit der gleichen Fläche von $200\,\text{m}^2$ gefunden worden. Welche Kantenlänge besitzt dieses? Wir suchen als Antwort auf die Frage eine Kantenlänge a, die mit sich selbst malgenommen den Wert 200 ergibt. Für welche a gilt $a \cdot a = 200$ oder $a^2 = 200$?
   Die gesuchte Zahl heißt **Quadratwurzel** von 200, man schreibt $a = \sqrt{200}$. Ihr Wert liegt annähernd bei 14,14. Das quadratische Grundstück besitzt somit die ungefähre Kantenlänge 14,14 m, weil $14{,}14\,\text{m} \times 14{,}14\,\text{m} = 200\,\text{m}^2$ ergibt.

Für das Produkt mehrerer gleicher Faktoren schreibt man zur Abkürzung eine Potenz:

$a \cdot a \cdot a \cdot \ldots \cdot a = a^n$, falls das Produkt aus n Faktoren besteht.

Die Zahl a wird *Basis* genannt, n heißt *Hochzahl* oder *Exponent*; der gesamte Ausdruck a^n wird *Potenz zur Basis a* genannt.

Beispiele:

$4^3 = 4 \cdot 4 \cdot 4 = 64$; $5^4 = 625$; $0^3 = 0$; $6^0 = 1$;

In gleicher Weise wie die Subtraktion die Umkehroperation der Addition und die Division die Umkehroperation der Multiplikation ist, hat auch die **Potenzrechnung** ihre Umkehroperation. Das 2. Einführungsbeispiel lehrt uns, daß die **Wurzel** eine Potenz rückgängig macht.

Die n-te Wurzel aus einer Zahl b ist diejenige Zahl a, deren Potenz mit dem Exponenten n gleich b ist, also

$$\sqrt[n]{b} = a \Leftrightarrow a^n = b$$

b nennt man *Radikand,* n ist der *Wurzelexponent* und a der *Wurzelwert* (kurz: *Wurzel*). Das Wurzelziehen wird auch Radizieren [radix (lat.) = Wurzel, Rettich] genannt.

Ist n = 2, so spricht man von der **Quadratwurzel**,
für n = 3 von der **Kubikwurzel**.

Nun ist eine Zahl mit sich selbst malgenommen immer positiv, zum Beispiel $3 \cdot 3 = 9$, aber auch $(-3) \cdot (-3) = 9$. Deshalb muß der Radikand b bei einer Quadratwurzel oder bei einer Wurzel mit geradzahligem Wurzelexponenten n immer positiv oder gleich Null sein.

Für geradzahlige Wurzelexponenten n ist die Wurzel nur definiert, wenn b eine positive Zahl oder gleich Null ist; für ungerade n darf b auch negativ sein.

Beispiele:

$\sqrt[2]{16} = 4$; $\sqrt[3]{8} = 2$; $\sqrt[3]{-8} = -2$; $\sqrt[4]{-16}$ ist nicht definiert!

Genau wie jede Subtraktion als Addition (und umgekehrt) und jede Division als Multiplikation (und umgekehrt) geschrieben werden kann, läßt sich jede Wurzel als Potenz schreiben und umgekehrt:

$$\sqrt[n]{b} = b^{\frac{1}{n}}$$

Der Exponent einer Potenz oder aber auch einer Wurzel kann somit auch gebrochen sein!

Beispiele:

1. $\sqrt[3]{8} = 2 \Leftrightarrow 8^{\frac{1}{3}} = 2$ oder $2^3 = 8$

2. $\sqrt[10]{1024} = 2 \Leftrightarrow 1024^{\frac{1}{10}} = 1024^{0,1} = 2$ oder $2^{10} = 1024$

3. $\sqrt[3]{a^3} = a \Leftrightarrow a^{\frac{3}{3}} = a^1 = a$

Aus der Darstellung $\sqrt[n]{b} = b^{\frac{1}{n}}$ läßt sich schließen, daß die nullte Wurzel $\sqrt[0]{b}$ nicht definiert sein kann, da durch Null nicht dividiert werden darf. Aus der Zulässigkeit der nullten Potenz könnte dann ja auch per Definition gefolgert werden: $\sqrt[0]{b} = a \Leftrightarrow a^0 = b$, was aber für $b \neq 1$ nicht möglich ist. Somit ist also die nullte Potenz definiert:

Für alle Zahlen a gilt: $a^0 = 1$

Beispiele:

$4^0 = 1$; $(-7)^0 = 1$; $(100{,}45)^0 = 1$; $1^0 = 1$;

Der Wert 0^0 wird allerdings nicht einheitlich definiert. Elektronische Taschenrechner lassen bei dem Versuch 0^0 zu bestimmen „error“ (= Fehler) erscheinen. In vielen Büchern wird der Wert 0^0 auch nicht zugelassen. Wie man jedoch mit höheren mathematischen Mitteln zeigen kann, existiert der Grenzwert $\lim\limits_{x \to 0} x^x = \lim\limits_{x \to 0} e^{x \ln x} = e^0 = 1$. Somit kann der obige Satz auch für die Null als Basis zugelassen werden: $0^0 = 1$

Wir wollen jetzt einmal untersuchen, welche Wurzelwerte *rationale* Zahlen darstellen und welche nicht. Im 2. Einführungsbeispiel ist $\sqrt{200}$ mit 14,14 nur annähernd bestimmt worden, weil 14,14 x 14,14 = 199,9396 ergibt. Dieses Ergebnis ist möglicherweise zu ungenau und man sollte sich überlegen, wie der gesuchte Wert $\sqrt{200}$ beliebig genau approximiert, also angenähert werden kann. Wir müssen uns in jedem Fall mit einer Annäherung begnügen, weil die dezimale Darstellung von $\sqrt{200}$ zu einem *unendlich* und zum anderen *nicht-periodisch* ist. Sollte jedoch diese Behauptung zutreffen, so wäre $\sqrt{200}$ nach dem Satz von Seite 68 keine rationale Zahl. Jetzt soll gezeigt werden, daß $\sqrt{200}$ keine rationale Zahl darstellt und somit auch nicht als Bruch $\frac{a}{b}$ geschrieben werden kann. Der Einfachheit halber braucht dies nur für die Zahl $\sqrt{2}$ nachgewiesen werden, da die Multiplikation mit 100 ja nur das Komma um 2 Stellen nach rechts verrückt und damit keinen Einfluß auf die dezimalen Stellen hinter dem Komma nimmt.

$\sqrt{2}$ ist keine rationale Zahl

Wäre $\sqrt{2}$ eine rationale Zahl, so ließe sie sich als Bruch in der Form $\sqrt{2} = \frac{a}{b}$ schreiben.

Ohne allgemeine Beschränkung darf angenommen werden, daß es sich bei $\frac{a}{b}$ um einen gekürzten Bruch handelt, da diese Darstellung ja immer erreichbar ist. Dann sind a und b teilerfremde Zahlen, sie besitzen folglich keinen gemeinsamen Teiler. Aus $\sqrt{2} = \frac{a}{b}$ kann $2 = \frac{a^2}{b^2}$ und hieraus weiter $2b^2 = a^2$ gefolgert werden.

Dies bedeutet, daß die Zahl a^2 den Teiler 2 besitzen muß, weil a^2 und b^2 ganze Zahlen sind. Somit muß auch a den Teiler 2 besitzen. Die Zahl a kann deshalb durch $a = 2k$ ersetzt werden, wobei k irgendeine ganze Zahl darstellen muß. Weiter gilt also $2b^2 = (2k)^2 = 4k^2$ oder $b^2 = 2k^2$. Deshalb muß neben der Zahl a auch die Zahl b^2 und somit auch die Zahl b den Teiler 2 besitzen, was im Widerspruch zur Annahme steht, daß a und b teilerfremde Zahlen sein müssen. Aus diesem Grund war die Vermutung, $\sqrt{2}$ könnte rational sein, falsch.

Die Zahl $\sqrt{2}$ ist eine irrationale Zahl.
Eine irrationale Zahl läßt sich weder durch einen endlichen noch durch einen unendlich-periodischen Dezimalbruch darstellen.

Die Menge der rationalen Zahlen $\mathbb{Q}$ und die Menge der irrationalen Zahlen $\mathbb{J}$ läßt sich zu der reellen Zahlenmenge zusammenfassen:

$\mathbb{J}$ unendliche nicht-periodische Dezimalzahlen	$\mathbb{Q}$ endliche Dezimalzahlen, unendliche-periodische Dezimalzahlen
↓ irrationale Zahlen	↓ rationale Zahlen

↘ ↙

reelle Zahlen

Wir haben auf Seite 55 gesehen, wie rationalen Zahlen Punkte auf der Zahlengeraden eindeutig zugeordnet werden können. Dies muß auch mit irrationalen Zahlen möglich sein, da zum Beispiel die Zahl $\sqrt{200}$ wegen $14^2 = 196$ und $15^2 = 225$ zwischen den beiden natürlichen Zahlen 14 und 15 liegt. Jede irrationale Zahl läßt sich nämlich beliebig genau zwischen 2 rationalen Zahlen *einschachteln*, man spricht hierbei von einer **Intervallschachtelung**.

Die Menge aller reellen Zahlen, die zwischen zwei rationalen Zahlen l und r liegen, nennt man Intervall. l heißt linke Intervallgrenze, r wird rechte Intervallgrenze genannt.

$$[l\,;r] = \{x \in \mathbb{R} \mid l \leqq x \leqq r\}$$

Man unterscheidet offene Intervalle und geschlossene Intervalle, je nachdem ob die Intervallgrenzen mit zur Zahlenmenge gehören oder nicht:

offenes Intervall	$]l\,;r[= \{x \in \mathbb{R} \mid l < x < r\}$
geschlossenes Intervall	$[l\,;r] = \{x \in \mathbb{R} \mid l \leqq x \leqq r\}$
linksoffenes Intervall	$]l\,;r] = \{x \in \mathbb{R} \mid l < x \leqq r\}$
rechtsoffenes Intervall	$[l\,;r[= \{x \in \mathbb{R} \mid l \leqq x < r\}$

Beispiele:

[– 3; 5]

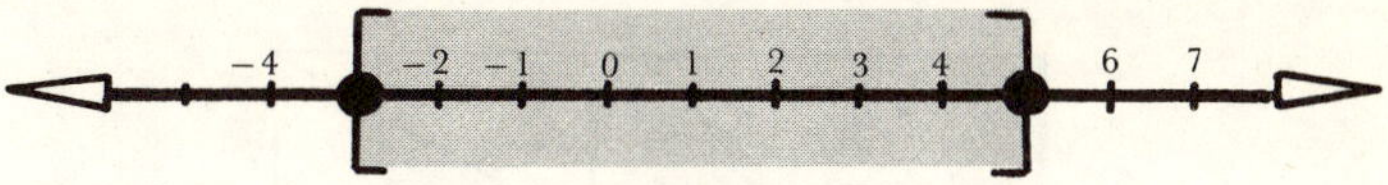

Abb. 36 geschlossenes Intervall [– 3; 5]

]10,4; 11[

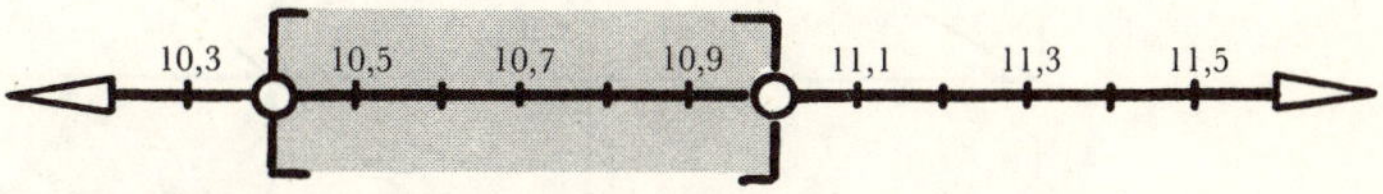

Abb. 37 offenes Intervall]10,4; 11[

Das im 2. Einführungsbeispiel formulierte Problem, $\sqrt{200}$ zu bestimmen, kann geometrisch gelöst werden. Es handelt sich dann quasi um eine Flächenumwandlung eines Rechtecks mit den Kanten 10 m und 20 m in ein Quadrat mit gleichem Flächeninhalt.
Abb. 39 und Abb. 40 zeigen die geometrische Lösbarkeit des angesprochenen Problemes: Aus einem Ausgangsrechteck R_0 werden sukzessive die Rechtecke R_1, R_2, R_3... konstruiert, deren Kantenlängen sich mit jedem Schritt weniger unterscheiden.

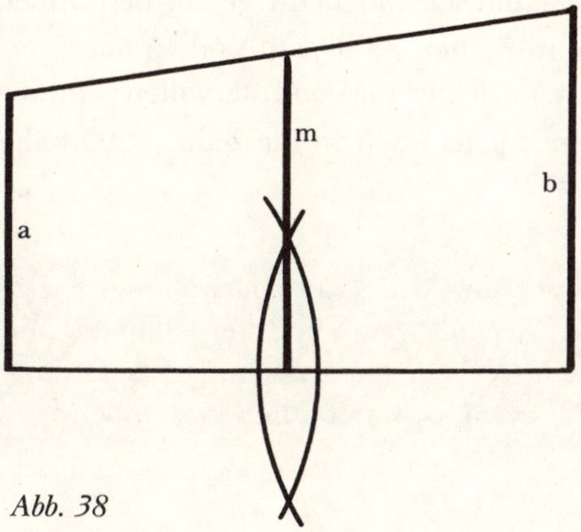

Abb. 38

Die Konstruktion des arithmetischen Mittelwertes $m_1 = \frac{a+b}{2}$ aus den beiden ursprünglichen Kanten $a = 10\,m$ und $b = 20\,m$.

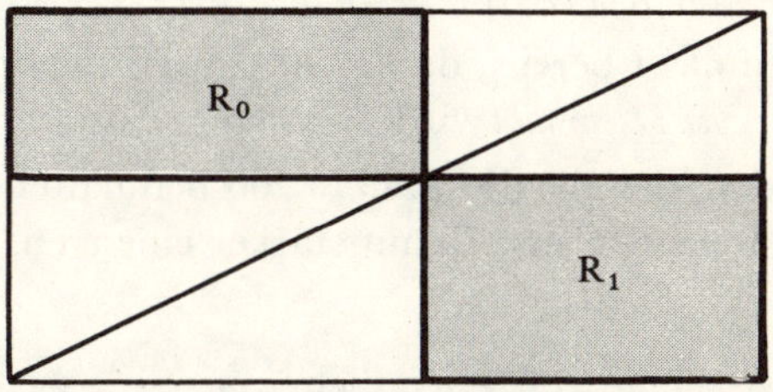

Abb. 39

Aus der Konstruktion folgt unmittelbar die Kongruenz (Deckungsgleichheit) entsprechender Flächen: Die unteren Dreiecke sind genau wie auch die beiden oberen deckungsgleich. Deshalb müssen die beiden Rechtecke R_0 und R_1 die gleiche Fläche besitzen.

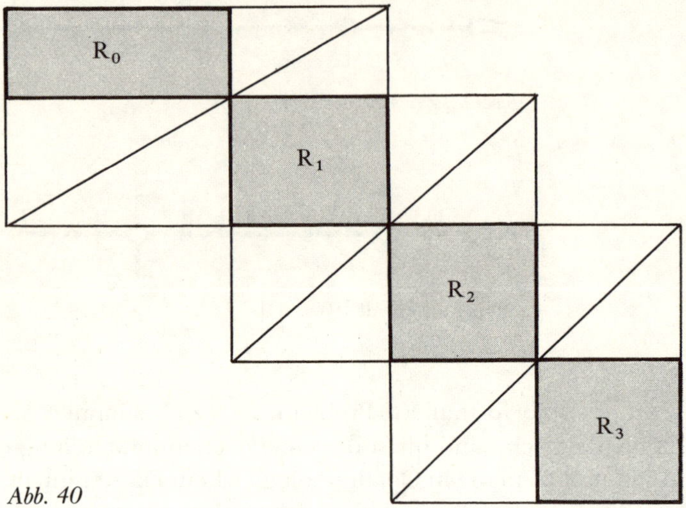

Abb. 40

Die Rechtecke $R_0, R_1, R_2, \ldots$ nähern sich mit jedem Schritt einer quadratischen Fläche, da sich ihre Kantenlängen immer weniger unterscheiden.

Wir wollen jetzt die gesuchte Strecke $\sqrt{200}$ mathematisch möglichst genau bestimmen. Bekannt ist bereits, daß $\sqrt{200}$ durch die beiden natürlichen Zahlen 14 und 15 nach *unten* bzw. *oben beschränkt* wird. Es soll nun eine schrittweise Verfeinerung von Intervallen gefunden werden, die alle die Zahl $\sqrt{200}$ beinhalten, aber mit jedem Schritt die Zahl $\sqrt{200}$ näher kennzeichnen und damit stärker einengen.

Eine Folge von unendlich vielen Intervallen nennt man Intervallschachtelung, wenn jedes Intervall im vorhergehenden ganz enthalten ist, und wenn die Intervallängen mit jedem Schritt kleiner und schließlich beliebig klein werden. Jede Intervallschachtelung bestimmt demnach genau eine reelle Zahl, die in allen Teilintervallen vorhanden ist.

Beispiel:

Eine mögliche Intervallschachtelung für die Zahl $\sqrt{200}$ könnte so aussehen:

$14 < \sqrt{200} < 15$, weil $14^2 < 200 < 15^2$ oder $196 < 200 < 225$

Eine neue Intervallgrenze wird zum Beispiel durch Halbierung des vorstehenden Intervalles gefunden: 14,5 (arithmetisches Mittel). Die neue Zahl muß wegen $14{,}5^2 = 210{,}25$ eine rechte Intervallgrenze eines neuen Intervalls sein:

$14 < \sqrt{200} < 14{,}5$, weil $196 < 200 < 210{,}25$

und weitere Intervalle erhält man in gleicher Weise:

$14 < \sqrt{200} < 14{,}25$, weil $196 < 200 < 203{,}0625$
$14{,}125 < \sqrt{200} < 14{,}25$, weil $199{,}515625 < 200 < 203{,}0625$
$14{,}125 < \sqrt{200} < 14{,}188$, weil $199{,}515625 < 200 < 201{,}2993440$
$14{,}125 < \sqrt{200} < 14{,}156$, weil $199{,}515625 < 200 < 200{,}3923360$
$14{,}141 < \sqrt{200} < 14{,}156$, weil $199{,}967881 < 200 < 200{,}3923360$
$14{,}141 < \sqrt{200} < 14{,}149$, weil $199{,}967881 < 200 < 200{,}1942010$

Dies kann beliebig fortgesetzt werden; jedenfalls ist damit der Wurzelwert $\sqrt{200} \approx 14{,}14$ bis auf zwei Dezimalstellen hinter dem Komma genau angenähert. Es ist einleuchtend, daß durch dieses Näherungsverfahren jede beliebige Genauigkeit für eine Wurzel erreicht werden kann. Dabei muß die Intervallschachtelung nicht über das arithmetische Mittel der jeweils vorhergehenden Intervallgrenzen geführt werden. Vielmehr kann jede andere Intervallteilung benutzt werden und manchmal schneller zur gewünschten Genauigkeit führen; eine gefühlsmäßige Vorstellung von der Größe der gesuchten Zahl kann hier dann sinnvoll eingesetzt werden.

Beispiele:

1.

$2 < \sqrt{5} < 3$
$2{,}2 < \sqrt{5} < 2{,}4$
$2{,}22 < \sqrt{5} < 2{,}24$
$2{,}235 < \sqrt{5} < 2{,}237$
$2{,}2360 < \sqrt{5} < 2{,}2361$

2.

$5 < \sqrt{30} < 6$
$5{,}4 < \sqrt{30} < 5{,}5$
$5{,}47 < \sqrt{30} < 5{,}48$
$5{,}477 < \sqrt{30} < 5{,}478$
$5{,}4772 < \sqrt{30} < 5{,}4773$

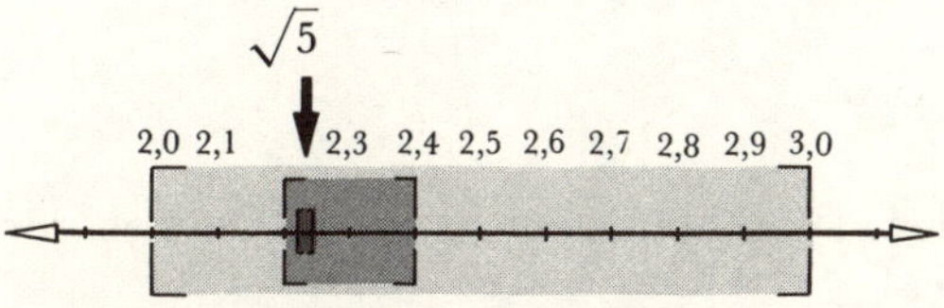

Abb. 41 Die Intervallschachtelung der Zahl $\sqrt{5}$ auf der Zahlengeraden

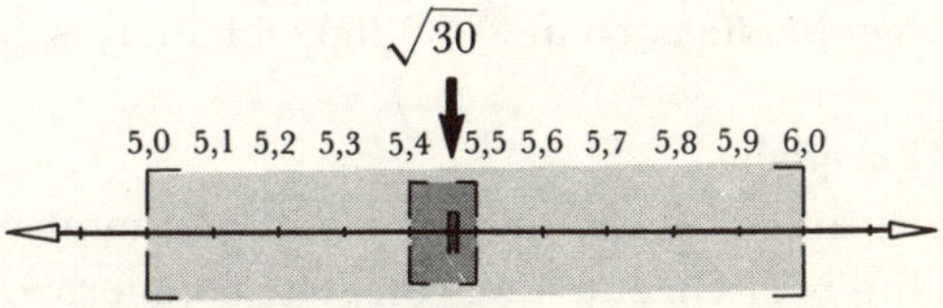

Abb. 42 Die Intervallschachtelung der Zahl $\sqrt{30}$ auf der Zahlengeraden

Wie bewiesen, ist die Zahl $\sqrt{2}$ eine irrationale Zahl (s. S. 67). Demnach muß auch die Zahl $\sqrt{200}$ irrational sein, weil nach den Wurzelgesetzen (s. S. 76) $\sqrt{200} = \sqrt{100}\,\sqrt{2} = 10\,\sqrt{2}$ geschrieben werden kann. Die meisten Wurzeln (auch die Wurzeln mit höheren Wurzelexponenten als 2) sind irrational.

Insbesondere kann gezeigt werden, daß $\sqrt{p}$ irrational ist, wenn p eine Primzahl darstellt; damit müssen $\sqrt{2}$, $\sqrt{3}$, $\sqrt{5}$, $\sqrt{7}$, $\sqrt{11}$, $\sqrt{13}$, $\sqrt{17}$, $\sqrt{19}$… alles irrationale Zahlen sein. Nun gibt es unendlich viele Primzahlen (s. S. 40), was bereits den Schluß zuläßt, daß auch unendlich viele irrationale Zahlen existieren. Die irrationalen Zahlen, die sich auf Wurzelausdrücke

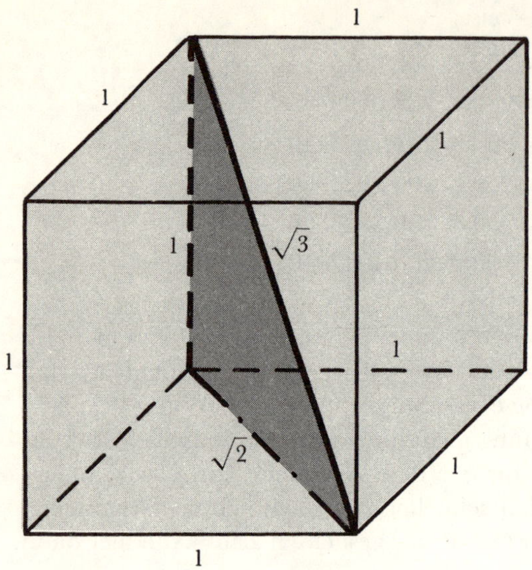

Abb. 43 Die Konstruktion $\sqrt{3}$ mit Hilfe des Lehrsatzes von Pythagoras ($a^2 + b^2 = c^2$, also $\sqrt{a+b} = c$)

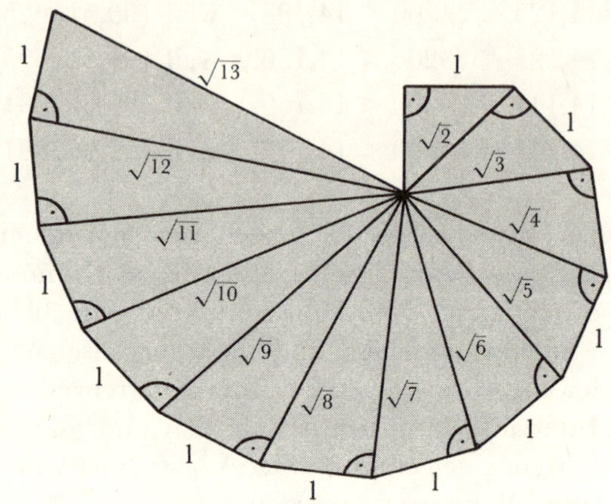

Abb. 44 Die Konstruktion von $\sqrt{2}, \sqrt{3}, \sqrt{4}, \sqrt{5}\ldots$

zurückführen lassen, nennt man **algebraisch irrational**, während solche, bei denen dies nicht gelingt, **transzendent** (= übersinnlich) **irrational** genannt werden. Beispielsweise sind die Kreiszahl $\pi = 3{,}1415927\ldots$ und die Eulerzahl $e = 2{,}718281\ldots$ transzendent irrational. Beim Rechnen mit irrationalen Zahlen kann im allgemeinen auf die Näherung durch rationale Zahlen zurückgegriffen werden. Die Menge $\mathbb{R}$ besitzt nämlich dieselben Rechenregeln, die auch in $\mathbb{Q}$ Gültigkeit haben (s. S. 93).

Beispiel:

Es soll $\sqrt{5} + \sqrt{30}$ und $\sqrt{5} \cdot \sqrt{30}$ bestimmt werden. Dazu benutzen wir die Ergebnisse der Intervallschachtelung von Seite 68; hiernach ist

$2{,}2360 < \sqrt{5} < 2{,}2361$ und $5{,}4772 < \sqrt{30} < 5{,}4773$.

Somit gilt für die Summe und das Produkt:

$7{,}7132 < \sqrt{5} + \sqrt{30} < 7{,}7134$ und $12{,}2470 < \sqrt{150} < 12{,}2478$.

Wir wollen jetzt das Rechnen mit **Wurzeln** und **Potenzen** genauer betrachten. Die Definition der Wurzel von Seite 65 läßt sich allgemein so formulieren.

$$\sqrt[q]{b} = a \Leftrightarrow a^q = b \quad \text{für alle } b \in \mathbb{R}_0^+ ;\ q \in \mathbb{Q}\setminus\{0\}$$

Und jede Wurzel kann in eine Potenz umgeschrieben werden und umgekehrt:

$\sqrt[q]{b} = b^{\frac{1}{q}}$ für alle $b \in \mathbb{R}_0^+$ und $q \in \mathbb{Q} \setminus \{0\}$

Beispiele:

$\sqrt[4]{7} = 7^{\frac{1}{4}}$; $\sqrt[3]{a^5} = a^{\frac{5}{3}} = (a^5)^{\frac{1}{3}}$;

$\sqrt[5]{0} = 0^{\frac{1}{5}} = 0$; $\sqrt[-2]{9} = 9^{-\frac{1}{2}}$;

Die Potenzrechnung und die Wurzelrechnung sind im Bereich der nichtnegativen Zahlen *Umkehroperationen* zueinander; die q-te Wurzel hebt die q-te Potenz wieder auf und umgekehrt:

$\sqrt[q]{b^q} = (\sqrt[q]{b})^q = b$ für alle $b \in \mathbb{R}_0^+$ und $q \in \mathbb{Q} \setminus \{0\}$

Beispiele:

$\sqrt[3]{4^3} = (\sqrt[3]{4})^3 = 4$; $\sqrt{3^2} = (\sqrt{3})^2 = 3$; $(\sqrt[3]{-8})^3 = \sqrt[3]{(-8)^3} = -8$

Wenn der Exponent q eine rationale Zahl sein darf, so muß auch eine Darstellung mit der Form $q = \frac{m}{n}$ (s. S. 49) möglich sein:

$b^{\frac{m}{n}} = \sqrt[n]{b^m}$ mit $b \in \mathbb{R}_0^+$, $n \in \mathbb{N}$ und $m \in \mathbb{Z}$

Der Exponent darf damit auch negativ sein; dann kann folgende Umformungsregel benutzt werden:

$b^{-q} = \frac{1}{b^q}$ für alle $b \in \mathbb{R}^+$ und $q \in \mathbb{Q} \setminus \{0\}$

Die Basis b muß hier von Null verschieden sein, da sonst die Division durch Null entsteht.

Beispiele:

$4^{-3} = \frac{1}{4^3} = \frac{1}{64}$; $5^{-\frac{1}{2}} = \frac{1}{5^{\frac{1}{2}}} = \frac{1}{\sqrt{5}}$; $3^{-\frac{2}{3}} = \frac{1}{3^{\frac{2}{3}}} = \frac{1}{\sqrt[3]{3^2}}$;

In Ausnahmefällen darf der Radikand b einer Wurzel auch negativ sein. Dies ist insbesondere dann möglich, wenn der Wurzelexponent eine ungerade Zahl darstellt:

$\sqrt[q]{b} = a \Leftrightarrow a^q = b$ für alle $b \in \mathbb{R}$, wenn q eine ungerade Zahl ist

Beispiele:

$\sqrt[3]{-8} = -2; \quad \sqrt[5]{-32} = -2; \quad (-27)^{\frac{4}{3}} = (\sqrt[3]{-27})^4 = (-3)^4 = 81;$

oder $\quad (-27)^{\frac{4}{3}} = \sqrt[3]{(-27)^4} = \sqrt[3]{531441} = 81;$

Oft werden Wurzeln ohne Wurzelexponenten geschrieben. Diese Schreibweise steht für die Quadratwurzel, der Wurzel mit dem Wurzelexponenten 2:

> Die Quadratwurzel aus einer nichtnegativen Zahl b ist diejenige nichtnegative Zahl a, deren Quadrat gerade b ergibt:
>
> $$\sqrt{b} = a \Leftrightarrow a^2 = b \qquad a, b \in \mathbb{R}_0^+$$

Nach dieser Voraussetzung hat der Radikand einer Quadratwurzel positiv oder gleich Null zu sein. Allerdings gibt es im allgemeinen 2 verschiedene Zahlen a und – a, deren Quadrate aufgrund der Vorzeichenregel von Seite 47 übereinstimmen: $a^2 = (-a)^2 \cdot$ a und (– a) besitzen jedoch denselben Betrag (s. S. 44), so daß insgesamt geschrieben werden kann.

> $a^2 = b \Leftrightarrow |a| = \sqrt{b}, \quad$ also $\quad \sqrt{a^2} = |a| \quad$ für alle $a \in \mathbb{R}$, $b \in \mathbb{R}_0^+$

Aufgrund vorstehender Beziehung kann aus der Gleichheit zweier Quadrate im allgemeinen nicht auf die Gleichheit ihrer Wurzeln geschlossen werden; dies ist vielmehr nur im Bereich der nichtnegativen reellen Zahlen möglich. Man sagt auch:

> Wurzelziehen und Potenzieren sind keine Äquivalenzumformungen:
>
> $$a^2 = b^2 \Leftrightarrow |a| = |b| \quad \text{für} \quad a, b \in \mathbb{R}$$
> $$a^2 = b^2 \Leftrightarrow a = b \quad \text{für} \quad a, b \in \mathbb{R}_0^+$$

Beispiele:

$(-5)^2 = 25 \Leftrightarrow |-5| = \sqrt{25} = 5$

$x^2 = 4 \Leftrightarrow \sqrt{x^2} = \sqrt{4} \Leftrightarrow |x| = 2 \Leftrightarrow x = 2 \vee x = -2$

$(14-8)^2 = (4+2)^2 \Leftrightarrow 14 - 8 = 4 + 2 \Leftrightarrow 6 = 6$

$(x+1)^2 = (y+4)^2 \Leftrightarrow |x+1| = |y+4|$

Potenz- und Wurzelgesetze

Jetzt sollen die **Potenz- und Wurzelgesetze** formuliert werden. Auf die Angabe des Definitionsbereiches wird allerdings verzichtet, um den Leser nicht zu verwirren. Die zulässigen Bereiche für die einzelnen Variablen (Radikanden) sind ja bereits ausführlich besprochen. Potenzen bzw. Wurzeln dürfen durch Addition nur dann zusammengefaßt werden, wenn zum einen die Exponenten und zum andern die Basen (Radikanden) übereinstimmen:

$$x \cdot a^q \pm y \cdot a^q = (x \pm y) \cdot a^q$$

$$x\sqrt[q]{a} \pm y\sqrt[q]{a} = (x \pm y)\sqrt[q]{a}$$

Beispiele:

1. $4 \cdot 3^2 + 5 \cdot 3^2 = 9 \cdot 3^2 = 9 \cdot 9 = 81$

2. $5 \cdot (-2)^3 - 11 \cdot (-2)^3 = -6 \cdot (-2)^3 = (-6)(-8) = 48$

3. $\sqrt[3]{q} + 2\sqrt[3]{q} = 3\sqrt[3]{q}$

Potenzen und Wurzeln können multipliziert oder dividiert werden, wenn sie entweder

a) in den Basen/Radikanden übereinstimmen oder

b) in den Exponenten übereinstimmen.

Bei der Multiplikation von Potenzen mit gleicher Basis wird die gemeinsame Basis mit der Summe der Exponenten potenziert; Entsprechendes gilt für Wurzeln:

$$a^q \cdot a^r = a^{q+r} \qquad \sqrt[q]{a} \cdot \sqrt[r]{a} = a^{\frac{1}{q}} \cdot a^{\frac{1}{r}} = a^{\frac{r+q}{q \cdot r}} = \sqrt[q \cdot r]{a^{r+q}}$$

Bei der Division von Potenzen mit gleicher Basis ($a \neq 0$) wird die gemeinsame Basis mit der Differenz der Exponenten potenziert; Entsprechendes gilt für Wurzeln:

$$a^q : a^r = a^{q-r} = a^{-(r-q)} = a^{\frac{1}{r-q}} \qquad \sqrt[q]{a} : \sqrt[r]{a} = \frac{a^{\frac{1}{q}}}{a^{\frac{1}{r}}} = a^{\frac{1}{q} - \frac{1}{r}} = a^{\frac{r-q}{q \cdot r}} = \sqrt[qr]{a^{r-q}}$$

Beispiele:

1. $5^6 \cdot 5^7 = 5^{13}$

2. $\sqrt[3]{9} \cdot \sqrt[4]{9} = 9^{\frac{1}{3}} \cdot 9^{\frac{1}{4}} = 9^{\frac{7}{12}} = \sqrt[12]{9^7}$

3. $\sqrt[3]{7^4} \cdot \sqrt[2]{7^3} = 7^{\frac{4}{3}} \cdot 7^{\frac{3}{2}} = 7^{\frac{17}{6}} = \sqrt[6]{7^{17}}$

4. $(-2)^4 : (-2)^6 = (-2)^{-2} = \frac{1}{(-2)^2} = \frac{1}{4}$

5. $\sqrt[3]{4^8} : \sqrt[2]{4} = 4^{\frac{8}{3}} : 4^{\frac{1}{2}} = 4^{\frac{13}{6}} = \sqrt[6]{4^{13}}$

Bei der Multiplikation bzw. Division ($b \neq 0$) von Potenzen mit gleichen Exponenten kann das Produkt bzw. der Quotient mit dem gemeinsamen Exponenten potenziert werden; Entsprechendes gilt für Wurzeln:

$$a^q \cdot b^q = (a \cdot b)^q \qquad a^q : b^q = (a : b)^q = \left(\frac{a}{b}\right)^q$$

$$\sqrt[q]{a} \cdot \sqrt[q]{b} = \sqrt[q]{a \cdot b} \qquad \sqrt[q]{a} : \sqrt[q]{b} = \sqrt[q]{a : b} = \sqrt[q]{\frac{a}{b}}$$

Beispiele:

1. $\sqrt[3]{5} \cdot \sqrt[3]{8} = \sqrt[3]{40}$ aber

2. $\sqrt[3]{5} + \sqrt[3]{8} \neq \sqrt[3]{13}$

3. $\sqrt[6]{12} : \sqrt[6]{2} = \sqrt[6]{\frac{12}{2}} = \sqrt[6]{6}$

4. $4^{\frac{1}{2}} : 3^{\frac{1}{2}} = (\frac{4}{3})^{\frac{1}{2}} = \sqrt{\frac{4}{3}} = \frac{2}{\sqrt{3}}$

5. $\sqrt[5]{\frac{x^{10}}{32}} = \frac{x^{\frac{10}{5}}}{\sqrt[5]{32}} = \frac{x^2}{2} = \frac{1}{2}x^2$

Wie in der Formel dargestellt, *addieren* sich die Exponenten bei der einfachen Multiplikation von Potenzen mit übereinstimmenden Basen:

$$a^q \cdot a^r = \underbrace{\underbrace{a \cdot a \cdot a \cdot a \ldots a}_{q\text{-mal}} \cdot \underbrace{a \cdot a \ldots a}_{r\text{-mal}}}_{(q + r)\text{-mal}}$$

Beim Potenzieren einer Potenz müssen sich folglich die Exponenten *multiplizieren*:

$$(a^q)^r = \underbrace{\underbrace{(a \cdot a \cdot a \ldots a)}_{q\text{-mal}} \underbrace{(a \cdot a \cdot a \ldots a)}_{q\text{-mal}} \ldots \underbrace{(a \cdot a \cdot a \ldots a)}_{q\text{-mal}}}_{r\text{-mal}}$$

Gleiche Überlegungen gelten für die Wurzeln:

$$(a^q)^r = a^{qr} = a^{rq} = (a^r)^q$$

$$\sqrt[r]{\sqrt[q]{a}} = \left(a^{\frac{1}{q}}\right)^{\frac{1}{r}} = a^{\frac{1}{q}\cdot\frac{1}{r}} = a^{\frac{1}{r}\cdot\frac{1}{q}} = \sqrt[q]{\sqrt[r]{a}} = \sqrt[q\cdot r]{a}$$

Beispiele:

1. $(5^2)^3 = 5^6 = 15625$ aber

2. $5^2 \cdot 5^3 = 5^5 = 3125$ (s. S. 76)

3. $(\sqrt{3^3})^4 = 3^{\frac{3}{2}\cdot 4} = 3^6 = 729$

4. $\sqrt{\sqrt[3]{16}} = \sqrt[6]{16} = \sqrt[3]{\sqrt{16}} = \sqrt[3]{4}$

5. $(\sqrt[3]{\sqrt[4]{x^{-5}}})^6 = x^{-\frac{5}{4}\cdot\frac{1}{3}\cdot 6} = x^{-\frac{5}{2}} = \frac{1}{\sqrt{x^5}}$

Die Rechengesetze der reellen Zahlen finden Sie in einer Übersicht auf Seite 93.

Übungen:

1. Vorgegeben ist der Wert $\sqrt{7} = 2{,}64575$ und $\sqrt{70} = 8{,}3666$. Bestimmen Sie hiermit:

a) $\sqrt{700} =$ b) $\sqrt{0{,}7} =$ c) $\sqrt{0{,}07} =$ d) $\sqrt{70\,000} =$

2. Man bestimme folgende Wurzeln durch „Nachdenken":

a) $\sqrt{2500} =$ b) $\sqrt[3]{8000} =$ c) $\sqrt{0{,}04} =$ d) $\sqrt{0{,}0121} =$

e) $\sqrt[3]{-0{,}001} =$ f) $\sqrt[5]{-32} =$ g) $\sqrt[10]{1024} =$ h) $\sqrt[3]{-0{,}000064} =$

Merke:

Die Quadratwurzel aus einer $(2n-1)$- oder $2n$-stelligen Zahl ist n-stellig!

3. Sehr große und sehr kleine Zahlen werden auf dem Taschenrechner in der sogenannten Exponentialschreibweise ausgegeben. Auf dem Taschenrechner besitzt zum Beispiel die Zahl 1.900.000.000 die Darstellung 1,9 9, was $1{,}9 \cdot 10^9$ bedeutet.
Entsprechend steht zum Beispiel 2,4 –03 für $2{,}4 \cdot 10^{-3} = 0{,}0024$.
Die der Zehnerpotenz vorgesetzte Kommazahl soll dabei zwischen 1 und 10 liegen.
Schreiben Sie in der Exponentialschreibweise:

a) 14,544 = b) 0,00005370 = c) 0,40037900 = d) 14.000.000.000 =

4. Für welche x-Werte existiert hier die Wurzel?
Wie lautet also der Definitionsbereich?

a) $\sqrt{x+1} =$ b) $\sqrt{x^2} =$ c) $\sqrt[3]{-x} =$ d) $\sqrt[4]{1-x} =$

5. Schreiben Sie als Potenz:

a) $\sqrt[3]{5} =$ b) $\sqrt[3]{7^2} =$ c) $\sqrt[3]{9^4} =$ d) $\sqrt[4]{x^7} =$ e) $\sqrt[3]{x^3-y^3} =$

6. Schreiben Sie als Wurzel:

a) $4^{\frac{2}{3}} =$ b) $(-2)^{\frac{1}{3}} =$ c) $x^{2,5} =$ d) $1296^{-0,25} =$ e) $(\frac{1}{4})^{-0,5} =$

7. Berechnen Sie:

a) $3\sqrt{4} + 4\sqrt{4} - 30\sqrt{4} =$ b) $\sqrt{5}\sqrt{45} =$ c) $\sqrt{5}\sqrt{2}\sqrt{20}\sqrt{18} =$

d) $\dfrac{\sqrt{98}}{\sqrt{2}} =$ e) $\sqrt{2}\,(\sqrt{8} + \sqrt{50} - \sqrt{72}) =$

8. Berechnen Sie soweit wie möglich ohne Taschenrechner:

a) $\sqrt{200} =$ b) $\sqrt{432} =$ c) $\sqrt{\frac{5}{8}} : \sqrt{\frac{5}{32}} =$ d) $\sqrt[3]{\frac{9}{8}} : \sqrt[3]{2\frac{2}{3}} =$

e) $(10\sqrt{48} - 6\sqrt{27} + 4\sqrt{75}) : \sqrt{3} =$

9. Folgende Terme sind möglichst einfach anzugeben:

a) $(\sqrt{xy^3} + \sqrt{x^3y}) : \sqrt{xy} =$ b) $x^{\frac{2}{3}} \cdot x^{-\frac{2}{3}} =$ c) $\sqrt{x^2+y^2} =$

d) $\sqrt[12]{r^4s^6t^3} =$

10. Vereinfachen Sie:

a) $\sqrt{2} \cdot \sqrt[4]{4} =$ b) $\sqrt[5]{4} \cdot \sqrt[5]{8} =$ c) $\sqrt{\sqrt[3]{9}} =$ d) $(4^3)^7 =$

e) $(9^9)^9 =$ f) $9^{(9^9)} =$

11. Üblicherweise läßt man in Lösungen irrationale Zahlen als Nenner nicht stehen, sondern erweitert mit einer geeigneten Zahl auf einen rationalen Nenner.

Beispiel: $\dfrac{2}{\sqrt{3}} = \dfrac{2\sqrt{3}}{\sqrt{3}\cdot\sqrt{3}} = \dfrac{2\sqrt{3}}{3} = \dfrac{2}{3}\sqrt{3}$

Machen Sie folgende Nenner rational:

a) $\dfrac{7}{\sqrt{3}} =$ b) $\dfrac{15}{\sqrt{15}} =$ c) $\dfrac{1}{\sqrt{2}+3} =$ d) $\dfrac{12}{7-3\sqrt{5}} =$

e) $\dfrac{\sqrt{5+2\sqrt{6}}}{\sqrt{5-2\sqrt{6}}} =$ f) $\dfrac{1}{\sqrt{3}+\sqrt{2}+\sqrt{8}} =$

12. Folgende Terme sind in der einfachsten Form anzugeben, die Variablen sind positive Zahlen:

a) $\sqrt{\dfrac{a^2}{4b^2}} =$ b) $\dfrac{\sqrt{125xy^3}}{\sqrt{5xy}} =$ c) $2\sqrt{\sqrt{81x^4}} =$ d) $\dfrac{x^{\frac{1}{4}}}{\sqrt[3]{x}} =$

e) $\sqrt[2x+1]{a^{4x+2} \cdot 6^{8x+y}} =$ f) $16\sqrt{a^6b^7} : 4\sqrt{a^4b^5} =$ g) $\left(\sqrt{\dfrac{y^4}{x^3}} - \sqrt{\dfrac{x^3}{y^2}}\right) : \sqrt{\dfrac{y^6}{x^5}} =$

13. Beim freien Fall ist der Fallweg (Fallhöhe) proportional zum Quadrat der Fallzeit. Anders gesagt: Wenn sich die Fallzeit verdoppelt, so vervierfacht sich der Weg; wenn sich die Fallzeit verdreifacht, so verneunfacht sich der Fallweg. Zwischen der Fallhöhe h und der Fallzeit t gilt die Beziehung: $h = \frac{1}{2}gt^2$, wobei g die Erdbeschleunigung ($g = 9{,}81\ m/s^2$) darstellt.

a) Ein Fallschirmspringer fällt 10 Sekunden frei nach dem Absprung aus dem Flugzeug. Wie weit ist er in dieser Zeit nach unten gefallen?

b) Nach wieviel Sekunden ist er 1000 m frei gefallen?

14. a) Jeder weiß, was ein DIN-A4-Format bedeutet. Ein DIN-A0-Format hat $1\ m^2$ Flächeninhalt, und man erhält die längere Kantenlänge eines DIN-A0-Blattes, wenn man die kürzere Kantenlänge mit $\sqrt{2}$ multipliziert.
Welche Ausmaße besitzt ein DIN-A0-Blatt?

b) Man erhält ein DIN-A1-Format aus einem DIN-A0-Format durch Halbieren (Faltung in der Mitte). Die Breite des DIN-A0-Blattes wird folglich zur Länge des DIN-A1-Blattes. Die Formate DIN A2, DIN A3 und DIN A4 erhält man in analoger Weise.
Berechnen Sie die Kantenlängen aller DIN-Formate bis DIN A4.

c) In welchem Verhältnis stehen die Längen und Breiten der einzelnen DIN-Formate?

Lösungen Seite 714.

Die Menge ℂ der komplexen Zahlen

Die Zahlenmengen ℕ, ℤ, ℚ und ℝ sind nacheinander aus der Notwendigkeit heraus entstanden, bestimmte Rechnungen ausführen zu können. Beispielsweise war zur Ausführung jeder uneingeschränkten Division eine Erweiterung der *ganzen Zahlen* zu den *rationalen Zahlen* erforderlich.
Es gibt auch Rechnungen (Gleichungen), die sogar in der Menge ℝ nicht ausgeführt werden können, da ihre Lösungen in dieser Menge nicht bereitstehen. Allerdings wird jetzt die letzte notwendige Zahlenbereichserweiterung erfolgen. In der entstehenden Menge der **komplexen Zahlen** ist dann jede algebraische Gleichung n-ten Grades auflösbar.
Insbesondere sind Gleichungen der Art $x^2 = -1$ in der neuen Zahlenmenge ℂ lösbar.

Eine komplexe Zahl z ist ein geordnetes Paar (a ; b) reeller Zahlenkomponenten, deren 1. Komponente a Realteil und deren 2. Komponente b Imaginärteil der komplexen Zahl z genannt wird. Die Menge der komplexen Zahlen wird mit ℂ bezeichnet.

Die Reihenfolge der Komponenten ist bestimmend für die komplexe Zahl z. Deshalb wird auch von einem *geordneten Paar (a ; b)* gesprochen. Eindrucksvoller als die Paarschreibweise ist die

Summendarstellung einer komplexen Zahl: $z = a + bi, \quad a, b \in \mathbb{R}$

i heißt imaginäre Einheit und steht symbolisch für $i = \sqrt{-1}$.
Die imaginäre Einheit i nimmt in der Menge $\mathbb{C}$ eine zentrale Stellung ein, da durch Addition und Multiplikation reeller Zahlen mit der imaginären Einheit i jede andere komplexe Zahl konstruiert werden kann. Die reellen Zahlen haben dabei den Imaginärteil 0:

reelle Zahlen:	$z = (a; 0) = a + 0i = a$
rein imaginäre Zahlen:	$z = (0; b) = 0 + bi = bi$

Die imaginäre Einheit hat somit die Darstellung $i = (0; 1)$.
Anders als reelle Zahlen lassen sich komplexe Zahlen nicht größenmäßig vergleichen. Eine Relation der Art $z_1 > z_2$ gibt es also bei komplexen Zahlen nicht. Komplexe Zahlen lassen sich nämlich nicht wie die reellen Zahlen auf der Zahlengeraden darstellen, weil sie – wie gesagt – eben zwei Komponenten besitzen. Es gelten auch nicht das *Trichotomiegesetz* und das *Monotoniegesetz* (s. S. 93), denn aus der Ungleichung $i \neq 0$ müßte dann entweder $i > 0$ oder $i < 0$ folgen. Beides kann man aber leicht auf einen Widerspruch führen:
Aus $i > 0$ folgt nämlich $i \cdot i > i \cdot 0$, also $-1 > 0$,
und aus $i < 0$ läßt sich folgern $-i < 0$ und weiter $(-i)(-i) > (-i) \cdot 0$, also $-1 > 0$.

Für die geometrische Darstellung einer komplexen Zahl eignet sich vielmehr die sogenannte **Gaußsche Zahlenebene**, benannt nach dem deutschen Mathematiker *Carl Friedrich Gauß* (1777–1855). In der Gaußschen Zahlenebene erscheint jede komplexe und damit ja auch jede reelle Zahl als Punkt. Der **Realteil** a stellt dabei die *Abszisse* (x-Wert) und der **Imaginärteil** b die *Ordinate* (y-Wert) des der komplexen Zahl $z = (a; b)$ zugeordneten Punktes dar (s. S. 21).

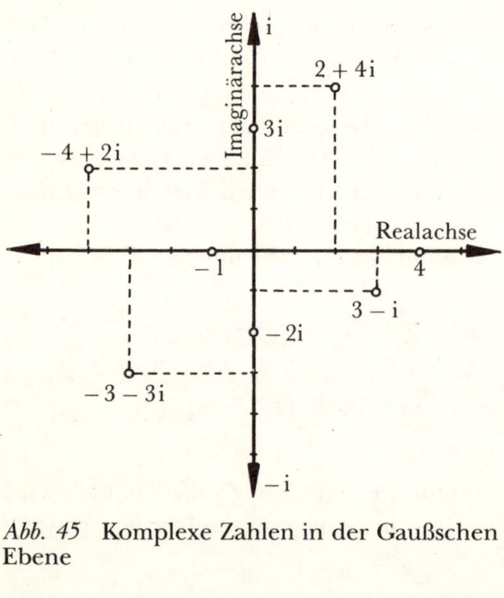

Abb. 45 Komplexe Zahlen in der Gaußschen Ebene

Diese geometrische Darstellung ist eindeutig, das heißt, jedem Punkt der Gaußschen Zahlenebene entspricht genau eine komplexe Zahl z, und jeder komplexen Zahl z entspricht auch nur ein Punkt dieser Ebene.
Reelle Zahlen liegen bei dieser Zuordnung auf der *Realachse*, die somit die uns bekannte Zahlengerade aus dem Bereich der reellen Zahlen darstellt. Rein imaginäre Zahlen liegen auf der *Imaginärachse*.
Damit ist klar, daß eine komplexe Zahl auch als **Vektor** oder *gerichteter Pfeil* aufgefaßt werden kann.

Jede komplexe Zahl $z = a + bi = (a; b)$ läßt sich als Vektor $\begin{pmatrix} a \\ b \end{pmatrix}$ in Ursprungslage (vom Nullpunkt ausgehend) ansehen.

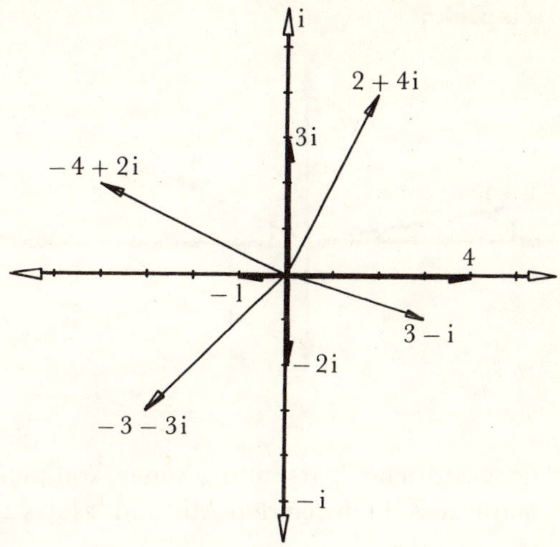

Abb. 46 Die komplexen Zahlen als Vektoren in der Gaußschen Zahlenebene

Anfangs wurde gesagt, daß ein direkter Größenvergleich wie bei reellen Zahlen für komplexe Zahlen nicht möglich ist. Allerdings kann man über den Abstand eines komplexen Punktes vom Koordinatenursprung in der Gaußschen Zahlenebene eine Art Größenordnung unter den komplexen Zahlen herstellen.

Unter dem Betrag $|z|$ der komplexen Zahl z versteht man die nichtnegative Zahl

$$|z| = |a + bi| = \sqrt{a^2 + b^2}$$

Der Berechnung liegt der Lehrsatz von Pythagoras zugrunde.

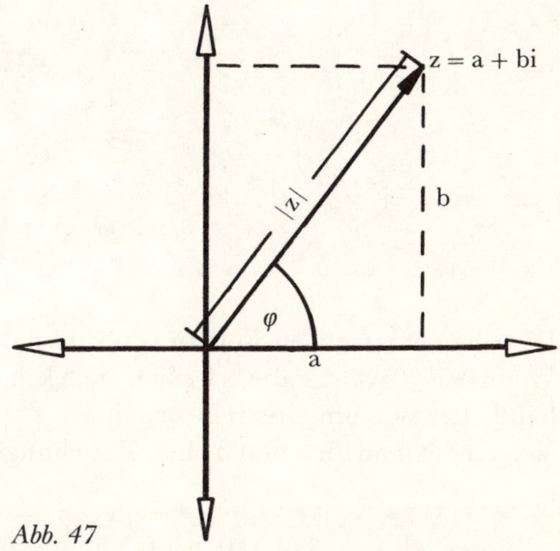

Abb. 47

Beispiele:

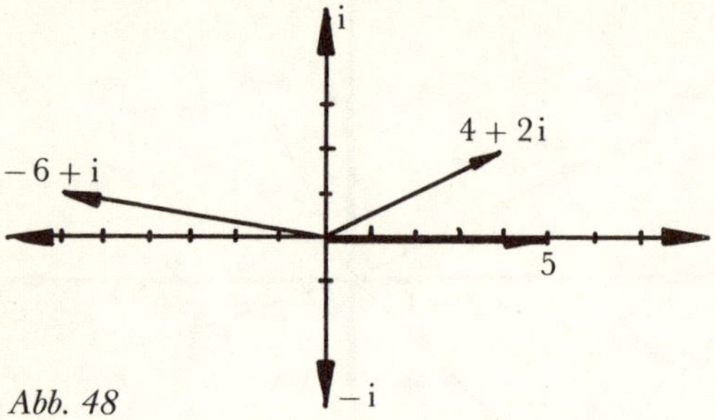

Abb. 48

1. $z_1 = \ \ 4 + 2i$,
also $|z_1| = \sqrt{16+4} = \sqrt{20} = 4{,}47$
2. $z_2 = -6 + i$,
also $|z_2| = \sqrt{36+1} = \sqrt{37} = 6{,}08$
3. $z_3 = 5$,
also $|z_3| = \sqrt{25} = 5$

Die vektorielle Darstellung einer komplexen Zahl $z = a + bi$ läßt erkennen, daß eine komplexe Zahl durch den Abstand $|z|$ des zugehörigen Punktes vom Nullpunkt und durch den Winkel φ, den die positive Realachse mit dem Vektor $\begin{pmatrix} a \\ b \end{pmatrix}$ bildet, eindeutig bestimmt ist. Man nennt $|z|$ und φ die **Polarkoordinaten** der komplexen Zahl z. φ ist das *Argument* von z und bis auf Vielfache von 2π eindeutig bestimmt.

Aus der Abbildung 47 findet man mit Hilfe *trigonometrischer Funktionen* die Umrechnung der Koordinaten:

$$\cos\varphi = \frac{a}{|z|} \Rightarrow |z| \cdot \cos\varphi = a$$

$$\tan\varphi = \frac{b}{a} \qquad \text{für } a \neq 0$$

$$\sin\varphi = \frac{b}{|z|} \Rightarrow |z| \cdot \sin\varphi = b$$

Die trigonometrischen Funktionen sind natürlich nur für $|z| \neq 0$ bzw. für $a \neq 0$ definiert. Wenn $|z| = 0$ wäre, gäbe es freilich auch keinen Winkel φ zu berechnen. Ist dagegen $a = 0$, so handelt es sich um eine rein imaginäre Zahl, die $\varphi = 90°$ als Argument besitzt.

Verwendet man für a und b obige Beziehungen in der Summendarstellung, so erhält man die

Polarkoordinatendarstellung einer komplexen Zahl:

$$z = a + bi = |z| \ (\cos\varphi + i \cdot \sin\varphi)$$

$\cos\varphi + i \cdot \sin\varphi$ wird auch *Richtungsfaktor* der komplexen Zahl genannt.

Beispiele:

1. $z_1 = -3 + 4i \Rightarrow$
$|z_1| = \sqrt{9+16} = \sqrt{25} = 5,$
also $\cos\varphi_1 = \frac{-3}{5} \Rightarrow \varphi = 126{,}87°$
z_1 besitzt deshalb die Polarkoordinatendarstellung:
$z_1 = |5|(\cos 126{,}87° + i \cdot \sin 126{,}87°)$

2. $z_2 = 2 - 5i \Rightarrow |z_2| = \sqrt{4+25}$
$= \sqrt{29} = 5{,}39,$
also $\sin\varphi = \frac{-5}{\sqrt{29}} \Rightarrow \varphi = -68{,}20°$
z_2 besitzt deshalb die Polarkoordinatendarstellung:
$z_2 = \sqrt{29}\ (\cos 68{,}20° - i \cdot \sin 68{,}20°),$
weil $\cos(-\varphi) = \cos\varphi$
und $\sin(-\varphi) = -\sin\varphi$ ist.

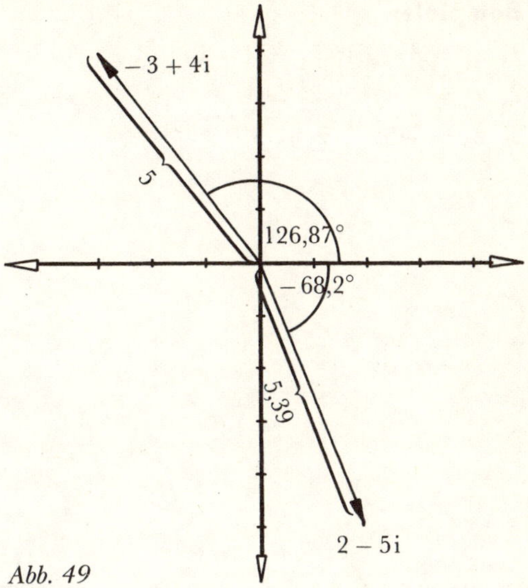

Abb. 49

Für den Ausdruck $\cos\varphi + i \cdot \sin\varphi$ kann man die *Exponentialfunktion* $e^{i \cdot \varphi}$ setzen, so daß sich die Polarform der komplexen Zahl dann in der Form $z = |z| \cdot e^{i \cdot \varphi}$ schreiben läßt. In der Gaußschen Zahlenebene haben die Punkte $e^{i \cdot \varphi}$ vom Nullpunkt (0; 0) den Abstand 1; sie liegen folglich alle auf einer Peripherie des Einheitskreises (Radius = 1) um den Koordinatenursprung.

Jeder komplexe Vektor $z = a + bi$ läßt sich dann aus seinem zugehörigen Einheitsvektor $e^{i \cdot \varphi}$ durch Streckung oder Stauchung mit dem Faktor $|z|$ erzeugen.
Durch Umkehrung des Vorzeichens des Imaginärteiles von z erhält man die zu z *konjugiert komplexe Zahl* $\bar{z}$ (konjugieren = abwandeln); $\bar{z}$ wird gelesen: *z quer*.

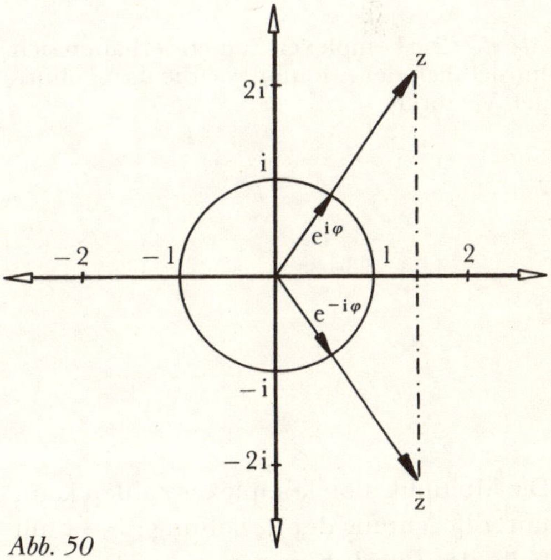

Abb. 50

$z = a + bi$ und $\bar{z} = a - bi$ nennt man konjugiert zueinander.

Die Umpolung von b entspricht einer Spiegelung des komplexen Punktes an der Realachse; deshalb gehen die zueinander konjugiert komplexen Zahlen z und $\bar{z}$ (bzw. deren Vektoren) durch Spiegelung an der Realachse ineinander über.

Beispiele:

1. $z_1 = 3 - 6i$; $\bar{z}_1 = 3 + 6i$

2. $z_2 = 4$; $\bar{z}_2 = 4$

3. $z_3 = -5i$; $\bar{z}_3 = 5i$

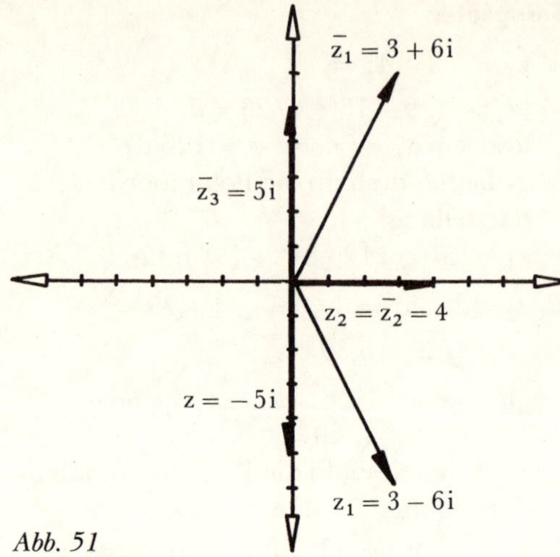

Abb. 51

Die Addition und Subtraktion komplexer Zahlen vollzieht sich wie bei Vektoren; hier wird komponentenweise addiert/subtrahiert. Wir erhalten als Summe/Differenz der komplexen Zahlen $z_1 = a + bi$ und $z_2 = c + di$:

$$z_1 + z_2 = (a + bi) + (c + di) = (a + c) + (b + d)\,i$$
$$z_1 - z_2 = (a + bi) - (c + di) = (a - c) + (b - d)\,i$$

Hierin ist natürlich als Spezialfall die Addition/Subtraktion reeller Zahlen enthalten.

Abb. 52 Die komplexen Zahlen verhalten sich hinsichtlich der Addition wie die dazugehörigen Vektoren

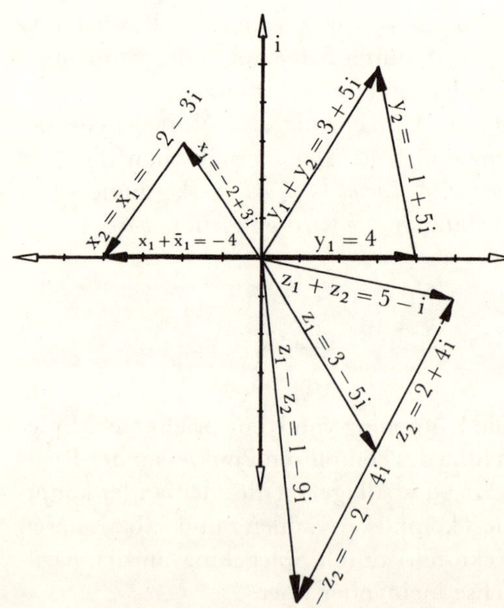

Die Multiplikation komplexer Zahlen kann unter Beachtung der Beziehung $i^2 = -1$ mit Hilfe des *Distributivgesetzes* (s. S. 93) ausgerechnet werden. Das Produkt der bei den komplexen Zahlen $z_1 = a + bi$ und $z_2 = c + di$ ergibt dann:

$$z_1 \cdot z_2 = (a + bi)\,(c + di) = ac + bci + adi - bd = (ac - bd) + (bc + ad)\,i$$

Bei einem konjugiert komplexen Zahlenpaar ist das zugehörige Produkt $z \cdot \bar{z}$ stets eine positive reelle Zahl, da immer $a = c$ und $d = -b$ und damit $ad = -bc$ sein muß:

$$z \cdot \bar{z} = (a + bi)\,(a - bi) = a^2 - b^2 i^2 = a^2 + b^2$$

Die Bedeutung des Produktes in vektorieller Darstellung läßt sich am besten in der Polarform erkennen:
Das Produkt der komplexen Zahlen $z_1 = a + bi = |z_1|\,(\cos\varphi_1 + i \cdot \sin\varphi_1)$ und $z_2 = c + di = |z_2|\,(\cos\varphi_2 + i \cdot \sin\varphi_2)$ berechnet sich dann:

$$z_1 \cdot z_2 = |z_1|\,(\cos\varphi_1 + i \cdot \sin\varphi_1) \cdot |z_2|\,(\cos\varphi_2 + i \cdot \sin\varphi_2)\,.$$

Jetzt kann nach dem Kommutativgesetz umgestellt und distributiv ausmultipliziert werden; mit Hilfe der sogenannten *Additionstheoreme* vereinfacht sich schließlich der entstandene Ausdruck:

$$z_1 \cdot z_2 = |z_1|\,|z_2|\,(\cos\varphi_1 + i \cdot \sin\varphi_1)\,(\cos\varphi_2 + i \cdot \sin\varphi_2)$$

$$z_1 \cdot z_2 = |z_1|\,|z_2|\,(\cos\varphi_1 \cos\varphi_2 + i \cdot \sin\varphi_1 \cos\varphi_2 + i \cdot \sin\varphi_2 \cos\varphi_1 - \sin\varphi_1 \sin\varphi_2)$$

$$z_1 \cdot z_2 = |z_1|\,|z_2|\,(\underbrace{\cos\varphi_1 \cos\varphi_2 - \sin\varphi_1 \sin\varphi_2}_{\cos(\varphi_1 + \varphi_2)} + \underbrace{i\,(\sin\varphi_1 \cos\varphi_2 + \sin\varphi_2 \cos\varphi_1)}_{i \cdot \sin(\varphi_1 + \varphi_2)})$$

$$z_1 \cdot z_2 = |z_1|\,|z_2|\,(\cos(\varphi_1 + \varphi_2) + i \cdot \sin(\varphi_1 + \varphi_2)) = |z_1| \cdot |z_2| \cdot e^{i(\varphi_1 + \varphi_2)}$$

Der Betrag des komplexen Produktes und damit die Länge des zugehörigen Vektors ist das Produkt der Einzelbeträge $|z_1| \cdot |z_2|$, und das Argument ist die Summe der Einzelargumente $(\varphi_1 + \varphi_2)$. Hieraus folgt unmittelbar eine geometrische Konstruktionsmöglichkeit für den Vektor, der dem Produkt der komplexen Zahlen z_1 und z_2 entspricht: Dieser Vektor schließt mit der positiven Realachse den Winkel $(\varphi_1 + \varphi_2)$ ein. Somit müssen die beiden schraffierten Dreiecke einander *ähnlich* sein, da sie in einem Winkel φ_1 übereinstimmen und die Verhältnisse entsprechender Seiten gleich sind: $\dfrac{|z_1|}{1} = \dfrac{|z_1| \cdot |z_2|}{|z_2|}$

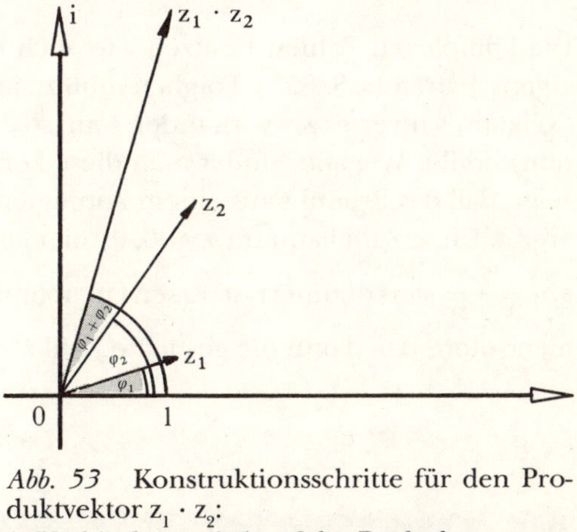

Abb. 53 Konstruktionsschritte für den Produktvektor $z_1 \cdot z_2$:
1. Verbinde z_1 mit 1 auf der Realachse.
2. Drehe das entstandene Dreieck um (0; 0) mit dem Winkel φ_2.
3. Strecke das gedrehte Dreieck mit dem Faktor $|z_2|$ am Koordinatenursprung.

Beispiele:

1. $z_1 = 3 + 4i$, also $|z_1| = \sqrt{25} = 5$
$z_2 = 2 - 3i$, also $|z_2| = \sqrt{13}$
$z_1 \cdot z_2 = (3 + 4i)(2 - 3i) = 18 - i$,
also $|z_1 \cdot z_2| = 18{,}03$

2. $x_1 = -3 + 2i$, also $|x_1| = \sqrt{13}$
$x_2 = \bar{x}_1 = -3 - 2i$, also $|x_2| = \sqrt{13}$
$x_1 \cdot \bar{x}_1 = 13$
Das Produkt aus einem konjugiert komplexen Zahlenpaar ist immer reell.

3. $z_1 = 5(\cos 30° + i \cdot \sin 30°)$
$z_2 = 4(\cos(-45°) + i \cdot \sin(-45°))$
$z_1 \cdot z_2 = 20(\cos(-15°) + i \cdot \sin(-15°))$
$z_1 \cdot z_2 = 20(\cos 15° - i \cdot \sin 15°)$

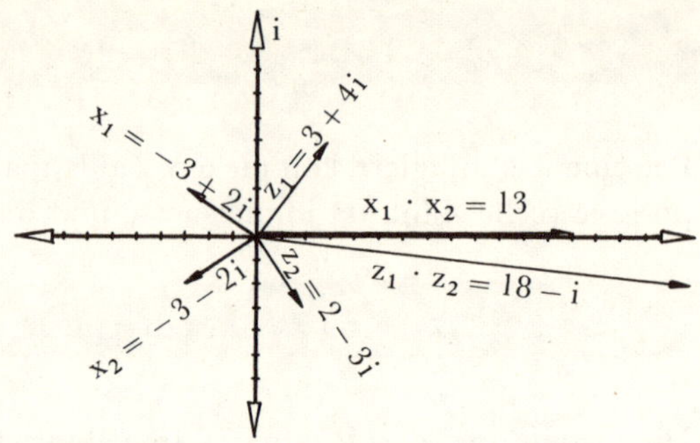

Abb. 54

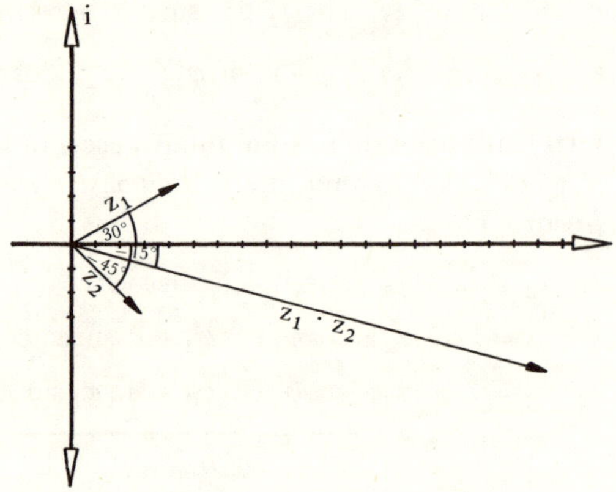

Abb. 55

Die komplexen Zahlen besitzen wie auch die reellen und die rationalen Zahlen Körpereigenschaften (s. S. 853). Folglich muß zu jeder komplexen Zahl z in der Menge $\mathbb{C}$ ein multiplikatives Inverses z^{-1} vorhanden sein, so daß $z \cdot z^{-1} = 1$ (neutrales Element der Multiplikation) ergibt. Wie aber findet man diese komplexe Zahl z^{-1}? In den Beispielen oben ist gezeigt, daß das Produkt aus einem konjugiert komplexen Zahlenpaar die reelle Zahl $a^2 + b^2$ ergibt. Diese Zahl kann für $z \neq (0; 0)$ niemals Null werden, weshalb zum Beispiel der Quotient $\frac{\bar{z}}{a^2 + b^2}$ stets definiert ist. Ersetzt man nun z^{-1} in $z \cdot z^{-1} = 1$ durch diesen Ausdruck, so sieht man sofort, daß damit die gesuchte Zahl z^{-1} gefunden ist:

$$z \cdot \frac{\bar{z}}{a^2 + b^2} = 1$$

Das multiplikative Inverse z^{-1} der komplexen Zahl z lautet:

$$z^{-1} = \frac{\bar{z}}{a^2 + b^2} = \frac{\bar{z}}{z \cdot \bar{z}}$$

Beispiele:

1. $z = 4 + 5i; \quad \bar{z} = 4 - 5i;$

Das Inverse zu $z = 4 + 5i$ lautet demnach:

$$z^{-1} = \frac{4-5i}{16+25} = \frac{4-5i}{41} = \frac{4}{41} - \frac{5}{41}i$$

Kontrolle: $z \cdot z^{-1} = (4+5i)\left(\frac{4}{41} - \frac{5}{41}i\right) = \frac{16}{41} + \frac{20}{41}i - \frac{20}{41}i + \frac{25}{41} = \frac{41}{41} = 1$

2. $z = 6i; \quad \bar{z} = -6i;$

$$z^{-1} = \frac{-6i}{36} = -\frac{1}{6}i$$

Kontrolle: $z \cdot z^{-1} = 6i \cdot (-\frac{1}{6}i) = 1$

3. $z = 5; \quad \bar{z} = 5 \Rightarrow z^{-1} = \frac{5}{25} = \frac{1}{5}$

Die Division $\frac{z_1}{z_2}$ zweier komplexer Zahlen gelingt nach einem Erweiterungsvorgang mit dem konjugierten Nenner, da dann dort eine reelle Zahl entsteht.

Der Quotient $\frac{z_1}{z_2}$ der beiden komplexen Zahlen $z_1 = a + bi$ und $z_2 = c + di$ berechnet sich so:

$$\frac{z_1}{z_2} = \frac{a+bi}{c+di} = \frac{(a+bi)(c-di)}{(c+di)(c-di)} = \frac{(ac+bd)+(bc-ad)i}{c^2+d^2}$$

Beispiele:

1. $\begin{matrix} z_1 = 4+2i \\ z_2 = -2-3i \end{matrix} \Rightarrow \frac{z_1}{z_2} = \frac{4+2i}{-2-3i} = \frac{(4+2i)(-2+3i)}{(-2-3i)(-2+3i)}$

$$= \frac{-8-4i+12i-6}{4+9} = -\frac{14}{13} + \frac{8}{13}i$$

Kontrolle:

$\frac{z_1}{z_2} \cdot z_2 = z_1$, also $(-\frac{14}{13} + \frac{8}{13}i)(-2-3i) = \frac{28}{13} - \frac{16}{13}i + \frac{42}{13}i + \frac{24}{13} = \frac{52}{13} + \frac{26}{13}i = 4 + 2i$

2. $\begin{matrix} z = 3-4i \\ \bar{z} = 3+4i \end{matrix} \Rightarrow \frac{z}{\bar{z}} = \frac{3-4i}{3+4i} = \frac{(3-4i)(3-4i)}{(3+4i)(3-4i)} = \frac{9-12i-12i-16}{9+16} = \frac{-7}{25} - \frac{24}{25}i$

Kontrolle:

$\frac{z}{\bar{z}} \cdot \bar{z} = z$, also $(-\frac{7}{25} - \frac{24}{25}i)(3+4i) = -\frac{21}{25} - \frac{72}{25}i - \frac{28}{25}i + \frac{96}{25} = \frac{75}{25} - \frac{100}{25}i = 3 - 4i$

3. $z_1 = 4 - 3i$ $\quad z_2 = 1 \quad \Rightarrow z_1^{-1} = \frac{z_2}{z_1} = \frac{1}{4-3i} = \frac{4+3i}{(4-3i)(4+3i)} = \frac{4+3i}{16+9} = \frac{4}{25} + \frac{3}{25}i$

Kontrolle:

$z_1^{-1} \cdot z_1 = z_2 = 1, \quad$ also $(\frac{4}{25} + \frac{3}{25}i)(4-3i) = \frac{16}{25} + \frac{12}{25}i - \frac{12}{25}i + \frac{9}{25} = \frac{25}{25} = 1$

Die geometrische Deutung der Division komplexer Zahlen ist ähnlich wie bei der Multiplikation sehr viel einfacher in der Polardarstellung als in der Komponentenschreibweise. Bei der Division ist nämlich der Betrag des Quotienten gleich dem Quotienten der Einzelbeträge und das Argument gleich der Differenz der Einzelargumente:

$$\frac{z_1}{z_2} = \frac{|z_1|}{|z_2|}(\cos(\varphi_1 - \varphi_2) + i \cdot \sin(\varphi_1 - \varphi_2)) = \frac{|z_1|}{|z_2|} \cdot e^{i}(\varphi_1 - \varphi_2)$$

Beispiele:

1. $z_1 = 2(\cos 60° + i \cdot \sin 60°)$

$z_2 = 3(\cos 20° + i \cdot \sin 20°)$

$$\Rightarrow \frac{z_1}{z_2} = \frac{2}{3}(\cos 40° + i \cdot \sin 40°)$$

2. $x_1 = 3(\cos 120° + i \cdot \sin 120°)$

$x_2 = 5(\cos 190° + i \cdot \sin 190°)$

$$\Rightarrow \frac{x_1}{x_2} = \frac{3}{5}(\cos(-70°) + i \cdot \sin(-70°))$$

$$\Rightarrow \frac{x_1}{x_2} = \frac{3}{5}(\cos 70° - i \cdot \sin 70°)$$

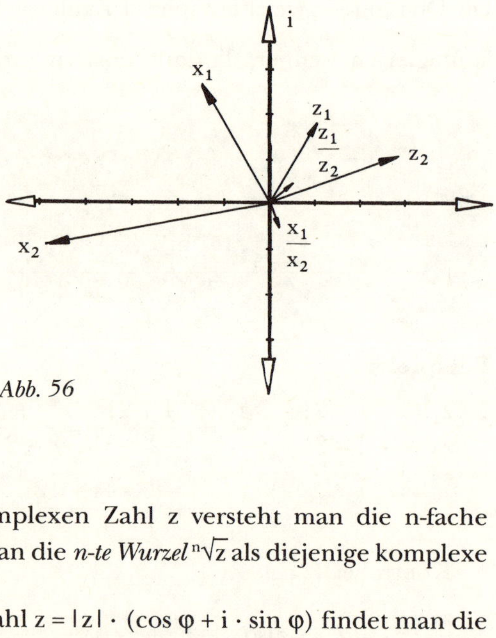

Abb. 56

Unter der *n-ten Potenz* z^n ($n \in \mathbb{N}$) einer komplexen Zahl z versteht man die n-fache Produktbildung mit z. Völlig analog definiert man die *n-te Wurzel* $\sqrt[n]{z}$ als diejenige komplexe Zahl, deren n-te Potenz gerade z ergibt.

Aus der in Polarform gegebenen komplexen Zahl $z = |z| \cdot (\cos \varphi + i \cdot \sin \varphi)$ findet man die zugehörige Quadrat- bzw. Kubikzahl durch entsprechende mehrfache Multiplikation. Die Umformungen gelingen mit Hilfe der Additionstheoreme:

$$z^2 = |z|(\cos\varphi + i \cdot \sin\varphi) \cdot |z| \cdot (\cos\varphi + i \cdot \sin\varphi)$$
$$z^2 = |z|^2(\cos^2\varphi + i \cdot \sin\varphi\cos\varphi + i \cdot \sin\varphi\cos\varphi - \sin^2\varphi)$$
$$z^2 = |z|^2(\cos^2\varphi - \sin^2\varphi + 2i\sin\varphi\cos\varphi)$$

$$z^2 = |z|^2(\cos 2\varphi + i \cdot \sin 2\varphi)$$

Für $z^3 = z^2 \cdot z$ ergibt sich weiter:

$z^3 = |z|^2 (\cos 2\varphi + i \sin 2\varphi)\, |z|\, (\cos\varphi + i \cdot \sin\varphi)$

$z^3 = |z|^3 (\cos 2\varphi \cos\varphi + i \sin 2\varphi \cos\varphi + i \sin\varphi \cos 2\varphi - \sin 2\varphi \sin\varphi)$

$z^3 = |z|^3 (\cos 2\varphi \cos\varphi - \sin 2\varphi \sin\varphi + i \sin 2\varphi \cos\varphi + i \cos 2\varphi \sin\varphi)$

Additionstheoreme:

$z^3 = |z|^3 (\cos(2\varphi + \varphi) + i \cdot \sin(2\varphi + \varphi))$

$$z^3 = |z|^3 (\cos 3\varphi + i \cdot \sin 3\varphi)$$

Induktiv läßt sich die Allgemeingültigkeit folgender Formel schnell vermuten:

Moivresche Formel (franz. Mathematiker, 1667–1754):

$$z^n = |z|^n (\cos n\varphi + i \cdot \sin n\varphi); \qquad n \in \mathbb{N}$$

Beispiele:

1. $z = 3 (\cos 36° + i \cdot \sin 36°)$

$z^6 = 3^6 (\cos 216° + i \cdot \sin 216°) \approx 729 (-0{,}81 - 0{,}59i) = -589{,}77 - 428{,}5i$

2. $z = 3 (\cos 324° + i \cdot \sin 324°)$

$z^5 = 3^5 (\cos 1620° + i \cdot \sin 1620°) = 243 (-1 + i \cdot 0) = -243$

Die **Moivresche Formel** ist bei der Bestimmung aller *komplexen Wurzeln* von Bedeutung, wie das 2. Beispiel vermuten läßt. Die Lösung der Gleichung $\sqrt[n]{z} = x$ führt über die Umformung $z = x^n$. Schreibt man z und x als komplexe Zahlen in ihrer Polardarstellung, so erhält man damit:

$|z| \cdot (\cos\varphi + i \cdot \sin\varphi) = (|x| (\cos\psi + i \cdot \sin\psi))^n$

und nach der Moivreschen Formel weiter:

$|z| \cdot (\cos\varphi + i \cdot \sin\varphi) = |x|^n (\cos n\psi + i \sin n\psi)$

Setzt man hierbei die Argumente und die Beträge gleich, so ergibt sich weiter:

$|z| = |x|^n \quad$ oder $\quad |x| = \sqrt[n]{|z|}$

beziehungsweise:

$n\psi = \varphi + k \cdot 2\pi, \qquad k \in \mathbb{N}_0$

$$\Rightarrow \psi = \frac{\varphi}{n} + \frac{k \cdot 2\pi}{n}$$

Hier müssen Vielfache von 2π zu φ addiert werden, da die beiden Funktionen **sin** und **cos** die Periode 2π haben und alle Lösungen erfaßt werden sollen.
Substituiert man die gefundenen Werte in der Ausgangsbeziehung $x = |x| (\cos\psi + i \cdot \sin\psi)$, so erhält man letztlich die gesuchten Wurzeln:

$$z = |z|\,(\cos\varphi + i\cdot\sin\varphi)$$
$$\Rightarrow\; x = \sqrt[n]{z} = \sqrt[n]{|z|}\left[\cos\left(\frac{\varphi}{n} + \frac{k\cdot 2\pi}{n}\right) + i\cdot\sin\left(\frac{\varphi}{n} + \frac{k\cdot 2\pi}{n}\right)\right]$$

Lassen wir k die Werte 0, 1, 2, 3, 4 … (n − 1) durchlaufen, so ergeben sich alle n verschiedenen komplexen Wurzeln von z:

$x_0, x_1, x_2, x_3 \ldots x_{n-1}$

Beispiele:

1. $z = 1\,(\cos 30° + i\cdot\sin 30°)$;

gesucht $\sqrt[3]{z} = x$

$$\Rightarrow x = \sqrt[3]{1}\left[\cos\left(\frac{30°}{3} + \frac{k\cdot 2\pi}{3}\right) + i\cdot\sin\left(\frac{30°}{3} + \frac{k\cdot 2\pi}{3}\right)\right]$$

$$x = 1\cdot\left[\cos\left(10° + \frac{k\cdot 360°}{3}\right) + i\cdot\sin\left(10° + \frac{k\cdot 360°}{3}\right)\right]$$

Für k = 0, 1 und 2 ergeben sich die 3 Wurzelwerte:

$x_0 = \cos 10° + i\cdot\sin 10°$
$x_1 = \cos 130° + i\cdot\sin 130°$
$x_2 = \cos 250° + i\cdot\sin 250°$

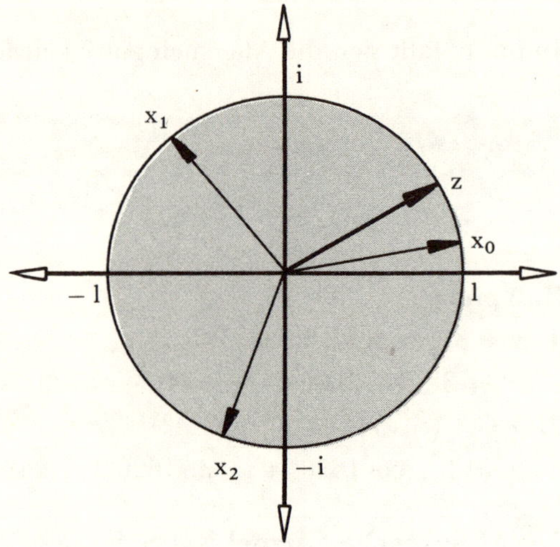

Abb. 57 Die 3-ten Einheitswurzeln

2. $z = -243$; gesucht $\sqrt[5]{-243}$

$$\Rightarrow x = \sqrt[5]{243}\cdot\left[\cos\left(\frac{180°}{5} + \frac{k\cdot 2\pi}{5}\right) + i\cdot\sin\left(\frac{180°}{5} + \frac{k\cdot 2\pi}{5}\right)\right]$$

Für k = 0, 1, 2, 3 und 4 ergeben sich die 5 Wurzelwerte:

$x_0 = 3\,(\cos 36° + i\cdot\sin 36°)$
$x_1 = 3\,(\cos 108° + i\cdot\sin 108°)$
$x_2 = 3\,(\cos 180° + i\cdot\sin 180°)$
$x_3 = 3\,(\cos 252° + i\cdot\sin 252°)$
$x_4 = 3\,(\cos 324° + i\cdot\sin 324°)$

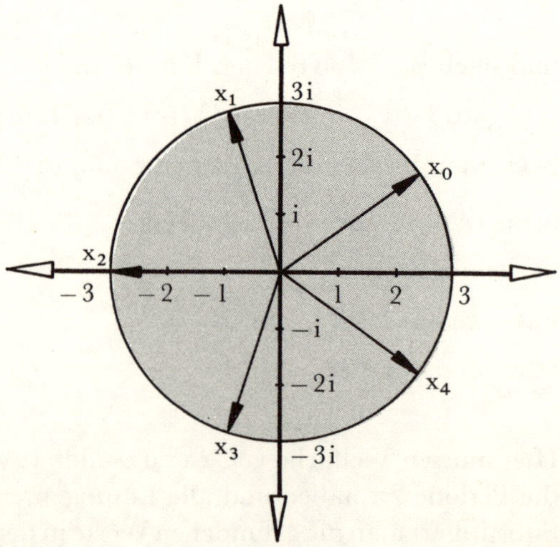

Abb. 58 Die 5-ten Wurzeln aus − 243

3. $z = 1$; gesucht $\sqrt[6]{1}$

$$\Rightarrow x = \cos\frac{k \cdot 2\pi}{6} + i \cdot \sin\frac{k \cdot 2\pi}{6}$$

$$\Rightarrow x_0 = \cos 0° + i \cdot \sin 0° = 1 \text{ (Hauptwert)}$$

$$x_1 = \cos 60° + i \cdot \sin 60°$$

$$x_2 = \cos 120° + i \cdot \sin 120°$$

$$x_3 = \cos 180° + i \cdot \sin 180° = -1$$

$$x_4 = \cos 240° + i \cdot \sin 240°$$

$$x_5 = \cos 300° + i \cdot \sin 300°$$

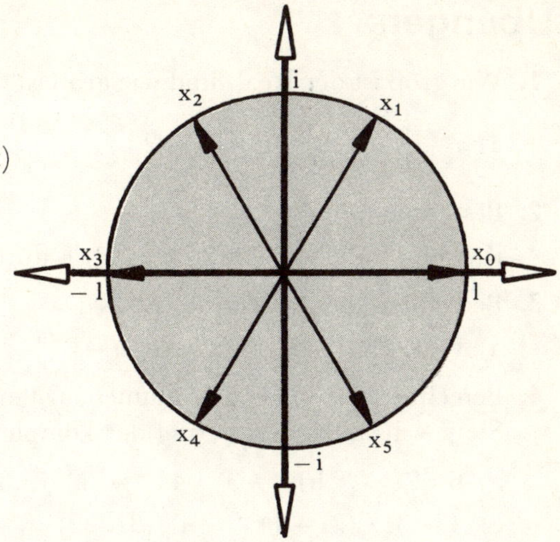

Abb. 59 Die 6-ten Einheitswurzeln

Übungen:

1. Wie groß ist der Real- und wie groß ist der Imaginärteil folgender komplexer Zahlen?

a) $i - \frac{1}{i}$ b) $4i + 3i - 2$ c) $\frac{1}{i^2} - i^3$ d) $i^{-7} + 4$

2. Bestimmen Sie
i^k, wenn k die Zahlen 2, 3, 4, ... 8 durchläuft!

3. Berechnen Sie die Terme ($n \in \mathbb{N}$):

a) $(-i)^{2n}$ b) i^{4n} c) $(-i)^{4n+2}$ d) i^{4n+3} e) i^{20n}

4. Berechnen Sie folgende Summen, Differenzen, Produkte bzw. Quotienten. Ermitteln Sie jeweils auch den Betrag der komplexen Zahl!

a) $6 \cdot 2i$ b) $(-3) \cdot 4i$ c) $i \cdot 3 \cdot i \cdot 5 \cdot (-i)$ d) $\sqrt{2} \cdot i \cdot (1 - \sqrt{2} \cdot i)$

e) $4 + 3i \cdot (2i - 1)$ f) $(3i - 2) \cdot (-4 + 5i)$ g) $(3i - 2) + (-4 + 5i)$

h) $0{,}5\sqrt{3} \cdot 4(1 + i) \cdot \frac{1}{3}\sqrt{2} \cdot (1 - i)$ i) $(2 - 3i)(5 + 6i)(-1 - 8i)$

k) $(3i^2 + 3i - 2)(2i + 4i^5)$ l) $(4i - 5) - (3 + 6i) + (4 - i)$

m) $(3i + 5i^2 - i)(3i + 2) - 3i + i^3(4i - 4i^5 - 6) + i - (2 + i)$

5. Schreiben Sie in Polarkoordinaten:

a) $3 + 4i$ b) $5 - 6i$ c) $-4 + 2i$ d) $10 + 2i$ e) $3i + 7$

6. Bestimmen Sie die Komponentendarstellung:

a) $4(\cos 35° + i \sin 35°)$ b) $1{,}5(\cos 100° + i \sin 100°)$

c) $0{,}6(\cos 0° + i \sin 0°)$ d) $\frac{1}{3} \cdot (\cos 200° + i \sin 200°)$

7. Bestimmen Sie die Inversen zu:

a) $2 + 3i$ b) $-10 - i$ c) $5i$ d) 35 e) $-100i + 40$

8. Berechnen Sie den Quotienten $z_1 : z_2$ und machen Sie eine Probe:

a) $z_1 = 4 + 3i$; $z_2 = -5 - 5i$ b) $z_1 = 4i$; $z_2 = 5 + 10i$

9. Berechnen Sie zu den Zahlen $z_1 = 3 - 0{,}5i$ und $z_2 = 6 + 2i$ folgende Terme:

a) $\overline{(\bar{z}_1)}$ b) $\overline{(\bar{z}_2)}$ c) $\overline{(z_1 + z_2)}$ d) $\bar{z}_1 + \bar{z}_2$

e) $(\bar{z}_1)^3$ f) $\overline{(z_1^3)}$ g) $\overline{(z_1 : z_2)}$ h) $\bar{z}_1 : \bar{z}_2$

10. Berechnen Sie z^2, z^3 und z^7 zu folgenden komplexen Zahlen nach der Moivreschen Formel:

a) $2 + 7i$ b) $2{,}6 - 3{,}3i$ c) $2i$

11. Berechnen Sie die 3., 5. und 6. Wurzel zu folgenden Zahlen:

a) $-3 + 5i$ b) $4 + 10i$ c) $5i$

Lösungen Seite 716.

Übersicht der Rechengesetze in den einzelnen Zahlenbereichen

Gesetze	**natürliche Zahlen** $\mathbb{N}$	**ganze Zahlen** $\mathbb{Z}$	**rationale Zahlen** $\mathbb{Q}$	**reelle Zahlen** $\mathbb{R}$	**komplexe Zahlen** $\mathbb{C}$
Abgeschlossenheit	Addition Multiplikation Potenzieren	Addition Subtraktion Multiplikation	Addition Subtraktion Multiplikation Division	Addition Subtraktion Multiplikation Division	Addition Subtraktion Multiplikation Division Potenzieren Radizieren
Kommutativgesetze a) Addition b) Multiplikation	$a + b = b + a$ $a \cdot b = b \cdot a$				
Assoziativgesetze a) Addition b) Multiplikation	$a + (b + c) = (a + b) + c$ $a \cdot (b \cdot c) = (a \cdot b) \cdot c$				
Distributivgesetz	$a \cdot (b + c) = a \cdot b + a \cdot c$				
Neutrales Element Addition		Null, weil $0 + a = a + 0 = a$			
Neutrales Element Multiplikation	Eins, weil $1 \cdot a = a \cdot 1 = a$				
Trichotomiegesetz	für zwei Zahlen a, b gilt immer: $a = b$ oder $a > b$ oder $a < b$				
Transitivitätsgesetz	wenn $a < b$ und $b < c$, dann auch $a < c$				
Monotoniegesetze der Ordnungsrelation 1. Addition 2. Multiplikation	wenn $a < b$, dann auch $a + c < b + c$ wenn $a < b$, dann auch $ac < bc$ für $c > 0$ dann $ac > bc$ für $c < 0$				
Gleichheitsgesetze 1. Addition 2. Multiplikation	wenn $a = b$, dann auch $a + c = b + c$ wenn $a = b$, dann auch $ac = bc$				
Inverses Element Addition		$-a$, weil $a - a = -a + a = 0$			$-z = -a - bi$
Inverses Element Multiplikation		$\frac{1}{a} = a^{-1}$, weil $a \cdot \frac{1}{-a} = \frac{1}{a} \cdot a = 1$; $a \neq 0$			$z^{-1} = \frac{\bar{z}}{z \cdot \bar{z}}$ $z^{-1} = \frac{a - bi}{a^2 + b^2}$
Betrag		$\lvert a \rvert = \begin{cases} a & \text{für } a \geqq 0 \\ -a & \text{für } a < 0 \end{cases}$			$\lvert z \rvert = \sqrt{a^2 + b^2}$

Terme, Gleichungen und Ungleichungen

Termumformungen

Einführungsbeispiel:

Wie unterscheidet sich das Volumen eines Würfels mit der Kantenlänge a von dem eines Quaders, dessen 1. Kante um x, dessen 2. Kante um y und dessen 3. Kante um z Längeneinheiten länger ist als a?

Der Würfel besitzt bekanntlich das Volumen $V_{Würfel} = a \cdot a \cdot a = a^3$, und der Rauminhalt des Quaders berechnet sich aus dem Produkt Länge · Breite · Höhe. Die Länge kann mit $(a + x)$ bezeichnet werden, weil der Quader ja x Längeneinheiten länger als a sein soll; dementsprechend beträgt die Breite des Quaders $(a + y)$ und die Höhe $(a + z)$ Längeneinheiten. Damit kann das Volumen des Quaders bestimmt werden:

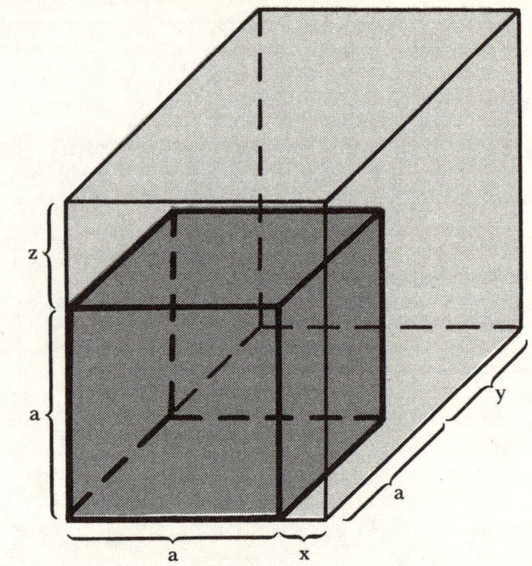

Abb. 60

$$V_{Quader} = (a + x)\ (a + y)\ (a + z)$$
$$= a^3 + a^2x + a^2y + a^2z + axy + axz + ayz + xyz$$

Werden die Platzhalter a, x, y und z mit Zahlen konkret belegt, so kann das unterschiedliche Volumen zahlenmäßig ermittelt werden. Für $a = 10\,cm$, $x = 4\,cm$, $y = 5\,cm$ und $z = 6\,cm$ ergibt sich zum Beispiel $V_{Würfel} = 1000\,cm^3$ und

$V_{Quader} = 3360\,cm^3 = 1000 + 400 + 500 + 600 + 200 + 240 + 300 + 120\,cm^3$

Auf den zurückliegenden Seiten ist der Umgang mit Zahlen geübt worden. Insbesondere sollte der Leser die wichtigen Gesetze der nacheinander behandelten Zahlenmengen $\mathbb{N}$, $\mathbb{Z}$, $\mathbb{Q}$, $\mathbb{R}$ kennen (vergleichen Sie hierzu die Tabelle auf S. 93). Neben Zahlen verschiedenster Art sind auch **Terme** bereits vorgestellt worden (s. S. 25). Die Platzhalter in Termen stehen stellvertretend für Zahlen, die aus einer jeweils zu benennenden Grundmenge einzusetzen sind. Wenn nichts anderes gesagt ist, soll diese Grundmenge $\mathbb{Q}$ oder $\mathbb{R}$ sein. Somit kann mit Termen in gleicher Weise gerechnet und umgegangen werden, wie dies bei rationalen oder reellen Zahlen der Fall ist; aus diesem Grund haben die genannten Gesetze auch für Terme ihre Gültigkeit.
Verschiedene Platzhalter werden in Termen im allgemeinen auch mit verschiedenen Zahlenwerten belegt. Deshalb dürfen in Summen/Differenzen nur *gleichartige Terme* zusammengefaßt werden.

Terme mit gleichen Variablen heißen gleichartig.

Beispiele:

1. gleichartige Terme sind:

$4a^2$; $-2a^2$; $\frac{1}{2}a^2$; $0{,}\overline{5}\,a^2$

xy; $-10xy$; $\frac{1}{2}xy$; $-0{,}53\overline{9}\,xy$

2. verschiedenartige Terme sind:

xy; xy^2; x^2y; x^2y^2

$3abc$; $2ac$; $-3b$; $0{,}5b^2$

3. In dem zusammengesetzten Term $4x + 4z - 2x - 5a + 2a^2 - 3x - 2a$ können nur die gleichartigen Terme zusammengefaßt und vereinfacht werden:

$4x + 4z - 2x - 5a + 2a^2 - 3x - 2a = -x + 4z - 7a + 2a^2$

In algebraischen Summen (s. S. 46) lohnt es sich, Einzelterme alphabetisch zu ordnen, um den Ausdruck übersichtlicher zu gestalten. Beim Umgang mit Klammertermen ist die unterschiedliche Handhabung von Minus- und Plusklammern (s. S. 46) zu beachten. Kommen in einem Term außer runden Klammern (...) zur Unterscheidung auch eckige [...] oder vielleicht geschweifte Klammern {...} vor, so geht man beim Auflösen der Klammern am besten von innen nach außen vor. Die Art der Klammer hat keine Bedeutung, sondern dient ausschließlich zur Unterscheidung.

Beispiele:

1. $-[3y - \{4z + 4x + (5y + 3x - 2z - [3x - 2z])\}]$

$= -[3y - \{4z + 4x + (5y + 3x - 2z - 3x + 2z)\}]$

$= -[3y - \{4z + 4x + 5y + 3x - 2z - 3x + 2z\}]$

$= -[3y - 4z - 4x - 5y - 3x + 2z + 3x - 2z]$

$= -3y + 4z + 4x + 5y + 3x - 2z - 3x + 2z$

$= 4x + 2y + 4z$

2. $(-3x + 4z - (4y + 3x) - [(5z + 10x) + 4x - 3y])$
$= -3x + 4z - 4y - 3x - 5z - 10x - 4x + 3y$
$= -20x - y - z$

Für die Multiplikation und Division mit Termen gelten die Vorzeichenregeln (s. S. 47):

+ mal + = +	+ geteilt durch + = +
− mal − = +	− geteilt durch − = +
+ mal − = −	+ geteilt durch − = −
− mal + = −	− geteilt durch + = −

Beispiele:

1. $4x \cdot (-2z) \cdot 3z = -24 \times z^2$

2. $-(4x + 3y - 3z \cdot (2x) + 4 \cdot (-3z)) = -4x - 3y + 6xz + 12z$

Wir wollen jetzt das Ergebnis einer Multiplikation betrachten, bei der einer oder mehrere Faktoren eine *algebraische Summe* darstellen, also etwa Multiplikationen der Art

$$3x \cdot (4x - 5z) \qquad \text{oder auch} \qquad (2 - 3x - 4z) \cdot 2x - 3z^2) \cdot (3z - 2).$$

Bei einer solchen Multiplikation wird die Bedeutung und der Wert des *Distributivgesetzes* (s. S. 93) vor Augen geführt. Nach dem Distributivgesetz ist jeder Term in der ersten Klammer mit jedem Term in der zweiten Klammer (unter Berücksichtigung der Vorzeichenregeln) zu multiplizieren/dividieren. Dabei entsteht freilich aus einem Produkt eine algebraische Summe. Auch die umgekehrte Vorgehensweise ist manchmal erforderlich.

Das Zerlegen einer algebraischen Summe in Faktoren nennt man Ausklammern oder Faktorisieren, das Zerlegen eines Produktes in eine algebraische Summe nennt man Ausmultiplizieren.

Beispiele:

1. Aus dem Term $ab - ax + ca - a^2d$ läßt sich der gemeinsame Faktor a ausklammern, also $ab - ax + ca - a^2d = a(b - x + c - ad)$

2. Aus dem Term $(2x - 3z)(4z - 4y + 2)$ erhält man durch Ausmultiplizieren:
$(2x - 3z) \cdot (4z - 4y + 2) = 8xz - 12z^2 - 8xy + 12yz + 4x - 6z$
Hierin sind alle Terme verschiedenartig; sie können nicht zusammengefaßt werden.

Bei der Berechnung von gemischten Termen mit Strich-, Punkt- und Potenzausdrücken ist der Potenzrechnung Vorrang gegenüber der Punktrechnung und dieser Vorrang gegenüber der Strichrechnung einzuräumen (s. S. 38).

Beispiele:

1. $5x \cdot 3x + 2y - 3x^2 \cdot y \cdot 4 = 15x^2 + 2y - 12x^2y$

2. $4x + 3y \cdot 6z - 12x : 6^2 = 4x + 18yz - \frac{1}{3}x = 3\frac{2}{3}x + 18yz$

Wir kommen jetzt zu algebraischen Umformungen, die aufgrund ihrer Häufigkeit sehr wichtig sind, wichtig genug, um sie sich einzuprägen.

Zweigliedrige Terme nennen wir Binome, dreigliedrige Terme können Trinome und mehrgliedrige Terme Polynome genannt werden.

Binomische Formeln:

1. Binomische Formel

$$(a+b)^2 = (a+b) \cdot (a+b) = a^2 + ab + ab + b^2 = a^2 + 2ab + b^2$$

2. Binomische Formel

$$(a-b)^2 = (a-b) \cdot (a-b) = a^2 - ab - ab + b^2 = a^2 - 2ab + b^2$$

3. Binomische Formel

$$(a+b) \cdot (a-b) = a^2 + ab - ab - b^2 = a^2 - b^2$$

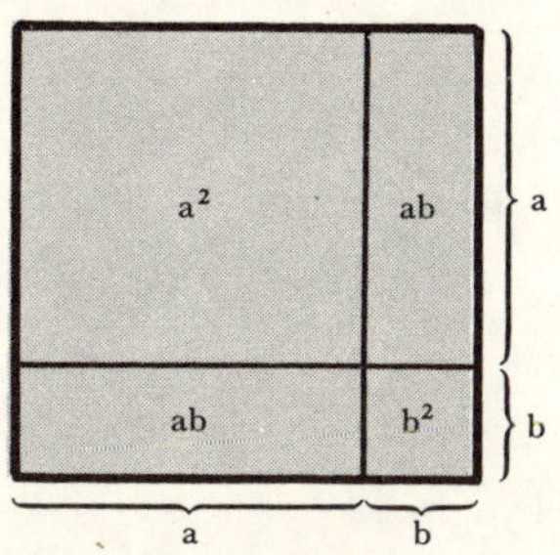

Abb. 61 Die 1. Binomische Formel

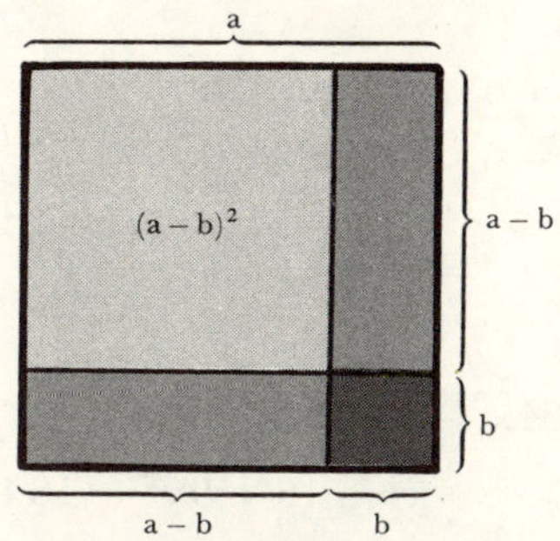

Abb. 62 Die 2. Binomische Formel

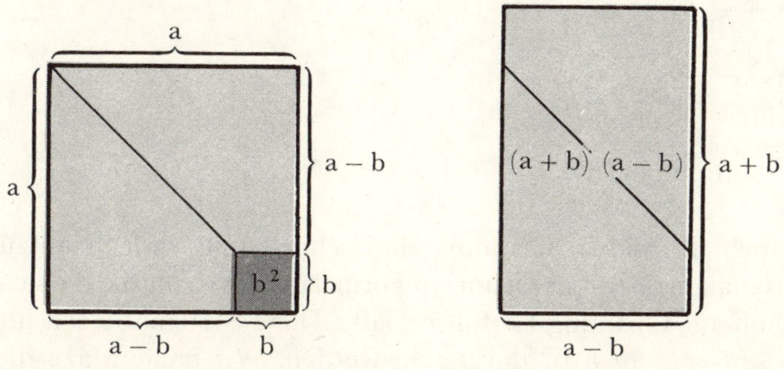

Abb. 63 Die 3. Binomische Formel

Die Binomischen Formeln sind allgemeingültig und auf komplizierte Terme leicht übertragbar.

Beispiele:

1. $(2x + 3y)^2 = 4x^2 + 12xy + 9y^2$

2. $(x - 4z)^2 = x^2 - 8xz + 16z^2$

3. $98^2 = (100 - 2)^2 = 10000 - 400 + 4 = 9604$

4. $(\sqrt{2} + \sqrt{8}) \cdot (\sqrt{2} - \sqrt{8}) = 4 - 8 = -4$

5. $97 \cdot 103 = (100 - 3)(100 + 3) = 10000 - 9 = 9991$

Durch gliedweises Ausmultiplizieren unter Beachtung des Kommutativ- und Distributivgesetzes können folgende allgemeingültige Formeln nachgewiesen werden:

Binome:

1. $(a + b)^3 = a^3 + 3a^2b + 3ab^2 + b^3$
2. $(a - b)^3 = a^3 - 3a^2b + 3ab^2 - b^3$

Trinome:

3. $(a + b + c)^2 = a^2 + b^2 + c^2 + 2ab + 2bc + 2ac$
4. $(a - b + c)^2 = a^2 + b^2 + c^2 - 2ab - 2bc + 2ac$
5. $(a - b - c)^2 = a^2 + b^2 + c^2 - 2ab + 2bc - 2ac$

und außerdem:

6. $a^3 + b^3 = (a + b)(a^2 - ab + b^2)$
7. $a^3 - b^3 = (a - b)(a^2 + ab + b^2)$
8. $a^4 - b^4 = (a^2 + b^2)(a^2 - b^2) = (a^2 + b^2)(a + b)(a - b)$

Beispiele:

1. $(4x + 2)^3 = 64x^3 + 96x^2 + 48x + 8$

2. $(2x - 4 + 3y)^2 = 4x^2 + 16 + 9y^2 - 16x + 12xy - 24y$

3. $(5x - 3y)(5x + 3y)(25x^2 + 9y^2) = (25x^2 - 9y^2)(25x^2 + 9y^2) = 625x^4 - 81y^4$

4. $\left(\frac{a}{2} + \frac{b}{3} - \frac{c}{4}\right)^2 = \frac{a^2}{4} + \frac{b^2}{9} + \frac{c^2}{16} + \frac{ab}{3} - \frac{ac}{4} - \frac{bc}{6}$

5. $\left(\frac{x}{4} - \frac{y}{5}\right)^3 = \frac{x^3}{64} - \frac{3x^2y}{80} + \frac{3xy^2}{100} - \frac{y^3}{125}$

6. $(a + b)^3 - (a - b)^3 = 6a^2b + 2b^3$

Die Binomischen Formeln 2. und 3. Ordnung sind schnell und einfach auszurechnen; darüber hinaus erkennt man in der ausgerechneten Formel eine Systematik, die sich auch für Binomische Formeln höherer Ordnung fortführen läßt. Diese Systematik soll nun für die Binomische Formel *n-ten Grades* $(a + b)^n$ dargestellt werden. Wir bauen dazu die Binome entsprechend ihrer Rangordnung untereinander auf:

Pascalsches Dreieck

$n = 1$	$a + b$
$n = 2$	$a^2 + 2ab + b^2$
$n = 3$	$a^3 + 3a^2b + 3ab^2 + b^3$
$n = 4$	$a^4 + 4a^3b + 6a^2b^2 + 4ab^3 + b^4$
$n = 5$	$a^5 + 5a^4b + 10a^3b^2 + 10a^2b^3 + 5ab^4 + b^5$
$n = 6$	$a^6 + 6a^5b + 15a^4b^2 + 20a^3b^3 + 15a^2b^4 + 6ab^5 + b^6$
$n = 7$	$a^7 + 7a^6b + 21a^5b^2 + \dots \qquad + 7ab^6 + b^7$
$n = k$	$a^k + ka^{k-1}b + \dots \qquad \dots + k\,ab^{k-1} + b^k$

Wir stellen fest, daß:

1. in jeder Zeile der Exponent von a von links nach rechts gesehen fällt und der von b entsprechend steigt. Für a^1 steht nur a und für a^0 steht 1 bzw. der Koeffizient wird ganz weggelassen,
2. die Summe der Exponenten bei jedem Summanden in der k-ten Zeile immer gleich k ist,
3. sich der Koeffizient eines Summanden in der k-ten Zeile durch Addition der rechts und links darüber stehenden Koeffizienten der $(k-1)$-ten Zeile ergibt.

Damit sind die Platzhalter a und b in den entsprechenden Potenzen immer leicht konstruierbar. Die Konstruktion der zugehörigen Koeffizienten hätte allerdings eine doch recht mühsame Auflistung des *Pascalschen Dreiecks* zur Folge.

Schneller geht es mit den sogenannten **Binomialkoeffizienten** $\binom{n}{k}$.

Die Koeffizienten der Binompotenzen lassen sich durch die Binomialkoeffizienten $\binom{n}{k}$ (lies: n über k) umfassend darstellen:

$$(a+b)^n = \binom{n}{0} a^n + \binom{n}{1} a^{n-1}b + \binom{n}{2} a^{n-2}b^2 + \dots + \binom{n}{n-1} ab^{n-1} + \binom{n}{n} b^n$$
$$= \sum_{k=0}^{n} \binom{n}{k} a^{n-k} b^k$$

Der Binomialkoeffizient $\binom{n}{k}$ steht dabei symbolisch für den Quotienten:

$$\binom{n}{k} = \frac{n \cdot (n-1) \cdot (n-2) \dots (n-k+1)}{1 \cdot 2 \cdot 3 \cdot 4 \dots k} = \frac{n!}{(n-k)! \cdot k!}$$

Das Zeichen k! (lies: *k-Fakultät*) ist eine Kurzschreibweise für das Produkt der ersten k natürlichen Zahlen: $k! = 1 \cdot 2 \cdot 3 \cdot 4 \cdot 5 \cdots k$.

Beispiele:

$3! = 1 \cdot 2 \cdot 3 = 6;\quad 6! = 1 \cdot 2 \cdot 3 \cdot 4 \cdot 5 \cdot 6 = 720;\quad 1! = 1;\quad 0! = 1$ (Definition);

Beispiele
für Binomialkoeffizienten:

1. $\binom{5}{3} = \frac{5!}{3!\,2!} = \frac{1 \cdot 2 \cdot 3 \cdot 4 \cdot 5}{1 \cdot 2 \cdot 3 \cdot 1 \cdot 2} = 10$ **2.** $\binom{4}{1} = \frac{4!}{3!\,1!} = \frac{1 \cdot 2 \cdot 3 \cdot 4}{1 \cdot 2 \cdot 3 \cdot 1} = 4$

3. $\binom{7}{5} = \frac{7!}{5!\,2!} = \frac{1 \cdot 2 \cdot 3 \cdot 4 \cdot 5 \cdot 6 \cdot 7}{1 \cdot 2 \cdot 3 \cdot 4 \cdot 5 \cdot 1 \cdot 2} = 21$ **4.** $\binom{7}{2} = \frac{7!}{2!\,5!} = 21$

Aus der Symmetrie des Pascalschen Dreiecks und aus der Gegenüberstellung der Koeffizienten und der Binomialkoeffizienten

n = 0	1	$\binom{0}{0}$
n = 1	1 1	$\binom{1}{0}$ $\binom{1}{1}$
n = 2	1 2 1	$\binom{2}{0}$ $\binom{2}{1}$ $\binom{2}{2}$
n = 3	1 3 3 1	$\binom{3}{0}$ $\binom{3}{1}$ $\binom{3}{2}$ $\binom{3}{3}$
n = 4	1 4 6 4 1	$\binom{4}{0}$ $\binom{4}{1}$ $\binom{4}{2}$ $\underbrace{\binom{4}{3}\ \binom{4}{4}}$
n = 5	1 5 10 10 5 1	$\binom{5}{0}$ $\binom{5}{1}$ $\underbrace{\binom{5}{2}\ \binom{5}{3}}$ $\binom{5}{4}$ $\binom{5}{5}$
n = 6	1 6 15 20 15 6 1	$\binom{6}{0}$ $\binom{6}{1}$ $\binom{6}{2}$ $\binom{6}{3}$ $\binom{6}{4}$ $\binom{6}{5}$ $\binom{6}{6}$

Abb. 64

erkennt man folgende Beziehungen:

$$\binom{n-1}{k-1} + \binom{n-1}{k} = \binom{n}{k};\quad \binom{n}{k} = \binom{n}{n-k};\quad \binom{n}{1} = \binom{n}{n-1} = n;\quad \binom{n}{0} = \binom{n}{n} = 1$$

Beispiele:

1. $\binom{10}{4} = \binom{9}{3} + \binom{9}{4} = 84 + 126 = 210;$ **2.** $\binom{7}{2} = \binom{7}{5} = 21$

3. $(2x-1)^5 = \binom{5}{0} \cdot (2x)^5 - \binom{5}{1}(2x)^4 + \binom{5}{2}(2x)^3 - \binom{5}{3}(2x)^2 + \binom{5}{4}2x - \binom{5}{5}$
$= 32x^5 - 80x^4 + 80x^3 - 40x^2 + 10x - 1$

4. $(3y-4z)^{100} = \binom{100}{0}(3y)^{100} - \binom{100}{1}(3y)^{99} \cdot (4z) + \binom{100}{2}(3y)^{98} \cdot (4z)^2 - \ldots$
$\ldots + \binom{100}{98}(3y)^2(4z)^{98} - \binom{100}{99}(3y) \cdot (4z)^{99} + \binom{100}{100}(4z)^{100}$

Die bislang behandelten Terme lassen sich alle unter dem Oberbegriff **ganzrationale Terme** zusammenfassen.

Bei ganzrationalen Termen treten in vorkommenden Nennern allenthalben konkrete rationale (oder reelle) Zahlen auf. Unbekannte Größen sind dabei nur in vorkommenden Zählern vorhanden. Dies ist anders bei folgenden Termen:

Den Quotienten von zwei ganzrationalen Termen nennt man Bruchterm oder gebrochenrationaler Term.

Bei den bislang betrachteten ganzrationalen Termen konnten für die vorkommenden Variablen bedenkenlos irgendwelche Zahlen aus $\mathbb{R}$ eingesetzt werden. Bei Bruchtermen ist dies nicht immer der Fall, da bei einer ungünstigen Belegung der vorkommenden Unbekannten die *Division durch Null* auftreten könnte; dies jedoch ist nicht erlaubt! Wir müssen deshalb diejenige Menge aller Zahlen aus einem vorgegebenem Grundbereich G (G soll $\mathbb{R}$ sein, falls nichts anderes gesagt ist) finden, deren Elemente bedenkenlos in allen vorkommenden Termen verwendet werden dürfen.

Der Definitionsbereich $\mathbb{D}$ eines Terms (zum Beispiel Bruchterme) umfaßt alle zulässigen Zahlen eines Grundbereiches G. Der Definitionsbereich ist somit eine Teilmenge der vorgegebenen Grundmenge.

Nun sind Bruchterme nicht die einzige Termgruppe, die gegenüber einer Grundmenge einen eingeschränkten Definitionsbereich haben können. Wie auf Seite 73 bereits behandelt, sind auch Wurzeln (mit geradem Wurzelexponenten) für negative Radikanden nicht definiert.

Sind in Radikanden von Wurzelausdrücken unbekannte Größen vorhanden, so spricht man von Wurzeltermen.
Wurzelterme der Gestalt $\sqrt[n]{T(x)^m}$ sind für geradzahlige n nur für $T(x) \geqq 0$ definiert, für ungerade n oder für gerade m ist der Definitionsbereich des Wurzelterms die Menge $\mathbb{R}$.

Auf Seite 197 werden Logarithmen besprochen. **Logarithmische Terme** sind nur für positive Argumente (Einsetzungen) erklärt. Um den unzulässigen (bzw. zulässigen) Zahlenbereich eines Bruchterms zu finden, wird der Nennerterm gleich Null gesetzt; bei Wurzeltermen muß der Radikand negativ gesetzt werden und bei logarithmischen Termen ist das Argument negativ oder gleich Null (≤ 0) zu setzen. Die nachfolgenden Umformungen bringen dann den Definitionsbereich rechnerisch hervor.

Beispiele:

	Bruchterme	Ansatz für den Definitionsbereich	Definitionsbereich
1.	$\frac{3x+3}{2x-1}$	$\Rightarrow 2x - 1 \doteq 0 \Rightarrow 2x = 1 \Rightarrow x = 0{,}5$	, also $\mathbb{D} = \mathbb{R} \setminus \{0{,}5\}$

2. $\frac{-3+x^2}{x(x-3)}$ $\Rightarrow x \cdot (x-3) \doteq 0 \Rightarrow x_1 = 0 \vee (x_2-3) = 0$, also $\mathbb{D} = \mathbb{R}\setminus\{0;3\}$

3. $\frac{1}{x^2+2}$ $\Rightarrow x^2+2 \doteq 0 \Rightarrow x^2 = -2$, also $\mathbb{D} = \mathbb{R}$

4. $\frac{2}{(x+3)(x-4)}$ $\Rightarrow (x+3)(x-4) \doteq 0 \Rightarrow x_1 = -3 \vee x_2 = 4$, also $\mathbb{D} = \mathbb{R}\setminus\{-3;4\}$

5. $\frac{4}{x^2+3x-10}$ $\Rightarrow x^2+3x-10 \doteq 0 \Rightarrow (x-2)(x+5) \doteq 0$, also $D = \mathbb{R}\setminus\{2;-5\}$

Wurzelterme

6. $\sqrt{x+1}$ $\Rightarrow x+1<0 \Rightarrow x<-1$, also $\mathbb{D} = \{x \mid x \geqq -1\}_{\mathbb{R}}$

7. $\sqrt{x^2+4}$ $\Rightarrow x^2+4<0 \Rightarrow x^2<-4$, also $\mathbb{D} = \mathbb{R}$

8. $\sqrt{-3x-1}$ $\Rightarrow -3x-1<0 \Rightarrow -3x<1 \Rightarrow x>-\frac{1}{3}$, also $\mathbb{D} = \{x \mid x \leqq -\frac{1}{3}\}_{\mathbb{R}}$

9. $\sqrt{x^2-2x-8}$ $\Rightarrow x^2-2x-8<0 \Rightarrow (x+2)(x-4)<0$, also $\mathbb{D} = \{x \mid x \leqq -2 \vee x \geqq 4\}_{\mathbb{R}}$

10. $\sqrt[4]{2x+10}$ $\Rightarrow 2x+10<0 \Rightarrow x<-5$, also $\mathbb{D} = \{x \mid x \geqq -5\}_{\mathbb{R}}$

Logarithmische Terme

11. $\lg(x+1)$ $\Rightarrow x+1 \leqq 0 \Rightarrow x \leqq -1$, also $\mathbb{D} = \{x \mid x>-1\}_{\mathbb{R}}$

12. $\lg(x^2+1)$ $\Rightarrow x^2+1 \leqq 0 \Rightarrow x^2 \leqq -1$, also $\mathbb{D} = \mathbb{R}$

13. $\lg(x^2-2x-8)$ $\Rightarrow x^2-2x-8 \leqq 0 \Rightarrow (x+2)(x-4) \leqq 0$, also $\mathbb{D} = \{x \mid x<-2 \vee x>4\}_{\mathbb{R}}$

In den Beispielen 2; 4 und 5 ist ein fundamentaler Lehrsatz der Algebra benutzt worden. In diesen Beispielen ist der Nenner ein Produkt aus Termen, das zur Bestimmung des Definitionsbereiches gleich Null gesetzt wird. Ist in Beispiel 2 die Unbekannte x gleich Null, so nimmt damit auch der gesamte Nenner den Wert Null an. Dies ist aber auch der Fall, wenn dort x mit 3 belegt wird; dann nämlich ist der zweite Faktor $(x-3)$ gleich Null.

Ein Produkt ist genau dann gleich Null, wenn mindestens ein vorkommender Faktor gleich Null ist:

$$a \cdot b = 0 \Rightarrow a = 0 \quad \text{oder} \quad b = 0 \quad \text{oder} \quad a = b = 0$$

Bruchterme und/oder Wurzelterme können freilich auch kombiniert auftreten. Es ist ohne weiteres einzusehen, daß zum Definitionsbereich eines zusammengesetzten Terms, zum Beispiel $T = T_1 \cdot T_2 + T_3$, nur diejenigen Elemente gehören, die für alle vorkommenden Teilterme zulässig sind.

Man erhält den Definitionsbereich eines zusammengesetzten Terms durch die Schnittmenge der Definitionsbereiche der vorkommenden Einzelterme.

Beispiele:

1. $T = T_1 + T_2 = \left(4x + \frac{1}{x}\right) + \sqrt{3x - 2}$, $\mathbb{D}_1 = \mathbb{R}\setminus\{0\}$,

$\mathbb{D}_2 = \{x \mid x \geqq \frac{2}{3}\}_{\mathbb{R}} \Rightarrow \mathbb{D} = \mathbb{D}_1 \cap \mathbb{D}_2 = \mathbb{D}_2$

2. $T = T_1 \cdot T_2 \cdot T_3 = \sqrt{2x} \cdot \frac{1}{3x - 4} \cdot \lg x$, $\mathbb{D}_1 = \mathbb{R}_0^+$, $\mathbb{D}_2 = \mathbb{R}\setminus\{\frac{4}{3}\}$,

$\mathbb{D}_3 = \mathbb{R}^+ \Rightarrow \mathbb{D} = \mathbb{D}_1 \cap \mathbb{D}_2 \cap \mathbb{D}_3 = \mathbb{R}^+\setminus\{\frac{4}{3}\}$

3. $T = T_1 \cdot T_2 = \sqrt[3]{4x + 5} \cdot \sqrt[4]{x + 1}$; $\mathbb{D}_1 = \mathbb{R}$, $\mathbb{D}_2 = \{x \mid x \geqq -1\}_{\mathbb{R}} \Rightarrow \mathbb{D} = \mathbb{D}_2$

Mit Termen, insbesondere mit Bruch-, Wurzel- oder beispielsweise mit Logarithmustermen, ist rechnerisch umzugehen wie mit Brüchen (s. S. 58), Wurzeln (s. S. 65) oder etwa Logarithmen (s. S. 197). Dabei ist, wie gesagt, der jeweils zulässige Definitionsbereich zu berücksichtigen.

Umformungen von Bruchtermen

Einen Bruchterm erweitern heißt, Zähler- und Nennerterm mit demselben Term multiplizieren:

$$\frac{T_1}{T_2} = \frac{T_1 \cdot T}{T_2 \cdot T}$$

Einen Bruchterm kürzen heißt, Zähler- und Nennerterm durch denselben Term kürzen:

$$\frac{T_1}{T_2} = \frac{T_1 : T}{T_2 : T}$$

Dabei muß sichergestellt sein, daß weder durch Null gekürzt, noch mit Null erweitert wird. Aus einer algebraischen Summe darf nur gekürzt werden, wenn alle Summanden den zu kürzenden Term enthalten. In diesem Fall kann der Term erst ausgeklammert und danach (dann aus einem Produkt) gekürzt werden.

Beispiele:

1. $\frac{4x}{3y + 3} = \frac{4x \cdot 2}{(3y + 3) \cdot 2} = \frac{8x}{6y + 6}$

$y \neq -1$

2. $\frac{2x^2}{4x + 1} = \frac{2x^2 \cdot x}{(4x + 1)x} = \frac{2x^3}{4x^2 + x}$

$x \neq -\frac{1}{4}$; $x \neq 0$

3. $\frac{3a}{4b} = \frac{3a(a + b)}{4b(a + b)} = \frac{3a^2 + 3ab}{4ab + 4b^2}$

$b \neq 0$; $a \neq -b$

4. $\frac{3ax^2b}{4a^2x} = \frac{3xb \cdot ax}{4a \cdot ax} = \frac{3bx}{4a}$

$a \neq 0$; $x \neq 0$

5. $\frac{3a^2 - 3ab}{4ab - 4b^2} = \frac{3a(a-b)}{4b(a-b)} = \frac{3a}{4b}$

$a \neq b; \quad b \neq 0$

6. $\frac{x^3 + x^2 - xy^2 - y^2}{x^3 - x^2 - xy^2 + y^2} = \frac{x^3 - xy^2 + x^2 - y^2}{x^3 - xy^2 - x^2 + y^2} = \frac{x(x^2 - y^2) + (x^2 - y^2)}{x(x^2 - y^2) - (x^2 - y^2)}$

$= \frac{(x+1)(x^2 - y^2)}{(x-1) \cdot (x^2 - y^2)} = \frac{x+1}{x-1}$

$x \neq 1; \quad x \neq y; \quad x \neq -y$

Wie die Beispiele zeigen, lassen sich die für den Definitionsbereich problematischen Werte für die vorkommenden Unbekannten am besten in der sogenannten Linearfaktorzerlegung des Nennerterms erkennen. Im letzten Beispiel lautet die Faktorzerlegung des Nenners $(x-1)(x^2-y^2) = (x-1)(x-y)(x+y)$.

Bruchterme werden multipliziert, indem man die Zählerterme und Nennerterme getrennt multipliziert.

$$\frac{T_1}{T_2} \cdot \frac{T_3}{T_4} = \frac{T_1 \cdot T_3}{T_2 \cdot T_4}$$

Man dividiert durch einen Bruchterm, indem man mit seinem Kehrwert multipliziert.

$$\frac{T_1}{T_2} : \frac{T_3}{T_4} = \frac{T_1}{T_2} \cdot \frac{T_4}{T_3} = \frac{T_1 \cdot T_4}{T_2 \cdot T_3}$$

Der Definitionsbereich kann sich allerdings durch die Multiplikation oder Division mit Bruchtermen verändern. Deshalb sind erweiterte oder gekürzte Bruchterme nur über der Schnittmenge ihrer Definitionsbereiche äquivalent (einsetzungsgleich).

Beispiele:

1. $\frac{3(x+y)}{4x} \cdot \frac{5x^2}{x^2 - y^2} = \frac{3(x+y)5x^2}{4x(x^2 - y^2)} = \frac{3(x+y) \cdot 5x^2}{4x(x+y)(x-y)} = \frac{15x}{4(x-y)}$

$x \neq 0; \quad x \neq -y; \quad x \neq y$

2. $\left(\frac{3x}{3y} + \frac{1}{x}\right) : \frac{3x^2}{4y} = \frac{3x}{3y} \cdot \frac{4y}{3x^2} + \frac{1}{x} \cdot \frac{4y}{3x^2} = \frac{4}{3x} + \frac{4y}{3x^3} = \frac{4x^2 + 4y}{3x^3}$

$x \neq 0; \quad y \neq 0$

3. $\frac{\frac{5x}{2y}}{\frac{3x+1}{4y^2}} = \frac{5x}{2y} : \frac{3x+1}{4y^2} = \frac{5x}{2y} \cdot \frac{4y^2}{3x+1} = \frac{10xy}{3x+1} \quad y \neq 0; \quad x \neq -\frac{1}{3}$

Die Division von Termen kann mit der vom schriftlichen Dividieren (s. S. 55) her bekannten Technik vereinfacht dargestellt werden. Das Verfahren ist unter dem Namen **Polynomdivision** bekannt.

> Ein Polynom ist ein vielgliedriger Ausdruck (algebraische Summe) der Art:
>
> $$a_0 + a_1x + a_2x^2 + a_3x^3 + \ldots a_nx^n,$$
>
> wobei $a_1, a_2, a_3, a_4 \ldots a_n$ Koeffizienten genannt werden und beliebige rationale oder reelle Zahlen darstellen. Dabei wird n der Grad des Polynoms genannt.

Die Polynomdivision ist dann sinnvoll, wenn der Grad des Zählerpolynoms größer als der des Nennerpolynoms ist. In solchen Fällen spricht man von *unecht-gebrochenen Termen.*
Mit Hilfe der Polynomdivision kann ein unecht-gebrochener Term in einen sogenannten *ganzrationalen Term* (mit bzw. ohne Rest) umgeschrieben werden.

Das Verfahren der Polynomdivision soll an drei Beispielen vorgeführt werden.

Beispiele:

1. Wir untersuchen, wie oft $3x$ in $6x^3$ enthalten ist. Der Multiplikator ist deshalb $2x^2$. Der Divisor $(3x + 4)$ wird mit $2x^2$ multipliziert und das Ergebnis $6x^3 + 8x^2$ wird unter die entsprechenden Summanden des Dividenden geschrieben. Die Terme werden subtrahiert.

$$
\begin{array}{l}
(6x^3 + 11x^2 + 7x + 4) : (3x + 4) = 2x^2 + x + 1 \\
-(6x^3 + \ \ 8x^2) \leftarrow 2x^2 \\
\hline
\qquad\quad 3x^2 + 7x \\
\qquad -(3x^2 + 4x) \leftarrow x \\
\hline
\qquad\qquad\quad 3x + 4 \\
\qquad\qquad -(3x + 4) \leftarrow 1 \\
\hline
\qquad\qquad\qquad\quad 0
\end{array}
$$

Ergebnis:

$$\frac{6x^3 + 11x^2 + 7x + 4}{3x + 4} = 2x^2 + x + 1$$

Ergebnis: Der gebrochenrationale Term $\frac{6x^3 + 11x^2 + 7x + 4}{3x + 4}$ läßt sich für $3x + 4 \neq 0$ als ganzrationaler Term $2x^2 + x + 1$ schreiben. Anders geschrieben:

$(2x^2 + x + 1) \cdot (3x + 4) = 6x^3 + 11x^2 + 7x + 4$

2. $\frac{a^5 - 1}{a - 1} = (a^5 - 1) : (a - 1)$

$$
\begin{array}{l}
= (a^5 + 0 \cdot a^4 + 0 \cdot a^3 + 0 \cdot a^2 + 0 \cdot a - 1) : (a - 1) = a^4 + a^3 + a^2 + a + 1 \\
\quad - (a^5 - a^4) \\
\hline
\qquad a^4 \\
\qquad - (a^4 - a^3) \\
\hline
\qquad\quad a^3 \\
\qquad\quad - (a^3 - a^2) \\
\hline
\qquad\qquad a^2 \\
\qquad\qquad - (a^2 - a) \\
\hline
\qquad\qquad\quad a - 1 \\
\qquad\qquad\quad - (a - 1) \\
\hline
\qquad\qquad\qquad 0
\end{array}
$$

Ergebnis: Für $a \neq 1$ gilt:

$\frac{a^5 - 1}{a - 1} = a^4 + a^3 + a^2 + a + 1$ oder

$(a - 1) \cdot (a^4 + a^3 + a^2 + a + 1) = a^5 - 1$

Wie auch bei der Division mit Zahlen können zum Schluß Reste zurückbleiben. In solchen Fällen wird der Rest mit dem Divisor verknüpft und als Summand angehängt.

3.

$$
\begin{array}{l}
(4x^4 + 2x^2 + 5) : (3x^2 - 1) = \frac{4}{3}x^2 + \frac{10}{9} + \frac{\frac{55}{9}}{3x^2 - 1} = \frac{4}{3}x^2 + \frac{10}{9} + \frac{6{,}\overline{1}}{3x^2 - 1} \\
-(4x^4 - \frac{4}{3}x^2) \\
\hline
\qquad \frac{10}{3}x^2 + 5 \\
\qquad -(\frac{10}{3}x^2 - \frac{10}{9}) \\
\hline
\text{Rest} \quad \frac{55}{9}
\end{array}
$$

Probe:

$$(3x^2 - 1) \cdot \left(\frac{4}{3}x^2 + \frac{10}{9} + \frac{\frac{55}{9}}{3x^2 - 1}\right) = 4x^4 - \frac{4}{3}x^2 + \frac{10}{3}x^2 - \frac{10}{9} + \frac{55}{9} = 4x^4 + 2x^2 + 5$$

Bruchterme mit gleichen Nennern werden addiert/subtrahiert, indem man die Zähler addiert/subtrahiert und den gemeinsamen Nenner beibehält. Bruchterme mit verschiedenen Nennern müssen vor der eigentlichen Addition/Subtraktion gleichnamig gemacht werden:

$$\frac{T_1}{T_2} \pm \frac{T_3}{T_4} = \frac{T_1 \cdot T_4 \pm T_3 \cdot T_2}{T_2 \cdot T_4}$$

Gleichnamig machen heißt, einen gemeinsamen Nenner, den *Hauptnenner*, suchen. Der Hauptnenner ist das kleinste gemeinsame Vielfache der einzelnen Nenner. Man bestimmt ihn durch Faktorisieren (Ausklammern) der Nennerterme, die dabei von einer algebraischen Summe in ein Produkt umgewandelt werden. Der Hauptnenner ist dann der einfachste Term, der alle vorkommenden Teilterme (Faktoren) enthält.

Beispiele:

1. $$\frac{4a}{4b} + \frac{2x}{b^2} = \frac{4ab^2 + 2x \cdot 4b}{4b^3} = \frac{4ab + 2x \cdot 4}{4b^2} = \frac{4ab + 8x}{4b^2} = \frac{ab + 2x}{b^2}$$

für $b \neq 0$

2. $$\frac{2x}{x+y} - \frac{4y}{x-y} = \frac{2x(x-y) - 4y(x+y)}{(x+y)(x-y)} = \frac{2x^2 - 2xy - 4xy - 4y^2}{x^2 - y^2} = \frac{2x^2 - 6xy - 4y^2}{x^2 - y^2}$$

für $x \neq y$; $x \neq -y$

Übungen:

1. Vereinfachen Sie die algebraischen Summen:

a) $4x + 3y - 3x + 13z + 2y =$ b) $2\alpha - 3\beta - 4\alpha - \gamma + 10\beta =$

c) $100x^2 - 4x^2y - x^2 + 2xy^2 - z^2 =$

2. Welche Oberfläche besitzt eine Zigarrenkiste mit $a = 12$ cm, $b = 24$ cm und $c = 8$ cm?

a) allgemein b) konkret

3. Lösen Sie die Klammern auf:

a) $4x - \{2y - 3z(-4x) + 2x\} =$ b) $-\{3y - [(5x - 2z) - (4y - 3x)]\} + 2 =$

4. Klammern Sie aus:

a) $4ax + 14ax^2 + 50a^2b =$ b) $12ax + 6ay + 20bx + 10by =$

5. Multiplizieren Sie aus:

a) $4x(2y - 3z + 5) =$ b) $(2x - 3)(4a - 2b) =$

c) $(2a - 3b)(5a - x)(z + 3y) =$ d) $(a - b)^2(a + b) =$

6. Berechnen Sie:

a) $(\frac{1}{4}x + \frac{1}{3}y)^2 =$ b) $(-4x + 2y)^2 =$ c) $(5x^2 - 3y)(5x^2 + 3y) =$

d) $(5a^2 + 3x - 2y^4)^3 =$

7. Schreiben Sie als Produkt:

a) $x^2 - 144 =$ b) $x^2y^2z^4 - 1 =$ c) $\frac{x^2}{y^2} + 4\frac{x}{y} + 4 =$

d) $32x^3y - 98xy^3 =$

8. Berechnen Sie:

a) $(ab - xy)^4 =$ b) $(2x - 3)^6 =$

9. Veranschaulichen Sie das Ergebnis von $(a + b + c + d)^2$ an einer Zeichnung!

10. Bestimmen Sie jeweils den Definitionsbereich $\mathbb{D}$:

a) $\frac{2x + 3}{4x - 1} =$ b) $\frac{3x^2}{x^2 + 1} =$ c) $\frac{3x + 2}{(x - 1)(x + 1)} =$ d) $\frac{8x^2 + 1}{4(x^2 - 25)} =$

e) $\frac{2}{x - 8} - 5 + \frac{4x}{x^2 - 9} =$ f) $\sqrt{x + 2} + \frac{1}{x} =$

g) $\sqrt{x^2 + 2} + \ln x =$ h) $\sqrt{x^2 - \frac{1}{2}x} + \frac{1}{2x^2 - 1} - \ln(x - 2) =$

11. Vereinfachen Sie:

a) $\frac{5}{a + b} - \frac{4}{a - b} + \frac{9b - a}{a^2 - b^2} =$ b) $\frac{x - 2}{x - 3} - \frac{x - 1}{x - 2} =$

12. Vereinfachen Sie:

a) $\left(\frac{x^2}{2y} - \frac{y^2}{2x}\right) : \left(\frac{2}{x} - \frac{2}{y}\right) =$

b) $\left(\frac{8x + 6}{5xy - x^2} \cdot \frac{25xy - 5x^2}{6xy}\right) : \frac{20xy + 15y}{9x^3y^2} =$

c) $\dfrac{\frac{2}{x} + \frac{x}{2}}{\frac{2}{x} - \frac{x}{2}} =$

d) $\dfrac{\frac{1}{1 - x} + \frac{1}{x + 1}}{\frac{1}{x - 1} + \frac{1}{x + 1}} =$

e) $\dfrac{1}{2 + \dfrac{1}{2x + \dfrac{1}{2x^2}}} =$

Lösungen Seite 718 ff.

Gleichungen und Ungleichungen

Einführungsbeispiel:

Sohn, Vater und Großvater sind zusammen 113 Jahre alt. Der Vater ist ein Jahr weniger als 7mal so alt wie sein Sohn, der Großvater ist 6 Jahre älter als doppelt so alt wie der Vater. Wie alt ist jeder?
Wir bezeichnen das Alter des Sohnes mit x; dann ist der Vater $7x - 1$ Jahre und Großvater $2(7x - 1) + 6$ Jahre alt. Die Summe aller drei Alterszahlen muß 113 ergeben, also $x + 7x - 1 + 2(7x - 1) + 6 = 113$. Gleichartige Terme (s. S. 94) werden zusammengefaßt und vereinfacht:
$x + 7x - 1 + 14x - 2 + 6 = 113$ oder $22x + 3 = 113$. Auf der linken Seite steht der um 3 vergrößerte 22fache Wert von x, und der soll gleich 113 sein. Dann entspricht dem 22fachen Wert die Zahl 110: $22x = 110$, und dem einfachen Wert x muß dann der 22-te Teil von 110, also 5, entsprechen: $x = 5$. Der Sohn ist folglich 5 Jahre, Vater ist 34 und Großvater 74 Jahre alt.

Werden Terme T_1 und T_2 durch ein Gleichheitszeichen $(=)$ miteinander verbunden, so entsteht eine Gleichung: $T_1 = T_2$. Verbindet man die Terme durch eines der Zeichen $<$, $>$, $\leqq$, $\geqq$ oder $\neq$, so entsteht eine Ungleichung.

Gleichungen und Ungleichungen mit Unbekannten nennt man **Aussageformen**; sie werden zu **wahren** bzw. **falschen Aussagen**, wenn die vorkommenden unbekannten Größen (zum Beispiel x, y oder z) durch Zahlen aus einer Grundmenge ersetzt werden (s. S. 95). In der Gleichungslehre sind besonders diejenigen Zahlen aus dem Definitionsbereich einer Gleichung bzw. Ungleichung interessant und bedeutungsvoll, die eine gegebene Aussageform zu einer wahren Aussage machen.

Jede Zahlenbelegung einer Gleichung bzw. Ungleichung, die dem Definitionsbereich der Aussageform angehört und diese zu einer wahren Aussage macht, gehört zur Lösungsmenge $\mathbb{L}$ oder Erfüllungsmenge dieser Gleichung bzw. Ungleichung.

Gleichungen, die für alle Belegungen eine wahre Aussage ergeben, nennt man **Identitäten.**

Beispiele:

1. Gleichungen: a) $5x = 4$; für $x = 0{,}8 = \frac{4}{5}$ geht diese Aussageform in die wahre Aussage $5 \cdot 0{,}8 = 4$ über, also $\mathbb{L} = \{0{,}8\}$.

b) $3x^2 = 48$; für $x = 4$ und für $x = -4$ geht diese Aussageform in die wahre Aussage $3 \cdot 4^2 = 48$ bzw. $3 \cdot (-4)^2 = 48$ über, also $\mathbb{L} = \{-4; 4\}$.

2. Ungleichungen: a) $2x > -1 \Rightarrow \mathbb{L} = \{x \mid x > -\frac{1}{2}\}$

b) $-x < 3 \Rightarrow \mathbb{L} = \{x \mid x > -3\}$

3. Identitäten: a) $(x + y)(x - y) = x^2 - y^2$

b) $(a + b)^2 = a^2 + 2ab + b^2$

Wie der Name Gleichung ja unmißverständlich zum Ausdruck bringt, sollen die linke und rechte Gleichungsseite immer einen übereinstimmenden Wert besitzen. Verändert man den Wert, zum Beispiel den einer linken Gleichungsseite, so muß dies folglich in gleicher Weise mit der anderen (rechten) Seite geschehen. Ziel solcher Umformungen ist es, nach jedem Umformungsschritt eine einfachere Gleichung bzw. Ungleichung als die zuletzt gegebene zu erhalten, bis schließlich die Lösungsmenge leicht abgelesen werden kann.

Zwei Gleichungen bzw. Ungleichungen, die über ihrem Definitionsbereich übereinstimmen und dieselbe Lösungsmenge besitzen, nennt man äquivalent oder einsetzungsgleich.

Für die Algebra sind natürlich diejenigen Umformungen von Interesse, die eine gegebene Gleichung bzw. Ungleichung in eine dazu äquivalente überführen. Man spricht bei diesen Umformungen von **Äquivalenzumformungen**. Es ist auch wichtig zu wissen, welche Umformungen die Lösungsmenge oder den Definitionsbereich einer Gleichung bzw. Ungleichung verändern. Letztere Umformungen, die demnach keine Äquivalenzumformungen sind, haben jedoch beim Aufsuchen der Lösungsmenge durchaus ihren Stellenwert; der Anwender solcher Umformungen muß nur die Art der Veränderung kennen, um sie nützlich einsetzen zu können.
Nachfolgend sind alle Äquivalenzumformungen für Gleichungen und Ungleichungen zusammengestellt und an Beispielen erläutert:

Äquivalenzumformungen

	Gleichungen	Ungleichungen *
1. Bei Aussageformen können die Seiten vertauscht werden.	$T_1 = T_2 \Leftrightarrow T_2 = T_1$ $3x = 5y \Leftrightarrow 5y = 3x$	$T_1 < T_2 \Leftrightarrow T_2 > T_1$ $2x < 6 \Leftrightarrow 6 > 2x$

* Die Beziehungen haben auch alle Gültigkeit, wenn $<$ durch $>$, $\leqq$ oder $\geqq$ ersetzt wird.

	Gleichungen	Ungleichungen *
2. Auf beiden Seiten einer Aussageform kann ein und derselbe Term addiert/subtrahiert werden, wenn der Definitionsbereich des neu hinzukommenden Terms den Definitionsbereich der gegebenen Aussageform umfaßt.	$T_1 = T_2 \Leftrightarrow T_1 \pm T = T_2 \pm T$ $2z = 8 \Leftrightarrow 2z \pm 3 = 8 \pm 3$ Gegenbeispiel: $2z = 8 \not\Leftrightarrow 2z + \sqrt{3-z} = 8 + \sqrt{3-z}$, weil die Lösung $z = 4$ in dem neu hinzugekommenen Term $\sqrt{3-z}$ nicht definiert ist.	$T_1 < T_2 \Leftrightarrow T_1 \pm T < T_2 \pm T$ $3y < 4x \Leftrightarrow 3y \pm 2x < 4x \pm 2x$
3. Beide Seiten einer Aussageform können mit ein und demselben positiven Term multipliziert oder durch ein und denselben positiven Term dividiert werden.	$T_1 = T_2 \Leftrightarrow T_1 \cdot T = T_2 \cdot T$ $T_1 = T_2 \Leftrightarrow T_1 : T = T_2 : T$ wenn $T > 0$ $4x + 2 = 10x - 6$ $\Leftrightarrow 2x + 1 = 5x - 3$ $\Leftrightarrow 20x + 10 = 50x - 30$	$T_1 < T_2 \Leftrightarrow T_1 \cdot T < T_2 \cdot T$ $T_1 < T_2 \Leftrightarrow T_1 : T < T_2 : T$ wenn $T > 0$ $3y - 12 < 30z - 90$ $\Leftrightarrow y - 4 < 10z - 30$ $\Leftrightarrow 4y - 16 < 40z - 120$
4. Beide Seiten einer Gleichung können mit ein und demselben negativen Term multipliziert oder durch ein und denselben negativen Term dividiert werden. Multipliziert man die Seiten einer Ungleichung mit ein und demselben negativen Term oder dividiert man durch ein und denselben negativen Term, so kehrt sich das Ungleichheitszeichen um.	$T_1 = T_2 \Leftrightarrow T_1 \cdot T = T_2 \cdot T$ $T_1 = T_2 \Leftrightarrow T_1 : T = T_2 : T$ wenn $T < 0$ $3x = 12$ $\Leftrightarrow -9x = -36$ $\Leftrightarrow x = 4$	$T_1 < T_2 \Leftrightarrow T_1 \cdot T > T_2 \cdot T$ $T_1 < T_2 \Leftrightarrow T_1 : T > T_2 : T$ wenn $T < 0$ $-2y > -4$ $\Leftrightarrow y < 2$ $\Leftrightarrow -10y > -20$

* Die Beziehungen haben auch alle Gültigkeit, wenn $<$ durch $>$, $\leqq$ oder $\geqq$ ersetzt wird.

Es ist wichtig zu wissen, durch welche Umformungen die Lösungsmenge einer Aussageform verändert werden kann. Nachfolgend sind einige typische Beispiele vorgerechnet.

Beispiele:

1. Die Gleichung $x^2 + 2x = 0 \Leftrightarrow x\,(x + 2) = 0$ besitz die Lösungen $x_1 = 0$ und $x_2 = -2$ (s. auch S. 165 ff.).
Dividiert man die ursprünglich gegebene Gleichung durch die Unbekannte x, so entsteht die Gleichung $x + 2 = 0$, die nur die einzige Lösung $x = -2$ besitzt. Durch die Division durch die Unbekannte x ist folglich eine Lösung verlorengegangen.

2. Aus der Gleichung $-2x + 7 = 1$ mit der einzigen Lösung $x = 3$ erhält man durch Multiplikation mit $(x + 4)$ die Gleichung $(-2x + 7)\,(x + 4) = 1\,(x + 4)$. Auf Seite 173 ist gezeigt, wie man solche Gleichungen löst (quadratische Gleichung).
Die neue Gleichung besitzt die beiden Lösungen $x_1 = 3$ und $x_2 = -4$. Durch die Multiplikation mit $(x + 4)$ hat sich die Lösungsmenge der Gleichung also verändert.

> Multipliziert man beide Seiten einer Aussageform mit einem Term, der eine Variable enthält, so können zur Lösungsmenge der ursprünglichen Aussageform weitere Lösungen hinzukommen.
> Dividiert man die beiden Seiten einer Aussageform durch einen Term mit einer unbekannten Größe, so können Lösungen der ursprünglichen Lösungsmenge verschwinden. Auch das Potenzieren mit einem geradzahligen Exponenten und das Radizieren sind keine Äquivalenzumformungen. In jedem Fall sind die mit Hilfe solcher Umformungen erhaltenen Lösungen durch eine Probe zu kontrollieren.

3. Die Wurzelgleichung $\sqrt{x + 2} = -4$ kann keine Lösung besitzen, da die Quadratwurzel eine positive Zahl oder Null darstellt (s. S. 65). Quadriert man jedoch beide Seiten, so ergibt sich $x + 2 = 16$, also $x = 14$. Die Lösungsmenge ist folglich durch Quadrieren verändert worden.
Radiziert man umgekehrt die Gleichung $x + 2 = 16$, so erhält man $\sqrt{x + 2} = 4$. Hier erfüllt die Zahl $x = 14$ zwar beide Aussageformen, doch besitzt die erste Gleichung den Definitionsbereich $\mathbb{D} = \mathbb{R}$ und die Wurzelgleichung den Definitionsbereich $\mathbb{D} = \{x \mid x \geqq -2\}$.
Da beide Gleichungen verschiedene Definitionsbereiche besitzen, sind sie auch nicht äquivalent.

4. $\sqrt{x + 2 + \sqrt{2x + 2}} = 5 \xrightarrow{\text{Quadrieren}} x + 2 + \sqrt{2x + 2} = 25 \xrightarrow{\text{Isolieren}}$

$$\sqrt{2x + 2} = 23 - x \xrightarrow{\text{Quadrieren}} 2x + 2 = (23 - x)^2 \xrightarrow{\text{Umstellen}} x^2 - 48x + 527 = 0$$

Die letzte quadratische Gleichung besitzt die Lösungen $x_1 = 31$ und $x = 17$. Wie eine Probe zeigt, erfüllt jedoch nur $x = 17$ die ursprüngliche Wurzelgleichung, also $\mathbb{L} = \{17\}$.

Probe: $\sqrt{31 + 2 + \sqrt{2 \cdot 31 + 2}} = 5 \Leftrightarrow \sqrt{33 + \sqrt{64}} = 5 \Leftrightarrow \sqrt{41} = 5$ falsche Aussage

$\sqrt{17 + 2 + \sqrt{2 \cdot 17 + 2}} = 5 \Leftrightarrow \sqrt{19 + \sqrt{36}} = 5 \Leftrightarrow \sqrt{25} = 5$ wahre Aussage

Im folgenden sollen jetzt alle wichtigen Gleichungstypen systematisch behandelt werden. Auf Seite 97 ist der Polynombegriff definiert. Setzt man ein Polynom n-ten Grades gleich Null, so entsteht eine

Gleichung n-ten Grades: $a_0 + a_1x + a_2x^2 + a_3x^3 + \ldots + a_nx^n = 0$

Ist $n = 1$, so ergibt sich eine Gleichung 1. Grades, die

lineare Gleichung: $ax + b = 0$ (*)

Ist $n = 2$, so ergibt sich eine Gleichung 2. Grades, die

quadratische Gleichung: $ax^2 + bx + c = 0$

Ist $n = 3$, so ergibt sich eine Gleichung 3. Grades, die

kubische Gleichung: $ax^3 + bx^2 + cx + d = 0$

Entsprechend sind Gleichungen 4., 5. oder etwa 10. Grades zu verstehen.
Wir wollen diese Gleichungen systematisch lösen, doch muß zuvor ein zentraler Begriff der Mathematik eingeführt werden. Die Rede ist von dem **Funktionsbegriff**, der dem Verständnis vieler mathematischer Inhalte zugrunde liegt.

(*) Die Koeffizienten a_0, a_1, a_2, a_3, ... sind hier aus systematischen Gründen umbenannt; die Umbenennung ist aber für die mathematische Behandlung völlig bedeutungslos.

Abbildungen, Relationen und Funktionen

Allgemeine Betrachtungen

Der Abbildungsbegriff, Relationen

Einführungsbeispiele:

1. Wir betrachten die Menge aller Bewohner einer Stadt einerseits und die Menge aller Sportvereine in dieser Stadt andererseits. Bei dieser Betrachtung kann man die Menge dieser Stadtbewohner der Menge aller Sportvereine „zuordnen" (s. Abb. 65).

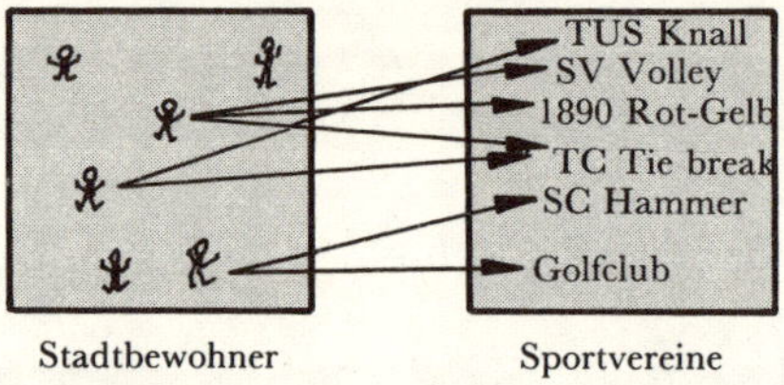

Abb. 65

2. Wir betrachten die Menge der in der BRD zugelassenen Motorfahrzeuge und die Menge aller möglichen Kfz-Nummernschilder; jedem zugelassenen Kraftfahrzeug ist auf diese Weise ein Nummernschild zugeordnet.

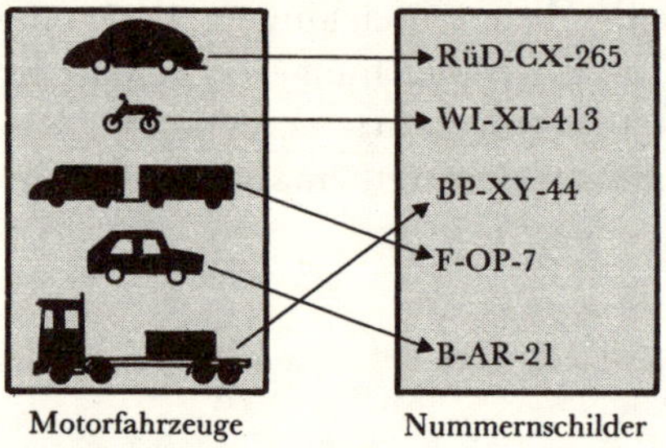

Abb. 66

In beiden Beispielen treten unübersehbare Gemeinsamkeiten auf. Es handelt sich in beiden Fällen um eine Gegenüberstellung, eine sogenannte **Abbildung**, zwischen zwei Mengen. Im ersten Beispiel werden Menschen einer Stadt Sportvereinen zugeordnet, im 2. Beispiel sind zugelassenen Kraftfahrzeugen Nummernschilder zugeordnet. Allerdings sind diese Zuordnungen trotz Gemeinsamkeiten im wesentlichen verschieden. Bei der ersten Zuordnung *Bürger der Stadt → Sportvereine dieser Stadt* (der Pfeil wird gelesen als: wird abgebildet auf) hat nicht jedes Element des **Vorbereiches** (Bürger) einen Partner in dem **Nachbereich** (Sportvereine). Außerdem stehen einige Elemente des Vorbereiches mit mehreren Elementen des Nachbereiches in Relation (Beziehung). Es gibt ja Menschen, die keinem Sportverein oder zwei oder sogar mehreren Sportvereinen angehören.

Dies ist bei der zweiten Abbildung *Kfz → Nummernschilder* anders. Jedem Element des Vorbereiches (Kfz) wird *genau ein* Element des Nachbereichs (Nummernschilder) zugeordnet. Die Formulierung *genau ein* besagt, daß *ein und nur ein* Element, nicht mehr und nicht weniger, zugeordnet wird. Man spricht auch von einer **eindeutigen Abbildung**. Würde bei dieser Abbildung auch *jedes* Element des Nachbereiches erfaßt – hier nicht der Fall –, so hätte man es mit einer **eineindeutigen** Abbildung zu tun, da dann bei der Abbildung in der anderen Richtung die Partner ebenfalls eindeutig zugeordnet werden können.

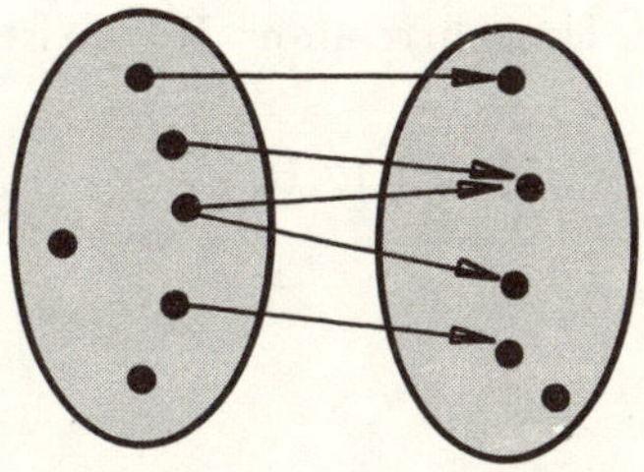

Abb. 67 Pfeildiagramm einer Abbildung

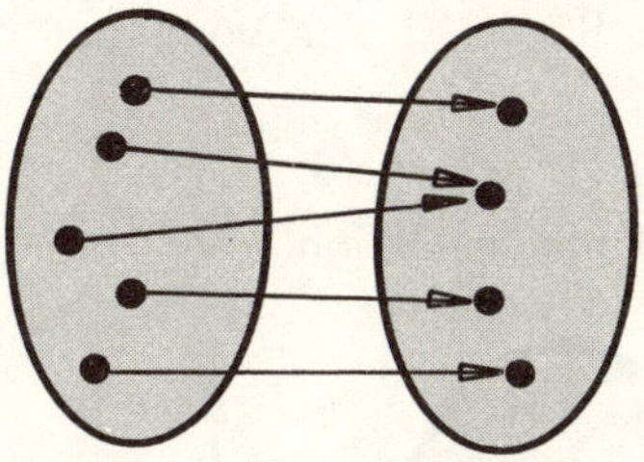

Abb. 68 Pfeildiagramm einer eindeutigen Abbildung

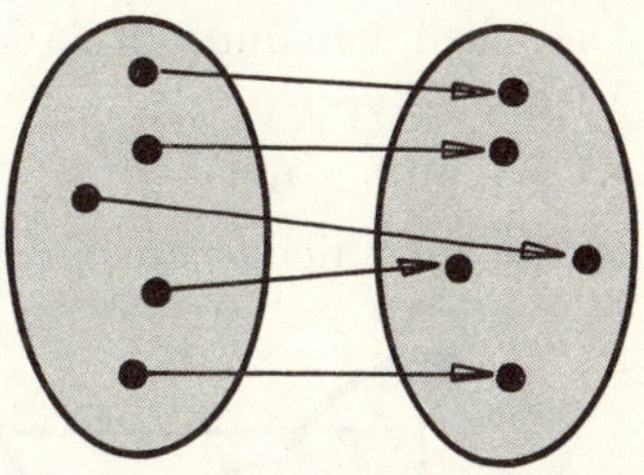

Abb. 69 Pfeildiagramm einer eineindeutigen Abbildung

Durch eine *Abbildung* werden also die Elemente x einer Menge X auf eine bestimmte Weise den Elementen y einer anderen Menge Y zugeordnet. Hierbei werden durch die Zuordnung Paare (x; y) gebildet, und da die Reihenfolge der Komponenten in dem Paar (x; y) von Bedeutung ist, spricht man hauptsächlich von **geordneten Paaren**. Damit ist das Paar (x; y) von dem Paar (y; x) wohl zu unterscheiden. Für (x; y) schreibt man auch (x/y). Jede Abbildung aus einer Menge X in eine Menge Y nennt man auch **Relation R** zwischen X und Y. Eine Relation R oder eine Abbildung ist demnach immer eine *Teilmenge* der *Produktmenge* $X \times Y$ (s. S. 20). Wie gezeigt, lassen sich Relationen in **Pfeildiagrammen** (Abb. 67–69) darstellen. Eine andere Möglichkeit, Relationen graphisch zu dokumentieren, ist die Darstellung in einem **Koordinatensystem** (s. S. 21). Diese Art der Darstellung eignet sich freilich nur für Relationen zwischen Zahlenmengen.

Die Elemente (x; y) einer Relation $R \subseteq X \times Y$ lassen sich als Punkte P (x; y) in einer durch ein (kartesisches) Koordinatensystem festgelegten Ebene veranschaulichen. Der X-Wert (1. Komponente) des Punktes P (x; y) heißt Abszisse, der Y-Wert (2. Komponente) wird Ordinate genannt. Die Menge aller Punkte der Relation nennt man Relationsgraph.

Beispiel:

Gegeben ist eine Relation R: „ist Teiler von“ mit dem Vorbereich $X = \{1, 3, 5, 6\}$ und dem Nachbereich $Y = \{4, 6, 8, 10, 12\}$.

Die Relation R läßt sich in aufzählender Form durch:

$R = \{(1;4), (1;6), (1;8), (1;10), (1;12), (3;6), (3;12), (5;10), (6;6), (6;12)\}$

oder im Pfeildiagramm oder im kartesischen Koordinatensystem darstellen.

Eine gegebene Relation R läßt sich auch umkehren. Im Pfeildiagramm entspricht der Umkehrung der Relation R in die Relation R^{-1} die Umkehrung aller zur Relation R gehörigen Pfeile. Bei der **Umkehrung der Relation** vertauschen Vor- und Nachbereich ihre Rollen; die Punkte von R (Relationsgraph) werden im Koordinatensystem an der Winkelhalbierenden des I. und III. Quadranten gespiegelt, wenn die Einteilung beider Achsen gleichmäßig ist.

Beispiel:

Die oben genannte Relation R: „ist Teiler von" hat die Umkehrrelation R^{-1}: „ist Vielfaches von".

R^{-1} = (4; 1), (6; 1), (8; 1), (10; 1), (12; 1), (6; 3), (12; 3), (10; 5), (6; 6), (12; 6)
ist die aufzählende Form der Umkehrrelation.

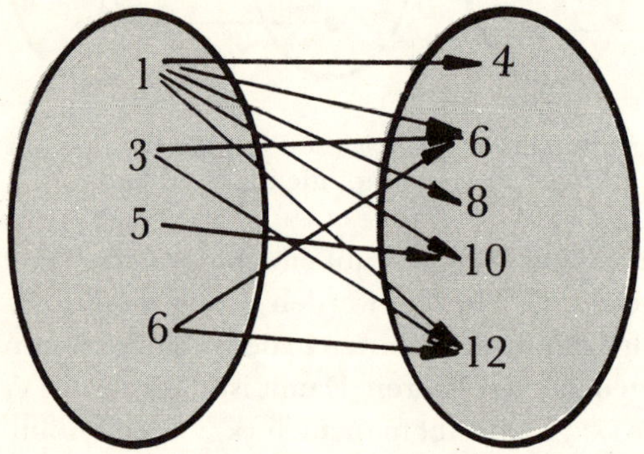

Abb. 70 Die Relation R: „ist Teiler von"

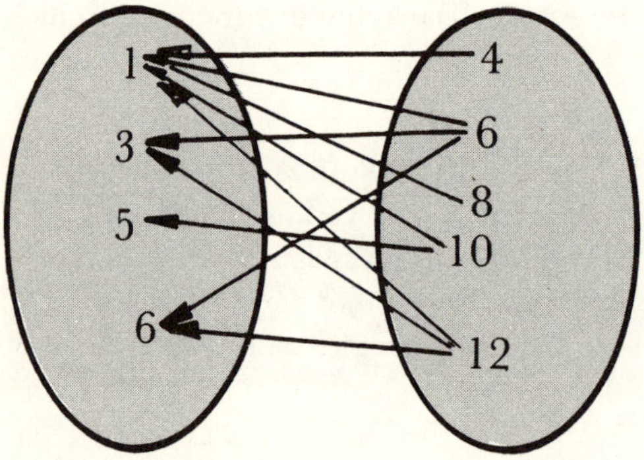

Abb. 71 Die Umkehrrelation R^{-1}: „ist Vielfaches von"

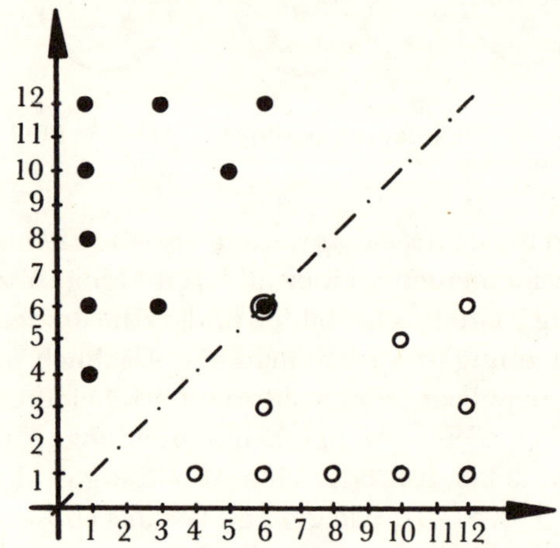

Abb. 72 Die Relation R: „ist Teiler von" und die Umkehrrelation R^{-1}: „ist Vielfaches von" im Koordinatensystem

Von besonderer Bedeutung sind in der Mathematik diejenigen Abbildungen oder Relationen, die *jedem* Element x des Vorbereiches *genau ein* Element y des Nachbereiches zuordnen.

Typen von Funktionen

Einführungsbeispiele:

Briefsendungen			€
Standardbrief			0,55
Kompaktbrief	bis	50 g	1,00
Großbrief	bis	500 g	1,44
Maxibrief	bis	1000 g	2,20
Postkarte			0,45
Standard-warensendung			0,41
Kompakt-warensendung	bis	50 g	0,66
Maxi-warensendung	bis	500 g	2,40
Büchersendung Standard	bis	20 g	0,41
Büchersendung Kompakt	bis	50 g	0,56
Büchersendung Groß	bis	500 g	0,77
Büchersendung Maxi	bis	1000 g	1,28
Päckchen (bis 2 kg)			4,10

Abb. 73 Auszug aus der Postgebührentabelle

a .-	d -..	i ..	n -.	r .-.	v ...-	1 .----	6 -....
ä .-.-	e .	j .---	o ---	s ...	w .--	2 ..---	7 --...
b -...	f ..-.	k -.-	ö ---.	t -	x -..-	3 ...--	8 ---..
c -.-.	g --.	l .-..	p .--.	u ..-	y -.--	4 ....-	9 ----.
ch ----	h	m --	q --.-	ü ..--	z --..	5	0 -----

Abb. 74 Die Morsetafel nach Samuel F. Morse (1791–1872)

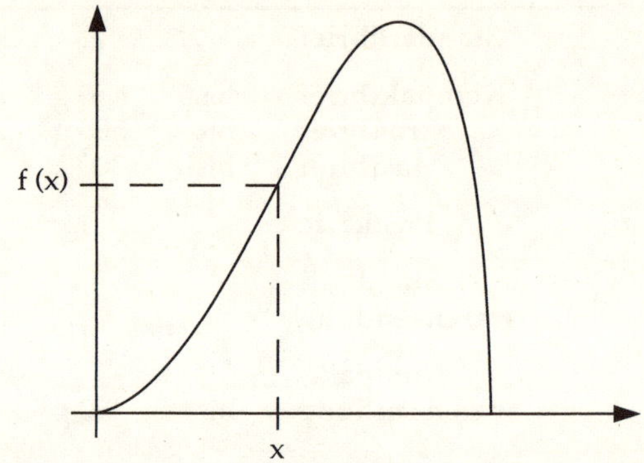

Abb. 75 Funktionsgraph

Bei diesen drei Beispielen handelt es sich um drei verschiedene Situationen. Dennoch ist ihnen eines gemeinsam: Jedesmal wird eine *Menge* von Gegenständen, Zeichen oder Zahlen einer anderen *Menge* zugeordnet, so daß mit Hilfe einer *Vorschrift*, die allgemein oder für jeden Einzelfall gesondert gegeben sein kann, *Paare* gebildet werden können. In der Mathematik handelt es sich dabei meist um Zuordnungen zwischen Zahlenmengen. Man legt fest:

Eine Zuordnung **f**, die jeder Zahl $x \in \mathbb{D}$ eindeutig eine Zahl $y \in \mathbb{W}$ zuordnet,
heißt **Funktion**,
$\mathbb{D}$ heißt **Definitionsbereich** der Funktion f,
$\mathbb{W}$ heißt **Wertebereich**.
$\mathbb{D}_{max}$ ist der **maximale Definitionsbereich**.
y = f (x) heißt **Funktionsgleichung** von f.
$G_f = \{P(x \mid y) \mid y = f(x) \wedge x \in \mathbb{D}\}$ heißt **Graph** der Funktion f.

Die Zahl x nennt man auch *Argument* oder unabhängige Variable, y heißt auch *Funktionswert* oder abhängige Variable. Der Graph G_f ist im Koordinatensystem darstellbar.

Beispiele:

1. $y = f(x) = 2x + 4$
$\mathbb{D}_1 = \{x \mid -2 \leqq x \leqq 3\}_{\mathbb{Z}}$
$\mathbb{D}_2 = \{x \mid -2 \leqq x \leqq 3\}_{\mathbb{R}}$

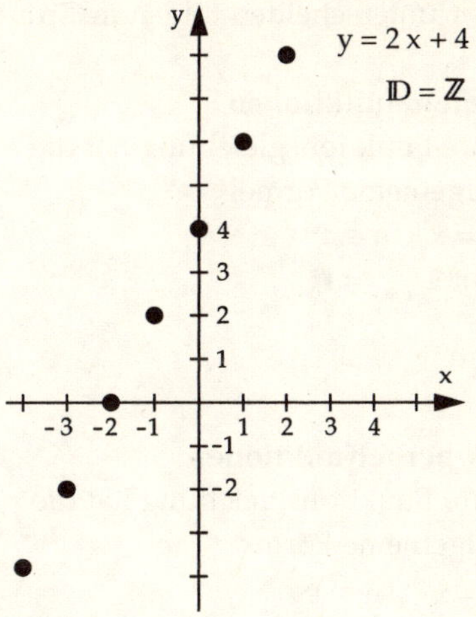

Abb. 76

Wertetabelle:

x	–2	–1	0	1	2	3
f(x)	0	2	4	6	8	10

Das Beispiel lehrt uns, daß die Angabe des Definitionsbereiches von großer Bedeutung ist; unterschiedliche Definitionsbereiche führen im allgemeinen auch zu unterschiedlichen Funktionen und damit zu unterschiedlichen Funktionsgraphen.

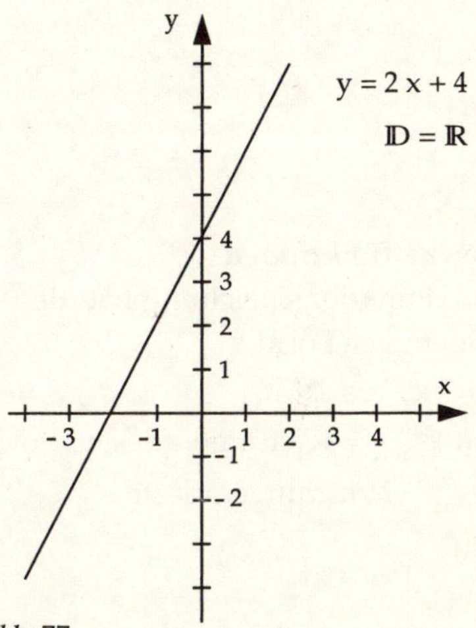

Abb. 77

2. Die Zuordnungsvorschrift $y = f(x) = \sqrt{x}$ stellt für $x \in \mathbb{R}$ keine Funktion dar, weil negativen Argumenten kein Funktionswert zugeordnet werden kann.

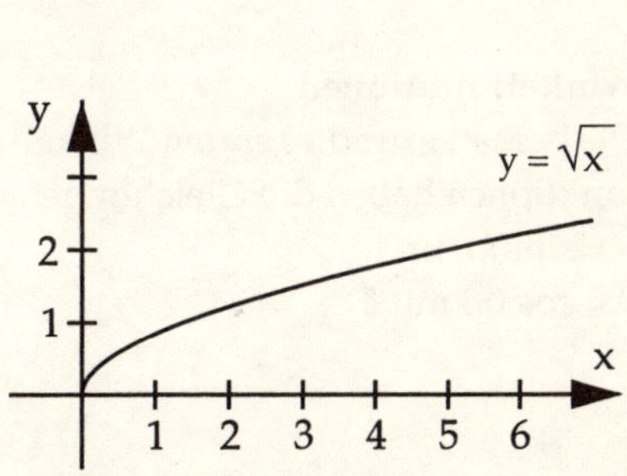

Abb. 78

Wir unterscheiden folgende Grundtypen von Funktionen:

Potenzfunktionen
Ihre Funktionsgleichung hat die allgemeine Formel
$y = x^n,\ n \in \mathbb{N}$
mit $\mathbb{D}_{max} = \mathbb{R}$

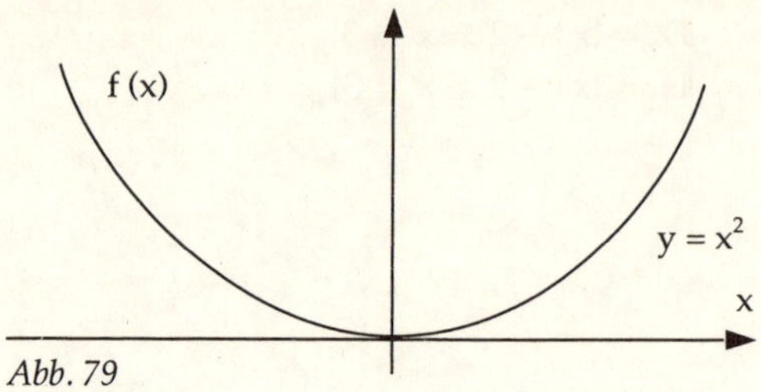

Abb. 79

Hyperbelfunktionen
Ihre Funktionsgleichung hat die allgemeine Form
$y = x^{-n},\ n \in \mathbb{N}$
mit $\mathbb{D}_{max} = \mathbb{R} \setminus \{0\}$

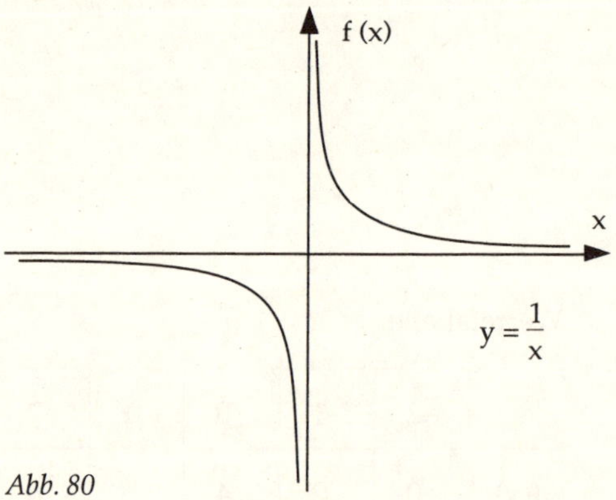

Abb. 80

Wurzelfunktionen
Ihre Funktionsgleichung hat die allgemeine Form
$y = \sqrt[n]{x},\ n \in \mathbb{N}$
mit $\mathbb{D}_{max} = \mathbb{R}_0^+$ für gerades n;
$\mathbb{D}_{max} = \mathbb{R}$ für ungerades n

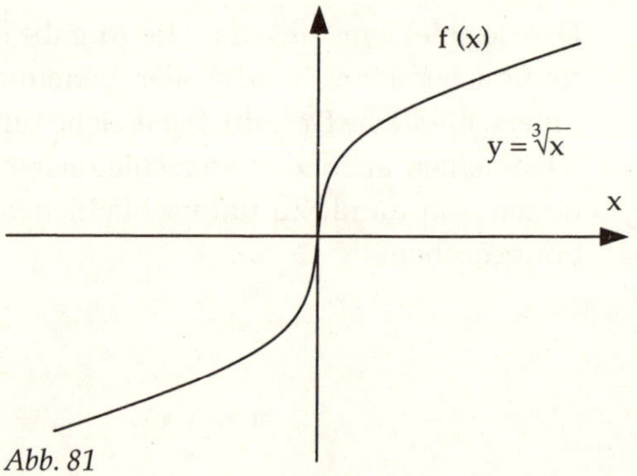

Abb. 81

Winkelfunktionen
Die beiden grundlegenden Winkelfunktionen haben die Gleichungen
$y = \sin(x)$ und
$y = \cos(x)$ mit $\mathbb{D}_{max} = \mathbb{R}$

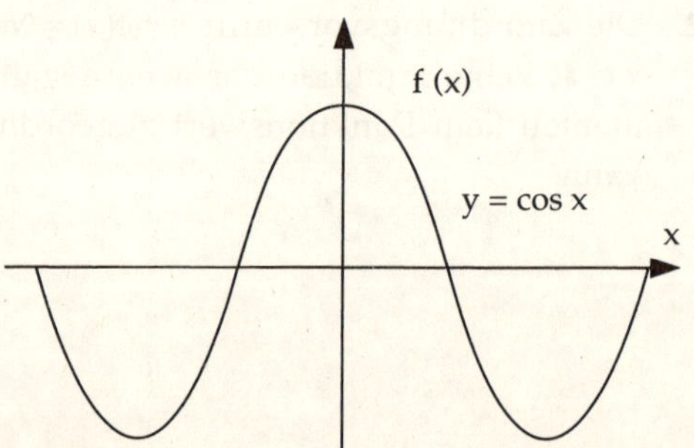

Abb. 82

Arcusfunktionen

Hier hat man

$y = \text{arc sin}(x)$ mit $\mathbb{D} = \{x \mid -1 \leq x \leq 1\}$ oder

$y = \text{arc cos}(x)$ mit $\mathbb{D} = \{x \mid -1 \leq x \leq 1\}$

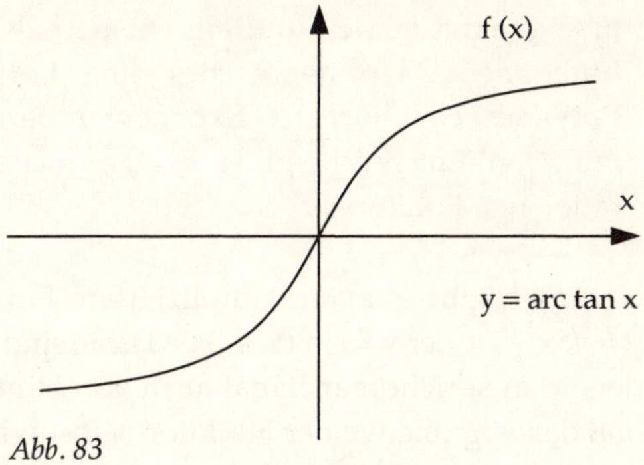

Abb. 83

Exponentialfunktionen

Ihre Gleichungen sind von der Form

$y = a^x, a > 1, x \in \mathbb{R}$

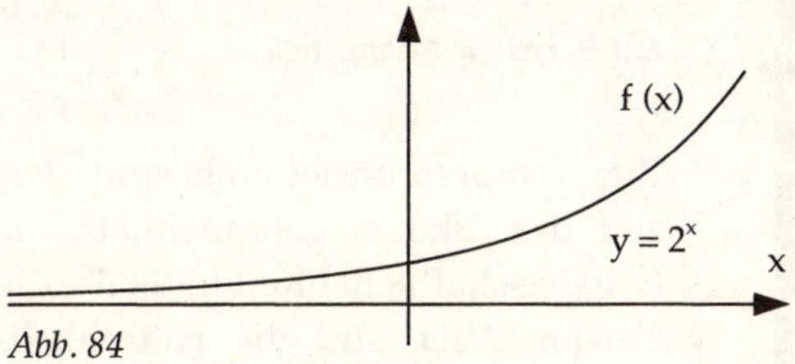

Abb. 84

Logarithmusfunktionen

Sie haben die Form

$y = \log_a(x),\ a > 1,\ x \in \mathbb{R}^+$

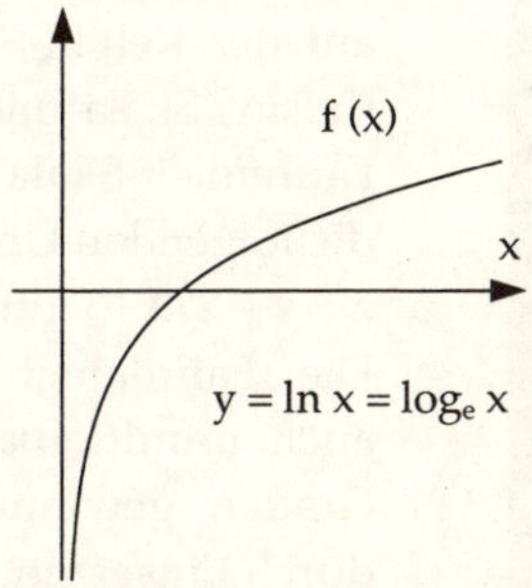

Abb. 85

Durch Verknüpfung von zwei Funktionen mit Hilfe der schon für Zahlen erklärten Rechenoperationen entsteht eine neue Funktion. Sie wird sozusagen „argumentweise“ erklärt, existiert aber natürlich höchstens dort, wo beide Ausgangsfunktionen definiert sind.

Es seien f und g zwei reellwertige Funktionen. Dann ist

- die *Summe* $(f + g)(x) = f(x) + g(x);\ x \in \mathbb{D}_f \cap \mathbb{D}_g$
- die *Differenz* $(f - g)(x) = f(x) - g(x);\ x \in \mathbb{D}_f \cap \mathbb{D}_g$
- das *Produkt* $(f \cdot g)(x) = f(x) \cdot g(x);\ x \in \mathbb{D}_f \cap \mathbb{D}_g$
- der *Quotient* $(f : g)(x) = f(x) : g(x);\ x \in \mathbb{D}_f \cap \{x \in \mathbb{D}_g \mid g(x) \neq 0\}$

Eine **ganzrationale Funktion** entsteht als Summe, Differenz oder Produkt von Potenzfunktionen. Man nennt dies eine **Linearkombination** von Funktionstermen oder **Polynom**. Den höchsten Exponenten bezeichnet man als Grad des Polynoms oder der Funktion. Entsprechend ist eine **gebrochen rationale Funktion** ein Quotient von ganzrationalen Funktionen.

Natürlich gibt es auch kompliziertere Funktionen. Sie gehorchen etwa den Gleichungen $y = \sqrt{3x - 7}$ oder $y = \sin(x^2 + 3x - 1)$. Sie sind aus den Grundtypen durch **Verkettung** entstanden. Man spricht manchmal auch von Hintereinanderausführung. Darunter versteht man, daß das Argument einer Funktion selbst wieder Funktionswert einer anderen Funktion ist.

Einführungsbeispiel:

Zur Temperaturmessung sind derzeit drei Skalen gebräuchlich: die (wissenschaftliche) Kelvin-Skala, die Celsius-Skala und die Fahrenheit-Skala (in angelsächsischen Ländern). Bezeichnet man die Temperaturen auf der Kelvin-Skala mit x, die der Celsius-Skala mit z und die auf der Fahrenheit-Skala mit y, dann gelten die folgenden Umrechnungen:

$z = x - 273{,}15$ und $y = 32 + 1{,}8 \cdot z$

Die Fahrenheit-Werte lassen sich auch **unmittelbar** aus den Kelvin-Graden gewinnen. Dies geschieht durch **Einsetzen**:

$y = 32 + 1{,}8 \cdot (x - 273{,}15) = 1{,}8\,x - 459{,}67$

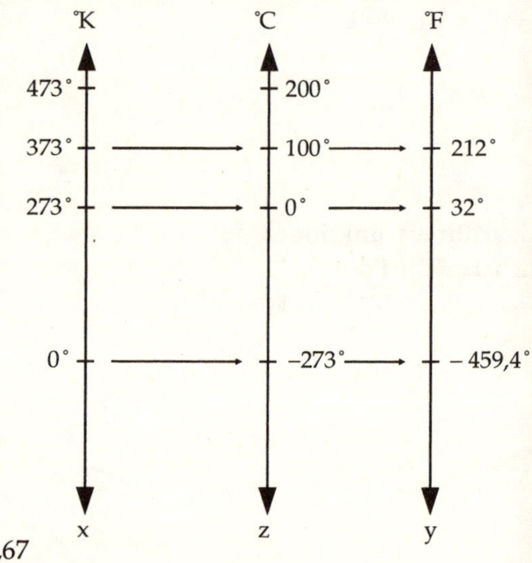

Abb. 86

Betrachtet man die Gleichungen als Funktionsterme, so wird

$g(x) = x - 273{,}15$; $f(z) = 32 + 1{,}8z$; $(h)\,x = f(g(x)) = 1{,}8x - 459{,}67$

Man erhält also eine neue Funktion $h = f \circ g$. Das Zeichen „o" wird gelesen „angewandt auf". Der Definitionsbereich dieser neuen Funktion liegt nicht automatisch fest. Vielmehr gilt:

$\mathbb{D}_h = \{x \in \mathbb{D}_g \mid g(x) \in \mathbb{D}_f\}$

In unserem Beispiel heißt das: Prinzipiell könnten in die Variable z alle Zahlen eingesetzt werden. Da aber die Kelvin-Skala die sogenannte „absolute Temperatur" angibt, muß $x \geq 0$ gelten. Daraus ergibt sich für z die Einschränkung $z \geq -273{,}15$.

Bei der oben erwähnten Wurzelfunktion mit $y = \sqrt{3x - 7}$ erfolgt die Einschränkung anders:

Da der Inhalt der Wurzel nicht negativ sein darf ($z \geq 0$), muß $x \geq \frac{7}{3}$ sein.

Eigenschaften von Funktionen

Ein Ziel der Differentialrechnung wird es sein, das Verhalten der Funktion (den Verlauf des Funktionsgraphen) allein mit rechnerischen Mitteln zu ergründen. Deshalb wollen wir schon jetzt Kriterien festlegen, die sich auf Eigenschaften der Funktionen stützen. Solche Eigenschaften sind:

1. Symmetrien

Wir unterscheiden Punktsymmetrie zum Ursprung sowie Achsensymmetrie zur y-Achse.

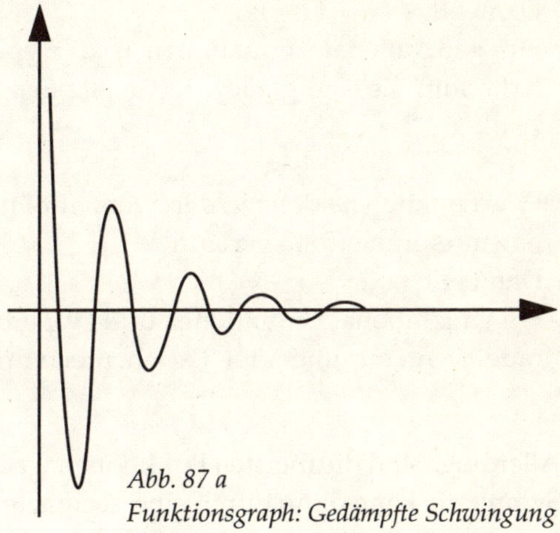

Abb. 87 a
Funktionsgraph: Gedämpfte Schwingung

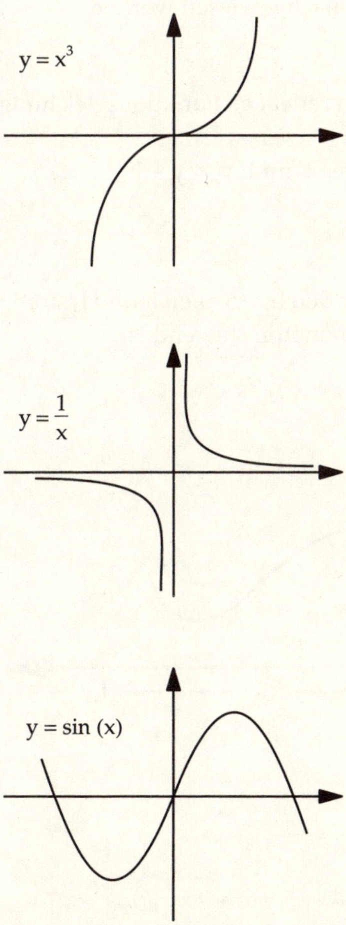

Abb. 87 b Punktsymmetrie bezüglich (0|0)

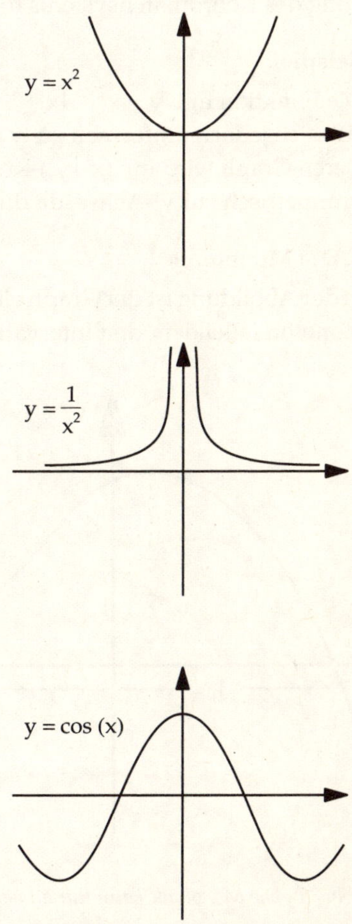

Abb. 87 c Achsensymmetrie bezüglich der y-Achse

Eine Funktion heißt ***gerade***, wenn sie symmetrisch zur y-Achse verläuft.
Dann gilt: $f(x) = f(-x)$.
Für ganzrationale Funktionen und Hyperbelfunktionen führt das zu dem einfachen Kriterium: sie sind gerade, wenn alle Exponenten gerade sind. Null gilt dabei als gerade Zahl.

Eine Funktion heißt ***ungerade***, wenn ihr Funktionsgraph punktsymmetrisch zum Koordinatenursprung $(0|0)$ verläuft.
Dann gilt: $f(x) = -f(-x)$.
Für ganzrationale Funktionen und Hyperbelfunktionen ergibt sich daraus: sie sind ungerade, wenn nur ungerade Exponenten vorkommen.

Allerdings sind die meisten Funktionen weder gerade noch ungerade. Eine andere mögliche Symmetrie kann dann durch eine geeignete Koordinatentransformation, also eine Verschiebung des Koordinatensystems (oder des Funktionsgraphen) nachgewiesen werden.

Beispiel:

Die Funktion mit $y = x^2 - 4x + 5$ ist weder gerade noch ungerade. Die Funktionsgleichung läßt sich jedoch umformen zu $y = (x-2)^2 + 1$.
Deren Graph wird im $(x'|y')$-Koordinatensystem mit $x' = x - 2$ und $y' = y - 1$ symmetrisch zur y'-Achse, da die Gleichung dann lautet: $y' = x'^2$.

2. Die Monotonie

In der Abbildung ist der Graph einer Funktion zu sehen, die in den Intervallen I_2 und I_4 streng monoton fallend, in den Intervallen I_1, I_3 und I_5 aber streng monoton steigend ist.

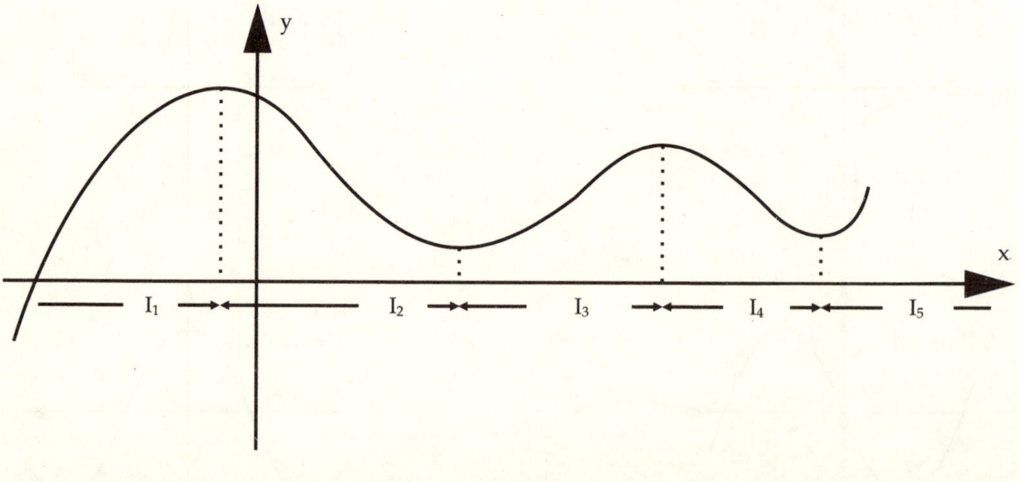

Abb. 88 Die Monotonie kann nur an den sogenannten Hoch- oder Tiefpunkten gewechselt werden

Eine Funktion f nennt man **monoton steigend** auf einem Intervall I,
wenn für alle $x_1, x_2 \in I$ gilt:
aus $x_1 < x_2$ folgt immer $f(x_1) \leqq f(x_2)$

Die Funktion f heißt **streng monoton steigend**, falls gilt:
aus $x_1 < x_2$ folgt immer $f(x_1) < f(x_2)$

Eine Funktion f nennt man **monoton fallend** auf einem Intervall I,
wenn für alle $x_1, x_2 \in I$ gilt:
aus $x_1 < x_2$ folgt immer $f(x_1) \geqq f(x_2)$

Die Funktion f heißt **streng monoton fallend**, falls gilt:
aus $x_1 < x_2$ folgt immer $f(x_1) > f(x_2)$

Beispiele:

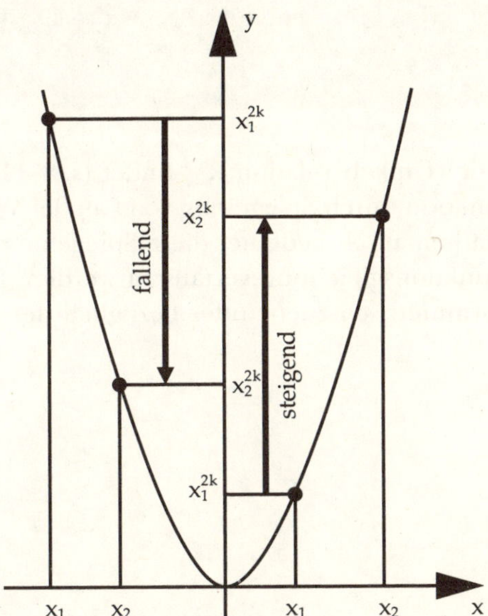

Abb. 89 a $f(x) = x^{2k}$

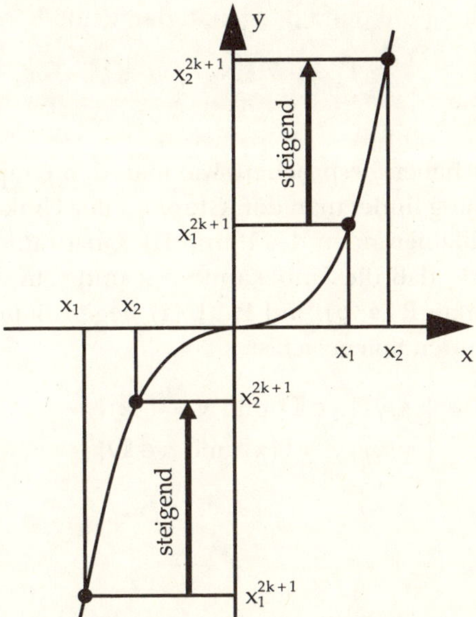

Abb. 89 b $f(x) = x^{2k+1}$

Die Monotonie im Steigungsverhalten kann nur an Hoch- oder Tiefpunkten gewechselt werden. Für sie gilt: Eine Funktion f hat an der Stelle $x_0 \in \mathbb{D}$ ein Maximum, wenn für alle $x \in I = \,]x_0 - \delta; x_0 + \delta[$ gilt: $f(x) \leq f(x_0)$.

Sie hat bei x_0 ein Minimum, wenn gilt: $f(x) \geq f(x_0)$ für alle $x \in I$. Dies ist im konkreten Fall meist schwer nachprüfbar, bei trigonometrischen Termen etwa nur mit Hilfe der Additionstheoreme (siehe S. 318). Hier werden wir im Rahmen der Differentialrechnung einfachere Kriterien finden.

3. Existenz der Umkehrfunktion

Auf Seite 116 sind zu Relationen *Umkehrrelationen* gebildet worden. Wir haben die Funktionen als spezielle Relationen kennengelernt, so daß auch jede Funktion eine Umkehrrelation besitzen muß.
Wann ist die Umkehrung einer Funktion wieder eine Funktion? Die Antwort darauf wird durch die Abbildung 90, S. 127, gegeben.

Die Umkehrrelation R^{-1} einer Funktion f ist genau dann eine Funktion, wenn die Abbildung f: $x \mapsto y$ auch in der anderen Richtung f^{-1}: $y \mapsto x$ eindeutig ist; f ist in diesem Fall eine eineindeutige Abbildung.

Wird auf einem bestimmten Intervall I die Monotonie gewechselt, so kann die zugehörige Umkehrrelation auf diesem Intervall I keine Funktion darstellen, weil dann nämlich zu ein und demselben Argument verschiedene Funktionswerte existieren.

Eine Funktion f hat genau dann eine Umkehrfunktion f^{-1}, wenn für alle $x_1, x_2 \in \mathbb{D}$ gilt:

$$x_1 \neq x_2 \Rightarrow f(x_1) \neq f(x_2) \quad \text{oder} \quad f(x_1) = f(x_2) \Rightarrow x_1 = x_2$$

Wir haben besprochen, wie man den Graphen der Umkehrrelation R^{-1} findet (s. S. 116). Analog findet man den Graphen der Umkehrfunktion durch Spiegelung von f an der Winkelhalbierenden des I. und III. Quadranten. Mathematisch bedeutet diese Spiegelung jedoch, daß die Unbekannten x und y in der Funktionsgleichung vertauscht werden. Die Punkte P (a/b) und P' (b/a) liegen nämlich symmetrisch zueinander bezüglich der genannten Spiegelachse.

$$f = \{(x/y) \mid x \in \mathbb{D} \text{ und } y = f(x)\}$$
$$f^{-1} = \{(y/x) \mid y = f(x) \text{ und } x \in \mathbb{D}\}$$

Da Funktionsgleichungen üblicherweise explizit nach y (y steht alleine auf einer Gleichungsseite) als Funktion von x angegeben werden, ist bei der Umkehrung nach dem Austauschen der Variablen x und y noch ein Auflösen nach y sinnvoll.

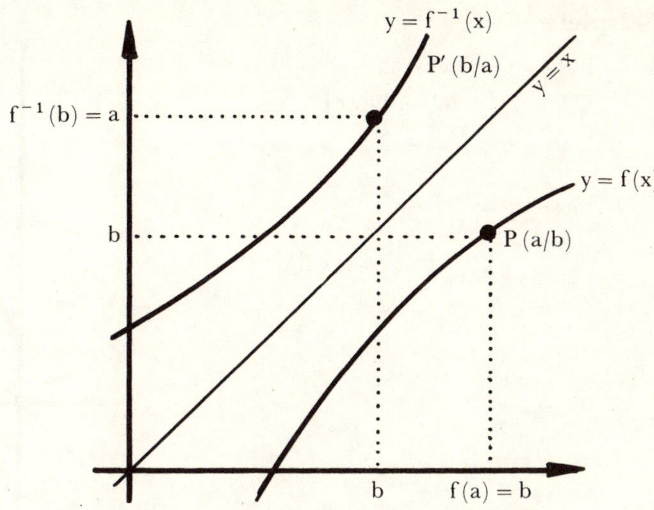

Abb. 90 Funktion f und Umkehrfunktion f^{-1}

Die Umkehrung einer Funktion geschieht folglich in drei Schritten:

Umkehrung einer Funktion	**Beispiel**
I. Gleichung von f: $y = f(x)$	$y = 2x - 5$
II. Vertauschen von x und y:	$x = 2y - 5$
f^{-1}: $x = f^{-1}(y)$	
III. Nach y umstellen:	$2y = x + 5$
f^{-1}: $y = f^{-1}(x)$	$y = 0{,}5x - 2{,}5$

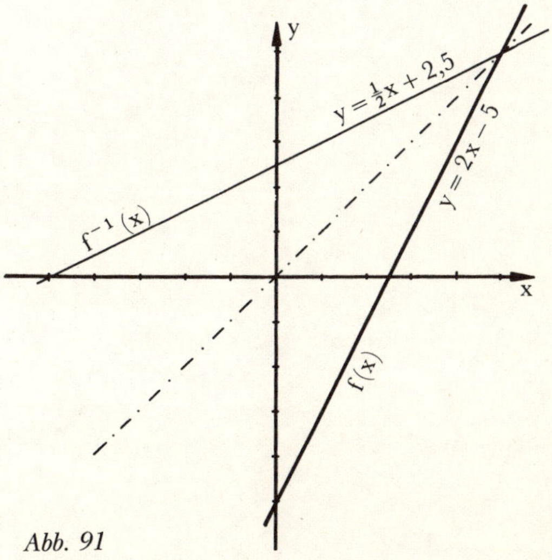

Abb. 91

Beispiele:

1. $f: x \mapsto y = 3x^2 + 2;$

$\mathbb{D}_f = \mathbb{Q}_0^+;\ \mathbb{W}_f = [2; \infty[$

$f^{-1}: y \mapsto x = 3y^2 + 2$

$f^{-1}: x \mapsto y = \sqrt{\frac{x-2}{3}};$

$\mathbb{D}_{f^{-1}} = [2; \infty[;\ \mathbb{W}_{f^{-1}} = \mathbb{Q}_0^+$

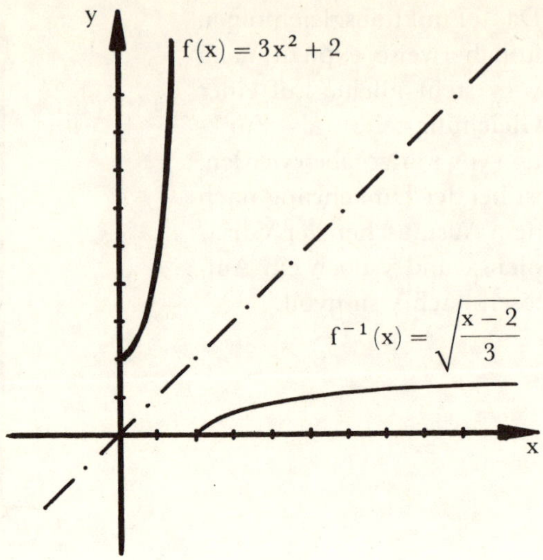

Abb. 92

2. $f: x \mapsto y = x^3;\ \mathbb{D}_f = \mathbb{R};\ \mathbb{W}_f = \mathbb{R}$

$f^{-1}: y \mapsto x = y^3$

$f^{-1}: x \mapsto y = \sqrt[3]{x};\ \mathbb{D}_{f^{-1}} = \mathbb{R};\ \mathbb{W}_{f^{-1}} = \mathbb{R}$

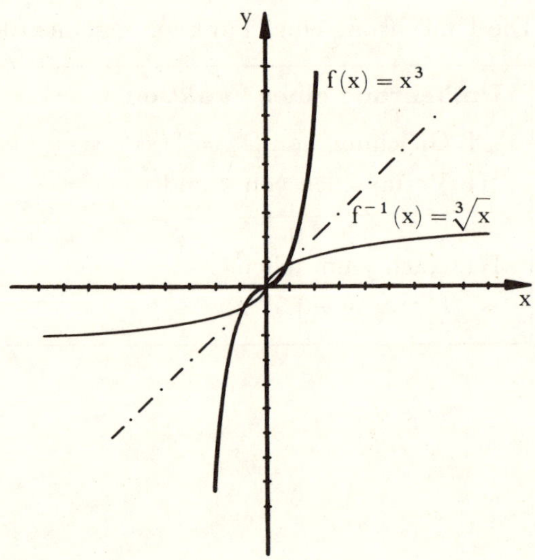

Abb. 93

4. Nullstellen

Neben den Extremalpunkten sind die Schnittpunkte der Funktionsgraphen mit den Achsen von besonderer Bedeutung. Während dabei der Schnittpunkt mit der y-Achse im allgemeinen leicht zu bestimmen ist, bedarf es zur Bestimmung der Schnittpunkte mit der x-Achse, den sogenannten *Nullstellen*, oftmals ausgefeilter Techniken.

Problemlos lassen sich die Nullstellen nur bei sogenannten *linearen Funktionen* bestimmen (die übrigens korrekter *affine Funktionen* genannt würden). Sie gehorchen einer Gleichung der Form $y = mx + b$. Somit ergibt sich die einzige Nullstelle aus $0 = mx + b \Leftrightarrow x_0 = -\frac{b}{m}$

Bei *quadratischen Funktionen* hilft folgende Formel weiter:

$$0 = ax^2 + bx + c \Rightarrow x_{1/2} = \frac{-b \pm \sqrt{b^2 - 4ac}}{2a}$$

Beispiel:

Die Funktion mit der Gleichung $y = 3x^2 - 4x + 1$ hat die Nullstellen $x_{1/2} = \frac{4 \pm \sqrt{16 - 12}}{6}$

also $x_1 = 1$ und $x_2 = \frac{1}{3}$.

Dies ist eine erweiterte p-q-Formel (siehe S. 176).

Bedauerlicherweise gestaltet sich die Nullstellensuche nur noch bei Termen ähnlich einfach, die sich auf sogenannte *biquadratische Gleichungen* zurückführen lassen. Das sind solche, bei denen nur zwei Potenzen von x auftreten, deren Exponenten darüber hinaus im Verhältnis 2 : 1 stehen.

Beispiel: $y = x^6 - 3x^3 - 4$. Die Substitution $x^3 = z$ führt auf $y = z^2 - 3z - 4$. Diese Gleichung hat die Nullstellen $z_1 = 4$ und $z_2 = -1$. Damit wird $x_1 = \sqrt[3]{4} \approx 1{,}59$ und $x_2 = \sqrt[3]{-1} = -1$.

Die einzigen Nullstellen der Funktion $y = x^6 - 3x^3 - 4$ sind somit $x_1 = \sqrt[3]{4}$ und $x_2 = -1$.

Für ganzrationale Funktionen höheren Grades als 2 (der höchste Exponent der Unbekannten ist größer als 2) hilft in der Regel nur noch das Verfahren der *Polynomdivision* weiter, sofern die Nullstellen Brüche oder ganze Zahlen sind. Das Verfahren basiert auf folgenden Überlegungen:

- Jedes Polynom f vom Grad $n \geq 1$ besitzt für $x_0 \in \mathbb{R}$ eine Zerlegung der Form $f(x) = f(x_0) + (x - x_0) \cdot g(x)$. Dabei ist g ein Polynom vom Grad $n - 1$ *(Zerlegungssatz).*

- Die ganzrationale Funktion f mit der Gleichung $y = a_n x^n + a_{n-1} x^{n-1} + \ldots + a_1 x + a_0$ $(n \geq 1)$ hat in $x_1 \in \mathbb{R}$ genau dann eine Nullstelle, wenn es ein Polynom g vom Grad $n - 1$ gibt, so daß $f(x) = (x - x_1) \cdot g(x)$ für alle $x \in \mathbb{D}$. Daraus ergibt sich für $x \neq x_1$ das Verfahren $f(x) : (x - x_1) = g(x)$.

- Durch wiederholte Anwendung ergibt sich: Die ganzrationale Funktion f vom Grad $n \geq 1$ hat genau dann die Nullstellen $x_1, ..., x_k$ mit $k \leq n$, wenn es ein Polynom g vom Grad $n - k$ gibt, so daß $f(x) = (x - x_1)(x - x_2) ... (x - x_k) \cdot g(x)$ gilt. Tritt dabei ein Faktor, zum Beispiel $(x - x_m)$, mehrfach auf, so heißt x_m doppelte, dreifache, ... Nullstelle.

- Eine ganzrationale Funktion vom Grad n hat höchstens n Nullstellen.
  Beweis:
  Beim Ausmultiplizieren von n + 1 Linearfaktoren ergäbe sich als höchster Exponent n + 1 im Widerspruch zur Voraussetzung, daß der Grad von f (x) n ist.
  Wie aber sehen die Zahlen x_0 ... aus?

- Ist $z \in \mathbb{Z}$ Nullstelle von f (x), so teilt $|z|$ die Zahl a_0 (absolutes Glied von f (x)).
  Ist $\frac{p}{q} \in Q$ Nullstelle von f mit teilerfremden p und $q \in \mathbb{Z}$, so teilt $|p|$ die Zahl a_0 und $|q|$ teilt a_n *(Teilbarkeitskriterium)*.

Beispiel:

Gegeben ist die Funktion f mit $f(x) = 4x^4 + 4x^3 - 6x^2 - 6x$.
Durch Ausklammern ergibt sich $f(x) = x(4x^3 + 4x^2 - 6x - 6)$.
Somit ist $x_1 = 0$ eine von 4 möglichen Nullstellen von f(x).
Als weitere Nullstellen kommen aufgrund des Teilbarkeitskriteriums
1; –1; 2; –2; 3; – 3; 6; – 6; 1/4; –1/4; 1/2; –1/2; 3/4; – 3/4; 3/2 und – 3/2 in Frage.
Durch Probieren ergibt sich $x_2 = -1$.
Daraus folgt mittels der Polynomdivision:

$$\begin{array}{l} (4x^3 + 4x^2 - 6x - 6) : (x + 1) = 4x^2 - 6 \\ \quad \underline{-(4x^3 + 4x^2)} \\ \quad\quad -6x - 6 \\ \quad \underline{-(-6x - 6)} \\ \quad\quad 0 \end{array}$$

aus der Gleichung $4x^2 - 6 = 0$ folgt $x^2 = \frac{3}{2} \Rightarrow x_3 = \sqrt{\frac{3}{2}}\,;\, x_4 = -\sqrt{\frac{3}{2}}$

Bedauerlicherweise finden sich für nichtrationale Nullstellen keine geschlossenen Verfahren mehr. Hier muß auf computergestützte Näherungsverfahren verwiesen werden.
Analog verläuft die Berechnung der Nullstellen von gebrochen rationalen Funktionen, da sie nur dort Nullstellen besitzen können, wo das Zählerpolynom Null wird.

5. Schnittstellen- und Schnittwinkelbestimmung

Die Schnittstellenbestimmung von zwei Funktionen f und g ist auf die Nullstellenbestimmung zurückführbar. Es gilt nämlich f (x) = g (x) genau dann, wenn f (x) – g (x) = 0 ist.

- Für die Bestimmung von Schnittwinkeln müssen wir uns zunächst auf Geraden beschränken. Zwei nicht parallele Geraden in der Ebene schneiden sich in genau einem Punkt. Schneiden sich die beiden Geraden nicht rechtwinklig, so bezeichnet man den kleineren der dabei entstehenden Winkel als den *Schnittwinkel* φ. Damit gilt $0 \leq \varphi \leq 90°$ (Abb. 94 a). Aus den Neigungswinkeln α_1 und α_2 ergibt sich: $\varphi = |\alpha_2 - \alpha_1|$ oder $\varphi = 180° - |\alpha_2 - \alpha_1|$.

- Mit Hilfe der Additionstheoreme für trigonometrische Funktionen gilt dann:
$$\tan \varphi = |\tan|\alpha_2 - \alpha_1|| = |\tan(\alpha_2 - \alpha_1)| = \left|\frac{\tan\alpha_2 - \tan\alpha_1}{1 + \tan\alpha_2 \cdot \tan\alpha_1}\right| = \left|\frac{m_2 - m_1}{1 + m_1 \cdot m_2}\right|$$
Bei Geraden stimmt die Steigung m mit dem *Tangens des Steigungswinkels* überein:

$$\tan\alpha = m$$

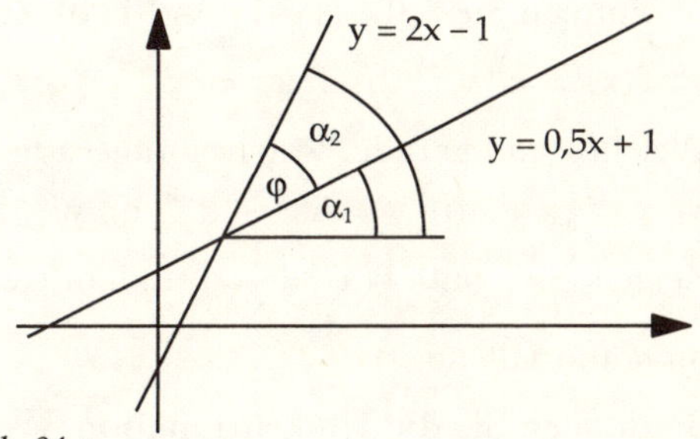

Abb. 94 a

Diese Formel gilt für alle Werte von m_1 und m_2 mit Ausnahme von $m_1 \cdot m_2 = -1$. In diesem Fall aber stehen die Geraden senkrecht aufeinander (Abb. 94 b):

$$g_1 \perp g_2 \Leftrightarrow m_1 \cdot m_2 = -1$$

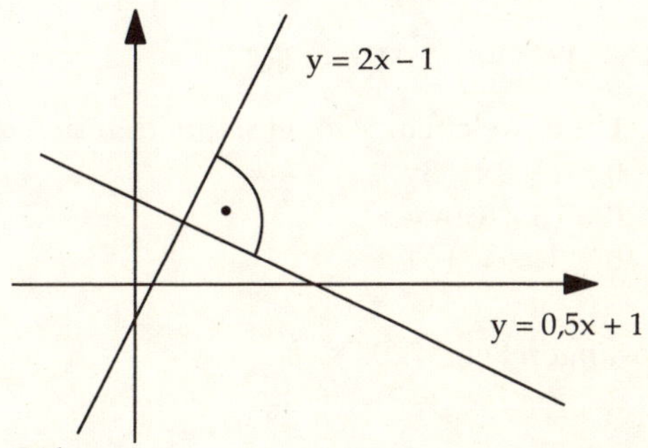

Abb. 94 b

Bei der Bestimmung des Schnittwinkels wurde also wesentlich auf die Steigung zurückgegriffen. Die Schnittwinkel bei anderen Funktionen können wir somit erst bestimmen, wenn mit Hilfe der Differentialrechnung festgelegt wurde, was unter der Steigung einer solchen Funktion verstanden werden soll.

6. Asymptotisches Verhalten

Hierunter versteht man das „Anschmiegen" eines Funktionsgraphen an eine (gedachte) Linie. Auf entsprechende Berechnungen soll in den folgenden Abschnitten eingegangen werden.

Übungen:

1. Es sei a) $X = \{-3; 4; 6; -6\}$; $Y = \{-4; 3; 6\}$
b) $X = \{-4; 3; 6\}$; $Y = \{-3; 4; 6; -6\}$.

Ist durch die Relation R: „hat denselben Betrag wie" eine Funktion $x \mapsto y$ gegeben?

2. Gegeben ist die Funktion $y = f(x)$. Erstellen Sie für ganzzahlige Argumente im Intervall $[-3; 3]$ eine Wertetabelle!

a) $f(x) = 2x^2$ b) $f(x) = -\frac{5}{x}$ c) $f(x) = x^3 + x$ d) $f(x) = 2x + x^2$

3. Geben Sie
a) die Würfeloberfläche
b) das Würfelvolumen als Funktion der Würfelkantenlänge a an!

4. Bei einem Quader unterscheiden sich die Kantenlängen der Größe nach um jeweils 1 cm. Geben Sie das Quadervolumen in Abhängigkeit von der kleinsten Kantenlänge a an!

5. Bestimmen Sie $f(0)$, $f(-1)$ und $f(10)$ für folgende Funktionen:

a) $f(x) = x^{\frac{1}{2}}$ b) $f(x) = |x|$ c) $f(x) = 2^x$

6. Welches sind gerade, welches ungerade Funktionen?

a) $y = \frac{1}{8}x^2$ b) $y = 6x^2 + 2$ c) $y = \frac{1}{3}x^3 + x$ d) $y = |x|$ e) $y = 2x^3 + 2x^2$

7. Zeigen Sie, daß $f(x) = \frac{1}{x}$ auf dem gesamten maximalen Definitionsbereich streng monoton fallend ist!

8. Bestimmen Sie die Umkehrfunktion $\mathbb{W}_f$, $\mathbb{D}_{f^{-1}}$ und $\mathbb{W}_{f^{-1}}$:

a) $f(x) = 2x + 5$; $\mathbb{D}_f = [-3; 2]$ b) $f(x) = \frac{1}{x}$; $\mathbb{D}_f = \mathbb{R}\backslash\{0\}$

c) $f(x) = |x|$; $\mathbb{D}_f = \mathbb{R}_0^-$

9. Unter welchem Winkel schneiden sich die Geraden
$0 = 4 + 2x - 3y$
$0 = 16 - 3x - y$
$0 = 9 - x - 4y$?

Lösungen Seite 720.

Proportionale und antiproportionale Funktionen, Dreisatz

Im Alltag werden wir gelegentlich aufgefordert, zwei oder mehrere Größenangaben miteinander zu vergleichen. Beispielsweise werden Schuhgrößen, Monatsgehälter, Grundstücksgrößen oder etwa Preise von Waren täglich miteinander verglichen. Zum Vergleich zweier solcher Zahlenangaben a und b kann oft die Differenz a–b genügen. Man spricht in diesem Fall von dem *Unterschied* dieser beiden Zahlen a und b. Oftmals genügt jedoch die Differenz nicht, um den „Unterschied" zwischen zwei Größen unmißverständlich anzugeben.

Einführungsbeispiel:

Die beiden Grundstücksgrößen 1800 m^2 und 2000 m^2 unterscheiden sich um 200 m^2. Dies ist auch bei den Grundstücksgrößen 400 m^2 und 600 m^2 der Fall; auch hier beträgt die Differenz 200 m^2. Was würden Sie jedoch sagen, wenn es sich in beiden Beispielen um die Bodenverteilung bei einer Erbschaft handelte? Jedesmal würde einer der beiden Erben 200 m^2 Grundstück mehr erhalten als der andere. Allerdings ist für jedermann ersichtlich, daß bei der 1. Aufteilung 400 m^2/600 m^2 der Nachteil für den 1. Erben wesentlich größer ist als bei der 2. Aufteilung 1800 m^2/2000 m^2. Je größer nämlich die zu verteilenden Grundstücke sind, um so weniger macht sich die Differenz von 200 m^2 bemerkbar.

Das vorstehende Beispiel zeigt, daß in solchen Fällen beide zu vergleichenden Größen zueinander ins *Verhältnis* gesetzt werden müssen.

Sind a und b zwei von Null verschiedene Größen, so heißt der Quotient $\frac{a}{b}$ oder a : b das Verhältnis von a zu b.

Beispiele:

1. Die Grundstücksgrößen 400 m² und 600 m² bilden das Verhältnis $\frac{400}{600} = 0{,}\overline{6} = \frac{2}{3}$ zueinander. Das kleinere Grundstück stellt also 66,6% des größeren Grundstücks dar.
2. Die Grundstücksgrößen 1800 m² und 2000 m² bilden das Verhältnis $\frac{1800}{2000} = 0{,}9 = \frac{9}{10}$ zueinander. Das kleinere Grundstück stellt folglich 90% des größeren Grundstücks dar.
3. Das Verhältnis der Spurweiten bei einer Modellbahn mit der Spur TT und der Deutschen Bundesbahn beträgt $\frac{12\,\text{mm}}{1435\,\text{mm}} = 0{,}00836 \approx \frac{1}{120}$.
4. Wenn ein Auto in 30 Minuten 70 km fährt, so berechnet sich seine Geschwindigkeit aus dem Verhältnis der gefahrenen Kilometer zu der zugehörigen Fahrzeit:

   $$\frac{s}{t} = \frac{70\,\text{km}}{\frac{1}{2}\,\text{h}} = 140\left[\frac{\text{km}}{\text{h}}\right] = 140\,\text{km/h}.$$

5. Die Dichte ϱ eines homogenen Körpers (gleichmäßiges Material) ist das Verhältnis seiner Masse (g) zu seinem Volumen (cm³):

   $$\varrho = \frac{m}{V}\left[\frac{g}{\text{cm}^3}\right].$$

   Ein 3 kg schwerer Holzblock mit dem Volumen von 4000 cm³ hat eine Dichte von $\varrho = \frac{3000\,\text{g}}{4000\,\text{cm}^3} = 0{,}75\,\text{g/cm}^3$.

Wir wollen uns jetzt zwei speziellen Funktionstypen widmen, wie sie uns täglich vielfach begegnen, deren Kenntnis somit von großer Wichtigkeit ist.

Einführungsbeispiele:

1. Aus einem Brunnenrohr fließen in 3 Minuten 12 Liter Trinkwasser.
   Wieviel Liter Trinkwasser laufen an einem Tag aus dem Rohr, wieviel in einem Jahr?
   Wenn in 3 Minuten 12 Liter Wasser aus dem Rohr fließen, so müssen in 1 Minute 4 Liter und in 24 Stunden oder 1440 Minuten natürlich $1440 \cdot 4 = 5760$ Liter Wasser aus dem Rohr fließen. In einem Jahr laufen folglich $5760 \cdot 365 = 2\,102\,400$ Liter oder 21 024 hl Wasser aus dem Rohr.
2. Ein Fundamentgraben wird von 4 Arbeitern in 9 Stunden ausgehoben und betoniert.
   Wie lange brauchen 3 Arbeiter für diese Arbeit, und wie lange würden 10 Arbeiter dafür benötigen?

Wenn 4 Arbeiter an dem Graben 9 Stunden arbeiten, so wird 1 Arbeiter unter der Voraussetzung einer gleichmäßigen Arbeitsverteilung natürlich länger, nämlich viermal so lange, also 36 Stunden, am Graben arbeiten. 3 Arbeiter brauchen folglich $36:3=12$ Stunden und 10 Arbeiter somit $36:10=3{,}6$ Stunden = 3 Stunden 36 Minuten für den Graben.

Bei beiden Beispielen handelt es sich um eine *Zuordnung*, genauer gesagt im 1. Beispiel um die Funktion *Zeit* $\mapsto$ *Wassermenge* und im 2. Beispiel um die Funktion *Arbeiter* $\mapsto$ *Arbeitsstunden*. Allerdings unterscheiden sich beide Funktionen erheblich in einer Betrachtungsweise:

1. Je mehr Zeit vergeht, um so mehr Wasser fließt aus dem Brunnenrohr.
2. Je mehr Arbeiter, um so weniger Arbeitszeit ist erforderlich.

Dementsprechend werden die *Funktionsvorschriften*, die die genannten Funktionen mathematisch beschreiben, bei beiden Funktionen verschieden aussehen.

1. Die Funktion f: Zeit (min) $\mapsto$ Wassermenge (l)
   besitzt die Funktionsvorschrift: $x \mapsto 4x$
   Damit heißt die zugehörige Funktionsgleichung $y = 4x; \quad x \in \mathbb{Q}_0^+$.
2. Die Funktion g: Arbeiter (Stück) $\mapsto$ Arbeitszeit (h)
   besitzt die Funktionsvorschrift: $x \mapsto \frac{36}{x}$
   Damit heißt die zugehörige Funktionsgleichung $y = \frac{36}{x}; \quad x \in \mathbb{N}$.

Eine Größe x heißt zu einer ihr zugeordneten anderen Größe y direkt proportional (in Zeichen $x \sim y$), wenn das Verhältnis (der Quotient) $\frac{y}{x}$ immer einen konstanten Wert behält: $\frac{y}{x} = k$.
Die Funktion $y = kx$ (k = konstant) nennen wir proportionale Funktion.
Eine Größe x heißt zu einer ihr zugeordneten anderen Größe y indirekt proportional, wenn das Produkt $x \cdot y$ immer einen konstanten Wert behält: $x \cdot y = k \Leftrightarrow y = \frac{k}{x}$.
Die Funktion $y = \frac{k}{x}$ nennen wir antiproportionale Funktion.

Bei der proportionalen Funktion $y = kx$ gehört zum Doppelten, zur Hälfte, ... und zum n-fachen der einen Größe auch das Doppelte, die Hälfte, ... das n-fache der anderen Größe. Bei der antiproportionalen Funktion $y = \frac{k}{x}$ gehört zum Doppelten, zur Hälfte, ... und zum n-fachen der einen Größe die Hälfte, das Doppelte, ... das $\frac{1}{n}$-fache der anderen Größe.

Bei der antiproportionalen Funktion $y = \frac{k}{x}$ spricht man auch von der *umgekehrten* oder **indirekten Proportionalität**. Stellt man proportionale und antiproportionale Funktionen graphisch in einem Koordinatensystem dar, so erkennt man, daß proportionale Funktionen *monoton wachsend* und antiproportionale Funktionen *monoton fallend* sind.

Beispiele:

1. Direkte Proportionalitäten:
   a) Beim Warenkauf ist der **Preis** der **Menge** direkt proportional:
   Preis (€) $\mapsto$ Menge (kg).
   b) Bei einer gleichförmigen Bewegung ist der **Weg** der **Zeit** direkt proportional: s (km) $\mapsto$ t (s).

2. Indirekte Proportionalitäten:
   a) Für eine bestimmte Wegstrecke ist die **Geschwindigkeit** zu der gebrauchten **Zeit** indirekt proportional: Je höher die Geschwindigkeit, um so kürzer die zu fahrende Zeit.
   b) Bei einer festen Gesamtmenge Milchpulver ist die **Anzahl der Packungen** indirekt proportional zum **Einzelgewicht jeder Packung**: Je mehr Packungen gepackt werden, um so weniger wiegt jede Packung.

Eine Gleichung der Form $\frac{a}{b} = \frac{c}{d}$ oder $a : b = c : d$ nennt man Verhältnisgleichung oder Proportion (gelesen: a verhält sich zu b wie c zu d). Dabei sind a und d die **Außenglieder** und b und c die **Innenglieder** der Proportion. Bei jeder Proportion ist das Produkt der Innenglieder gleich dem Produkt der Außenglieder:

$$\frac{a}{b} = \frac{c}{d} \Leftrightarrow a \cdot d = b \cdot c$$

Man überzeugt sich leicht davon, daß eine Proportion durch Vertauschen der Innenglieder untereinander oder der Außenglieder untereinander nicht verändert wird. Es dürfen sogar die Innenglieder komplett gegen die Außenglieder ausgewechselt werden:

$$\frac{a}{b} = \frac{c}{d} \Leftrightarrow \frac{a}{c} = \frac{b}{d} \Leftrightarrow \frac{d}{b} = \frac{c}{a} \Leftrightarrow \frac{b}{a} = \frac{d}{c}$$

Deshalb können mehrere untereinander gleiche Verhältnisse auch als **fortlaufende Proportion** geschrieben werden:

$$\frac{a}{b} = \frac{c}{d} = \frac{e}{f} \Leftrightarrow a : c : e = b : d : f$$

Beispiele:

1. Aus $\frac{5}{15} = \frac{7}{21}$ folgt $5 \cdot 21 = 7 \cdot 15$ oder $\frac{15}{5} = \frac{21}{7}$ oder $\frac{15}{21} = \frac{5}{7}$ oder $\frac{21}{15} = \frac{7}{5}$.

2. Für $\frac{8}{12} = \frac{4}{6} = \frac{2}{3}$ schreibt man $8 : 4 : 2 = 12 : 6 : 3$.

3. Eine Proportion, deren Innen- oder Außenglieder gleich sind, nennt man **stetige Proportion**.
In der stetigen Proportion a : m = m : b oder m : a = b : m heißt m *mittlere Proportionale*. Die mittlere Proportionale ist das *geometrische Mittel* der beiden anderen Glieder a und b:

$$\frac{a}{m} = \frac{m}{b} \Leftrightarrow m^2 = a \cdot b \Rightarrow m = \sqrt{a \cdot b}$$

Für a = 16 und b = 9 ist m = 12 die mittlere Proportionale: $\frac{16}{12} = \frac{12}{9}$.

4. Wie lautet die 4. Proportionale?

$$\frac{18}{x} = \frac{8}{5} \Leftrightarrow 18 \cdot 5 = 8x \Leftrightarrow x = \frac{18 \cdot 5}{8} = 11{,}25$$

Folglich gilt die Proportion: $\frac{18}{11{,}25} = \frac{8}{5}$

Oftmals führen Textaufgaben auf Verhältnisgleichungen, dann ist zu drei gegebenen Größen die *4. Proportionale* gesucht. Bei solchen Aufgaben spielen direkte oder indirekte Proportionalitäten eine bedeutende Rolle. Fragestellungen dieser Art sind unter dem Namen **Dreisatzrechnung** oder Schlußrechnung bekannt.
Das Hauptproblem der Dreisatzrechnung besteht darin, aus der Aufgabenstellung heraus zu erkennen, ob es sich um eine proportionale oder antiproportionale Funktion handelt.
Aus der Dreisatzaufgabenstellung entwickelt sich:

1. ein *Bedingungssatz*, der alle nötigen Angaben macht;
2. ein *Fragesatz*, der die gesuchte Größe x beinhaltet und aus dem sich über eine direkte oder indirekte Proportionalität der Lösungsansatz entwickelt;
3. ein *Schlußsatz*, bei dem von einer Einheit auf die entsprechende Mehrheit geschlossen wird.

Einführungsbeispiele:

1. Ein Flugzeug benötigt für die 800 km lange Strecke von Anchorage nach Fairbanks (Alaska) 6 Stunden und 40 Minuten. Wie lange würde es für die 2200 km lange Strecke nach Vancouver (Kanada) benötigen?
Lösung mit dem Dreisatzverfahren:

a) Bedingungssatz	800 km – 6 h 40 min
oder	800 km – 400 min
b) Fragesatz	2200 km – x min
c) Schlußsatz	200 km – $\frac{400}{4}$ min = 100 min
	2200 km – 11 · 100 min = 1100 min

Das Flugzeug würde folglich für die 2200 km lange Strecke 1100 min = 18 h 20 min benötigen.

Voraussetzung für die richtige Lösung war bei dieser Aufgabe das Erkennen der direkten Proportionalität: Je weiter die Flugstrecke, um so länger die Flugzeit.
Es verhält sich damit die gesuchte Flugzeit zu 2200 km wie die gegebene Flugzeit von 400 min zu 800 km, also erhält man die Proportion:

$$\frac{x}{2200} = \frac{400}{800}$$

und daraus ergibt sich durch Äquivalenzumformungen die Lösung für x:

$$x = \frac{400 \cdot 2200}{800} = 1100$$

2. Eine Dachdeckerkolonne mit 4 Arbeitern würde für das Decken eines Daches 5 Arbeitstage benötigen. Durch Krankheit fällt ein Arbeiter aus. Wie lange ist die so geschwächte Kolonne jetzt beschäftigt?
Es handelt sich hier um eine indirekte Proportionalität:
Je weniger Arbeiter, um so länger die Arbeitszeit.

Rechnung mit Dreisatz	Rechnung mit Proportion
4 Arbeiter – 5 Tage 1 Arbeiter – 5 · 4 Tage 3 Arbeiter – $\frac{20}{3}$ Tage also 3 Arbeiter – $6\frac{2}{3}$ Tage	Es verhält sich die gesuchte Arbeitszeit x zu 5 Arbeitstagen wie 4 Arbeiter zu 3 Arbeitern: $\frac{x}{5} = \frac{4}{3} \Leftrightarrow x = \frac{4 \cdot 5}{3} = 6\frac{2}{3}$ Tage

3. Der zusammengesetzte Dreisatz:
Für die Fertigstellung von 30 Hosen benötigen 12 Schneider 20 Arbeitstage. Wie lange würden 10 Schneider für 70 Hosen brauchen?

1. Dreisatz	2. Dreisatz
(direkte Proportionalität)	(indirekte Proportionalität)
30 Hosen –	12 Schneider – 20 Tage
70 Hosen –	10 Schneider – x Tage

Je mehr Hosen, desto mehr Tage; je mehr Schneider, desto weniger Tage

10 Hosen –	12 Schneider – $\frac{20}{3}$ Tage
70 Hosen –	12 Schneider – $\frac{20}{3} \cdot 7$ Tage
70 Hosen –	2 Schneider – $\frac{20 \cdot 7 \cdot 6}{3}$ Tage
70 Hosen –	10 Schneider – $\frac{20 \cdot 7 \cdot 6}{3 \cdot 5}$ Tage

also $x = \frac{20 \cdot 7 \cdot 6}{3 \cdot 5} = 56$ Tage.

Übungsaufgaben

1. Drücken Sie folgende Verhältnisse einfacher aus:

a) 200 t : 2 kg b) 6 m : 6 km c) $\frac{4\text{ km}}{30\text{ min}}$ d) 3,2 t : 400 dm^3

2. Ein Auto hat für eine 5500 km lange Fahrt 385 Liter Diesel verbraucht.
a) Wie weit reichen bei dieser Fahrweise die 50 Liter des Tanks?
b) Wieviel verbraucht der Wagen über eine Strecke von 430 km?

3. Um mit dem Auto von A nach B zu gelangen, benötigt man bei 60 km/h genau 3,5 Stunden. Wie lange fährt man von A nach B bei einer Geschwindigkeit von
a) 50 km/h b) 110 km/h?

4. Ein Stadtplan ist im Maßstab 1 : 10000 gezeichnet. Wie lang sind folgende Strecken in Wirklichkeit?
a) 5 cm b) 33 mm c) 1 dm

5. Wie kann man die Zahl 81 so in 2 Summanden zerlegen, daß diese sich verhalten wie 5 : 4?

6. Die Differenz aus einer Zahl und 5 verhält sich zu 7 wie die Differenz aus 5 und dieser Zahl zu 4?
Welches ist diese Zahl?

7. Ein VW fährt 80 km/h, 120 m dahinter ein BMW mit 120 km/h.
a) Wie lange braucht der BMW, bis er den VW eingeholt hat?
b) Welche Strecke hat der BMW inzwischen zurückgelegt?
c) Wie lange braucht der BMW, bis er 40 m vor dem VW ist?

8. Bei der Verbrennung von Kohlenstoff entsteht das Gas Kohlendioxid. Dabei ist das Verhältnis der ursprünglichen Kohlenstoffmenge zur Menge des entstehenden Kohlendioxids gleich 3 : 11.
Wieviel g Kohlenstoff ergeben 100 g Kohlendioxid bei der Verbrennung?

9. Von drei ineinandergreifenden Zahnrädern mit 48, 36 bzw. 16 Zähnen macht das kleinste Rad 400 Umdrehungen pro Minute.
Wie viele Umdrehungen machen die beiden anderen Zahnräder in dieser Zeit?

10. 900 Steine mit der Breite 36 cm wiegen 4050 kg.
Wieviel wiegen 1100 Steine aus gleichem Material mit der Breite 24 cm?

11. Die Schülerzeitung „Mülltonne" wird von der SV in eigener Regie hergestellt. Um 1200 Exemplare der Zeitung zu binden, sind 4 Schüler 3 Stunden beschäftigt.
Wie viele Schüler sind nötig, um 2100 Exemplare in nur 2 Stunden zu binden?

Lösungen Seite 722.

Prozent-, Promille-, Zins- und Zinseszinsrechnung

Wir haben gesehen, wie man Verhältnisse bzw. Quotienten der $\frac{a}{b}$ oder $\frac{c}{d}$ auf Gleichheit überprüft. Im Rahmen der Bruchrechnung wird gezeigt, wie man die Größenordnung bei solchen Brüchen festlegen kann. Zum Vergleich zweier Brüche bietet sich aber auch an, beide Nenner auf den gemeinsamen Nenner 100 zu erweitern. Dies ist bei jedem Bruch zumindest näherungsweise möglich.

Einführungsbeispiel:

Ein Kleid, das 230 € kostete, wird um 40 € teurer. Wie groß ist das Verhältnis der Verteuerung zum ursprünglichen Betrag?
Das Verhältnis $\frac{40}{230}$ läßt sich annähernd durch einen Bruch mit dem Nenner „100" darstellen; dies kann durch Ausdividieren geschehen: $\frac{40}{230} = 0{,}1739\ldots$, also $\frac{40}{230} \approx \frac{17{,}39}{100}$. Die Verteuerung stellt folglich das 0,1739fache des ursprünglichen Preises dar. Man sagt auch, die Verteuerung liegt bei ungefähr 17 Prozent.

Der hundertste Teil eines Grundwertes G heißt 1 Prozent dieser Zahl, und man schreibt: 1% von G sind $\frac{G}{100}$. Dementsprechend wird p% von G durch den Zahlenwert $W = \frac{p \cdot G}{100}$ bestimmt; p nennen wir Prozentsatz, W Prozentwert.

Es verhält sich der Grundwert G zu 100% wie der Prozentwert W zum Prozentsatz p, also:

$$\frac{G}{100} = \frac{W}{p}$$

$$\Leftrightarrow G \cdot p = 100 \cdot W$$

Aus der letzten Gleichung erhält man durch Umformen:

Prozentsatz:	Grundwert:	Prozentwert:
$p = \frac{100 \cdot W}{G}$	$G = \frac{100 \cdot W}{p}$	$W = \frac{G \cdot p}{100}$

Beispiele:

1. Prozentsatz Grundwert Prozentwert

14% von 120 € = 16,80 €

2. Jemand muß für ein neues Fahrrad 46,40 € an Mehrwertsteuer (16%) bezahlen. Was kostet das Fahrrad netto, also ohne Mehrwertsteuer, und was kostet das Fahrrad brutto, also inklusive Mehrwertsteuer?

Wenn der Prozentwert von 46,40 € dem Prozentsatz 16% entspricht, so muß $\frac{46{,}40}{16}$ € gleich 1% des Grundwertes sein. Folglich erhält man den Grundwert (= 100%) durch $G = \frac{46{,}40}{16} \cdot 100$ € = 290 €.

Damit kostet das Fahrrad 290 € netto und 336,40 € brutto.

Man kann auch gleich auf den Bruttowert schließen, wenn hierfür ein Grundwert von 116% angesetzt wird:

$G = \frac{46{,}40}{16} \cdot 116$ € = 336,40 €.

3. Ein Kleid von 150 € wird zunächst um 10% teurer. Nachdem es jedoch eine Weile ohne Beachtung auf der Kleiderstange hängt, wird es wieder um 10% im Preis reduziert. Kostet es jetzt wieder 150 €?

Natürlich nicht, weil sich die Erhöhung um 10% auf den ursprünglichen Grundwert von 150 € bezieht, die nachträgliche Preisreduzierung allerdings auf den neuen Grundwert 150 + 150 · 10% = 165 €.

Somit kostet das Kleid nach der Reduzierung nur noch 165 – 165 · 10% = 165 – 16,50 = 148,50 €.

Wenn zu einem gegebenen Grundwert ein Prozentwert W ausgerechnet werden soll, so kann dies durch eine einfache Multiplikation geschehen.

Beispiele:

1. 14% von 350 € errechnen sich aus 350 · 0,14 = 49 €.

2. Reduziert man den Grundwert von 4568 kg um 22%, so ergibt sich 4568 · (1 – 0,22) = 4568 · 0,78 = 3563,04 €.

3. Erhöht man den Grundwert von 2303 m^2 um 24%, so erhält man 2303 · (1 + 0,24) = 2303 · 1,24 = 2855,72 m^2.

Folgende Prozentsätze sollte man sich in Bruchform einprägen:

$1\% = \frac{1}{100}$	$1\frac{1}{4}\% = \frac{1}{80}$	$1\frac{1}{3}\% = \frac{1}{75}$	$1\frac{2}{3}\% = \frac{1}{60}$
$2\frac{1}{2}\% = \frac{1}{40}$	$3\frac{1}{3}\% = \frac{1}{30}$	$4\frac{1}{6}\% = \frac{1}{24}$	$5\% = \frac{1}{20}$
$6\frac{1}{4}\% = \frac{1}{16}$	$6\frac{2}{3}\% = \frac{1}{15}$	$8\frac{1}{3}\% = \frac{1}{12}$	$11\frac{1}{9}\% = \frac{1}{9}$
$12\frac{1}{2}\% = \frac{1}{8}$	$16\frac{2}{3}\% = \frac{1}{6}$	$20\% = \frac{1}{5}$	$25\% = \frac{1}{4}$
$33\frac{1}{3}\% = \frac{1}{3}$	$50\% = \frac{1}{2}$	$66\frac{2}{3}\% = \frac{2}{3}$	$75\% = \frac{3}{4}$

Der tausendste Teil eines Grundwertes G heißt 1 Promille dieser Zahl, und man schreibt:

$$1‰ \text{ von } G \text{ sind } \frac{G}{1000}$$

Bei der **Promillerechnung** bedient man sich demnach der Vergleichszahl 1000 (Nenner); 1000‰ ist somit der Grundwert.

Beispiel:

4,7‰ von 3690 € sind 17,34 €.

Wir wollen uns jetzt einer besonders wichtigen Anwendung der Prozentrechnung widmen. In der Geschäftspraxis kommt es häufig vor, daß zum Beispiel für die Gründung eines Geschäftes oder für den Bau eines Hauses Geld (Kapital) geliehen werden muß, meist von einer Bank. Für die Verleihung seines Geldes erhält der Gläubiger (Geldgeber) eine finanzielle Entschädigung vom Schuldner (Geldnehmer), den **Kapitalzins**. Im Bankwesen unterscheidet man **Aktiv-** von **Passivzinsen**. *Aktiv-* oder *Sollzinsen* werden von der Bank für verliehenes Kapital (Kredit) verlangt, dagegen erhält ein Kunde für seine Einlagen (Sparkonto) von der Bank *Passiv-* oder *Habenzinsen.*
Alle Kreditinstitute erhalten durch den Monatsbericht der Deutschen Bundesbank regelmäßig Empfehlungen zur Festsetzung der Zinsen. Die sogenannten *Zinssätze* sind nicht einheitlich, sondern schwanken zum Teil erheblich von Kreditinstitut zu Kreditinstitut. Allerdings beträgt die durchschnittliche Differenz zwischen Soll- und Habenzinssatz, die *Zinsspanne*, etwa 2–3%.
Bei der Berechnung der Zinsen ist prinzipiell die *einfache Verzinsung* von der sogenannten **Zinseszinsberechnung** zu unterscheiden. Während bei der einfachen Verzinsung zu einem geliehenen Betrag lediglich die Zinsen nach Ablauf einer meist vorher vereinbarten Frist zugeschlagen werden, erfolgt bei der Zinseszinsberechnung der Zinszuschlag vor Ablauf der gesamten Frist, meist regelmäßig einmal im Jahr. Bei der Zinseszinsberechnung werden folglich die fälligen Zinsen jährlich zum Kapital addiert und danach mitverzinst. Zunächst soll die einfache Verzinsung angesprochen werden.

Einführungsbeispiel:

Ein Kapital von 3500 € wird auf ein Sparkonto gebracht und mit 4,5% jährlich verzinst. Wieviel Kapital hat der Kontoinhaber nach 3,5 Jahren?
Hier soll ausdrücklich nur die einfache Verzinsung zugrunde gelegt werden, obwohl üblicherweise bei solchen Bankgeschäften mit Zinseszinsen gerechnet wird. Dem Grundwert aus der Prozentrechnung entspricht hier das zu verzinsende Kapital K (Grundkapital), und dem Prozentwert entsprechen die Zinsen Z (in €); der Prozentsatz ist jetzt der Zinssatz (in %).
Da in der Aufgabe die Zinsen gesucht sind, erhält man hierfür

$$Z = \frac{K \cdot p}{100} = \frac{3500 \cdot 4{,}5}{100} = 157{,}50.$$ Dies jedoch sind die Zinsen für 1 Jahr, bezogen auf ein Grundkapital von 3500 €. In 3,5 Jahren erhielte der Bankkunde bei der einfachen Verzinsung 3,5 · 157,50 = 551,25 €, somit wären auf dem Sparbuch 3500 + 551,25 = 4051,25 €.

Der Zinszeitraum t kann wie im Beispiel sowohl länger als auch kürzer als 1 Jahr sein. Dann rechnet man im Bankwesen üblicherweise das Jahr zu 12 Monaten mit je 30 Tagen, also insgesamt 360 Tagen. Bei der für die Berechnung der Zinsen entscheidenden Anzahl der Tage wird zwar der Tag der Einzahlung *(Wertstellung* oder *Valutierung)* mitgerechnet, nicht aber der Tag der Abhebung.

Zinsformel: $Z = \frac{K \cdot p}{100}$ Tageszinsformel: $Z = \frac{K \cdot p \cdot t}{100 \cdot 360}$

Beispiele:

1. Wieviel Zinsen erbringen 4500 € in einem Zinszeitraum vom 3. 7. 00 bis 15. 9. 03 zu $4\frac{3}{4}\%$?
Wir berechnen den Zinszeitraum in Tagen: $t = 12 + 60 + 3 \cdot 360 = 1152$ Tage.
Also erhält man die Zinsen nach der Tageszinsformel:

$$Z = \frac{K \cdot p \cdot t}{100 \cdot 360} = \frac{4500 \cdot 4{,}75 \cdot 1152}{100 \cdot 360} = 684 \text{ €}$$

2. Eine Hausfrau zahlte am 15. 3. 01 790 € auf ihr Sparkonto ein und konnte am 20. 2. 02 820 € abheben. Wie hoch wurde das Kapital verzinst?
Wir stellen die Tageszinsformel nach p um und erhalten:

$$p = \frac{Z \cdot 100 \cdot 360}{K \cdot t} = \frac{30 \cdot 100 \cdot 360}{790 \cdot 335} = 4{,}0809, \quad \text{also } p \approx 4{,}08\%.$$

3. Nach welcher Zeit sind 1000 € bei einfacher Verzinsung auf 2000 € angewachsen, wenn das Kapital zu 4,5% verzinst wird?
Wir stellen die Zinsformel nach der Zeit t um:

$$t = \frac{Z \cdot 100 \cdot 360}{K \cdot p} = \frac{1000 \cdot 100 \cdot 360}{1000 \cdot 4{,}5} = 8000 \text{ Tage} = 22 \text{ Jahre } 80 \text{ Tage.}$$

4. Ein Rentner möchte seinen Lottogewinn so anlegen, daß er bei einfacher Verzinsung zu 6,7% 2000 € monatlich erhält.
Wie hoch muß der Lottogewinn sein?
Wir stellen die Zinsformel nach dem Kapital um:

$$K = \frac{Z \cdot 100 \cdot 360}{p \cdot t} = \frac{2000 \cdot 100 \cdot 360}{6{,}7 \cdot 30} = 358\,208{,}95 \text{ €}$$

Aber wie gesagt, in der Bankpraxis ist die *Verzinsung der Zinsen* üblich und auch nicht mehr als recht. **Zinseszinsen** werden im allgemeinen nur jährlich berechnet und dem Kapital zugeschlagen.
Ein *Anfangskapital* K_0, das mit einem *Zinssatz* von p% 1 Jahr lang verzinst wurde, steht gegen Ende des 1. Jahres mit

$$K_1 = K_0 + K_0 \cdot \frac{p}{100} = K_0 \cdot \left(1 + \frac{p}{100}\right)$$

zu Buche.

Dabei sind $K_0 \cdot \frac{p}{100}$ die angefallenen Zinsen des 1. Jahres auf das Anfangskapital K_0.

Nach insgesamt 2 Jahren ist das Anfangskapital bei gleichem Zinsfuß auf

$$K_2 = \left(K_0 + K_0 \cdot \frac{p}{100}\right) + \left(K_0 + K_0 \cdot \frac{p}{100}\right) \cdot \frac{p}{100}$$

$$= K_0 + K_0 \cdot \frac{p}{100} + K_0 \cdot \frac{p}{100} + K_0 \cdot \frac{p}{100} \cdot \frac{p}{100}$$

angewachsen.

Klammert man jetzt K_0 aus, so ergibt sich weiter:

$$K_2 = K_0\left(1 + 2 \cdot \frac{p}{100} + \frac{p^2}{100^2}\right) = K_0\left(1 + \frac{p}{100}\right)^2 = K_1\left(1 + \frac{p}{100}\right)$$

Nach 3 Jahren beträgt das Kapital:

$$K_3 = K_0\left(1 + \frac{p}{100}\right)^3 \quad \text{oder} \quad K_3 = K_2\left(1 + \frac{p}{100}\right).$$

Führt man diese Rechnungen analog weiter, so ergibt sich allgemein für das Kapital nach t Jahren:

$$K_t = K_0\left(1 + \frac{p}{100}\right)^t = K_{t-1}\left(1 + \frac{p}{100}\right).$$

Für $\left(1 + \frac{p}{100}\right)$ wollen wir der Kürze halber q schreiben; q wird **Zinsfaktor** genannt:

$$q = 1 + \frac{p}{100}.$$

Mit dieser Erleichterung ergibt sich:

Zinseszinsformel:
Ein Kapital K_0 ist nach t Jahren bei jährlichen Verzinsungsperioden mit p% Zinsen (Aufzinsung) auf $K_t = K_0 \cdot \left(1 + \frac{p}{100}\right)^t = K_0 \cdot q^t$ angewachsen.

Beispiel:

Auf welchen Betrag sind 3500 € bei 4,5% Verzinsung nach Ablauf von 3,5 Jahren angewachsen?

$K_{3,5} = K_0 \cdot q^t = 3500 \cdot 1{,}045^{3,5} = 4082{,}96$ €.

Die Bestimmung von $(1{,}045)^{3{,}5}$ kann entweder mit dem Taschenrechner mit der Taste y^x oder auch logarithmisch geschehen.
Bei der Zinseszinsberechnung bilden die Kapitalien $K_0, K_1, K_2, K_3, K_4, \ldots K_t$ eine *geometrische Folge* mit dem Anfangsglied K_0 und dem Quotienten

$q = 1 + \frac{p}{100}$. Graphisch gesehen stellt die Aufzinsfunktion: $K_t = K_0 \cdot q^t$ eine *Exponentialfunktion* mit dem Definitionsbereich $\mathbb{D} = \mathbb{Q}$ dar; die „einfache Verzinsung" wird durch die *lineare Funktion* $K_t = K_0\left(1 + \frac{p \cdot t}{100}\right)$; $t \in \mathbb{Q}$ gekennzeichnet.

Deshalb steigt ein Kapital K_0 bei einfacher Verzinsung bei weitem nicht so schnell wie bei einer Zinsesverzinsung.

Beispiele:

1. Ein Betrag von 4700 € soll 5 Jahre bei a) einfacher Verzinsung und b) bei Zinsesverzinsung zu je 4,75% angelegt werden. Wie hoch ist das jeweilige Endkapital?

a) $K_5 = K_0\left(1 + \frac{p \cdot t}{100}\right) = 4700\left(1 + \frac{4{,}75 \cdot 5}{100}\right) = 5816{,}25$ € oder anders:

$K_5 = K_0 + 1116{,}25 = 5816{,}25$ €

b) $K_5 = K_0 \cdot q^t = 4700 \cdot 1{,}0475^5 = 5927{,}45$ €

2. Ein Kapital von 50 000 € wurde am 3. 5. 00 eingezahlt und soll am 31. 12. 04 abgehoben werden. Welches Kapital ist bei 4,5% Verzinsung erwachsen, wenn nur volle Jahre (vom 1. 1.–31. 12.) mit Zinsen verzinst werden?

$$K = \left[K_0 + \frac{K_0 \cdot p \cdot t}{100 \cdot 360}\right] \cdot \left(1 + \frac{p}{100}\right)^n = \left[50000 + \frac{50000 \cdot 4{,}5 \cdot 237}{36000}\right] \cdot 1{,}045^4$$

$K = 61392{,}35$ €

Die Abhängigkeit der Größen K_0, q, t und K_t wird in der *Zinseszinsformel* zum Ausdruck gebracht. Nach vollzogener Verzinsung kann natürlich nach dem ursprünglichen Kapital K_0 gefragt werden, das nach t Jahren Verzinsung p% auf das Kapital K_t führt. K_0 nennt man *Gegenwartswert* oder *Barwert* des Kapitals K_t. Die Berechnung von K_0 bei gegebenem K_t nennt man **Diskontierung** oder *Abzinsung:*

Barwertformel: $$K_0 = \frac{K_t}{\left(1 + \frac{p}{100}\right)^t} = \frac{K_t}{q^t} = K_t \cdot \left(\frac{1}{q}\right)^t$$

Dabei wird $\left(\frac{1}{q}\right)$ *Abzinsfaktor* genannt. Die Barwertformel ist aus der Beziehung $K_t = K_0 \cdot q^t$ durch Auflösen nach K_0 entstanden.

Beispiele:

1. Ein Großvater möchte für seinen Enkel an dessen 5. Geburtstag einen Betrag bei 5% Verzinsung anlegen. Wie hoch muß der Betrag sein, damit das Enkelkind an seinem 21. Geburtstag 20 000 € erhält?

$K_0 = \frac{K_t}{q^t} = \frac{20000}{1{,}05^{16}} = 9162{,}23$ €. Es müssen 9162,23 € angelegt werden.

2. Beim Verkauf eines Hauses machen zwei Kaufinteressenten verschiedene Angebote:
Interessent A will 150 000 € sofort bar, 120 000 € nach 2 Jahren und weitere 150 000 € nach insgesamt 6 Jahren bezahlen.
Interessent B will 130 000 € sofort bar, 150 000 € nach 3 Jahren und weitere 140 000 € nach weiteren 2 Jahren bezahlen.
Welches der beiden Angebote ist günstiger, wenn wir eine 8%ige Verzinsung annehmen?
Damit die Angebote miteinander verglichen werden können, müssen beide auf den Barwert diskontiert werden:

Interessent A:

$$150000 + \frac{120000}{1{,}08^2} + \frac{150000}{1{,}08^6} = 150000 + 102880{,}66 + 94525{,}44 = 347406{,}10 \text{ €}$$

Interessent B:

$$130000 + \frac{150000}{1{,}08^3} + \frac{140000}{1{,}08^5} = 130000 + 119074{,}84 + 95281{,}65 = 344356{,}49 \text{ €}$$

Das Angebot von Kaufinteressent A ist also günstiger.

3. In welcher Zeit ist ein Kapital von 10 000 € bei 4,5% Verzinsung auf
a) 14 000 € b) 20 000 € angewachsen?
Wir müssen die Zinseszinsformel nach der Zeit umstellen; dies gelingt durch Logarithmieren:

$$K_t = K_0 \cdot q^t \Leftrightarrow \lg K_t = t \cdot \lg q + \lg K_0 \Leftrightarrow t = \frac{\lg K_t - \lg K_0}{\lg q}$$

$$\text{a) } t = \frac{\lg 14000 - \lg 10000}{\lg 1{,}045} = \frac{4{,}146128 - 4}{0{,}01911629} = 7{,}644$$

Ein Kapital von 10 000 € wächst bei 4,5% Verzinsung in 7,644 Jahren = 7 Jahre und 232 Tagen auf 14 000 € an.

$$\text{b) } t = \frac{\lg 20000 - \lg 10000}{\lg 1{,}045} = \frac{4{,}30103 - 4}{0{,}01911629} = 15{,}747$$

10 000 € sind bei 4,5% Verzinsung in 15,747 Jahren = 15 Jahre und 269 Tagen auf 20 000 € angewachsen.

4. Ein Kapital von K = 15 000 € soll sich in 10 Jahren
a) auf 20 000 € erhöhen
b) verdoppeln.
Wie muß der Zinsfuß gewählt werden?
Wir müssen jetzt nach q umstellen:

$$K_t = K_0 \cdot q^t \Leftrightarrow q^t = \frac{K_t}{K_0} \Leftrightarrow q = \sqrt[t]{\frac{K_t}{K_0}}$$

a) $q = \sqrt[10]{\frac{20000}{15000}} = 1{,}029186$
Somit beträgt der erforderliche Zinssatz $p = 2{,}919\,\%$.

b) Aus der Umformung $q = \sqrt[t]{\frac{K_t}{\frac{1}{2} \cdot K_t}} = \sqrt[t]{2}$ erkennt man, daß die Aufgabenstellung unabhängig vom Kapital ist: $q = \sqrt[10]{2} = 1{,}0718 \Rightarrow p = 7{,}18\,\%$.

Bislang wurden die Zinsen zur weiteren Verzinsung nur am Jahresende dem Kapital zugerechnet. Man kann natürlich auch kürzere Verzinsungsperioden vereinbaren, etwa halbjährliche oder monatliche. Man spricht hierbei dann von der *unterjährigen Verzinsung*. Der nominelle Jahreszinssatz reduziert sich bei m ($m \geq 2$; $m \in \mathbb{N}$) gleichlangen Verzinsungsperioden auf $\frac{p}{m}\,\%$ pro Zinsperiode:

Unterjährige Verzinsung:

$$K_t = K_0 \left(1 + \frac{p}{m \cdot 100}\right)^{m \cdot t}$$

Es ist einleuchtend, daß mit kürzer werdenden Zinsperioden das zu erreichende Endkapital größer wird, da die Zinsen ja früher mitverzinst werden.

Beispiele:
Ein Kapital von 8000 €, welches auf Zinseszins steht, soll zu 6% Jahreszinsen 4 Jahre lang auf der Bank bleiben. Wie groß ist das Kapital K_4 bei a) jährlicher, b) halbjährlicher, c) monatlicher und d) bei täglicher Verzinsung?

a) $K_4 = 8000(1 + \frac{6}{100})^4 = 10099{,}82$ €
b) $K_4 = 8000(1 + \frac{6}{2 \cdot 100})^8 = 10134{,}16$ €
c) $K_4 = 8000(1 + \frac{6}{12 \cdot 100})^{48} = 10163{,}91$ €
d) $K_4 = 8000(1 + \frac{6}{360 \cdot 100})^{1440} = 10169{,}79$ €

Übungsaufgaben

1. Ein Kleid wird um 4,5% im Preis gesenkt; es kostete ursprünglich 250 €. Was kostet es jetzt?
2. Eine Hose wurde um 4,5% im Preis gesenkt und kostet jetzt 250 €. Was hat die Hose vorher gekostet?
3. Der Preis einer Jacke wird um 70 € reduziert; sie hat vorher 250 € gekostet. Wieviel Prozent beträgt die Preisreduzierung?
4. Ein Anzug wird um 98 € teurer und kostet jetzt 450 €. Wieviel Prozent beträgt die Preiserhöhung?
5. Der **Rabatt** ist ein Preisnachlaß, der unter gewissen Bedingungen einem guten Kunden eingeräumt wird. Das **Skonto** ist ein Preisnachlaß, der meist bei vorzeitiger Zahlung einer Rechnung dem Kunden gutgeschrieben wird.
   a) Eine Rechnung über 850,57 € enthält den Vermerk:
   Bei Barzahlung innerhalb von 10 Tagen 3% Skonto.
   Was ist hier zu zahlen?
   b) Ein Kunde erhält für sein neu erworbenes Fahrrad 20% Rabatt und, weil er bar bezahlen will, zusätzlich 2% Skonto. Das Fahrrad kostet ihn 156 €.
   Was kostet das Fahrrad vor Berechnung des Skontos und des Rabatts?
6. Auf einen Nettorechnungsbetrag wird 16% Mehrwertsteuer geschlagen und 3% Rabatt gegeben.
   Wenn Sie sich Ihre eigene Rechnung ausstellen dürften, würden Sie dann erst die Mehrwertsteuer berechnen oder zuerst den Rabatt abziehen?
   Um wieviel Prozent wird sich der Nettorechnungsbetrag erhöhen, wenn zunächst die Mehrwertsteuer dazugerechnet, dann der Rabatt abgezogen wird?
7. Herr Wolf hat eine Hausratversicherung über 110 000 € Deckungssumme abgeschlossen. Er muß dafür jährlich 1,5‰ der Deckungssumme als Versicherungsprämie bezahlen. Wieviel ist das?
8. Eine Karotte enthält durchschnittlich 0,5‰ Vitamin A. Wieviel g Karotten enthalten 15 mg Vitamin A?
9. Bei einer Verkehrskontrolle wird ein Kraftfahrer einer Blutuntersuchung unterzogen. Die Untersuchung ergibt, daß der Kraftfahrer 1,7‰ Alkohol im Blut hat.
   Wieviel cm^3 Alkohol sind das bei einem angenommenen Blutvolumen von 7 Litern?
10. Für Wertpapiere erhält ein Anleger als **Dividende** (Jahreszinsen) 270 €. Was muß er angelegt haben, wenn sein Kapital zu 7,5% verzinst wird?
11. Herr Pantring zahlt 7000 € auf sein Sparbuch ein. Nach welcher Zeit kann er bei einfacher Verzinsung zu 4% 8000 € abheben?
12. Für die Finanzierung eines Hauses läßt Herr Kienow **Hypotheken** (Grundschulden) in sein Grundbuch eintragen.
    Hypotheken werden von einem Notar und den Amtsgerichten in die Grundbücher von Immobilien (Häuser, Grundstücke) zugunsten der Geldgeber (Gläubiger) eingetragen. Je günstiger dabei die Rangfolge der Eintragung ist, desto günstiger ist auch im allgemeinen der zugehörige Zinssatz.

Herrn Kienows Grundbuch ist mit folgenden Hypotheken belastet:
1. Hypothek .... 40 000 € zu 6,5%
2. Hypothek .... 60 000 € zu 7,75%
3. Hypothek .... 90 000 € zu 8,25%
Was hat Herr Kienow monatlich an Zinsen aufzubringen?

13. Auf welchen Betrag wächst ein Kapital von 23 000 € bei Zinsesverzinsung zu 5,5% in
a) 10 Jahren b) 100 Jahren an?

14. Ein Arbeiter erhält jedes Jahr 2% Lohnerhöhung. Mit welchem Jahresgehalt kann er in 10 Jahren rechnen, wenn er augenblicklich 40 000 € verdient?

15. Vergleichen Sie folgende Angebote für den Kauf eines Hauses:
a) bei 4% b) bei 8% Verzinsung
Angebot A: 160 000 € bar sofort, 200 000 € nach 5 Jahren
Angebot B: 100 000 € bar sofort, 180 000 € nach 3 Jahren
Angebot C: 80 000 € nach 1 Jahr, 100 000 € nach 2 Jahren und 180 000 € nach weiteren 2 Jahren.

Lösung Seite 724.

Lineare Funktionen, Gleichungen und Ungleichungen

Einführungsbeispiel:

Ein Radfahrer und ein Läufer starten zur selben Zeit am selben Ort. Die Geschwindigkeit ihrer Bewegungen ist in einer Graphik festgehalten. Mit welcher Geschwindigkeit bewegen sich beide? Wo befinden sich beide nach 1,5 Stunden? Wie weit sind sie zu diesem Zeitpunkt voneinander entfernt? Man erstelle für jede Bewegung eine Funktionsgleichung für die Funktion f: Zeit (in Minuten) $\mapsto$ Weg (in km)!

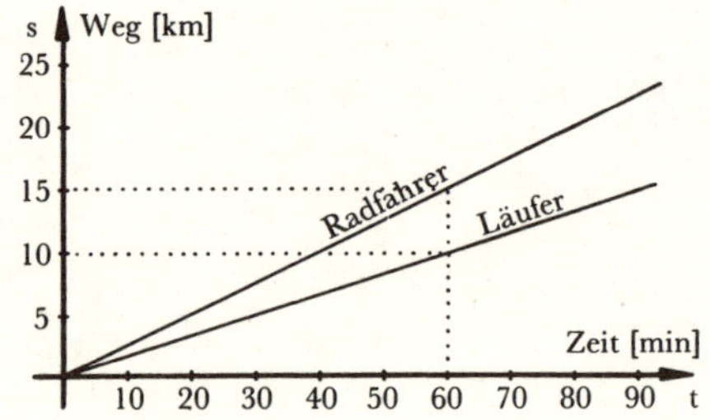

Nun, der Graphik entnimmt man, daß der Radfahrer nach 60 Minuten 15 km weit gefahren und der Läufer zu diesem Zeitpunkt 10 km gelaufen ist. Folglich bewegt sich der Radfahrer mit 15 km/h und der Läufer mit 10 km/h Geschwindigkeit (gleichförmig). Es ist zunächst einfacher, die Funktionsgleichungen zu erstellen, um danach auf die anderen Fragen eingehen zu können. Nach 2 Stunden hat der Radfahrer natürlich $2 \cdot 15\,\text{km} = 30\,\text{km}$ und nach t Stunden $t \cdot 15\,\text{km} = 15\,t$ Kilometer zurückgelegt. In der gesuchten Funktion soll die Zeit (t) die unabhängige Variable und der Weg (s) die abhängige Variable sein. Deshalb wird durch die Funktionsvorschrift r: $s = 15\,t;\ t \in \mathbb{Q}_0^+$ die Bewegung des Radfahrers zum Ausdruck gebracht; t kann als Zeit natürlich nur positiv sein. Analog erhält man für die Bewegung des Läufers l: $s = 10\,t;\ t \in \mathbb{Q}_0^+$. Damit ist klar, wie weit sich beide vom Startpunkt nach 1,5 Stunden entfernt haben:

Der zurückgelegte Weg

des Radfahrers beträgt $s_r = 15 \cdot 1{,}5 = 22{,}5\,\text{km}$

des Läufers beträgt $s_l = 10 \cdot 1{,}5 = 15{,}0\,\text{km}$

Nach 1,5 Stunden sind sie folglich 7,5 km voneinander entfernt.

Bei den Bewegungen in dem Einführungsbeispiel handelt es sich um sogenannte *gleichförmige Bewegungen*, bei denen die momentane Geschwindigkeit nicht verändert wird. Dies ist natürlich zur Vereinfachung der Aufgabe weitgehend theoretisiert.
Gleichförmige Bewegungsabläufe werden immer durch *Geraden* als *Bewegungskurven* dargestellt, weshalb die zugehörigen Funktionen auch als **lineare Funktionen** (man denke hierbei an ein Lineal) bezeichnet werden.

Die Funktion f: $y = mx + n$; $x \in \mathbb{R}$, nennt man lineare Funktion. Der Graph der linearen Funktion ist eine Gerade mit dem y-Achsenabschnitt n (absolutes Glied) und dem Steigungsfaktor (oder Proportionalitätsfaktor) m.

Anscheinend kann man an der Größe von m die sogenannte Steigung, also die Steilheit der Geraden mit der Gleichung $y = mx + n$ ablesen.

Sind P_1 $(x_1; y_1)$ und P_2 $(x_2; y_2)$ zwei beliebige Punkte einer Geraden, dann versteht man unter der Steigung der Geraden den Quotienten aus der Ordinaten- und der Abszissendifferenz dieser beiden Punkte; der Anstieg m einer Geraden stimmt mit dem Tangens des Steigungswinkels α überein, den die Gerade mit der positiven Richtung der x-Achse bildet.

$$m = \tan\alpha = \frac{\text{Differenz der Ordinaten}}{\text{Differenz der Abszissen}} = \frac{\Delta y}{\Delta x} = \frac{y_1 - y_2}{x_1 - x_2} = \frac{y_2 - y_1}{x_2 - x_1} \quad (*)$$

Das aus der Verbindung von P_1 und P_2 und aus den Parallelen zu den Achsen entstandene Dreieck nennt man Steigungsdreieck.

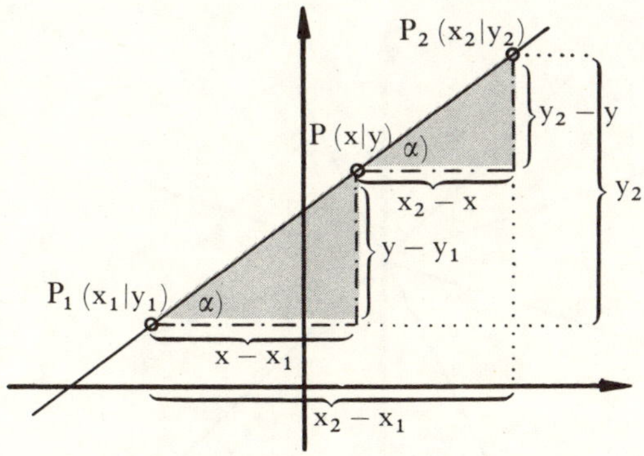

Abb. 95 P_1 und P_2 sind fest vorgegebene Punkte, während P auf der Geraden frei wählbar sein soll.

Ein Steigungsdreieck kann in mannigfacher Weise an jeder beliebigen Stelle der Geraden angesetzt werden. Dabei mögen sich zwar die absoluten Längen der Dreieckskatheten (Dreiecksseiten) verändern, nicht aber das Längenverhältnis der Katheten zueinander (Strahlensatz). Stellt man nun die Steigung m der Geraden auf zweierlei Arten dar (s. Abb. 95), so läßt sich daraus eine Gleichungsform für eine durch 2 Punkte festgelegte Gerade bestimmten.

(*) Δ wird gelesen als „Delta" und bedeutet soviel wie Differenz.

Nun braucht nur noch die Bedeutung der Größe n (absolutes Glied) in Erinnerung gebracht zu werden, um die Gerade mit der Funktionsgleichung $y = mx + n$ im Koordinatensystem zeichnen zu können: Die Funktion mit der Gleichung $y = mx + n$ schneidet die y-Achse im Punkt (0/n). n heißt auch y-Achsen-Abschnitt.

Beispiele:

1. $y = 3x$

2. $y = -2x - 4$

3. $y = 0{,}2x + 4$

4. $y = x - 3$

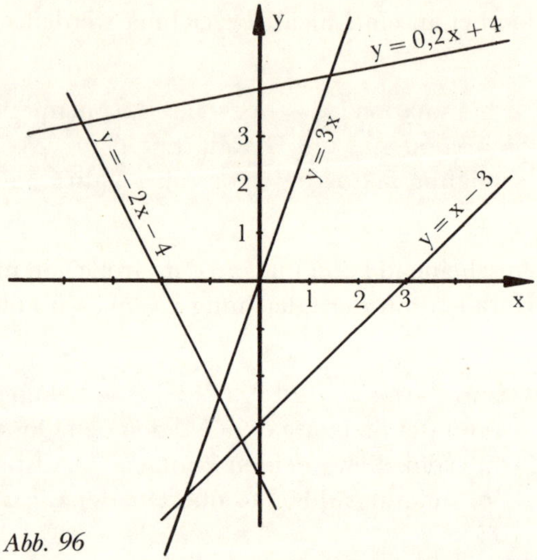

Abb. 96

Nach dem Gesagten müssen parallele Geraden dieselbe Steigung m besitzen; Geraden mit gleicher Steigung m sind also parallel, und Geraden mit übereinstimmendem absolutem Glied n schneiden sich in einem Punkt (0/n) auf der y-Achse.

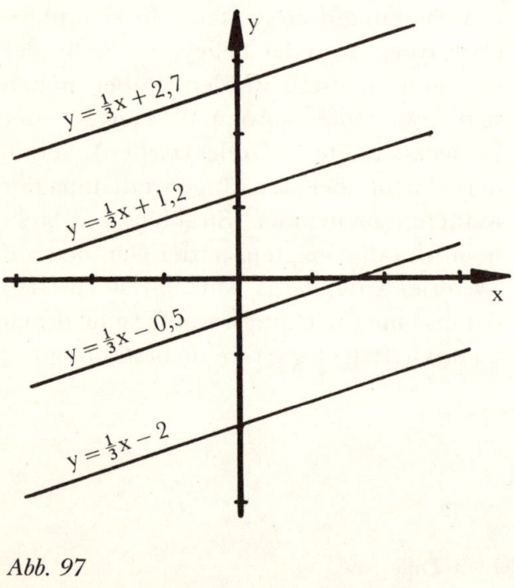

Abb. 97

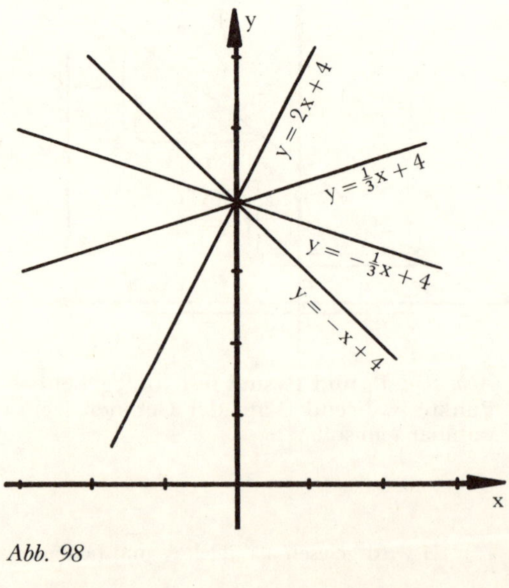

Abb. 98

Die Gerade $y = mx + n$ verläuft für $m = 0$ parallel zur x-Achse, für $m > 0$ ist sie streng monoton steigend, für $m < 0$ streng monoton fallend; Parallelen zur y-Achse besitzen eine unendlich große Steigung.

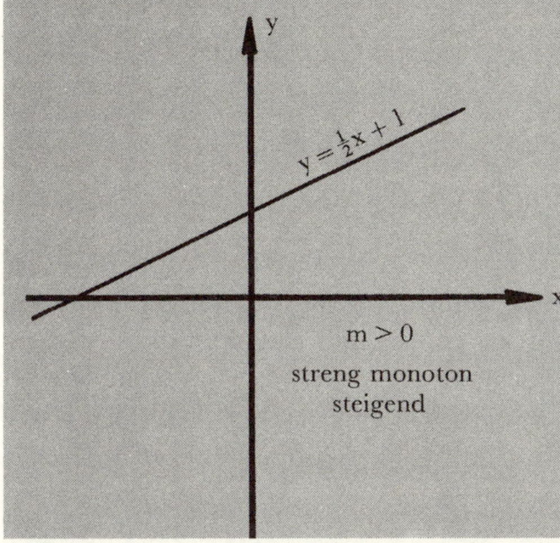

Abb. 99

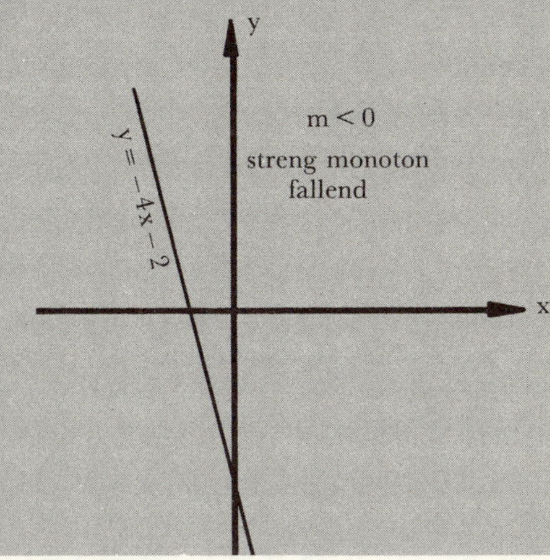

Abb. 100

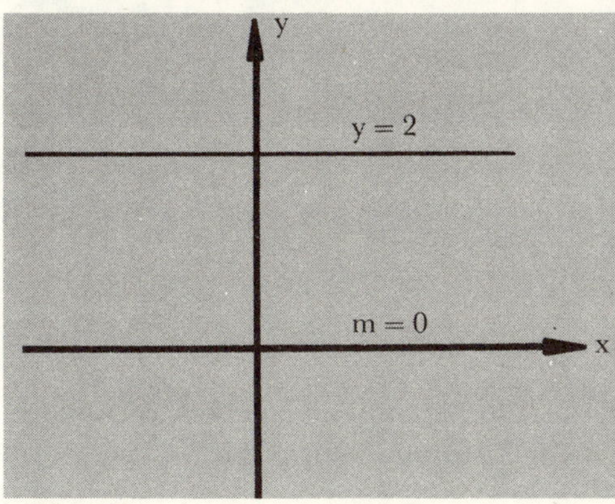

Abb. 101

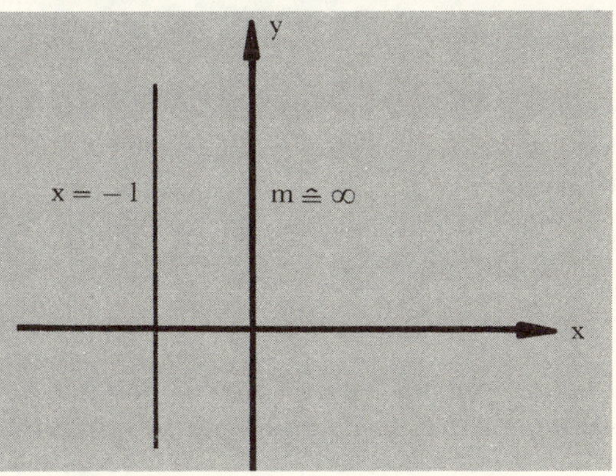

Abb. 102

Bislang haben wir Geradengleichungen nur in der **Normalform** $y = mx + n$ dargestellt, die, wie wir jetzt wissen, für die Erstellung des Funktionsgraphs besonders geeignet ist. Leider sind lineare Funktionen nicht immer in dieser angenehmen Form vorgegeben, doch ist die Normalform immer herleitbar.

Die sogenannte **allgemeine Form** einer linearen Funktion hat das Aussehen $Ax + By + C = 0$, wobei die Koeffizienten A, B und C reelle Zahlen bedeuten. Subtrahiert man Ax und C auf die andere Gleichungsseite und dividiert danach durch $B \neq 0$, so ergibt sich wieder die uns bekannte Form $y = -\frac{A}{B}x - \frac{C}{B}$. In dieser Darstellung ist natürlich $-\frac{A}{B} = m$ und $-\frac{C}{B} = n$.

Es bedarf keiner großen Phantasie, um herauszufinden, daß jede Gerade im Koordinatensystem entweder durch die Angabe von zwei Punkten $P_1(x_1/y_1)$ und $P_2(x_2/y_2)$ oder von einem Punkt P und der Geradensteigung m oder gar durch die Angabe der Schnittpunkte der Geraden mit den beiden Koordinatenachsen eindeutig festgelegt ist. Folglich müssen alle drei Möglichkeiten zur Gleichung der Geraden führen.

Zweipunkteform einer Geradengleichung:

$$\frac{y - y_1}{x - x_1} = \frac{y_2 - y_1}{x_2 - x_1} \Leftrightarrow y = \frac{y_2 - y_1}{x_2 - x_1}(x - x_1) + y_1$$

Beispiel:

Gegeben ist P (3/4) und Q (−4/1).

Die Gerade durch P und Q besitzt die Gleichung:

$$y = \frac{1-4}{-4-3}(x-3) + 4 \Leftrightarrow y = \frac{3}{7}x + \frac{19}{7}$$

Die Zweipunkteformel ist freilich nicht anwendbar, wenn $x_1 = x_2$ ist, wenn also die beiden Punkte auf einer Parallelen zur y-Achse liegen. In einem solchen Fall kann die Geradengleichung mit x = c (s. Abb. 102) sofort angegeben werden (es handelt sich dann nicht mehr um eine Funktion). In dem Ansatz für die Zweipunkteform läßt sich der rechte Quotient durch die Steigung m ersetzen, also $\frac{y_2 - y_1}{x_2 - x_1} = m$; heraus ergibt sich die

Punktsteigform einer Geradengleichung:

$$\frac{y - y_1}{x - x_1} = m \Leftrightarrow y = m(x - x_1) + y_1$$

Beispiel:

Die Gerade durch den Punkt P (−0,5/6) und der Steigung m = −2 besitzt die Funktionsgleichung:

$$y = -2\left(x + \tfrac{1}{2}\right) + 6 \Leftrightarrow y = -2x + 5$$

In der Zweipunkteform können selbstverständlich auch Punkte auf den Achsen verwendet werden. Mit P_1 (a/0) und P_2 (0/b) erhält man aus der Zweipunkteform die

Achsenabschnittsform einer Geradengleichung:

$$\frac{y}{x-a} = \frac{b}{-a} \Leftrightarrow \frac{x}{a} + \frac{y}{b} = 1$$

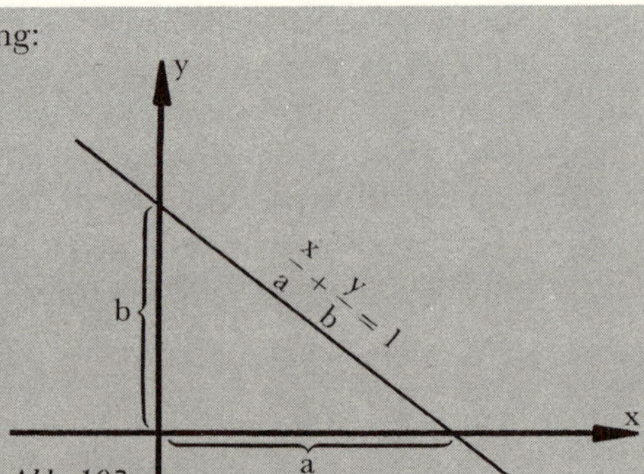

Abb. 103

Beispiel:

Gegeben sind die Punkte P(−2/0) und Q(0/3) auf den Achsen. Die Gerade durch P und Q besitzt die Gleichung:

$$\frac{x}{-2} + \frac{y}{3} = 1$$
$$\Leftrightarrow \quad y = \tfrac{3}{2}x + 3$$

Auf Seite 129 ist kurz skizziert, wie man zu einer gegebenen Funktion f (x) die zugehörigen Nullstellen und den y-Achsenabschnitt rechnerisch findet. Die *lineare Funktion* kann natürlich nur jeweils einen Schnittpunkt mit den beiden Koordinatenachsen besitzen.

Die Nullstelle erhält man aus dem Ansatz $y = 0$, also $0 = mx + n$; damit hat man eine **lineare Gleichung mit einer Unbekannten** erzeugt. Löst man diese Aussageform nach der Unbekannten x auf, so ergibt sich $mx = -n$ und weiter $x = -\frac{n}{m}$.

Die allgemeine lineare Gleichung $mx + n = 0$ besitzt die Lösung

$x = -\frac{n}{m}$, falls $m \neq 0$ ist.

Einführungsbeispiel:

In einem Stall befinden sich Hühner und Schweine, zusammen sind es 32 Tiere, aber 106 Beine. Wieviel Tiere sind es von jeder Art? Die Hauptschwierigkeit dieser Aufgabe besteht darin, diesen Text algebraisch zu formulieren, also in einer Gleichung auszudrücken. Wir werden gleich sehen, daß es sich dabei um eine lineare Gleichung handelt.

Abb. 104

Bezeichnen wir die Anzahl der Hühner mit x, dann gibt es 32 − x Schweine im Stall, da es zusammen ja 32 Tiere sind. Bekanntlich haben Hühner je 2 Beine und Schweine aber 4 Beine. Die Gesamtzahl der Beine im Stall läßt sich jetzt so ausdrücken:

$$\underbrace{2x}_{\text{Hühner-beine}} + \underbrace{4(32 - x)}_{\text{Schweine-beine}} = 106 \Leftrightarrow 2x + 128 - 4x = 106 \Leftrightarrow -2x = -22 \quad \Leftrightarrow \quad x = 11$$

Bei Umformungen wurden nur Äquivalenzumformungen benutzt. Im Stall befinden sich also 11 Hühner und somit 32 – 11 = 21 Schweine.

Lineare Gleichungen sind meist daran erkennbar, daß die Unbekannte x nur in 1. Potenz auftritt. Allerdings gibt es auch Gleichungen, die zwar wie lineare Gleichungen aussehen, aber dennoch keine darstellen und damit auch nicht so schnell lösbar sind.

Beispiel:

Die Gleichung $\frac{4}{x} = 6x$ ist keine lineare Gleichung, obwohl x nur in 1. Potenz auftritt. Es handelt sich hier vielmehr um eine Bruchgleichung (s. S. 204), die nach einer Multiplikation mit $x \neq 0$ auf die quadratische Gleichung $4 = 6x^2$ bzw. $x^2 = \frac{2}{3}$ führt.

Nachstehend sind noch 2 weitere Textaufgaben behandelt, die auf lineare Gleichungen führen:

Beispiele:

1. Klein Philipp wird in 10 Jahren 5 Jahre weniger als 4 mal so alt sein wie heute. Wie alt ist er jetzt?
Wir bezeichnen das jetzige Alter von Philipp mit x, dann ist er in 10 Jahren x + 10 Jahre alt; sein vierfaches heutiges Alter beträgt 4x. Wir erhalten somit die Aussageform:

$$x + 10 + 5 = 4x \iff x + 15 = 4x \iff 15 = 3x \iff x = 5$$

Philipp ist somit jetzt 5 Jahre alt.

2. Wieviel Liter Wasser muß man 30 Liter 80%igem Alkohol beimischen, um 50%igen Alkohol zu bekommen?
Der reine Alkoholgehalt in den 30 Litern beträgt $30 \cdot 0{,}8$ (dm^3). Nun werden x Liter (alkoholfreies) Wasser aufgefüllt, und da das entstehende Gemisch zu 50% Alkohol enthalten soll, gilt die Aussageform:

$$30 \cdot 0{,}8 = (30 + x) \cdot 0{,}5 \iff 24 = 15 + 0{,}5x \iff 9 = 0{,}5x \iff x = 18.$$

Es müssen folglich 18 Liter Wasser aufgefüllt werden.

Wie gesehen, ist die Suche nach der *Erfüllungsmenge* der linearen Gleichung $mx + n = 0$ mathematisch gleichwertig zu der Bestimmung der Nullstelle der linearen Funktion $y = mx + n$. Was bedeuten nun in diesem Zusammenhang die Aussageformen $mx + n > 0$ bzw. $mx + n < 0$? Nun, wenn mit $mx + n = 0$ alle Punkte auf der Geraden $y = mx + n$ gesucht sind, die die Ordinate 0 besitzen (Nullstelle), dann müssen mit $mx + n > 0$ (bzw. $mx + n < 0$) alle Geradenpunkte gemeint sein, deren Ordinaten größer (bzw. kleiner) als Null und damit positiv (bzw. negativ) sind. Dies sind freilich alle Punkte auf der Geraden, die oberhalb (bzw. unterhalb) der x-Achse liegen. Durch Äquivalenzumformungen (s. S. 110 f.) findet man:

Die lineare Ungleichung $mx + n > 0$ (bzw. $mx + n < 0$) besitzt als Lösungen

$x > -\frac{n}{m}$ $\left(\text{bzw. } x < -\frac{n}{m}\right)$

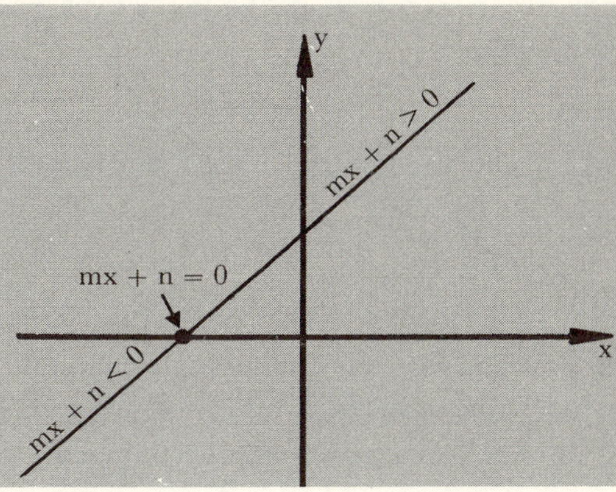

Abb. 105

Man beachte dabei, daß sich bei der Multiplikation mit oder bei der Division durch eine negative Zahl das Relationszeichen umkehrt.

Beispiele:

1. $6x + 12 < 9x + 15 \Leftrightarrow -3x < 3 \Leftrightarrow x > -1$, also $\mathbb{L} = \{x \mid x > -1 \wedge x \in G = \mathbb{R}\}$

2. Das 5fache einer Zahl ist mehr als um 70 größer als das 7fache dieser Zahl. Welche ganzen Zahlen können es sein?

$5x - 70 > 7x \Leftrightarrow -2x > 70 \Leftrightarrow x < -35$, also $\mathbb{L} = \{-36, -37, -38 \ldots\}$.

Übungen:

1. Welche der Punkte P (2/3); Q (3/−2); R (0/1) liegen auf der Geraden mit der Gleichung $2y + 3x = 5$?

2. Wie heißt die Gleichung der Geraden, die die Steigung $m = 2$ besitzt und durch den Punkt

a) P (3/4)

b) Q (−2/0,5) verläuft?

3. Eine Gerade besitzt den y-Achsenabschnitt $n = -3$ und verläuft durch den Punkt P (−4/−1). Wie heißt die zugehörige Funktionsgleichung?

4. Zeichnen Sie folgende Relationsgraphen:

a) $y = -0{,}8x - 0{,}5$ b) $y = -0{,}8$ c) $y = -0{,}8x$ d) $x = -0{,}8$

Handelt es sich in allen Fällen um eine Funktion?

5. Funktionen können auch stückweise definiert werden. Damit ist gemeint, daß sich aneinanderreihende Intervalle des Definitionsbereiches unterschiedliche Funktionsterme zugewiesen bekommen.

Zeichnen Sie nun den Funktionsgraphen der **stückweise definierten linearen Funktion:**

$$f(x) = \begin{cases} 2x & \text{für } x \in]-\infty; -2[\\ 3 & \text{für } x \in [-2; 5] \\ -x+8 & \text{für } x \in [5; \infty[\end{cases} \quad ; \quad x \in \mathbb{R}$$

6. Berechnen Sie die Gleichung der Geraden, die durch die Punkte

a) P (3/4) und Q (−2/−3) b) P (4/6) und Q (4/−3) c) P (1/5) und Q (10/5)

verläuft.

7. Welche Gerade schneidet die x-Achse bei (5/0) und die y-Achse bei (0/−6)?

8. Erstellen Sie eine Funktionsgleichung für folgende lineare Abhängigkeit:

a) Ein Kapital bringt in 4 Jahren 92 € Zinsen.

b) Ein Fliesenleger legt in 1,5 Stunden 4 m^2 Wandfliesen.

9. Lösen Sie folgende Gleichungen in der Grundmenge $\mathbb{Q}$:

a) $-2x + 3 = 4x - 1$ b) $\frac{2-x}{4} - \frac{x+1}{3} = 5$ c) $\frac{2(x-4)}{3} - \frac{\frac{1}{2}x}{6} = 4\frac{1}{2}$

d) $\frac{1}{5} + \sqrt{2} \cdot x = \frac{1}{2}x - \frac{3}{2}$

10. Bestimmen Sie die Lösungsmenge für $G = \mathbb{R}$:

a) $\mathbb{L} = \{x \mid 8x - [5x + (4 - 2x)] = 2x - 7$

b) $\mathbb{L} = \{x \mid (x+3)(2x+4) - (x+5)(x+7) = (\frac{1}{2}x + 5)(2x - 1) + 10$

11. Zwei Bonbonsorten sollen gemischt werden. Sorte A kostet 4,30 € je kg, Sorte B 2,90 € je Pfund.

a) In welchem Verhältnis muß gemischt werden, wenn 100 g von dieser Spezialmischung 0,55 € kosten sollen?

b) Wieviel kg von der Sorte A müssen mit 3 kg von der Sorte B gemischt werden, damit die Spezialmischung (0,55 €/100 g) entsteht?

12. Verkürzt man die Kantenlänge eines Quadrates um 3 cm und verlängert man die andere Seite um 7 cm, so erhält man ein Rechteck, dessen Flächeninhalt um 23 cm^2 größer ist als der des ursprünglichen Quadrates.

13. Bestimmen Sie die Lösungsmengen folgender Ungleichungen, $G = \mathbb{R}$:

a) $3{,}5 - 4{,}5x \leqq -25 + 2x$ b) $100z - 30 + 34z < 38 + 250z$

14. Bestimmen Sie die Lösungsmenge rechnerisch und zeichnerisch:

$\mathbb{L} = \{x \mid 4x + 10 > 0 \wedge 8x + 4 < -4x + 52 \wedge x \in \mathbb{R}\}$

15. In einem Dreieck ist eine Seite 15 cm, und eine andere ist halb so lang. Wie lang kann die 3. Seite höchstens sein?

Lösungen Seite 725.

Lineare Gleichungs- und Ungleichungssysteme

Wir haben gesehen, daß jede lineare Gleichung mit einer Variablen $mx + n = 0$ für $m \neq 0$ nur die eine Lösung $x = -\frac{n}{m}$ besitzt. Die lineare Funktion $y = mx + n$ kann auch **lineare Gleichung mit zwei Variablen** (x und y) genannt werden. Nun müßte auch bekannt sein, daß jede lineare Funktion und damit jede lineare Gleichung mit 2 Variablen *unendlich viele Lösungen* besitzt. Geometrisch bedeutet diese Aussage, daß auf jeder Geraden *unendlich viele Punkte* liegen. Die Lösung wird jedoch eindeutig, sobald ich von dem gesuchten Punkt weitere Eigenschaften fordere. Dies ist gleichbedeutend mit der Schnittpunktsuche zweier Geraden in einem Koordinatensystem.
Ein solcher Schnittpunkt läßt sich nur dann eindeutig finden, wenn die sich schneidenden Geraden nicht parallel zueinander verlaufen und wenn sie nicht zufällig „aufeinanderfallen". Im letzten Fall gibt es sogar unendlich viele Schnittpunkte.
Betrachtet man 2 Gleichungen mit zwei Variablen oder zwei lineare Funktionen und sucht Zahlenpaare, die beide Gleichungen erfüllen, so nennt man diese Gleichungen ein **lineares Gleichungssystem mit zwei Variablen**. Um die Zusammengehörigkeit zweier Gleichungen auszudrücken, setzt man beide Gleichungen in senkrechte Striche.

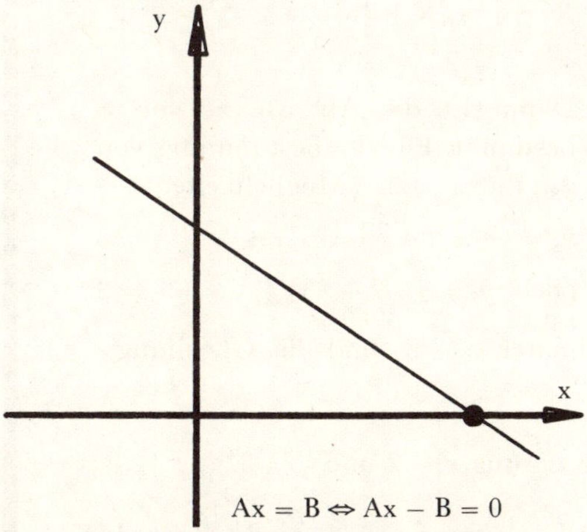

Abb. 106 Der Lösung einer Gleichung Ax = B mit einer Unbekannten entspricht die Nullstelle der zugehörigen linearen Funktion

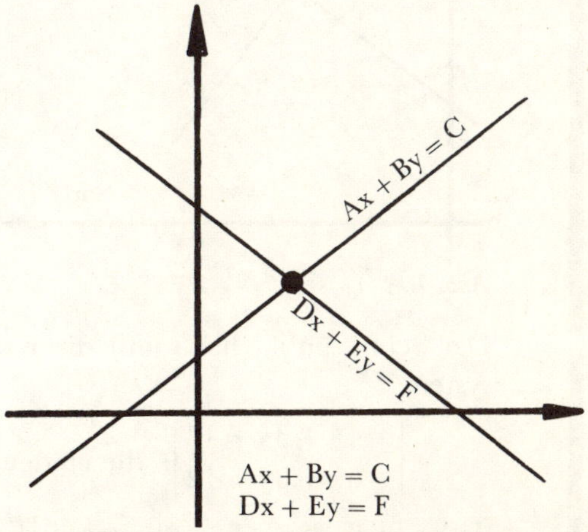

Abb. 107 Der Lösung zweier Gleichungen mit zwei Unbekannten entspricht der Schnittpunkt der zugehörigen linearen Funktionen

Einführungsbeispiel:

In einer Buchhandlung werden 2 Sorten Taschenbücher im Sonderangebot verkauft. Luisa kauft 4 Bücher von der 1. und 3 Bücher von der 2. Sorte, Philipp bringt 6 Bücher von der 1. Sorte als Umtausch zurück und kauft 8 Bücher von der 2. Sorte. Das Mädchen muß 17 € und der Junge 12 € an der Kasse bezahlen. Was kostet je ein Buch von jeder Sorte?
Wir übertragen den Text zunächst in ein algebraisches Modell, wobei mit x der Preis der 1. Sorte und mit y der Preis der 2. Sorte bezeichnet wird. Dann erhalten wir die beiden Aussageformen

$$\text{I. } 4x + 3y = 17 \quad \wedge \quad \text{II. } -6x + 8y = 12$$

Die beiden Gleichungen $4x + 3y = 17$ und $-6x + 4y = 12$ bilden ein lineares Gleichungssystem. Durch Äquivalenzumformungen erkennt man, daß es sich um 2 Geradengleichungen (lineare Funktionen) handelt:

$$\left| \begin{array}{r} 4x + 3y = 17 \\ -6x + 8y = 12 \end{array} \right| \Leftrightarrow \left| \begin{array}{l} 3y = -4x + 17 \\ 8y = 6x + 12 \end{array} \right| \Leftrightarrow \left| \begin{array}{l} y = -\frac{4}{3}x + \frac{17}{3} \\ y = \frac{3}{4}x + \frac{3}{2} \end{array} \right|$$

Die Lösung des Gleichungssystems ist damit das geordnete Zahlenpaar $(x_S; y_S)$, das sowohl die 1. als auch die 2. Gleichung erfüllt.

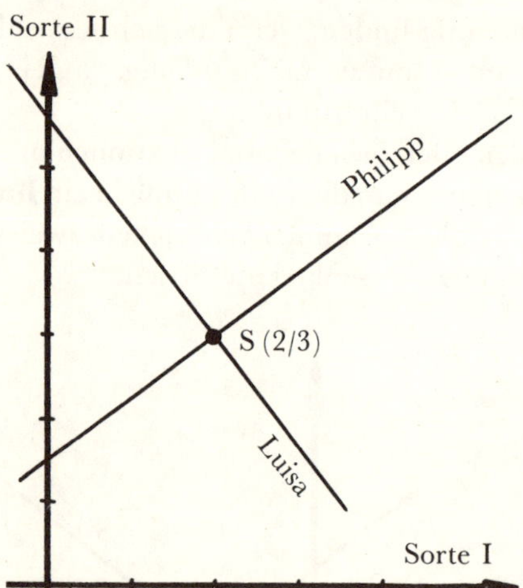

Abb. 108

Diese Eigenschaften haben nur die Koordinaten des Schnittpunktes S der beiden zugehörigen Geraden. Die Abszisse von S kann durch Gleichsetzen der Funktionsterme gefunden werden:
$-\frac{4}{3}x + \frac{17}{3} = \frac{3}{4}x + \frac{3}{2}$, woraus durch Umformung weiter folgt:

$$\frac{17}{3} - \frac{3}{2} = \frac{3}{4}x + \frac{4}{3}x \quad \Leftrightarrow \quad \frac{25}{6} = \frac{25}{12}x$$

$$\Leftrightarrow \quad x = 2$$

Damit ist die Abszisse x_S von S bestimmt. Für die Bestimmung von y_S gibt es jetzt 2 Möglichkeiten:

$$y_S = -\frac{4}{3} \cdot 2 + \frac{17}{3} = -\frac{8}{3} + \frac{17}{3} = \frac{9}{3} = 3$$

oder $y_S = \frac{3}{4} \cdot 2 + \frac{3}{2} = \frac{3}{2} + \frac{3}{2} = \frac{6}{2} = 3$

Der Schnittpunkt hat somit die Koordinaten S (2/3) und das Gleichungssystem

$$\left| \begin{array}{r} 4x + 3y = 17 \\ -6x + 8y = 12 \end{array} \right| \quad \text{die eindeutige Lösung } x = 2 \text{ und } y = 3.$$

Jedes Buch der 1. Sorte kostet folglich 2 €, während man für jedes Buch der 2. Sorte 3 € bezahlen muß.

Das lineare Gleichungssystem

$$\left|\begin{matrix} Ax + By = C \\ Dx + Ey = F \end{matrix}\right| \Leftrightarrow \left|\begin{matrix} By = -Ax + C \\ Ey = -Dx + F \end{matrix}\right| \Leftrightarrow \left|\begin{matrix} y = -\frac{A}{B}x + \frac{C}{B} \\ y = -\frac{D}{E}x + \frac{F}{E} \end{matrix}\right|$$

besitzt genau dann eine eindeutige Lösung, wenn $-\frac{A}{B} \neq -\frac{D}{E}$ bzw. $AE \neq BD$ ist. Ist $AE = BD$ und $CE \neq BF$, so existiert keine Lösung. Ist jedoch $AE = BD$ und $CE = BF$, so gibt es unendlich viele Lösungen.

Beispiele:

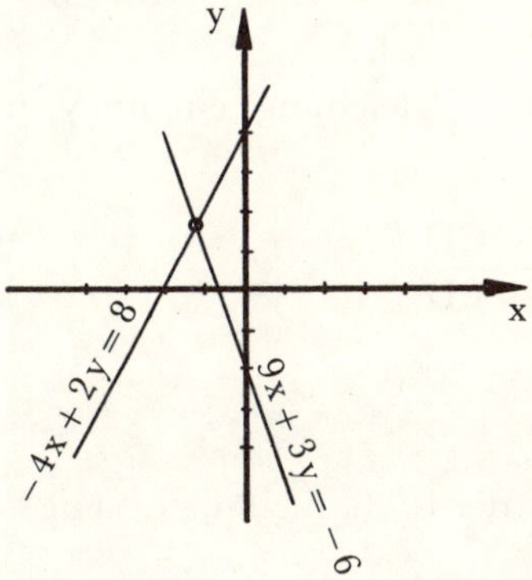

Abb. 109

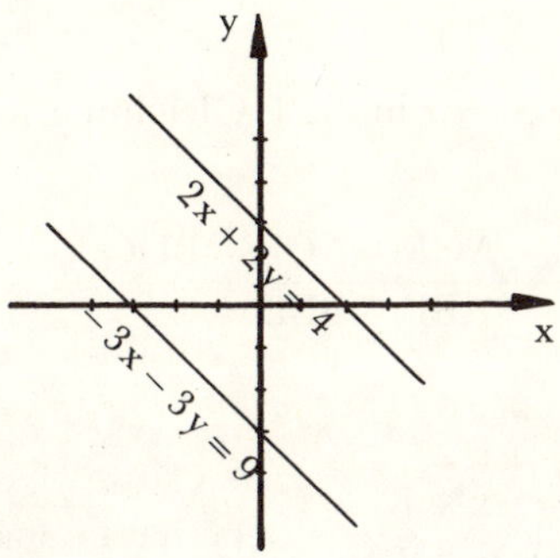

Abb. 110

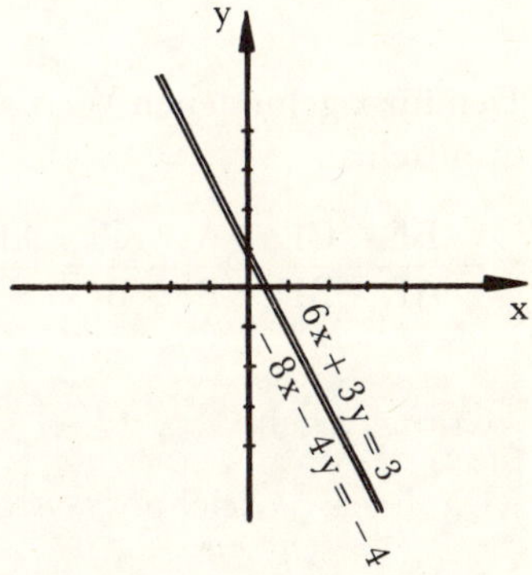

Abb. 111

1. $\left|\begin{matrix} -4x + 2y = 8 \\ 9x + 3y = -6 \end{matrix}\right| \Leftrightarrow \left|\begin{matrix} y = 2x + 4 \\ y = -3x - 2 \end{matrix}\right|$

Hier ist $AE \neq BD$, da $(-4) \cdot 3 \neq 2 \cdot 9$. Deshalb gibt es eine eindeutige Lösung.

2. $\left|\begin{matrix} 2x + 2y = 4 \\ -3x - 3y = 9 \end{matrix}\right| \Leftrightarrow \left|\begin{matrix} y = -x + 2 \\ y = -x - 3 \end{matrix}\right|$

Hier ist wegen $2 \cdot (-3) = 2 \cdot (-3)$ $AE = BD$ und wegen $4 \cdot (-3) \neq 2 \cdot 9$ auch $CE \neq BF$. Es gibt somit keine Lösung.

3. $\left|\begin{matrix} 6x + 3y = 3 \\ -8x - 4y = -4 \end{matrix}\right| \Leftrightarrow \left|\begin{matrix} y = -2x + 1 \\ y = -2x + 1 \end{matrix}\right|$

Hier ist wegen $6 \cdot (-4) = 3 \cdot (-8)$ $AE = BD$ und wegen $3 \cdot (-4) = 3 \cdot (-4)$ auch $CE = BF$. Es existieren damit unendlich viele Lösungen.

Jetzt wollen wir das lineare Gleichungssystem $\left|\begin{array}{l} Ax + By = C \\ Dx + Ey = F \end{array}\right|$ auch allgemein lösen. Dazu isolieren wir zunächst y in beiden Gleichungen und setzen danach wie gewohnt gleich:

$$\left|\begin{array}{l} Ax + By = C \\ Dx + Ey = F \end{array}\right| \Leftrightarrow \left|\begin{array}{l} By = -Ax + C \\ Ey = -Dx + F \end{array}\right| \Leftrightarrow \left|\begin{array}{l} y = -\frac{A}{B}x + \frac{C}{B} \\ y = -\frac{D}{E}x + \frac{F}{E} \end{array}\right| \Leftrightarrow -\frac{A}{B}x + \frac{C}{B} = -\frac{D}{E}x + \frac{F}{E}$$

Die entstandene Gleichung enthält nur noch die Unbekannte x, nach der aufgelöst wird:

$$\Leftrightarrow -\frac{A}{B}x + \frac{D}{E}x = \frac{F}{E} - \frac{C}{B}$$

$$\Leftrightarrow x\left(\frac{D}{E} - \frac{A}{B}\right) = \frac{F}{E} - \frac{C}{B}$$

$$\Leftrightarrow x = \frac{\frac{BF - CE}{EB}}{\frac{BD - AE}{EB}} = \frac{CE - BF}{AE - BD}$$

Den für x gefundenen Wert setzen wir in die 1. Gleichung (oder 2. Gleichung) ein, um y zu ermitteln:

$$y = \frac{BF - CE}{AE - BD} \cdot \frac{A}{B} + \frac{C}{B} = \frac{ABE - ACF + ACE - BDC}{ABE - BBD} = \frac{AF - CD}{AE - BD}$$

Cramerregel:

Das lineare Gleichungssystem $\left|\begin{array}{l} Ax + By = C \\ Dx + Ey = F \end{array}\right|$ besitzt im Falle der Lösbarkeit die Lösung

$$\mathbb{L} = \left\{\left(\frac{CE - BF}{AE - BD} \middle| \frac{AF - CD}{AE - BD}\right)\right\}.$$

Die *Cramerregel* ist allerdings nicht das einzige Verfahren, Gleichungssysteme zu lösen. Hier sollen noch drei weitere Verfahren an jeweils demselben Beispiel vorgeführt werden.

Beispiele:

1. Das **Gleichsetzverfahren** findet vor allem dann Verwendung, wenn alle Gleichungen nach ein und derselben Unbekannten aufgelöst vorgegeben sind:

$$\left|\begin{array}{r} -4x + 2y = 8 \\ 9x + 3y = -6 \end{array}\right| \Leftrightarrow \left|\begin{array}{l} 2y = 4x + 8 \\ 3y = -9x - 6 \end{array}\right| \Leftrightarrow \left|\begin{array}{l} y = 2x + 4 \\ y = -3x - 2 \end{array}\right|.$$

Die Funktionswerte werden gleichgesetzt und die entstehende Gleichung nach x aufgelöst.

$$\begin{array}{ll} & 2x + 4 = -3x - 2 \\ \Leftrightarrow & 5x = -6 \\ \Leftrightarrow & x = -\tfrac{6}{5} \Rightarrow y = \tfrac{8}{5} \quad \Rightarrow \quad \mathbb{L} = \{(-\tfrac{6}{5} \mid \tfrac{8}{5})\} \end{array}$$

2. Das **Einsetzverfahren** benutzt man, wenn eine Gleichung nach einer Unbekannten aufgelöst auftritt:

$$\left|\begin{aligned} -4x + 2y &= 8 \\ 9x + 3y &= -6 \end{aligned}\right| \Leftrightarrow \left|\begin{aligned} 2y &= 4x + 8 \\ 9x + 3y &= -6 \end{aligned}\right| \Leftrightarrow \left|\begin{aligned} y &= 2x + 4 \\ 9x + 3y &= -6 \end{aligned}\right|.$$

Der Funktionsterm der 1. Gleichung wird (für y) in die 2. Gleichung eingesetzt und die entstehende Gleichung nach x aufgelöst.

$$\begin{aligned} & 9x + 3(2x+4) = -6 \\ \Leftrightarrow\ & 9x + 6x + 12 = -6 \\ \Leftrightarrow\ & 15x = -18 \\ \Leftrightarrow\ & x = -\tfrac{6}{5} \Rightarrow y = \tfrac{8}{5} \quad \Rightarrow \quad \mathbb{L} = \{(-\tfrac{6}{5} \mid \tfrac{8}{5})\} \end{aligned}$$

3. Das **Additionsverfahren** bietet sich an, wenn die Koeffizienten vor derselben Unbekannten bei verschiedenen Gleichungen übereinstimmen:

$$\left|\begin{aligned} -4x + 2y &= 8 \\ 9x + 3y &= -6 \end{aligned}\right|$$

Durch „Erweitern" können übereinstimmende Koeffizienten erzeugt werden.

$$\Leftrightarrow \left|\begin{aligned} -4x + 2y &= 8 \\ 9x + 3y &= -6 \end{aligned}\right| \begin{aligned} &\cdot 3 \\ &\cdot 2 \end{aligned}$$

Wir subtrahieren die 2. Gleichung von der ersten (oder umgekehrt).

$$\Leftrightarrow \left|\begin{aligned} -12x + 6y &= 24 \\ 18x + 6y &= -12 \end{aligned}\right| \begin{aligned} &+ \\ &- \end{aligned}$$

$$\begin{aligned} \Leftrightarrow\ & -30x = 36 \\ \Leftrightarrow\ & x = -\tfrac{36}{30} = -\tfrac{6}{5} \Rightarrow y = \tfrac{8}{5} \quad \Rightarrow \quad \mathbb{L} = \{(-\tfrac{6}{5} \mid \tfrac{8}{5})\} \end{aligned}$$

Jedes der zuletzt genannten Verfahren hat das Ziel, das Lösen eines Gleichungssystems mit drei oder zwei Variablen durch Eliminierung einer Unbekannten auf das Lösen von Gleichungen mit weniger Variablen zurückzuführen. Dies wird schrittweise durchgeführt, bis nur noch eine Gleichung mit nur einer Unbekannten zurückbleibt, deren Lösung sich dann meist bestimmen läßt.

Übungen:

1. Lösen Sie folgende Gleichungssysteme; $G = \mathbb{R} \times \mathbb{R}$:

a) $\left| \begin{matrix} 9x - y = 15 \\ 5x - y = 7 \end{matrix} \right|$ b) $\left| \begin{matrix} 4x - 2y = 2 \\ -10x + y = -1 \end{matrix} \right|$ c) $\left| \begin{matrix} 2y - x = 7 \\ 8x + 4y = 4 \end{matrix} \right|$ d) $\left| \begin{matrix} 2x + 3y = 8 \\ 5y = 0 \end{matrix} \right|$

2. Lösen Sie mit Hilfe der Cramerregel; $G = \mathbb{R} \times \mathbb{R}$:

a) $\left| \begin{matrix} 15x + 2y = 126 \\ 3x - 4y = 12 \end{matrix} \right|$ b) $\left| \begin{matrix} -x + 2y + z = 5 \\ -x + y + z = 4 \\ 5x - y + z = 2 \end{matrix} \right|$

3. $G = \mathbb{R} \times \mathbb{R}$:

a) $\left| \begin{matrix} \frac{x}{2} + \frac{y}{2} = 4 \\ 3(x + y) = 10 \end{matrix} \right|$ b) $\left| \begin{matrix} 5x + 10y = 13 \\ 0 = -10x - 20y + 26 \end{matrix} \right|$

4. $G = \mathbb{R} \times \mathbb{R}$:

a) $\left| \begin{matrix} \frac{5}{6}x + \frac{7}{4}y = 12 \\ \frac{2}{3}x + \frac{5}{4}y = 9 \end{matrix} \right|$ b) $\left| \begin{matrix} \frac{x}{8} + \frac{y}{3} = 9 \\ -\frac{x}{10} + \frac{y}{9} = -\frac{2}{5} \end{matrix} \right|$ c) $\left| \begin{matrix} 10(3x + 5) - 2(16 - 3y) = 0 \\ 5(4y - 10) - 6(1 - 7x) = 0 \end{matrix} \right|$

5. Löse in $G = \mathbb{R} \times \mathbb{R} \times \mathbb{R}$:

a) $\left| \begin{matrix} 5x - 6y + 4z = 27 \\ -10x + 3y + 2z = -69 \\ 15x + 9y + 10z = 210 \end{matrix} \right|$ b) $\left| \begin{matrix} 7x - 3y + 2z = 8 \\ 10x + 3y + z = 15 \\ -3x - 5y + 6z = 4 \end{matrix} \right|$

6. Die Summe zweier Zahlen beträgt 15, ihre Differenz -1.

7. Wie lang sind die Seiten eines Dreiecks, wenn die Summen von jeweils 2 Seiten 22 cm, 23 cm und 25 cm betragen?

8. Der Flächeninhalt eines Dreiecks vergrößert sich dadurch um 65 cm², daß man die Höhe um 2 cm und die Grundseite um 5 cm verlängert; der Flächeninhalt des Dreiecks verkleinert sich um 7 cm², wenn man die Grundseite um 3 cm verlängert und die Höhe aber um 2 cm verkürzt.
Wie lang sind Grundseite und Höhe des Ausgangsdreiecks?

9. Zeichnen Sie die Lösungsmenge folgender **Ungleichungssysteme** in der Grundmenge $G = \mathbb{R} \times \mathbb{R}$:

a) $\mathbb{L} = \{(x|y) \mid x \geqq 4y + 2 \wedge 2x + 3 \leqq 0 \wedge y \geqq -3\}$

b) $\mathbb{L} = \{(x|y) \mid y \geqq x + 2 \vee y \leqq -x - 2 \vee x \geqq 0\}$

c) $\mathbb{L} = \{(x|y) \mid y \geqq x + 2 \wedge y \leqq -x - 2\}$

d) $\mathbb{L} = \{(x|y) \mid x > 0 \wedge x < 4 \wedge y < 3 \wedge y > 0\}$

Lösungen Seite 728.

Quadratische Funktionen, Gleichungen und Ungleichungen

Wir haben gesehen, daß sich kompliziert erscheinende Problemstellungen oftmals durch eine mathematische Formulierung einfach darstellen lassen. Viele Zusammenhänge lassen sich zum Beispiel durch lineare Funktionen (s. S. 150) mathematisch beschreiben. Es ist aber auch einleuchtend, daß dieser Funktionstyp nicht immer geeignet sein kann, Abhängigkeiten zwischen zwei Größen zu beschreiben.

Einführungsbeispiel:

Man zerlege die Zahl 12 so in 2 Summanden, daß ihr Produkt möglichst groß wird.
Wir könnten jetzt empirisch ans Werk gehen und solange nach Möglichkeiten suchen, bis die scheinbare Lösung durch Probieren gefunden ist. In der Tat gibt es nur wenige ganzzahlige Paare, die wir hierbei untersuchen müssen: (1/11), (2/10), (3/9), (4/8), (5/7) oder (6/6). Die zugehörigen Produkte lauten der Reihe nach 11, 20, 27, 32, 35 bzw. 36.
Diese Vorgehensweise ist vor allem deshalb ungeeignet, weil sie natürlich nicht immer angewendet werden kann. Wäre hier nicht die Zahl 12, sondern beispielsweise die Zahl 1234 in der geforderten Weise zu zerlegen, so hätte man schnell die Lust an der Probiererei verloren. Darüber hinaus wäre es auch jetzt schon sehr voreilig, wollte man bereits von der Lösung $a = 6$ und $b = 6$ sprechen, nur weil das zugehörige Produkt das größte ist. Es könnte nämlich vielmehr sein, daß gebrochene Summanden ein größeres Produkt ergeben. Dies wäre zwar aufgrund der stetig ansteigenden Produkte bis zur Zahl 36 sehr unwahrscheinlich, aber eben nicht gänzlich ausgeschlossen.
Uns bleibt also nur, das Problem mathematisch anzufassen. Wir nennen die beiden gesuchten Zahlen a und b:

I. Summe: $a + b = 12$

Da das zugehörige Produkt möglichst groß, also maximal, sein soll, schreiben wir außerdem:

II. Produkt: $a \cdot b = \text{Max}$

Dies ist ein Gleichungssystem, allerdings kein lineares (die 2. Funktion $a \mapsto b$ stellt keine Gerade dar), wohl aber ein allgemeines Gleichungssystem mit 2 Unbekannten. Wir wollen jetzt die Gleichung I. nach einer Unbekannten, zum Beispiel nach b, auflösen und den für b gefundenen Wert in die Gleichung II. einsetzen:

	I. $a + b = 12 \Rightarrow$	$b = 12 - a$
eingesetzt in Gleichung II. :	II. $a \cdot b = \text{Max} \Rightarrow$	$a(12 - a) = \text{Max}$
oder umgeformt :	$-a^2 + 12a = \text{Max}$	

Bei der entstandenen Gleichung handelt es sich nicht mehr um eine lineare, also um eine Gleichung 1. Grades, sondern um eine **quadratische Gleichung** oder *Gleichung 2. Grades in der Unbekannten a* (s. S. 113).
Demnach wäre $y = -x^2 + 12x$ die zugehörige **quadratische Funktion**, die jeder Zahl x bzw. a das Produkt $x(12 - x)$ bzw. $a \cdot b$ zuordnet.

Wenn der Funktionsterm dieser quadratischen Funktion maximal sein soll, so bedeutet dies zeichnerisch veranschaulicht, daß der höchste Kurvenpunkt des Graphen mit der Funktionsgleichung $y = -x^2 + 12x$ die Lösung unseres Problems darstellt. Wir zeichnen also zunächst einmal den Graphen der Funktion $y = -x^2 + 12$ mit Hilfe einer Wertetabelle in einem geeigneten Bereich:

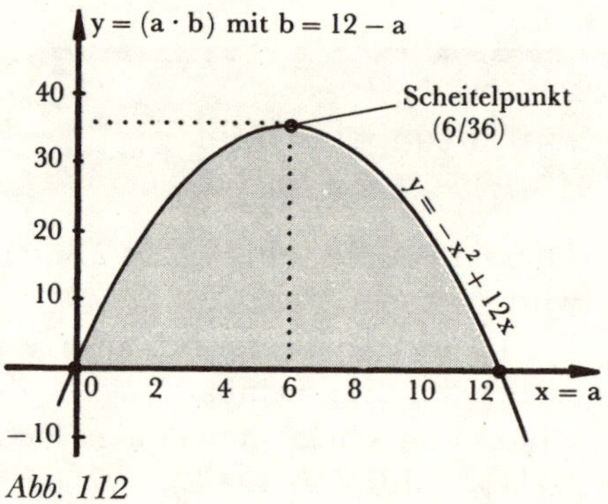

Abb. 112

x	– 1	0	1	2	3	4	5	6	7	8	9	10	11	12	13
y	– 13	0	11	20	27	32	35	36	35	32	27	20	11	0	– 13

Der Funktionsgraph der quadratischen Funktion stellt also keine Gerade, sondern eine sogenannte **Parabel** dar. Den höchsten Punkt unserer Parabel nennen wir **Scheitelpunkt**.
Unsere Funktion besitzt die beiden Nullstellen $x_1 = 0$ und $x_2 = 12$, was man einfacher aus der Linearfaktorzerlegung (s. S. 177) des quadratischen Terms ablesen kann: $y = -x^2 + 12x = x(12 - x)$.
Nun ist unsere Lösung für jedermann ersichtlich:
Die Kurve der Funktion $y = -x^2 + 12x$ besitzt einen symmetrischen Verlauf, weshalb die höchste Stelle der Kurve (Scheitelpunkt) genau zwischen 0 und 12 auf der x-Achse liegen muß. Damit ist klar, daß $a = 6$ und folglich auch $b = 6$ sein muß.

Das vorstehende Einführungsbeispiel gibt eine Fülle von Informationen, die im folgenden systematisch wiederholt und ergänzt werden sollen.
Wir erkennen eine *lineare Funktion* $x \mapsto y$ daran, daß die unabhängige Größe x nur in höchstens 1. Potenz vorkommt; bei einer quadratischen Funktion sind darüber hinaus noch Glieder in der 2. Potenz von x vorhanden.

Eine allgemeine quadratische Funktion hat die Funktionsgleichung:

$y = ax^2 + bx + c; \quad x \in \mathbb{R}, \quad a \neq 0, \quad a, b, c \in \mathbb{R}$

ax^2 heißt **quadratisches Glied,** bx **lineares Glied** und c **absolutes Glied** der quadratischen Funktion. Wäre $a = 0$, so wäre die Funktion nicht mehr quadratisch, sondern nur noch linear; allerdings sind als Spezialfall der quadratischen Funktion $b = 0$ und/oder $c = 0$ zugelassen. In der quadratischen Funktion der Einführungsaufgabe ist zum Beispiel $a = -1$, $b = 12$ und $c = 0$.
Wir wollen zunächst die Schar der Kurven mit $b = 0$ und $c = 0$, dann diejenige mit $b = 0$ und $c \neq 0$ betrachten, bevor wir uns der Kurven der allgemeinen quadratischen Funktion zuwenden.

Die quadratische Funktion $y = ax^2$; $x \in \mathbb{R}$, $a \neq 0$, besitzt eine Parabel als Funktionsgraphen, deren Scheitelpunkt im Ursprung des Koordinatensystemes liegt.

Beispiele:

Wertetabelle

	x	−3	−2	−1	0	1	2	3
1.	$y = x^2$	9	4	1	0	1	4	9
2.	$y = 2x^2$	18	8	2	0	2	8	18
3.	$y = -x^2$	−9	−4	−1	0	−1	−4	−9
4.	$y = 0{,}5x^2$	$\frac{9}{2}$	2	$\frac{1}{2}$	0	$\frac{1}{2}$	2	$\frac{9}{2}$
5.	$y = -3x^2$	−27	−12	−3	0	−3	−12	−27
6.	$y = -\frac{1}{5}x^2$	$-\frac{9}{5}$	$-\frac{4}{5}$	$-\frac{1}{5}$	0	$-\frac{1}{5}$	$-\frac{4}{5}$	$-\frac{9}{5}$

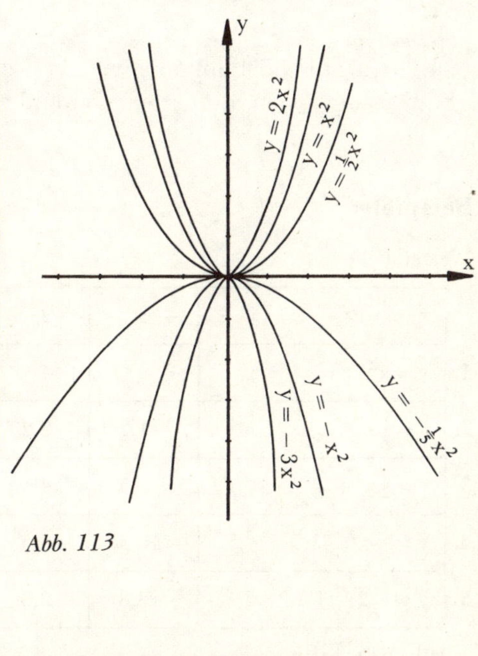

Abb. 113

Die Parabel mit der Gleichung $y = x^2$ heißt **quadratische Normalparabel**.

Die Parabel zu $y = ax^2$ besitzt den Scheitelpunkt S (0/0) und ist für positive a ($a > 0$) nach oben, für negative a ($a < 0$) nach unten geöffnet. Ist $|a| > 1$, so liegt der Graph zur Funktion $y = ax^2$ innerhalb der Normalparabel $y = x^2$, für $0 < |a| < 1$ verlaufen die Parabeläste zwischen denen der Normalparabel und der x-Achse. Die Graphen der Funktionen $y = ax^2$ und $y = -ax^2$ verlaufen spiegelbildlich zueinander bezüglich der x-Achse.

Alle Parabeln mit der Gleichung $y = ax^2$ besitzen also den gemeinsamen Scheitelpunkt S (0/0). Dieser Scheitelpunkt ist demnach der einzige Schnittpunkt der Parabel mit der x-Achse (Nullstelle). Wir wollen jetzt die Parabel parallel zur y-Achse verschieben, so daß die Parabel einen von Null verschiedenen y-Achsenabschnitt erhält (s. hierzu S. 150, lineare Funktionen).
Addiert man einen positiven Wert c zum Funktionsterm, so verschieben sich alle Punkte der Kurve um + c Einheiten parallel zur y-Achse nach oben. Bei einer Subtraktion wird sich der Graph parallel zur y-Achse nach unten verschieben.

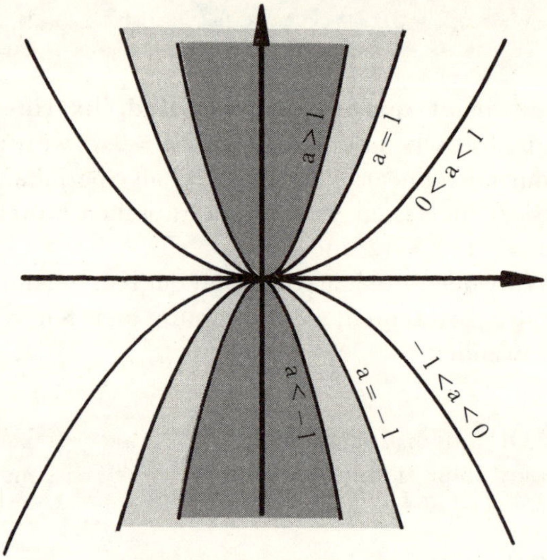

Abb. 114 Die Parabelschar $y = ax^2$

Die quadratische Funktion $y = ax^2 + c$; $x \in \mathbb{R}$, $a \neq 0$, $c \in \mathbb{R}$, besitzt eine Parabel als Funktionsgraphen, deren Scheitelpunkt S (0/c) auf der y-Achse liegt.

Beispiele:

Wertetabelle

	x	−3	−2	−1	0	1	2	3
1.	$y = x^2$	9	4	1	0	1	4	9
2.	$y = \frac{1}{5}x^2 - 3$	−1,2	−2,2	−2,8	−3	−2,8	−2,2	−1,2
3.	$y = \frac{1}{2}x^2 + 2$	6,5	4	2,5	2	2,5	4	6,5
4.	$y = -x^2 - 1{,}5$	−10,5	−5,5	−2,5	−1,5	−2,5	−5,5	−10,5
5.	$y = -2x^2 + 4{,}2$	−13,8	−3,8	2,2	4,2	2,2	−3,8	−13,8

vgl. Abb. 115.

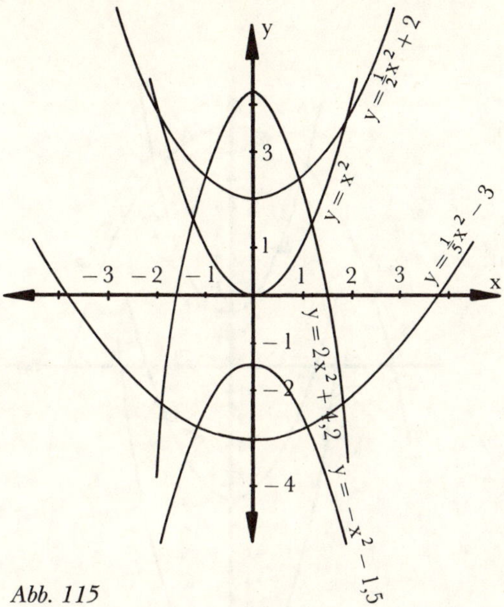

Abb. 115

Quadratische Funktionen der Art $y = ax^2$ besitzen nur die einzige Nullstelle $x = 0$, dagegen können die Parabeln $y = ax^2 + c$ keine oder genau zwei Nullstellen besitzen (Abb. 115). Wir wollen jetzt die Nullstellen mathematisch bestimmen. Zur Bestimmung der Nullstelle(n) ist der y-Wert, also der Funktionswert, gleich Null zu setzen, weil dies ja gerade die Eigenschaft einer Nullstelle ist.

Die Nullstelle der Funktion	Die Nullstellen der Funktion
$y = ax^2$:	$y = ax^2 + c$:
$0 = ax^2$	$0 = ax^2 + c$
$0 = x^2$	$-c = ax^2$
$x = 0$	$x_1 = \sqrt{-\frac{c}{a}}$
	$x_2 = -\sqrt{-\frac{c}{a}}$

Die beiden Nullstellen der Funktion $y = ax^2 + c$ existieren nur, wenn a und c unterschiedliche Vorzeichen besitzen; andernfalls wäre nämlich aus einer negativen Zahl die Wurzel zu ziehen was aber im Bereich der reellen Zahlen nicht möglich ist. Man beachte also, daß $-\frac{c}{a}$ eine positive reelle Zahl darstellt, wenn a und c unterschiedliche Vorzeichen besitzen.

Beispiele:

1. Die Funktion $y = 3x^2 - 12$ besitzt wegen $0 = 3x^2 - 12 \Rightarrow 12 = 3x^2 \Rightarrow x^2 = 4$ die beiden Nullstellen $x_1 = 2$ und $x_2 = -2$.

2. Die Funktion $y = -x^2 + 9$ hat wegen $0 = -x^2 + 9 \Rightarrow x^2 = 9$ die Nullstellen $x_1 = 3$ und $x_2 = -3$.

3. $y = 2x^2 - 5 \Rightarrow 0 = 2x^2 - 5 \Rightarrow 2x^2 = +5$
Nullstellen: $x_1 = \sqrt{\frac{5}{2}}$; $x_2 = -\sqrt{\frac{5}{2}}$

4. $y = 3x^2 + 2$ besitzt keine Nullstellen, weil $a = 3$ und $c = 2$ gleiche Vorzeichen besitzen:
$0 = 3x^2 + 2 \Rightarrow -3x^2 = 2 \Rightarrow x_{1;2} = \pm\sqrt{-\frac{2}{3}}$

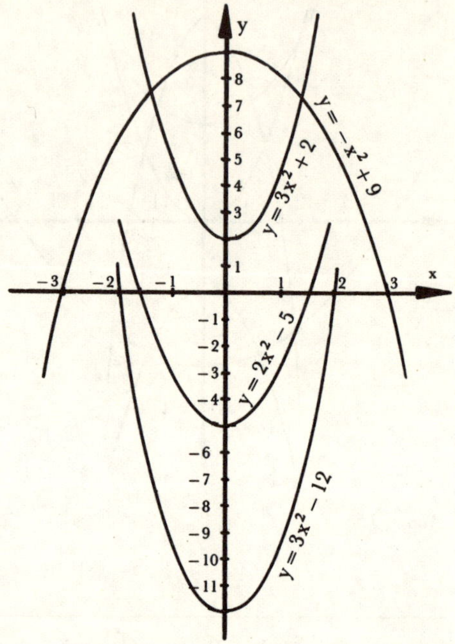

Abb. 116 Darstellung der Funktionen in einem Koordinatensystem mit unterschiedlichen Achseneinteilungen

Wir wissen jetzt, wie eine Verschiebung parallel zur y-Achse erreicht werden kann: durch ein *absolutes Glied*. Wie kann man aber eine Verschiebung parallel zur x-Achse erreichen? Die Antwort fällt uns nach einigen geeigneten Beispielen leicht.

Beispiele:

1. $y = (x+3)^2 = x^2 + 6x + 9$
$\Rightarrow S(-3/0)$

2. $y = (x-5)^2 = x^2 + 10x + 25$
$\Rightarrow S(5/0)$

3. $y = 2(x-0{,}4)^2 = 2x^2 - 1{,}6x + 0{,}32$
$\Rightarrow S(0{,}4/0)$

4. $y = -3(x+1)^2 - 2 = -3x^2 - 6x - 5$
$\Rightarrow S(-1/-2)$

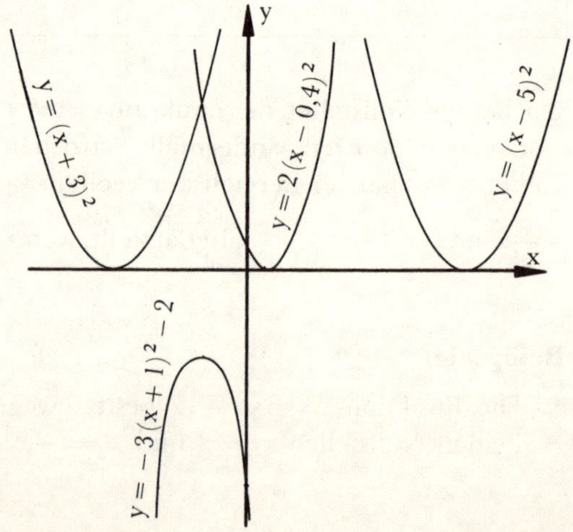

Abb. 117

Den Graphen der Funktion $y = a(x+d)^2 + e$ erhält man aus dem der Funktion $y = ax^2 + e$ durch eine Verschiebung um $-d$ Einheiten parallel zur x-Achse.

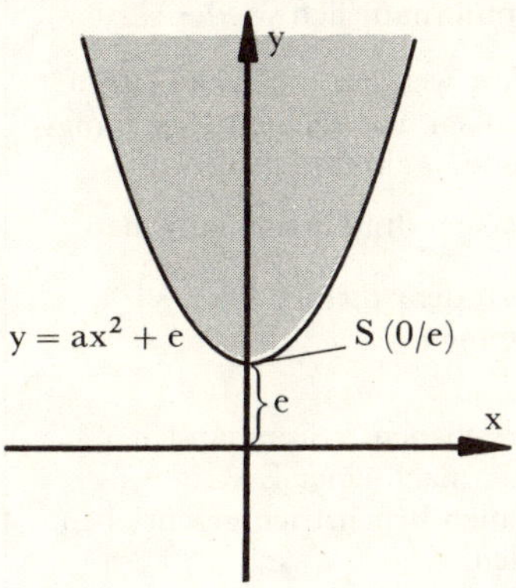

Abb. 118

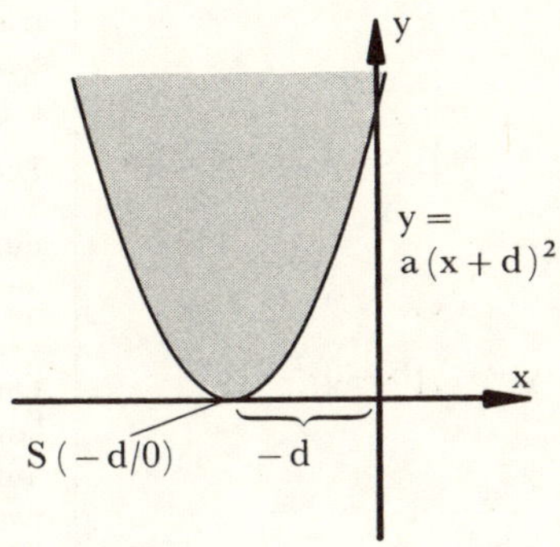

Abb. 119

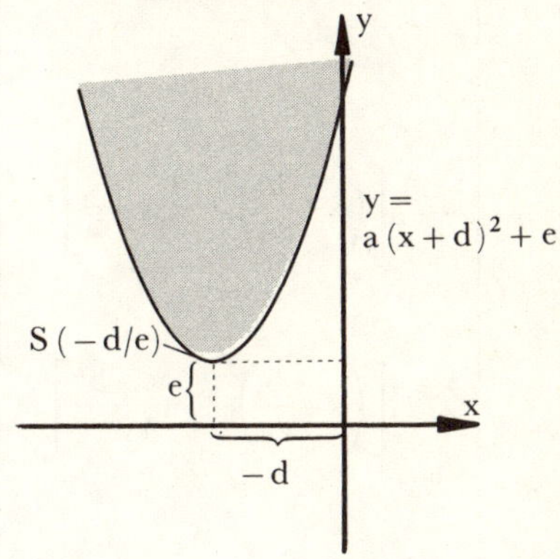

Abb. 120

Den Abbildungen entnimmt man, daß die Koordinaten des Scheitelpunktes S aus dieser Darstellung des Funktionsterms sofort ablesbar sind.

Damit erhebt sich nun die Frage, wie die allgemeine quadratische Funktion $y = ax^2 + bx + c$ (bei der die Scheitelpunktskoordinaten nicht ablesbar sind) in die Form $y = a(x+d)^2 + e$ übergeführt werden kann; die letzte Darstellung heißt wegen ihrer besonderen Eigenschaft **Scheitelpunktsform** der quadratischen Funktion.

Es soll nun die Funktion $y = ax^2 + bx + c$ schrittweise in die Scheitelpunktsform übergeführt werden; parallel dazu werden die erforderlichen Umformungsschritte an einem Beispiel konkret vorgeführt.

allgemein	**konkret**	**Beschreibung der Schritte**
$y = ax^2 + bx + c$ $y = a\left(x^2 + \frac{b}{a}x + \frac{c}{a}\right)$	$y = -\frac{1}{2}x^2 + 3x - 5$ $y = -\frac{1}{2}(x^2 - 6x + 10)$	Ausklammern von a. In der entstehenden Klammer stimmen die ersten beiden Terme $x^2 + \frac{b}{a}x$ mit dem binomischen Ausdruck $\left(x + \frac{b}{2a}\right)^2$ überein. Nur das 3. Glied ist verschieden. Die komplette Ausrechnung ergibt nämlich $\left(x + \frac{b}{2a}\right)^2 = x^2 + \frac{b}{a}x + \frac{b^2}{4a^2}$ Wir ergänzen deshalb so, daß eine *binomische Formel* (s. S. 97) entsteht.

allgemein	**konkret**	**Beschreibung der Schritte**
$y=a\left(x^2+\frac{b}{a}x+\frac{b^2}{4a^2}-\frac{b^2}{4a^2}+\frac{c}{a}\right)$	$y=-\frac{1}{2}(x^2-6x+9-9+10)$	Die **quadratische Ergänzung** $\frac{b^2}{4a^2}$ muß natürlich wieder subtrahiert werden, um die Gleichheit des linken und rechten Gleichungsterms zu wahren.
$y=a\left[\left(x+\frac{b}{2a}\right)^2-\frac{b^2}{4a^2}+\frac{c}{a}\right]$	$y=-\frac{1}{2}[(x-3)^2-9+10]$	Die ersten drei Terme faßt man nun zu dem *Binom* $\left(x+\frac{b}{2a}\right)^2$ zusammen.
$y=a\left[\left(x+\frac{b}{2a}\right)^2+\frac{4ac-b^2}{4a^2}\right]$	$y=-\frac{1}{2}[(x-3)^2+1]$	Die restlichen 2 Summanden können nach einer Erweiterung auf einen Bruchstrich geschrieben werden.
$y=a\left(x+\frac{b}{2a}\right)^2+a\cdot\frac{4ac-b^2}{4a^2}$ $y=a\left(x+\frac{b}{2a}\right)^2+\frac{4ac-b^2}{4a}$	$y=-\frac{1}{2}(x-3)^2-\frac{1}{2}$	Ein Ausmultiplizieren der äußeren Klammer läßt den Ausdruck der gewünschten Form, die **Scheitelpunktsform**, entstehen.

Damit ist gezeigt:

Die allgemeine quadratische Funktion

$$y = ax^2 + bx + c; \quad x \in \mathbb{R}, \quad a \neq 0, \quad b \in \mathbb{R}, \quad c \in \mathbb{R}$$

hat als Funktionsgraphen eine Parabel mit dem Scheitelpunkt

$$S\left(-\frac{b}{2a} \,\middle|\, \frac{4ac-b^2}{4a}\right)$$

Die durch S verlaufende Symmetrieachse hat die Gleichung $x = -\frac{b}{2a}$. Die Parabel weist in Form und Größe völlige Übereinstimmung mit der Parabel zu $y = ax^2$ auf; sie ist ihr gegenüber lediglich um $-\frac{b}{2a}$ in x-Richtung und um $\frac{4ac-b^2}{4a}$ in y-Richtung verschoben.

Die Verschiebung kann auch durch den

Verschiebungsvektor $\mathfrak{a} = \begin{pmatrix} -\dfrac{b}{2a} \\ \dfrac{4ac - b^2}{4a} \end{pmatrix}$ angegeben werden

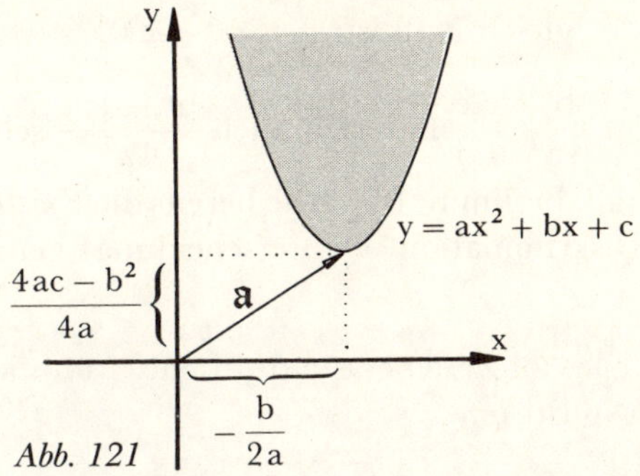

Abb. 121

Auf Seite 169 sind die Nullstellen einer speziellen quadratischen Funktion ($a \neq 0$, $b = 0$, $c \neq 0$) berechnet.
Jetzt sollen die Nullstellen der allgemeinen quadratischen Funktion bestimmt werden.

Die Nullstellen der allgemeinen quadratischen Funktion

$$y = ax^2 + bx + c:$$

$$0 = ax^2 + bx + c \qquad |:a \quad \text{(Normierung)}$$

$$0 = x^2 + \frac{b}{a}x + \frac{c}{a}$$

$$0 = \left(x + \frac{b}{2a}\right)^2 - \frac{b^2}{4a^2} + \frac{c}{a} \qquad \text{quadratische Ergänzung (s. S. 172)}$$

$$0 = \left(x + \frac{b}{2a}\right)^2 - \left(\frac{b^2}{4a^2} - \frac{c}{a}\right) \qquad \text{Zusammenfassen der absoluten Glieder}$$

$$\left(x + \frac{b}{2a}\right)^2 = \frac{b^2}{4a^2} - \frac{c}{a} \qquad \text{Ziehen der Quadratwurzel}$$

$$x_1 + \frac{b}{2a} = \sqrt{\frac{b^2}{4a^2} - \frac{c}{a}} \qquad \text{Es ergeben sich 2 Werte}$$

$$x_2 + \frac{b}{2a} = -\sqrt{\frac{b^2}{4a^2} - \frac{c}{a}}$$

$$\left.\begin{array}{l} \Rightarrow x_1 = -\dfrac{b}{2a} + \sqrt{\dfrac{b^2}{4a^2} - \dfrac{c}{a}} \\ \text{oder} \quad x_2 = -\dfrac{b}{2a} - \sqrt{\dfrac{b^2}{4a^2} - \dfrac{c}{a}} \end{array}\right\} \quad x_{1;2} = \frac{-b \pm \sqrt{b^2 - 4ac}}{2a}$$

Man beachte, daß das Ziehen der Quadratwurzel nur erlaubt ist, wenn der Radikand positiv oder gleich Null ist: $\frac{b^2}{4a^2} - \frac{c}{a} \geqq 0$.

Für $\frac{b^2}{4a^2} - \frac{c}{a}$ läßt sich auch $\frac{b^2 - 4ac}{4a^2}$ schreiben, und da $4a^2$ immer eine positive Zahl sein muß, bestimmt $b^2 - 4ac$ bereits die Existenz der Nullstellen, weshalb $b^2 - 4ac$ *Diskriminante* (Diskrimination = Unterscheidung) genannt wird.

Die allgemeine quadratische Funktion $y = ax^2 + bx + c$ besitzt genau dann zwei Nullstellen

$$x_1 = -\frac{b}{2a} + \sqrt{\frac{b^2}{4a^2} - \frac{c}{a}} \quad \text{und} \quad x_2 = -\frac{b}{2a} - \sqrt{\frac{b^2}{4a^2} - \frac{c}{a}},$$

wenn die zugehörige Diskriminante $b^2 - 4ac > 0$ ist.

Sie besitzt genau eine Nullstelle $x_1 = x_2 = -\frac{b}{2a}$, falls $b^2 - 4ac = 0$ ist.

Nachstehend sind alle möglichen Fälle für die Lage der Parabel zu $y = ax^2 + bx + c$; $x \in \mathbb{R}$, $a \neq 0$; $b \in \mathbb{R}$, $c \in \mathbb{R}$ gezeigt; vgl. Abb. 122–133.

Beispiel:

Für eine Pferdekoppel soll eine rechteckige Wiese abgegrenzt werden, die einen Umfang von 1000 m aufweist und eine möglichst große Fläche besitzt.

Der Umfang des Rechtecks berechnet sich nach $U = 2a + 2b$, wenn a und b die gesuchten Seitenlängen des Rechtecks sind; der Flächeninhalt $F = a \cdot b$ soll maximal werden. Man stellt jetzt den Flächeninhalt als Funktion von einer Seitenlänge (a) auf:

$U = 1000 = 2a + 2b \Rightarrow 500 = a + b \Rightarrow b = 500 - a$, eingesetzt für b in der Flächeninhaltsgleichung $F = a \cdot b$ ergibt dies

$$F = a\,(500 - a) \qquad \text{oder} \qquad F = -a^2 + 500a$$

Diese Funktion gibt den Flächeninhalt in Abhängigkeit der Kantenlänge a an, weshalb wir besser $F(a) = -a^2 + 500a$ schreiben sollten. Die Kantenlänge a muß aufgrund der Aufgabenstellung der Bedingung $0 < a < 500$ genügen, da der Umfang ja 1000 m betragen soll. Damit ist der Definitionsbereich unserer Flächeninhaltsfunktion:

Fortsetzung Seite 176.

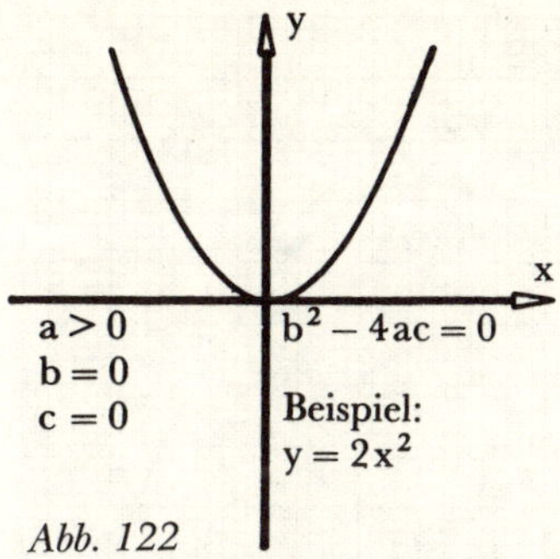

Abb. 122

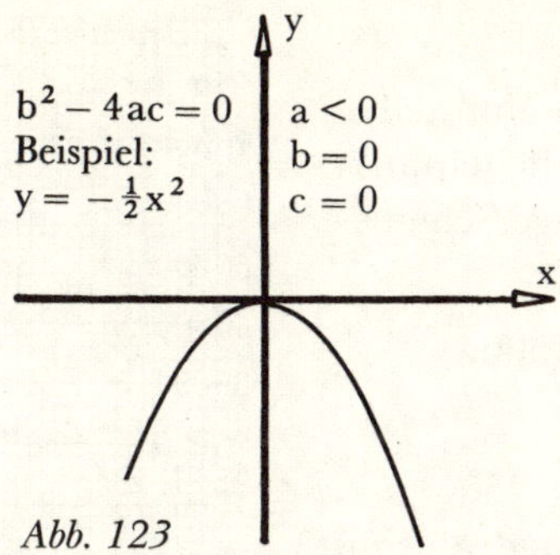

Abb. 123

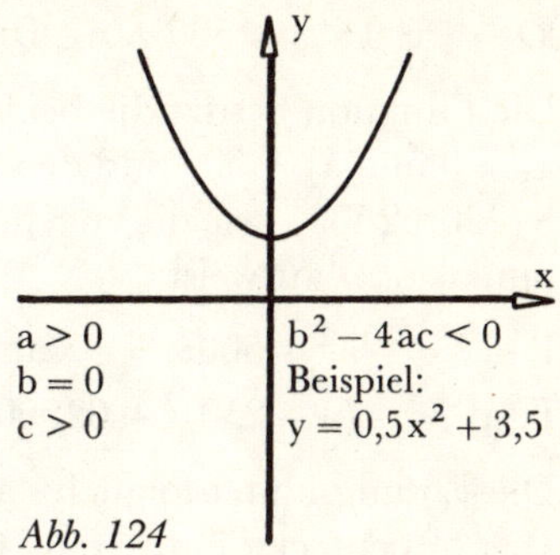

Abb. 124

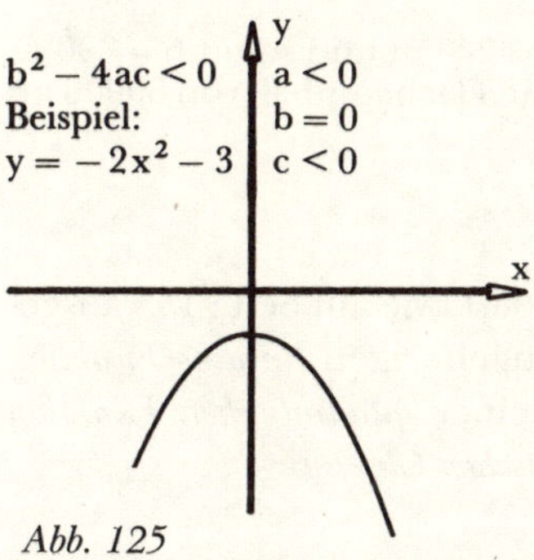

Abb. 125

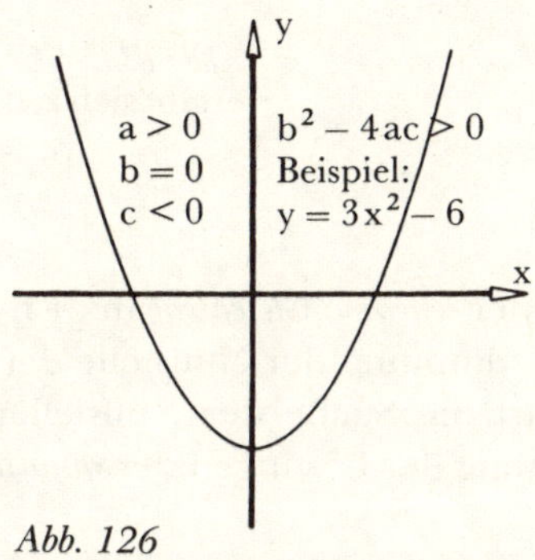

Abb. 126

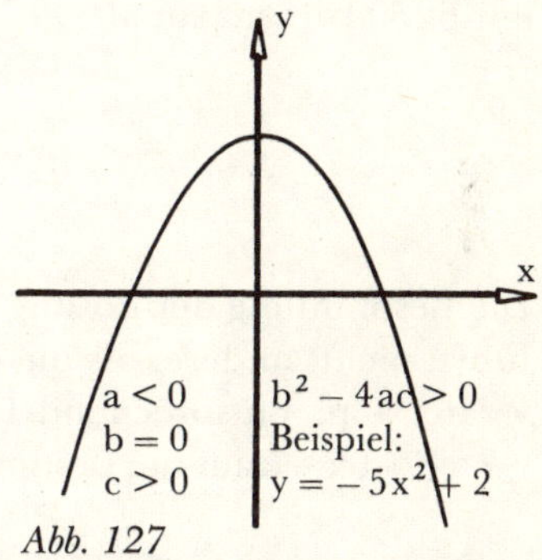

Abb. 127

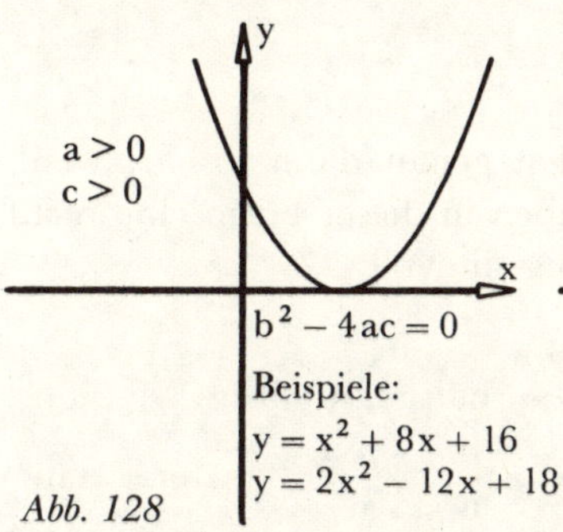

Abb. 128

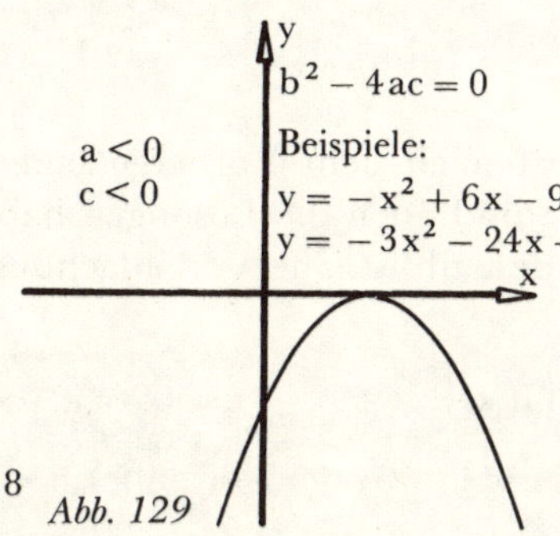

Abb. 129

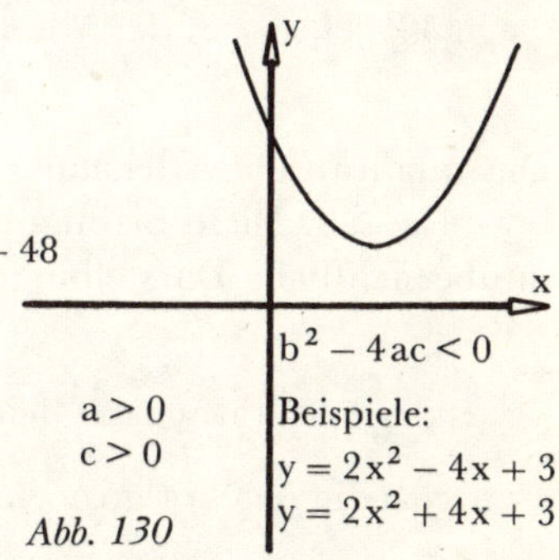

Abb. 130

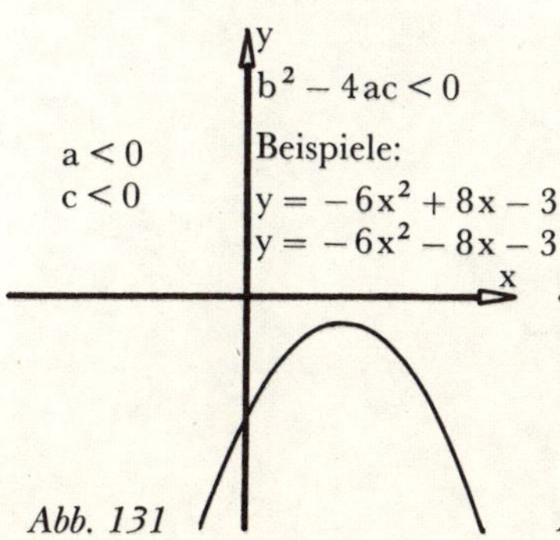

Abb. 131

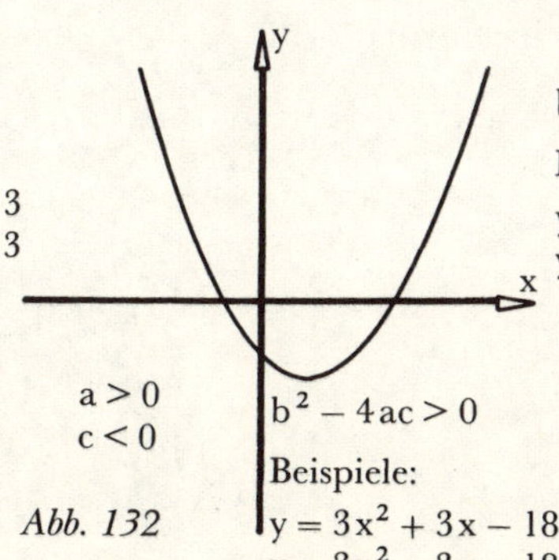

Abb. 132

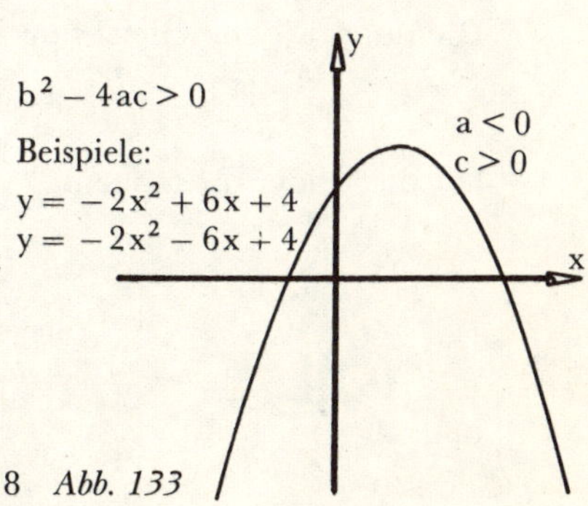

Abb. 133

$\mathbb{D} = \{a \mid 0 < a < 500 \wedge a \in \mathbb{Q}^+\}$.

Die Funktion besitzt die beiden Nullstellen $a_1 = 0$ und $a_2 = 500$ und den Scheitelpunkt S (250/62500), wie die zugehörige Scheitelpunktsform ausweist:

$F(a) = -a^2 + 500a = -(a^2 - 500a)$

$F(a) = -(a - 250)^2 + 62500$.

Die Lösung lautet folglich: $a = 250$

Das Rechteck muß ein Quadrat mit $a = 250$ m sein; dann ist der Flächeninhalt mit $62500\ m^2$ maximal.

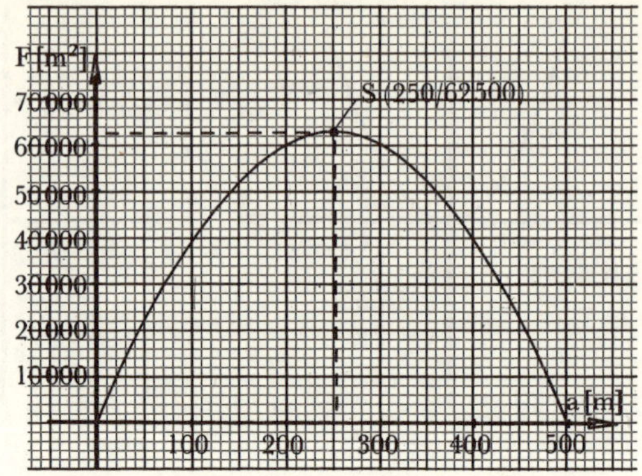

Abb. 134 Für a = 200 m und somit b = 300 m ergibt sich z. B. ein Flächeninhalt von $60000\ m^2$

Die Bestimmung der Lösung einer *linearen Gleichung* $mx + n = 0$ ist, wie auf Seite 155 ausgeführt, nichts anderes als die Bestimmung der Nullstelle der zugehörigen *linearen Funktion* $y = mx + n$. Entsprechend führt die Suche der Nullstellen einer *quadratischen Funktion* $y = ax^2 + bx + c$ auf die Bestimmung der Lösungen der *quadratischen Gleichung*:

Eine Gleichung der Form $ax^2 + bx + c = 0$ mit $a \neq 0$, $b \in \mathbb{R}$, $c \in \mathbb{R}$ nennt man quadratische Gleichung in der Unbekannten x.

Die quadratische Gleichung ist nach dem Vorhergehenden genau dann lösbar, wenn $b^2 - 4ac \geqq 0$. Diese Bedingung und auch die Lösungen haben in dieser Form eine recht unübersichtliche Darstellung; deshalb ist eine Vereinfachung sinnvoll.

Aus der quadratischen Gleichung $ax^2 + bx + c = 0$; $(a \neq 0)$ erhält man mittels Division durch a die zugehörige normierte Form oder Normalform $x^2 + \frac{b}{a}x + \frac{c}{a} = 0$. Ersetzt man in dieser Normalform $\frac{b}{a} = p$ und $\frac{c}{a} = q$, so nimmt die Lösungsformel eine einfachere Form an:
Die quadratische Gleichung in Normalform:

$$x^2 + px + q = 0; \quad p \in \mathbb{R}, \quad q \in \mathbb{R}$$

hat die beiden Lösungen:

$$x_1 = -\frac{p}{2} + \sqrt{\left(\frac{p}{2}\right)^2 - q}$$

und

$$x_2 = -\frac{p}{2} - \sqrt{\left(\frac{p}{2}\right)^2 - q}$$

Vorstehende Formel wird oft **p – q-Formel** oder *Lösungsformel für quadratische Gleichungen* genannt. Die p – q-Formel gehört zu den wichtigsten und am häufigsten verwendeten Formeln.
Man beachte, daß die p – q-Formel nur auf die normierte Form der quadratischen Gleichung angewendet werden darf.

Beispiele:

1. $5x^2 - 5x - 30 = 0$ besitzt die Diskriminante $25 - 4 \cdot 5 \cdot (-30) = 25 > 0$
Also existieren genau zwei Lösungen (s. Abb. 132, S. 175).
Normalform: $x^2 - x - 6 = 0$

$$\Rightarrow \quad x_1 = \tfrac{1}{2} + \sqrt{\tfrac{1}{4} + 6} = \tfrac{1}{2} + 2\tfrac{1}{2} = 3$$

$$\text{oder} \quad x_2 = \tfrac{1}{2} - \sqrt{\tfrac{1}{4} + 6} = \tfrac{1}{2} - 2\tfrac{1}{2} = -2$$

2. $-3x^2 + 30x - 75 = 0$ besitzt die Diskriminante $900 - 4(-3)(-75) = 0$
folglich existiert nur eine Lösung (s. Abb. 129, S. 175).
Normalform: $x^2 - 10x + 25 = 0$

$$\left.\begin{array}{l} x_1 = 5 + \sqrt{25 - 25} = 5 \\ \text{oder} \quad x_2 = 5 - \sqrt{25 - 25} = 5 \end{array}\right\} x_1 = x_2 = 5$$

3. $-0{,}5x^2 + 3x - 5 = 0$ besitzt eine negative Diskriminante $9 - 4 \cdot (-\tfrac{1}{2})(-5) < 0$, weshalb keine Lösungen existieren können.

Normalform: $x^2 - 6x + 10 = 0$

$$\Rightarrow \quad x_1 = 3 + \sqrt{9 - 10} = 3 + \sqrt{-1}$$

$$x_2 = 3 - \sqrt{-1} \Rightarrow \text{keine Lösungen (s. Abb. 131, S. 175).}$$

Man überlegt sich leicht mit Hilfe des *Distributivgesetzes* (s. S. 93), daß sich jeder quadratische Term als Produkt aus zwei *linearen Termen*, sogenannten **Linearfaktoren**, schreiben lassen muß.

Beispiel:

$(3x + 2)(x - 4) = 3x^2 + 2x - 12x - 8 = 3x^2 - 10x - 8$

Deshalb muß es auch zu jeder quadratischen Gleichung $ax^2 + bx + c = 0$ bzw. in Normalform $x^2 + px + q = 0$ eine Linearfaktorzerlegung des quadratischen Terms geben:

$$x^2 + px + q = (x + e_1) \cdot (x + e_2) = 0$$

Ein Produkt ist genau dann gleich Null, wenn mindestens einer der Faktoren Null ist.

Deshalb folgt aus der letzten Gleichung $x_1 + e_1 = 0 \Rightarrow x_1 = -e_1$
oder $x_2 + e_2 = 0 \Rightarrow x_2 = -e_2$

Und diese beiden Lösungen müssen natürlich mit denen durch quadratische Ergänzung gefundenen übereinstimmen:

$$x_1 = -\frac{p}{2} + \sqrt{\left(\frac{p}{2}\right)^2 - q} = -e_1 \quad \text{oder} \quad x_2 = -\frac{p}{2} - \sqrt{\left(\frac{p}{2}\right)^2 - q} = -e_2$$

Stellt man nun den Term der quadratischen Normalform als Produkt von Linearfaktoren dar und überführt dieses Produkt wieder in eine algebraische Summe, so ergibt sich eine interessante und merkenswerte Darstellung für die Koeffizienten der quadratischen Normalform:

$$x^2 + px + q = (x - x_1) \cdot (x - x_2)$$
$$x^2 + px + q = x^2 - x_1 x - x_2 x + x_1 x_2$$
$$x^2 + px + q = x^2 - (x_1 + x_2)\, x + x_1 x_2$$

Sind x_1 und x_2 Lösungen der quadratischen Gleichung $x^2 + px + q = 0$, so läßt sich der quadratische Term als Produkt der Linearfaktoren schreiben, die aus diesen Lösungen gebildet werden:

$$x^2 + px + q = (x - x_1) \cdot (x - x_2)$$

Es gilt immer der

Wurzelsatz von Vieta: $x_1 \cdot x_2 = q$ und $x_1 + x_2 = -p$

Mit dem Wurzelsatz von Vieta, der sich durch den Vergleich der Koeffizienten in obiger Umformung ergibt, können gefundene Lösungen sofort auf Richtigkeit überprüft werden. Man kann auch die 2. Lösung sofort bestimmen, wenn die 1. Lösung bereits bekannt ist.

Beispiele:

1. $x^2 + x - 2 = 0$ besitzt die beiden Lösungen $x_1 = 1$ oder $x_2 = -2$.
Nach dem Satz von Vieta ist $x_1 + x_2 = 1 - 2 = -1 = -p$ und $x_1 \cdot x_2 = 1 \cdot (-2) = -2 = q$, also $x^2 + x - 2 = (x - 1)(x + 2)$.

2. Kennt man zum Beispiel die 1. Lösung $x_1 = 5$ der quadratischen Gleichung $x^2 + 2x - 35 = 0$, so findet man auch schnell die 2. Lösung mit dem Wurzelsatz:

$x_1 \cdot x_2 = 5 \cdot x_2 = -35 \Rightarrow x_2 = -7;$

$x_1 + x_2 = 5 - 7 = -2 = -p$ und somit $x^2 + 2x - 35 = (x + 7)(x - 5)$.

3. $4x^2 + 20x - 24 = 0$ besitzt die beiden Lösungen:

$x^2 + 5x - 6 = 0$

$$x_1 = -\tfrac{5}{2} + \sqrt{\tfrac{25}{4} + 6} = -\tfrac{5}{2} + \sqrt{\tfrac{49}{4}} = -\tfrac{5}{2} + \tfrac{7}{2} = 1$$

oder $x_2 = -\tfrac{5}{2} - \sqrt{\tfrac{25}{4} + 6} = -\tfrac{5}{2} - \sqrt{\tfrac{49}{4}} = -\tfrac{5}{2} - \tfrac{7}{2} = -6$

Es gilt daher:

$4x^2 + 20x - 24 = 4(x-1)(x+6)$

Die Lösungsformel für quadratische Gleichungen ist zwar wichtig, sollte aber wirklich nur dann angewendet werden, wenn alle Glieder der allgemeinen quadratischen Gleichung auch auftreten. Fehlt entweder das lineare oder das absolute Glied, so führen einfachere Überlegungen schneller zur Lösung.

Beispiele:

1. $3x^2 = 48 \Rightarrow x^2 = 16$, also $x_1 = 4$ oder $x_2 = -4$

2. $2x^2 + 3x = 0 \Rightarrow x(2x+3) = 0 \Rightarrow x_1 = 0$ oder $2x_2 + 3 = 0 \Rightarrow x_2 = -\frac{3}{2}$

Ein Produkt ist genau dann gleich Null, wenn mindestens einer der Faktoren Null ist!

Die allgemeine quadratische Gleichung $ax^2 + bx + c = 0$ wird genau von denjenigen Zahlen x_1 oder x_2 erfüllt (zu einer wahren Aussage gemacht), die den Abszissen der Schnittpunkte der quadratischen Parabel $y = ax^2$ mit der Geraden $y = -bx - c$ entsprechen. Dies folgt unmittelbar aus der Äquivalenz

$$ax^2 + bx + c = 0 \Leftrightarrow ax^2 = -bx - c;$$

damit ist eine weitere geometrische Möglichkeit gegeben, die Lösungen der quadratischen Gleichung als Schnittpunkte einer Parabel und einer Geraden aufzufassen.

Beispiel:

$x^2 + 3x - 10 = 0 \Leftrightarrow x^2 = -3x + 10$

Die beiden Funktionen $y = x^2$ und $y = -3x + 10$ besitzen an den Nullstellen $x = -5$ und $x = 2$ der Funktion $y = x^2 + 3x - 10$ dieselben Funktionswerte.

Einige Anwendungsaufgaben führen auf Ungleichungen mit quadratischen Termen, sogenannten **quadratischen Ungleichungen**.

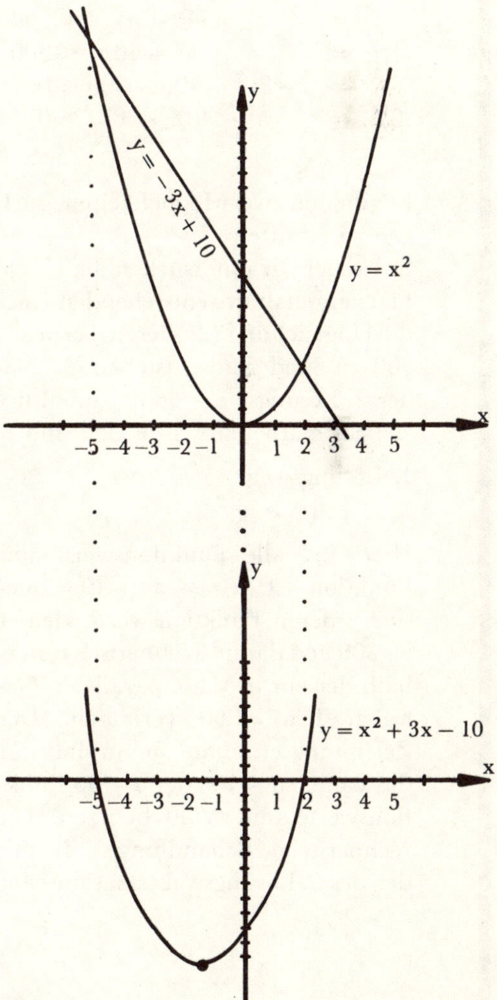

Abb. 135

Einführungsbeispiel:

Aus einem Draht von 80 cm Länge soll ein Rechteck gebogen werden. Welche Seitenlängen sind möglich, wenn der Flächeninhalt die Größe von 300 cm^2 nicht überschreiten soll?
Wir bezeichnen die gesuchten Kantenlängen mit a und b; dann erhält man folgenden mathematischen Ansatz:

I. $2(a+b) = 80$ und II. $a \cdot b < 300$ mit $0 < a < 40; 0 < b < 40$.

$\Leftrightarrow$ $b = 40 - a$, eingesetzt in II. ergibt dies

$a(40-a) < 300$

(1) $\Leftrightarrow$ $-a^2 + 40a < 300$

$\Leftrightarrow$ $-8a^2 + 40a - 300 < 0$ weil sich bei der Multiplikation

(2) $\Leftrightarrow$ $a^2 - 40a + 300 > 0$ mit einer negativen Zahl das Relationszeichen umkehrt.

Es gibt nun zwei Möglichkeiten, die Lösungsmenge vorstehender Ungleichungen zu ermitteln:
Entweder wir untersuchen die Ungleichung (1), deren Term $-a^2 + 40a$ den Flächeninhalt des entstehenden Rechtecks widerspiegelt, oder wir behandeln die Ungleichung (2), deren Term $a^2 - 40a + 300$ über die Differenz zwischen 300 cm^2 und dem entstehenden Flächeninhalt Auskunft gibt. Allerdings ist der 2. Lösungsweg von der inhaltlichen Vorstellung schwieriger nachzuvollziehen; mathematisch jedoch sind beide Wege völlig identisch.

1. Lösungsweg:

$-a^2 + 40a < 300$

Hier sind alle Funktionswerte der Funktion $F(a) = -a^2 + 40a$ gesucht, deren Funktionswerte kleiner als 300 und damit zeichnerisch unterhalb der zur a-Achse parallelen Geraden $F(a) = 300$ verlaufen. Der Zeichnung entnimmt man, daß nur die Zahlen $a < 10$ oder $a > 30$ Funktionswerte unter 300 besitzen. Die rechnerische Behandlung fällt mit der des 2. Lösungsweges zusammen.

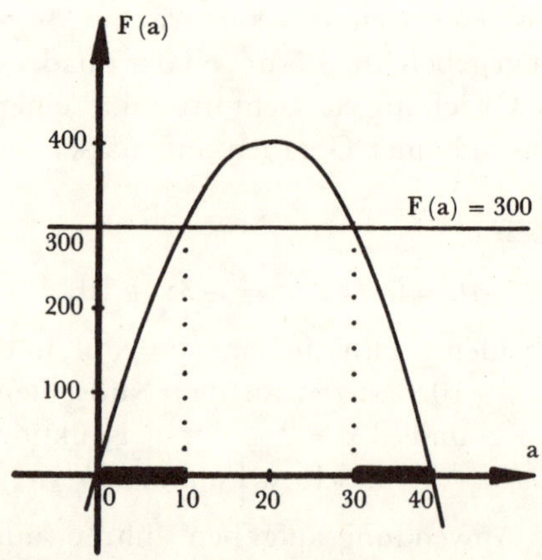

Abb. 136
Die Flächeninhaltsfunktion
$F(a) = -a^2 + 40a$

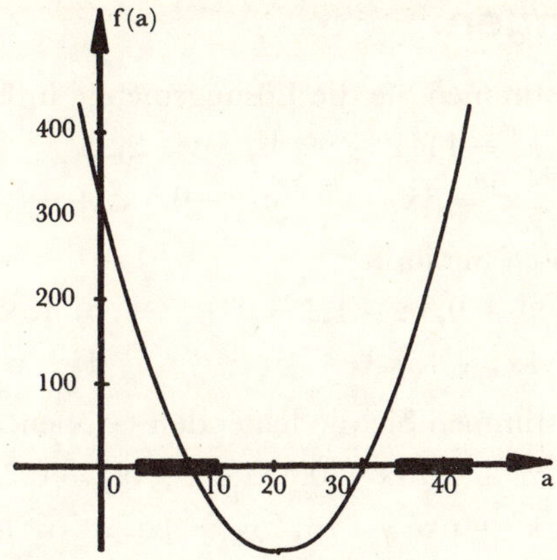

Abb. 137 Die Funktion
$f(a) = a^2 - 40a + 300 = 300 - (-a^2 + 40a)$,
die über die Differenz von 300 cm^2 und den Flächeninhalt des Rechtecks Auskunft gibt

2. Lösungsweg:

$a^2 - 40a + 300 > 0$

Wir behandeln die Ungleichung zunächst als Funktionsgleichung und bestimmen die zugehörigen Nullstellen.

$f(a) = a^2 - 40a + 300 = 0$

$a_{1;2} = 20 \pm \sqrt{400 - 300} = 20 \pm \sqrt{100}$

Also $a_1 = 30$ oder $a_2 = 10$.

Nun soll aber nach der Aussageform der quadratischen Ungleichung der Funktionswert größer als Null und damit positiv sein.
Mit Hilfe der zugehörigen Zeichnung wird sofort klar, für welche Intervalle auf der a-Achse die zugehörigen Funktionswerte positiv sind; es sind jetzt genau diejenigen Argumente a gesucht, bei denen der Funktionsgraph oberhalb der a-Achse (x-Achse) verläuft:

$$a^2 - 40a + 300 > 0 \quad \Leftrightarrow \quad a < 10 \text{ oder } a > 30$$

Damit ist gefunden: $\mathbb{L} = \{a \mid 0 < a < 10 \text{ oder } 30 > a > 40\}_{\mathbb{Q}^+}$.
Wenn $a < 10$, dann ist b natürlich gleichzeitig größer als 30, da der Umfang ja 80 cm sein muß. Umgekehrt gilt mit $a > 30$ gleichzeitig $b < 10$.
Wir wollen die mit Hilfe der Zeichnung gefundene Lösung noch rein rechnerisch lösen:
Der Term $a^2 - 40a + 300$ läßt sich in Linearfaktoren (s. S. 177) zerlegen:
$a^2 - 40a + 300 = (a - 10)(a - 30) > 0$.
Nach der letzten Aussageform soll ein Produkt positiv sein, und dies ist doch genau dann der Fall, wenn beide Faktoren das gleiche Vorzeichen besitzen, also erhält man zwei möglich Fälle:

1. Fall $a - 10 > 0$ und $a - 30 > 0$

$a > 10$ und $a > 30 \Rightarrow \mathbb{L}_1 = \{a \mid a > 30\}$

oder

2. Fall $a - 10 < 0$ und $a - 30 < 0$

$a < 10$ und $a < 30 \Rightarrow \mathbb{L}_2 = \{a \mid a < 10\}$

Die Gesamtlösungsmenge ergibt sich durch die Mengenvereinigung (Disjunktion, s. S. 29) der beiden Teillösungsmengen unter Berücksichtigung der gültigen Grundmenge:

$\mathbb{L} = \mathbb{L}_1 \cup \mathbb{L}_2 = \{a \mid 0 < a < 10 \text{ oder } 30 > a > 40\}_{\mathbb{Q}^+}$.

Übungen:

1. Bestimmen Sie die Lösungsmenge in $\mathbb{R}$:

a) $x^2 = 144$ b) $y^2 = 2{,}25$ c) $x^2 = 200$

d) $2x^2 = 3x$ e) $-0{,}5x^2 + 4x = 0$ f) $4z^2 - \sqrt{13} = 0$

2. Lösen Sie in $\mathbb{R}$:

a) $x^2 + 0{,}3x - 1{,}3 = 0$ b) $15x^2 + 54x + 48{,}60 = 0$

c) $4x^2 + 15x = 4$ d) $x^2 - 2\sqrt{2}x - 16 = 0$

3. Bestimmen Sie die fehlenden Größen:

a) $x^2 - 2{,}75x + 0{,}625 = 0;\ x_1 = 0{,}25$ b) $3x^2 - 2x - 8 = 0;\ x_1 = 2$

c) $x^2 + px = -16;\ x_1 = 4$ d) $x^2 + px - q = 0;\ x_1 = -3;\ x_2 = 6$

4. Schreiben Sie den Term als Produkt

a) $x^2 + 3x - \frac{27}{4} =$ b) $(x+1)(2x+3) - 4x^2 + 22 =$

c) $(x-7)(x+3) - (x-5)(x+1) - (x+7)(x-10) =$

5. Bestimmen Sie die Lösungsmenge für $x \in \mathbb{R}$; die Formvariablen m und n stellen feste reelle Zahlen dar!

a) $2x^2 + nx = 3mx - m^2 + n^2$ b) $(x+3m)(x-2n) = 0$

6. Ein Rechteck hat den Flächeninhalt von 63 m^2 und einen Umfang von 32 m. Wie lang und wie breit ist es?

7. Man bestimme die Lösungsmenge folgender quadratischer Gleichungssysteme:

a) $x^2 + y^2 = 10 \wedge y = 2x + 1$

b) $x^2 + xy = 36 \wedge y - x = 1$

8. Die Summe aus einer Zahl und ihrer Quadratzahl hat den Wert 306. Wie heißt sie?

9. Wie groß ist die Kantenlänge eines Quadrates, dessen Diagonale 16 cm mißt?

10. Zwei Frauen stricken in 20 Tagen eine Decke. Die eine hätte alleine dazu 9 Tage mehr benötigt als die andere.
Wie lange würde jede Frau die Decke alleine stricken?

11. In der Leibnizschule sind halb so viele Klassen wie in der Oranienschule; in jeder Klasse der Leibnizschule sitzen 8 Schüler mehr als Klassen vorhanden sind, und in jeder Klasse der Oranienschule sitzen 14 Schüler weniger als Klassen vorhanden sind. Insgesamt besitzt die Oranienschule 480 Schüler mehr als die Leibnizschule.
Wie viele Klassen mit wie vielen Schülern besitzt jede Schule?

12. Bestimmen Sie folgende Lösungsmengen; stellen Sie diese dann auch zeichnerisch dar!

a) $\mathbb{L} = \{x \mid x^2 - x - 6 \leqq 0\}_{\mathbb{R}}$ b) $\mathbb{L} = \{x \mid 5x^2 - 10x < 175\}_{\mathbb{R}}$

c) $\mathbb{L} = \{x \mid -x(6x+42) < -48\}_{\mathbb{R}}$

Lösungen Seite 729.

Potenz- und Wurzelfunktionen, Gleichungen n-ten Grades und Wurzelgleichungen

Mit der quadratischen Parabel $y = x^2$ haben wir bereits eine spezielle **Potenzfunktion** kennengelernt. Es handelt sich hierbei genaugenommen um die Potenzfunktion 2. Grades oder 2. Ordnung. Es soll jetzt für diese Funktionenart eine Verallgemeinerung formuliert werden.

Einführungsbeispiel:

Das Volumen einer Kugel berechnet sich nach der Formel $V = \frac{4}{3}\pi r^3$, wobei r der Kugelradius und π die mathematische Konstante $\pi = 3{,}1415\ldots$ darstellt. Die Funktion $r \mapsto \frac{4}{3}\pi r^3$ bzw. $V = \frac{4}{3}\pi r^3$; $r \in \mathbb{R}_0^+$, stellt eine Funktion 3. Grades dar, die jedem Kugelradius das zugehörige Kugelvolumen zuordnet.

Die Funktion $y = x^n$; $x \in \mathbb{R}$, $n \in \mathbb{N}$, nennen wir Potenzfunktion n-ter Ordnung (oder n-ten Grades). Der zugehörige Funktionsgraph ist die Parabel n-ter Ordnung.

Wenn, wie in der Definition formuliert, n eine natürliche Zahl ist, dürfen die Basen x jeden beliebigen Wert im Bereich der reellen Zahlen annehmen. Ansonsten ist nämlich der Definitionsbereich $\mathbb{D}$ entsprechend einzuschränken (s. S. 119, Bsp. 2). Auch der Wertebereich $\mathbb{W}$ hängt von der Wahl des Exponenten n ab. Um die Eigenschaften der Parabeln n-ter Ordnung in ihrer Charakteristik kennenzulernen, genügt die Unterscheidung

n ist eine gerade natürliche Zahl

und *n ist eine ungerade natürliche Zahl.*

Wenn n geradzahlig ist, so kann zum Beispiel $n = 2k$ geschrieben werden; ist n ungerade, so läßt sich n immer ersetzen durch $n = 2k - 1$; $(k \in \mathbb{N})$.

Beispiel:

Die Zahl 456 ist gerade und besitzt deshalb die Darstellung $456 = 2 \cdot 228$, die Zahl 3451 ist ungerade und besitzt die Darstellung $3451 = 2 \cdot 1726 - 1$.

Die Wertetabellen und Graphen zu den einfachsten *Potenzfunktionen* sollen uns helfen, spezielle Eigenschaften dieser Funktionenklasse herauszufinden:

x	−4	−3	−2	−1	0	1	2	3	4
$y = x^2$	16	9	4	1	0	1	4	9	16
$y = x^4$	256	81	16	1	0	1	16	81	256
$y = x^6$	4096	729	64	1	0	1	64	729	4096
$y = x^8$	65536	6561	256	1	0	1	256	6561	65536
$y = x^3$	−64	−27	−8	−1	0	1	8	27	64
$y = x^5$	−1024	−243	−32	−1	0	1	32	243	1024
$y = x^7$	−16384	−2187	−128	−1	0	1	128	2187	16384

Hier sind bereits Gemeinsamkeiten der Funktionen einer Klasse erkennbar.

Ist n eine gerade natürliche Zahl, also $y = x^n = x^{2k}$; $x \in \mathbb{R}$, $k \in \mathbb{N}$, so gilt immer: 1. Die Punkte $(-1/1)$, $(0/0)$ und $(1/1)$ gehören zum Graphen. 2. Der Graph verläuft *achsensymmetrisch* zur y-Achse. Für alle $x \in \mathbb{R}$ gilt daher: $f(x) = f(-x)$. 3. Der Graph ist *streng monoton fallend* für $x \in \mathbb{R}_0^-$ und *streng monoton steigend* für $x \in \mathbb{R}_0^+$. 4. Definitionsbereich: $\mathbb{D} = \mathbb{R}$ Wertebereich: $\mathbb{W} = \mathbb{R}_0^+$	Ist n eine ungerade natürliche Zahl, also $y = x^n = x^{2k-1}$; $x \in \mathbb{R}$, $k \in \mathbb{N}$, so gilt immer: 1. Die Punkte $(-1/-1)$, $(0/0)$ und $(1/1)$ gehören zum Graphen. 2. Der Graph verläuft *punktsymmetrisch* zum Koordinatenursprung. Für alle $x \in \mathbb{R}$ gilt daher: $f(x) = -f(-x)$. 3. Der Graph ist auf dem gesamten Definitionsbereich $\mathbb{D} = \mathbb{R}$ *streng monoton steigend.* 4. Definitionsbereich: $\mathbb{D} = \mathbb{R}$ Wertebereich: $\mathbb{W} = \mathbb{R}$

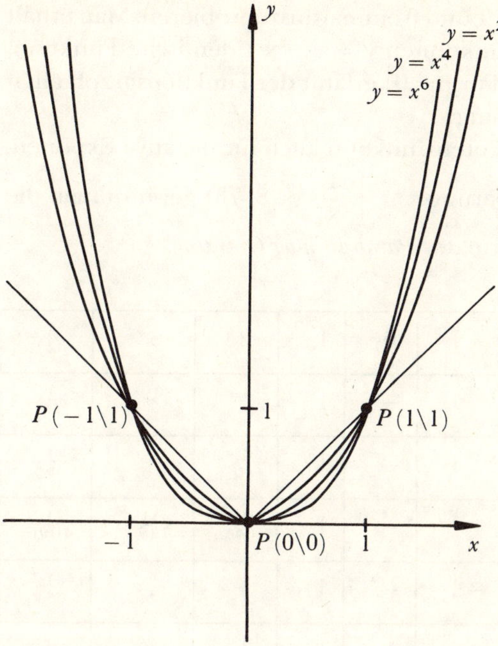

Abb. 138

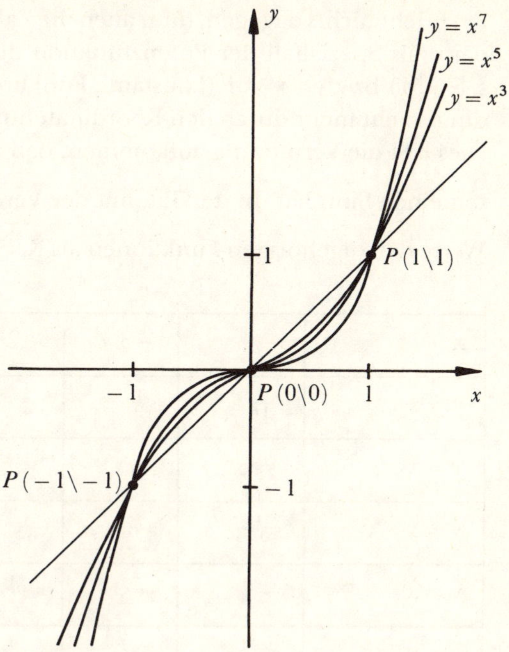

Abb. 139

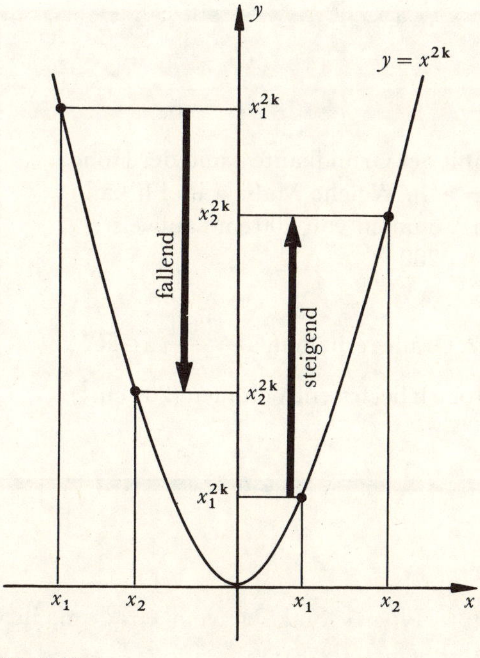

Abb. 140

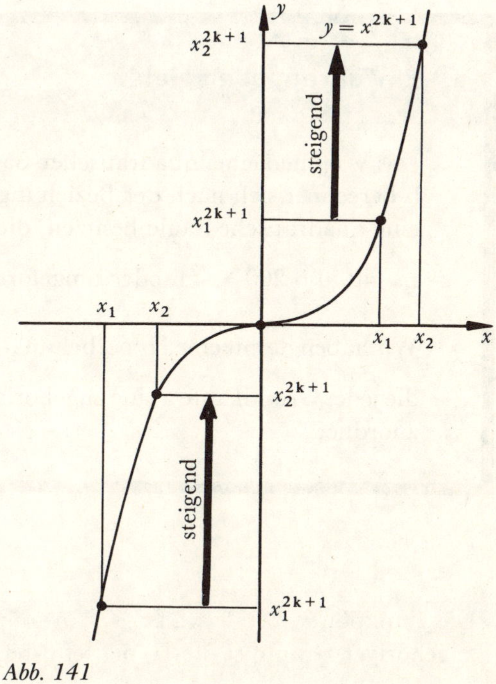

Abb. 141

Es spricht nichts dagegen, für n auch die Zahlen 1 und 0 einmal auszuprobieren. Man erhält dann als Spezialfall der Potenzfunktion die Funktionen $y = x^1 = x$ (identische Funktion, s. S. 151) bzw. $y = x^0 = 1$ (konstante Funktion). Für $n = 0$ verläuft der Funktionsgraph allerdings nicht mehr durch den Koordinatenursprung.
Dies läßt die Vermutung aufkommen, daß die Potenzfunktion auch für negative Exponenten einen Sinn hat. In der Tat, mit der Vereinbarung $x^{-n} = \frac{1}{x^n}$ (s. S. 73) gewinnt man die Werte der zugehörigen Funktionen als Kehrwerte der *Parabeln n-ter Ordnung.*

x	-4	-3	-2	-1	0	1	2	3	4
$y = x^{-2}$	$\frac{1}{16}$	$\frac{1}{9}$	$\frac{1}{4}$	1	–	1	$\frac{1}{4}$	$\frac{1}{9}$	$\frac{1}{16}$
$y = x^{-4}$	$\frac{1}{256}$	$\frac{1}{81}$	$\frac{1}{16}$	1	–	1	$\frac{1}{16}$	$\frac{1}{81}$	$\frac{1}{256}$
$y = x^{-6}$	$\frac{1}{4096}$	$\frac{1}{729}$	$\frac{1}{64}$	1	–	1	$\frac{1}{64}$	$\frac{1}{729}$	$\frac{1}{4096}$
$y = x^{-1}$	$-\frac{1}{4}$	$-\frac{1}{3}$	$-\frac{1}{2}$	-1	–	1	$\frac{1}{2}$	$\frac{1}{3}$	$\frac{1}{4}$
$y = x^{-3}$	$-\frac{1}{64}$	$-\frac{1}{27}$	$-\frac{1}{8}$	-1	–	1	$\frac{1}{8}$	$\frac{1}{27}$	$\frac{1}{64}$
$y = x^{-5}$	$-\frac{1}{1024}$	$-\frac{1}{243}$	$-\frac{1}{32}$	-1	–	1	$\frac{1}{32}$	$\frac{1}{243}$	$\frac{1}{1024}$

Einführungsbeispiel:

Das Volumen einer quadratischen Säule mit der Grundkante a und der Höhe h berechnet sich nach der Beziehung $V = a^2h$. Welche Maße a und h kann eine quadratische Säule besitzen, die ein Volumen von $200\,cm^2$ aufweist?

Es gilt also $200 = a^2h$ oder umgeformt $h = \frac{200}{a^2}$.

Wir haben damit eine Hyperbelfunktion 2. Grades erhalten, $a \mapsto \frac{200}{a^2}$; $a \in \mathbb{R}^+$, die jeder Grundkante a eine zugehörige Höhe h bei festem Volumen ($200\,cm^2$) zuordnet.

Die Funktion $y = x^{-n}$; $x \in \mathbb{R} \setminus \{0\}$; $n \in \mathbb{N}$, heißt Hyperbelfunktion vom Grade n; ihr zugehöriger Graph ist die Hyperbel n-ter Ordnung.

Ist n eine gerade natürliche Zahl, also

$$y = x^{-n} = \frac{1}{x^n} = \frac{1}{x^{2k}},\ k \in \mathbb{N};\ x \in \mathbb{R}\setminus\{0\}$$

so gilt immer:

1. Die Punkte (1/1) und (−1/1) gehören zum Graphen.
2. Der Graph verläuft *symmetrisch* zur y-Achse. Für alle $x \in \mathbb{R}\setminus\{0\}$ gilt daher: $f(x) = f(-x)$
3. Der Graph zerfällt in zwei Hyperbeläste.
4. Der Graph ist *streng monoton fallend* für $x \in \mathbb{R}^+$ und *streng monoton steigend* für $x \in \mathbb{R}^-$.
5. Definitionsbereich: $\mathbb{D} = \mathbb{R}\setminus\{0\}$
   Wertebereich: $\mathbb{W} = \mathbb{R}^+$

Ist n eine ungerade natürliche Zahl, also

$$y = x^{-n} = \frac{1}{x^n} = \frac{1}{x^{2k-1}},\ k \in \mathbb{N};\ x \in \mathbb{R}\setminus\{0\}$$

so gilt immer:

1. Die Punkte (1/1) und (−1/−1) gehören zum Graphen.
2. Der Graph verläuft *punktsymmetrisch* zum Koordinatenursprung. Für alle $x \in \mathbb{R}\setminus\{0\}$ gilt $f(x) = -f(-x)$
3. Der Graph zerfällt in zwei Hyperbeläste.
4. Der Graph ist *streng monoton fallend* für $x \in \mathbb{R}\setminus\{0\}$.
5. Definitionsbereich: $\mathbb{D} = \mathbb{R}\setminus\{0\}$
   Wertebereich: $\mathbb{W} = \mathbb{R}\setminus\{0\}$

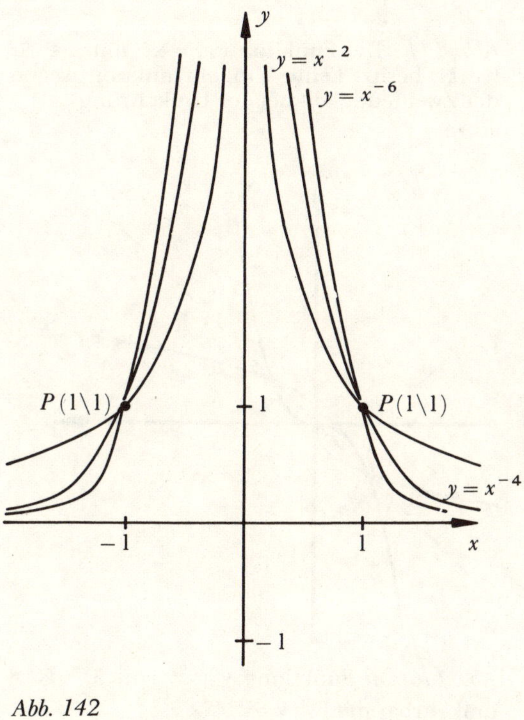

Abb. 142

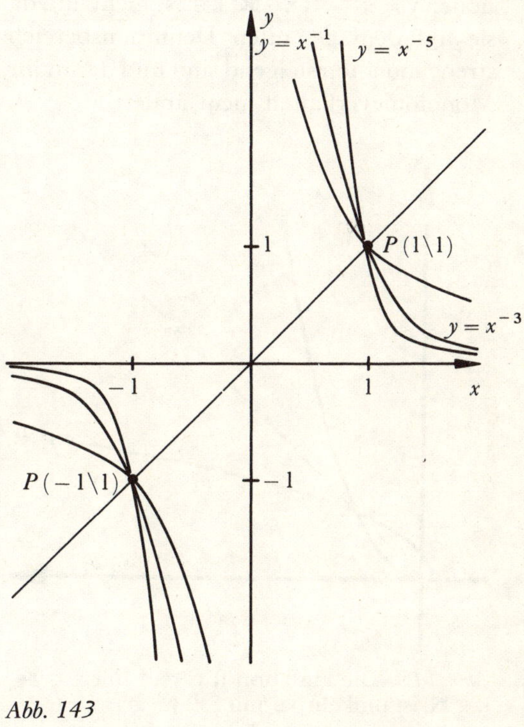

Abb. 143

Wir haben jetzt schon sehr viel über Funktionen und deren Eigenschaften gehört. Insbesondere wurde auf Seite 126 erklärt, wann eine Funktion f eine *Umkehrfunktion* f^{-1} besitzt:

Die Monotonie ist für die Umkehrbarkeit von Bedeutung. Geometrisch wird die Umkehrung einer Funktion f in die Relation f^{-1} durch Spiegelung des Funktionsgraphen an der Winkelhalbierenden des I. und III. uadranten erreicht. Diese entstehende Relation ist dann und nur dann eine Funktion, wenn zu jedem x-Wert ein und nur ein y-Wert existiert. Man überlegt sich aber leicht, daß dies zum Beispiel bei den Umkehrfunktionen zu den *Potenzfunktionen* $y = x^2$, $y = x^4$ und $y = x^4$ nicht der Fall sein kann, da die genannten Funktionen einen *Monotoniewechsel* erfahren. Allerdings lassen sich die Funktionen $y = x^{2k}$; $x \in \mathbb{R}$, $k \in \mathbb{N}$, auf dem Definitionsbereich geeignet einschränken, damit eine Umkehrfunktion existiert. Solche Schwierigkeiten treten bei den Potenzfunktionen $y = x^{2k-1}$; $x \in \mathbb{R}$, $k \in \mathbb{N}$, nicht auf, da sie auf dem gesamten Definitionsbereich streng monoton steigend sind und damit ihr Monotonieverhalten nicht ändern.

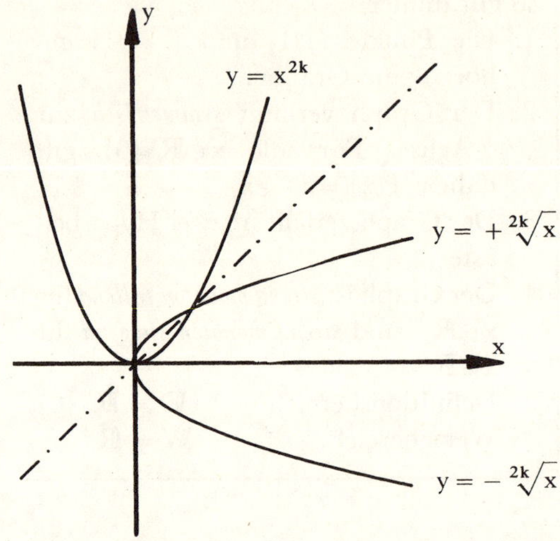

Abb. 144 Die Funktion f: $y = x^{2k}$ mit $x \in \mathbb{R}$; $k \in \mathbb{N}$, besitzt keine Umkehrfunktion wegen der Zweideutigkeit bei der Umkehrung

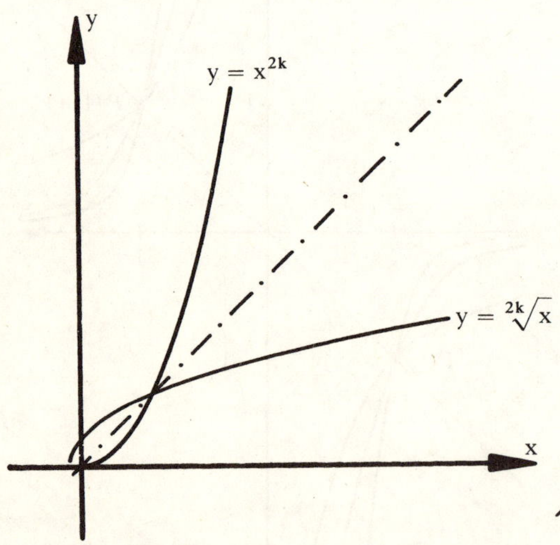

Abb. 145 Die Funktion f: $y = x^{2k}$ mit $x \in \mathbb{R}_0^+$; $k \in \mathbb{N}$, ist umkehrbar mit f^{-1}: $y = \sqrt[2k]{x}$

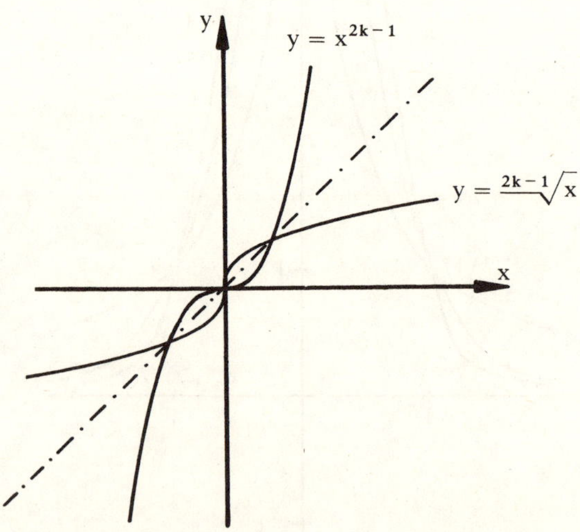

Abb. 146 Die Funktion f: $y = x^{2k-1}$ mit $\mathbb{D} = \mathbb{R}$ ist umkehrbar mit f^{-1}: $y = \sqrt[2k-1]{x}$

Ist die Frage der Existenz einer Umkehrfunktion geklärt, so erhält man die zugehörige Umkehrfunktion f^{-1} zu der Funktion f durch Vertauschen der Variablen x und y und anschließendes Auflösen nach y (s. S. 127). Dabei vertauschen Definitionsbereich und Wertebereich ihre Rollen.

Beispiele:

1. f: $y = x^3 \xrightarrow{\text{Umkehrung}} f^{-1}: x = y^3 \xrightarrow{\text{Auflösen nach y}} f^{-1}: y = \sqrt[3]{x}$

2. f: $y = x^6 \xrightarrow{\text{Umkehrung}} f^{-1}: x = y^6 \xrightarrow{\text{Auflösen nach y}} f^{-1}: y = \sqrt[6]{x}$

Die Wurzelfunktion $f^{-1}: y = \sqrt[n]{x}$; $x \in \mathbb{R}_0^+$; $n \in \mathbb{N}$, ist die Umkehrfunktion der Potenzfunktion f: $y = x^n$.
Für ungerade $n \in \mathbb{N}$ ist die Wurzelfunktion sogar auf dem gesamten maximalen Definitionsbereich $\mathbb{D} = \mathbb{R}$ die Umkehrfunktion der zugehörigen Potenzfunktion.
Die Potenzfunktion $y = x^n$; $x \in \mathbb{R}$, läßt sich durch Hinzunahme weiterer Glieder mit kleinerem Grad verallgemeinern:

$$y = a_n x^n + a_{n-1} x^{n-1} + a_{n-2} x^{n-2} + \ldots + a_1 x + a_0; \quad x \in \mathbb{R}; \quad a_i \in \mathbb{R}$$

Will man nun die *Nullstellen* dieser allgemeinen Potenzfunktion bestimmen, so führt dies auf eine allgemeine Gleichung n-ten Grades:

$$a_n x^n + a_{n-1} x^{n-1} + a_{n-2} x^{n-2} + \ldots + a_1 x + a_0 = 0.$$

Die Lösung solcher Gleichungen fällt in das Aufgabengebiet der **Analysis** und würde den Rahmen dieses Buches sprengen. Allerdings sei hier noch bemerkt, daß Lösungsformeln, wie etwa die **p–q-Formel** für *quadratische Gleichungen*, nur noch für n = 3 und n = 4 existieren. Die Lösungsformeln für allgemeine Gleichungen 3. und 4. Grades sind sehr kompliziert, so daß wir hier nur auf Spezialfälle dieser Gleichungen eingehen können.

Beispiele:

Kubische Gleichungen

1. $x^3 = -8$ oder $x^3 + 8 = 0 \Rightarrow x_1 = -2$; x_2 und x_3 existieren nicht in $\mathbb{R}$.
Den Gleichungsterm kann man mit Hilfe der Lösungen in Faktoren zerlegen: $x^3 + 8 = (x+2)(x^2 - 2x + 4)$

2. $x^3 + x^2 - 12x = 0 \Leftrightarrow x(x^2 + x - 12) = 0$
$\Rightarrow x_1 = 0$ oder $x^2 + x - 12 = 0$
$\Rightarrow x_2 = 3$; $x_3 = -4$
Also gilt $x^3 + x^2 - 12x = x(x-3)(x+4)$

3. $x^3 - 5x^2 + 3x + 9 = 0$; die erste Lösung $x_1 = -1$ findet man durch Probieren. Diese Vorgehensweise ist zwar sehr unmathematisch, doch findet man andernfalls nur durch sogenannte Näherungsverfahren Lösungen.
Mit der Lösung $x_1 = -1$ läßt sich ein Linearfaktor mit Hilfe der Polynomdivision (s. S. 105) von dem kubischen Term abspalten:

$$x^3 - 5x^2 + 3x + 9 = (x+1)(x^2 - 6x + 9)$$

Die nächsten beiden Lösungen findet man mit der p – q-Formel aus dem entstehenden quadratischen Term:

$$x^3 - 5x^2 + 3x + 9 = (x+1)(x-3)(x-3), \quad \text{also } x_2 = x_3 = 3.$$

4. $x^3 = 2x \Leftrightarrow x^3 - 2x = 0 \Leftrightarrow x(x^2 - 2) = 0$

$x_1 = 0$; $x_2 = \sqrt{2}$; $x_3 = -\sqrt{2}$, also $x^3 - 2x = x(x - \sqrt{2})(x + \sqrt{2})$

Biquadratische Gleichungen

5. $x^4 + \frac{5}{16}x^2 - \frac{9}{64} = 0$

Wir führen die Gleichung 4. Grades durch die **Substitution** $x^2 = z$ auf eine Gleichung 2. Grades:

$z^2 + \frac{5}{16}z - \frac{9}{64} = 0 \Rightarrow z_1 = \frac{1}{4}$ oder $z_2 = -\frac{9}{16}$

Die Substitution $z = x^2$ muß jetzt rückgängig gemacht werden:

$x^2 = \frac{1}{4} \Rightarrow x_1 = \frac{1}{2}$ oder $x_2 = -\frac{1}{2}$

$x^2 = -\frac{9}{16} \Rightarrow x_3 \notin \mathbb{R}$ und $x_4 \notin \mathbb{R}$

und damit $\mathbb{L} = \{-\frac{1}{2}; \frac{1}{2}\}$

6. $(x+1)^4 - 5(x+1)^2 + 4 = 0$

Substitution: $(x+1)^2 = z \Rightarrow z^2 - 5z + 4 = 0 \Rightarrow z_1 = 1$ oder $z_2 = 4$

Substitution wird rückgängig gemacht: $z = (x+1)^2$

$x + 1 = 1 \Rightarrow x_1 = 0$ oder $x + 1 = -1 \Rightarrow x_2 = -2$

$x + 1 = 2 \Rightarrow x_3 = 1$ oder $x + 1 = -2 \Rightarrow x_4 = -3$; $\mathbb{L} = \{-3; -2; 0; 1\}$

Die Bestimmung der Nullstellen einer *Wurzelfunktion* führt auf eine **Wurzelgleichung**. Wurzelgleichungen erkennt man daran, daß sie im Radikanden eines vorkommenden Wurzelterms eine Unbekannte besitzen.
Man macht sich an den Graphen der einfachsten Potenzfunktionen $y = x^2$ und $y = x^3$ klar, daß ein *Quadrieren* nicht immer eine *Äquivalenzumformung* ist. Wenn aus der Gleichheit $a = b$ stets die Gleichheit für $a^2 = b^2$ gefolgert werden kann, so ist dies in umgekehrter Richtung keineswegs der Fall. Bei der 3. Potenz ist die Folgerung jedoch in beiden Richtungen möglich (s. Abb. 148).

Das Potenzieren mit einem geraden Exponenten $n \in \mathbb{N}$ ist beim Umformen von Gleichungen keine Äquivalenzumformung. Deshalb sind, da beim Potenzieren die Lösungsmenge verändert werden kann, die gefundenen Lösungen immer zu kontrollieren.

Beispiele:

1. $\sqrt{3x - 4} + 5 = 8$

Bestimmung von $\mathbb{D}$: $3x - 4 \geqq 0 \Rightarrow x \geqq \frac{4}{3} \Rightarrow \mathbb{D} = \{x \mid x \geqq \frac{4}{3}\}_{\mathbb{R}}$

Es ist sinnvoll, die Gleichung nicht in der ursprünglichen Form zu quadrieren, da ansonsten auf der linken Gleichungsseite die 1. Binomische Formel (s. S. 97) entsteht. Die veränderte Gleichungsform $\sqrt{3x - 4} = 3$ wird quadriert, wodurch die Wurzel wegfällt:

$3x - 4 = 9 \Rightarrow 3x = 13 \Rightarrow x = \frac{13}{3}$.

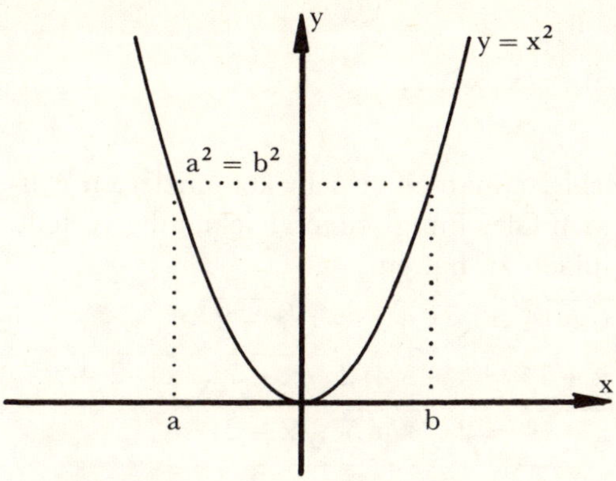

Abb. 147 Aus a = b folgt immer $a^2 = b^2$, aber aus $a^2 = b^2$ folgt nicht a = b, sondern $a = b \vee a = -b$

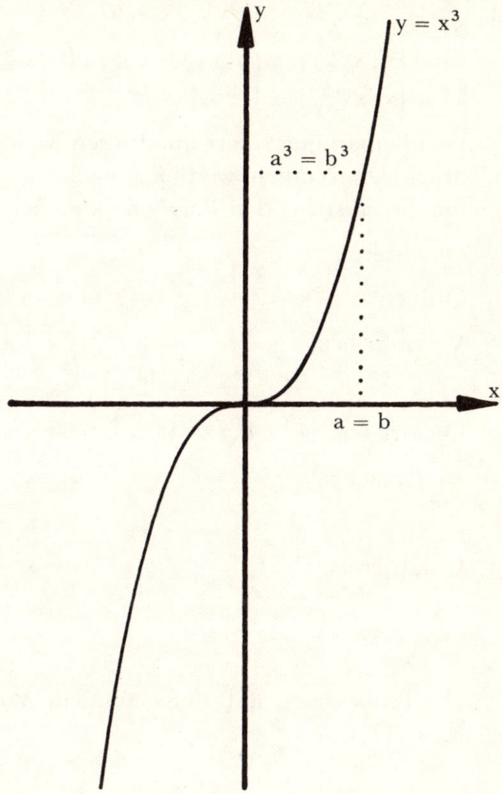

Abb. 148 Aus a = b folgt immer $a^3 = b^3$ und aus $a^3 = b^3$ folgt auch immer a = b

Wir setzen den gefundenen Wert zur Probe in die Ausgangsgleichung ein und erhalten mit

$$\sqrt{3 \cdot \tfrac{13}{3} - 4} + 5 = 8 \quad \Leftrightarrow \quad \sqrt{13 - 4} = 3 \quad \Leftrightarrow \quad \sqrt{9} = 3$$

eine wahre Aussage; der gefundene Wert führt also zu einer wahren Aussage, und er widerspricht auch nicht der Definitionsmenge; $\Rightarrow \mathbb{L} = \{\frac{13}{3}\}$.

2. $\sqrt{-x^2 + 6x + 16} = x - 4 \quad \Leftrightarrow \quad -x^2 + 6x + 16 = x^2 - 8x + 16$

$\Leftrightarrow \quad 2x^2 - 14x = 0 \quad \Leftrightarrow \quad 2x(x - 7) = 0$

$\Rightarrow \quad x_1 = 0$ oder $x_2 = 7$

$\mathbb{D} = \{x \mid -2 \leqq x \leqq 8\}_{\mathbb{R}}$, weil $-x^2 + 6x + 16 \geqq 0$ sein muß (s. S. 101).

Probe: für $x_1 = 0$ ergibt sich:

$\sqrt{0 + 0 + 16} = 0 - 4 \quad \Leftrightarrow \quad \sqrt{16} = -4$ falsche Aussage

für $x_2 = 7$ ergibt sich:

$\sqrt{-49 + 42 + 16} = 7 - 4 \quad \Leftrightarrow \quad \sqrt{9} = 3$ wahre Aussage

Folglich ist $\mathbb{L} = \{7\}$

3. $\sqrt{x-7} + \sqrt{x+14} - \sqrt{x+5} - \sqrt{x-2} = 0$

$\mathbb{D} = \{x \mid x \geqq 7\} \cap \{x \mid x \geqq -14\} \cap \{x \mid x \geqq -5\} \cap \{x \mid x \geqq 2\}$

$\mathbb{D} = \{x \mid x \geqq 7\} = [7; \infty[$

Würde man hier sofort quadrieren wollen, erhielte man einen sehr komplizierten Ausdruck. Die Wurzeln werden zunächst auf beiden Gleichungsseiten gleichmäßig verteilt, um die entstehenden Polynome möglichst einfach zu halten.

Quadrieren $\sqrt{x-7} + \sqrt{x+14} = \sqrt{x+5} + \sqrt{x-2}$

Ordnen $x - 7 + 2\sqrt{x-7}\,\sqrt{x+14} + x + 14 = x + 5 + 2\sqrt{x+5}\,\sqrt{x-2} + x - 2$

Vereinfachen $4 + 2\sqrt{x-7}\,\sqrt{x+14} = 2\sqrt{x+5}\,\sqrt{x-2}$

$2 + \sqrt{(x-7)(x+14)} = \sqrt{(x+5)(x-2)}$

Quadrieren $4 + 4\sqrt{x^2 + 7x - 98} + x^2 + 7x - 98 = x^2 + 3x - 10$

Vereinfachen $4\sqrt{x^2 + 7x - 98} = -4x + 84$

$\sqrt{x^2 + 7x - 98} = -x + 21$

Quadrieren $x^2 + 7x - 98 = x^2 - 42x + 441$

$-539 = -49x$

$x = 11$

Die Probe zeigt, daß der gefundene Wert 11 tatsächlich auch die Lösung darstellt: $\mathbb{L} = \{11\}$.

Übungen:

1. Wie ändert sich das Volumen einer Kugel, wenn der Radius um 4 cm vergrößert wird?

2. Bestimmen Sie die Lösungsmenge in $\mathbb{R}$.
Schreiben Sie den Term mit Linearfaktoren!

a) $-x^3 + 2x^2 + 11x - 12 = 0$

b) $x^4 - 2x^2 - 11 = 0$

c) $x^6 - 35x^3 + 216 = 0$

d) $x^8 + 65x^4 - 1296 = 0$

3. Bestimmen Sie $\mathbb{D}$ und die Lösungsmenge in $\mathbb{R}$:

a) $\sqrt{6x+7} + 9x = 32$ b) $\sqrt[4]{3x-1} = 10$

c) $\sqrt{x-1} \cdot \sqrt{x+2} = 0$ d) $\sqrt{x - \sqrt{3x}} = \sqrt{6}$

Lösungen Seite 733.

Exponential- und Logarithmusfunktionen und -gleichungen

Einführungsbeispiel:

Ein fanatischer Roulettespieler beginnt mit 500 € Einsatz und setzt immer auf die einfache Chance „schwarz". Leider verliert er jedesmal, da immer nur eine rote Zahl erscheint. Bei jedem Durchgang erhofft er durch Verdopplung seines vorhergehenden Einsatzes den gesamten Verlust wettzumachen. Dies wäre rein mathematisch auch der Fall, wenn die Farbe nur einmal wechseln würde. Allerdings ist der höchste Einsatz bei allen Spielbanken festgelegt, so daß diese Höchstgrenze erreicht sein könnte, ohne daß die Farbe jemals von „schwarz" auf „rot" gewechselt hätte. In diesem ungünstigen Fall hätte der Roulettespieler vielleicht schon Haus und Hof verspielt.
Nach wieviel Einsätzen (Durchläufen) wäre bei einem Startkapital von 500 € und einer jeweiligen Verdopplung der Höchsteinsatz von 100 000 € erreicht?
Die Folge 500, 1000, 2000, 4000, 8000, … der aufeinanderfolgenden Einsätze läßt sich durch die Funktion $y = 500 \cdot 2^{d-1}$ mit $d \in \{1, 2, 3, 3 \ldots\}$ bestimmen, die jedem Durchgang d einen Geldbetrag zuordnet. Wegen $500 \cdot 2^{8-1} = 500 \cdot 2^7 = 64000 < 100000 < 500 \cdot 2^{9-1} = 500 \cdot 2^8 = 128000$ wird bereits mit dem 9. Einsatz die Höchstgrenze von 100 000 € überschritten.

Potenz- und Exponentialfunktionen scheinen aufgrund der Wahl der Namen eng miteinander verbunden zu sein, doch besteht hier ein beachtenswerter Unterschied: Bei der *Potenzfunktion* tritt die unabhängige Variable, das sogenannte Argument (meist x), in der Basis einer Potenz auf; bei der *Exponentialfunktion* steht jedoch das Argument der Funktion immer im Exponenten einer Potenz mit fest gewählter Basis.

Eine Funktion $y = a^x$; $x \in \mathbb{R}$, $a \in \mathbb{R}^+ \setminus \{1\}$, heißt Exponentialfunktion zur Basis a. Sie wird auch oft kurz mit $\exp_a(x)$ bezeichnet.

Die Exponentialfunktion hat nur für positive Basen a einen Sinn. Deshalb verlaufen die Graphen aller Exponentialfunktionen oberhalb der x-Achse.

Beispiele:

$y = 2^x$; $y = 10^x$; $y = (\frac{1}{2})^x$; $y = 5^{-x}$

sind Exponentialfunktionen.

Wenn die Basis positiv ist, zum Beispiel $a = 2$, dann muß auch jede Potenz 2^x positiv sein, zum Beispiel ist $2^{-3} = 0{,}125$.

Der Leser hat den Umgang mit Potenzen ja bereits an verschiedenen Stellen kennengelernt (s. S. 73 ff.). So wird es nicht schwer sein, nachzuvollziehen, daß die Funktion $y = a^x$ für die Basen $a > 1$ *streng monoton steigend* und für die Basen $0 < a < 1$ *streng monoton fallend* verläuft. Eine Potenz mit einer Basis $a > 1$ wächst nämlich mit größer werdendem Exponenten, und eine Potenz mit einer Basis $0 < a < 1$ fällt dagegen, wenn der Exponent wächst.

Beispiel:

Mit $3 < 5$ ist $\quad 2^3 < 2^5 \quad \Leftrightarrow \quad 8 < 32$

mit $3 < 5$ ist $\quad 0{,}5^3 > 0{,}5^5 \quad \Leftrightarrow \quad 0{,}125 > 0{,}03125$

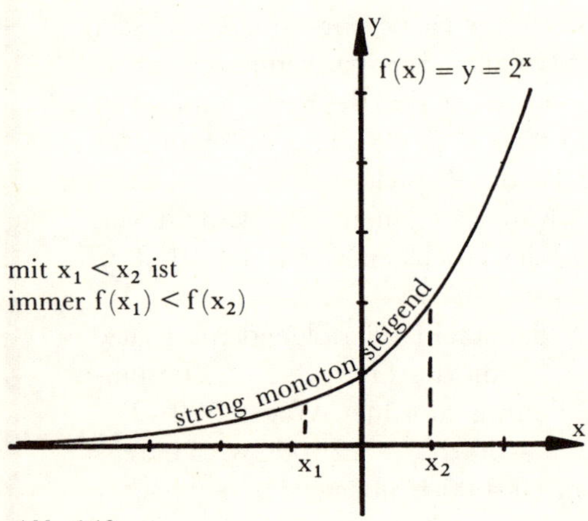

Abb. 149

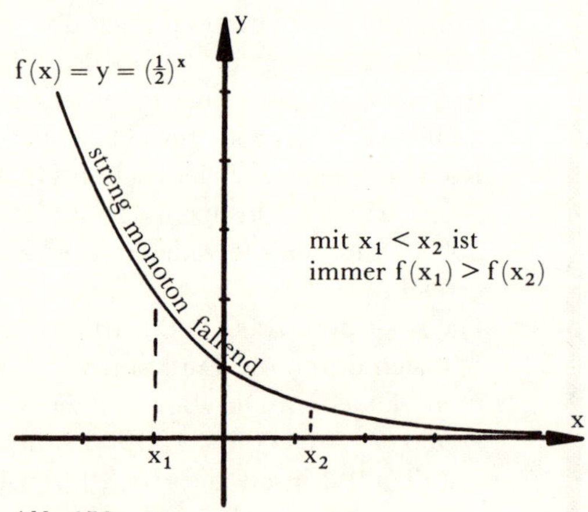

Abb. 150

Nun folgt aus der Beziehung $a^0 = 1$, daß jede Exponentialfunktion durch den Punkt (0/1) verläuft. Weiter überlegt man sich mit Hilfe der stets gültigen Umformung: $a^{-x} = \frac{1}{a^x} = \left(\frac{1}{a}\right)^x$, daß die Graphen der Funktionen $y = a^x$ und $y = \left(\frac{1}{a}\right)^x$ symmetrisch zueinander bezüglich der y-Achse verlaufen: $f(x) = f(-x)$ (s. S. 123).

Aus der letzten Abbildung geht auch hervor, daß die Graphen der Exponentialfunktionen um so höher für positive x verlaufen, je größer die Basis a ist; für negative x verlaufen die Graphen um so höher, je kleiner die Basis a ist (s. auch Abb. 157).

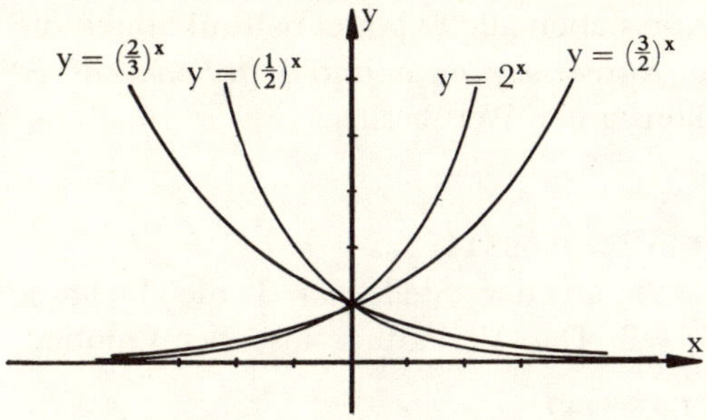

Abb. 151 Der Graph der Exponentialfunktion $y = a^x$ geht aus dem der Funktion $y = (\frac{1}{a})^x$ durch Spiegelung an der Y-Achse hervor

$$a > b \Rightarrow a^x > b^x \quad \text{für} \quad x \in \mathbb{R}^+ \quad (a \text{ und } b > 0)$$

$$a > b \Rightarrow a^x < b^x \quad \text{für} \quad x \in \mathbb{R}^- \quad (a \text{ und } b > 0)$$

Beispiele:

1. Da $8 > 5$, deshalb auch $8^4 > 5^4$.

2. Da $8 > 5$, deshalb auch $8^{-4} < 5^{-4}$.

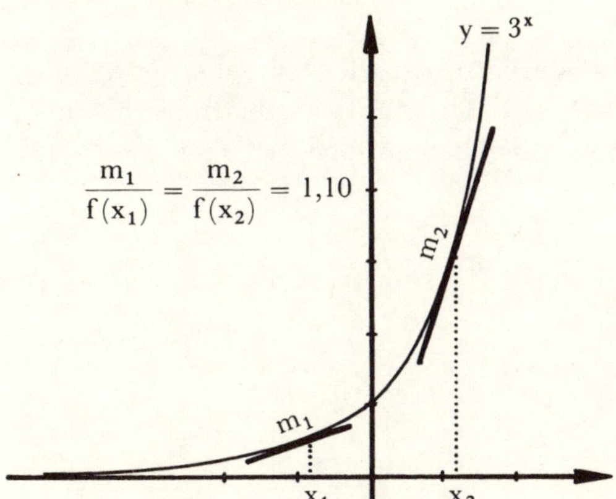

Abb. 152 Mit wachsendem x steigen die Funktionswerte und die zugehörigen Steigungen

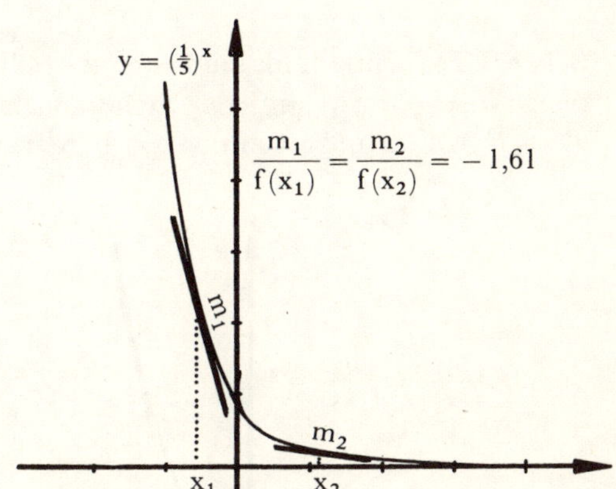

Abb. 153 Mit wachsendem x fallen die Funktionswerte und die Steigungen vom Betrage her

Versteht man unter der Steigung m der Kurve (s. S. 151) in einem Punkt die Steigung der zugehörigen *Tangente* an den Kurvenpunkt, so kann man sagen, daß die Steigung der Exponentialkurve $y = a^x$ für $a > 1$ mit wachsendem x zunimmt und für $0 < a < 1$ mit wachsendem x betragsmäßig abnimmt.

Mit wachsendem x steigen bei der Exponentialfunktion $y = a^x$ also sowohl die Funktionswerte als auch die zugehörigen Kurvensteigungen, wenn $a > 1$ ist; mit wachsendem x fallen sowohl die Funktionswerte als auch die Steigungen vom Betrag her an jeweils derselben Stelle, falls $0 < a < 1$ ist. Allerdings sind die Steigungen für $0 < a < 1$ stets negativ (s. S. 153), jedoch vom Betrage her *streng monoton fallend.* Nun haben alle Exponentialfunktionen die besondere Eigenschaft, daß das *Verhältnis* aus der *Kurvensteigung* m_1 und dem *Funktionswert* $f(x_1)$ an ein und derselben Stelle immer einen konstanten Wert besitzt.

Beispiele:

Für die Basis $a = 2$ heißt dieser konstante Wert $\ln 2 = 0{,}693147\ldots$

Zum Beispiel beträgt bei der Funktion $y = 2^x$ an der Stelle $x = 3$ die Steigung $m_1 = 5{,}545177\ldots$ und der Funktionswert $f(3) = 8$. Das Verhältnis, also der Quotient $\frac{m_1}{f(x_1)} = \frac{5{,}545177}{8}$, hat immer den Wert $\ln 2 = 0{,}693147$.

Für die Basis $a = 10$ heißt dieser konstante Wert $\ln 10 = 2{,}302585\ldots$ Die Steigung der Funktion $y = 10^x$ an der Stelle $x = 4$ beträgt $m_1 = 23025{,}85$ und der Funktionswert $f(4) = 10000$, also ergibt sich $\frac{m_1}{f(x_1)} = \frac{23025{,}85}{10000} = 2{,}302585$.

Mit den Mitteln der *Differentialrechnung* läßt sich zeigen, daß allgemein bei der Basis a dieser konstante Quotient ln a (s. S. 198) heißt (*).

Zwischen den beiden Exponentialfunktionen $y = 2^x$ und $y = 10^x$ muß es eine Exponentialfunktion mit einer anderen Basis $2 < a < 10$ geben, bei der dieser konstante Quotient gleich 1 ist:

Bei der Exponentialfunktion $y = e^x$; $x \in \mathbb{R}$, ist das Verhältnis aus der Kurvensteigung und dem Funktionswert an jeder Stelle konstant gleich 1. Die Zahl e heißt Eulerzahl mit $e = 2{,}71828\ldots$ und ist in der Mathematik von großer Bedeutung.

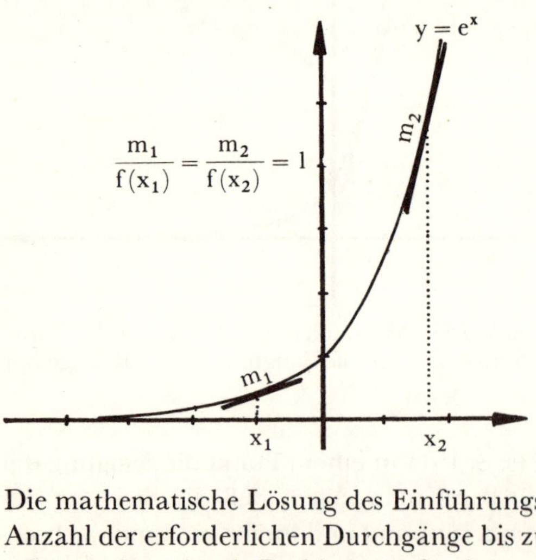

Abb. 154 Die Funktionswerte $f(x_1)$ und die Steigungen m_1 sind an zugehörigen Stellen gleich

Die mathematische Lösung des Einführungsbeispieles läßt noch einige Wünsche offen. Die Anzahl der erforderlichen Durchgänge bis zum Erreichen der Höchsteinsatzgrenze ist mehr oder weniger durch Probieren gefunden worden. Jetzt soll ein korrekter mathematischer Weg aufgezeigt werden.

(*) $y = a^x \Rightarrow y' = a^x \cdot \ln a \Rightarrow \frac{y'}{y} = \frac{a^x \cdot \ln a}{a^x} = \ln a$

Der Logarithmus von einer Zahl b zur Basis a ist diejenige Zahl c, mit der man a potenzieren muß, um b zu erhalten:

$\log_a b = c \quad \Leftrightarrow \quad a^c = b \quad \text{mit } a \in \mathbb{R}^+ \setminus \{1\}, \quad b \in \mathbb{R}^+, \quad c \in \mathbb{R}$

Der Logarithmus ist folglich geeignet, um bei einer gegebenen Basis a und einem gegebenen Potenzwert b, den Exponenten c aufzusuchen.

Beispiele:

1. $8 = 2^x \quad \Leftrightarrow \quad \log_2 8 = x \quad \Rightarrow \quad x = 3$

2. $10000 = 10^x \quad \Leftrightarrow \quad \log_{10} 10000 = x \quad \Rightarrow \quad x = 4$

Nun haben wir das Rüstzeug, zu einer Exponentialfunktion die entsprechende *Umkehrfunktion* (s. S. 126) zu erstellen.

Exponentialfunktion	$f\colon\ y = a^x$;	$\mathbb{D} = \mathbb{R}$;	$\mathbb{W} = \mathbb{R}^+$
Umkehrung	$f^{-1}\colon\ x = a^y$		
Logarithmusfunktion	$f^{-1}\colon\ y = \log_a x$;	$\mathbb{D} = \mathbb{R}^+$;	$\mathbb{W} = \mathbb{R}$

Die Logarithmusfunktion $y = \log_a x$; $x \in \mathbb{R}^+$, $a \in \mathbb{R} \setminus \{1\}$, ist die Umkehrfunktion der Exponentialfunktion $y = a^x$; $x \in \mathbb{R}$, und umgekehrt.

Die Logarithmusfunktion ist nur für positive Argumente x definiert, da ja auch jede Potenz einer positiven Basis positiv sein muß.

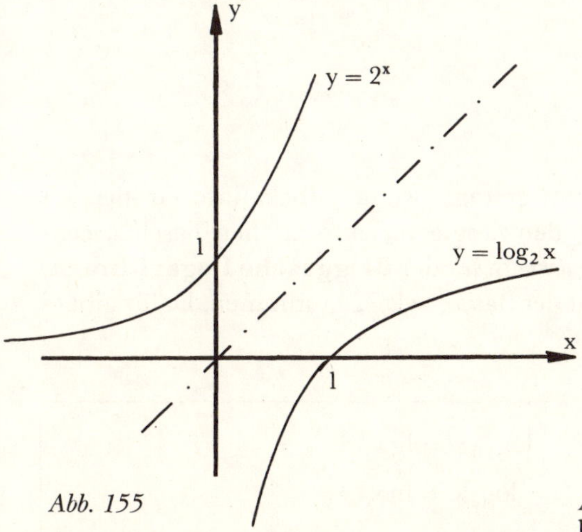

Abb. 155

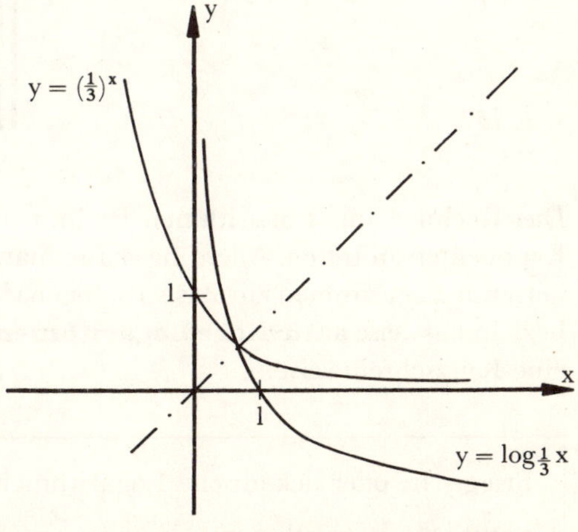

Abb. 156 Die Exponentialfunktion als Umkehrfunktion der Logarithmusfunktion

Der Graph einer Exponentialfunktion zur Basis a geht aus der Logarithmusfunktion zur Basis a durch Spiegelung an der Winkelhalbierenden des I. und III. Quadranten hervor und umgekehrt. Wegen $a^0 = 1 \Leftrightarrow \log_a 1 = 0$ verlaufen alle Logarithmusfunktionen durch den Punkt (1/0) auf der x-Achse.

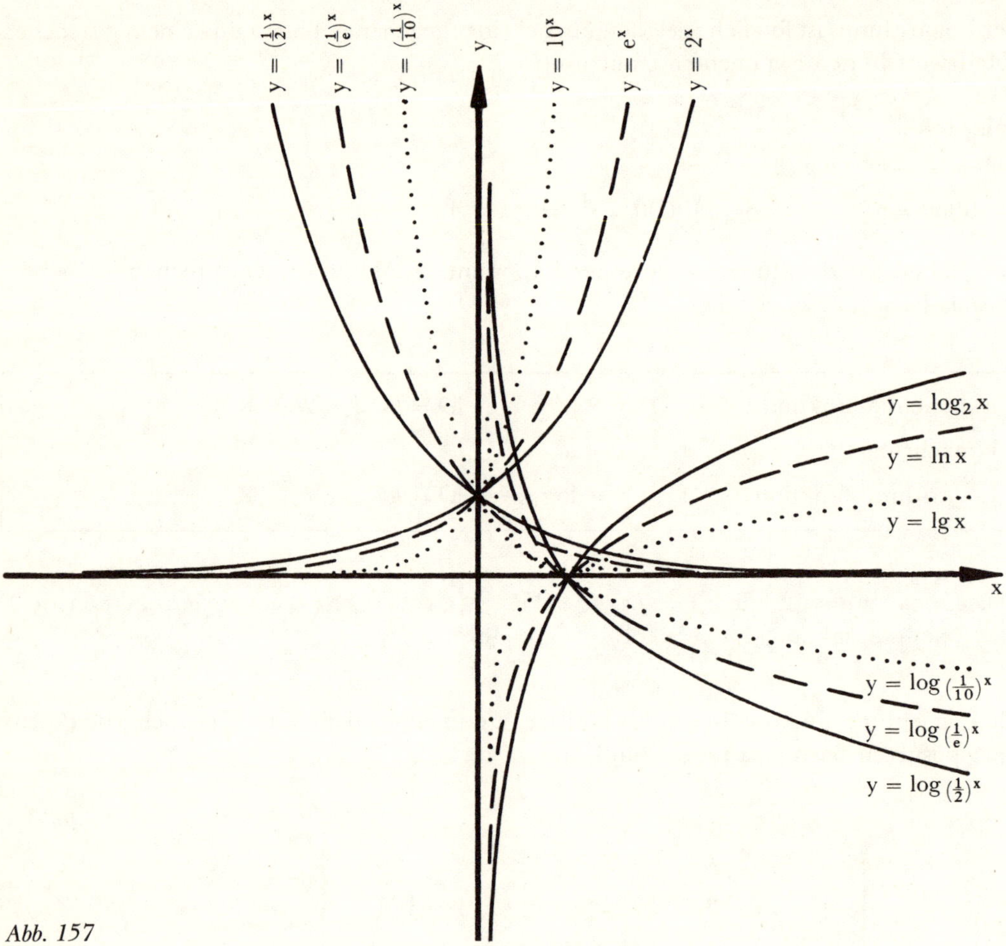

Abb. 157

Das Rechnen mit Logarithmen ist immer dann gefragt, wenn unbekannte Größen im Exponenten auftreten. Allerdings kann man mit den gängigen elektronischen Taschenrechnern nur Logarithmen zur Basis 10, sogenannte *dekadische* oder **Briggssche Logarithmen**, beziehungsweise **natürliche Logarithmen** mit der Basis $e \approx 2{,}72$ bestimmen. Dafür gibt es eine Kurzschreibweise:

Briggssche oder dekadische Logarithmen:	$\log_{10} x = \lg x$
natürliche Logarithmen:	$\log_e x = \ln x$

Auf einem Taschenrechner findet man die Taste [log] für den dekadischen Logarithmus und die Taste [ln] für den natürlichen Logarithmus.

Wenn nun [log] und [ln] die einzigen Tasten auf dem Taschenrechner sind, mit deren Hilfe man einen Logarithmus bestimmen kann, muß es doch möglich sein, Logarithmen bezüglich einer anderen Basis als 10 oder e zu ermitteln.

Beispiel:

Wir wollen diese Möglichkeit anhand unseres Einführungsbeispiels entwickeln. In unserem Einführungsbeispiel von Seite 193 ist die Lösung mehr durch Probieren als rein rechnerisch gefunden worden. Die mathematische Behandlung unseres Problems mit dem Roulettespieler läßt sich so ansetzen:

$$100000 = 500 \cdot 2^x \quad \Leftrightarrow \quad 200 = 2^x, \qquad \text{also } x = \log_2 200.$$

Leider können Logarithmen zur Basis 2 weder mit dem Taschenrechner noch mit einer Tabelle direkt bestimmt werden. Deshalb soll jetzt eine sogenannte **Basistransformation** durchgeführt werden, mit deren Hilfe der gesuchte Logarithmus zur Basis 2 durch Logarithmen zur Basis 10 oder e ausgedrückt wird.

Nach der Definition des Logarithmus: $\log_a b = c \Leftrightarrow a^c = b$ folgt $a^{\log_a b} = b$, wenn man die 1. Gleichung in der zweiten verwendet. Damit ist es uns gelungen, eine beliebige Zahl b als Potenz von einer beliebigen anderen Zahl a darzustellen. Es ist folglich auch möglich, das Argument 200 unseres zu bestimmenden Ausdrucks $x = \log_2 200$

als Potenz von 10: $\qquad 200 = 10^{\lg 200}$

oder

als Potenz von 2 darzustellen: $\qquad 200 = 2^{\log_2 200}$

Nach dem *Transitivitätsgesetz* folgt hieraus die Zulässigkeit des Vergleichs: $10^{\lg 200} = 2^{\log_2 200}$.

Nun kann ebenso die Basis 2 als Potenz von 10 geschrieben, $2 = 10^{\lg 2}$, und in der letzten Beziehung verwendet werden:

$$10^{\lg 200} = (10^{\lg 2})^{\log_2 200} \quad \text{oder} \quad 10^{\lg 200} = 10^{\lg 2 \cdot \log_2 200}$$

(Potenzgesetz, s. S. 73 ff.)

Wenn die Potenzen insgesamt und auch die Basen übereinstimmen, so muß dies ebenfalls bei den Exponenten der Fall sein, also gilt:

$\lg 200 = \lg 2 \log_2 200$ und damit

$$\log_2 200 = \frac{\lg 200}{\lg 2} = \frac{2{,}30}{0{,}30} = 7{,}64.$$

Damit haben wir rein rechnerisch den Exponenten in der Gleichung $100000 = 500 \cdot 2^x$ mit $x = 7{,}64$ bestimmt.

Damit haben wir rein rechnerisch den Exponenten in der Gleichung $100000 = 500 \cdot 2^x$ mit $x = 7{,}64$ bestimmt.

In der Aufgabenstellung von S. 193 ist $x = d - 1$, also wird der Höchsteinsatz rechnerisch mit dem 8,64-ten Durchgang und somit real mit dem 9. Durchgang überschritten.

Im Beispiel wurde der *Briggssche Logarithmus* gewählt. Analog kann jedes andere Logarithmensystem verwendet werden:

Basistransformation:

Für $a \in \mathbb{R}^+ \setminus \{1\}$; $x \in \mathbb{R}^+$, ist folgende Umformung zulässig:

$$\log_a x = \frac{\lg x}{\lg a} = \frac{\ln x}{\ln a}$$

$$\ln x = \frac{\lg x}{\lg e} = \frac{\lg x}{0{,}434294}$$

Beispiele:

1. $\log_2 14 = \frac{\lg 14}{\lg 2} = \frac{1{,}14613}{0{,}30103} = 3{,}80735$

oder

$\log_2 14 = \frac{\ln 14}{\ln 2} = \frac{2{,}63906}{0{,}69315} = 3{,}80735$

es ist nämlich $2^{3{,}80735} = 14$

2. $\log_5 7 = \frac{\lg 7}{\lg 5} = \frac{0{,}84510}{0{,}69897} = 1{,}20906$

oder

$\log_5 7 = \frac{\ln 7}{\ln 5} = \frac{1{,}94591}{1{,}60944} = 1{,}20906$

es ist nämlich $5^{1{,}20906} = 7$.

Logarithmen hatten vor dem Zeitalter der elektronischen Taschenrechner in der Schule einen höheren Stellenwert. Höhere Rechenarten lassen sich nämlich über Logarithmen auf niedere zurückführen (s. Logarithmengesetze); dazu wurden früher umfangreiche Tabellen mit *Briggsschen* oder *natürlichen Logarithmen* verwendet. Mit der Verbreitung der Taschenrechner wurden diese Tabellen überflüssig. Nicht überflüssig sind allerdings die sogenannten **Logarithmengesetze**, mit deren Hilfe zusammengesetzte Ausdrücke, insbesondere mit Potenzen, vorteilhaft berechnet werden können.

Wir wollen zunächst der Frage nachgehen, welcher Logarithmus dem Produkt $x \cdot y$ zugeordnet wird.

Jede beliebige Zahl x läßt sich als Potenz einer anderen beliebigen Basis a darstellen (s. S. 199):

$$x = a^{\log_a x}$$

Beispiele:

$5 = 10^{\lg 5}$; $2 = 3^{\log_3 2} = 3^{0,630929754}$; $10 = e^{\ln 10} = e^{2,302585093}$

Ein Produkt hat demnach die Darstellung:

$x \cdot y = a^{\log_a x} \cdot a^{\log_a y}$

oder $x \cdot y = a^{\log_a x + \log_a y}$ nach dem Potenzgesetz (s. S. 75)

oder $(x \cdot y) = a^{\log_a (x \cdot y)}$ nach Definition des Logarithmus.

Ein Vergleich der Exponenten ergibt die *1. Logarithmenregel.*

Der Logarithmus eines Produktes ist gleich der Summe der Faktorlogarithmen:

$$\log_a (xy) = \log_a x + \log_a y \quad \text{für alle } x, y \in \mathbb{R}^+$$

Beispiel:

Es ist $\log_2 8 = 3$ und $\log_2 32 = 5$
also $\log_2 (8 \cdot 32) = \log_2 256 = \log_2 8 + \log_2 32 = 3 + 5 = 8$
Kontrolle: $2^8 = 256$

Berücksichtigt man $a^0 = 1$, also $\log_a 1 = 0$, so erhält man

$$\log_a 1 = \log_a \left(x \cdot \frac{1}{x}\right) = \log_a x + \log_a \left(\frac{1}{x}\right) = 0 \iff \log_a x = -\log_a \left(\frac{1}{x}\right)$$

und damit die *2. Logarithmenregel*:

Der Logarithmus eines Quotienten ist gleich der Differenz der Logarithmen von Zähler und Nenner:

$$\log_a \left(\frac{x}{y}\right) = \log_a \left(x \cdot \frac{1}{y}\right) = \log_a x - \log_a y \quad \text{für alle } x, y \in \mathbb{R}^+$$

Beispiel:

$\log_{10} 10000 = \lg 10000 = 4$ und $\lg 1000000 = 6$
also ist $\lg \frac{1000000}{10000} = \lg 100 = 6 - 4 = 2$
Kontrolle: $10^2 = 100$

Aus den ersten beiden Logarithmenregeln lassen sich die *3.* und *4. Logarithmenregel* unmittelbar herleiten:

Der Logarithmus einer Potenz ist gleich dem Produkt aus dem Exponenten und dem Logarithmus der Basis.

$$\log_a(x^q) = q \cdot \log_a x \quad \text{für alle } x \in \mathbb{R}^+;\ q \in \mathbb{R}\setminus\{0\}$$

Dies läßt sich auf Wurzeln übertragen

$$\log_a(\sqrt[q]{x}) = \frac{1}{q} \cdot \log_a x \quad \text{für alle } x \in \mathbb{R}^+;\ q \in \mathbb{R}\setminus\{0\}$$

Beispiele:

1. $\sqrt[2]{10000} = x$; $\lg 10000 = 4 \Rightarrow \lg\sqrt[2]{10000} = \frac{4}{2} = 2$ und somit $x = 100$

2. $\sqrt[2]{10000} = x$; $\ln 10000 = 9{,}210340372 \Rightarrow \ln\sqrt[2]{10000} = \dfrac{9{,}210340372}{2} = 4{,}605170186$

In der Tat ist $\ln 100 = 4{,}605170186$.

Anwendungen der Logarithmenregeln:

1. Man bestimme x in folgender Exponentialgleichung:

$$2^x \cdot 4^3 = \sqrt[2]{5} \xrightarrow[\text{Logarithmieren}]{} x \cdot \lg 2 + 3 \cdot \lg 4 = \tfrac{1}{2} \cdot \lg 5$$

$$\Leftrightarrow \quad x = \frac{\frac{1}{2} \cdot \lg 5 - 3 \cdot \lg 4}{\lg 2}$$

$$\Leftrightarrow \quad x = -4{,}839035953$$

2.

$$\frac{3^{x+1}}{5} \cdot 2^x = 12 \xrightarrow[\text{Logarithmieren}]{} (x+1)\ln 3 - \ln 5 + x \cdot \ln 2 = \ln 12$$

$$\Leftrightarrow \quad x(\ln 3 + \ln 2) = \ln 12 + \ln 5 - \ln 3$$

$$\Leftrightarrow \quad x = \frac{\ln 20}{\ln 6}$$

$$\Leftrightarrow \quad x = 1{,}671950017$$

Übungen:

1. Bestimmen Sie die Lösungsmenge folgender Exponentialgleichungen bzw. Exponentialungleichungen:

a) $3^x = 5$ b) $2^{x+1} = 15$ c) $e^x = 1$ d) $10^x \leqq 3{,}2$

2. a) $5^x = 625^2$ b) $2^x < 1$ c) $2^x = \dfrac{1}{\sqrt{2}}$ d) $(\sqrt{5})^x = 25$

3. a) $5^{2x} \cdot 6 = 3^x$ b) $10^{x+x^2} = 3$ c) $2 \cdot 3^{x+1} = 54$

4. Bestimmen Sie die Lösung folgender Gleichungen durch eine geeignete Substitution:

a) $3 \cdot 2^{2x} - 18 \cdot 2^x = 48$ (Substitution: $2^x = y$) b) $4^{2x} - 24 \cdot 4^x = -128$

c) $64^{4x} = 16 \cdot 64^{2x}$ d) $25^{2x} - 10 \cdot 5^{2x} - 14375 = 0$

5. Lösen Sie folgende **logarithmische Gleichungen:**

a) $4 \cdot \lg x = \lg 16$ b) $0{,}5 + 2 \cdot \lg x = \lg 13$ c) $3 \cdot \lg x - 5 \lg x = \lg 16$

d) $-\lg x + 4 \lg 7 = 18$ e) $3 \log_4 5 = \lg x$ f) $4 \cdot \log_e 6 - 3 \log_2 8 = -\lg x$

6. Ein Kapital von 120 000,– € wird mit Zinseszinsen zu 6% angelegt.

a) Durch welche Exponentialfunktion wird das **exponentielle Wachstum** des Kapitals beschrieben?

b) Auf welche Summe ist das Kapital nach 10 Jahren angewachsen?

c) Wann sind die 120 000,– € Grundkapital auf 1 000 000,– € angewachsen?

Bei der Zinsesverzinsung handelt es sich um einen synthetischen Wachstumsprozeß; hierbei wird im Gegensatz zu natürlichen Wachstumsprozessen der Wachstumszuschlag erst nach Ablauf einer bestimmten Frist vorgenommen; das Wachstum vollzieht sich damit sprungartig (vgl. S. 146, *unterjährige Verzinsung*). Die Berechnungsformel für das Kapital bei der unterjährigen Verzinsung ändert sich mit der Anzahl m und der Länge der Zinsperioden, bis letztlich beliebig kleine und damit unendlich viele Zinsperioden auftreten. Es entsteht schließlich die Formel für die *stetige Verzinsung*, auf die hier nicht näher eingegangen werden kann; bei Naturprozessen spricht man von dem *stetigen Wachstum* bzw. von dem *stetigen Zerfall*.

Zinsesverzinsung: $K_n = K_0 \left(1 + \frac{p}{100}\right)^n$

unterjährige Verzinsung: $K_n = K_0 \left(1 + \frac{p}{100 \cdot m}\right)^{p \cdot m}$

stetige Verzinsung: $K_n = K_0 \cdot e^{\frac{p}{100} \cdot n}$

stetiges Wachstum: $M_n = M_0 \cdot e^{\frac{p}{100} \cdot n}$

stetiger Zerfall: $M_n = M_0 \cdot e^{-\frac{p}{100} \cdot n}$

K_0 = Anfangsbestand
K_n = Endbestand nach n Jahren
p = Zinssatz
m = Anzahl der Zinsperiode
M_0 = Anfangsbestand
M_n = Endbestand nach n Jahren
e = Eulerzahl = 2,71828...

7. Die radioaktive Substanz Wismut zerfällt (stetig) allmählich und wandelt sich dabei in Polonium um.

a) Welche Masse ist von 10 g Wismut noch nach 12 Tagen vorhanden, wenn täglich 13% zerfallen?

b) Wann ist nur noch 1 g Wismut übrig?

c) Wann ist nur noch die Hälfte der ursprünglichen Masse von 10 g vorhanden (*Halbwertszeit*)?

8. Wenn man davon ausgeht, daß sich die Erdbevölkerung jährlich um 1,6% vermehrt (*Wachstumsrate*), so wird sich die Bevölkerungszahl von 1987 (ungefähr 5 Mrd. Menschen) irgendwann verdoppelt haben.
Wann ist dies der Fall?

Lösungen Seite 734.

Spezielle Gleichungen und Ungleichungen

Bruchgleichungen und Bruchungleichungen

Viele Problemstellungen des Alltages führen auf Gleichungen, bei denen die unbekannte Größe im Nenner eines vorkommenden Bruchtermes auftritt.

Gleichungen, die mindestens eine Unbekannte in dem Nenner eines vorkommenden Terms besitzen, nennt man Bruchgleichungen. In analoger Weise ist der Begriff Bruchungleichung zu verstehen.

Beispiele:

$\frac{3x}{4} = \frac{2x}{3} + \frac{1}{2}$ ist eine lineare Gleichung, aber keine Bruchgleichung.

$\frac{1}{2}x^2 + \frac{2}{3}x = 0$ ist eine quadratische Gleichung, aber keine Bruchgleichung.

$\frac{4}{x} + \frac{1}{2} = 5x$ ist eine Bruchgleichung.

$\frac{14}{x^2} + \frac{1}{x} < 0$ ist eine Bruchungleichung.

In dem Hauptthema Bruchterme (s. S. 103) ist alles beschrieben, was beim Umgang mit Bruchtermen zu beachten ist; besonderes Interesse verdient dabei die Festlegung des *Definitionsbereiches* eines Bruchterms und des Definitionsbereiches der gesamten Bruchgleichung:

Der Definitionsbereich $\mathbb{D}$ einer Bruchgleichung bzw. Bruchungleichung ist die Schnittmenge der Definitionsbereiche aller auftretenden Bruchterme; dabei ist die jeweils zulässige Grundmenge G zu beachten.

Einführungsbeispiel:

Bei einer Parallelschaltung berechnet sich der Gesamtwiderstand R als Kehrwert aus der Summe der inversen n (umgekehrten) Einzelwiderstände R_1, R_2, R_3 und R_4. Wie berechnet sich der Gesamtwiderstand R der in der Abbildung gezeigten Parallelschaltung?

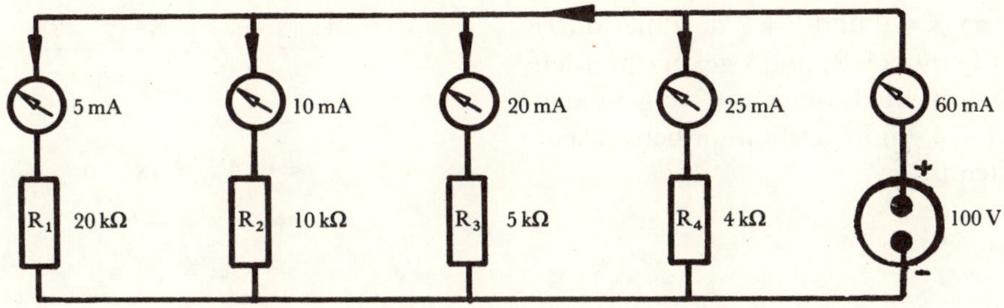

Abb. 158

Der Gesamtwiderstand berechnet sich nach der Beziehung:

$$\frac{1}{R} = \frac{1}{20} + \frac{1}{10} + \frac{1}{5} + \frac{1}{4} \quad \Leftrightarrow \quad \frac{1}{R} = \frac{1+2+4+5}{20} \quad \Leftrightarrow \quad \frac{1}{R} = \frac{12}{20}$$

$$\Leftrightarrow \quad \frac{1}{R} = \frac{3}{5} \quad \Leftrightarrow \quad R = \frac{5}{3}\,k\Omega$$

Der für R gültige Grundmenge ist $G = \mathbb{Q}^+$ und folglich lautet der zulässige Definitionsbereich $\mathbb{D} = \mathbb{Q}^+$, da die Division durch Null nicht definiert ist. Somit ergibt sich als Lösung $\mathbb{L} = \{\frac{5}{3}\}$.
Etwas schwieriger wird die Rechnung, wenn ein Einzelwiderstand, zum Beispiel R_2, gesucht ist und der Gesamtwiderstand mit 0,4 Kiloohm vorgegeben ist. In diesem Fall sieht die zugehörige Rechnung so aus, wenn der gesuchte Widerstand R_2 mit x bezeichnet wird:

$$\frac{1}{0{,}4} = \frac{1}{20} + \frac{1}{x} + \frac{1}{5} + \frac{1}{4} \quad \Leftrightarrow \quad \frac{50x}{20x} = \frac{x + 20 + 4x + 5x}{20x}$$

Der Hauptnenner der zu addierenden Brüche ist 20x; der Bruch auf der linken Gleichungsseite muß mit 50x, die anderen mit x, 20, 4x und mit 5x (in dieser Reihenfolge) erweitert werden.

$$\Leftrightarrow \quad 50x = x + 20 + 4x + 5x \quad \Leftrightarrow \quad 40x = 20 \quad \Leftrightarrow \quad x = \tfrac{1}{2}$$

Der Einzelwiderstand R_2 muß 0,5 Kiloohm betragen.

An dem Beispiel wird deutlich, daß die Regeln der *Bruchrechnung* wieder einmal eine dominante Rolle spielen. Weitere Beispiele sollen jetzt verschiedene Bruchgleichungstypen vorstellen.

Beispiele:

1. $\frac{4}{x-2} = \frac{3}{x}$; $G = \mathbb{R}$ und $\mathbb{D}_1 = \mathbb{R}\backslash\{2\}$; $\mathbb{D}_2 = \mathbb{R}\backslash\{0\} \Rightarrow \mathbb{D} = \mathbb{R}\backslash\{0; 2\}$

Im 1. Bruchterm darf für x nicht die Zahl 2, im 2. Bruchterm nicht die Zahl 0 eingesetzt werden. Der Hauptnenner lautet $x(x-2)$, beide Seiten werden damit multipliziert:

Wegen $x \neq 0$ und $x \neq 2$ darf hier durch den Term $(x-2)$ und x gekürzt werden. Damit ist die Lösung $x = -6$ gefunden, weil $x = -6$ im Definitionsbereich enthalten ist.

$$\frac{4x(x-2)}{x-2} = \frac{3x(x-2)}{x}$$

$$\Leftrightarrow \quad 4x = 3(x-2)$$

$$\Leftrightarrow \quad 4x = 3x - 6$$

$$\Leftrightarrow \quad x = -6$$

$$\Rightarrow \quad \mathbb{L} = \{-6\}$$

2. Es wird jeder Bruchterm durch entsprechende Multiplikation zum Hauptnenner $H = (x-1)(x-2)$ erweitert. Die nachfolgenden Äquivalenzumformungen führen auf eine allgemeingültige Aussage, woraus die maximal mögliche Definitionsmenge als Lösungsmenge folgt. Hier kann also jede beliebige Zahl aus $\mathbb{R}\backslash\{1; 2\}$ eingesetzt werden, um eine wahre Aussage zu erhalten.

$$\frac{x}{x-1} + \frac{2}{x-2} = \frac{1}{x-1} + \frac{x}{x-2} \qquad G = \mathbb{R}$$

$$\frac{x(x-2) + 2(x-1)}{H} = \frac{(x-2) + x(x-1)}{H} \qquad \mathbb{D}_1 = \mathbb{R}\backslash\{1\}$$

$$x^2 - 2x + 2x - 2 = x - 2 + x^2 - x \qquad \mathbb{D}_2 = \mathbb{R}\backslash\{2\}$$

$$-2 = -2 \qquad \Rightarrow \mathbb{D} = \mathbb{R}\backslash\{1; 2\}$$

$$\Rightarrow \quad \mathbb{L} = \mathbb{D} = \mathbb{R}\backslash\{1; 2\}$$

3. Der Hauptnenner ist x + 4. Die Umformungen führen auf eine quadratische Gleichung, deren Lösungen mit der p–q-Formel (s. S. 177) bestimmbar sind. Allerdings kommt der gefundene Wert $x_1 = -4$ nicht im Definitionsbereich vor, weshalb die Lösungsmenge entsprechend einzuschränken ist.

$$G = \mathbb{R}; \quad \mathbb{D} = \mathbb{R} \mid \{-4\}$$

$$\frac{2x}{x+4} + \frac{8}{x+4} = x$$

$$2x + 8 = x(x+4)$$

$$2x + 8 = x^2 + 4x$$

$$x^2 + 2x - 8 = 0$$

$$x_{1;2} = -1 + \sqrt{1+8}$$

$$x_{1;2} = -1 \pm 3$$

$$x_1 = -4$$

oder $x_2 = 2$

$$\Rightarrow \quad \mathbb{L} = \{2\}$$

4. Dies ist eine Bruchgleichung mit einer sogenannten Formvariablen a. Von ihr hängt der Definitionsbereich ab. Ist zum Beispiel a = 1, so lautet

$\mathbb{D}_1 = \mathbb{R} \backslash \{-1\}$ und $\mathbb{D}_2 = \mathbb{R} \backslash \{-\frac{1}{3}\}$.

Wir müssen also den Definitionsbereich möglichst allgemein formulieren. Die Bruchgleichung ist für $x + a = 0$ und $3x + a = 0$ in $\mathbb{R} \times \mathbb{R}$ nicht definiert.
Deshalb gilt:

$$\mathbb{D} = \{(a; x) \mid x + a \neq 0 \ \wedge \ 3x + a \neq 0\}_{\mathbb{R} \times \mathbb{R}}$$

oder

$$\mathbb{D} = \{(a; x) \mid x \neq -a \ \wedge \ x \neq -\tfrac{a}{3}\}_{\mathbb{R} \times \mathbb{R}}.$$

$$G = \mathbb{R} \ \text{ für } x; \quad a \in \mathbb{R}$$

$$\frac{2x + 3a}{x + a} = \frac{2(3x + 2a)}{3x + a}$$

$$(2x + 3a)(3x + a) = 2(3x + 2a)(x + a)$$

$$6x^2 + 9ax + 2ax + 3a^2 = 6x^2 + 10ax + 4a^2$$

$$6x^2 + 11ax + 3a^2 = 6x^2 + 10ax + 4a^2$$

$$ax = a^2$$

$$x = \frac{a^2}{a}$$

$$x = a$$

Innerhalb dieser so benannten Definitionsmenge haben die vorstehenden Umformungen Gültigkeit. Da x die Bestimmungsvariable ist, lösen wir nach x auf. Die gefundene Lösung ist für $a = 0$ nicht definiert, da bei der letzten Umformung durch a gekürzt wurde. Für $a = 0$ geht die Ausgangsgleichung über in $\frac{2x}{x} = \frac{2 \cdot 3x}{3x} \Leftrightarrow 2 = 2$, also eine wahre Aussage für $x \neq 0$.

Somit lautet die Gesamtlösungsmenge:

Ist $a = 0$, so ist $\mathbb{L}_1 = \mathbb{R}\setminus\{0\}$

Für $a \in \mathbb{R}\setminus\{0\}$ ist $\mathbb{L}_2 = \left\{(a;x) \mid x = a \text{ und } x \neq -a \text{ und } x \neq -\frac{a}{3}\right\}_{\mathbb{R}\setminus\{0\} \times \mathbb{R}\setminus\{0\}}$

Wegen $a \neq 0$ ist $x = a$ und $x = -a$ bzw. $x = a$ und $x = -\frac{a}{3}$ nicht zugleich möglich.

Damit vereinfacht sich die Lösungsmenge:

$\mathbb{L}_2 = \{(a;x) \mid x = a\}_{\mathbb{R}\setminus\{0\} \times \mathbb{R}\setminus\{0\}}$.

Bruchgleichungen und Bruchungleichungen besitzen freilich viele Gemeinsamkeiten. Nur muß beim Umgang mit Bruchungleichungen natürlich beachtet werden, daß eine Multiplikation mit einer negativen Zahl das *Relationszeichen* umkehrt. Dies ist besonders dann schwierig zu beachten, wenn es sich dabei um eine Multiplikation mit einem Term handelt, der unbekannte Größen beinhaltet. In einem solchen Fall muß dann erst geklärt werden, wann dieser Term positiv ist und wann er einen negativen Wert annimmt. Oftmals muß dabei eine Fallunterscheidung behilflich sein.

Gegebene Bruchungleichungen versucht man am besten in die Form $\frac{T_1}{T_2} > 0$ oder etwa $\frac{T_1}{T_2} < 0$ zu überführen. Dann steht auf der einen Seite ein Quotient aus zwei Termen, der entweder positiv oder negativ ist. Von hier an führt eine Fallunterscheidung zum Ziel.

Die Untersuchung kann auch über die Umformung $\frac{T_1}{T_2} < 1$ bzw. $\frac{T_1}{T_2} > 1$ geführt werden, wie das 2. Beispiel zeigt.

Beispiele:

1. $G = \mathbb{R}; \quad \frac{x-1}{x+3} < \frac{x+1}{x-3} \quad \Rightarrow \quad \mathbb{D} = \mathbb{R}\setminus\{-3;3\}$

$$\Leftrightarrow \frac{x-1}{x+3} - \frac{x+1}{x-3} < 0 \quad \Leftrightarrow \quad \frac{(x-1)(x-3)-(x+1)(x+3)}{(x+3)(x-3)} < 0$$

$$\Leftrightarrow \frac{x^2-x-3x+3-(x^2+x+3x+3)}{x^2-9} < 0 \quad \Leftrightarrow \quad \frac{-8x}{x^2-9} < 0$$

Wenn ein Quotient negativ sein soll, gibt es dafür 2 mögliche Fälle:

1. Fall: $-8x < 0 \wedge x^2 - 9 > 0$

$\Leftrightarrow \quad x > 0 \wedge |x| > 3 \Rightarrow \mathbb{L}_1 = \{x \mid x > 3\}_{\mathbb{R}}$

2. Fall: $-8x > 0 \wedge x^2 - 9 < 0$

$\Leftrightarrow \quad x < 0 \wedge |x| < 3 \Rightarrow \mathbb{L}_2 = \{x \mid -3 < x < 0\}_{\mathbb{R}}$

und somit:

$\mathbb{L} = \mathbb{L}_1 \cup \mathbb{L}_2 = \{x \mid -3 < x < 0 \text{ oder } x > 3\}_{\mathbb{R}}$.

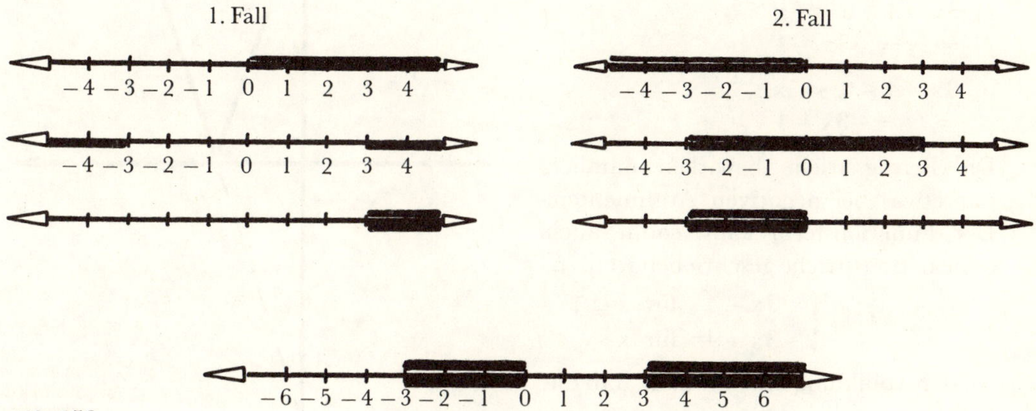

Abb. 159

2. $G = \mathbb{R}$; $\dfrac{3}{4} - \dfrac{2}{x} \leqq 1 + \dfrac{3}{2x} \quad \Rightarrow \quad \mathbb{D} = \mathbb{R} \setminus \{0\}$

$$\Leftrightarrow \quad \frac{3}{4} - \frac{2}{x} - \frac{3}{2x} \leqq 1 \quad \Leftrightarrow \quad \frac{3x - 8 - 6}{4x} \leqq 1 \quad \Leftrightarrow \quad \frac{3x - 14}{4x} \leqq 1$$

Die gefundene Ungleichung läßt sich mit Hilfe einer Fallunterscheidung lösen:

1. Fall: $4x > 0 \Rightarrow x > 0 \wedge 3x - 14 \leqq 4x$

$x > 0 \wedge -14 \leqq x \Rightarrow \mathbb{L}_1 = \mathbb{R}^+$

2. Fall: $4x < 0 \Rightarrow x < 0 \wedge 3x - 14 \geqq 4x$

$x < 0 \wedge -14 \geqq x \Rightarrow \mathbb{L}_2 = \{x \mid x \leqq -14\}_{\mathbb{R}}$

$\Rightarrow \mathbb{L} = \mathbb{L}_1 \cup \mathbb{L}_2 = \{x \mid x \leqq -14 \text{ oder } x > 0\}_{\mathbb{R}}$.

Betragsgleichungen und Betragsungleichungen

Auf Seite 44 ist der *Betrag einer Zahl* definiert. Selbstverständlich läßt sich diese Definition ohne weiteres auf Terme mit Variablen übertragen. Damit können dann sowohl Funktionen, die *Betragsterme* beinhalten, als auch Gleichungen und Ungleichungen mit Beträgen bearbeitet werden.

Bei der Untersuchung mit Variablen muß herausgefunden werden, bei welcher Belegung der Term in den Betragsstrichen positiv und bei welchen Werten der Term negativ wird.

Beispiele:

1. Wir untersuchen die **Betragsfunktion** $y = |3x - 4|;\ x \in \mathbb{R}$.
Für den in Betragsstrichen stehenden Term gibt es 2 Möglichkeiten:

a) $3x - 4 > 0 \Leftrightarrow x > \frac{4}{3}$
$\Rightarrow y = \ \ 3x - 4$

b) $3x - 4 < 0 \Leftrightarrow x < \frac{4}{3}$
$\Rightarrow y = -3x + 4$

Die Betragsstriche bewirken nämlich nur etwas bei negativen Argumenten. Der Funktionsterm kann somit auch ohne Betragsstriche geschrieben werden:

$$y = |3x - 4| = \begin{cases} 3x - 4 & \text{für } x \geqq \frac{4}{3} \\ -3x + 4 & \text{für } x < \frac{4}{3} \end{cases}$$

An der Abbildung erkennt man, daß die Betragsstriche eine Spiegelung an der x-Achse für denjenigen Kurventeil bedeutet, der unterhalb der x-Achse (negativer Funktionswert!) verliefe.

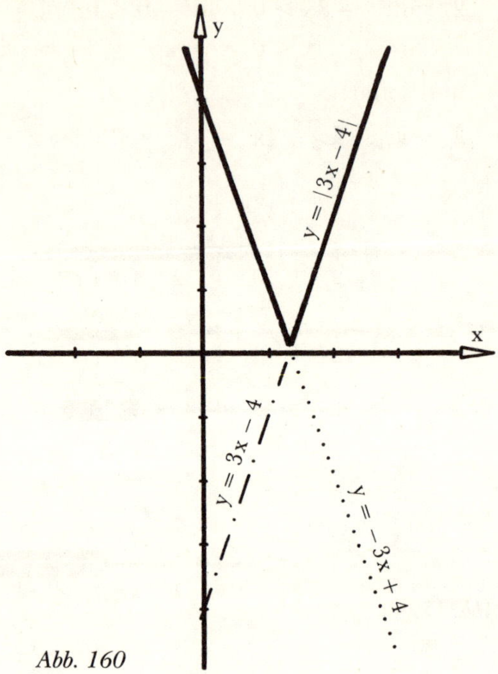

Abb. 160

2. Welche Werte erfüllen die Gleichung $|2x - 4| = 5$? $G = \mathbb{R}$

1. Fall: $2x - 4 \geqq 0 \Leftrightarrow x \geqq 2 \Rightarrow \quad 2x - 4 = 5 \Leftrightarrow x = 4{,}5 \quad \Rightarrow \mathbb{L}_1 = \{4{,}5\}$

2. Fall: $2x - 4 < 0 \Leftrightarrow x < 2 \Rightarrow -2x + 4 = 5 \Leftrightarrow x = -0{,}5 \Rightarrow \mathbb{L}_2 = \{-0{,}5\}$

Somit heißt die Gesamtlösungsmenge $\mathbb{L} = \mathbb{L}_1 \cup \mathbb{L}_2 = \{-0{,}5;\ 4{,}5\}$

Probe: $|2 \cdot (-0{,}5) - 4| = |-5| = 5;\quad |2 \cdot 4{,}5 - 4| = |5| = 5$

3. Wir betrachten die Gleichung $|x + 1| = |x + 4|$ in der Grundmenge $G = \mathbb{R}$. Schreibt man die vorkommenden Betragsterme ohne Betragsstriche,

$$|x + 1| = \begin{cases} x + 1 & \text{für } x \geqq -1 \\ -x - 1 & \text{für } x < -1 \end{cases}$$

$$|x + 4| = \begin{cases} x + 4 & \text{für } x \geqq -4 \\ -x - 4 & \text{für } x < -4 \end{cases}$$

so erkennt man, daß sich an den Vorzeichen der Terme in folgenden Intervallen nichts ändert:

$]-\infty; -4[;\ ]-4; -1[$ und $]-1; \infty[$.

Für $x = -4$ oder $x = -1$ geht die Aussageform jeweils in eine falsche Aussage über; folglich gehört weder $x = -4$ noch $x = -1$ mit zur Lösungsmenge.

Wir untersuchen also die drei möglichen Fälle:

1. Fall: $x < -4 \quad \Rightarrow \quad -x-1 = -x-4$
$-1 = -4$; falsche Aussage $\quad \Rightarrow \quad \mathbb{L}_1 = \{\ \}$

2. Fall: $-4 < x < -1 \quad \Rightarrow \quad -x-1 = x+4$
$-5 = 2x$
$x = -\frac{5}{2} \quad \Rightarrow \quad \mathbb{L}_2 = \{-2{,}5\}$

3. Fall: $x > -1 \quad \Rightarrow \quad x+1 = x+4$
$1 = 4$; falsche Aussage $\quad \Rightarrow \quad \mathbb{L}_3 = \{\ \}$

Also ergibt sich $\mathbb{L} = \mathbb{L}_1 \cup \mathbb{L}_2 \cup \mathbb{L}_3 = \{-2{,}5\}$

Probe: $|-2{,}5+1| = |-2{,}5+4| \quad \Leftrightarrow \quad |-1{,}5| = |1{,}5|$ wahre Aussage.

Übungen:

1. Lösen Sie in der Grundmenge $G = \mathbb{R}$ unter Berücksichtigung des gültigen Definitionsbereiches:

a) $\frac{x+3}{x} = 15$ b) $\frac{x+8}{2x} = \frac{4x+2}{5x}$ c) $\frac{54}{2x+4} = \frac{72}{3x+2}$

2. a) $\frac{2}{x+1} - \frac{3}{2x-2} = 0$ b) $\frac{2x}{x^2-4} = \frac{1}{x-2}$ c) $\frac{3}{x^2+9x-10} = \frac{4x}{x+10}$

3. a) $\frac{3}{x-1} - \frac{4}{x} = \frac{7}{x^2-x}$ b) $\frac{3x-7}{x-7} - \frac{3(7-2x)}{5x-35} = \frac{13}{5x-35}$

4. a) $\frac{x}{a} = b$ b) $\frac{1}{a+x} + \frac{1}{a-x} = \frac{1}{x}$ c) $\frac{a \cdot b}{a \cdot x} = 1$

5. Ein Kapital K_1 vermehrte sich in einem Jahr durch Zinsen auf 5928,– €. Ein anderes, um 200,– € größeres Kapital K_2, das mit einem um 2 % höheren Zinssatz verzinst wurde, wuchs im selben Zeitraum auf 6254,– € an.
Wie groß waren die Anfangskapitalien K_1 und K_2? Mit welchem Zinssatz wurde verzinst?

6. Der Quotient aus einer um 1 verminderten Zahl und der um 1 vergrößerten Zahl ist kleiner als 1.

7. Wenn man die um 1 vergrößerte Zahl durch sich selbst teilt, ergibt sich ein Quotient der größer als 2 ist.

8. Bestimmen Sie die Lösungsmenge in $G = \mathbb{R}$:

a) $\frac{1}{4-x} < -1$ b) $\frac{1-x}{x} > 2$ c) $\frac{2+x^2}{x-3} < x+2$

9. a) $\frac{1-e^x}{1+e^x} > 0$ b) $\left|\frac{x}{x+1}\right| < 1$

Lösungen Seite 736.

Ebene Geometrie

Geometrische Grundbegriffe

Gerade weil vieles in der Geometrie anschaulich „greifbar“ erscheint, ist es so schwierig, Begriffe verbindlich festzulegen bzw. ihre verbindliche Festlegung plausibel zu machen. So bestimmte etwa Euklid: „Ein Punkt ist, was keine Teile hat.“ Dies befriedigt zunächst, wird doch der Punkt damit als eine Art Atom (griechisch: atomos = unteilbar) der Geometrie beschrieben. Dennoch ist diese Festlegung nicht ohne Tücken: Theoretisch darf dann nämlich ein Punkt keine Ausdehnung haben, da jedes Scheibchen beliebig geringer Größe wieder teilbar ist. Wie aber kann ein Objekt *ohne* Ausdehnung solche *mit* Ausdehnung (Strecken, Figuren) bilden? Praktisch, etwa beim Zeichnen, besitzt jeder Punkt dagegen sehr wohl eine Ausdehnung, wie mehrfaches Vergrößern zeigt:

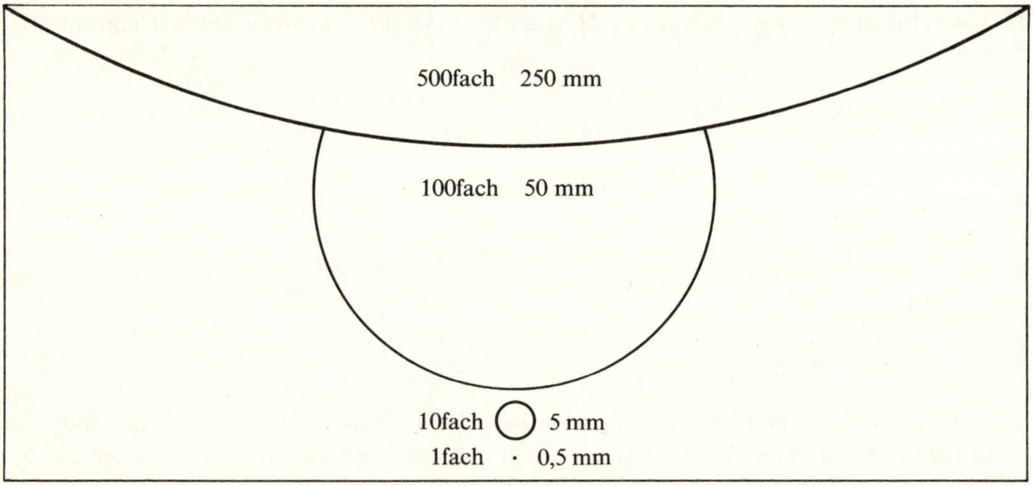

Abb. 161

Dieses Problem ist jedoch vergleichsweise einfach zu beseitigen: Im folgenden wollen wir unter den beschriebenen Objekten immer ihr theoretisches Idealbild und nicht ihre praktische Realisierung verstehen.
Solche Schwierigkeiten mit einer Interpretation aus der Anschauung heraus führten letztlich zu einer mengentheoretischen Konzeption der Geometrie. Trotz obiger Bedenken versteht man alle geometrischen Gebilde als Mengen von Punkten. So definiert man:

Eine **Ebene** E ist eine unendliche Punktmenge. Jeder Teil einer Ebene (der selbst endlich oder wieder unendlich sein kann) heißt **ebene Figur**.

Die Ausdehnung jeder Zeichenebene (z.B. ein Blatt Papier) ist dagegen aus technischen Gründen begrenzt. Für eine Ebene im geometrischen Sinn müßte man dieses Blatt nach allen Richtungen beliebig verlängern und dabei seine Dicke auf Null schrumpfen lassen, da eine Ebene nur *zweidimensional* ist. Malt man ein solches Blatt mit Punkten voll, verlängert es anschließend und reduziert das neue Blatt mit einem Fotokopiergerät auf das alte Format, so rücken die gezeichneten Punkte dichter zusammen, während an den Rändern Raum zum Weiterzeichnen freibleibt. Umgekehrt entsteht zwischen den gezeichneten Punkten bei jeder fotografischen Vergrößerung Platz für neue Punkte. Einen Eindruck von diesen Verschiebungen können Sie auch gewinnen, wenn Sie sich in einer klaren Nacht den Sternenhimmel zunächst mit bloßem Auge und anschließend durch einen Fotoapparat mit Zoomobjektiv bei verschiedenen Einstellungen anschauen.
Durch Herausgreifen und Verbinden zweier Punkte A und B der Ebene wird eine Strecke eindeutig festgelegt:

Die Strecke $\overline{AB}$ ist die Menge aller Punkte auf der kürzesten Verbindung von A nach B innerhalb der Ebene, einschließlich der beiden Randpunkte A und B selbst.
In Zeichen: $A \in \overline{AB}$; $B \in \overline{AB}$

Benutzt man die Strecke $\overline{AB}$ als „Visierlinie" oder legt auf dem Blatt ein Lineal an, so läßt sich die Strecke in beide Richtungen verlängern.

Die unbegrenzte Verlängerung einer Strecke $\overline{AB}$ in beide Richtungen heißt **Gerade AB** oder **Gerade g**. Die Strecke ist damit eine echte Teilmenge der Geraden.
In Zeichen: $\overline{AB} \subset g$

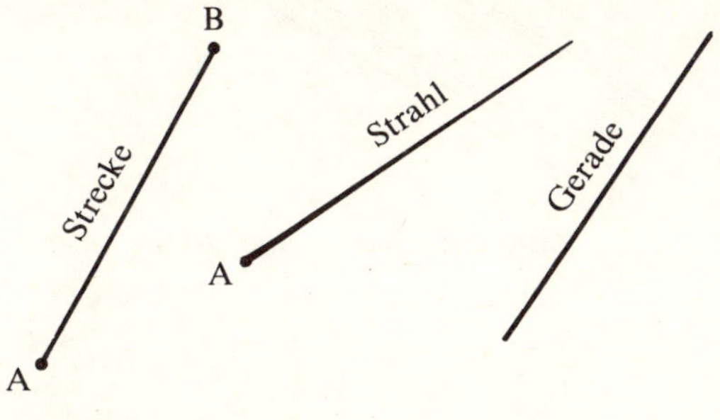

Abb. 162

Selbstverständlich kann man eine Strecke auch nur in eine Richtung verlängern. Das so entstehende Gebilde heißt **Halbgerade** oder **Strahl**. Halbgeraden/Strahlen haben also einen Anfangs-, aber keinen Endpunkt!
Halbgeraden kann man demnach als Teilmengen von Geraden ansehen. Liegt ein Punkt P auf einer Geraden g in einer Ebene, so sagt man, P *inzidiert* mit g und g *inzidiert* mit E; man spricht dann von einer **Inzidenzrelation**.

Liegen mehr als zwei Punkte auf derselben Geraden (mehr als drei Punkte in derselben Ebene), so bezeichnet man sie als **kollinear (komplanar)**.
Liegt ein Punkt P gleichzeitig auf zwei (oder mehr) Geraden g und h, so nennt man ihn **Schnittpunkt** von g und h: $g \cap h = \{P\}$. Beachten Sie: Der Punkt P muß in eine Mengenklammer geschrieben werden, da die Geraden g und h Punkt**mengen** sind und P demnach Element der Schnittmenge ist.
Gehen mehrere Geraden durch denselben Punkt, so sind sie **kopunktal**. Ein **Geradenbüschel** ist somit eine Menge kopunktaler Geraden.

Geraden g und h ohne gemeinsamen Schnittpunkt heißen **parallel**, in Zeichen: $g \parallel h$
Geraden mit unendlich vielen Schnittpunkten sind **identisch**, d.h. sie liegen aufeinander. Auch identische Geraden werden zu den parallelen Geraden gezählt.
Nicht parallele Geraden g und h kennzeichnet man mit dem Symbol $g \nparallel h$.

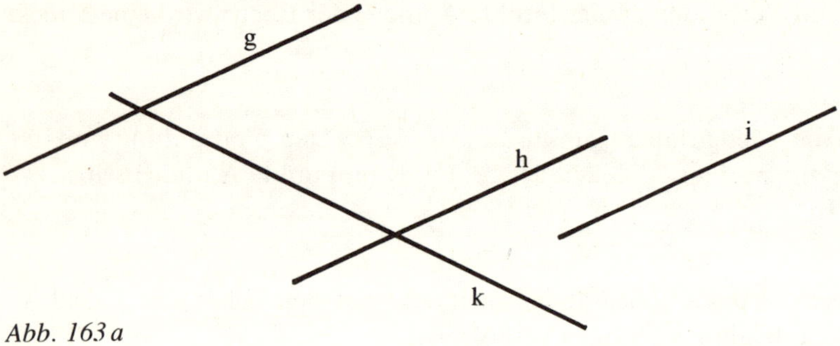

$g \parallel h$ und $h \parallel i \Rightarrow g \parallel i$
$g \nparallel k$; $h \nparallel k$; $i \nparallel k$

Abb. 163a

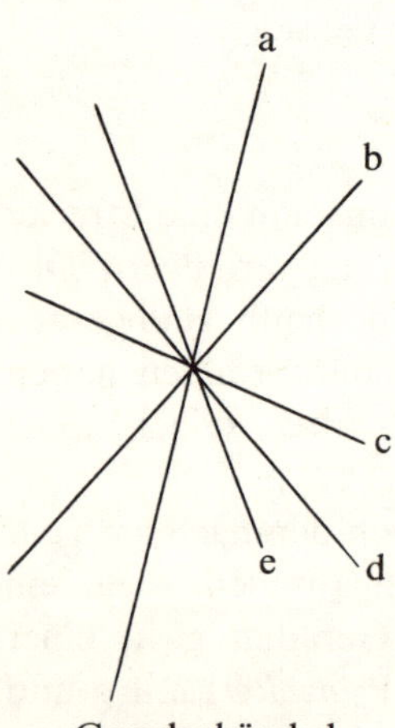

Geradenbüschel

Abb. 163b

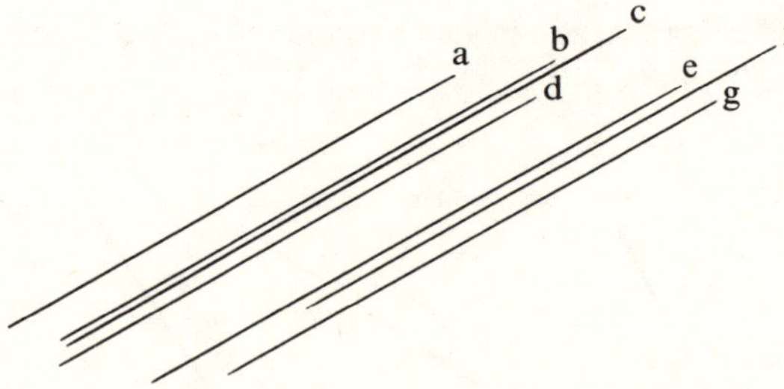

Parallelenschar *Abb. 163c*

Zwei Strahlen s_1 und s_2 mit einem gemeinsamen Anfangspunkt S erzeugen einen **Winkel** α in der Ebene E.

Die Strahlen heißen dann **Schenkel**, S heißt **Scheitelpunkt** des Winkels α.

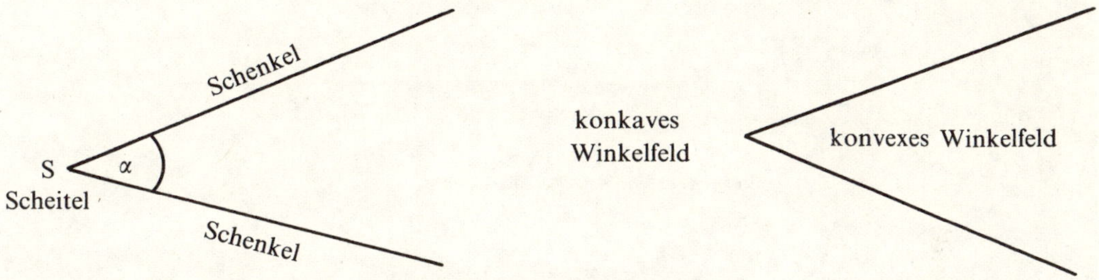

Abb. 164 Ein Winkel zerlegt die Zeichenebene in 2 Winkelfelder

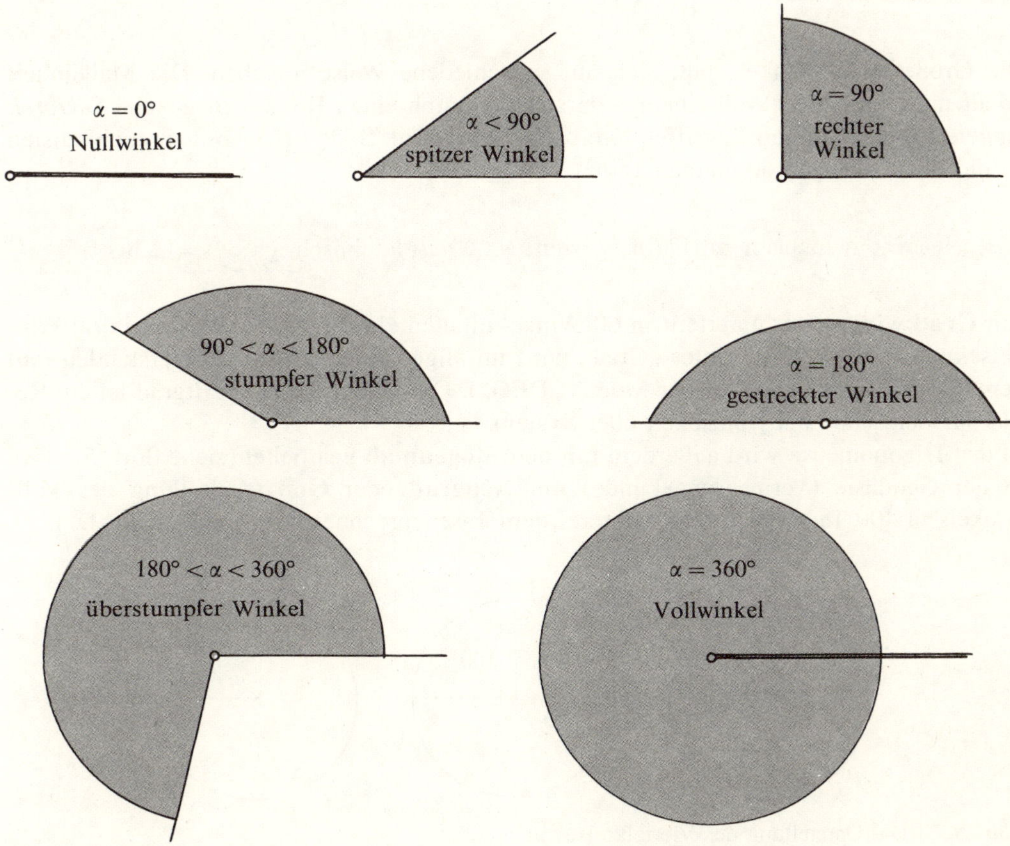

Abb. 165

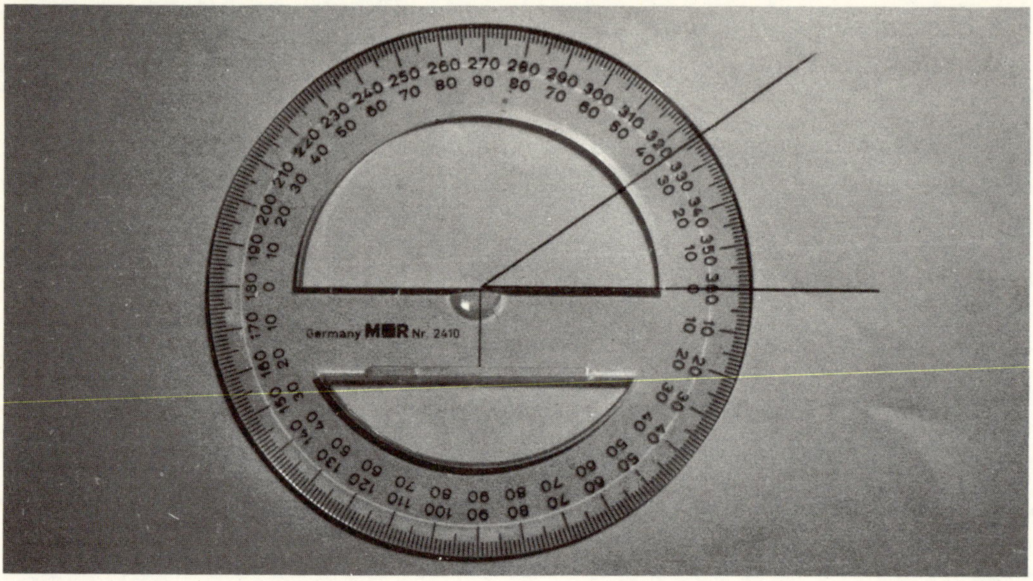

Abb. 166 So trägt man einen Winkel ab: 36°

Die Größe eines Winkels läßt sich auf verschiedene Weise angeben. Die Maßeinheit erhält man, indem ein Vollwinkel – darstellbar durch einen Kreis – in gleiche *Sektoren* eingeteilt wird. (Zu den Begriffen Kreis und Sektor vgl. S. 254 ff.) Am gebräuchlichsten ist die Einteilung in 360 gleiche Teile:

$\frac{1}{360}$ eines Vollwinkels heißt 1° (in Worten: *ein Grad*; lateinisch: gradus = Schritt).

Ein **Grad** wird weiter unterteilt in 60 Winkelminuten (1° = 60'), die Minute in 60 Winkelsekunden (1' = 60''). Unter „Grad" wird im allgemeinen **„Altgrad"** verstanden (auf dem Taschenrechner ist dies der Modus „DEG"). Die Unterteilung in Altgrad ist ein Relikt aus dem alten babylonischen 60er-System.
In der Trigonometrie wird außerdem mit dem **Bogenmaß** gearbeitet (siehe dort, S. 308), in der Geodäsie (Vermessungskunde) mit **Neugrad** oder **Gon** (Aufteilung des Vollwinkels in 400 Teile; dem entspricht auf dem Taschenrechner der Modus „GRAD").

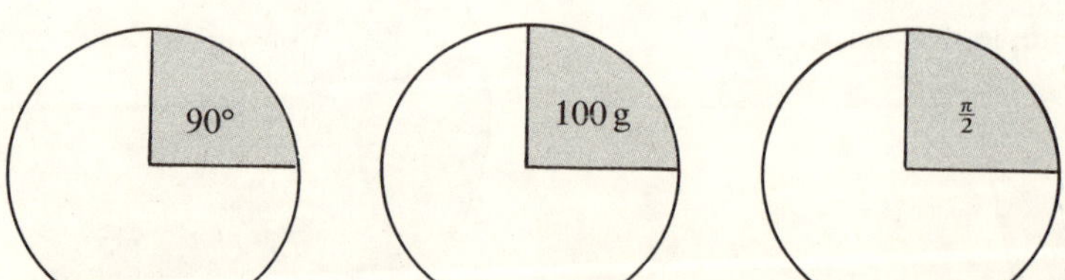

Abb. 167 Die Darstellung des Viertelkreises in

Altgrad DEG Neugrad GRAD Bogenmaß RAD

Positive und negative Vorzeichen von Winkeln ergeben sich aus der Drehrichtung bei der Erzeugung des Winkels. *Linksdrehungen* (entgegen dem Uhrzeigersinn) haben *positive Vorzeichen*, *Rechtsdrehungen* (im Uhrzeigersinn) *negative Vorzeichen* zur Folge. Für den Vergleich der Größen zweier Winkel ist aber nur der **Betrag** maßgebend. Der Betrag einer Zahl ist der „reine Ziffernwert" ohne Vorzeichen.

Beispiele:

$|3| = 3$; $|-5| = 5$ (siehe S. 44)

Geraden bilden immer vier **Schnittwinkel** miteinander, und zwar zwei Paar, im allgemeinen von verschiedener Größe. Als Konvention gilt: Spricht man von „dem" Schnittwinkel, so meint man den kleineren der beiden entstehenden Winkel. Die beiden Geraden schneiden sich im *rechten Winkel*, wenn jeder Schnittwinkel 90° beträgt. Man sagt dann, sie stehen **orthogonal** oder **senkrecht** aufeinander, und schreibt: $g \perp h$; sonst: $g \not\perp h$.

Die **Senkrechte** ist die kürzeste Verbindung zwischen einem Punkt $P \in g$ und der Geraden g. Die Länge der Strecke zwischen P und dem Schnittpunkt S auf g heißt **Abstand** von P und G (siehe Abb. 177, S. 221).
Die Strecke $\overline{PS}$ nennt man auch **Lot** von P auf g.
Die Länge dieser Strecke bezeichnen wir mit $|PS|$.

Die benachbarten Winkel bei sich schneidenden Geraden heißen **Nebenwinkel**. Sie besitzen einen gemeinsamen Schenkel. Nebenwinkel ergänzen sich zu 180°. Die einander gegenüberliegenden Winkel heißen **Scheitelwinkel**. Scheitelwinkel sind gleich groß. Sie besitzen einen gemeinsamen Scheitelpunkt, und ihre Schenkel liegen auf gemeinsamen Geraden.

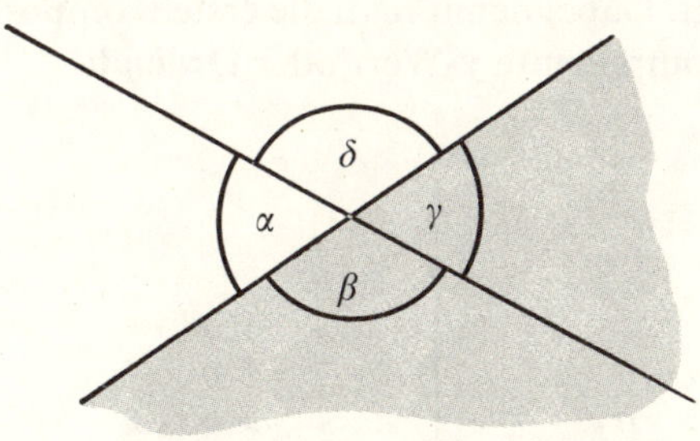

Nebenwinkel $\beta + \gamma = 180°$
$\alpha + \delta = 180°$

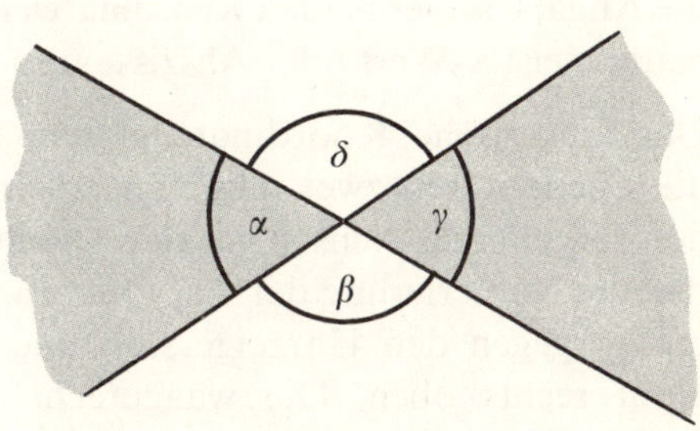

Scheitelwinkel $\alpha = \gamma$
$\beta = \delta$

Abb. 168

Winkel, die sich zu 180° ergänzen, bezeichnet man als **Supplementwinkel**. Ergänzen sich Winkel zu 90°, nennt man sie **Komplementwinkel**. Supplement- und Komplementwinkel faßt man unter dem Oberbegriff **Ergänzungswinkel** zusammen.
Vergleichbare Winkelpaare entstehen auch, wenn zwei parallele Geraden g und h von einer dritten Geraden k geschnitten werden. Dann entstehen vier innere Schnittwinkel (sie liegen zwischen g und h, aber auf verschiedenen Seiten von k) und vier äußere Schnittwinkel (nicht zwischen, sondern außerhalb der Parallelen h und g).

Einen inneren und einen äußeren Schnittwinkel auf derselben Seite von k nennt man **Stufenwinkel**; zwei innere oder zwei äußere Winkel auf verschiedenen Seiten von k heißen **Wechselwinkel**.

Stufenwinkel und Wechselwinkel an geschnittenen Parallelen sind immer gleich groß.

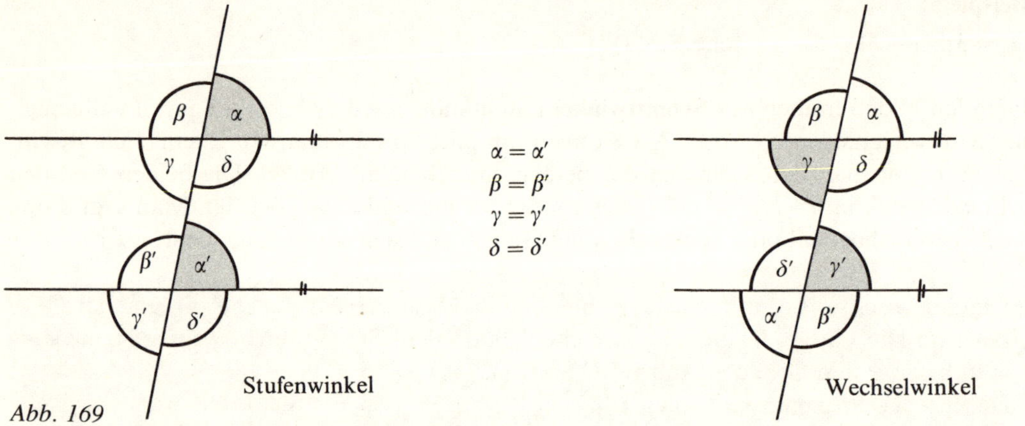

Abb. 169

Koordinatensysteme

Für die Mathematik und viele Bereiche der Technik sind **Koordinatensysteme** besonders wichtig.

Im sogenannten **kartesischen Koordinatensystem** wird jeder Punkt P der Ebene durch die Angabe seiner beiden **Koordinaten (x/y)** festgelegt. Dabei nennt man die erste Komponente meist **x-Wert** oder **Abszisse** und die zweite Komponente **y-Wert** oder **Ordinate**.

Das kartesische Koordinatensystem teilt die Ebene durch zwei senkrecht zueinander verlaufende Achsen in **vier Quadranten**; die Numerierung der vier Quadranten erfolgt gegen den Uhrzeigersinn und beginnt rechts oben. Die waagerecht verlaufende Achse wird *1. Achse* oder **x-Achse**, die dazu lotrecht verlaufende Achse *2. Achse* oder **y-Achse** genannt.

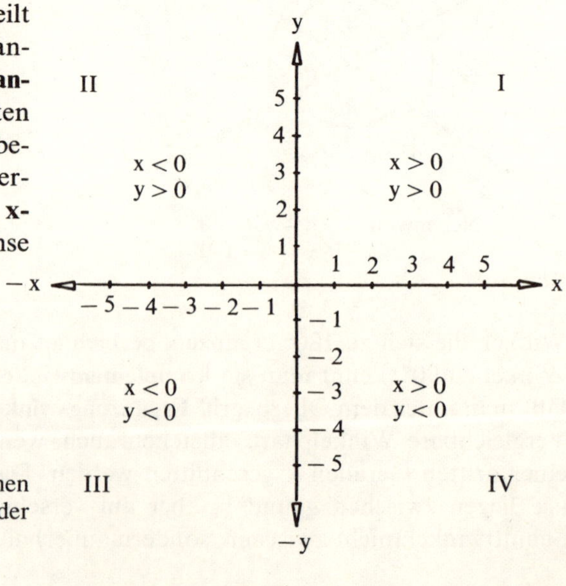

Abb. 170 Die 4 Quadranten des kartesischen Koordinatensystems mit den Vorzeichen der Komponenten

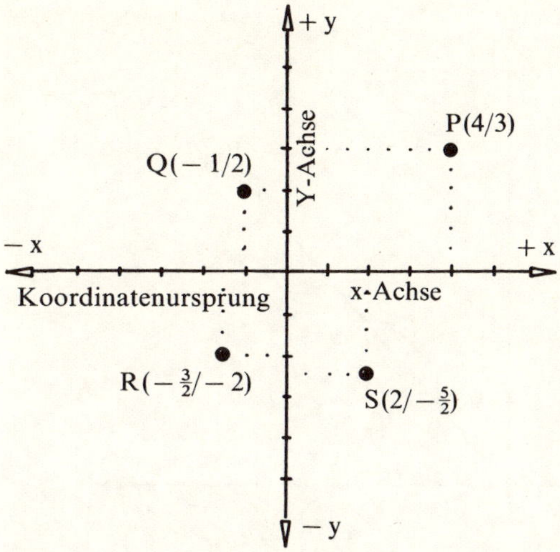

Abb. 171

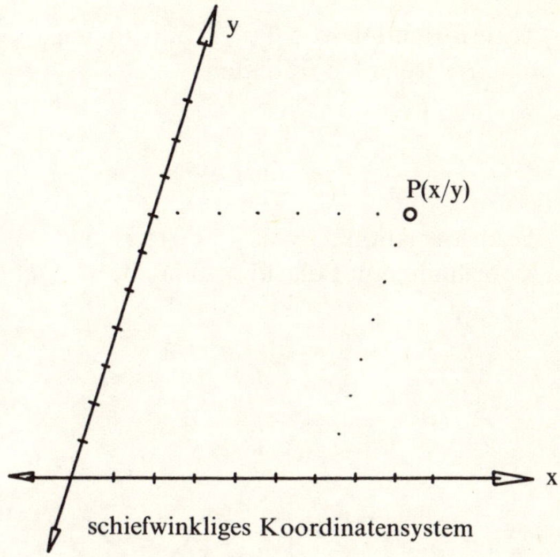

Abb. 172

Die Koordinaten eines Punktes P(x|y) dürfen im allgemeinen nicht vertauscht werden; es handelt sich folglich um ein sogenanntes *geordnetes Paar* von Komponenten. Die erste Komponente des Produktes bestimmt den *Abstand* von der y-Achse, die zweite Komponente gibt über den Abstand zur x-Achse Auskunft. Ist die erste Komponente *negativ*, so liegt der Punkt *links* von der y-Achse; ist die zweite Komponente negativ, so liegt der Punkt *unterhalb* der x-Achse.

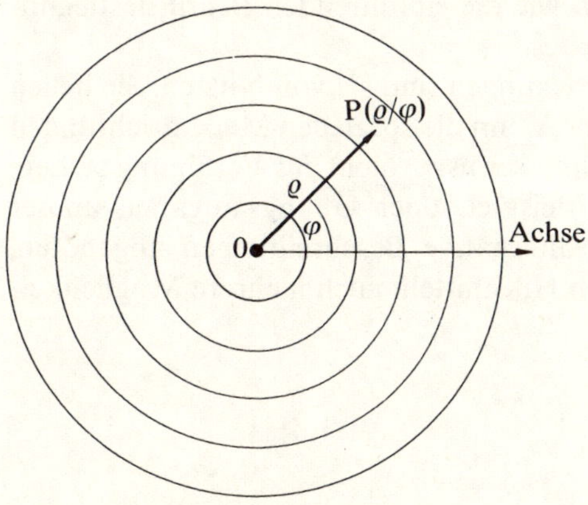

Polarkoordinatensystem

Abb. 173

Den Kreuzungspunkt der beiden Koordinatenachsen nennt man **Koordinatenursprung (0|0)**.

Neben dem rechtwinkligen (kartesischen) System finden auch **schiefwinklige Koordinatensysteme** oder **Polarkoordinatensysteme** Verwendung. Im Polarkoordinatensystem wird jeder Punkt $P(\varrho|\varphi)$ der Ebene durch die Angabe seines (positiven) Abstandes ϱ vom *Anfangspunkt* oder **Pol O** und des Winkels φ bestimmt, den die vom Pol ausgehende *Achse* mit der Strecke $\overline{OP}$ bildet. Die Länge |OP| ist stets positiv und heißt **Radius**; φ wird **Abweichung** oder **Phase** genannt.

Mit Hilfe *trigonometrischer Funktionen* (Seite 304 ff.) bzw. mit dem *Lehrsatz von Pythagoras* gelingt die Umrechnung (s. Abb. 173) von kartesischen Koordinaten in Polarkoordinaten oder umgekehrt:

Transformation von Polarkoordinaten in kartesische Koordinaten:

$$x = \varrho \cdot \cos \varphi$$
$$y = \varrho \cdot \sin \varphi$$

Transformation von kartesischen Koordinaten in Polarkoordinaten:

$$x^2 + y^2 = \varrho^2 \Rightarrow \varrho = \sqrt{x^2 + y^2}$$

$$\cos \varphi = \frac{x}{\varrho} = \frac{x}{\sqrt{x^2 + y^2}};$$

$$\sin \varphi = \frac{y}{\varrho} = \frac{y}{\sqrt{x^2 + y^2}}$$

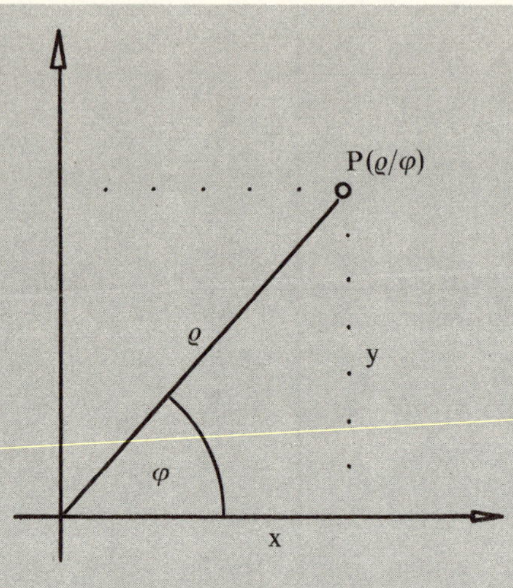

Abb. 174

Geometrische Grundkonstruktionen

Nachdem im letzten Kapitel einige wichtige geometrische Grundbegriffe erläutert wurden, sollen nun wesentliche Grundkonstruktionen illustriert und kurz beschrieben werden. Dies hat mehrere Gründe.
Zunächst sind die verwendeten Figuren eigentlich allgemein bekannt, auch wenn so mancher nicht im Detail über ihre Eigenschaften Bescheid weiß. Um diese Eigenschaften aber verstehen zu können, sollte man zunächst in der Lage sein, sich von ihnen „ein Bild zu machen", mit anderen Worten, sie zu zeichnen.
Ferner werden diese Konstruktionen im folgenden immer wieder benutzt, um Beweisvorgänge deutlich zu machen. Sie sind also, ähnlich wie die einführenden Begriffsfestlegungen, Handwerkszeug für das Verständnis des Textes.
Aber auch außerhalb unserer theoretischen Überlegungen sind sie von Nutzen. Sie helfen nämlich bei der Lösung praktischer Meßprobleme, wenn die speziellen Meßeinrichtungen (Maßstab mit entsprechender Einteilung, Winkelmesser usw.) nicht zur Verfügung stehen. Auf diesen praktischen Aspekt weisen wir in Beispiel- oder Übungsaufgaben immer wieder hin. In manchen Fällen werden dabei alternative Beschreibungen angeboten, um deutlich zu machen, daß je nach vorhandenen Hilfsmitteln auch mehrere Möglichkeiten bestehen.

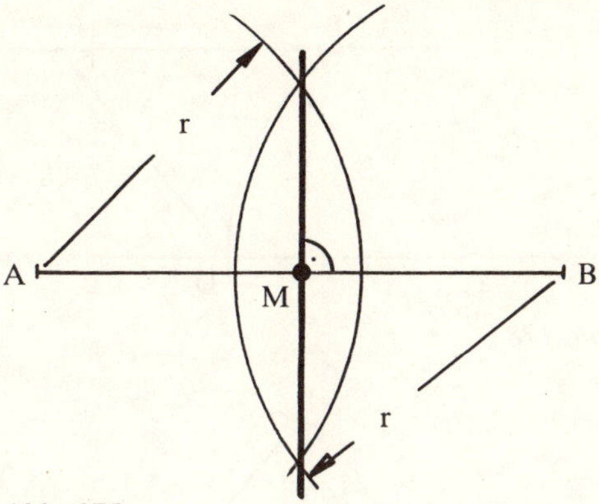

Abb. 175

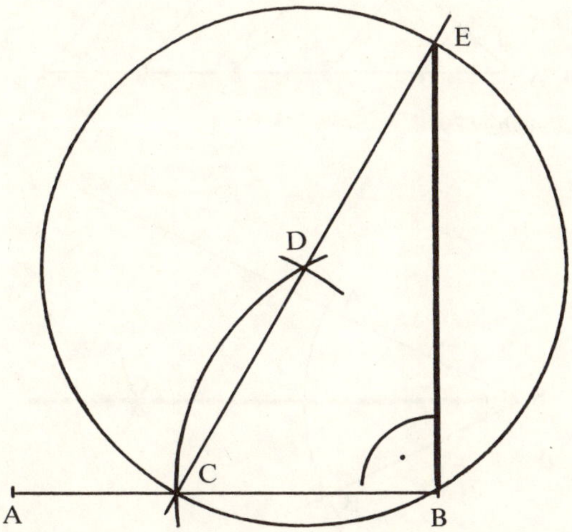

Abb. 176

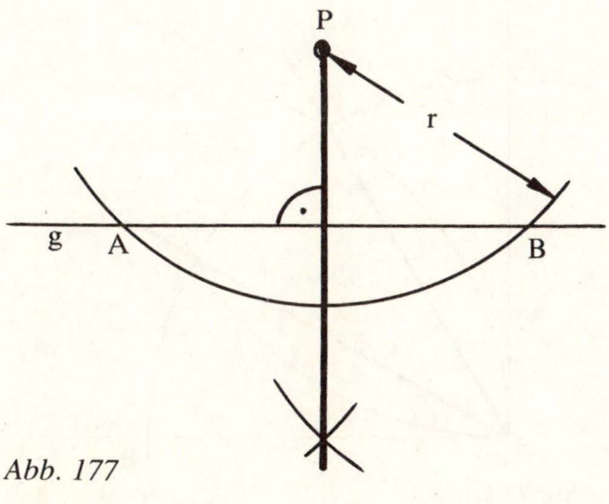

Abb. 177

1. **Halbieren der Strecke $\overline{AB}$** und
2. **Errichten der Mittelsenkrechten.** Schlagen Sie um A und B je einen Kreis mit Radius $r > \frac{1}{2} \cdot |AB|$ (symmetrische Zweikreisfigur). Die Verbindungslinie der Schnittpunkte ist die Mittelsenkrechte zu $\overline{AB}$ und halbiert diese Strecke im Schnittpunkt *M*.
3. **Errichten einer Senkrechten im Endpunkt.** Beschreiben Sie um B einen Kreisbogen mit $r < |AB|$, der $\overline{AB}$ in C schneidet, danach einen zweiten Kreis mit gleichem Radius um C. Dieser schneidet den ersten Kreis in D. D ist Mittelpunkt eines dritten Kreises mit dem Radius r. Dessen Durchmesser durch C und D schneidet ihn erneut in E. E liegt dann senkrecht über B (Thaleskreis, S. 234).
   Alternativ mit Lineal und Geo-Dreieck: Legen Sie das Lineal an die Strecke an, das Geo-Dreieck zu ihm Kante an Kante. Verschieben Sie dann das Lineal bis zum Punkt P. Auf diese Weise läßt sich die Senkrechte in einem beliebigen Punkt zeichnen.
4. **Vom Punkt P das Lot auf eine Gerade g fällen ($P \notin g$).** Schlagen Sie um P einen Kreis mit Radius r, der größer als der Abstand zu g ist. Dann schneidet der Kreis g in A und B. Konstruieren Sie anschließend die Mittelsenkrechte von $\overline{AB}$ wie unter (2).
   Alternativ: wie unter (3) mit Lineal und Geo-Dreieck.

5. **Konstruieren einer Parallelen zu $\overline{AB}$ durch einen Punkt $P \notin \overline{AB}$.** Schlagen Sie um einen beliebigen Punkt $C \in \overline{AB}$ einen Kreis mit Radius $r = |CP|$, der $\overline{AB}$ in D schneidet; dann um D und P denselben Bogen. Die Verbindungsstrecke von P mit dem entstandenen Schnittpunkt E verläuft parallel zu $\overline{AB}$ (Konstruktion einer Raute).

   Alternativ: Konstruieren Sie wie unter (4) die Senkrechte s zu $\overline{AB}$ durch P und anschließend genauso die Senkrechte zu s in P.

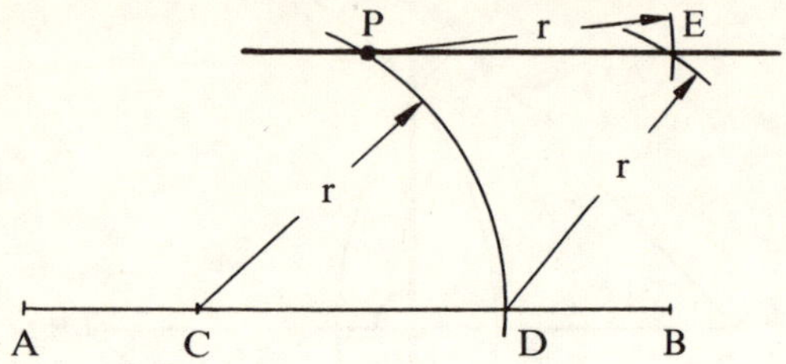

Abb. 178

6. **Unterteilen einer Strecke $\overline{AB}$ in n (z.B. 5) gleiche Teile.** Konstruieren Sie an A einen beliebigen Hilfsstrahl. Tragen Sie darauf eine Strecke mit einer beliebigen Länge n-mal (5mal) ab. Verbinden Sie den Endpunkt C mit B, und ziehen Sie anschließend durch alle Teilpunkte auf der Hilfsstrecke Parallelen zu $\overline{BC}$. Die Parallelenschar teilt dann $\overline{AB}$ in n (5) gleich lange Teile.

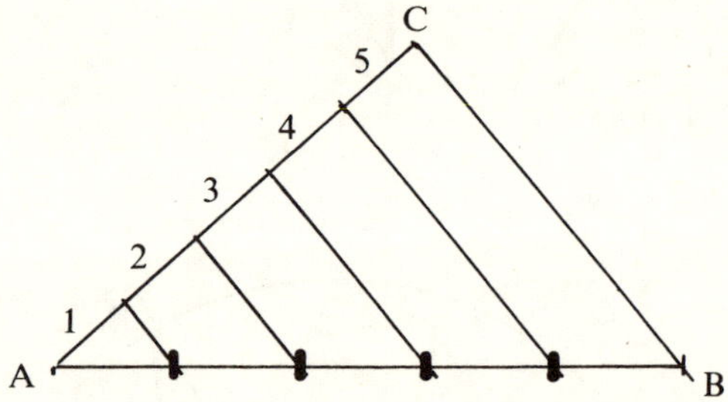

Abb. 179

7. **Halbieren eines Winkels.** Schlagen Sie um den Scheitel S einen beliebigen Kreisbogen, der die beiden Schenkel in A und B schneidet. Konstruieren Sie danach um A und B je einen Kreisbogen mit gleichem Radius. Verbinden Sie den Schnittpunkt mit S.

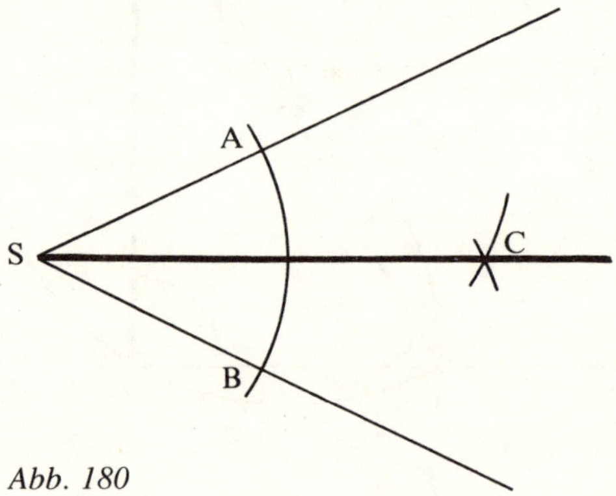

Abb. 180

8. **Einen rechten Winkel in drei Winkel zu je 30° teilen.** Schlagen Sie um S einen Kreis, der die beiden Schenkel in A und B schneidet, und schlagen Sie danach mit derselben Zirkelöffnung je einen Bogen um A und B. Die Verbindungsgeraden von S durch C und D dritteln den rechten Winkel.

   Hinweis: Die Dreiteilung eines beliebigen Winkels ist mit Zirkel und Lineal nicht möglich. Dies läßt sich mit algebraischen Mitteln zeigen.

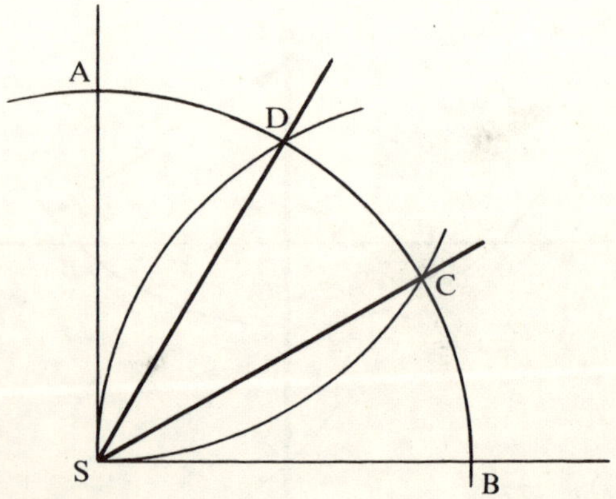

Abb. 181

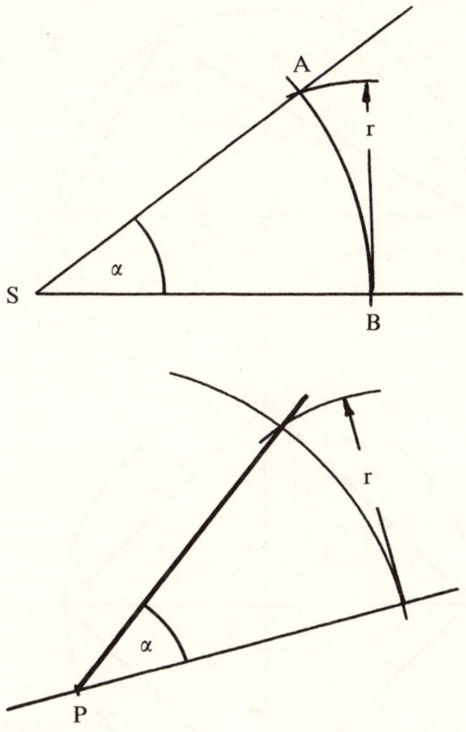

Abb. 182

9. **Den Winkel α an eine Gerade im Punkt P antragen.** Schlagen Sie um den Scheitel S des gegebenen Winkels einen beliebigen Bogen, der die Schenkel in A und B schneidet. Schlagen Sie denselben Kreis um P. Übertragen Sie mit dem Zirkel die Öffnung |AB| der Schenkel auf den Kreisbogen um P.

10. **Konstruktion eines gleichseitigen Dreiecks.** Schlagen Sie um A und B je einen Kreisbogen mit r = |AB|. Die Verbindungsstrecken von A und B zum Schnittpunkt der beiden Kreisbogen ergeben zusammen mit $\overline{AB}$ das gesuchte Dreieck.
In ähnlicher Weise konstruiert man ein gleichschenkliges Dreieck mit der gegebenen Basis $\overline{AB} = c$. Man schlägt dann um A und B je einen Kreisbogen mit der Schenkellänge a = b.

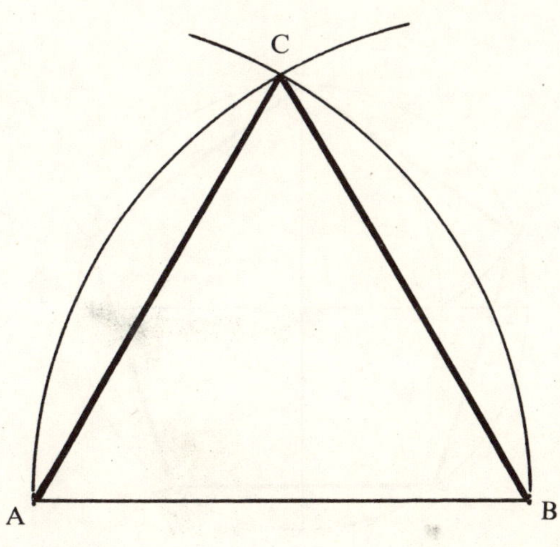

Abb. 183

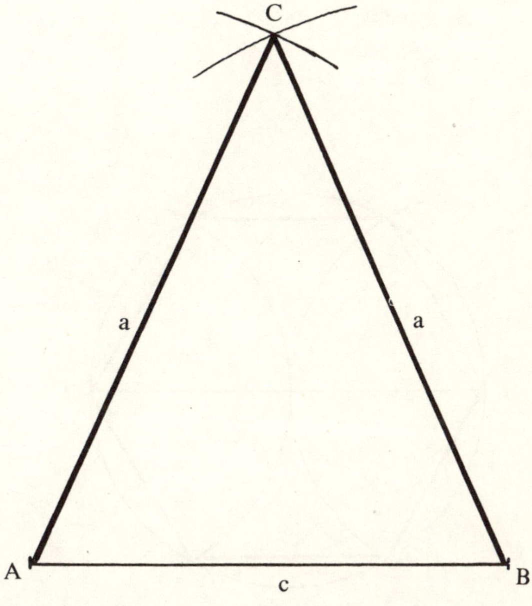

Abb. 184

11. Konstruktion eines rechtwinkligen Dreiecks. Jedes Dreieck, dessen längste Seite Durchmesser des Umkreises ist, ist rechtwinklig (Thalessatz, S. 234).

12. Konstruktion eines Quadrats im Kreis. Zeichnen Sie zwei rechtwinklig zueinander stehende Durchmesser wie unter (2) beschrieben, und verbinden Sie deren Schnittpunkte mit der Kreislinie.

13. Ein regelmäßiges Fünfeck im gegebenen Kreis konstruieren. Halbieren Sie den Kreisradius im Punkt A. Tragen Sie von A aus die Strecke $\overline{AB}$ bis C ab. $|BC|$ ist die Seitenlänge des Fünfecks (Abb. 188).

14. Ein regelmäßiges Sechseck im Kreis konstruieren. Schlagen Sie mit dem Kreisradius um die Endpunkte eines Durchmessers $\overline{AB}$ je einen Bogen. Die Schnittpunkte mit der Kreislinie sind neben A und B die Eckpunkte des Sechsecks.

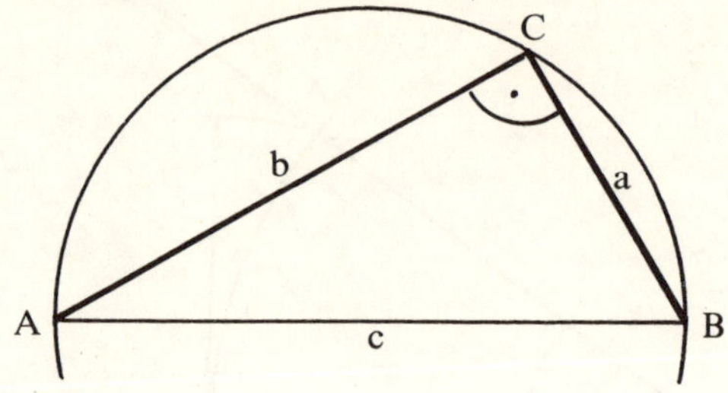

Abb. 185

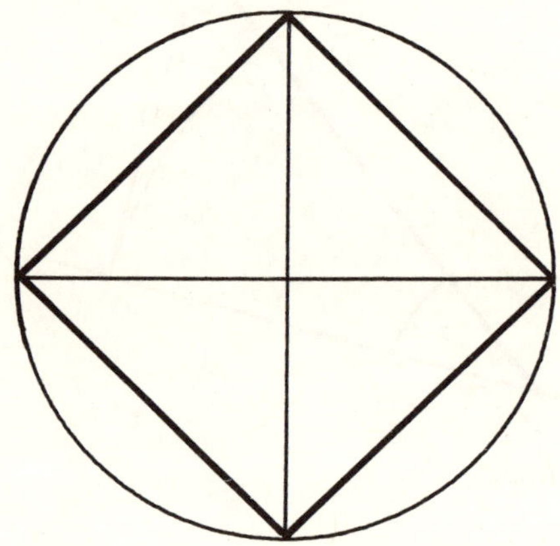

Abb. 186

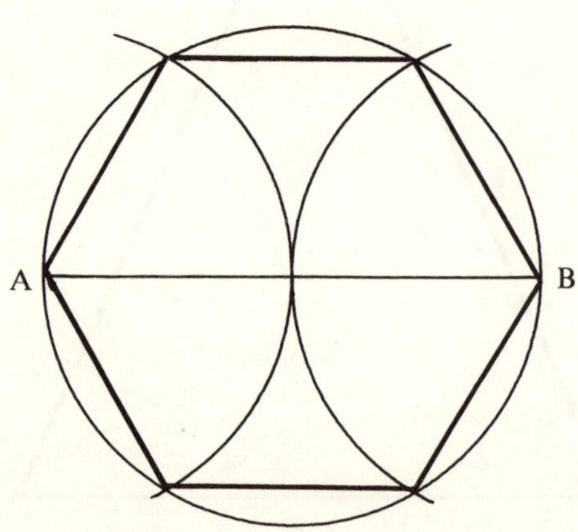

Abb. 187

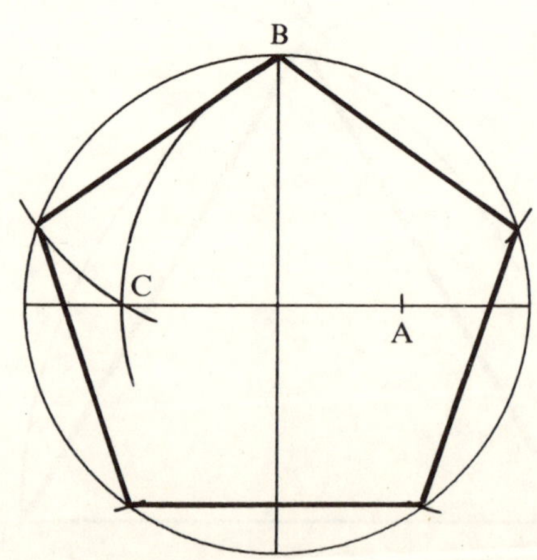

Abb. 188

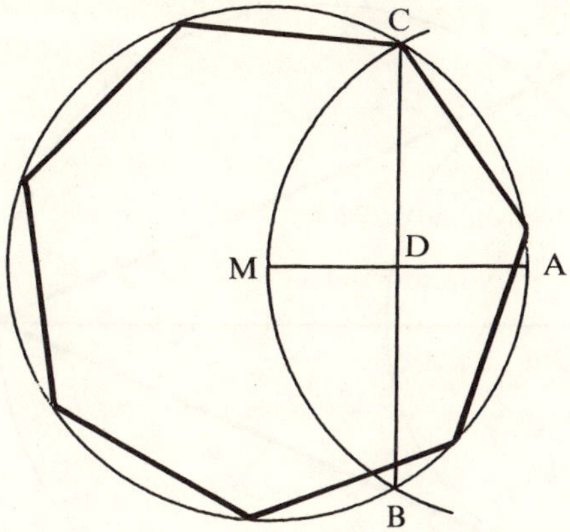

Abb. 189

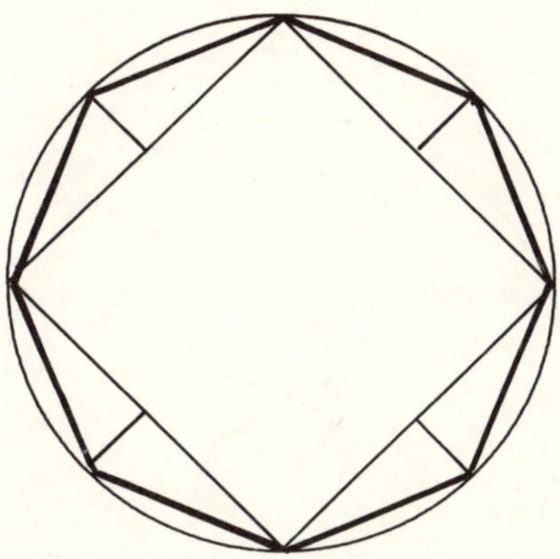

Abb. 190

15. Ein regelmäßiges Siebeneck im Kreis konstruieren. Schlagen Sie um den Durchmesserendpunkt A einen Kreisbogen mit Radius $\overline{AM}$, der den Kreis in B und C schneidet. $\overline{BC}$ schneidet dann $\overline{AM}$ rechtwinklig in D. Dann ist |BD| die Länge der Siebeneckseite.

Anmerkung:

Mit (2) lassen sich aus (12) bis (15) regelmäßige 8-, 10-, 12-, 14-, 16Ecke usw. konstruieren (Abb. 190).

16. Den Mittelpunkt eines Kreises suchen. Ziehen Sie zwei nicht parallele Sehnen durch den Kreis. Errichten Sie darauf jeweils die Mittelsenkrechte. Ihr Schnittpunkt ist der Kreismittelpunkt M (Abb. 191).

17. Die Tangente an einen Kreis im Punkt P konstruieren. Verbinden Sie P mit dem Mittelpunkt M und errichten Sie auf $\overline{MP}$ im Endpunkt P die Senkrechte (s. S. 221, Punkt 3).

18. Von einem Punkt P außerhalb des Kreises die Tangenten konstruieren. Verbinden Sie P mit dem Mittelpunkt M und konstruieren Sie einen Kreis mit dem Durchmesser $\overline{MP}$ (Thaleskreis), der

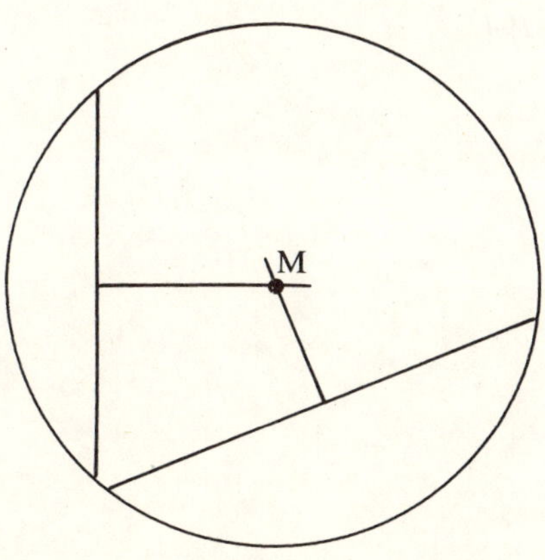

Abb. 191

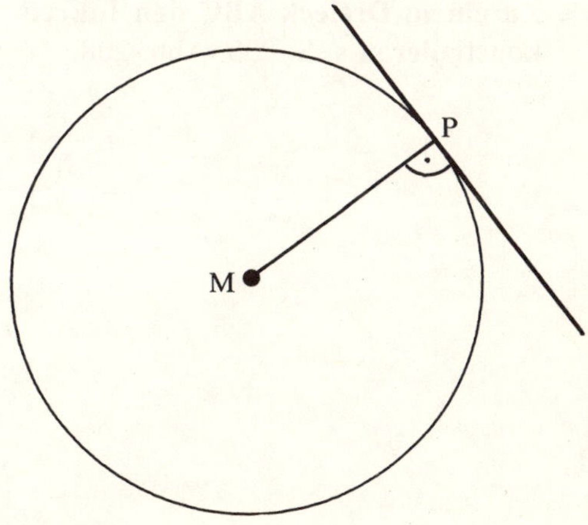

Abb. 192

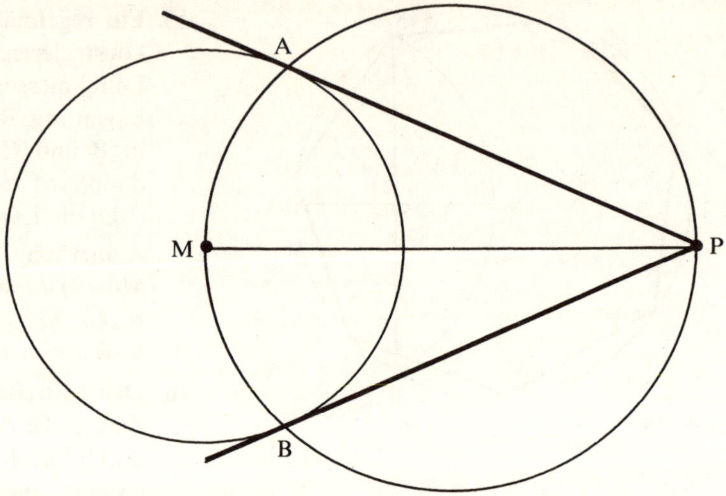

Abb. 193

den gegebenen Kreis in A und B schneidet. Dann sind $\overline{MA}$ und $\overline{MB}$ die Radien und die Geraden $\overline{AP}$ und $\overline{BP}$ somit Tangenten des Ausgangskreises.

19. **Durch zwei Punkte A und B einen Kreis mit Radius r schlagen.** Schlagen Sie um A und B je einen Bogen mit Radius r. Sie schneiden sich im Mittelpunkt des gesuchten Kreises.

20. **Einen Kreis durch drei Punkte A, B, C schlagen.** Zur Konstruktion des Umkreises s. S. 233, Abb. 207.

21. **Zu einem Dreieck ABC den Inkreis konstruieren** s. S. 233, Abb. 208.

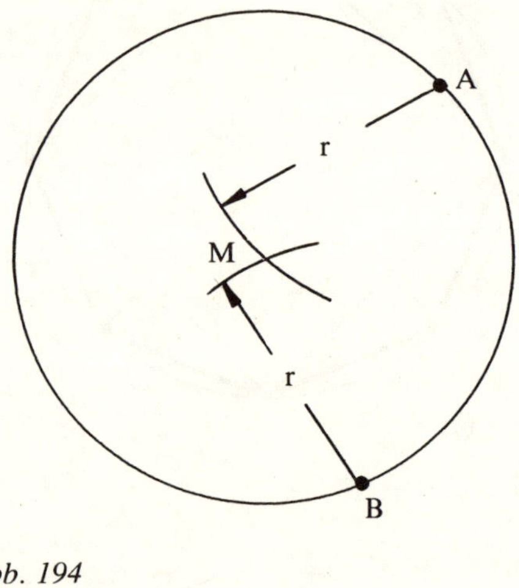

Abb. 194

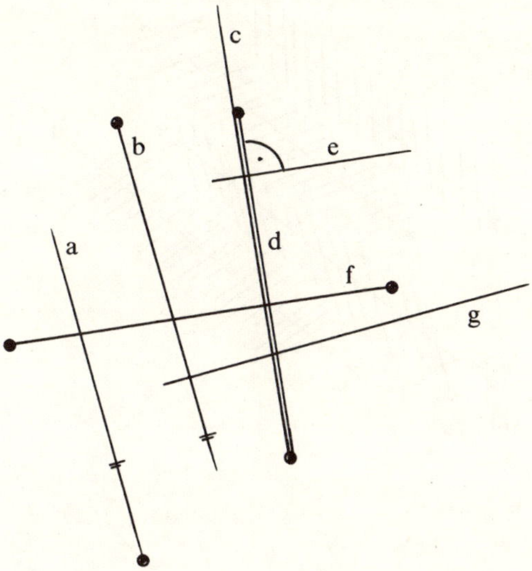

Abb. 195

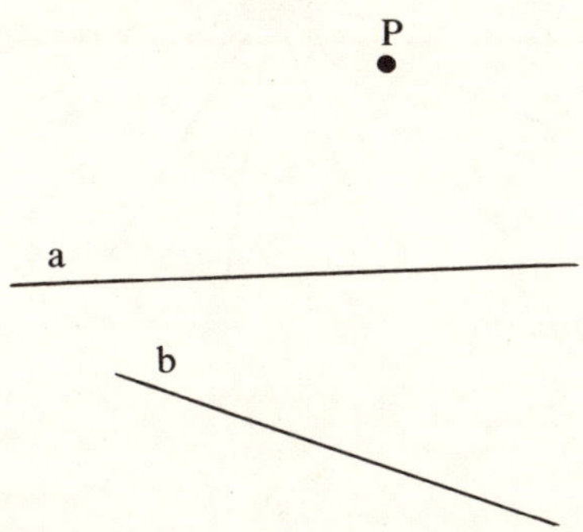

Abb. 196

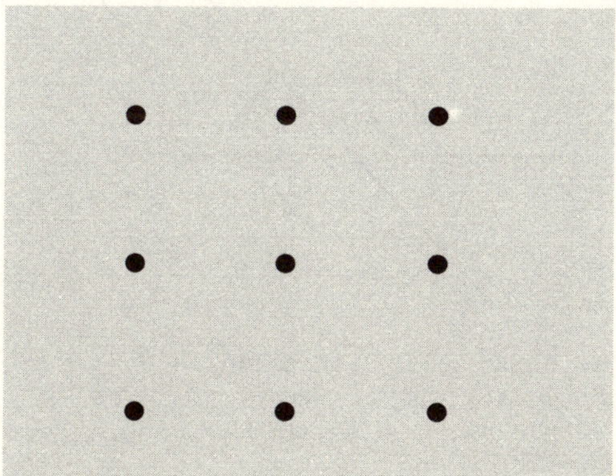

Abb. 197

Übungsaufgaben

1. Drücken Sie in der Mengensprache aus:
a) Der Punkt A liegt auf der Geraden g.
b) Die Gerade g verläuft durch die Punkte A und B.
c) Die Strecke $\overline{AB}$ liegt auf der Geraden h.
d) Der Punkt C liegt auf der Strecke von A nach B.
e) Die Geraden g und h haben keinen gemeinsamen Punkt.

2. Wie viele Geraden, Halbgeraden (Strahlen) und Strecken sind in der Abbildung 195 zu sehen?

3. Welche Geraden sind parallel, welche stehen senkrecht aufeinander? Verwenden Sie die Symbole $\parallel$; $\nparallel$; $\perp$; $\not\perp$ (Abb. 195).

4. Konstruieren Sie zu jeder Geraden:
a) eine Senkrechte,
b) eine Parallele durch den angegebenen Punkt (Abb. 196).

5. Welche Himmelsrichtungen stehen senkrecht aufeinander?

6. Zeichnen Sie einen Streckenzug (aneinander anschließende Strecken), der durch alle neun Punkte geht. Der Streckenzug darf nur aus vier (!) Einzelstrecken bestehen (Abb. 197).

7. Zeichnen Sie vier Geraden so, daß Ihr Zeichenblatt in möglichst viele Teile zerlegt wird.

8. Nehmen wir einmal an, eine Landkarte sei durch eine Zeichnung sich schneidender Geraden entstanden. Wie kann man beweisen, daß jede auf diese Weise entstandene Landkarte mit nur zwei Farben derart koloriert werden kann, daß angrenzende Länder (Felder) verschiedene Farben erhalten, unabhängig davon, wie viele Länder auf der Karte eingezeichnet sind?

9. Vorsicht, optische Täuschungen! Gibt es hier parallele Geraden (Abb. 198/199)?

10. Erläutern Sie den Unterschied zwischen der „Gleichheit“ und der „Maßgleichheit“ von Strecken.

11. Teilen Sie eine Strecke von 10 cm konstruktiv in 9 gleiche Teile.

12. Nehmen Sie einen waagrechten Strahl als Schenkel, und zeichnen Sie folgende Winkel ein:
a) 50° b) −50° c) −100° d) 270° e) −350°

13. Welchen Winkel bilden die Zeiger einer Uhr um
a) 0.00 Uhr b) 4.00 Uhr c) 6.00 Uhr d) 14.30 Uhr e) 19.48 Uhr?
Der kleine Zeiger soll jeweils der Ausgangsstrahl sein und der kleinere Winkel bestimmt werden.

14. Bestimmen Sie die Winkel in folgenden Zeichnungen: Abb. 200 a, b, c, d.

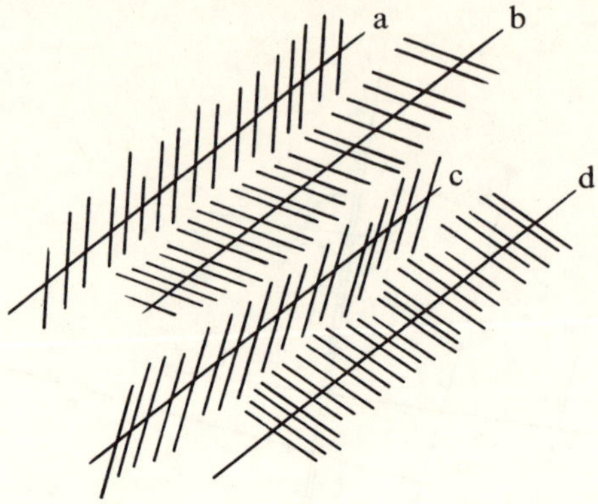

Abb. 198

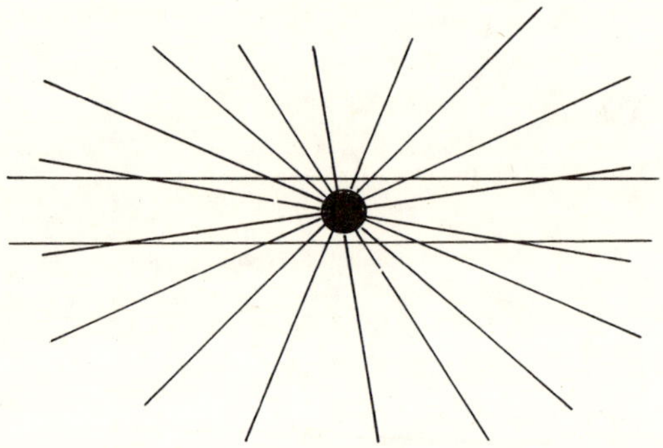

Abb. 199

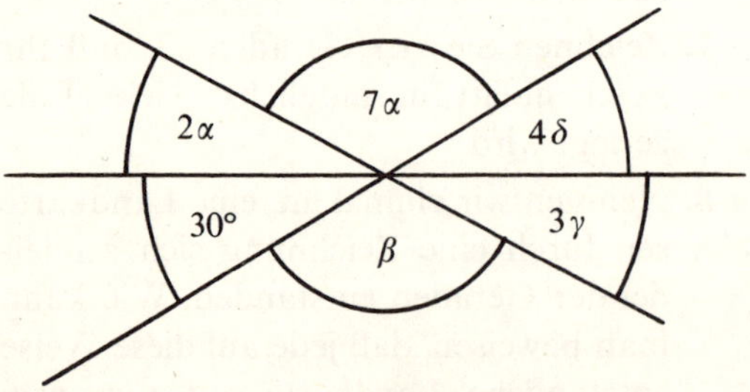

α = alpha
β = beta
γ = gamma
δ = delta

Abb. 200 a

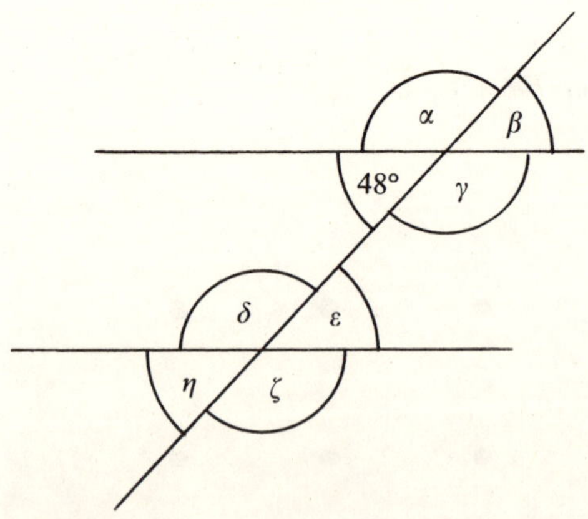

α = alpha
β = beta
γ = gamma
δ = delta
ε = epsilon
ζ = zeta
η = eta

Abb. 200 b

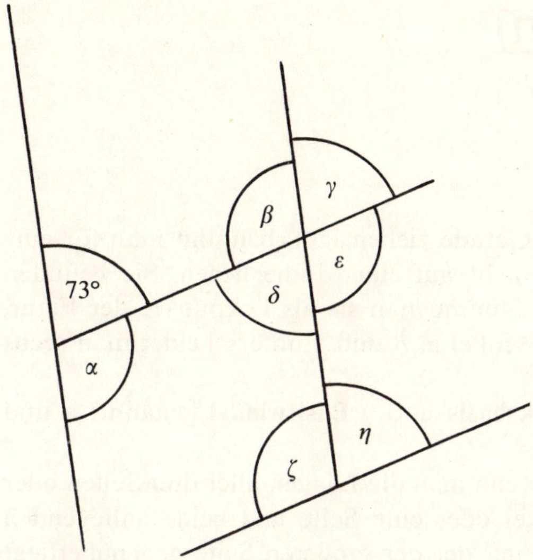

α = alpha
β = beta
γ = gamma
δ = delta
ε = epsilon
ζ = zeta
η = eta

Abb. 200c

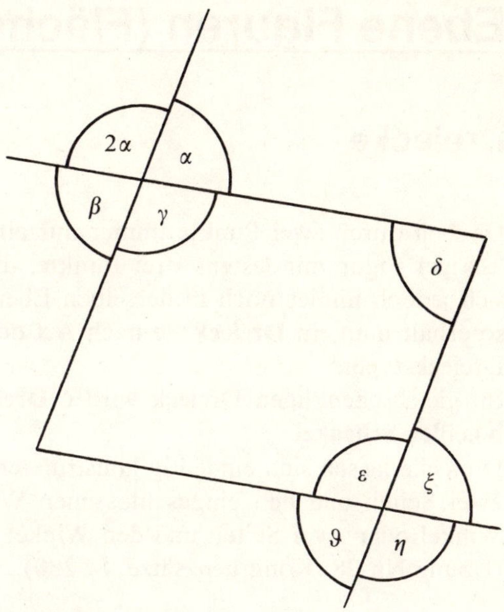

ϑ = theta

Abb. 200d

15. Warum erscheinen uns Gegenstände gleicher Größe in der Ferne klein, in der Nähe aber groß? Was versteht man also unter dem Begriff „Sehwinkel"?

16. Konstruieren Sie ein regelmäßiges Zehneck in einen Kreis.

Lösungen Seite 740.

Ebene Figuren (Flächen)

Dreiecke

Da sich durch zwei Punkte immer nur eine Gerade ziehen läßt, benötigt man für eine (eckige) Figur mindestens drei Punkte, die nicht auf einer Linie liegen. Sie befinden sich jedoch immer noch in derselben Ebene. Nimmt man sie als Eckpunkte der Figur, so erhält man ein **Dreieck**. Je nach Art der Winkel α, β und γ unterscheidet man sechs Dreieckstypen:

Im gleichschenkligen Dreieck wird c **Dreiecksbasis** und γ **Basiswinkel** genannt; a und b heißen **Schenkel**.

Dreiecke lassen sich eindeutig konstruieren, wenn man die Längen aller drei Seiten oder zwei Seiten und den eingeschlossenen Winkel oder eine Seite und beide anliegenden Winkel oder zwei Seiten und den Winkel kennt, der der größeren Seite gegenüberliegt (Übung Nr. 28; Kongruenzsätze, S. 280).

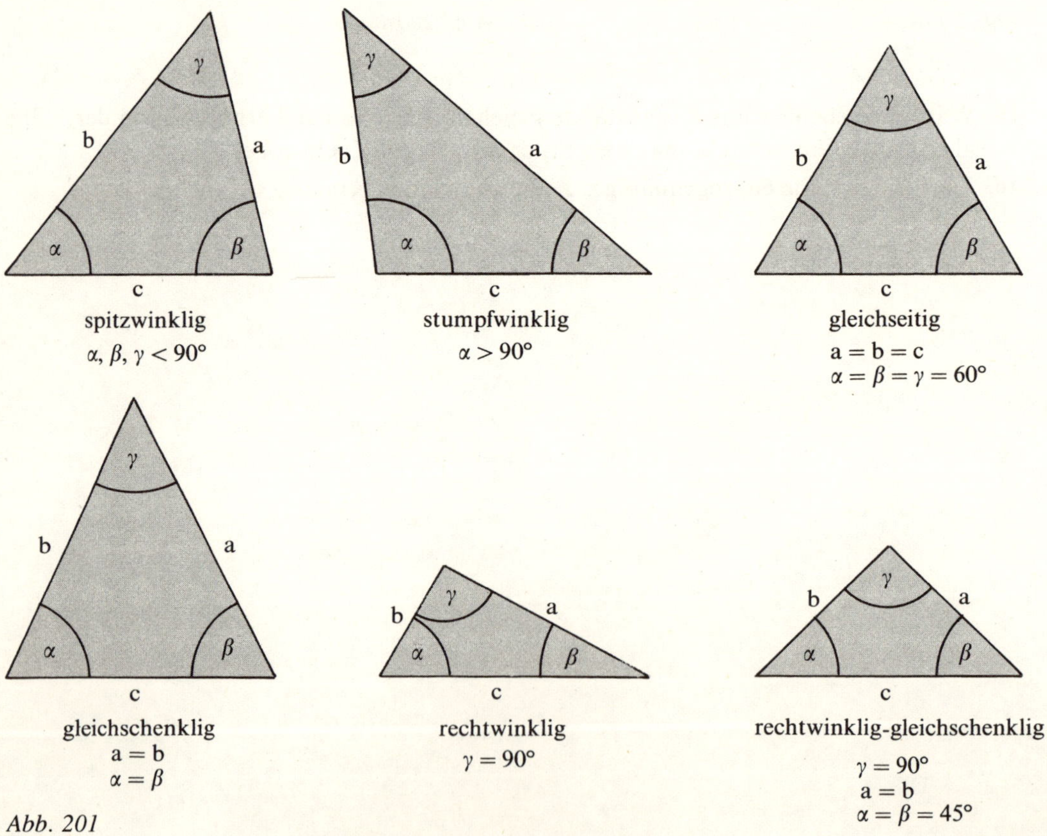

Abb. 201

Für jedes Dreieck gilt:

(1) Winkelsummensatz
Die Summe der Innenwinkel ist stets 180° ($\alpha + \beta + \gamma = 180°$).

(2) Außenwinkelsatz
Ein Außenwinkel ist so groß wie die Summe der beiden nicht anliegenden Innenwinkel.
Begründung: Innen- und Außenwinkel sind Supplementwinkel.

$\alpha + \beta = \gamma' \Leftrightarrow \gamma + \gamma' = 180°$
$\beta + \gamma = \alpha' \Leftrightarrow \alpha + \alpha' = 180°$
$\gamma + \alpha = \beta' \Leftrightarrow \beta + \beta' = 180°$

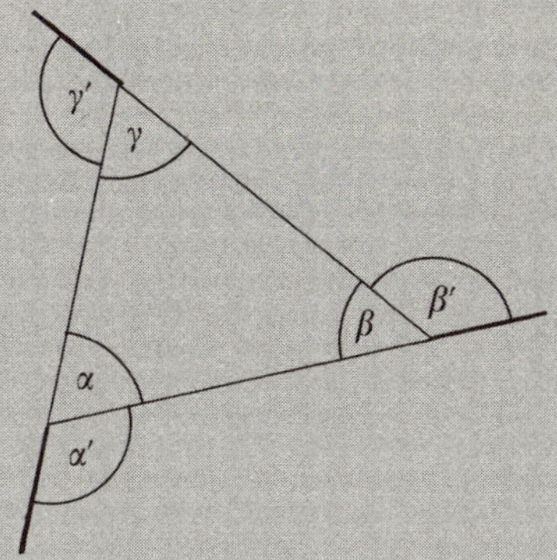

Abb. 202

(3) Dreiecksungleichung
Die Summe zweier Dreiecksseiten ist stets größer als die dritte Seite:

$$a + b > c; \qquad a + c > b; \qquad b + c > a.$$

(3a) Der Betrag der Differenz zweier Seiten ist kleiner als die dritte Seite:

$$|a - b| < c; \qquad |a - c| < b; \qquad |b - c| < a.$$

(4) Der **Umfang** des Dreiecks ist die Summe der Seitenlängen:

$$U = a + b + c.$$

(5) Der **Flächeninhalt** (kurz: die Fläche) des Dreiecks ist das halbe Produkt aus einer Seitenlänge und der auf ihr senkrecht stehenden Höhe.

$$F = \frac{a \cdot h_a}{2} = \frac{b \cdot h_b}{2} = \frac{c \cdot h_c}{2}.$$

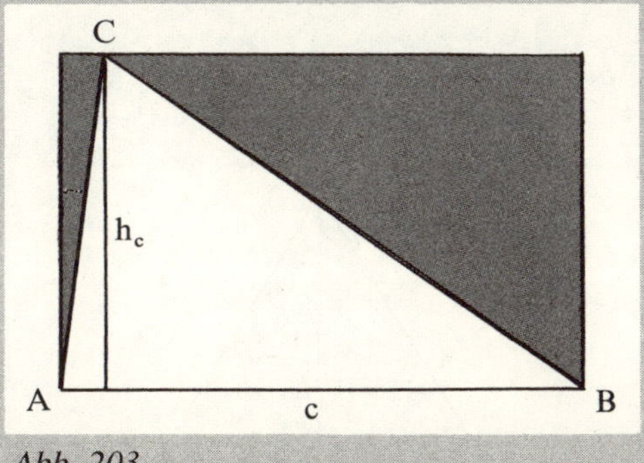

Abb. 203

Zum Beweis bedienen wir uns eines kleinen Tricks: Wir schneiden das Dreieck längs der Höhenlinie in zwei (rechtwinklige!) Teildreiecke und spiegeln diese an den Dreiecksseiten. Dadurch entstehen zwei Rechtecke, deren Gesamtfläche genau doppelt so groß ist wie die gesuchte Dreiecksfläche.

(6) Die Dreiecksseitenmitten bestimmen das sog. **Mittendreieck**, dessen Seiten halb so lang sind wie die des Ausgangsdreiecks (Strahlensätze, S. 286).

Nun ist natürlich nicht immer eine Höhe des Dreiecks bekannt. Da jedoch durch Einzeichnen einer Höhe immer rechtwinklige Teildreiecke entstehen, kann sie entweder mit dem *Satz des Pythagoras* (S. 234) oder mit *trigonometrischen Methoden* (S. 298 ff.) berechnet werden. Für spezielle Dreiecke gibt es dabei einfachere Lösungen:

rechtwinkliges Dreieck

$$U = a + b + c$$

$$F = \frac{a \cdot b}{2} = \frac{c \cdot h_c}{2}$$

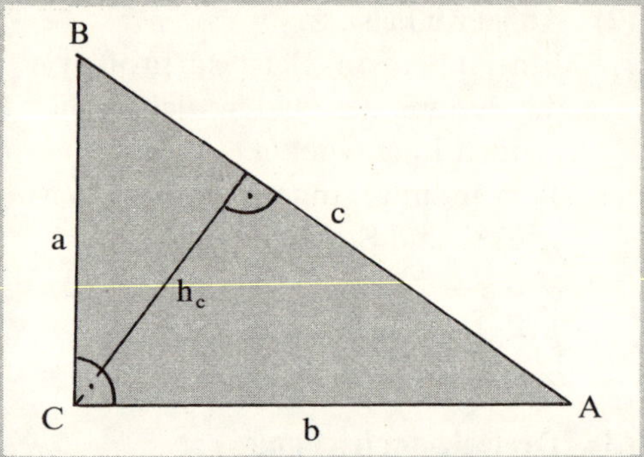

Abb. 204

gleichschenkliges Dreieck

$$U = 2 \cdot a + b$$

$$F = \frac{b}{2}\sqrt{a^2 - \frac{b^2}{4}} = \frac{b \cdot h_b}{2}$$

weil

$$h_b = \sqrt{a^2 - \frac{b^2}{4}}$$

(nach Pythagoras)

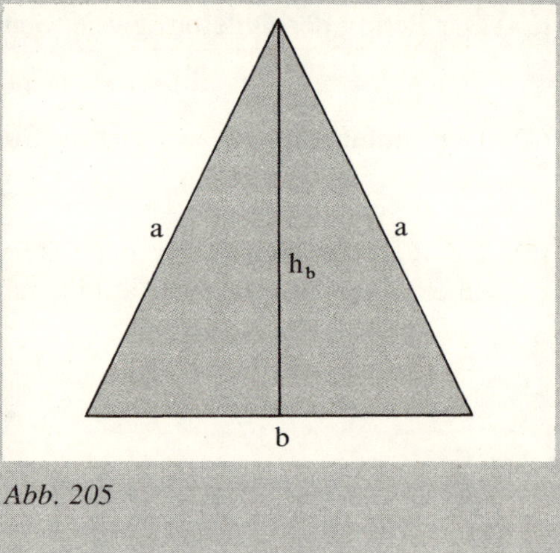

Abb. 205

gleichseitiges Dreieck

$$U = 3 \cdot a$$

$$F = \frac{a^2}{4}\sqrt{3}, \quad \text{weil } h_a = \frac{a}{2}\sqrt{3}$$

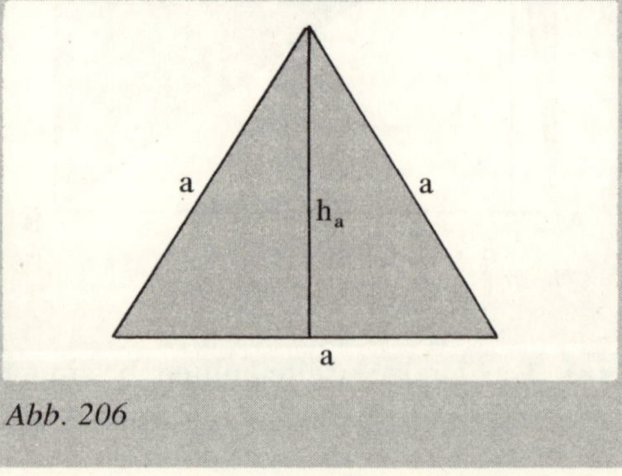

Abb. 206

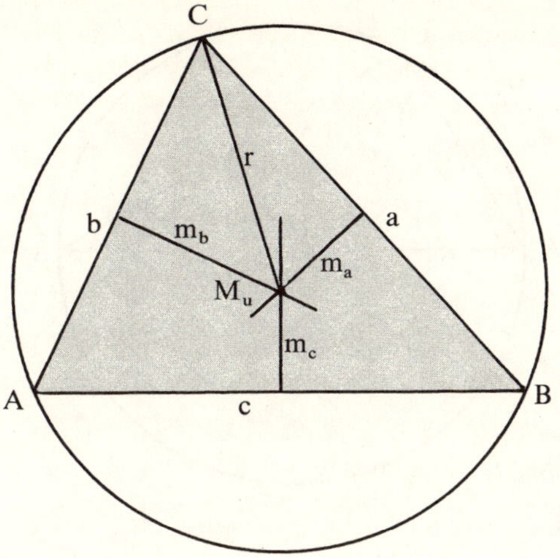

Abb. 207

Wichtige Punkte im Dreieck

1. Die Senkrechten durch den Mittelpunkt jeder Seite heißen **Mittelsenkrechten** m_a, m_b, m_c. Die Mittelsenkrechten jedes Dreiecks schneiden sich im Mittelpunkt des **Umkreises** M_u.
M_u kann auch außerhalb des Dreiecks liegen (s. Übung Nr. 4).

2. Die **Winkelhalbierenden** w_α, w_β und w_γ des Dreiecks schneiden sich im Mittelpunkt des **Inkreises** M_i (Abb. 208).

3. Die Geraden durch die Seitenmitten und die gegenüberliegenden Eckpunkte des Dreiecks heißen **Seitenhalbierende** s_a, s_b, s_c (Abb. 209).
Die Seitenhalbierenden schneiden sich im **Schwerpunkt** S des Dreiecks. Dabei teilen sich die Strecken auf den Geraden innerhalb des Dreiecks im Verhältnis 2:1.

4. Das Lot (die Senkrechte) von einem Eckpunkt auf die ihm gegenüberliegende Seite heißt **Höhe**.
Die Höhen h_a, h_b und h_c schneiden sich im Höhenschnittpunkt H.

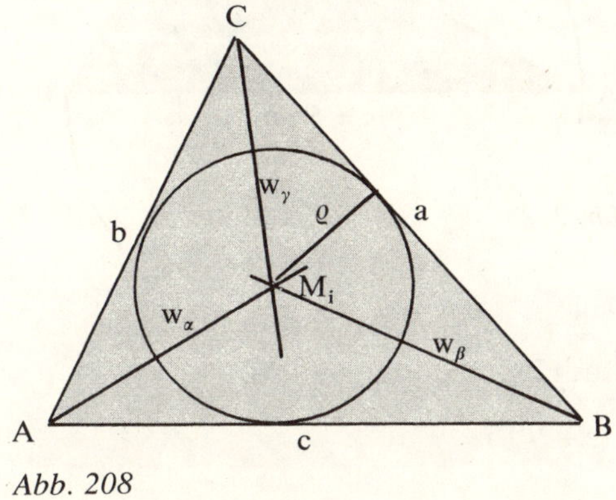

Abb. 208

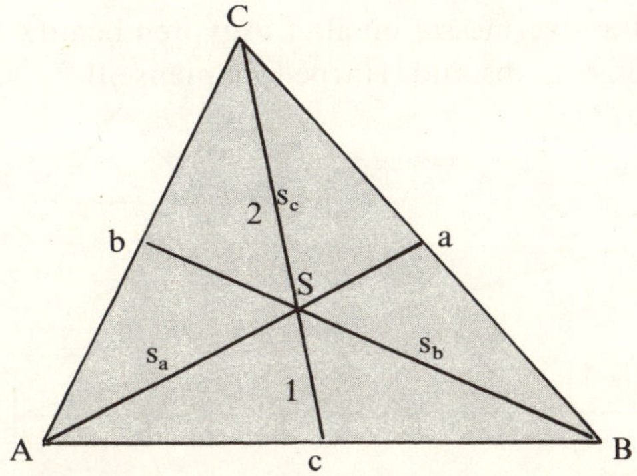

Abb. 209

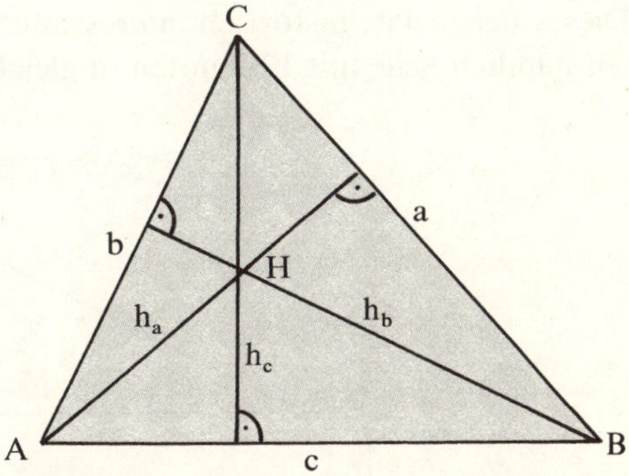

Abb. 210

5. Als Spezialfall von (1) kann man den **Satz des Thales** ansehen:

Satz des Thales
Liegt der Mittelpunkt des Umkreises auf einer Dreiecksseite, so ist das Dreieck rechtwinklig.

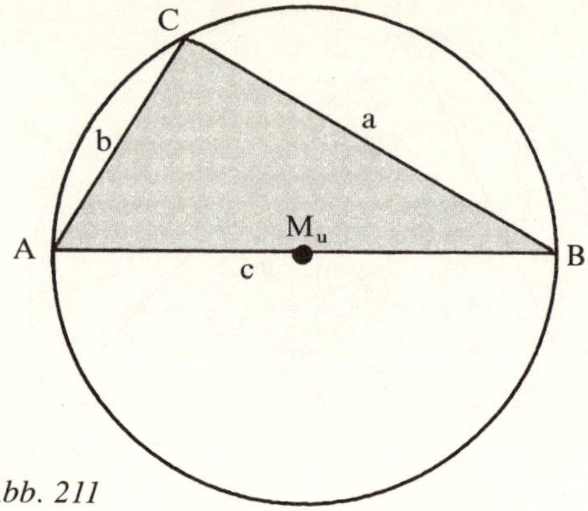

Abb. 211

6. Dieser Satz ist auch umkehrbar: Ist ABC ein rechtwinkliges Dreieck, so liegt eine Seite auf dem Durchmesser des Umkreises.
Der Thalessatz läßt sich allerdings auch als Spezialfall des *Satzes vom Umfangs- und Zentriwinkel* (S. 264) ansehen.

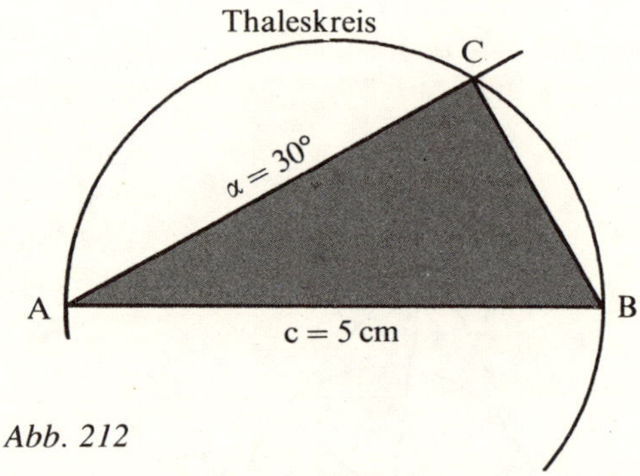

Abb. 212

Beispiel:
Konstruiere ein rechtwinkliges Dreieck mit $c = 5$ cm und $\alpha = 30°$.
In rechtwinkligen Dreiecken heißt die längste Seite **Hypotenuse**, die beiden kürzeren Seiten nennt man **Katheten**. Für rechtwinklige Dreiecke gilt ferner:

Satz des Pythagoras:
Die Summe der Kathetenquadrate ist gleich dem Hypotenusenquadrat.

$$a^2 + b^2 = c^2 \qquad (\gamma = 90°)$$

Einführungsbeispiele:

1. Das Dreieck mit $a = 3$ cm, $b = 4$ cm und $c = 5$ cm ist rechtwinklig wegen $3^2 + 4^2 = 9 + 16 = 25 = 5^2$.
Dieses Beispiel ist historisch interessant. Die Landvermesser im alten Ägypten benutzten nämlich Seile mit 12 Knoten in gleichmäßigem Abstand (Harpedonaptenseil).

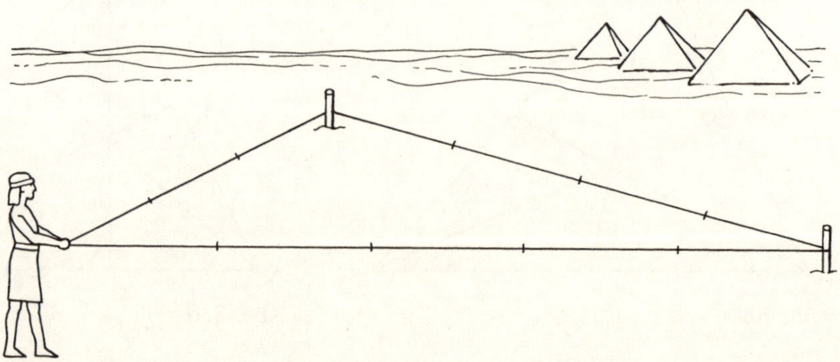

Abb. 213

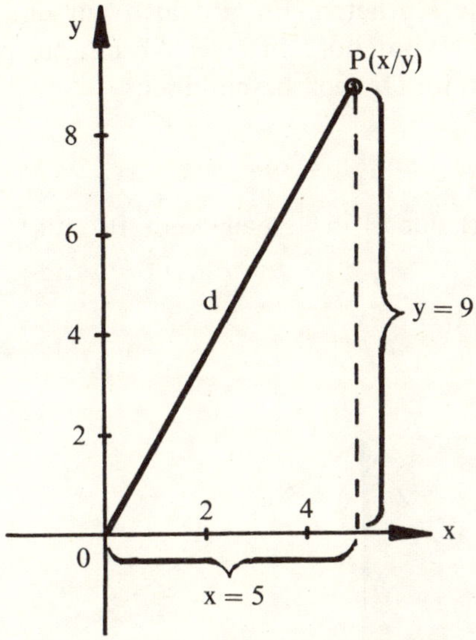

Abb. 214

Am dritten und siebten Knoten war ein Pflock befestigt, ebenso am Anfang des Seils. Durch Einschlagen der Pflöcke konnte das Seil im rechten Winkel gespannt und damit Flächen vermessen werden.

2. Wie weit ist der Punkt (5|9) vom Ursprung des Koordinatensystems entfernt?
Im (kartesischen) Koordinatensystem stehen x- und y-Achse senkrecht aufeinander, der Abstand ist somit

$d = \sqrt{5^2 + 9^2} = 10{,}296.$

3. Wie groß ist die fehlende Kathete in einem rechtwinkligen Dreieck mit $a = 5$ cm, $c = 13$ cm?

$5^2 + b^2 = 13^2 \Rightarrow b = \sqrt{13^2 - 5^2} = 12$ cm.

Sind die Kantenlängen eines Dreiecks ganzzahlig, so nennt man die drei Zahlen (a; b; c) ein **pythagoreisches Zahlentripel**; die Abbildung zeigt den Nachweis des Lehrsatzes von Pythagoras an dem pythagoreischen Zahlentripel (3; 4; 5).

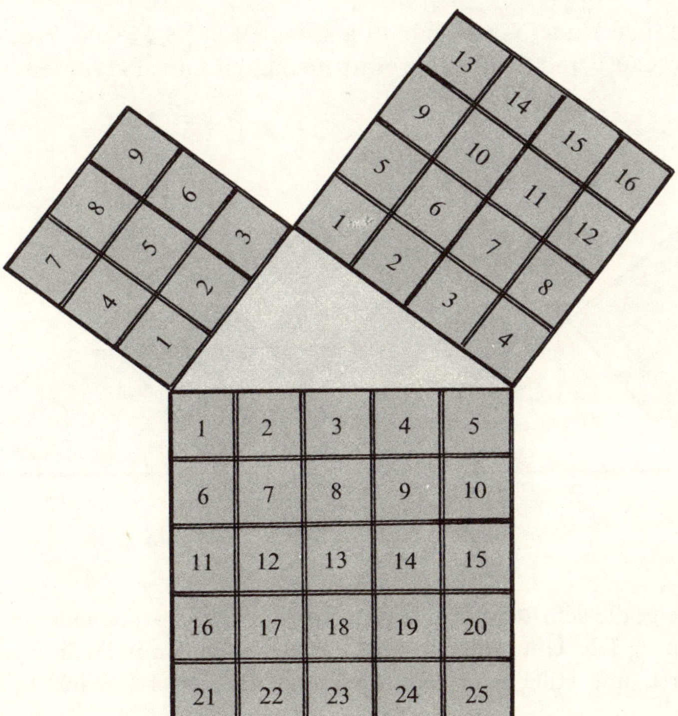

Abb. 215

Zwei der Höhen im rechtwinkligen Dreieck sind die Katheten. Es gibt also nur eine nichttriviale Höhe, nämlich h_c. Diese unterteilt die Hypotenuse in zwei Abschnitte p und q. Die Verhältnisse zwischen allen diesen Stücken im Dreieck beschreiben:

Höhensatz des Euklid

Im rechtwinkligen Dreieck ist das Quadrat (über) der Höhe gleich dem Produkt (Rechteck) aus den beiden Hypotenusenabschnitten:

$$h^2 = p \cdot q, \quad \text{wobei } p + q = c$$

Beweis:

Nach dem Satz von Pythagoras gilt in dem rechten Teildreieck: $a^2 = h^2 + q^2$ und außerdem nach dem Kathetensatz: $a^2 = c \cdot q = (p + q) \cdot q = pq + q^2$. Durch Gleichsetzen der beiden rechten Terme folgt hieraus sofort der Höhensatz:

$$h^2 + q^2 = pq + q^2 \Leftrightarrow h^2 = p \cdot q$$

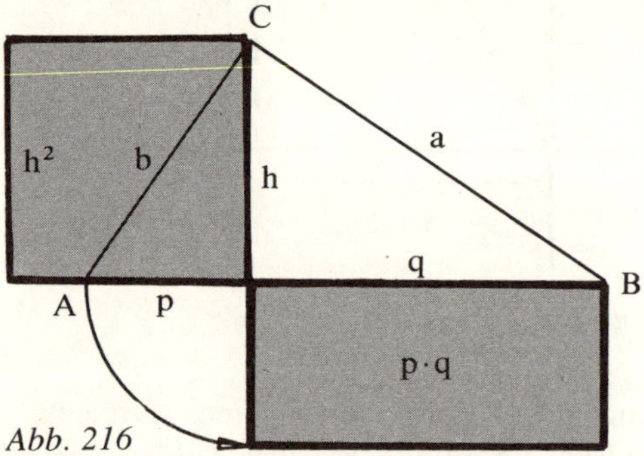

Abb. 216

Kathetensatz des Euklid

Das Quadrat (über) einer Kathete hat die gleiche Fläche wie das Produkt (Rechteck) aus der Hypotenuse und dem an die Kathete angrenzenden Hypotenusenabschnitt:

$$a^2 = c \cdot q \quad \text{bzw.} \quad b^2 = c \cdot p, \quad \text{wobei } p + q = c$$

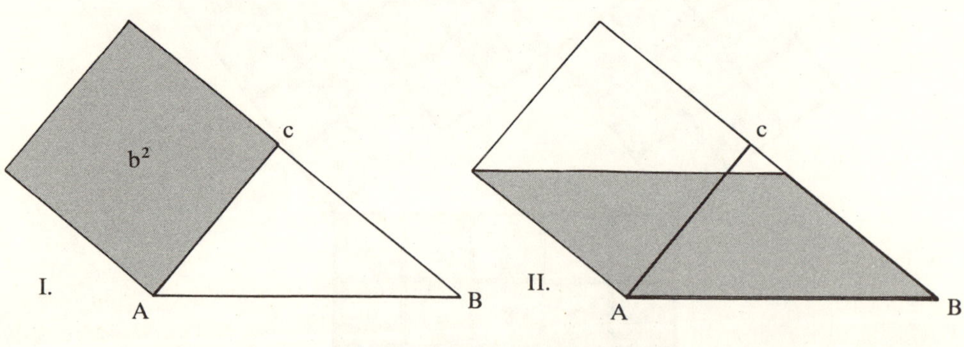

Abb. 217

Die Bildserie zeigt die schrittweise Überführung der Quadratfläche b^2 in das flächengleiche Rechteck $p \cdot c$. Die Überführung von I. in II. gelingt mit Hilfe einer Scherung, die von II. nach III. mit Hilfe einer Drehung und die von III. nach IV. wiederum mit einer Scherung.

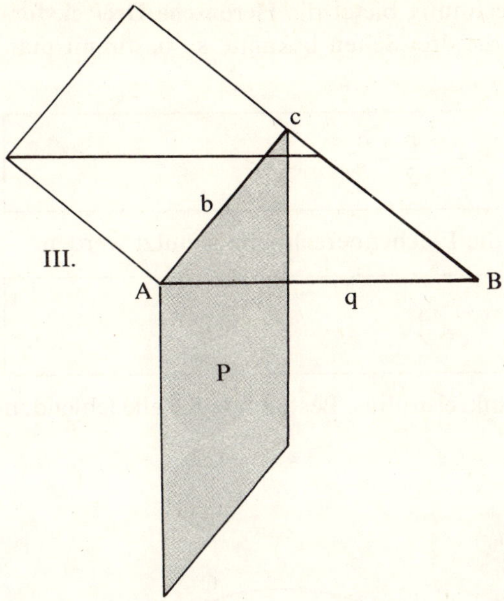

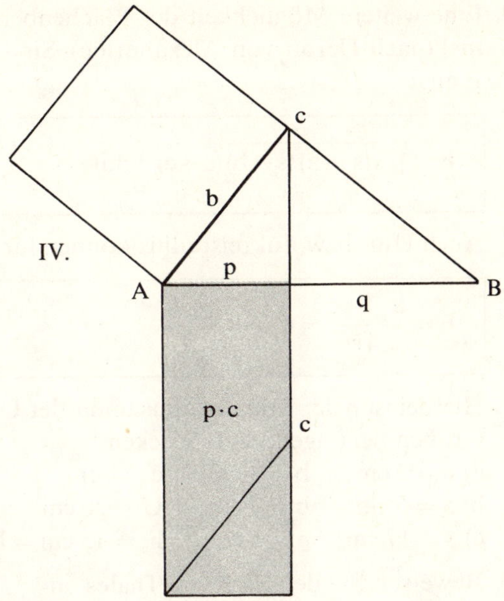

Beweis: $a^2 = q^2 + h^2 = q^2 + pq$ (mit Höhensatz)

$a^2 = q(q + p)$

$a^2 = qc$

Für b^2 verläuft der Beweis analog.

Für die Konstruktion oder den Vergleich von Dreiecken sind die sogenannten *Kongruenzsätze* (S. 280) und *Ähnlichkeitssätze* (S. 283) von großer Bedeutung.

Übungsaufgaben

1. Zeichnen Sie folgende Dreiecke:

a) $a = 4$ cm; $b = 8$ cm; $c = 9$ cm

b) $a = 8$ cm; $b = 8$ cm; $\beta = 50°$

c) $a = 8$ cm; $\beta = 40°$; $\gamma = 50°$

2. Zeigen Sie mit Hilfe der Flächenformel

$$F = \frac{a \cdot h_a}{2} = \frac{b \cdot h_b}{2} = \frac{c \cdot h_c}{2}:$$

Die Seiten und Höhen eines Dreiecks stehen im umgekehrten Verhältnis zueinander.

3. Welchen Flächeninhalt hat ein Dreieck mit

a) $a = 7$ cm; $h_a = 6$ cm

b) $c = 3$ cm; $h_c = 5$ cm

c) $a = b = c = 6$ cm

d) $a = 10$ cm; $\beta = 45°$; $\gamma = 90°$

4. Eine weitere Möglichkeit der Flächenberechnung bietet die **Heronsche Dreiecksformel** (nach Heron von Alexandrien). Sind die drei Seiten bekannt, so bestimmt man F aus:

$$F = \sqrt{s(s-a)(s-b)(s-c)} \quad \text{mit} \quad s = \frac{U}{2} = \frac{a+b+c}{2}$$

Auch Um- bzw. Inkreisradius können für die Flächenberechnung genutzt werden:

$$F = \frac{a \cdot b \cdot c}{4r} = s \cdot \varrho = \frac{\varrho \cdot U}{2}$$

Hierbei ist ϱ der Inkreisradius und r der Umkreisradius. Bestimmen Sie alle fehlenden Größen bei folgenden Dreiecken:

a) $a = 3$ cm; $b = 4$ cm; $c = 5$ cm
b) $a = 5$ cm; $b = 7$ cm; $U = 20$ cm
c) $s = 17$ cm; $\varrho = 5$ cm; $h_a = 13\text{ cm} = h_b$

5. Beweisen Sie den Satz von Thales anhand folgender Abbildung auf geometrischem Weg (Abb. 218).

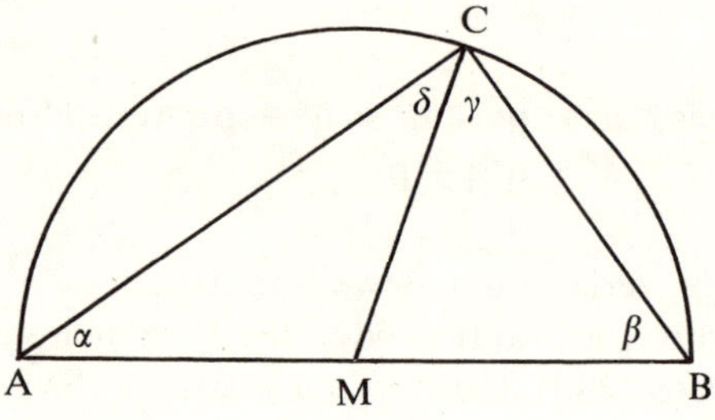

Abb. 218

6. Abb. 219 zeigt ein rechtwinkliges Dreieck mit $\gamma = 90°$. Beweisen Sie, daß die Strecken $\overline{CP}$ und $\overline{CM}$ den Winkel γ in drei gleiche Winkel teilen.

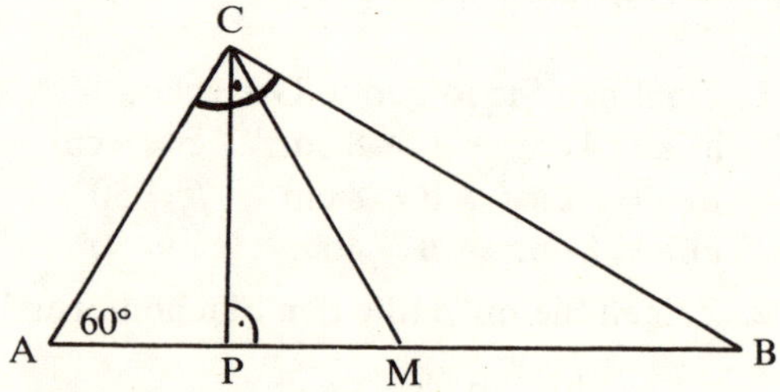

Abb. 219

7. Zeigen Sie: a, b und c sind pythagoreische Zahlentripel ($n > m$).
a) $a = 2n + 1$; $b = 2n^2 + 2n$; $c = 2n^2 + 2n + 1$
b) $a = 2nm$; $b = n^2 - m^2$; $c = n^2 + m^2$

8. Berechnen Sie alle fehlenden Stücke des rechtwinkligen Dreiecks (Bezeichnungen wie im Text):
a) $h = 4$ cm; $q = 5$ cm   b) $h = 7$ cm; $b = 10$ cm   c) $p = 4$ cm; $q = 12$ cm

9. Berechnen Sie die Höhe beim gleichseitigen Dreieck aus der Kantenlänge a.

10. Zeigen Sie: Im gleichseitigen Dreieck beträgt der Umkreisradius $r = \frac{a}{3}\sqrt{3} = 2\varrho$ und damit der Inkreisradius $\varrho = \frac{a}{6}\sqrt{3} = \frac{r}{2}$.

11. Wann ist der Flächeninhalt eines rechtwinkligen Dreiecks mit vorgeschriebener Hypotenuse am größten?

12. In einem rechtwinkligen Dreieck ist eine Kathete 3 cm lang, die andere ist halb so lang (x) wie die Hypotenuse (2 x). Berechnen Sie x.

13. Die Hypotenuse eines gleichschenkligen rechtwinkligen Dreiecks ist c = 10 cm. Kann man daraus die Länge eines Schenkels bestimmen?

14. Zeigen Sie die Gültigkeit des Lehrsatzes von Pythagoras mit Hilfe folgender Figuren:

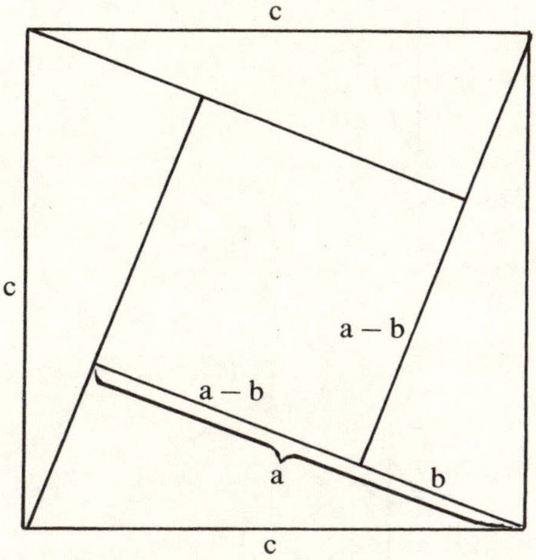

Abb. 220

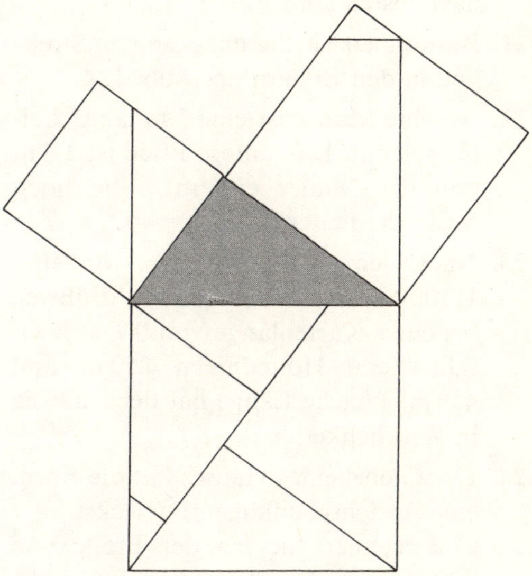

Abb. 221

15. Konstruieren Sie aus einem Quadrat mit der Kantenlänge 5 cm ein flächengleiches Rechteck mit einer Kantenlänge 4 cm:
a) mit dem Kathetensatz;
b) mit dem Höhensatz.

16. Zeigen Sie die Gültigkeit des Kathetensatzes mit Hilfe der Abbildung durch Kongruenznachweis der Teilflächen (Abb. 222).

17. Wenden Sie auf das Teildreieck MPC (Abb. 219) den Satz des Pythagoras an, und beweisen Sie so den Höhensatz.

18. Die Schenkel eines gleichschenkligen rechtwinkligen Dreiecks sind je a) 6 cm; b) 8 cm; c) x cm lang. Wie lang ist die jeweilige Hypotenuse?

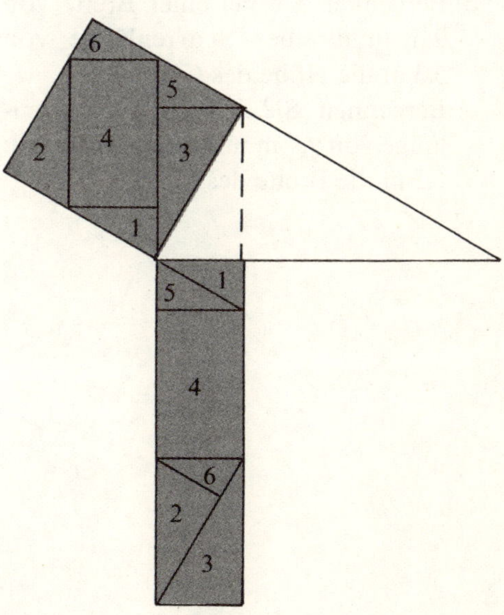

Abb. 222

19. Ein Boot fährt 7 km nach Norden, dann 6 km nach Osten und dann noch 4 km nach Norden. Wie weit ist es von seinem Ausgangsort entfernt (Abb. 223)?

20. Wie weit ist es vom Ausgangsort entfernt, wenn es anschließend noch 4 km nach Osten fährt?

21. Bestimmen Sie die unbekannten Strecken in den Bildern der Abb. 224.

22. An eine Mauer ist eine 5 m lange Leiter gelehnt. Das untere Ende ist 1,4 m von der Mauer entfernt. Wie hoch reicht die Leiter?

23. Nach einer Karte im Maßstab 1:100000 verläuft ein gerader Fußweg bei einer Kartenlänge von 0,7 cm zwischen den Höhenlinien 250 m und 450 m. Welche Länge hat der Fußweg in Wirklichkeit?

24. Der Giebel eines Hauses hat die Form eines gleichschenkligen Dreiecks.

a) Berechnen Sie bei der Breite von 9 m und der Höhe von 0,6 m die Länge der Dachsparren (vom First bis zur Traufe).

b) Berechnen Sie bei einer Breite von 9 m und einer Sparrenlänge von 5,3 m die Höhe des Giebels.

c) Berechnen Sie bei einer Sparrenlänge von 9,7 m und einer Höhe von 6,5 m die Breite des Giebels.

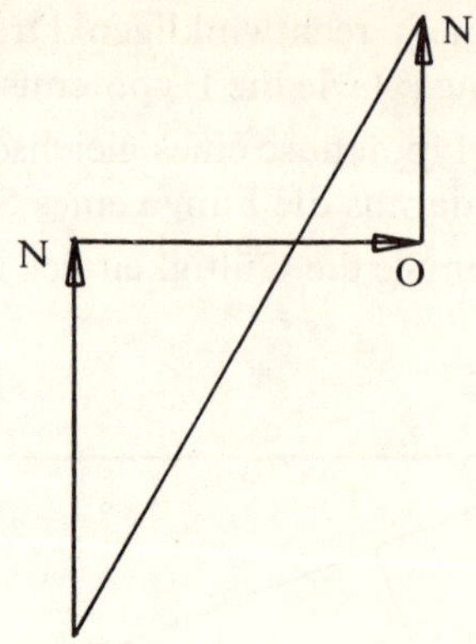

Abb. 223

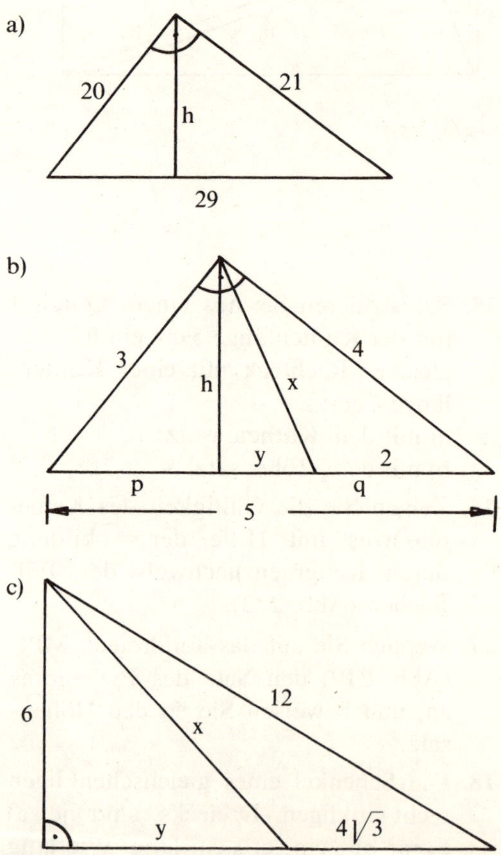

Abb. 224

25. Bei einer Bockleiter sind alle Stufen gleich weit voneinander entfernt. Sie wird wie in Abb. 225 aufgestellt. Berechnen Sie den Abstand der Stufen.

26. In einem gleichschenkligen Dreieck mit dem Umfang 25 cm ist die Höhe um 2 cm kürzer als die Grundseite. Wie lang sind die Seiten, wie hoch ist das Dreieck?

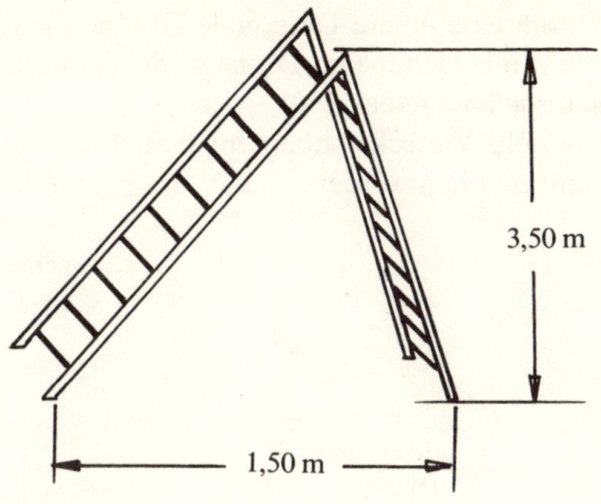

Abb. 225

27. Jede Schiffschaukel hängt an schräg verlaufenden Trägern, deren Befestigungspunkte die Eckpunkte eines gleichschenkligen Dreiecks bilden. Wenn die Träger 6 m lang und 1 m weit auseinander am Schiff befestigt sind, wie weit schwenkt dann die Schiffschaukel aus, wenn der Mittelpunkt der Dreiecksbasis im höchsten Punkt seiner Bahn 2,5 m höher als im tiefsten ist?

28. Welche dieser Dreiecke lassen sich nicht zeichnen?

a) $a = 3$ cm; $b = 4$ cm; $c = 6$ cm b) $a = 5$ cm; $b = 9$ cm; $c = 7$ cm

c) $a = 7$ cm; $b = 4$ cm; $c = 2$ cm d) $a = 12$ cm; $b = 13$ cm; $c = 1$ cm

29. Warum kann ein gleichseitiges Dreieck nie rechtwinklig sein?

Lösungen Seite 741.

Vierecke

Durch Verbinden von vier Punkten einer Ebene, von denen jeweils drei nicht kollinear sind, kann man ein Viereck konstruieren. Ein Viereck besitzt zwei **Diagonalen**, d.h. Verbindungen zweier nicht benachbarter Eckpunkte. Je nach Lage der Eckpunkte kann eine Diagonale außerhalb des Vierecks verlaufen: dann heißt das Viereck **konkav**. Liegen dagegen beide Diagonalen im Inneren des Vierecks, nennt man es **konvex**.

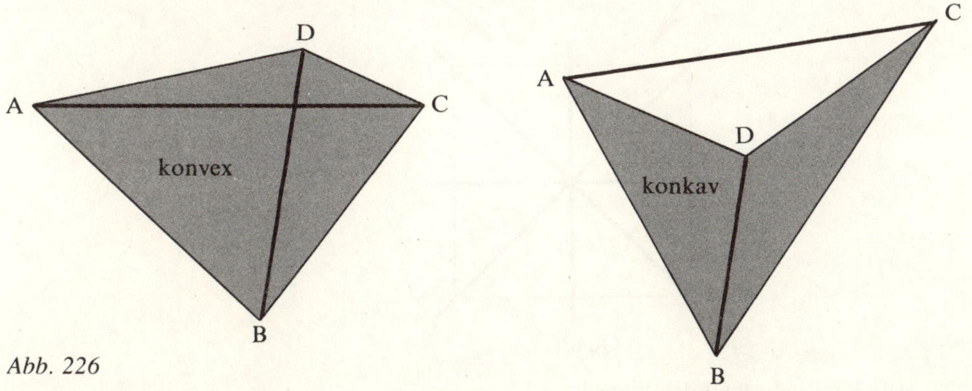

Abb. 226

Durch eine innere Diagonale läßt sich jedes Viereck in zwei Teildreiecke zerlegen. Weil die Winkelsumme im Dreieck 180° ist und sich alle Winkel addieren, beträgt die **Winkelsumme im Viereck 360°**.
Spezielle Vierecke haben dabei auch besondere Eigenschaften, die in der folgenden Übersicht deutlich werden.

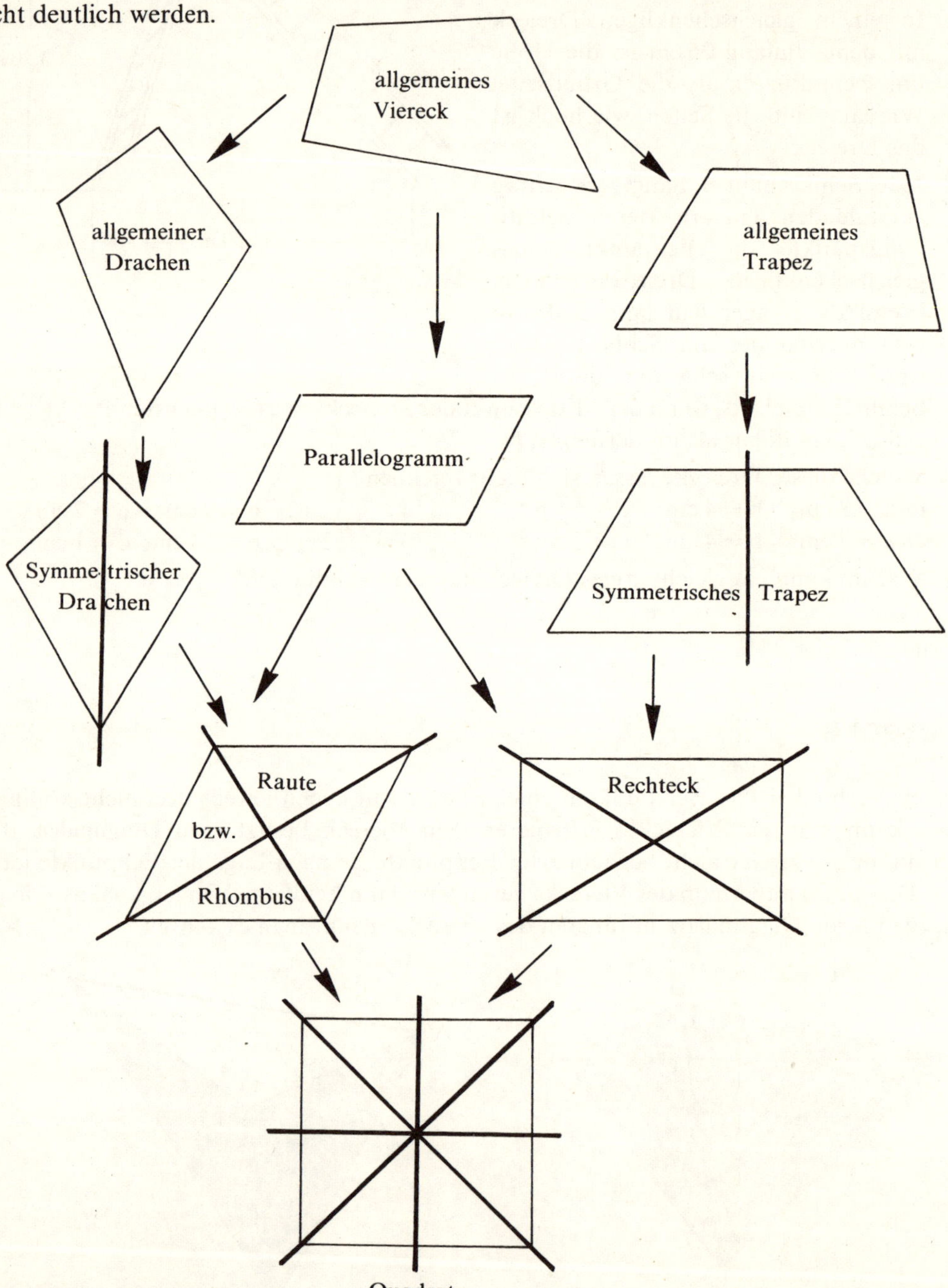

Abb. 227 Die Verwandtschaft der Vierecke

Dabei heißt eine Gerade a **Symmetrieachse**, wenn die Figur bei einer *Spiegelung* an a in sich selbst übergeht; ein Punkt Z heißt **Symmetriezentrum**, wenn die Figur bei einer *Punktspiegelung* auf sich selbst abgebildet wird.

Das Viereck mit den meisten Symmetrieeigenschaften ist das **Quadrat**. Es besitzt vier rechte Winkel (90°) und vier gleich lange und paarweise parallele Seiten. Sowohl die *Mittelsenkrechten* auf die Seiten als auch die *Diagonalen* (hier gleichzeitig *Winkelhalbierenden*) sind Symmetrieachsen. Der Schnittpunkt aller dieser vier Linien ist das **Symmetriezentrum**.

Das **Quadrat** besitzt den Umfang und den Flächeninhalt:

$$U = a + a + a + a = 4a; \qquad F = a \cdot a = a^2$$

Die Diagonallängen lassen sich mit dem Satz von Pythagoras bestimmen.

Beispiel:

$$U = 12\,\text{cm} \Rightarrow a = \frac{U}{4} = 3\,\text{cm}$$

$$\Rightarrow d = \sqrt{a^2 + a^2} = a\sqrt{2} = \sqrt{18} = 4{,}243\,\text{cm}$$

Setzt man nur voraus, daß die *gegenüberliegenden* Seiten (und nicht mehr alle vier) gleich lang sind, behält aber die übrigen Quadrateigenschaften bei, so erhält man ein **Rechteck**.

Das **Rechteck** besitzt den Umfang und den Flächeninhalt:

$$U = a + b + a + b = 2a + 2b; \qquad F = a \cdot b$$

Auch hier erhält man die Länge der Diagonalen mit dem Satz von Pythagoras.

Beispiel:

$$a = 5\,\text{cm},\ b = 3\,\text{cm} \Rightarrow U = 2 \cdot 5\,\text{cm} + 2 \cdot 3\,\text{cm} = 16\,\text{cm}$$

$$\Rightarrow F = 5\,\text{cm} \cdot 3\,\text{cm} = 15\,\text{cm}^2$$

$$\Rightarrow d = \sqrt{(5\,\text{cm})^2 + (3\,\text{cm})^2} = \sqrt{34\,\text{cm}^2}$$

$$\Rightarrow d = 5{,}831\,\text{cm}$$

Aus einem Quadrat erhält man eine **Raute** bzw. einen **Rhombus**, wenn man die Innenwinkel verändert. Bei einer Raute sind die Diagonalen e und f (Winkelhalbierenden) Symmetrieachsen. Sie schneiden sich rechtwinklig in ihrer Mitte, ihr Schnittpunkt ist das Symmetriezentrum.

Die **Raute** (der **Rhombus**) besitzt den Umfang und den Flächeninhalt:

$$U = 4a; \qquad F = a \cdot h_a = \frac{e \cdot f}{2}$$

Für den Zusammenhang zwischen Diagonalen und Seitenlängen gilt nämlich (Satz von Pythagoras):

$$a^2 = \left(\frac{e}{2}\right)^2 + \left(\frac{f}{2}\right)^2 \Leftrightarrow a^2 = \frac{e^2 + f^2}{4}$$

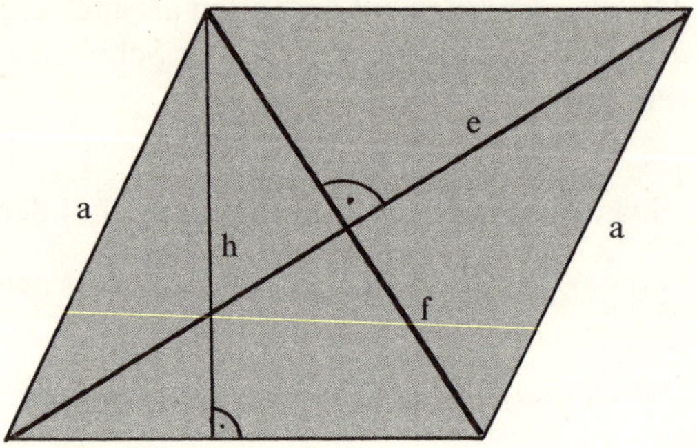

Abb. 228

Beispiel:

Eine Raute hat die Diagonalen e = 10 cm und f = 24 cm.
Berechnen Sie Umfang und Fläche.
Da sich die Diagonalen im rechten Winkel schneiden und dabei halbieren, ist

$$a = \sqrt{\left(\frac{10}{2}\right)^2 + \left(\frac{24}{2}\right)^2} = 13\,\text{cm}$$

Damit wird $U = 52\,\text{cm}$; $F = (10 \cdot 24) : 2 = 120\,\text{cm}^2$;

$h_a = h = 120 : 13 = 9{,}23\,\text{cm}$

Sind nur noch die gegenüberliegenden Seiten gleich lang, so entsteht aus der Raute ein **Parallelogramm**. Das Parallelogramm hat keine Symmetrieachsen, aber ein Symmetriezentrum, nämlich den Schnittpunkt der Diagonalen.

Das **Parallelogramm** besitzt den Umfang und den Flächeninhalt:

$$U = 2a + 2b = 2(a + b);$$
$$F = a \cdot h_a = b \cdot h_b$$

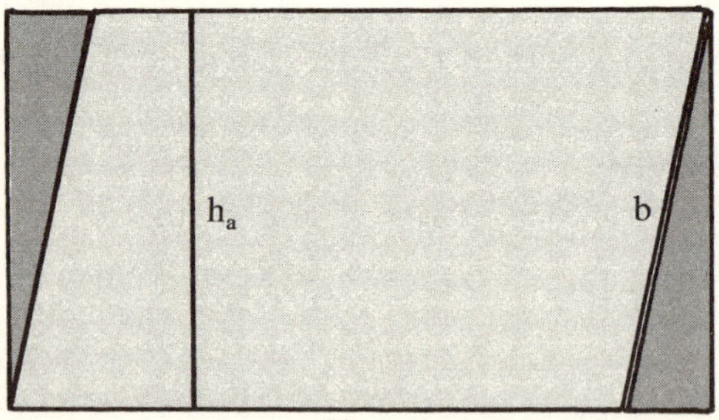

Abb. 229

Im symmetrischen **Drachenviereck** gibt es wieder eine Symmetrieachse. Hier sind außerdem benachbarte Seiten gleich lang.

Beim symmetrischen **Drachenviereck** sind Umfang und Fläche:

$$U = 2(a + b); \qquad F = \frac{e \cdot f}{2}$$

Dies ist beim konvexen Drachen sofort klar. Aber die Formeln gelten ebenso für den konkaven Drachen, denn:

$$F = \frac{f(e+e')}{2} - \frac{f \cdot e'}{2} = \frac{fe}{2} + \frac{fe'}{2} - \frac{fe'}{2} = \frac{fe}{2}$$

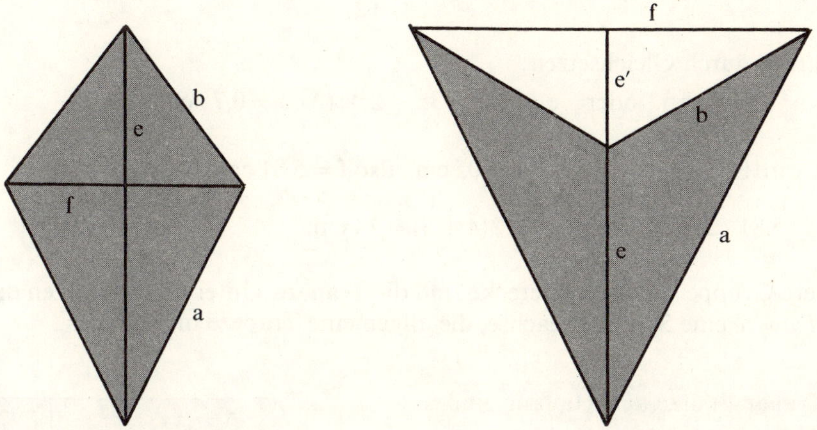

Abb. 230

Einführungsbeispiele:

1. Ein symmetrischer konvexer Drachen hat die Seitenlängen a = 50 cm und b = 30 cm sowie die Diagonale e = 70 cm. Wie groß sind Umfang und Fläche?
Die unbekannte Diagonale f teilt e in zwei Stücke p und q und wird selbst von e halbiert. Dabei sei $\frac{f}{2} = y$.

Es ist: $y^2 = a^2 - p^2 \Rightarrow y^2 = 50^2 - p^2$

$y^2 = b^2 - q^2 \Rightarrow y^2 = 30^2 - (70 - p)^2$

somit ergibt sich:

$30^2 - (70 - p)^2 = 50^2 - p^2$

$30^2 - (70^2 - 140\,p + p^2) = 50^2 - p^2$

$30^2 - 70^2 + 140\,p = 50^2$

$p = 46{,}429$ cm ; $q = 70 - p = 23{,}571$ cm

f errechnet sich aus:

$y^2 - a^2 - p^2 \quad y = 18{,}558$ cm ; $f = 37{,}116$ cm

Mit $e \cdot \frac{f}{2} = F$ ergibt sich: $F = 70 \cdot y = 1299{,}06\ \text{cm}^2$

Mit $U = 2\,(a + b)$ ergibt sich: $U = 160$ cm

2. Ein symmetrischer konkaver Drachen hat die Seitenlängen $a = 4$ cm und $b = 3$ cm sowie die Diagonale $e = 2$ cm. Wie groß sind in diesem Fall Umfang und Fläche?

Verlängert man die Diagonale e um e′ bis zur außenliegenden Diagonale f, so erhält man aus dem Satz des Pythagoras:

$\left(\frac{f}{2}\right)^2 = b^2 - e'^2 = a^2 - (e + e')^2;$ $\left(\frac{f}{2}\right)^2 = a^2 - (e^2 + e'^2 + 2ee')$

und daraus durch Gleichsetzen:

$2ee' = a^2 - b^2 - e^2$ oder $e' = (4^2 - 3^2 - 2^2) : (2 \cdot 2) = 0{,}75$ cm.

Damit wird: $\frac{f}{2} = \sqrt{3^2 - 0{,}75^2} = 2{,}905$ cm, also $f = 5{,}81$ cm und

$F = 0{,}5 \cdot 5{,}81 \cdot 2 = 5{,}81\ \text{cm}^2$; $U = 2(4 + 3) = 14$ cm.

Eine andere Gruppe spezieller Vierecke sind die **Trapeze**. Unter ihnen besitzen die *symmetrischen Trapeze* eine Symmetrieachse, die allgemeine Trapeze nicht haben.

Jedes **Trapez** besitzt den Umfang und die Fläche:

$U = a + b + c + d;$ $F = \frac{a + c}{2} \cdot h$

für das **gleichschenklige Trapez**:

$U = a + 2b + c$

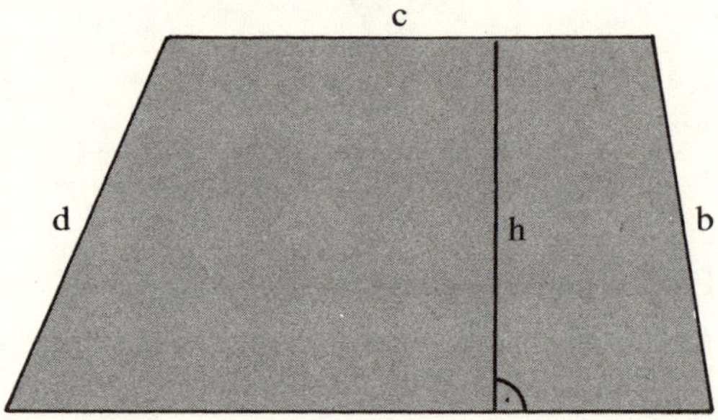

Abb. 231

Einführungsbeispiel:

Ein sogenanntes Umkehrprisma dient in einer Spiegelreflexkamera dazu, das durch die Objektivlinse(n) auf den Kopf gestellte Bild für den durch den Sucher blickenden Betrachter wieder in der ursprünglichen Position zu zeigen.

Bestimmen Sie die trapezförmige Fläche eines Umkehrprismas mit den Grundseitenlängen $a = 3$ cm, $c = 1$ cm und einen Abstand dieser Seiten von $h = 4$ cm.

Lösung: $F = 4 \cdot \frac{3 + 1}{2} = 8\ \text{cm}^2$.

Um ein allgemeines **Viereck** zu berechnen, muß man es in zwei Dreiecke zerlegen. Dies geschieht durch Einzeichnen einer Diagonalen (Winkelsummensatz, S. 231). Die beiden Teildreiecke lassen sich dann trigonometrisch berechnen (S. 298 ff.)

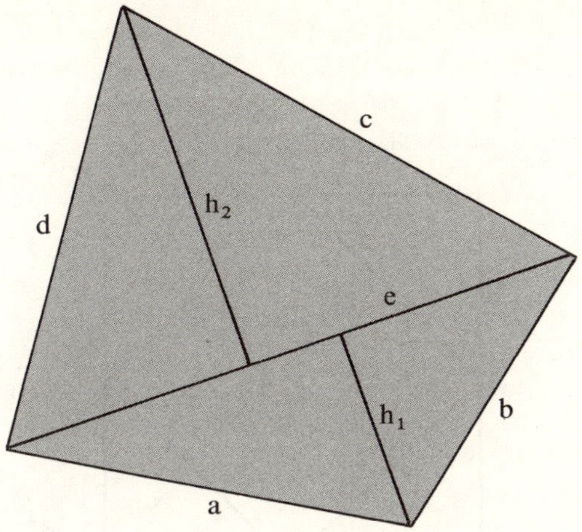

Abb. 232

> Jedes **Viereck** besitzt den Umfang und den Flächeninhalt:
>
> $$U = a + b + c + d; \qquad F = \frac{(h_1 + h_2) \cdot e}{2}$$

Interessanterweise ist die Fläche (nicht jedoch der Umfang) schon durch Angabe der Diagonalen und deren Schnittwinkel bestimmt, da man mit diesen Angaben die Höhen ermitteln kann (Trigonometrie, S. 298 ff.). Dagegen kann man mit Hilfe aller vier Seitenlängen lediglich den Umfang, nicht aber die Fläche bestimmen (Übung Nr. 16). In Ausnahmefällen lassen sich jedoch Umfang *und Fläche* bestimmen.

Beispiel:
In einem konvexen Viereck schneiden sich die Diagonalen $e = 4$ cm und $f = 3$ cm unter 45°. Der Schnittpunkt S teilt e im Verhältnis 3 : 1 und f im Verhältnis 1 : 2. Wie groß sind Umfang und Fläche?

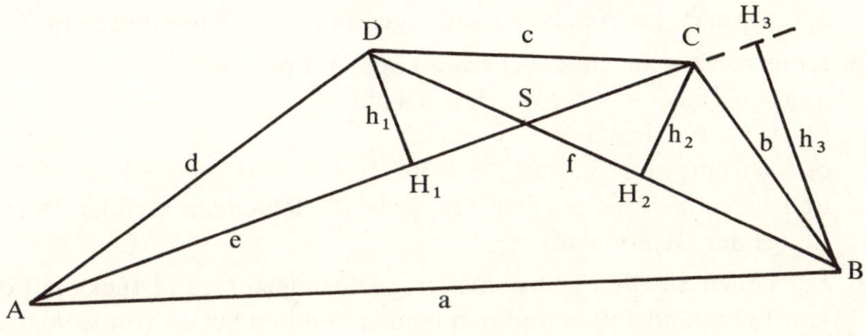

Abb. 233

Durch die Höhen h_1, h_2 und h_3 entstehen die rechtwinklig-gleichschenkligen Dreiecke SDH_1, SH_2C und SBH_3, weil $\alpha = 45°$. Mit dem Satz von Pythagoras ergibt sich:

$$h_1 = h_2 = \sqrt{0{,}5} = 0{,}707; \qquad h_3 = \sqrt{2} = 1{,}414\,\text{cm}.$$

wird die Fläche $F = 0{,}5 \cdot 4(0{,}707 + 1{,}414) = 4{,}242\,\text{cm}^2$. Wiederum mit dem Satz des Pythagoras bestimmt man:

in AH_1D: $d = \sqrt{0{,}707^2 + (3 - 0{,}707)^2} = 2{,}399$ cm;
in H_1CD: $c = \sqrt{0{,}707^2 + (1 + 0{,}707)^2} = 1{,}848$ cm;
in H_2BC: $b = \sqrt{0{,}707^2 + (2 - 0{,}707)^2} = 1{,}474$ cm;
in ABH_3: $a = \sqrt{1{,}414^2 + [4 + 1{,}414 - 1]^2} = 4{,}635$ cm.

Daraus ergibt sich ein Umfang von $U = 4{,}635 + 1{,}474 + 1{,}848 + 2{,}399 = 10{,}356$ cm.

Übungsaufgaben

1. Schneidet man von einem Quadrat mit der Kantenlänge a vier gleichschenklige Dreiecke mit der Schenkellänge $0{,}5 \cdot a$ ab, so erhält man wieder ein Quadrat. Berechnen Sie die Kantenlänge des neuen Quadrats (Abb. 234).

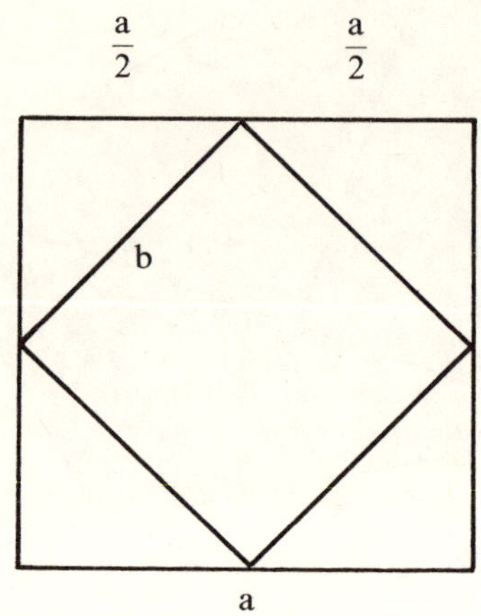

Abb. 234

2. Berechnen Sie die fehlenden Stücke (Fläche, Umfang, Seitenlängen und Diagonalen) in den Rechtecken mit:
a) $U = 2\,m$; $a = 20\,cm$
b) $F = 30\,cm^2$; $a = 5\,cm$
c) $a = 6\,cm$; $d = 10{,}8\,cm$
d) $U = 14\,cm$; $d = 5\,cm$
e) $U = 90\,cm$; $a = b$
f) $F = 121\,cm^2$; $a = b$
g) $d = 512\,m$; $a = b$

3. Einem Rechteck der Länge 30 m und der Breite 20 m soll ein Viereck so einbeschrieben werden, daß die Eckpunkte auf den Seitenmitten des Ausgangsrechtecks liegen. Berechnen Sie Umfang und Fläche des einbeschriebenen Vierecks.

4. Der Umfang eines Rechtecks beträgt 36 cm. Die Fläche wird um $9{,}25\,cm^2$ größer, wenn man die eine Seite um 4,5 cm verlängert und gleichzeitig die andere Seite um 3,5 cm verkürzt. Welche Seitenlängen hatte das Ausgangsrechteck?

5. Konstruieren Sie ein gleichschenkliges Trapez aus:
a) $a = 6{,}8\,cm$; $c = 5\,cm$; $h = 3{,}4\,cm$
b) $a = 7\,cm$; $b = 5\,cm$; $c = 3\,cm$
c) $a = 6\,cm$; $c = 3{,}5\,cm$; $\alpha = 30°$
und berechnen Sie zu den Trapezen die fehlenden Größen (Umfang, Fläche, Höhe, Länge der Diagonalen).

6. Berechnen Sie die Fläche eines trapezförmigen Grundstücks mit den parallelen Seiten von 131 m und 150 m und den beiden anderen Seiten von je 90,5 m Länge.

7. Berechnen Sie am Querschnitt des Küstendeiches die Höhe h und die Länge l der dem Meer zugekehrten Böschung (Abb. 235).

8. Bei einem gleichschenkligen Trapez mit 60 cm Umfang ist die Höhe so groß wie die eine der parallelen Seiten, die andere ist 10 cm länger. Berechnen Sie die Längen aller Seiten und die Fläche.

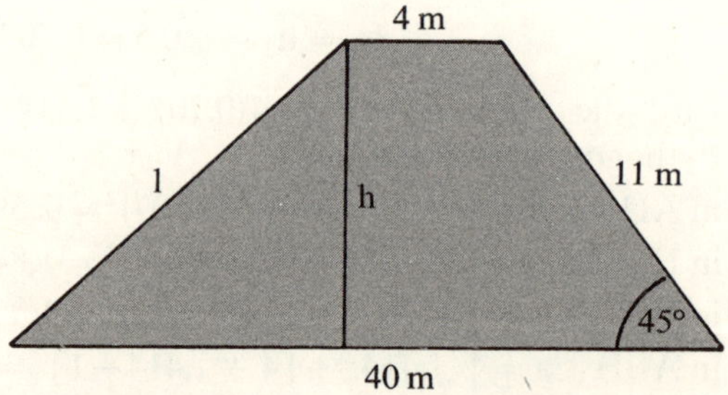

Abb. 235

9. Konstruieren Sie ein Parallelogramm aus:
a) $a = 7\,cm$; $b = 5\,cm$; $|AC| = 10\,cm$
b) $a = 7{,}5\,cm$; $|AC| = 9\,cm$; $h_a = 3{,}7\,cm$
c) $a = 6\,cm$; $b = 5\,cm$; $\beta = 120°$
Berechnen Sie alle fehlenden Größen.

10. Welchen Flächeninhalt hat eine Raute, deren eine Diagonale halb so groß wie die Seite a ist?

11. Die Diagonalen einer Raute sind 10 cm und 12 cm lang. Bestimmen Sie den Umfang und den Flächeninhalt.

12. Der Umfang einer Raute beträgt 40 cm. Die Diagonale e ist doppelt so lang wie die Diagonale f. Bestimmen Sie die beiden Längen und den Flächeninhalt.

13. In einem konvexen Drachen ist $\alpha = 70°$ und $\beta = 110°$. Wie groß sind die fehlenden Innenwinkel? Um welche speziellere Figur handelt es sich?

14. Ein symmetrischer Drachen hat die Seitenlängen $a = 3\,cm$ und $b = 5\,cm$. Der Diagonalenschnittpunkt teilt die längere Diagonale im Verhältnis 2 : 1. Wie lang sind die Diagonalen, wie groß ist die Drachenfläche?

15. Tangram ist ein altes chinesisches Legespiel. Berechnen Sie die Flächen aller Teilstücke, wenn das große Dreieck eine Grundseitenlänge von 20 cm hat (Abb. 236).

16. Zeigen Sie, daß ein Viereck mit $a = 3\,cm$, $b = 4\,cm$, $c = 5\,cm$ und $d = 6\,cm$ nicht eindeutig bestimmt ist.

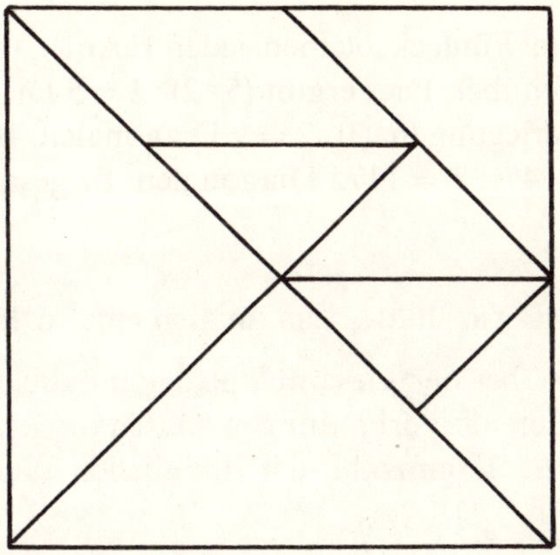

Abb. 236

Lösungen Seite 744.

Polygone und n-Ecke

Erweitert man die Eckenzahl sukzessive von vier auf fünf, sechs, sieben, ..., 100, ..., allgemein: n, so erhält man ein **n-Eck** oder **Polygon**. Auch die Dreiecke und Vierecke gehören zu den Polygonen, nehmen jedoch (zwar nicht unbedingt in der Theorie, aber in der Praxis) wegen ihrer Übersichtlichkeit unter ihnen eine Sonderstellung ein.
Verlaufen bei einem solchen Polygon alle Diagonalen in seinem Innern, nennt man es konvex. Dann sind auch alle Innenwinkel kleiner als 180°.
Wie viele Diagonalen besitzt nun ein solches Polygon? Nun, jede Ecke kann mit jeder anderen *außer ihren beiden Nachbarecken* verbunden werden. Daher hat ein Dreieck keine Diagonale. Beim Viereck können die vier Ecken nur mit jeweils einer gegenüberliegenden Ecke zu Diagonalen verbunden werden; dies ergäbe 4 Diagonalen. Da bei diesem Verfahren jede Diagonale doppelt gezählt ist, verbleiben nur $4 : 2 = 2$ Diagonalen.

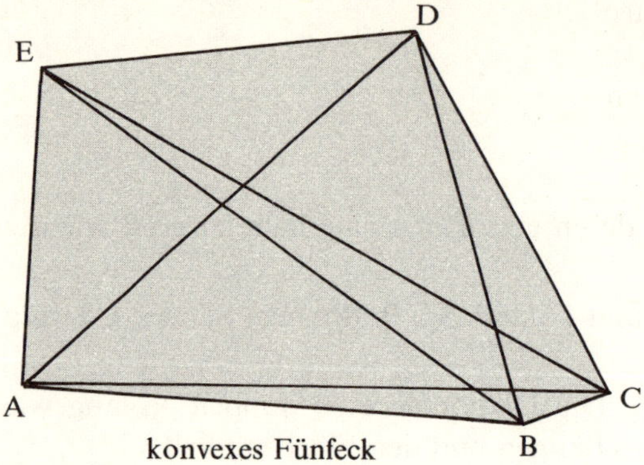

Abb. 237

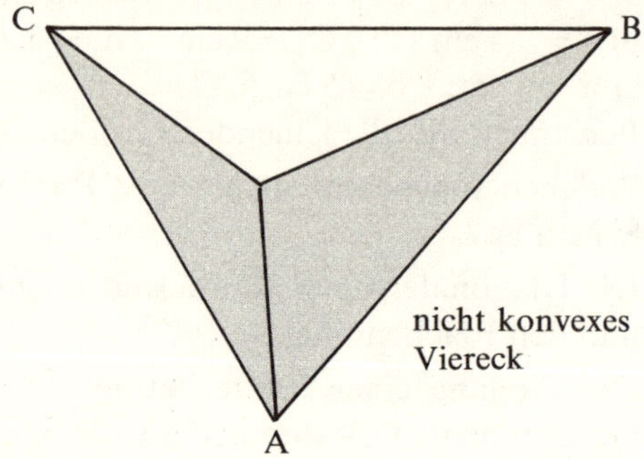

Abb. 238

Beim Fünfeck bleiben jeder Ecke – abzüglich der beiden Nachbarecken – zwei Ecken gegenüber. Dies ergibt $(5 \cdot 2) : 2 = 5$ Diagonalen. Beim Sechseck erhält man mit derselben Überlegung $(6 \cdot 3) : 2 = 9$ Diagonalen. Beim Fünfzigeck etwa ergeben sich $(50 \cdot 47) : 2 = 1175$ Diagonalen. Insgesamt erhält man folgende Formel:

Die Anzahl der Diagonalen eines n-Ecks ist $\frac{n \cdot (n-3)}{2}$.
Da bei der Gesamtzahl der möglichen Verbindungslinien innerhalb eines Polygons auch die Verbindungen zu den direkten Nachbarn mitgezählt werden müssen, beträgt die Gesamtzahl der möglichen Verbindungslinien eines Polygons mit n Ecken $\frac{n(n-1)}{2}$.

Jedes Polygon läßt sich durch Einzeichnen bestimmter Diagonalen in Teildreiecke zerlegen. Es ist sinnvoll, die Diagonalen dazu von einem Punkt aus zu zeichnen. (Ist das Polygon konvex, bleibt die Konstruktion übersichtlicher, wenn man die Teilungsdiagonalen innerhalb des Polygons wählt.) Dies sind $n - 3$ Diagonalen; es entstehen also $n - 2$ Teildreiecke (siehe Abb. 237).
Damit folgt aus dem *Winkelsummensatz für Dreiecke* unmittelbar:

Bei einem n-Eck beträgt die Summe der Innenwinkel $(n-2) \cdot 180°$.

Somit ergeben sich etwa für das Fünfeck 540°, für das Zehneck schon 1440° als Innenwinkelsumme.
Es darf nicht verschwiegen werden, daß die Flächenberechnung zwar prinzipiell klar ist (Dreiecksberechnung), in der Praxis aber erhebliche Mühe bereitet, da die benötigten Zusatzgrößen (Höhen oder Winkel) nur schwer zu ermitteln sind. Hilfreich ist dann oft die sogenannte *„Standlinienmethode"*. Die Standlinie ist eine Gerade mit definiertem

Abstand zu den einzelnen Eckpunkten des Vielecks. Durch die Lote von den Ecken auf diese Gerade wird das Polygon in Trapeze und/oder Dreiecke zerschnitten. Sind die *Koordinaten* der Eckpunkte in bezug auf die Standlinie gegeben, so lassen sich alle für die Flächenbestimmung erforderlichen Stücke aus ihnen berechnen:

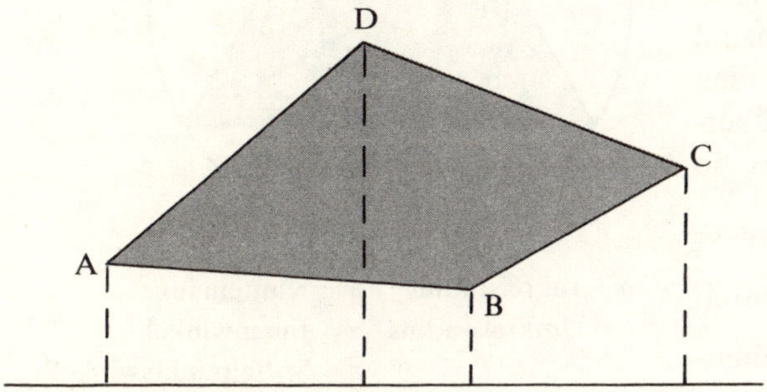

Standlinie außerhalb des Polygons

Abb. 239

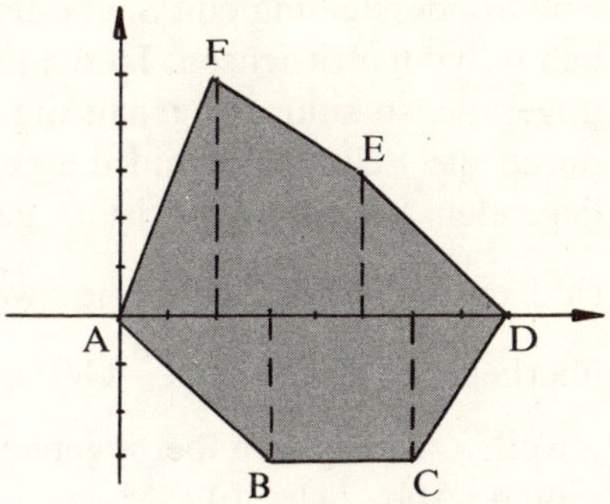

Standlinie innerhalb des Polygons

Abb. 240

Einführungsbeispiele (siehe Abb. 240):

Ein Sechseck hat in bezug auf die durch die Punkte A und D verlaufende Gerade g folgende Koordinaten: A(0|0), B(3|−3), C(6|−3), D(8|0), E(5|3) und F(2|5). Wie groß ist seine Fläche?

Es ergeben sich vier rechtwinklige Dreiecke, ein Quadrat und ein Trapez. Die Höhe des Trapezes ist der x-Abstand von E und F. Die Fläche wird folgendermaßen berechnet:

$$F = \frac{3 \cdot 3}{2} + 3 \cdot 3 + \frac{3 \cdot 2}{2} + \frac{3 \cdot 3}{2} + \frac{3+5}{2} \cdot 3 + \frac{2 \cdot 5}{2} = 38 \text{ Flächeneinheiten}$$

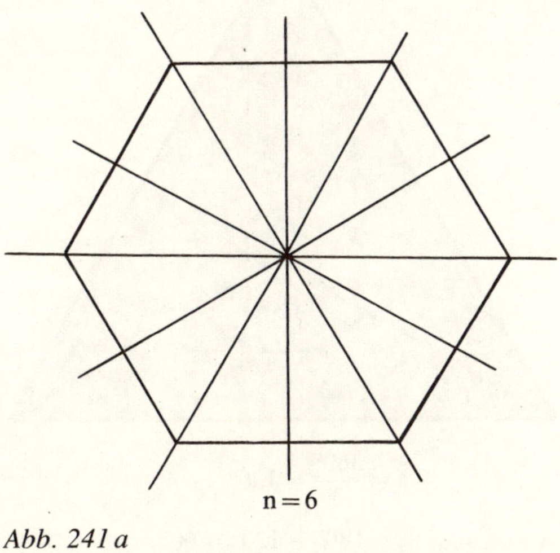

Abb. 241 a

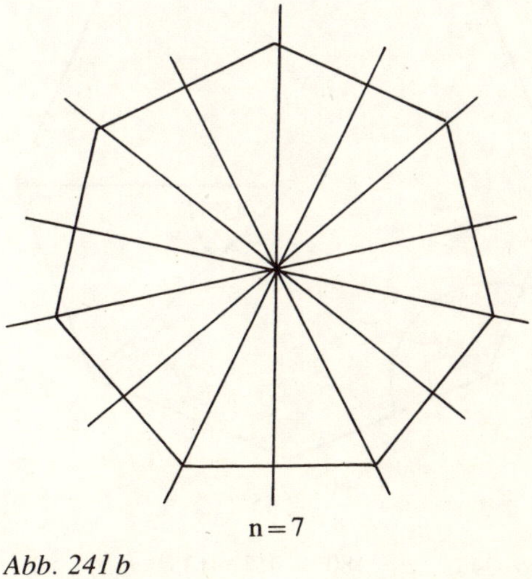

Abb. 241 b

Man spricht speziell von einem **regelmäßigen** oder **regulären Polygon**, wenn in ihm alle Seiten gleich lang und alle Winkel gleich groß sind. Regelmäßige n-Ecke nehmen wegen ihrer Symmetrieeigenschaften eine Sonderstellung ein. Sie besitzen nämlich n Symmetrieachsen: Ist die Eckenzahl ungerade, so sind das genau die Geraden durch die Eckpunkte und die gegenüberliegenden Seitenmitten; ist n gerade, so sind es $\frac{n}{2}$ Geraden durch je zwei gegenüberliegende Ecken plus $\frac{n}{2}$ Geraden durch jeweils zwei gegenüberliegende Seitenmitten (Abb. 241 a, b).

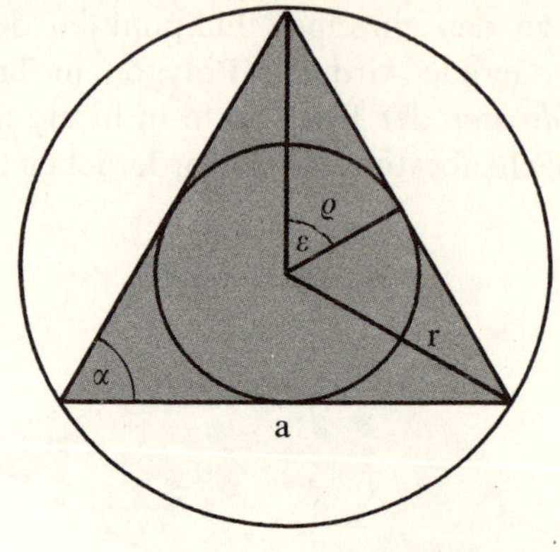

ϱ = Inkreisradius
r = Umkreisradius
a = Kantenlänge
α = Innenwinkel
ε = Mittelpunktswinkel

Abb. 242

Bei den regelmäßigen Vielecken fallen die Schnittpunkte der Winkelhalbierenden und der Mittelsenkrechten zusammen, und damit die Mittelpunkte der In- und Umkreise. In- und Umkreis sind hier also sogenannte *konzentrische Kreise* (Abb. 242; S. 257, Abb. 250).

Im regulären n-Eck hat jeder Innenwinkel α und jeder Mittelpunktswinkel ε das Winkelmaß:

$$\alpha = 180 - \varepsilon \quad \text{mit} \quad \varepsilon = \frac{360°}{n}.$$

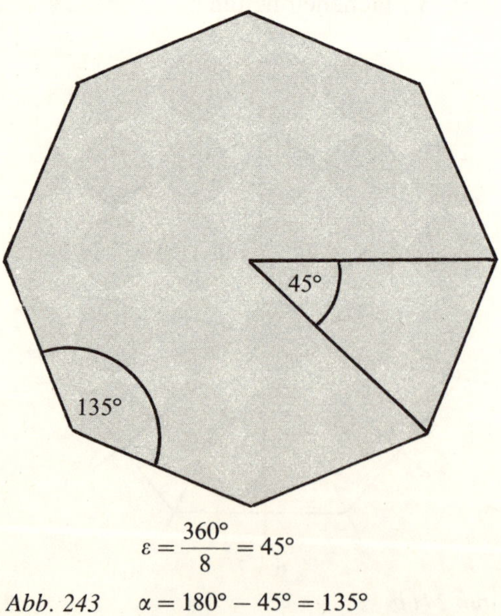

$$\varepsilon = \frac{360°}{8} = 45°$$

Abb. 243 $\alpha = 180° - 45° = 135°$

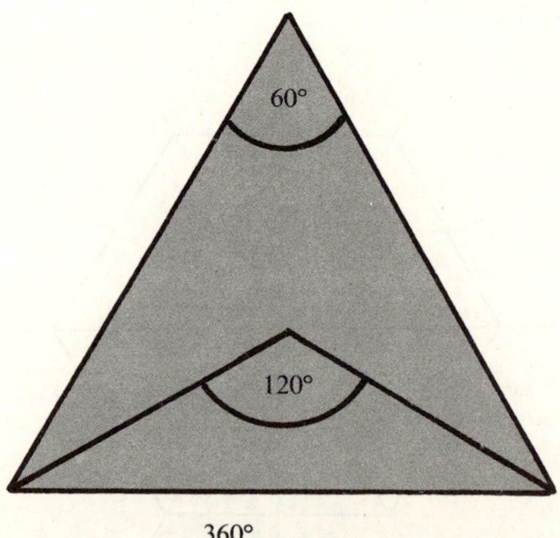

$$\varepsilon = \frac{360°}{3} = 120°$$

Abb. 244 $\alpha = 180° - 120° = 60°$

Übungsaufgaben

1. Wie viele Diagonalen hat ein 20-Eck (70-Eck, 150-Eck, 555-Eck)? Wie viele Verbindungsstrecken gibt es in diesen Figuren?

2. Wie groß sind die fehlenden Winkel?

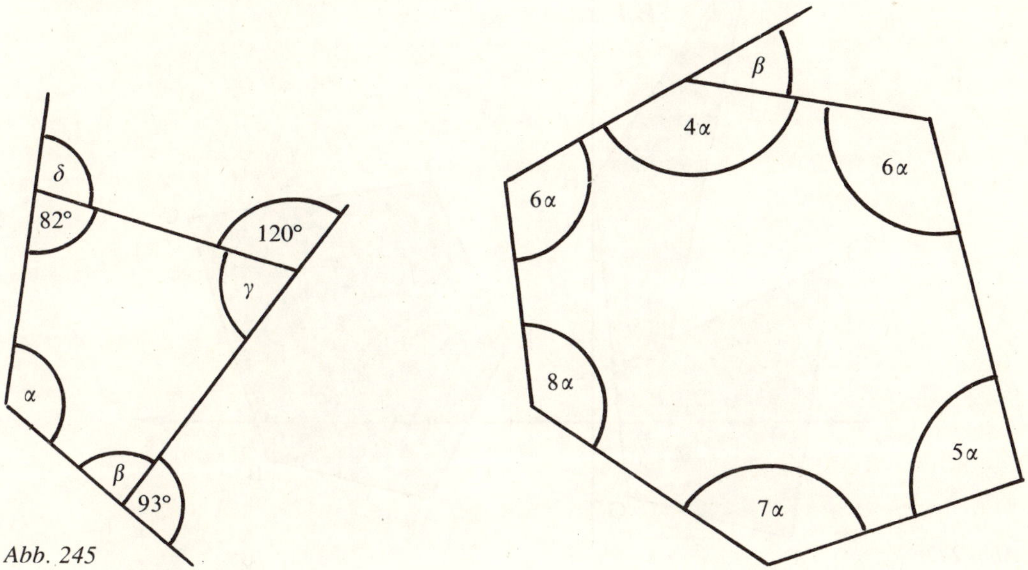

Abb. 245

3. Wie groß ist die Fläche des abgebildeten Fünfecks (Abb. 246)?

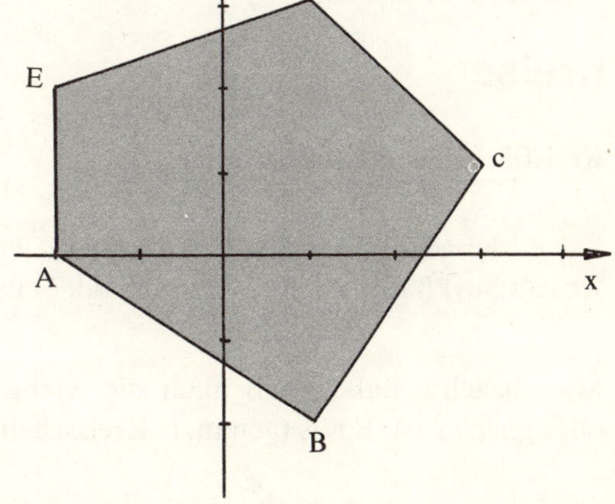

Abb. 246

4. Ein Grundstück von der Gestalt eines Fünfecks ABCDE grenzt längs der Seite $\overline{AB}$ an eine Straße. Für die Abstände der Punkte gilt:

$|AB| = 50\,m$; $|AC| = 63\,m$;
$|BC| = 23\,m$; $|AD| = 45\,m$;
$|CD| = 45\,m$; $|AE| = 36\,m$;
$|DE| = 41\,m$

a) Konstruieren Sie das Fünfeck.

b) Im Zuge der Flurbereinigung soll dieses Grundstück in ein rechteckiges mit gleicher Fläche verwandelt werden, dessen eine Seite ebenfalls $\overline{AB}$ ist. Konstruieren Sie die zweite Seite, und kontrollieren Sie das Ergebnis durch eine Rechnung.

5. Bestimmen Sie die Flächen des abgebildeten Fünf- bzw. des Sechsecks.

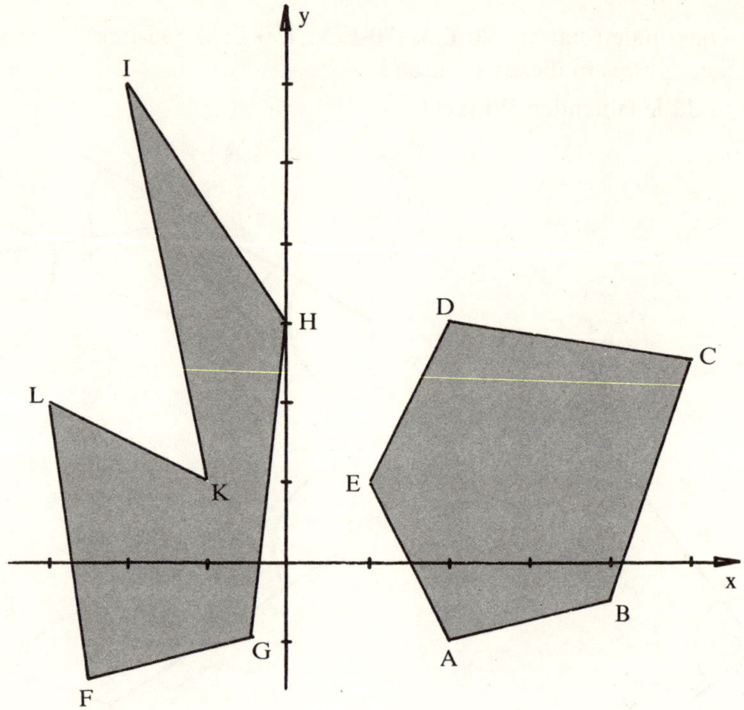

Abb. 247

6. Bezüglich seiner Diagonale $\overline{AF}$ hat ein 10-Eck folgende Eckkoordinaten (in Metern): $A(0|0)$; $B(2|2{,}5)$; $C(3{,}5|1{,}6)$; $D(6|4)$; $E(9|4)$; $F(12|0)$; $G(10|-1)$; $H(8|-5)$; $I(5|-2{,}3)$; $K(1|-1{,}1)$. Wie groß ist seine Fläche?

Lösungen Seite 746.

Kreise

Kreisflächen und Kreisumfänge

Die Menge aller Punkte der Ebene, die von einem **Mittelpunkt M** denselben Abstand **r (Radius)** haben, heißt **Kreislinie** oder einfach **Kreis**.

Man beachte dabei, daß auch die Menge der Punkte, deren Abstand zu M *kleiner* oder *gleich* r ist, Kreis (genauer: **Kreisscheibe**) genannt wird.

Der Kreis besitzt als Innenwinkel den **Vollwinkel 360°**.
Der Umfang bzw. der Flächeninhalt eines Kreises mit dem Radius r beträgt $U = 2\pi r$ bzw. $F = \pi r^2$.
Dabei ist $\pi = 3{,}14159265\ldots$ die sogenannte **Kreiszahl**.

π ist eine irrationale Zahl, also nicht als Bruch darstellbar, sondern mit einer unendlichen, jedoch nie periodisch werdenden Ziffernfolge nach dem Komma. In der Praxis ist man daher auf Näherungen angewiesen, die etwa durch die Stellenzahl des Taschenrechners begrenzt sind.

Wie hat man es dann überhaupt geschafft, diese Zahl zu ermitteln? Dieser Weg soll im folgenden kurz skizziert werden: Das auf *Archimedes* zurückgehende Verfahren beginnt damit, daß man dem Kreis ein Quadrat einbeschreibt und anschließend über die Mittelsenkrechten (Grundkonstruktionen, S. 220) die Eckenzahl sukzessive auf 8, 16, 32 usw. erhöht, also jeweils verdoppelt.

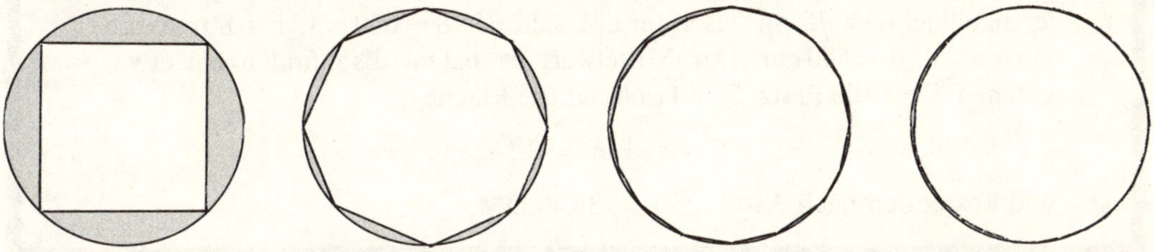

Abb. 248 Annäherung eines Kreises durch n-Ecke

Mit wachsendem n werden nun die Kanten immer kürzer und lassen sich ab etwa n = 100 oder 150 selbst auf einem großen Blatt nicht mehr korrekt zeichnen. Gleichzeitig wächst die Anzahl der Punkte mit gleichem Abstand vom Mittelpunkt (Anzahl der Eckpunkte), das Gebilde wird dem Umkreis des ursprünglichen Quadrates immer ähnlicher. Entsprechend nähern sich auch die Maßzahlen für Umfang und Fläche denen des Umkreises.

Mit der Anzahl der Ecken wächst der Radius des Inkreises. Dessen Fläche und Umfang sind immer kleiner als die der jeweiligen Vielecke und damit auch kleiner als die des Umkreises. Es leuchtet ein, daß bei unendlich großer Eckenzahl n die Flächen von In- und Umkreis mit der Fläche des innenliegenden n-Ecks zusammenfallen. Gleiches gilt für die Umfänge. In nachstehender Tabelle ist die Stabilisierung der Umfangswerte bzw. der Flächeninhaltswerte für wachsende Eckenzahlen n erkennbar:

n	U_n	F_n
4	5,656854	2
8	6,122934	2,828427
16	6,242890	3,061467
32	6,273096	3,121445
64	6,280662	3,136548
128	6,282554	3,140331
256	6,283027	3,141277
512	6,283145	3,141513
1024	6,283175	3,141572
2048	6,283182	3,141587
4096	6,283184	3,141591

Auf Seite 313 wird gezeigt, wie man den Kreisumfang und die Kreisfläche auf trigonometrischem Weg bestimmen kann.

Einführungsbeispiel:

Bankdirektor Zaster möchte für seine wichtigen Konferenzen einen Glastisch anschaffen, an dem er mit allen seinen 7 Gesprächspartnern Platz findet. Reicht dafür ein Tisch mit 2 m Durchmesser aus, wenn man pro Person 75–80 cm „Tischbreite" veranschlagt? Wie teuer ist die Platte, wenn 1 m^2 inklusive Arbeitslohn für das Zuschneiden 250,– DM kostet?
Der Tisch hat den Umfang $U = 2\pi \cdot 1 \text{ m} = 6{,}284 \text{ m}$. Rechnet man pro Konferenzteilnehmer 75 cm Tisch, ergibt sich $75 \cdot 8 = 600 \text{ cm}$; bei 80 cm pro Person $80 \cdot 8 = 640 \text{ cm}$. Der Mittelwert ist 6,2 m; also finden bei etwas gutem Willen alle Platz. Der Tisch hat die Fläche

$$F = \pi \cdot 1 \text{ m}^2 = 3{,}142 \text{ m}^2$$

und kostet demnach $3{,}142 \cdot 250 = 785{,}40$ DM.

Kreisabschnitte und Kreisausschnitte; Kreisringe

Meist ist der Inkreis kleiner als der Umkreis. Dann ergibt sich zwischen ihnen ein **Kreisring**, dessen Fläche aus der Differenz der beiden Kreisflächen berechenbar ist:

Die Fläche F_R eines Kreisrings beträgt:

$$F_R = \pi R^2 - \pi r^2$$
$$F_R = \pi (R^2 - r^2)$$
$$F_R = \pi (R + r)(R - r)$$

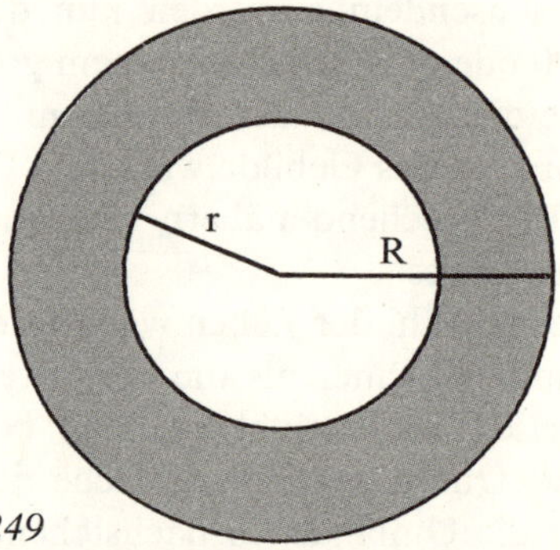

Abb. 249

Einführungsbeispiel:

Herrn Zasters Platte hat einen Sprung bekommen, der vom Rand aus 5 cm tief ins Innere verläuft. Daher überlegt Herr Zaster, ob er den Tisch nicht 5 cm im Radius kürzen lassen soll. Welche Plattenfläche bleibt, und wie groß ist der Kreisring, der zu Abfall wird? Wie viele Personen haben unter der gleichen Annahme wie im Beispiel oben Platz am Tisch?

$$F' = (0{,}95 \text{ m})^2 \cdot \pi = 2{,}835 \text{ m}^2$$
$$F_{\text{Kreisring}} = 1{,}95 \text{ m} \cdot 0{,}05 \text{ m} \cdot \pi = 0{,}306 \text{ m}^2$$
$$U' = 2 \cdot 0{,}95 \text{ m} \cdot \pi = 5{,}969 \text{ m}; \qquad U' : 8 = 74{,}6 \text{ cm}$$

Mit etwas Mühe haben also weiterhin alle Platz.

Fallen die Mittelpunkte des Um- und des Inkreises zusammen, heißen die Kreise **konzentrisch**, sonst **exzentrisch**.
Solange ein Kreis aber vollständig im anderen verbleibt, können die beiden durch eine *Verschiebung* zu konzentrischen Kreisen gemacht werden. Die Restfläche bestimmt man demnach wie bei konzentrischen Kreisen.
Überdecken sich die Kreise jedoch nur teilweise, wird die Berechnung der gemeinsamen Fläche (= Schnittmenge) oder der nicht gemeinsamen Reste schwierig.
Fehlt jede Überdeckung der Kreisflächen, so heißen die Kreise *disjunkt*.

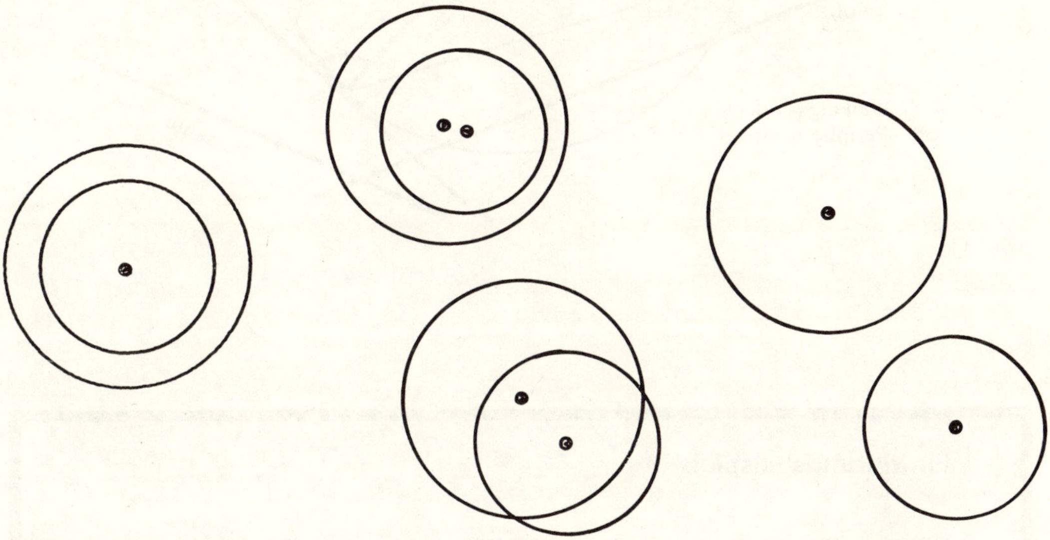

konzentrische Kreise exzentrische Kreise disjunkte Kreise
Abb. 250

Darüber hinaus entstehen **Kreisabschnitte** oder **Segmente** beim Schnitt von einem Kreis mit einer Geraden. Eine solche schneidende Gerade heißt **Sekante**; berührt sie den Kreis nur in einem Punkt, spricht man von einer **Tangente**; läuft sie am Kreis vorbei, heißt sie **Passante**.
Den innerhalb eines Kreises gelegenen Teil der Sekante nennt man **Sehne** des Kreises. Eine Sehne ist also eine Strecke, während Sekanten, Tangenten und Passanten Geraden sind.
Aus einem Kreis kann mit Hilfe zweier Radien ein Stück ausgeschnitten werden; man nennt dieses Stück **Kreisausschnitt** oder **Sektor** mit dem **Mittelpunkts-** oder **Zentriwinkel** α und dem **Bogen** b.

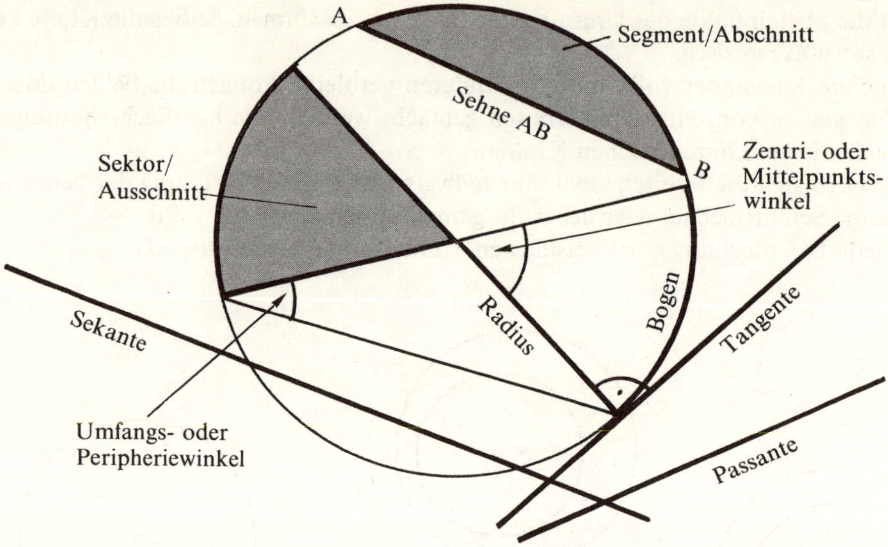

Abb. 251

Einführungsbeispiel:

Für den Bau eines Autos der 3-l-Klasse werden ca. 1750 kg Rohstoffe verbraucht. Davon entfallen auf Eisen und Stahl 75%; auf Plastik, Glas, Farbe insgesamt 9%; auf Buntmetalle und Kautschuk je 6% und auf Öle 4%. Zeichnen Sie ein Kreisdiagramm und stellen Sie darin die einzelnen Anteile dar.

Die Gesamtfläche eines beliebig großen Kreises entspricht dem Gesamtmaterial (100%), den Baustoffanteilen entsprechen Kreissektoren. Ein Anteil von 1% etwa wäre ein Sektor mit dem Zentriwinkel $\varepsilon = 360° : 100 = 3{,}6°$.
Also entsprechen $4\% \mathrel{\widehat{=}} 14{,}4°$; $6\% \mathrel{\widehat{=}} 21{,}6°$; $9\% \mathrel{\widehat{=}} 32{,}4°$ und $75\% \mathrel{\widehat{=}} 270°$.

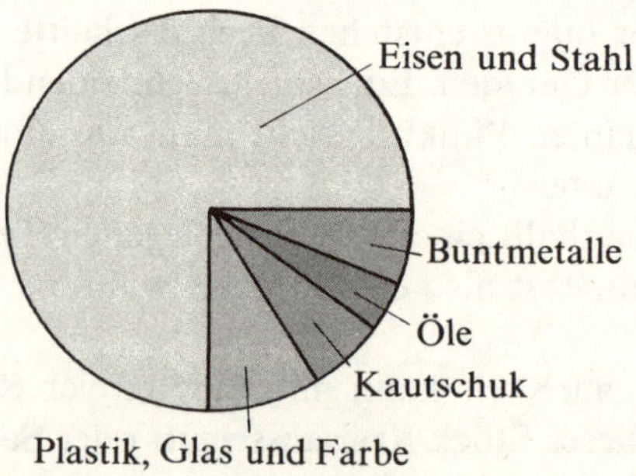

Abb. 252

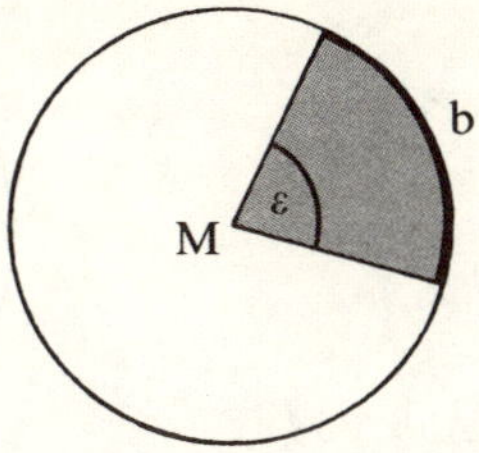

Abb. 253
Der Kreissektor bzw.
der Kreisausschnitt

Das Bild zeigt: Proportional zur Größe des Mittelpunktswinkels ε ändern sich auch die Sektorfläche F_{Sk} und der Bogen b. Somit gilt:

$$\frac{F_{Sk}}{F} = \frac{b}{U} = \frac{\varepsilon}{360°}$$

Aus dem zweiten Teil der Doppelgleichung folgt:

Die Bogenlänge eines Kreissektors beträgt:

$$b = \frac{n \cdot \varepsilon}{360°} = \frac{2\pi r \cdot \varepsilon}{360°} = \frac{\pi r \varepsilon}{180°}.$$

Aus dem ersten Teil ergibt sich für den Sektor:

Die Fläche F_{Sk} eines Sektors oder Kreisausschnitts beträgt:

$$F_{Sk} = \frac{F \cdot \varepsilon}{360°} = \frac{\pi r^2}{360°} \cdot \varepsilon = \frac{rb}{2}.$$

Die Beziehung $F_{Sk} = \frac{rb}{2}$ ist durch Kürzen des Bruches $F_{Sk} = \frac{F \cdot b}{n} = \frac{\pi r^2 \cdot b}{2\pi r}$ entstanden.

Beispiel:
Wie groß sind die Flächen der Rohstoffsektoren (Beispiel S. 258), wenn der Radius des Kreisdiagramms 5 cm beträgt?

$F_{Eisen/Stahl} = (25\pi : 360) \cdot 270 = 0{,}218 \cdot 270 = 58{,}905\ cm^2$
$F_{Plastik} = 0{,}218 \cdot 32{,}4 = 7{,}069\ cm^2$
$F_{Buntmetall} = F_{Kautschuk} = 0{,}218 \cdot 21{,}6 = 4{,}712\ cm^2$
$F_{Öle} = 0{,}218 \cdot 14{,}4 = 3{,}142\ cm^2$

Alles zusammen muß die Kreisfläche ergeben: $F = \pi r^2 = 78{,}54\ cm^2$.
Mit dieser Formel für die **Sektorfläche** ist es auch kein Problem mehr, die Fläche eines Kreissegments zu bestimmen. Letztere ergibt sich nämlich direkt als Differenz aus der Fläche des Sektors und des durch die beiden Radien und die Sehne gebildeten gleichschenkligen Dreiecks.

Für die Dreiecksfläche F gilt

$$F = \frac{s(r-h)}{2} = 0{,}5\,r^2 \cdot \sin \varepsilon$$

(siehe Trigonometrie, S. 298 ff.) und damit für die **Segmentfläche** F_{Sg}:

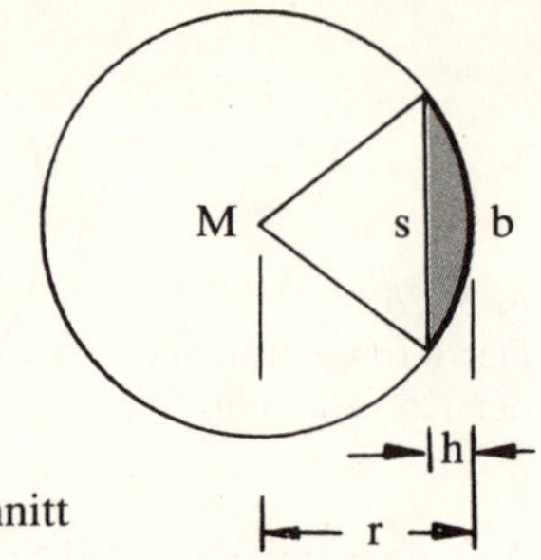

Abb. 254
Das Kreissegment bzw. der Kreisabschnitt

Die Fläche F_{Sg} eines Segments oder Kreisabschnitts beträgt:

$$F_{Sg} = F_{Sk} - F$$

$$F_{Sg} = \frac{b\,r}{2} - \frac{s(r-h)}{2}$$

$$F_{Sg} = \frac{\pi r^2 \varepsilon}{360°} - \frac{r^2 \sin \varepsilon}{2}$$

$$F_{Sg} = \frac{r^2}{2}\left(\frac{\pi \varepsilon}{180°} - \sin \varepsilon\right)$$

In der Praxis hat sich für die Segmentfläche der Näherungswert $F_{Sg} = \frac{2}{3}\,s\,h$ als brauchbar erwiesen.

Einführungsbeispiel:

Mit dem verfügbaren Platz unzufrieden, fragt sich Direktor Zaster, ob nicht ein regelmäßiges Achteck für seine Zwecke günstiger ist. Wie groß wären dann die verfügbare Fläche und der Umfang? Und: Sind die Abfall-Segmente noch zu irgend etwas zu gebrauchen?
Wir berechnen zunächst die Segmente. Analog zur Annäherung des Kreises durch Vielecke gehen wir vom Quadrat aus und bestimmen dessen Seitenlänge s, die Mittelsenkrechte m, die Achteckkante k und schließlich die Segmenthöhe h mit dem Satz von Pythagoras.
Es ergeben sich:

$$s = \sqrt{2} \cdot 1 = 1{,}414\ \text{m}; \qquad m = \sqrt{1 - (1{,}414 : 2)^2} = \frac{s}{2} = 0{,}707\ \text{m}$$

$$k = \sqrt{(1 - 0{,}707)^2 + 0{,}707^2} = 0{,}765\ \text{m}$$

$$h = 1 - \sqrt{1 - (0{,}765 : 2)^2} = 0{,}076\ \text{m}$$

Wegen $\varepsilon = 45°$ ist $b = 0{,}393$ m, und damit

$$F_{\text{Segment}} = 0{,}5 \cdot [0{,}393 \cdot 1 - 1{,}414(1 - 0{,}076)] = 0{,}039 \text{ m}^2$$

Aus diesen Stücken lassen sich allenfalls Glasuntersetzer machen. Der Gesamtabfall ist daher $8 \cdot 0{,}039 = 0{,}312 \text{ m}^2$. Der Tisch hat nun eine Fläche von $F_0 - F_{\text{Abfall}} = 2{,}828 \text{ m}^2$ und damit fast soviel wie die verkleinerte Kreisfläche mit $r = 95$ cm. Die Sitzplatzbreite (k) hat sogar zugenommen; der Umfang ist nun $U = 8 \cdot 0{,}765 = 6{,}123$ m. Auch die Näherung ergibt hier den gleichen Wert: $F = 0{,}765 \cdot 0{,}076 = 0{,}039 \text{ m}^2$ usw.
Die trigonometrische Lösung führt am schnellsten zum Ziel:

$$F_{\text{Segment}} = \pi \cdot 1 \cdot 45 : 360 - 0{,}5 \cdot \sin 45° = 0{,}039 \text{ m}^2 \text{ usw.}$$

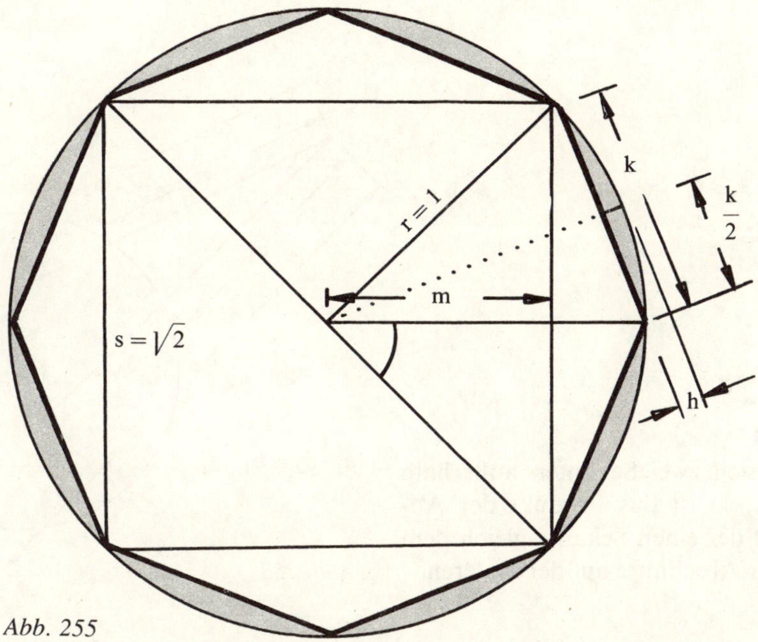

Abb. 255

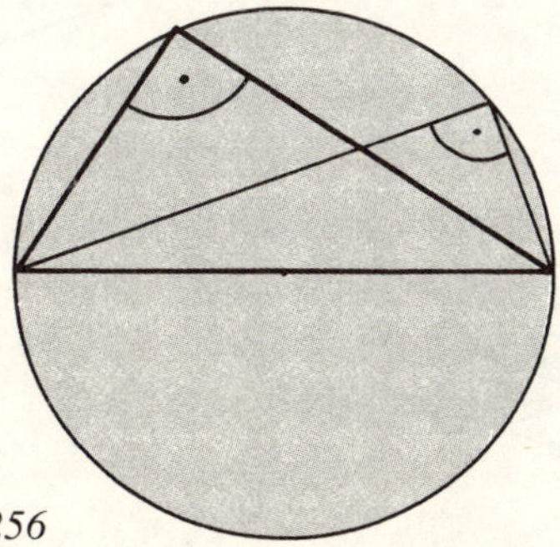

Abb. 256

Kreissätze und Kreiseigenschaften

Satz des Thales

Im Halbkreis ist jeder Peripheriewinkel ein rechter Winkel (s. S. 234).

Sehnensatz

Schneiden sich zwei Sehnen innerhalb des Kreises, so ist das Produkt ihrer Abschnitte konstant.

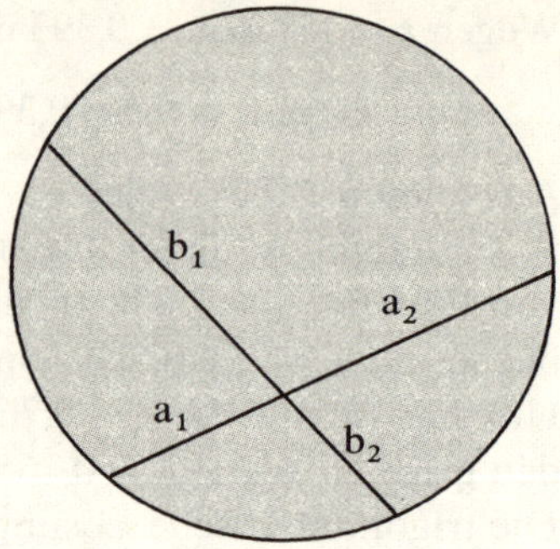

Abb. 257 $a_1 \cdot a_2 = b_1 \cdot b_2$

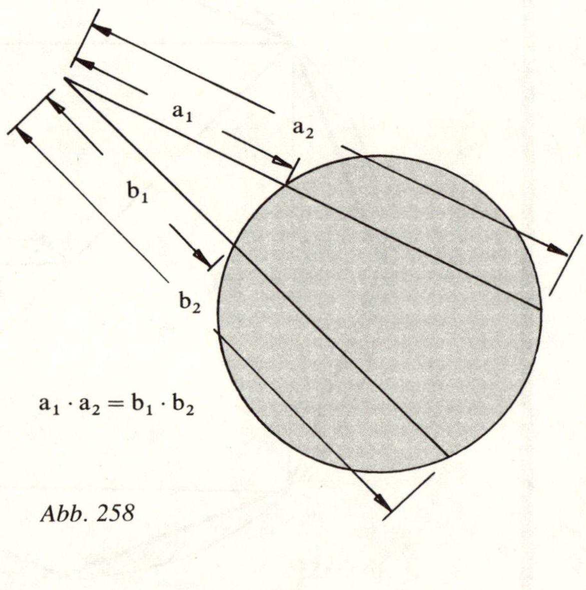

Sekantensatz

Schneiden sich zwei Sekanten außerhalb des Kreises, so ist das Produkt der Abschnitte auf der einen Sekante gleich dem Produkt der Abschnitte auf der anderen.

$a_1 \cdot a_2 = b_1 \cdot b_2$

Abb. 258

Tangenten-Sekanten-Satz

Schneiden sich eine Tangente und eine Sekante, so ist das Produkt der Sekantenabschnitte gleich dem Quadrat des Tangenstücks vom Schnittpunkt bis zum Kreis.

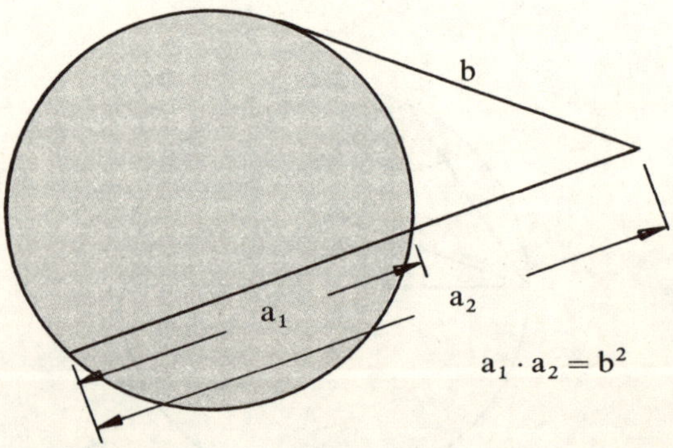

$a_1 \cdot a_2 = b^2$

Abb. 259

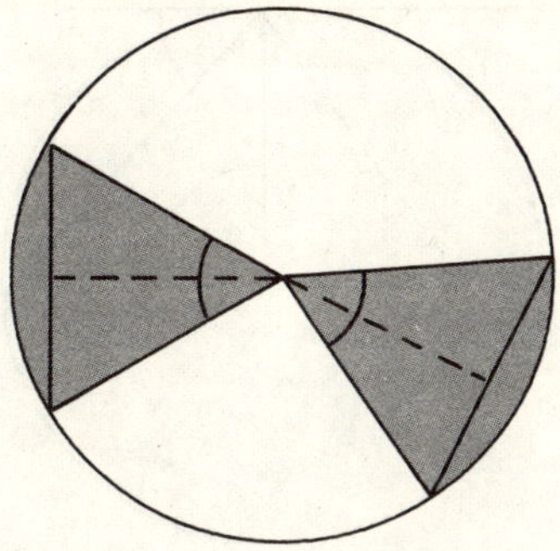

Abb. 260

Satz über gleiche Sehnen

Sehnen von gleicher Länge haben den gleichen Abstand zum Mittelpunkt, gleiche Mittelpunktswinkel, gleiche Kreisbögen, Sektoren und Segmente.

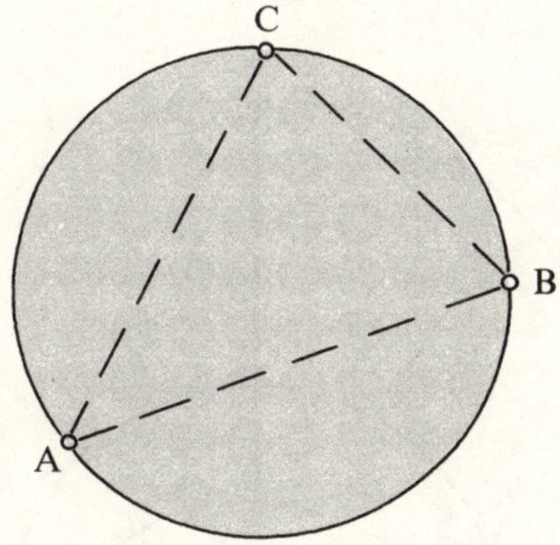

Abb. 261

Umkreissatz

Es gibt für drei gegebene Punkte A, B, C nur einen Kreis, der durch alle drei verläuft: den Umkreis des Dreiecks ABC (s. S. 233).

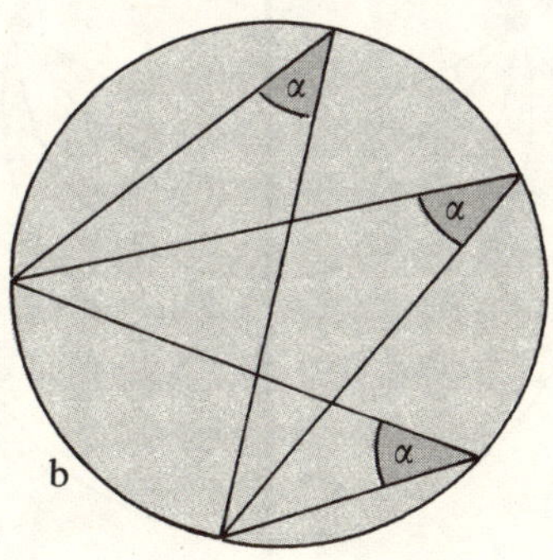

Abb. 262

Peripheriewinkelsatz

Alle Peripheriewinkel über demselben Bogen sind gleich groß.

Satz vom Mittelpunktswinkel und Peripheriewinkel

Ein Mittelpunktswinkel ist doppelt so groß wie der zugehörige Peripheriewinkel (Umfangswinkel) (Abb. 263).

Satz vom Mittelpunktswinkel und Sehnen-Tangenten-Winkel

Ein Mittelpunktswinkel ist doppelt so groß wie der zugehörige Sehnen-Tangenten-Winkel (Abb. 263).

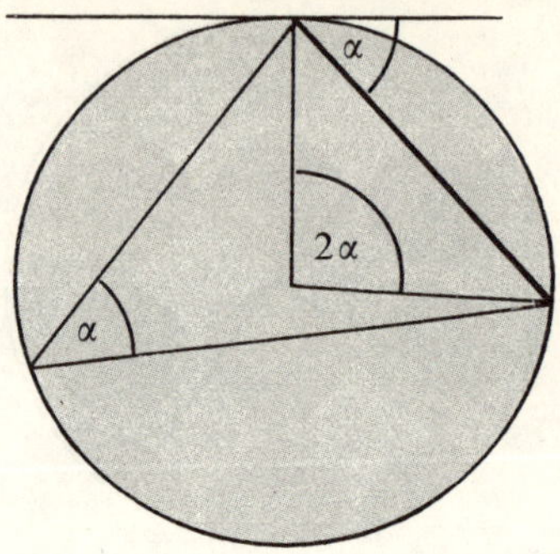

Abb. 263

Satz von Kreisen mit zwei Schnittpunkten

Die Mittelpunkte aller Kreise, die zwei Punkte A und B gemeinsam haben, liegen auf einer Geraden, der *Ortslinie* der Mittelpunkte.

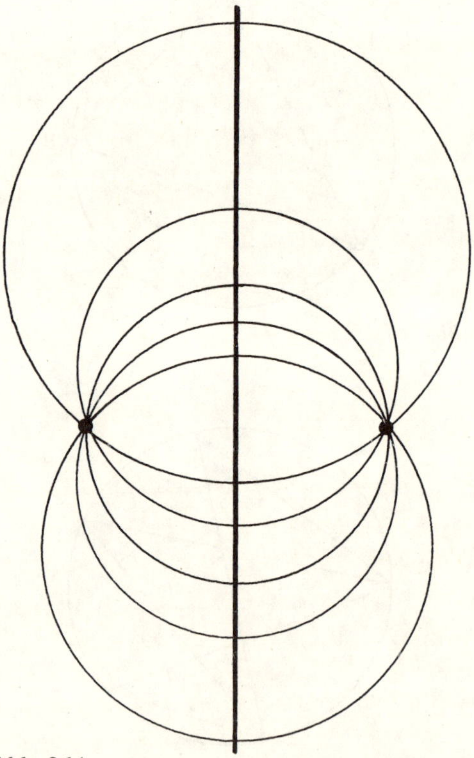

Abb. 264

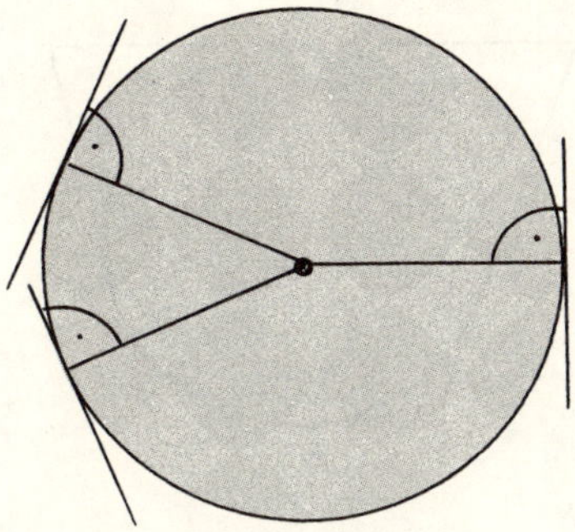

Abb. 265

Satz von Radius und Tangente

Der Radius im Berührpunkt und die zugehörige Tangente stehen stets senkrecht aufeinander.

Tangentensatz

Tangenten heißen gemeinsame innere (äußere) Tangenten zweier Kreise mit den Mittelpunkten M_1 und M_2, wenn sie die Strecke $\overline{M_1 M_2}$ schneiden (nicht schneiden).
Besitzen zwei Kreise gemeinsame innere (äußere) Tangenten, so haben die beiden Tangentenabschnitte die gleiche Länge:

$$|AB| = |CD| \quad \text{sowie} \quad |A'B'| = |C'D'|$$

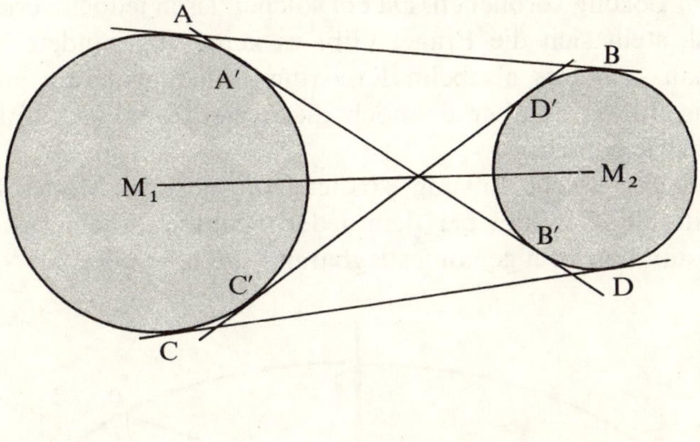

Abb. 266

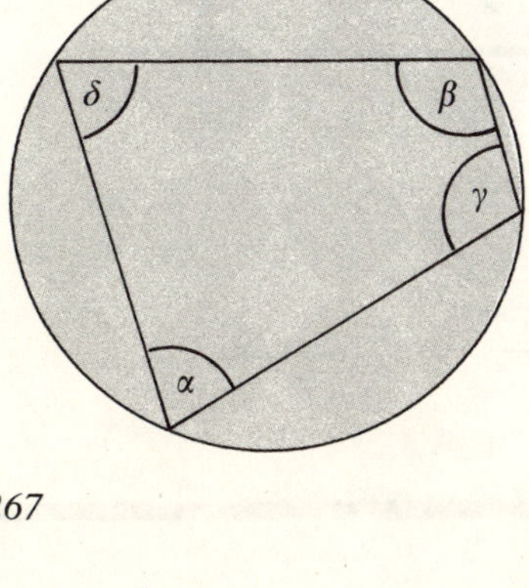

Abb. 267

Satz vom Sehnenviereck

Im Sehnenviereck ergänzen sich die gegenüberliegenden Winkel zu 180°:

$$\alpha + \beta = \gamma + \delta = 180°$$

Satz vom Tangentenviereck

Im Tangentenviereck ist die Summe der Längen gegenüberliegender Seiten gleich:

$$a + c = b + d$$

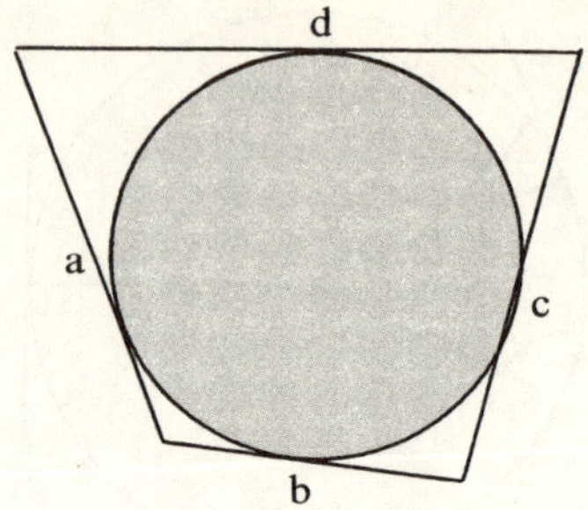

Abb. 268

Ellipsen

Einführungsbeispiel:

In der Beispielaufgabe zum Tisch des Bankiers Zaster waren wir bei einer achteckigen Lösung verblieben. Da ein solcher Tisch jedoch verletzungsgefährlich ist, stellt sich die Frage: Gibt es keine abgerundete Tischform, bei der man – anders als beim Kreisring – nicht rundum gleichmäßig abschneiden muß, die aber dennoch die ästhetischen Bedürfnisse durch ihre Symmetrie befriedigt?

In der Tat, eine solche Lösung existiert, wie nebenstehendes Bild zeigt. Man erhält ein Gebilde, bei dem jeder Randpunkt einen konstanten Gesamtabstand zu zwei genau festlegbaren Punkten aufweist.

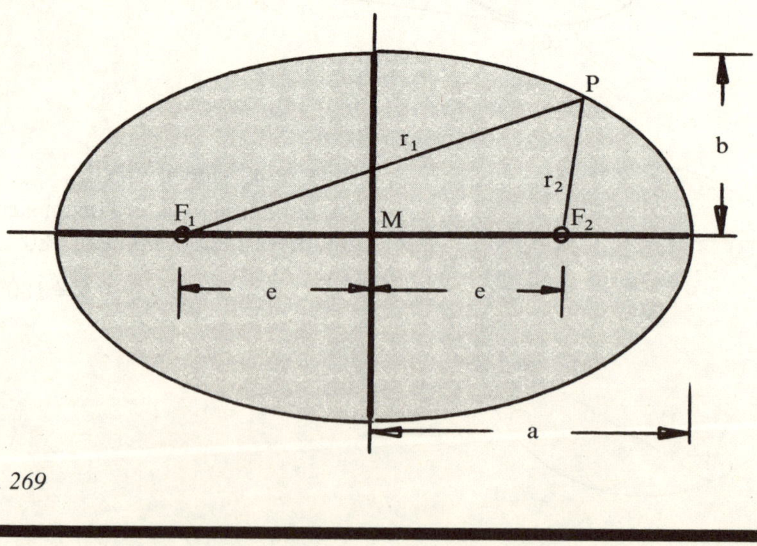

Abb. 269

Die Menge aller Punkte P der Ebene, für welche die Summe der Entfernungen von zwei festen Punkten F_1 und F_2 (den Brennpunkten) konstant ist, heißt **Ellipse**.

Die Entfernungen $|PF_1| = r_1$ und $|PF_2| = r_2$ heißen **Brennstrahlen**, der Mittelpunkt O von $|F_1 F_2| = 2e$ ist der **Mittelpunkt** der Ellipse, e heißt **Brennweite** oder **lineare Exzentrizität**.
Für diese Größen gelten also die Beziehungen:

$$\text{I. } r_1 + r_2 = 2a \quad \text{und} \quad \text{II. } a^2 - b^2 = e^2$$

wobei a und b **große** und **kleine Halbachse** der Ellipse heißen. Die Beziehung I leuchtet ein, wenn man den Ellipsenpunkt P am Ende der Halbachse a betrachtet, II folgt mit dem *Satz von Pythagoras*, wenn P am Ende der Halbachse b liegt.
Die Gerade durch die beiden Brennpunkte und ihre Senkrechte *(Normale)* in O sind **Symmetrieachsen** der Ellipse.
Die Normale auf jeder Tangente in einem beliebigen Punkt P halbiert den Winkel zwischen den Brennstrahlen. Hieraus ergibt sich die *Gärtnerkonstruktion* der Ellipse: Man binde an die Enden eines Fadens der Länge 2a zwei Pflöcke und schlage sie in den Boden. Mit einem dritten (beweglichen) Pflock strafft man das Seil und führt dann diesen Pflock im Bogen um die beiden fixierten Punkte. Er beschreibt eine Ellipse.

Abb. 270

Innerhalb eines Koordinatensystems (oder auf einem Blatt Millimeterpapier) ergibt sich eine weitere Konstruktionsmöglichkeit mit Hilfe zweier konzentrischer Kreise mit den Radien a und b. Jede Radiuslinie schneidet nun den inneren Kreis in P_b und den äußeren Kreis in P_a. Geht man nun von P_b waagrecht weiter bis genau unterhalb von P_a, so findet man jeweils einen Ellipsenpunkt.

Man erkennt, daß jede zu 2b parallele Sehne mit dem Faktor $k = \frac{b}{a}$ verkürzt wurde. Dadurch verändert sich auch der **Flächeninhalt** mit ebendiesem Faktor k:

$$F_{Kreis} = \pi r \cdot r \Rightarrow \pi r \cdot (k \cdot r) = F_{Ellipse}$$

und wegen r = a und kr = b (r ist „große Halbachse" des Kreises) ist der

Flächeninhalt der Ellipse: $F = \pi a b$

Der **Ellipsenumfang** ist mit elementaren Methoden nicht zu berechnen. In der Praxis genügt meist die Näherung:

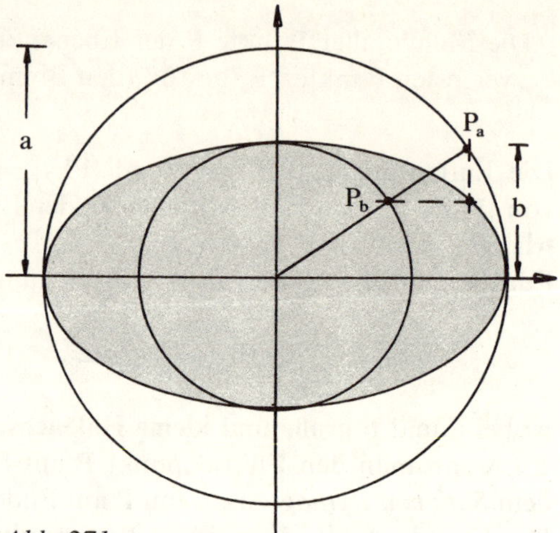

Abb. 271

Ellipsenumfang:

$$U \approx \pi(1{,}5 \cdot [a + b] - \sqrt{ab})$$

Oder, für kreisähnliche Ellipsen, d. h. $a \approx b$:

$$U \approx \pi \cdot \sqrt{2(a^2 + b^2)}$$

Diese Formeln gehen, wenn a = b, in die für den Kreisumfang über:

$$U = \pi(1{,}5 \cdot [a + a] - \sqrt{a^2}) = \pi(3a - a) = 2\pi a = 2\pi$$

bzw.

$$U = \pi \cdot \sqrt{2(a^2 + a^2)} = \pi \cdot \sqrt{4a^2} = \pi \cdot 2a = 2\pi r$$

Beispiel:

Welche maximalen Dimensionen weist der Tisch des Herrn Zaster bei elliptischem Zuschnitt auf?

Die große Halbachse bleibt a = 1 m, die kleine Halbachse ist b = 95 cm, da man bis zur Tiefe des Risses abschneiden muß. Damit ist die Fläche $F = \pi \cdot 1 \cdot 0{,}95 = 2{,}985\ m^2$; der Umfang wird $U \approx \pi \cdot (1{,}5 \cdot 1{,}95 - \sqrt{0{,}95}) = 6{,}127$ m bzw. mit der Näherungsformel für kreisähnliche Ellipsen $U \approx 6{,}128$ m. Damit ist ein elliptischer Tisch die günstigste Lösung.

Übungsaufgaben

1. Der Yosemite National Park in Kalifornien, USA, ist durch seine Mammutbaum-Bestände bekannt. Welchen Umfang hat ein solcher Baum, wenn sein Radius 4,7 m beträgt?

2. Der Minutenzeiger einer Armbanduhr ist 1,5 cm lang (Drehachse–Spitze). Welchen Weg legt die Spitze in einer Sekunde, einer Stunde, einem Tag, einer Woche, einem Jahr zurück?

3. Die Erde hat einen Äquatorradius von ca. 6378 km. Wie groß ist der Äquatorumfang?

4. Man stelle sich nun vor, daß um den Äquator (40000 km) ein Seil gespannt wird, das einen Meter länger ist als der Äquatorumfang. Durch eine spezielle Vorrichtung wird es überall auf gleichen Abstand vom Erdboden gebracht. Ist dieser Abstand groß genug, daß man eine Rasierklinge unter dem Seil hindurchschieben könnte?

5. Wie groß wäre die Schnittfläche durch die Erde in Äquatorhöhe?

6. Wie weit sind zwei Orte auf dem Äquator entfernt, die genau einen Längengrad auseinander liegen?

7. Wie ändert sich der Umfang des Kreises, wenn man seinen Radius verdoppelt bzw. halbiert? Wie ändert sich dabei die Kreisfläche?

8. Beweisen Sie: Das Quadrat hat die gleiche Fläche wie die 4 Möndchen zusammen (Abb. 272).

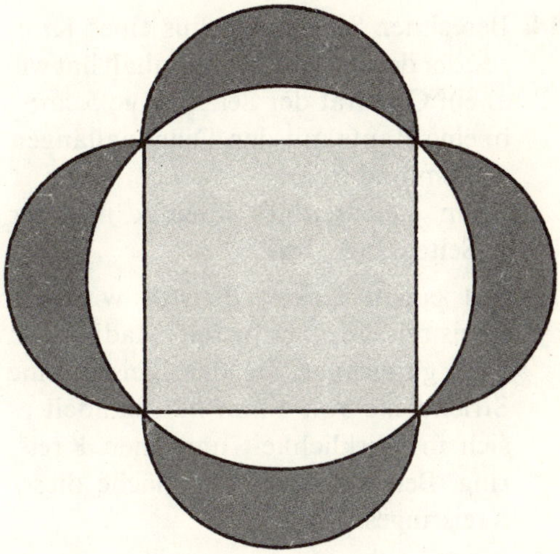

Abb. 272

9. Bestimmen Sie gemäß Abb. 273 jeweils die Summe der Flächeninhalte der Kreise mit gleichen Radien. Wieviel Prozent der Fläche des größten Kreises sind das jeweils?
Zeigen Sie, daß die Summe der Umfänge der Kreise mit gleichem Radius so groß ist wie der Umfang des äußeren Kreises.

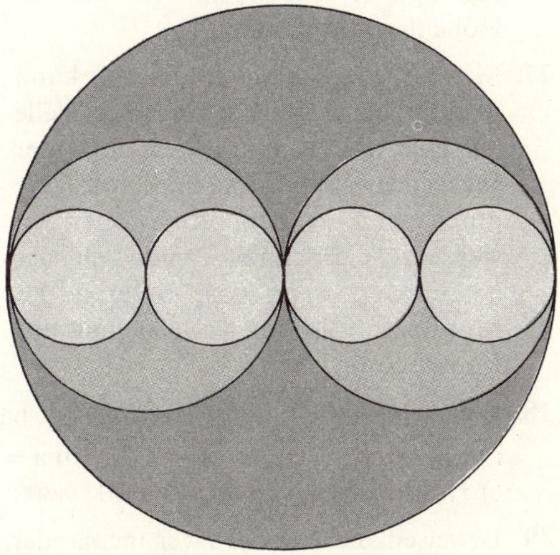

Abb. 273

10. Einem Quadrat ist je ein Kreis ein- und umbeschrieben. Wie verhalten sich die Flächeninhalte der beiden Kreise zueinander?

11. Die Mittelpunkte zweier Kreise mit gleichem Radius r = 7,2 cm haben eine Entfernung voneinander, die so groß ist wie dieser Radius. Berechnen Sie den Flächeninhalt der den beiden Kreisen gemeinsamen Fläche.

12. Um einen Kreis mit dem Radius r = 10 cm soll ein Kreisring gelegt werden, dessen Fläche so groß ist wie die Fläche des Innenkreises. Wie groß muß der Radius des äußeren Kreises sein?

13. Berechnen Sie die Teilflächen F_1 und F_2 des Kreises mit dem Radius r = 4 cm. Weisen Sie nach, daß der Kreis in vier flächeninhaltsgleiche Teilflächen zerlegt wurde (Abb. 274).

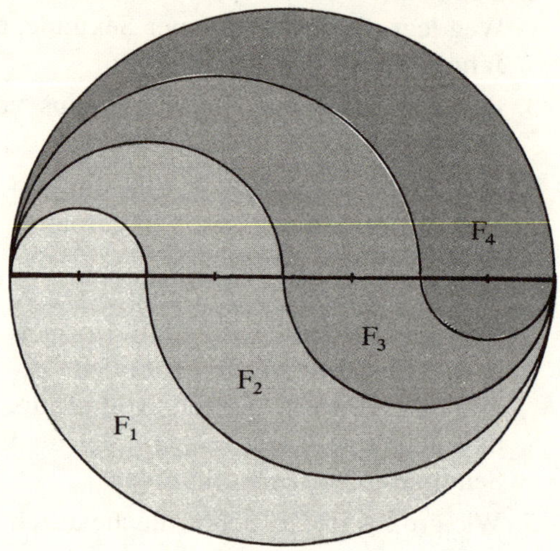

Abb. 274

14. Berechnen Sie den Radius eines Kreises, der denselben Flächeninhalt hat wie
a) ein Quadrat der Seitenlänge 5 cm;
b) eine Raute mit den Diagonallängen 4 cm und 6 cm;
c) ein gleichseitiges Dreieck mit der Seitenlänge 7 cm.

15. Mit einem dicken Bleistift wird ein Kreis mit einem „inneren" Radius von 5 cm gezeichnet. Da der Bleistift eine Strichdicke von 1 mm hat, handelt es sich in Wirklichkeit um einen Kreisring. Berechnen Sie die Fläche dieses Kreisringes.

16. Ein Satellit umkreist die Erde auf einer Kreisbahn mit einer Geschwindigkeit von 8 km/s. Für eine Erdumkreisung benötigt er 1 h 28 min. In welcher Höhe fliegt der Satellit?

17. Mit Hilfe eines Treibriemens kann man Drehbewegungen von einer Welle auf eine andere übertragen. In einer Werkstatt soll nun eine Präzisionsfräse durch einen Elektromotor angetrieben werden. Wie schnell dreht sich der Fräseinsatz, wenn das Treibrad des Motors (r = 20 cm) sich 800mal pro Minute dreht?

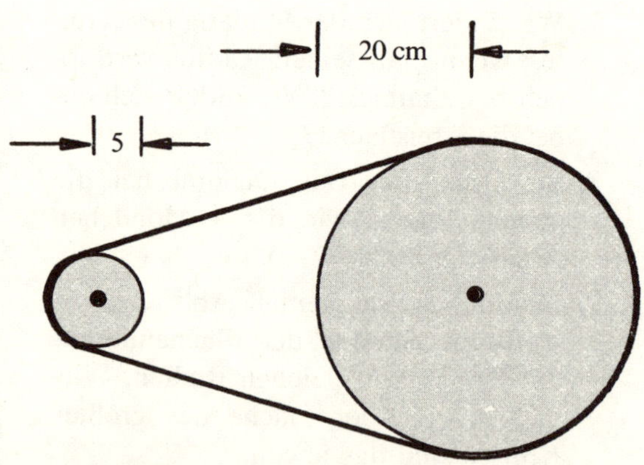

Abb. 275

18. Welchen Umfang und Flächeninhalt haben die Ellipsen mit:
a) a = 40 cm; b = 12 cm b) a = 6 cm; e = 1 cm
c) $r_1 = 4$ cm; $r_2 = 3$ cm und $w(r_1; r_2) = 90°$

19. Beweisen Sie: Ist bei zwei ineinanderliegenden Ellipsen $a_2 = a_1$ und $b_2 = b_1/2$, so ist die innere Ellipse genauso groß wie der überstehende Rand der äußeren Ellipse.

20. Die Erde durchläuft während eines Jahres angenähert eine Kreisbahn um die Sonne. Der Radius dieser Bahn beträgt ca. 150 Millionen km.
a) Wie lang ist die Umlaufbahn?
b) Mit welcher Durchschnittsgeschwindigkeit (in km/s) bewegt sich die Erde auf ihrer Bahn?
c) Welche Entfernung legt die Erde pro Tag etwa zurück?
d) In Wirklichkeit bewegt sich die Erde auf einer Ellipsenbahn, in deren einem Brennpunkt die Sonne steht. Dabei ist die kürzeste Entfernung Erde–Sonne ca. 147 Millionen km, und die größte Entfernung beträgt ca. 153 Millionen km. Berechnen Sie mit diesen zusätzlichen Angaben die kleine Halbachse, die Fläche und den (angenäherten) Umfang der Ellipsenbahn.

21. Welcher Bruchteil der Gesamtfläche ist gefärbt?

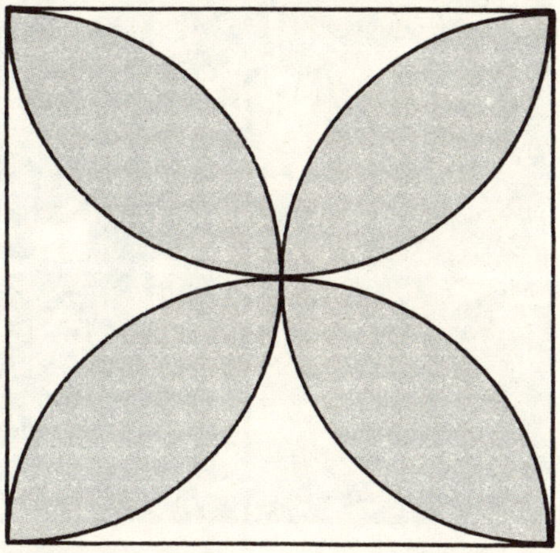

Abb. 276a

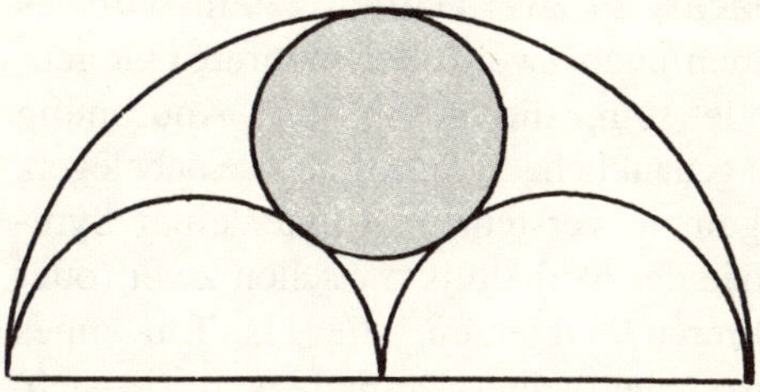

Abb. 276b

22. Die Radien zweier Kreise verhalten sich wie 8 : 5. Im größeren Kreis existiert ein Kreissektor, dessen Bogen so lang ist wie der Umfang des kleineren Kreises mit $r = 10$ cm. Berechnen Sie:
a) den Mittelpunktswinkel
b) die Fläche des Kreissektors.

23. Welcher Mittelpunktswinkel gehört zu dem Bogen, der
a) genauso groß ist wie der Radius?
b) doppelt so groß ist wie der Radius?
c) halb so groß ist wie der Radius?

24. Berechnen Sie den Mittelpunktswinkel eines Kreisausschnitts, dessen Fläche genauso groß ist wie das Quadrat über dem Radius.

25. Ein künstlicher Satellit umkreist die Erde in einer Höhe von 200 km. Seine Umlaufzeit beträgt 1 h 28 min 26 s.
a) Wie groß ist seine Geschwindigkeit?
b) Welchen Weg legt er in einer Minute zurück?

Lösungen Seite 748.

Kongruenzabbildungen

Symmetrische Figuren

Schon bei der Betrachtung der *ebenen* Figuren (S. 230 ff.) haben wir festgestellt, daß unter ihnen die *symmetrischen* Figuren, also die mit sozusagen „zwei gleichen Hälften“, eine Sonderstellung einnehmen: mathematisch wegen ihrer leichteren Berechenbarkeit, technisch wegen ihrer einfacheren praktischen Umsetzbarkeit, ästhetisch – für die meisten – wegen ihres ebenmäßigen Erscheinungsbildes (Abb. 277). Speziell an der letzten Figur erkennt man, daß **symmetrisch** nicht immer bedeutet, daß ein Gegenstand durch eine **Symmetrieachse** in zwei Hälften geteilt wird; es können auch zwei (oder mehrere) Gegenstände sein, die durch ihre Anordnung eine gedankliche Symmetrieachse nahelegen. Allgemein versteht man unter einer Symmetrie das Verhältnis zwischen zwei (oder mehreren) Objekten, die als Teil eines Ganzen betrachtet werden, weil sie sich, wie es sprichwörtlich so schön heißt, gleichen wie „ein Ei dem anderen“.

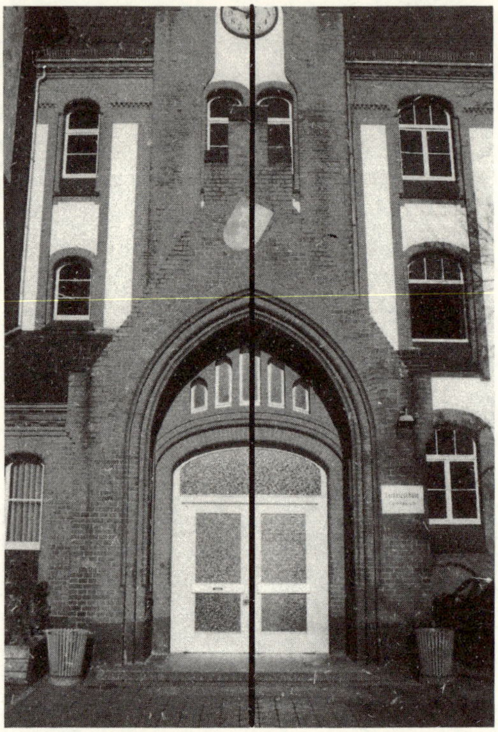

Abb. 277 Symmetrieachse

Von hier ist es nur noch ein Schritt bis zur Definition der **Kongruenz**:

> Geometrische Figuren heißen **kongruent**, wenn sie in Form und Größe völlig übereinstimmen, sich also nur durch ihre Lage unterscheiden.

Als Schreibsymbol für die Kongruenz zweier Objekte A und B verwendet man: $A \cong B$. Kongruente Figuren können also aufeinandergelegt werden und überdecken sich dabei völlig.

Beispiele:

1.

Abb. 278

2. Die Figuren A und B können etwa durch Ausschneiden oder geschicktes Falten des Blattes aufeinandergebracht werden (Abb. 279).

Nun ist „Ausschneiden" keine mathematische Operation, „Falten" schon eher. Die Frage ist: Gibt es *mathematische Operationen*, mit Hilfe derer *kongruente Figuren zur Deckung gebracht* werden können? Solche Operationen gibt es in der Tat; sie werden **Kongruenzabbildungen** genannt.

Jede Kongruenzabbildung bewahrt Form und Größe (Flächeninhalt). Deshalb muß sie auch *längen-* und *winkelmaßtreu* und damit auch *geraden-*, *teilverhältnis-* und *parallelentreu* sein; es ändern sich also bei einer solchen Abbildung weder die Längen von Strecken noch die Maße von Winkeln usw. Im folgenden wird gezeigt, daß höchstens der Winkelumlaufsinn verändert werden kann. Abbildungen heißen **gleichsinnig kongruent**, wenn bei ihnen der *Winkelumlaufsinn unverändert* bleibt, und **gegensinnig kongruent**, wenn sich der *Umlaufsinn ändert*.

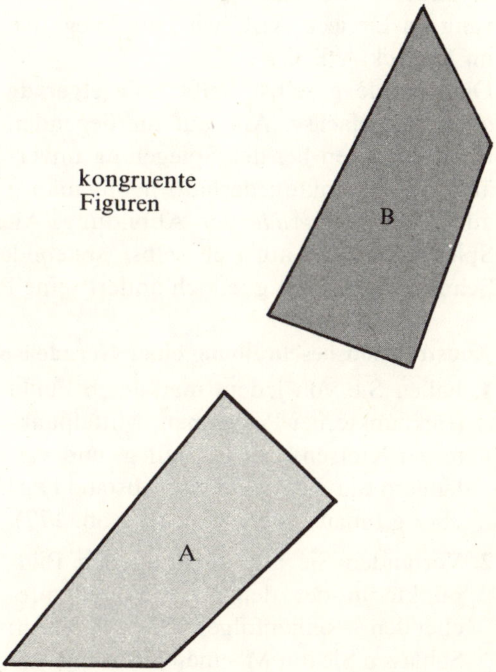

Abb. 279

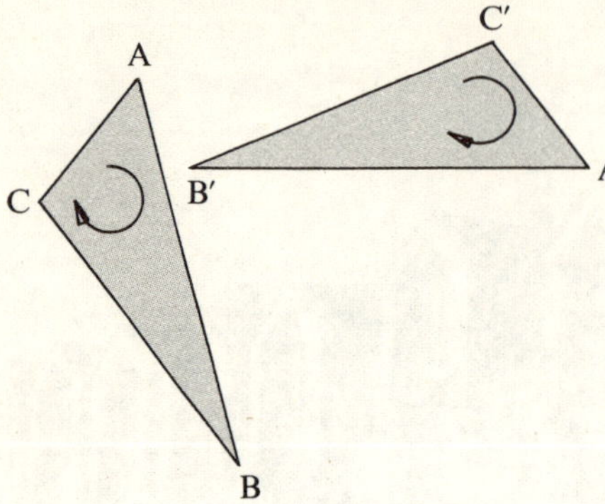

Abb. 280a (gleichsinnig kongruent)

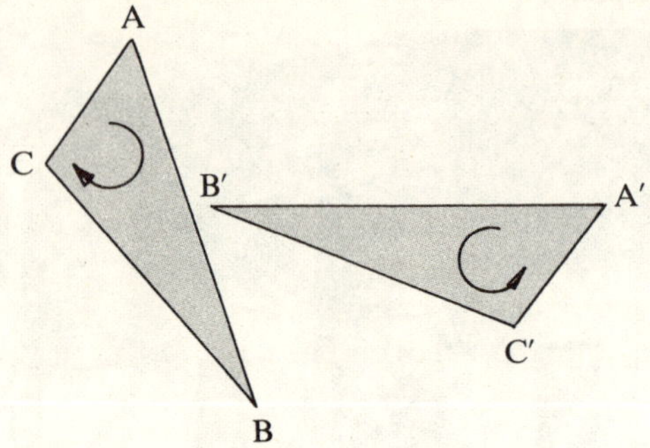

Abb. 280b (gegensinnig kongruent)

Geradenspiegelungen

Eine Kongruenzabbildung haben wir durch die einführenden Bilder schon kennengelernt: die **Geradenspiegelung**. Sie ist die einzige **gegensinnige Kongruenzabbildung**, da sich bei ihr der Winkelumlaufsinn verändert: Aus einer positiven Orientierung im Dreieck ABC wird eine negative im Dreieck A′B′C′.

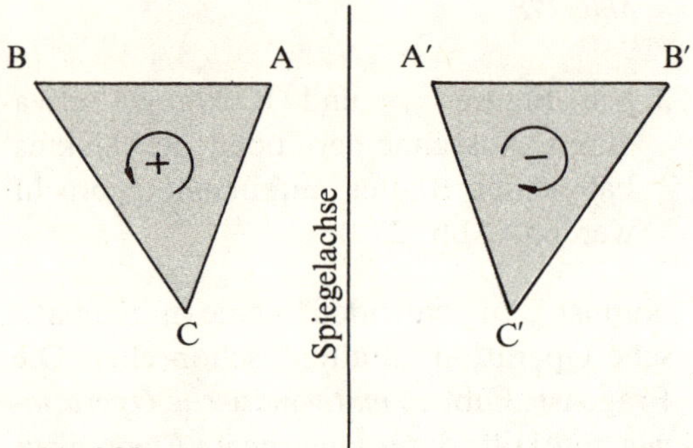

Abb. 281

Die Gerade g selbst heißt **Spiegelgerade** oder **Spiegelachse**. Alle auf ihr liegenden Punkte bleiben bei der Spiegelung unverändert (Fixpunkte); deshalb nennt man g auch *Fixpunktgerade* der Abbildung. Alle zu g senkrechten Geraden werden bei der Spiegelung zwar auf sich selbst abgebildet, jeder Punkt auf ihnen mit Ausnahme des Schnittpunktes mit g jedoch ändert seine Position. Deshalb heißen sie Fixgeraden.

Konstruktionsbeschreibung einer Geradenspiegelung:

1. Fällen Sie von jedem markanten Punkt (Eckpunkte bei Polygonen, Mittelpunkte bei Kreisen) das Lot auf g, und verlängern Sie dieses um den Abstand $|Pg|$ über g hinaus (siehe S. 221, Abb. 177).
2. Verbinden Sie alle entstandenen Bildpunkte in der dem Original entsprechenden Reihenfolge. (Bei Kreisen: Schlagen Sie um M′ einen Kreis mit Radius r′ = r.)

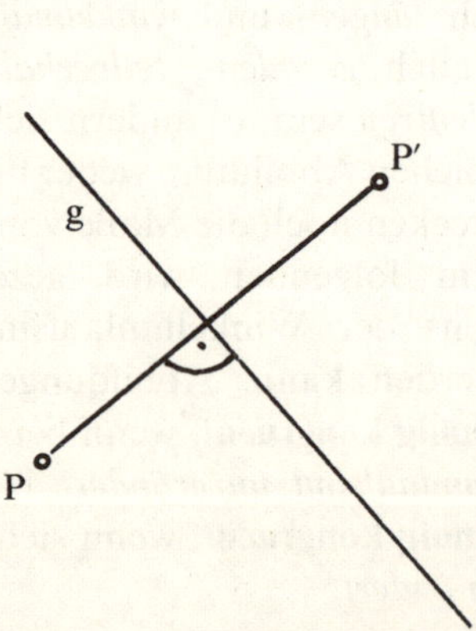

Abb. 282

Für die *Gesamtfigur* aus Bild und Urbild (Original) ist dann g **Symmetrieachse**, d.h. die Gesamtfigur wird durch Spiegelung an g auf sich selbst abgebildet.
Jede Geradenspiegelung S_g kann durch eine nochmalige Spiegelung an g wieder rückgängig gemacht werden. Die **Umkehrabbildung** oder **inverse Abbildung** zu S_g ist also wiederum S_g. Dies ist ein Spezialfall einer *Mehrfachabbildung* von Figuren. Man spricht dann von einer *Verkettung* von Abbildungen und benutzt das Verknüpfungszeichen „$\circ$".
Die Geradenspiegelung nimmt unter den Kongruenzabbildungen eine zentrale Stelle ein, denn alle anderen Kongruenzabbildungen lassen sich auf Verkettungen von Geradenspiegelungen zurückführen, wie wir im folgenden sehen werden.

Verschiebungen

Abb. 283

Eine Parallelverschiebung, kurz Verschiebung oder Translation $V_{\vec{a}}$ ist durch ihren Verschiebungsvektor $\vec{a}$ eindeutig gekennzeichnet (s. S. 511 ff).

Unter einem Vektor versteht man dabei die Menge aller gleich langen, parallelen und gleichgerichteten Pfeile, welche die Ausgangspunkte der Figur in ihre Bildpunkte überführen.
Entscheidend für die Verschiebung sind also Vektorlänge $|\vec{a}|$ und Vektorrichtung.
Die Verschiebung ist eine *gleichsinnige* Kongruenzabbildung, d.h. der Umlaufsinn bleibt erhalten.

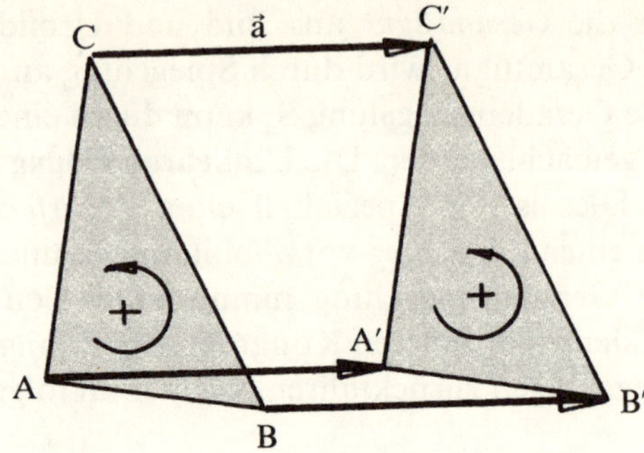

Abb. 284

Konstruktionsbeschreibung der Verschiebung:

1. Zeichnen Sie an jeden markanten Punkt (Eckpunkte beim Polygon, Mittelpunkt beim Kreis) den Verschiebungsvektor $\vec{a}$ (gleich lange, gleichgerichtete und parallele Pfeile).
2. Verbinden Sie die Endpunkte der Vektoren in der Reihenfolge des Originals. (Bei der Kreisverschiebung: Schlagen Sie um den Endpunkt einen Kreis mit dem Radius r.)

Verschiebungen haben *keine Fixpunkte* (wenn wir von der Verschiebung mit dem Nullvektor, der sog. *Identität* absehen). Dafür sind alle *Parallelen* zu $\vec{a}$ *Fixgeraden*, d.h. sie werden auf sich selbst abgebildet.
Jede Verschiebung $V_{\vec{a}}$ kann durch die Verschiebung $V_{-\vec{a}}$ wieder rückgängig gemacht werden. Dabei ist der Vektor $-\vec{a}$ ebenso lang wie $\vec{a}$ und zu $\vec{a}$ parallel, aber entgegengesetzt gerichtet.
Jede Verschiebung ist ersetzbar durch die Hintereinanderausführung von zwei Geradenspiegelungen an parallelen Geraden g und h, deren Abstand d gerade der halben Länge des Verschiebungsvektors entspricht. Dieses Ersetzen ist allerdings nicht eindeutig:

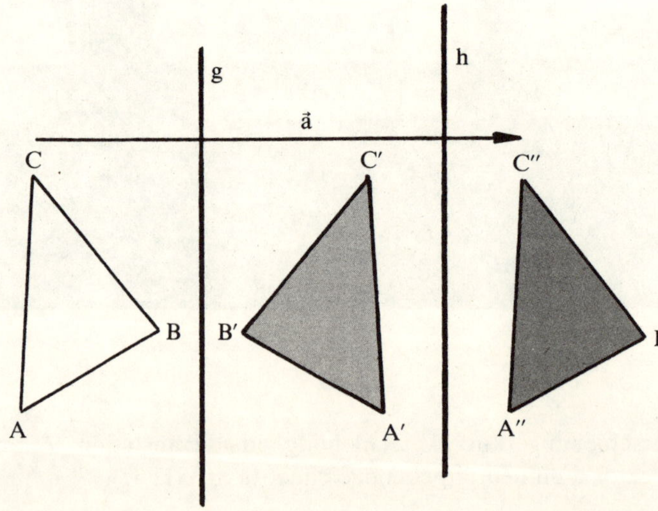

Abb. 285

Insgesamt gilt also: $V_{\vec{a}} = S_g \circ S_h$ mit $g \parallel h$ und $|\vec{a}| = 2d$, wobei d den Abstand zwischen g und h angibt.

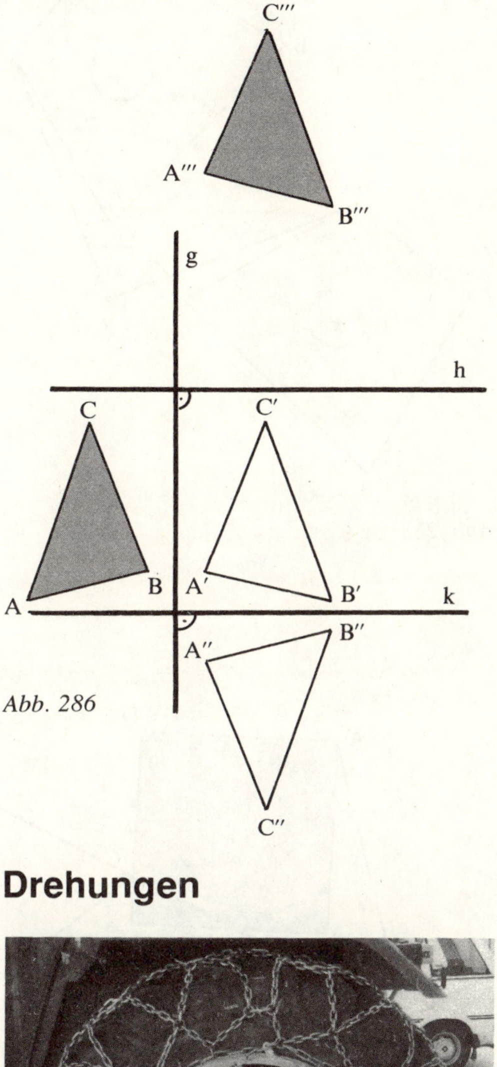

Abb. 286

Eine spezielle Hintereinanderausführung mehrerer Geradenspiegelungen sei an dieser Stelle besonders erwähnt, da sie nicht – wie alle anderen Varianten – eine der einfachen Grundformen ergibt: die **Gleit-** oder **Schubspiegelung**. Die Verknüpfung $G_{\vec{a};g} = S_g \circ V_{\vec{a}}$ ist eine Schubspiegelung, wenn $\vec{a} \parallel g$.

Jede Schubspiegelung ist also die *Verknüpfung dreier Geradenspiegelungen* $S_k \circ S_h \circ S_g$, wobei die Geraden h und k, welche die Verschiebung ersetzen, senkrecht zu g stehen: $h \parallel k$; $h \perp g$.

Eine Schubspiegelung hat *keine Fixpunkte*, jedoch ist g *Fixgerade* der Abbildung. Jede Schubspiegelung $G_{\vec{a};g}$ kann durch $G_{-\vec{a};g}$ wieder rückgängig gemacht werden.

Drehungen

Abb. 287

Die Drehung $D_{Z;\alpha}$ ist diejenige Abbildung, die bei gegebenem Punkt Z (dem **Drehpunkt** oder **Drehzentrum**) jedem Originalpunkt P einen Bildpunkt P' so zuordnet, daß $|PZ| = |P'Z|$ und $w(PZP') = \alpha$ ein fest vorgegebener Winkel, der **Drehwinkel** ist.

Eine Drehung ist also durch den Drehpunkt Z und den Drehwinkel α eindeutig bestimmt. Die Richtung der Drehung ist dabei durch das Vorzeichen von α vorgegeben (S. 217).

Konstruktionsbeschreibung einer Drehung:

1. Legen Sie Hilfsstrahlen durch alle markanten Punkte (Eckpunkte beim Polygon, Mittelpunkt beim Kreis) und das Drehzentrum Z. Tragen Sie den Abstand $|PZ|$ jedes Punktes P auf einem Hilfsstrahl ab, der mit $\overline{PZ}$ den Winkel α bildet.
2. Verbinden Sie die so entstandenen Bildpunkte P′ in der Reihenfolge des Originals (bzw. schlagen Sie um P′ einen Kreis mit $r' = r$).

Die Drehung $D_{z;\alpha}$ ist eine *gleichsinnige* Kongruenzabbildung.

Ist die Drehung $D_{z;\alpha}$ von der Drehung um 0°, der Identität, verschieden, so besitzt sie nur *einen Fixpunkt*: Z selbst.

Jede Drehung $D_{z;\alpha}$ um den Winkel α kann durch die Drehung $D_{z;-\alpha}$ um den Winkel $-\alpha$ bei gleichem Drehzentrum rückgängig gemacht werden.

Aus der Konstruktionsbeschreibung erkennt man, daß jede Drehung $D_{z;\alpha}$ durch zwei Geradenspiegelungen an den sich in Z unter dem Winkel $\frac{\alpha}{2}$ schneidenden Geraden g und h ersetzt werden kann:

Drehung: $D_{z;\alpha} = S_g \circ S_h$ mit $g \cap h = \{Z\}$, $\alpha = 2 \cdot w(g; h)$

(Abb. 289).

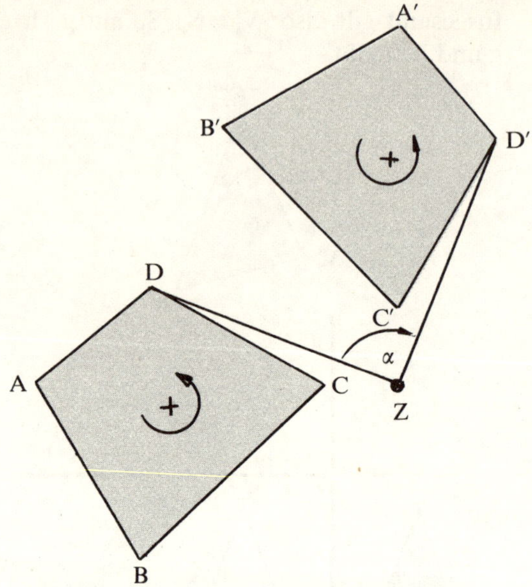

Abb. 288

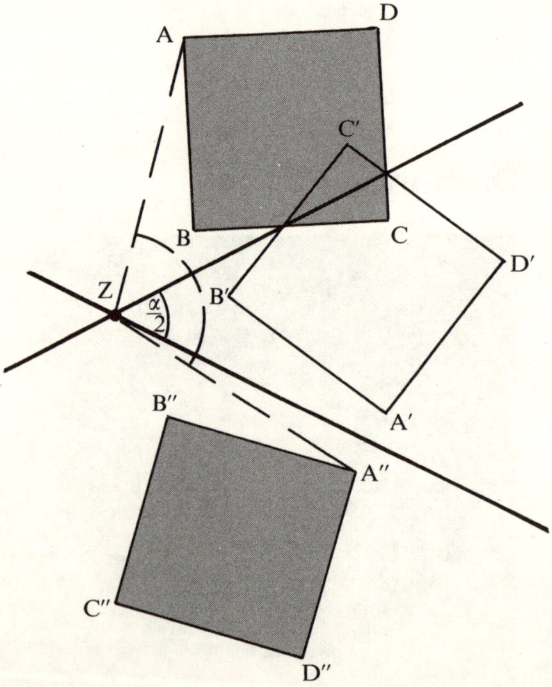

Abb. 289

Eine Drehung mit dem Drehwinkel $\alpha = \pm 180°$ wird **Punktspiegelung** genannt.

Damit ist die Punktspiegelung auch eine *gleichsinnige* Kongruenzabbildung.

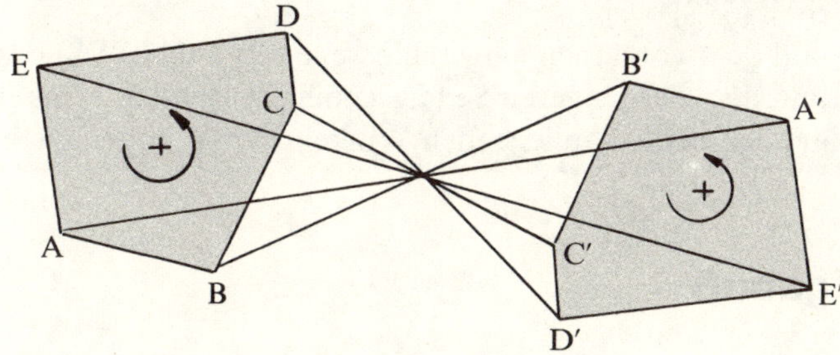

Abb. 290

Konstruktionsbeschreibung der Punktspiegelung:

1. Ziehen Sie von jedem markanten Punkt der Ausgangsfigur eine Gerade durch den Spiegelpunkt Z, und tragen Sie den Abstand |PZ| auf der anderen Seite von Z erneut ab.
2. Verbinden Sie die so gewonnenen Endpunkte in der Reihenfolge des Originals (bzw. schlagen Sie um M′ einen Kreis mit $r' = r$).

Zusammenfassung

Jede Kongruenzabbildung läßt sich also als Verknüpfung von Geradenspiegelungen darstellen. Dabei dreht jede Geradenspiegelung die Orientierung um. Deshalb gilt:

Die Verkettung einer geraden Anzahl von Geradenspiegelungen (Drehung oder Verschiebung) ist eine gleichsinnige Kongruenzabbildung. Die Verkettung einer ungeraden Anzahl von Geradenspiegelungen (Geradenspiegelung oder Schubspiegelung) ist eine ungleichsinnige Kongruenzabbildung.

Eine Hintereinanderausführung mehrerer Kongruenzabbildungen muß demnach wieder auf eine Kongruenzabbildung führen, da sich jede einzelne Abbildung in Geradenspiegelungen zerlegen läßt, wir also insgesamt eine endliche Anzahl von Geradenspiegelungen erhalten. Ferner läßt sich jede Kongruenzabbildung wieder rückgängig machen, es existiert also eine Umkehrabbildung oder inverse Abbildung.
Führt man mehr als zwei Abbildungen nacheinander aus, so kann man sie beliebig assoziativ zusammenfassen.
Algebraisch bildet die Menge aller Kongruenzabbildungen bezüglich der Hintereinanderausführung eine *Gruppe* mit der identischen Abbildung als neutralem Element (siehe S. 853).

Für die Praxis sind die sog. **Kongruenzsätze** für Dreiecke von besonderer Bedeutung:

Kongruenzsätze:
Zwei Dreiecke sind kongruent, wenn sie
a) in ihren drei Seiten (SSS) *oder*
b) in zwei Seiten und dem von ihnen eingeschlossenen Winkel (SWS) *oder*
c) in zwei Seiten und dem der längeren Seite gegenüberliegenden Winkel (SSW) *oder*
d) in einer Seite und den beiden anliegenden Winkeln (WSW) übereinstimmen.

Übungsaufgaben

1. Führen Sie an einem Parallelogramm ABCD die Spiegelungen $S_{BC} \circ S_{AB}$ durch.

2. Zeigen Sie mit Hilfe der Kongruenzsätze, daß die Schnittlinien die Ausgangsfiguren in kongruente Teile zerlegen.

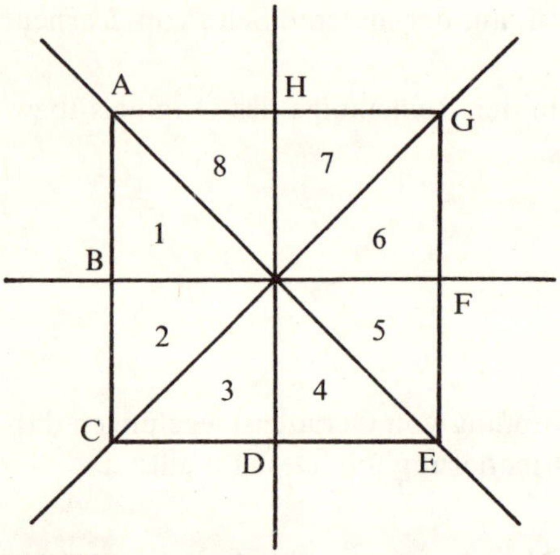

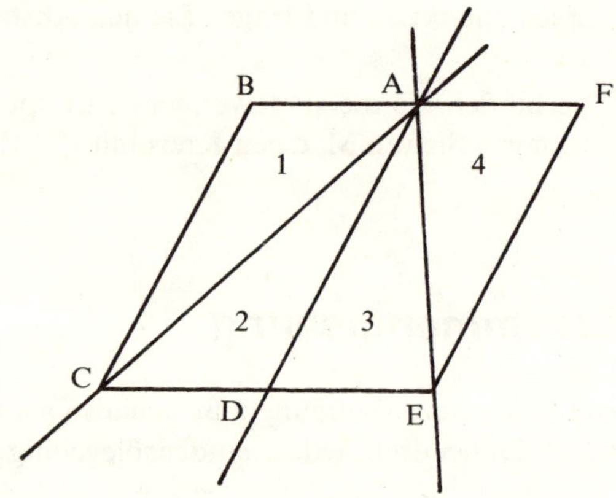

Abb. 291

3. Zeigen Sie an einem Beispiel:
a) $S_g \circ S_h \neq S_h \circ S_g$
b) $S_g \circ (S_h \circ V_{\vec{a}}) = (S_g \circ S_h) \circ V_{\vec{a}}$

4. Die Entfernung zwischen dem Ausflugsschiff „Helgoland“ und dem Ozeandampfer „Queen Mary“ beträgt 5 km. Die „Helgoland“ fährt geradlinig in Richtung N60°W, die „Queen Mary“ in Richtung S82°W. Zur Zeit sieht man von der „Helgoland“ aus die „Queen Mary“ in Richtung N70°O.
a) Unter welchem Winkel kreuzen sich die beiden Kurse?
b) Wie weit ist der Kreuzungspunkt der Kurse von den augenblicklichen Standorten entfernt?

5. ABC ist ein gleichschenkliges Dreieck mit der Basis $\overline{AB}$; g und h sind die Winkelhalbierenden von α bzw. β. Zeigen Sie, daß die Dreiecke ABP und ABQ kongruent sind (P und Q sind die Schnittpunkte der Geraden mit den gegenüberliegenden Seiten).

6. Wie viele Kongruenzabbildungen gibt es, die folgende Figuren auf sich abbilden: Strecke; Kreis; Parallelogramm; gleichschenkliges Dreieck; Rechteck; Raute; Quadrat; gleichseitiges Dreieck? Die Identitäten seien jeweils nicht mitgerechnet.

7. Ein rotierender Spiegel ist ein Spiegel, der um eine in seiner Ebene gelegene Achse drehbar gelagert ist. Die Anordnung wird im Bild von oben dargestellt.
Ein von der Lichtquelle L ausgehender Strahl trifft auf den Spiegel in der Stellung (a) und wird nach dem Reflexionsgesetz „Einfallswinkel = Ausfallswinkel" in Richtung $\overline{OA}$ zurückgeworfen. Nun wird der Spiegel um den Winkel α in die Stellung (b) gedreht. Dann wird der Lichtstrahl in Richtung $\overline{OB}$ reflektiert.
Zeigen Sie: $w(\overline{OA}; \overline{OB}) = 2\alpha$.

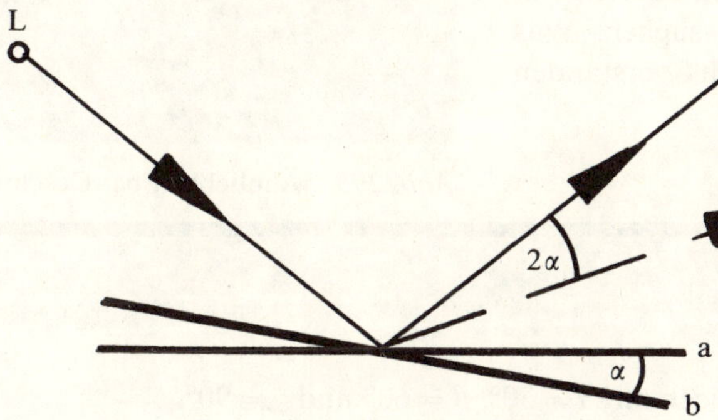

Abb. 292

8. Bei einem Billardtisch heißen die begrenzenden Seiten, von denen die Kugel „reflektiert" wird, Banden. Die weiße Kugel soll (ohne Drall) so gestoßen werden, daß sie nach der „Reflexion" an der Bande $\overline{AB}$ (Abb. 293) die schwarze Kugel trifft. Konstruieren Sie den Streckenzug „schwarze Kugel – Reflexionspunkt – weiße Kugel".

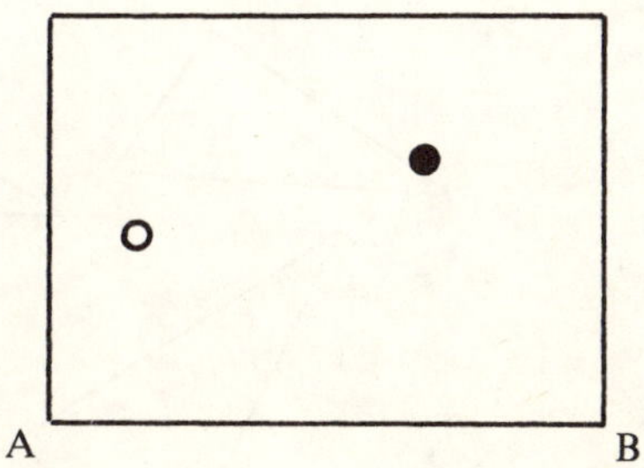

Abb. 293

9. Burg Schreckenstein hat vier Türme. Sie seien mit A, B, C und D bezeichnet (Abb. 294). Gibt es einen Standort S, von dem aus der Turm A durch C verdeckt ist und von dem aus zusätzlich C in der Mitte zwischen B und D zu stehen scheint?

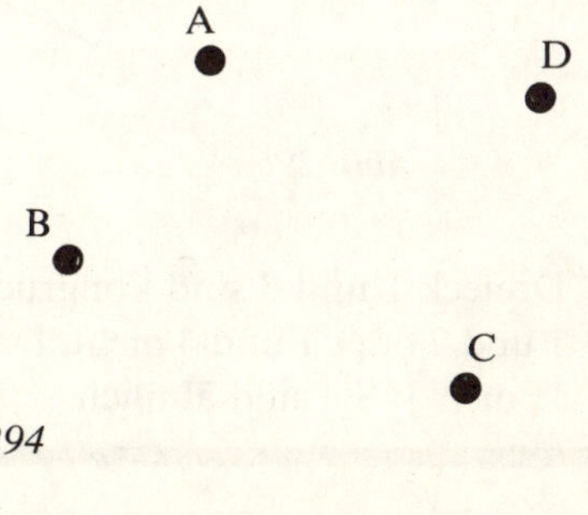

Abb. 294

Lösungen Seite 751.

Ähnlichkeitsabbildungen

„Das sieht ihm ähnlich", sagen wir, wenn eine Verhaltensweise genau zu dem Eindruck paßt, den wir von einem Menschen haben. Gegenstände sind ähnlich, wenn sie wesentliche Eigenschaften gemeinsam haben, sich aber dennoch unterscheiden. Die unscharfen Differenzierungen der Umgangssprache (mehr oder weniger ähnlich; etwas ähnlich), die einer subjektiven Wertung unterworfen sind, haben natürlich in der Mathematik nichts zu suchen. Was also soll hier unter „ähnlich" verstanden werden?

Abb. 295 Ähnlichkeit bei Geschwistern

Einführungsbeispiel:

Zeichnen Sie ein Dreieck mit $\alpha = 30°$, $\beta = 60°$ und $\gamma = 90°$.
Es gibt mehr als ein Dreieck mit den genannten Winkelgrößen, obwohl insbesondere die Vorgabe des rechten Winkels Eindeutigkeit annehmen läßt.

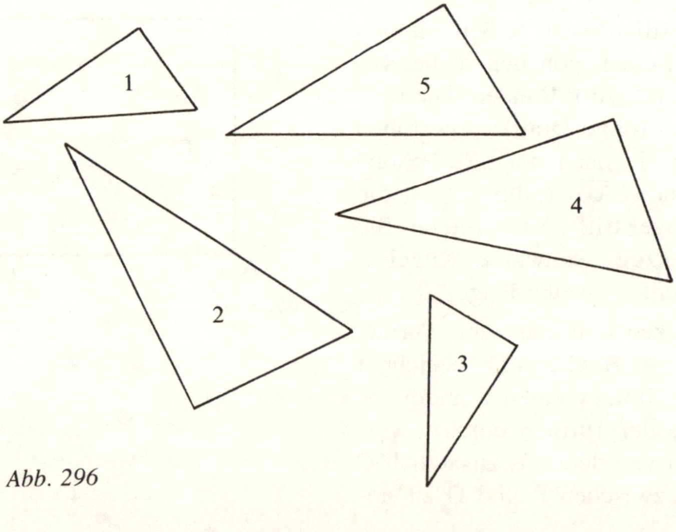

Abb. 296

Dreieck 1 und 3 sind kongruent; Dreieck 2 und 4 auch, aber etwa Dreieck 1 und 2 oder 1 und 4 nicht. Dennoch haben sie etliches gemeinsam (Winkel, „Form"): Sie sind ähnlich.

Was ist ihnen noch gemeinsam? Ausgehend vom Kongruenzsatz (a) vergleichen wir die Seitenlängen und stellen fest:
Das *Verhältnis der Seitenlängen*

$$\frac{|AB|}{|A'B'|} = \frac{|BC|}{|B'C'|} = \frac{|CA|}{|C'A'|}$$

und

$$\frac{|AB|}{|A'''B'''|} = \frac{|BC|}{|B'''C'''|} = \frac{|CA|}{|C'''A'''|}$$

ist *konstant*.

Wir definieren also:

> Ebene Figuren heißen einander **ähnlich**, wenn einander entsprechende Streckenlängen im gleichen Verhältnis stehen und (deshalb auch) einander entsprechende Winkel gleich groß sind.

Beispiel:
Kongruente Figuren sind ein Spezialfall ähnlicher Figuren. Für sie ist das Verhältnis entsprechender Seitenlängen stets gleich 1.
Demnach muß es – als Verallgemeinerung der Kongruenzsätze – für Dreiecke auch **Ähnlichkeitssätze** geben.

> **Ähnlichkeitssätze**
> Dreiecke sind einander ähnlich, wenn sie übereinstimmen
> a) in den Verhältnissen aller drei einander entsprechenden Seiten
>
> $a : a' = b : b' = c : c'$ *oder*
>
> b) im Verhältnis je zweier einander entsprechender Seiten und dem von ihnen eingeschlossenen Winkel
>
> $a : a' = b : b'$ und $\gamma = \gamma'$ *oder*
>
> c) im Verhältnis von je zwei Seiten und dem Maß desjenigen Winkels, welcher der größeren Seite gegenüberliegt
>
> $a : a' = b : b'$ und $\beta = \beta'$ für $b > a$ *oder*
>
> d) dem Maß von zwei Winkeln (und damit von allen dreien)
>
> $\alpha = \alpha'$ und $\beta = \beta'$ $(\Rightarrow \gamma = \gamma')$

Analog lassen sich auch für andere Figuren Ähnlichkeitssätze formulieren. Figuren sind ähnlich, wenn sie mit Hilfe spezieller Abbildungen, der sogenannten **Ähnlichkeitsabbildungen**, ineinander überführt werden können.

Die wichtigste Ähnlichkeitsabbildung ist die **zentrische Streckung**.

Eine **zentrische Streckung** $Z_{S,k}$ ist eindeutig bestimmt durch einen Punkt S (das Streckungszentrum) und eine Zahl $k \neq 0$ (den Streckungsfaktor). Jede Länge im Original wird durch eine zentrische Streckung auf das k-fache verändert.

Für k sind auch Zahlen zwischen Null und Eins zugelassen. Dann ist das Bild selbstverständlich kleiner als das Original. In diesem Fall spricht man auch von **Stauchung**; die Abbildung selbst gilt aber weiterhin als Streckung.

Ist $k = -1$, so ist die zugehörige zentrische Streckung eine *Punktspiegelung* am Streckungszentrum S. Für jede andere negative Zahl $k \neq -1$ kann man k zerlegen in $k = (-1) \cdot |k|$. Danach gelten die obigen Bemerkungen sinngemäß.

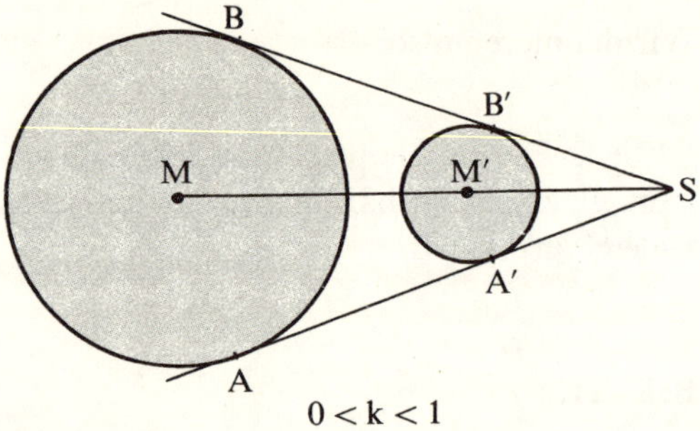

Abb. 297

Konstruktionsbeschreibung der zentrischen Streckung:

1. Verbinden Sie jeden markanten Punkt des Originals mit dem Streckungszentrum S.
2. Multiplizieren Sie für jeden Punkt P die Strecke $|SP|$ mit k (zur Konstruktion, auch für $k < 0$, vgl. S. 288, Abb. 306), und tragen Sie die neue Strecke $|SP'| = k \cdot |SP|$ auf der Geraden durch S, P und P' von S aus ab.
3. Verbinden Sie alle Bildpunkte entsprechend den Originalpunkten.

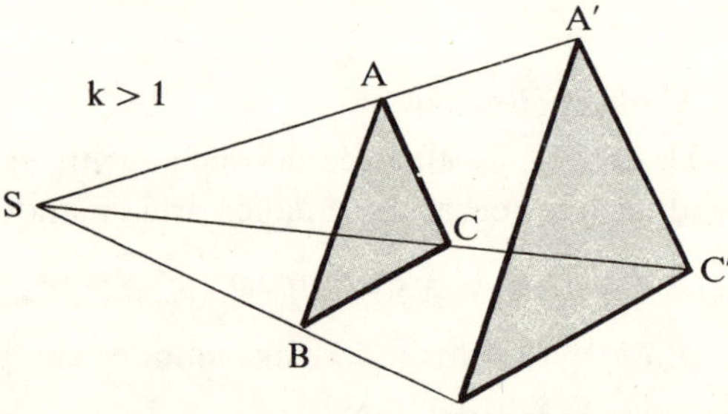

Abb. 298

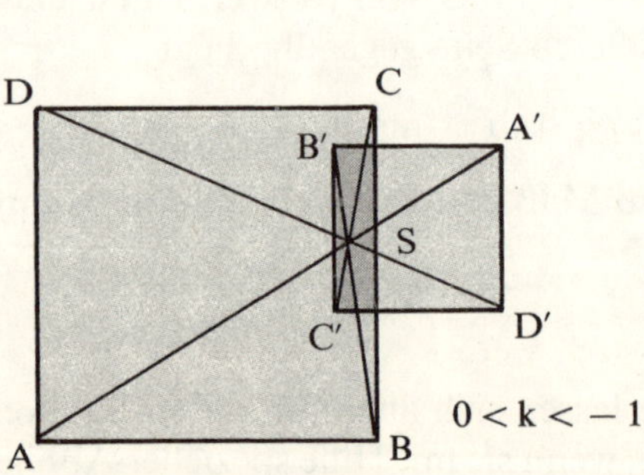

Abb. 299

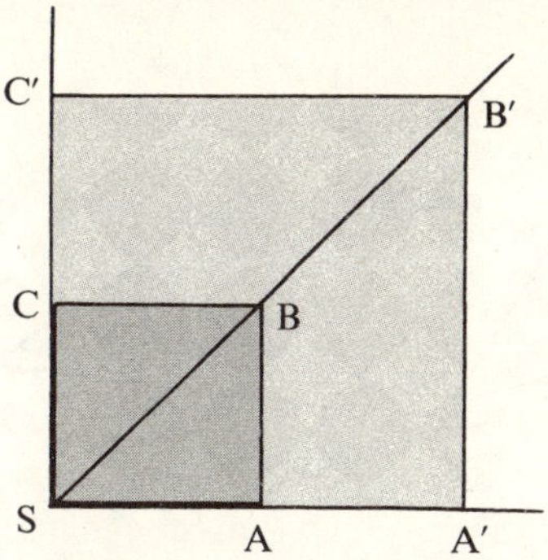

$k = 2$

$\frac{F'}{F} = 4$

Abb. 300

Da ähnliche Figuren (außer für $|k| = 1$) nicht kongruent sind, ändert sich auch der Flächeninhalt; wenn aber alle (Seiten-) Kanten sich mit dem Faktor k (z.B. $k = 2$ bzw. $k = 3$) ändern, muß sich die abzubildende Fläche mit dem Faktor k^2 (z.B. $k^2 = 4$ bzw. $k^2 = 9$) verändern.

Bei einer zentrischen Streckung mit dem Faktor k stehen die Flächen von Bild (F') und Urbild (F) im Verhältnis $F' : F = k^2 \Rightarrow F' = F \cdot k^2$.

Dabei spielt das Vorzeichen von k wegen der Multiplikationsregel „Minus · Minus = Plus" keine Rolle.

Einführungsbeispiel:

Ein Dia (Format 24 mm · 36 mm) soll möglichst füllend auf eine 2,5 m · 2,5 m große Leinwand abgebildet werden. Sein Abstand zur Abbildungslinse bei optimaler Einstellung ist 8 cm. Wieviel Meter müssen Leinwand und Projektor auseinanderstehen? Auf das Wievielfache ist die Fläche des Dias vergrößert worden?
Für die Abbildung eines Dias gilt die Beziehung:

$$\frac{\text{Bildhöhe B}}{\text{Diahöhe G}} = \frac{\text{Bildweite b}}{\text{Entfernung Dia} - \text{Linse g}}.$$

Möglichst füllend bedeutet, daß die 36 mm auf 2,5 m vergrößert werden müssen.

Damit ergibt sich der Abstand Leinwand – Projektor zu
$b = 2{,}5\ \text{m} \cdot 0{,}08\ \text{m} : 0{,}036\ \text{m} \approx 5{,}56\ \text{m}$.
Der Vergrößerungsfaktor ist $k = 2{,}5 : 0{,}036 \approx 69{,}44$.
Die Bildfläche ist demnach $F' = 69{,}44^2 \cdot 0{,}036 \cdot 0{,}024 = 4{,}17\ \text{m}^2$.
Das ist das 4822,53fache der Diafläche.

$$\frac{80}{36} = \frac{b}{2500} \Rightarrow b = \frac{2500 \cdot 80}{36} = 5555{,}56\ \text{mm}$$

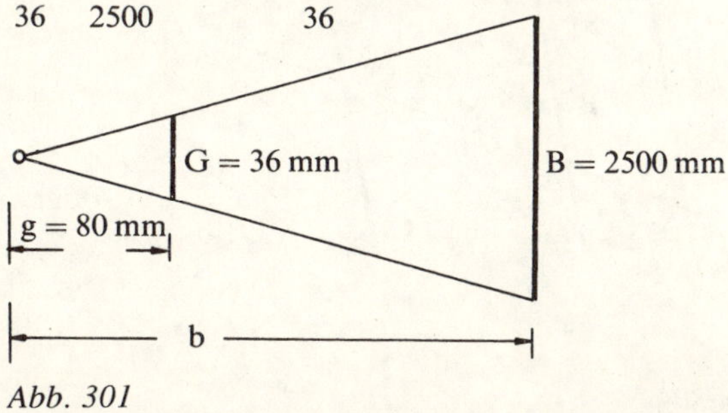

Abb. 301

Es ist einleuchtend, daß ähnliche Figuren durch *Drehungen, Verschiebungen* und/ oder *Spiegelungen* in eine Position bewegt werden können, bei der man sofort die Ähnlichkeit aufgrund der Gleichheit der Winkel der Figuren erkennen kann.

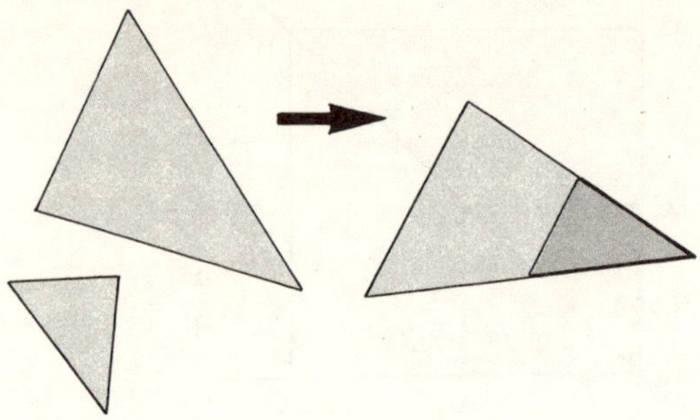

Abb. 302

Jede Kongruenzabbildung, jede zentrische Streckung und jede aus diesen zusammengesetzte Abbildung heißt **Ähnlichkeitsabbildung**.

Da jede Verknüpfung von Ähnlichkeitsabbildungen wieder auf eine solche führt, gilt sogar: Die Menge der Ähnlichkeitsabbildungen bildet bezüglich der Hintereinanderausführung eine *Gruppe* (S. 853).
Die Bilder 310 und 311 sowie das Einführungsbeispiel (Diaprojektor) lassen sich zu den **Strahlensätzen** verallgemeinern.

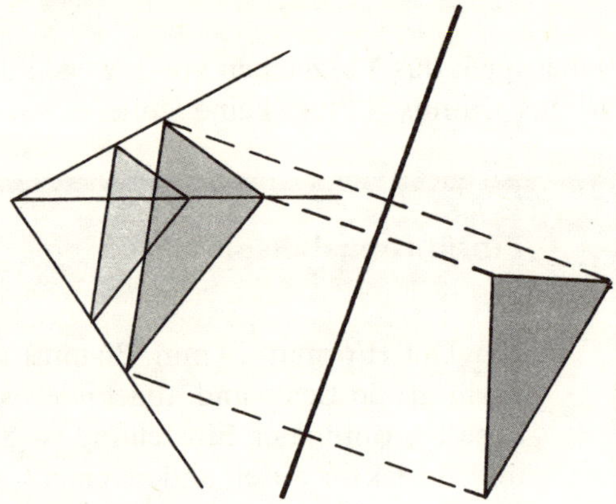

Abb. 303

1. Strahlensatz

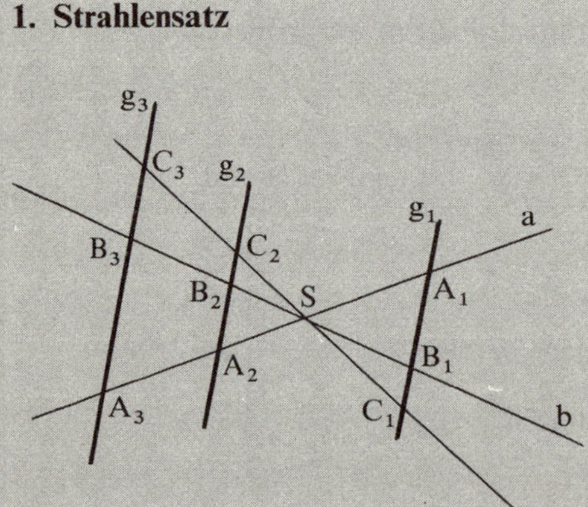

Abb. 304

Werden von einem Punkt S ausgehende Strahlen a, b, c... von parallelen Geraden g_1, g_2, g_3... geschnitten, so verhalten sich die Abschnitte auf dem einen Strahl wie die Abschnitte auf jedem anderen:

$$\frac{|SA_1|}{|SA_2|} = \frac{|SB_1|}{|SB_2|} = \frac{|SC_1|}{|SC_2|}$$

oder

$$\frac{|SA_1|}{|A_1A_3|} = \frac{|SB_1|}{|B_1B_3|} = \frac{|SC_1|}{|C_1C_3|}$$

Der Nachweis für die Beziehungen im Bild ergibt sich unmittelbar aus den Beziehungen für *Stufenwinkel an parallelen Geraden* und aus der Ähnlichkeit der Dreiecke SA_1B_1 und SA_2B_2, SA_1C_1 und SA_2C_2 sowie SB_1C_1 und SB_2C_2.
Ferner gilt die

Umkehrung des 1. Strahlensatzes

Schneiden die Geraden g_1, g_2, g_3... von den Geraden eines Büschels Stücke ab, die zueinander konstante Verhältnisse aufweisen, so sind diese Geraden parallel.

2. Strahlensatz

Werden von einem Punkt S ausgehende Strahlen von Parallelen geschnitten, so verhalten sich die Abschnitte auf den Parallelen wie die vom Scheitel aus gemessenen Abschnitte auf den Strahlen:

$$\frac{|SA_1|}{|SA_2|} = \frac{|A_1B_1|}{|A_2B_2|} = \frac{|SB_1|}{|SB_2|} = \frac{|B_1C_1|}{|B_2C_2|} = \frac{|SC_1|}{|SC_2|} = \frac{|A_1C_1|}{|A_2C_2|}$$

3. Strahlensatz

Die Abschnitte auf einer Parallelen verhalten sich wie die Abschnitte auf einer anderen:

$$\frac{|A_1B_1|}{|B_1C_1|} = \frac{|A_2B_2|}{|B_2C_2|} \quad \text{oder} \quad \frac{|A_1C_1|}{|B_1C_1|} = \frac{|A_2C_2|}{|B_2C_2|} \quad \text{oder} \quad \frac{|A_1B_1|}{|A_1C_1|} = \frac{|A_3B_3|}{|A_3C_3|}$$

Beispiele:

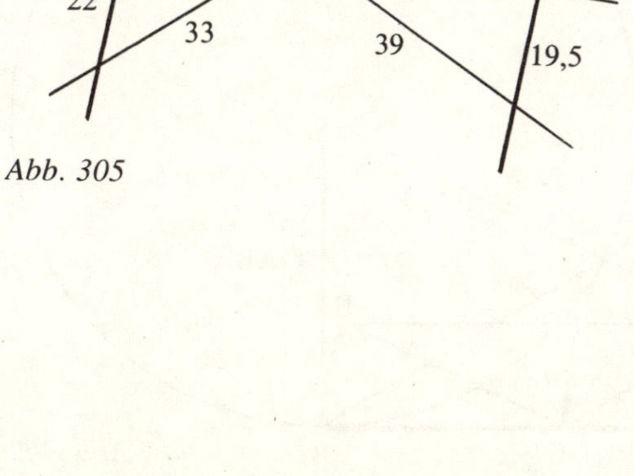

Abb. 305

1. Nach den Strahlensätzen gilt:

1. Strahlensatz: $\frac{26}{39} = \frac{24}{36} = \frac{33}{49{,}5} = \frac{2}{3}$

2. Strahlensatz: $\frac{24}{22} = \frac{36}{33}$ oder

$\frac{33}{22} = \frac{49{,}5}{33}$ oder

$\frac{26}{35} = \frac{39}{52{,}5}$

3. Strahlensatz: $\frac{13}{22} = \frac{19{,}5}{33}$ oder

$\frac{35}{22} = \frac{52{,}5}{33}$

2. Teilung einer Strecke $\overline{AB}$

Die Strecke AB soll innen (T_i) im Verhältnis 5:3 und außen (T_a) im Verhältnis 5:2 geteilt werden. Dazu benutzt man den zweiten Strahlensatz:

– innerer Teilungspunkt T_i:

$$\frac{|AD|}{|BE_1|} = \frac{|AT_i|}{|T_i B|} = \frac{5}{3}$$

– äußerer Teilungspunkt T_a:

$$\frac{|AD|}{|BE_2|} = \frac{|AT_a|}{|T_a B|} = \frac{5}{2}$$

Die Konstruktion eignet sich außer zur Teilung also auch zum Multiplizieren einer Strecke. So ist $|AT_a|$ das 2,5fache von $|T_a B|$.

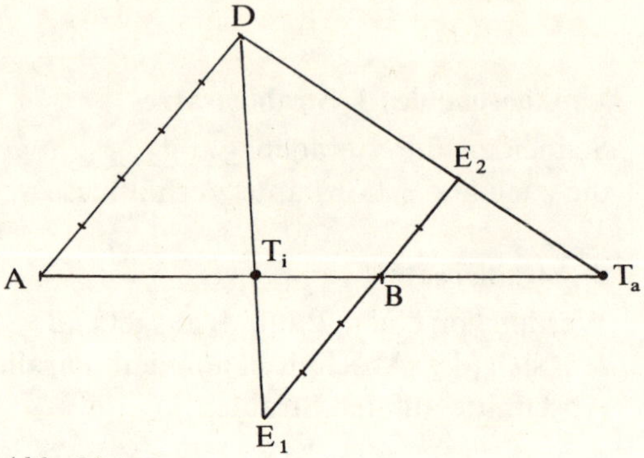

Abb. 306

3. *Goldener Schnitt*

Beim Goldenen Schnitt wird eine Strecke der Länge a so geteilt, daß für die Längen x bzw. $a-x$ der Teilstrecken die Beziehung $a : x = x : (a-x)$ gilt. Hierbei ist x die größere der beiden Teilstrecken. Diese Teilung hat in Kunst und Architektur eine besondere Bedeutung. Aus obigem Verhältnis folgt: $x^2 = a(a-x)$, und daraus: $x = \sqrt{a(a-x)}$, d.h. die längere Strecke ist das *geometrische Mittel* der kürzeren Strecke und der Gesamtstrecke.

Formt man diese Gleichung weiter um und löst nach x auf, so ergibt sich:

$$x = \sqrt{a^2 - ax}$$

$$x^2 = a^2 - ax$$

$$0 = x^2 + ax - a^2$$

$$x_{1;2} = -\frac{a}{2} \pm \sqrt{\left(\frac{a}{2}\right)^2 + a^2} = -\frac{a}{2} \pm \sqrt{\frac{5}{4} a^2}$$

$$x_1 = 0{,}5\,a(\sqrt{5} - 1); \qquad x_2 \text{ ist unbrauchbar.}$$

Also $x \approx 0{,}618\,a$.

Die Teilung einer Strecke $|AB|$ nach dem Goldenen Schnitt.
Es ist $|AC| = |AT|$
und $|AD| = |TE| = |TB|$
also gilt:

$$\boxed{\frac{|AB|}{|AT|} = \frac{|AT|}{|TB|}}$$

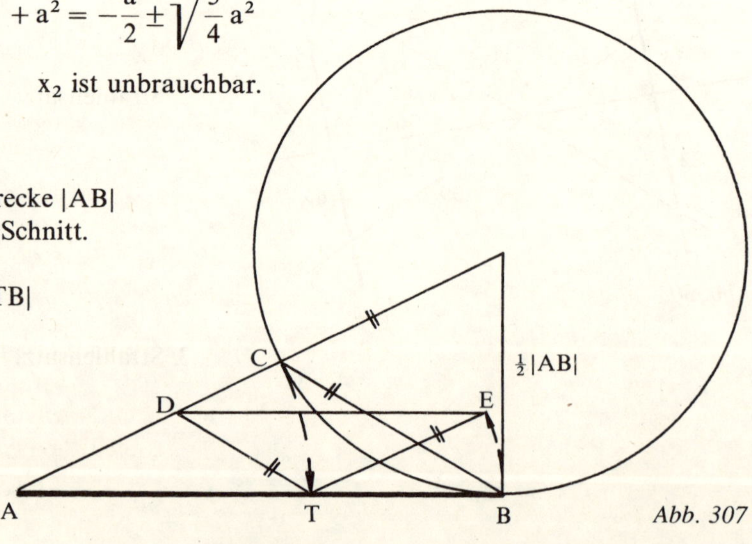

Abb. 307

Übungsaufgaben

1. Gegeben ist im Koordinatensystem das Dreieck A(2|3), B(6|1), C(3|6).
a) Strecken Sie das Dreieck mit k = 2. Streckzentrum sei Z(0|0).
b) Drehen Sie das Dreieck um S(−2|−3) mit $\alpha = 140°$. Strecken Sie danach das Bilddreieck an S mit k = −1,5.
c) Verschieben Sie das Dreieck zunächst um 4 Einheiten nach links und 5 nach oben, spiegeln Sie anschließend an der x-Achse, und strecken Sie schließlich am Punkt (0|−6) mit k = −1.

2. Sind alle a) gleichschenkligen, b) rechtwinkligen, c) gleichseitigen Dreiecke zueinander ähnlich?

3. Wie ändert sich die Oberfläche eines Würfels bei einer zentrischen Streckung mit dem Faktor k und dem Schnittpunkt der Raumdiagonalen als Streckungszentrum?

4. Teilen Sie die Strecke |AB| = 10 cm innen und außen im Verhältnis 5 : 2.

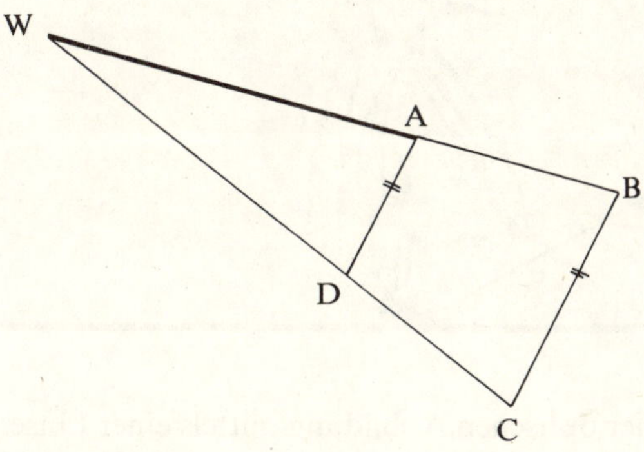

Abb. 308

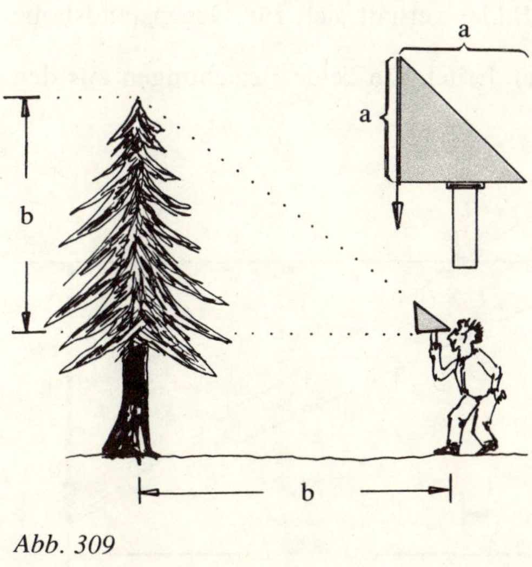

Abb. 309

5. Teilen Sie die Strecke |CD| = 6,5 cm nach dem „Goldenen Schnitt".

6. Von einem Aussichtsturm A (Abb. 308) aus soll die Entfernung |AW| zu einem Waldstück W bestimmt werden. Dazu steckt man die drei Hilfspunkte B, C und D ab, wobei AD || BC. Man mißt: |AB| = 75 m; |BC| = 125 m und |AD| = 100 m.
Wie lang ist |AW|?

7. a) Mit einem „Försterdreieck" (Abb. 309) läßt sich die Höhe eines Baumes bestimmten. Wie hoch ist ein Baum, wenn die Augenhöhe des Försters 1,70 m beträgt und er 10 m vom Baum entfernt steht?
b) Wie läßt sich (bei bekannter Entfernung) die Höhe eines Objektes nur unter Zuhilfenahme des eigenen Arms schätzen? Hinweis: Aufgabe 7.a).
c) Beim Militär wird die Technik des „Daumensprungs" u.a. zum Schätzen des Abstands zweier Objekte angewandt. Sie funktioniert so, daß man über den gestreckten Daumen mit zugekniffenem linkem Auge zunächst einen Vergleichsgegenstand rechts anpeilt und anschließend bei zugekniffenem rechtem Auge über

den Daumen genau das gesuchte Ziel links anvisiert. Wie kommt man dabei zu Entfernungsangaben?

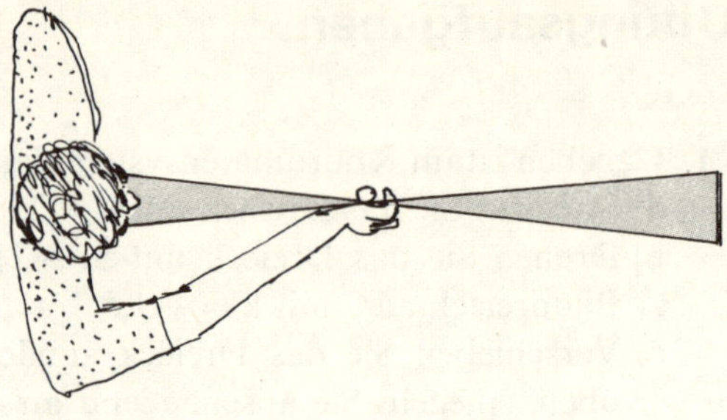

Abb. 310

8. Frau Müller möchte sich in voller Größe im Flurspiegel sehen können. Gewöhnlich bleibt sie (wegen der Flurbreite) 80 cm vor dem Spiegel stehen. Welche Länge muß der Spiegel mindestens haben, und wie muß er aufgehängt werden, wenn Frau Müller bei 1,65 m Augenhöhe eine Gesamtgröße von 1,73 m hat?

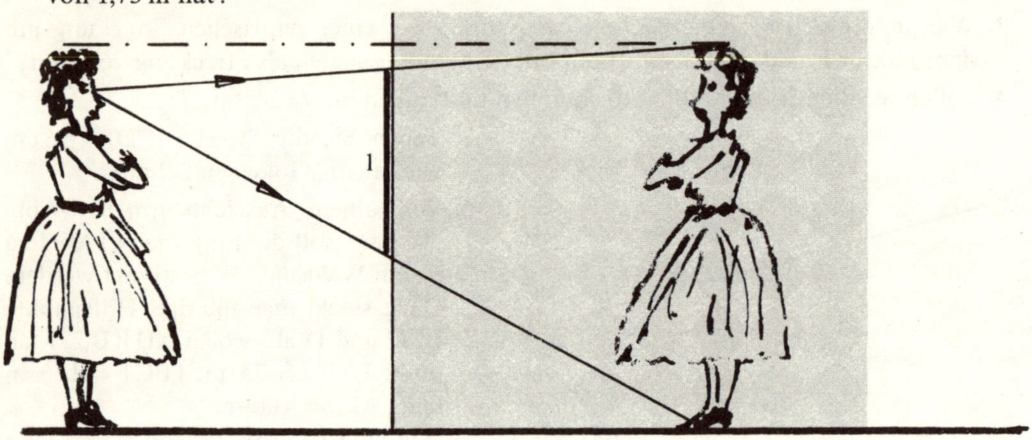

Abb. 311

9. In Bild 150 sehen Sie die Konstruktion einer optischen Abbildung mittels einer Linse. Für die Linse gilt die Linsengleichung $\frac{1}{g} + \frac{1}{b} = \frac{1}{f}$, für die Abbildung selbst die Gleichung $\frac{B}{G} = \frac{b}{g}$ (in Worten: Die Höhe des Bildes verhält sich zur Gegenstandshöhe so wie die Bildweite zur Gegenstandsweite). Leiten Sie beide Beziehungen aus den Strahlensätzen her!

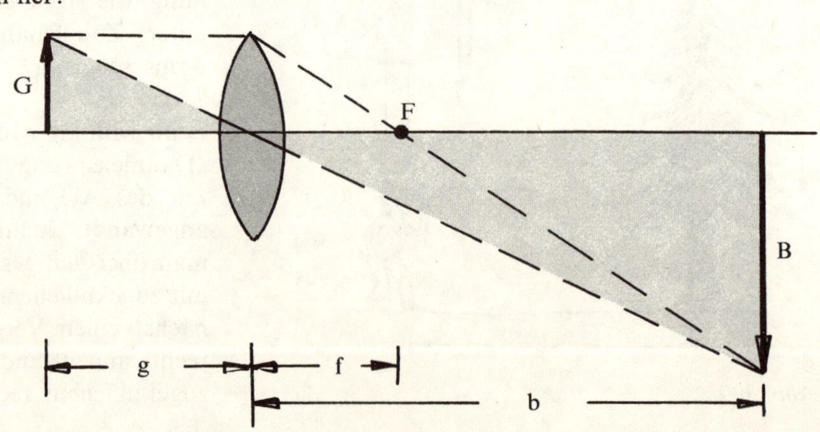

Abb. 312

10. Ein rechteckiges Diapositiv mit den Seitenlängen 3,6 cm und 2,4 cm wird auf eine zu ihm parallele Wand projiziert. Die abbildende Linse, das Objektiv, ist 12 cm vom Dia und 4,80 m von der Wand entfernt. Wie groß muß die Leinwand mindestens sein?

11. Eine quadratische Wandöffnung der Seitenlänge 20 cm ist 12 m von einer zu ihr parallelen Wand entfernt. In welcher Entfernung hinter ihr muß eine punktförmige Lichtquelle aufgestellt werden, wenn von dem durch die Öffnung fallenden Licht eine Wandfläche von 16 m^2 beleuchtet werden soll?

12. Durch welche zentrische Streckung läßt sich der Inkreis eines gleichseitigen Dreiecks auf seinen Umkreis abbilden? In welchem Verhältnis stehen demnach die Kreisflächen zueinander?

13. Nach dem Satz von Desargues kann man die Parallele p zu einer Geraden g durch einen Punkt P konstruieren, wenn als Zeichengerät nur eine Holzleiste (z.B. ein Lineal) mit zwei parallelen Kanten zur Verfügung steht. Begründen Sie, warum das in der Bildserie angedeutete Konstruktionsverfahren funktioniert.

Abb. 313 a

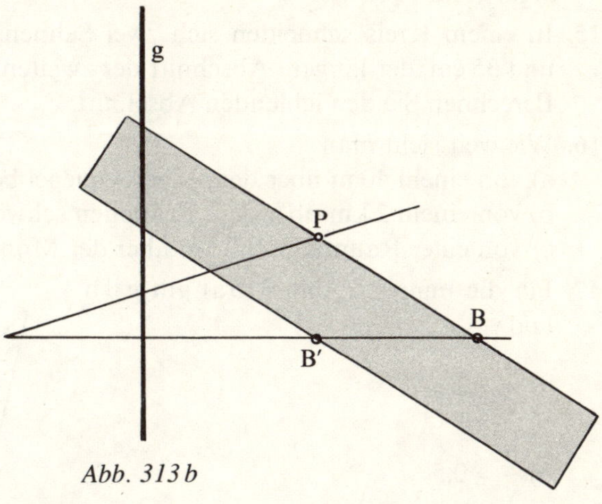

Abb. 313 b

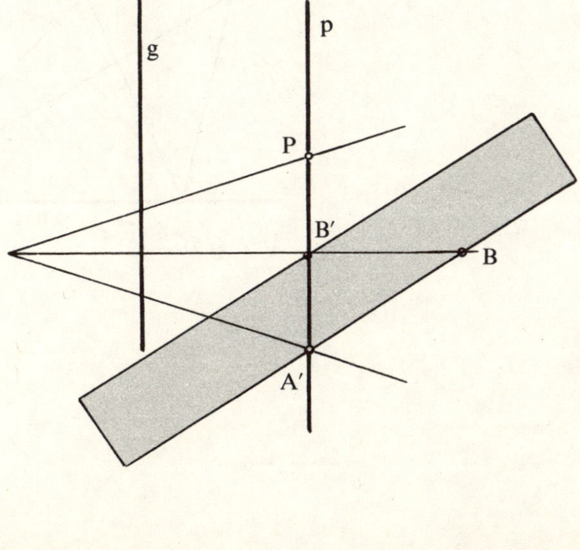

Abb. 313 c

14. Zeigen Sie, daß für jedes Parallelogramm ABCD gilt: Werden durch einen beliebigen Punkt P einer Diagonalen die beiden Parallelen zu den Seiten gezeichnet, so entstehen Parallelogramme, die zu ABCD zentrisch ähnlich sind. Wo liegt das jeweilige Streckungszentrum?
Auf dieser Eigenschaft beruht der Pantograph (im Volksmund Storchschnabel; erfunden ca. 1635 von dem Jesuiten C. Schreiner). O wird auf dem Zeichenbrett fixiert. Fährt man nun mit dem Fahrstift P einer vorgezeichneten Figur nach, so zeichnet der Schreibstift B eine zentrisch ähnliche Figur (Abb. 314).

Abb. 314

15. In einem Kreis schneiden sich zwei Sehnen. Die Abschnitte der einen sind 18 cm und 35 cm, der längere Abschnitt der zweiten ist 30 cm lang.
Berechnen Sie den fehlenden Abschnitt.

16. Wie weit sieht man
a) von einem 40 m über dem Meeresspiegel befindlichen Mastkorb;
b) von einem 2 km über dem Erdboden schwebenden Luftballon;
c) von einer Raumkapsel 2 km über der Mondoberfläche (r = 1735 km)?

17. Für die Figur 1 (Abb. 315 a) gilt $g \parallel h$ und

a) $\frac{u}{v} = 1$

b) $\frac{u}{v} = 0{,}5$

c) $\frac{u}{v} = \frac{2}{3}$

Berechnen Sie $\frac{x}{y}$.

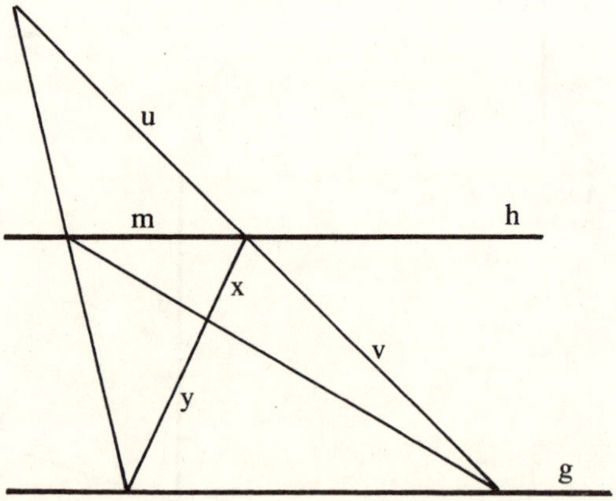

Abb. 315 a

18. Berechnen Sie $\frac{u}{v}$ und $\frac{x}{y}$ (Abb. 315b).

Der wievielte Teil der Parallelogrammfläche ist farbig?

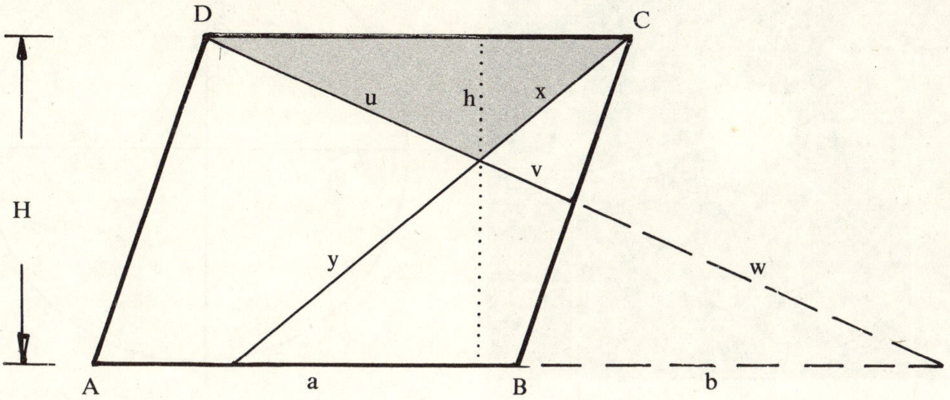

Abb. 315 b

Lösungen Seite 753.

Affine Abbildungen

Die axiale Affinität

In der Erweiterung des Beispiels von S. 256 hatten wir gefragt, ob aus einer kreisförmigen Glasplatte, aus der ein Stück herausgesprungen ist, eine größere Restplatte als ein Kreis mit entsprechend kleinerem Radius oder ein symmetrisches Viereck (S. 260) zu schneiden, das zudem noch symmetrisch (und damit ästhetisch ansprechend) sei. Dabei waren wir auf die Ellipse (S. 266) gestoßen.

Gibt es nun auch eine Abbildung, die einen Kreis in eine Ellipse überführt?

Beim Betrachten der Abbildung 316 fällt auf, daß zwischen dem Kreis und der Ellipse durchaus eine Verwandtschaft besteht. Dies läßt den Schluß zu, daß eine Abbildung existieren muß, die den Kreis in eine Ellipse überführt. Welche Eigenschaften muß diese Abbildung besitzen? Betrachten wir dazu nochmals die Konstruktionsvorschrift von S. 268.

Alle Punkte auf der waagrechten x-Achse bleiben fest: Die x-Achse ist also *Fixpunktgerade* der Abbildung. Dagegen verändern sich alle y-Werte. Jede Parallele zur y-Achse ist somit *Fixgerade.*

Damit haben wir alle notwendigen Eigenschaften der neuen Abbildung gesammelt: Eine **axiale Affinität** $A_{a;g;k}$ mit der **Affinitätsachse** a, der **Richtungsgeraden** g und dem **Affinitätsfaktor** $k \neq 0$ liegt vor, wenn die folgenden Bedingungen erfüllt sind:

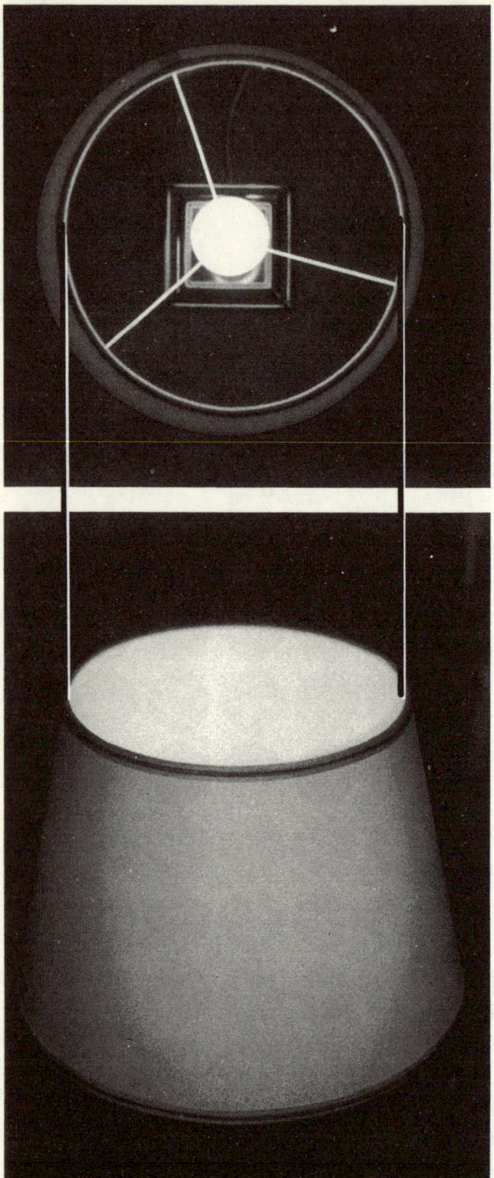

Abb. 316

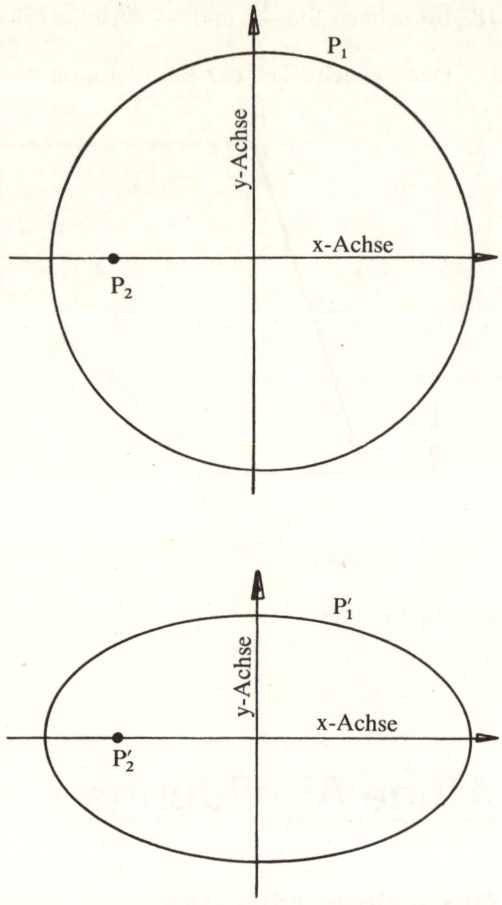

Abb. 317

1. Jede Gerade $\overline{PP'}$ durch einen Punkt P und seinen Bildpunkt P′ verläuft parallel zu g.

2. Ist P* der Schnittpunkt von $\overline{PP'}$ und a, so gilt: $|P'P^*| = |k| \cdot |PP^*|$.

Eine axiale Affinität ist somit *geraden-*, *parallelen-* und *teilverhältnistreu*. Letzteres besagt, daß drei Punkte auf einer Originalstrecke diese im gleichen Verhältnis teilen wie die Bildpunkte die Bildstrecke.

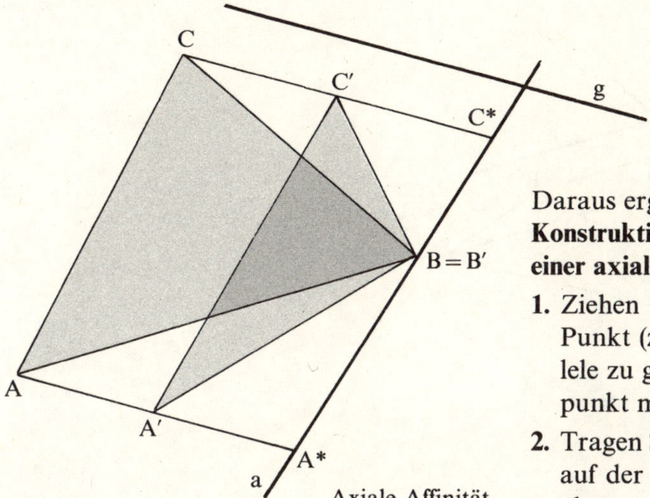

Axiale Affinität mit $k = \frac{1}{2}$

Abb. 318

Daraus ergibt sich die folgende **Konstruktionsbeschreibung einer axialen Affinität:**

1. Ziehen Sie durch jeden markanten Punkt (z. B. P) des Originals eine Parallele zu g und benennen Sie den Schnittpunkt mit der Affinitätsachse (z. B. P*).
2. Tragen Sie $|P'P^*| = k \cdot |PP^*|$ von P* aus auf der entsprechenden Parallelen zu g ab.
3. Verbinden Sie alle auf diese Weise entstandenen Bildpunkte in der dem Original entsprechenden Weise.

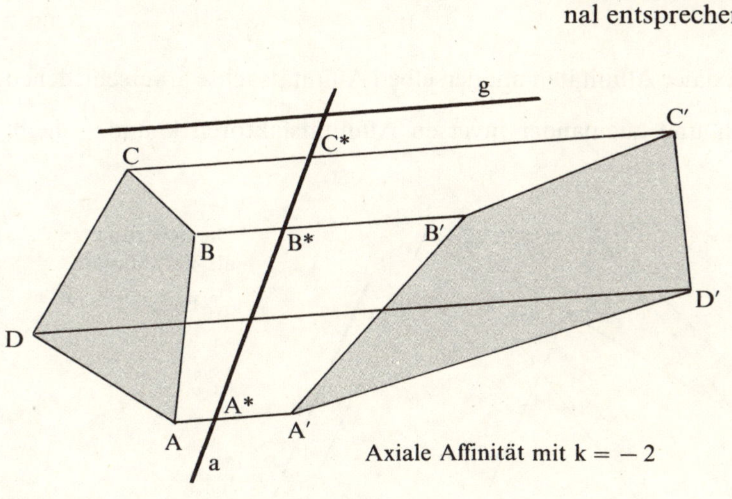

Axiale Affinität mit $k = -2$

Abb. 319

Für k = 1 ist jeder Punkt der Ebene ein Fixpunkt, da alle Strecken unverändert bleiben. $A_{a;g;1}$ ist demnach die *Identität*.
Für $k > 0$ liegen P und P' auf derselben Seite von a (s. Abb. 318), für $k < 0$ auf verschiedenen Seiten von a (s. Abb. 319).
Eine Abbildung $A_{a;g;k}$ kann durch $A_{a;g;\frac{1}{k}}$ rückgängig gemacht werden.

Die Schrägspiegelung

Die Schrägspiegelung ist eine spezielle axiale Affinität. Für $k = -1$ ist die Entfernung $|PP^*|$ genauso groß wie die Entfernung $|P'P^*|$. Die Schrägspiegelung ist also die axiale Affinität $A_{a;\,g;\,-1}$.

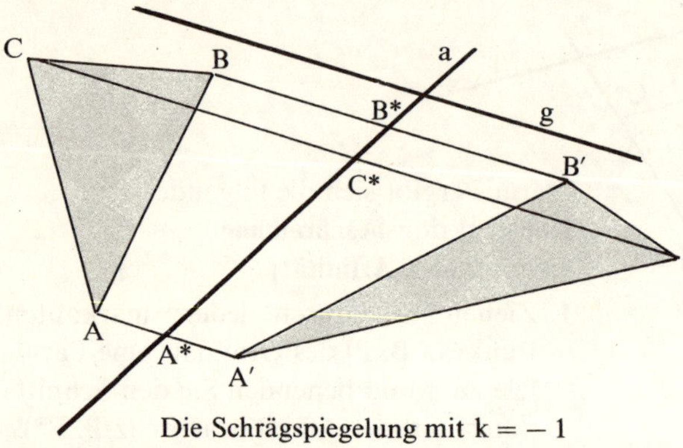

Die Schrägspiegelung mit $k = -1$

Abb. 320

Spezialfälle der Verknüpfung axialer Affinitäten

Scherung

Die Verknüpfung zweier axialer Affinitäten mit derselben Affinitätsachse a, verschiedenen Richtungsachsen g und h und zueinander inversen Affinitätsfaktoren k und $\frac{1}{k}$ heißt **Scherung.**

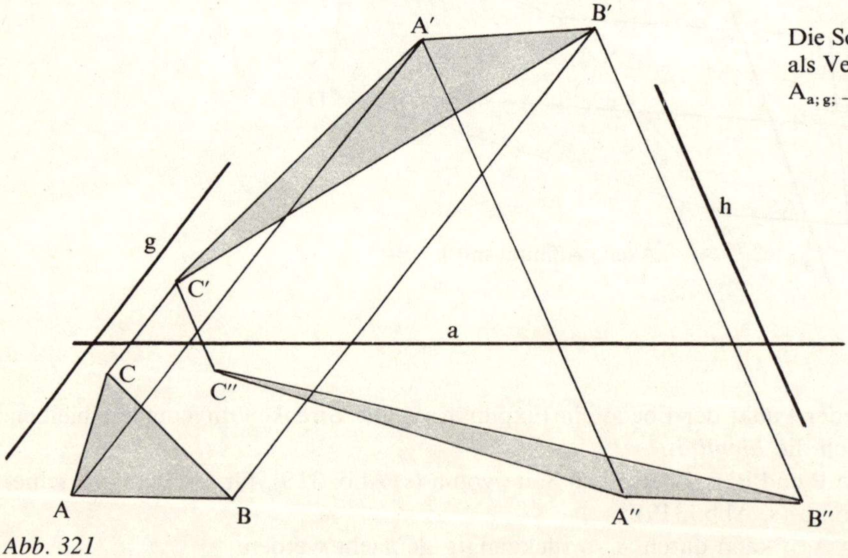

Die Scherung als Verknüpfung $A_{a;\,g;\,-2} \cdot A_{a;\,h;\,-\frac{1}{2}}$

Abb. 321

Bei der Scherung bleibt ebenso wie bei der Schrägspiegelung der *Flächeninhalt unverändert*, obwohl sich die Längen einzelner (oder aller) Strecken in den Figuren sehr wohl verändern können. Beide Abbildungen eignen sich daher gut zur Umwandlung von Flächenformen (s. Übungsaufgaben).
Im allgemeinen gilt für das *Verhältnis von Bild- und Originalfläche* bei einer axialen Affinität: $F' = |k| \cdot F$, und bei der sukzessiven Ausführung entsprechend:
$F' = |k_1 \cdot \ldots \cdot k_n| \cdot F$, d.h. die axiale Affinität ist im allgemeinen *nicht flächentreu*.

Achsenspiegelung

Die Achsenspiegelung ist eine axiale Affinität mit $k = -1$ (s. Abb. 320).

Kongruenzabbildungen

Jede Kongruenzabbildung läßt sich aus Achsenspiegelungen zusammensetzen.

Zentrische Streckung

Jede zentrische Streckung ist eine affine Abbildung.

Insgesamt läßt sich folgern:

Die Menge aller Kongruenzabbildungen, Ähnlichkeitsabbildungen und axialen Affinitäten ergibt die Menge der **affinen Abbildungen**. Die affinen Abbildungen bilden in bezug auf die Hintereinanderausführung einer Gruppe (s. S. 853), die sogenannte **affine Gruppe**.

Übungsaufgaben

1. Ein Dreieck ABC soll in ein affines flächengleiches umgewandelt werden, wobei $\alpha \neq \alpha'$ und $|AB| = |AB'|$.
2. Wenden Sie auf das Dreieck $A(3|5)$; $B(5|4)$; $C(3|1)$ eine axiale Affinität an, so daß $A'(-3|1)$ und die y-Achse die Affinitätsachse ist.
3. Bestimmen Sie das Bild des Kreises mit $M(2|3)$ und $r = 3$ cm, wenn die x-Achse die Affinitätsachse, die Winkelhalbierende im 1. und 3. Quadranten die Richtungsgerade und $k = 2$ der Affinitätsfaktor ist.
4. Verwandeln Sie ein Dreieck in ein flächengleiches Fünfeck.
5. Der Kreis mit dem Durchmesser $d = 12$ cm soll mit dem Faktor $k = \frac{1}{2}$ affin abgebildet werden. Berechnen Sie den Flächeninhalt der entstehenden Ellipse. (Zwei aufeinander senkrechte Achsen durch den Mittelpunkt sind Affinitätsachse und Richtungsgerade.)
6. Konstruieren Sie ein Trapez ABCD aus $a = 8$ cm, $c = 3$ cm, $d = 5$ cm und $\alpha = 40°$. Führen Sie darauf die axiale Affinität aus, deren Affinitätsachse die Mittellinie des Trapezes ist, deren Richtungsgerade mit ihr den Winkel 55° bildet und deren Affinitätsfaktor $k = -\frac{3}{2}$ ist.

Lösungen Seite 755.

Trigonometrie

Definitionen

Die Trigonometrie beschäftigt sich mit der Berechnung ebener (und sphärischer) Dreiecke mit Hilfe von speziellen Funktionen, den sog. **trigonometrischen Funktionen**. Darüber hinaus lassen sich mit ihnen periodische, also sich in regelmäßigen (zeitlichen) Abständen wiederholende Vorgänge beschreiben.

Die Trigonometrie geht zurück auf *Hipparch* (ca. 160–125 v. Chr.) und wurde von *Ptolemäus von Alexandria* († 168) und später von indischen und arabischen Mathematikern weiterentwickelt. Von Anfang an war sie mit Problemen der Praxis verknüpft. Sie findet ihre Anwendung etwa in der Astronomie und Physik, in Landvermessung, Kartenlehre und Bauwesen und in der Nautik.

Ihre besondere Bedeutung gewinnt die Trigonometrie aus der Tatsache, daß es mit ihrer Hilfe gelingt, Streckenabhängigkeiten mit Winkelabhängigkeiten zu verknüpfen.

Einführungsbeispiel:

Vor bedeutenden Steigungen oder Gefällstrecken sind Hinweisschilder aufgestellt. Welche Informationen werden dadurch vermittelt?

Die Steigung 12% bedeutet, daß das Straßenstück auf den nächsten 100 m eine Steigung von 12 m überwinden wird, denn 12 m sind genau 12% von 100 m. Auf den nächsten 100 m werden dann weitere 12 m Höhendifferenz überwunden, also insgesamt 24 m Höhe auf 200 m horizontaler Länge. Nach einem km addieren sich diese Höhendifferenzen zu ansehnlichen 120 m.

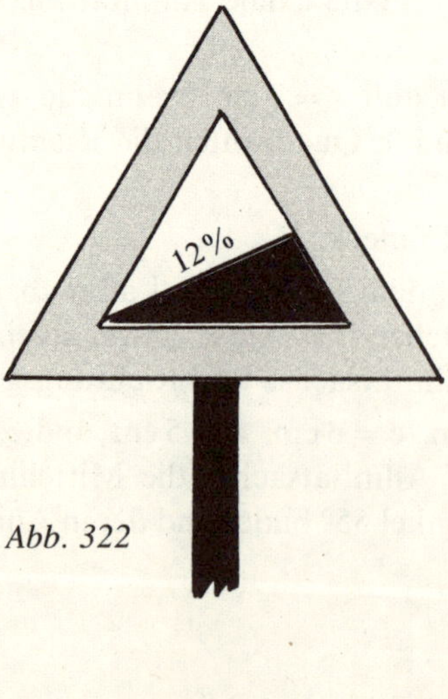

Abb. 322

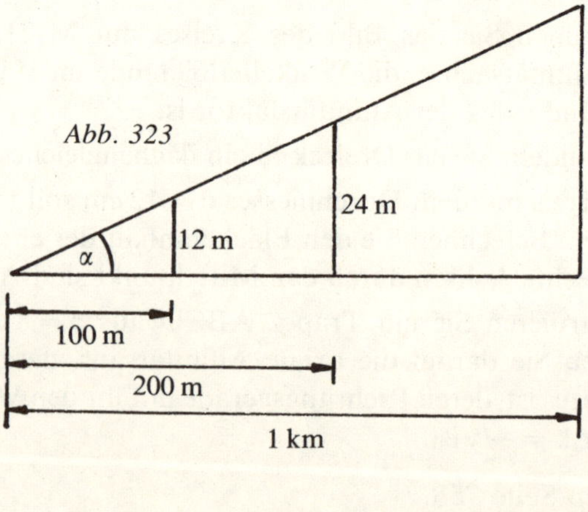

Abb. 323

Man sieht also, daß sich bei fest vorgegebener Steigung die Höhendifferenz proportional zur Horizontaldistanz verändert. Das *Streckenverhältnis* bleibt jedoch konstant und ergibt die Prozentzahl auf dem Schild. Keine Information erhält man über die tatsächliche Länge der Steigung bzw. des Gefälles. Hierzu werden oftmals Zusatzschilder angebracht.
Ebensogut wie durch die Prozentzahl kann die Steigung auch durch den Winkel α charakterisiert werden, den das Straßenstück mit der Horizontale bildet. Die Trigonometrie kann nun entweder aus der Prozentzahl (dem Steigungsverhältnis) Aussagen über den Steigungswinkel machen oder bei bekanntem Steigungswinkel die prozentuale Steigung bestimmen. So gehört etwa zur Steigung von 12% der Steigungswinkel $\alpha = 6{,}84°$.

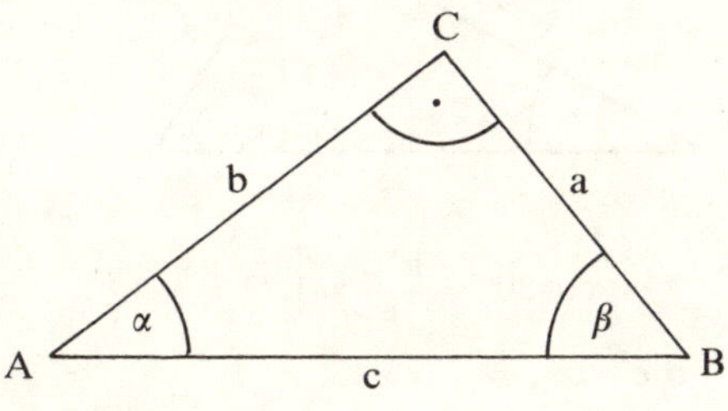

Abb. 324

Im Einführungsbeispiel wird schon klar, daß die Strecken Seiten eines rechtwinkligen Dreiecks darstellen, daß somit das Verhältnis zweier Dreiecksseiten in Abhängigkeit eines Winkels dargestellt werden kann. Meist bezeichnet man die Hypotenuse (die längste Seite) mit c, den gegenüberliegenden Winkel mit γ. Die beiden Katheten sind dann a und b; die ihnen gegenüberliegenden Winkel α und β.

Dann gelten folgende **Definitionen:**

Sinusfunktion:

$$\sin\alpha = \frac{\text{Gegenkathete}}{\text{Hypotenuse}} = \frac{a}{c}$$

Beispiel:

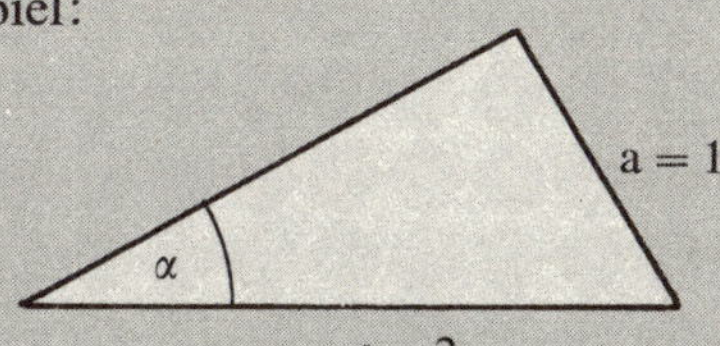

Abb. 325

$\sin 30° = \frac{1}{2}$

Kosinusfunktion:

$$\cos\alpha = \frac{\text{Ankathete}}{\text{Hypotenuse}} = \frac{b}{c}$$

Beispiel:

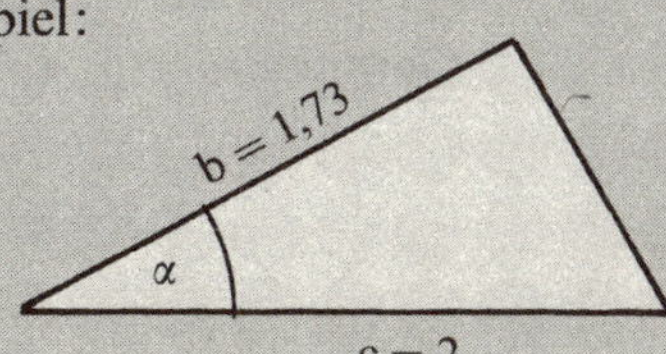

Abb. 326

$\cos 30° = \frac{1{,}73}{2} = 0{,}8660$

Tangensfunktion:

$$\tan\alpha = \frac{\text{Gegenkathete}}{\text{Ankathete}} = \frac{a}{b}$$

Beispiel:

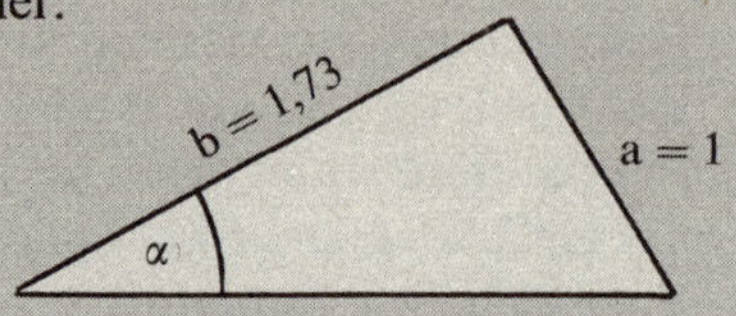

Abb. 327

$$\tan 30° = \frac{1}{1{,}73} = 0{,}577$$

Weniger gebräuchlich ist die

Kotangensfunktion:

$$\cot\alpha = \frac{\text{Ankathete}}{\text{Gegenkathete}} = \frac{b}{a}$$

Beispiel:

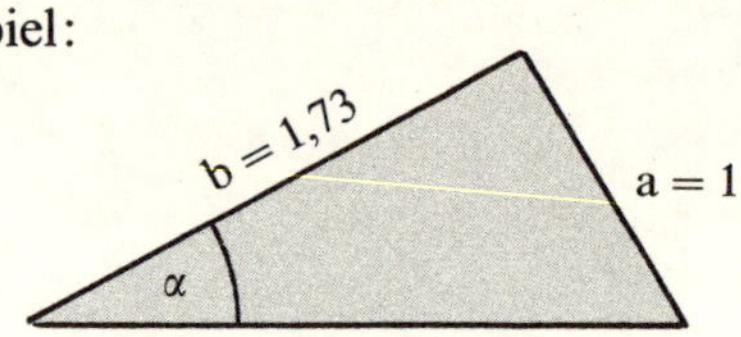

Abb. 328

$$\cot 30° = \frac{1{,}73}{1} = 1{,}73$$

Höchst selten, etwa in der Astronomie, benutzt man die

Sekansfunktion:

$$\sec\alpha = \frac{\text{Hypotenuse}}{\text{Ankathete}} = \frac{c}{b}$$

Beispiel:

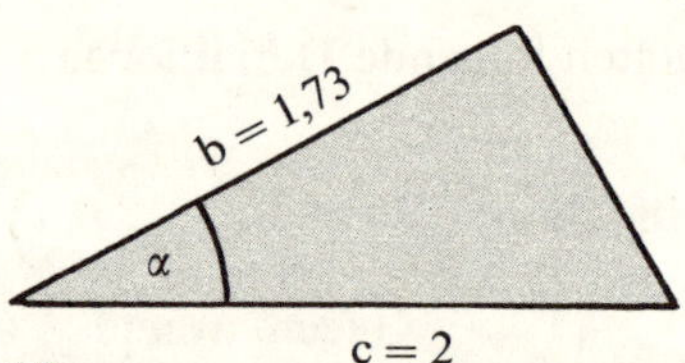

Abb. 329

$$\sec 30° = \frac{2}{1{,}73} = 1{,}156$$

Kosekansfunktion:

$$\operatorname{cosec}\alpha = \frac{\text{Hypotenuse}}{\text{Gegenkathete}} = \frac{c}{a}$$

Beispiel:

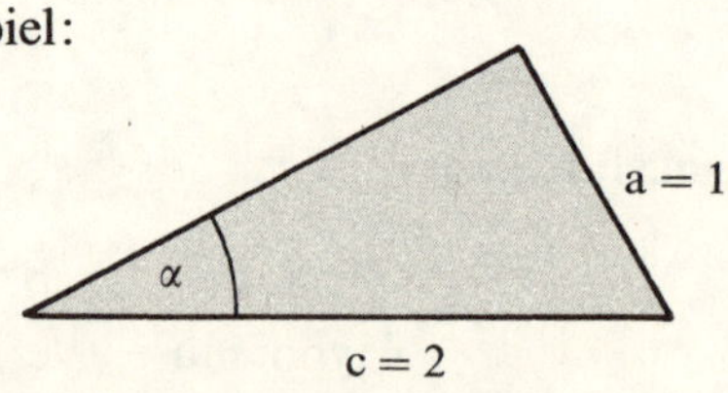

Abb. 330

$$\operatorname{cosec} 30° = \tfrac{2}{1} = 2$$

Wir werden uns deshalb im folgenden hauptsächlich auf die ersten drei, evtl. die ersten vier dieser sechs Funktionen beziehen.

Berechnung in beliebigen Dreiecken

Obwohl die Winkelfunktionen lediglich im rechtwinkligen Dreieck definiert werden, reicht ihre Anwendung doch darüber hinaus. Durch Konstruktion von Höhen läßt sich nämlich jedes Dreieck in rechtwinklige Teildreiecke zerlegen. Durch anschließendes geschicktes Eliminieren eben dieser zuvor eingeführten Hilfsstrecken erhält man dann Aussagen über das Ausgangsdreieck und die in ihm vorkommenden Winkel.

Einführungsbeispiel:

Ein Schiff peilt ein Leuchtfeuer an. Dazu mißt es $\alpha = 43°$ in Fahrtrichtung und nach einer Fahrtstrecke von $c = 15$ km $\beta = 58°$.
Wie groß ist bei der zweiten Peilung die Entfernung des Schiffs vom Leuchtfeuer?
Wie groß war auf der Fahrt von A nach B die kürzeste Entfernung e des Schiffs vom Leuchtfeuer?
Wie weit war es in A vom Feuer entfernt?

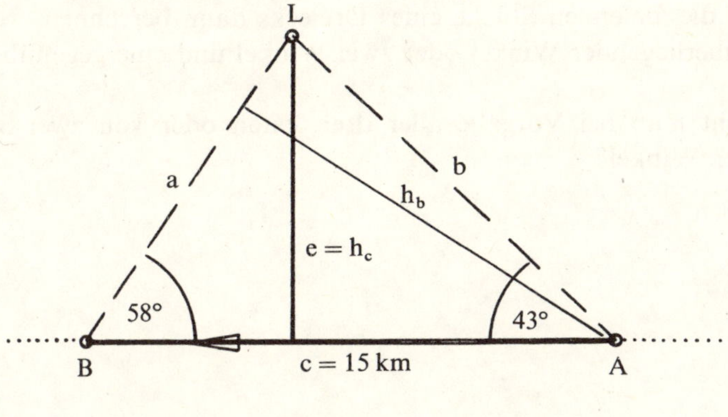

Abb. 331

Lösung:

$$\gamma = 180° - \alpha - \beta = 79°; \quad \sin\beta = \frac{h_b}{c} \quad \text{und} \quad \sin\gamma = \frac{h_b}{b}$$

Auflösen nach h_b und Gleichsetzen liefert:

$$h_b = c \cdot \sin\beta \quad \text{und} \quad h_b = b \cdot \sin\gamma$$

$$\Rightarrow c \cdot \sin\beta = b \cdot \sin\gamma \Leftrightarrow \frac{c}{b} = \frac{\sin\gamma}{\sin\beta}$$

$$\Rightarrow b = \frac{c \cdot \sin\beta}{\sin\gamma} = \frac{15 \cdot \sin 58°}{\sin 79°} = 12{,}959 \text{ km}$$

Für die kürzeste Entfernung e gilt:

$$\sin\alpha = \frac{e}{b} \Rightarrow e = b \cdot \sin\alpha = 12{,}959 \cdot \sin 43° = 8{,}838 \text{ km}$$

$$\sin\beta = \frac{e}{a} \Rightarrow a = \frac{e}{\sin\beta} = \frac{8{,}838}{\sin 58°} = 10{,}421 \text{ km}$$

Wie schon erwähnt, fallen bei der Berechnung der eigentlichen Dreiecksseiten a und b die Hilfsgrößen wieder weg, und es gilt:

Sinussatz

In einem beliebigen Dreieck entspricht das Verhältnis der Seiten dem Verhältnis der Sinus der ihnen gegenüberliegenden Winkel.

$$\frac{\sin\alpha}{\sin\beta} = \frac{a}{b} \qquad \frac{\sin\beta}{\sin\gamma} = \frac{b}{c} \qquad \frac{\sin\gamma}{\sin\alpha} = \frac{c}{a}$$

Der Sinussatz gilt auch in stumpfwinkligen Dreiecken (siehe Übungsaufgaben). Mit ihm kann man also die fehlenden Stücke eines Dreiecks dann berechnen, wenn zwei Seiten und ein gegenüberliegender Winkel oder zwei Winkel und eine gegenüberliegende Seite gegeben sind.

Was aber macht man bei Vorgabe aller drei Seiten oder von zwei Seiten und dem eingeschlossenen Winkel?

Einführungsbeispiel:

Zwei Stichstraßen sind b = 350 m und c = 500 m lang und schließen einen Winkel $\alpha = 65°$ ein.
Wie lang wird die Verbindungsstraße a von B nach C?

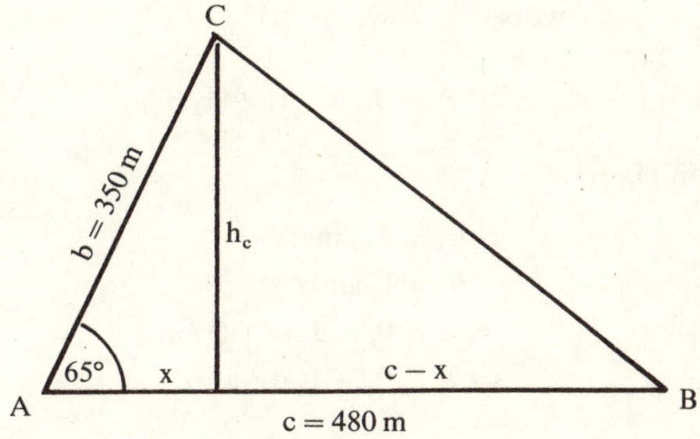

Abb. 332

Lösung:
Die Höhe h_c teilt $\overline{AB} = c$ in zwei Teilstücke x und c − x. Dabei ist $x = b \cdot \cos\alpha$, weil $\cos\alpha = \frac{x}{b}$ ist. Nach dem Satz des Pythagoras gilt $h_c^2 = b^2 - x^2$ und

$$a^2 = h_c^2 + (c-x)^2.$$
$$a^2 = h_c^2 + c^2 + x^2 - 2cx$$
$$a^2 = b^2 - x^2 + c^2 + x^2 - 2cb \cdot \cos\alpha$$
$$\Rightarrow\; a^2 = b^2 + c^2 - 2bc \cdot \cos\alpha$$
$$\Rightarrow\; a \approx 473{,}9 \text{ m}$$

Die Benennungen der Seitenlängen und Winkel können beliebig zyklisch vertauscht werden; deshalb gilt:

Kosinussatz:

$$a^2 = b^2 + c^2 - 2bc \cdot \cos\alpha$$
$$b^2 = a^2 + c^2 - 2ac \cdot \cos\beta$$
$$c^2 = a^2 + b^2 - 2ab \cdot \cos\gamma$$

In jedem Dreieck ist das Quadrat über einer Dreiecksseite gleich der Summe der Quadrate über den beiden anderen Seiten, vermindert um das doppelte Produkt dieser beiden Seiten mit dem Kosinus des eingeschlossenen Winkels.

Den Kosinussatz bezeichnet man auch als Verallgemeinerung des Satzes von Pythagoras. Durch die Winkelfunktionen hat man auch eine weitere Methode zur Berechnung allgemeiner Vielecke gefunden, sofern es gelingt, diese in Dreiecke mit genügend bekannten Seitenlängen oder Winkeln zu zerlegen.
Vor allem ergibt sich eine zusätzliche Formel zur Berechnung eines Vierecks:

$$A = 0{,}5 \cdot d_1 \cdot d_2 \cdot \sin\alpha,$$
$$\text{wobei} \quad \alpha = w(d_1; d_2).$$

Beweis: $$A = 0{,}5(d_2 h_1 + d_2 h_2)$$

Zerlegt man d_1 in e und f, so ist:

$$h_1 = e \cdot \sin\alpha$$
$$h_2 = f \cdot \sin\alpha$$
$$\Rightarrow A = 0{,}5 \cdot d_2(e + f) \sin\alpha$$
$$\Rightarrow A = 0{,}5 \cdot d_2\, d_1 \sin\alpha$$

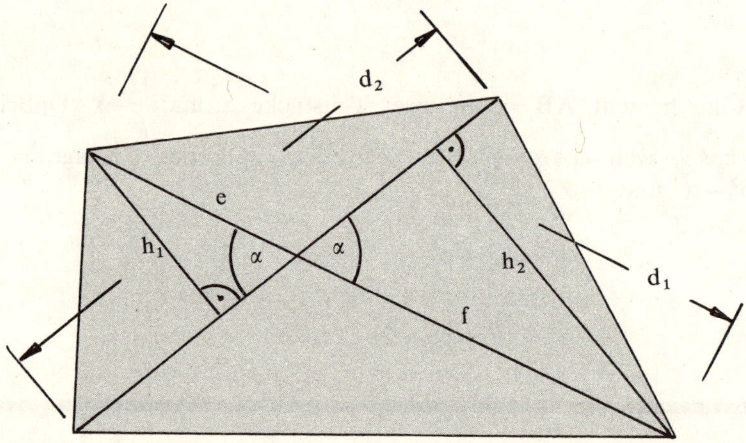

Abb. 333

Die trigonometrischen Funktionen bei beliebigen Winkeln

Im letzten Abschnitt wurde schon angedeutet, daß die Winkelfunktionen nicht nur innerhalb spitzwinkliger Dreiecke, sondern auch für Winkel von mehr als 90° sinnvoll erklärbar sind. Erst dann erlangt der Begriff Winkel*funktion* seinen vollen Sinn. Wie kann man sich diese Erweiterung vorstellen?
Am besten beginnt man, indem man einem Koordinatensystem (s. S. 218) einen Kreis mit dem Radius 1 (einen sog. „Einheitskreis“) so einbeschreibt, daß Ursprung des Koordinatensystems und Kreismittelpunkt zusammenfallen. Dann hat bei jedem innenliegenden Dreieck, von dem ein Winkel der *Zentriwinkel* des Kreises ist (Abb. 263,

S. 264), mindestens eine Seite die Länge 1. Dies vereinfacht die Rechnungen und Beziehungen innerhalb des Dreiecks.
Beginnen wir zunächst mit einem rechtwinkligen Dreieck im ersten Quadranten. Dann hat die Hypotenuse die Länge 1, und unter Berücksichtigung des Eckpunktes P $(x_0|y_0)$ auf dem Kreisrand gilt: $\sin\alpha = \frac{y_0}{1} = y_0$; $\cos\alpha = \frac{x_0}{1} = x_0$.

Diese Strecken erhalten wir als Projektionen oder Schattenrisse, wenn wir uns den Radius als schwenkbaren Arm vorstellen, der mit zu den Achsen parallelem Licht bestrahlt wird.

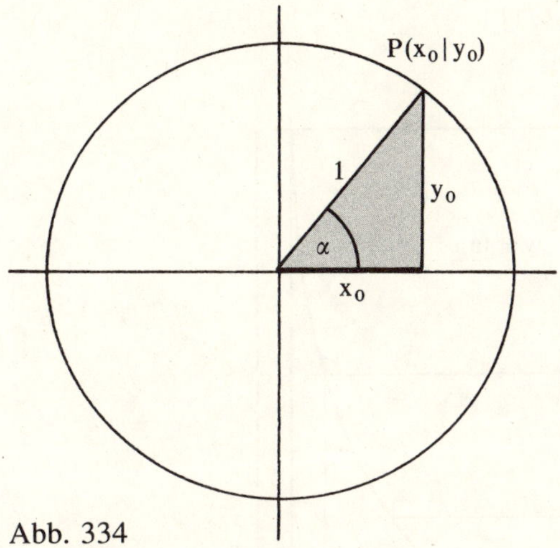

Abb. 334

In diesem rechtwinkligen Dreieck läßt sich der Lehrsatz von Pythagoras anwenden:

Trigonometrischer Pythagoras:

$$\sin^2\alpha + \cos^2\alpha = 1$$

wobei $\sin^2\alpha = \sin\alpha \cdot \sin\alpha$ bedeutet.

Man kann sich anschließend fragen, wann man die gleichen „Schatten" wieder erhält. Dies ist genau dann wieder der Fall, wenn der Radius mit der negativen x-Achse den Winkel α einschließt, also der Zentriwinkel $180° - \alpha$ beträgt. Aus den „Schattenbildern" ergibt sich:

$$\sin(180° - \alpha) = \sin\alpha;$$
$$\cos(180° - \alpha) = -\cos\alpha,$$

da der Schatten in x-Richtung zwar genauso lang ist wie zuvor, aber nun vom Nullpunkt weg in die entgegengesetzte (negative) Richtung zeigt.

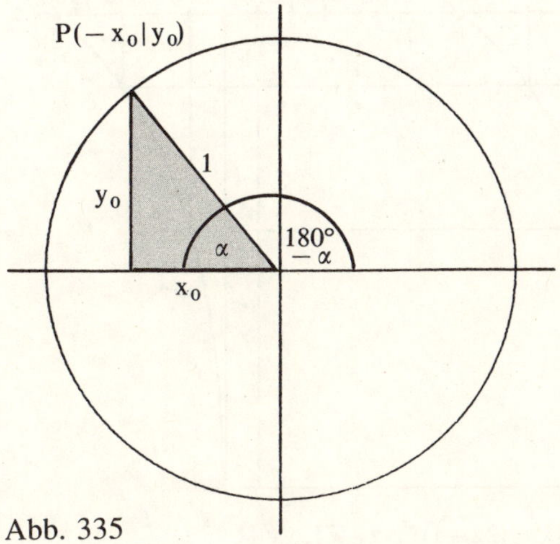

Abb. 335

Analog ergeben sich:

$$\sin(180° + \alpha) = -\sin\alpha;$$
$$\cos(180° + \alpha) = -\cos\alpha$$
$$\sin(360° - \alpha) = \sin(-\alpha) = -\sin\alpha;$$
$$\cos(360° - \alpha) = \cos(-\alpha) = \cos\alpha$$

Für Winkel von $360° + \alpha$ ergeben sich wieder die ursprünglichen Beziehungen; ebenso für $720° + \alpha$ usw. Damit sind die Winkelfunktionen Sinus und Cosinus für beliebige Winkel definiert. Wegen $\tan\alpha = \frac{\sin\alpha}{\cos\alpha}$ (vgl. S. 299) gilt dies dann auch für die Tangensfunktion. Es ergeben sich somit die folgenden Bilder der Funktionsgraphen:

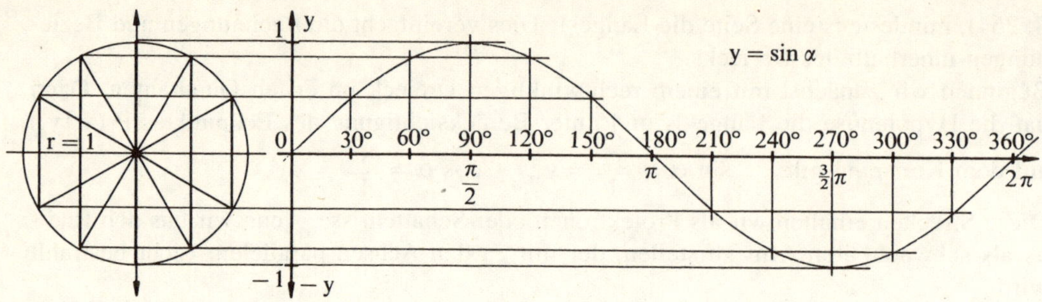

Abb. 336 a Die **Sinuskurve**: $y = \sin x;\ x \in \mathbb{R};\ y \in [-1; 1]$

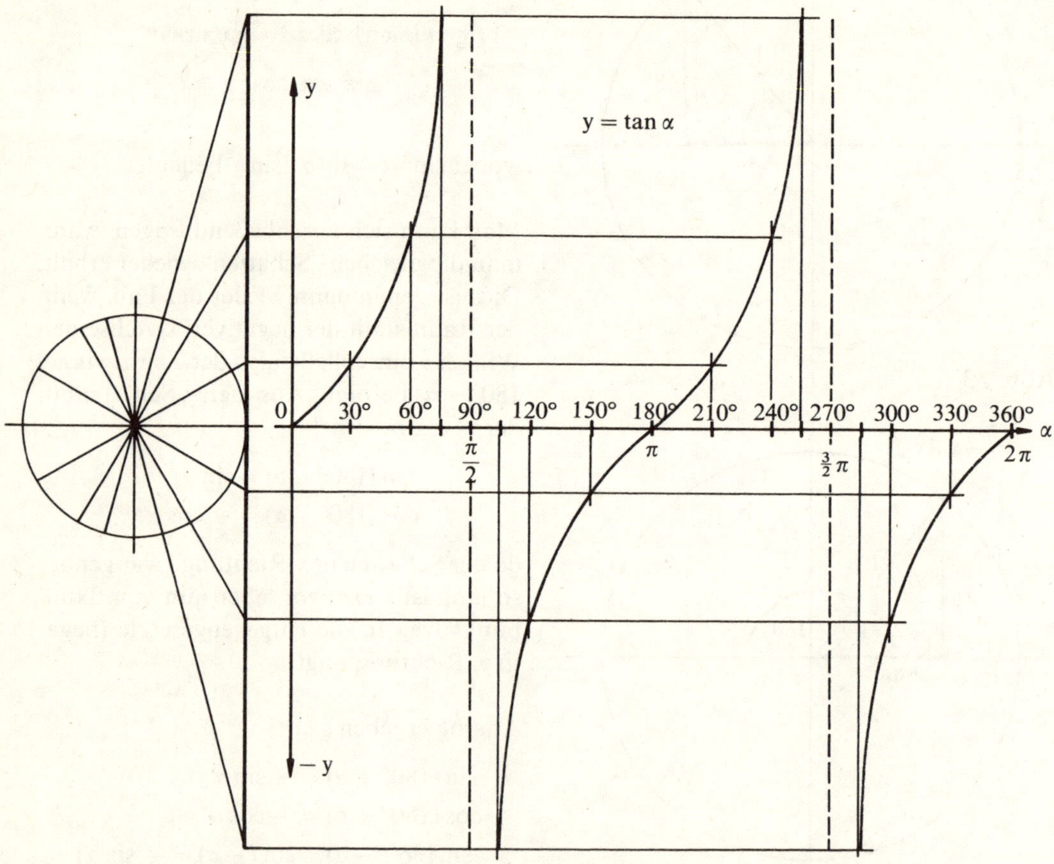

Abb. 336 b Die **Tangenskurve**: $y = \tan x;\ x \in \mathbb{R} \setminus \{x \mid x = (2z+1)\frac{\pi}{2} \wedge z \in \mathbb{Z}\};\ y \in \mathbb{R}$

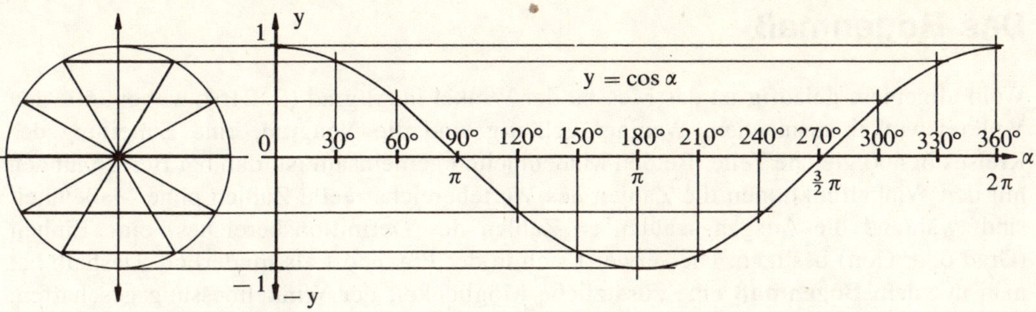

Abb. 336c Die **Kosinuskurve**: y = cos x; x ∈ ℝ; y ∈ [−1; 1]

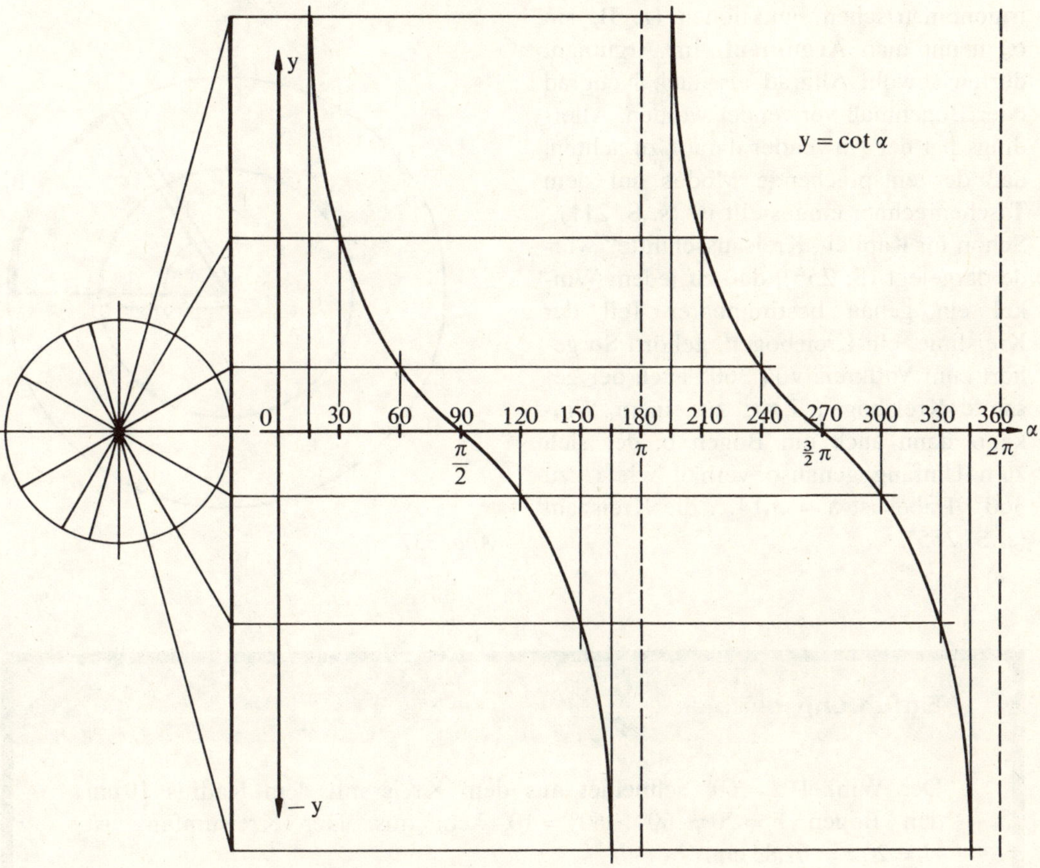

Abb. 336d Die **Kotangenskurve**: y = cot x; x ∈ ℝ \ {x | x = z · π ∧ z ∈ ℤ}; y ∈ ℝ

Das Bogenmaß

Wohl allgemein geläufig ist das Messen der Winkel in Altgrad (S. 216), wobei 360° den Vollkreiswinkel ausmachen. Weniger geläufig sind die Neugrad, eine Einteilung des Kreises in 400 gleiche Teile. Beiden Maßeinheiten gemeinsam ist, daß bei Berechnungen mit den Winkelfunktionen die Zahlen des Wertebereichs reelle Zahlen ohne Maßeinheit sind, während die Ausgangszahlen (= Zahlen des Definitionsbereiches) eine Einheit (Grad oder Gon) besitzen. Dies erweist sich in der Praxis oft als hinderlich. Deshalb hat man mit dem **Bogenmaß** eine zusätzliche Möglichkeit der Winkelmessung geschaffen. Winkelgrößen im Bogenmaß haben zwar die Einheit „rad"; diese kann jedoch in der Praxis im allgemeinen weggelassen werden, wenn dies zu keinen Verwechselungen führt.

Das einzusetzende Winkelmaß α bei den trigonometrischen Funktionen (z. B. sin α) nennt man **Argument**. Im Argument dürfen sowohl Altgrad als auch Neugrad oder Bogenmaß verwendet werden. Allerdings hat der Anwender darauf zu achten, daß der entsprechende Modus auf dem Taschenrechner eingestellt ist (s. S. 211). Schon im Kapitel „Kreisausschnitte" wurde dargelegt (S. 256), daß zu jedem Winkel ein genau bestimmbarer Teil der Kreislinie, ein Kreisbogen, gehört. So gehört zum Vollkreis von 360° auch der gesamte Kreisbogen $2\pi r$; zu einem Winkel α dann auch ein Bogen b, der sich zum Umfang genauso verhält wie α zu 360°. Dabei ist $\pi = 3{,}14\ldots$ die Kreiszahl (s. S. 255).

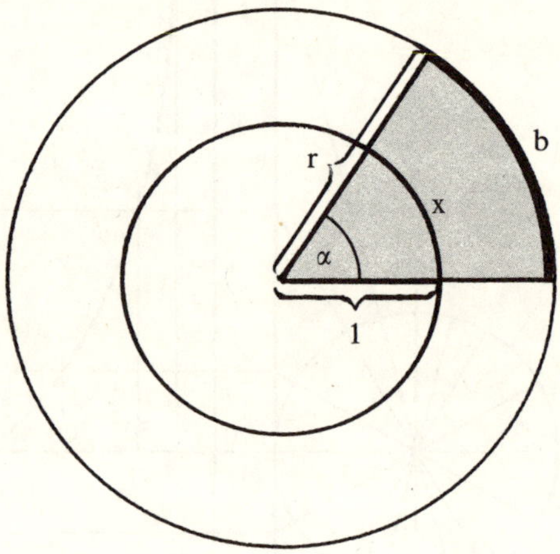

Abb. 337

Einführungsbeispiel:

Der Winkel $\alpha = 60°$ schneidet aus dem Kreis mit dem Radius 10 cm den Bogen $b = 20\pi \cdot 60° : 360° = 10{,}47$ cm aus. Der Kreisumfang ist $U = 20\pi = 62{,}83$ cm.
Derselbe Winkel α schneidet aus dem Kreis mit Radius 5 cm den Bogen $b = 10\pi \cdot 60° : 360° = 5{,}236$ cm aus. Dieser Kreis besitzt den Umfang $U = 10\pi = 31{,}416$ cm.
Aus dem Kreis mit Radius $r = 1$ cm schneidet der Winkel α dagegen den Bogen $b = 2\pi \cdot 60° : 360° = 1{,}047$ cm aus; denn der Umfang dieses Kreises ist nur $U = 2\pi = 6{,}283$.

Aus dem Beispiel wird klar, daß der Bogen immer im selben Maß zunimmt wie der Radius. Deshalb darf man sich auf den Kreis mit dem Radius 1, den Einheitskreis, beschränken und festlegen:

Die Maßzahl der Länge des Bogens x auf dem Einheitskreis, der dem Zentriwinkel α zugeordnet ist, heißt **Bogenmaß**. Es gilt die Umrechnung:

$$x = \frac{\alpha}{180°} \cdot \pi \quad \text{bzw.} \quad \alpha = \frac{x}{\pi} \cdot 180°$$

Da die Drehung des Radius auch über den Vollwinkel hinausgehen kann, sind auch für das Bogenmaß beliebige reelle Zahlen zugelassen.

Beispiele:

$$\alpha = 1° \Leftrightarrow x = \frac{1°}{180°}\pi = 0{,}0175 \text{ (rad)}$$

$$\alpha = 30° \Leftrightarrow x = \frac{30°}{180°}\pi = \frac{\pi}{6} = 0{,}5236$$

$$\alpha = 45° \Leftrightarrow x = \frac{45°}{180°}\pi = \frac{\pi}{4} = 0{,}7854$$

$$\alpha = 60° \Leftrightarrow x = \frac{60°}{180°}\pi = \frac{\pi}{3} = 1{,}0472$$

$$\alpha = 90° \Leftrightarrow x = \frac{90°}{180°}\pi = \frac{\pi}{2} = 1{,}5708$$

$$\alpha = 180° \Leftrightarrow x = \frac{180°}{180°}\pi = \pi = 3{,}1416$$

$$\alpha = 360° \Leftrightarrow x = \frac{360°}{180°}\pi = 2\pi = 6{,}2832$$

$$\alpha = 720° \Leftrightarrow x = \frac{720°}{360°}\pi = 4\pi = 12{,}5664 \quad \text{usw.;}$$

und analog für negative Winkel:

$$\alpha = -75° \Leftrightarrow x = \frac{-75°}{180°}\pi = \frac{-5}{12}\pi = -1{,}309$$

Arcusfunktionen

Oftmals muß man sich auch die Frage stellen, wie bei gegebenen Streckenverhältnissen die entstehenden Winkel aussehen. Um diese Frage zu beantworten, muß eine Möglichkeit erklärt werden, wie man von den Werten der Winkelfunktionen zurück zu den Winkeln bzw. ihren Argumenten im Bogenmaß kommt. Nun handelt es sich aber bei den Winkelfunktionen um sogenannte *periodische Funktionen*, d. h., die Funktionswerte wiederholen sich für verschiedene Ausgangswinkel in regelmäßigen Abständen. Um eine Umkehrung (s. S. 126 ff.) zu ermöglichen, müssen sie daher auf einen Teilbereich ihres gesamten Definitionsbereiches eingeschränkt werden.

Die Umkehrung einer (eingeschränkten) trigonometrischen Funktion heißt **Arcusfunktion** oder **zyklometrische Funktion** (lat.: arcus = Bogen).

Dabei wird z.B. arcsin (x) gelesen als Arcus-Sinus von x. Der Definitionsbereich der Winkelfunktion entspricht dann dem Wertebereich der zugehörigen Arcusfunktion und umgekehrt. Das Argument ist aber hier stets eine reelle Zahl.

Trigonometrische Funktion	Arcusfunktion
f: $x \mapsto \sin(x)$ $\mathbb{D} = \left\{x \,\middle|\, -\frac{\pi}{2} \le x \le \frac{\pi}{2}\right\}$ $\mathbb{W} = \{y \mid -1 \le y \le 1\}$	f^{-1}: $x \mapsto \arcsin(x)$ $\mathbb{D} = \{x \mid -1 \le x \le 1\}$ $\mathbb{W} = \left\{y \,\middle|\, -\frac{\pi}{2} \le y \le \frac{\pi}{2}\right\}$
f: $x \mapsto \cos(x)$ $\mathbb{D} = \{x \mid 0 \le x \le \pi\}$ $\mathbb{W} = \{y \mid -1 \le y \le 1\}$	f^{-1}: $x \mapsto \arccos(x)$ $\mathbb{D} = \{x \mid -1 \le x \le 1\}$ $\mathbb{W} = \{y \mid 0 \le y \le \pi\}$
f: $x \mapsto \tan(x)$ $\mathbb{D} = \left\{x \,\middle|\, -\frac{\pi}{2} < x < \frac{\pi}{2}\right\}$ $\mathbb{W} = \{y \mid -\infty < y < \infty\}$	f^{-1}: $x \mapsto \arctan(x)$ $\mathbb{D} = \{x \mid -\infty < x < \infty\}$ $\mathbb{W} = \left\{y \,\middle|\, -\frac{\pi}{2} < y < \frac{\pi}{2}\right\}$
f: $x \to \cot(x)$ $\mathbb{D} = \{x \mid 0 < x < \pi\}$ $\mathbb{W} = \{y \mid -\infty < x < \infty\}$	f^{-1}: $x \to \text{arccot}(x)$ $\mathbb{D} = \{x \mid -\infty < x < \infty\}$ $\mathbb{W} = \{y \mid 0 < y < \pi\}$

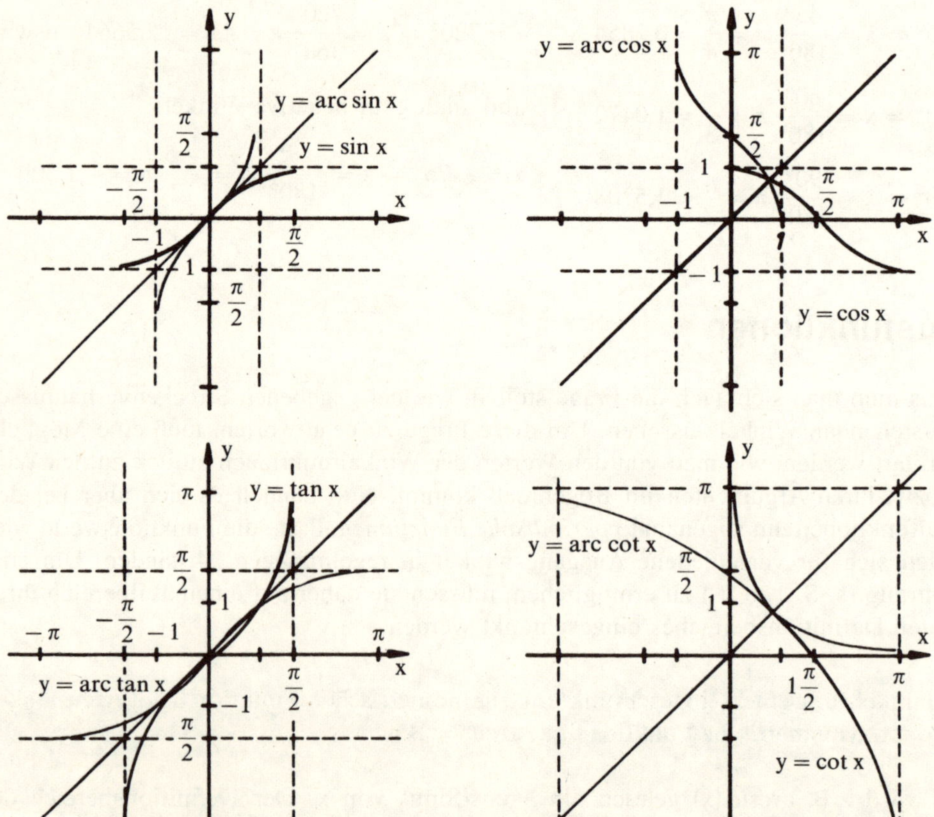

Abb. 338

Beispiele:

1. arcsin (0,8) $= 0{,}9273\,(\text{rad}) = 53{,}13°$

2. arccos (1) $= 0\,(\text{rad}) = 0°$

3. arctan (−100) $= -1{,}5608\,(\text{rad}) = -89{,}43°$

4. arccot (−70) $= -0{,}0143\,(\text{rad}) = -0{,}82°$

5. Da die Winkelfunktionen und die Arcusfunktionen Umkehrungen zueinander sind, gilt natürlich auch:

$\sin(\arcsin(y)) = y; \quad \arcsin(\sin(x)) = x$
$\cos(\arccos(y)) = y; \quad \arccos(\cos(x)) = x$
$\tan(\arctan(y)) = y; \quad \arctan(\tan(x)) = x$
$\cot(\operatorname{arccot}(y)) = y; \quad \operatorname{arccot}(\cot(x)) = x$

also etwa:

$\sin(\arcsin(0{,}4)) = \sin(23{,}58°) = 0{,}4$
$\arccos(\cos(\pi/3)) = \arccos(0{,}5) = 1{,}0472$
$\tan(\arctan(-40) = \tan(-88{,}5679°) = -39{,}9999$
$\operatorname{arccot}(\cot(60°)) = \operatorname{arccot}(0{,}5774) = 1{,}0472$

Zum Gebrauch des Taschenrechners

Da die früher üblichen Tafelwerke zur Bestimmung von Argumenten und Funktionswerten der trigonometrischen Funktionen heute weitgehend durch elektronische Hilfsmittel verdrängt worden sind, erscheint es angebracht, einige Worte über den Gebrauch eines Taschenrechners zu sagen.
Home-Computer und PCs haben oft zwar die Funktionen als solche fest zur Verfügung, Umrechnungen vom Grad- ins Bogenmaß und umgekehrt dagegen müssen in der Regel als Rechenzeile in die entsprechenden Programme integriert werden.
Größere Verbreitung und Mobilität sprechen zusätzlich für eine Erklärung des Taschenrechners. Dabei sollen die Tasten im folgenden durch ⟨...⟩ gekennzeichnet werden.
Fest vorgegeben sind in der Regel die drei Funktionen ⟨sin⟩, ⟨cos⟩ und ⟨tan⟩; den Cotangens muß man sich durch die Folge ⟨tan⟩⟨1/x⟩ besorgen. Mit der ⟨INV⟩-Taste kommt man auf die Arcus-Funktionen: So ist ⟨INV⟩⟨sin⟩ der Arcus-Sinus. Generell ist dabei der Winkel – gleichgültig ob im Bogenmaß oder Gradmaß – *vor* den Funktionen einzugeben.

Beispiele:

1. Untenstehende Tabelle zeigt die jeweils zu benutzende Taschenrechnereinstellung:

Winkelmaß	TR-Modus	Beispiel
Altgrad	DEG	$\sin 45° = 0{,}7071$
Neugrad	GRAD	$\sin 50^g = 0{,}7071$
Bogenmaß	RAD	$\sin \frac{\pi}{4} = 0{,}7071$

2.

Zu ermitteln	Tastenfolge	Anzeige im Display	Modus
sin 45°	45⟨sin⟩	0.707106781	DEG
$\sin\frac{\pi}{6}$	⟨π⟩⟨:⟩6⟨sin⟩	0,5	RAD
cot 30°	30⟨tan⟩⟨1/x⟩	1.732050808	DEG
arccos 0,5	0.5⟨INV⟩⟨cos⟩	60(°)	DEG
arccos 0,5	0,5⟨INV⟩⟨cos⟩	$1{,}047 = \frac{\pi}{3}$	RAD
arccot 2	2⟨1/x⟩⟨INV⟩⟨tan⟩	26.56505118°	DEG
sin 220^g	220⟨sin⟩	−0,3090	GRAD

Wichtig ist dabei also, daß der Rechner auf die Eingabe in der entsprechenden Einheit eingestellt wurde. Eine „Vorwahl" (Modusbestimmung) von Alt- oder Neugrad bzw. Bogenmaß erfolgt bei vielen TR-Typen mit der Taste ⟨DRG⟩ oder z.B. ⟨MODE⟩. Die Umwandlung einer eingegebenen Gradzahl ins Bogenmaß erfolgt mit ⟨DRG →⟩. Zurück kommt man – wie gehabt – mit der ⟨INV⟩-Taste.

Beispiele:

60°	⟨DRG⟩	60(rad)
60	⟨DRG⟩	60(grad)
60°	⟨DRG →⟩	1.047197551(rad)
1.047197551	⟨DRG →⟩	66.66666667(grad)
66.66666667	⟨DRG →⟩	60°
60°	⟨INV⟩⟨DRG →⟩	66.66666667(grad)
66.66666667	⟨INV⟩⟨DRG →⟩	1.047197551(rad)
1.047197551	⟨INV⟩⟨DRG →⟩	60°

Dabei bedeutet (grad) die Anzeige in Neugrad, also gon.

Zusätzlich besitzen manche Taschenrechner die Möglichkeit, Ergebnisse im Format Grad : Minute : Sekunde oder als Dezimalzahl anzuzeigen. Der Wechsel erfolgt dann mit der Taste ⟨DMS – Dd⟩:

26.75°	⟨inv⟩⟨DMS – Dd⟩	26°45′
30°15′	⟨DMS – Dd⟩	30.25°

Die Eingabe etwa von „30°15′" kann jedoch je nach Taschenrechner variieren. Informieren Sie sich bitte jeweils im Handbuch Ihres Rechners.

Einführungsbeispiel:

s_n sei die Seitenlänge eines regelmäßigen n-Ecks, das einem Kreis mit Radius $r = 5$ cm einbeschrieben ist.

a) Zeigen Sie, daß
$s_n = 2r \cdot \sin(180° : n)$.

b) Berechnen Sie den Umfang U_n eines solchen n-Ecks für $n = 8$; 16; 32; 128, und ermitteln Sie so näherungsweise den Umfang des Kreises mit dem Radius r.

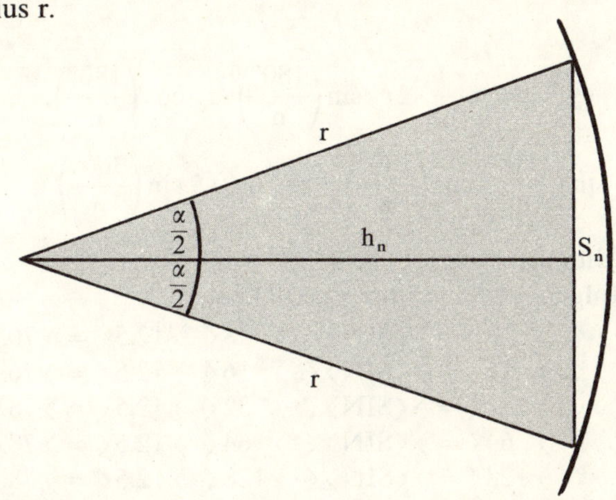

Abb. 339

c) Berechnen Sie genauso über die Flächen A_n der n-Ecke eine Näherung für den Flächeninhalt A des Kreises.

Lösung:

a) Jedes n-Eck läßt sich in n gleiche Dreiecke zerlegen. Für deren Zentriwinkel α gilt: $\alpha = \frac{360°}{n}$. Durch Einzeichnen der Höhe h_n in jedes dieser gleichschenkligen Dreiecke erhält man rechtwinklige Hälften mit dem Zentriwinkel

$$\frac{\alpha}{2} = \frac{360°}{2n} = \frac{180°}{n}.$$

Ferner ist

$$\frac{s_n/2}{r} = \sin\frac{\alpha}{2} \Rightarrow s_n = 2r \cdot \sin\frac{\alpha}{2} = 2r \cdot \sin\left(\frac{180°}{n}\right).$$

b) $U_n = n \cdot s_n = 2r \cdot n \cdot \sin\left(\frac{180°}{n}\right) = 10n \cdot \sin\left(\frac{180°}{n}\right)$

Für die Berechnung der Werte ist zur Vermeidung von Tippfehlern eine immer gleiche Reihenfolge der Tasten sinnvoll. Hier ein Vorschlag:

180°⟨STO⟩⟨:⟩ 8⟨=⟩⟨SIN⟩⟨·⟩ 8⟨·⟩10⟨=⟩30.614675
⟨RCL⟩⟨:⟩ 16⟨=⟩⟨SIN⟩⟨·⟩ 16⟨·⟩10⟨=⟩31.214452
⟨RCL⟩⟨:⟩ 32⟨=⟩⟨SIN⟩⟨·⟩ 32⟨·⟩10⟨=⟩31.365485
⟨RCL⟩⟨:⟩ 64⟨=⟩⟨SIN⟩⟨·⟩ 64⟨·⟩10⟨=⟩31.403312
⟨RCL⟩⟨:⟩128⟨=⟩⟨SIN⟩⟨·⟩128⟨·⟩10⟨=⟩31.412773

c) Die Vielecksfläche setzt sich aus n gleichen Dreiecksflächen zusammen. Jede Dreiecksfläche ist $0{,}5 \cdot s_n \cdot h_n$. Wegen

$$h_n = r \cdot \cos\left(\frac{180°}{n}\right) \quad \text{und} \quad s_n = 2r \cdot \sin\left(\frac{180°}{n}\right)$$

ist damit

$$A = n \cdot 0{,}5 \cdot s_n \cdot h_n = n \cdot \frac{1}{2} \cdot 2r \cdot \sin\left(\frac{180°}{n}\right) \cdot r \cdot \cos\left(\frac{180°}{n}\right).$$

$$A = r^2 \cdot n \cdot \sin\left(\frac{180°}{n}\right) \cos\left(\frac{180°}{n}\right) = r^2 \cdot n \cdot 0{,}5 \sin\left(\frac{360°}{n}\right)$$

(siehe „Additionstheoreme", S. 318).
Damit ist folgendes Programm praktikabel:

360°⟨STO⟩⟨:⟩ 8⟨=⟩⟨SIN⟩⟨·⟩ 8⟨·⟩12.5⟨=⟩70.710678
⟨RCL⟩⟨:⟩ 16⟨=⟩⟨SIN⟩⟨·⟩ 16⟨·⟩12.5⟨=⟩76.536686
⟨RCL⟩⟨:⟩ 32⟨=⟩⟨SIN⟩⟨·⟩ 32⟨·⟩12.5⟨=⟩78.036129
⟨RCL⟩⟨:⟩ 64⟨=⟩⟨SIN⟩⟨·⟩ 64⟨·⟩12.5⟨=⟩78.413712
⟨RCL⟩⟨:⟩128⟨=⟩⟨SIN⟩⟨·⟩128⟨·⟩12.5⟨=⟩78.508279

Bei einem Taschenrechner mit mehr als einem Speicher sind, wie Sie sicher gemerkt haben, außer dem Winkel noch andere Konstanten sinnvoll zu speichern; einem programmierbaren Gerät gar könnte man die Ausführung bei derart regelmäßigem Anstieg der Eckenzahl fast völlig überlassen.

Eigenschaften trigonometrischer Funktionen

Da Winkel sowohl im Gradmaß als auch im Bogenmaß angegeben werden können, kann das Argument einer Winkelfunktion entweder α oder x sein. Um den Charakter der Funktion zu betonen, beziehen wir uns im folgenden auf die Schreibweise im Bogenmaß. Die erste Gruppe der nachstehenden Eigenschaften ergibt sich allein aus den Definitionsgleichungen (S. 299) und dem Satz des Pythagoras (S. 234). Es gelten nämlich:

$$\tan(x) = \frac{\text{Gegenkathete}}{\text{Ankathete}} = \frac{\frac{\text{Gegenkathete}}{\text{Hypotenuse}}}{\frac{\text{Ankathete}}{\text{Hypotenuse}}} = \frac{\sin(x)}{\cos(x)},$$

und analog:

$$\cot(x) = \frac{\cos(x)}{\sin(x)}.$$

Daraus ergibt sich:

$$\cot(x) = \frac{1}{\tan(x)} \Leftrightarrow \tan(x) = \frac{1}{\cot(x)}.$$

Ferner ist $\sin^2 x + \cos^2 x = 1$.
Damit ergibt sich:

$$\frac{1}{\cos^2 x} = 1 + \tan^2 x; \qquad \frac{1}{\sin^2 x} = 1 + \cot^2 x.$$

Bitte beachten Sie die Bedeutung der Potenzschreibweise bei trigonometrischen Funktionen. Nämlich:

$\sin^2 x = (\sin x)^2 \neq \sin(x^2) = \sin x^2$

Insgesamt ergeben sich folgende Beziehungen:

gegeben / gesucht	sin x	cos x	tan x	cot x
sin x	$\sin x$	$\pm\sqrt{1-\cos^2 x}$	$\pm\frac{\tan x}{\sqrt{1+\tan^2 x}}$	$\pm\frac{1}{\sqrt{1+\cot^2 x}}$
cos x	$\pm\sqrt{1-\sin^2 x}$	$\cos x$	$\pm\frac{1}{\sqrt{1+\tan^2 x}}$	$\pm\frac{\cot x}{\sqrt{1+\cot^2 x}}$
tan x	$\pm\frac{\sin x}{\sqrt{1-\sin^2 x}}$	$\pm\frac{\sqrt{1-\cos^2 x}}{\cos x}$	$\tan x$	$\frac{1}{\cot x}$
cot x	$\pm\frac{\sqrt{1-\sin^2 x}}{\sin x}$	$\pm\frac{\cos x}{\sqrt{1-\cos^2 x}}$	$\frac{1}{\tan x}$	$\cot x$

Wie auf S. 304 gezeigt, lassen sich die trigonometrischen Funktionen für beliebige Winkel erklären. Vergleicht man die sich ergebenden Funktionswerte, so stellt man fest:

Die trigonometrischen Funktionen sind alle periodisch, d.h., die Funktionswerte wiederholen sich in regelmäßigen Abständen. Dabei haben Sinus- und Kosinusfunktion die Periode 2π (oder 360°), die Tangens- und Kotangensfunktion die Periode π (oder 180°).

$$\left.\begin{aligned}\sin(x \pm 2k\pi) &= \sin x\\ \tan(x \pm k\pi) &= \tan x\end{aligned}\right\} k \in \mathbb{N} \qquad \left.\begin{aligned}\cos(x \pm 2k\pi) &= \cos x\\ \cot(x \pm k\pi) &= \cot x\end{aligned}\right\} k \in \mathbb{N}$$

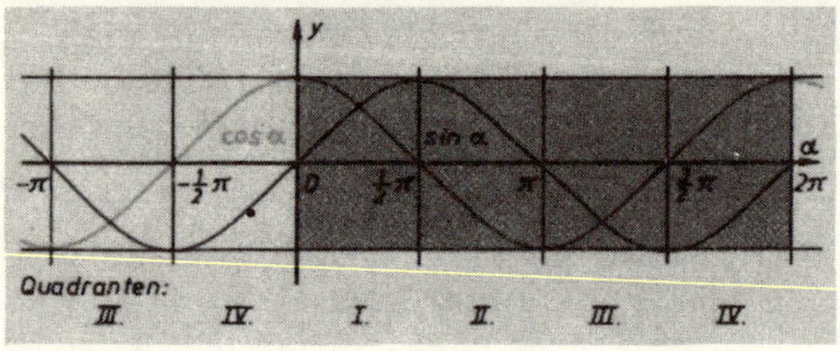

Abb. 340 Die Periode der Sinus- und der Kosinusfunktion

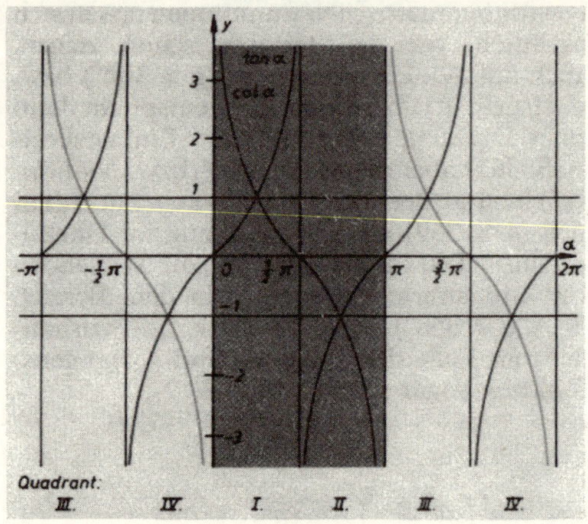

Abb. 341 Die Periode der Tangens- und der Kotangensfunktion

Beispiele:

$\sin 50° = \sin(50° + 360°) = \sin(50° - 720°) = 0{,}76604$
$\cos -30° = \cos(-30° - 360°) = \cos(-30° + 1080°) = 0{,}86603$
$\tan 2{,}5 = \tan(2{,}5 - \pi) = \tan(2{,}5 + 5\pi) = -0{,}74702$
$\cot 10 = \cot(10 + \pi) = \cot(10 - \pi) = 1{,}54235$
$\sin 35° = \sin(180° - 35°) = -\sin(180° + 35°) = -\sin(360° - 35°) = 0{,}573576$
$\cos 35° = -\cos 145° = -\cos 215° = \cos 325° = 0{,}81952$
$\tan 0{,}6109 = -\tan 2{,}5307 = \tan 3{,}7525 = -\tan 5{,}6723 = 0{,}700208$
$\cot 0{,}6109 = -\cot 2{,}5307 = \cot 3{,}7525 = -\cot 5{,}6723 = 1{,}428042$

Betrachtet man die Funktionsgraphen, so stellt man zusätzlich fest:

x	$\pi - x$	$\pi + x$	$2\pi - x$	
$\sin x =$	$\sin(\pi - x) =$	$-\sin(\pi + x) =$	$-\sin(2\pi - x)$	(Abb. 340)
$\cos x =$	$-\cos(\pi - x) =$	$-\cos(\pi + x) =$	$\cos(2\pi - x)$	(Abb. 340)
$\tan x =$	$-\tan(\pi - x) =$	$\tan(\pi + x) =$	$-\tan(2\pi - x)$	(Abb. 341)
$\cot x =$	$-\cot(\pi - x) =$	$\cot(\pi + x) =$	$-\cot(2\pi - x)$	(Abb. 341)

Beispiele:

	α	$180° - \alpha$	$180° + \alpha$	$360° - \alpha$
	35°	145°	215°	325°
sin	0,573576	0,573576	− 0,573576	− 0,573576
cos	0,819152	− 0,819152	− 0,819152	0,819152
tan	0,700208	− 0,700208	0,700208	− 0,700208
cot	1,428148	− 1,428148	1,428148	− 1,428148

Obwohl man heute zur Berechnung von Werten der Winkelfunktionen fast ausschließlich (Taschen-)Rechner verwendet, ist es doch sinnvoll, einige besonders häufige Werte ungerundet zur Verfügung zu haben:

x	0	$\frac{\pi}{6}$	$\frac{\pi}{4}$	$\frac{\pi}{3}$	$\frac{\pi}{2}$	$\frac{2}{3}\pi$	$\frac{3}{4}\pi$	$\frac{5}{6}\pi$	π	$\frac{3}{2}\pi$	2π
α	0°	30°	45°	60°	90°	120°	135°	150°	180°	270°	360°
sin x bzw. sin α	0	$\frac{1}{2}$	$\frac{1}{2}\sqrt{2}$	$\frac{1}{2}\sqrt{3}$	1	$\frac{1}{2}\sqrt{3}$	$\frac{1}{2}\sqrt{2}$	$\frac{1}{2}$	0	-1	0
cos x bzw. cos α	1	$\frac{1}{2}\sqrt{3}$	$\frac{1}{2}\sqrt{2}$	$\frac{1}{2}$	0	$-\frac{1}{2}$	$-\frac{1}{2}\sqrt{2}$	$-\frac{1}{2}\sqrt{3}$	-1	0	1
tan x bzw. tan α	0	$\frac{1}{3}\sqrt{3}$	1	$\sqrt{3}$	–	$-\sqrt{3}$	-1	$-\frac{1}{3}\sqrt{3}$	0	–	0
cot x bzw. cot α	–	$\sqrt{3}$	1	$\frac{1}{3}\sqrt{3}$	0	$-\frac{1}{3}\sqrt{3}$	-1	$-\sqrt{3}$	–	0	–

Dieser Tabelle kann man die Vermutung entnehmen:

$$\sin x = \cos(\pi/2 - x) \qquad \cos x = \cos(\pi/2 - x)$$
$$\tan x = \cot(\pi/2 - x) \qquad \cot x = \tan(\pi/2 - x)$$

Diese Vermutung läßt sich mit Hilfe der Definitionen leicht am rechtwinkligen Dreieck nachweisen. Dort gilt nämlich:

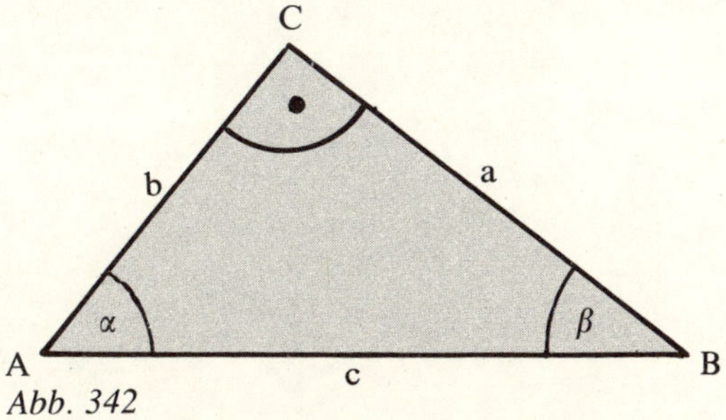

Abb. 342

$$\sin \alpha = \frac{a}{c} \quad \text{und} \quad \cos \beta = \frac{a}{c}$$

Wegen $\beta = 90° - \alpha$ folgt daraus:

$$\sin \alpha = \cos(90° - \alpha)$$

Analog erhält man die übrigen Behauptungen.

Auch den Abbildungen 336 a–d entnimmt man dies übrigens, da die Graphen der Sinus- und Kosinusfunktion sowie der Tangens- und Kotangensfunktion zueinander achsensymmetrisch bezüglich der Geraden $x = \pi/2$ verlaufen.
Den Bildern und Beispielen entnimmt man ferner:

Die Kosinusfunktion ist eine **gerade Funktion**; es gilt

$$\cos(x) = \cos(-x).$$

Die Sinus-, Tangens- und Kotangensfunktionen sind ungerade Funktionen; für sie gilt:

$$\sin(x) = -\sin(-x); \quad \tan(x) = -\tan(-x); \quad \cot(x) = -\cot(-x)$$

Beispiele:

$\sin 60° = -\sin(-60°) = 0{,}86603$
$\cos 0{,}75\pi = \cos(-0{,}75\pi) = -0{,}70711$
$\tan 150° = -\tan(-150°) = -0{,}57735$
$\cot 1{,}3 = -\cot(-1{,}3) = 0{,}27762$

Additionstheoreme

Da die Winkelfunktionen nicht linear sind (die Funktionsgraphen sind keine Geraden), gehört auch zum doppelten Argument nicht einfach der doppelte Funktionswert. So ist etwa $\sin 30° = 0{,}5 \quad \sin 90° = 1 \quad \sin 180° = 0$.
Mit Hilfe der sogenannten **Additionstheoreme** hat man jedoch eine Möglichkeit, den Funktionswert bei Verdoppelung des Winkels bzw. bei Addition zweier Winkel aus den Werten für den (die) einzelnen Winkel herzuleiten.

Beispiele:

1. $\sin(x+y) = \sin x \cdot \cos y + \cos x \cdot \sin y$

1'. $\sin(x-y) = \sin x \cdot \cos y - \cos x \cdot \sin y$

2. $\cos(x+y) = \cos x \cdot \cos y - \sin x \cdot \sin y$

2'. $\cos(x-y) = \cos x \cdot \cos y + \sin x \cdot \sin y$

3. $\sin 2x = 2 \cdot \sin x \cdot \cos x$

4. $\cos 2x = \cos^2 x - \sin^2 x$

5. $\sin x + \sin y = 2 \sin \frac{x+y}{2} \cos \frac{x-y}{2}$

6. $\cos x + \cos y = 2 \cos \frac{x+y}{2} \cos \frac{x-y}{2}$

7. $\sin\left(\frac{x}{2}\right) = \sqrt{0{,}5(1 - \cos x)}$

8. $\cos\left(\frac{x}{2}\right) = \sqrt{0{,}5(1+\cos x)}$

9. $\tan(x+y) = \dfrac{\tan x + \tan y}{1 - \tan x \cdot \tan y}$ mit $\tan x \cdot \tan y \neq 1$

9′. $\tan(x-y) = \dfrac{\tan x - \tan y}{1 + \tan x \cdot \tan y}$ mit $\tan x \cdot \tan y \neq 1$

10. $\cot(x+y) = \dfrac{\cot x \cdot \cot y - 1}{\cot x + \cot y}$ mit $\cot x \neq -\cot y$

10′. $\cot(x-y) = \dfrac{\cot x \cdot \cot y + 1}{\cot x - \cot y}$ mit $\cot x \neq \cot y$

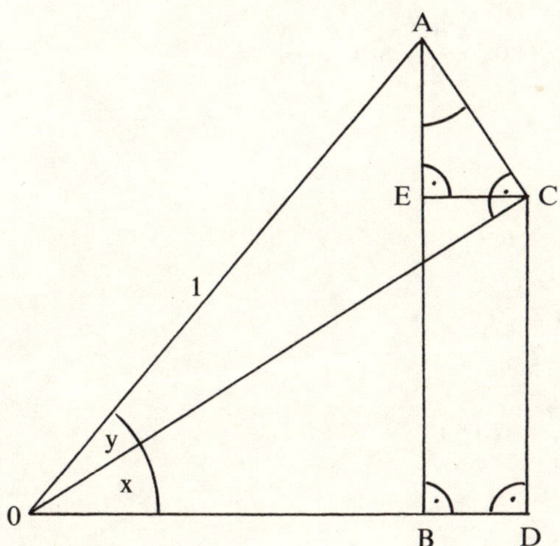

Abb. 343

Beweise:

(Die Streckenbezeichnungen sind wie in der Skizze gewählt.)

1. und **2.**:

$|OA| = 1$

$|AC| = \sin y;\quad |OC| = \cos y$

$|AB| = \sin(x+y);\quad |OB| = \cos(x+y)$

$\dfrac{|EC|}{|AC|} = \sin x \Rightarrow |EC| = |AC| \cdot \sin x = \sin x \cdot \sin y$

$\dfrac{|OD|}{|OC|} = \cos x \Rightarrow |OD| = |OC| \cdot \cos x = \cos x \cdot \cos y$

$\dfrac{|EA|}{|AC|} = \cos x \Rightarrow |EA| = |AC| \cdot \cos x = \cos x \cdot \cos y$

$\dfrac{|DC|}{|OC|} = \sin x \Rightarrow |DC| = |OC| \cdot \sin x = \sin x \cdot \sin y$

Ferner ist: $|AB| = |AE| + |EB| = |AE| + |CD|$

$|OB| = |OD| - |BD| = |OD| - |EC|$

Durch Einsetzen folgt die Behauptung:

$$\sin(x+y) = \cos x \cdot \cos y + \sin x \cdot \sin y$$

$$\cos(x+y) = \cos x \cdot \cos y - \sin x \cdot \sin y$$

1'. und **2'.**: Die Beweise verlaufen analog.
3. und **4.**: Setze $x = y$.

5.: Setze $z + t = x$; $z - t = y \Rightarrow z = \frac{x+y}{2}$; $t = \frac{x-y}{2}$

Also ist $\sin x = \sin(z+t) = \sin z \cdot \cos t + \cos z \cdot \sin t$

$$= \sin\frac{x+y}{2}\cos\frac{x-y}{2} + \cos\frac{x+y}{2}\sin\frac{x-y}{2}$$

Ebenso $\sin y = \sin(z-t) = \sin\frac{x+y}{2}\cos\frac{x-y}{2} - \cos\frac{x+y}{2}\sin\frac{x-y}{2}$

$$\Rightarrow \sin x + \sin y = 2\sin\frac{x+y}{2}\cos\frac{x-y}{2}$$

6.: Der Beweis verläuft analog.
7.: Setze $x = y = z/2$

$$\Rightarrow \cos(x+y) = \cos z = \cos 2 \cdot \frac{z}{2} = \cos^2\frac{z}{2} - \sin^2\frac{z}{2}$$

$$\Rightarrow \sin^2\frac{z}{2} = \cos^2\frac{z}{2} - \cos z = 1 - \sin^2\frac{z}{2} - \cos z \qquad (*)$$

$$\Rightarrow 2\sin^2\frac{z}{2} = 1 - \cos z \Rightarrow \sin^2\frac{z}{2} = \frac{1}{2}(1 - \cos z)$$

Durch Wurzelziehen folgt die Behauptung.

8.: Ersetze in $(*)$ $\sin^2\frac{z}{2}$ durch $1 - \cos^2\frac{z}{2}$.

9.–10.: Diese Beziehungen folgen aus 1. und 2. und der Definition des Tangens.

Die Funktion $y = a \cdot \sin(bx + c) + d$

Wie eingangs schon gesagt, sind sehr viele Vorgänge in der Natur oder bei technischen Abläufen periodisch. Nicht immer aber reicht die Sinusfunktion in ihrer reinen Form zu deren Beschreibung aus. Dies hat mehrere Ursachen: Zum einen besitzt die Sinusfunktion nur Werte zwischen $+1$ und -1, zum anderen sind die angesprochenen Vorgänge gewöhnlich nicht winkel-, sondern *zeitabhängig* mit einer Periode, die nicht einfach als Vielfaches von 2π zu fassen ist. Daher muß die Sinusfunktion zur Beschreibung dieser Vorgänge entsprechend modifiziert werden.

Diese Modifikationen und ihre Auswirkungen sind in der folgenden Übersicht zusammengefaßt; die Graphen dienen der zusätzlichen Illustration. Analoges gilt auch für die übrigen Winkelfunktionen, in der Praxis ist jedoch die Sinusfunktion (bzw. die ihr gegenüber um $\frac{\pi}{2}$ verschobene Kosinusfunktion) am bedeutendsten.

Funktion	Auswirkung	Anwendungsbereich	Beispiel
$y = \sin(x)$	./.	allg. periodischer Vorgang	Abb. 344
$y = \sin(x) + d$	Verschiebung in y-Richtung	Überlagerung einer Gleich- und einer Wechselspannung	Abb. 345
$y = \sin(x + c)$	Phasenverschiebung	Beschreibung des Strom- und Spannungsverlaufs im Wechselstromkreis	Abb. 346
$y = a \cdot \sin(x)$	Veränderung der Amplitude Faktor -1 entspricht Phasenverschiebung von 180°	Ausschlag eines Pendels	Abb. 347
$y = \sin(bx)$	Veränderung der Periode $b > 1$: Beschleunigung $0 < b < 1$: Verlangsamung $b < 0$: „Rückwärtslauf"; wenig sinnvoll	gleichzeitige Betrachtung einer Grundschwingung und ihrer Oberschwingungen (z. B. bei Klängen von Musikinstrumenten)	Abb. 348
$y = a \cdot \sin(bx + c) + d$	allgemeiner Fall	komplexer periodischer Vorgang	Abb. 349

Übungsaufgaben

1. Formen Sie um gemäß folgender Vorgabe:
$4°\,6' = 4{,}1°$; $10{,}5° = 10°\,30'$

a) $6{,}75° =$ b) $120{,}48° =$ c) $-75{,}68° =$
d) $52°\,16' =$ e) $97°\,13' =$ f) $44°\,44'\,44'' =$

2. Schreiben Sie im Gradmaß:

a) $x = \frac{\pi}{3}$ b) $x = -\frac{\pi}{4}$ c) $x = \frac{2}{3}\pi$ d) $x = 4$ e) $x = -3$ f) $x = 4{,}7$

3. Schreiben Sie im Bogenmaß:

a) 15° b) $-60°$ c) 540° d) $20°\,15'$ e) $15{,}75°$

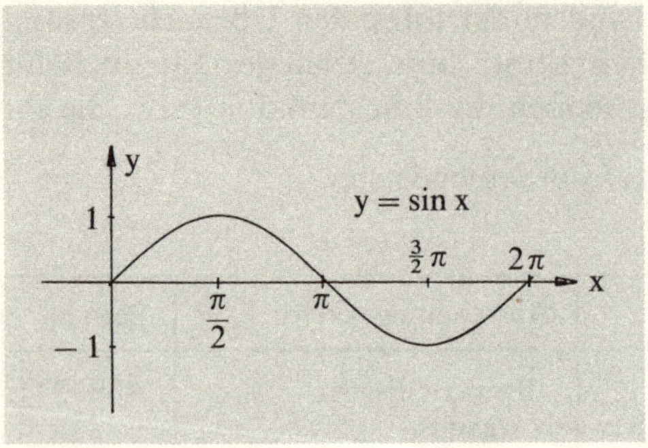

Abb. 344

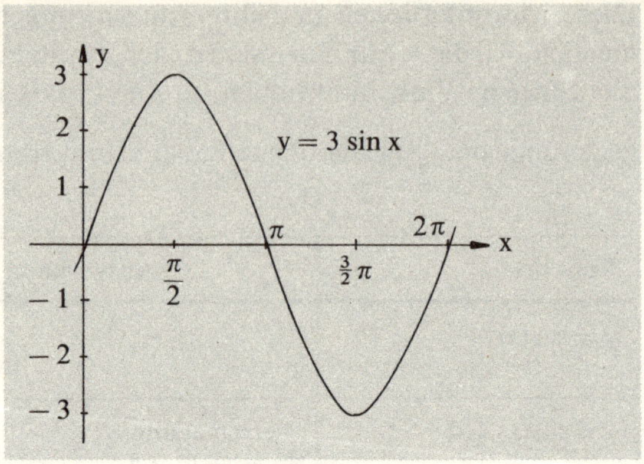

Abb. 347

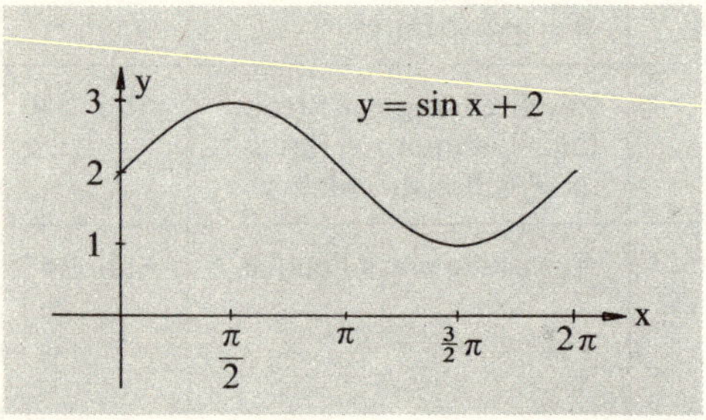

Abb. 345

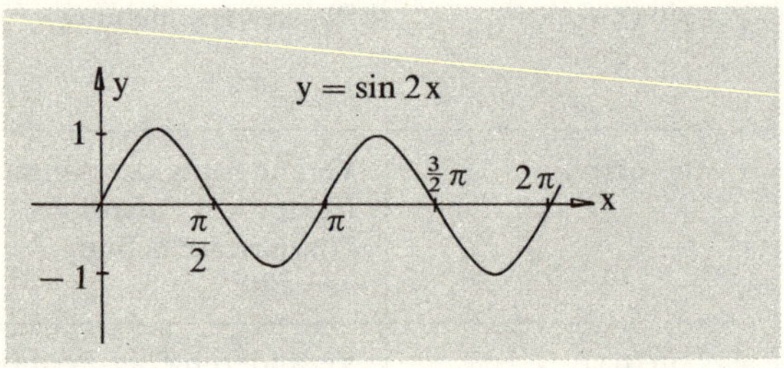

Abb. 348

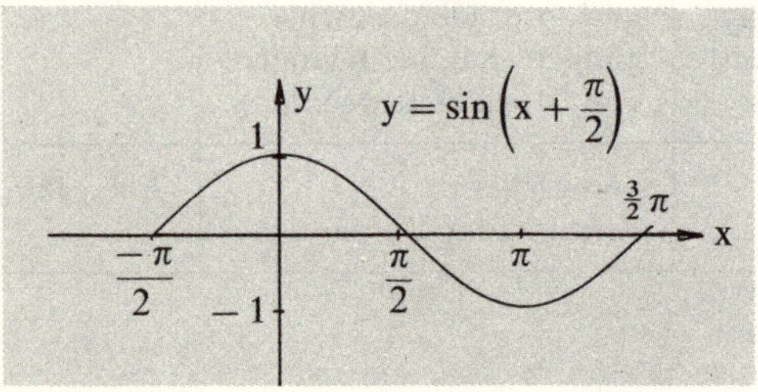

Abb. 346

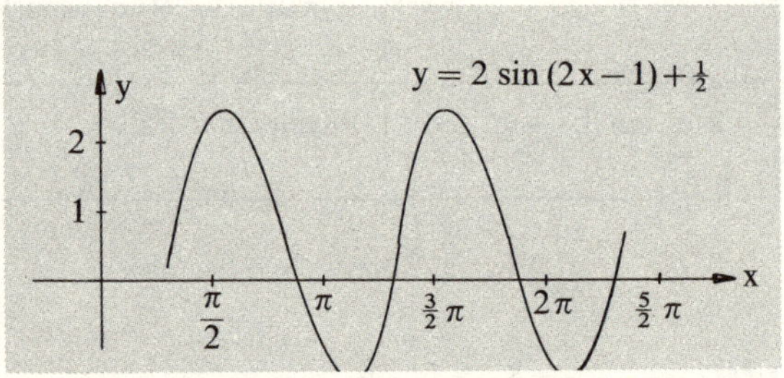

Abb. 349

Der Graph dieser Funktion geht aus der Sinuskurve $y = \sin x$ wie folgt hervor:

1. Verdoppelung der Ordinaten
2. Stauchung auf die halbe Periodenlänge
3. Verschiebung um 1 Einheit nach rechts
4. Verschiebung um $\frac{1}{2}$ nach oben 100%

4. Bestimmen Sie:

a) $\sin 20°$	b) $\sin(-30°)$	c) $\sin 172°$	d) $\sin 1° 4'$
e) $\cos 35°$	f) $\cos 380°$	g) $\cos(-27°)$	h) $\cos 47{,}9°$
i) $\tan 11°$	k) $\tan(-15°)$	l) $\tan 33{,}33°$	m) $\tan 13° 13'$
n) $\cot 87°$	o) $\cot(-11°)$	p) $\cot 14° 14'$	q) $\cot(-2° 2')$

r) $\sin\alpha = 0{,}8$	s) $\cos\alpha = 0{,}9$	t) $\tan\alpha = 2{,}5$
u) $\cot\alpha = -1$	v) $\sin\varphi = 0{,}3$	w) $\cos\varphi = -0{,}13$
x) $\tan\varphi = -4$	y) $\cot\varphi = 0{,}3$	z) $\arcsin(x) = \pi/2$

5. In einem rechtwinkligen Dreieck ist $\gamma = 90°$. Außerdem ist:
a) $a = 7$ cm; $b = 6$ cm b) $a = 16$ cm; $\alpha = 66° 45'$ c) $c = 5$ cm; $a = 3$ cm
Berechnen Sie die fehlenden Stücke!

6. In einem gleichschenkligen Dreieck (a = Schenkel) ist:
a) $a = 10$ cm; $\alpha = 80° 40'$
b) $a = 12$ cm; $h = 8$ cm
c) $\beta = 40°$; $a = 7$ cm
Berechnen Sie die fehlenden Stücke!

7. Beweisen Sie den Sinussatz für ein stumpfwinkliges Dreieck ($\alpha > 90°$).

8. a) Beweisen Sie den Kosinussatz für ein stumpfwinkliges Dreieck ($\alpha > 90°$).
b) Welche Formeln erhält man in einem rechtwinkligen Dreieck?

9. Wie groß ist in einem Würfel der Winkel zwischen der Raumdiagonalen und der Grundfläche (Abb. 350)?
Wie groß ist der Winkel zwischen den beiden Raumdiagonalen?

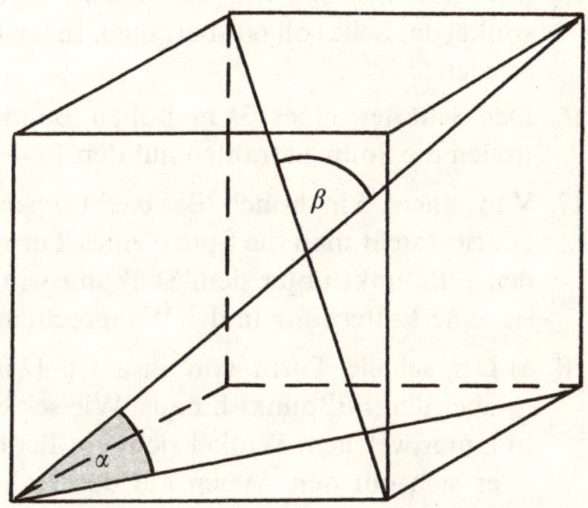

Abb. 350

10. Von zwei Kreisen sind die Radien $r_1 = 6$ cm und $r_2 = 4$ cm sowie die Entfernung ihrer Mittelpunkte $|M_1 M_2| = 8$ cm gegeben.
Bestimmen Sie die Schnittwinkel der Berührungstangenten beider Kreise und die Länge der gemeinsamen Sehne.

11. Im Dreieck teilt die Winkelhalbierende eines Winkels die Gegenseite im Verhältnis der anliegenden Seiten. Beweisen Sie dieses Behauptung mit Hilfe des Sinussatzes (Abb. 351).

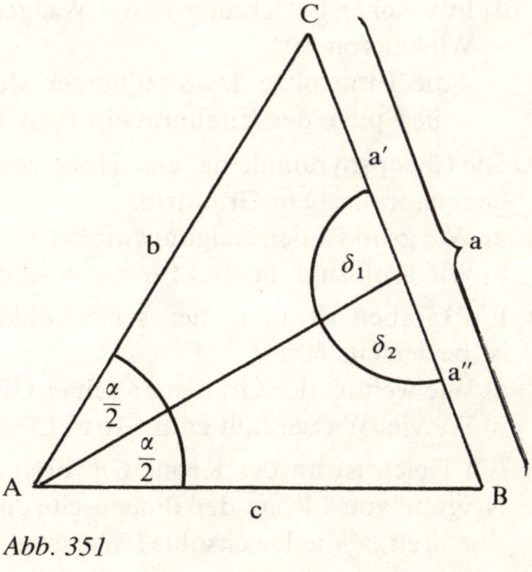

Abb. 351

12. An eine Laderampe von 1,50 m Höhe soll eine Schrotleiter gestellt werden. Der Neigungswinkel α soll höchstens 33° betragen. Wie lang muß die Leiter sein?

13. a) Welchen Höhenunterschied überwindet eine Straße mit 12% Steigung auf einer Straßenlänge von 1600 m?

b) Welchen Höhenunterschied hat man nach einer Horizontalstrecke von 1540 m überwunden?

c) Wie groß ist das Gefälle eines 1700 m langen Feldwegs in Prozent, wenn er eine Höhendifferenz von 500 m bewältigt?

14. Ein Bierfaß (m = 100 kg) wird eine Rampe hinaufgerollt, die einen Neigungswinkel $\alpha = 25°$ hat. Die Gewichtskraft G wird in die Hangabtriebskraft H parallel zur Rampe und die Normalkraft (Druckkraft) N senkrecht dazu zerlegt. Wie groß sind die beiden Kräfte? (1 kg $\triangleq$ 9,81 N)

15. Ein Sendemast soll von vier Seilen von je 35 m Länge gehalten werden. Der Neigungswinkel der Seile soll 60° betragen. In welcher Höhe müssen die Seile am Mast befestigt werden?

16. Der Schatten eines 35 m hohen Baumes ist 12,5 m lang. Unter welchem Winkel treffen die Sonnenstrahlen auf den Boden?

17. Von einem 5 m hohen Beobachtungspunkt (etwa dem Fenster im 2. Stock eines Hauses) sieht man die Spitze eines Turms unter dem Erhebungswinkel von $\alpha = 18{,}5°$, den Fußpunkt unter dem Senkungswinkel $\beta = 8°$. Wie hoch ist der Turm? Welches ist seine Entfernung in der Waagrechten vom Beobachtungspunkt?

18. a) Der schiefe Turm von Pisa ist 47 m hoch, und seine Spitze ragt etwa 4,50 m über den Fußpunkt hinaus. Wie schief ist der Turm?

b) Unter welchem Winkel sieht ein Beobachter den 150 m hohen Kölner Dom, wenn er sich mit den Augen auf der Höhe des Fundaments befindet und 500 m vom Dom entfernt ist?

c) Unter welchem Winkel sieht man aus einer Entfernung von 1 km

– das Ulmer Münster (160 m Höhe)

– die Cheopspyramide (137 m Höhe)

d) In welcher Entfernung in der Waagerechten vom Fußpunkt erscheint unter einem Winkel von 10°

– die Turmspitze des Straßburger Münsters (143 m Höhe)

– die Spitze des Eifelturms in Paris (300 m Höhe)

19. Die Cheopspyramide hat eine Höhe von 137 m und eine Grundseitenlänge von 230 m bei quadratischem Grundriß.

a) Wie groß ist der Neigungswinkel α der Seitenflächen?

b) Wie groß sind die drei Innenwinkel der Seitenflächen?

20. Ein Graben ist 1,8 m tief, seine Sohlenbreite beträgt 2,5 m, der Böschungswinkel ist beiderseits 60°.

a) Wie weit ist der Graben an seiner Öffnung?

b) Wieviel Wasser faßt er auf 10 m Länge bei einem Wasserstand von 1,50 m Höhe?

21. Ein Deich ist an der Krone 6 m breit und 4,5 m hoch. An der Seeseite hat er eine Neigung von 14°, an der Binnenseite eine Neigung von 26°.
Wie breit ist die Deichsohle? Wie groß ist seine Querschnittsfläche?

22. Vom Riffelsee aus hat man einen wunderschönen Blick auf das Matterhorn (beides bei Zermatt/Schweiz). Schaut man von einem Aussichtspunkt aus 100 m Höhe über dem See nach unten, so sieht man das Spiegelbild der Bergspitze unter einem Tiefenwinkel von 12°. Die Bergspitze sieht man unter dem Höhenwinkel 11°.
Wieviel Meter liegt der Gipfel des Matterhorns über dem Riffelsee?

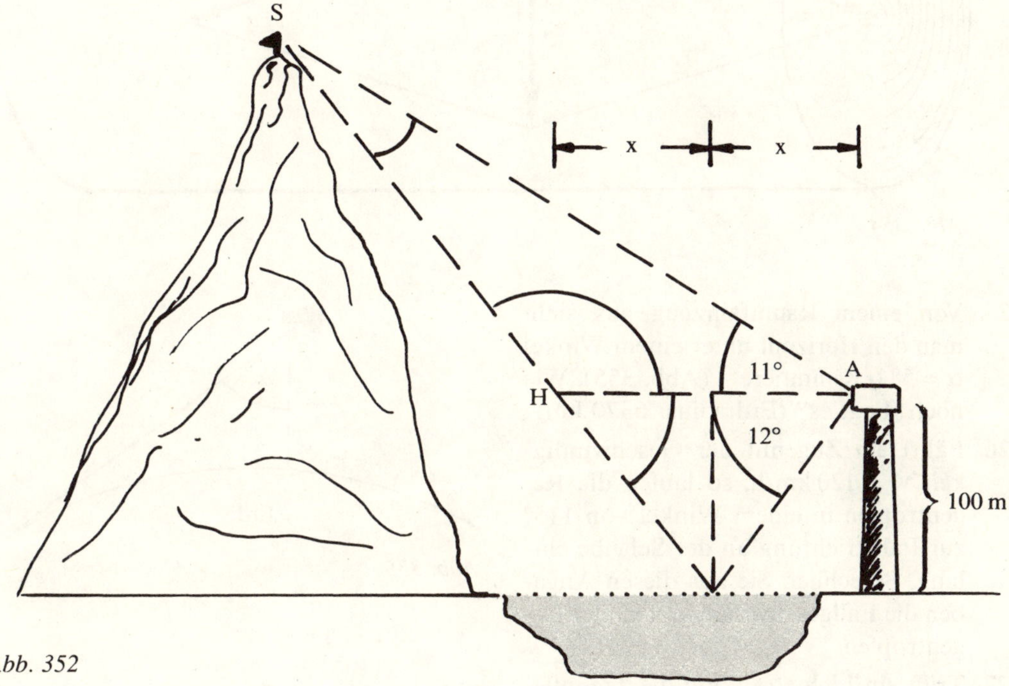

Abb. 352

23. a) Wie lang ist ein Treibriemen, der um zwei Riemenscheiben mit folgenden Maßen gelegt ist: $r = 22$ cm; $R = 35$ cm; $|M_1 M_2| = 2$ m?

b) Wie lang muß der Riemen bei gekreuztem Riemenantrieb sein?

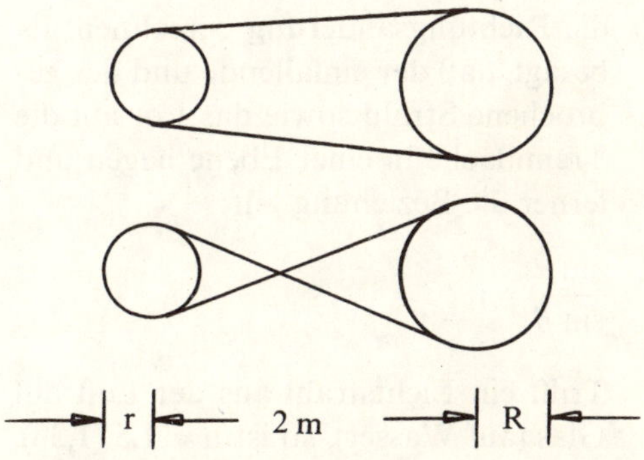

Abb. 353

24. a) Mit der Kraft $\vec{F} = 5000$ N treibt man mittels eines Hammers einen Keil in einen Baumstamm. Wie groß sind die Druckkräfte $\vec{D}$, die den Stamm spalten, wenn der Keilwinkel $\alpha = 6°$ ist (Abb. 354)?

b) Bei welchem Keilwinkel ist $|\vec{D}| = |\vec{F}|$?

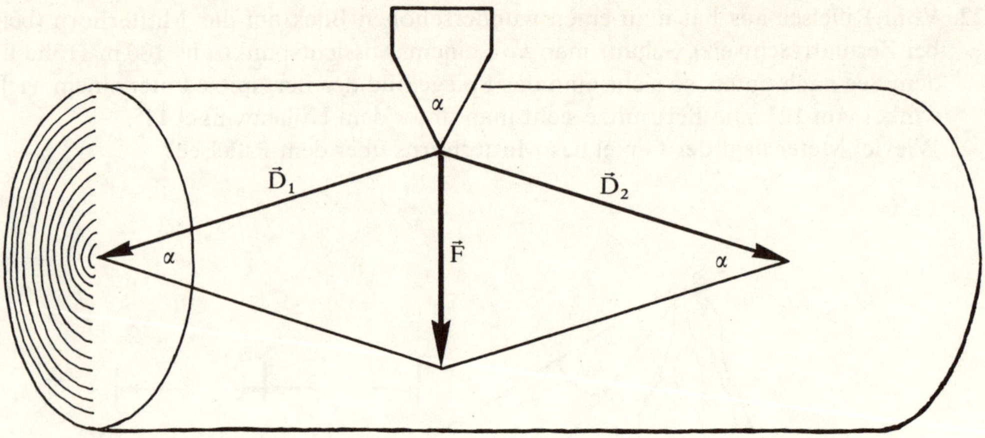

Abb. 354

25. Von einem Raumfahrzeug aus sieht man den Horizont unter einem Winkel $\alpha = 5°$ („Kimmtiefe") (Abb. 355). Wie hoch fliegt es? (Erdradius: 6370 km)

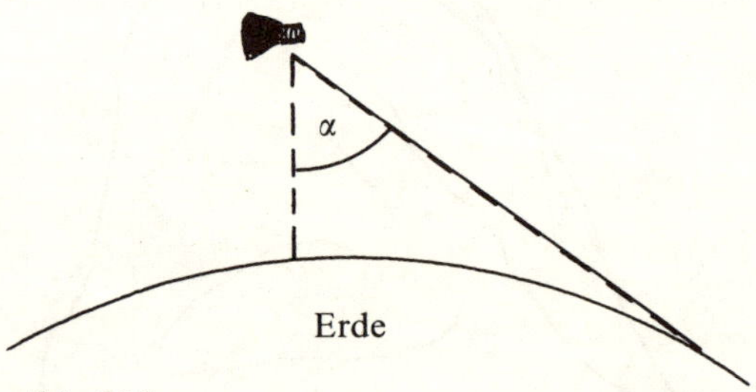

Abb. 355

26. Fährt ein Zug mit der Geschwindigkeit $v_z = 120$ km/h, so laufen die Regentropfen in einem Winkel von 115° zur Fahrtrichtung an der Scheibe entlang. Berechnen Sie aus diesen Angaben die Fallgeschwindigkeit v_R der Regentropfen.

27. Trifft ein Lichtstrahl auf die Trennfläche zweier verschiedener Stoffe, so ändert er seine Richtung. Nach dem *Brechungsgesetz von Snellius* kann man die Richtungsänderung berechnen. Es besagt, daß der einfallende und der gebrochene Strahl sowie das Lot auf die Trennfläche in einer Ebene liegen und ferner die Beziehung gilt:

$$\frac{\sin \alpha}{\sin \beta} = n$$

Trifft ein Lichtstrahl aus der Luft auf Glas (auf Wasser), so ist n = 1,5 (1,33). Wie groß sind dann die Brechungswinkel, die zu folgenden Einfallswinkeln gehören: 10,5°; 15,8°; 27,3°; 41,2°; 67,6°; 72,4°; 81,9°; 89,9°?

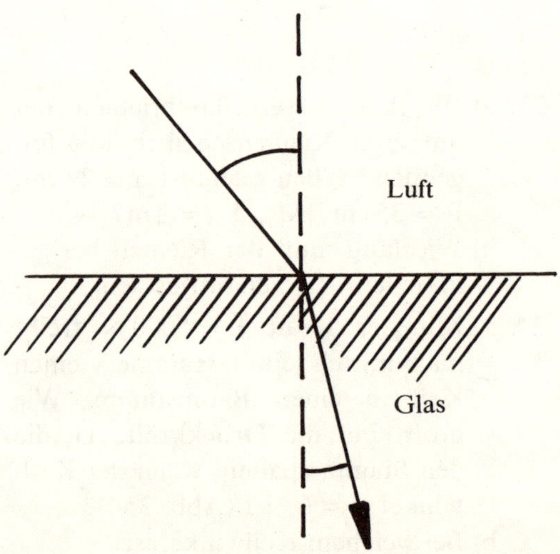

Abb. 356

28. Im 18. Jahrhundert wurde die Entfernung zum Mond trigonometrisch bestimmt. In Berlin (geogr. Breite $\varphi_1 = 52{,}52°$) wie auch am Kap der Guten Hoffnung ($\varphi_2 = -33{,}93°$), die auf demselben Längenkreis liegen, wurde der Mond zur selben Zeit angepeilt. Es ergaben sich $\delta_1 = 32{,}08°$ und $\delta_2 = 55{,}72°$.
Berechnen Sie $|BK|$, β, $|BM|$, $|KM|$ und daraus d_{EM}.

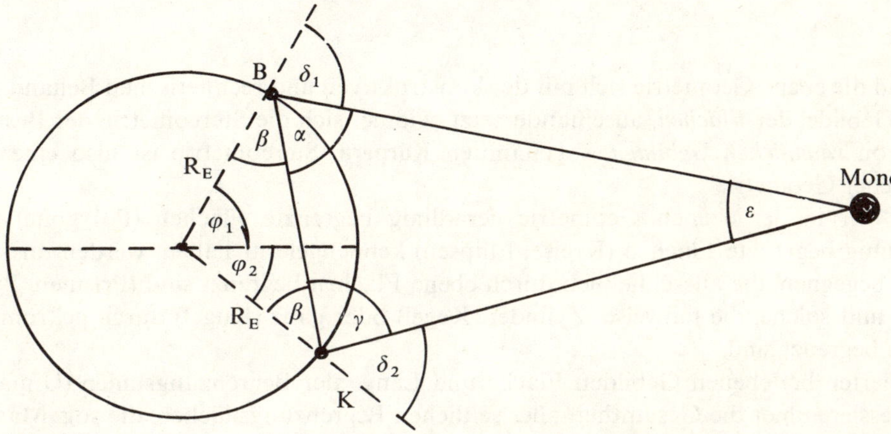

Abb. 357

29. Schwingungen untersucht man meist in Abhängigkeit von der Zeit t. Sie lassen sich durch Funktionen der Form $y(t) = a \cdot \sin\left(\frac{2\pi}{T} t + k\right)$ beschreiben. Dabei ist $\frac{2\pi}{T} t = x$ derjenige Winkel, der in der Zeit t überstrichen wird. T gibt die Dauer einer Periode an und heißt Schwingungsdauer; $\frac{1}{T} = f$ heißt Frequenz.

Beispiele: Der technische Wechselstrom (aus der Steckdose) hat die Schwingungsdauer 0,02 s; die Spannung, mit der die Bundesbahn ihre E-Loks betreibt, hat die Schwingungsdauer 0,06 s.
Welche Winkel im Bogenmaß entsprechen den Zeiten t bei einer Schwingung von $\frac{T}{2}$; $\frac{T}{3}$; $\frac{T}{4}$; $\frac{T}{6}$; T; 3T; 1,5T?

30. Der Vorfaktor a (siehe Aufgabe 29) heißt Amplitude der Schwingung. Für den technischen Wechselstrom ist $a = U_0 = 220 \cdot \sqrt{2}$ Volt.

Berechnen Sie mit der Gleichung $U = U_0 \sin\left(\frac{2\pi}{T} t\right)$ die Spannung U zu den Zeiten $\frac{1}{50}$ s; $\frac{1}{100}$ s; $\frac{1}{200}$ s; $\frac{1}{600}$ s; $\frac{3}{200}$ s; $\frac{1}{40}$ s.

31. Den Wert $\frac{2\pi}{T}$ bezeichnet man auch als Winkelgeschwindigkeit ω.

Welche Winkelgeschwindigkeit haben dann a) der Stundenzeiger, b) der Minutenzeiger, c) der Sekundenzeiger einer Uhr?
Welche Winkelgeschwindigkeit hat die Erde?
Wie viele Umdrehungen je Sekunde macht ein Autoreifen mit dem Durchmesser 72 cm bei der Fahrgeschwindigkeit 90 km/h?

Lösungen Seite 756.

Stereometrie (Körpermessung)

Während die ebene Geometrie sich mit der konstruktiven und rechnerischen Behandlung ebener Gebilde, der *Flächen*, auseinandersetzt, widmet sich die Stereometrie der Bestimmung von *räumlichen Gebilden*, sogenannten **Körpern**. Stereometrie ist also eine Art „räumlicher Geometrie".

So, wie wir in der ebenen Geometrie geradlinig begrenzte Flächen (Polygone) und krummlinig begrenzte Flächen (Kreise, Ellipsen) kennengelernt haben, werden uns nun Körper begegnen, die ausschließlich durch ebene Flächen begrenzt sind (Prismen, Pyramiden), und solche, die teilweise (Zylinder, Kegel) oder ganz (Kugel) durch gekrümmte Flächen begrenzt sind.

Interessierten bei ebenen Gebilden Fläche und Länge der Begrenzungslinien (Umfang), so interessieren hier die Gesamtheit aller seitlichen Begrenzungsflächen, die sog. **Mantelfläche**, die Summe aller Begrenzungsflächen, die **Oberfläche**, und das **Volumen**, der Rauminhalt.

Volumina werden in m^3 bzw. Teilen oder Vielfachen davon angegeben. Die Umrechnung ist einfach:

$1\,m^3 = 1\,m \cdot 1\,m \cdot 1\,m = 100\,cm \cdot 100\,cm \cdot 100\,cm = 1\,000\,000\,cm^3$ usw.

Also:

$$1\,km^3 = 10^9\,m^3$$
$$1\,m^3 = 10^6\,cm^3$$
$$1\,cm^3 = 10^3\,mm^3$$
$$1\,mm^3 = 10^9\,\mu m^3$$

Zusätzlich muß man sich einen optischen Überblick über die oft komplizierten Formen verschaffen.

Zeichnen geometrischer Körper

Prinzipiell gibt es *drei Hauptverfahren* zur graphischen Darstellung eines Körpers: Netzabwicklung, Schrägbilddarstellung und Dreitafelprojektion. Sie erfüllen verschiedene Aufgaben.

Die **Netzabwicklung** dient hauptsächlich dazu, ein Gesamtbild von der *Oberfläche* eines Körpers zu geben. Sie erinnert an das Muster eines Bastelbogens; würde man die Umrisse ausschneiden und entsprechend falten, könnte man ein Modell des Körpers bauen.

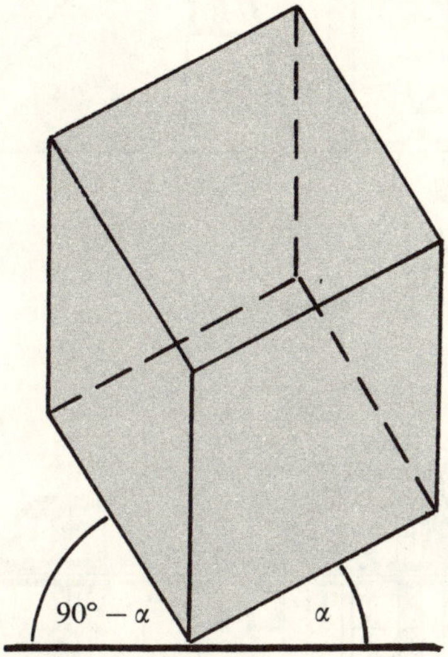

Abb. 358a
Parallelperspektive:
Militärperspektive

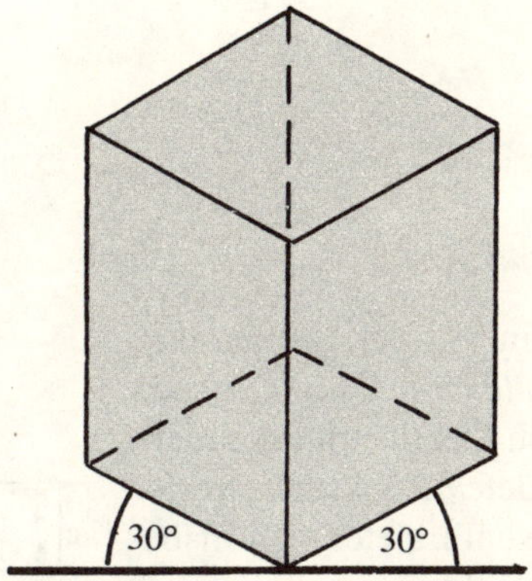

Abb. 358b
Parallelperspektive:
Isometrie

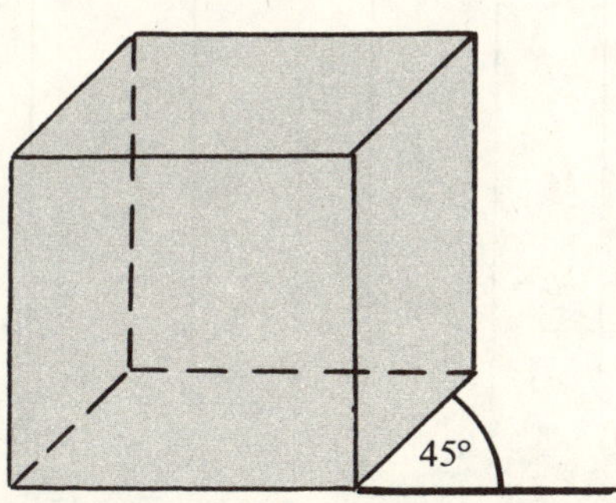

Abb. 358c
Parallelperspektive:
Kavaliersperspektive

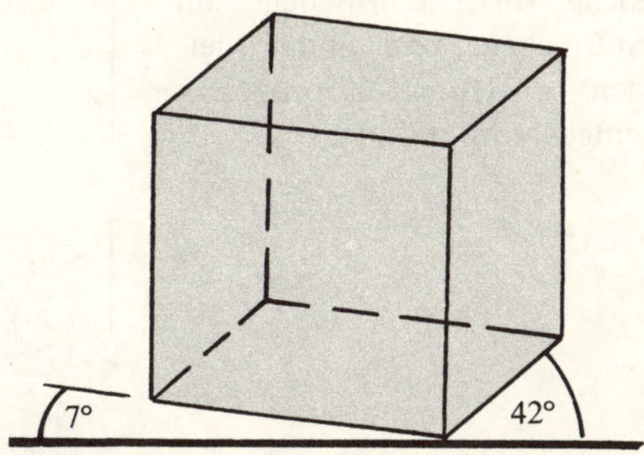

Abb. 358d
Parallelperspektive:
Dimetrie

Die gebräuchlichste Übersichtsdarstellung ist die **Schrägbilddarstellung**. Sie soll die *räumlichen Ausdehnungen* deutlich machen. Man unterscheidet hier zwischen einer „Kavaliersperspektive“ (schräg von oben) und einer „Froschperspektive“ (schräg von unten); gemeinsam ist beiden aber folgende Regel: Frontal zum Betrachter verlaufende Linien werden in normaler Länge, vom Betrachter weg laufende Linien schräg und verkürzt gezeichnet. Die Kürzung hängt dabei vom Winkel ab:

Winkel zur Waagrechten	30°	45°	60°
Kürzungsfaktor	$\frac{2}{3}$	$\frac{1}{2}$	$\frac{1}{3}$

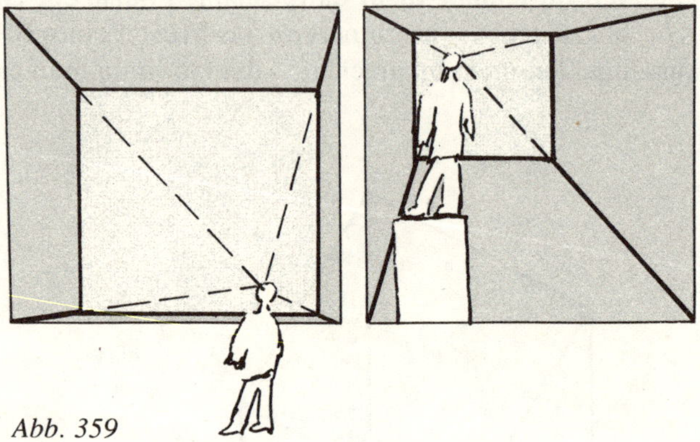

Abb. 359

Bei einer *perspektivischen Schrägbilddarstellung* gehen natürlich Details und die nicht abgebildete Rückseite verloren. Deshalb bietet sich insbesondere für „verwinkelte“ Körper die **Dreitafelprojektion** an. Sie entsteht durch eine dreimalige senkrechte Projektion auf die (a) Grundrißebene; (b) Seitenrißebene; (c) Aufrißebene und findet vielfach bei Konstruktionszeichnungen Anwendung.

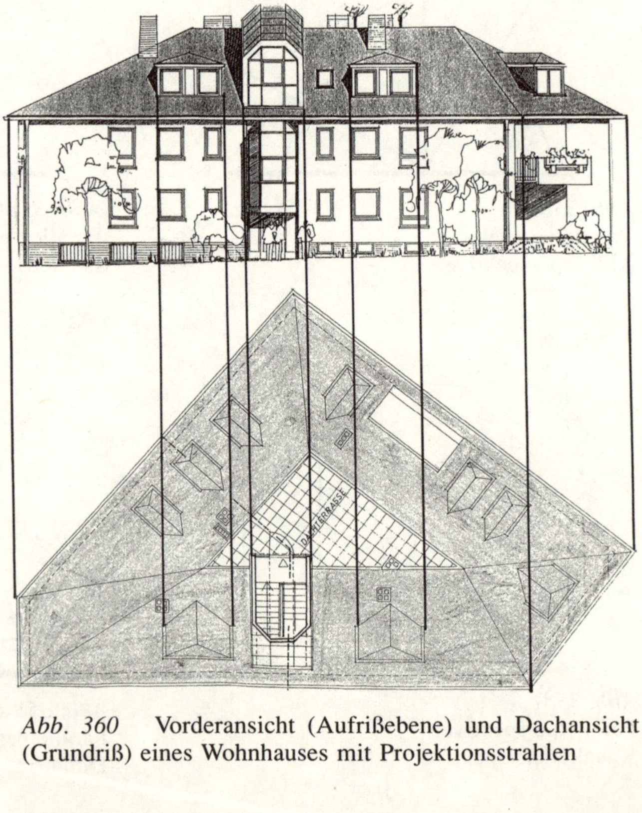

Abb. 360 Vorderansicht (Aufrißebene) und Dachansicht (Grundriß) eines Wohnhauses mit Projektionsstrahlen

Übungsaufgaben

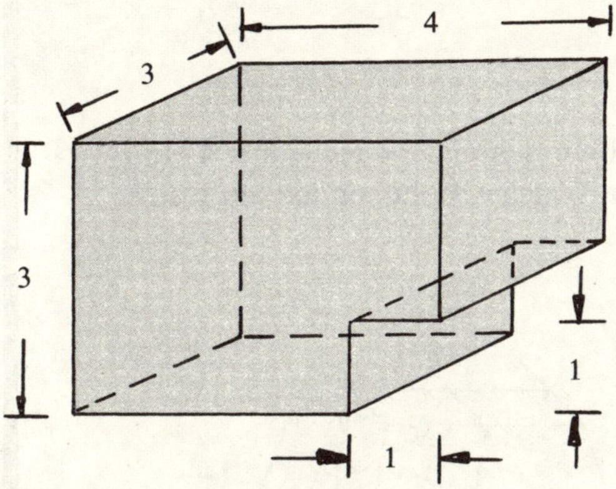

Abb. 361

1. Zeichnen Sie von dem abgebildeten Körper eine Dreitafelprojektion.
2. Zeichnen Sie ein Schrägbild des Körpers, der zum Dreitafelbild gehört.
3. Gesucht ist das Schrägbild eines geraden Kreiszylinders, der durch Grund- und Aufriß gegeben ist.
4. Man zeichne ein Sechskantrohr in einer parallelperspektivischen Darstellung.

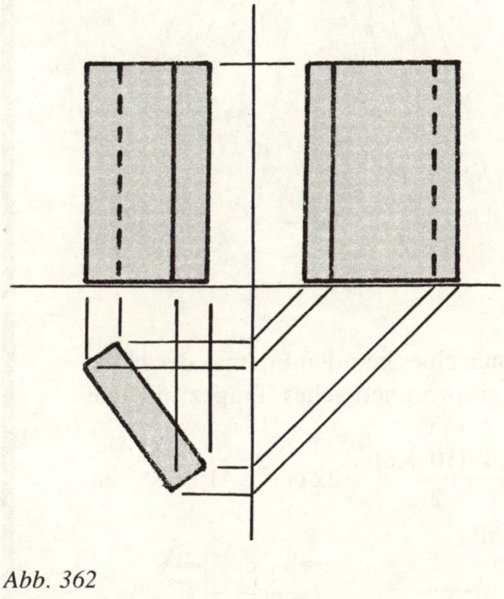

Abb. 362

Lösungen Seite 762.

Prismen

Einführungsbeispiele:

1. Für den Unterbau eines Podests soll ein Schreiner 4 Füße aus 4 Holzklötzen der abgebildeten Form sägen. Welches Volumen hat ein Fuß?

$V = 10^2 \cdot 40 = 4000\,cm^3$

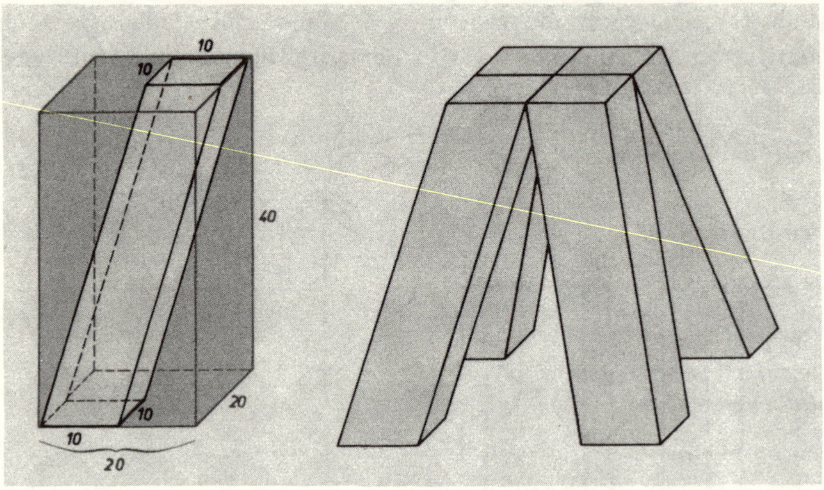

Abb. 363 a

2. Wie groß sind Oberfläche und Volumen eines geraden Prismas der Höhe 12 cm, dessen Boden (und Deckel) ein symmetrisches Trapez mit den Seiten $a = 10\,cm$, $c = 6\,cm$ und $h_T = 4\,cm$ ist?

Die Trapezfläche ist $\frac{h_T \cdot (a + c)}{2} = \frac{4 \cdot (10 + 6)}{2} = 32\,cm^2$. Also ist das Volumen $V = G \cdot h = 32 \cdot 12 = 384\,cm^3$.

Für die Oberfläche benötigt man die Seitenlängen b des Trapezes. Diese erhält man aus dem Satz des Pythagoras:

$b = \sqrt{16 + 4} = 4{,}47\,cm.$

Damit ist die Oberfläche:

$O = 2 \cdot G + (2 \cdot b + a + c) \cdot h$

$O = 64 + (8{,}94 + 10 + 6) \cdot 12$

$O = 363{,}28\,cm^2$

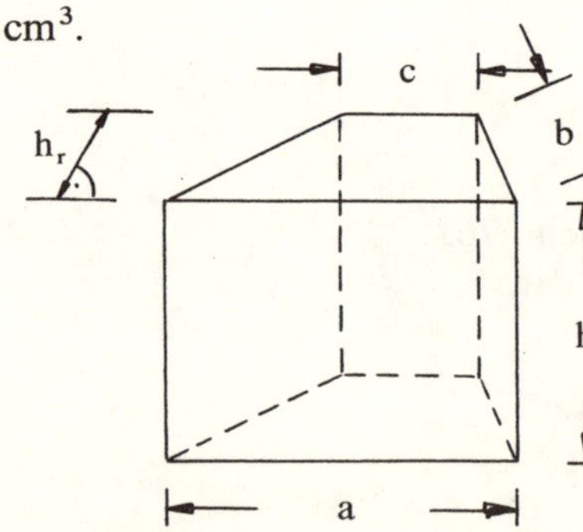

Abb. 363 b

Die einfachsten Körper sind diejenigen, die nur von Vielecken (Polygonen) begrenzt sind, und unter diesen wiederum die **Prismen**.

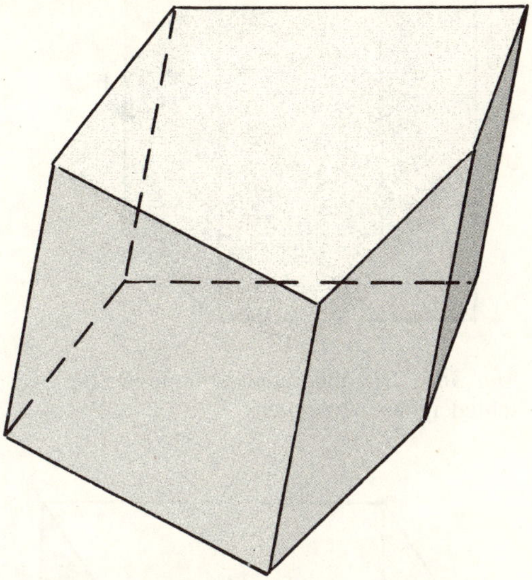

Abb. 364 Ein schiefes fünfseitiges Prisma

Ein geometrischer Körper, der von zwei zueinander parallelen und kongruenten Polygonen begrenzt wird, heißt **Prisma**.

Wegen der Kongruenz von Grund- und Deckfläche sind die Seitenflächen Parallelogramme.
Die Länge des Lots vom Deckel zum Boden heißt *Höhe* des Prismas. Kann eine Seitenkante als Höhe gelten, so spricht man von einem geraden Prisma.

Das regelmäßigste und damit speziellste aller Prismen ist der **Würfel**. Er hat als Außenflächen 6 kongruente Quadrate, deren Kanten senkrecht zueinander stehen.

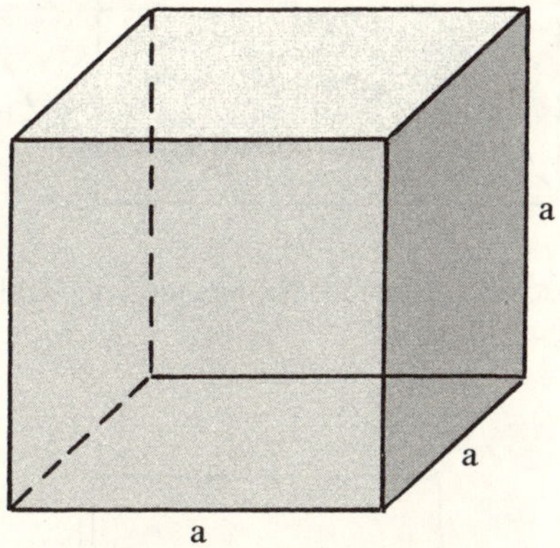

Abb. 365 Der Würfel hat gleiche Kantenlängen

Für Oberfläche O und Volumen V eines **Würfels** gilt:

$$O = 6a^2$$
$$V = a^3 = a^2 \cdot a = G \cdot h$$

Beispiel:

Was ist schwerer, ein Korkwürfel mit der Kantenlänge 0,3 m oder ein Eisenwürfel mit der Kantenlänge 8 cm? (Dichte von Kork: 0,2 g/cm³; von Eisen: 7,86 g/cm³)

Korkwürfel: $V = (30\ \text{cm})^3 = 27\,000\ \text{cm}^3$
$m = 27\,000\ \text{cm}^3 \cdot 0{,}2\ \text{g/cm}^3 = 5400\ \text{g}$ (*)
Eisenwürfel: $V = (8\ \text{cm})^3 = 512\ \text{cm}^3$
$m = 512\ \text{cm}^3 \cdot 7{,}86\ \text{g/cm}^3 = 4024{,}32\ \text{g}$

Der Korkwürfel ist somit etwa 34% $[(5400 - 4024):4024 \approx 0{,}34]$ schwerer als der Eisenwürfel.

(*) Um die Masse m eines Körpers zu erhalten, muß man seine Dichte mit seinem Volumen multiplizieren.

Nimmt man Boden- und Deckelquadrat des Würfels, ändert aber die Seitenflächen in Rechtecke ab, so erhält man eine **quadratische Säule**.

Für Oberfläche und Volumen einer **quadratischen Säule** gilt:

$$O = 4ab + 2a^2$$
$$V = a^2 b$$

„Verallgemeinert" man auch Boden und Deckel zu Rechtecken, so erhält man einen **Quader**. Er besitzt drei verschiedene Seitendiagonalen, aber gleich lange Raumdiagonalen. Diese lassen sich mit Hilfe des Satzes von Pythagoras aus den Kantenlängen berechnen.

Für Oberfläche und Volumen eines **Quaders** gilt:

$$O = 2(ab + ac + bc)$$
$$V = abc$$

Die Längen der Seitendiagonalen sind:

$d_1 = \sqrt{a^2 + b^2}$; $d_2 = \sqrt{a^2 + c^2}$;
$d_3 = \sqrt{b^2 + c^2}$

Für die Raumdiagonale gilt:

$$d = \sqrt{d_1^2 + c^2} = \sqrt{d_2^2 + b^2} = \sqrt{d_3^2 + a^2}$$
$$d = \sqrt{a^2 + b^2 + c^2}$$

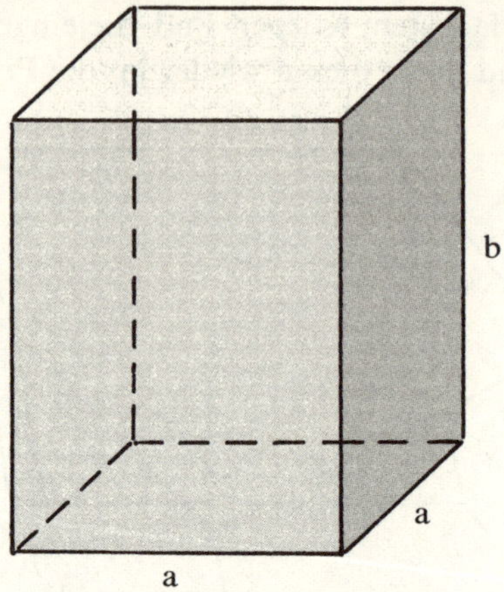

Abb. 366 Die quadratische Säule besitzt 2 verschiedene Kantenlängen

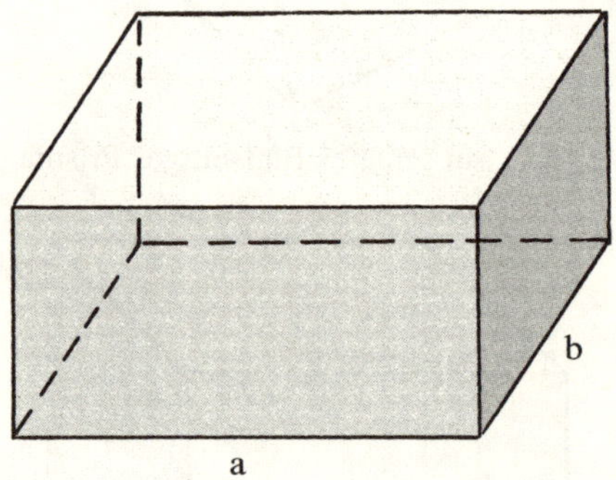

Abb. 367 Der Quader besitzt 3 verschiedene Kantenlängen

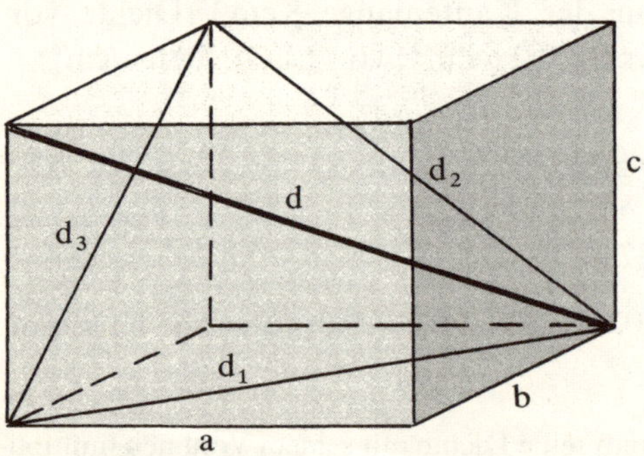

Abb. 368 a

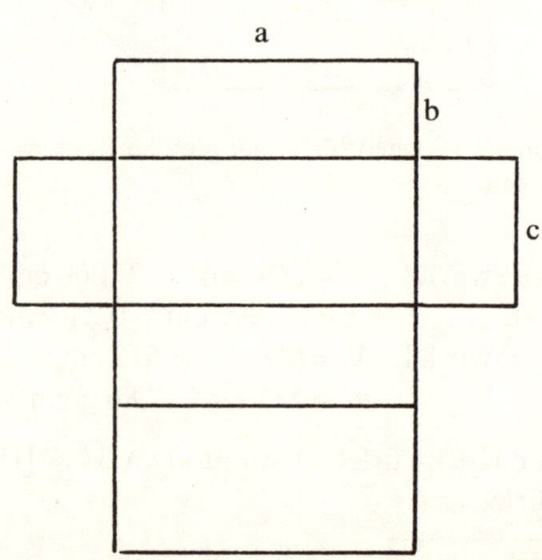

Abb. 368 b Die Netzabwicklung eines Quaders

Beispiel:

Ein Quader mit den Kantenlängen a = 5 cm, b = 4 cm (Grundfläche a · b) und c = 12 cm hat:

die Mantelfläche $M = 2 \cdot (5 \cdot 12 + 4 \cdot 12) = 216\,\text{cm}^2$;

die Oberfläche $O = 2 \cdot (5 \cdot 12 + 4 \cdot 12 + 5 \cdot 4) = 256\,\text{cm}^2$;

das Volumen $V = 5 \cdot 4 \cdot 12 = 240\,\text{cm}^3$;

die Diagonalen $d_1 = \sqrt{25 + 16} = 6{,}40\,\text{cm}$; $d_2 = \sqrt{25 + 144} = 13\,\text{cm}$;

$d_3 = \sqrt{16 + 144} = 12{,}65\,\text{cm}$;

$\Rightarrow d = \sqrt{25 + 16 + 144} = 13{,}60\,\text{cm}$

Ein schiefes vierseitiges Prisma mit paarweise zueinander kongruenten Parallelogrammen heißt **Parallelepiped** oder **Spat**. Seine Oberfläche ist die doppelte Summe von Grund-, Auf- und Seitenfläche. Diese wiederum berechnen sich als Parallelogrammflächen. Insgesamt gilt:

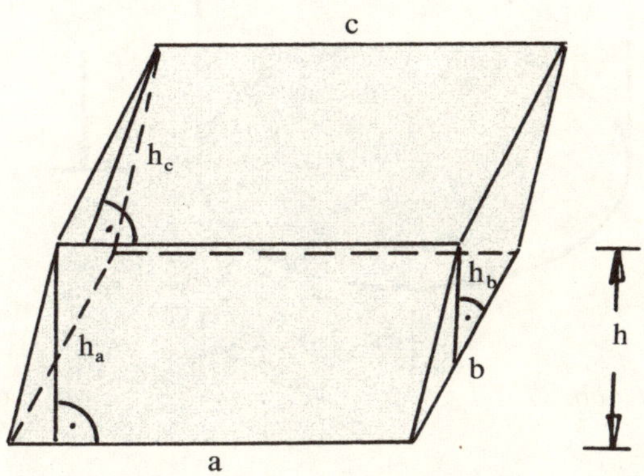

Abb. 369 Ein Spat besitzt Parallelogramme als Seitenflächen

Oberfläche und Volumen eines **Spats** sind

$$O = 2 \cdot (a \cdot h_a + b \cdot h_b + c \cdot h_c)$$
$$V = G \cdot h$$

Dabei funktioniert die Volumenberechnung analog zur Flächenberechnung im Parallelogramm: abgetrennte Körperelemente lassen sich auf den Gegenseiten ergänzen.

Eine weitere Verallgemeinerung wäre die Zulassung von unregelmäßigen, aber kongruenten Vielecken als Boden und Deckel; die Seitenflächen sind dann Parallelogramme.

Für Oberfläche und Volumen eines **beliebigen Prismas** gilt:

$$O = 2 \cdot \text{Grundfläche} + \text{Summe aller Seitenflächen}$$
$$V = \text{Grundfläche} \cdot \text{Höhe} = G \cdot h$$

Zylinder

Was geschieht mit einem geraden Prisma, welches als Grundfläche ein symmetrisches n-Eck hat, wenn die Anzahl der Ecken immer größer wird? Nun, die Bodenfläche (und gleichermaßen die Deckfläche) wird zum Kreis, die vielen rechteckigen Seitenflächen wölben sich zu einer einzigen gekrümmten Fläche.

Einen Körper mit zwei zueinander kongruenten und parallelen Kreisflächen nennt man **Kreiszylinder**.

Drei Dinge werden durch diese Beschreibung offenbar:

1. Der Kreiszylinder ist mit dem Prisma verwandt;
2. der Kreiszylinder ist selbst nur ein Spezialfall für Zylinder mit beliebig geformten Grund- und Deckflächen;
3. die Anfangsbeschreibung trifft nur auf einen besonders wichtigen Spezialfall, den **geraden Kreiszylinder**, zu.

Das Volumen wird nach demselben Prinzip bestimmt wie beim Prisma. Die Netzabwicklung erhält man durch Abwickeln des **Mantels** als Rechteck; hinzu kommen zwei Kreise (Boden und Deckel).

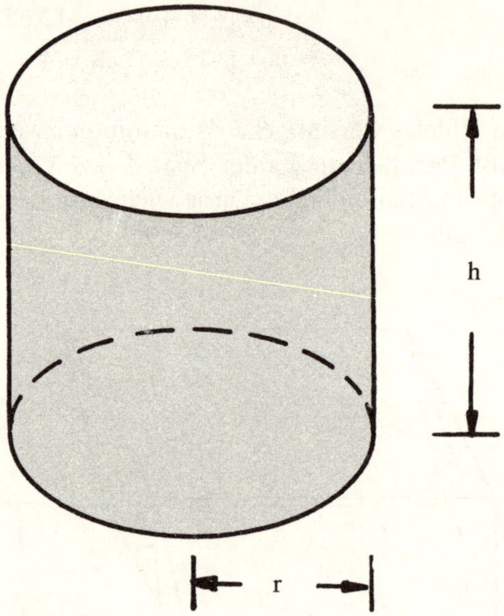

Abb. 370

Für Mantel, Oberfläche und Volumen eines senkrechten **Kreiszylinders** gilt

$$M = 2\pi r h$$
$$O = 2\pi r h + 2\pi r^2 = 2\pi r(r + h)$$
$$V = \pi r^2 h$$

„Sticht" man aus einem Zylinder (mittelpunktsymmetrisch) einen zweiten mit kleinerem Grundkreisradius aus, so bildet der verbleibende Rest einen **Hohlzylinder**.

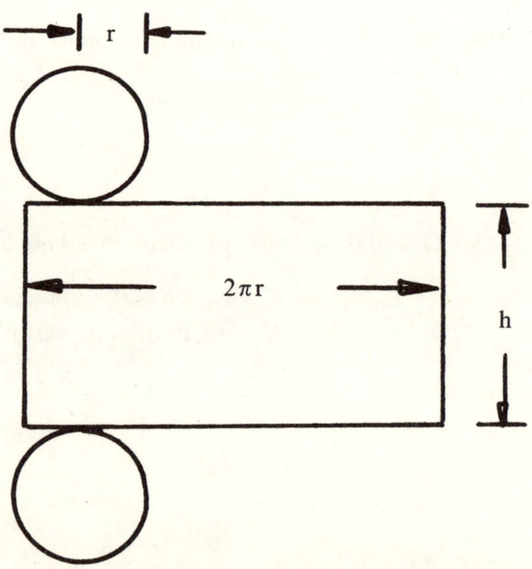

Abb. 371 Netzabwicklung des Kreiszylinders

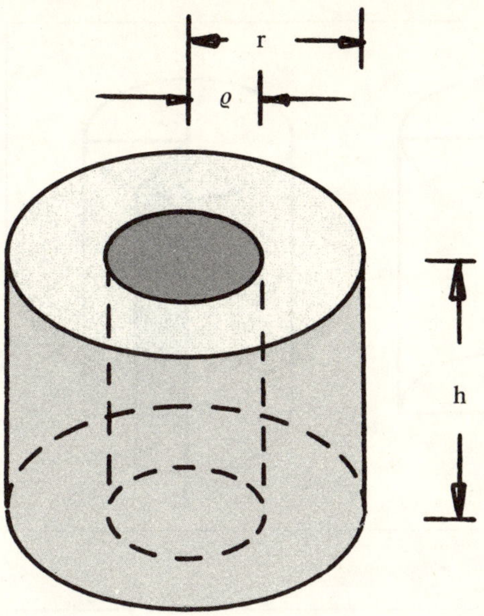

Abb. 372

Bei ihm bestehen Grund- und Deckfläche aus **Kreisringen**; sie ergeben zusammen mit dem inneren und äußeren Mantel die Oberfläche. Das Volumen läßt sich als Differenz aus den Volumen der beiden Zylinder oder als Grundkreisring mal Höhe definieren.

Für einen **Hohlzylinder** gilt:

$$M_{\text{außen}} = 2\pi r h; \quad M_{\text{innen}} = 2\pi \varrho h$$
$$O = 2\pi(r + \varrho)\,h + 2\pi(r^2 - \varrho^2)$$
$$V = \pi r^2 h - \pi \varrho^2 h = \pi h(r + \varrho)(r - \varrho)$$

Einführungsbeispiel:

Eine Litfaßsäule hat einen Radius von 50 cm und ist 2,90 m hoch. Wie groß ist die Werbefläche, wenn der Bodensockel von 40 cm Höhe frei bleiben soll?
Nach einem Jahr hat die Säule einen Umfang von 3,51 m. Wieviel Papier wurde im Lauf des Jahres in Form von Werbeplakaten aufgeklebt?

$$M = (2{,}90 - 0{,}40) \cdot 2\pi \cdot 0{,}5 = 7{,}854\ \text{m}^2$$
$$U' = 3{,}51\ \text{m} \Rightarrow r' = U' : 2\pi = 0{,}559\ \text{m}$$
$$V_{\text{Papier}} = \pi \cdot 2{,}5 \cdot (0{,}559 + 0{,}5)(0{,}559 - 0{,}5) = 0{,}491\ \text{m}^3$$

Setzt man voraus, daß das aufgeklebte Plakatpapier 0,1 mm dick ist, so müssen hier insgesamt $0{,}491 \cdot 10000 = 4910\ \text{m}^2$ Papier verklebt worden sein.

Übrigens kann man sich die Entstehung von Kreiszylinder und Hohlzylinder auch als Rotation eines Rechtecks vorstellen:

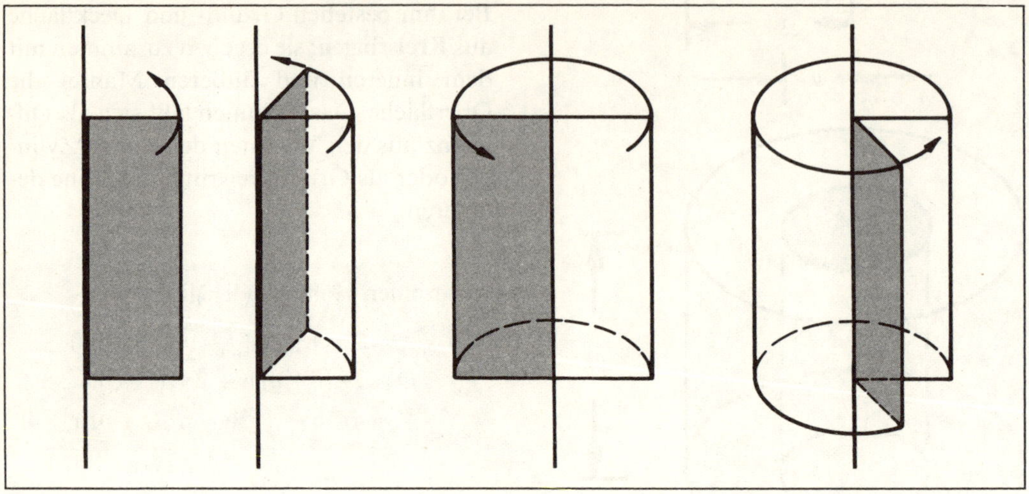

Abb. 373

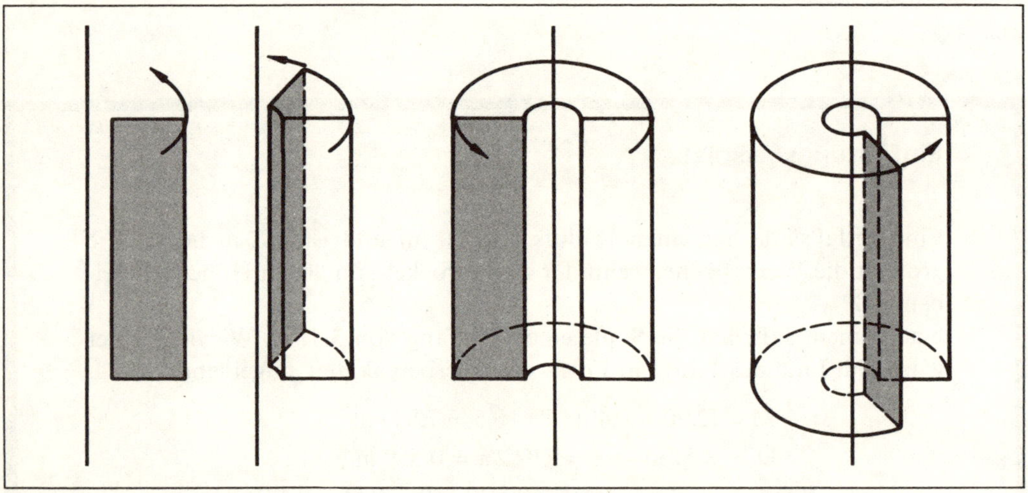

Abb. 374

Übungsaufgaben

1. Ein gerades Prisma mit einem regelmäßigen Sechseck als Grund- bzw. Deckfläche hat die Höhe 5 cm. Jede Grundflächenkante ist 4 cm lang. Berechnen Sie Volumen, Mantel- und Oberfläche.
2. Ein Spat hat ein Volumen von 81 cm^3 und eine Oberfläche von 132 cm^2. Berechnen Sie die Höhe und die Seitenkantenlänge c, wenn die Grundfläche die Kantenlängen 4,5 cm und 3 cm besitzt und diese beiden Kanten einen Winkel von 60° einschließen.
3. Wie ändern sich Oberfläche und Volumen, wenn man die Kanten eines Quaders verdreifacht?

4. Die drei Kanten eines Quaders stehen im Verhältnis 1 : 2 : 3. Wie lang sind diese, wenn das Volumen des Quaders 1 m^3 beträgt?

5. Ein Würfel hat die Raumdiagonale $d = 6\sqrt{3}$. Berechnen Sie a, V, O.

6. Wieviel m^3 Sand passen auf einen Kleintransporter mit den Laderaummaßen 2,82 m × 1,68 m × 0,55 m, wenn er bis zur Oberkante seines Laderaums beladen wird? Das Zuladegewicht des Transporters beträgt 1,15 t. Um wieviel wurde sie beim Beladen überschritten, wenn Sand eine Dichte von $\varrho \approx 2$ g/cm^3 besitzt?

7. Auf ebener Strecke soll ein Bahndamm aufgeschüttet werden. Das Streckenstück ist 250 m lang, der Bahndamm 8 m hoch und an der Grundfläche 39 m, auf der Krone 27 m breit. Wieviel m^3 Erde werden für die Aufschüttung benötigt?

8. Die Walze einer Straßenbaumaschine hat den Durchmesser 1,10 m und ist 2,20 m breit. Wie groß ist die Fläche, die die Walze mit einer Umdrehung überfährt?

9. Eine Fahrradpumpe hat einen lichten Durchmesser von 2,5 cm und einen Kolbenhub von 28 cm. Wie groß ist das Hubvolumen?

10. Um eine Glasröhre auf ihren Querschnitt zu untersuchen, füllt man 200 g Quecksilber ($\varrho = 13{,}6$ g/cm^3) ein. Man weiß, daß die Röhre überall denselben inneren Durchmesser hat. Wie groß ist dieser, wenn das Quecksilber 82 mm hoch steht?

11. Ein Meßzylinder mit dem inneren Durchmesser 5 cm soll durch Strichmarken so geeicht werden, daß je zwei aufeinanderfolgende Striche eine Volumenzunahme von 5 cm^3 anzeigen. Wie groß ist der Abstand zweier benachbarter Striche zu wählen?

12. Aus einem rechteckigen Stück Blech (25 cm × 20 cm) soll eine Dose ohne Deckel und Boden hergestellt werden. Berechnen Sie ihr Volumen, wenn der Dosenumfang mit der Länge (a) der längeren Seite übereinstimmt bzw. wenn er (b), der kürzeren Seite, entspricht.

13. Berechnen Sie die fehlenden Maße folgender Zylinder:

a) $r = 5$ cm; $h = 12$ cm
b) $r = 9$ cm; $V = 120$ cm^3
c) $h = 6{,}5$ cm; $O = 300$ cm^2
d) $M = 282$ cm^2; $V = 424$ cm^3

14. Welches Volumen hat ein Zylinder, der einem Würfel der Kantenlänge a einbeschrieben ist? Wie groß sind Mantel- und Oberfläche?

15. Die Höhe h und der Radius r eines Zylinders verhalten sich wie 3 : 2; das Volumen beträgt 2000 cm^3. Bestimmen Sie h, r und M.

16. Für eine Starkstromleitung soll ein 500 m langes Kabel aus Kupfer mit einer Gummiummantelung ein Tal überspannen. Die eigentliche Kupferleitung hat einen Durchmesser von 30 mm; das gesamte Kabel einen Durchmesser von 40 mm. Berechnen Sie das Gewicht eines 500-m-Kabelstranges, wenn die Dichte von Kupfer 8,9 g/cm^3 und die Dichte von Gummi 1,2 g/cm^3 beträgt.

17. Ein Kabel von 12 mm Dicke und 50 km Länge soll einen 1 mm starken Bleimantel erhalten. Wieviel Blei ist erforderlich, wenn seine Dichte 11,3 g/cm^3 beträgt?

18. Ein gerader zylinderförmiger Blumenkübel der Höhe $h = 17$ cm hat die Ellipse mit den beiden Halbachsen $a = 30$ cm; $b = 20$ cm als Grund- und Deckfläche. Welches Volumen besitzt er?

Lösungen Seite 763.

Pyramiden und Kegel

Obwohl beide Körper zu unterschiedlichen Gruppen gehören – die Pyramide besitzt nur ebene Begrenzungsflächen, der Kegel jedoch gekrümmte –, haben sie etliche Gemeinsamkeiten und sollen deshalb zusammen vorgestellt werden.

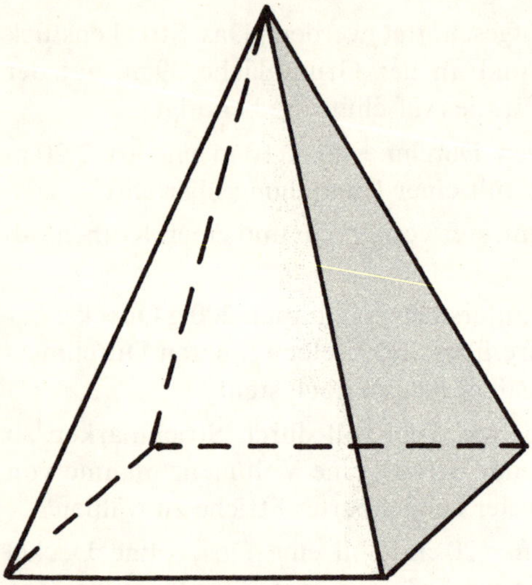

Abb. 375

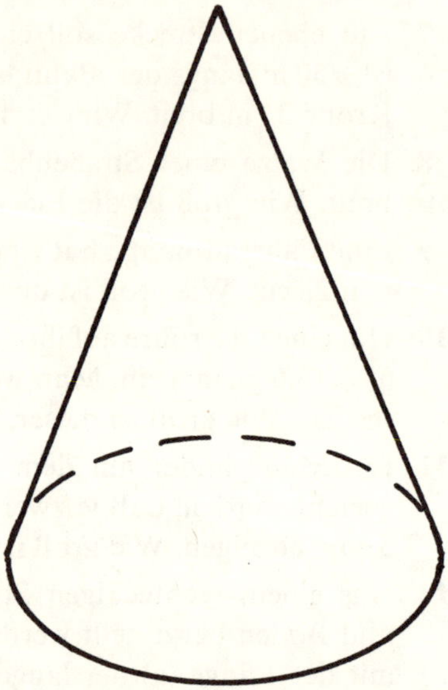

Einführungsbeispiel:

Zwischen 2590 und 2470 v. Chr. wurde bei Gizeh in Ägypten mit immensem Aufwand die Cheopspyramide als Grabmal des Pharao Cheops errichtet. Für den Bau wurden etwa 100000 Menschen eingesetzt, die ungefähr 2,5 Millionen Steinblöcke brechen, heranschaffen und aufschichten mußten.

Welches Volumen besitzt die Cheopspyramide, wenn sie eine Grundfläche von 230 m im Quadrat und eine Höhe von 147 m besitzt? Wie groß ist ihre sichtbare Oberfläche?

Abb. 376

Die Cheopspyramide stellt den Spezialfall der **geraden Pyramide** dar, weil ihre Spitze S genau senkrecht über dem Mittelpunkt der Grundfläche steht. Pyramiden, bei denen dies nicht der Fall ist, heißen **schief**. Allgemein entsteht eine Pyramide, wenn man die Eckpunkte eines Polygons mit einem Punkt außerhalb der Polygonebene verbindet. Die Verbindungslinien der Eckpunkte zur Spitze heißen **Seitenkanten**.

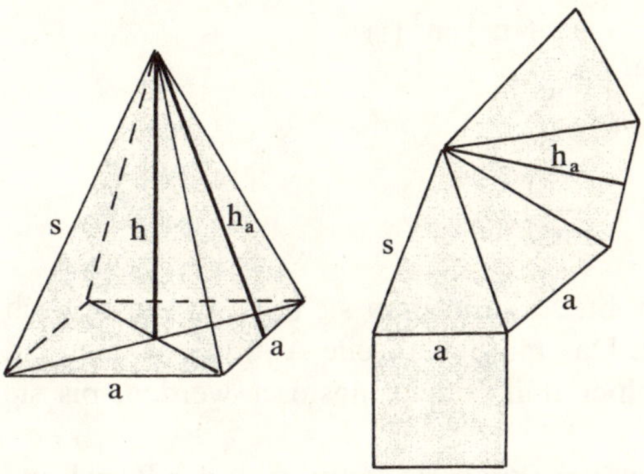

Abb. 377 Quadratische Pyramide und Netzabwicklung

Wie die Netzabwicklung zeigt, setzt sich die Oberfläche aus der Grundseite und den seitlichen Dreiecksflächen zusammen; letztere bilden den **Mantel**.

Zur Volumenbestimmung denken wir uns die Cheopspyramide in quaderförmige Treppenstufen der Höhe $\frac{h}{n}$ zerlegt. Dann folgt aus dem *Strahlensatz* für die Grundfläche der obersten Stufe:

$$h_1^2 : h^2 = G_1 : G \Rightarrow G_1 = G : \frac{h^2}{h_1^2} = \frac{G}{n^2}.$$

Allgemein:

$$h_k^2 : h^2 = G_k : G$$

$$\Rightarrow G_k = G \cdot \left(\frac{k}{n}\right)^2 \quad \text{und} \quad G_n = G.$$

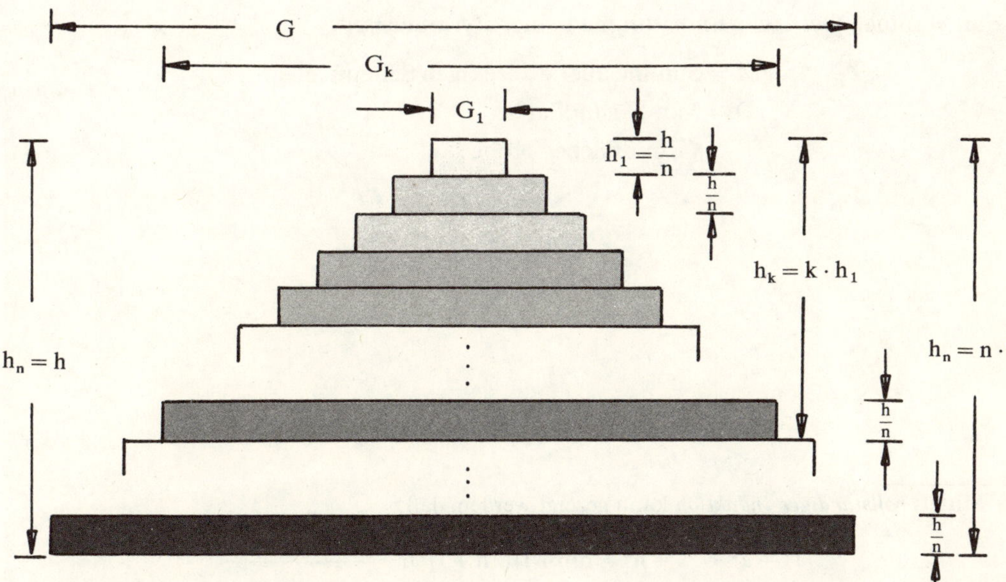

Abb. 378

Damit ist das Volumen der k-ten Treppenstufe:

$$V_k = \frac{G_k \cdot h}{n} = \frac{G h \cdot k^2}{n^3}$$

Aufaddieren aller Stufen ergibt:

$$\begin{aligned} V_{\text{Treppe}} &= G h \cdot (1^2 + 2^2 + \ldots + n^2) : n^3 \ (*) \\ &= G h \left(\frac{n^3}{3} + \frac{n^2}{2} + \frac{n}{6}\right) : n^3 \\ &= G h \left(\frac{1}{3} + \frac{1}{2n} + \frac{1}{6n^2}\right) \end{aligned}$$

Wird nun die Anzahl n der Stufen weiter erhöht, so kann man sie irgendwann optisch von einer Schrägen nicht mehr unterscheiden. Das mathematische Äquivalent dazu ist, daß die Brüche mit n im Nenner immer kleiner und bedeutungsloser werden, bis sie schließlich vernachlässigt werden können.

In diesem *Grenzfall* berechnet sich das Volumen der Pyramide somit nach der Beziehung $V = \frac{G \cdot h}{3}$.

Bezogen auf die Cheopspyramide: Die Seitenflächenhöhe berechnet sich aus halber Grundseite und Höhe nach dem Satz von Pythagoras: $h_a = \sqrt{115^2 + 147^2} = 186{,}64$ m. Damit wird der Mantel $M = 4 \cdot 0{,}5 \cdot 186{,}64 \cdot 230 = 85\,853{,}80\ \text{m}^2$. Mehr ist von der Oberfläche nicht sichtbar. Ihr Volumen ist $V = 230^2 \cdot 147 = 7\,776\,300\ \text{m}^3$.

Für Mantel, Oberfläche und Volumen einer **Pyramide** gilt:

$$M = \text{Summe aller dreieckigen Seitenflächen}$$
$$O = M + \text{Grundfläche}$$
$$V = \frac{\text{Grundfläche} \cdot \text{Höhe}}{3}$$

(*) Mittels *vollständiger Induktion* kann gezeigt werden, daß

$$1^2 + 2^2 + \ldots + n^2 = n(n+1)(2n+1) : 6 = \frac{2n^3 + 3n^2 + n}{6}$$

ergibt. Das Beweisverfahren der vollständigen Induktion kann im Rahmen dieses Buches nicht behandelt werden.

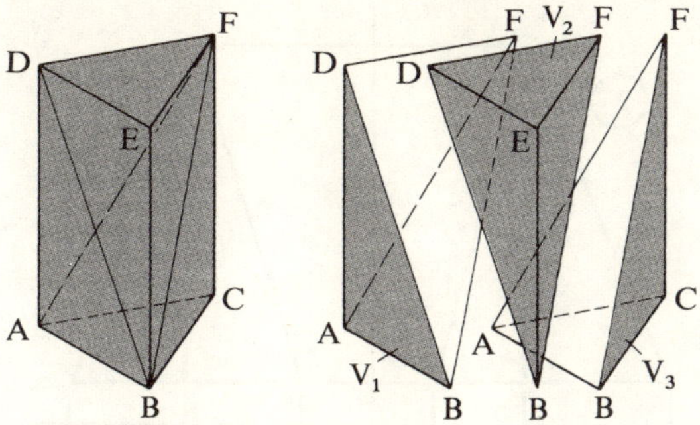

Abb. 379

Selbstverständlich gelten diese Überlegungen und auch die genannten Formeln auch für schiefe Pyramiden; die Berechnung der Treppenstufen gestaltet sich dann allerdings etwas umständlicher.

Einen **Kegel** erhält man, wenn man der Pyramide einen Kreis als Grundfläche zugrunde legt. Der Kegel heißt **gerade**, wenn seine Spitze über dem Mittelpunkt des Grundkreises liegt; alle anderen Kegel bezeichnet man als **schief**.

Es liegt auf der Hand, daß man das Verfahren der Volumenbestimmung von der Pyramide übernehmen kann, wenn man statt der Stufen nun kleine Säulen zugrunde legt (Abb. 378).

Die Netzabwicklung zeigt, daß der Mantel einen Kreissektor darstellt, dessen Radius durch die Seitenlinie des Kegels und dessen Bogen durch den Umfang des Grundkreises gegeben ist:

$$F_s = \frac{b \cdot r}{2},$$

also

$$M = \frac{2\pi r \cdot s}{2} = s \cdot \pi \cdot r.$$

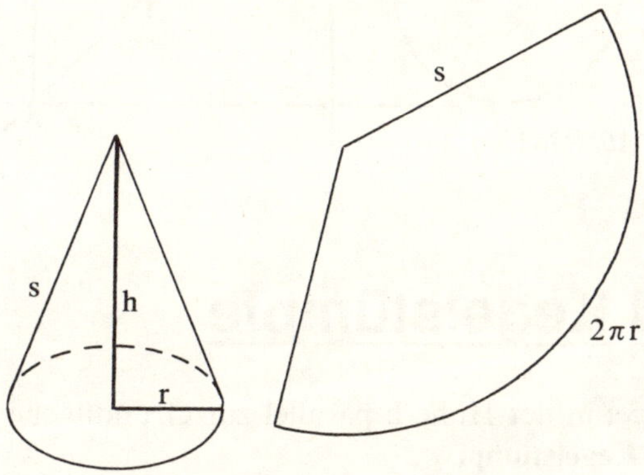

Abb. 380 Die Netzabwicklung eines Kegels

Für Mantel, Oberfläche und Volumen des **Kreiskegels** gilt:

$$M = s \cdot \pi \cdot r = \frac{\pi \cdot r^2 \cdot 360°}{\alpha}$$

$$\text{mit } \alpha = \frac{360° \cdot r}{s}$$

$$O = M + \pi r^2 = \pi r(r + s)$$

$$V = \frac{\pi r^2 \cdot h}{3}$$

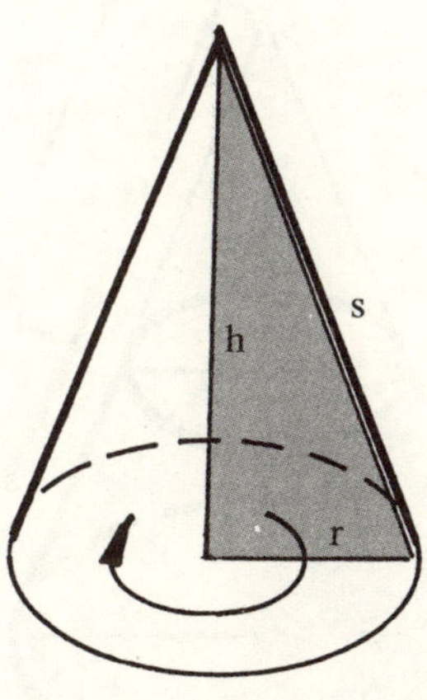

Abb. 381

Übrigens kann man sich auch den geraden Kegel als Rotationskörper denken: entstanden durch Rotation eines rechtwinkligen Dreiecks um eine Kathete.

Beispiel:

Welches Volumen besitzt ein schiefer Kreiskegel mit einem Grundflächenradius von 6 cm, einer maximalen Mantellänge von 15 cm und einer minimalen Mantellänge von 11 cm? Mit der Heronschen Dreiecksformel schließt man auf den Inhalt der Schnittfläche (2):

$$F = \sqrt{19(19-12)(19-15)(19-11)}$$

$$F = 65{,}238\ \text{cm}^2$$

$$F = \frac{d \cdot h}{2} \Rightarrow h = \frac{2F}{d} = \frac{F}{r} = 10{,}87\ \text{cm}$$

$$\Rightarrow V = \frac{\pi r^2 h}{3} = 409{,}79\ \text{cm}^3$$

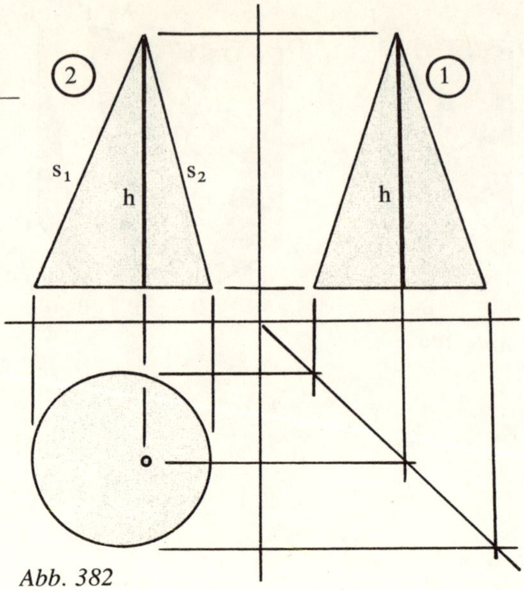

Abb. 382

Pyramidenstümpfe und Kegelstümpfe

Schneidet man eine Pyramide oder einen Kegel in der Höhe h parallel zur Grundfläche ab, so entsteht ein **Pyramidenstumpf** oder ein **Kegelstumpf**.

Die **Mantelfläche** des Pyramidenstumpfes besteht aus Trapezen, die als Differenz zweier Dreiecksflächen entstehen. Ihre Höhen sind mit dem Satz des Pythagoras oder bei bekanntem Neigungswinkel α über $h_s = \frac{h}{\sin \alpha}$ bestimmbar.

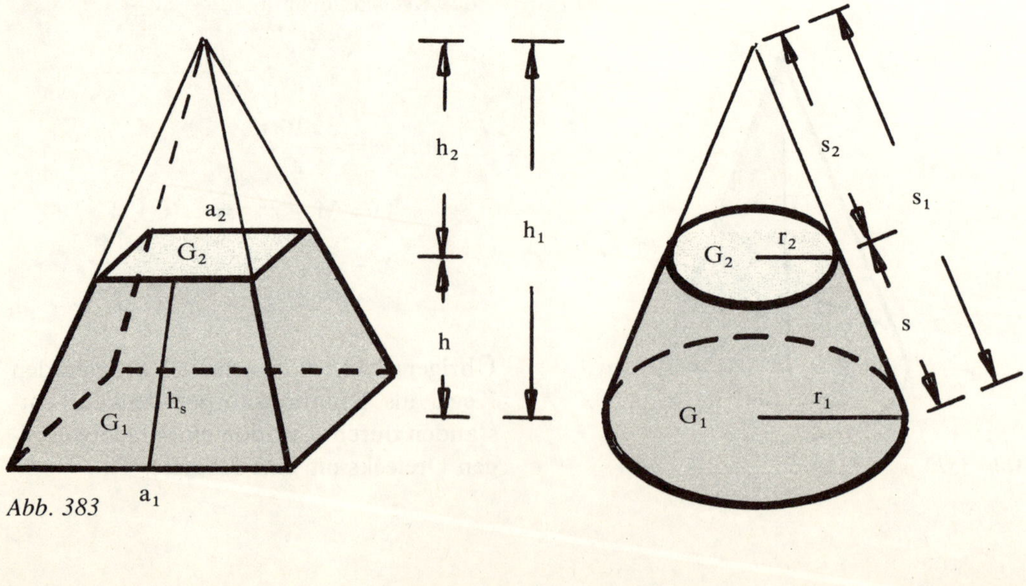

Abb. 383 a_1

Wegen der Vielzahl der möglichen Pyramidengrundflächen ist eine allgemeingültige Formel für die Mantelfläche nicht sinnvoll.
Ist jedoch die Grundfläche ein regelmäßiges n-Eck, so ist

$$M = \frac{U + u}{2} \cdot h_s,$$

mit U: Grundflächenumfang, u: Deckflächenumfang.
Entsprechend ergibt sich die Mantelfläche des geraden Kreiskegels als Differenz zweier Sektorflächen:

$$M = \frac{s_1 \cdot 2\pi \cdot r_1}{2} - \frac{s_2 \cdot 2\pi r_2}{2}$$
$$= \pi(s_1 r_1 - s_2 r_2)$$

Mit Hilfe des Strahlensatzes findet man die Beziehung

$$s_2 : s_1 = r_2 : r_1 \Leftrightarrow s_2 r_1 = s_1 r_2$$
$$\Rightarrow M = \pi(s_1 r_1 - s_2 r_1 + s_1 r_2 - s_2 r_2)$$
$$= \pi[(s_1 - s_2) r_1 + (s_1 - s_2) r_2]$$
$$= \pi s(r_1 + r_2) \quad \text{wegen } s = s_1 - s_2$$

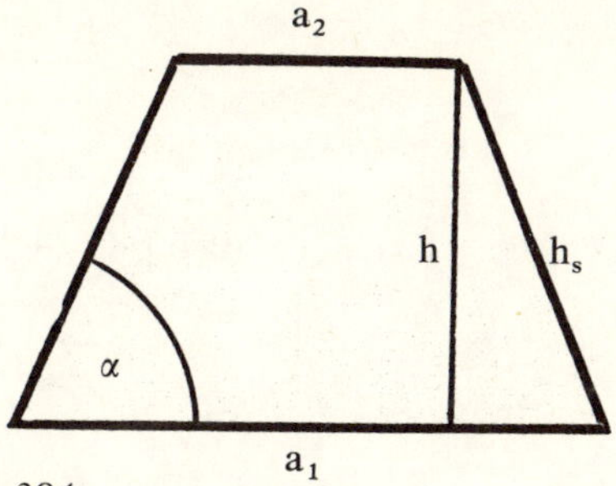

Abb. 384

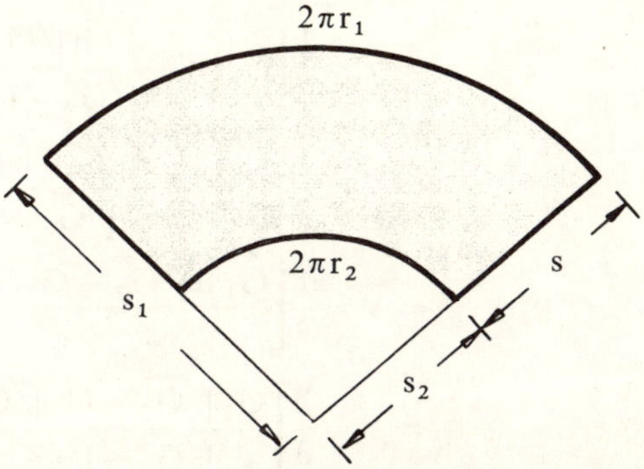

Abb. 385 Die Netzabwicklung eines Kegelstumpfes

Um die Oberflächen zu erhalten, müssen jeweils die Grund- und Deckflächen noch hinzuaddiert werden.

Das **Stumpfvolumen** ergibt sich aus der Differenz der Volumina der ursprünglichen Pyramide bzw. des Kegels und der jeweils abgeschnittenen Spitzen, die ja auch Pyramiden- bzw. Kegelform haben (s. Abb. 383):

$$V = \frac{G_1 \cdot h_1}{3} - \frac{G_2 \cdot h_2}{3} = \frac{1}{3}[G_1(h + h_2) - G_2 h_2]$$

Da nun die Kantenlänge beim n-Eck bzw. der Radius beim Kreis in die Flächenberechnung quadratisch eingehen, verhalten sich nach dem Strahlensatz die Inhalte von Grund- und Deckfläche zueinander wie die Quadrate ihrer Abstände von der ursprünglichen Spitze:

$$\frac{h_1}{h_2} = \frac{h + h_2}{h_2} = \frac{\sqrt{G_1}}{\sqrt{G_2}}$$

$$\Leftrightarrow \quad (h + h_2) \cdot \sqrt{G_2} = h_2 \cdot \sqrt{G_1}$$

$$\Leftrightarrow h\sqrt{G_2} + h_2\sqrt{G_2} = h_2\sqrt{G_1}$$

$$\Leftrightarrow \quad h\sqrt{G_2} = h_2(\sqrt{G_1} - \sqrt{G_2})$$

$$\Leftrightarrow \quad h_2 = -\frac{h\sqrt{G_2}}{\sqrt{G_2} - \sqrt{G_1}}$$

Setzt man den für h_2 gefundenen Wert in die Volumenformel ein, so tauchen neben h nur noch die Flächen G, G_1 und G_2 auf:

$$\Leftrightarrow V = \frac{1}{3}\left[G_1\left(h - \frac{h\sqrt{G_2}}{\sqrt{G_2} - \sqrt{G_1}}\right) + G_2\frac{h\sqrt{G_2}}{\sqrt{G_2} - \sqrt{G_1}}\right]$$

$$\Leftrightarrow V = \frac{1}{3} \cdot \left[G_1 \cdot h - \frac{G_1 \cdot h\sqrt{G_2}}{\sqrt{G_2} - \sqrt{G_1}} + \frac{G_2 \cdot h\sqrt{G_2}}{\sqrt{G_2} - \sqrt{G_1}}\right]$$

$$\Leftrightarrow V = \frac{1}{3}\left[\frac{G_1 h\sqrt{G_2} - G_1 h\sqrt{G_1} - G_1 h\sqrt{G_2} + G_2 h\sqrt{G_2}}{\sqrt{G_2} - \sqrt{G_1}}\right]$$

$$\Leftrightarrow V = \frac{h}{3}\left[\frac{G_2\sqrt{G_2} - G_1\sqrt{G_1}}{\sqrt{G_2} - \sqrt{G_1}}\right]$$

Erweitert man in der letzten Beziehung mit $\sqrt{G_2} + \sqrt{G_1}$ *(3. binomische Formel)*, so ergibt sich weiter:

$$V = \frac{h}{3}\left[\frac{(G_2\sqrt{G_2} - G_1\sqrt{G_1})(\sqrt{G_2} + \sqrt{G_1})}{G_2 - G_1}\right]$$

$$\Leftrightarrow V = \frac{h}{3}\left[\frac{G_2^2 - G_1\sqrt{G_1 G_2} + G_2\sqrt{G_1 G_2} - G_1^2}{G_2 - G_1}\right]$$

Aus dem Zählerterm läßt sich $G_2 - G_1$ wegen

$$G_2^2 - G_1\sqrt{G_1 G_2} + G_2\sqrt{G_1 G_2} - G_1^2 = (G_2 - G_1)(G_1 + \sqrt{G_1 G_2} + G_2)$$

ausklammern, und man erhält letztlich durch Kürzen:

$$V = \frac{h}{3}(G_1 + \sqrt{G_1 G_2} + G_2)$$

als Volumen des Pyramiden- bzw. Kegelstumpfes.
Bei einem Kegelstumpf lassen sich freilich die Kreisflächenformeln $G_1 = \pi r_1^2$ und $G_2 = \pi r_2^2$ verwenden.

Mantel, Oberfläche und Volumen des *Pyramidenstumpfes*:

$$M = \text{Summe aller Trapezflächen}$$
$$O = G_1 + G_2 + M$$
$$V = \frac{h}{3}(G_1 + \sqrt{G_1 G_2} + G_2)$$

Mantel, Oberfläche und Volumen des *Kegelstumpfes*:

$$M = \pi s(r_1 + r_2) = \pi(s_1 r_1 - s_2 r_2)$$
$$O = \pi s(r_1 + r_2) + \pi r_1^2 + \pi r_2^2 = \pi(r_1 s + r_2 s + r_1^2 + r_2^2)$$
$$V = \frac{\pi \cdot h}{3}(r_1^2 + r_1 r_2 + r_2^2)$$

Einführungsbeispiel:

Für eine Bronzestatue soll ein Sockel aus demselben Material gegossen werden. Er soll 1,5 m hoch sein, und es darf eine Masse von 10 t Bronze dafür verbraucht werden (Dichte von Bronze: $\varrho = 8{,}7\ \text{g/cm}^3$). In Frage kommen eine runde (Kegelstumpf) oder eine quadratische Form (Pyramidenstumpf). Die Deckfläche muß, der Statue angemessen, $1\ \text{m}^2$ groß sein. Welches sind die weiteren Abmessungen?
Für beide Sockel verläuft die Berechnung weitgehend analog.

$$V = \frac{m}{\varrho} = \frac{10\ \text{t}}{8{,}7\ \text{t/m}^3} = 1{,}149\ \text{m}^3$$

Da Höhe und Deckfläche bekannt sind, erhält man die Grundfläche mittels einer quadratischen Gleichung:

$$V = 1{,}149 = 0{,}5(G_1 + \sqrt{G_1 \cdot 1} + 1)$$
$$\Leftrightarrow 1{,}299 - G_1 = \sqrt{G_1}$$
$$\Rightarrow 1{,}687 + G_1^2 - 2{,}598\,G_1 = G_1$$
$$\Leftrightarrow G_1^2 - 3{,}598\,G_1 + 1{,}687 = 0$$
$$G_1 = \frac{3{,}598}{2} \pm \sqrt{\left(\frac{3{,}598}{2}\right)^2 - 1{,}687}$$
$$G_1 = 1{,}799 \pm 1{,}245$$
$$\Rightarrow G_1 = 3{,}044\ \text{m}^2 \quad \text{oder} \quad G_1 = 0{,}549\ \text{m}^2$$

(Die zweite Lösung 0,549 ist unbrauchbar, da sonst die untere Fläche kleiner als die obere wäre.)
Daraus ergeben sich oberer und unterer Radius und Durchmesser beim Kegelstumpf bzw. die Kantenlängen des Pyramidenstumpfs:

$$a_2 = \sqrt{G_2} = 1\,\text{m}; \qquad r_2 = \sqrt{G_2/\pi} = 56{,}42\,\text{cm} \Rightarrow d_2 = 112{,}84\,\text{cm}$$
$$a_1 = \sqrt{G_1} = 1{,}745\,\text{m}; \quad r_1 = \sqrt{G_1/\pi} = 98{,}42\,\text{cm} \Rightarrow d_1 = 196{,}85\,\text{cm}$$

Mit dem Satz des Pythagoras ergeben sich die Seitenlinien:

$$h_s = \sqrt{h^2 + (a_1 - a_2)^2/4} = 1{,}546 \Rightarrow M = 8{,}488\,\text{m}^2$$
$$s = \sqrt{h^2 + (r_1 - r_2)^2} = 1{,}558\,\text{m} \Rightarrow M = 7{,}575\,\text{m}^2$$

Übungsaufgaben

1. Berechnen Sie Oberfläche und Volumen einer quadratischen Pyramide mit
a) $a = 7\,\text{cm}$; $h = 14\,\text{cm}$
b) $s = 15\,\text{cm}$; $a = 10\,\text{cm}$
c) $V = 80\,\text{cm}^3$; $h = 15\,\text{cm}$
d) $h_a = 13\,\text{cm}$; $h = 10\,\text{cm}$
e) $h = 12\,\text{cm}$; $s = 18\,\text{cm}$
f) $h_a = 12\,\text{cm}$; $M = 400\,\text{cm}^2$

2. Berechnen Sie Oberfläche und Volumen der abgebildeten Pyramide. (Berechnen Sie zunächst die Verbindungsstrecke von einem Eckpunkt A zum Fußpunkt der Höhe.)

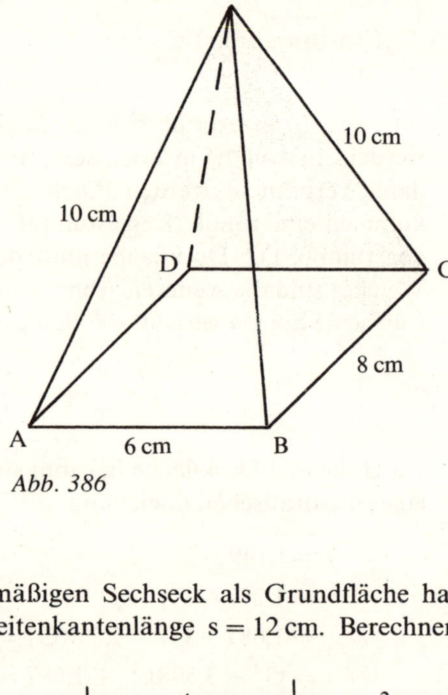

Abb. 386

3. In welcher Höhe muß eine quadratische Pyramide parallel zur Grundfläche geschnitten werden, damit sich das Volumen halbiert?

4. Eine gerade Pyramide mit einem regelmäßigen Sechseck als Grundfläche hat die Grundflächenkante $a = 4\,\text{cm}$ und die Seitenkantenlänge $s = 12\,\text{cm}$. Berechnen Sie V und O.

5. Berechnen Sie das Volumen des abgebildeten Körpers.

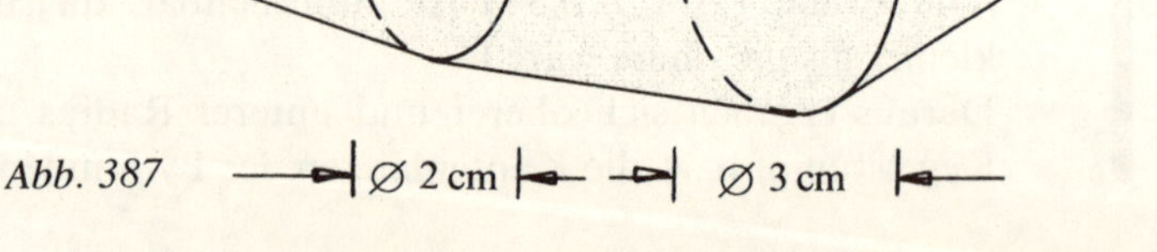

Abb. 387

6. Das Dach eines kreisrunden Wehrturms soll neu gedeckt werden. Für die Ermittlung der Dachfläche stellt sich der Dachdecker so vor dem Turm auf, daß er die Mantellänge s in einem Winkel von 75° sieht, der genau der Neigung des Daches entspricht. Wie groß ist die Dachfläche, wenn der Turm 50 m hoch ist und der Turmdurchmesser 12 m beträgt? Der Dachdecker steht 10 m vor dem Turm und hat eine Augenhöhe von 1,80 m.

7. Das pyramidenförmige Dach eines Turmes von quadratischer Grundfläche der Seitenlänge a = 12 m soll mit Schindeln gedeckt werden. Die Seitenkante ist 14 m. Wie groß ist die Dachfläche? Wie teuer wird das Dach, wenn 1 m² Dacheindeckung inkl. Material 95 € kosten soll?

8. Berechnen Sie die Oberfläche der abgebildeten Körper (Angaben in cm):

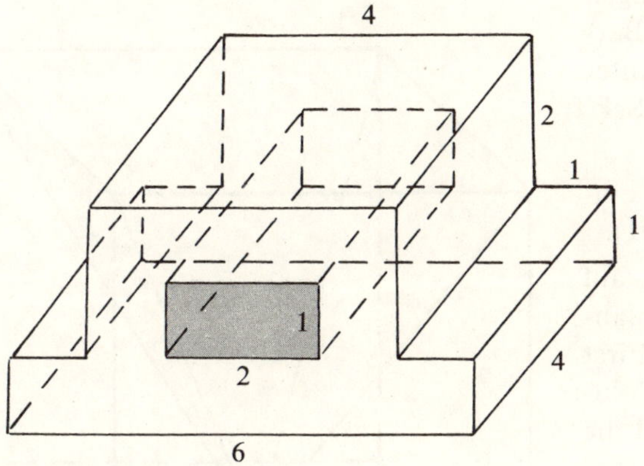

Abb. 388

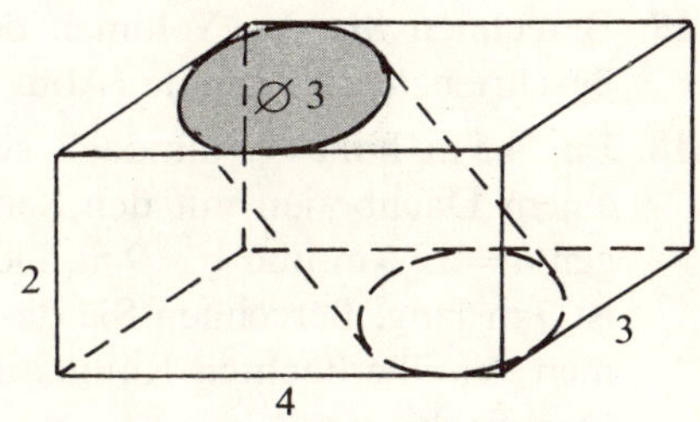

Abb. 389

9. Berechnen Sie die Volumina der oben abgebildeten Körper.

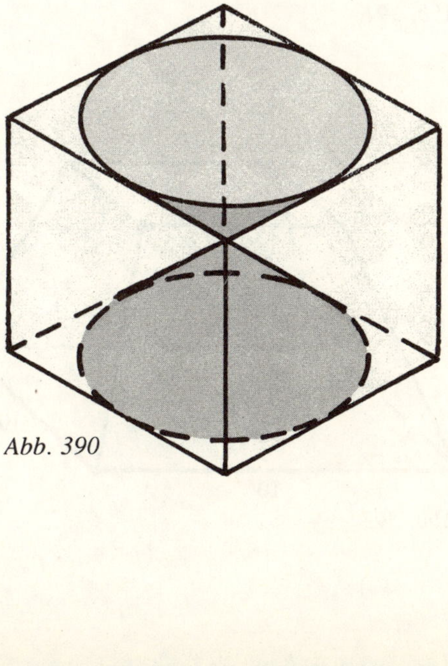

Abb. 390

10. In verschiedene Werkstücke werden kegelförmige Hohlräume gebohrt:

a) in einen Würfel der Kantenlänge a = 60 cm ein Kegel mit h = d = a

b) in einen Würfel mit a = 60 cm ein symmetrischer Diabolo (italienisch: diavolo = Teufel)

c) in zwei gerade Kreiszylinder mit h = 2 r = 60 cm ebenfalls ein Kegel und ein Diabolo.

Berechnen Sie die Volumina der Hohlräume und die der verbleibenden Restkörper.

11. Eine quadratische Pyramide ($h = 2a = 10$ cm) wird durch einen Schnitt parallel zur Grundfläche in zwei Teilkörper zerlegt. Der Abstand der Schnittfläche zur Grundfläche sei: 0,25 h; 0,5 h; 0,75 h. Berechnen Sie das Volumen der jeweiligen Teilkörper.

12. Um ein kreisförmiges Stück Filterpapier als Filter verwenden zu können, faltet man es zu einem Viertelkreis zusammen. Welchen Öffnungswinkel muß der Trichter haben, damit der Filter paßt?

13. Ein kegelförmiger Meßbecher soll genau 1 Liter fassen. Er ist 15 cm hoch. Wie groß muß sein Durchmesser sein?

14. 5 m^3 Sand werden zu einem kegelförmigen Haufen aufgeschüttet. Der Böschungswinkel beträgt dabei 45°. Wie groß sind Höhe und Durchmesser?

15. Ein kegelförmiges Sektglas soll bis zur Hälfte seines Volumens mit Sekt gefüllt werden. Wie hoch steht der Sekt im Glas?

16. Die Eichmarke eines kegelförmigen Sektglases ist 15 cm hoch. Ein Barkeeper füllt jedoch nur bis 1 cm unter diese Marke. Wieviel Prozent des Sektes „spart" er dadurch?

17. Berechnen Sie das Volumen der einbeschriebenen Pyramide (Abb. 391).

18. Ein 4,5 m hohes Walmdach sitzt auf einem Dachboden mit den Seitenlängen $a = 12{,}5$ m und $b = 9$ m. Der First ist 7 m lang. Berechnen Sie das Volumen des überdachten Raums und die Dachfläche.

19. Wieviel Erde muß für ein 2 m tiefes Bassin ausgehoben werden, wenn der obere Rand ein Quadrat mit 10 m Seitenlänge ist und der Böschungswinkel 65° beträgt?

20. Wie groß ist die Abweichung vom eigentlichen Rauminhalt, wenn man zur Berechnung des Volumens eines Baumstamms, der die Form eines Kegelstumpfs hat, die Faustformel $V^* = \pi h \left(\frac{r_1 + r_2}{2}\right)^2$ mit $r_1 = 10$ cm und $r_2 = 5$ cm verwendet?

21. Wieviel m^2 Kupferblech werden (ohne Verschnitt) benötigt, um die abgebildete Kupferhaube herzustellen (Angaben in dm)? (Abb. 392)

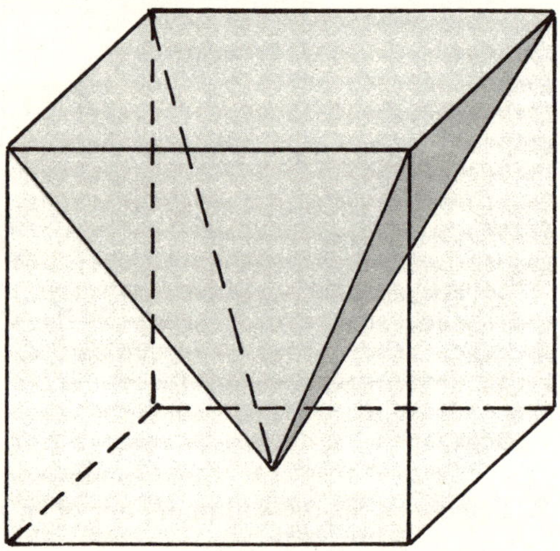

Abb. 391

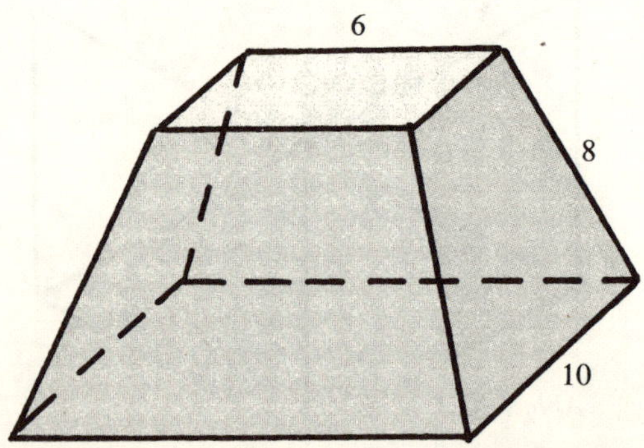

Abb. 392

22. Wie schwer sind die abgebildeten Werkstücke (Maße in cm)?

23. Berechnen Sie M, O und V folgender Kegelstümpfe:

a) $r_1 = 12$ cm; $r_2 = 10$ cm; $h = 8$ cm

b) $r_1 = 9$ cm; $r_2 = 7$ cm; $s = 6$ cm

c) $r_1 = 5$ cm; $h = 7$ cm; $s = 8$ cm

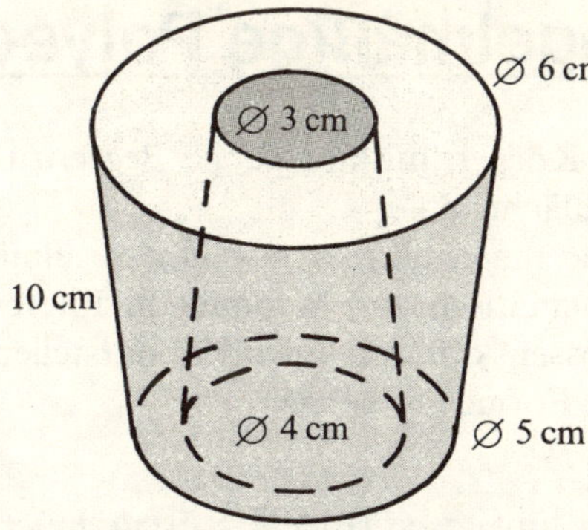

Abb. 393 Eisenwerkstück $\varrho = 6{,}5$ g/cm³

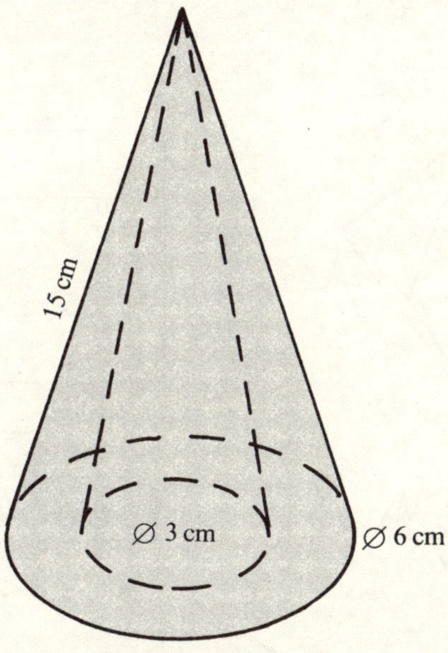

Abb. 394 Kunststoffmodell $\varrho = 2{,}5$ g/cm³

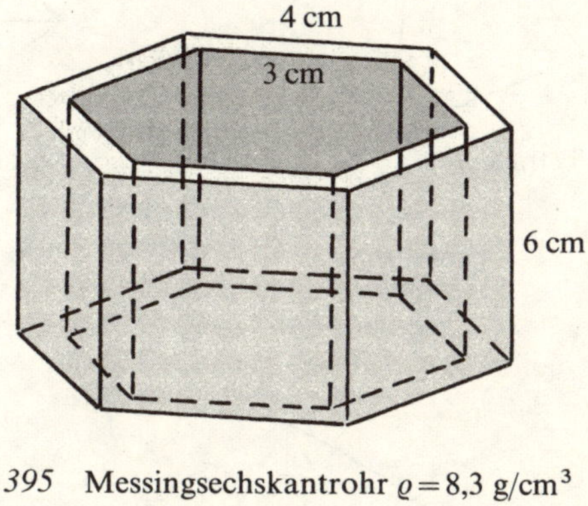

Abb. 395 Messingsechskantrohr $\varrho = 8{,}3$ g/cm³

Lösungen Seite 764.

Regelmäßige Polyeder

Alle Körper, die nur ebene Begrenzungsflächen besitzen, heißen **Polyeder** (griechisch: „Vielflächner").

Unter ihnen gibt es nur fünf regelmäßige, einander nicht ähnliche Körper. Sie sind mathematisch von besonderem Interesse, da sich ihre Oberflächen und Volumina geschlossen, d.h. mit Formeln, darstellen lassen, und darüber hinaus, weil Naturkristalle diese Formen annehmen.

Die fünf regelmäßigen Körper mit ebenen Begrenzungsflächen sind: das **Tetraeder** (Vierflächner), das **Hexaeder** (Sechsflächner; Würfel), das **Oktaeder** (Achtflächner), das **Dodekaeder** (Zwölfflächner; wegen der Form seiner Seitenflächen auch Pentagondodekaeder genannt) sowie das **Ikosaeder** (Zwanzigflächner).

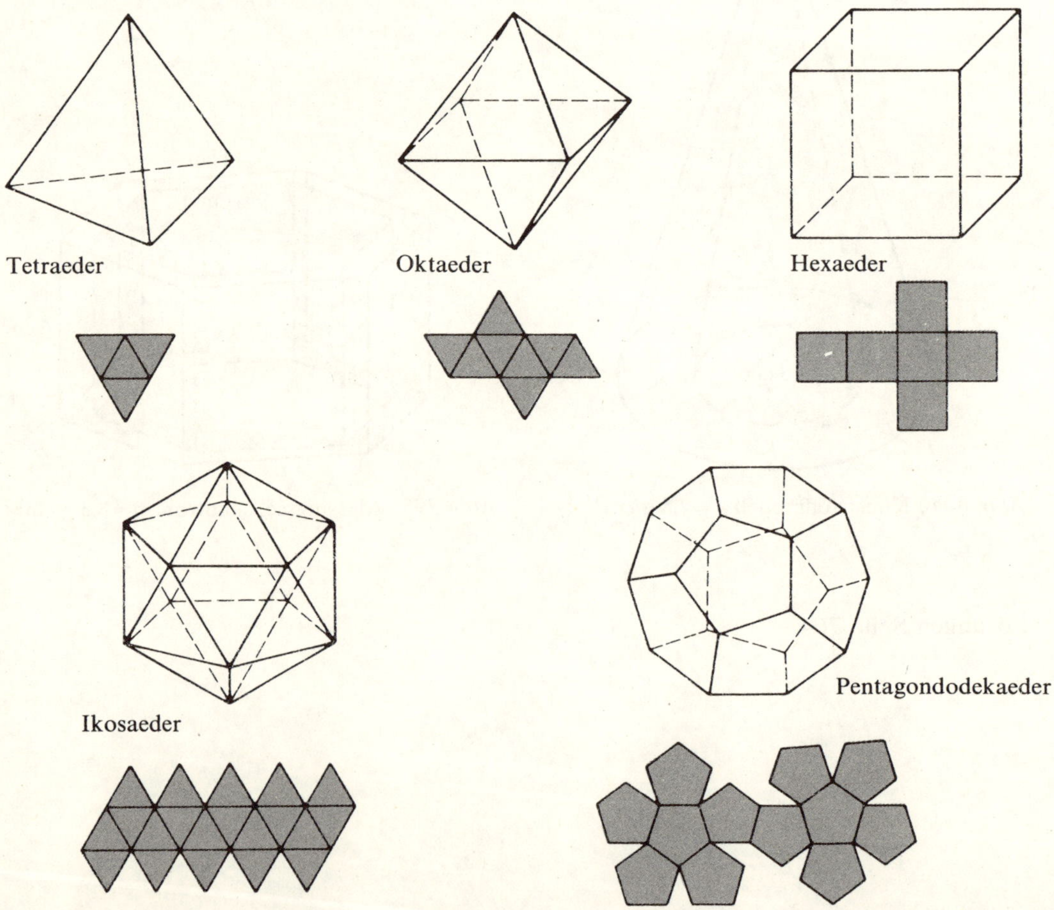

Abb. 396

Beispiele:

Steinsalz bildet Würfel, Fahlerz Tetraeder, Schwefelkies Dodekaeder und Alaun Oktaeder.

Die regelmäßigen Polyeder heißen auch **Platonische Körper**, denn der griechische Philosoph und Mathematiker *Platon* (427–347 v. Chr.) war der Ansicht, daß die vier Urstoffe Feuer, Erde, Wasser und Luft in ihren kleinsten Teilchen die Formen Tetraeder, Ikosaeder, Oktaeder und Hexaeder aufweisen. Die Welt selbst hatte seiner Ansicht nach die Form eines Dodekaeders.

Jedem der fünf regelmäßigen Körper läßt sich eine Kugel ein- und eine andere umbeschreiben. Schachtelt man sie ineinander, so ergeben sich sechs Innen- und sechs Außenräume; gerade so viele, daß Kepler zu der Ansicht gelangen konnte, die (damals bekannten) sechs Planeten würden sich auf Bahnen bewegen, deren Halbachsen mit den Radien solcher In- und Umkugeln übereinstimmten.

Nachstehende Tabellen geben einen Überblick über die markanten Größen der regelmäßigen Polyeder.

Abb. 397

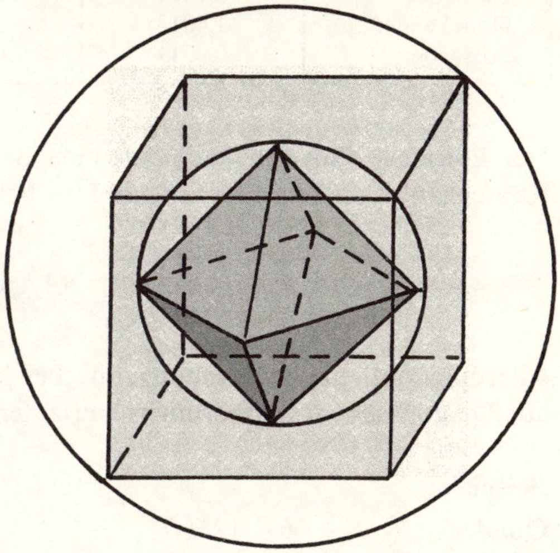

Abb. 398 Würfel und Oktaeder mit In- bzw. Umkugeln

Polyeder	e	f	k	l	m	α	r	ϱ	O	V
Tetraeder	4	4	6	3	3	60°	$\frac{a}{4}\sqrt{6}$	$\frac{a}{12}\sqrt{6}$	$a^2\sqrt{3}$	$\frac{a^3\sqrt{2}}{12}$
Hexaeder	8	6	12	4	3	90°	$\frac{a}{2}\sqrt{3}$	$\frac{a}{2}$	$6a^2$	a^3
Oktaeder	6	8	12	3	4	60°	$\frac{a}{2}\sqrt{2}$	$\frac{a}{6}\sqrt{6}$	$2a^3\sqrt{3}$	$\frac{a^3\sqrt{2}}{3}$
Dodekaeder	20	12	30	5	3	108°	$\frac{a\sqrt{3}+a\sqrt{15}}{4}$	$\frac{a}{20}\sqrt{250+110\sqrt{5}}$	$3a^2\sqrt{25+10\sqrt{5}}$	$\frac{15a^3+7a\sqrt{5}}{4}$
Ikosaeder	12	20	30	3	5	60°	$\frac{a}{4}\sqrt{10+2\sqrt{5}}$	$\frac{a\sqrt{27}+a\sqrt{15}}{12}$	$5a^2\sqrt{3}$	$\frac{15a^3+5a^3\sqrt{5}}{12}$

Dabei haben die Buchstaben folgende Bedeutung: a = Kantenlänge; e = Eckenzahl; f = Flächenzahl; k = Körperkantenzahl; l = Flächenseitenzahl; m = Anzahl der Kanten in jedem Eckpunkt; α = Winkel zwischen benachbarten Flächen; r = Radius der Umkugel; ϱ = Radius der Inkugel; O = Oberfläche; V = Volumen.

Die fünf *Einheitspolyeder* (a = 1) haben folgende Werte:

Polyeder	r	ϱ	O	V
Tetraeder	0,6124	0,2041	1,7321	0,1179
Hexaeder	0,8660	0,5	6	1
Oktaeder	0,7071	0,4082	3,4641	0,4714
Dodekaeder	1,4013	1,1135	20,6457	7,6631
Ikosaeder	0,9511	0,7558	8,6603	2,1817

Der **Eulersche Polyedersatz** liefert eine Bestimmungsgleichung für die Eckenzahl e, die Kantenzahl k und die Flächenzahl f für beliebige Polyeder:

Eulerscher Polyedersatz: $e + f - k = 2$

Allerdings gilt diese Beziehung nur bei konvexen Polyedern, also solchen, bei denen alle Diagonalen im Körperinnern verlaufen, also etwa bei den regulären Polyedern.

Beispiele:

Quader $8 + 6 - 12 = 2$
Oktaeder $6 + 8 - 12 = 2$
Dodekaeder $20 + 12 - 30 = 2$

Kugeln und Kugelteile

Geometrisch gesehen ist die **Kugel** (Kugelperipherie) der Ort aller Punkte im Raum, die von einem festen Punkt M, dem Kugelmittelpunkt, denselben Abstand r haben.
Die Kugel nimmt nicht nur wegen ihres hohen Symmetriegrades (jeder Durchmesser ist zugleich Symmetrieachse) eine Sonderstellung unter den Körpern ein, sie ist auch für uns Menschen von besonderer Bedeutung, da die Erde (annähernd) Kugelgestalt hat. So wird zum Beispiel in der Kartographie die Erde in Längenkreise (Meridiane) eingeteilt. Jeder Abstand auf einem Meridian entspricht dann einem Bogenstück zum Erdradius R.

Zur Bestimmung des Volumens zerlegen wir die Kugel (analog zum Kreiszylinder) in kleine säulenförmige Scheibchen der Höhe $h = \frac{r}{n}$. Für die Radien der einzelnen Scheibchen gilt dann (Satz des Pythagoras):

$$r_1^2 = r^2 - (r-h)^2 \Rightarrow V_1 = \pi r_1^2 h$$
$$r_2^2 = r^2 - (r-2h)^2 \Rightarrow V_2 = \pi r_2^2 h$$

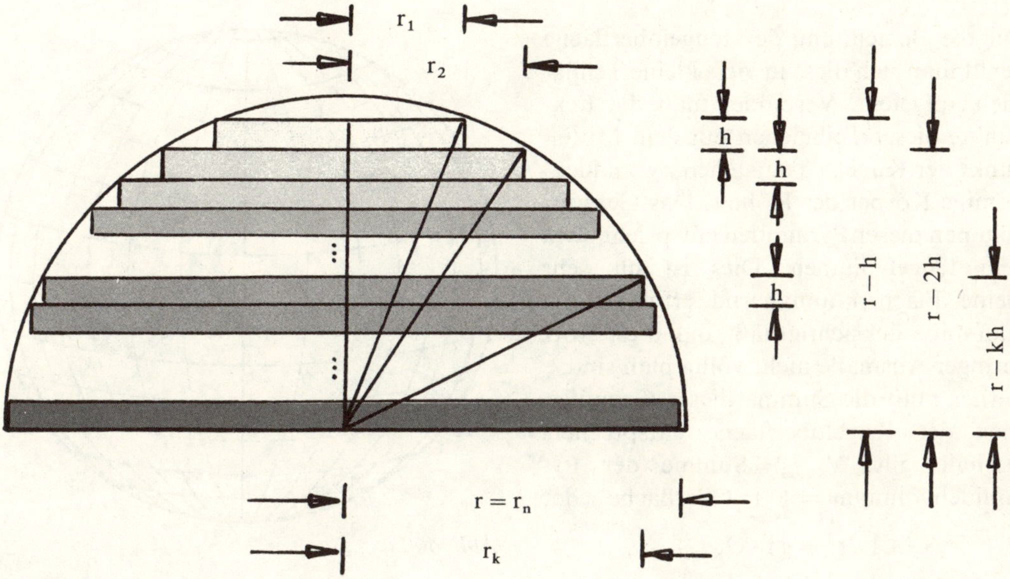

Abb. 399

Allgemein:

$$r_k^2 = r^2 - (r - kh)^2 \Rightarrow V_k = \pi r_k^2 h$$
$$r_k^2 = r^2 - (r^2 + k^2 h^2 - 2rkh)$$
$$r_k^2 = 2rkh - k^2 h^2$$
$$r_k^2 = \frac{2r^2 \cdot k}{n} - \left(\frac{rk}{n}\right)^2$$
$$r_k^2 = r^2\left(\frac{2k}{n} - \frac{k^2}{n^2}\right) \Rightarrow V_k = \pi r^3\left(\frac{2k}{n^2} - \frac{k^2}{n^3}\right)$$

Das gesamte Volumen ist die Summe aller Kreisscheibchen:

$$V_{ges.} = \pi r^3\left[\frac{2}{n^2}(1 + 2 + \ldots + n) - \frac{1}{n^3}(1^2 + 2^2 + \ldots + n^2)\right]$$
$$V_{ges.} = \pi r^3\left[\frac{2}{n^2}\left(\frac{n}{2}(n+1)\right) - \frac{1}{n^3} \cdot \frac{1}{6}\, n(n+1)(2n+1)\right]$$

$$V_{ges.} = \pi r^3 \left[\left(1 + \frac{2}{n}\right) - \left(\frac{1}{3} + \frac{1}{2n} + \frac{1}{6n^2}\right)\right]$$

$$V_{ges.} = \pi r^3 \left[\frac{2}{3} + \frac{3}{2n} - \frac{1}{6n^2}\right]$$

Läßt man nun die Anzahl der „Säulchen" immer weiter steigen, so bleibt nur der erste Term in der Klammer von Bedeutung, und es folgt:
$V_{Halbkugel} = \frac{2}{3} \cdot \pi r^3 \Rightarrow V_{Kugel} = \frac{4}{3} \cdot \pi r^3$.

Für die Berechnung der Kugeloberfläche denkt man sich diese in viele kleine Teilflächen aufgeteilt. Verbindet man die Eckpunkte dieser Teilflächen mit dem Mittelpunkt der Kugel, so entstehen pyramidenförmige Körper der Höhe r. Das Gesamtvolumen dieser Pyramiden entspricht etwa dem Kugelvolumen. Dies ist für sehr kleine Flächen annähernd erfüllt, wenn man unberücksichtigt läßt, daß diese trotz geringer Ausmaße nicht völlig plan sind. Ferner muß die Summe dieser Grundflächen der Kugeloberfläche entsprechen. Deshalb gilt: V_{Kugel} = Summe der Pyramidenvolumina = $\frac{1}{3} \cdot r \cdot$ Oberfläche der Kugel

$$\frac{4}{3}\pi r^3 = \frac{1}{3} r \cdot O_{Kugel}$$

$$4\pi r^2 = O_{Kugel}.$$

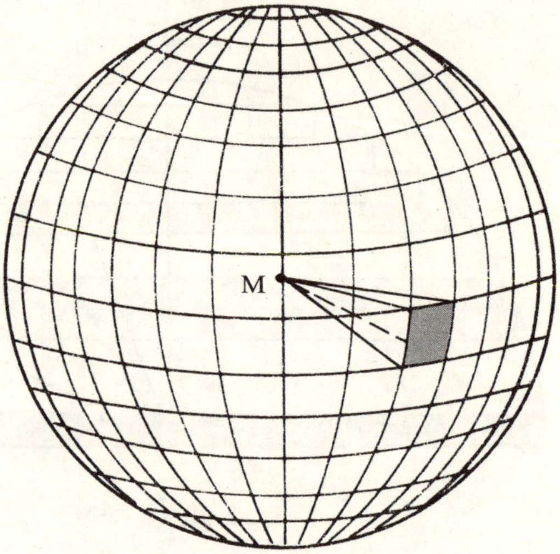

Abb. 400

Insgesamt gilt also:

Bei einer **Kugel** berechnet sich die Oberfläche und das Volumen:

$$O = 4\pi r^2; \quad V = \frac{4}{3}\pi r^3$$

Einführungsbeispiel:

Der mittlere Erdradius beträgt etwa 6370 km. Wie groß sind die Erdoberfläche und das Erdvolumen? Welche Masse hat die Erde, wenn man eine mittlere Dichte von 5,514 g/cm³ voraussetzt?

$$O = 5{,}10 \cdot 10^8\ km^2; \quad V = 1{,}08 \cdot 10^{12}\ km^3; \quad m = 5{,}97 \cdot 10^{24}\ kg$$

Das Volumen einer **Hohlkugel** erhält man ähnlich wie das eines Hohlzylinders (S. 337) als Differenz der Volumina zweier konzentrisch ineinanderliegender Kugeln:

$$V_{\text{Hohlkugel}} = \frac{4}{3}\pi(r_1^3 - r_2^3)$$

Einführungsbeispiel:

Welche Masse hat eine Hohlkugel aus Eisen mit einem äußeren Durchmesser von 12 cm und einer Wandstärke von 8 mm ($\varrho = 7{,}8$ g/cm³)?

$$V = \frac{4}{3}\pi(6^3 - 5{,}2^3) = 315{,}8\ \text{cm}^3; \quad m = V \cdot \varrho = 2463{,}25\ \text{g}$$

Betrachten wir nun **Kugelteile**. Insgesamt kommen die folgenden Grundformen vor:

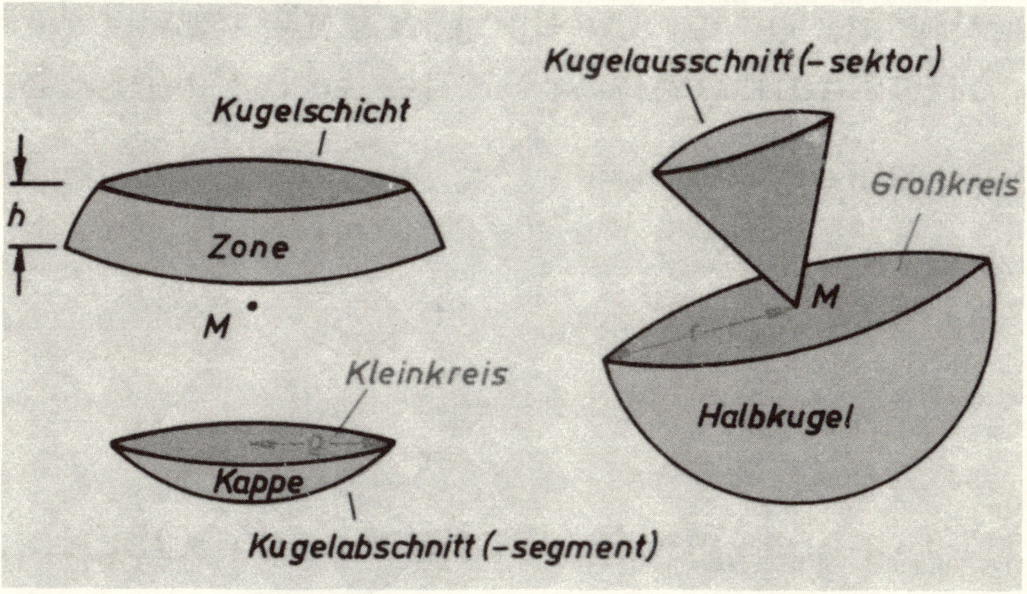

Abb. 401

Ein Teil davon entsteht, wenn eine oder mehrere Ebenen die Kugel schneiden. Geht der Schnitt durch den Kugelmittelpunkt, so entstehen zwei **Halbkugeln** und ein Großkreis als Schnittfläche. Geht der Schnitt nicht durch den Mittelpunkt, so entstehen zwei **Kugelabschnitte**. Zwischen zwei solchen Schnitten entsteht eine **Kugelschicht**. Schält man ein kegelförmiges Stück aus der Kugel heraus, erhält man einen **Kugelausschnitt**.

Die Berechnungen zur Kugelschicht und zum Kugelausschnitt führen über die mathematische Behandlung eines **Kugelabschnitts**. Diese gestaltet sich analog zur Volumenbestimmung der Vollkugel. Bezeichnen wir die Höhe des Abschnitts mit h und verwenden Scheibchen der Dicke $\frac{h}{n}$, so ergeben sich die Radien der Scheiben $r_k^2 = r^2 - \left[r - k \cdot \left(\frac{h}{n}\right)\right]^2$ und das Volumen $V = \frac{\pi}{3} \cdot h^2(3r - h)$.

Meist ist jedoch nicht der Kugelradius r, sondern der Schnittflächenradius ϱ des Kugelschnitts gegeben. Mit dem Satz des Pythagoras erhalten wir:

$$r^2 = \varrho^2 + (r - h)^2 \Leftrightarrow r = \frac{\varrho^2 + h^2}{2h} \qquad (*)$$

Setzen wir das in die obige Volumenformel ein, so erhalten wir durch Ausmultiplizieren

$$V = \frac{\pi h(3\varrho^2 + h^2)}{6}.$$

Das Volumen der **Kugelschicht** erhält man durch Subtraktion der Volumina zweier Kugelabschnitte mit verschiedenen Höhen h_1 und h_2 und verschiedenen Schnittkreisradien ϱ_1 und ϱ_2:

$$V = \frac{\pi h(3\varrho_1^2 + h_1^2)}{6} - \frac{\pi h(3\varrho_2^2 + h_2^2)}{6}.$$

Nun ist $h + h_2 = h_1$. Wir ersetzen deshalb h_1 und multiplizieren aus.
Ferner ergibt sich die Beziehung (*) (vgl. oben) für die beiden Kappen durch Gleichsetzen: $\varrho_1^2 h_2 - \varrho_2^2 h_1 + h h_1 h_2 = 0$.
Dies führt am Ende auf:

$$V = \frac{\pi h(3\varrho_1^2 + 3\varrho_2^2 + h^2)}{6}.$$

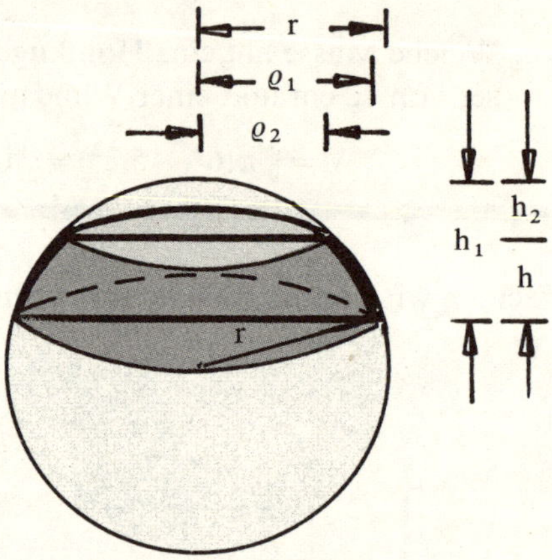

Abb. 402 Die Kugelschicht

Das Volumen des **Kugelausschnitts** erhält man durch Addition der Volumina eines Kegels und eines Kugelabschnitts:

$$V = \frac{\pi h^2(3r - h)}{3} + \frac{\pi \varrho^2(r - h)}{3}.$$

Man benutzt wieder die Beziehung (*), die sich umformen läßt zu $\varrho^2 = h(2r - h)$. Damit ersetzt man ϱ^2 und erhält:

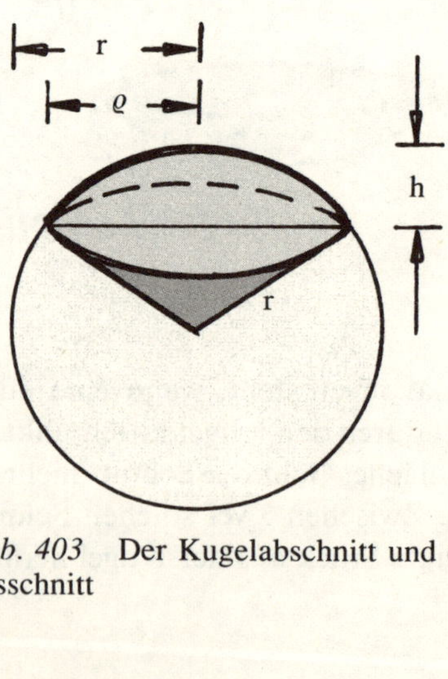

Abb. 403 Der Kugelabschnitt und der Kugelausschnitt

$$V = \frac{\pi h^2(3r - h)}{3} + \frac{\pi h(2r - h)(r - h)}{3}$$

$$\Leftrightarrow V = \pi r h^2 - \frac{\pi h^3}{3} + \frac{2\pi r^2 h}{3} - \pi r h^2 + \frac{\pi h^3}{3}$$

$$\Leftrightarrow V = \frac{2\pi r^2 h}{3}$$

Ersetzt man dagegen r mit Hilfe von (∗), so ergibt sich:

$$V = \frac{2}{3}\pi h\left(\frac{\varrho^2 + h^2}{2h}\right)^2 = \frac{\pi}{6h}(\varrho^2 + h^2)^2$$

Die Mantelfläche M des **Kugelabschnitts**, die man auch *Kugelhaube*, *Kugelkappe* oder *Kardinalskäppchen* nennt, läßt sich nach den gleichen Überlegungen berechnen wie die Kugeloberfläche. Betrachtet man nämlich den Kugelausschnitt als Summe vieler kleiner Pyramiden, so ist deren Grundfläche gerade die Kugelkappe.

Es gilt also: $\frac{Mr}{3} = \frac{2\pi r^2 h}{3} \Leftrightarrow M = 2\pi r h.$

Ersetzt man hierbei r nach der Beziehung (∗), so erhält man für die Kugelkappe: $M = \pi \cdot (\varrho^2 + h^2)$. Zur Bestimmung der gesamten Oberfläche ist dann nur noch die Fläche des Grundkreises $\pi\varrho^2$ zu addieren.

Die Mantelfläche der **Kugelschicht** heißt *Kugelzone*. Sie ist als Differenz zweier Kappen zu errechnen. Die gesamte Oberfläche erhält man durch zusätzliche Addition des Grund- und des Deckkreises.

Die Oberfläche des **Kugelausschnitts** schließlich ist die Summe einer Kugelkappe und eines Kegelmantels.

Für Kugelteile gelten also folgende Formeln:

Kugelabschnitt:

$$V = \tfrac{1}{3}\pi h^2(3r - h) = \tfrac{1}{6}\pi h(3\varrho^2 + h^2)$$

$$M = 2\pi r h = \pi(\varrho^2 + h^2) \quad \text{(Kugelkappe)}$$

$$O = 2\pi r h + \pi\varrho^2 = \pi(2\varrho^2 + h^2)$$

Kugelschicht:

$$V = \tfrac{1}{6}\pi h(3\varrho_1^2 + 3\varrho_2^2 + h^2)$$

$$M = 2\pi r h \quad \text{(Kugelzone)}$$

$$O = \pi(2rh + \varrho_1^2 + \varrho_2^2)$$

Kugelausschnitt

$$V = \frac{2}{3}\pi r^2 h = \frac{\pi}{6h}(\varrho^2 + h^2)^2$$

$$O = \pi r(2h + \varrho)$$

Beispiele:

1. Ein Käserad hat die Form einer Kugelschicht. Berechnen Sie seine Oberfläche und sein Volumen, wenn $\varrho_1 = \varrho_2 = 25$ cm und $h = 20$ cm ist.

$$V = \frac{20\pi}{6}(3 \cdot 25^2 + 3 \cdot 25^2 + 20^2) = 43458{,}70 \text{ cm}^3 = 43{,}458 \text{ dm}^3$$

Den Radius r erhält man über den Satz des Pythagoras:

$$r^2 = \varrho_1^2 + \left(\frac{h}{2}\right)^2 \Rightarrow r^2 = 25^2 + 10^2 \Rightarrow r = 26{,}93 \text{ cm}$$

Also $O = \pi(2 \cdot 26{,}93 \cdot 20 + 2 \cdot 25^2) = 7310{,}59 \text{ cm}^2 = 73{,}11 \text{ dm}^2$

2. Ein Spielkreisel hat die Form eines Kugelausschnitts mit der Gesamthöhe $r = 16$ cm und der Breite $b = 2\varrho = 10$ cm. Wie groß sind sein Volumen und seine Oberfläche? Die Kappenhöhe erhält man mit dem Satz des Pythagoras:

$$(r-h)^2 + \varrho^2 = r^2 \Leftrightarrow r^2 - 2rh + h^2 + \varrho^2 = r^2 \Leftrightarrow h^2 - 2rh + \varrho^2 = 0 \Leftrightarrow h^2 - 32h + 25 = 0$$

mit den beiden Lösungen $h_1 = 31{,}2$ cm und $h_2 = 0{,}8$ cm.
Da $h < r$ sein muß, ist nur die zweite Lösung brauchbar. Deshalb erhält man

$$V = 2\pi \cdot 16^2 \cdot 0{,}8 : 3 = 428{,}93 \text{ cm}^3$$
$$O = 16\pi(2 \cdot 0{,}8 + 5) = 331{,}75 \text{ cm}^2$$

Beliebig geformte Körper

Wie schon des öfteren demonstriert, ist eine gute Methode zur Bestimmung des Volumens eines komplizierten Körpers die *Zerlegung* durch geeignete *Schnitte*. Dadurch entstehen einfache Teilkörper, die dann mit den bekannten Formeln bestimmt werden können.

Beispiel:

Das Volumen des abgebildeten Körpers setzt sich aus den Volumina eines Pyramidenstumpfs, eines Quaders und einer Pyramide zusammen. Dies wird deutlich, wenn der Körper durch zwei Schnitte in den Ebenen E_1 und E_2 zerlegt wird.

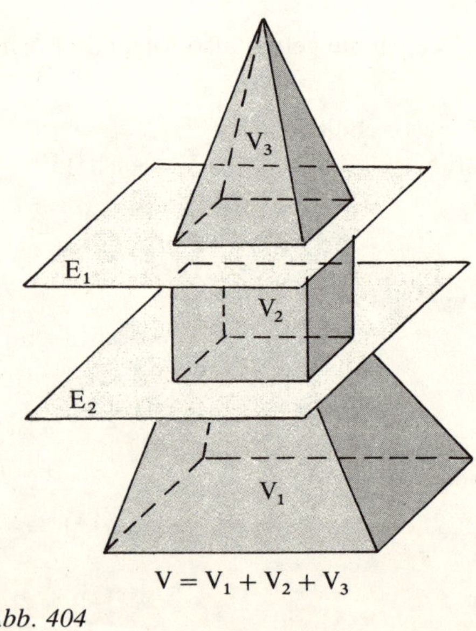

Abb. 404

Durch eine *Scherung* im Raum lassen sich viele Formeln verallgemeinern (Kegel, Pyramide).
Betrachten wir dazu einen Stapel von Bierdeckeln. Durch eine Verschiebung oder Drehung der Deckel können sich Höhe und Volumen nicht verändern. Die dabei entstehenden Treppchen können unberücksichtigt bleiben, da in der Theorie der Körper aus unendlich vielen Schichten verschwindender Dicke zusammengesetzt ist.
Eine noch weitergehende Übertragung ermöglicht das **Prinzip von Cavalieri**:

Abb. 405

> Zwei Körper haben gleiches Volumen, wenn alle ihre Querschnitte in gleichem Abstand zur Grundfläche flächengleich sind.

Dabei ist es nicht notwendig, daß die Schnittflächen kongruent sind!
Dies ermöglicht eine elegante Methode zur Ermittlung des Kugelvolumens:
Aus einem Kreiszylinder mit dem Radius r und der Höhe 2r schneide man zwei sich mit den Spitzen gegenüberstehende Kegel (einen Diabolo) mit $r = h$ heraus. Die übriggebliebene Hohlform erinnert an das Gehäuse einer Sanduhr. Aus einem zweiten gleichen Kreiszylinder schneide man eine Kugel mit dem Radius r. Wegen der Symmetrie der Körper reicht die Betrachtung der unteren Halbkugel und der unteren „Sanduhr"-Hälfte. Jede Schnittfläche parallel zur Grundfläche liefert in der Kugel einen Kreis, im „Sanduhrgehäuse" einen Kreisring. Dabei sei τ' der Radius des im Diabolo entstehenden Kreises, τ der Radius des Kugelschnittkreises.

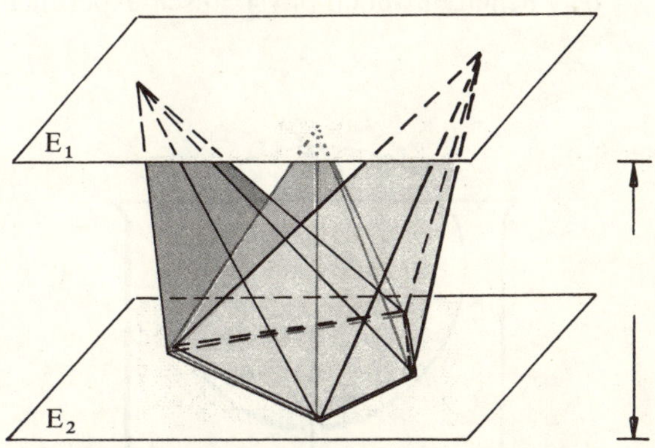

Abb. 406 Die gescherten Pyramiden sind volumengleich, weil sie dieselbe Höhe und gleiche Grundflächen besitzen: $V = \frac{1}{3} G \cdot h$.
Jede parallele Schnittebene mit kleinerem Abstand zur Grundebene erzeugt bei den Pyramiden flächengleiche Schnittflächen

Für die Flächen im Abstand l von der Mitte des jeweiligen Körpers gilt dann:

$$F_S = \pi r^2 - \pi \cdot \tau'^2 = \pi(r^2 - \tau'^2)$$
$$F_K = \pi \tau^2 = \pi(r^2 - l^2)$$

Nach dem Strahlensatz gilt ferner:

$$\frac{\tau'}{r} = \frac{1}{r} \text{ (Sanduhr), } \quad \text{also } \tau' = 1,$$

$$\Rightarrow F_S = \pi(r^2 - l^2) = F_K.$$

Beide Körper sind somit volumengleich. Nun ist das Volumen des Zylinders $V_Z = \pi r^2 h = 2\pi r^3$, weil $h = 2r$ ist. Das Volumen des Diabolo beträgt:

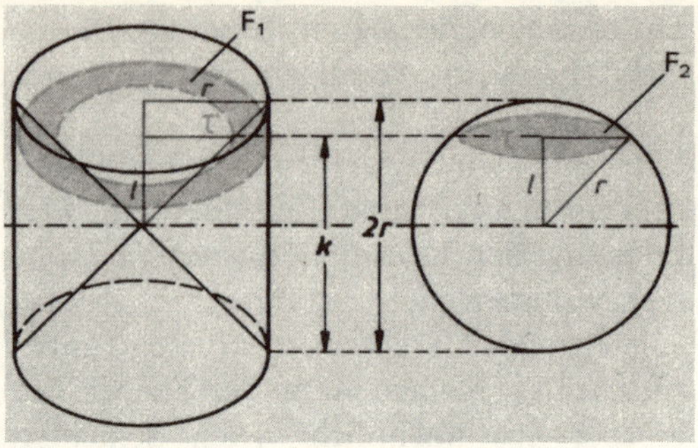

Abb. 407

$$V_D = \frac{2\pi r^2}{3} \cdot \frac{h}{2} = \frac{\pi r^2 \cdot h}{3} = \frac{2}{3}\pi r^3$$

und damit das Sanduhr- und Kugelvolumen:

$$V_K = V_Z - V_D = 2\pi r^3 - \tfrac{2}{3}\pi r^3$$
$$V_K = \tfrac{6}{3}\pi r^3 - \tfrac{2}{3}\pi r^3 = \tfrac{4}{3}\pi r^3$$

Das Volumen eines völlig unregelmäßig geformten Körpers dagegen kann keinesfalls mit elementaren, manchmal sogar kaum mehr exakt mit mathematisch komplexen Methoden bestimmt werden. Dann – etwa beim Volumen eines Apfels oder einer Kartoffel – helfen nur noch physikalisch-experimentelle Verfahren.

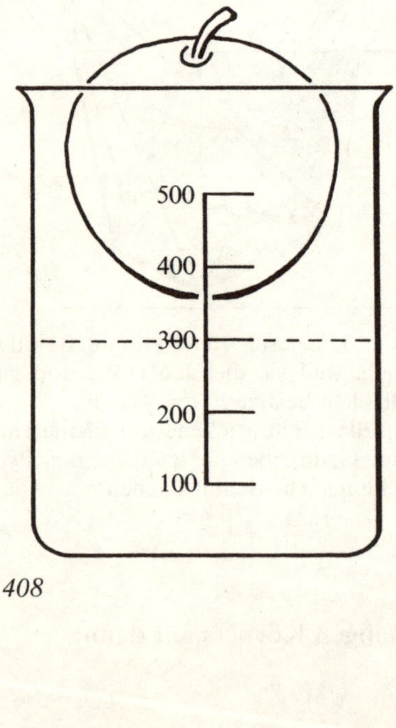

Abb. 408

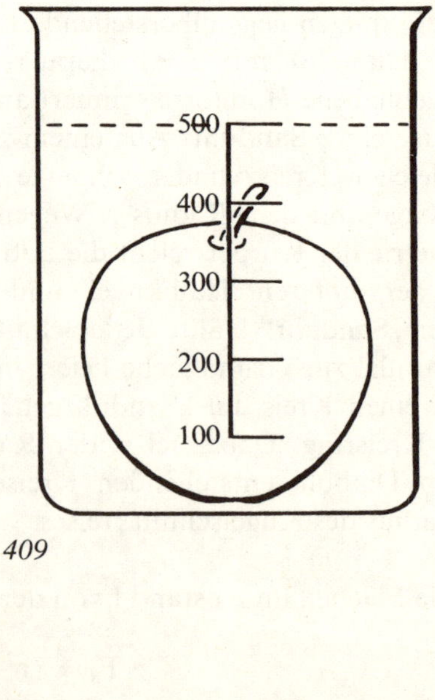

Abb. 409

Übungsaufgaben

1. Wie groß ist das Volumen des Körpers, der entsteht, wenn man auf jede Fläche eines Würfels eine gerade Pyramide mit $s = a$ setzt?

2. Ein Tetraeder und eine Kugel haben gleiche Oberflächen. In welchem Verhältnis stehen ihre Volumina?

3. Zu jedem regelmäßigen Polyeder gibt es eine Innenkugel, die jede Fläche genau in ihrem Mittelpunkt berührt. Ihr Radius sei r. Begründen Sie für das Volumen V und die Oberfläche O des Polyeders: $V = \frac{O \cdot r}{3}$.

Denken Sie sich dazu das Polyeder so in Pyramiden der Höhe r zerlegt, daß jede Seitenfläche des Polyeders Grundfläche einer solchen Pyramide ist.

4. Der Reichsapfel, eine Kugel aus Goldblech mit einem Kreuz, bildete zusammen mit Zepter und Krone die Reichsinsignien. Wie schwer wäre der Reichsapfel, wenn er aus massivem Gold bestünde ($d \approx 10$ cm; $\varrho \approx 19{,}3$ g/cm^3; das Gewicht des Kreuzes bleibt unberücksichtigt)?

5. Eine Kugel, ein Zylinder und ein Kegel (dessen Grundfläche) haben gleiche Radien. Bestimmen Sie die Höhe von Zylinder und Kegel so, daß die drei Körper a) das gleiche Volumen haben; b) die gleiche Oberfläche haben.

6. Aus einem kugelförmigen Öltropfen von 5 mm Durchmesser entsteht eine kreisförmige Ölschicht von 1 m Durchmesser. Wie dick ist die Schicht?

7. Wie dick ist die Wand einer Seifenblase mit einem äußeren Durchmesser von 10 cm, die aus einem Tropfen von 5 mm Durchmesser entstanden ist?

8. Eine gläserne Weihnachtsbaumkugel mit einem äußeren Durchmesser von 12 cm wiegt 20 g. Wie dick ist ihre Wand ($\varrho \approx 2{,}6$ g/cm^3)?

9. Ein Freiluftballon hat einen Durchmesser von 25 m.
a) Wie schwer ist die Hülle, wenn 1 m^2 Seidenstoff 45 g wiegt?
b) Wieviel wiegt die Füllung, wenn man Wasserstoff ($\varrho = 9 \cdot 10^{-5}$ g/cm^3) als Füllstoff verwendet?

10. Einem Würfel wird eine Kugel mit dem größtmöglichen Volumen einbeschrieben und eine Kugel mit dem kleinstmöglichen Volumen umbeschrieben. Die Kantenlänge des Würfels ist 5 cm.
a) Zeichnen Sie ein Schnittbild des Gesamtkörpers.
b) Berechnen Sie Volumen und Oberfläche der beiden Kugeln.

11. Wie groß sind die Volumina und Oberflächen folgender Himmelskörper:
a) Mond ($r = 1735$ km)
b) Mars ($r = 3430$ km)
c) Venus ($r = 6305$ km)
d) Jupiter ($r = 71\,800$ km)?

12. Eine Korkkugel ($\varrho = 0{,}25$ g/cm^3) mit dem Durchmesser 36 cm hat einen kugelförmigen Bleikern ($\varrho = 11{,}4$ g/cm^3). Wie groß ist der Bleikern, wenn die Kugel im Wasser bis zur Hälfte eintaucht?

13. Die Lungen eines Erwachsenen besitzen etwa 400 Millionen kugelförmige Lungenbläschen, jedes mit einem Durchmesser von 0,3 mm. Wie groß ist die Oberfläche aller Bläschen zusammen?

14. Eine Kugel mit dem Radius $r = 10$ cm wird von einer Ebene im Abstand 3 cm vom Mittelpunkt geschnitten. Berechnen Sie die Schnittfläche und die Volumina der beiden Abschnitte.

15. Berechnen Sie die fehlenden Größen M, V, h oder r der folgenden Kugelabschnitte:
a) $r = 6$ cm; $h = 5$ cm　　b) $M = 50\ \text{cm}^2$; $h = 3$ cm
c) $h = r = 7$ cm　　d) $M = 700\ \text{cm}^2$; $r = 10$ cm

16. Welchen Teil der Erdoberfläche sieht man theoretisch aus einer Höhe von 10000 m (Erdradius 6370 km)?

17. Der Durchmesser einer Kugel wird in vier gleiche Teile geteilt. Durch die Teilpunkte werden drei Ebenen senkrecht zum Durchmesser gelegt. In welchem Verhältnis stehen a) die Mantelflächen, b) die Volumina der entstehenden Kugelteile?

18. Bei einer Kugel sind vom Mittelpunkt aus gesehen die räumlichen Ausdehnungen nach den drei Koordinaten gleich. Sind diese verschieden, spricht man von einem *Ellipsoid* mit den 3 Hauptachsen a, b und c. Das Volumen eines Ellipsoids berechnet sich nach der Formel $V = \frac{4}{3}\pi a \cdot b \cdot c$.
Die Erde ist eigentlich keine Kugel, sondern ein Ellipsoid, dessen Hauptachsen $a = c = 6378$ km (Äquatorradius) und $b = 6356$ km (Polradius) betragen. (Strenggenommen besteht zwischen den beiden Äquatorachsen noch ein kleiner Unterschied.) Berechnen Sie das Erdvolumen und vergleichen Sie mit dem Ergebnis von S. 356.

19. An einem Hang ist 1 m langes Klafterholz gestapelt wie in Abb. 410. Wieviel Raummeter Holz enthält der 1,20 m hohe Stapel?

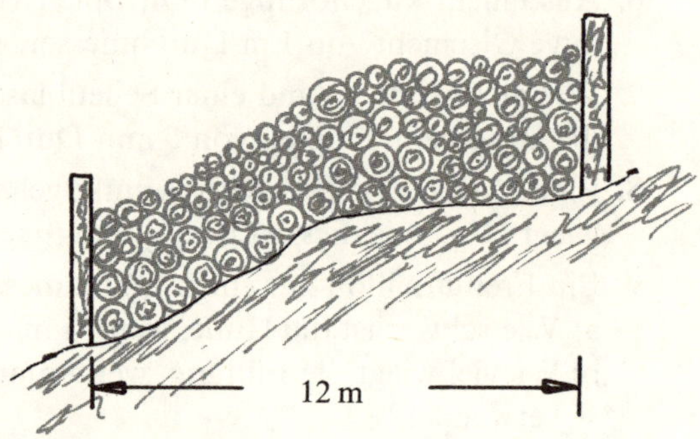

Abb. 410

Lösungen Seite 768.

Differentialrechnung

Der Ursprung der Differentialrechnung ist wohl in geometrischen Problemen zu suchen. Grenzwertbetrachtungen führten schon die griechischen Mathematiker der Antike durch. Vor allem die Berechnungen von Kreis, Parabel und Rotationskörpern durch Archimedes (287–212 v. Chr.) sollten besonders erwähnt werden.

In der Neuzeit stammen die wesentlichen Arbeiten von Leibniz (1646–1716 n. Chr.) und Newton (1643–1727 n. Chr.). Leibniz ging von dem Problem aus, Tangenten an einer beliebigen Kurve zu bestimmen. Dies ist durchaus nicht einfach; vielmehr mußte der Begriff Tangente erst neu definiert werden, da jede Gerade eine nicht einheitlich gekrümmte Kurve mehr als einmal schneidet.

Dagegen kam es Newton darauf an, die Ortsänderung eines Körpers und die Geschwindigkeit dieser Änderung zu erfassen. Diese Probleme der Dynamik finden heute ihre logische Fortsetzung in der mathematischen oder theoretischen Physik.

Es ist mit Hilfe der Differentialrechnung möglich, den gesamten Verlauf von Kurven durch Formeln zu erfassen. Grundlage ist das Wissen, daß eine abschnittsweise oder gar global vorhandene Steigung auch in jedem einzelnen Punkt wiedergefunden werden muß. Es hat sich sogar gezeigt, daß sich aus dem Verhalten in einem Punkt Prognosen über das weitere Verhalten (zumindest in den Nachbarpunkten) ableiten lassen.

An den Anfang dieses Abschnitts haben wir bewußt eine Darstellung von Folgen und Reihen gestellt. Wir glauben, hieran klarer einen Einblick in den Umgang mit dem Unendlichen, der Grenzwertberechnung geben zu können. Im übrigen sei auf den Abschnitt über Funktionen verwiesen.

Funktionen und Grenzwerte

Folgen als Funktionen auf $\mathbb{N}$

Einführungsbeispiel:

Ein Baggersee von 1200 m^2 Größe wird weiter ausgebaggert und wächst dadurch jede Woche um 600 m^2. Eine Algenart bedeckt zu Beginn der Baggerarbeiten 1 m^2 Wasserfläche. Die mit Algen bedeckte Fläche verdreifacht sich jede Woche. Als dies einer der Bauarbeiter feststellt, sagt er: „Bald wird der ganze See mit Algen überwuchert sein!" Hat er recht?

Lösung: Wochenzahl	0	1	2	3	4	5	6	7	8
Seefläche in m^2	1200	1800	2400	3000	3600	4200	4800	5400	6000
Algenfläche in m^2	1	3	9	27	81	243	729	2187	6561

Nach knapp 8 Wochen haben die Algen also den ganzen See erobert.

Für die Lösung werden Zahlenwerte aufgeschrieben, wobei die *Reihenfolge* dieser Zahlen vorbestimmt ist und eine Vertauschung sofort zu einer Verfälschung führen würde. Deshalb spricht man von **Zahlenfolgen** und numeriert die einzelnen **Glieder** der Folge durch: $s_1 = 1200, s_2 = 1800, s_3 = 2400, \ldots$ oder $a_1 = 1, a_2 = 3 \ldots$, wenn mit s_n die Glieder der Folge des Seewachstums und mit a_n die Glieder der „Algenfolge" bezeichnet werden.
Beide Folgen lassen sich mittels einer Funktion darstellen, die jedem n einen Funktionswert zuordnet:
$s(n) = s_n = 1200 + n \cdot 600$
$a(n) = a_n = 3^n$, wobei $n \in \mathbb{N}$.

Folgen sind also Funktionen mit $\mathbb{D} = \mathbb{N}$.

Weitere Beispiele, die dem Leser sicher bereits vertraut sind:
$n_n = n$, die Folge der natürlichen Zahlen (Hausnummern), also $n_1 = 1, n_2 = 2, n_3 = 3 \ldots$
$q_n = n^2$, die Folge der Quadratzahlen, also $q_1 = 1, q_2 = 4, q_3 = 9 \ldots$
$k_n = \frac{1}{n}$, die Folge der Kehrwerte der natürlichen Zahlen, also $k_1 = 1, k_2 = \frac{1}{2}, k_3 = \frac{1}{3} \ldots$
$i_n = (-1)^n$ mit $i_1 = -1,\ i_2 = 1,\ i_3 = -1,\ i_4 = 1 \ldots$

Die Folgeglieder der letzten Folge haben wechselnde Vorzeichen; die Folge heißt deshalb **alternierend**.
Auch die beiden Folgen unseres Einführungsbeispiels gehören zwei speziellen Gruppen von Folgen an:

Bei der Seewachstumsfolge ist jeweils die Differenz zweier aufeinanderfolgender Glieder konstant:

$s_n - s_{n-1} = 1200 + 600n - (1200 + [n-1] \cdot 600) = 600$

Dadurch wird s_n zum *arithmetischen Mittel* von Vorgänger und Nachfolger:

$$1200 + n \cdot 600 = \frac{1200 + (n+1) \cdot 600 + 1200 + (n-1) \cdot 600}{2}$$

Die Folge heißt deshalb **arithmetische Folge**.

Eine Folge a_n heißt arithmetische Folge, wenn die Differenz d zweier aufeinanderfolgender Glieder stets konstant ist:

$$a_{n+1} - a_n = d \Leftrightarrow a_{n+1} = a_n + d$$

Bei einer arithmetischen Folge ist das mittlere von drei aufeinanderfolgenden Gliedern das arithmetische Mittel der beiden äußeren Glieder: $a_n = \frac{a_{n-1} + a_{n+1}}{2}$

Beispiele:

1. Die Folge 2, 5, 8, 11, 14, ... 29, 32, 35, ... ist eine arithmetische Folge mit dem Anfangsglied $a_1 = 2$ und der konstanten Differenz $d = 3$.
2. Die Folge 10, −1, −12, −23, −34, ... ist eine arithmetische mit dem Anfangsglied $a_1 = 10$ und $d = -11$.

Wenn mit jedem Schritt die Funktion $n \to a_n$; $n \in \mathbb{N}$, um denselben Summanden d zunimmt bzw. abnimmt (oder für $d = 0$ konstant ist), dann muß die arithmetische Folge eine lineare Funktion ($\mathbb{D} = \mathbb{N}$) mit der Steigung d sein. Dies ergibt sich aus folgenden Überlegungen:

$a_2 = a_1 + d$

$a_3 = a_2 + d = a_1 + 2d$

$a_4 = a_3 + d = a_1 + 3d$

$\vdots$

$$\underbrace{a_n = a_{n-1} + d = a_1 + (n-1) \cdot d = a_1 + d \cdot n - d}_{f(n) = d \cdot n + (a_1 - d)}$$

Die Steigung der linearen Funktion ist d, das absolute Glied heißt $a_1 - d$.

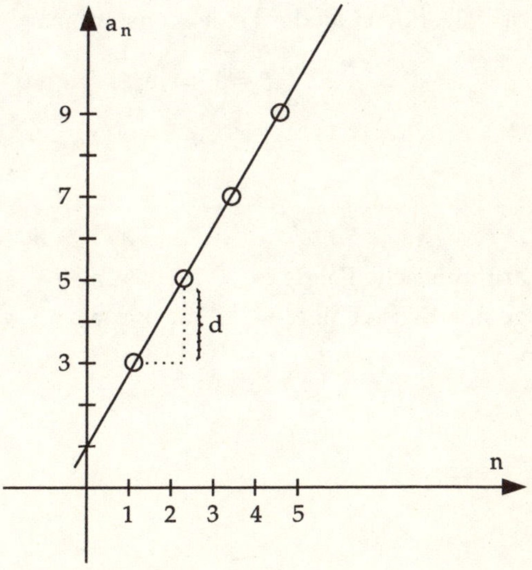

Abb. 411 Die arithmetische Folge $a_n = 2n + 1$ als lineare Funktion mit der Steigung $d = 2$ und dem y-Achsenabschnitt $a_1 - d = 1$

Damit ist eine Berechnungsmöglichkeit für ein beliebiges Folgeglied gegeben:

Bei einer arithmetischen Folge berechnet sich das n-te Glied nach der Vorschrift:
$a_n = a_{n-1} + d = a_1 + (n-1) \cdot d$

Beispiele:

1. Gegeben ist die arithmetische Folge 2, 19, 36, 53, ...
   Gesucht ist a_{20}. Es ist $a_1 = 2,\ d = 17,\ n = 20$
   Also ist $a_n = a_1 + (n-1) \cdot d \Rightarrow a_{20} = 2 + 19 \cdot 17 = 325$
2. Gegeben ist $a_1 = -0{,}5$ und $a_{10} = -44{,}5$, gesucht ist d:
   $$a_n = a_1 + (n-1) \cdot d \Leftrightarrow \frac{a_n - a_1}{n-1} = d \Rightarrow d = \frac{-44{,}5 + 0{,}5}{10-1} = \frac{-44}{9} = -4\frac{8}{9}$$

Bei der Algenwachstumsfolge ist jeweils der Quotient zweier aufeinanderfolgender Glieder konstant: $a_n : a_{n-1} = 3^n : 3^{(n-1)} = 3^{n-(n-1)} = 3$.
Dadurch wird a_n zum *geometrischen Mittel* von a_{n+1} und a_{n-1}:
$3^n = \sqrt{3^{n+1} \cdot 3^{n-1}}$, die Folge heißt deshalb **geometrische Folge**.

Bei einer geometrischen Folge ist das mittlere von drei aufeinanderfolgenden Gliedern das geometrische Mittel der beiden äußeren Glieder: $a_n = \sqrt{a_{n-1} \cdot a_{n+1}}$

Eine Folge a_n nennt man geometrische Folge, wenn der Quotient q von zwei aufeinanderfolgenden Gliedern stets konstant ist:
$$\frac{a_{n+1}}{a_n} = q \Leftrightarrow a_{n+1} = a_n \cdot q \quad \text{für alle } n \in \mathbb{N};\quad q \in \mathbb{R} \setminus \{0\}$$

$$\begin{array}{llllllllllll} & & +d & & +d & & +d & & +d & & +d & \\ \text{arithmetische Folge:} & a_1 & \frown & a_2 & \frown & a_3 & \frown & a_4 & \frown & a_5 & \frown & \ldots \\ \text{geometrische Folge:} & a_1 & \smile & a_2 & \smile & a_3 & \smile & a_4 & \smile & a_5 & \smile & \ldots \\ & & \cdot q & & \cdot q & & \cdot q & & \cdot q & & \cdot q & \end{array}$$

Das zweite Glied einer geometrischen Folge ist somit aus dem 1. Glied durch Multiplikation mit q erzeugbar, und dies gilt auch für alle nachfolgenden Glieder. Deshalb stellt die geometrische Folge $n \rightarrow a_n$ eine *Exponentialfunktion* mit der Basis q dar:

$$a_2 = a_1 \cdot q$$
$$a_3 = a_2 \cdot q = a_1 \cdot q^2$$
$$a_4 = a_3 \cdot q = a_1 \cdot q^3$$
$$\vdots$$
$$\underbrace{a_n = a_{n-1} \cdot q = a_1 \cdot q^{n-1}}_{f(n) = a_1 \cdot q^{n-1}}$$

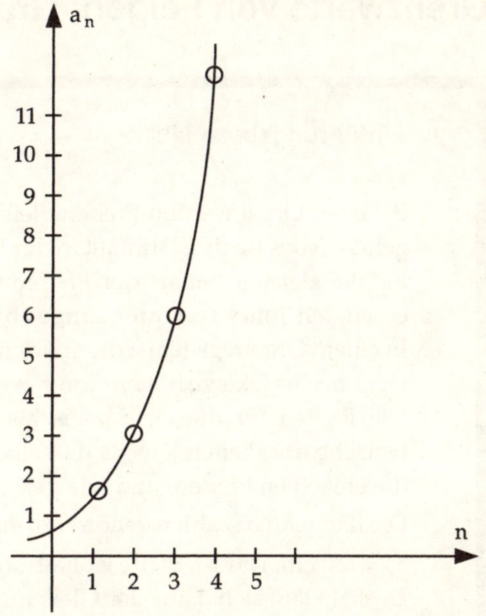

Abb. 412 Die geometrische Folge $a_n = 1{,}5 \cdot 2^{n-1}$ als Exponentialfunktion mit der Basis q = 2 und dem y-Achsenabschnitt $\frac{a_1}{q} = 0{,}75$

Bei einer geometrischen Folge berechnet sich das n-te Glied nach der Vorschrift
$a_n = a_{n-1} \cdot q = a_1 \cdot q^{n-1}$

Beispiele:

1. $a_1 = 3;\quad q = 2;\quad n = 15;\quad \Rightarrow\quad a_{15} = 3 \cdot 2^{14} = 49152$

2. $a_1 = 19;\quad q = 1{,}01;\quad n = 100;\quad \Rightarrow\quad a_{100} = 19 \cdot 1{,}01^{99} = 50{,}88263639$

Addiert man die Glieder der arithmetischen Folge auf, so entsteht eine neue Folge: eine Folge von Teilsummen. Diese bezeichnet man als **arithmetische Reihe**. Analog entsteht beim Addieren der Glieder einer geometrischen Folge eine **geometrische Reihe**.

Beispiel:

Bei einem Prämiensparvertrag werden jährlich 1000 € auf das Sparkonto eingezahlt. Der gesparte Betrag erhöht sich zusätzlich um den Zinsertrag von jährlich 6%. Wie hoch ist das Guthaben am Ende des siebenten Jahres?

Die erste Einzahlung wird siebenmal mit dem Zinsfaktor 1,06 multipliziert; sie wächst auf 1000 € $\cdot$ $1{,}06^7$. Die zweite Einzahlung wird sechs Jahre lang verzinst und erbringt daher 1000 € $\cdot$ $1{,}06^6$. Insgesamt ergibt sich daher für das Guthaben

$S = 1000\text{ €} \cdot (1{,}06^7 + 1{,}06^6 + \ldots + 1{,}06^1) = 1000\text{ €} \cdot 1{,}06 \cdot (1{,}06^6 + \ldots + 1) \approx 8897{,}47\text{ €}$

Da die Vielzahl der Eingaben recht mühsam ist, wäre es günstig, die gesamte Rechnung durch eine „Summenformel“ ersetzen zu können. Dies soll im Abschnitt Vollständige Induktion und Reihensummen (S. 383 ff.) geschehen.

Grenzwerte von Folgen; Grenzwertsätze

Einführungsbeispiel:

Bei einer Orgel werden Pfeifen gleicher Klangfarbe zu Registern zusammengefaßt. Jedes Register umfaßt in der Regel 56 Pfeifen unterschiedlicher Tonhöhe. Bei gleicher Bauart der Pfeifen (offen, geschlossen) hängt die Höhe des erzeugten Tones von ihrer Länge ab: je länger die Pfeife, desto tiefer der Ton. In einem Orgelregister ist die auf den Ton c gestimmte Pfeife etwa 130 cm lang. Der um eine Oktave höhere Ton c' wird von einer halb so langen Pfeife erzeugt. Die Pfeifen für die elf dazwischenliegenden Töne sind so bemessen, daß benachbarte Pfeifen jeweils dasselbe Längenverhältnis haben. Wie lang sind die einzelnen Pfeifen, und wie geht es weiter?

Die Längenmaßzahlen gehören zu einer geometrischen Folge $a_n = a_1 \cdot q^{n-1}$ mit $a_1 = 130$ cm. Die 13. Pfeife ist halb so lang wie die erste.
Deshalb läßt sich q aus der Gleichung $a_1 \cdot q^{12} = 0{,}5 \cdot a_1$ bestimmen.

Es ist $q = \sqrt[12]{0{,}5} \approx 0{,}9439$.
Wie es weitergeht, ist anschaulich klar: Die 26. Pfeife ist wieder halb so lang wie die 13. Pfeife, hat also 25 % der Länge der ersten Pfeife. Die Pfeifen werden also mit zunehmender Tonhöhe immer kürzer. Schließlich werden (theoretisch) Töne im Ultraschallbereich erzeugt, die Pfeifenlänge sinkt unter jede vorgegebene positive Zahl und schrumpft bei beliebig hohen Tönen auf Null zusammen. Negative Werte dagegen sind unmöglich. Die Länge Null gilt daher als **Grenzwert** der Pfeifenlängen.

Nicht immer ist dies aus der Anschauung so klar. Deshalb definiert man:

Die Folge a_n (wobei $n \in \mathbb{N}$) heißt **Nullfolge**, wenn es zu jeder Zahl $\varepsilon > 0$ eine Nummer n_0 gibt, so daß für alle Folgenglieder mit höherer Nummer, also $n > n_0$, gilt: $|a_n| < \varepsilon$.
Man schreibt auch: $\lim\limits_{n \to \infty} a_n = 0$ und sagt, die Folge a_n **konvergiert** gegen Null.

Warum macht man es sich so kompliziert und sagt nicht einfach „unendlich viele Glieder der Folge weichen nur um ganz wenig, nämlich um dieses ε, vom Grenzwert ab"? Dies klären folgende Beispiele.

Beispiele:

1. Sei $b_n = (-1)^n \cdot \frac{1}{n}$, so gibt es positive und negative Folgenglieder.

Dennoch ist der *Grenzwert 0.*
Dies erklärt die Notwendigkeit des Betragszeichens: $|b_n| < \varepsilon$

2. Sei $c_n = (-1)^n$. Dann treten abwechselnd die Folgeglieder 1 und –1 auf. Wie eng man die ε-Umgebung etwa um die 1 auch macht, immer finden sich unendlich viele Folgeglieder (nämlich alle die mit gerader Nummer) innerhalb dieser ε-Umgebung, aber eben auch unendlich viele draußen! Deshalb nähern sich die Folgenglieder eben nicht einem klar bestimmbaren Wert. In diesem speziellen Fall sagt man, die Folge hat zwei **Häufungspunkte**. Außerdem ist c_n *beschränkt*, da die Folgenglieder nie größer werden als 1 und nie kleiner als –1.
Allgemein gilt:

> Eine Folge f_n heißt **beschränkt**, wenn es eine Zahl $K > 0$ gibt, so daß $|f_n| < K$ für alle $n \in \mathbb{N}$ gilt.

3. Die Folge $d_n = \frac{1}{n} + 10^{-6}$ hat offenbar nicht den Grenzwert Null, sondern den Grenzwert 10^{-6}. Aber für $\varepsilon = 10^{-3}$ ließe sich die Bedingung $|d_n| < \varepsilon$ für $n > n_0 = 1001$ erfüllen und damit der Grenzwert Null fälschlicherweise plausibel machen.
Deshalb ist die Forderung *für alle* $\varepsilon > 0$ notwendig!

Beispiel 3 zeigte schon, daß es auch andere Grenzwerte als Null gibt. Deshalb definiert man:

> Eine Folge a_n hat den Grenzwert a, wenn die Folge $(a_n - a)$ den Grenzwert Null hat.

In Symbolen: $\lim_{n\to\infty} a_n = a \Leftrightarrow \lim_{n\to\infty} (a_n - a) = 0$

Für jedes $\varepsilon > 0$ gibt es ein n_0, so daß für $n > n_0$ der Betrag $|a_n - a| < \varepsilon$ wird.
Das Problem dabei ist, daß man den Grenzwert offensichtlich „erraten" muß. Deshalb existiert eine weitere Möglichkeit, festzustellen, ob eine Folge überhaupt einen Grenzwert hat, das sogenannte **Cauchy-Kriterium**:

> Eine Folge a_n ist **konvergent**, wenn es zu jedem $\varepsilon > 0$ ein n_0 gibt, so daß für $n, m > n_0$ gilt: $|a_n - a_m| < \varepsilon$

Beispiel:

$a_n = \frac{1}{2n-1}$ ist konvergent, denn für $\varepsilon = \frac{1}{n_0}$ gilt

$$\left|\frac{1}{2n-1} - \frac{1}{2m-1}\right| = \left|\frac{2(m-n)}{4mn-2m-2n+1}\right| < \frac{1}{n_0}$$

und für m > n folgt:

$$2mn_0 - 2nn_0 < 2mn_0 + 2nn_0 \leq 2m\,(n-1) + 2n\,(m-1) < 2mn - 2m + 2nm - 2n + 1$$
$$= 4mn - 2m - 2n + 1$$

Der Grenzwert selbst ist Null, wie man leicht sieht.
Manchmal hilft auch folgende Regel weiter:

Jede **monotone** und **beschränkte** Folge ist konvergent.

Beispiel:

$a_n = (2n-1)^{-1}$ ist beschränkt, da alle Folgenglieder zwischen Null und Eins liegen.
Sie ist ferner *monoton fallend*, denn
$(2n-1)^{-1} > (2\,[n+1] - 1)^{-1} = (2n+1)^{-1}$.
Also ist a_n *konvergent*; der Grenzwert ist Null.

Folgen ohne Grenzwert heißen divergent.

Für das Arbeiten mit Grenzwerten gelten folgende Sätze:
Es sei $\lim\limits_{n\to\infty} a_n = a$; $\lim\limits_{n\to\infty} b_n = b$. Dann gilt:

1. $\lim\limits_{n\to\infty} (a_n + b_n) = a + b$

2. $\lim\limits_{n\to\infty} (a_n - b_n) = a - b$

3. $\lim\limits_{n\to\infty} (a_n \cdot b_n) = a \cdot b$

Es gilt sogar: $\lim\limits_{n\to\infty} a_n = a$, b_n beschränkt, aber nicht konvergent und $b_n \neq$ konstant

$$\Rightarrow \lim_{n\to\infty} (a_n \cdot b_n) = a$$

4. $\lim\limits_{n\to\infty} (a_n : b_n) = a : b$, falls $\lim\limits_{n\to\infty} b_n \neq 0$

Beweis zu 1.:
Zu $\varepsilon > 0$ existieren n_0 und m_0 mit $|a_n - a| < \varepsilon$ für $n > n_0$ und $|b_n - b| < \varepsilon$ für $n > m_0$.
Für $n > \max\{n_0, m_0\}$ erhalten wir dann nach der **Dreiecksungleichung**
$|(a_n + b_n) - (a + b)| = |(a_n - a) + (b_n - b)| \leq |a_n - a| + |b_n - b| < \varepsilon + \varepsilon = 2\varepsilon = \varepsilon$
(Für ein Dreieck mit den Seiten a, b, c gilt: $a + b \geq c$)

Die übrigen Beweise verlaufen analog und seien deshalb dem Leser als Übung überlassen. Ferner lassen sich Grenzwertberechnungen mit *Verkettungen* vertauschen.

Beispiel:
$\lim\limits_{n\to\infty} \exp(a_n) = \exp(\lim\limits_{n\to\infty} a_n)$; $\lim\limits_{n\to\infty} \sin(a_n) = \sin(\lim\limits_{n\to\infty} a_n)$
Leider ist, wie wir schon oben gesehen haben, die Grenzwertdefinition bei Rechnungen äußerst unhandlich. Da sie aber zumindest aus dem Schulalltag nicht wegzudenken und leider manchmal auch nicht zu umgehen ist, sei zum Abschluß noch einmal die Berechnung von ε konkret vorgeführt. Gleichzeitig aber soll auf eine in vielen Fällen unproblematischere Methode verwiesen werden.

Beispiel:
$a_n = \dfrac{2n^2 - 3n + 7}{n^2 + n}$ konvergiert gegen 2.
Es gilt nämlich:

$$\left|\frac{2n^2 - 3n + 7}{n^2 + n} - 2\right| = \left|\frac{2n^2 - 3n + 7 - 2(n^2 + n)}{n^2 + n}\right| = \left|\frac{-5n + 7}{n^2 + n}\right| = \frac{5n - 7}{n^2 + n} < \varepsilon \quad \text{für} \quad n \geq 2$$

Also ist $5n - 7 < \varepsilon \cdot (n^2 + n)$ oder $n^2 + \left(1 - \dfrac{5}{\varepsilon}\right) \cdot n + \dfrac{7}{\varepsilon} > 0$.

Mit der ***p-q-Formel*** ergibt sich für $\varepsilon = 10^{-3}$: $n > 4997{,}6$ (also $n_0 = 4997$)
für $\varepsilon = 10^{-6}$: $n > 499997{,}6$ (also $n_0 = 499997$)

Bei derartigen rationalen Termen erweist sich jedoch folgende Methode als günstiger:
- kürze mit der höchsten Potenz von n im Nenner;
- bestimme anschließend den Gesamtgrenzwert aus den Einzelgrenzwerten mit Hilfe der Grenzwertsätze.

Beispiel:

$$\lim_{n\to\infty} a_n = \lim_{n\to\infty} \frac{2-\frac{3}{n}+\frac{7}{n^2}}{1+\frac{1}{n}} = \frac{\lim\limits_{n\to\infty} 2 - \lim\limits_{n\to\infty} \frac{3}{n} + \lim\limits_{n\to\infty} \frac{7}{n^2}}{\lim\limits_{n\to\infty} 1 + \lim\limits_{n\to\infty} \frac{1}{n}} = \frac{2-0-0}{1+0} = 2$$

Für kompliziertere Terme erweist sich darüber hinaus das **Einschließungskriterium** als nützlich:

> Es seien a_n und c_n konvergent mit dem Grenzwert g. Ferner gelte $a_n < b_n < c_n$ für alle $n > n_0$. Dann ist auch b_n konvergent und hat den Grenzwert g.

Beispiel:

Gegeben sei die Folge $s_n = \dfrac{\sin\left(\frac{1}{n}\right)}{\frac{1}{n}}$.

Hat sie einen Grenzwert für $n \to \infty$, und wenn ja, welchen?
Das Problem ist, daß zwar Zähler und Nenner konvergieren, aber der Grenzwert des Nenners Null ist. Hier hilft das *Einschließungskriterium* weiter. Es ist nämlich:

$$\tan\left(\frac{1}{n}\right) > \frac{1}{n} > \sin\left(\frac{1}{n}\right) \Leftrightarrow \frac{1}{\cos\left(\frac{1}{n}\right)} > \frac{\frac{1}{n}}{\sin\left(\frac{1}{n}\right)} > 1 \Leftrightarrow \cos\left(\frac{1}{n}\right) < \frac{\sin\left(\frac{1}{n}\right)}{\frac{1}{n}} < 1$$

Also ist $1 = \lim\limits_{n\to\infty} \cos\left(\frac{1}{n}\right) \le \lim\limits_{n\to\infty} \dfrac{\sin\left(\frac{1}{n}\right)}{\frac{1}{n}} \le \lim\limits_{n\to\infty} 1 = 1$

und damit auch der gesuchte Grenzwert 1.

Verhalten von Funktionen für $|x| \to \infty$

Einführungsbeispiel:

Vergleicht man die Folge $a_n = \frac{1}{n}$ mit der Funktion f mit $y = \frac{1}{x}$, so stellt man fest, daß für $x > 0$ beide ein ähnliches Verhalten zeigen. Allerdings ist es bei der Funktion f nicht mehr möglich, das erste x, für das $f(x) < \varepsilon$ ist, explizit anzugeben, da die reellen Zahlen dicht liegen. Dafür gibt es hier aber ein x_0, für das $f(x) = \varepsilon$ ist.

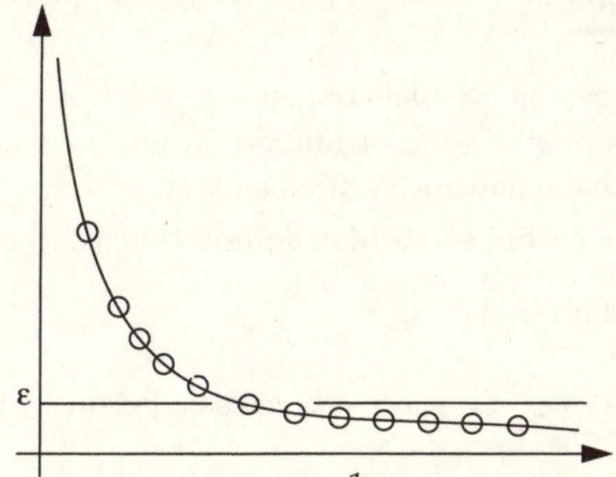

Abb. 413 Die Folge $a_n = \frac{1}{n}$; $\mathbb{D} = \mathbb{N}$ und die Funktion $y = \frac{1}{x}$; $\mathbb{D} = \mathbb{R}$

Man definiert deshalb analog:

Eine Funktion f konvergiert für x gegen ∞ gegen den Grenzwert 0, wenn es zu jedem $\varepsilon > 0$ eine Zahl x_0 gibt, so daß $|f(x)| < \varepsilon$ für alle $x \in \mathbb{D}$ mit $x > x_0$.
Man schreibt dann auch: $\lim\limits_{x \to \infty} f(x) = 0$

Entsprechend definiert man:

f konvergiert gegen $a \in \mathbb{R}$, wenn es zu jedem $\varepsilon > 0$ ein x_0 gibt, so daß $|f(x) - a| < \varepsilon$ für $x > x_0$.

Selbstverständlich gelten die Sätze zur Berechnung von Grenzwerten entsprechend.
Die Zahl a läßt sich auch als konstante Funktion mit der Gleichung y = a auffassen, an die sich die Funktion f mit steigenden Argumenten x immer enger anschmiegt. Man bezeichnet sie deshalb als **Asymptote**.

Beispiele:

1. $\lim\limits_{x\to\infty} \frac{5}{|x|} = 0$; $\lim\limits_{x\to\infty} \left(4 - \frac{8}{x}\right) = 4$; $\lim\limits_{x\to\infty} \frac{4-x}{2+x} = \lim\limits_{x\to\infty} \frac{\frac{4}{x} - 1}{\frac{2}{x} + 1} = \frac{-1}{+1} = -1$

2. $\lim\limits_{x\to\infty} \frac{2x^2+3}{5x^2-1} = \frac{2}{5}$; $\lim\limits_{x\to\infty} e^{-x} = 0$; $\lim\limits_{x\to\infty} e^{x} = \infty$ *(uneigentlicher Grenzwert).*

Die beiden Beispiele zeigen schon, daß es bei Funktionen, anders als bei Folgen, noch weitere Grenzwerte geben kann. So laufen im vorletzten Beispiel die Exponenten ja gegen $-\infty$, weshalb man auch schreiben könnte:
$\lim\limits_{x\to\infty} e^{-x} = \lim\limits_{x\to-\infty} e^{x} = 0$. Man definiert entsprechend zum Grenzwert für $x \to \infty$ auch einen Grenzwert für $x \to -\infty$.

$|f(x) - a| < \varepsilon$ für $x < x_0$, falls zu jedem $\varepsilon > 0$ ein solches x_0 existiert.

Die Grenzwertsätze für Folgen gelten entsprechend auch für Funktionen.
Für **rationale** Funktionen ergeben sich folgende Aussagen:

Sei f gegeben durch $f(x) = \frac{a_n x^n + \ldots + a_1 x + a_0}{b_m x^m + \ldots + b_1 x + b_0}$, so gilt für

m > n: $\lim\limits_{|x|\to\infty} f(x) = 0$

n > m: $\lim\limits_{|x|\to\infty} f(x) = \infty$ oder $-\infty$ (es existiert kein Grenzwert).

n = m: $\lim f(x) = a_n : b_n$.

Die Ergebnisse „∞" oder „– ∞" bezeichnet man auch als „uneigentliche Grenzwerte".

Beispiele:

1. $\lim\limits_{x\to\infty} \frac{4x^2-1}{3x^3+2} = 0$

2. $\lim\limits_{x\to\infty} \frac{3x^2+2x}{-x+2} = \infty$

3. $\lim\limits_{x\to\infty} \frac{-4x^3+2}{2x+1} = -\infty$

4. $\lim\limits_{x\to\infty} \frac{6x^3+2x+1}{-5x^3+2x+4} = -\frac{6}{5}$

Grenzwerte von Funktionen für $x \to x_0$, Stetigkeit und stetige Ergänzung

Einführungsbeispiel:

Gegeben sei die Funktion f mit $f(x) = \frac{x^2 - 3x + 2}{x^2 - x - 2}$

Diese Funktion ist an den Stellen –1 und 2 nicht definiert, da dies die Nullstellen des Nenners sind. Wie verhält sich die Funktion in der Nähe dieser Stellen?

Erstellt man mit Hilfe des Taschenrechners eine Wertetabelle und zeichnet danach den Funktionsgraphen, so stellt man fest, daß bei –1 zwei auseinanderlaufende Äste entstehen, während bei 2 offenbar nur ein Loch im Graph bleibt, das mit Hilfe eines zusätzlichen Punktes leicht auszufüllen wäre.

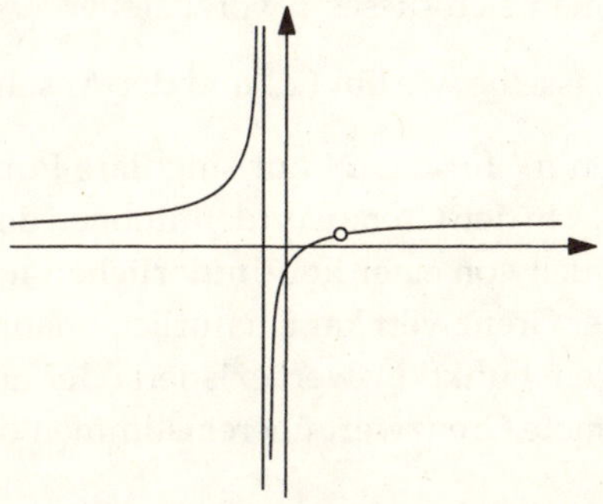

Abb. 414 $y = \frac{x^2 - 3x + 2}{x^2 - x - 2}$

Nun sind Tabellen und Zeichnungen allein nicht beweiskräftig. Kann man dieses Ergebnis auch zweifelsfrei errechnen? Es geht folglich um einen „Grenzwert für $x \to 2$ oder $x \to -1$". Da die reellen Zahlen (im Gegensatz zu den natürlichen Zahlen) dicht liegen, es also in jedem *Intervall* unendlich viele reelle Zahlen gibt, ist ein solches Annähern an jede Zahl möglich, die Existenz eines solchen Grenzwerts also plausibel. Dazu stellt man jede Zahl in der Umgebung von 2 als 2 + h dar (das sind dann die Zahlen rechts von der 2), und 2 – h (das sind die Zahlen links von 2). Man erhält dann:

$$f(2+h) = \frac{(2+h)^2 - 3 \cdot (2+h) + 2}{(2+h)^2 - (2+h) - 2} = \frac{h^2 + h}{h^2 + 3h} = \frac{h+1}{h+3} \quad \text{und analog} \quad f(2-h) = \frac{h-1}{h-3}$$

Annäherung an $x_0 = 2$ bedeutet dann, daß h immer kleiner wird, also letztlich $h \to 0$, aber trotzdem $h \neq 0$ ist.

Dann wird $\lim\limits_{h \to 0} f(2+h) = \frac{1}{3} = \lim\limits_{h \to 0} f(2-h)$

Mit dem zusätzlichen Funktionswert $\frac{1}{3}$ für $x_0 = 2$, also $f(2) = \frac{1}{3}$ ließe sich also die Lücke schließen. Ein Punkt dieser Art wird deshalb **Lücke** genannt.

In ähnlicher Weise erhält man:

$$f(-1+h)=\frac{(-1+h)^2-3\cdot(-1+h)+2}{(-1+h)^2-(-1+h)-2}=\frac{h^2-5h+6}{h^2-3h}$$

$$f(-1-h)=\frac{(-1-h)^2-3\cdot(-1-h)+2}{(-1-h)^2-(-1-h)-2}=\frac{h^2+5h+6}{h^2+3h}$$

und man erkennt, daß für $h \to 0$ der Nenner immer mehr auf Null zuläuft, also kein Grenzwert existieren kann.
Die Stelle $x_0 = -1$ heißt ungleichnamige **Polstelle**.

Wie hat man sich dieses h vorzustellen? Am einfachsten wäre es mit $h = \frac{1}{n}$. Damit wäre $\lim\limits_{h\to 0}(...)$ dasselbe wie $\lim\limits_{n\to\infty}(...)$ und der Anschluß geschafft. Leider stimmt das nicht völlig, da die Zahlen n^{-1} für $n \in \mathbb{N}$ nur singuläre Punkte sind, während aufgrund der Formulierung „für alle ..." in den Grenzwertdefinitionen das h *alle reellen Zahlen* annehmen soll. Man spricht deshalb auch von einer **kontinuierlichen h-Sonde**.
Ein solcher Grenzwert kann natürlich unabhängig davon bestimmt werden, ob für eine Zahl x_0 bereits ein Funktionswert existiert oder nicht. Dann können dieser Funktionswert und der so berechnete Grenzwert übereinstimmen oder nicht. Deshalb legt man fest:

Eine Funktion f heißt **stetig** in x_0, wenn $f(x_0) = \lim\limits_{h\to 0} f(x_0 + h) = \lim\limits_{h\to 0} f(x_0 - h)$.

Eine Funktion heißt ferner stetig auf ganz $\mathbb{D}$, wenn sie in jedem $x \in \mathbb{D}$ stetig ist. Stetigkeit ist somit eine *lokale* Eigenschaft. Existiert wie im Einführungsbeispiel zwar der Grenzwert, aber kein Funktionswert, so kann dieser nachträglich ergänzt werden. Dies bezeichnet man dann als **stetige Ergänzung**.

Ist f in $x_0 \in \mathbb{R}$ nicht definiert, aber gilt $\lim f(x_0 + h) = \lim f(x_0 - h) = k$, so heißt
f^* mit $f^*(x) = \begin{cases} f(x) & \text{für } x \neq x_0 \text{ und } x \in \mathbb{R} \\ k & \text{für } x = x_0 \end{cases}$ stetige Ergänzung von f in x_0.

Dies legt folgende Beschreibung für eine stetige Funktion $f: \mathbb{R} \to \mathbb{R}$ nahe: „Eine Funktion ist stetig, wenn man sie in einem Strich durchzeichnen kann." Leider ist diese Beschreibung nicht korrekt, aber dennoch nützlich. Gegenbeispiele sind allerdings vorwiegend von innermathematischer Bedeutung.

Beispiel:

Die Funktion g sei definiert durch $g(x) = \begin{cases} 0 \text{ für } x \in \mathbb{Q} \\ 1 \text{ für } x \in \mathbb{R} \setminus \mathbb{Q} \end{cases}$

Da es unendlich viele rationale Zahlen gibt, entsteht bereits beim Zeichnen des ersten Anteils ein durchgehender Strich parallel zur x-Achse im Abstand 1, obwohl g natürlich nirgends stetig ist. Wir erinnern in diesem Zusammenhang an die Folge $a_n = (-1)^n$, die keinen Grenzwert besitzt, obwohl unendlich viele Folgeglieder den Wert 1 haben. Immerhin beweist die Existenz solcher Gegenbeispiele die Notwendigkeit einer exakten Definition. Deshalb seien hier noch zwei äquivalente Definitionen der **Stetigkeit** angegeben:

f heißt stetig in $x_0 \in \mathbb{D}$, wenn **für jede** Folge x_n ($n \in \mathbb{N}$) mit $x_n \in \mathbb{D}$ und $\lim_{n \to \infty} x_n = x_0$ gilt:
$\lim_{n \to \infty} f(x_n) = f(x_0)$

Dies macht noch einmal plausibel, daß obiges Gegenbeispiel g (x) nirgends stetig ist.

f heißt stetig in $x_0 \in \mathbb{D}$, wenn folgendes gilt:
Zu jedem $\varepsilon > 0$ gibt es ein $\delta > 0$, so daß aus $|x - x_0| < \delta$ für $x \in \mathbb{D}$ folgt:
$|f(x) - f(x_0)| < \varepsilon$

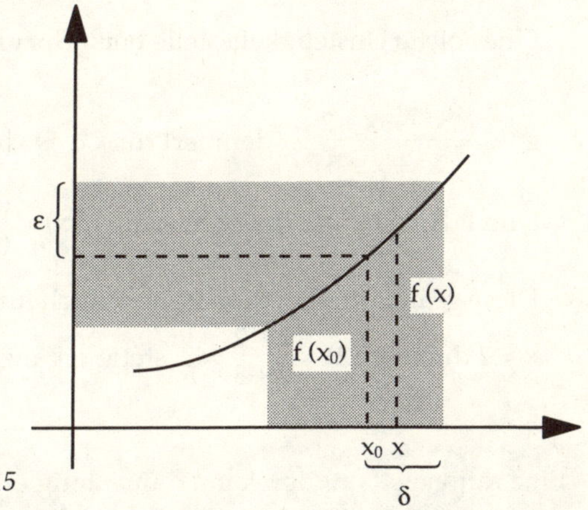

Abb. 415

Die Grenzwertsätze lassen sich auch auf die **Stetigkeitsfrage** übertragen. Sie lauten dann:

Summe, Differenz und Produkt von zwei an einer Stelle $x_0 \in \mathbb{D}$ stetigen Funktionen sind wieder stetig.
Der Quotient $\frac{f}{g}$ aus zwei in $x_0 \in \mathbb{D}$ stetigen Funktionen f und g ist dann stetig in x_0, wenn $g(x_0) \neq 0$ ist.
Ist g stetig in $x_0 \in \mathbb{D}_g$ und f stetig in $y_0 = g(x_0) \in \mathbb{D}_f$, so ist die Verkettung $f \circ g$ stetig in x_0.

Beispiele:

1. $f(x) = \text{sgn}(x) = \begin{cases} 1 \text{ für } x > 0 \\ 0 \text{ für } x = 0 \\ -1 \text{ für } x < 0 \end{cases} \quad x \in \mathbb{R},$

da $\lim\limits_{h \to 0} \text{sgn}(0 - h) = -1$ und $\lim\limits_{h \to 0} \text{sgn}(0 + h) = 1$ unstetig ist in $x_0 = 0$

(sgn = signum = Zeichen (Vorzeichen))

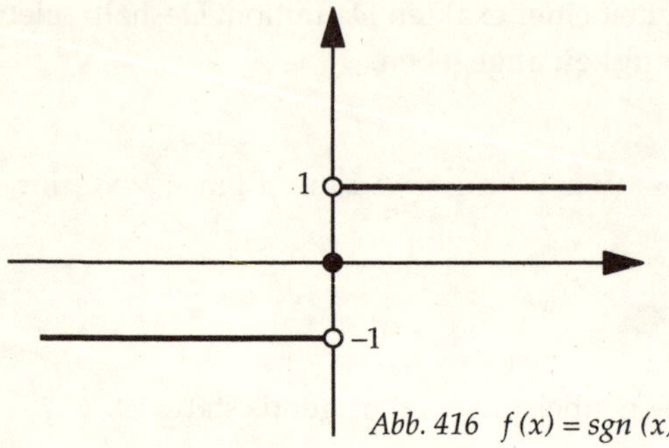

Abb. 416 f (x) = sgn (x)

Eine solche Unstetigkeitsstelle heißt **Sprungstelle.**

2. $g(x) = \dfrac{x^2 - 3x + 2}{x^2 + x - 6}$ ist definiert für $x \in \mathbb{R} \setminus \{-3; 2\}$.

Durch Ausklammern ergibt sich: $g(x) = \dfrac{(x-2)(x-1)}{(x-2)(x+3)} = \dfrac{x-1}{x+3}$ für $x \in \mathbb{D}$.

Diese geänderte Funktion ist aber auch für $x = 2$ definierbar. Deshalb kann g an der Stelle $x = 2$ durch $g^*(2) = \dfrac{2-2}{2+3} = \dfrac{1}{5}$ stetig ergänzt werden. Dies gilt sogar immer:

Eine rationale Funktion kann dann **stetig ergänzt** werden, wenn sich mittels Polynomdivision eine Nullstelle x_N des Nenners auch im Zähler abspalten läßt. Die Funktion ist dann durch den mit Hilfe des gekürzten Terms berechneten Funktionswert zu ergänzen.

Polstellen heißen **gleichnamig**, wenn beide Äste des Graphen in eine Richtung laufen; sie heißen **ungleichnamig**, wenn ein Ast gegen $+\infty$, der andere gegen $-\infty$ läuft.

Für $x = -3$ entsteht eine ungleichnamige Polstelle. Dies ist hier übrigens *keine* Unstetigkeitsstelle, da f für -3 gar nicht definiert ist!

Beispiele:

1. $h(x) = \sin\left(\frac{1}{x}\right)$ läßt sich für $x = 0$ nicht stetig ergänzen, da die Funktion beliebig oft zwischen 1 und –1 schwankt.
Dagegen ist $k(x) = x \cdot \sin\left(\frac{1}{x}\right)$ durch $k^*(0) = 0$ stetig ergänzbar (*Einschließungskriterium*, siehe Seite 374).

2. $a(x) = x^2 + 5$ ist stetig in $x_0 = 2$.
$b(y) = \sqrt{y}$ ist stetig in $y = 9 = a(2)$.
Dann ist $b(a(x)) = \sqrt{x^2 + 5}$ stetig in $x_0 = 2$.

Für stetige Funktionen gelten ferner:

Nullstellensatz: Eine im Intervall $I = [a; b]$ stetige Funktion, bei der $f(a)$ und $f(b)$ verschiedene Vorzeichen haben, hat in I mindestens eine Nullstelle.

Beweis: Folgt aus der Vollständigkeitseigenschaft von $\mathbb{R}$.

Zwischenwertsatz: Eine in I stetige Funktion nimmt jeden Zahlenwert zwischen $f(a)$ und $f(b)$ mindestens einmal an.

Beweis: Sei $f(a) < y_0 < f(b)$. Dann erfüllt $f(x) - y_0$ die Bedingungen des Nullstellensatzes, es gibt also eine Zahl x_0 mit $f(x_0) - y_0 = 0$. Dies bedeutet $f(x_0) = y_0$.

Extremwertsatz („minimax"): Eine in einem Intervall stetige Funktion hat dort stets einen größten und einen kleinsten Funktionswert.

Dieser Satz leuchtet von der Anschauung her unmittelbar ein, da eine stetige Funktion keine Pole hat und auch nicht unendlich viele Schwankungen aufweist.

Der verallgemeinerte Asymptotenbegriff

Einführungsbeispiele:

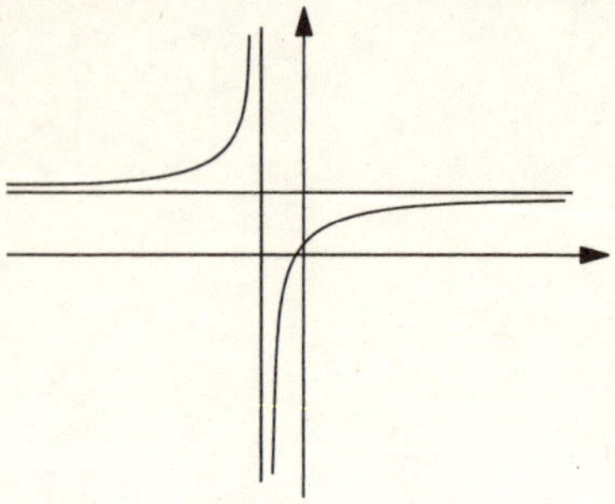

Abb. 417 $y = \frac{2x+1}{x+2}$

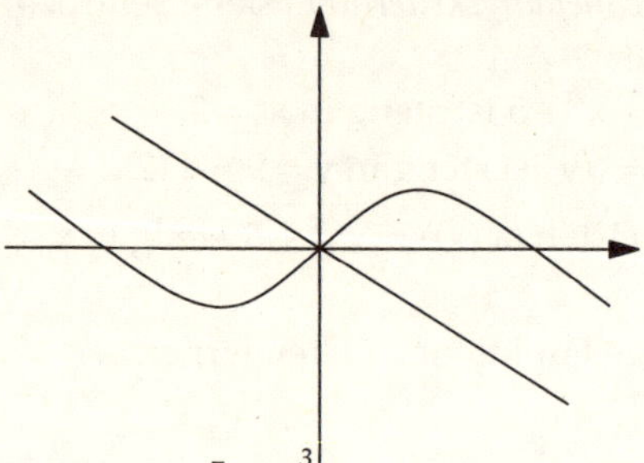

Abb. 418 $y = \frac{5x - x^3}{x^2 - 3}$

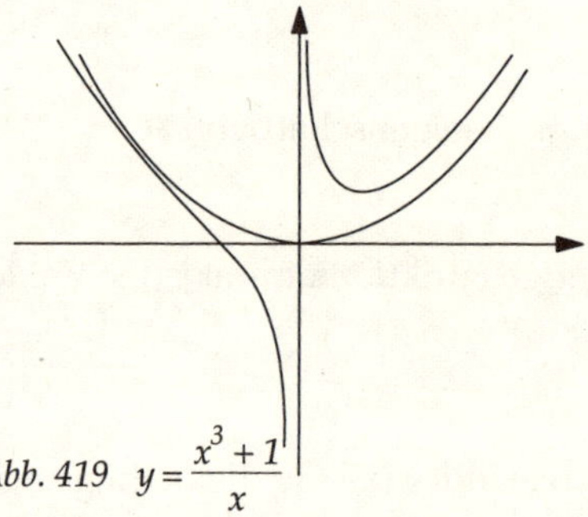

Abb. 419 $y = \frac{x^3+1}{x}$

Die Abbildung 417 ist uns wohlvertraut: die waagrechte Asymptote ist der Grenzwert $\lim_{|x| \to \infty} f(x) = 2$; die senkrechte Asymptote entsteht als Polstelle bei der Untersuchung der Frage, ob man die Definitionslücke bei $x = -2$ schließen kann. Eine Asymptote *kann* eine Gerade sein, sie *muß es aber nicht*.

Die Abbildungen 418 und 419 zeigen nämlich, daß man den Asymptotenbegriff weiter fassen muß: Auch bei diesen Beispielen kommt es zu Annäherungen an *einfachere* Funktionen. Deshalb definiert man:

Der Graph einer Funktion a heißt **Asymptote** zum Graphen von f, wenn

$$\lim_{|x| \to \infty} |f(x) - a(x)| = 0$$

Für gebrochen rationale Funktionen erhält man die Asymptoten durch *Polynomdivision* (siehe S. 105) mit Rest:

Für Abbildung 418: $(-x^3+5x):(x^2+3)=-x+\dfrac{8x}{x^2+3}$ mit $\lim\limits_{|x|\to\infty}\dfrac{8x}{x^2+3}=0$

$$\begin{array}{l}\underline{x^3+3x}\\ \quad 8x\end{array}$$

Für Abbildung 419: $(x^3+1):x=x^2+\dfrac{1}{x}$ mit $\lim\limits_{|x|\to\infty}\dfrac{1}{x}=0$

Deshalb kann man sagen:

Der Graph einer gebrochen rationalen Funktion vom Zählergrad n und Nennergrad m nähert sich asymptotisch für $|x| \to \infty$ demjenigen einer ganzrationalen Funktion vom Grad (n – m).

An Definitionslücken (Beispiel 3) entstehen letztlich wieder senkrechte Asymptoten. Bei komplizierteren Verhältnissen muß auf die Regel von **de l'Hospital** zurückgegriffen werden.

Vollständige Induktion und Reihensummen

Einführungsbeispiel:

Der griechische Philosoph Zenon (ca. 490–430 v. Chr.) verblüffte seine Zuhörer mit einem Rätsel. Achilles, griechischer Held von Troja, jagte einmal eine Schildkröte, die er erblickte, als sie 100 m von ihm entfernt war. Achilles konnte hundertmal so schnell laufen wie die Schildkröte. Dennoch sollte er sie angeblich nie erreichen, wenn man rein geometrische Überlegungen zugrunde legt. Hat nämlich Achilles die 100 m bis zum ursprünglichen Standort der Schildkröte zurückgelegt, ist diese bereits einen Meter weitergekrochen. Ist Achilles diesen Meter gelaufen, ist die Schildkröte wieder 1 cm weiter. Obwohl also die Abstände immer kleiner werden, wird er sie nie erreichen.
Physikalisch führen wir das leicht einem Widerspruch zu, wenn wir die Zeit ins Spiel bringen. Aber auch mit rein mathematischen Hilfsmitteln können wir das. Die zurückgelegten Wege bilden nämlich eine *geometrische Reihe*:
$100\text{ m}+1\text{ m}+0{,}01\text{ m}+\ldots = 100\text{ m}\cdot(1+100^{-1}+100^{-2}+\ldots)=$
$100\cdot(q^0+q^1+q^2+\ldots)$ mit $q=\dfrac{1}{100}$. Da die Addition im Prinzip nie aufhört, erhalten wir eine sogenannte unendliche geometrische Reihe. Deren Wert ist jedoch $\dfrac{1}{1-q}$ (siehe S. 387). Deshalb holt Achilles die Schildkröte nach $100\cdot\dfrac{100}{99}\text{ m} = 101{,}01\text{ m}$ ein.

Das Problem ist also, eine Summe mit endlich oder im Extremfall sogar unendlich vielen Summanden durch eine Formel ersetzen zu können, aus der nach Einsetzen einiger weniger Zahlenwerte das Gesamtergebnis ablesbar ist. Solche Formeln sind nicht ganz einfach zu entdecken. Einige besonders wichtige sollen jedoch im folgenden gezeigt und gleichzeitig ein Verfahren demonstriert werden, mittels dessen man die Korrektheit einer einmal gefundenen Formel nachweisen kann.
Dabei hat sich folgende Schreibweise eingebürgert:

$$a_1 + a_2 + \ldots + a_n = S_n = \sum_{i=1}^{n} a_i \quad \text{oder}$$

$$a_1 + a_2 + a_3 + \ldots = \lim_{n\to\infty} S_n = \sum_{i=1}^{\infty} a_i$$

Das Symbol Σ, der griechische Buchstabe Sigma = S, ist das **Summensymbol.**

Die Summe der n ersten natürlichen Zahlen läßt sich wie folgt ausdrücken:

$$1 + 2 + 3 + \ldots + n = \sum_{i=1}^{n} i = \frac{n \cdot (n+1)}{2}$$

Hierfür gibt es einen mittels eines Tricks ganz einfachen Beweis: Man schreibt die Summe zweimal untereinander

$$\begin{array}{l} 1 + \quad 2 \quad + \quad 3 \quad + \ldots + (n-1) + n \\ n + (n-1) + (n-2) + \ldots + \quad 2 \quad + 1 \\ \hline (n+1) + (n+1) + \ldots \qquad\qquad + (n+1) \end{array}$$

und erkennt, daß es insgesamt n gleiche Summanden (n + 1) sind. Dies ist der Wert der doppelten Summe der ersten n natürlichen Zahlen; daher hat die einfache Summe den Wert $0{,}5 \cdot n \cdot (n+1)$.
Neben diesem Trick existiert jedoch ein reguläres **Beweisverfahren:** Das Verfahren der **vollständigen Induktion** (induktiver Beweis).

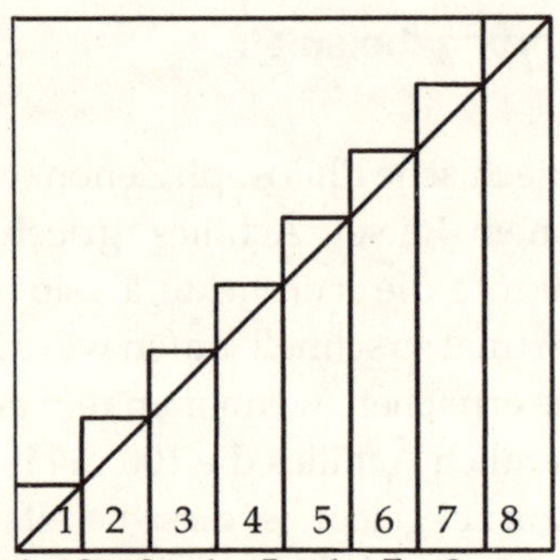

$1 + 2 + 3 + 4 + 5 + 6 + 7 + 8 =$
$(8 \cdot 8) : 2 + 8 \cdot 0{,}5 = 0{,}5 \cdot 8 \cdot (8 + 1)$

Abb. 420 Die Summe der ersten acht natürlichen Zahlen

Dieses Verfahren ist auf alle Probleme anwendbar, die mit abzählbaren Objekten zu tun haben, die sich also in ihrer Darstellung der natürlichen Zahlen bedienen. Es läuft in drei Schritten ab.

1. Schritt: Man zeigt die Gültigkeit einer Behauptung für einen konkreten Fall.
2. Schritt: Man nimmt an, daß es ein n_0 gibt, für das die Behauptung schon erfüllt ist .
3. Schritt: Man zeigt allgemein, daß die Behauptung dann auch für den direkten Nachfolger dieser Zahl n_0 , nämlich $n_0 + 1$, gilt.

Beispiel:

Zu beweisen ist die Aussage: $1 + 2 + ... + n = 0{,}5 \cdot n \cdot (n + 1)$

1. Schritt: $1 = 0{,}5 \cdot 1 \cdot (1 + 1)$ ist richtig.
2. Schritt: Es gibt also ein n_0, so daß $1 + 2 + ... + n_0 = 0{,}5 \cdot n_0 \cdot (n_0 + 1)$
3. Schritt: Zu zeigen ist, daß
$1 + 2 + 3 + ... + n_0 + n_0 + 1 = 0{,}5 \cdot (n_0 + 1) \cdot (n_0 + 2)$ ist.
$1 + 2 + 3 + ... + n_0 + n_0 + 1 = 0{,}5 \cdot n_0 \cdot (n_0 + 1) + n_0 + 1$ nach Schritt 2.

$$= 0{,}5 \cdot n_0 \cdot (n_0 + 1) + 2 \cdot 0{,}5 \cdot (n_0 + 1)$$

$$= 0{,}5 \cdot ((n_0 + 1)(n_0 + 2))$$

Eine *arithmetische Reihe* ensteht durch die Addition der Glieder einer arithmetischen Folge. Deshalb gilt für **die allgemeine Summe einer endlichen arithmetischen Reihe**:

$$a_1 + a_2 + a_3 + ... + a_n = a_1 + (a_1 + d) + (a_1 + 2d) + ... a_1 + (n - 1) \cdot d = \sum_{k=0}^{n-1} (a_1 + k \cdot d) = \frac{n}{2}(a_1 + a_n)$$

Beweis durch Induktion:

1. Schritt: $a_1 = \frac{1}{2}(a_1 + a_1)$

2. Schritt: $S_m = \frac{m}{2}(a_1 + a_m)$ ist schon für ein $m \in \mathbb{N}$ gezeigt.

3. Schritt: $a_1 + ... + a_m + a_{m+1} = S_m + a_{m+1} = \frac{m}{2}\Big(2a_1 + (m - 1)\,d\Big) + a_{m+1}$

$$= \frac{m}{2} \cdot 2a_1 + \frac{1}{2} \cdot 2a_1 + \left(\frac{m}{2}(m - 1) + \frac{m}{2} \cdot 2\right)d$$

$$= \frac{m+1}{2} \cdot 2a_1 + \frac{m}{2}(m + 1) \cdot d$$

$$= \frac{m+1}{2}\Big(2a_1 + md\Big) = \frac{m+1}{2}\Big(a_1 + (a_1 + md)\Big)$$

$$= \frac{m+1}{2}\Big(a_1 + a_{m+1}\Big)$$

Der induktive Beweis ist jedoch vielseitiger einsetzbar als nur zum Beweis der Richtigkeit von Reihensummen. Er hilft bei Teilbarkeitsfragen, in der Trigonometrie und sogar der Geometrie.

Beispiele:

1. Die Summe der Kuben (dritten Potenzen) dreier aufeinanderfolgender Zahlen ist durch 9 teilbar.

Beweis:

1. Schritt: $1^3 + 2^3 + 3^3 = 36$ ist durch 9 teilbar.
2. Schritt: $k^3 + (k + 1)^3 + (k + 2)^3$ ist durch 9 teilbar für mindestens ein k.
3. Schritt: $(k + 1)^3 + (k + 2)^3 + (k + 3)^3 = [(k^3 + (k + 1)^3 + (k + 2)^3] + [9 \cdot (k^2 + 3k + 3)]$ ist ebenfalls durch 9 teilbar, da jeder der beiden Inhalte der eckigen Klammern durch 9 teilbar ist.

2. Die Summe der Innenwinkel eines n-Ecks, bei dem sich keine Kanten schneiden, beträgt $(n-2) \cdot 180^\circ$.

Beweis:

1. Schritt: Das erste sinnvolle n-Eck ist ein Dreieck (n = 3). Seine Winkelsumme beträgt $180^\circ = (3-2) \cdot 180^\circ$.

2. Schritt: Es gibt also mindestens ein n (≥ 3), für das die Behauptung erfüllt ist, also ein n-Eck mit der Winkelsumme $(n-2) \cdot 180^\circ$.

3. Schritt: Nun erhöht man die Eckenzahl durch einen zusätzlichen Punkt auf n + 1. Dann existiert mindestens ein Punkt, den man durch eine Diagonale zwischen den beiden angrenzenden Eckpunkten „abschnüren" kann, so daß die Figur in ein n-Eck und ein angrenzendes Dreieck zerlegt wird. Das n-Eck hat die Winkelsumme $(n-2) \cdot 180^\circ$ (nach Schritt 2), das Dreieck 180° (nach Schritt 1). Somit hat die Gesamtfigur die Winkelsumme $(n-1) \cdot 180^\circ$.

Weitere Reihensummen:

- Die Summe der ersten n ungeraden Zahlen:
  $1 + 3 + 5 + \ldots + (2n-1) = n^2$
- Die Summe der ersten n geraden Zahlen:
  $2 + 4 + 6 + \ldots + 2n = n(n+1)$
- Die Summe der n ersten Quadratzahlen
  $$\sum_{i=1}^{n} i^2 = \frac{n(n+1)(2n+1)}{6}$$
- Die Summe der n ersten Kubikzahlen
  $$\sum_{i=1}^{n} i^3 = \frac{n^2(n+1)^2}{4}$$

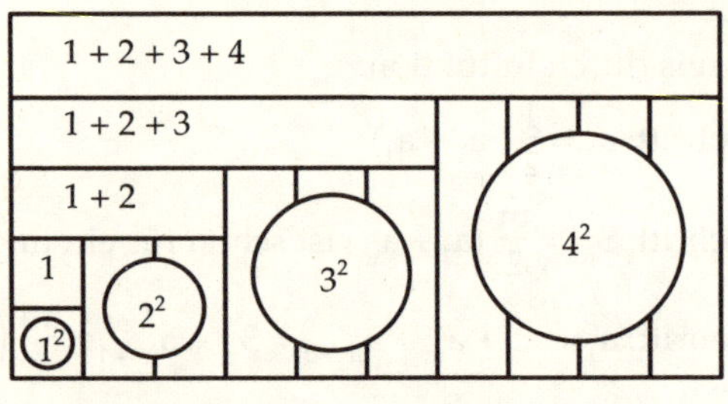

Abb. 421 zeigt den Fall für n = 4

Die endliche geometrische Reihe entsteht durch Addition der n ersten Glieder einer *geometrischen Folge*. Dabei gilt:

$$a_1 + a_1 \cdot q + a_1 \cdot q^2 + \ldots + a_1 \cdot q^{n-1} =$$
$$\sum_{i=1}^{n} a_1 \cdot q^{i-1} = a_1 \cdot \sum_{i=0}^{n} q^i = a_1 \cdot \frac{q^n - 1}{q - 1}$$

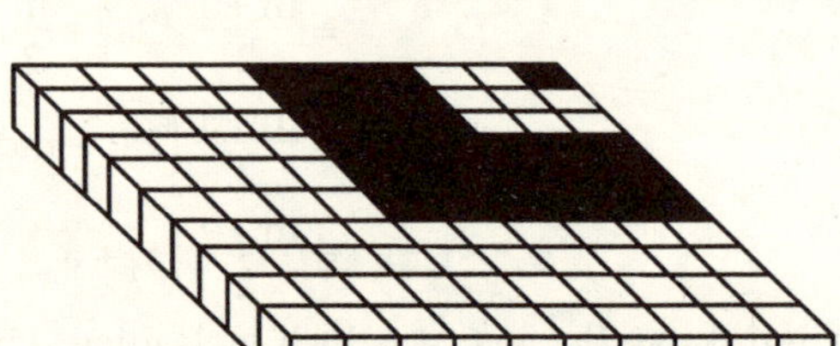

Abb. 422
Jede neuen k^3 Würfel lassen sich so um das schon vorhandene Quadrat herumbauen, daß ein L der Breite k aus ihnen entsteht. Das neue Quadrat hat somit die Seitenlänge $1 + 2 + 3 + \ldots + k = 0{,}5 \cdot k \cdot (k+1)$ und die Fläche $(0{,}5 \cdot k \cdot (k+1))^2 = 0{,}25 \cdot k^2 \cdot (k+1)^2$

Auch hier gibt es alternativ zur Induktion einen Trick. Man bildet die Differenz $s_n - q \cdot s_m = a_1 - a_n q$ und löst nach s_n auf. Diese Formel gilt für jede reelle Zahl außer q = 1 (dafür ist der Summenwert na_1). Für q = 0 ist sie wenig sinnvoll, da die gesamte Reihe nur aus dem ersten Summanden a_1 besteht. Für q = –1 erhält man bei geradzahligem n den Summenwert Null, bei ungeradzahligem n den Summenwert a_1, wie man auch durch direkte Rechnung bestätigen kann.

Die unendliche geometrische Reihe entsteht durch Addition aller Glieder einer unendlichen Folge, ist also eine unendliche Summe. Verblüffenderweise gibt es Fälle, in denen der Summenwert dennoch endlich bleibt. Hat man eine Summenformel für die entsprechende endliche Reihe, so erhält man die Summe der unendlichen Reihe durch Grenzwertbildung. Im Fall der geometrischen Reihe erhalten wir also:

$$\lim_{n\to\infty} S_n = \lim_{n\to\infty} \frac{q^n - 1}{q - 1} = \begin{cases} \infty & \text{für } q > 1 \\ \dfrac{1}{1-q} & \text{für } |q| < 1 \end{cases} \quad \left.\begin{matrix}\text{und für } q \leq -1 \text{ bzw. für } q = 1 \\ \text{aus der direkten Rechnung keine Lösung}\end{matrix}\right\}$$

Allgemeine Kriterien für die Konvergenz einer Reihe übersteigen in der Regel selbst die Möglichkeiten der gymnasialen Oberstufe. An der geometrischen Reihe kann man aber immerhin ablesen:

> Damit eine Reihe **konvergiert**, muß zumindest die zugrundeliegende Folge den Grenzwert Null haben.

Aber auch das ist nicht hinreichend. Dies zeigt folgendes **Gegenbeispiel**:

Die „harmonische Reihe" $1 + \frac{1}{2} + \frac{1}{3} + \ldots$ hat keinen Grenzwert, obwohl $\lim \frac{1}{n} = 0$ ist.

Allgemeingültig ist jedoch das **Leibniz-Kriterium**:

> Die Folge c_k sei monoton fallend und habe den Grenzwert Null.
>
> Dann ist die **alternierende Reihe** $\sum_{k=1}^{\infty} (-1)^k \cdot c_k$ konvergent.

Übungsaufgaben

1. Bestimmen Sie folgende Folgen in aufzählender Form bis zum 7. Glied. Wie groß sind a_{15} und a_{16}?
Welche Folgen besitzen einen Grenzwert?

a) $a_n = n^3$ b) $a_n = 4 - \frac{1}{n^2}$ c) $a_n = (-1)^n \cdot \frac{1}{n}$ d) $a_n = 2n + n^2$

2. Beweisen Sie den Satz:
Bei einer arithmetischen (geometrischen) Folge ist das mittlere von drei aufeinanderfolgenden Gliedern das arithmetische (geometrische) Mittel der beiden äußeren Glieder.

3. Berechnen Sie die Summe der ersten

a) n geraden b) n ungeraden
c) 1000 geraden d) 10 000 ungeraden natürlichen Zahlen.

4. Bestimmen Sie folgende Summenwerte:

a) $7 + 12 + 17 + 22 + 27 + \ldots + 187$
b) $95 + 100 + 105 + 110 + \ldots + 1055$
c) $1000 + 980 + 960 + \ldots + 20 - 20 - 40 - 60$
d) $3^2 + 3^3 + 3^4 + 3^5 + \ldots 3^{10}$
e) $-1 + 6 - 36 + \ldots - (-6)^{10}$

5. Ein Wanderer legt zum Training am ersten Tag einer mehrtägigen Wanderung eine 6 km lange Strecke zurück. An jedem nachfolgenden Tag möchte er 3 km mehr zurücklegen.
Wieviel km läuft er am 7. Tag?
Wie weit ist er insgesamt in den 7 Tagen gelaufen?

6. Die Summe von 100 aufeinanderfolgenden natürlichen Zahlen beträgt 6650. Welche Zahlen sind das?

7. Eine Spezialfolie läßt nur 75% der UV-Strahlung durch. Wieviel Folienschichten sind nötig, damit weniger als 10% der UV-Strahlung durchgelassen wird?

8. Die Maßzahlen der Kontostände zu Beginn der einzelnen Jahre bilden bei der Zinsesverzinsung eine geometrische Folge.

a) In wieviel Jahren wachsen 4270 € bei 7% Verzinsung auf ca. 9619 € an?
b) In welcher Zeit bringt ein Grundkapital von 3200 € Zinsen in Höhe von insgesamt 3563 € (p = 4,5%)?

9. Der Pechvogel vom Einführungsbeispiel verliert beim Roulette ohne Unterbrechung. Sein erster Einsatz soll wieder 1000 € sein; jeder nachfolgende Einsatz ist ein Drittel (zwei Drittel) des vorhergehenden. Was kann er höchstens verlieren?

10. Schreiben Sie als Bruch:

a') $1,\overline{1}$ b) $0,\overline{5}$ c) $1,\overline{12}$ d) $1,1\overline{2}$

Lösungen S. 770

11. Gegeben seien die Folgen

$(a_n) = (2\,;\ \frac{3}{4}\,;\ \frac{4}{9}\,;\ \frac{5}{16}\,;\ \frac{6}{25}\,;\ \frac{7}{36}\,;\ \ldots)$

$(b_n) = (2\,;\ 1\,;\ \frac{1}{2}\,;\ \frac{1}{4}\,;\ \frac{1}{8}\,;\ \frac{1}{16}\,;\ \ldots)$

$(c_n) = (2\,;\ 4\,;\ 7\,;\ 11\,;\ 16\,;\ 22\,;\ \ldots)$

a) Geben Sie für diese Folgen einen allgemeinen Term an.
b) Geben Sie – falls existent – obere und untere Schranken an.
c) Prüfen Sie allgemein, ob die Folgen monoton steigend oder fallend sind.

12. Bei einem Einstellungstest wird den Bewerbern folgende Aufgabe gestellt:
Gegeben sind die Zahlen 1; 3; 7; 15; 31.

a) Fügen Sie drei weitere Zahlen an, mit denen die Folge sinnvoll fortgesetzt werden kann.
b) Geben Sie eine rekursive Darstellung an.
c) Geben Sie eine explizite Darstellung (Funktionsgleichung) an.
d) Hat die Folge einen Grenzwert ?

13. Betrachten Sie die Folge mit $a_n = \dfrac{3n-1}{n^2}$

a) Ist die Folge monoton ?
b) Ist sie beschränkt ? Wenn ja, geben Sie die Schranken an.
c) Ist sie konvergent ? Wenn ja, wie lautet der Grenzwert ?
d) Ab wann ist $a_n < 0{,}1475$?

14. Das DIN-Format eines rechteckigen Papierbogens ist so festgelegt, daß beim Halbieren ein kleineres Rechteck entsteht, das dem Ausgangsrechteck ähnlich ist. Begründen Sie, daß sich aus dieser Bedingung ein Seitenverhältnis von $1 : \sqrt{2}$ für die Rechtecke ergibt. Hat die so definierte Folge der Rechtecke einen Grenzwert ?

15. Gegeben sind die Folgen mit den Gleichungen

$$a_n = \frac{3n-2}{n+2}$$

$$b_n = \frac{n+2}{2n-1}$$

$$c_n = \frac{n+1}{2n^2+1}$$

$$d_n = \frac{2n^2+1}{2n+1}$$

Untersuchen Sie, ob die nachstehenden zusammengesetzten Folgen einen Grenzwert haben, und berechnen Sie ihn in diesem Falle.

(I) $a_n + b_n$ (II) $b_n - c_n$ (III) $c_n \cdot d_n$ (IV) $c_n : d_n$

16. Berechnen Sie die Grenzwerte folgender Terme für $x \to \infty$ und $x \to -\infty$

a) $\frac{4x^3 - 1}{x^3 + 2x^2 - x + 7}$ b) $\frac{\cos(x)}{x}$

c) $\frac{x^2 - 2x + 5}{x^4 + x^2 - 1}$ d) $\frac{x^2 - 2x + 1}{e^x - x}$

e) $\frac{x}{x^2 + \cos(x)}$ f) $\frac{\sqrt{x} - 1}{\sqrt{x} + 1}$

g) $\frac{|4 - x|}{x - 8}$ h) $\frac{1 - 2^x}{2^x}$

17. Die Amplitude einer gedämpften Schwingung wird durch die Funktion $A(t) = A_0 e^{-kt} \cos(\omega t)$ beschrieben. Wohin strebt die Funktion für $t \to \infty$?

18. Gegeben sei $f(x) = \frac{x^2 - x - 2}{x^2 - 1}$

Wo ist die Funktion stetig ? Kann man sie an den Definitionslücken stetig fortsetzen ?

19. Gegeben sei die Funktion mit $f(x) = \frac{x^2 - 3x + 2}{x^2 + x - 6}$

a) Wie verhält sich die Funktion für $x \to \infty$ und $x \to -\infty$?
b) Wo ist die Funktion stetig ?
c) Kann man sie an den Lücken von $\mathbb{D}$ stetig ergänzen ?

20. Durch welche ganzrationale Funktion können die folgenden Funktionen für betragsmäßig große x-Werte angenähert werden ?

a) $\frac{3x^2 - 1}{x}$

b) $\frac{x - x^4}{x - 2}$

c) $\frac{x^3}{1 - x}$

d) $\frac{3x - 5}{1 - 2x}$

21. Beweisen Sie durch vollständige Induktion, daß für $n \geq 5$ gilt: $n^2 < 2^n$

22. Es sei $s_n = \sum_{i=1}^{n} \frac{1}{i(i+1)}$. Zeigen Sie, daß $\lim_{n \to \infty} s_n = 1$ ist.

23. Beweisen Sie durch Induktion, daß $1^3 + 2^3 + 3^3 + \ldots + n^3 = \frac{1}{4} n^2 (n+1)^2$

24. Beweisen Sie die Bernoulli-Ungleichung $(1 + \alpha)^n > 1 + n\alpha$, wenn $\alpha > -1$, $\alpha \neq 0$ und $n > 1$ ist.

Die Steigung einer Funktion

Das Tangentenproblem

Es ist anschaulich klar, daß jede graphisch darstellbare Funktion auch eine Steigung besitzen muß. Bestimmbar ist jedoch bisher lediglich die Steigung von *affinen* oder *linearen* Funktionen, deren Graph eine Gerade ist. Hierfür gilt:

$m = \tan\alpha = \dfrac{y_2 - y_1}{x_2 - x_1}$ mit Hilfe eines Steigungsdreiecks.

Wie man sich komplizierteren Funktionen nähern kann, zeigt das Einführungsbeispiel.

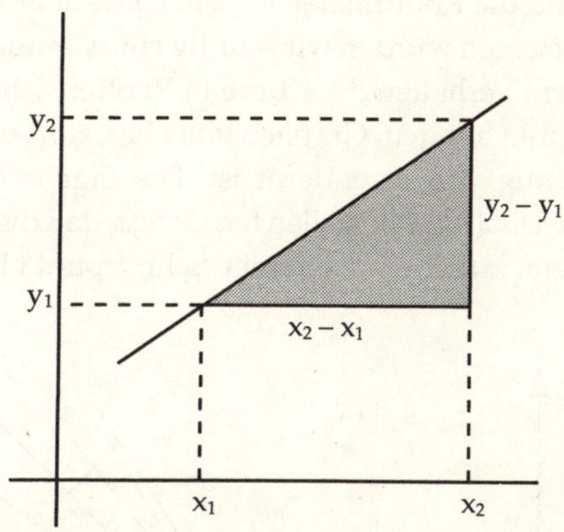

Abb. 423 Steigungsdreieck

Einführungsbeispiel:

Betrachten wir das Ventil am Reifen eines an uns vorbeifahrenden Autos, so bewegt sich dieses nicht geradlinig wie das Auto, sondern führt zusätzlich eine Auf- und Abbewegung aus. Deren Bild, die *Bahnkurve*, bezeichnet man als *Zykloide*. Ist nun der Reifen naß, so fliegen vom Mantel nach hinten Wassertröpfchen weg (Abb. 424), deren Flugrichtung sich zu jedem Zeitpunkt mit der momentanen Bewegungsrichtung des Reifenstücks, von dem sie kommen, deckt. Wir stellen fest, daß diese Linie (Flugbahn der Tröpfchen) der Tangente an dem Reifen entspricht. Es liegt deshalb nahe, die Steigung dieser Tangente, einer Geraden, als die momentane Steigung der Bahnkurve anzusehen.

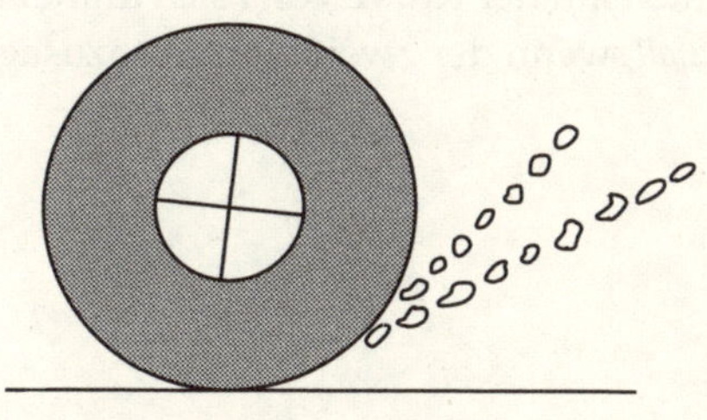

Abb. 424

Der Begriff der Tangente stammt aus der Geometrie des Kreises. Dort ist die Tangente eine Gerade, die genau einen Schnittpunkt mit dem Kreis hat (auch *Berührpunkt* genannt), während jede Sekante den Kreis in zwei Punkten schneidet. Diese Festlegung ist hier jedoch nicht aufrechtzuerhalten, da bei entsprechendem Verlauf des Graphen fast jede Tangente mehr als einen Schnittpunkt mit ihm hat.
Die beiden Geraden, die bestimmt nur einen Schnittpunkt mit dem Graphen von f haben, sind die Koordinatenachsen. Diese aber sind sicherlich keine Tangenten!
Dagegen würden wir intuitiv eine Gerade t als Tangente in P_0 identifizieren, da ihre Steigung dem Verhalten der Kurve in P_0 offensichtlich entspricht. Daß t noch einen weiteren Schnittpunkt mit dem Graphen von f hat, stört offenbar nicht weiter, wenn dieser Schnittpunkt weit genug von P_0 entfernt ist. Die Eigenschaft, *Tangente* zu sein, wird somit eine rein *lokale Eigenschaft*. Wir stellen ferner fest, daß die Sekanten dieses Verhalten um so besser widerspiegeln, je dichter der zweite Schnittpunkt bei P_0 liegt.

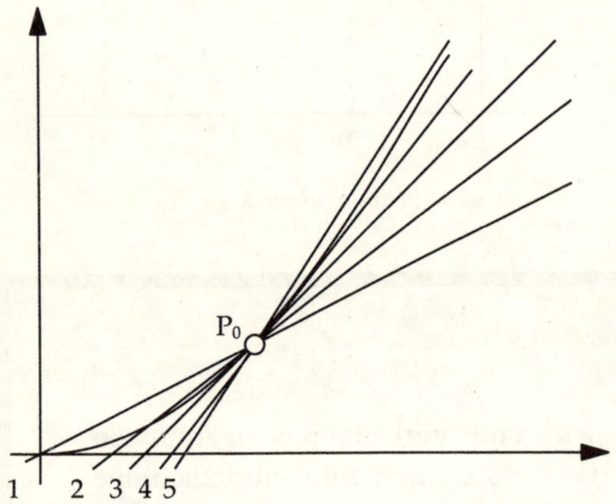

Abb. 425
Dargestellt sind folgende Funktionen:

$y = x$	(1)
$y = 1{,}5x - 0{,}5$	(2)
$y = 2x - 1$	(3)
$y = 2{,}5x - 1{,}5$	(4)
$y = 3x - 2$	(5)

Konstruiert man eine *beliebige* Folge von Sekanten, wobei der zweite Schnittpunkt der Sekanten mit der Kurve von f sich immer dichter auf P_0 zubewegen soll. Dann erhält man im *Grenzfall*, wenn der zweite Punkt sozusagen mit P_0 zusammenfällt, die Tangente.

Graphische Differentiation

Die Konstruktion beliebig vieler Folgen von Sekanten ist konstruktiv unmöglich. Rechnerisch allerdings läßt sich dieses Problem lösen. Zuvor jedoch wollen wir eine Möglichkeit zeigen, die Steigung graphisch zu bestimmen. Zwar sind, wie schon mehrfach betont, Skizzen nicht beweiskräftig; sie leisten jedoch gute Dienste bei der Unterstützung einer Rechnung oder geben konkrete Hinweise darauf, wie das Ergebnis auszusehen hat.

Vorgehensweise:
Man legt in P_0 einen flachen Taschenspiegel so an die Kurve, daß man im Spiegel genau das Bild der Kurve erblickt. Anschließend zeichnet man an der Spiegelkante ein Tangentenstückchen ein. Die Steigung dieser Geraden entspricht dann der Steigung der Kurve in P_0 (Abb. 426).

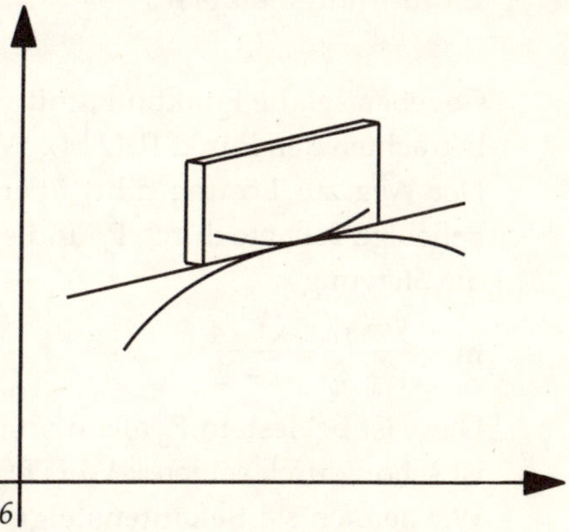
Abb. 426

Alternativ (vielleicht weil der Spiegel zu dick ist und die Umgebung von P_0 nicht sichtbar zu machen ist, oder weil man seinem geometrischen Gefühl nicht traut) kann der Umweg über die *Normale* beschritten werden.
Die Normale ist diejenige Gerade, die auf der Tangente senkrecht steht. Sie ist völlig unproblematisch zu ermitteln. Man muß nur den Spiegel so auf P_0 plazieren, daß der Graph sich ohne Knick scheinbar durch den Spiegel fortsetzt (Abb. 427).

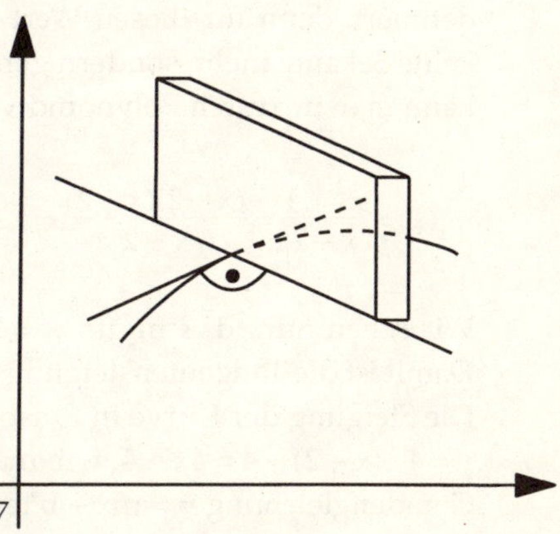
Abb. 427

Anschließend konstruiert man die gesuchte Tangente als Senkrechte auf der Normalen. Selbstverständlich kann man so nicht nur die Tangente von P_0, sondern in jedem anderen Punkt der Kurve ermitteln. Zieht man Parallelen zu diesen Tangenten durch x = –1, so erhält man über die Schnittpunkte mit der y-Achse sämtliche gesuchten Steigungswerte (Steigungsdreieck mit Ankathete 1!). Zusammen mit den x-Werten der Punkte der Ausgangsfunktion f ergeben diese Steigungen einen neuen Graphen, der sich aus den Punkten $(x|m_x)$ zusammensetzt. Diese Punkte ergeben den Graphen der **Ableitungsfunktion** (Abb. 428).

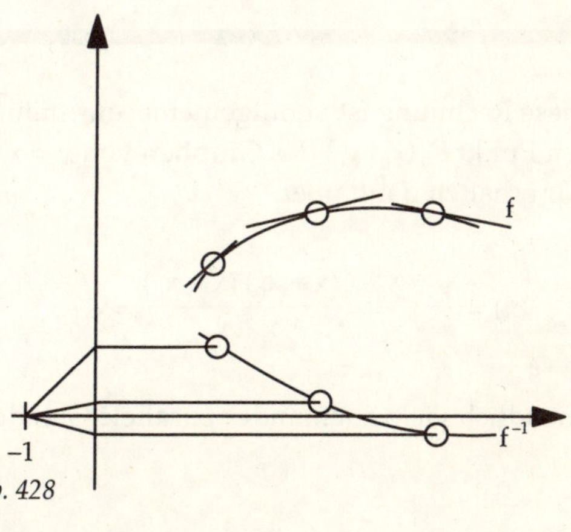

Abb. 428

Differentialquotient, Ableitungsfunktion und höhere Ableitungen

Kommen wir nun zur rechnerischen Lösung des Problems.

Einführungsbeispiel:

Gegeben sei die Funktion f mit $y = x^2$. Ihr Graph ist die Normalparabel. Wir betrachten den Punkt $P_0(2\,|\,4)$. Wie sieht die Steigung von f in P_0 aus?
Der Weg zur Lösung führt über die Sekanten. Deshalb betrachten wir eine beliebige Sekante durch P_0 und einen weiteren Kurvenpunkt (P $(x\,|\,y)$. Sie hat die Steigung

$$m_s = \frac{y - y_0}{x - x_0} = \frac{x^2 - 4}{x - 2}$$

Diese ist bei festem P_0 allein von P abhängig. Der Parabelpunkt P wiederum ist schon durch seinen x-Wert festgelegt. Deshalb ist m_s eine Funktion von x. Wir nennen sie **Sekantensteigungsfunktion**. Sie ist außer für $x_0 = 2$ überall definiert, denn für diesen Wert fielen beide Punkte zusammen: Wir hätten keine Sekante mehr, sondern gerade die gesuchte Tangente. Da also $x \neq 2$ ist, kann man m_s durch Polynomdivision vereinfachen. Man erhält:

$$m_s(x) = \frac{x^2 - 4}{x - 2} = \frac{(x+2)(x-2)}{x - 2} = x + 2,\ \mathbb{D}_{m_s} = \mathbb{R}\setminus\{2\}$$

Wir sehen nun, daß m_s für $x = 2$ durch $y^* = 4$ **stetig ergänzt** werden kann. Damit ist die Tangentensteigung die stetige Ergänzung der Sekantensteigung. Die Steigung der Kurve in P_0 ist also 4. Die Tangente hat dann die Gleichung $y = 4 \cdot (x - 2) + 4 = 4x - 4$, wie man durch Einsetzen von P_0 in die allgemeine Geradengleichung $y = mx + b$ feststellt.

Diese Rechnung ist verallgemeinerungsfähig, denn eine Tangente existiert für jeden beliebigen Punkt $P_0(x_0\,|\,y_0)$ des Graphen von $y = x^2$.
Wir erhalten dann über

$$m_{s,x_0}(x) = \frac{x^2 - x_0^2}{x - x_0} = \frac{(x + x_0)(x - x_0)}{x - x_0} = x + x_0$$

unendlich viele zueinander parallele Geraden mit jeweils einem Loch für $x = x_0$.

Alle Funktionen, die in Abb. 429 dargestellt sind, sind stetig ergänzbar durch $m^*_{s,x_0}(x_0) = 2x_0$. Dann bilden alle Ergänzungen eine neue **Funktion der Tangentensteigungen**, die wir mit $m_t(x) = 2x$ bezeichnen.

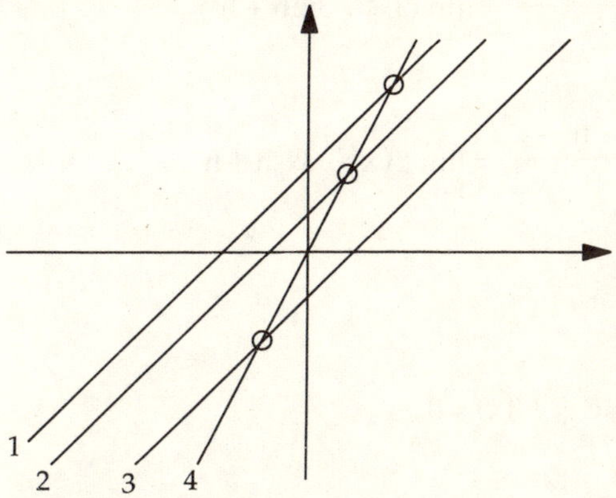

Abb. 429
Dargestellt sind folgende Funktionen:
$y = x + 2$ (1)
$y = x + 1$ (2)
$y = x - 1$ (3)
$y = 2x$ (4)

Die stetige Ergänzung einer Funktion g war als $\lim_{h\to 0} g(x_0 + h) = \lim_{h\to 0} g(x_0 - h)$ bestimmt worden. Analog läßt sich für die Tangentensteigung schreiben:

$$\lim_{h\to 0} \frac{f(x_0 + h) - f(x_0)}{h} = \lim_{h\to 0} \frac{f(x_0 - h) - f(x_0)}{-h} = f'(x_0) \text{ mit } x = x_0 \pm h$$

Dieser Grenzwert heißt **Differentialquotient** an der Stelle x_0; $f'(x_0)$ bezeichnet man als **1. Ableitung** von f an der Stelle x_0. Der Differentialquotient ist somit die stetige Ergänzung der Differenzenquotienten $\frac{y - y_0}{x - x_0} = \frac{f(x_0 \pm h) - f(x_0)}{\pm h}$, die für die Sekantensteigungen stehen.

Manchmal schreibt man auch $\frac{\Delta y}{\Delta x}$ für die Sekantensteigungen. Dabei drückt Δ (Delta) eine Differenz aus: die Differenz der y-Werte oder x-Werte. Für den Differentialquotienten schreibt man $\frac{dy}{dx} = \frac{df(x)}{dx}$, wobei das „d" für eine **infinitesimale** (unendlich kleine) *Änderung* steht.

Auf unser Beispiel bezogen, heißt das:

$$\frac{(2+h)^2 - 2^2}{(2+h) - 2} = \frac{4 + 4h + h^2 - 4}{h} = 4 + h \text{ oder } \frac{(2-h)^2 - 2^2}{(2-h) - 2} = \frac{4 - 4h + h^2 - 4}{-h} = 4 - h$$

und damit $\lim_{h\to 0}(4 + h) = \lim_{h\to 0}(4 - h) = 4 = f'(2)$.

Die Differenzierbarkeit ist damit – wie die Stetigkeit – zunächst eine lokale Eigenschaft, also punktweise erklärbar. Ist eine Funktion f jedoch für jedes $x_0 \in I$ differenzierbar, so heißt sie differenzierbar über I, und man erklärt auf diesem Intervall die **Ableitungsfunktion f'**.
Analog zur 1. Ableitung lassen sich auch noch weitere (man sagt auch: höhere) Ableitungen erklären. So heißt zum Beispiel die Ableitung von f' dann 2. Ableitung f''.

Beispiel:

Gegeben sei die Funktion f mit $f(x) = x^3$.

Dann ist

$$f'(x_0) = \lim_{h\to 0} \frac{(x_0 + h)^3 - x_0^3}{h} = \lim_{h\to 0} \frac{x_0^3 + 3x_0^2 h + 3x_0 h^2 + h^3 - x_0^3}{h} = \lim_{h\to 0} (3x_0^2 + 3x_0 h + h^2)$$

$$f'(x_0) = 3x_0^2$$

$$f'(x_0) = \lim_{h\to 0} \frac{(x_0 - h)^3 - x_0}{-h} = \lim_{h\to 0} \frac{x_0^3 - 3x_0^2 h + 3x_0 h^2 - h^3 - x_0^3}{-h} = \lim_{h\to 0} (3x_0^2 - 3x_0 h + h^2)$$

$$f'(x_0) = 3x_0^2$$

Also ist $f'(x) = 3x^2$.

Damit wird $f''(x) = 6x$

Weitere Beispiele: $f(x) = x \Rightarrow f'(x) = 1$ und $f(x) = c \Rightarrow f'(x) = 0$

Ein grenzwertfreier Einstieg

Bisher haben wir zwei Varianten kennengelernt, sich die Steigung einer Funktion und ihres Graphen zu erschließen: die *formal-rechnerische* mit dem Differentialquotienten (sie befriedigt die Anschauung nicht völlig) und die *graphische* Methode. Letztere ist extrem aufwendig, denn schließlich muß man zunächst einen Graphen mit Hilfe einer nicht zu kleinen Wertetabelle zeichnen. Auch ist diese Methode nicht restlos sicher, denn wer garantiert, daß alle Punkte wirklich in der Wertetabelle repräsentiert sind? Deshalb wird mit der Methode der **linearen Approximation** ein dritter Weg vorgestellt, der bei schematischer Anwendung ohne Grenzwert auskommt und sich sogar in seiner argumentativen Ausprägung mit einem heuristischen Grenzwertbegriff zufriedengibt (Abb. 430).

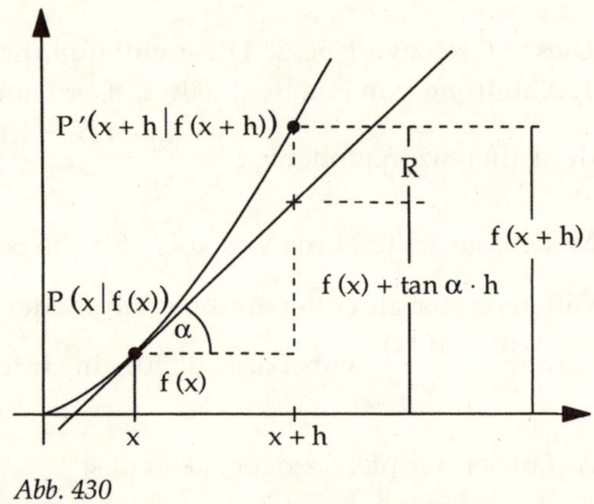

Abb. 430

Ausgangspunkt ist hier die Idee, daß man die Kenntnis der Steigung einer Funktion dazu nutzen kann, von einem Punkt zum nächsten zu gelangen. Aber auch der übernächste und alle Punkte in der Nähe des Ausgangspunktes müssen noch recht gut auffindbar sein. Der nächste Schritt ist dann wieder, die Steigung mit Hilfe der Tangente festzulegen, da eine Tangente geometrisch immer vorhanden, wenn auch analytisch nicht immer einfach bestimmbar ist. Unter der Annahme, die Tangente bereits gefunden zu haben, formuliert man eine Extrapolationsaufgabe:

Wie kann der Punkt $P'(x + h \mid f(x + h))$ mit den Informationen des Punktes $P(x \mid f(x))$ möglichst genau erreicht werden?

Die Tangente in P führt in die Nähe von $P'(x + h \mid f(x + h))$. Die Näherung ist dabei um so besser, je kleiner h ist. Es ergibt sich:
$f(x + h) = f(x) + \tan(\alpha) \cdot h + R,$
wobei R mindestens quadratisch mit h abnimmt. Deshalb muß der letzte Summand bei kleinem h viel schneller kleiner werden als der zweite, weshalb er letztlich *vernachlässigt* werden darf (*intuitive Grenzwertbildung* $h \to 0$). Daraus ergibt sich
$f(x + h) = f(x) + f'(x) \cdot h + R.$

Beispiele:

1. Gegeben sei wieder die Funktion f mit $f(x) = x^2$. Dann ist
   $f(x + h) = (x + h)^2 = x^2 + 2xh + h^2 = f(x) + f'(x) \cdot h + R.$
   Ein Koeffizientenvergleich ergibt:
   $f'(x) = 2x$; $R = h^2$ nimmt tatsächlich quadratisch mit h ab.
2. Gegeben sei f mit $f(x) = x^3$.
   Dann ist $f(x + h) = (x + h)^3 = x^3 + 3x^2h + 3xh^2 + h^3 = f(x) + f'(x) \cdot h + R.$
   Wieder liefert der Koeffizientenvergleich dasselbe Ergebnis wie der Differentialquotient:
   $f'(x) = 3x^2$; $R = 3xh^2 + h^3$ enthält als niedrigste Potenz von h einen Term in h^2.

Dies ist natürlich nicht nur Zufall oder liegt an den geschickt gewählten Beispielen. Vielmehr läßt sich diese Methode theoretisch auf dem Differentialquotienten aufbauen. Es gilt nämlich

$$f(x+h) = f(x) + f'(x) \cdot h + R$$
$$\Leftrightarrow f(x+h) - f(x) = f'(x) \cdot h + R$$
$$\Leftrightarrow \frac{f(x+h) - f(x)}{h} = f'(x) + \frac{R}{h}$$

wobei für $h \to 0$ die linke Seite zum (rechtsseitigen) Differentialquotienten wird. Auf der rechten Seite bleibt gerade die Ableitung $f'(x)$ übrig, da R ja h mindestens in quadratischer Form enthält. Also enthält $\frac{R}{h}$ immer noch h mindestens linear. Deshalb ist sein Grenzwert für $h \to 0$ ebenfalls Null.

Übungsaufgaben

1. Bilden Sie mit Hilfe des Differentialquotienten die Ableitungen von
   a) $f(x) = x$
   b) $f(x) = c$
2. Zeigen Sie: $f(x) = |x + 1|$ ist für $x_0 = -1$ zwar stetig, aber nicht differenzierbar.
3. Leiten Sie mit Hilfe des Differentialquotienten die Funktion mit der Gleichung
   $f(x) = 2x^2 - 3x + 1$ an der Stelle $x_0 = 2$ ab.
   Wie lautet die Ableitungsfunktion?
   Bestimmen Sie die Gleichung der Tangenten an f für $x_0 = 2$.
4. Leiten Sie die Funktion f aus Aufgabe 2 mit der grenzwertfreien Methode ab.
5. Berechnen Sie für obige Funktion f die höheren Ableitungen f'', f''' und $f^{(4)}$.
   Was läßt sich über weitere Ableitungen sagen?

Lösungen S. 775

Die Ableitung der ganzrationalen Funktion

In vielen Fällen läßt sich der Term einer komplizierten Funktion näherungsweise durch ein Polynom beschreiben. Wir verweisen dabei zunächst auf das asymptotische Verhalten. Darüber hinaus ist etwa:

$$\frac{x}{e^x - 1} \approx 1 - \frac{x}{2} + \frac{1}{6} \cdot \frac{x^2}{2!} - \frac{1}{30} \cdot \frac{x^4}{4!}$$

$$\approx 1 - \frac{x}{2} + \frac{x^2}{12} - \frac{x^4}{720}$$

$$\ln\left(\frac{1+x}{1-x}\right) \approx 2 \cdot \left[x + \frac{x^3}{3} + \frac{x^5}{5} + \frac{x^7}{7}\right] \text{ für } |x| < 1$$

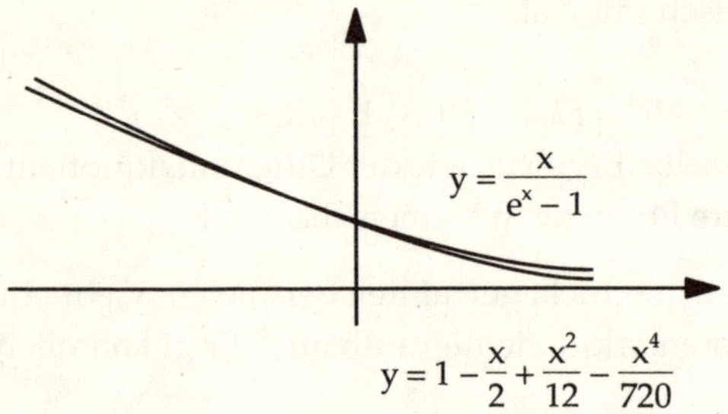

Abb. 431

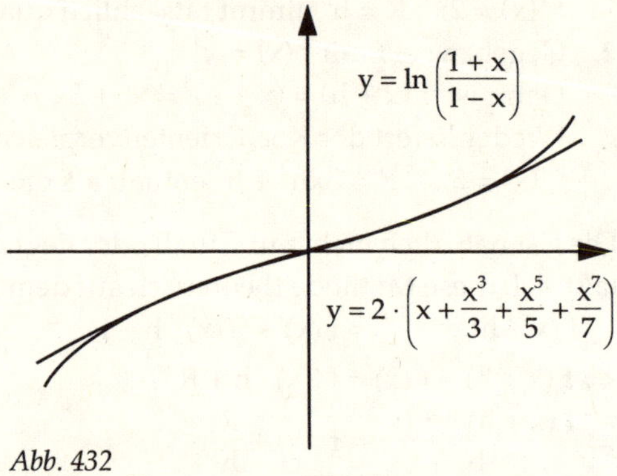

Abb. 432

Aber auch Funktionen, deren Term durch Polynome gegeben ist, können schon genug Schwierigkeiten machen.
Was etwa sind die **Extremwerte** von $f(x) = -0{,}5 \cdot x \cdot (x^2 - 2) = -0{,}5x^3 + x$?

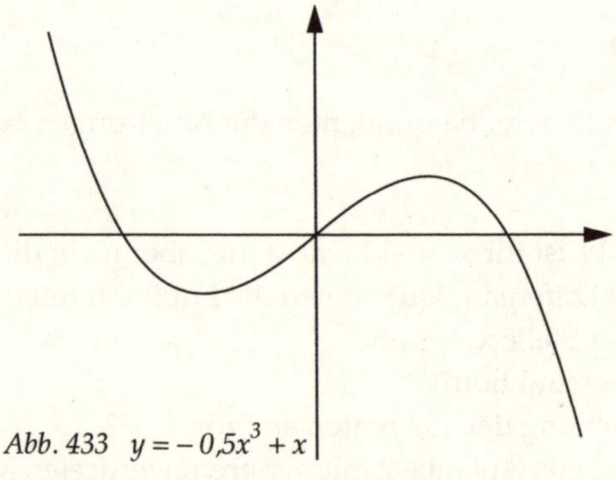

Abb. 433 $y = -0{,}5x^3 + x$

Man sieht recht schnell, daß hier keine „glatten" Zahlen auftreten.

Die Potenzregel für $n \in \mathbb{N}$

Polynome aber sind wiederum nichts anderes als *Linearkombinationen* von Potenzen von x. Deshalb ist die Ableitung der allgemeinen Potenzfunktion $f(x) = x^n$ von fundamentaler Bedeutung.
Sammeln wir zunächst die Beispiele, bei denen wir die Ableitung durch Berechnungen mit Hilfe des Differentialquotienten schon kennen:

$f(x)$	x	x^2	x^3
$f'(x)$	1	$2x$	$3x^2$

Dies führt zu folgender *Vermutung*:

$$f(x) = x^n \Rightarrow f'(x) = n \cdot x^{n-1}$$

Wir beweisen diese Vermutung mit Hilfe der **Extrapolationsmethode**.

$$f(x+h) = f(x) + h \cdot f'(x) + R \Leftrightarrow (x+h)^n = x^n + n \cdot h \cdot x^{n-1} + \sum_{k=2}^{n} \binom{n}{k} \cdot h^k x^{n-k}$$

Also ist $f'(x) = n \cdot x^{n-1}$, was zu beweisen war.

Die Summenregel

Da Polynome – wie schon erwähnt – Linearkombinationen von Potenzen sind, folgt die Summenregel für Polynome direkt aus der **Potenzregel**. Mit Hilfe des Differentialquotienten kann man dies sogar für beliebige Funktionen zeigen. Sei die Funktion h gegeben durch $h(x) = f(x) + g(x)$. Dann ist

$$h'(x) = f'(x) + g'(x).$$

Beispiel:

$f(x) = -0{,}5x \cdot (x^2 - 2) = -0{,}5x^3 + x \Rightarrow f'(x) = -1{,}5x^2 + 1$

Speziell gilt:
Ist $g(x) = c$, so ist $h'(x) = f'(x)$, denn eine additive Konstante fällt beim Ableiten weg.

Die Faktorregel und die Produktregel

Es sei nun $h(x) = f(x) \cdot g(x)$. Wie sieht die zugehörige Ableitungsfunktion $h'(x)$ aus?
Einfach ist hier der Fall $g(x) = k$. Denn eine Konstante kann man wie bei der Betrachtung der Grenzwerte von Folgen aus dem Grenzprozeß herausziehen.
Damit erhält man die **Faktorenregel**:

Sei $h(x) = k \cdot f(x)$. Dann ist $h'(x) = k \cdot f'(x)$.

Sei der Funktionsterm von f ein Polynom, also $f(x) = a_n x^n + a_{n-1}x^{n-1} + \ldots + a_1 x + a_0$.
Dann gilt mit der Summen- und der Faktorregel:

$f'(x) = na_n x^{n-1} + (n-1)a_{n-1}x^{n-2} + \ldots + a_1$.

Der allgemeine Fall ist komplizierter. Eine Idee holen wir uns aus dem Verhalten des Produkts zweier Potenzfunktionen.

	h (x)	h '(x)	f (x)	g (x)	f '(x)	g '(x)
1.	x	1	1	x	0	1
2.	x^2	$2x$	x	x	1	1
3.	x^3	$3x^2$	x^2	x	$2x$	1
4.	x^4	$4x^3$	x^3	x	$3x^2$	1
5.	x^4	$4x^3$	x^2	x^2	$2x$	$2x$
6.	x^5	$5x^4$	x^4	x	$4x^3$	1
7.	x^5	$5x^4$	x^3	x^2	$3x^2$	$2x$
8.	x^6	$6x^5$	x^5	x	$5x^4$	1
9.	x^6	$6x^5$	x^4	x^2	$4x^3$	$2x$
10.	x^6	$6x^5$	x^3	x^3	$3x^2$	$3x^2$

Dies führt auf die **Produktregel**:

Aus $h(x) = f(x) \cdot g(x)$ folgt $h'(x) = f'(x) \cdot g(x) + f(x) \cdot g'(x)$

Beispiel:

$h(x) = -0{,}5 \cdot (x^2 - 2) \Rightarrow f(x) = -0{,}5x;\ g(x) = x^2 - 2$

$f'(x) = -0{,}5;\ g'(x) = 2x$

$\Rightarrow h'(x) = -0{,}5\,(x^2 - 2) - 0{,}5x \cdot 2x = -0{,}5x^2 + 1 - x^2 = -1{,}5x^2 + 1$

Der allgemeine Beweis bedient sich eines gern benutzten Tricks: Durch gleichzeitige Addition einer Zahl und ihrer Gegenzahl addiert man insgesamt Null. Mit Hilfe der neuen Terme aber läßt sich der gesamte Ausdruck geeignet umsortieren. Konkret gilt:

$$\lim_{h \to 0} \frac{f(x+h) \cdot g(x+h) - f(x) \cdot g(x)}{h} =$$

$$\lim_{h \to 0} \frac{f(x+h) \cdot g(x+h) - f(x) \cdot g(x+h) + f(x) \cdot g(x+h) - f(x) \cdot g(x)}{h} =$$

$$\lim_{h \to 0} \frac{[f(x+h) - f(x)] \cdot g(x+h) + f(x) \cdot [g(x+h) - g(x)]}{h} =$$

$$\lim_{h \to 0} \frac{f(x+h) - f(x)}{h} \cdot \lim_{h \to 0} g(x+h) + f(x) \cdot \lim_{h \to 0} \frac{g(x+h) - g(x)}{h} = f'(x) \cdot g(x) + f(x) \cdot g'(x)$$

wegen der Differenzierbarkeit (und damit auch Stetigkeit) von f und g. Damit gelingt ein zweiter Beweis der Ableitung der Potenzfunktion mittels *Induktion*:

Für $n = 1$ gilt $f(x) = x \Rightarrow f'(x) = 1 \cdot x^0 = 1$

Sei nun für ein m schon klar:

$f(x) = x^m \qquad \Rightarrow f'(x) = m \cdot x^{m-1}$

Für $n = m + 1$ gilt

$f(x) = x^{m+1} = x \cdot x^m \Rightarrow f'(x) = 1 \cdot x^m + x \cdot m \cdot x^{m-1} = (m+1) \cdot x^m$

Der volle Wert der Produktregel wird erst bei der Kombination von Polynomen mit anderen Funktionen oder bei Kombinationen von diesen klar.

Beispiel:

$$h(x) = x^4 \cdot \sin(x) \Rightarrow f(x) = x^4; \quad g(x) = \sin(x)$$

$$f'(x) = 4x^3; \quad g'(x) = \cos(x)$$

$$\Rightarrow h'(x) = 4x^3 \cdot \sin(x) + x^4 \cdot \cos(x)$$

Steigungsverhalten und Extremwerte

Schon im Kapitel 2 hatten wir uns klargemacht, daß die 1. Ableitung die Steigung einer Funktion oder ihres Graphen beschreibt. Wie sind die Zusammenhänge genau?

Einführungsbeispiel:

Wir betrachten die Funktion f mit
$f(x) = 0{,}75x^4 - 4x^3 + 6x^2$.

Dann ist
$f'(x) = 3x^3 - 12x^2 + 12x$,
$f''(x) = 9x^2 - 24x + 12$.

Wir sehen, daß überall dort, wo f steigt, f ′ positiv ist. Wo f fällt, ist f ′ negativ. Beim einzigen Extremwert $x_0 = 0$ ist $f'(0)$ Null, allerdings auch bei $x_1 = 2$, wo kein Extremwert vorliegt. Allerdings unterscheiden sich an diesen beiden Stellen die Werte von f ″. Es gilt $f''(0) = 12$ und $f''(2) = 0$. Auch mit Hilfe von f ′ läßt sich übrigens ein Unterschied erkennen: $f'(0 - h)$ ist negativ, $f'(0 + h)$ positiv. Dagegen ist die erste Ableitung sowohl links als auch rechts von 2 positiv.

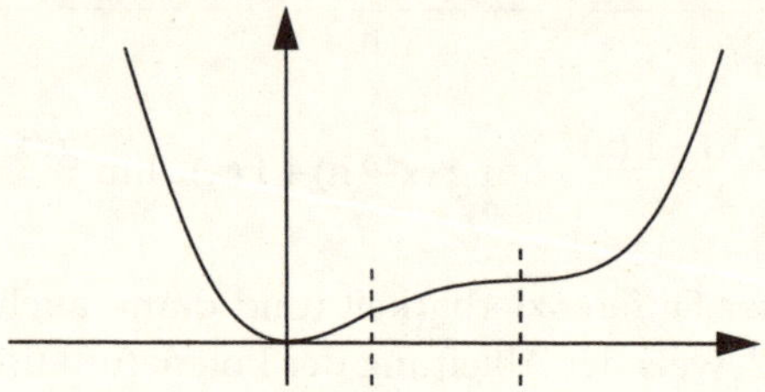

Abb. 434 a $y = 0{,}75x^4 - 4x^3 + 6x^2$

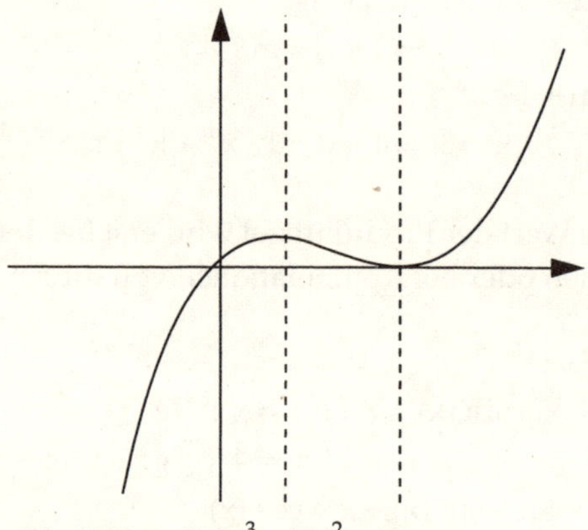

Abb. 434 b $y' = 3x^3 - 12x^2 + 12x$

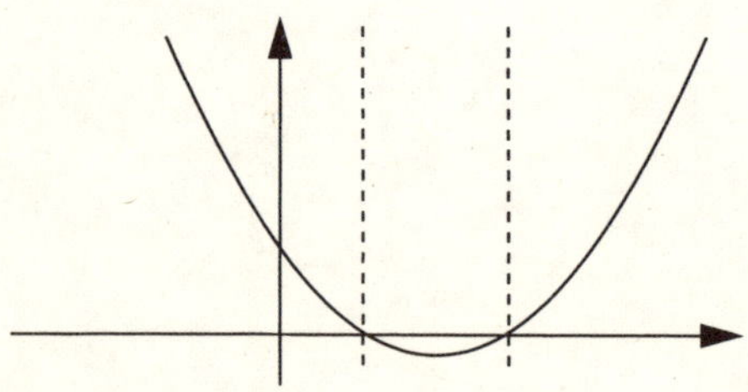

Abb. 434 c $y'' = 9x^2 - 24x + 12$

Insgesamt gilt:

1. Ist für $x \in\ ]a; b[\ f'(x) > 0$, so ist f streng monoton steigend auf dem Intervall $]a; b[$.
2. Ist $f'(x) < 0$, so ist f dort streng monoton fallend.
3. Ist $f(x_0) = 0$ und $f''(x_0) < 0$, so ist $(x_0 | f(x_0))$ ein Maximum.
Oder: Ist $f'(x)_0 = 0$ und $f'(x_0 - h) > 0$ und $f'(x_0 + h) < 0$, so ist $(x_0 | f(x_0))$ ein Maximum.
4. Ist $f'(x_0) = 0$ und $f''(x_0) > 0$, so ist $(x_0 | f(x_0))$ ein Minimum.
Oder: Ist $f'(x_0) = 0$ und $f'(x_0 - h) < 0$ und $f'(x_0 + h) > 0$, so ist $(x_0 | f(x_0))$ ein Minimum.

Beweise:

Aussage 1:

$$0 < \lim_{h \to 0} \frac{f(x_0 + h) - f(x_0)}{h} \Rightarrow 0 < \frac{f(x_0 + h) - f(x_0)}{h} \text{ zumindest dicht bei } x_0.$$

Das bedeutet aber: $f(x_0 + h) > f(x_0)$, also f streng monoton steigend.

Der Rest des Beweises von 1 und der Beweis von 2 verlaufen analog.

Aussage 3:
f'' ist die Ableitung von f'. Aus $f''(x_0) < 0$ folgt daher nach (2), daß f' in der Umgebung von x_0 streng monoton fällt. Wegen $f'(x_0) = 0$ ist also f' links von x_0 positiv, rechts davon negativ (siehe auch die alternative Formulierung, die jedoch in der praktischen Rechnung unhandlicher ist). Mit den Ausagen 1 und 2 folgt daraus f ist links von x_0 streng monoton steigend, rechts davon streng monoton fallend. Also ist $f(x_0)$ der *größte Funktionswert* in $]x_0 - h; x_0 + h[$.

Der Beweis der Aussage 4 verläuft wieder analog.

Beispiel:
$f(x) = -0,5x \cdot (x^2 - 2) = -0,5x^3 + x$.
$f'(x) = -1,5x^2 + 1$; $f''(x) = -3x$.

$f'(x) = 0$ für $x_1 = \sqrt{\frac{2}{3}}$ oder $x_2 = -\sqrt{\frac{2}{3}}$.

$f''(x_1) < 0 \Rightarrow$ Maximum bei x_1 ; $f''(x_2) > 0 \Rightarrow$ Minimum bei x_2

Umkehrbar sind diese Sätze übrigens nicht!

So ist $f(x) = x^3$ überall streng monoton steigend, aber $f'(0) = 0$.
Für $f(x) = x^4$ ist $f'(0) = f''(0) = 0$, aber es liegt dennoch für $x_0 = 0$ ein Minimum vor. Dies hätte das Kriterium, das allein auf die 1. Ableitung zurückgreift, offenbart. Muß man also im Zweifelsfall doch auf dieses unhandliche Kriterium zurückgreifen? Nicht unbedingt!
In diesen Fällen gilt nämlich:

Ist $f'(x_0) = f''(x_0) = 0$ und f hinreichend oft differenzierbar, so liegt genau dann ein Extremum vor, wenn eine geradzahlige Ableitung an der Stelle x_0 erstmals von Null verschieden ist. Ist dagegen eine ungeradzahlige Ableitung erstmals von Null verschieden, so ist bei x_0 kein Extremum.

Beispiel:

$f(x) = x^4$

$f'(x) = 4x^3$

$f''(x) = 12x^2$

$f'''(x) = 24x$

$f^{(4)}(x) = 24 \neq 0$

Im Einführungsbeispiel ist $f'''(x) = 18x - 24$, also $f'''(2) = 12 \neq 0$. Damit ergibt auch die Rechnung, daß für $x = 2$ kein Extremum vorliegt. Der Punkt $(2 \mid f(2))$ heißt **Sattelpunkt**.
Auf der Suche nach Extremwerten hilft noch folgender Satz:

Ist x_0 doppelte Nullstelle von f, so ist x_0 auch Nullstelle von f'.

Beweis:

$f(x) = (x - x_0)^2 \cdot g(x) \Rightarrow f'(x) = 2(x - x_0) \cdot g(x) + (x - x_0)^2 \cdot g'(x) \Rightarrow f'(x_0) = 0$

Durch wiederholte Anwendung dieses Satzes ergibt sich:

Eine ganzrationale Funktion n-ten Grades hat höchstens $n - 1$ lokale Extremstellen.

Lassen sich die Nullstellen der ersten Ableitung nicht mehr elementar bestimmen, helfen wieder nur **Näherungsverfahren**. Um diese aber sinnvoll einsetzen zu können, sollte man die Nullstellen wenigstens *einkreisen* können. Hierbei helfen folgende Sätze:

Die Funktion f sei über $[a; b]$ differenzierbar, und es gelte $f(a) = f(b)$. Dann gibt es zumindest ein $x_0 \in \,]a; b[$ mit $f'(x_0) = 0$. **(Satz von Rolle)**

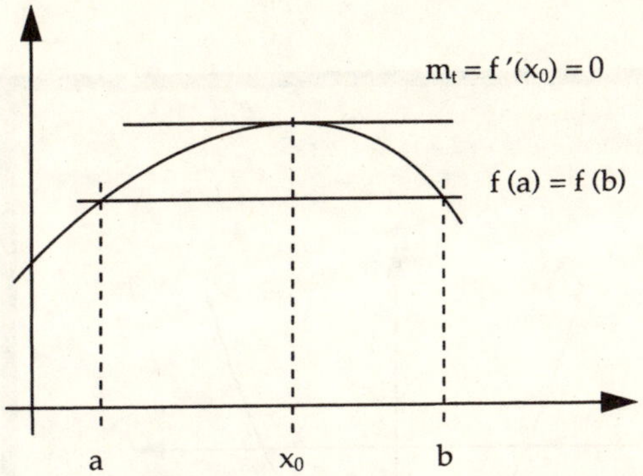

Abb. 435 Satz von Rolle

Die Funktion f sei über [a; b] differenzierbar. Dann gibt es mindestens ein $x_0 \in\ ]a; b[$ mit $f'(x_0) = \frac{f(b) - f(a)}{b - a}$ (**Mittelwertsatz der Differentialrechnung**)

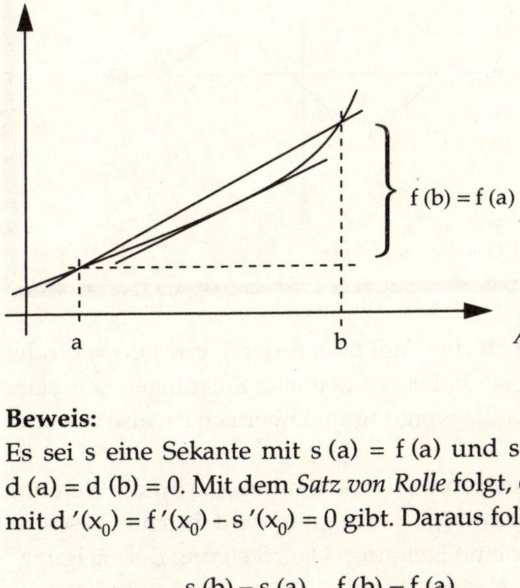

Abb. 436 Mittelwert der Differentialrechnung

Beweis:
Es sei s eine Sekante mit s (a) = f (a) und s (b) = f (b). Für d (x) = f (x) − s (x) gilt dann d (a) = d (b) = 0. Mit dem *Satz von Rolle* folgt, daß es ein $x_0 \in\ ]a; b[$ mit $d'(x_0) = f'(x_0) - s'(x_0) = 0$ gibt. Daraus folgt wiederum

$$f'(x_0) = s'(x_0) = \frac{s(b) - s(a)}{b - a} = \frac{f(b) - f(a)}{b - a}$$

Der Mittelwertsatz erfährt eine praktische Anwendung etwa bei der Bestimmung von mittleren Geschwindigkeiten.

Krümmungsverhalten und Wendepunkte

Einführungsbeispiele:

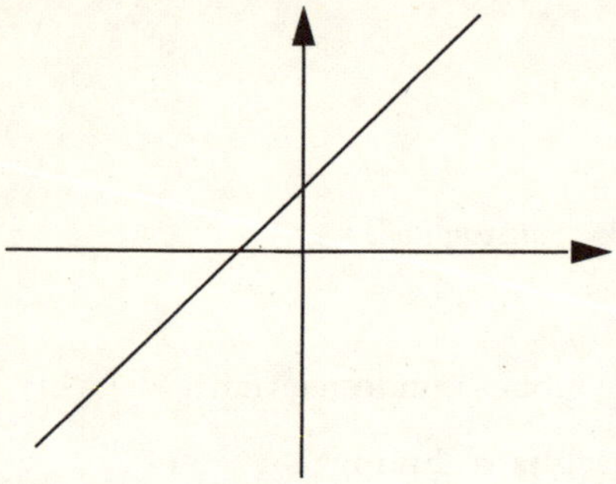

Abb. 437 $y = x + 1$

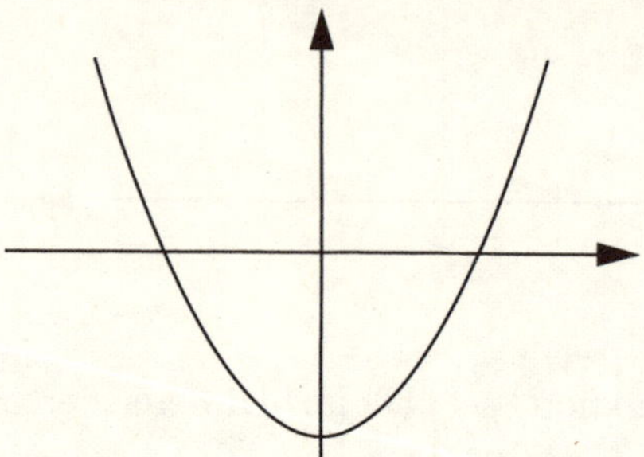

Abb. 438 $y = x^2 - 2$

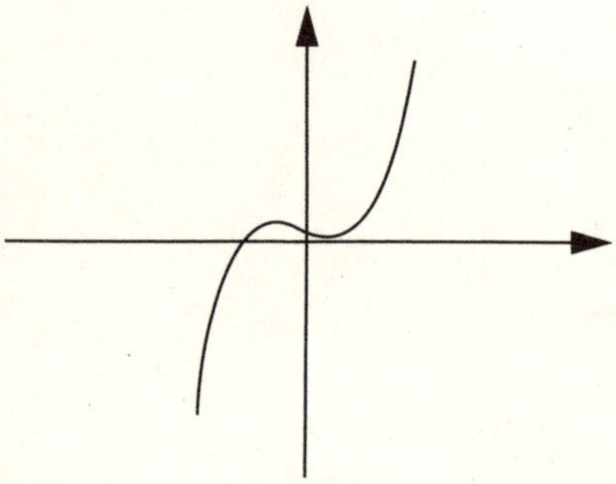

Abb. 439 $y = x^3 - 2x^2 + x$

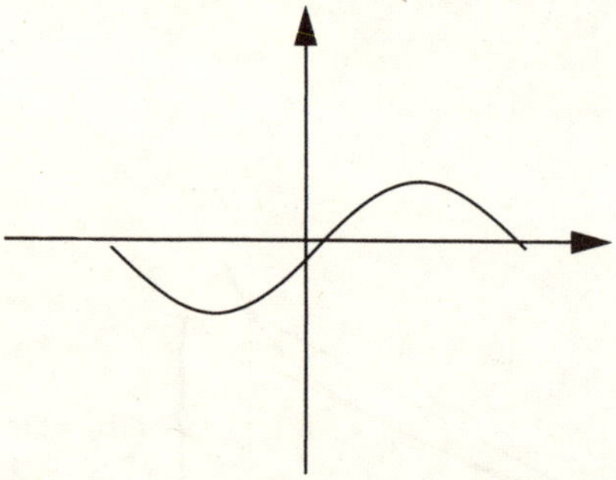

Abb. 440 $y = \sin(x)$

Wir stellen fest: Nicht gekrümmt sind lediglich die Funktionen der Form $f(x) = c$ oder $f(x) = mx + b$. Ihre Graphen sind Geraden, sie haben einheitliche Steigungen. Zu einer Krümmung kommt es also immer dann, wenn die Steigung uneinheitlich ist, also zu- oder abnimmt.

Wird dabei die Steigung immer steiler, ergibt sich eine **Linkskrümmung**; wird die Steigung dagegen flacher, erhalten wir eine **Rechtskrümmung**. Die Steigung wird durch f' beschrieben. Ist f' nicht konstant, hat f' selbst wieder eine Steigung. Die „Steigung der Steigung" aber beschreibt f''. Nach dem oben Gesagten ist bei einer Linkskrümmung f' *streng monoton steigend*, bei einer Rechtskrümmung *streng monoton fallend*. Damit ergibt sich:

Ist in $x_0 \in \,]a\,;b[$ und $f''(x_0) < 0$, so ist die Kurve an dieser Stelle rechtsgekrümmt.
Ist dagegen $f''(x_0) > 0$, so ist die Kurve in x_0 linksgekrümmt.
Ist $f''(x_0) = 0$ und $f'''(x_0) \neq 0$, so hat f in x_0 einen **Wendepunkt**.

Dies paßt mit den Aussagen über Extremwerte zusammen:
Ein Maximum kann nur im rechtsgekrümmten Teil einer Funktion vorliegen, ein Minimum nur im linksgekrümmten Teil.

Beispiel:

$f(x) = 0{,}75x^4 - 4x^3 + 6x^2$
$f'(x) = 3x^3 - 12x^2 + 12x$
$f''(x) = 9x^2 - 24x + 12$

$\Rightarrow f''(x) = 0$ für $x_1 = \frac{2}{3}$ oder $x_2 = 2$

$f'''(x) = 18x - 24 \Rightarrow f'''\left(\frac{2}{3}\right) = -12$ und $f'''(2) = 12.$

Also hat f zwei Wendepunkte. Ferner ist $f''(x) > 0$ für $x < \frac{2}{3}$, $f''(x) < 0$ für $x \in \left]\frac{2}{3};\ 2\right[$ und $f''(x) > 0$ für $x > 2$, der Kurvenverlauf ist linksgekrümmt, rechtsgekrümmt und wieder linksgekrümmt.

$f(x) = -0{,}5x^3 + x \Rightarrow f''(x) = 0$ für $x = 0$
$f'''(x) = -3$, also auch $f'''(0) = -3 \neq 0$. Ferner ist $f''(x) > 0$ für $x < 0$ und $f''(x) < 0$ für $x > 0$. Also ist f zunächst linksgekrümmt, dann rechtsgekrümmt. Wir können also präzisieren:

Ist $f''(x_0) = 0$ und $f'''(x_0) > 0$, so geht an der Wendestelle x_0 eine Rechtskrümmung in eine Linkskrümmung über. Ist dagegen $f''(x_0) = 0$ und $f'''(x_0) < 0$, so geht an der Wendestelle x_0 eine Linkskrümmung in eine Rechtskrümmung über.
Gilt für einen Wendepunkt außerdem $f'(x_0) = 0$, so heißt der Punkt $(x_0 \mid f(x_0))$ **Sattelpunkt.**

In Analogie zum Satz über das Vorliegen von Extrema (siehe S. 402) gilt:
Ist f n-mal differenzierbar und $f'(x_0) = \ldots = f^{(n-1)}(x_0) = 0$, aber $f^{(n)}(x_0) \neq 0$ mit n ungeradzahlig und $n > 3$, so hat f an x_0 eine Wendestelle. Durch wiederholte Anwendung ergibt sich:

Eine ganzrationale Funktion n-ten Grades hat höchstens n – 2 Wendestellen.

Übungsaufgaben

1. Gegeben sei die Funktion mit der Gleichung $f(x) = x^4 - 8x^3 + 6x^2 + 40x - 4$. Bestimmen Sie mit Hilfe der Ableitungen alle Extremal- und Wendepunkte.
2. Untersuchen Sie $f(x) = x^6 - 12$ auf Extremstellen.
3. Bestimmen Sie alle Extremal- und Wendestellen von $f(x) = x^3 + 6x^2 + 12x + 3$.
4. Differenzieren Sie nach der Produktregel und kontrollieren Sie durch Ausmultiplizieren und anschließendes Ableiten nach der Potenz- und Summenregel:
   a) $f(x) = x \cdot (x^2 - 2x)$
   b) $f(x) = (4x^2 + x - 1) \cdot (x^2 + 3x + 5)$

Lösungen S. 775

Anwendungen

Die Kurvendiskussion

Im Kapitel Eigenschaften von Funktionen hatten wir als (ein) Ziel der Analysis genannt, den Verlauf von Funktionen ohne lange Wertetabellen beschreiben zu können. Dieses Ziel haben wir nun – zumindest für *ganzrationale Funktionen* – erreicht. Eine derartige vollständige Beschreibung unter Zuhilfenahme von *Grenzwerten* und *Ableitungen* bezeichnet man als **Kurvendiskussion**.

Sie läßt sich in folgendes Raster fassen:

1. Bestimmung des maximalen Definitionsbereichs,
2. Symmetrieeigenschaften,
3. Beschränktheit, asymptotisches Verhalten und stetige Ergänzung,
4. Ermittlung der Schnittpunkte mit den Achsen,
5. Bestimmung der Extremalpunkte und des Steigungsverhaltens,
6. Bestimmung der Wendepunkte und des Krümmungsverhaltens,
7. Skizzierung des Funktionsgraphen unter Berücksichtigung der ermittelten wichtigen Punkte und Eigenschaften.

Einführungsbeispiel:

Gegeben sei die Funktion f mit der Gleichung $f(x) = x^4 - 6x^3 + 9x^2 - 4x$.
Führen Sie eine Kurvendiskussion durch.

1. $\mathbb{D} = \mathbb{R}$; es handelt sich um eine ganzrationale Funktion.
2. Der Funktionsgraph ist weder symmetrisch zum Ursprung noch zur y-Achse, da sowohl gerade als auch ungerade Potenzen von x auftreten.
3. $f(x) = x^4 \cdot \left(1 - \frac{6}{x} + \frac{9}{x^2} - \frac{4}{x^3}\right)$ für $x \neq 0$.
   Für $|x| \to \infty$ verhält sich f (x) wie x^4, da der Grenzwert der Klammer 1 ist. Deshalb ist $\lim\limits_{|x| \to \infty} f(x) = \infty$. Da f auf ganz $\mathbb{R}$ definiert ist, gibt es keine senkrechten Asymptoten; stetige Ergänzung ist an keiner Stelle nötig.
4. $f(0) = 0$; der Schnittpunkt mit der y-Achse ist somit gleichzeitig die erste Nullstelle $x_1 = 0$
   $f(x) = x \cdot (x^3 - 6x^2 + 9x - 4)$ wird außerdem Null, wenn der Klammerterm Null wird.
   Das Teilbarkeitskriterium liefert: $x_2 = 1 \Rightarrow f(x) = 0$.
   Durch Polynomdivision ergibt sich $(x^3 - 6x^2 + 9x - 4) : (x - 1) = x^2 - 5x + 4$
   Mit Hilfe der p-q-Formel erhält man als restliche Nullstellen $x_3 = 1$ und $x_4 = 4$.
   $x_2 = x_3 = 1$ ist also doppelte Nullstelle.

5. $f'(x) = 4x^3 - 18x^2 + 18x - 4$

Da $x = 1$ doppelte Nullstelle von f ist, folgt, daß $x = 1$ auch Nullstelle von f ' sein muß.

Die Polynomdivision liefert weiter: $f'(x) = (x-1) \cdot (4x^2 - 14x + 4)$.

Mit der p-q-Formel erhalten wir $x = 1{,}75 \pm \sqrt{1{,}75^2 - 1}$, also $x_5 \approx 3{,}186$ und $x_6 \approx 0{,}314$.

$f''(x) = 12x^2 - 36x + 18.$

$f''(1) = -6 < 0 \Rightarrow$ Maximum bei $x = 1$; $E_1 = (1 \mid 0)$.

$f''(3{,}186) = 25{,}111 > 0 \Rightarrow$ Minimum bei $x = 3{,}186$; $E_2 = (3{,}186 \mid -12{,}393)$.

$f''(0{,}314) = 7{,}879 > 0 \Rightarrow$ Minimum bei $x = 0{,}314$; $E_2 = (0{,}314 \mid -0{,}545)$.

Mit **3.** folgt: In $]-\infty\,; 0{,}314[$ ist f streng monoton fallend;
in $]0{,}314\,; 1[$ ist f streng monoton steigend;
in $]1\,; 3{,}186[$ ist f streng monoton fallend;
in $]3{,}186\,; \infty[$ ist f streng monoton steigend.

6. $f''(x) = 12x^2 - 36x + 18 = 12 \cdot (x^2 - 3x + 1{,}5)$.

Die p-q-Formel liefert als Nullstellen von f '' und mögliche Wendestellen:
$x_7 = 2{,}366$ oder $x_8 = 0{,}634$.

$f'''(x) = 24x - 36,$

$f'''(2{,}366) = 20{,}784 > 0,$

$f'''(0{,}634) = -20{,}784 < 0.$

Wir haben also zwei Wendestellen; bei $x_8 = 0{,}634$ geht eine Links- in eine Rechtskrümmung über, bei $x_7 = 2{,}366$ eine Rechts- in eine Linkskrümmung. Die Wendepunkte lauten $W_1 = (0{,}634 \mid -0{,}286)$; $W_2 = (2{,}366 \mid -7{,}214)$.

7.

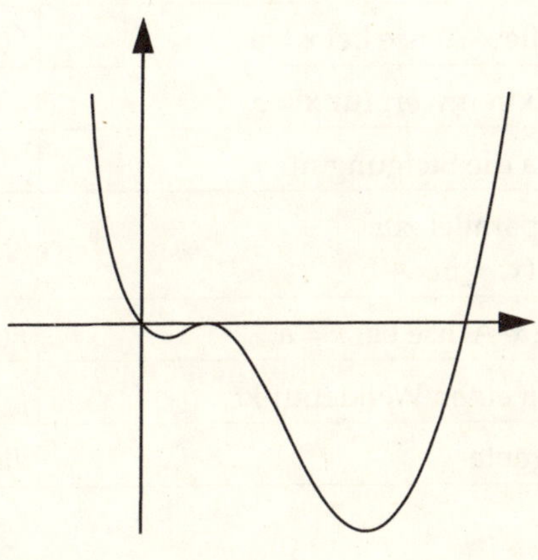

Abb. 441 $y = x^4 - 6x^3 + 9x^2 - 4x$

Bestimmung einer ganzrationalen Funktion aus vorgegebenen Eigenschaften

Oftmals hat man die Funktionsgleichung nicht vorgegeben, sondern kennt nur bestimmte Bedingungen, welche die gesuchte (möglichst einfache) Funktion erfüllen muß: zum Beispiel Punkte, durch die der Graph verläuft oder Steigungs- oder Krümmungsverhalten an bestimmten Stellen. Gerade in der Praxis ist dies oft der Fall, da sich die meisten Vorgänge nicht kontinuierlich beobachten und aufzeichnen lassen.
Wie viele solcher Informationen sind nötig, um eine bestimmte Funktion zu ermitteln? Um eine Geradengleichung zu bestimmen, brauchten wir zwei Punkte, für eine Parabel schon drei Punkte oder entsprechende Informationen. Es ist leicht einzusehen, daß man daher für eine Funktionsgleichung, die durch ein Polynom n-ten Grades gegeben ist, genau $n + 1$ Informationen benötigt.
Dabei treten in den Beschreibungen immer wieder bestimmte Standardformulierungen auf, die eine ähnliche Bedeutung besitzen. Die wichtigsten von ihnen haben wir in der folgenden Liste aufgeführt:

Standardformulierungen	**Und was sie bedeuten**
geht durch den Punkt $(a \mid b)$	$f(a) = b$
ist symmetrisch zum Ursprung	$f(-a) = -f(a)$ *oder* *bei Polynomen: alle Koeffizienten bei geradzahligen Potenzen von x sind Null.*
ist symmetrisch zur y-Achse	$f(a) = f(-a)$ *oder* *bei Polynomen: alle Koeffizienten bei ungeradzahligen Potenzen von x sind Null.*
schneidet die x-Achse bei $x = a$	$f(a) = 0$; *Nullstelle*
hat einen Extremwert für $x = a$	$f'(a) = 0$
hat für $x = a$ die Steigung m	$f'(a) = m$
ist in $x = a$ parallel zur Geraden $g(x) = mx + b$	$f'(a) = m$ *aber nicht notwendig:* $f(a) = g(a)$
berührt die x-Achse bei $x = a$	$f(a) = 0$ *und* $f'(a) = 0$
hat bei $x = a$ einen Wendepunkt	$f''(a) = 0$
Wendetangente	*Tangente durch einen Wendepunkt*

Einführungsbeispiel:

Eine möglichst einfache Funktion hat in W (2 | ?) einen Wendepunkt mit der Tangente t (x) = 6 – 3x und geht durch den Punkt P (0 | –2). Wie lautet ihre Gleichung?

Da aus dem Text vier Bedingungen herausgelesen werden können, kann es sich nur um ein Polynom 3. Grades handeln:

$y = ax^3 + bx^2 + cx + d$.

Im einzelnen ergibt sich:

$f'(x) = 3ax^2 + 2bx + c$

$f''(x) = 6ax + 2b$

t (2) = 0 = f (2) ; also W (2 | 0)	⇒	$8a + 4b + 2c + d = 0$
P (0 | –2)	⇒	$d = -2$
$f'(2) = m_t = -3$	⇒	$12a + 4b + c = -3$
x = 2 ist Wendestelle, also $f''(2) = 0$	⇒	$12a + 2b = 0$

Wir erhalten also ein Gleichungssystem von vier Gleichungen mit vier Unbekannten. Ein solches System ist im allgemeinen lösbar.

Im vorliegenden Fall ergeben sich:

d = –2 ; a = 1 ; b = – 6 ; c = 9

⇒ $\mathbf{f(x) = x^3 - 6x^2 + 9x - 2}$

Um den Verlauf einer solchen Funktion genauer zu bestimmen, ließe sich nun eine Kurvendiskussion anschließen.

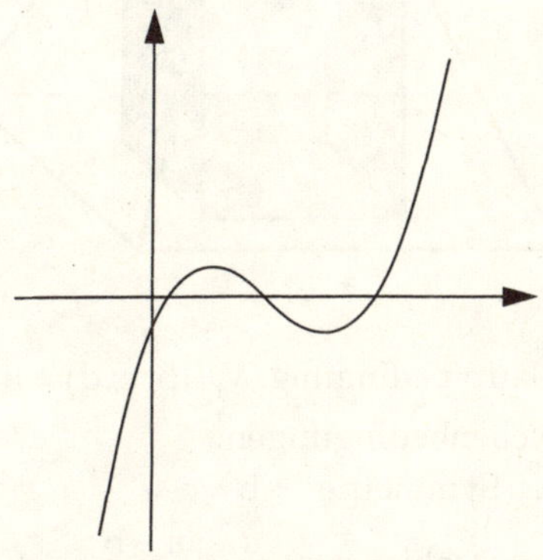

Abb. 442 $y = x^3 - 6x^2 + 9x - 2$

Extremwertaufgaben mit Nebenbedingungen

Eine weitere Anwendung der Differentialrechnung besteht in der Lösung sogenannter Extremwertaufgaben mit Nebenbedingungen. Diese auch zu den **Optimierungsproblemen** gerechneten Aufgaben entstammen oft der Geometrie oder Ökonomie. Es geht darum, etwa einen Inhalt zu maximieren oder zum Beispiel Kosten zu minimieren. Dabei hängt die das Problem beschreibende Funktion, die *Hauptbedingung*, in der Regel von mehr als einer Variablen ab. Die Strategie besteht dann darin, mit Hilfe der Nebenbedingungen (die Beziehungen zwischen den Variablen enthalten) die Anzahl der Variablen in der Hauptbedingung auf eins zu reduzieren. Anschließend läßt sich das Problem mit Hilfe der 1. und 2. Ableitung lösen.

Von besonderer Bedeutung ist noch die Festlegung des *Definitionsbereiches*, der keineswegs dem maximalen Definitionsbereich der Funktion entsprechen muß.

Einführungsbeispiel:

Einer senkrechten quadratischen Pyramide mit Grundkante a und Höhe h soll ein Quader mit möglichst großem Volumen einbeschrieben werden.

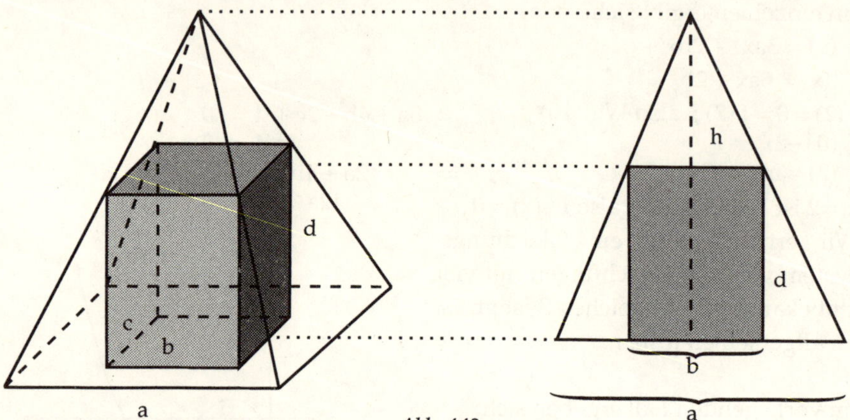

Abb. 443

Hauptbedingung: $V_Q(b; c; d) = b \cdot c \cdot d \rightarrow$ Maximum

Nebenbedingungen:

1. Symmetrie $\Rightarrow b = c$

2. Strahlensatz: $\frac{a}{2h} = \frac{a-b}{2d} \Leftrightarrow d = \frac{(a-b) \cdot 2h}{2a}$

Einsetzen:

1. $\Rightarrow V_Q(b; d) = b^2 d$

2. $\Rightarrow V_Q(b) \quad = b^2 \cdot \frac{(a-b) \cdot h}{a} = b^2 h - \frac{b^3 h}{a}$

Definitionsbereich: $\mathbb{D} = \{0 < b < a\}$ und $\{0 < d < h\}$

Lösung: $V_Q'(b) = 2hb - (3hb^2) : a = b \cdot (2h - 3hb : a)$

$V_Q'(b) = 0 \Leftrightarrow b = 0 \vee b = \frac{2}{3} \cdot a$

Dabei ist die erste Lösung unbrauchbar, da nach Voraussetzung $b > 0$.

$V_Q''(b) = 2h \cdot (1 - 3b : a) \Rightarrow V_Q''\left(\frac{2}{3} \cdot a\right) = -2h < 0$ wegen $h > 0$.

Also liegt ein Maximum vor; das Einsetzen des gefundenen Wertes ergibt

$V_Q(b) = \frac{4}{9} a^2 h - \frac{8}{27} a^2 h = \frac{4}{27} a^2 h$; $d = \frac{h}{3}$

Übungsaufgaben

1. Gegeben sei die Funktion f mit der Gleichung $f(x) = 2x^5 - 4x^3 + 2x$
   a) Wie groß ist der maximale Definitionsbereich?
   b) Wie verhält sich die Funktion für $x \to \infty$ und $x \to -\infty$?
   c) Wo liegen die Nullstellen? Gibt es mehrfache Nullstellen?
   d) Bestimmen Sie ausschließlich mit Hilfe der 1. Ableitung das Steigungsverhalten und geben Sie die Extremalpunkte an.

2. Gegeben sei die Funktion f mit $f(x) = x^3 - 6x^2 - 6x$.
Führen Sie eine Kurvendiskussion durch.

3. Führen Sie eine Kurvendiskussion für die Funktion f mit $f(x) = -0{,}1x^3 + 0{,}5x^2 - 0{,}6x$ durch.

4. Diskutieren Sie die Funktion f mit $f(x) = x^3 - x^2 + 9x - 2$.

5. Diskutieren Sie die Funktion f mit $f(x) = -x^4 + 3x^2 + 4$.

6. Bestimmen Sie die ganzrationale Funktion 3. Grades, die bei $x = -1$ eine Nullstelle hat und bei $x = -2$ einen Wendepunkt mit der Wendetangente $y = 3x + 2{,}5$.

7. Eine ganzrationale Funktion 4. Grades hat an der Stelle $x = 1$ die Tangente t mit $t(x) = 2x + 4$, im Punkt $P(0\,|\,4)$ die Steigung Null und bei $x = 0{,}5 \cdot \sqrt{2}$ einen Wendepunkt. Wie lautet die Funktionsgleichung?

8. Der Graph eines Polynoms 5. Grades ist symmetrisch zum Koordinatenursprung, er geht durch die beiden Punkte $A(2\,|\,36)$ und $B(-3\,|\,-384)$ und hat an der Stelle $x = 3$ die Steigung 704.

9. Zerlegen Sie die Zahl 12 so in zwei Summanden, daß
   a) ihr Produkt möglichst groß wird,
   b) die Summe ihrer Quadrate möglichst klein wird.

10. Aus einem 120 cm langen Draht ist ein Kantenmodell eines Quaders so herzustellen, daß eine Kante dreimal so lang wie eine andere Kante ist und der Rauminhalt maximal wird.

11. Gegeben sei die Parabel mit der Gleichung $x = 6 - 0{,}25x^2$.
In den Ausschnitt der Ebene, der zwischen Parabel und x-Achse liegt, ist ein Rechteck
   a) größten Umfangs   b) größten Flächeninhalts einzubeschreiben.

12. Ein Wasserbehälter bestehe aus einem Zylinder mit angesetztem Kegel. Beide haben den Radius r; der Zylinder hat die Höhe a, der Kegel die Höhe h.
Die Seitenlinie des Kegels sei 3a.
Wie müssen die Abmessungen gewählt werden, damit das Volumen des Behälters maximal wird (a = 5 m)?

Lösungen S. 776

Die Ableitung der gebrochen rationalen Funktion

Einführungsbeispiel:

Obwohl eine gebrochen rationale Funktion nur aus dem Quotienten zweier Polynome $\frac{Z(x)}{N(x)} = Q(x)$ besteht, gestaltet sich ihre Ableitung doch um einiges komplizierter, da beim Differentialquotienten Terme in h sowohl im Zähler als auch im Nenner auftreten.

Beispiel:

Man bestimme die Ableitungsfunktion zu f mit $f(x) = \frac{x+1}{x-1}$; $\mathbb{D} = \mathbb{R} \setminus \{1\}$

Es ist $\lim\limits_{h \to 0} \dfrac{\frac{(x+h)+1}{(x+h)-1} - \frac{x+1}{x-1}}{h} = \lim\limits_{h \to 0} \dfrac{\frac{(x+h+1)(x-1)-(x+1)(x+h+1)}{(x+h+1)(x-1)}}{h} =$

$$\lim_{h \to 0} \frac{x^2 + xh + x - x - h - 1 - x^2 - xh + x - x - h + 1}{(x^2 + xh - x - x - h + 1) \cdot h} = \lim_{h \to 0} \frac{-2h}{(x^2 - 2x + xh - h + 1) \cdot h} =$$

$$\lim_{h \to 0} \frac{-2}{x^2 - 2x + xh - h + 1} = \frac{-2}{x^2 - 2x + 1} = \frac{-2}{(x-1)^2}$$

Der linksseitige Differentialquotient liefert dasselbe Ergebnis, also ist $f'(x) = \frac{-2}{(x-1)^2}$

Die Quotientenregel

Im Einführungsbeispiel sehen wir:
- Die Ableitung von Potenzen spielt wieder eine Rolle.
- In $f'(x)$ tritt der Term $N^2(x)$ auf.

Tatsächlich gilt dies immer, genauer:

Ist g (x) differenzierbar mit $g'(x) \neq 0$, so gilt: $\left(\frac{1}{g(x)}\right)' = \frac{-g'(x)}{g^2(x)}$

Beweis:

$$\lim_{h\to 0} \frac{\frac{1}{g(x+h)} - \frac{1}{g(x)}}{h} = \lim_{h\to 0} \frac{\frac{g(x)-g(x+h)}{g(x)\cdot g(x+h)}}{h} =$$

$$\lim_{h\to 0} \frac{1}{g(x)\cdot g(x+h)} \cdot \left(-\frac{g(x+h)-g(x)}{h}\right) =$$

$$\lim_{h\to 0} \frac{1}{g(x)\cdot g(x+h)} \cdot (-1) \cdot \lim_{h\to 0} \frac{g(x+h)-g(x)}{h} = \frac{1}{g^2(x)} \cdot (-1) \cdot g'(x) = -\frac{g'(x)}{g^2(x)}$$

Mit dieser Regel und der Produktregel beweist man die **Quotientenregel:**

$$h(x) = \frac{f(x)}{g(x)} \Rightarrow h'(x) = \frac{f'(x)\cdot g(x) - f(x)\cdot g'(x)}{g^2(x)}$$

Ein Spezialfall ist die Ausweitung der Potenzregel auf Zahlen $z \in \mathbb{Z}\setminus\{0\}$.

Beweis:

Nach der Quotientenregel $\left(x^{-n}\right)' = \left(\frac{1}{x^n}\right)' = -\frac{n\cdot x^{n-1}}{x^{2n}} = -\frac{n}{x^{n+1}} = -n\cdot x^{-(n+1)}$

mit der Extrapolationsmethode $(x+h)^{-n} = \frac{1}{(x+h)^n} = \frac{1}{x^n} + h\cdot f'(x) + R$

$$\Rightarrow 1 = \left(\frac{1}{x^n} + h\cdot f'(x) + R\right)\cdot (x+h)^n$$

$$1 = \left(\frac{1}{x^n} + h\cdot f'(x) + R\right)\cdot (x^n + nx^{n-1}h + \ldots + h^n)$$

$$1 = 1 + hx^n f'(x) + Rx^n + \frac{nx^{n-1}h}{x^n} + \ldots$$

$$0 = h\left(f'(x) + \frac{nx^{n-1}}{x^n}\right) + \tilde{R}(h^2)$$

Durch Koeffizientenvergleich folgt die Behauptung.

Die Diskussion der gebrochen rationalen Funktion

Die Kurvendiskussion bei *gebrochen rationalen Funktionen* verläuft prinzipiell nach denselben Kriterien wie die Diskussion *ganzrationaler Funktionen*. Zusätzlich stellt sich an den Definitionslücken die Frage nach stetiger Ergänzbarkeit. Im übrigen entscheidet vornehmlich der Zähler über die Frage nach Nullstellen, Extrema und Wendestellen. Bei den Ableitungen ist es oft möglich, den Grundterm des Nenners zu kürzen. Deshalb sollten die im Nenner entstehenden Potenzen zunächst nicht ausmultipliziert werden. Für höhere Ableitungen beachte man außerdem die Kettenregel (siehe S. 418).

Beispiel:

Diskutieren Sie die Funktion f mit $f(x) = \frac{5x - x^3}{x^2 + 3}$

1. $\mathbb{D} = \mathbb{R}$, da $x^2 + 3 > 0$ für alle x
2. Da im Zählerpolynom nur ungerade Potenzen von x auftreten, ist es *ungerade*. Das Nennerpolynom dagegen ist gerade, da nur gerade Potenzen von x vorkommen. Deshalb ist f *ungerade* und daher y-Achsen-symmetrisch.
3. $f(x) = \frac{5x - x^3}{x^2 + 3} = (-x) \cdot \left(1 - \frac{8}{x^2 + 3}\right) = -x + \frac{8x}{x^2 + 3}$

   Deshalb ist für große $|x|$ die Gerade g mit $g(x) = -x$ Asymptote zu f.
   Damit ist f unbeschränkt.
4. $f(x) = 0 \Leftrightarrow 5x - x^3 = x \cdot (5 - x^2) = 0$
   also sind die Nullstellen $x_1 = 0$, $x_2 = 2{,}236$ und $x_3 = -2{,}236$.
5. $f'(x) = \frac{(5 - 3x^2)(x^2 + 3) - (5x - x^3)(2x)}{(x^2 + 3)^2} = \frac{5x^2 + 15 - 3x^4 - 9x^2 - 10x^2 + 2x^4}{(x^2 + 3)^2}$

   $f'(x) = \frac{-x^4 - 14x^2 + 15}{(x^2 + 3)^2}$

   $f'(x) = 0 \Leftrightarrow x^4 + 14x^2 - 15 = 0$

   Die Substitution $x^2 = z$ führt zu $z = -15$ oder $z = 1$ (p–q–Formel),
   also $x_4 = 1$; $x_5 = -1$

   $f''(x) = \frac{(16x^3 - 144x)(x^2 + 3)}{(x^2 + 3)^4} = \frac{16x^3 - 144x}{(x^2 + 3)^3}$

   $f''(1) = -2$, also Max $(1 \mid 1)$

   $f''(-1) = 2$, also Min $(-1 \mid -1)$.

   Zusammen mit dem asymptotischen Verhalten folgt:
   f fällt streng monoton in $]-\infty ; -1[$, steigt in $]-1 ; 1[$ und fällt wieder in $]1 ; \infty[$.

6. $f''(x) = 0 \Leftrightarrow 16x^3 - 144x = 16x \cdot (x^2 - 9) = 16x \cdot (x + 3)(x - 3) = 0$

Also sind $x_6 = 0$, $x_7 = 3$ und $x_8 = -3$ mögliche Wendestellen.

$$f'''(x) = \frac{(48x^2 - 144)(x^2 + 3)^3 - (16x^3 - 144x) \cdot 3(x^2 + 3)^2 \cdot 2x}{(x^2 + 3)^6}$$

$$= \frac{-48x^4 - 864x^2 - 432}{(x^2 + 3)^4}.$$

$f'''(0) = -5{,}333 < 0$

$f'''(3) = f'''(-3) = 0{,}167 > 0.$

Also sind $(-3 \mid 1)$, $(0 \mid 0)$ und $(3 \mid -1)$ Wendepunkte.

f ist rechtsgekrümmt in $]-\infty\,;-3[$ und $]0\,;3[$ sowie linksgekrümmt in $]-3\,;0[$ und $]3\,;\infty[$.

7.

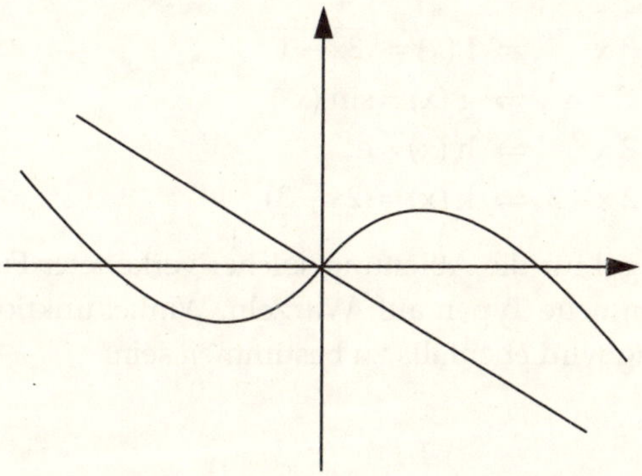

Abb. 444 Grafische Darstellung von $y = \frac{5x - x^3}{x^2 + 3}$

Übungsaufgaben

1. Leiten Sie folgende Funktionen mit Hilfe der Quotientenregel ab:

a) $\frac{4x^3 - 1}{x^3 + 2x^2 - x + 7}$ b) $\frac{x^2 - 2x + 5}{x^4 + x^2 - 1}$

2. Bestimmen Sie den maximalen Definitionsbereich, das Symmetrieverhalten, das asymptotische Verhalten, die Nullstellen und Extremwerte von $f(x) = \frac{2x^2 + 2x + 1}{x^2 + 1}$

3. Diskutieren Sie die Funktion f mit $f(x) = \frac{4x^3 - 12x + 8}{(2x + 2)^2}$

4. Diskutieren Sie die Funktion f mit $f(x) = \frac{x^2 - 4}{x + 3}$

5. Bestimmen Sie die Koeffizienten a, b und c bei $f(x) = \frac{ax^2 + b}{x^2 + c}$ so, daß für $x = 2$ ein Pol und für $x = 1$ eine Nullstelle vorliegen und die Gerade g mit $g(x) = 2$ Asymptote wird.

6. Ist x_0 doppelte Nullstelle von f mit $f(x) = \frac{g(x)}{h(x)}$, so ist x_0 auch Nullstelle von f'. Stimmt diese Behauptung?

Lösungen S. 781

Zur Ableitung weiterer Funktionen

Auch mit den bisher genannten Regeln lassen sich nicht alle Funktionen ableiten. Dabei fehlen durchaus nicht nur außergewöhnliche Funktionen, sondern auch durchaus gebräuchliche Typen wie etwa $f(x) = \sqrt{3x-1}$; $g(x) = \sin(x^2)$; $h(x) = e^{2x}$. Aber zum Beispiel auch für die Funktion $k(x) = (2x-3)^5$, die sich prinzipiell durch Ausmultiplizieren in ein Polynom verwandeln läßt, wäre eine einfachere Methode wünschenswert.
In allen diesen Funktionen kann man nun einfachere Grundtypen wiedererkennen. Und genauso, wie aus zwei Funktionen durch Verketten eine neue entsteht, kann man eine bestehende Funktion in zwei miteinander verkettete Funktionen zerlegen.

Beispiele:

1. $f(x) = f(z(x))$ mit $f(z) = \sqrt{z}$ und $z(x) = 3x - 1 \Rightarrow f(x) = \sqrt{3x-1}$

2. $g(x) = g(z(x))$ mit $g(z) = \sin(z)$ und $z(x) = x^2 \Rightarrow g(x) = \sin(x^2)$

3. $h(x) = h(z(x))$ mit $h(z) = e^z$ und $z(x) = 2x \Rightarrow h(x) = e^{2x}$

4. $k(x) = k(z(x))$ mit $k(z) = z^5$ und $z(x) = 2x - 3 \Rightarrow k(x) = (2x-3)^5$

Was wir also brauchen, ist zunächst eine Regel für die Ableitung solcher verketteter Funktionen. Außerdem tauchen in den Beispielen neue Typen auf: Wurzeln, Winkelfunktionen und Exponentialfunktionen. Deren Ableitung wird ebenfalls zu bestimmen sein.

Die Kettenregel

Einführungsbeispiel:

Gegeben sei die Funktion f mit $f(x) = y = (x^2 + 0{,}25)^3 + 0{,}125$. Sie sei entstanden aus der Verkettung von $f(z) = z^3 + 0{,}125$ mit $z(x) = x^2 + 0{,}25$. Erzeugt man den Graphen der verketteten Funktion f aus den Bildern der Ausgangsfunktionen, so sieht man, daß aus der Änderung von x um dx die Änderung von z um dz und von f (z (x)) um dy folgen.

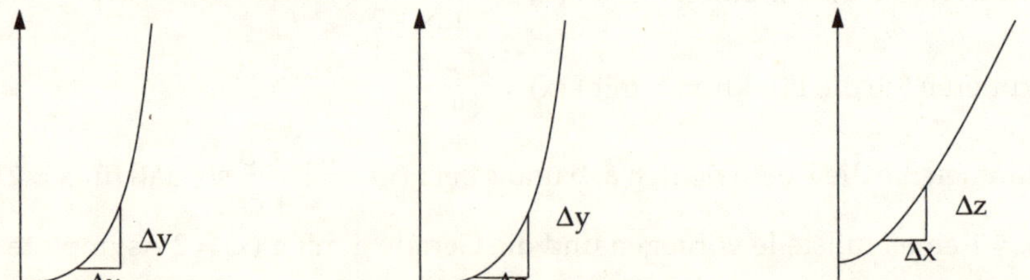

$y = \left(x^2 + \frac{1}{4}\right)^3 + \frac{1}{8}$ $\qquad y = z^3 + \frac{1}{8}$ $\qquad z = x^2 + \frac{1}{4}$

Abb. 445

Dies legt folgende Regel nahe:
Ist $z = g(x)$ in x_0 und $y = f(z)$ in $z_0 = g(x_0)$ differenzierbar, so ist auch $y = f(g(x))$ in x_0 differenzierbar, und es gilt:

$$\left(f\left(g(x_0)\right)\right)' = f'(g(x_0)) \cdot g'(x_0) \text{ oder } \frac{dy}{dx} = \frac{dy}{dz} \cdot \frac{dz}{dx}$$

Die Ableitung der Umkehrfunktion

Da die Wurzelfunktionen (auf den Abschnitten der reellen Zahlengerade, wo die Ausgangsfunktion *bijektiv* beziehungsweise eineindeutig ist) die Umkehrung der Potenzfunktionen, die Arkusfunktionen die Umkehrung der trigonometrischen Funktionen, die Logarithmusfunktionen die Umkehrung der Exponentialfunktionen sind, ist es von besonderem Wert, wenn man aus der Ableitung einer Funktion auf die Ableitung ihrer Umkehrfunktion schließen kann. Dazu eröffnet die *Kettenregel* einen einfachen Weg.

Ist $f(x)$ differenzierbar in x_0 mit $f'(x_0) \neq 0$ und existiert die Umkehrfunktion f^{-1}, so ist $f^{-1}(y)$ differenzierbar in $y_0 = f(x_0)$ und $[f^{-1}]'(y_0) = \dfrac{1}{f'(x_0)}$.

Beweis:

$f^{-1}(f(x_0)) = x_0 \Rightarrow 1 = x' = \left[f^{-1}(f(x_0))\right]' = [f^{-1}]'(y_0) \cdot f'(x_0)$ nach der Kettenregel.

Also ist $[f^{-1}]'(y_0) = \dfrac{1}{f'(x_0)}$

Beispiel:

$$f(x) = \sqrt{3x-1} \Rightarrow f^{-1}(y) = \frac{y^2+1}{3} \Rightarrow \frac{1}{[f^{-1}]'(y)} = \frac{3}{2y} \text{ also } f'(x) = \frac{3}{2\sqrt{3x-1}}$$

oder

$$f(x) = (3x-1)^{\frac{1}{2}} \Rightarrow f'(x) = 3 \cdot \left(\frac{1}{2}\right) \cdot (3x-1)^{-\frac{1}{2}}$$

Dies ergibt folgende Erweiterung der Potenzregel für die Differentialrechnung:

$$f(x) = x^{\frac{p}{q}} \text{ mit } p,\ q \in \mathbb{Z} \Rightarrow f'(x) = \frac{p}{q} \cdot x^{\frac{p}{q}-1}$$

Allgemeine algebraische Relationen und Funktionen

Die bisher betrachteten Funktionstypen: ganzrationale Funktionen, gebrochen rationale Funktionen und Wurzelfunktionen sind nur Spezialfälle eines allgemeineren Typs: der algebraischen Funktion.

Eine Funktion heißt **algebraisch**, wenn ihre Wertepaare $(x \mid y)$ eine Relation der Form
$P_n(x) \cdot y^n + P_{n-1}(x) \cdot y^{n-1} + ... + P_1(x) \cdot y^1 + P_0(x) = 0 \; (n \in \mathbb{N})$
erfüllen. Dabei sind die $P_k(x)$ für $k = 0,1,...,n$ Polynome in x mit reellen Koeffizienten.

Die Graphen algebraischer Relationen heißen *algebraische Kurven*. Die höchste Exponentensumme von x und y, die in den Gliedern einer algebraischen Relation auftritt, heißt die *Ordnung* der algebraischen Kurve.

Beispiele:

1. $6x - 3y + 12 = 0$ mit der expliziten Form $y = 2x + 4$ (Geradengleichung)
Die Kurve ist von der Ordnung 1.

2. $x - y^n = 0$ steht für die Wurzelgleichung $y = \sqrt[n]{x}$
Die Kurve ist von der Ordnung n.

3. $x^2 + y^2 - 1 = 0$ steht für die Kreisgleichung $y = \sqrt{1 - x^2}$, aber auch für $y = -\sqrt{1 - x^2}$. Die algebraische Kurve steht also für zwei Funktionen. Sie ist von der Ordnung 2.

4. $x^2 + y^2 + 1 = 0$ hat dagegen keine Lösung.

5. $x - 5 = 0$ ergibt eine zur y-Achse parallele Gerade, also kein Bild einer Funktion. Aber auch hier ist der Graph von der Ordnung 1.

6. $\frac{x^2}{a^2} + \frac{y^2}{b^2} = 1$ ergibt das Bild einer Ellipse mit Hauptachse a und Nebenachse b.
Für a = b wird sie zu einem Kreis mit Radius a.

7. $\frac{x^2}{a^2} - \frac{y^2}{b^2} = 1$ ist eine Hyperbel mit Hauptachse a und Nebenachse b.

Setzen wir in der algebraischen Relation n = 1, so erhalten wir eine gebrochen rationale Funktion. Fordern wir zusätzlich $P_1(x) = \text{const.}$, so erhalten wir eine ganzrationale Funktion.

8. $y^2 - 2xy + 2x^2 - 1 = 0$ läßt sich mit Hilfe der p-q-Formel auflösen und führt auf die beiden Funktionen $y = x + \sqrt{1 - x^2}$ und $y = x - \sqrt{1 - x^2}$

Manchmal aber ist die Auflösung nach y nicht möglich, oder man findet den Trick nicht (wie in Beispiel 8 leicht möglich). Dennoch gibt es dann eine Möglichkeit, die Ableitung zu finden. Dieses Verfahren heißt **implizite Differentiation**.
Wir denken uns einfach y als f (x) und differenzieren mit Hilfe unserer Ableitungsregeln. Auch wenn y nicht nur linear auftritt, ist dies für y ′ der Fall (Kettenregel!), so daß sich im allgemeinen das Ergebnis nach y ′ auflösen läßt.
Weil dieses Verfahren auch im offenbar sinnlosen Fall **4** ein Ergebnis liefert, ist jedoch zu prüfen, ob die algebraische Relation überhaupt für ein Paar $(x_0 \mid y_0)$ erfüllt ist. Dann nämlich existiert die Ableitung der algebraischen Funktion F(x; y) = 0 zumindest in der Umgebung des obigen Punktes P_0 und ist gleich y ′.

Zu den Beispielen:

1. $F'(x\,;y) = 0 = 6 - 3y' \Rightarrow y' = 2,$ wie auch aus der expliziten Form folgt.

2. $F'(x\,;y) = 0 = 1 - n \cdot y^{n-1} \cdot y' \Rightarrow y' = \frac{1}{n} \cdot y^{1-n} = \frac{1}{n} \cdot \sqrt[n]{x^{n-1}}$

3. $F'(x\,;y) = 0 = 2x + 2y\,y' \Rightarrow y' = -\frac{x}{y} = (-x) : \sqrt{1-x^2}$ für $y = \sqrt{1-x^2}$

4. liefert ebenfalls $y' = -\left(\frac{x}{y}\right)$; hier gibt es jedoch keinen Punkt, der die Relation erfüllt!

5. liefert den Widerspruch 1 = 0, da hier keine Funktion definiert war!

6. $F'(x\,;y) = 0 = \frac{2x}{a^2} + \frac{2y \cdot y'}{b^2} \Rightarrow y' = -\frac{b^2}{a^2} \cdot \frac{x}{y} = -\frac{b^2}{a^2} \cdot \frac{x}{\sqrt{b^2 - \frac{b^2}{a^2} \cdot x^2}}$

genau wie bei der Ableitung der expliziten Funktion

$y = \sqrt{b^2 - \frac{b^2}{a^2} \cdot x^2}$ mittels Kettenregel.

7. analog **6.** mit verändertem Vorzeichen.

8. $F(x\,;y)' = 0 = 2y \cdot y' - (2y + 2x \cdot y') + 4x \Rightarrow y' = \frac{y-2x}{y-x} = 1 - \frac{x}{\sqrt{1-x^2}}$

Zur Ableitung von Exponentialfunktion und Logarithmusfunktion

Da Exponentialfunktion und Logarithmusfunktion Umkehrfunktionen voneinander sind, ist $a = e^{\ln(a)}$ und damit $a^x = (e^{\ln(a)})^x = e^{x \cdot \ln(a)} = e^z$ mit $z = x \cdot \ln(a)$. Damit reicht es aus, die Ableitung von e^x zu bestimmen. Die Kettenregel liefert dann den Rest.

Nun ist $\lim\limits_{h\to 0} \frac{e^{x+h} - e^x}{h} = \lim\limits_{h\to 0} \frac{e^x \cdot e^h - e^x}{h} = \lim\limits_{h\to 0} e^x \cdot \frac{e^h - 1}{h} = e^x \cdot \lim\limits_{h\to 0} \frac{e^h - 1}{h}$

Ferner ist aus Monotoniegründen $1 + h \le e^h \le 1 + h + h^2$ für $0 < h < 1$

$$h \le e^h - 1 \le h + h^2$$

$$1 \le \frac{e^h - 1}{h} \le 1 + h$$

und damit $\lim\limits_{h\to 0} 1 = 1 \le \lim\limits_{h\to 0} (e^h - 1) : h \le 1 = \lim\limits_{h\to 0} (1 + h)$

also $\lim\limits_{h\to 0} \frac{e^h - 1}{h} = 1$

Deshalb ist

$$\left(e^x\right)' = e^x.$$

Mit der Kettenregel folgt:

$$\left(a^x\right)' = \left(e^{x \cdot \ln(a)}\right)' = \left(e^z\right)' \cdot z'(x) = e^z \cdot \ln(a) = a^x \cdot \ln a$$

Da der Logarithmus die Umkehrung der Exponentialfunktion ist, ergibt seine Ableitung $1 = x' = \left[\log_a\left(a^x\right)\right]' = \log'_a(y) \cdot \left(a^x\right)' = \log'_a(y) \cdot \left(a^x \cdot \ln(a)\right)$ mit $y = a^x$

oder $\frac{1}{y \cdot \ln(a)} = \left[\log_a(y)\right]'$

Im Spezialfall a = e folgt:

$$\left(\ln(x)\right)' = \frac{1}{x}.$$

Zu den trigonometrischen Funktionen und Arcusfunktionen

Zweimalige graphische Differentiation der *Sinusfunktion* liefert offenbar zunächst die *Kosinusfunktion*, anschließend die *Minus-Sinus-Funktion*.

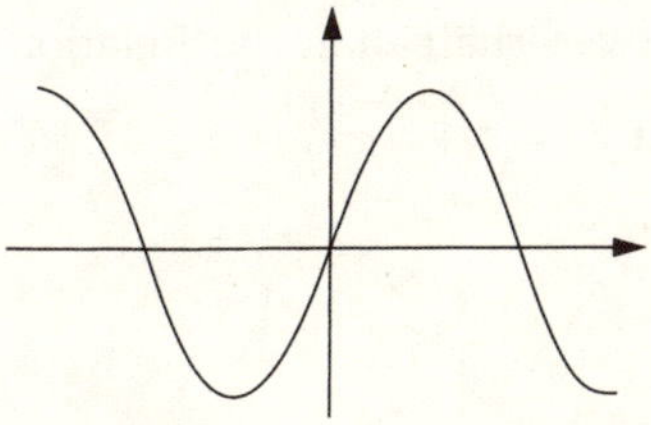

Abb. 446 $y = \sin(x)$

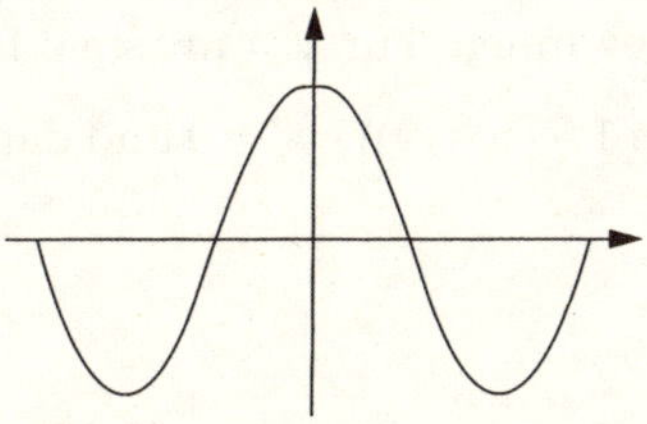

Abb. 447 $y = \cos(x)$

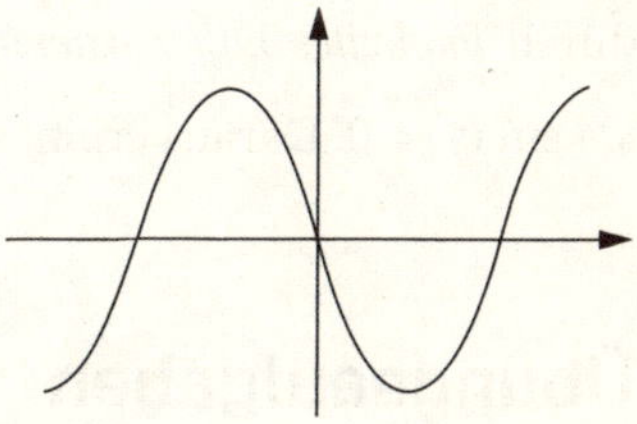

Abb. 448 $y = -\sin(x)$

In der Tat ergibt sich:

Die Sinus- und die Kosinusfunktion sind differenzierbar und es gilt:
$(\sin(x))' = \cos(x)$
$(\cos(x))' = -\sin(x)$

Beweis mit Hilfe der *Additionstheoreme!*

Mit der Quotientenregel ergeben sich hieraus die Ableitungen von Tangens und Kotangens zu:
$(\tan(x))' = (\cos^2(x))^{-1} = 1 + \tan^2(x)$
$(\cot(x))' = -(\sin^2(x))^{-1} = -(1 + \cot^2(x))$

Tritt als Argument der Sinusfunktion selbst eine Funktion auf, läßt sich die Ableitung mit Hilfe der *Kettenregel* finden.

Beispiel:

$f(x) = \sin(3x^2 - 1) \Rightarrow f'(x) = \cos(3x^2 - 1) \cdot 6x$

Da sich die Werte der trigonometrischen Funktionen periodisch wiederholen, sind sie nur in bestimmten Intervallen umkehrbar (man spricht auch von *Hauptwerten* (siehe S. 309 ff.).
Mit Hilfe der Regel über die Ableitung der Umkehrfunktion ergibt sich:

$$\left(\operatorname{arc}\sin(x)\right)' = \frac{1}{\sqrt{1-x^2}} \qquad \left(\operatorname{arc}\cos(x)\right)' = -\frac{1}{\sqrt{1-x^2}}$$

$$\left(\operatorname{arc}\cot(x)\right)' = -\frac{1}{1+x^2} \qquad \left(\operatorname{arc}\tan(x)\right)' = \frac{1}{1+x^2}$$

Außer mit Hilfe der Umkehrfunktion kann man die Ableitungen der Arkusfunktionen auch durch *implizites Differenzieren* gewinnen. Für $y = \operatorname{arc}\sin(x)$ etwa erhält man die Relation $x - \sin(y) = 0$. Daraus ergibt sich $1 - (\cos(y)) \cdot y' = 0$ und damit $y' = \left(\sqrt{1-x^2}\right)^{-1}$.

Übungsaufgaben

1. Bestimmen Sie mit Hilfe der Produktregel die Ableitung von

a) $f(x) = x^4 \cdot \cos(x)$

b) $g(x) = \cos(x) \cdot \sin(x)$

c) $h(x) = \cos(x) \cdot \sqrt[3]{x}$

d) $k(x) = (\ln x - 1) \cdot x$

2. Bestimmen Sie die Ableitungen von

a) $f(x) = \sin(x) \cdot \cos(x) \cdot x^2$

b) $g(x) = \sqrt{x} \cdot \frac{1}{x} \cdot \sin(x)$

Hinweis: $[f(x)\, g(x)\, h(x)]' = f'(x)\, g(x)\, h(x) + f(x)\, g'(x)\, h(x) + f(x)\, g(x)\, h'(x)$

3. Bestimmen Sie mit Hilfe der Quotientenregel die Ableitungen von

a) $f(x) = \frac{0{,}5 \cdot x^7}{7 \cdot \cos(x)}$

b) $g(x) = \frac{\sqrt{x}}{\sin(x)}$

c) $h(x) = \frac{\sqrt[3]{x^5}}{4 \cdot \cos(x)}$

4. Bestimmen Sie mit Hilfe der Kettenregel die Ableitungen von

a) $f(x) = \sin(3x^2 + 1)$

b) $g(x) = -\cos\left([\sin(x)]^2\right)$

c) $h(x) = \sqrt{2x - 5}$

d) $k(x) = \frac{\sqrt[3]{x^2}}{\cos^2(2x+1)}$

e) $v(x) = -\ln(\cos x)$

5. Beweisen Sie den Hinweis zu Aufgabe 2.

6. Untersuchen Sie die Funktion f mit $f(x) = (x + 1) \cdot e^{1-x}$ auf Asymptoten, Nullstellen, Extremal- und Wendepunkte.

7. Bei welchem Abwurfswinkel α erreicht man beim schiefen Wurf ohne Luftwiderstand die größte Wurfweite W?

Hinweis: Es gilt $W = \frac{2{v_0}^2}{g} \cdot \sin\alpha \cdot \cos\alpha$, wobei v_0 die Anfangsgeschwindigkeit des Körpers und g die Erdbeschleunigung ist.

8. Gegeben sei f mit $f(x) = [\ln(x)]^2 - 2 \cdot \ln(x)$
Bestimmen Sie den maximalen Definitionsbereich und untersuchen Sie das Verhalten von f an den Grenzen von $\mathbb{D}_{max}$. Bestimmen Sie außerdem die Nullstellen, den Tiefpunkt und den Wendepunkt von f.

9. Diskutieren Sie die Funktion f mit $f(x) = 2 \cdot \sqrt{x} - x$.

10. Gegeben sei die Relation R mit $y^2 - \frac{1}{9} \cdot x \cdot (3 - x)^2 = 0$

a) Aus welchen Funktionen setzt sie sich zusammen?

b) Untersuchen Sie die Differenzierbarkeit an $x_0 = 0$.

c) Bestimmen Sie Nullstellen, Extrema und Wendepunkte.

Lösungen S. 783

Integralrechnung

Neben der Differentialrechnung bildet die Integralrechnung den zweiten tragenden Pfeiler der Analysis. Und wie die Differentialrechnung auf die Frage nach Steigung und Krümmung, kurz: dem Verlauf einer Kurve eingeht, so geht auch die Integralrechnung auf ein geometrisches Problem zurück. Sie klärt die Frage nach dem Inhalt einer krummlinig begrenzten Fläche. Diese Frage hängt, wie wir sehen werden, eng zusammen mit der „Umkehrung der Differentialrechnung".
Wir werden in dem folgenden Kapitel nach der Ausgangs- oder Stammfunktion zu einer gegebenen Funktion suchen, die zu diesem Zweck als Ableitung aufgefaßt wird.

Einführungsbeispiel:

Die anziehende Kraft zwischen zwei Himmelskörpern wird durch

$$F(r) = \frac{1}{4\pi\varepsilon_0} \cdot \frac{m_1 \cdot m_2}{r^2}$$

beschrieben, wobei ε_0 eine Naturkonstante, m_1 und m_2 die Massen der beiden Körper und r der Abstand zwischen ihnen ist.
Die Kraft hält zum Beispiel die Erde auf ihrer Umlaufbahn um die Sonne und verhindert, daß sie wie die Kugel eines Kugelstoßers ins Weltall hinausfliegt. Andererseits jedoch muß, damit ein Satellit von der Erdoberfläche (r_1) auf eine Umlaufbahn (r_2) gebracht werden kann, gegen die Anziehungskraft der Erde die Arbeit

$$W(r) = \frac{1}{4\pi\varepsilon_0} \cdot m_1 \cdot m_2 \cdot \left(\frac{1}{r_1} - \frac{1}{r_2}\right)$$ verrichtet werden.

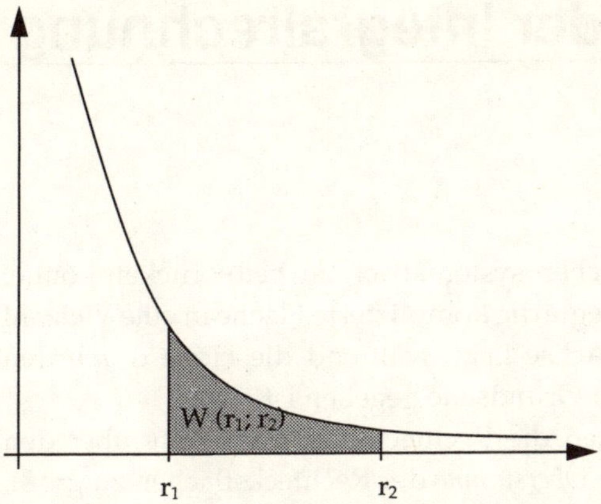

Abb. 449 Die Arbeit als Fläche unter der Kurve. Zeichnerische Darstellung zum Einführungsbeispiel

Die Existenz einer solchen Fläche unter der Kurve ist jedoch nicht selbstverständlich.

Beispiel:

Es sei $f(x) = \begin{cases} 1 \text{ für } x \in [a\,;b] \text{ und } x \in \mathbb{Q} \\ 0 \text{ für } x \in [a\,;b] \text{ und } x \in \mathbb{R} \setminus \mathbb{Q} \end{cases}$

Soll $y = 0$ oder $y = 1$ als obere Begrenzungslinie der Fläche fungieren? Wir sehen, daß es in solchen Fällen zumindest sehr mühsam sein wird, einen Flächeninhalt zu bestimmen. Dennoch kann ein Integralbegriff für lediglich beschränkte Funktionen entwickelt werden. Wegen ihrer größeren praktischen Bedeutung und Anschaulichkeit werden wir uns jedoch im wesentlichen auf stetige Funktionen beschränken.

Geometrische Aspekte der Integralrechnung

Riemann-Summen

Die Idee, wie man krummlinig begrenzten Flächen systematisch zu Leibe rücken könne, stammt von Georg Riemann (1826–1866). Er zerlegte die komplizierte Fläche in eine Vielzahl von Rechtecken, deren Grundseite auf der x–Achse liegt, während die Höhe durch den Funktionswert von Anfangs- oder Endpunkt der Grundseite gegeben ist.
Dabei kann zweierlei passieren: Entweder ragen die Rechtecke an einer Seite über den Funktionsgraph hinaus (dann ist die berechnete *Obersumme* der Rechtecksflächen zu groß), oder sie füllen nicht die gesamte Fläche unter der Kurve an (dann wird die *Untersumme* zu klein).

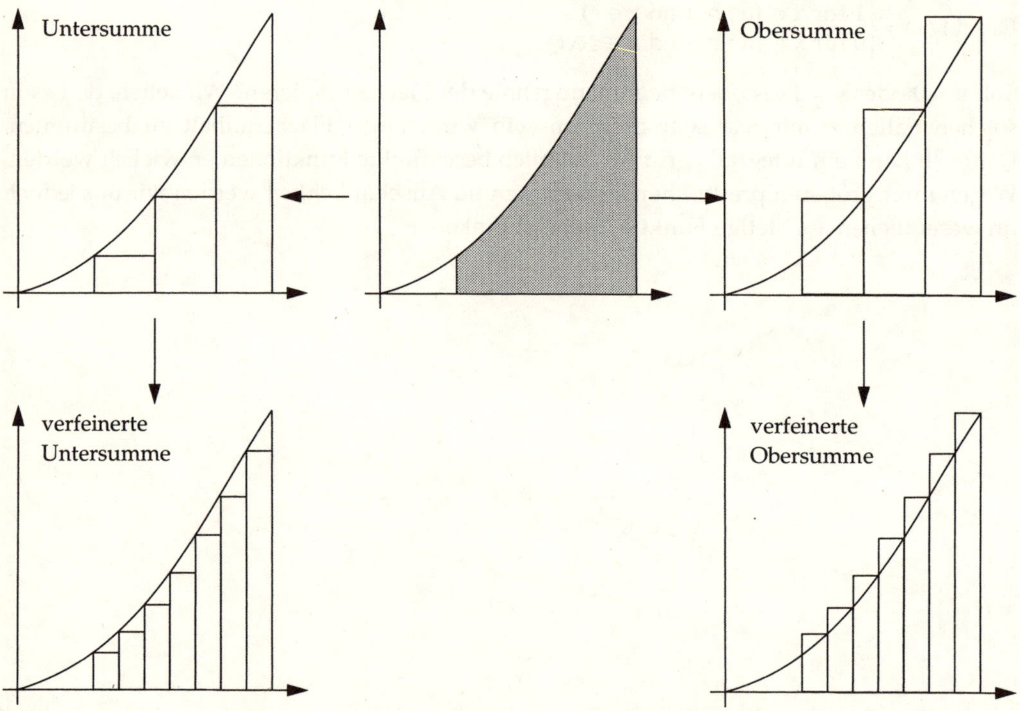

Abb. 450 Darstellung von Ober- und Untersumme

Eine feinere Unterteilung in mehr Rechtecke mit schmalerer Grundseite verkleinert offensichtlich den jeweils gemachten Fehler. Die Grenzwertbildung, das heißt der Übergang zu „unendlich vielen, aber beliebig schmalen" Rechtecken liefert eine Zahl $F_a(b)$, die dann der korrekten Fläche unter der Kurve von f über dem Intervall [a ; b], nämlich $A_{[a\,;\,b]}(f)$ entsprechen muß.

Wir demonstrieren dies zunächst am Beispiel einer elementar bestimmbaren Fläche, um dann als zweites Beispiel eine krummlinig begrenzte Fläche zu betrachten. Da sich oft eine *äquidistante* (gleichmäßige) Einteilung des Intervalls [a ; b] bewährt, wollen wir dies direkt mit aufgreifen.

Die Grundseite jedes Rechtecks hat bei einer Unterteilung in n Rechtecke dann die Länge

$$\Delta x = \frac{b-a}{n}$$

Einführungsbeispiel:

1. Ist $f(x) = x$, so gilt (hier berechnet mit den zu großen Rechtecken):

$$F_a(b) = \lim_{n\to\infty}\left(\frac{b-a}{n}\cdot f\left(a+\frac{b-a}{n}\right)+\frac{b-a}{n}\cdot f\left(a+2\,\frac{b-a}{n}\right)+\ldots+\frac{b-a}{n}\cdot f(b)\right)$$

$$= \lim_{n\to\infty}\frac{b-a}{n}\cdot\left(a+\frac{b-a}{n}+a+2\,\frac{b-a}{n}+\ldots+a+n\cdot\frac{b-a}{n}\right) \text{ mit } b = a+n\cdot\frac{b-a}{n}$$

$$= \lim_{n\to\infty}\frac{b-a}{n}\cdot\left(n\cdot a+\frac{b-a}{n}\cdot[1+2+\ldots+n]\right)$$

$$= \lim_{n\to\infty}\left[\frac{b-a}{n}\cdot na+\left(\frac{b-a}{n}\right)^2\cdot\frac{n}{2}(n+1)\right]$$

$$= ba - a^2 + \frac{(b-a)^2}{2} + \lim_{n\to\infty}\frac{(b-a)^2}{2n}$$

$$= ba - a^2 + \frac{b^2}{2} + \frac{a^2}{2} - ba + 0$$

$$= \frac{b^2}{2} - \frac{a^2}{2}$$

Elementar ergibt sich für die Trapezfläche:

$$A_{[a\,;\,b]}(f) = \frac{f(a)+f(b)}{2}\cdot(b-a) = \frac{(a+b)(b-a)}{2} = \frac{b^2}{2} - \frac{a^2}{2}$$

Einführungsbeispiel:

2. Für $f(x) = x^2$ ergibt sich

$$F_a(b) = \lim_{n\to\infty} \frac{b-a}{n} \cdot \left[\left(a + \frac{b-a}{n}\right)^2 + \left(a + 2 \cdot \frac{b-a}{n}\right)^2 + \ldots + \left(a + n \cdot \frac{b-a}{n}\right)^2\right]$$

$$= \lim_{n\to\infty} \frac{b-a}{n} \cdot \left[a^2 + \left(\frac{b-a}{n}\right)^2 + 2a\frac{b-a}{n} + a^2 + 2^2\left(\frac{b-a}{n}\right)^2 + 4a\frac{b-a}{n} + \ldots \right.$$
$$\left. \ldots + a^2 + n^2\left(\frac{b-a}{n}\right)^2 + 2na\frac{b-a}{n}\right]$$

$$= \lim_{n\to\infty} \frac{b-a}{n}\left[na^2 + \left(\frac{b-a}{n}\right)^2 \cdot (1^2 + 2^2 + \ldots + n^2) + 2a \cdot \frac{b-a}{n} \cdot (1 + 2 + \ldots + n)\right]$$

$$= \lim_{n\to\infty} \frac{b-a}{n}\left[na^2 + \left(\frac{b-a}{n}\right)^2 \cdot \frac{n(n+1)(2n+1)}{6} + 2a \cdot \frac{b-a}{n} \cdot \frac{n}{2}(n+1)\right]$$

(durch Induktion)

$$= \lim_{n\to\infty}\left[(b-a)\,a^2 + \frac{(b-a)^3}{3} + (b-a)^2 a + \frac{(b-a)^3}{2n} + \frac{(b-a)^3}{6n^2} + \frac{(b-a)^2 a}{n}\right]$$

$$= \lim_{n\to\infty}\left[ba^2 - a^3 + \frac{b^3}{3} - \frac{a^3}{3} - ba^2 - b^2a + b^2a - 2a^2b + a^3 + \frac{(b-a)^3}{2n} \right.$$
$$\left. + \frac{(b-a)^3}{6n^2} + \frac{(b-a)^2 n}{n}\right]$$

$$= \frac{b^3}{3} - \frac{a^3}{3}$$

Das bestimmte Integral und seine Eigenschaften

Wie wir im letzten Abschnitt gesehen haben, ist $F_a(b)$ durch zwei Rechenprozesse entstanden: eine **Annäherung** durch Summation über etwas zu großer (Obersumme $O_n(x)$) und etwas zu kleiner (Untersumme $U_n(x)$) Flächenelemente sowie eine anschließende **Grenzwertbildung**.

Nach einem Vorschlag von Leibniz wird dies dadurch symbolisiert, daß für die Summenbildung anstelle von Σ das Zeichen $\int$ (ein stilisiertes S) und das Symbol **dx** für einen infinitesimal kleinen Abschnitt des Intervalls [a ; b] anstelle von Δx geschrieben wird. Damit definiert man

$$\int_a^b f(x)\,dx = \lim_{n\to\infty} U_n(x) = \lim_{n\to\infty} \sum_{i=1}^{n} f(x_{i-1})\Delta x_i = \lim_{n\to\infty} O_n(x) = \lim_{n\to\infty} \sum_{i=1}^{n} f(x_i)\Delta x_i$$

heißt **bestimmtes Integral** von f über [a ; b].
f (x) heißt **Integrand**, a die untere und b die obere **Integrationsgrenze**.

Wegen der äquidistanten Teilung sind alle Δx_i von gleicher Länge; deshalb genügt es auch, dafür Δx zu schreiben.

Das bestimmte Integral hat folgende *Eigenschaften*:

1. $\int_a^b f'(x)\,dx = -\int_b^a f'(x)\,dx$

Ist die obere Grenze kleiner als die untere, werden sämtliche Differenzen $x_k - x_{k-1}$ negativ. Damit ändern sämtliche „Flächenelemente" $f(x_k) \cdot (x_k - x_{k-1})$ und $f(x_{k-1}) \cdot (x_k - x_{k-1})$ ihr Vorzeichen. Vertauscht man also die Integrationsgrenzen, so wechselt das Integral sein Vorzeichen.

2. $\int_a^a f(x)\,dx = 0$

Dies ist anschaulich klar, da die „Grundseite der Fläche" Null ist.

3. $\int_a^c f(x)\,dx = \int_a^b f(x)\,dx + \int_b^c f(x)\,dx \quad \text{für } a < b < c$

Man denke sich den Integrationsbereich [a ; c] in Teilintervalle zerlegt und die entsprechenden Teilsummen gebildet. Dies nennt man auch *Intervalladditivität des bestimmten Integrals.*

4. $\int_a^b k \cdot f(x)\,dx = k \cdot \int_a^b f(x)\,dx$

Jeder Funktionswert $k \cdot f(x)$ entsteht aus dem entsprechenden Funktionswert $f(x)$ durch Multiplikation mit k. Damit bleiben die „Grundseiten" der Flächen unverändert, während die „Höhen" sich mit dem Faktor k ändern.

5. $\int_a^b (f(x) + g(x))\,dx = \int_a^b f(x)\,dx + \int_a^b g(x)\,dx$

Anwendung des Distributivgesetzes in O_n oder U_n. Das Integral einer Summe ist also gleich der Summe der Integrale.

6. Sind f und g über [a ; b] integrierbar, und gilt $f(x) < g(x)$ für alle $x \in [a ; b]$,

so ist $\int_a^b f(x)\,dx < \int_a^b g(x)\,dx$

Dies ist zumindest für positive Funktionen f und g anschaulich klar, da für gleiche Grundseiten die höhere Fläche auch den größeren Inhalt hat. Da jede stetige Funktion auf einem abgeschlossenen Intervall beschränkt ist, also $m \leq f(x) \leq M$, folgt

$$m \cdot (b-a) \leq \int_a^b f(x)\,dx \leq M \cdot (b-a)$$

Bestimmtes Integral und Flächeninhalt

Bei der Betrachtung der Eigenschaften des bestimmten Integrals wurde letztlich nicht mehr auf das positive Vorzeichen von f Bezug genommen. Im Gegenteil, es wurden sogar bewußt negative Werte zumindest für $\int f(x)\,dx$ einbezogen, etwa bei Eigenschaft (1) oder bei (4) für $k < 0$.

Wie kann unter diesen Umständen das bestimmte Integral noch einen Flächeninhalt darstellen? Dieser Frage wollen wir mit Hilfe einiger Beispiele nachgehen.

Einführungsbeispiele:

1. Gegeben sei $f(x) = -x^2$. Bestimme $\int_0^1 f(x)\,dx$ und die Fläche unter der Kurve in $[0\,;\,1]$. Nach dem Beispiel 2 von Seite 430 ist $\int_0^1 x^2\,dx = \frac{1}{3}$. Wegen der Eigenschaft **4** (siehe Seite 432) ist dann $\int_0^1 -x^2\,dx = -\int_0^1 x^2\,dx = -\frac{1}{3}$. Da nun ein Faktor -1 eine Spiegelung an der x-Achse bedeutet, die Spiegelung als Kongruenzabbildung aber flächentreu ist, muß die Fläche unter f ebenfalls die Maßzahl $\frac{1}{3}$ haben. Hier gilt also:

$$A_{[0\,;\,1]}(f) = -\int_0^1 f(x)\,dx = \int_0^1 (-f(x))\,dx$$

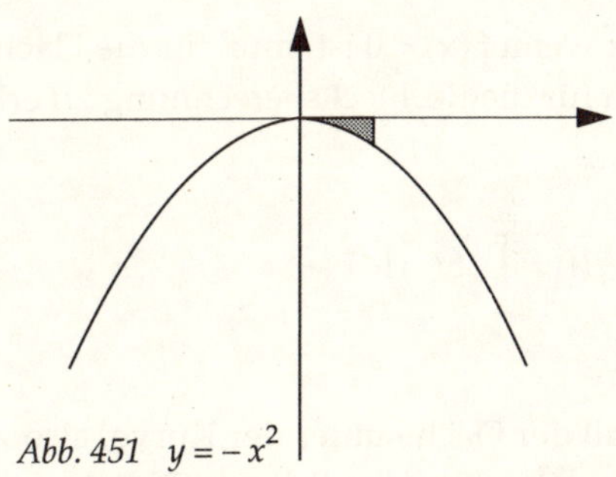

Abb. 451 $y = -x^2$

2. Gegeben sei $f(x) = x - x^3$. Bestimme $\int_{-1}^1 f(x)\,dx$ und die Fläche unter der Kurve in $[-1\,;\,1]$.

Nach dem zweiten Einführungsbeispiel von Seite 430 ist

$\int_0^1 x^3\,dx = 0{,}25$ und $\int_0^1 x\,dx = 0{,}5$.

Laut der Eigenschaft **5** ist daher $\int_0^1 (x - x^3)\,dx = 0{,}5 - 0{,}25 = 0{,}25$.

Dies ist wegen der Positivität innerhalb des Intervalles beider Teilfunktionen auch die Flächenmaßzahl. Da f ursprungssymmetrisch ist, ergibt sich $A_{[-1\,;\,1]}(f) = 2 \cdot A_{[0\,;\,1]}(f) = 0{,}5$.

Wegen der Symmetrie aber ist $f(x) \leq 0$ für $x \in [-1\,;\,0]$.

Deshalb ergibt sich

$$\int_{-1}^{0} f(x)\,dx = -0{,}25$$

und mit der Intervalladditivität

$$\int_{-1}^{1} f(x)\,dx = 0.$$

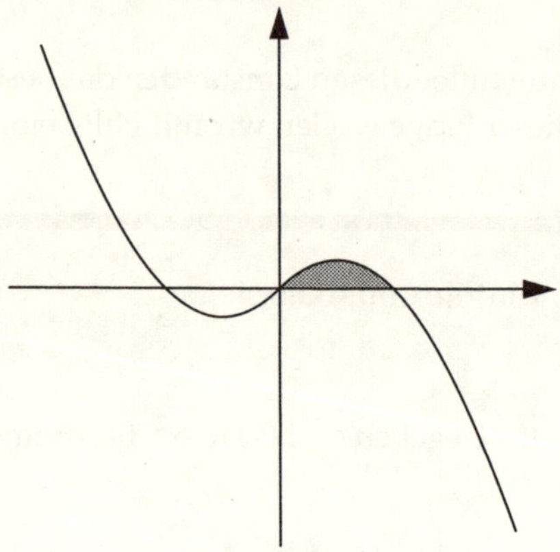

Abb. 452 $y = x - x^3$

Die Fläche dagegen ergäbe sich zu

$$\int_0^1 f(x)\,dx + \int_{-1}^{0} (-f(x))\,dx = 0{,}25 + 0{,}25 = 0{,}5.$$

Immer wenn $f(x) < 0$ ist, muß für die Flächenberechnung $-f$ betrachtet werden, um positive Höhen für die Rechtecksberechnung zu erhalten. Somit gilt offensichtlich:

$$A_{[a\,;\,b]}(f) = \int_a^b |f(x)|\,dx$$

Der Fall der Fläche unter der Kurve, also zwischen dem Graph von f und der x-Achse, läßt sich erweitern auf den Fall der Fläche zwischen zwei Kurven.

Ist dann nämlich $f(x) > g(x)$ auf $[a\,;\,b]$, so ist die Fläche gleich

$\int_a^b (f(x) - g(x))\,dx$ analog zu $f(x) > 0 \Rightarrow A_{[a\,;\,b]}(f) = \int_a^b f(x)\,dx$.

Ist dagegen $f(x) < g(x)$ auf $[a\,;\,b]$, so ist die Fläche gleich

$\int_a^b -(f(x) - g(x))\,dx = \int_a^b (g(x) - f(x))\,dx$; insgesamt also:

$$A_{[a\,;\,b]}(f, g) = \int_a^b |f(x) - g(x)|\,dx$$

In der Praxis bedeutet das:

1. Suche die Nullstellen von f – g in [a ; b]: $x_1, ..., x_n$.
2. Zerlege [a ; b] in Teilintervalle $[a ; x_1]$, $[x_1 ; x_2]$, ..., $[x_n ; b]$ und integriere über diese Teilintervalle.
3. Addiere die Beträge dieser bestimmten Integrale.

Beispiel:

Bestimme die Fläche zwischen der Normalparabel $f(x) = x^2$ und der Geraden g mit $g(x) = 4x - 3$ über [0 ; 4].

Es ist $f(x) - g(x) = x^2 - 4x + 3$.

Die Differenzfunktion $h = f - g$ hat die Nullstellen $x_1 = 1$ und $x_2 = 3$; dies sind auch die Schnittpunkte von f und g.

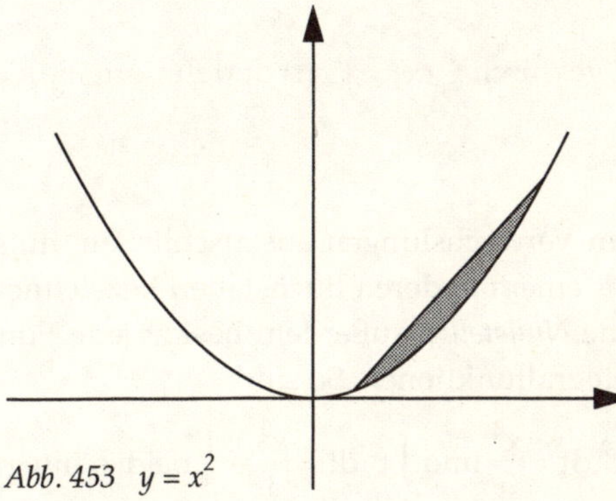

Abb. 453 $y = x^2$

$$\Rightarrow A_{[0;4]}(f, g) = \left|\int_0^1 h(x)\,dx\right| + \left|\int_1^3 h(x)\,dx\right| + \left|\int_3^4 h(x)\,dx\right|$$

$$A_{[0;4]}(f, g) = \left|\int_0^1 x^2\,dx - 4\int_0^1 x\,dx + 3\int_0^1 dx\right| + \left|\int_1^3 x^2\,dx - 4\int_1^3 x\,dx + 3\int_1^3 dx\right|$$

$$+ \left|\int_3^4 x^2\,dx - 4\int_3^4 x\,dx + 3\int_3^4 dx\right|$$

$$A_{[0;4]}(f, g) = \left|\left(\frac{1}{3} - 0\right) - 4\left(\frac{1}{2} - 0\right) + 3\,(1 - 0)\right| + \left|\left(9 - \frac{1}{3}\right) - 4\,(4{,}5 - 0{,}5) + 3\,(3 - 1)\right|$$

$$+ \left|\left(\frac{64}{3} - 9\right) - 4\,(8 - 4{,}5) + 3\,(4 - 3)\right|$$

$$A_{[0;4]}(f, g) = \left|\frac{4}{3}\right| + \left|-\frac{4}{3}\right| + \left|\frac{4}{3}\right| = \frac{12}{3}$$

Die Integralfunktion und der Hauptsatz der Differential- und Integralrechnung

Wie wir bisher gesehen haben, hängt der Wert eines bestimmten Integrals bei gegebenem **Integranden** f (x) (Integrandenfunktion) von der Wahl der Integrationsgrenzen ab; das Ergebnis ist immer eine *reelle* Zahl. Betrachtet man dagegen die obere Grenze als Variable, so wird das Integral zu einer Funktion der oberen Grenze.

Die durch $F_a(x) = \int_a^x f(t)\,dt$ definierte Funktion heißt **Integralfunktion**.

Um Verwechslungen auszuschließen, müssen wir übrigens nun die Integrationsvariablen mit einem anderen Buchstaben bezeichnen. Wegen $F_a(a) = 0$ besitzt jede Integralfunktion eine *Nullstelle*. Außerdem besitzt jede Funktion f mehr als eine (genauer: unendlich viele) Integralfunktionen. So sind

$\int_0^x t^2\,dt = \frac{x^3}{3}$ und $\int_1^x t^2\,dt = \frac{x^3}{3} - \frac{1}{3}$ beides Integralfunktionen von $f(x) = x^2$.

Ist nun die Integrandenfunktion f stetig in $x \in \mathbb{D}$, so ist jede Integralfunktion F_a $(a \in \mathbb{R})$ differenzierbar in x, und es gilt der **Hauptsatz der Differential- und Integralrechnung**

$$\int_a^x f(t)\,dt\,' = F_a(x)' = f(x)$$

Beweis:

$$F_a(x) = \int_a^x f(t)\,dt, \quad F_a(x+h) = \int_a^{x+h} f(t)\,dt$$

$$\Rightarrow F_a(x+h) - F_a(x) = \int_a^{x+h} f(t)\,dt - \int_a^x f(t)\,dt$$

$$\Rightarrow F_a(x+h) - F_a(x) = \left(\int_a^x f(t)\,dt + \int_x^{x+h} f(t)\,dt\right) - \int_a^x f(t)\,dt = \int_x^{x+h} f(t)\,dt$$

Da f in x stetig ist, ist f auf $[x\,;\,x+h]$ beschränkt.
Das heißt, es gibt Zahlen x_M und $x_m \in [x\,;\,x+h]$ mit $f(x_m) \leq f(x) \leq f(x_M)$ für alle $x \in [x\,;\,x+h]$.

Dann ist

$$h \cdot f(x_m) \leq \int_x^{x+h} f(t)dt = F_a(x+h) - F_a(x) \leq h \cdot f(x_M)$$

$$\Rightarrow f(x_m) \leq \frac{F_a(x+h) - F_a(x)}{h} \leq f(x_M)$$

$$\Rightarrow f(x) = \lim_{h\to 0} f(x_m) \leq \lim_{h\to 0} \frac{F_a(x+h) - F_a(x)}{h} \leq \lim_{h\to 0} f(x_M) = f(x)$$

da f (x) gleichzeitig Maximum und Minimum ist, wenn das Intervall auf den Punkt x zusammenschrumpft. Der Beweis für den linksseitigen Grenzwert verläuft analog.

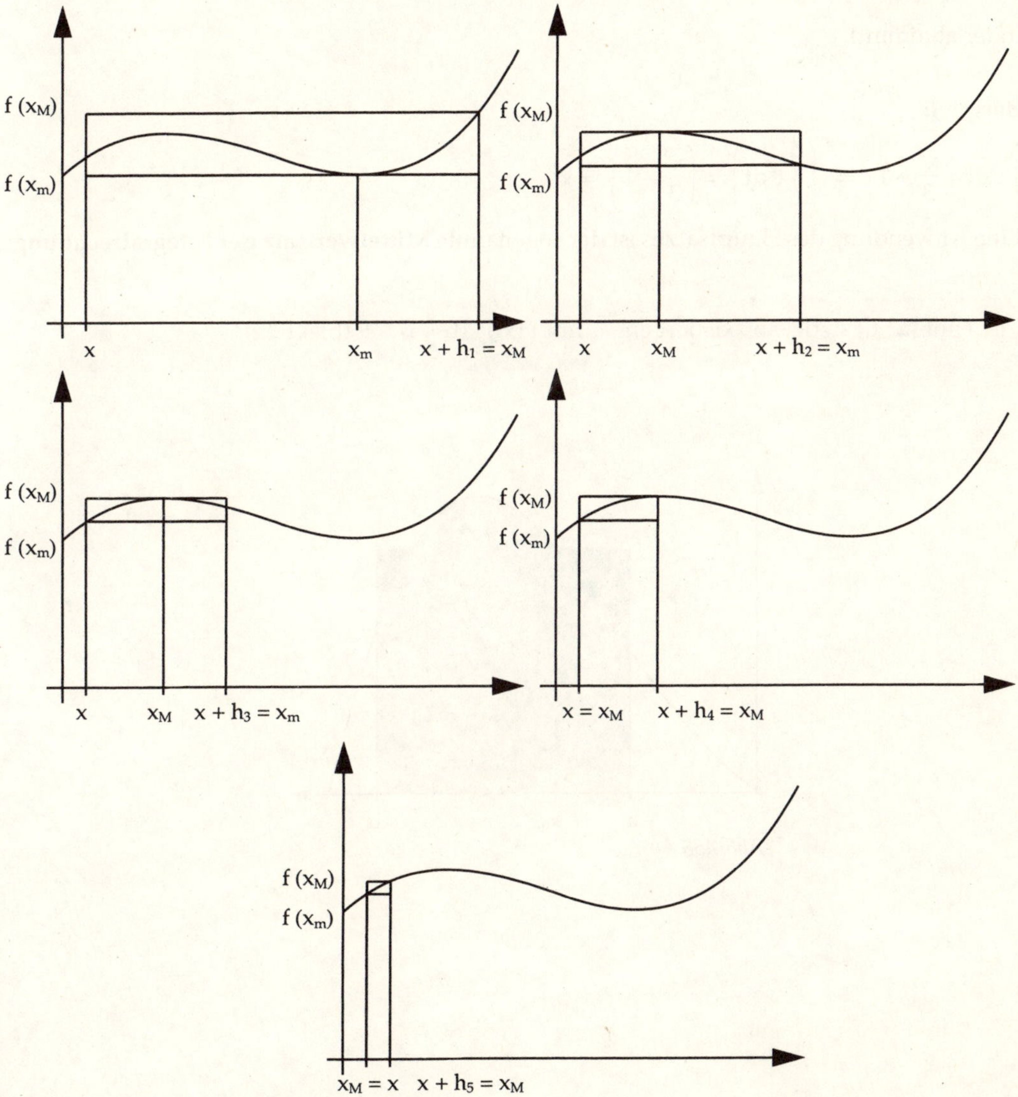

Abb. 454 $f(x_m) \cdot h < F(x+h) - F(x) < f(x_M) \cdot h$

Dieser sogenannte *Hauptsatz der Differential- und Integralrechnung* besagt nichts anderes als:

Die Integration ist die Umkehrung der Differentiation.

Geometrisch bedeutet die Ableitung der Integralfunktion eine Bestimmung der Zunahme (oder Abnahme) der Fläche.

$\left(\int_a^x f(t)\,dt\right)' = f(x)$ heißt also, daß mit x die Fläche $F_a(x)$ um Rechtecke der Höhe f (x) zunimmt (oder abnimmt).

Beispiel:

$$\int_1^x t^2 dt = \frac{x^3}{3} - 1 \Rightarrow \left(\int_1^x t^2 dt\right)' = \left(\frac{x^3}{3} - 1\right)' = x^2$$

Eine Anwendung des Hauptsatzes ist der sogenannte **Mittelwertsatz der Integralrechnung**:

Ist f auf [a ; b] stetig, so existiert ein x_0 mit $f(x_0) \cdot (b - a) = F(b) - F(a)$

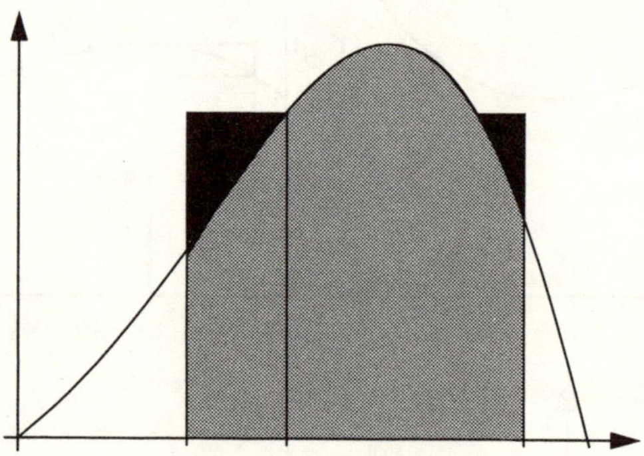

Abb. 455

Übungsaufgaben

1. Begründen Sie, warum es kein $k \in \mathbb{R}_0^+$ gibt, so daß $\int_0^k (x^2 + 1)\,dx = -1$ ist.

2. Bestimmen Sie die Konstante k so, daß jeweils gilt:

a) $\int_2^4 kx\,dx = 9$ b) $\int_k^3 \frac{1}{3}x^2\,dx = 6$ c) $\int_0^k \left(x - \frac{1}{k}\right) dx = 6$

3. Zeigen Sie die Allgemeingültigkeit folgender Ungleichungskette

$$\int_a^b f(x)\,dx \le \left| \int_a^b f(x)\,dx \right| \le \int_a^b |f(x)|\,dx$$

4. Bestimmen Sie die Fläche zwischen den Graphen der Funktionen $f(x) = x^2 - 2x + 1$ und $g(x) = -3x + 7$.
Benutzen Sie dabei die berechneten Integrale im Text und die Eigenschaften des bestimmten Integrals.

5. Berechnen Sie die Fläche, die von den Kurven der Funktionen f und g mit den Gleichungen $f(x) = 4 - x^2$ und $g(x) = x^2 + 2x$ umschlossen wird.

6. Begründen Sie geometrisch:

a) $\int_{-a}^a f(x)\,dx = 0$, wenn f punktsymmetrisch zum Ursprung ist.

b) $\int_{-a}^a f(x)\,dx = 2 \cdot \int_0^a f(x)\,dx$, wenn f achsensymmetrisch zur y-Achse ist.

7. Unter welchen Bedingungen hat die Integralfunktion $F_a(x) = \int_a^x f(x)\,dx$ mehr als eine Nullstelle?

8. Differenzieren Sie die folgenden Funktionen

a) $F_a(x) = \int_a^x (t^2 - 1)\,dt$ b) $F_b(x) = \int_b^x (t^2 - 1)\,dt$ c) $G_a(x) = \int_x^a (t^2 - 1)\,dt$

9. Geben Sie aufgrund von geometrischen Überlegungen den Wert von

$\int_{-1}^1 \sqrt{1 - x^2}\,dx$ an.

10. Berechnen Sie nach der Streifenmethode $F_0(a) = \int_0^a x^3\,dx$.

Lösungen S. 787

Die Integration als Umkehrung der Differentiation

Die Stammfunktion

Bei der Bestimmung des Flächeninhalts hatten wir gesehen, daß sich die (Teil-) Flächen als Differenz von Werten einer Funktion darstellen lassen, die zur *Randfunktion* f in enger Beziehung steht: f war immer die Ableitung dieser Funktion. Dies bestätigte letztlich auch der *Hauptsatz der Differential- und Integralrechnung*. Deshalb suchen wir nun nach Möglichkeiten, das Ableiten rückgängig zu machen. Wir suchen also die sogenannte Stammfunktion zu einer gegebenen Funktion f. Dazu legen wir fest:

> Jede Funktion F heißt **Stammfunktion** von f, wenn gilt: $(F(x))' = f(x)$ für alle $x \in \mathbb{D}$.

Daraus ergibt sich, daß *„die"* Stammfunktion nicht existiert. Vielmehr gilt:
Ist F Stammfunktion zu f, so ist auch G mit $G(x) = F(x) + c$ Stammfunktion von f.

Beweis:
$G'(x) = (F(x) + c)' = F'(x) = f(x)$, da die Ableitung einer Konstanten Null ist.
Daraus ergibt sich aber, daß sich zwei beliebige Stammfunktionen nur um eine Konstante unterscheiden. Dies nennt man eine **Funktionenschar**. Statt von der Menge aller Stammfunktionen spricht man auch vom **unbestimmten Integral** $\int f(x)\,dx$. Eine ganz bestimmte Stammfunktion läßt sich also nur mit Hilfe zusätzlicher Bedingungen festlegen. Die linke Intervallgrenze bei der Flächenberechnung war eine solche Bedingung, eine sogenannte *Anfangsbedingung*.

Beispiel:
Suchen Sie die Stammfunktion zu $f(x) = x^4 - 7x^2 + 5$ mit $F(0) = 1$.
$F(x) = \frac{1}{5}x^5 - \frac{7}{3}x^3 + 5x + c;\ F(0) = 1 \Rightarrow c = 1$, also $F_0(x) = \frac{1}{5}x^5 - \frac{7}{3}x^3 + 5x + 1$.

Die Stammfunktion einer ganzrationalen Funktion

Da eine ganzrationale Funktion eine *Linearkombination aus Potenzen* von x ist, läßt sich die Integration der ganzrationalen Funktion auf die Integration von Potenzen von x zurückführen.

Lesen wir die Tabelle von Seite 400 rückwärts, so erhalten wir:

Die Stammfunktion zu $f(x) = x^n$ ist $F(x) = \frac{x^{n+1}}{n+1} + c$

Mit der Summen- und Faktorregel der Differentialrechnung folgt sofort:

Die Stammfunktion der ganzrationalen Funktion f mit

$f(x) = a_n x^n + a_{n-1} x^{n-1} + \ldots + a_1 x + a_0$ ist $F(x) = \frac{a_n}{n+1} x^{n+1} + \frac{a_{n-1}}{n} x^n + \ldots + \frac{a_1}{2} x^2 + a_0 x + c$

Graphische Integration

Die meisten Integrale lassen sich nicht so einfach berechnen wie bei ganzrationalen Funktionen. Dennoch gibt es Verfahren, die in einer Vielzahl von Fällen zu befriedigenden Lösungen führen. Bevor wir auf rechnerische Verfahren zu sprechen kommen, sei aber eine graphische Variante der Integration vorgestellt, die im Prinzip mit Erfolg angewandt werden kann.
Sie stützt sich auf die Definition des Integrals als Stammfunktion. Ist nämlich $F(x) = y$, so gilt $F'(x) = y' = f(x)$. Die (bekannte) Funktion f wird also als Ableitung aufgefaßt. Damit werden alle Funktionswerte f (x) zu *Steigungszahlen* von F an der Stelle x. Diese Steigungen nun lassen sich durch Geradenstückchen darstellen. Da additive Konstanten beim Differenzieren wegfallen, entstehen immer mehrere Geradenstückchen oder „Linienelemente" gleicher Steigung. Das so entstehende Bild heißt **Richtungsfeld**. Bei genügender Dichte der Linienelemente lassen sich die Graphen der Funktionenschar F mit $F' = f$ einzeichnen.

Beispiel:

Die Gleichung $y' = f(x)$ ist übrigens der einfachste Fall einer sogenannten Differentialgleichung. Dies sind Gleichungen, in denen eine Beziehung zwischen x, $y = f(x)$ und y' sowie höheren Ableitungen besteht. Dabei kann die Ableitung statt von x auch nur von y abhängen.

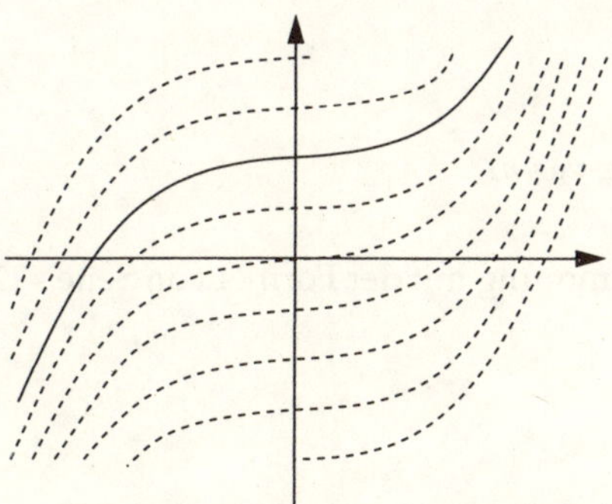

Abb. 456 Richtungsfeld von $y' = 1{,}5\,x^2$ (die Lösung $y \cdot 0{,}5x^3 + 0{,}5$ ist durchgezogen)

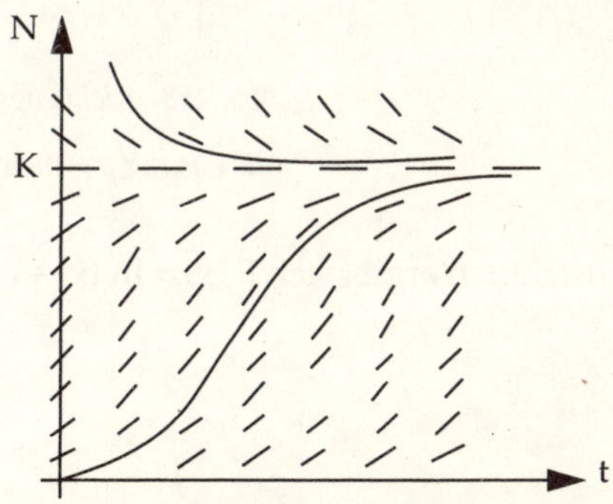

Abb. 457 Richtungsfeld der logistischen Wachstumsgleichung

Die Integration von Hyperbelfunktionen

Probleme bereitet hier eigentlich nur der Fall n = 1.
Die Stammfunktionen von $f(x) = x^{-n}$, $n \in \mathbb{N}\setminus\{1\}$ dagegen ergeben sich ebenso einfach wie bei den Potenzfunktionen zu F (x).

$$f(x) = x^{-n} \Rightarrow F(x) = \frac{x^{-n+1}}{-n+1} + c = \frac{x^{-(n-1)}}{-(n-1)} + c$$

Beispiele:

1. $f(x) = x^{-3} \Rightarrow F(x) = \left(-\frac{1}{2}\right)x^{-2} + c = -\frac{1}{2x^2} + c$

2. $g(x) = x^{-2} \Rightarrow F(x) = -x^{-1} + c = -\frac{1}{x} + c$

Für die Bestimmung des Integrals von $f(x) = x^{-1}$ zeichnen wir zuerst das Richtungsfeld.

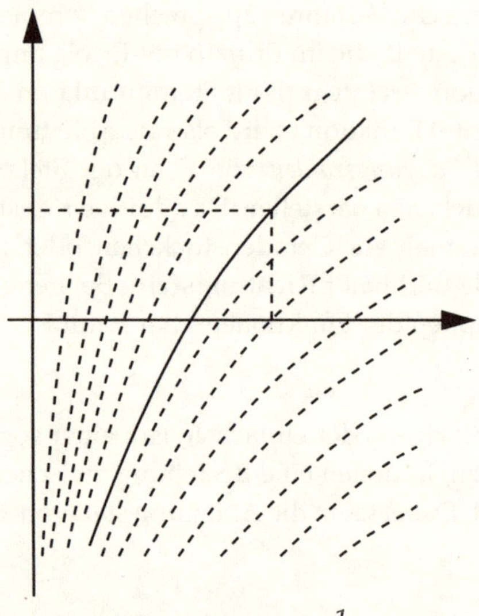

Abb. 458 Richtungsfeld von $y' = \frac{1}{x}$
(die Lösung y = ln (x) + 0,5 ist durchgezogen)

Offensichtlich ergibt sich F (x) = ln (x) + c in Übereinstimmung mit der Formel von Seite 422.

Die Integrale von Exponentialfunktionen, Logarithmusfunktionen und Winkelfunktionen

Die Suche nach den Stammfunktionen dieser Funktion gestaltet sich unkompliziert. Wegen $(e^x)' = e^x$ und dem *Hauptsatz der Differential- und Integralrechnung* ist nämlich

$$\int e^x dx = e^x + c$$

und wegen $(a^x)' = \ln(a) \cdot a^x$

$$\int a^x dx = \frac{1}{\ln}(a) \cdot a^x + c$$

Ferner ist wegen $(\sin(x))' = \cos(x)$

$$\int \cos(x)\, dx = \sin(x) + c$$

oder wegen $(\cos(x))' = -\sin(x)$

$$\int \sin(x)\, dx = -\cos(x) + c$$

Es ist $([\ln(x) - 1] \cdot x)' = \ln(x)$ und deshalb

$$\int \ln(x)\, dx = [\ln(x) - 1] \cdot x + c$$

Weiterhin ist $(-\ln[\cos(x)])' = \tan(x)$ für $x \in \left[-\frac{\pi}{2}; \frac{\pi}{2}\right]$

Daher ist für $x \in \left[-\frac{\pi}{2}; \frac{\pi}{2}\right]$ dann

$$\int \tan(x)\, dx = -\ln[\cos(x)] + c$$

Für beliebige $x \in \mathbb{R}$ ist $\int \tan(x)\,dx = -\ln|\cos(x)| + c$, da das Argument des Logarithmus positiv sein muß.
Eigentlich aber sind diese beiden letzten Integrale ebenso wie die komplexerer Exponentialfunktionen oder auch von $f(x) = \sin(ax + b)$ nur mit Hilfe zusätzlicher Überlegungen zu bestimmen, auf die wir nicht näher eingehen.

Übungsaufgaben

1. Bestimmen Sie die Stammfunktionen zu folgenden ganzrationalen Funktionen:

a) $f(x) = 5x^4 - 7x^2 + 1$ b) $g(x) = 4x^3 + 6x^2 - 15x$ c) $h(x) = -x^2 + 5x - 7$

2. Bestimmen Sie die Stammfunktionen zu

a) $f(x) = 4x^5 - \frac{1}{x^2}$ b) $g(x) = \frac{3}{x^4} - \frac{4}{x^3}$ c) $h(x) = \frac{x+1}{x^2+x}$

d) $k(x) = \cos(x) - 5$ e) $m(x) = 4 \cdot \sin(x) - \tan(x)$ f) $n(x) = \cos(x) + \sin(x)$

g) $p(x) = 2x + e^x$ h) $q(x) = e^{-x} + e^x$ i) $r(x) = \ln(x) + e^x$

3. Bestimmen Sie die folgenden Integrale

a) $\int_1^2 (3x^2 - 4x + 1)\,dx$ b) $\int_1^2 \left(\frac{1}{x^2} - \frac{2}{x^5}\right)dx$ c) $\int_{-\pi}^{\pi} (\sin(x) - \cos(x))\,dx$

4. Zeigen Sie: $\int \sqrt[q]{x^p}\,dx = \frac{q}{p+q} \cdot x^{\left(\frac{p}{q}\right)+1}$ ($p, q \in \mathbb{R}$ teilerfremd)

5. Berechnen Sie die vom Graphen der Funktion f mit $f(x) = 0{,}25\,x^3 + 2x^2 + 4\,x$ und der x-Achse zwischen zwei aufeinanderfolgenden Nullstellen begrenzte Fläche.

6. Berechnen Sie die Fläche, die vom Graph der Funktion f mit $f(x) = x^3 - 3x^2 + 4$ und der Tangente in ihrem Hochpunkt umschlossen wird.

7. Gegeben sei $f_k(x) = x^3 + kx^2 - 11\,x - \frac{120}{k}$

a) Es ist $\int_{-6}^{6} f_k(x)\,dx = 216$. Weisen Sie dann nach, daß $k = 4$ oder $k = -2{,}5$ ist.

b) Bestimmen Sie für $k = 4$ die Fläche unter der Kurve von $f_4(x)$.

c) Bestimmen Sie die Fläche zwischen den beiden Kurven von $f_4(x)$ und $f_{-2,5}(x)$ über dem Intervall [0 ; 1].

8. Bestimmen Sie die Fläche zwischen der Funktion f und der Geraden durch die beiden Extremalpunkte von $f(x) = x^3 - 3x^2 - 9x + 15$.

9. Gegeben sei die Funktion $f(x) = (ax + b) \cdot e^x$. Sie hat bei $x = -1$ eine Wendestelle; die Wendetangente hat die Steigung $m = e^{-1}$.

a) Zeigen Sie durch Lösen eines Gleichungssystems, daß $a = 1$ und $b = -1$ ist.

b) Geben Sie eine lineare Funktion $g(x)$ an, so daß $F(x) = g(x) \cdot e^x$ eine Stammfunktion von f ist.

c) Bestimmen Sie die Fläche zwischen den beiden Koordinatenachsen und f.

Lösungen S. 789

Weitere Integrationsmethoden

Die folgenden Verfahren basieren auf der Idee, gemäß der Aussage des *Hauptsatzes*, die bekannten Ableitungsregeln als Integrationsregeln zu interpretieren und entsprechend in Integralform hinzuschreiben. Wir hatten festgestellt, daß sich zwei Stammfunktionen nur um eine Konstante unterscheiden und das unbestimmte Integral deshalb nur bis auf diese Konstante eindeutig bestimmt werden kann. Es ist in der Praxis jedoch oft einfacher, sich zunächst auf unbestimmte Integrale zurückzuziehen, wenn ein bestimmtes Integral gefragt und die Aufgabe durch die Angabe von Grenzen eindeutig lösbar ist. Bei der abschließenden Berechnung müssen diese Grenzen dann selbstverständlich eingesetzt werden.

Die partielle Integration

Dieses Verfahren liefert eine (Teil-)Antwort auf die Frage nach dem Integral eines Produkts. Nach der *Produktregel der Differentiation* ist

$$(f(x) \cdot g(x))' = f'(x) \cdot g(x) + f(x) \cdot g'(x).$$

Aufgrund des Hauptsatzes folgt:

$$\int (f(x) \cdot g(x))' dx = \int (f'(x) \cdot g(x) + f(x) \cdot g'(x))\, dx$$

$$f(x) \cdot g(x) = \int f'(x) \cdot g(x)\, dx + \int f(x) \cdot g'(x)\, dx$$

Also gilt, wenn f und g zwei stetig differenzierbare Funktionen sind:

$$\int f(x) \cdot g'(x)\, dx = f(x) \cdot g(x) - \int f'(x) \cdot g(x)\, dx \quad \text{oder}$$

$$\int f'(x) \cdot g(x)\, dx = f(x) \cdot g(x) - \int f(x) \cdot g'(x)\, dx$$

Die Antwort auf die Eingangsfrage lautet wegen
$f(x)\, g(x) = f(x)\, G'(x) = (f(x)\, G(x))' - f'(x)\, G(x)$:

$$\int f(x) \cdot g(x)\, dx = f(x) \cdot G(x) - \int f'(x) \cdot G(x)\, dx.$$

Dieses Verfahren heißt **partielle Integration** oder Teilintegration, weil es eigentlich nicht direkt auf eine Stammfunktion führt, sondern nur ein komplexes Integral durch ein anderes Integral ersetzt. Gelegentlich findet man auch die Bezeichnung **Produktintegration** in Anspielung an die Produktregel der Differentiation.
Es sind vornehmlich drei Aufgabentypen, bei denen sich das Verfahren der partiellen Integration bewährt:

1. Bei Aufgaben, bei denen das Reduzieren eines Faktors möglich ist.

$$\int_1^2 x^2e^x\,dx = \left[x^2e^x\right]_1^2 - \int_1^2 2xe^x\,dx$$
$$= \left[x^2e^x\right]_1^2 - \left(\left[2xe^x\right]_1^2 - 2\int_1^2 e^x\,dx\right)$$
$$= \left[x^2e^x\right]_1^2 - \left[2xe^x\right]_1^2 + \left[2e^x\right]_1^2$$
$$= 4e^2 - e - 4e^2 + 2e + 2e^2 - 2e = 2e^2 - e = 12{,}0598$$

Dies klappt also immer, wenn der eine Faktor ein Polynom ist und der andere Faktor beim Integrieren nicht zu kompliziert wird.

2. Bei Aufgaben, bei denen das Produkt durch Ergänzen eines Faktors 1 erweitert wird.

$$\int_1^2 \ln(x)\,dx = \int_1^2 1\cdot\ln(x)\,dx = \left[x\cdot\ln(x)\right]_1^2 - \int_1^2 x\cdot\frac{1}{x}\,dx$$
$$= \left[x\cdot\ln(x)\right]_1^2 - \left[x\right]_1^2 = 0{,}3863$$

Dies hilft also immer dann, wenn eine Funktion integriert werden soll, deren Stammfunktion man nicht kennt, von der man jedoch weiß, daß sie eine einfache Ableitung hat.

3. Bei Aufgaben, die sich reproduzierende Produkte aufweisen.

Kehren im Verlauf des Ableitens oder Integrierens beide Faktoren periodisch wieder, dann lohnt es sich, so lange partiell zu integrieren, bis das ursprüngliche Integral wieder entstanden ist.

$$\int_1^2 e^x\cos 3x\,dx = \left[e^x\cos 3x\right]_1^2 - \int_1^2 e^x\cdot(-3)\sin 3x\,dx$$
$$= \left[e^x\cos 3x\right]_1^2 + 3\int_1^2 e^x\sin 3x\,dx$$
$$= \left[e^x\cos 3x\right]_1^2 + \left[3e^x\sin 3x\right]_1^2 - 9\int_1^2 e^x\cos 3x\,dx$$

Das ursprüngliche Integral ist hier bis auf einen Faktor wieder entstanden.

$$\Rightarrow 10\int_1^2 e^x\cos 3x\,dx = \left[e^x(\cos 3x + 3\sin 3x)\right]_1^2$$
$$= e^2(\cos 6 + 3\sin 6) - e(\cos 3 + 3\sin 3)$$
$$= 2{,}4412$$
$$\Rightarrow\int_1^2 e^x\cos 3x\,dx = 2{,}4412 : 10 = 0{,}24412$$

Wichtig oder zumindest ratsam ist es, immer denselben Faktor zu differenzieren oder zu integrieren. Macht man das nicht, wird das Ergebnis zwar nicht falsch, aber oft unbefriedigend, wie folgendes wenig nachahmenswerte **Gegenbeispiel** zeigt.

$$\int_1^2 x^2e^x\,dx = \left[x^2e^x\right]_1^2 - \int_1^2 2xe^x\,dx = \left[e^xx^2\right]_1^2 - \left(\left[x^2e^x\right]_1^2 - \int_1^2 e^xx^2\,dx\right)$$

$$\Rightarrow \int_1^2 x^2e^x\,dx = \left[e^xx^2\right]_1^2 - \left[e^xx^2\right]_1^2 + \int_1^2 x^2e^x\,dx$$

$$\Leftrightarrow \int_1^2 x^2e^x dx = \int_1^2 x^2e^x dx$$

In anderen Fällen, wie etwa bei $f(x) = e^{\sin(x)} \cdot \cos(x)$ oder $h(x) = 3x^2 \cdot \cos(1 + x^3)$, versagt das Verfahren, da entweder die Teilfunktionen nicht einfach integrierbar sind oder die nach dem Ableiten entstehenden Produkte zu kompliziert werden.

Die Integration durch Substitution

Ein zweites Verfahren kehrt die Kettenregel um. Ist nämlich

$F(g(x)) = F(z)$ mit $f(z) = F'(z) = F'(g(x)) \cdot g'(x) = f(g(x)) \cdot g'(x)$,

so erhält man:

$$\int f(z)\,dz = \int f(g(x)) \cdot g'(x)\,dx \quad \text{mit} \quad z = g(x)$$

und durch Vertauschung der Variablennamen

$$\int f(x)\,dx = \int f(g(z)) \cdot g'(z)\,dz \quad \text{mit} \quad x = g(z).$$

Die beiden Varianten der Formel sind Ausdruck zweier Strategien.

1. Man faßt Teile der vorliegenden Funktion zu einer neuen Variablen zusammen, wobei die *„Restfunktion"* in dieser neuen Variablen einfacher integrierbar ist.
Beispiel:

$$\int e^{\sin(x)}\cos(x)\,dx = ?$$

Setze $z = \sin(x) \Rightarrow \frac{dz}{dx} = \cos(x)$ oder $dz = \cos(x)\,dx$

$$\Rightarrow \int e^{\sin(x)}\cos(x)\,dx = \int e^z dz = e^z = e^{\sin(x)} + c$$ durch Rücksubstitution.

2. Man erklärt die bisherige unabhängige Variable x als Funktionswert einer neuen Funktion g, somit ist $x = g(z)$. Der Gesamtterm wird durch das Dazutreten der Ableitung $g'(z)$ scheinbar komplizierter, kann aber dennoch einfacher integriert werden.
Beispiel:

$$\int \ln(x)\,dx = ?$$

Setze $x = e^z \Rightarrow \frac{dx}{dz} = e^z$ oder $dx = e^z\,dz$

$$\Rightarrow \int \ln(x)\,dx = \int \ln(e^z) \cdot e^z\,dz = \int z \cdot e^z\,dz = z \cdot e^z - \int e^z\,dz = (z-1) \cdot e^z$$

$$= (\ln(x) - 1) \cdot x$$ mit Fall (1) der partiellen Integration.

Die Suche nach bestimmten Integralen gestaltet sich etwas aufweniger, wenn die Grenzen mitzusubstituieren sind.

Ist g in [a ; b] stetig differenzierbar und f stetig auf [g (a); g (b)], so gilt

$$\int_a^b f(g(x)) \cdot g'(x)\,dx = \left[F(g(x))\right]_a^b = F(g(b)) - F(g(a)) = \int_{g(a)}^{g(b)} f(z)\,dz \quad \text{mit } z = g(x)$$

Ist f in [a ; b] stetig, g in $[g^{-1}(a) ; g^{-1}(b)]$ stetig differenzierbar und umkehrbar, so gilt

$$\int_a^b f(x)\,dx = F(b) - F(a) = \int_{g^{-1}(a)}^{g^{-1}(b)} f(g(z)) \cdot g'(z)\,dz \text{ mit } g(z) = x$$

Beispiel:

$$f(x) = \frac{x}{\sqrt{4x+8}}, \quad [a ; b] = [-1 ; 2]$$

Setze $z = 4x + 8 \Rightarrow x = \frac{z}{4} - 2 = g(z)\,,\ dx = \frac{1}{4}\,dz$

$$\Rightarrow \int_{-1}^{2} \frac{x\,dx}{\sqrt{4x+8}} = \int_{z_1}^{z_2} \frac{\frac{z}{4} - 2}{\sqrt{z}} \cdot \frac{1}{4}\,dz \quad \text{mit} \quad g(z_2) = 2 \Rightarrow g^{-1}(2) = z_2 = 16$$

$$g(z_1) = -1 \Rightarrow g^{-1}(-1) = z_1 = 4$$

$$= \int_4^{16} \frac{1}{16}\left(\sqrt{z} - \frac{8}{\sqrt{z}}\right) dz$$

$$= \frac{1}{16}\left[\frac{2}{3} z^{\frac{3}{2}} - 16 z^{\frac{1}{2}}\right]_4^{16}$$

$$= \frac{1}{3}$$

Dabei ist die Substitution nicht eindeutig. Es bietet sich folgende Alternative:

Beispiel:

$$f(x) = \frac{x}{\sqrt{4x+8}}, \quad [a ; b] = [-1 ; 2]$$

Setze $z = \sqrt{4x+8} \Rightarrow x = \frac{1}{4} z^2 - 2 = g(z),\ \ dx = \frac{1}{2} z\,dz$

$$\Rightarrow \int_{-1}^{2} \frac{x\,dx}{\sqrt{4x+8}} = \int_{z_1}^{z_2} \frac{\frac{1}{4} z^2 - 2}{z} \cdot \frac{1}{2} z\,dz = \int_2^4 \left(\frac{1}{8} z^2 - 1\right) dz$$

$$= \left[\frac{1}{24} z^3 - z\right]_2^4 = \frac{1}{3}$$

Leider gibt es keine allgemeine Regel, wie man substituieren soll. Manchmal jedoch ergibt sich aus dem Differential ein Hinweis. So kann $x^2\,dx$ auf eine kubische, $x\,dx$ auf eine quadratische, dx auf eine lineare Substitution hindeuten, während $\frac{dx}{x}$ eventuell eine logarithmische Substitution ratsam erscheinen läßt. Es gilt nämlich:
Ist f eine über [a ; b] differenzierbare Funktion, und ist $f(x) \neq 0$ für alle $x \in [a\,;\,b]$, so gilt

$$\int_a^b \frac{f'(x)}{f(x)}\,dx = \Big[\ln|f(x)|\Big]_a^b = \ln|f(b)| - \ln|f(a)|$$

Beispiel:

$$\int_0^1 \tan(x)\,dx = \int_0^1 \frac{\sin(x)}{\cos(x)}\,dx = -\int_0^1 \frac{(-\sin(x))}{\cos(x)}\,dx = -\Big[\ln|\cos(x)|\Big]_0^1 = 0{,}6156$$

mit der Substitution $z = \cos(x) \Rightarrow dz = -\sin(x)\,dx$.
Trigonometrische Substitutionen bieten sich ferner bei Funktionen an, die den Term $r^2 - x^2$ enthalten.

Beispiel:

Die Berechnung des (Halb-) Kreisintegrals im Einheitskreis erfolgt mit $x = \cos(z)$ und $dx = -\sin(z)\,dz$; $z_1 = \arccos(-1) = \pi$; $z_2 = \arccos(1) = 0$.
Man erhält:

$$\int_{-1}^1 \sqrt{1-x^2}\,dx = \int_\pi^0 \sqrt{1-\cos^2(z)}\;(-\sin(z))\,dz = -\int_\pi^0 \sin^2(z)\,dz = \int_0^\pi \sin^2(z)$$

$$= \Big[-\sin z \cos z\Big]_0^\pi + \int_0^\pi \cos^2 z\,dz = \Big[-\sin z \cos z\Big]_0^\pi + \int_0^\pi (1-\sin^2 z)\,dz$$

$$= \Big[-\sin z \cos z\Big]_0^\pi + \int_0^\pi dz - \int_0^\pi \sin^2 z\,dz$$

Wegen $\quad 2 \cdot \int_0^\pi \sin^2 z\,dz = \Big[-\sin z \cos z\Big]_0^\pi + \Big[z\Big]_0^\pi = \pi$

folgt somit $\quad \int_0^\pi \sin^2 z\,dz = \frac{\pi}{2}$

Die Integration durch Partialbruchzerlegung

Eine Umkehrung der Quotientenregel im eigentlichen Sinne gibt es nicht. Jedoch gelingt es vielfach, Integrale von Funktionen der Form $h(x) = \frac{f(x)}{g(x)} = f(x) \cdot \frac{1}{g(x)}$ etwa durch partielle Integration oder Substitution zu berechnen, wenn sich $\frac{1}{g(x)}$ integrieren läßt. Besonders erfolgreich ist man, wenn sich der Nenner in Linearfaktoren zerlegen läßt.

Einführungsbeispiel:

Gegeben sei $f(x) = \frac{6x^2 - x + 1}{x^3 - x}$ wegen $x^3 - x = (x-1)(x+1)x$ bildet man

$$f(x) = \frac{A}{x} + \frac{B}{x-1} + \frac{C}{x+1}$$

$$f(x) = \frac{A(x^2-1) + B(x+1)x + C(x-1)x}{x^3 - x}$$

$$f(x) = \frac{x^2(A+B+C) + x(B-C) - A}{x^3 - x}$$

Durch Koeffizientenvergleich findet man: $A = -1$; $B = 3$; $C = 4$; also:

$$f(x) = -\frac{1}{x} + \frac{3}{x+1} + \frac{4}{x-1}$$

und daher

$$\int f(x)\,dx = -\ln(x) + 3\ln(x+1) + 4\ln(x-1) + C$$

Ist der Grad des Zählerpolynoms höher als der des Nennerpolynoms, empfiehlt sich zunächst eine *Restglieddarstellung* mittels Polynomdivision. Anschließend kann dann elementar oder mittels Partialbruchzerlegung integriert werden.

Beispiele:

1. $f(x) = \frac{x^3 + 2x}{x^2} = x + \frac{2}{x} \Rightarrow F(x) = \int f(x)\,dx = \frac{x^2}{2} + 2 \cdot \ln(x) + c$

2. $f(x) = \frac{x^4 + 5x^2 + 1}{x^2 + x - 2} = x^2 - x + 8 - \frac{10x - 17}{x^2 + x - 2}$; $\frac{10x - 17}{x^2 + x - 2} = \frac{A}{x+2} + \frac{B}{x-1} \Rightarrow A = \frac{37}{3}$; $B = -\frac{7}{3}$

$$\Rightarrow \int f(x)\,dx = \frac{x^3}{3} - \frac{x^2}{2} + 8x - \left(\frac{37}{3} \cdot \ln(x+2) - \frac{7}{3} \cdot \ln(x-1)\right)$$

Uneigentliche Integrale

Die Verwendung des Begriffs „*uneigentlich*“ wurde bisher für „unendlich“ gebraucht (siehe Grenzwerte bei Folgen; senkrechte Asymptoten). Und so ist es auch diesmal.
Wir unterscheiden daher zwei Fälle:

1. *Der Integrand wird unendlich.* Das Problem besteht in diesem Fall darin, daß ein Flächenstück unendlich hoch wird. Dies kann jedoch gelöst werden, indem dieses Problem zunächst beiseite gelassen und dann durch die Grenzwertbildung mit erfaßt wird.
2. *Mindestens eine Integrationsgrenze ist* (betragsmäßig) *unendlich.* Hier kommen unendlich viele Flächen verschwindender Höhe hinzu. Analog besteht der Trick dann darin, diese ebenfalls zu ignorieren.

Beispiele:

1. $$\int_0^1 \frac{1}{\sqrt[3]{x}}\,dx = \lim_{h\to 0}\int_h^1 \frac{1}{\sqrt[3]{x}}\,dx = \lim_{h\to 0}\left[\frac{3}{2}\cdot\sqrt[3]{x^2}\right]_h^1 = \frac{3}{2} - \lim_{h\to 0}\frac{3}{2}\cdot\sqrt[3]{h^2} = \frac{3}{2}$$

$$\int_1^\infty \frac{1}{\sqrt[3]{x}}\,dx = \lim_{z\to\infty}\int_1^z \frac{1}{\sqrt[3]{x}}\,dx = \lim_{z\to\infty}\left[\frac{3}{2}\cdot\sqrt[3]{x^2}\right]_1^z = \frac{3}{2}\cdot\lim_{z\to\infty}\cdot\sqrt[3]{z^2} - \frac{3}{2} = \infty$$

2. $$\int_0^1 \frac{1}{x^2}\,dx = \lim_{h\to 0}\int_h^1 \frac{1}{x^2}\,dx = \lim_{h\to 0}\left[-\frac{1}{x}\right]_h^1 = -1 + \lim_{h\to 0}\frac{1}{h} = \infty$$

$$\int_1^\infty \frac{1}{x^2}\,dx = \lim_{z\to\infty}\int_1^z \frac{1}{x^2}\,dx = \lim_{z\to\infty}\left[-\frac{1}{x}\right]_1^z = -\lim_{z\to\infty}\frac{1}{z} + 1 = 1$$

3. $$\int_0^1 \frac{1}{x}\,dx = \lim_{h\to 0}\int_h^1 \frac{1}{x}\,dx = \lim_{h\to 0}\Big[\ln(x)\Big]_h^1 = 0 - \lim_{h\to 0}\Big[\ln(h)\Big] = \infty$$

$$\int_1^\infty \frac{1}{x}\,dx = \lim_{z\to\infty}\int_1^z \frac{1}{x}\,dx = \lim_{z\to\infty}\Big[\ln(x)\Big]_1^z = \lim_{z\to\infty}\ln(z) - 0 = \infty$$

Allgemein gilt also im Fall **1**, bei dem auch die beiden Teilfälle gemeinsam auftreten können:

f integrierbar über]a ; b], $\left|\lim_{h\to 0} f(a+h)\right| = \infty \Rightarrow \int_a^b f(x)\,dx = \lim_{h\to 0}\int_{a+h}^b f(x)\,dx$

oder/und

f integrierbar über [a ; b[, $\left|\lim_{h\to 0} f(b-h)\right| = \infty \Rightarrow \int_a^b f(x)\,dx = \lim_{h\to 0}\int_a^{b-h} f(x)\,dx$

Im Fall **2** gilt:

$$\int_a^\infty f(x)\,dx = \lim_{z\to\infty} \int_a^z f(x)\,dx; \quad \int_{-\infty}^b f(x)\,dx = \lim_{z\to-\infty} \int_z^b f(x)\,dx$$

aber auch:

$$\int_{-\infty}^\infty f(x)\,dx = \lim_{\substack{z_2\to\infty \\ z_1\to-\infty}} \int_{z_1}^{z_2} f(x)\,dx\,,$$

falls beide Grenzwerte existieren, wobei z_1 und z_2 getrennt gegen ∞ und $-\infty$ streben.

Existiert wenigstens $\lim\limits_{z\to\infty} \int_{-z}^{z} f(x)\,dx$,

so heißt dieser Grenzwert **Hauptwert** des uneigentlichen Integrals.

Beispiel:

$$f(x) = \frac{1}{1+x^2} \Rightarrow F(x) = \text{arc tan}(x) \text{ mit Hauptwerten in }]-0{,}5\cdot\pi\,;\ 0{,}5\cdot\pi[$$

$$\text{Also} \int_{-\infty}^{\infty} f(x)\,dx = \lim_{x\to\infty} [\text{arc tan}(x) - \text{arc tan}(-x)] = \pi$$

Die Beispiele 1–3 stehen für folgenden bedeutenden Spezialfall ($k > 0$):

$$\int_0^1 \frac{dx}{x^k} = \frac{1}{1-k} - \lim_{h\to 0} \frac{h^{1-k}}{1-k} = \begin{cases} \dfrac{1}{1-k} & \text{für } k < 1 \\ \infty & \text{für } k \geq 1 \end{cases}$$

$$\int_1^\infty \frac{dx}{x^k} = \lim_{z\to\infty} \left(\frac{1}{1-k} \cdot \frac{1}{z^{k-1}} \right) - \frac{1}{1-k} = \begin{cases} \dfrac{1}{1-k} & \text{für } k > 1 \\ \infty & \text{für } k \leq 1 \end{cases}$$

Vor einer schematischen Anwendung des Hauptsatzes der Differential- und Integralrechnung muß *gewarnt* werden, wenn eine Funktion zwar an den Rändern des Integrationsbereiches problemlos integrierbar ist, im Innern jedoch *Polstellen* besitzt!

Beispiel:

$$f(x) = \frac{2x}{x^2+1} \Rightarrow \int_{-2}^{2} f(x)\,dx = \lim_{h_1 \to 0} \int_{-2}^{-1-h_1} f(x)\,dx + \lim_{h_2, h_3 \to 0} \int_{-1+h_2}^{1-h_3} f(x)\,dx + \lim_{h_4 \to 0} \int_{1-h_4}^{2} f(x)\,dx$$

$$= \lim_{h_1 \to 0} \left[\ln\left|x^2+1\right|\right]_{-2}^{-1-h_1} + \lim_{\substack{h_2 \to 0 \\ h_3 \to 0}} \left[\ln\left|x^2+1\right|\right]_{-1+h_2}^{1-h_3} + \lim_{h_4 \to 0} \left[\ln\left|x^2+1\right|\right]_{1+h_4}^{2}$$

wobei keiner der Grenzwerte existiert.
Es gilt nicht:

$$\int_{-2}^{2} \frac{2x\,dx}{x^2+1} = \left[\ln\left|x^2+1\right|\right]_{-2}^{2} = \ln 5 - \ln 5 = 0$$

Wann geht aber ein Integrand gegen 0 oder ∞?
Bei der Beantwortung dieser Frage, die mit der Frage nach Asymptoten eng verwandt ist, helfen die **Regeln von de l'Hospital**.

Läßt sich eine Funktion als Quotient $\frac{f}{g}$ darstellen, und sind sowohl f als auch g im betrachteten Bereich differenzierbar, so gilt:

1. Ist $f(a) = g(a) = 0$, aber existiert $\lim\limits_{x \to a} \frac{f'(x)}{g'(x)}$ so ist $\lim\limits_{x \to a} \frac{f(x)}{g(x)} = \lim\limits_{x \to a} \frac{f'(x)}{g'(x)}$

2. Ist $\left.\begin{array}{l} \lim\limits_{x \to \infty} f(x) = \lim\limits_{x \to \infty} g(x) = 0 \\ \text{oder} \lim\limits_{x \to \infty} f(x) = \lim\limits_{x \to \infty} g(x) = \infty \end{array}\right\}$ aber existiert $\lim\limits_{x \to \infty} \frac{f'(x)}{g'(x)}$ so ist $\lim\limits_{x \to \infty} \frac{f(x)}{g(x)} = \lim\limits_{x \to \infty} \frac{f'(x)}{g'(x)}$

Selbstverständlich lassen sich diese Regeln auch mehrfach hintereinander anwenden.

Beispiel:

$\lim\limits_{x \to \infty} \frac{x^n}{e^x} = \lim\limits_{x \to \infty} \frac{n}{e^x} = 0$ nach n-maliger Anwendung der 2. Aussage.

Volumenbestimmung durch Integration

Grundsätzlich lassen sich mit Hilfe des Integrals auch Volumina bestimmen. Jedoch haben Körper eine Ausdehnung in drei Raumrichtungen („Länge, Breite, Höhe"). Das Aussehen des Körpers an einem bestimmten Punkt der Oberfläche hängt daher nicht unbedingt nur von einer Variablen (x) ab. Gelingt es jedoch, die funktionalen Abhängigkeiten zwischen den einzelnen Variablen („Richtungen") in Formeln zu fassen, ist das Volumen durch *Mehrfachintegration* bestimmbar.

Glücklicherweise besitzen jedoch etliche wichtige Probleme Symmetrieeigenschaften. Man denke in der Praxis an Gefäße oder technische Geräte wie Motoren. Dann werden auch Randfunktionen einfacher und lassen sich mit den bekannten Methoden integrieren.

1. **Rotationssymmetrie zur x-Achse**
   Wir greifen die Idee der Streifen des *Riemann–Integrals* wieder auf. Wegen der Rotationssymmetrie lassen wir diese Streifen um die x-Achse rotieren. Dabei entstehen Scheibchen mit den Volumina $\pi \cdot f^2(x_i) \cdot \Delta x_i$ als Zylinder geringer Höhe $V_i = \pi \cdot r_i^2 \cdot h_i$ mit $r_i = f(x_i)$ und $h_i = \Delta x_i$.
   Der Grenzwert der Summe dieser Scheibchenvolumina ist das gesuchte *Körpervolumen:*

$$V = \pi \cdot \int_a^b f^2(x)\,dx$$

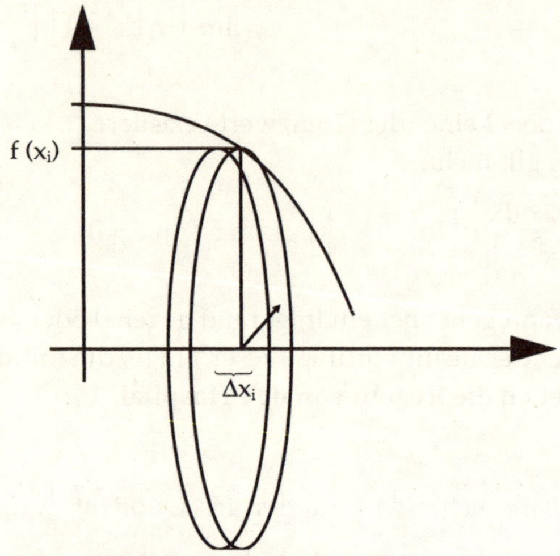

Abb. 459 Rotationssymmetrie

Das Kugelvolumen beispielsweise läßt sich mit folgenden Überlegungen bestimmen:
Die Randfunktion ist ein Kreis mit $r^2 = x^2 + y^2 \Rightarrow y^2 = f^2(x) = r^2 - x^2$

$$V = \pi \cdot \int_{-r}^{r} \left(r^2 - x^2\right) dx = \pi \left[r^2 x - \frac{x^3}{3} \right]_{-r}^{r} = \frac{4}{3}\pi r^3$$

2. **Stetige Änderung der Querschnittsfläche**
   Der Fall der x-Achsen- Symmetrie läßt sich ausweiten auf die Situation, bei der ein Körper durch zwei Ebenen senkrecht zur x-Achse begrenzt wird. Durch jeden Schnitt parallel zu diesen Ebenen erhält man eine Querschnittsfläche des Körpers. Diese sei $Q(x_i)$, wobei x_i den Ort des Schnitts bezeichnet. Ist die so definierte Querschnittsflächenfunktion Q stetig, so erhält man:

$$v = \int_a^b Q(x)\,dx$$

Beispiel:

Eine quadratische Pyramide hat die Höhe h und eine Grundfläche der Seitenlänge a. Nach dem *Strahlensatz* gilt $\frac{z(x)}{x} = \frac{a}{2h}$. Dann wird ihre Seitenlinie durch $z(x) = \frac{a}{2h} \cdot x$ beschrieben.

Also ist $Q(x) = 4z^2 = \left(\frac{a}{h}\right)^2 \cdot x^2$

$$\Rightarrow V = \int_0^h \left(\frac{a}{h}\right)^2 \cdot x^2 dx = \left(\frac{a}{h}\right)^2 \cdot \frac{h^3}{3} = \frac{1}{3} \cdot a^2 h$$

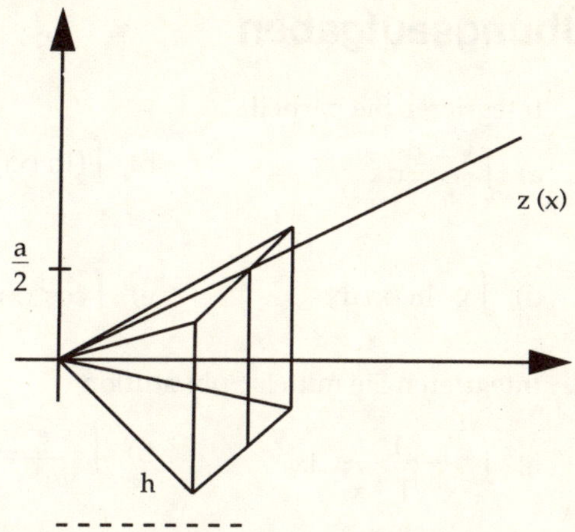

Abb. 460 Änderung der Querschnittsfläche

3. Rotationssymmetrie zur y-Achse

Sind die betrachteten Funktionen *umkehrbar*, so läßt sich dieses Problem auf Fall **1** zurückführen. Unabhängig davon aber kann man die Riemannsche Streifenmethode erneut aufgreifen. Läßt man die Streifen $\Delta x_i \cdot f(x_i)$ nun um die y-Achse rotieren, so entstehen (ähnlich wie bei einer Zwiebel) zylindrische Schalen mit dem Volumen $2\pi \cdot x_i \cdot f(x_i) \cdot \Delta x_i$. Wiederum ergibt sich das Gesamtvolumen als Grenzwert der Summe der Volumina dieser Schalen:

$$V = 2\pi \cdot \int_a^b x \cdot f(x)\, dx$$

Beispiel:

Ein Sektglas sei (ohne Stiel) 12 cm hoch und habe am Rand einen Durchmesser von 4 cm. Im einfachsten Fall eines parabelförmigen Querschnitts führt das auf den Kopf gestellte Glas auf die Funktion $f(x) = 12 - 3x^2$. Dann faßt das Glas, wenn man es (gegen die Etikette) bis zum Rand füllt,

$$V = 2\pi \int_0^2 x(12 - 3x^2)\, dx = 2\pi \int_0^2 (12x - 3x^3)\, dx$$

$$= 2\pi \left[6x^2 - \frac{3}{4}x^4\right]_0^2 = 2\pi(24 - 12)$$

$$\approx 75{,}398 \text{ cm}^3$$

Es handelt sich somit offenbar um ein Degustationsglas.

Übungsaufgaben

1. Integrieren Sie partiell

a) $\int \frac{x-1}{e^x}\,dx$ b) $\int (\ln(x))^2\,dx$ c) $\int \sin(2x)\cdot\cos(0{,}5x)\,dx$

d) $\int_1^e x\cdot\ln(x)\,dx$ e) $\int_0^\pi \cos^2(x)\,dx$ d) $\int_0^1 e^{2x}\cdot\sin(x)\,dx$

2. Integrieren Sie mittels Substitution

a) $\int_{0{,}5}^{0{,}5\cdot\sqrt{2}} \frac{1}{x^2\sqrt{1-x^2}}\,dx$ b) $\int \frac{e^{2x}}{\sqrt{e^x+1}}\,dx$ c) $\int_0^1 \frac{2x}{x^2+1}\,dx$

3. Bestimmen Sie folgende uneigentlichen Integrale

a) $\int_0^1 \frac{1}{\sqrt[3]{x}}\,dx$ b) $\int_0^\infty \frac{1}{(1+x)^2}\,dx$ c) $\int_0^\infty x\,e^{-x}\,dx$

4. Integrieren Sie mittels Partialbruchzerlegung

a) $\int \frac{x+1}{x^2-4}\,dx$ b) $\int \frac{2x+1}{x^2-x-6}\,dx$ c) $\int \frac{x+2}{x\cdot(x+4)}\,dx$

5. Gegeben sei die Funktion f mit $f(x) = -x^3 + 3x^2$.
Berechnen Sie das Volumen, das entsteht, wenn man die Flächen zwischen dem Graph von f, der x-Achse und den Geraden $x = 0$ und $x = 3$
a) um die x-Achse dreht,
b) um die y-Achse dreht.

6. a) Bestimmen Sie das Volumen des Rotationskegels, der bei Drehung des Graphen von $f(x) = 0{,}5x - 1$ um die x-Achse in den Grenzen $x = 2$ und $x = 6$ entsteht.
b) Bestimmen Sie dasselbe Volumen zur Kontrolle elementar aus der Volumenformel für den senkrechten Kreiskegel.
c) Wie groß ist das Volumen des Kegelstumpfs bei Rotation in den Grenzen $x = 4$ und $x = 6$?
d) Wie groß ist das Volumen des asymmetrischen Doppelkegels bei Rotation in den Grenzen $x = 0$ und $x = 6$?

7. Gegeben sind die Funktionen f_k mit $f_k(x) = 0{,}25\cdot(kx-5)^2$.
Bestimmen Sie den Flächeninhalt über [0 ; 5] in Abhängigkeit von k.
Für welche Werte von k wird diese Fläche maximal oder minimal?
Welches Volumen hat die bei Rotation des Graphen um die x-Achse entstehende Figur?

8. Berechnen Sie die Fläche zwischen der Funktion f mit $f(x) = \frac{x^3+4}{2x^2}$ und g mit $g(x) = 0{,}5\cdot x$ im Intervall [1 ; z]. Existiert auch der Grenzwert für $z \to \infty$?

9. Gegeben ist die Funktion f mit $f(x) = \frac{x^3 - 3x + 2}{(x+1)^2}$ in $\mathbb{R} \setminus \{-1\}$

a) Berechnen Sie die Fläche, die der Graph von f im 1. Quadranten mit den Koordinatenachsen einschließt.

b) Wie groß wäre die prozentuale Abweichung, wenn man f durch eine Parabel 3. Ordnung ersetzen würde, die dieselben Schnittpunkte mit den Koordinatenachsen hat wie f und im Schnittpunkt mit der y-Achse auch dieselbe Steigung aufweist?

c) Die y-Achse, der Graph von f, die Gerade $g(x) = x - 2$ und die Parallele zur y-Achse im Abstand n schließen eine Fläche ein. Berechnen Sie diese. Existiert auch der Grenzwert der Fläche für $n \to \infty$?

10. Berechnen Sie das (Halb-)Kugelvolumen unter der Voraussetzung, daß die Kreisfunktion $x^2 + y^2 = r^2$ y-Achsen-symmetrisch ist. Verwenden Sie die Substitution $x = r \cdot \sin(z)$.

11. Hängt eine Leitung frei zwischen zwei Masten, so wird ihr Verlauf gut durch die Gleichung $f(x) = 0{,}5 \cdot (e^x + e^{-x})$ wiedergegeben.

a) Welche Fläche schließt f über $[-1\,;\,2]$ mit der x-Achse ein (sozusagen der „Freiraum" unter der Leitung)?

b) Berechnen Sie das Volumen des Körpers, der entsteht, wenn man die Fläche aus (a) um die x-Achse rotieren läßt.

12. Gegeben sei die Funktion f mit $f(x) = (2x + 1)^{-2}$.

a) Bestimmen Sie $\int f(x)\,dx$ durch lineare Substitution.

b) Bestimmen Sie die Fläche über $[0\,;\,\infty[$.

c) Bestimmen Sie das Volumen des Körpers, der bei Rotation von f um die x-Achse über $[0\,;\,a]$ entsteht.

d) Existiert auch der Grenzwert dieses Volumens für $a \to \infty$?

Lösungen S. 791

Numerische Verfahren, Differentialgleichungen

Numerische Verfahren der Analysis

Mit der Differential- und Integralrechnung sind uns prinzipiell die Mittel an die Hand gegeben, den Verlauf von Funktionen rechnerisch zu beschreiben sowie Flächen und Volumina bei gekrümmten Randfunktionen zu bestimmen. Dies ist auch für viele praktische Probleme hinreichend. Allerdings bleibt festzuhalten, daß die konkret notwendigen Rechnungen mit dem Komplexitätsgrad der Funktion rasch immer aufwendiger werden. Im Zusammenhang mit der ohnehin nur näherungsweisen Möglichkeit der Darstellung reeller Zahlen hat dies dazu geführt, daß man sich in der Praxis auch bei den einen Sachverhalt beschreibenden Funktionen oft mit Näherungen zufriedengibt. Man drückt dabei komplizierte Funktionen mit Hilfe einfacherer Funktionen, in der Regel Polynomen, aus und bestimmt deren Funktionswerte mit Hilfe von Rechenmaschinen. Dazu sind dann letztlich nur noch die vier Grundrechenarten erforderlich.
Sogar bei vergleichsweise bescheidenen Problemen wie der Nullstellenbestimmung kann es notwendig werden, Rechenmaschinen in Anspruch zu nehmen.
Ihre besondere Bedeutung erlangt diese Strategie aber dann, wenn die eigentliche Funktion nicht bekannt ist, sondern nur eine Wertetabelle (etwa als Resultat von punktuellen Beobachtungen) existiert, der dann eine Funktion „angepaßt“ werden muß.

Das Problem der Nullstellenbestimmung

Einführungsbeispiel:

Gegeben sei die Funktion mit der Gleichung $f(x) = y = x^3 - 7x + 3$
Welche Nullstellen hat sie?
Wir sehen sofort, daß die geläufigen Verfahren nicht greifen: Eine Lösung mit Hilfe der p-q-Formel oder einer biquadratischen Substitution ist nicht möglich, da wir ein Polynom vom Grad 3 vor uns haben; auch ist die Nullstelle offensichtlich kein Teiler des absoluten Glieds.

Damit bleibt nur die Möglichkeit, eine Näherungslösung für die Nullstelle zu suchen. Das heißt konkret: Man konstruiert eine Folge von Argumenten, deren Funktionswerte immer dichter bei Null liegen. Diese Folge sollte konvergent sein mit $f(\lim\limits_{n\to\infty} x_n) = f(\bar{x}) = 0$

Genau so wie die Nullstellensuche verwandt ist mit der Suche nach dem Schnittpunkt zweier Funktionen, so ist das angestrebte Verfahren verwandt mit der Suche danach, wann eine gegebene Funktion die Winkelhalbierende schneidet. Das heißt, wir suchen für eine Funktion T(x) dasjenige x, für das T(x) = x ist. Ein solches x heißt dann **Fixpunkt** von T. Dieses x löst auch unser Nullstellenproblem, denn dann gilt auch: $T(x) - x = 0$

Gleichzeitig ist diese Schreibweise prädestiniert für die rekursive Darstellung einer Folge: $T(x_n) = x_{n+1}$

Es bleibt nur die Frage, wann eine solche Folge konvergiert. Man kann zeigen, daß die Konvergenz gesichert ist, wenn für beliebige n, m gilt: $|T(x_n) - T(x_m)| \leq q \cdot |x_n - x_m|$ mit einer Konstanten $q < 1$. Einfacher handhabbar ist die folgende – etwas schärfere – Version:

Ist T stetig differenzierbar in einer Umgebung des Fixpunktes $\bar{x}$ mit $|T'(x)| < 1$, so konvergiert das Verfahren, wenn der Startwert hinreichend nahe in der Gegend des Fixpunktes gewählt wird.

Dann nimmt der Abstand der Näherungswerte zum Grenzwert in Form einer geometrischen Folge ab:

$$|x_n - \bar{x}| \leq \frac{q^n}{1-q} \cdot |x_1 - x_0|$$

Dies bezeichnet man auch als den **Banachschen Fixpunktsatz**.

In der Praxis gibt es nun zwei Möglichkeiten. Entweder ist immer $T(x_n) > x_n$; dann wird der Schnittpunkt von unten angenähert (s. Abb. 461). Oder es ist einmal $T(x_n) > x_n$, dann wieder $T(x_n) < x_n$; dann wird der Schnittpunkt quasi spiralig eingeschlossen (s. Abb. 462).

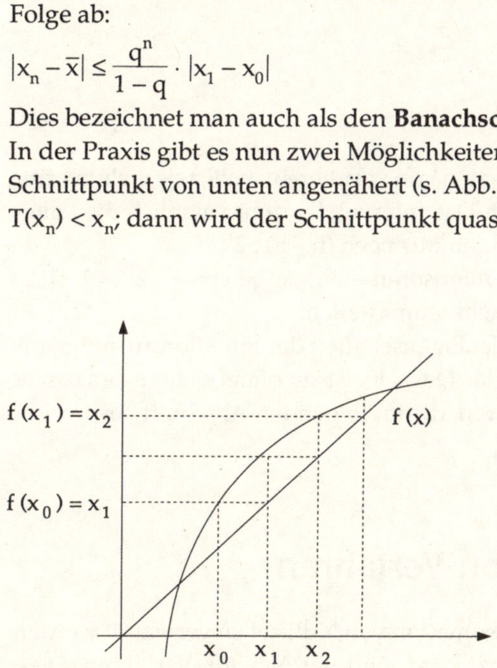

Abb. 461

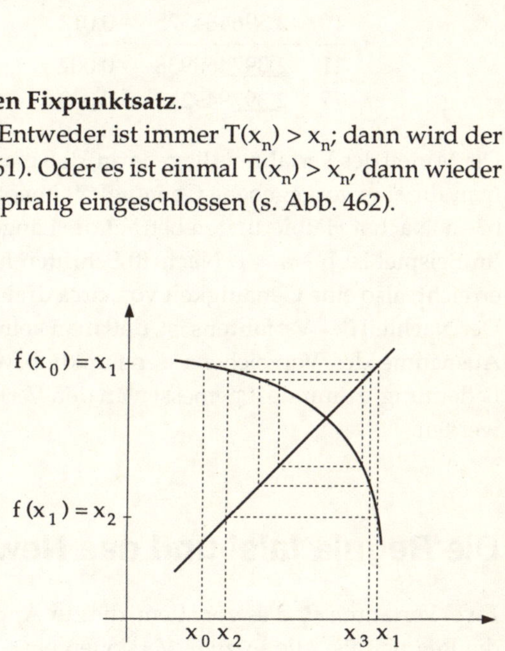

Abb. 462

Ein primitives Verfahren, das diese Bedingung erfüllt, ist das **Halbierungsverfahren**. Dieses stellt eine Art Intervallschachtelung dar. Haben nämlich für zwei Zahlen a, b die Funktionswerte f(a) und f(b) einer stetigen Funktion f verschiedenes Vorzeichen, so gibt es in]a; b[mindestens eine Nullstelle. Nach jeder Halbierung überprüft man wieder die Vorzeichen der Funktionswerte an den Rändern und nimmt dann die Intervallhälfte, in der die Nullstelle liegen muß. Damit ist $x_0 = a$, $x_1 = b$, $x_2 = T(x_0; x_1) = \frac{b-a}{2}$

Beispiel:

$f(x) = x^3 - 7x + 3$

Wertetabelle: n	x_n	$f(x_n)$
0	2	–3
1	3	9
2	2,5	1,125
3	2,25	–1,395
4	2,375	–0,229
5	2,4375	0,420
6	2,40625	0,089
7	2,390625	–0,072
8	2,3984375	0,008
9	2,39453125	–0,032
10	2,396484375	–0,012
11	2,397460938	–0,002
12	2,397949219	0,003

Der Vorteil des Verfahrens liegt darin, daß man schon von vornherein weiß, wie viele Schritte man für eine vorgegebene Genauigkeit benötigt. Das Intervall [a; b] hat nämlich die Länge b – a. Nach n Halbierungen beträgt die Länge dann nur noch $(b - a) : 2^n$.

Im Beispiel ist b – a = 1. Nach 10 Schritten hat man somit eine Länge von $1 : 2^{10} = 1 : 1024$ erreicht, also eine Genauigkeit von circa drei Nachkommastellen.

Der Nachteil des Verfahrens ist, daß man keinerlei Eigenschaften der Funktion ausnutzt, mit Ausnahme des Vorzeichens der Funktionswerte. Deshalb ist es ohne weitere praktische Bedeutung, zumindest gemessen an den Verfahren, die im folgenden Abschnitt besprochen werden.

Die Regula falsi und das Newton-Verfahren

Zwei Verfahren sind es vor allem, die zur Approximation von Nullstellen verwandt werden: die Regula falsi, die in zwei Versionen eingesetzt wird, und das Newton-Verfahren. Diese beiden Verfahren seien hier kurz dargestellt.

a) Die Regula falsi

Liegt in einem Intervall [a; b] eine Nullstelle $\overline{x}$ der Funktion f, so nimmt man als Näherung die Nullstelle x_1 der Sekanten durch die Endpunkte des Intervalls.

Anschließend berechnet man $f(x_1)$ und mit Hilfe des Punktes $(x|f(x_1))$ eine neue Sekante mit der Nullstelle x_2.

Man kann nun für die Berechnung aller Sekanten immer wieder etwa den Punkt a zu Hilfe nehmen. Dann ergibt sich das **Sekantenverfahren mit festem Hilfspunkt**. Es ist

$$\frac{f(b)-f(a)}{b-a}=\frac{f(b)}{b-x_1}=\frac{f(a)}{a-x_1} \quad \text{wegen } f(x_1)=0$$

$$\Rightarrow f(a)\cdot[b-a]=[a-x_1]\cdot(f(b)-f(a))$$

$$\Rightarrow x_1=a-\frac{f(a)\cdot[b-a]}{f(b)-f(a)}$$

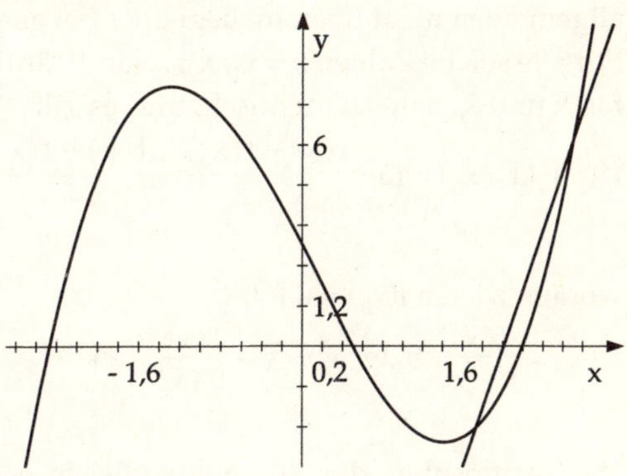

Abb. 463
$y=x^3-7x+3$ mit Sekante $y=12x-27$ in P(3/9)

Da sich nur die rechte Intervallgrenze ändert, ergibt sich

$$x_{n+1}=a-\frac{f(a)\cdot[a-x_n]}{f(a)-f(x_n)} \quad \text{oder einfach}$$

$$x_{n+1}=a-\frac{f(a)}{m_n} \text{ mit } m_n=\frac{f(a)-f(x_n)}{a-x_n}$$

(Rekursionsformeln)

Beim **Sekantenverfahren mit vorletzter Näherung** nähert sich auch die linke Intervallgrenze im Laufe des Verfahrens immer mehr dem Fixpunkt $\overline{x}$ an, da man $a=x_{n-1}$ setzt und mit der Sekante durch $(x_{n-1}|f(x_{n-1}))$ und $(x_n|f(x_n))$ den neuen Wert x_{n+1} berechnet. Man erhält

$$x_{n+1}=x_n-\frac{f(x_n)\cdot[x_n-x_{n-1}]}{f(x_n)-f(x_{n-1})} \quad \text{oder}$$

$$x_{n+1}=x_n-\frac{f(x_n)}{m_n} \text{ mit } m_n=\frac{f(x_n)-f(x_{n-1})}{x_n-x_{n-1}}$$

(Rekursionsformeln)

Beide Sekantenverfahren heißen **Regula falsi** (lat.: Regel des Falschen), da man statt der – korrekten – Nullstelle von f jeweils die – falsche – Nullstelle der Sekanten berechnet. Mit den Bezeichnungen des letzten Abschnitts ist dann

$$T(x)=x-\frac{f(x)}{m_x}$$

b) Das Newton-Verfahren

Statt der Sekante kann man auch die Tangente in $(x_n|f(x_n))$ als lineare Näherung benutzen. Die Nullstelle x_{n+1} dieser Tangente t stimmt zwar mit der gesuchten Nullstelle $\overline{x}$ von f im allgemeinen nicht überein, liegt aber bei geeigneten Voraussetzungen dichter bei $\overline{x}$ als x_n. Für alle solche Zahlen $x = x_1; x_2; \ldots$ sind nämlich die Ableitungen (Tangentensteigungen) von f in x und x_0 nahezu identisch, und es gilt

$$f'(x) \approx f'(x_0) = \lim_{x \to x_0} \frac{f(x) - f(x_0)}{x - x_0} \approx \frac{f(x) - f(x_0)}{x - x_0}$$

woraus wegen $f(x_0) = 0$ folgt

$$f'(x) \approx \frac{f(x)}{x - x_0} \quad \text{bzw.} \quad x_0 \approx x - \frac{f(x)}{f'(x)} \quad (*)$$

Die Auflösung der Tangentengleichung führt auf eine analoge Formel

$t(x) = f'(x_n) \cdot (x - x_n) + f(x_n)$

$\Rightarrow t(x_{n+1}) = f'(x_n) \cdot (x_{n+1} - x_n) + f(x_n) = 0$

Da x_n dicht bei x_0 liegt, gilt mit (*): $x_{n+1} \approx x_0$, was zu beweisen war.

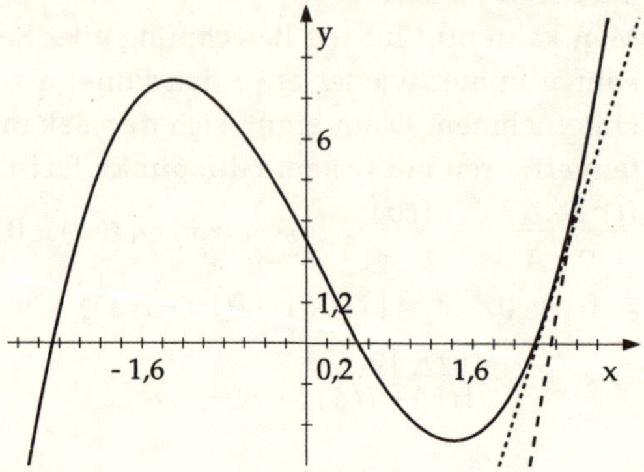

Abb. 464
$y = x^3 - 7x + 3$ mit den Tangenten $y = 20x - 51$ an der Stelle $x_0 = 3$ und

$$\Rightarrow x_{n+1} = x_n - \frac{f(x_n)}{f'_n(x)}$$

(Rekursionsformel)

Das **Newton-Verfahren** liefert die Nullstelle $\overline{x}$, wenn der Startwert x_1 dicht bei $\overline{x}$ liegt, $f'(\overline{x}) \neq 0$ ist und f in einer Umgebung von $\overline{x}$, die x_1 enthält, zweimal stetig differenzierbar ist (und manchmal sogar auch dann, wenn diese Voraussetzungen nicht erfüllt sind).

Mit den Bezeichnungen des letzten Abschnitts ist beim Newton-Verfahren

$$T(x) = x - \frac{f(x)}{f'(x)}$$

Eine vereinfachte Variante des Newton-Verfahrens ist das **Newton-Verfahren mit konstanter Ableitung**. Dabei ersetzt man $f'(x_n)$ durch $f'(x_0) = m$. Die dahinterstehende Idee ist, daß bei komplizierten Funktionen und entsprechend komplizierten Ableitungen die Berechnung jedes Funktionswertes viel Zeit kostet, während sich bei gutem Startwert $x_1 \approx \overline{x}$ alle Werte der Ableitung nur wenig voneinander unterscheiden.

Man erhält die Rekursionsformel

$$x_{n+1} = x_n - \frac{f(x_n)}{m} = x_n - \frac{f(x_n)}{f'(x_0)}$$

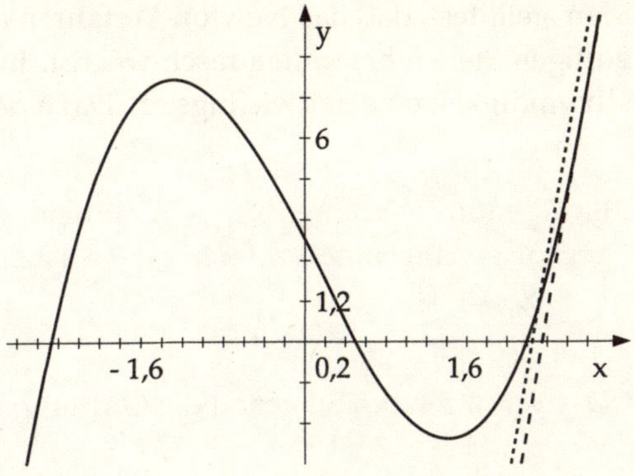

Abb. 465 Die ersten beiden Tangenten beim Newton-Verfahren mit konstanter Ableitung

Einführungsbeispiel:

Bestimmen Sie die Nullstelle von $y = x^3 - 7x + 3$ im Intervall [2; 3] mit Hilfe der vier Verfahren bei Darstellung auf vier Nachkommastellen.

	Sekantenverfahren mit festem Hilfspunkt	Sekantenverfahren mit vorletzter Näherung a = 2	Newton-Verfahren	Newton-Verfahren mit konstanter Ableitung $y' = 3x^2 - 7$; $f'(3) = 20$
$x_0 = b$	3	3	3	3
x_1	2,25	2,25	2,55	2,55
x_2	2,4571	2,3484	2,4116	2,4634
x_3	2,3772	2,4034	2,3978	2,4282
x_4	2,4051	2,3975	2,3977	2,4122
x_5	2,3950	2,3977	2,3977	2,4047
x_6	2,3986	2,3977	usw.	2,4011
x_7	2,3973	usw.		2,3993
x_8	2,3978			2,3985
x_9	2,3976			2,3981
x_{10}	2,3977			2,3979
x_{11}	2,3977			2,3978
x_{12}	usw.			2,3977
x_{13}				2,3977
x_{14}				usw.

Mit Hilfe des Newton-Verfahrens ergibt sich für einen Taschenrechner mit zehnstelliger Anzeige $\overline{x} = 2{,}397661541$.

Man stellt fest, daß das Newton-Verfahren am schnellsten konvergiert, d.h. die Anzahl der gültigen Stellen besonders rasch wächst. In der Tat ist die Frage nach der Konvergenzgeschwindigkeit eine der wichtigsten. Dazu definiert man:

Ein Iterationsverfahren $x_{n+1} = T(x_n)$ heißt „konvergent von mindestens k-ter Ordnung" gegen $\bar{x}$, wenn eine Konstante $c \geq 0$ existiert, so daß gilt

$$\lim_{n \to \infty} \frac{|x_{n+1} - \bar{x}|}{|x_n - \bar{x}|^k} = c$$

Das Verfahren besitzt genau die Ordnung k, wenn $c \neq 0$ ist.

Das bedeutet, daß der Fehler der (n + 1)-ten Näherung ungefähr c-mal der k-ten Potenz des Fehlers der vorhergehenden Näherung ist. Für $k = 1$ spricht man auch von linearer, für $k = 2$ von quadratischer Konvergenz. Allgemein bezeichnet man die Konvergenz für $k > 1$ auch als „superlinear". Es ist klar, daß für $k = 1$ Konvergenz nur vorliegen kann, wenn $c < 1$ ist. Speziell für quadratische Konvergenz heißt das: Hat man etwa im 2. Schritt einen Fehler der Größenordnung 10^{-2} (d.h. ein auf Hundertstel genaues Ergebnis), so ist der Fehler im 3. Schritt nur noch von der Größenordnung 10^{-4} (Zehntausendstel)!
Man kann nun zeigen, daß sowohl das Sekantenverfahren mit festem Hilfspunkt als auch das Newton-Verfahren mit konstanter Ableitung linear konvergieren, während das eigentliche Newton-Verfahren quadratisch konvergiert. Das Sekantenverfahren mit vorletzter Näherung dagegen konvergiert mindestens mit $k = 0{,}5 \cdot (1 + \sqrt{5}) \approx 1{,}618$. Dennoch wird bei praktischen Rechnungen oft das Newton-Verfahren mit konstanter Ableitung benutzt, da der Zeitgewinn bei jedem Rechenschritt die geringere Konvergenzgeschwindigkeit aufwiegt.

Das Interpolationsproblem

Häufig steht man vor dem Problem, daß man nur eine Wertetabelle, also eine Menge von Punkten $(x_i|y_i)$ mit $y_i = f(x_i)$ kennt, aber nicht den Funktionsterm selbst. Dieser wäre aber vonnöten, etwa wenn die Tabelle durch weitere Punkte ergänzt werden soll, von denen man die x-Werte kennt oder vorgibt. Streng genommen müßte man zwischen Interpolation (die zusätzlichen x-Werte liegen *zwischen* den schon bekannten x_i) und Extrapolation (die zusätzlichen x-Werte liegen *außerhalb* des Bereichs, dem die x_i entstammen) unterscheiden. Es hat sich aber eingebürgert, in beiden Fällen von einem Interpolationsproblem zu sprechen und es folgendermaßen zu definieren:

Gegeben seien n + 1 Zahlen $x_0, x_1, ..., x_n$ (die sogenannten Stützstellen) und n + 1 Zahlen $y_0, y_1, ..., y_n$ (die sogenannten Stützwerte). Ein Polynom P vom Grad $m \leq n$ heißt Lösung des Interpolationsproblems, wenn $P(x_0) = y_0$, $P(x_1) = y_1$, ... $P(x_n) = y_n$ ist.

Warum nimmt man ausgerechnet ein Polynom? Dazu folgendes

Einführungsbeispiel:

Die Funktion f mit $f(x) = x\,(2\,e^{1-x^2} - x^2) + \sin(\pi x)$ geht durch die Punkte (0|0); (1|1) und (−1|−1).
Ebenso geht $y = \sin(0{,}5 \cdot \pi x) + x^3 - x$ durch diese Punkte, ferner $y = x^3$. Die weitaus einfachste Funktion aber, die in [−1; 1] durch alle drei Punkte geht, ist $y = x$

Verschiedene Interpolationsmethoden

Einführungsbeispiel:

Die Funktion f mit

$$f(x) = y = -0{,}559 \cdot e^x + 2{,}533 \cdot x^2 - 12{,}673 \cdot \sin\left(\frac{\pi}{2}x\right)$$

geht (bei einstelliger Genauigkeit nach dem Komma) durch die Punkte (−1|15), (2|6) und (4|10). Welches Polynom niedrigsten Grades geht ebenfalls durch diese Punkte?

a) Durch Aufstellen und Lösen eines linearen Gleichungssystems erhält man $P(x) = x^2 - 4x + 10$

b) Mit Hilfe der Polynome $L_0(x) = \frac{1}{15}(x^2 - 6x + 8)$

$$L_1(x) = -\frac{1}{6}(x^2 - 3x + 4)$$

$$L_2(x) = \frac{1}{10}(x^2 - x - 2)$$

erhält man $P(x) = 15 \cdot L_0 + 6 \cdot L_1 + 10 \cdot L_2 = x^2 - 4x + 10$

c) $P(x) = 15 - 3(x + 1) + (x + 1)(x - 2)$ bringt man durch Umformen ebenfalls auf die Gestalt $P(x) = x^2 - 4x + 10$

Mit anderen Worten: Die Lösung der Interpolationsaufgabe ist eindeutig.
Wie erhält man nun die Polynome aus b) oder die Gestalt c)?
Zunächst zu b): Gesucht ist ein Polynom (höchstens) zweiten Grades. Die Idee ist, es in mehrere Teile zu zerlegen, die jeweils einen der Punkte reproduzieren sollen, während sie

für alle anderen Stützstellen Null werden. Da jedes Teilpolynom (im Beispiel) n = 2 Nullstellen aufweist, müssen sie alle genau vom Grad 2 sein. Aus Gründen einer einheitlichen Darstellung aller Teilpolynome hat man sich dafür entschieden, die Stützwerte als Vorfaktoren zu verwenden. Daraus entsteht die Bedingung
$L_i(x_i) = 1$ und $L_i(x_j) = 0$ für $i \neq j$.
Es ergeben sich
$L_0(x) = c_0(x-2)(x-4)$; $L_1(x) = c_1(x+1)(x-4)$; $L_2(x) = c_2(x+1)(x-2)$.

Wegen $L_0(-1) = 1 = c_0(-1-2)(-1-4) \Rightarrow c_0 = \frac{1}{15}$

Analog $L_1(2) = 1 = c_1(2+1)(2-4) \Rightarrow c_1 = -\frac{1}{6}$

$L_2(4) = 1 = c_2(4+1)(4-2) \Rightarrow c_2 = \frac{1}{10}$

Damit erhalten wir die einheitliche Darstellung:

$$L_0(x) = \frac{(x-x_1)(x-x_2)}{(x_0-x_1)(x_0-x_2)};\quad L_1(x) = \frac{(x-x_0)(x-x_2)}{(x_1-x_0)(x_1-x_2)};\quad L_2(x) = \frac{(x-x_0)(x-x_1)}{(x_2-x_0)(x_2-x_1)}$$

Weil die Stützwerte nur die Vorfaktoren darstellen, lassen sich die Polynome L_0, L_1 und L_2 auch für ein anderes Interpolationsproblem mit drei gegebenen Punkten verwenden. Man erhält die allgemeine Darstellung

$P(x) = y_0 \cdot L_0(x) + y_1 \cdot L_1(x) + y_2 \cdot L_2(x)$
Das so dargestellte Polynom P heißt **Lagrange-Polynom**.

Der Vorteil ist, daß man für beliebige Tripel von Stützwerten bei festen Stützstellen die Interpolationspolynome P sehr rasch bestimmen kann, wenn man erst einmal die L_i kennt. Deren Berechnung aber wird mit steigender Anzahl der Stützstellen immer aufwendiger. Der größte Nachteil der Lagrange-Methode aber liegt darin, daß man sämtliche L_i neu bestimmen muß, wenn man nur eine weitere Stützstelle hinzunimmt.
Das sogenannte *Newton-Verfahren* c) vermeidet diesen Nachteil, indem es zunächst nur die beiden ersten Punkte verwendet (dies führt auf ein Polynom 1. Grades) und dann diese Lösung unter Berücksichtigung der dritten Interpolationsbedingung korrigiert. Prinzipiell läßt sich dieses Verfahren bei Hinzunahme eines weiteren Punktes problemlos fortsetzen. Für unsere drei Punkte sieht es folgendermaßen aus:

$P(x) = a + b(x+1) + c(x+1)(x-2)$

Dieser – scheinbar komplizierte – Ansatz führt immer auf ein Gleichungssystem mit Dreiecksgestalt, das sich durch rekursives Einsetzen schnell lösen läßt. Wir erhalten
$P(-1) = a = 15 \Rightarrow a = 15$
$P(2) = a + 3b = 6 \Rightarrow b = -3$
$P(4) = a + 5b + 10c = 10 \Rightarrow c = 1$
und damit $P(x) = 15 - 3(x+1) + (x+1)(x-2)$

Dabei empfiehlt es sich meist, die Klammern stehenzulassen und notwendige Funktionswerte durch Einsetzen der Argumente in die Linearfaktoren auszurechnen.
Die allgemeine Darstellung der Terme für beliebiges n ist insbesondere bei der Newtonschen Interpolationsmethode recht umständlich. Wir verzichten deshalb darauf, zumal die Strategie aus dem Beispiel bereits klar hervorgeht.
Wie gut ist nun die Näherung durch das Interpolationspolynom insgesamt, oder anders gefragt: Wie stark unterscheiden sich die ursprüngliche Funktion f und das Polynom P an den von den Stützstellen verschiedenen x-Werten aus [a; b]?
Dazu bildet man das sogenannte Restglied
R(x) = f(x) – P(x)
Schon beim Betrachten des Bildes wird klar:

(1) R(x) hat n + 1 Nullstellen, gerade an den Stützstellen.
(2) Abweichungen gibt es naturgemäß zwischen den Stützstellen (und bis zu den Intervallrändern); dabei entfernen sich f und P zunächst voneinander, um dann aber wieder zusammenzulaufen. Somit können diese Abweichungen schon aus Stetigkeitsgründen nicht beliebig groß werden.

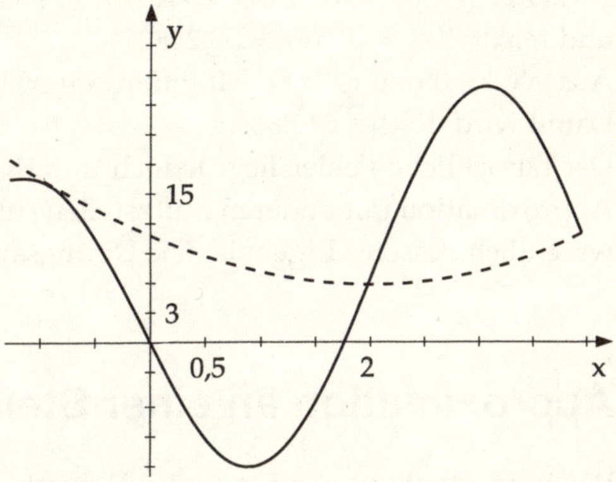

Abb. 466
$f(x) = -0{,}559e^x + 2{,}533x^2 - 12{,}673 \sin\left(\frac{\pi}{2}x\right)$ mit dem Interpolationspolynom $p(x) = x^2 - 4x + 10$

Nach dem **Satz von Rolle** hat dann R′(x) noch n Nullstellen, R″(x) noch n – 1 Nullstellen usw. Genaue Rechnung zeigt:

$$R(x) = \frac{f^{(n+1)}(\bar{x})}{(n+1)!} \cdot (x - x_0)(x - x_1)\dots(x - x_n) \quad \text{mit } \bar{x} \in [a; b]$$

$$R(x) = \frac{f^{(n+1)}(\bar{x})}{(n+1)!} \cdot \omega(x) \qquad \text{mit } \omega(x) = \prod_{i=0}^{n} (x - x_i)$$

R(x) ist offenbar ein Polynom (n + 1)-ten Grades, wenn f mindestens (n + 1)-mal differenzierbar ist. Dann folgt für den maximalen Fehler:

$$|R(x)| \le \frac{1}{(n+1)!} \cdot \max_{x \in [a;\, b]} |f^{(n+1)}(x)| \cdot \max_{x \in [a;\, b]} |\omega(x)|$$

Dabei ist max $|f^{(n+1)}(x)|$ nur abhängig von der zu interpolierenden Funktion und damit letztlich nicht zu beeinflussen, max$|\omega(x)|$ dagegen nur abhängig von den jeweiligen Stützstellen. Der letztere Term läßt sich somit eventuell durch geschickte Wahl der Stützstellen verkleinern.

Die Abschätzung ist übrigens vergleichsweise grob, wie das folgende Beispiel zeigt:

Zu interpolieren war die Funktion $f(x) = -0{,}559e^x + 2{,}533x^2 - 12{,}673 \sin\left(\frac{\pi}{2}x\right)$ mit Hilfe der Stützstellen (–1|15), (2|6) und (4|10). Dies führte auf das Interpolationspolynom $P(x) = x^2 - 4x + 10$ mit Grad (P) = 2

Damit wird $|R(x)| \leq \frac{1}{3!} \cdot \max\limits_{x\in[a;b]} |f'''(x)| \cdot \max\limits_{x\in[a;b]} |(x+1)(x-2)(x-4)|$

Ferner ist $f'''(x)\,) = -0{,}559e^x + 12{,}673 \cdot (0{,}5 \cdot \pi)^2 \cdot \cos(0{,}5\pi \cdot x)$
und $\max|f'''(x)| = |f'''(2)| = 53{,}248$
Aus $\omega'(x) = 0$ und $\omega''(x) < 0$ folgt: $\max|\omega(x)| = |\omega(0{,}785)| = 6{,}973$
Damit wird $|R(x)| \leq 61{,}883$.
Der tatsächliche Fehler liegt jedoch unterhalb von 20, wie man dem Bild entnimmt. Eine Approximation mit anderen Stützstellen (und nur einer Stützstelle mehr) liefert bereits ein wesentlich besseres Ergebnis, wie Übungsaufgabe 11 zeigt.

Approximation an einer Stelle

Will man eine Funktion f in $(x_0|f(x_0))$ durch eine Gerade approximieren, ist die Tangente die optimale Lösung. Bessere Näherungslösungen erreicht man nur unter Verwendung komplizierterer Funktionen. Hier bieten sich vor allem Polynome an.

Einführungsbeispiel:

Die Funktion $f(x) = e^x$ soll im Punkt (0|1) durch eine Funktion 2. Grades – eine Parabel – möglichst gut beschrieben werden. Welche Bedingungen muß die Parabel erfüllen?

Die erste Bedingung versteht sich von selbst: $P(0) = f(0) = 1$.

In der allgemeinen Parabelgleichung $y = ax^2 + bx + c$ sind jedoch drei Parameter: a, b, und c, so daß wir noch zwei weitere Bedingungen stellen dürfen.

Da die Parabel die Kurve von f in (0|1) nur berühren soll, müssen beide hier die gleiche Steigung haben. Daraus ergibt sich die zweite Bedingung: $f'(0) = P'(0)$.

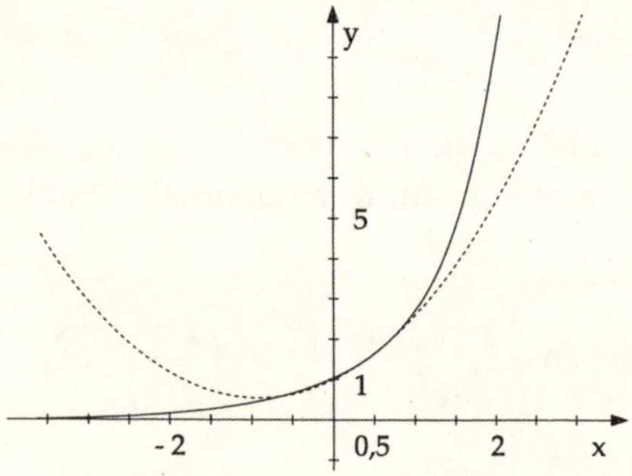

Abb. 467 $f(x) = e^x$ und das Taylorpolynom $P(x) = 0{,}5x^2 + x + 1$ zur Approximation von f in (0/1)

Wenn sich die Parabel an die Kurve von f anschmiegen soll, sollte sogar noch ihre Krümmung in (0|1) mit der von f übereinstimmen. Deshalb lautet die dritte Bedingung: $f''(0) = P''(0)$. Insgesamt erhalten wir:

$f(0) = 0 = c\,; \quad f'(0) = 1 = b\,; \quad f''(0) = 1 = 2a \quad a = 0{,}5$

Die gesuchte Parabel hat also die Gleichung

$$P(x) = 0{,}5x^2 + x + 1 = \frac{1}{2} f''(0) \cdot x^2 + f'(0) \cdot x + f(0)$$

Polynome dieser Art bezeichnet man nach *Brook Taylor (1685–1731)* als **Taylor-Polynome**. Ihre allgemeine Form ist

$$p(x) = f(x_0) + f'(x_0) \cdot (x - x_0) + f''(x_0) \cdot \frac{(x - x_0)^2}{2!} + \ldots + f^{(n)}(x_0) \cdot \frac{(x - x_0)^n}{n!}$$

Ist eine beliebige gegebene Funktion f in einer Umgebung von x_0 mindestens (n + 1)-mal differenzierbar, so approximiert das Taylorpolynom n-ten Grades diese Funktion f *an der Stelle* x_0 besser als jedes andere Polynom n-ten Grades. Der Rest, d.h. der Approximationsfehler, läßt sich angeben mit

$$R(x) = \frac{1}{n!} \cdot \int_{x_0}^{x} (x - t)^n \cdot f^{(n+1)}(t)\,dt \qquad \text{bzw.}$$

$$|R(x)| \leq \frac{|x - x_0|^n}{(n+1)!} \cdot \max|f^{(n+1)}(t)| \quad \text{mit } t \in [x_0; x] \text{ bzw. } [x; x_0]$$

Dies bedeutet, daß die Approximation mit zunehmender Entfernung von x_0 immer schlechter wird!

Integration mit Hilfe der Interpolation

Selbst trickreiche Methoden der Analysis wie Substitution oder partielle Integration versagen schon bei vergleichsweise einfach aussehenden Integralen wie

$$\int_{\frac{\pi}{2}}^{\pi} \frac{\sin(x)}{x}\,dx \qquad \int_{1}^{2} e^{-x^2}\,dx \qquad \text{oder} \qquad \int_{0}^{1} \frac{dx}{\sqrt{1 + x^3}}$$

Aber sind „exakt" bestimmbare Integrale wie

$$\int_{0}^{1} \frac{dx}{1 + x^2} = \arctan(1)\,, \quad \int_{1}^{2} \frac{dx}{x} = \ln(2) \quad \text{und sogar} \quad \int_{0}^{2} \sqrt{x}\,dx = \frac{2}{3}\sqrt{8}$$

wirklich so exakt? Schließlich erhält man den für das Weiterrechnen unabdingbaren Zahlenwert aus einer Tabelle oder mittels Taschenrechner auch nur näherungsweise. Gedanklich ruht ja die gesamte Integralrechnung auf der geometrischen Approximation mittels Rechteckflächen.

Aus der Überlegung heraus, daß es schließlich relativ gleichgültig ist, an welcher Stelle man die Approximation vornimmt, wenn nur am Ende eine bestimmte numerische Genauigkeit erreicht wird, erwächst die Frage, ob nicht eine komplizierte Funktion auch und gerade für die Integration durch eine einfachere ersetzt werden darf.

Diese – vorzugsweise ein Polynom – kann dann exakt integriert werden, und das erhaltene Integral ist eine Näherung für das ursprünglich zu bestimmende Integral. Der eigentlichen Integration wird somit eine Interpolationsaufgabe vorgeschaltet. Ist dann P eine solche interpolierende Funktion, d.h. gilt $f(x) = P(x) + R(x)$ für $x \in [a;b]$, wobei R der „Rest" (der Fehler) ist, so ist

$$\int_a^b f(x)\,dx = \int_a^b (P(x)+R(x))\,dx = \int_a^b P(x)\,dx + \int_a^b R(x)\,dx$$

mit dem Integrations- oder Quadraturfehler $\int_a^b R(x)\,dx$

Meist beschränkt man sich auf die Interpolation durch lineare Funktionen oder Parabeln und erreicht die gewünschte Genauigkeit durch entsprechend oftmalige Unterteilung des Intervalls [a; b]. Dabei haben sich äquidistante (= gleichmäßige) Unterteilungen bewährt.

Die Trapezregel und die Simpsonregel

Einführungsbeispiel:

Man integriere die Funktion $f(x) = e^x \cdot \sin\left(\frac{\pi}{6}x\right)$ über [1; 3]

a) „exakt" mittels partieller Integration

b) näherungsweise mit Hilfe der Geraden durch die Punkte $(1|f(1))$ und $(3|f(3))$

c) näherungsweise mit Hilfe einer Parabel durch die Punkte $(1|f(1))$, $(2|f(2))$ und $(3|f(3))$

$$\int_1^1 e^x \sin\left(\frac{\pi}{6}x\right)dx = -e^x\cos\left(\frac{\pi}{6}x\right)\cdot\frac{6}{\pi} + \frac{6}{\pi}\int e^x\cos\left(\frac{\pi}{6}x\right)dx$$

$$= -e^x\cos\left(\frac{\pi}{6}x\right)\cdot\frac{6}{\pi} + \frac{36}{\pi^2}e^x\sin\left(\frac{\pi}{6}x\right) - \frac{36}{\pi^2}\int e^x\sin\left(\frac{\pi}{6}x\right)dx$$

$$\Rightarrow\left(\frac{36}{\pi^2}+1\right)\int e^x\sin\left(\frac{\pi}{6}x\right)dx = -\frac{6}{\pi}e^x\cos\left(\frac{\pi}{6}x\right) + \frac{36}{\pi^2}e^x\sin\left(\frac{\pi}{6}x\right)$$

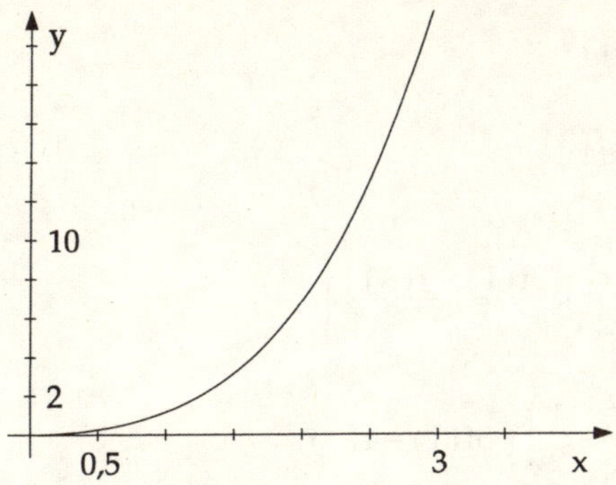

$f(x) = e^x \cdot \sin\left(\frac{\pi}{6} \cdot x\right)$

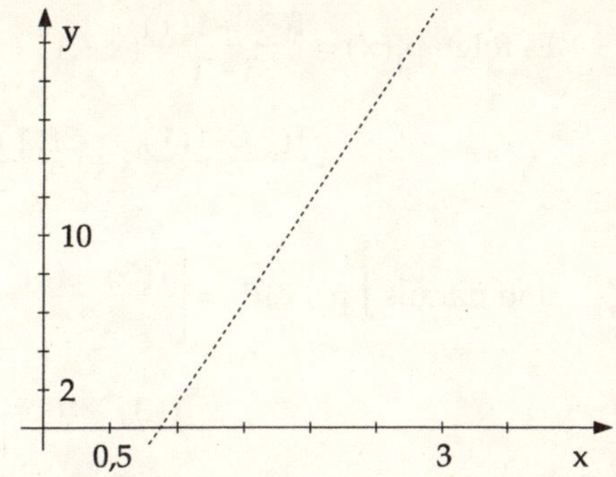

$t(x) = 9{,}36x - 8$
zur Approximation mit der Trapezregel

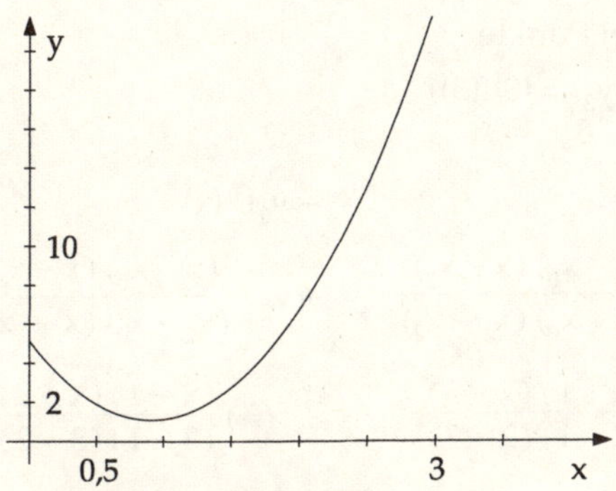

$s(x) = 4{,}32x^2 - 7{,}93x + 4{,}97$
zur Approximation mit der Simpsonregel

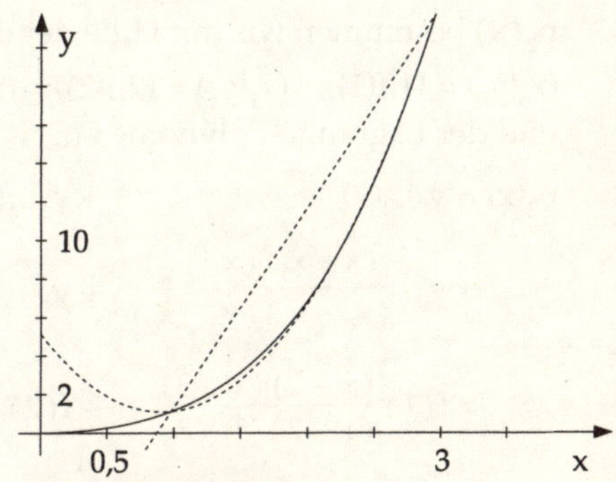

Gemeinsames Bild aller drei Funktionen

Abb. 468

$$\Rightarrow \qquad \int e^x \sin\left(\frac{\pi}{6}x\right)dx = \frac{\pi^2}{36+\pi^2} \cdot \frac{6}{\pi} \cdot \left(\frac{6}{\pi}e^x \sin\left(\frac{\pi}{6}x\right) - e^x \cos\left(\frac{\pi}{6}x\right)\right)$$

$$\Rightarrow \qquad \int_1^3 e^x \sin\left(\frac{\pi}{6}x\right)dx = \left[\frac{6\pi}{36+\pi^2}\left(\frac{6}{\pi}e^x \sin\left(\frac{\pi}{6}x\right) - e^x \cos\left(\frac{\pi}{6}x\right)\right)\right]_1^3$$

$$= \frac{6\pi}{36+\pi^2}\left[\left(\frac{6}{\pi}e^3 \sin\frac{\pi}{2} - e^3 \cos\frac{\pi}{2}\right) - \left(\frac{6}{\pi}e^1 \sin\frac{\pi}{6} - e^1 \cos\frac{\pi}{6}\right)\right]_1^3$$

$$= 16{,}1727$$

Ferner ist $f(1) = \frac{e}{2}$; $f(2) = \frac{e^2}{2}\sqrt{3}$; $f(3) = e^3$

Es folgt: $p_1(x) = \frac{f(3)-f(1)}{3-1}(x-1) + f(1)$

$$= \frac{f(3)-f(1)}{2}x + \frac{3f(1)-f(3)}{2}$$

und daraus $\int_1^3 p_1(x)\,dx = \left[\frac{f(3)-f(1)}{2}\cdot\frac{x^2}{2} + \frac{3f(1)-f(3)}{2}x\right]_1^3$

$$= \frac{f(3)-f(1)}{2}\left(\frac{3^2}{2}-\frac{1}{2}\right) + 3f(1) - f(3)$$
$$= 2f(3) - 2f(1) + 3f(1) - f(3)$$
$$= f(3) + f(1)$$
$$= 21{,}4448;$$

$p_2(x)$ bestimmen wir mit Hilfe der drei Punkte
$(x_0|y_0) = (1|f(1))$; $(x_1|y_1) = (2|f(2))$; $(x_2|y_2) = (3|f(3))$
und der Lagrange-Polynome zu:

$$p_2(x) = y_0L_0(x) + y_1L_1(x) + y_2L_2(x)$$
$$= y_0\cdot\frac{(x-x_1)(x-x_2)}{(x_0-x_1)(x_0-x_2)} + y_1\cdot\frac{(x-x_0)(x-x_2)}{(x_1-x_0)(x_1-x_2)} + y_2\cdot\frac{(x-x_0)(x-x_1)}{(x_2-x_0)(x_2-x_1)}$$
$$= f(1)\frac{(x-2)(x-3)}{(1-2)(1-3)} + f(2)\frac{(x-1)(x-3)}{(2-1)(2-3)} + f(3)\frac{(x-1)(x-2)}{(3-1)(3-2)}$$
$$= \frac{f(1)}{2}\cdot\left(x^2-5x+6\right) - f(2)\cdot\left(x^2-4x+3\right) + \frac{f(3)}{2}\cdot\left(x^2-3x+2\right)$$
$$= \left[\frac{f(1)}{2} - f(2) + \frac{f(3)}{2}\right]x^2 - \left[\frac{5f(1)}{2} - 4f(2) + \frac{3}{2}f(3)\right]x + \left[3f(1) - 3f(2) + f(3)\right]$$

$$\Rightarrow \int_1^3 p_2(x)\,dx$$

$$= \left[\left[\frac{f(1)}{2} - f(2) + \frac{f(3)}{2}\right]\frac{x^3}{3} - \left[\frac{5f(1)}{2} - 4f(2) + \frac{3}{2}f(3)\right]\frac{x^2}{2} + \left[3f(1) - 3f(2) + f(3)\right]x\right]_1^3$$

$$= \left[\frac{f(1)}{2} - f(2) + \frac{f(3)}{2}\right]\left(\frac{27}{3}-\frac{1}{3}\right) - \left[\frac{5f(1)}{2} - 4f(2) + \frac{3}{2}f(3)\right]\left(\frac{9}{2}-\frac{1}{2}\right)$$
$$+ \left[3f(1) - 3f(2) + f(3)\right](3-1)$$
$$= f(1)\left[\frac{13}{3} - 10 + 6\right] + f(2)\left[-\frac{26}{3} + 16 - 6\right] + f(3)\left[\frac{13}{3} - 6 + 2\right]$$
$$= \frac{1}{3}\left[f(1) + 4f(2) + f(3)\right]_1^3$$
$$= 15{,}6804$$

Wie das Ende der jeweiligen Rechnungen zeigt, läßt sich das Näherungsintegral bei (b) auch einfach berechnen als:

$$J_T = \frac{f(b)+f(a)}{2} \cdot (b-a) \quad \textbf{Trapezregel}$$

Auch das Integral bei (c) erhält eine einfache Darstellung:

$$J_S = \frac{b-a}{6}\left[f(a) + 4 \cdot f\left(\frac{b-a}{2}\right) + f(b)\right] \quad \textbf{Simpsonregel}$$

Unterteilt man ein längeres Intervall gleichmäßig in n Teilintervalle der Länge $\frac{b-a}{n}$, so erhält man n + 1 Stützstellen $x_0 = a$, $x_1 = a + \frac{b-a}{n}$, $x_2 = a + 2 \cdot \frac{b-a}{n}$, ..., $x_n = b$ mit den zugehörigen Funktionswerten $y_i = f(x_i)$. Auf jedes dieser Teilintervalle $[x_{k-1}; x_k]$ mit $k \in \{1, ..., n\}$ kann man dann die Trapezregel anwenden und erhält durch Aufsummieren der Teilintegrale

die **große Trapezregel** $J_T = \frac{b-a}{2n}\left[y_0 + 2y_1 + \ldots + 2y_{n-1} + y_n\right]$

bzw. bei einer nochmaligen Teilung jedes der obigen Intervalle, also einer Aufteilung in insgesamt 2n Teilintervalle

die **große Simpsonregel** $J_T = \frac{b-a}{6n}\left[y_0 + 4y_1 + 2y_2 + 4y_3 + 2y_4 + \ldots + y_n\right]$

Wie groß ist nun der Quadraturfehler $\int_a^b R(x)\,dx$?

Da der eigentlichen Iteration eine Interpolationsaufgabe vorangestellt wurde, vermutet man zu Recht, daß sich der Quadraturfehler aus dem Interpolationsfehler ergeben muß. In der Tat erhalten wir

für die Trapezregel: $\left|\int_a^b R(x)\,dx\right| \le \frac{(b-a)^3}{12} \cdot \max_{x \in [a;b]} \left|f''(x)\right|$

für die Simpsonregel: $\left|\int_a^b R(x)\,dx\right| \le \frac{(b-a)^5}{2880} \cdot \max_{x \in [a;b]} \left|f^{(4)}(x)\right|$

für die große Trapezregel: $\left|\int_a^b R(x)dx\right| \le \frac{(b-a)^3}{12n^2} \cdot \max_{x\in[a;b]} \left|f''(x)\right|$

für die große Simpsonregel: $\left|\int_a^b R(x)dx\right| \le \frac{(b-a)^5}{2880n^4} \cdot \max_{x\in[a;b]} \left|f^{(4)}(x)\right|$

Zum Vergleich der Qualität der großen Trapez- und der großen Simpsonregel betrachten wir abschließend folgendes Beispiel: Es ist $\int_1^2 \frac{1}{x}\,dx = \ln(2) \approx 0{,}693147$

Bei Anwendung der großen Trapezregel mit n = 4 erhalten wir

$$J_T = \frac{1}{8}\left[1 + 2\cdot\frac{4}{5} + 2\cdot\frac{2}{3} + 2\cdot\frac{4}{7} + \frac{1}{2}\right] \approx 0{,}697024$$

Für die Fehlerabschätzung erhalten wir $f''(x) = 2 \cdot x^{-3}$ und daher $\max_{x\in[1;2]} |f''(x)| = 2$. Damit wird der Quadraturfehler höchstens 0,010417.

Um einen echten Vergleich zu haben, teilen wir für die große Simpsonregel das Intervall [1; 2] in n = 2 Teilintervalle ein. Dann erhalten wir ebenfalls 5 Stützstellen. Für das Näherungsintegral ergibt sich: $J = \frac{1}{12}\left[1 + 4\cdot\frac{4}{5} + 2\cdot\frac{2}{3} + 4\cdot\frac{4}{7} + \frac{1}{2}\right] \approx 0{,}693254$

Wegen $f^{(4)}(x) = 24 \cdot x^{-5}$ wird $\max_{x\in[1;2]} |f^{(4)}(x)| = 24$ und damit der Quadraturfehler höchstens 0,000521. Daraus ergibt sich, daß bei gleichem Rechenaufwand mit der Simpsonregel ein wesentlich genaueres Ergebnis zu erzielen ist als mit der Trapezregel.

Übungsaufgaben

1. Bestimmen Sie die positiven Nullstellen von $y = 2x^5 - x^3 - 14x^2 + 7$
   a) mit Hilfe des Newton-Verfahrens;
   b) mit Hilfe des Newton-Verfahrens mit konstanter Ableitung auf drei Nachkommastellen.

   Hinweis: Es gibt 2 positive Nullstellen.

2. Bestimmen Sie die beiden *anderen* Nullstellen von $f(x) = x^3 - 7x + 3$ mit Hilfe des Newton-Verfahrens mit konstanter Ableitung. Entnehmen sie günstige Startwerte der Abb. 463.

3. $f(x) = 3x\,(x^2 + 3) - 3$ besitzt in]0; 1[eine Nullstelle. Wählen Sie als Startwert $x_0 = 0{,}8$ und benutzen Sie
   a) das Newton-Verfahren;
   b) das Newton-Verfahren mit konstanter Ableitung;
   c) dabei noch die Näherung m = 5 statt f'(0,8).
   Bestimmen Sie die Nullstelle auf vier Nachkommastellen (und stoppen Sie, wenn Sie Lust haben, jeweils die Zeit!).

4. Bestimmen Sie die Nullstelle von $g(x) = 2x^3 + 2x + 1$. Suchen Sie zunächst einen günstigen Startwert. Überlegen Sie anschließend, welche der drei Umformungen

$$x = -0{,}5 + x^3; \quad x = \frac{0{,}5 + x}{-x^2}; \quad x = \frac{1}{3} \cdot \left(-2x^3 + x - 1\right)$$

die Iteration mit der schnellsten Konvergenz liefert. Berechnen Sie anschließend unter Zugrundelegung des Newton-Verfahrens eine Näherungslösung.

5. Bestimmen Sie mit Hilfe des Newton-Verfahrens eine Näherungslösung für $f(x) = x^2 - 5x + 4 = 0$ in $]-2; 2[$. Verwenden Sie als Startwert $x_0 = 0$.

6. Formen Sie die Gleichung aus Aufgabe 5 um zu $x = T(x)$ und bestimmen Sie aus der Folge $x_{n+1} = T(x_n)$ die Lösung $\overline{x}$.

7. Bestimmen sie mit Hilfe des Newton-Verfahrens die Nullstelle von $f(x) = x \cdot \ln(x) - 1$

8. Geben Sie die ersten drei Glieder des Taylorpolynoms zu

$$f(x) = e^{-0{,}5x} \cdot \cos\left(\frac{\pi}{4} \cdot x\right) \text{ in } x = 0 \text{ und } x = 1 \text{ an.}$$

9. Zeigen Sie, daß ein Polynom 3. Grades durch das zugehörige Taylorpolynom exakt (also ohne Restfehler) dargestellt wird.

10. Bestimmen Sie das Interpolationspolynom zu

$$f(x) = e^{-0{,}5x} \cdot \cos\left(\frac{\pi}{4} \cdot x\right) \text{ durch } (0|f(0))\,;\ (1|f(1)) \text{ und } (2|f(2))$$

a) nach Lagrange; b) nach Newton.

11. Interpolieren Sie $f(x) = -0{,}559 \cdot e^x + 2{,}533 \cdot x^2 - 12{,}673 \cdot \sin\left(\frac{\pi}{2} \cdot x\right)$

an den Stützstellen – 1, 1, 3, 4 mit einstelliger Genauigkeit.
Gewinnen Sie das Interpolationspolynom

a) mit Hilfe eines Gleichungssystems;
b) nach Newton
c) nach Lagrange.

Versuchen Sie auch eine Fehlerabschätzung.

12. Bestimmen Sie die Newtonschen Interpolationspolynome durch die Punkte

a) $(1|2)\,;\ (3|6)$
b) $(1|2)\,;\ (3|6)\,;\ (5|14)$

und zum Vergleich die Lagrange-Polynome. Betrachten Sie den Rechenaufwand, ablesbar an der Anzahl der Rechenoperationen.

13. Bestimmen Sie das Polynom $P(x)$ mit Grad $(P) \leq 4$, das die Funktion

$$f(x) = \frac{x}{x^2 + 1} \text{ an den Stützstellen } -2; -1; 0; 1; 2 \text{ interpoliert.}$$

14. Berechnen Sie das Newtonsche Interpolationspolynom für die Punkte $(-2|-1)$; $(-1|1)$; $(0|2)$; $(1|3)$ und $(2|5)$.

15. Integrieren Sie $f(x) = e^{-0,5x} \cdot \cos\left(\frac{\pi}{4} \cdot x\right)$

a) exakt;

b) mit Hilfe der Simpsonregel und den Stützstellen 0, 1, und 2;

c) mit Hilfe der Trapezregel bei einer Unterteilung des Intervalls [0; 2] in [0; 1] und [1; 2];

d) durch Integrieren des Taylorpolynoms um x = 1.

16. Bestimmen Sie den prozentualen Fehler, der entsteht, wenn statt $f(x) = x^7 - 4x^6 + x^5 + 3x^4 - 2x^3 + x^2 - x + 2$ das Lagrange-Polynom 2. Grades durch (–1|3); (0|2) und (1|1) integriert wird.

17. Geben Sie mit Hilfe der Trapezregel einen Näherungswert für das Integral an. Führen Sie auch eine exakte Integration durch und vergleichen Sie den Fehler.

a) $\int_0^2 (x^2 + x + 1)\,dx$, 4 Teilintervalle

b) $\int_0^1 \frac{2x}{x^2 + 1}\,dx$, 2 bzw. 4 Teilintervalle

c) $\int_0^{\frac{\pi}{2}} x \cdot \sin(x)\,dx$, 6 Teilintervalle

18. Berechnen Sie mit der Simpsonregel Näherungswerte für die Integrale

a) $\int_0^1 \frac{1}{1 + x^2}\,dx$ b) $\int_0^1 \sqrt{1 + x^2}\,dx$ c) $\int_0^1 e^{-x^2}\,dx$

und n = 2 (also 4 Stützstellen).

Lösungen S. 796

Differentialgleichungen

Die Beschreibung eines Vorgangs mit Hilfe einer Funktion erfolgt oft erst zu einem fortgeschrittenen Zeitpunkt der Beschäftigung mit der Materie. Zunächst gilt es, Daten über die maßgeblichen Abläufe zu sammeln. Anhand solcher Daten kann eine näherungsweise Beschreibung (siehe S. 464 ff.) vorgenommen werden. Dabei können sich die Näherungslösungen und die den Vorgang eigentlich beschreibende Funktion nicht unbeträchtlich unterscheiden (siehe S. 465, Einführungsbeispiel).
Um den funktionalen Zusammenhang präzisieren zu können, hält man daher meist nicht nur bestimmte Werte(-paare) fest, sondern auch die jeweilige (relative) Zu- oder Abnahme. Dadurch gelangt man zu Aussagen über den Zusammenhang der Funktion mit ihrer Steigung oder Krümmung an einer bestimmten Stelle oder zu einem konkreten Zeitpunkt. Diese Zusammenhänge lassen sich oft recht gut in Form von Gleichungen darstellen.

Typen von Differentialgleichungen

Einführungsbeispiele:

1. In der Physik wird der Zusammenhang zwischen der Kraft, die eine Feder einer weiteren Ausdehnung entgegensetzt, und der schon vorhandenen Dehnung durch die Kraftgleichung $m \cdot \ddot{x} = -D \cdot x$ beschrieben. Dabei ist D eine Konstante, in die alle Eigenschaften der jeweils betrachteten Feder eingehen.
2. Die in der Sekundärspule eines Transformators induzierte Spannung U_{ind} wird berechnet mit Hilfe von
$$-L \cdot \frac{dI}{dt} (= U_{ind}) = R \cdot I$$
wobei L die Eigenschaften der Spule beschreibt, R der Widerstand und I der aufgrund der Induktionsspannung durch die Spule fließende Strom ist.
3. In der Biologie hat man für das Wachstum etwa von Bakterienkulturen auf Nährstoffböden, aber auch von sonstigen Bevölkerungen in einem hinreichend ausgedehnten und wirtlichen Lebensraum die Beziehung
$$\frac{dN}{dt} = r \cdot N$$
gefunden. Dies bezeichnet man als Malthus'sches Wachstumsgesetz.
4. Bei Injektionen in den Muskel verteilt sich das Präparat langsam über die Blutbahn. Man sagt, es wird mit Hilfe des Blutplasmas vom Depot abtransportiert. Gleichzeitig wird es vom Körper abgebaut. Dies bedeutet, daß sich die Menge des Medikaments im Plasma wieder reduziert. Die Art und Weise, wie sich dieser Vorgang abspielt, wird beschrieben durch
$$\frac{d\,conc_{Plasma}}{dt} = -k_2 \cdot conc_{Plasma}(t) + \frac{d\,conc_{Depot}}{dt}$$
mit $\frac{d\,conc_{Depot}}{dt} = -k_1 \cdot conc_{Depot}$
5. Der Druck in einem idealen Gas ist nur abhängig von Temperatur T und Volumen V. Die Zusammenhänge kann man beschreiben durch
$$\frac{\delta p}{\delta t} = \frac{nR}{V} \text{ und } \frac{\delta p}{\delta V} = -\frac{nRT}{V^2}$$
wobei n die Anzahl der Mole des Gases und R eine Konstante ist.

Generell ersetzt die Schreibweise mit Differentialen dx; dt usw. den Differentialquotienten.

Speziell bedeutet $\dot{x} = \frac{dx}{dt}$ die Ableitung nach der Zeit.

Man stellt fest, daß in diesen Gleichungen nicht nur die Funktion und die Ausgangsvariable, sondern auch noch Ableitungen der Funktion auftreten. Deshalb legt man fest:

Eine Gleichung, in der nicht nur Funktion einer (oder mehrerer) Variablen, sondern auch Differentialquotienten dieser Funktion auftreten, heißt **Differentialgleichung** (kurz: DGl).
Treten nur Funktionen einer Variablen auf, spricht man von gewöhnlichen, sonst von partiellen Differentialgleichungen (DGln).
Die Ordnung des höchsten auftretenden Differentialquotienten heißt gleichzeitig die Ordnung der DGl.
Läßt sich eine DGl als Polynom in der gesuchten Funktion und ihren Ableitungen schreiben, so nennt man die höchste auftretende Summe der Exponenten der Funktion und ihrer Differentialquotienten den Grad der DGl. DGln 1. Grades heißen auch linear; in ihnen treten die Funktion und ihre Ableitungen nur in der ersten Potenz und nicht miteinander multipliziert auf. Läßt sich eine DGl nach der höchsten vorhandenen Ableitung auflösen, so heißt sie explizit, sonst implizit.

Beispiele:
In den Einführungsbeispielen ist
(1) eine lineare DGl 2. Ordnung;
(2) und **(3)** ebenso;
(4) desgleichen; allerdings ist sie komplizierter, da noch eine zweite Funktion in der ersten Ableitung mit auftritt.
(5) ist eine partielle DGl.
Alle Beispiel-Differentialgleichungen sind explizit.

Zum Richtungsfeld und Anfangswertproblem

Betrachten wir die gewöhnliche explizite DGl 1. Ordnung $y'(x) = f(x; y(x))$ oder kurz $y' = f(x; y)$.
Da in ihr die 1. Ableitung auftritt, bedeutet Lösen der DGl dasselbe wie Integrieren, da nach dem Hauptsatz der Differential- und Integralrechnung Ableiten und Integrieren Umkehroperationen sind. Viele DGln aber lassen sich nicht einfach integrieren. Bei Funktionen war es vielfach hilfreich, sich mittels einer Skizze einen Überblick zu verschaffen. Genauso hilft es im Bereich der DGln weiter, sich graphisch zumindest eine Lösungsidee zu verschaffen. Manchmal ist diese Form der graphischen Integration sogar die einzig mögliche Form, die DGl zu bewältigen.
Wir gehen dabei von einer naheliegenden geometrischen Interpretation einer Lösung $y(x)$ der DGl $y' = f(x; y)$ aus. Verläuft sie durch den Punkt $(x_0|y_0)$, d.h. ist $y(x_0) = y_0$, so ist die Steigung an dieser Stelle $y'(x_0) = f(x_0; y_0) = \tan(\alpha(x_0)) = m_t$.

Diese Steigung können wir in Form eines sogenannten Richtungselements einzeichnen. Dieses ist nichts anderes als ein Tangentenstückchen. Das System aller dieser Richtungselemente heißt das Richtungsfeld der DGl (s. Abb. 469). Dabei ist es wenig sinnvoll, die Steigung in vielen beliebigen einzelnen Punkten einzuzeichnen. Statt dessen betrachtet man Punkte auf sogenannten Isoklinen, d.h. auf Kurven gleicher Steigung. Für alle diese Punkte gilt $f(x; y) = \tan(\alpha)$. Weil die Steigung der Lösungskurve mit der Steigung der Tangentenstückchen identisch sein muß, läßt sich der Verlauf der Lösung darstellen, indem man sich von einem Richtungselement zum nächsten sinnvollen Richtungselement voranarbeitet.

Einführungsbeispiel:

Das Malthus'sche Wachstumsmodell gehorcht der DGl $\frac{dN}{dt} = r \cdot N = f(t;N)$, wobei r die Wachstumsrate der Population ist. Für r = 1 (also Geburtenrate plus Einwanderungsrate = Sterberate plus Auswanderungsrate) ergibt sich folgender Ausschnitt des Richtungsfeldes.

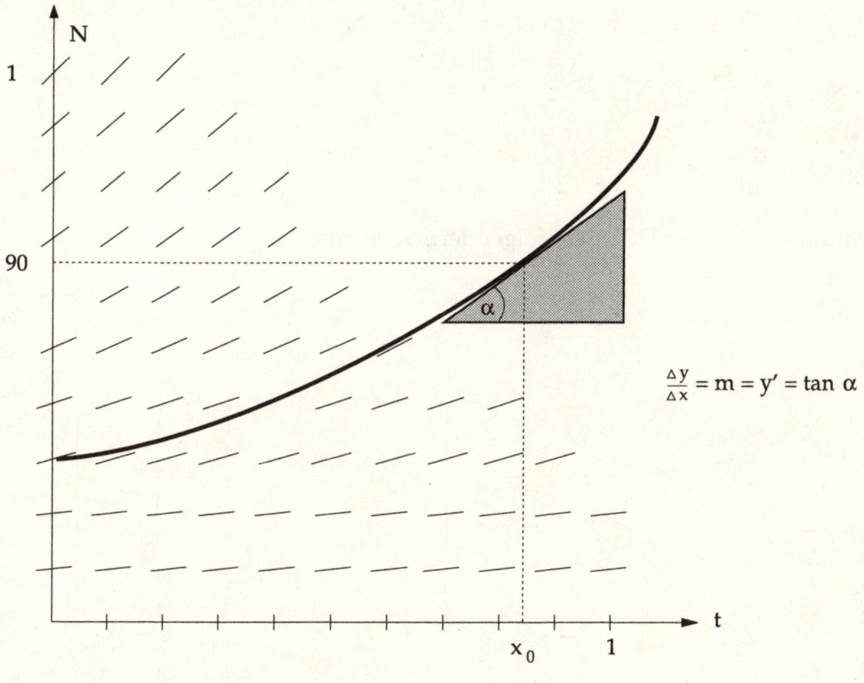

Abb. 469 Zur Differentialgleichung $N = r \cdot N$ (Malthus-Gesetz)

Man beachte, daß auch die Kurve für $N(t) = 0$ für alle Zeiten t eine – wenngleich biologisch uninteressante – Lösung darstellt.

Beispiel:

Leider gilt das Malthus-Modell nur für den Beginn einer Bevölkerungsentwicklung. Wächst nämlich die Population, so wird aufgrund einer Verringerung des durchschnittlichen Nahrungs- und Platzangebots pro Individuum die Sterberate steigen. Die Geburtenrate dagegen wird bei gleichen Voraussetzungen fallen. Dies geschieht im einfachsten Fall linear. Damit ergeben sich

$b(N) = b_0 - k_b \cdot N$; $s(N) = s_o + k_s \cdot N$ mit $b_0 - s_0 = r$

Damit erhalten wir die DGl

$$\frac{dN}{dt} = [(b_0 - k_b \cdot N) - (s_0 - k_s \cdot N)] \cdot N$$

Da N in dieser Gleichung quadratisch auftritt, handelt es sich bei dieser sogenannten logistischen Wachstumsgleichung um eine gewöhnliche DGl 1. Ordnung 2. Grades.

Die Population befindet sich im Gleichgewicht, wenn b(N) = s(N) ist.

Aus $b_0 - k_b \cdot N = s_0 + k_s \cdot N$ erhält man für $N \neq 0$ durch Umformen

$N(t) = \frac{b_0 - s_0}{k_b + k_s} = K$. K heißt Kapazität des Biotops. Damit läßt sich die logistische Wachstumsgleichung umformen zu

$$\frac{dN}{dt} = (b_0 - s_0) \cdot N - (k_b + k_s) \cdot N^2 = r \cdot N - r \cdot \frac{k_b + k_s}{r} \cdot N^2$$

$$= r \cdot N - r \cdot N \cdot \frac{N}{K} = r \cdot N\left(1 - \frac{N}{K}\right)$$

also insgesamt: $\frac{dN}{dt} = r \cdot N\left(\frac{K - N}{K}\right)$

Das Richtungsfeld dieser DGl sieht folgendermaßen aus:

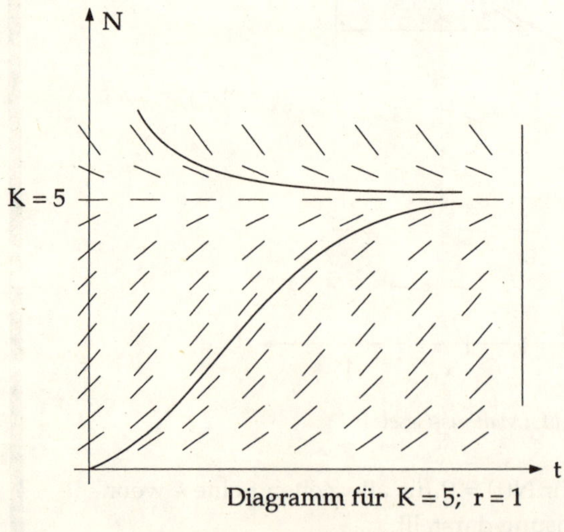

N	α
0,5	24,23
1	38,66
1,5	46,40
2	50,19
2,5	51,34
3	50,19
3,5	46,40
4	38,66
4,5	24,23
5	0
5,5	–28,88
6	–50,19

Abb. 470 Zur logistischen Wachstumsgleichung $N = r \cdot N\left(\frac{K - N}{K}\right)$

Wegen der Eindeutigkeit der Richtungselemente ist augenscheinlich die Art und Weise des Weiterzeichnens von jedem Punkt aus festgelegt. Damit liegt die Vermutung nahe, daß man sich schon eine spezielle Lösung ausgesucht hat, wenn man in einem bestimmten Punkt $(x_0|y_0)$ anfängt zu zeichnen. Das bedeutet gleichzeitig offenbar, daß durch jeden Punkt $(x|y)$ auch nur genau eine Lösung geht. Während also die Differentialgleichung eine Lösungsschar liefert (die Stammfunktion ist nur bis auf eine Konstante eindeutig bestimmt), ist das sogenannte **Anfangswertproblem**

(AWP) $y' = f(x; y)$ mit $y(x_0) = y_0$

durch eine Integralfunktion offenbar eindeutig lösbar. Wir erhalten allgemein:

$$\int_{x_0}^{x} \frac{dy(t)}{dt} \cdot dt = \int_{x_0}^{x} f(t; y(t))dt \Rightarrow y(x) = y(x_0) + \int_{x_0}^{x} f(t; y(t))dt$$

Diese Lösung existiert zumindest in einem Rechteck, dessen Breite wesentlich von der Steilheit der Elemente des Richtungsfelds abhängt. Insbesondere muß $f(x; y) < \infty$ sein, wie folgendes Beispiel zeigt:

Das AWP $y' = 1 + y^2$; $y(0) = 0$ hat die Lösung $y(x) = \tan(x)$. Der Graph der Tangensfunktion hat jedoch für alle ungeradzahligen Vielfachen von $\pm\frac{\pi}{2}$ eine ungleichnamige Polstelle; $\tan(x)$ ist hier nicht definiert. Deshalb existiert die Lösung des AWP nur in $]-\frac{\pi}{2}; \frac{\pi}{2}[$.

Diese Lösung kann man sich übrigens iterativ besorgen über eine Funktionenfolge:

$$y_n(x) = y(x_0) + \int_{x_0}^{x} f(t; y_{n-1}(t))dt \quad \text{mit } y_0 = y(x_0)$$

Dies ist der Inhalt des **Satzes von Picard-Lindelöf**. Auf die daraus resultierenden numerischen Möglichkeiten werden wir später eingehen (siehe S. 505).

Die Differentialgleichung y' = f(x; y) und ihre Spezialfälle

Zwar läßt sich die explizite lineare Differentialgleichung (DGl) 1. Ordnung $y' = f(x; y)$ formal als Integral schreiben, jedoch gibt es keine Formel, die in allen konkreten Fällen die Lösungsfunktion $y(x)$ liefert. Immerhin gibt es einige Spezialfälle, die sich allgemein ausrechnen lassen.

a) Der Spezialfall $y' = f(x)$

Dies sind gerade die üblichen Integrationsaufgaben der Analysis. Nach dem Hauptsatz der Differential- und Integralrechnung erhält man für jedes Anfangswertproblem

(AWP) $y' = f(x)$ mit $y(x_0) = y_0$

die eindeutige Lösung $y(x) = \int_{x_0}^{x} f(t)\,dt + y_0$

Aus einer speziellen Lösung kann man alle übrigen Lösungen der DGl durch Parallelverschiebung in y-Richtung gewinnen. Dies zeigt uns auch schon das Richtungsfeld, das von y unabhängig ist.

Die Integration ist zwar in jedem konkreten Fall möglich, jedoch nicht immer einfach. Immerhin gelten folgende Regeln:

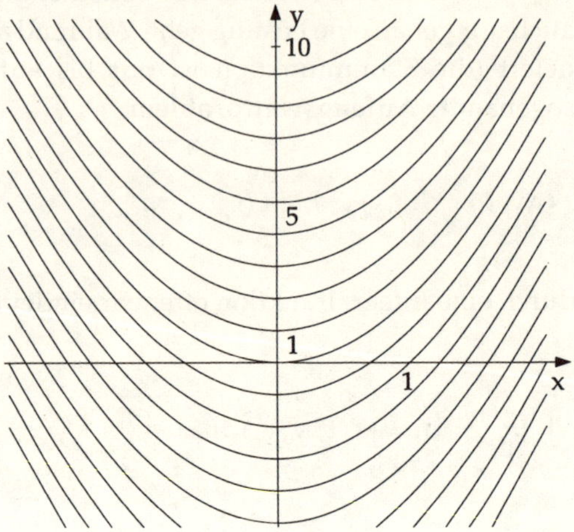

Abb. 471 Kurvenschar zum Richtungsfeld von $y' = k \cdot x$

a) Potenzregel

$$y' = x^n \Rightarrow y(x) = \frac{1}{n+1} \cdot x^{+1}$$

für $n \in \mathbb{Z}\setminus\{-1\}$

b) partielle Integration oder Produktintegration

$$\int f(x) \cdot g'(x)dx = f(x) \cdot g(x) - \int f'(x) \cdot g(x)dx \text{ oder}$$

$$\int f'(x) \cdot g(x)dx = f(x) \cdot g(x) - \int f(x) \cdot g'(x)dx$$

wenn f und g zwei stetig differenzierbare Funktionen sind.

c) die Integration durch Substitution

Ist $F(g(x)) = F(z)$ mit $f(z) = F'(z) = F'(g(x)) \cdot g'(x) = f(g(x)) \cdot g'(x)$, so erhält man:

(1) $\int f(z)dz = \int f(g(x)) \cdot g'(x)dx$ mit $z = g(x)$

oder durch Vertauschung der Variablennamen

(2) $\int f(x)dx = \int f(g(z)) \cdot g'(z)dz$ mit $x = g(z)$

Für bestimmte Integrale gilt:
(1) Ist g in [a; b] stetig differenzierbar und f stetig auf [g(a); g(b)], so gilt:

$$\int_a^b f(g(x) \cdot g'(x)dx = [F(g(x))]_a^b = F(g(b)) - F(g(a)) = \int_{g(a)}^{g(b)} f(z)dz \text{ mit } z = g(x)$$

(2) Ist f in [a; b] stetig, g in $[g^{-1}(a); g^{-1}(b)]$ stetig differenzierbar und umkehrbar, so gilt:

$$\int_a^b f(x)dx = F(b) - F(a) = \int_{g^{-1}(a)}^{g^{-1}(b)} (g(z)) \cdot g'(z)dz \quad \text{mit } g(z) = x$$

d) die Integration durch Partialbruchzerlegung
Sie wird im folgenden noch einmal an einem Beispiel dargestellt.

b) Der Spezialfall y′ = f(y)
Hier versagt zunächst unsere elementare Integration. Jedoch bringt uns ein Analogieschluß weiter. Das Richtungsfeld ist nämlich zu demjenigen im Spezialfall a) durchaus ähnlich; nur sind offenbar die x-Achse und die y-Achse vertauscht. Dadurch liegt die Idee nahe, die Lösungskurven auch zunächst in der Form x = x(y) zu schreiben. Dies gelingt für $g(y) = y' \neq 0$. Dann ist nämlich y streng monoton, und die Umkehrfunktion y^{-1} existiert eindeutig.
Wir erhalten:

$$\frac{dy}{dx} = g(y) \Leftrightarrow \frac{dy}{g(y)} \text{ und somit } \int \frac{dy}{g(y)} = \int dx + c = x(y) + c$$

Durch Auflösen nach y erhält man die Lösung. Die Lösung eines speziellen AWP erhält man, indem man die Integrationskonstante c so wählt, daß $x(y_0) = x_0$ ist.

Einführungsbeispiel:

Wir betrachten im Zusammenhang mit der logistischen Wachstumsgleichung das

AWP $\quad \frac{dN}{dt} = r \cdot N - \frac{r}{K} \cdot N^2 \quad \text{mit } N(t_0) = N_0$

Betrachten wir zunächst den Fall $\frac{dN}{dt} \neq 0$.

Wir erhalten

$$\int_{N_0}^{N} \frac{dz}{r \cdot z - \frac{r}{K} \cdot z^2} = \int_{t_0}^{t} ds = t - t_0$$

Die linke Seite integrieren wir mittels Partialbruchzerlegung:

$$\frac{1}{r\cdot z-\frac{r}{K}\cdot z^2}=\frac{1}{z\cdot\left(r-\frac{r}{K}\cdot z\right)}=\frac{A}{z}+\frac{B}{r-\frac{r}{K}\cdot z}=\frac{A\cdot r+\left(B-\frac{r}{K}\cdot A\right)\cdot z}{z\left(r-\frac{r}{K}\cdot z\right)}$$

Also muß $Ar+\left(B-\frac{r}{K}A\right)z=1$ sein. Da aber $z=z(t)\neq \text{const}$ ist, die Gleichung jedoch für alle t erfüllt sein muß, folgt $Ar=1$, $B-\frac{r}{K}\cdot A=0$. Damit ist $A=\frac{1}{r}$, $B=\frac{1}{K}$ und wir erhalten:

$$\int_{N_0}^{N}\frac{dz}{z\left(r-\frac{r}{K}z\right)}=\frac{1}{r}\int_{N_0}^{N}\left(\frac{1}{z}+\frac{\frac{1}{K}}{1-\frac{1}{K}z}\right)dz=\frac{1}{r}\int_{N_0}^{N}\left(\frac{1}{z}+\frac{1}{K-z}\right)dz$$

$$=\frac{1}{r}\left[\ln\frac{N}{N_0}-\ln|K-z|\,\Big|_{N_0}^{N}\right]$$

$$=\frac{1}{r}\left[\ln\frac{N}{N_0}+\ln\left|\frac{K-N_0}{K-N}\right|\right]$$

Betrachten wir abschließend das Verhalten für $\dot N(t_0)=0$.
Wegen $\dot N\neq 0\ \forall\, t$ ist zunächst $N_0\neq K$, d.h. entweder
(i) $N_0<K$ oder (ii) $N_0>K$.

ad (i): Angenommen, es gibt $N_1 := N(t_1)$ mit $N_1>K$
$\Rightarrow \exists\, \bar t\in(t_0,t_1): N(\bar t) =: \bar N = K$
Dann aber ist $\dot N(\bar t)=0$
$\Rightarrow \nexists\, N_1>K$, falls $N_0<K$

ad (ii) analog.

Dieses Verhalten von $N(\cdot)$ konnten wir übrigens ganz einfach unserem Richtungsfeld entnehmen!

Damit ist $\frac{K-N_0}{K-N}$ immer positiv, und es ergibt sich

$$r(t-t_0)=\ln\left[\frac{N(t)}{N_0}\,\frac{K-N_0}{K-N(t)}\right]\quad\text{bzw.}$$

$$e^{r(t-t_0)}=\frac{N(t)}{N_0}\,\frac{K-N_0}{K-N(t)}$$

$$\Rightarrow N_0(K-N(t))\exp\left(r(t-t_0)\right)=N(t)\,(K-N_0)$$

Auflösen nach N(t) ergibt

$$\left[K-N_0+N_0e^{r(t-t_0)}\right]N(t)=N_0\,K\,e^{r(t-t_0)}\quad\text{bzw.}$$

$$N(t) = \frac{N_0 K e^{r(t-t_0)}}{K - N_0 + N_0 e^{r(t-t_0)}} = \frac{N_0 K}{N_0 + (K - N_0) e^{-r(t-t_0)}}$$

Betrachten wir nun das Verhalten der Population für wachsende Zeiten. Es ist $\lim_{t\to\infty} N(t) = N_0 \cdot \frac{K}{N_0}$. Besonders wichtig ist, daß dies unabhängig vom jeweiligen N_0 gilt. Ferner ist N(t) monoton steigend für $0 < N_0 < K$.

Aus dem Verhalten von

$$\frac{d^2N}{dt^2} = r\frac{dN}{dt} - 2\frac{r}{K}N\frac{dN}{dt} = \left(r - 2\frac{r}{K}N\right)N\left(r - \frac{r}{K}\right)N$$

entnehmen wir das Krümmungsverhalten von N(t): die Kurve zeigt Linkskrümmung für $N(\cdot) < \frac{K}{2}$ und Rechtskrümmung für $N(\cdot) > \frac{K}{2}$ (dies entspricht wachsender bzw. abnehmender Geschwindigkeit der Bevölkerungszunahme).

Aus $\frac{dN}{dt} = r \cdot N - \frac{r}{K} \cdot N^2 = 0$ folgt für $N \neq 0$: $r - \frac{r}{K} \cdot N = 0$ bzw. $r = \frac{r}{K} \cdot N$ oder $N = K$ für alle t. Auch diesmal bestätigt also das rechnerische Ergebnis die Aussagen, die wir dem Richtungsfeld entnehmen können.

c) Der Spezialfall $y' = f(x) \cdot g(y)$

Dieser Fall umfaßt auch die beiden vorherigen, die dennoch als wichtige Unterfälle eine eigenständige Behandlung verdienten. Auch die schon bei der Behandlung des Einführungsbeispiels verwendete Integrationsmethode wird hier verallgemeinert. Es gilt im einzelnen:

Sei f auf]a; b[stetig, g auf]c; d[stetig und $g(y) \neq 0$ für $y \in$ [c; d[. Ist $x_0 \in$ [a; b[und $y_0 \in$]c; d[, dann existiert eine ganz in]a; b[enthaltene Umgebung von x_0 und dort eine eindeutig bestimmte differenzierbare Funktion y: $x \to y(x)$ mit (*) $y'(x) = f(x) \cdot g(y)$ und $y(x_0) = y_0$.
Man bestimmt die Lösung durch Auflösen der Gleichung

$$G(y) = \int_{y_0}^{y} \frac{dz}{g(z)} = \int_{x_0}^{x} f(t)\,dt = F(x)$$

(Methode der „Separation der Variablen").

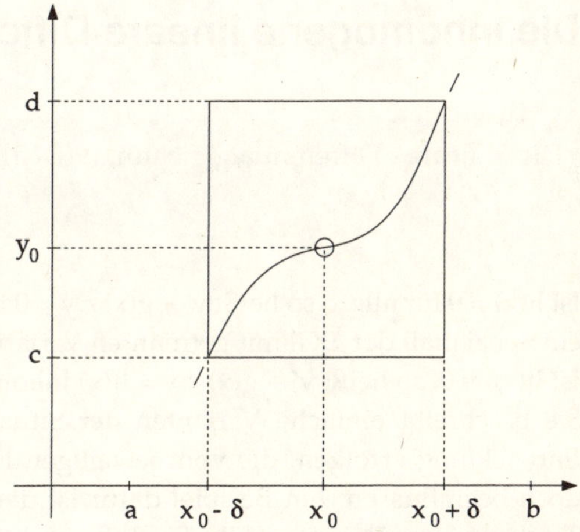

Abb. 472 Zur eindeutigen Lösbarkeit eines Anfangswertproblems (AWP) $[x_0 - \delta; x_0 + \delta]$ x [c; d]

Kurz: Das AWP (*) ist in $]x_0 - \delta; x_0 + \delta[$ x]c; d[eindeutig lösbar.

Diese Lösung läßt sich allerdings oft recht einfach auf größere Bereiche fortsetzen.
Was aber geschieht im Fall $g(y_0) = 0$?
(1) Eine Lösung (aber nicht unbedingt die einzige!) ist $y(x) = y_0$ für alle x.
(2) Existiert zusätzlich $\frac{dg}{dy}$ an der Stelle y_0, so ist $y = y_0$ die einzige Lösung.

Beispiel:

Gegeben sei die DGl $y' = \begin{cases} (-x) \cdot \sqrt{y} & \text{für } y \geq 0 \\ x \cdot \sqrt{-y} & \text{für } y < 0 \end{cases}$

Mit y(x) ist auch −y(x) Lösung. Wir betrachten zunächst nur die positive Lösung. Es gilt:

$\int \frac{dy}{\sqrt{y}} = \int (-x)\,dx + c$

Es folgt: $2 \cdot \sqrt{y} = 0{,}5 \cdot (c - x^2)$ in $]-\sqrt{c}; \sqrt{c}[$

oder: $y(x) = \frac{1}{16} \cdot (c - x^2)^2$ für $c > 0$.

Dies ist für $|x| \geq \sqrt{c}$ offensichtlich fortsetzbar durch $y = 0$.

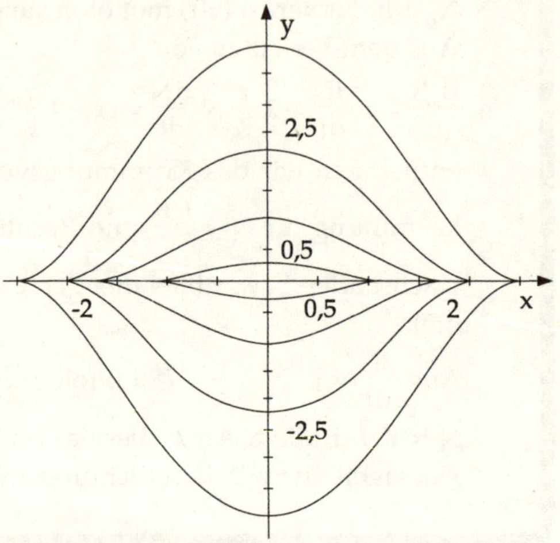

Abb. 473 Lösungen der Differentialgleichung
$y' = \begin{cases} (-x) \cdot \sqrt{y} & y \geq 0 \\ x \cdot \sqrt{-y} & y < 0 \end{cases}$

Die inhomogene lineare Differentialgleichung 1. Ordnung

Die lineare Differentialgleichung (DGl) 1. Ordnung hat die allgemeine Form
$y' + g(x) \cdot y = h(x)$

Ist $h(x) = 0$ für alle x, so heißt $y' + g(x) \cdot y = 0$ homogene lineare DGl 1. Ordnung. Sie ist dann ein Spezialfall der DGl mit getrennten Variablen.
Ist $h(x) \neq 0$, so heißt $y' + g(x) \cdot y = h(x)$ inhomogene lineare DGl 1. Ordnung.
Sie beschreibt einfache Varianten der Situation, daß von Zeit zu Zeit Eingriffe in eine Entwicklung erfolgen, die vom jeweiligen Entwicklungsstand unabhängig sind, ihn aber doch beeinflussen. Ein Beispiel dafür ist der Tag-Nacht-Rhythmus oder der Wechsel von Trockenzeit zu Regen und ihr Einfluß auf die Entwicklung von Tieren und Pflanzen.
h(x) kann aber auch als „Störfunktion" betrachtet werden. Sie beschreibt dann etwa solche Störungen, die sich in Experimenten einschleichen können, wenn bestimmte Anfangsbedingungen nicht exakt reproduziert werden (können). Ist eine solche Störung klein gegen den

prinzipiellen Ablauf, so wird das ideale Verhalten (repräsentiert durch die homogene Gleichung) praktisch nicht beeinflußt. Die Störung kann somit in erster Näherung vernachlässigt werden. Betrachten wir deshalb zunächst die homogene Gleichung. Aus $y' = -g(x) \cdot y$ folgt mit der Methode der Trennung der Variablen

$$\int \frac{dy}{y} = -\int g(x)dx \Rightarrow \ln|y(x)| = \exp\left(-\int_{x_0}^{x} g(t)\,dt\right)$$

$$\Rightarrow y(x) = c \cdot \exp\left(-\int_{x_0}^{x} g(t)\,dt\right) \text{ mit } c \in \mathbb{R} \text{ oder kurz}$$

$$y(x) = c \cdot \exp(-G(x)); \text{ mit } c \in \mathbb{R} \text{ und } G(x) = \int_{x_0}^{x} g(t)\,dt$$

Sämtliche Lösungen der inhomogenen Gleichung erhält man daraus, indem man sich eine konkrete Lösung y^* der inhomogenen Gleichung ausrechnet und dann die Summe $y^*(x) + z(x)$ bildet, wobei $z(x)$ alle Lösungen der homogenen Gleichung durchläuft. Es gilt nämlich:

Sind y_1 und y_2 zwei Lösungen der inhomogenen Gleichung,
so ist $z(x) = y_1(x) - y_2(x)$ eine Lösung der homogenen Gleichung.

Denn:

$y_1' + g(x) \cdot y_1 = h(x)$; $y_2' + g(x) \cdot y_2 = h(x)$, da y_1 und y_2 Lösungen der inhomogenen Gleichung sind. Dann gilt für die Differenz

$(y_1 - y_2)' = y_1' - y_2' = -g(x) \cdot y_1 + h(x) - (-g(x) \cdot y_2 + h(x)) = -g(x) \cdot (y_1 - y_2)$

oder $(y_1 - y_2) + g(x) \cdot (y_1 - y_2) = 0$, was zu beweisen war.

Wir suchen also nichts anderes als eine Funktion F, für die gelten soll $\frac{d}{dx} F(x) = h(x)$, wobei

$\frac{d}{dx} F(x) = y' + g(x) \cdot y$ ist.

Dies hat Ähnlichkeit mit der Ableitung eines Produkts. Deshalb betrachten wir das Produkt aus der Lösung der homogenen Gleichung und einer nur von x abhängigen Funktion. Dazu ersetzen wir die Konstante c in der allgemeinen Lösung der homogenen Gleichung durch eine Funktion von x und erhalten:

Ist $y(x) = x \cdot \exp(-G(x))$ die allgemeine Lösung der homogenen Gleichung, so ist

$$y^*(x) = e^{-G(x)} \cdot \left[k + \int_{x_0}^{x} h(t) \cdot e^{G(t)} dt\right] \text{ mit } k \in \mathbb{R} \text{ und } G(x) = \int_{x_0}^{x} g(t)\,dt$$

die allgemeine Lösung der inhomogenen Gleichung.

Man erhält also y^* aus y mit der sogenannten Methode der „Variation der Konstanten".

Einführungsbeispiel:

In einem Bassin am Rand eines Fischteiches, an dem geangelt werden soll, werden N_0 Fische ausgesetzt. Öffnet man nun die Schleuse zwischen Bassin und Teich, so werden die Fische aus dem engen und nahrungsarmen Bassin in den Teich strömen. Ihre Anzahl im Bassin, N_B, wird also gemäß

$$\frac{dN_B}{dt} = -k_1 N_B$$

abnehmen. Damit ergibt sich die „Bassinzahl" zu

$$N_B(t) = N_B(0)e^{-k_1 t} = N_0 e^{-k_1 t}$$

Pro Zeiteinheit schwimmen also

$$-\frac{dN_B}{dt} = N_0 k_1 e^{-k_1 t}$$

Fische in den Teich.

Dort aber lauern schon die Angler, deren Erfolg natürlich vom Fischreichtum des Gewässers abhängt. Die Gesamtänderung des Fischbestandes ergibt sich somit als Summe aus der pro Zeiteinheit in den Teich hinüberschwimmenden Fischzahl und dem, was proportional zum jeweiligen Fischbestand dort weggefangen wird, zu

$$\frac{dN_T}{dt} = -k_2 N_T + N_0 k_1 e^{-k_1 t}$$

N_T ist die „Teichfunktion" der Fischzahl.

In diesem Zusammenhang bezeichnet man k_1 als Invasionskonstante, k_2 als Eliminationskonstante. Natürlich ist dies eine inhomogene lineare DGl 1. Ordnung. Der Vergleich mit der allgemeinen Lösung liefert

$$g(x) = k_2 \,;\; h(x) = N_0 k_1 e^{-k_1 t}$$

Daraus ergibt sich die Lösung

$$N(t) = e^{-k_2 t}\left[K + \int_0^t N_0 k_1 e^{-k_1 x} e^{k_2 x} dx\right]$$

Im folgenden muß man zwei Fälle unterscheiden:

(i) $k_1 \neq k_2$, d.h. es werden nicht alle eindringenden Fische gleich abgefangen. Dann ist

$$N_T(t) = e^{-k_1 t}\left[K + \frac{N_0 k_1}{k_2 - k_1} e^{((k_2 - k_1)t)}\right]$$

$$= K \cdot e^{(-k_2 t)} + \frac{N_0 k_1}{k_2 - k_1} e^{(-k_1 t)}$$

Da die Fische nur aus dem Bassin in den Teich gelangen, ist $N_T(0) = 0$.

$$\Rightarrow N_T(0) = K + \frac{N_0 k_1}{k_2 - k_1} = 0$$

$$\Rightarrow \quad N_T(t) = \frac{N_0 k_1}{k_2 - k_1}\left[e^{(-k_1 t)} - e^{(-k_2 t)}\right]$$

(ii) $k_1 = k_2 =: k$. Dann ist:

$$N_T(t) = e^{(-kt)} \cdot [K + N_0 k \int_0^t dx]$$

$$= e^{(-kt)} \cdot [K + N_0 kt]$$

Aus $N_T(0) = 0$ folgt dann
K = 0 und schließlich
$N_T(t) = N_0 kt\, e^{-kt}$
In beiden Fällen ergibt sich der Verlauf von Abb. 474.

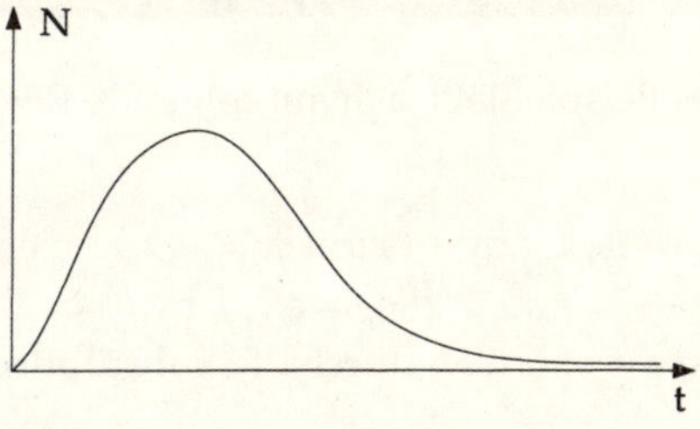

Abb. 474

Auf y' = f(x) · g(y) zurückführbare Fälle

Ihre große Bedeutung erhält die Differentialgleichung (DGl) mit getrennten Variablen $y' = f(x) \cdot g(y)$ auch dadurch, daß etliche andere Fälle durch Umformen auf sie zurückgeführt werden können. Von ihnen wollen wir zwei herausgreifen.

Einführungsbeispiel:

Professor Grübel hat einen neuen Schimmelpilz entdeckt, von dem er vermutet, daß er sich a) im Lauf der Zeit kontinuierlich vermehrt, b) um so stärker vermehrt, je mehr Schimmel bereits vorhanden ist. Er macht den – sicherlich stark vereinfachenden – Ansatz

$$\frac{dy}{dt} = \dot{y} = y_0 \cdot (t + y) \text{ mit } y_0 = y(t = 0)$$

Dabei ist t = 0 der Beginn der Beobachtung. Wird der Schimmel immer in Vielfachen der Ausgangsmenge gemessen, so kann er noch $y_0 = 1$ setzen und erhält das Anfangswertproblem AWP $\dot{y} = t + y$; $y(0) = 1$.

Zumindest theoretisch darf $t \in [-\infty; \infty[$ sein. Praktisch sind jedoch Zeiten $t < 0$ fragwürdig; außerdem ist die Zunahme schon durch die Größe des Nährbodens begrenzt. Mit der Substitution $z = t + y$ $(z_0 = t_0 + y_0)$ ergibt sich die DGl $\dot{z} = 1 + \dot{y} = 1 + t + y = 1 + z$ und daraus

$$\int_{z_0}^{z} \frac{du}{1+u} = \int_{t_0}^{t} dx \quad \text{für } z \neq 1, \text{ d.h. } y \neq t - 1$$

Dies ist bei Prof. Grübel wegen $t_0 = 0$; $y_0 = 1$ gewährleistet.

Es folgt $\log\left(\frac{1 + z(t)}{1 + z_0}\right) = t - t_0$ bzw. $1 + z(t) = (1 + z_0) \cdot e^{t-t_0}$

Damit erhält Prof. Grübel nach Rücksubstitution die Lösung
$y(t) = -(t+1) + (1 + t_0 + y_0) \cdot e^{t-t_0} = -(t+1) + 2 \cdot e^t$

Dieses Beispiel läßt sich auf folgende Regel verallgemeinern:

Ist $y' = f(ax + by + c)$ mit $y_0 = y(x_0)$, so erhält man die Lösung aus dem äquivalenten AWP
$z' = a + b \cdot f(z)\ ,\quad z(x_0) = ax_0 + by_0 + c$
Dieses erhält man durch die Substitution $z = ax + by + c$

Sei f auf $]\alpha; \beta[$ stetig. Dann ist $\alpha < ax + by + c < \beta$ äquivalent

zu $-\frac{a}{b} \cdot x + \frac{\alpha - c}{b} < y < -\frac{a}{b} \cdot x + \frac{\beta - c}{b}$ für $b > 0$

bzw. $-\frac{a}{b} \cdot x + \frac{\beta - c}{b} < y < -\frac{a}{b} \cdot x + \frac{\alpha - c}{b}$ für $b < 0$,

wie man durch Auflösen nach y feststellt. In jedem Fall ist deshalb die Lösung y(x) in einem Parallelstreifen der Ebene symmetrisch zur Geraden $y = -\frac{a}{b} \cdot x$ definiert (s. Abb. 475).

Auch der zweite wichtige Fall sei durch ein Beispiel eingeleitet.

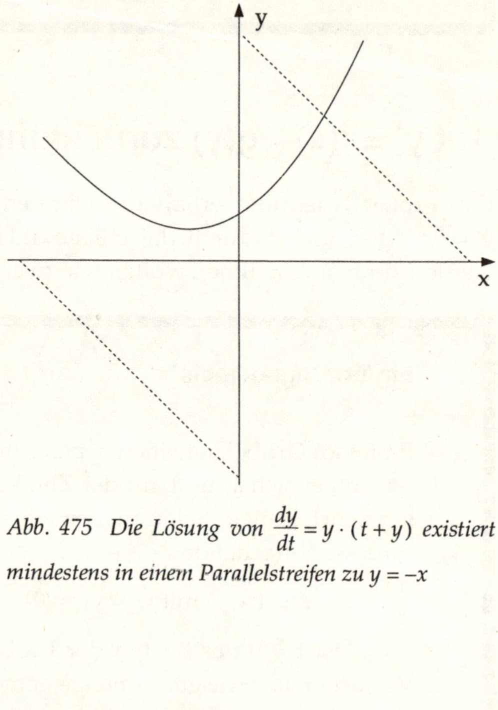

Abb. 475 Die Lösung von $\frac{dy}{dt} = y \cdot (t + y)$ existiert mindestens in einem Parallelstreifen zu $y = -x$

Beispiel:

Gegeben sei das AWP $y' = \frac{y}{x} - \frac{x^2}{y^2}$ mit $y(1) = 1$

Durch die Substitution $z(x) = \frac{y(x)}{x}$ wird es überführt in das äquivalente

AWP $z' = \frac{-1}{x \cdot z^2}$ mit $z(1) = 1$ wegen $y = z \cdot x \Rightarrow y' = z' \cdot x + 1 \cdot z = z - \frac{1}{z^2}$

Dieses wird gelöst durch Separation der Variablen mittels

$$\int_1^z u^2 du = -\int_1^x \frac{dt}{t} \Rightarrow \frac{z^3 - 1}{3} = -\ln(x) \quad \text{für } x > 0$$

$$\Rightarrow z(x) = \sqrt[3]{1 - 3 \cdot \ln(x)}$$

$$\Rightarrow y(x) = \sqrt[3]{1 - \ln^3(x)} \quad \text{für } x > 0$$

Dieses Beispiel führt auf folgende Regel:

> Die sogenannte homogene DGl $y' = f\left(\frac{y}{x}\right)$ läßt sich mit Hilfe der Substitution $z = \frac{y}{x}$ in die äquivalente DGl $z' = (f(z) - z) \cdot \frac{1}{x}$ umformen. Diese ist wieder eine DGl mit getrennten Variablen.

Ist f auf]a; b[stetig und gilt in diesem Intervall $f(z) - z \neq 0$, so ist sie eindeutig lösbar für jedes AWP. Damit existiert dort auch genau eine Lösung der ursprünglichen Differentialgleichung.
Der Lösungsausschnitt ist ein Winkelausschnitt der Ebene, denn

$$a < \frac{y}{x} < b \iff ax < y < bx \text{ für } x > 0$$
$$bx < y < ax \text{ für } x < 0$$

Damit sind die beiden Geraden $g_1(x) = ax$ und $g_2(x) = bx$ gerade die Schenkel eines Winkels, in dessen Fläche die Lösung verlaufen muß.

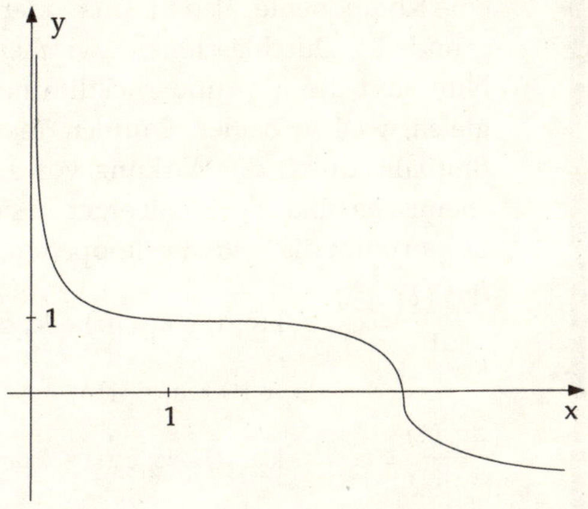

Abb. 476 Die Lösung des AWP $y' = \frac{y}{x} - \frac{x^2}{y^2}$ *mit* $y(1) = 1$ *existiert mindestens im 1. Quadranten* $(a = 0; b = \infty)$

Systeme von Differentialgleichungen

Schon bei der Betrachtung der Differentialgleichung (DGl) $y' = f(x; y)$ haben wir einen neuen Typ von Funktion kennengelernt: eine Funktion in **zwei** Variablen. Zwar war y selbst wieder eine Funktion in x, so daß letztlich die Ausdrücke auf eine einzige Variable zurückführbar sind – sobald man y(x) kennt!
Dies ist aber erst dann der Fall, wenn man die Differentialgleichung gelöst hat. Deshalb haben wir bei unseren Rechnungen x und y auch weitgehend unabhängig und gleichberechtigt behandelt.
Dadurch sind wir auf den nächsten Schritt gewissermaßen vorbereitet. Vielfach muß man nämlich in der Praxis zwei voneinander verschiedene Größen zusammen – d.h. in ihren Wechselbeziehungen – betrachten, um ein Gesamtbild zu erhalten. Mathematisch entspricht dem ein System von zwei zusammengehörenden Gleichungen für die beiden Größen. Hier speziell spricht man von zwei gekoppelten Differentialgleichungen.

Einführungsbeispiel:

Ein Pharmakon wird intravenös injiziert. Dadurch entsteht an der Injektionsstelle ein Depot mit der Konzentration c_D, das sich gemäß $\dot{c}_D = -k_1 \cdot c_D$ abbaut, also im Körper verteilt. Dieses Mittel soll nun plasma- und liquorgängig sein, d.h. sowohl in die Blutbahn wie in die das Hirn und Zentralnervensystem umgebende Flüssigkeit übernommen werden können. Deshalb darf nicht nur eine Komponente, also Plasma- oder Liquorraum betrachtet werden, da aufgrund der Durchlässigkeit zwischen beiden eine Wechselwirkung besteht. Nun sind die hin- und rückdiffundierenden Mengen schon deshalb nicht gleich, weil in beiden Räumen Teile des Mittels abgebaut werden: in der Blutbahn durch die Wirkung von Leber und Niere, im Liquorraum durch chemische Bindung. Somit ergeben sich für die Konzentration im Plasma- und Liquorraum die beiden gekoppelten DGln 1. Ordnung

$$\frac{d\,c_P(t)}{dt} = \dot{c}_1 = -k_1c_1(t) - k_{12}c_1(t) + k_{21}c_2(t)$$

$$= a_{11}c_1(t) + a_{12}c_2(t)$$

$$\frac{dc_L(t)}{dt} = \dot{c}_2 = -k_2c_2(t) - k_{21}c_2(t) + k_{12}c_1(t)$$

$$= a_{21}c_1(t) + a_{22}c_2(t)$$

Dabei sind k_1, k_2 die jeweiligen Eliminationskonstanten, k_{12} und k_{21} die entsprechenden Diffusionskonstanten; ferner sind $a_{11} = -(k_1 + k_{12})$, $a_{12} = k_{21}$, $a_{21} = k_{12}$ und $a_{22} = -(k_2 + k_{21})$. Als sinnvolle Ausgangswerte empfehlen sich $c_1(0) = c_0$, $c_2(0) = 0$, d.h. zum Zeitpunkt der Injektion befindet sich das gesamte Pharmakon in der Vene.

Mit solchen Systemen von DGln wollen wir uns im folgenden näher beschäftigen. Wir definieren:

Ein System von zwei DGln 1. Ordnung ist ein System der Gestalt
(S) $y_1' = f_1(x, y_1, y_2) \qquad y_2' = f_2(x, y_1, y_2)$
Die Funktionen $y_1(x)$ und $y_2(x)$ bilden eine Lösung des Systems, wenn beide differenzierbar sind und die Gleichungen des Systems (S) erfüllen. Erfüllen die Funktionen y_1 und y_2 zusätzlich die Bedingungen $y_1(x_0) = y_{10}$ und $y_2(x_0) = y_{20}$, so bezeichnet man sie als Lösungen des zugehörigen Anfangswertproblems.

Ein wichtiger Spezialfall ist der einer **DGl 2. Ordnung**. Wir setzen $y_1 = y$, $y_2 = y'$ und erhalten das äquivalente

AWP $y_2' = f(x, y, y')$ mit $y(x_0) = y_{10}$, $y'(x_0) = y_{20}$

Selbstverständlich läßt sich dies auf beliebige $n \in \mathbb{N}$ erweitern. Die jeweiligen Rechnungen gestalten sich dann zwar nicht prinzipiell schwieriger, nehmen aber erheblich an Umfang zu. Wir beschränken uns wieder auf den linearen Fall. Hier gilt:

Die homogene DGl $y''(x) + a_1(x) \cdot y'(x) + a_0(x) \cdot y(x) = 0$ hat genau zwei linear unabhängige Lösungen y_1 und y_2, wenn a_1 und a_0 auf]a; b[stetig sind.

Dabei heißen die Funktionen y_1 und y_2 linear unabhängig auf]a;b[genau dann, wenn es Konstanten c_1 und c_2 gibt, die nicht beide Null sind, für die aber mit jedem $x \in$]a; b[gilt: $c_1y_1(x) + c_2y_2(x) = 0$.
Dabei ist das betrachtete Intervall durchaus wichtig.

Beispiel:
Sei $y(x) = x^3$; $y_2(x) = |x^3|$.
Auf]0; ∞[sind diese Funktionen linear abhängig, denn dort gilt für jedes x: $y_1(x) - y_2(x) = x^3 - x^3 = 0$. Dagegen sind sie auf]–∞; ∞[linear unabhängig. Denn durch Einsetzen von $x = 1$ erhält man $c_1 + c_2 = 0$; durch Einsetzen von $x = -1$ dagegen $c_1 - c_2 = 0$. Dies gilt aber nur für $c_1 = c_2 = 0$.
Mit y_1 und y_2 ist dann übrigens auch jede Linearkombination $k_1y_1(x) + k_2y_2(x)$ Lösung der DGl $y'' + a_1y' + a_0y = 0$.
Gilt außerdem $y_1(x) \cdot y_2'(x) - y_1'(x) \cdot y_2(x) \neq 0$ für alle $x \in$]a ;b[, so bezeichnet man $y(x) = k_1y_1(x) + k_2y_2(x)$ als die „allgemeine Lösung" der DGl.
Diese findet man besonders einfach im Fall konstanter Koeffizienten $a_1(x) = p$ und $a_0(x) = q$.
Dann gilt nämlich:
Für die DGl $y'' + py' + qy = 0$ bilden eine allgemeine Lösung

(1) im Fall $p^2 - 4q > 0$ die Funktionen $y_1(x) = e^{r_1x}$; $y_2(x) = e^{r_2x}$

(2) im Fall $p^2 - 4q = 0$ die Funktionen $y_1(x) = e^{r \cdot x}$; $y_2(x) = x \cdot e^{r \cdot x}$

(3) im Fall $p^2 - 4q < 0$ die Funktionen $y_1(x) = e^{-\frac{p}{2}x} \cdot \sin\left(\frac{1}{2}\sqrt{4q - p^2} \cdot x\right)$

$$y_2(x) = e^{-\frac{p}{2}x} \cdot \cos\left(\frac{1}{2}\sqrt{4q - p^2} \cdot x\right)$$

Begründung:
Es kommen nur Funktionen in Frage, die von ihrer 1. und 2. Ableitung linear unabhängig sind. Von der DGl 1. Ordnung her wissen wir, daß dies bei der Exponentialfunktion der Fall ist. Mit dem Ansatz $y(x) = e^{rx}$ erhalten wir
$y'(x) = r \cdot e^{rx}$; $y''(x) = r^2 \cdot e^{rx}$. Einsetzen ergibt $y'' + py' + qy = e^{rx} \cdot (r^2 + pr + q) = 0$.
Weil die Exponentialfunktion nie Null wird, führt dies auf die quadratische Gleichung $r^2 + pr + q = 0$ mit den Lösungen $r_{1,2} = -\frac{p}{2} \pm \sqrt{\left(\frac{p}{2}\right)^2 - q}$

Im Fall (1) ist $r_1 \neq r_2$. Deshalb ist $y_1y_2' - y_1'y_2 \neq 0$, und die Funktionen sind linear unabhängig. Im Fall (2) gibt es nur eine Wurzel. Man prüft aber leicht nach, daß die zweite angegebene Lösung von der ersten linear unabhängig ist. Vergleichen Sie dazu auch Aufgabe 14, die den allgemeineren Fall behandelt.
Im Fall (3) gibt es keine Lösung der quadratischen Gleichung und deshalb auch keine reelle Lösung der Form e^{rx}. Durch Einsetzen prüft man die lineare Unabhängigkeit der angegebenen Lösungen jedoch sofort nach.

Beispiel:

Die sogenannte Schwingungsgleichung $\ddot{y} - \frac{D}{m} y = 0$ ist eine solche lineare DGl 2. Ordnung mit $p = 0, q = -\frac{D}{m}$ und repräsentiert den Fall (3). Aus der Analysis wissen wir, daß sich sin(x) und cos(x) bei zweimaligem Differenzieren bis auf das Vorzeichen reproduzieren. Schon mit diesen Kenntnissen erhalten wir als Lösungen

$$y_1(x) = \sin\left(\sqrt{\frac{D}{m}} \cdot x\right); \; y_2(x) = \cos\left(\sqrt{\frac{D}{m}} \cdot x\right)$$

in Übereinstimmung mit der allgemeinen Aussage zu (3).
Zu ganz ähnlichen Aussagen kommt man im Fall eines homogenen linearen Systems 1. Ordnung. Nur erhält man jetzt hier keine einzelnen Lösungsfunktionen, sondern – analog – zwei Paare von Lösungsfunktionen (oder einen „Lösungsvektor").
Im Fall der konstanten Koeffizienten liegt wieder ein Ansatz mit Exponentialfunktionen nahe. Deshalb machen wir den allgemeinen Ansatz:
$y_1(x) = K_1e^{\lambda x}$, $y_2(x) = K_2e^{\lambda x}$, wobei K_1 und K_2 allerdings komplexe Zahlen sein können.
Wir erhalten

$$K_1\lambda \cdot e^{\lambda x} = \frac{dy_1}{dx} = a_{11}y_1(x) + a_{12}y_2(x) = e^{\lambda x}(k_1a_{11} + K_2a_{12})$$

$$K_2\lambda \cdot e^{\lambda x} = \frac{dy_2}{dx} = a_{21}y_1(x) + a_{22}y_2(x) = e^{\lambda x}(K_1a_{21} + K_2a_{22})$$

oder
$(a_{11} - \lambda) \cdot K_1 + a_{12}K_2 = 0 ; a_{21}K_1 + (a_{22} - \lambda) \cdot k_2 = 0$
Von der Lösung linearer Gleichungssysteme her wissen wir, daß es solche K_1 und K_2 mit $K_1^2 + K_2^2 \neq 0$ nur dann gibt, wenn $p(\lambda) = (a_{11} - \lambda) \cdot (a_{22} - \lambda) - a_{12}a_{21} = 0$ ist.
$p(\lambda)$ heißt charakteristisches Polynom, seine Nullstellen charakteristische Exponenten oder Eigenwerte des Systems von DGln. Da für unser System Grad $(p(\lambda)) = 2$ ist, folgt aus dem Fundamentalsatz der Algebra, daß es genau 2 Nullstellen λ_1 und λ_2 gibt, die allerdings möglicherweise komplexwertig sind. Die zu ihnen gehörenden Lösungspaare sind linear unabhängig, und wir erhalten die allgemeine Lösung
$y_1(x) = c_1K_1e^{\lambda_1 x} + c_2\overline{K}_1e^{\lambda_2 x}$ und $y_2(x) = c_1K_2e^{\lambda_1 x} + c_2\overline{K}_2e^{\lambda_2 x}$
mit den Lösungspaaren $(y_{11}; y_{12})$ zu λ_1 und $(y_{21}; y_{22})$ zu λ_2.

Lösung des Einführungsbeispiels:

Wir bestimmen zunächst die charakteristische Gleichung des Systems. Sie lautet:

$\lambda^2 - (a_{11} + a_{22})\lambda + (a_{11}a_{22} - a_{12}a_{21}) = 0$ und führt auf die Eigenwerte

$$\lambda_{1/2} = \frac{a_{11} + a_{22}}{2} \pm \frac{1}{2}\sqrt{(a_{11} + a_{22})^2 - 4(a_{11}a_{22} - a_{21}a_{12})}$$

$$= \frac{a_{11} + a_{22}}{2} \pm \frac{1}{2}\sqrt{(a_{11} - a_{22})^2 + 4a_{12}a_{21}}$$

Da a_{12} und a_{21} Diffusionskoeffizienten darstellen, sind sie immer ≥ 0, d.h. der Wurzelausdruck ist positiv. Wir haben also den Fall zweier reeller verschiedener Eigenwerte und erhalten als allgemeine Lösung:

$c_1 = A_{11}e^{\lambda_1 t} + A_{12}e^{\lambda_2 t}$

$c_2 = A_{21}e^{\lambda_1 t} + A_{22}e^{\lambda_2 t}$

wobei $A_{11}, A_{12}, A_{21}, A_{22}$ noch zu bestimmen sind.

Da nun unsere Funktionen c_1, c_2 (B) erfüllen müssen, können wir sie in die erste der beiden Gleichungen von (B) einsetzen und erhalten:

$\lambda_1 A_{11}e^{\lambda_1 t} + \lambda_2 A_{12}e^{\lambda_2 t} - a_{11}A_{11}e^{\lambda_1 t} - a_{11}A_{12}e^{\lambda_2 t} - a_{12}A_{21}e^{\lambda_1 t} - a_{12}A_{22}e^{\lambda_2 t} = 0$

$\Leftrightarrow (\lambda_1 A_{11} - a_{11}A_{11} - a_{12}A_{21}) + (\lambda_2 A_{12} - a_{11}A_{12} - a_{12}A_{22})\, e^{(\lambda_2 - \lambda_1)t} = 0$

Dies ist für alle t nur dann erfüllt, wenn beide Klammerausdrücke verschwinden, d.h. wenn gilt:

$\lambda_1 A_{11} - a_{11}A_{11} - a_{12}A_{21} = 0$ und $\lambda_2 A_{12} - a_{11}A_{12} - a_{12}A_{22} = 0$

$$\Rightarrow A_{21} = \frac{\lambda_1 - a_{11}}{a_{12}}A_{11} \quad A_{22} = \frac{\lambda_2 - a_{11}}{a_{12}}A_{12}$$

$$\Rightarrow c_1 = A_{11}e^{\lambda_1 t} + A_{12}e^{\lambda_2 t};\; c_2 = \frac{\lambda_1 - a_{11}}{a_{12}}A_{11}e^{\lambda_1 t} + \frac{\lambda_2 - a_{11}}{a_{12}}A_{12}e^{\lambda_2 t}$$

Zur vollständigen Bestimmung reicht es also aus, A_{11} und A_{12} zu kennen. Nun können wir noch unsere Anfangsbedingungen ausnutzen:

$c_1(0) = c_0$, $c_2(0) = 0$, und erhalten:

$$c_0 = A_{11} + A_{12} \quad 0 = \frac{\lambda_1 - a_{11}}{a_{12}}A_{11} + \frac{\lambda_2 - a_{11}}{a_{12}}A_{12}$$

$$\Rightarrow A_{12} = \frac{a_{11} - \lambda_1}{\lambda_2 - \lambda_1}c_0 \quad A_{11} = \frac{\lambda_2 - a_{11}}{\lambda_2 - \lambda_1}c_0$$

$$\Rightarrow c_1 = \frac{c_0}{\lambda_2 - \lambda_1}\left[(\lambda_2 - a_{11}) \cdot e^{(\lambda_1 t)} + (a_{11} - \lambda_1) \cdot e^{(\lambda_2 t)}\right]$$

$$c_2 = \frac{c_0}{\lambda_2 - \lambda_1}\,\frac{(\lambda_2 - a_{11})(\lambda_1 - a_{11})}{a_{12}}\left[e^{(\lambda_1 t)} - e^{(\lambda_2 t)}\right]$$

Die Phasenebene als Darstellungsmittel

Im letzten Abschnitt haben wir festgestellt, daß es meist sehr viel schwieriger ist, ein System von 2 Differentialgleichungen (DGln) oder eine DGl 2. Ordnung zu lösen als eine DGl 1. Ordnung. Um so mehr sind wir an Hilfsmitteln interessiert, die zumindest qualitative Aussagen über das Verhalten von Lösungen zulassen. Für eine DGl 1. Ordnung war das Richtungsfeld ein solches adäquates Hilfsmittel. Erweitern wir diese Idee analog zur Aufgabenstellung $\frac{dy_1}{dx} = f_1(x, y_1, y_2)$ $\frac{dy_2}{dx} = f_2(x, y_1, y_2)$ so entstünde eine dreidimensionale Darstellung im $(x; y_1; y_2)$-Raum. Diese ist jedoch äußerst kompliziert zu zeichnen und dabei noch recht unübersichtlich. Somit verbleibt als einzige Alternative die $(y_1; y_2)$-Ebene oder die $(y; y')$-Ebene für eine DGl 2. Ordnung mit $y_1 = y; y_2 = \frac{dy}{dx}$.

Einführungsbeispiel:

Die Kraftgleichung der Feder $m \cdot \ddot{x} - D \cdot x = 0$ wird durch

$x(t) = c_1 \cdot \sin\left(\sqrt{\frac{D}{m}} \cdot (t + c_2)\right)$ gelöst.

Für $t = t_0$ durchlaufen alle Lösungen den Punkt $x(t_0)$ mit

$c_2 = \left(\arcsin \frac{x(t_0)}{c_1}\right) \cdot \sqrt{\frac{m}{D}} - t_0$ für $c_1 \neq 0$.

Speziell haben wir im Ursprung alle Lösungen mit c_1 beliebig,

$c_2 = n \cdot \pi \cdot \sqrt{\frac{m}{D}}$ für $n \in \mathbb{N}_0$, insbesondere $x(t) \equiv 0$.

Im Richtungsfeld ist nichts mehr ablesbar, da nicht nur zeitlich verschobene Lösungen aufeinanderliegen, sondern noch nicht einmal überall eine eindeutige Richtung darstellbar ist: Für verschiedene c_1 ergibt sich eine verschiedene Steigung. Unser Bild deutet zwei solche Lösungen an:

$x_1(t) = c_1 \cdot \sin \sqrt{\frac{D}{m}} \cdot t$; $x_2(t) = c_2 \cdot \sin \sqrt{\frac{D}{m}} \cdot t$

mit $c_1 \neq c_2$.

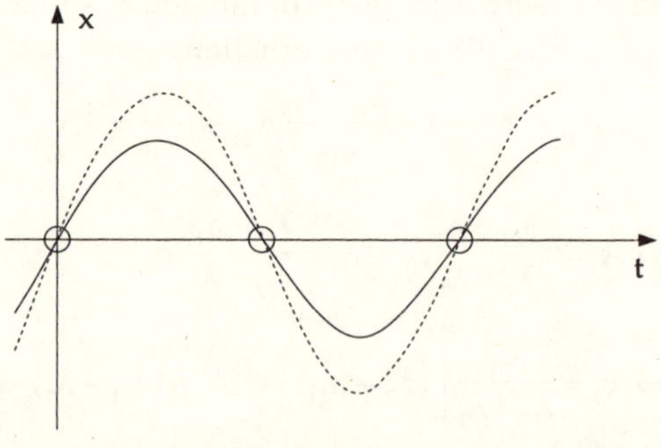

Abb. 477 Nicht-Eindeutigkeit des Richtungsfeldes für $x_1(t) = c_1 \sin \sqrt{\frac{D}{m}} \cdot t$ und $x_2(t) = c_2 \sin \sqrt{\frac{D}{m}} \cdot t$ $(c_1 \neq c_2)$

Sie befinden sich beide im Ursprung für t = 0, aber haben dort (und auch noch an anderen Stellen) verschiede Steigungen:

$$\dot{x}_1(0) = c_1\sqrt{\frac{D}{m}} \cdot \cos\sqrt{\frac{D}{m}} \cdot 0 = c_1\sqrt{\frac{D}{m}}\,;$$

$$\dot{x}_2(0) = c_2\sqrt{\frac{D}{m}} \cdot \cos\sqrt{\frac{D}{m}} \cdot 0 = c_2\sqrt{\frac{D}{m}}$$

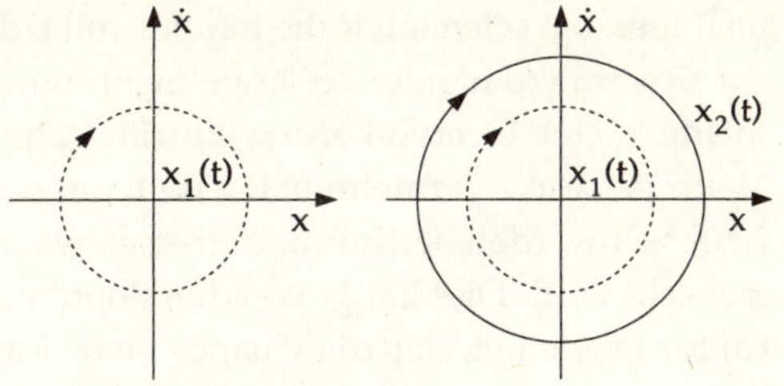

Abb. 478 Trennung der beiden Lösungen $x_1(t)$, $x_2(t)$ durch Darstellung in der Phasenebene

Hier dagegen das Bild der beiden Lösungen in der Phasenebene (s. Abb. 478):
Die Pfeile kennzeichnen das Verhalten mit fortschreitender Zeit, das in unserem Fall einem Umlaufsinn entspricht. Die Kreise sind die Projektion des eigentlichen Verlaufs, der eine Rechtsschraube ergibt. Sie entsteht durch einen „Blick in Richtung der t-Achse".
Die $(x; \dot{x})$-Ebene schafft es also nicht, nach Phasenverschiebungen um geradzahlige Vielfache von π zu differenzieren. Dies ist jedoch nicht so gravierend, wenn man bedenkt, daß das prinzipielle Aussehen der Lösungen hiervon nicht abhängt. Die Differenzierung nach der Geschwindigkeit dagegen gelingt betragsmäßig immer, ebenso die Trennung von Bewegungen mit verschiedener Amplitude. Damit werden die wesentlichen Kriterien aller Abläufe reproduziert, bei denen der Startpunkt unwesentlich ist.
Dies gilt bei allen periodischen, aber auch etlichen sonstigen Fällen speziell in den Naturwissenschaften. Deshalb wollen wir die Situation, daß die Zeit t für das Verhalten der DGl nicht signifikant ist, weiterverfolgen. Dann reduziert sich das ursprüngliche DGl-System auf

$$\frac{dy_1}{dx} = f_1(y_1; y_2) \quad \frac{dy_2}{dx} = f_2(y_1; y_2) \qquad [A]$$

[A] bezeichnet man als **autonomes System**.

Autonome Systeme werden durch die Phasenebene komplett beschrieben. Die Kurven dort nennt man **Trajektorien**.

Das Räuber-Beute-Modell

Ein schon klassisches Beispiel für das Zusammenleben zweier Arten, aber auch ein autonomes System von Differentialgleichungen (DGln) ist das Räuber-Beute-Modell.
Die Untersuchungen wurden durch den italienischen Biologen *d'Ancona* angeregt, der auf ein überproportionales Ansteigen von Raubfischen im Mittelmeer während des 1. Weltkrieges gestoßen war. Das daraufhin von dem Mathematiker *Volterra* entwickelte Modell behandelt allgemein die Beziehung zwischen Räuber und Beute in dem Fall, daß nur zwei Populationen existieren und miteinander in Beziehung stehen.

Im folgenden seien mit R die Räuber, mit B die Beutetiere bezeichnet. Die Beutetiere bekämpfen sich untereinander so lange nicht, wie sie genügend Raum und Nahrung haben, also solange keine Übervölkerung eintritt. Wären sie also allein, so würden sie sich gemäß dem Malthus-Gesetz vermehren: $\dot{B} = \alpha \cdot B$ mit $\alpha > 0$. Ihre Abnahme ist im wesentlichen durch das Gefressenwerden bestimmt. Gefressen wird ein Beutetier dann, wenn es von einem Raubtier erwischt wird. Dies hängt von den Populationsdichten von R und B ab, und wird mit einem Faktor gewichtet, der die Chance eines Räubers beschreibt, auf seiner Jagd auch wirklich Beute zu machen. Damit erhalten wir:

$\dot{B} = \alpha \cdot B - \beta \cdot B \cdot R$

Die Räuber nehmen ohne Nahrung proportional zu ihrer Kopfstärke ab: $\dot{R} = -\gamma \cdot R$. Vermehren können sie sich nur, wenn sie Beute machen. Damit hängt ihr Wachstum von ihrer Zahl, der Zahl der Beutetiere und einem Faktor ab, der angibt, wie gut sie Beute in Nachwuchs umsetzen können. Dies führt auf:

$\dot{R} = -\gamma \cdot R + \delta \cdot R \cdot B$

Insgesamt erhalten wir das lineare autonome System

$$\begin{aligned} \dot{B} &= \alpha \cdot B - \beta \cdot B \cdot R \\ \dot{R} &= -\gamma \cdot R + \delta \cdot B \cdot R \end{aligned}$$

Leider ist es in der Regel nicht möglich, B(t) und R(t) explizit zu berechnen. Deshalb wollen wir ein Phasenportrait konstruieren. Dabei stellen wir zunächst fest, daß das System zwei Gleichgewichtslösungen hat. Der erste Fall ist uninteressant: $B(t) \equiv 0$ und $R(t) \equiv 0$, d.h. es gibt überhaupt keine Tiere. Die zweite Gleichgewichtssituation erhält man folgendermaßen:
Sei $\dot{B} = 0$, d.h. es gibt keine Veränderung der Beutepopulation. Dann ist $B(t) = B_0$ für alle t und $\alpha \cdot B - \beta \cdot R \cdot B = 0$, also $R = \frac{\alpha}{\beta} = \text{const}$. Dann aber ist auch $\dot{R} = 0$, $R(t) = R_0$ für alle t und damit

$B = \frac{\gamma}{\delta}$

Also ist die Gleichgewichtslösung: $B_0 = \frac{\gamma}{\delta}$; $R_0 = \frac{\alpha}{\beta}$

Ohne die Interaktion erhalten wir die speziellen Lösungen
$B(t) = B_0 \cdot e^{\alpha t}$, $R(t) \equiv 0$ und $R(t) = R_0 \cdot e^{-\lambda t}$, $B(t) \equiv 0$, wobei der erste Fall eine sich explosionsartig vermehrende Population, der zweite eine zum Aussterben verurteilte Rasse beschreibt. In der Phasenebene sind das gerade die beiden positiven Halbachsen des Koordinationssystems. Überhaupt können wir uns auf den ersten Quadranten beschränken, da Populationszahlen stets positiv sind.

Die Steigung der Trajektorien (= Kurven in der Phasenebene) berechnet man über $\frac{dR}{dB}$.

Die Orientierung (der Umlaufsinn) geht dabei allerdings verloren, da

$$\frac{dR}{dt} = \frac{-dR}{d(-t)}, \; \frac{dB}{dt} = \frac{-dB}{d(-t)}, \quad \text{aber} \quad \frac{dR}{dt} : \frac{dB}{dt} = \frac{dR}{d(-t)} : \frac{dB}{d(-t)} = \frac{dR}{dB}$$

Deshalb müssen wir die Umlaufrichtung anderweitig bestimmen. Zunächst aber ist:

$$\frac{dR}{dB} = \frac{-\gamma \cdot R + \delta \cdot R \cdot B}{\alpha \cdot B - \beta \cdot R \cdot B} = \frac{R \cdot (-\gamma + \delta \cdot B)}{B \cdot (\alpha - \beta \cdot R)}$$

Diese Gleichung ist separabel:

$$\frac{\alpha - \beta \cdot R}{R} \cdot dR = \frac{-\gamma + \delta \cdot B}{B} \cdot dB$$

$$\Rightarrow \alpha \cdot \ln(R) - \beta \cdot R = \delta \cdot B - \lambda \cdot \ln(B) + k$$

$$\Rightarrow \frac{R^\alpha}{e^{\beta R}} \cdot \frac{B^\gamma}{e^{\delta B}} = e^k = K$$

Betrachten wir zunächst das Verhalten der einzelnen Teile dieser Gleichung. Dazu definieren wir:

$$f(R) = \frac{R^\alpha}{e^{\beta R}} \text{ und } g(B) = \frac{B^\gamma}{e^{\delta B}} \text{ für } R \geq 0 \text{ und } B \geq 0$$

Es ist nun $f(0) = 0$, $\lim\limits_{R\to\infty} f(R) = \infty$ und $f(R) > 0$ für $R \in\ ]0; \infty[$.

Ferner ist:

$$\frac{df(R)}{dR} = \frac{\alpha \cdot R^{\alpha-1} - \beta \cdot R^\alpha}{e^{\beta R}} = \frac{R^{\alpha-1}(\alpha - \beta \cdot R)}{e^{\beta R}} = 0 \text{ nur für } R = \frac{\alpha}{\beta}$$

D.h., f hat an dieser Stelle sein Maximum $M_R = \left(\frac{\alpha}{\beta}\right)^\alpha : e^\alpha = f\left(\frac{\alpha}{\beta}\right)$

Analog hat g sein Maximum bei $B = \frac{\gamma}{\delta}$: $M_B = \left(\frac{\gamma}{\delta}\right)^\gamma : e^\gamma = f\left(\frac{\gamma}{\delta}\right)$

Also gibt es keine Lösung für $K > M_R \cdot M_B$. Ferner ist die Gleichgewichtslage ein isolierter Punkt in der Phasenebene. Denn nur dort ist $K = M_R \cdot M_B$. Alle übrigen Trajektorien sind geschlossene Kurven, in deren Innern dieser Punkt liegt. Um den Umlaufsinn zu erhalten, unterteilen wir schließlich den ersten Quadranten in vier Sektoren mit Hilfe der beiden Geraden

$\dot{B} = 0, R = \frac{\alpha}{\beta}$ und $\dot{R} = 0, B = \frac{\gamma}{\delta}$

Dort berechnet man die zeitlichen Änderungen von R und B und erhält schließlich nebenstehendes Phasenportrait:

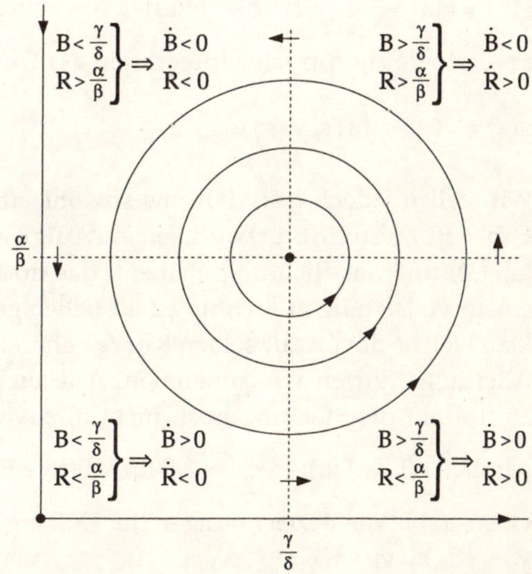

Abb. 479 Phasenportrait des Räuber-Beute-Modells

Auf unsere Populationen übersetzt bedeutet dies, daß sich unter bestimmten Bedingungen Räuber *und* Beute vermehren können. Dies geht so lange, bis quasi die Räuber ihre Beute mindestens so schnell fressen und damit dezimieren, wie diese sich vermehren können. Dennoch nehmen auch dann noch die Räuber zu – bis sie ihre Beute so weit dezimiert haben, daß sie Versorgungsschwierigkeiten bekommen, ihr Augenmerk mehr auf die Jagd als auf die Reproduktion richten müssen und dennoch teilweise verhungern. Dies entlastet die Beutetiere, die sich nun wieder vermehren. Die Räuber aber haben noch so lange weniger Nachwuchs, als Tiere wegsterben, bis sie aufgrund der hohen Bevölkerungsdichte unter den Beutetieren wieder problemlos zu ihrer Mahlzeit kommen.

Zur numerischen Behandlung von Differentialgleichungen

Mit zunehmender Ordnung der Differentialgleichungen (DGln) lassen sich diese immer schwerer direkt lösen. Sogar im Fall einer einzigen Gleichung 1. Ordnung ist das Richtungsfeld (siehe S. 478) ein wertvolles Hilfsmittel, um die Form der Lösungskurve zu bestimmen. Für Gleichungen 2. Ordnung bzw. ein System von zwei gekoppelten DGln ließ sich in der Phasenebene (siehe S. 496) wenigstens das Verhalten der Trajektorien darstellen. Bei komplexeren Fällen versagen in der Regel die graphischen Hilfsmittel überhaupt. So erscheint es nur logisch, nach Näherungslösungen zu suchen, die mit Hilfe von Rechnern bestimmbar sind. Dazu bieten sich die Methoden der numerischen Integration an. Die einfachste Methode dort (siehe S. 470 ff.) war die Trapezregel:

$$J_T = F(b) - F(a) = \frac{b-a}{2} \cdot [f(a) + f(b)] = \frac{b-a}{2} \cdot [F'(b) + F'(a)]$$

Dies führt auf

$$F(b) = F(a) + \frac{b-a}{2} \cdot [F'(b) + F'(a)]$$

in Analogie zur formalen Integration der DGl

$$y(x) = y(x_0) + \int_{x_0}^{x} f(s, y(s))ds$$

Wir stellen jedoch fest, daß uns sowohl F(b) – also ein Teil des Integralwerts – als auch $F'(b) = f(b)$, also ein Stützwert, fehlen. Aufgrund des AWP kennen wir nämlich nur den Punkt $(a|F(a))$ und das Richtungselement, das dort durch $F'(a) = f(a)$ gegeben ist. Zwar sind bei einem vollständigen Richtungsfeld beliebige Werte auffindbar; es ist jedoch nicht a priori klar, welche davon zur selben Kurve gehören.

Allerdings dürfen wir annehmen, daß auch in einer gewissen Entfernung von unserem Startpunkt die Steigung noch nicht allzuviel anders geworden ist. Für $F'(b) \approx F'(a)$ wird nämlich $F(b) \approx F(a) + \frac{b-a}{2} \cdot 2\,F'(a) = F(a) + F'(a) \cdot [b - a]$

Übersetzt in die Bezeichnungen der DGl ergibt das:

$y_1 = y(x_1) = y_0 + f(x_0;y_0) \cdot \Delta x$

$y_2 = y(x_2) = y_1 + f(x_1;y_1) \cdot \Delta x$ usw. mit $\Delta x = x_{n+1} - x_n$

Graphisch erhalten wir auf diese Weise ein Polygon, das die Lösung des AWP angenähert repräsentiert. Es ist klar, daß die Qualität der Näherungslösung massiv von der gewählten Schrittweite abhängt: Eine kleinere Schrittweite erbringt bessere Resultate.

Über die immer wieder gleichen notwendigen Berechnungen verschafft man sich am besten mit Hilfe eines Flußdiagramms einen Überblick. Die Bedeutung der Symbole ist hier exemplarisch glossiert.

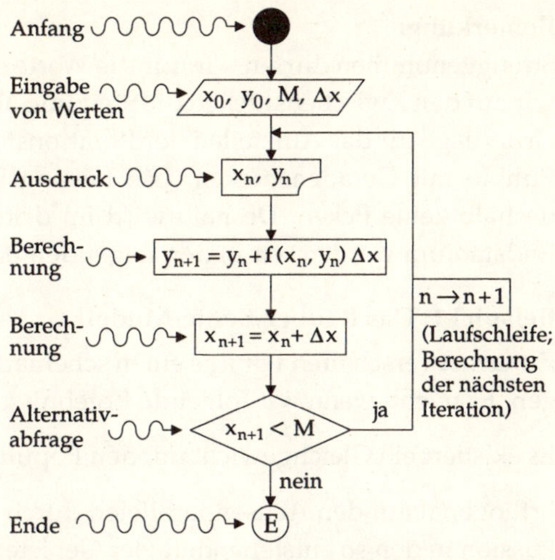

Abb. 480 Iteration mit dem Polygonzugverfahren, allgemein dargestellt, mit Erläuterung der Symbole

Einführungsbeispiel:

Anhand des logistischen Wachstumsmodells (siehe S. 480) konnten wir zeigen, daß eine gute Wahl der Schrittweite auch vernünftige Ergebnisse erbringt. Die Iterationsgleichung lautet:

$$N_{n+1} = N_n + \left(r - \frac{r}{K} \cdot N_n\right) \cdot N_n \cdot \Delta t$$

Wir wählen einheitlich:

$$N_0 = 10\,000,\ r = 4,\ \frac{r}{K} = \frac{1}{15\,000}$$

und stellen die Werte für (a) $\Delta t = 0{,}2$ (b) $\Delta t = 0{,}01$ (c) die exakten Werte der Lösungsfunktion gegenüber (siehe S. 483 ff.).

t	0,2	0,4	0,6	0,8	1,0	1,2	1,4	1,6
N(a)	16 667	26 296	38 113	49 236	56 302	59 078	59 804	59 960
N(b)	18 372	29 681	41 163	49 839	55 021	57 688	58 955	59 561
N(c)	18 481	29 858	41 277	49 842	54 966	57 629	58 911	59 505
t	1,8	2,0	2,2	2,4	3,0	4,0	5,0	∞
N(a)	59 992	59 998	60 000	60 000	60 000	60 000	60 000	60 000
N(b)	59 800	59 917	59 964	59 984	59 999	60 000	60 000	60 000
N(c)	59 777	59 900	59 955	59 980	59 998	60 000	60 000	60 000

Abb. 481 Zum logistischen Wachstumsmodell

Bemerkung:
Strenggenommen dürfen wir nur die Werte eintragen, die wir wirklich berechnet haben. Da wir auf den Zwischenstücken die Steigung als konstant angenommen haben (dies war ja die Grundlage für das Aufstellen der Iterationsfolge), verbinden wir als nächsten Schritt je zwei Punkte mit Geradenstücken. Die Lösungsfunktion $y(\cdot)$ ist aber differenzierbar und hat deshalb keine Ecken. Deshalb wird im dritten Schritt der Polygonzug „geglättet“. Dieses Endstadium werden wir in den folgenden Beispielen sofort darstellen.

Beispiel 1: Das Räuber-Beute-Modell
Zunächst verschaffen wir uns einen schematischen Überblick über das Aussehen der Lösungen. Es reicht, wenn wir folgende Ergebnisse des vorhergehenden Abschnitts festhalten:
Es existiert ein Gleichgewicht mit den Populationen $B = \frac{c}{d}$ und $R = \frac{a}{b}$; die Trajektorien stehen orthogonal auf den Achsenparallelen durch den Gleichgewichtspunkt; eine Vorzeichendiskussion in den so entstehenden vier Gebieten liefert dort Aussagen zum Steigen und Fallen der Trajektorien.
Die Iterationsgleichungen lauten:

$B_{n+1} = B_n + (a - b \cdot R_n) \cdot B_n \cdot \Delta t$

$R_{n+1} = R_n + (-c + d \cdot B_n) \cdot R_n \cdot \Delta t$

Wir erhalten das in der Tabelle (Abb. 483) und in der Graphik (Abb. 482) unter (a) dargestellte Ergebnis.

Beispiel 2: Ein erweitertes Räuber-Beute-Modell
Als Erweiterung kommt zunächst für jede Art eine Korrektur analog zum logistischen Wachstumsmodell in Frage. Man erhält die Gleichungen

$\dot{B} = aB - bRB - eB^2 \quad$ mit $a, b, c, d, e, f > 0$

$\dot{R} = -cR + dRB - fR^2$

Hier ist schon das Portrait der Trajektorien in der Phasenebene nur mit Mühe darstellbar. Die nicht unbedingt notwendigen, aber für einen Vergleich mit unseren numerischen Resultaten interessanten theoretischen Überlegungen, auf deren Einzelheiten wir nicht weiter eingehen, zeigen die Existenz eines Gleichgewichts für die Populationen

$$B = \frac{a \cdot f + c \cdot b}{d \cdot b + e \cdot f}; \quad R = \frac{a \cdot d - c \cdot e}{b \cdot d + e \cdot f} \quad \text{für } ad - ce > 0$$

Sonst sterben die Räuber aus, und die Beute nähert sich ihrem logistischen Grenzwert. Die Iterationsgleichungen aber werden gegenüber Beispiel 1 nur um einen additiven Term erweitert und haben nun die Gestalt

$B_{n+1} = B_n + (a - b \cdot R_n - e \cdot B_n) \cdot B_n \cdot \Delta t$

$R_{n+1} = R_n + (-c + d \cdot B_n - f \cdot R_n) \cdot R_n \cdot \Delta t$

Wir erhalten die in der Tabelle und der Graphik unter (b), (c) und (d) dargestellten Ergebnisse, ganz in Übereinstimmung mit der Theorie.

$B_0 = 10\,000\,; \quad R_0 = 2000\,; \quad f = 0\,; \quad e = \frac{a}{K}\,; \quad a = 4$

$b = \frac{1}{500}\,; \quad c = 1\,; \quad d = \frac{1}{30\,000}$

a: einfaches Modell

b: erweitertes Modell mit K = 60 000

c: erweitertes Modell mit K = 30 000

d: erweitertes Modell mit K = 15 000

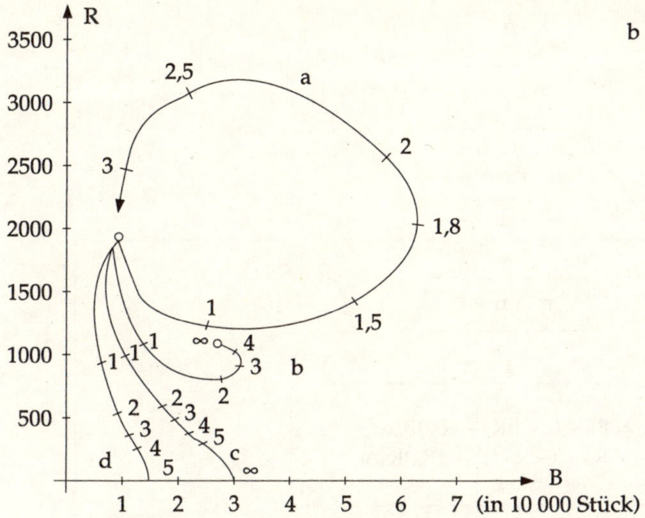

Abb. 482 Graphische Darstellung der verschiedenen Varianten des Räuber-Beute-Modells

	Fall (a)		Fall (b)		Fall (c)		Fall (d)	
t	B	R	B	R	B	R	B	R
0	10 000	2 000	10 000	2 000	10 000	2 000	10 000	2 000
0,2	10 497	1 751	9 224	1 744	8 257	1 738	6 783	1 728
0,4	12 072	1 544	9 421	1 517	7 768	1 500	5 711	1 473
0,6	14 949	1 381	10 391	1 324	8 016	1 293	5 475	1 251
0,8	19 570	1 266	12 081	1 167	8 807	1 119	5 701	1 062
1,0	26 544	1 205	14 472	1 043	10 038	974	6 235	904
1,2	36 426	1 213	17 484	947	11 615	857	6 981	773
1,4	49 009	1 316	20 913	880	13 405	762	7 853	664
1,6	61 802	1 556	24 427	837	15 250	686	8 763	575
1,8	68 563	1 974	27 642	814	16 993	625	9 635	500
2,0	62 535	2 520	30 257	808	18 526	576	10 417	437
2,2	46 098	2 978	32 135	815	19 803	536	11 086	384
2,4	29 753	3 140	33 296	829	20 831	502	11 644	339
3,0	10 404	2 434	33 803	895	22 820	427	12 797	238
4,0	14 816	1 222	31 570	981	23 254	408	13 792	136
5,0	74 937	1 394	30 172	1 006	23 619	390	14 302	80
∞	/	/	30 000	1 000	30 000	0	15 000	0

Abb. 483 Wertetabelle zum Räuber-Beute-Modell

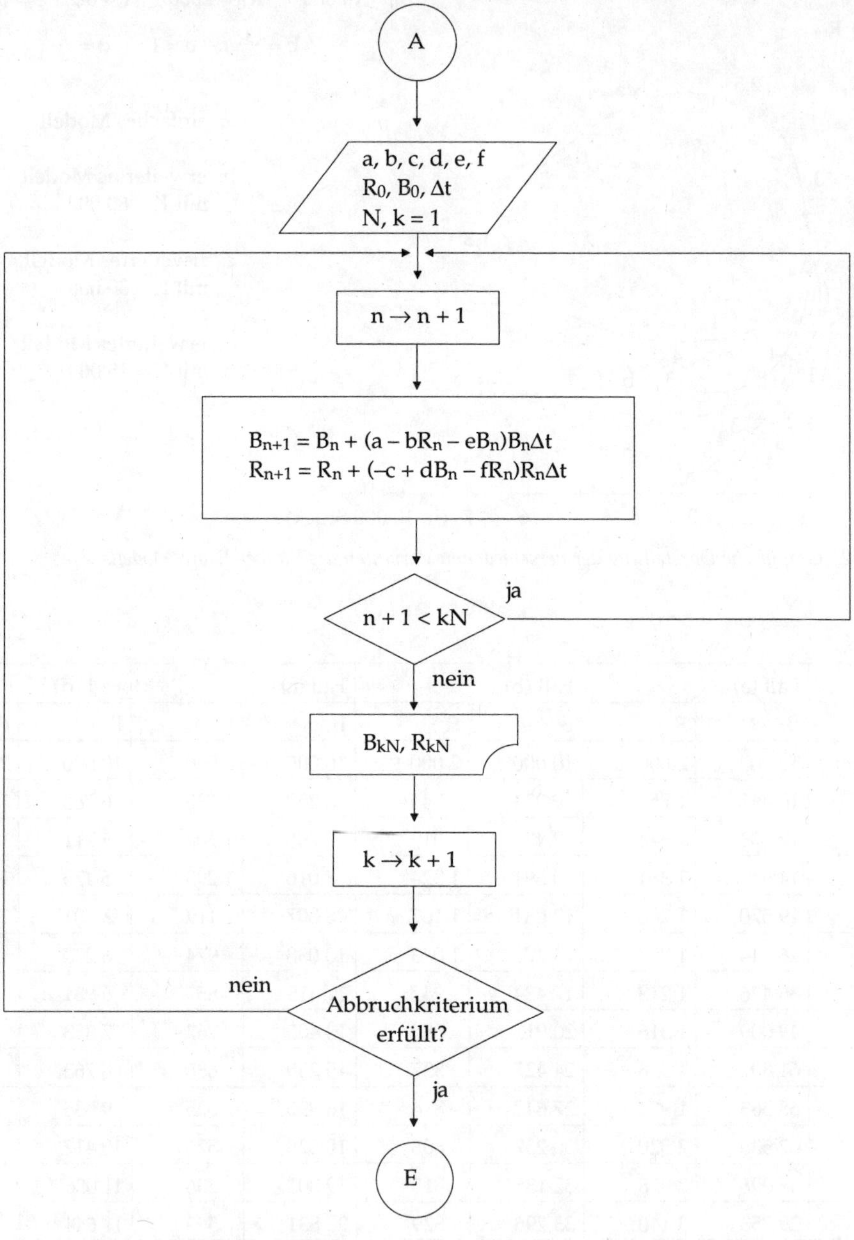

Abb. 484 Flußdiagramm des erweiterten Modells. Für e = f = 0 reduziert es sich ohne weitere Änderungen auf das einfache Räuber-Beute-Modell

Bei der Diskussion der erhaltenen Lösungen ist übrigens zu beachten, daß durch die Iterationsfehler die Aussagen für große t unsicher werden. Eine Verminderung dieser unvermeidlichen Fehler läßt sich durch die Verkleinerung der Schrittweite Δt oder durch Anwendung aufwendigerer Iterationsverfahren erreichen.
Außer der Trapezformel kann man auch die Simpsonformel (siehe S. 470 ff.) zur numerischen Lösung einer DGl einsetzen. Sie lautet:

$$\int_{x_v}^{x_v+h} g(x)\,dx \approx \frac{h}{6}\left[g(x_v) + 4g\left(x_v + \frac{h}{2}\right) + g(x_v + h)\right]$$

Der Fehler ist $\sim h^5$, so daß die Approximation für kleine Schrittweiten sehr genau ist.
Geben wir dem Integrationsweg die Länge 2h, so erhalten wir statt der Picard-Lindelöf-Formel:

$$\tilde{y}_{n+1} = \tilde{y}_{n-1} + \int_{x_{n-1}}^{x_{n+1}} f(x, \tilde{y})\,dx \quad \text{oder mit der Simpsonregel}$$

$$\approx \tilde{y}_{n-1} + \frac{h}{3}\left[f(x_{n-1}, \tilde{y}_{n-1}) + 4f(x_n, \tilde{y}_n) + f(x_{n+1}, \tilde{y}_{n+1})\right]$$

Leider taucht $\tilde{y}_{n+1}$ auch noch auf der rechten Seite der Näherungsgleichung auf. Um uns aus diesem Dilemma zu befreien und doch noch etwas berechnen zu können, bilden wir die Differenzen:

$$\nabla f_1 = f_1 - f_0\,,\ \nabla f_2 = f_2 - f_1\,, \ldots$$

$$\nabla^2 f_2 = \nabla f_2 - \nabla f_1\,,\ \nabla^2 f_3 = \nabla f_3 - \nabla f_2\,, \ldots$$

$$\nabla^v f_m = \nabla^{v-1} f_m - \nabla^{v-1} f_{m-1}\,,\ v \le m$$

Daraus ergeben sich letztlich folgende Formeln:

$$\tilde{y}_{n+1}^{(v+1)} = \tilde{y}_{n-1} + h\left(2f_n + \frac{1}{3}\nabla^2 f_{n+1}^{(v)}\right)$$

$$\nabla^2 f_{n+1}^{(0)} = \nabla^2 f_n + \nabla^3 f_n,\ \nabla^v f_m = \nabla^{v-1} f_m - \nabla^{v-1} f_{m-1}$$

$$\tilde{y}_{n+1} = \lim_{v \to \infty} \tilde{y}_{n+1}^{(v)}$$

Leider ist dieses Verfahren recht umständlich, da etliche vorbereitende Berechnungen notwendig sind. Dabei ist die Bestimmung der fehlenden Stützwerte noch am wenigsten problematisch: Hier läßt sich das oben geschilderte Polygonzugverfahren einsetzen.

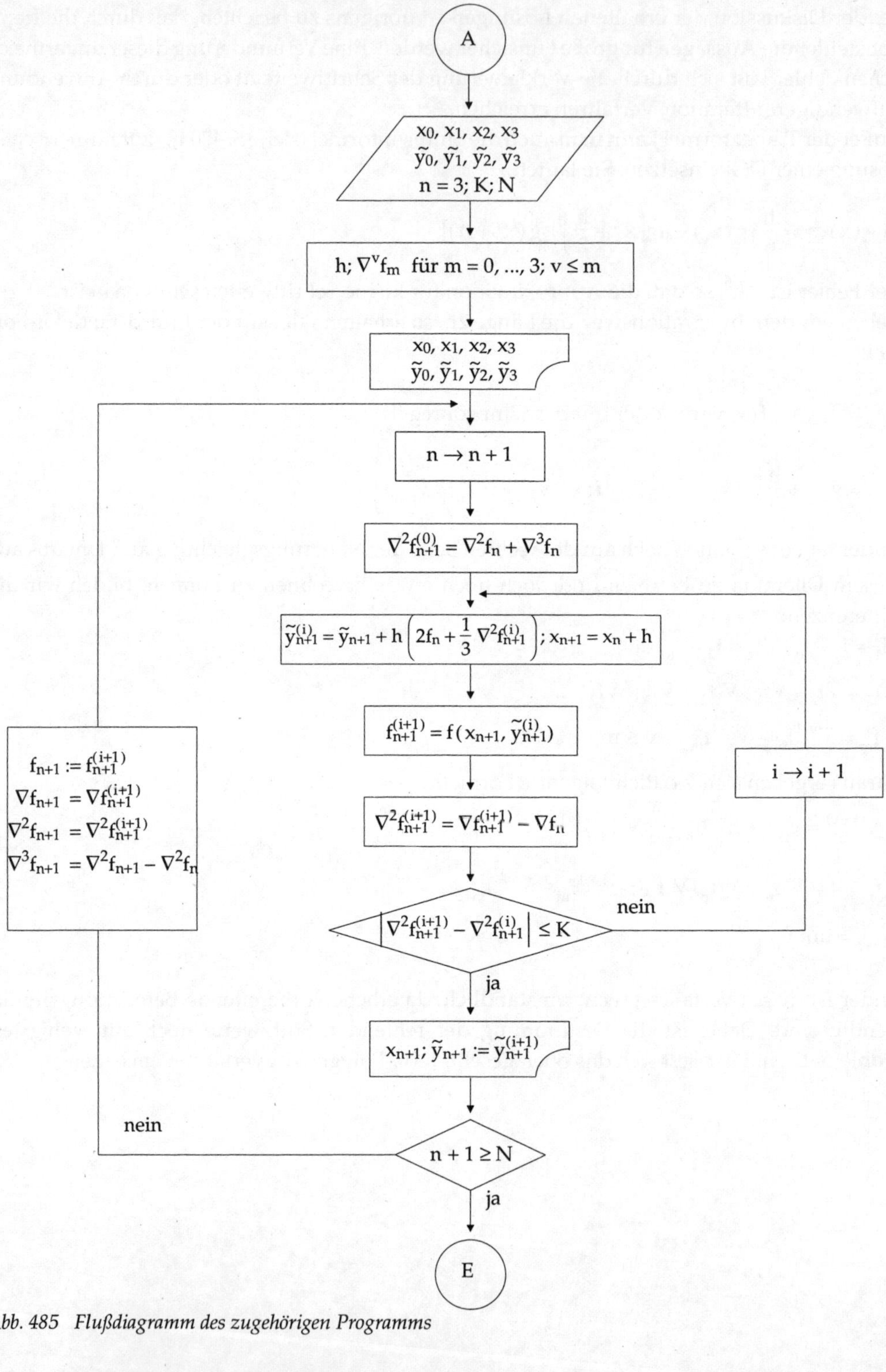

Abb. 485 Flußdiagramm des zugehörigen Programms

Übungsaufgaben

1. Bestimmen Sie die Lösung der folgenden Differentialgleichungen:
   a) $y' = x \cdot \sin(2x)$
   b) $y' = x^2 \cdot e^{-x}$
   (Hinweis: Partielle Integration)
   c) $y' = \sin^2(x) \cdot \cos(x)$
   d) $y' = x^x \cdot (1 + \ln(x))$
   (Hinweis: Substitution)

2. Zeichnen Sie das Richtungsfeld zu $y' = \dfrac{x}{\sqrt{2x-3}}$ und bestimmen Sie die Lösung des zugehörigen AWP mit $y(2) = 1$.

3. Lösen Sie durch Partialbruchzerlegung die DGln:
$y' = \dfrac{1}{(x^2-1)(x+1)}$; $y' = \dfrac{x^4 + 5x^2 + 1}{x^2 + x - 2}$

4. Zeichnen Sie das Richtungsfeld zu $y' = e^y \cdot \sin(x)$ und lösen Sie die DGl durch Variablentrennung.

5. Wie lauten die Lösungen der DGln
   a) $y' = \dfrac{x^2}{y}$
   b) $y' = \dfrac{y}{x^2}$
   c) $y' = x^2 \cdot y$

6. Lösen Sie die DGln
   a) $y' = e^x \cdot \cos(x)$
   b) $y' = \ln(x^2)$
   c) $y' = 2x \cdot y$

7. Lösen Sie
   a) $y' = x \cdot \sqrt{5-x}$
   b) $y' = \dfrac{x^2}{\sqrt{1-x^6}}$

8. Gegeben sei das Anfangswertproblem AWP: $y' = x - xy$; $y(1) = 2$
   a) Zeichnen Sie das Richtungsfeld für $(x|y) \in [-3;3] \times [-3;3]$ für ganzzahlige Schritte in x und y.
   b) Ermitteln Sie graphisch die Lösungskurve.
   c) Lösen Sie das AWP rechnerisch.

9. Lösen Sie die inhomogene DGl 1. Ordnung
   a) $y' + y \cdot \sin(x) = \sin^3(x)$
   b) $y' + \dfrac{1}{x} \cdot y = 1 + x$ für $x > 0$

10. Lösen Sie das AWP: $y' = (x + y)^2$; $y(0) = 1$

11. Lösen Sie das AWP: $y' = \dfrac{y^2 + 2xy}{x^2}$; $y(2) = -\dfrac{8}{3}$

12. Betrachten Sie das System $y_1' = -y_2$; $y_2' = y_1$ mit den Anfangsbedingungen $y_1(0) = 1$; $y_2(0) = 0$.
Zeigen Sie, daß dieses System durch $y_1(x) = \cos(x)$; $y_2(x) = \sin(x)$ eindeutig gelöst wird.
Hinweis zur Eindeutigkeit: Zeigen Sie, daß die Funktionen
$a(x) = y_1(x) \cdot \cos(x) + y_2(x) \cdot \sin(x)$ und
$b(x) = -y_1(x) \cdot \sin(x) + y_2(x) \cdot \cos(x)$
konstant sind, wenn $(y_1; y_2)$ eine beliebige Lösung des AWP darstellt.

13. Lösen Sie das folgende AWP mit Hilfe des Picard-Lindelöfschen Iterationsverfahrens:

$$y' = \frac{2z}{x} \qquad y(1) = 2$$

mit

$$z' = \frac{y}{2x} \qquad z(1) = 1$$

Betrachten Sie jede DGl für sich und setzen Sie während des Verfahrens lediglich die Funktionen y und z wechselweise ein. Starten Sie mit $y_0(x) = 2$ und $z_0(x) = 1$.

14. Zeichnen Sie ein Phasenportrait für das System $y_1' = 2y_1 - 3y_2$; $y_2' = 3y_1 - 4y_2$ und bestimmen Sie anschließend ein System von Lösungen.
Hinweis: Machen Sie beim zweiten Lösungsvektor für y_1 einen zur DGl 2. Ordnung analogen Ansatz.

Lösungen S. 802

Analytische Geometrie und lineare Algebra

Der Leser, der sich mit der *Analytischen Geometrie* (analytisch (gr.) = zergliedernd, auflösend) auseinandersetzen will (oder muß), hat sicher schon einige Grundkenntnisse aus der elementaren Geometrie, genauer gesagt, aus der *synthetischen Geometrie*, so wie sie in der Mittelstufe bis Klasse 10 im allgemeinen gelehrt wird.
Bei der Analytischen Geometrie tritt die rein mathematische Behandlung eines Problems mehr in den Vordergrund; hierbei ist die sogenannte **Vektorrechnung** das Hauptinstrument, mit der die Zusammenhänge und die Strukturen in der Analytischen Geometrie besonders einfach überschaubar gemacht werden können.
In der Analytischen Geometrie werden *geometrische Objekte (Punkt, Ebene, ...)* oder *Beziehungen [2 Geraden stehen senkrecht zueinander, eine Gerade inzidiert (inzidieren (lat.) = sich schneiden) mit einer Ebene, ...]* durch die Zuordnung *mathematischer Objekte (Koordinaten)* oder *Beziehungen (Gleichungen)* strukturiert und *arithmetisch* faßbar gemacht.

Einführungsbeispiele:

1. Die Kennzeichnung einer Gerade in einem *kartesischen Koordinatensystem* (siehe S. 218) gelingt mit einer *linearen Gleichung* der Art

   $Ax + By = C \Leftrightarrow y = -\frac{A}{B}x + \frac{C}{B}$,

   wobei $\frac{C}{B}$ den *y-Achsenabschnitt* und $-\frac{A}{B}$ die *Geradensteigung* mit $(B \neq 0)$ darstellt.
   Sollen zwei verschiedene Geraden parallel zueinander verlaufen, so kann dies über eine übereinstimmende Steigung festgelegt werden ($B_1 \neq 0$ und $B_2 \neq 0$):
   Die beiden Geraden

   $A_1x + B_1y = C_1 \Leftrightarrow y = -\frac{A_1}{B_1}x + \frac{C_1}{B_1}$

   und

   $A_2x + B_2y = C_2 \Leftrightarrow y = -\frac{A_2}{B_2}x + \frac{C_2}{B_2}$

   verlaufen genau dann zueinander parallel, wenn also ihre Steigungswerte gleich sind: $-\frac{A_1}{B_1} = -\frac{A_2}{B_2}$.
2. Zwei Geraden g_1 und g_2 stehen *senkrecht* zueinander, wenn das Produkt ihrer *Steigungswerte* –1 ergibt. Folglich stehen die zuvor genannten Geraden zueinander senkrecht, wenn gilt:

   $\left(-\frac{A_1}{B_1}\right) \cdot \left(-\frac{A_2}{B_2}\right) = -1 \Leftrightarrow A_1 \cdot A_2 = -B_1 \cdot B_2 \Leftrightarrow \frac{A_1}{B_1} = -\frac{B_2}{A_2}$

   Die eine Steigung ist somit der negative Kehrwert der anderen Steigung, falls $g_1 \perp g_2$.

In den beiden Beispielen erfährt man, wie geometrische Probleme *mathematisiert* werden können. In ähnlicher Weise wollen wir jetzt mit vielen anderen geometrischen Problemen verfahren und Techniken kennenlernen, mit deren Hilfe gegebene synthetische Geometrieprobleme rechnerisch behandelt und damit überhaupt gelöst werden können.

Darstellung von Vektoren

Einführungsbeispiel:

Wie bewegt man einen schweren Stein? Natürlich kann man versuchen, ihn zu tragen, einfacher aber ist folgende Methode: Man klemmt ein Brett oder eine Stange darunter und drückt das andere Ende dann kräftig nach oben. Der Stein führt eine Drehbewegung aus.
Für diese Situation gilt das *Hebelgesetz* „Kraft × Kraftarm = Last × Lastarm". Ist die Stange nur lang (und stabil) genug, kann auch ein nicht sehr kräftiger Mensch erhebliche Lasten bewegen.

Abb. 486

Aber ist diese Situation durch die obige Gleichung hinreichend präzise beschrieben? Schließlich bewegt sich doch überhaupt nichts, wenn man an der Stange etwa *zieht*, statt sie nach oben zu *drücken*.

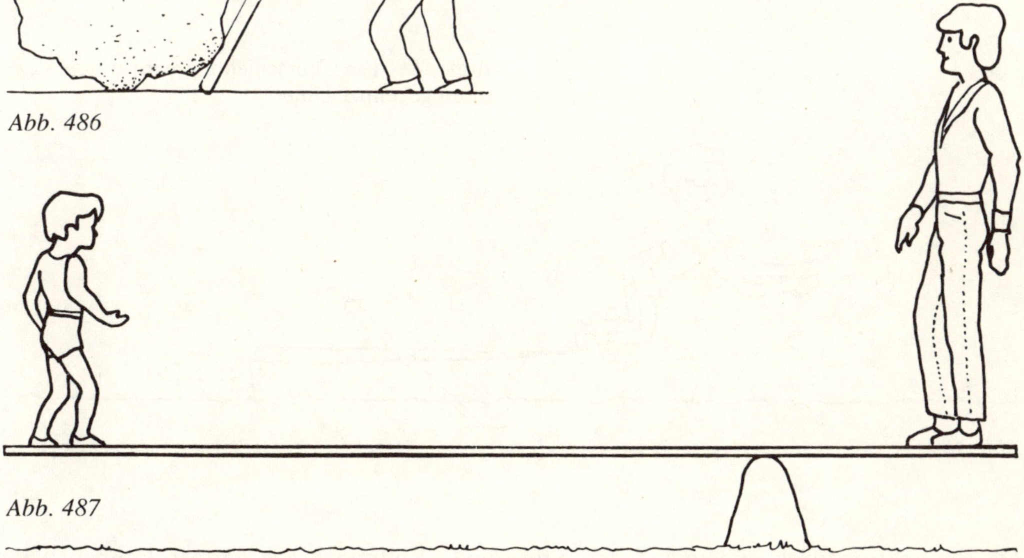

Abb. 487

Wir müssen deshalb die Aussage dadurch präzisieren, daß wir neben dem reinen *Zahlenwert* die *Richtung* der Krafteinwirkung ins Spiel bringen. Zu diesem Zweck rechnet man mit sogenannten **Vektoren**.

Ein **Vektor** ist definiert durch seinen **Betrag** und seine **Richtung**.
Er wird meist durch einen Pfeil dargestellt. Dabei entspricht die Pfeillänge dem Betrag (Zahlenwert) des Vektors, seine Lage im Raum entspricht der Richtung, die Spitze zeigt den Richtungssinn.

Anwendungsbereiche für Vektoren:
Zahlen mit Vorzeichen können als Vektoren gedeutet werden. Verschiebungen in der Physik, etwa Kräfte, Geschwindigkeiten, Wege können mit Vektoren dargestellt werden. (Die Weg*strecke* von Wiesbaden nach Frankfurt entspricht lediglich dem Betrag; der Weg*vektor* zeigt auch an, ob jemand von Wiesbaden nach Frankfurt fährt oder umgekehrt.)

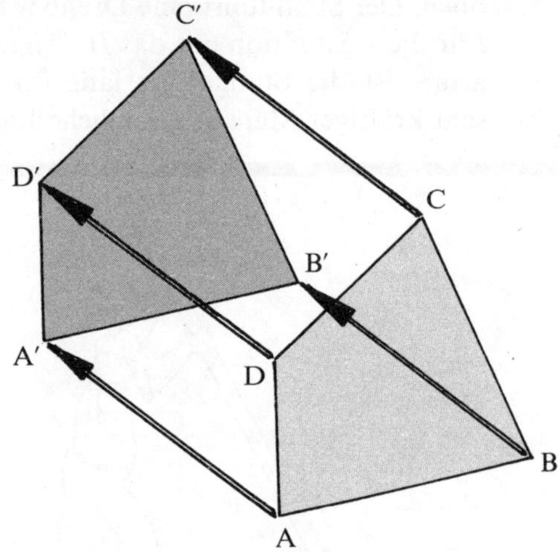

Abb. 488 Eine Verschiebung wird durch Vektoren gekennzeichnet

Abb. 489

Da ein Vektor durch seinen Anfangs- und seinen Endpunkt gegeben ist, können diese beiden Punkte auch bei seiner Darstellung in Rechnungen genutzt werden.

Der Vektor, der vom Punkt P zum Punkt Q führt, wird mit $\overrightarrow{PQ}$ bezeichnet. Weitere Schreibweisen: $\overrightarrow{PQ} = \mathfrak{a} = \vec{a}$.

Ist bei einer Verschiebung P′ das Bild von P und Q′ das Bild von Q, so stimmen $\overrightarrow{PQ}$ und $\overrightarrow{P'Q'}$ in Länge und Richtung überein. Deshalb müssen sie als gleich angesehen werden. Ein Vektor ist demnach kein einzelner Pfeil, sondern eine unendliche Menge von kongruenten, parallelen und gleichgerichteten Pfeilen. Man spricht deshalb auch von einer *Äquivalenzklasse* (s. S. 31).

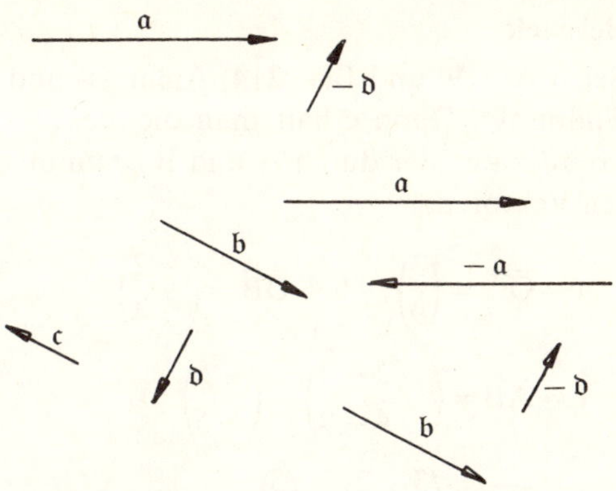

Abb. 490 Vektoren als Äquivalenzklassen: Zwei Vektoren sind genau dann gleich, wenn sie denselben Betrag (Länge) und dieselbe Richtung besitzen

Der Betrag von $\mathfrak{a}$ ist $|\mathfrak{a}| = a$. a ist stets eine nichtnegative Zahl.
Vektoren mit dem Betrag 1 heißen **Einheitsvektoren**.
Vektoren mit gleichem Betrag, aber entgegengesetzten Richtungen heißen **Gegenvektoren**: $|\mathfrak{a}| = |-\mathfrak{a}| = a$; $\overrightarrow{PQ} = \mathfrak{a} = -\overrightarrow{QP} = -(-\mathfrak{a})$.
Der einzige Vektor mit dem Betrag 0 ist der **Nullvektor**: $\overrightarrow{AA} = \mathfrak{o} \Rightarrow |\overrightarrow{AA}| = |\mathfrak{o}| = 0$.

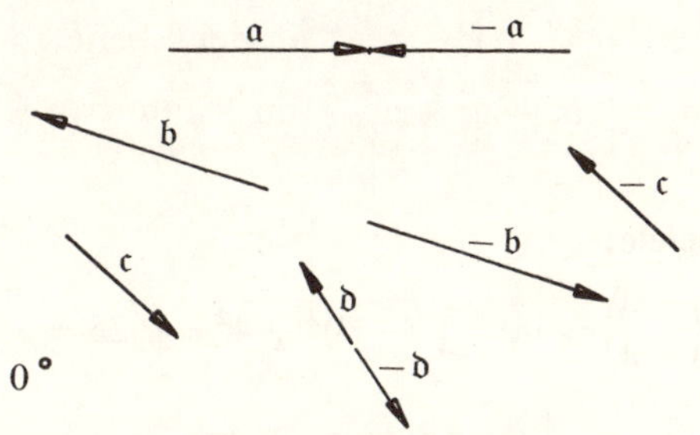

Abb. 491 Vektoren und Gegenvektoren

Da Vektoren die Wege von Punkt zu Punkt beschreiben, kann man auch die Koordinaten der Punkte zur Kennzeichnung des Vektors benutzen:

Die **Vektorkoordinaten** erhält man als Differenz der Koordinaten von End- und Anfangspunkt des Vektors.

$$\mathfrak{a} = \overrightarrow{PQ} = \begin{pmatrix} x_Q - x_P \\ y_Q - y_P \end{pmatrix} \quad \text{in der Ebene}$$

$$\mathfrak{a} = \overrightarrow{PQ} = \begin{pmatrix} x_Q - x_P \\ y_Q - y_P \\ z_Q - z_P \end{pmatrix} \quad \text{im Raum}$$

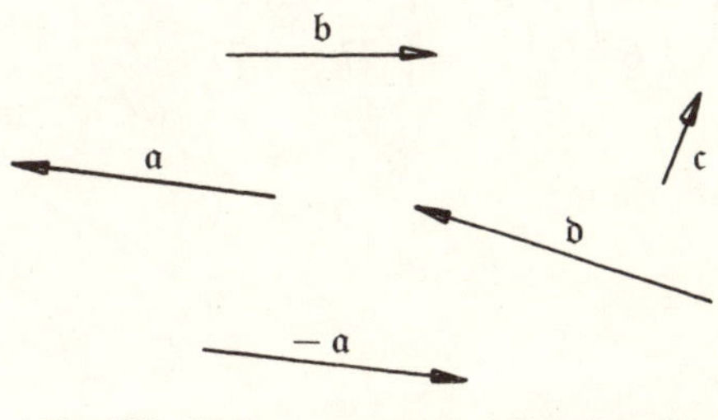

Abb. 492 Vektoren und ihre Beträge (Längen): $|\mathfrak{a}| = |-\mathfrak{a}| = 2{,}5$; $|\mathfrak{b}| = 2$; $|\mathfrak{c}| = 1$; $|\mathfrak{d}| = 3$

Beispiele:

Seien A(3|9) und B(−2|4) Anfangs- und Endpunkt. Dann erhält man die Vektorkoordinaten der durch A und B bestimmten Vektoren:

$$\mathfrak{a} = \overrightarrow{OA} = \begin{pmatrix} 3 \\ 9 \end{pmatrix}; \quad \mathfrak{b} = \overrightarrow{OB} = \begin{pmatrix} -2 \\ 4 \end{pmatrix}$$

$$\mathfrak{c} = \overrightarrow{AB} = \begin{pmatrix} -2-3 \\ 4-9 \end{pmatrix} = \begin{pmatrix} -5 \\ -5 \end{pmatrix}$$

$$-\mathfrak{c} = \overrightarrow{BA} = \begin{pmatrix} 3+2 \\ 9-4 \end{pmatrix} = \begin{pmatrix} 5 \\ 5 \end{pmatrix}$$

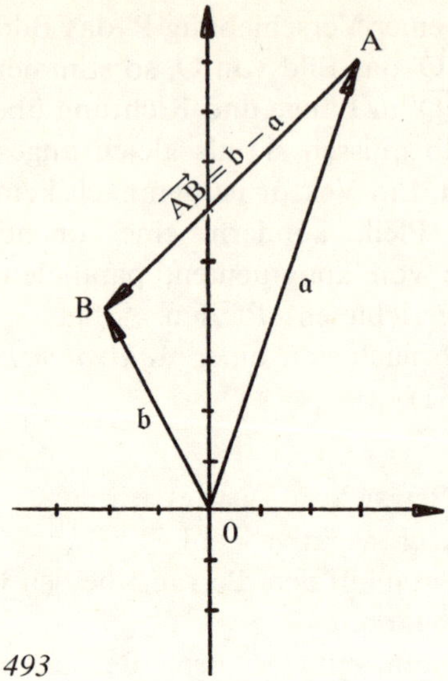

Abb. 493

Der **Betrag** eines Vektors berechnet sich mit Hilfe des Satzes von Pythagoras aus den einzelnen Komponenten:

$|\mathfrak{a}| = \sqrt{a_x^2 + a_y^2}$ in der Ebene

$|\mathfrak{a}| = \sqrt{a_x^2 + a_y^2 + a_z^2}$ im Raum

Beispiele:

$$\mathfrak{a} = \begin{pmatrix} -3 \\ 4 \end{pmatrix} \Rightarrow |\mathfrak{a}| = \sqrt{(-3)^2 + 4^2} = \sqrt{25} = 5$$

$$\mathfrak{b} = \begin{pmatrix} 8 \\ 8 \end{pmatrix} \Rightarrow |\mathfrak{b}| = \sqrt{8^2 + 8^2} = \sqrt{128} \approx 11{,}31$$

$$\mathfrak{c} = \begin{pmatrix} 4 \\ -5 \\ 6 \end{pmatrix} \Rightarrow |\mathfrak{c}| = \sqrt{4^2 + (-5)^2 + 6^2} = \sqrt{77} \approx 8{,}77$$

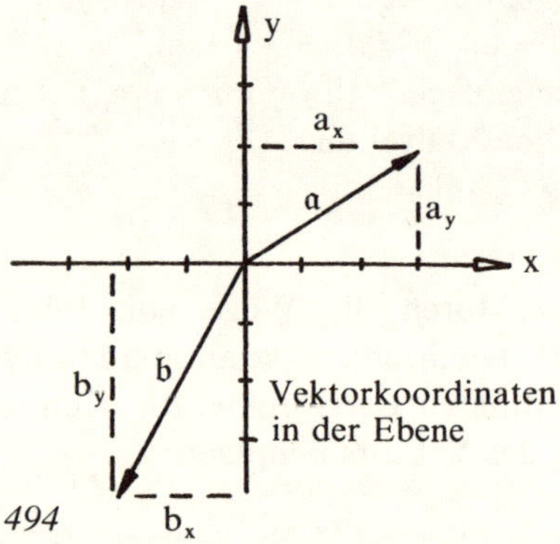

Abb. 494

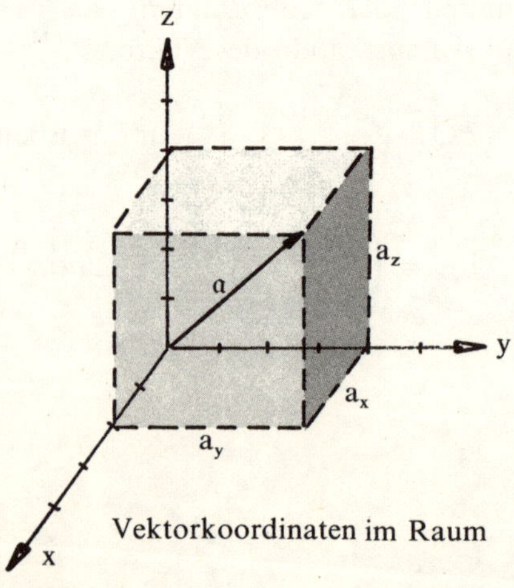

Abb. 495

Vektoraddition und s-Multiplikation

Einführungsbeispiel:

Ein Schwimmer durchschwimmt quer zur Strömung einen Fluß. Obwohl er immer geradeaus schwimmt, wird er das andere Ufer nicht gegenüber von seinem Startpunkt erreichen. Vielmehr wird er durch die Strömung ein Stück abgetrieben. Insgesamt hat er also eine Schrägbewegung ausgeführt, die sich aus der Überlagerung (Zusammensetzung) der Schwimmgeschwindigkeit und der Strömungsgeschwindigkeit ergibt.

Graphisch verdeutlicht man die **Vektoraddition**, indem man die *Vektorpfeile* für die beiden Geschwindigkeiten mit ihren Anfangspunkten aneinandersetzt und sie mit je einer Parallelen zum Parallelogramm verbindet. Die Diagonale in diesem Parallelogramm stellt die Gesamtgeschwindigkeit der Bewegung als Vektor mit dem Ausgangspunkt im gemeinsamen Ausgangspunkt der beiden Einzelvektoren dar.

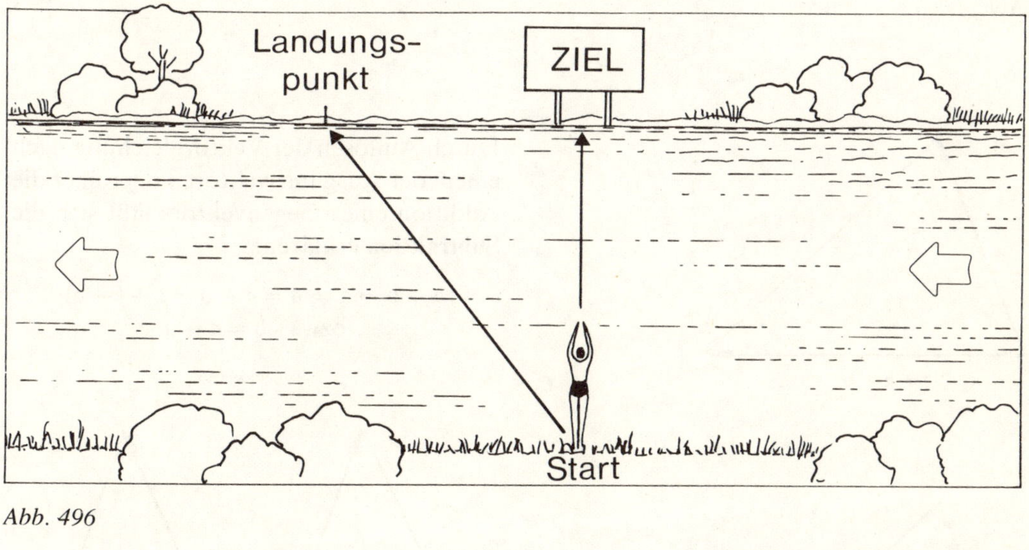

Abb. 496

Vektoren werden graphisch addiert, indem man den Anfangspunkt des zweiten Pfeils an die Spitze des ersten Pfeils anlegt usw. Der Summenvektor reicht dann vom Anfang des ersten bis zur Spitze des letzten Pfeils der Kette.

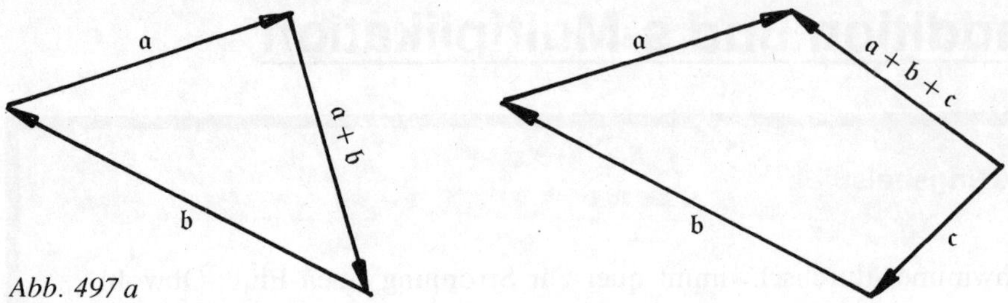

Abb. 497 a

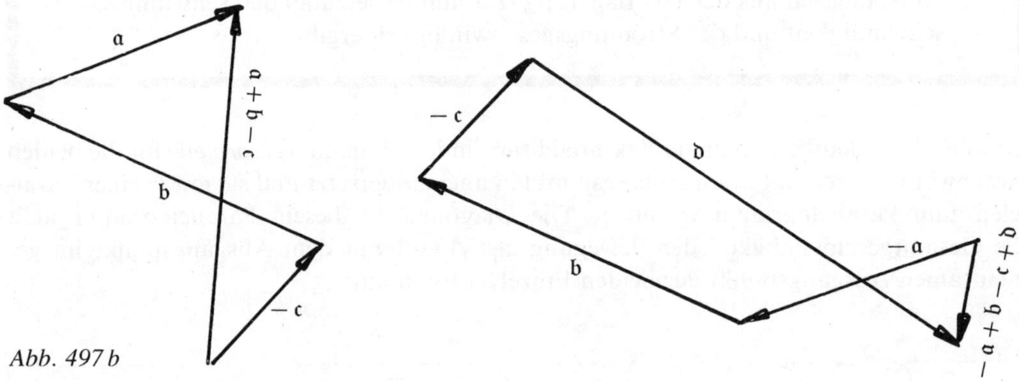

Abb. 497 b

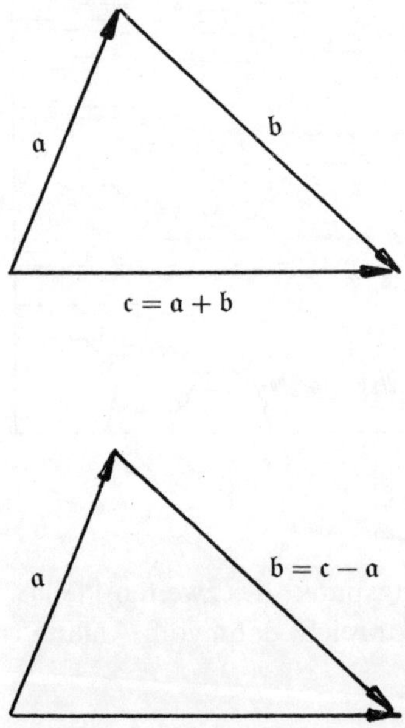

Abb. 498

Durch Auflösen der Vektorgleichung nach einem der Ausgangsvektoren oder über die Addition eines Gegenvektors läßt sich die **Subtraktion** erklären:

$$\mathfrak{a} + \mathfrak{b} = \mathfrak{c} \Leftrightarrow \mathfrak{a} = \mathfrak{c} - \mathfrak{b} = \mathfrak{c} + (-\mathfrak{b})$$
$$\text{bzw.} \quad \mathfrak{b} = \mathfrak{c} - \mathfrak{a}$$

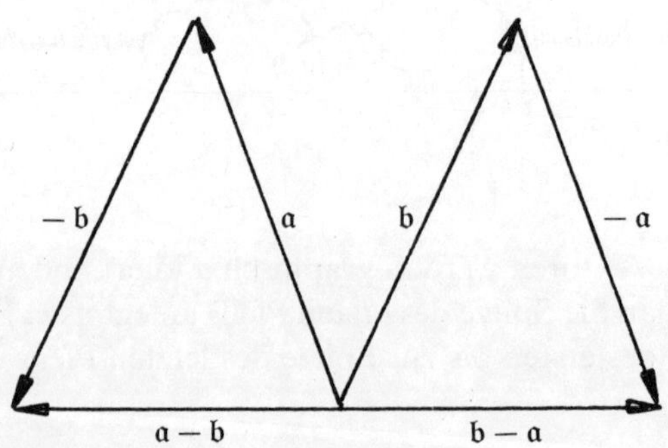

Abb. 499

Den Abbildungen entnimmt man auch:

Die Koordinaten des Summenvektors bzw. Differenzvektors erhält man aus der Summe bzw. Differenz der Koordinaten der Ausgangsvektoren:

$$\mathfrak{a} + \mathfrak{b} = \begin{pmatrix} a_x \\ a_y \end{pmatrix} + \begin{pmatrix} b_x \\ b_y \end{pmatrix} = \begin{pmatrix} a_x + b_x \\ a_y + b_y \end{pmatrix} \quad \text{in der Ebene}$$

$$\mathfrak{a} + \mathfrak{b} = \begin{pmatrix} a_x \\ a_y \\ a_z \end{pmatrix} + \begin{pmatrix} b_x \\ b_y \\ b_z \end{pmatrix} = \begin{pmatrix} a_x + b_x \\ a_y + b_y \\ a_z + b_z \end{pmatrix} \quad \text{im Raum}$$

Beispiele:

1. $\mathfrak{a} = \begin{pmatrix} 3 \\ 4 \end{pmatrix} \quad \mathfrak{b} = \begin{pmatrix} 12 \\ -5 \end{pmatrix}; \quad |\mathfrak{a}| = 5 \quad |\mathfrak{b}| = 13$

$$\Rightarrow \mathfrak{a} + \mathfrak{b} = \begin{pmatrix} 3 + 12 \\ 4 \ - 5 \end{pmatrix} = \begin{pmatrix} 15 \\ -1 \end{pmatrix}$$

$$\mathfrak{a} - \mathfrak{b} = \begin{pmatrix} 3 - 12 \\ 4 \ + 5 \end{pmatrix} = \begin{pmatrix} -9 \\ 9 \end{pmatrix}$$

$$\mathfrak{b} - \mathfrak{a} = \begin{pmatrix} 12 - 3 \\ -5 - 4 \end{pmatrix} = \begin{pmatrix} 9 \\ -9 \end{pmatrix}$$

$$|\mathfrak{a} - \mathfrak{b}| = |\mathfrak{b} - \mathfrak{a}| \approx 12{,}73; \quad |\mathfrak{a} + \mathfrak{b}| \approx 15{,}03$$

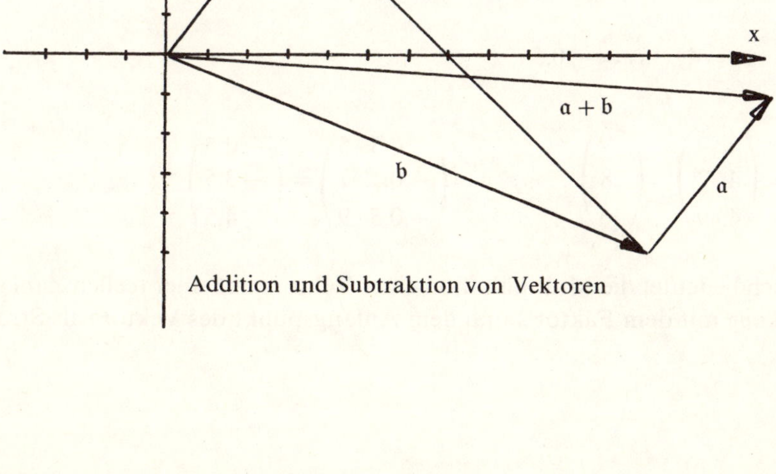

Addition und Subtraktion von Vektoren

Abb. 500

2. $\mathfrak{a}=\begin{pmatrix}4\\3\\2\end{pmatrix};\quad \mathfrak{b}=\begin{pmatrix}-2\\0\\5\end{pmatrix};\quad \mathfrak{c}=\begin{pmatrix}7\\8\\-9\end{pmatrix}$

$$\Rightarrow \mathfrak{a}+\mathfrak{b}=\begin{pmatrix}4-2\\3+0\\2+5\end{pmatrix}=\begin{pmatrix}2\\3\\7\end{pmatrix}$$

$$\mathfrak{a}-\mathfrak{c}=\begin{pmatrix}4-7\\3-8\\2+9\end{pmatrix}=\begin{pmatrix}-3\\-5\\11\end{pmatrix}$$

$$\mathfrak{a}-\mathfrak{b}+\mathfrak{c}=\begin{pmatrix}4+2+7\\3-0+8\\2-5-9\end{pmatrix}=\begin{pmatrix}13\\11\\-12\end{pmatrix}$$

$$\mathfrak{a}+\mathfrak{a}=\begin{pmatrix}4+4\\3+3\\2+2\end{pmatrix}=\begin{pmatrix}8\\6\\4\end{pmatrix}=2\cdot\mathfrak{a}$$

Dieses letzte Beispiel ist ein Spezialfall für die **Multiplikation** von Vektoren mit Zahlen (**s-Multiplikation** oder **Skalarmultiplikation**):

Sei s eine reelle Zahl (auch **Skalar** genannt), $\mathfrak{a}$ ein Vektor. Dann ergibt $s\cdot\mathfrak{a}=\mathfrak{a}\cdot s$ denjenigen Vektor, der dieselbe Richtung wie $\mathfrak{a}$, aber die s-fache Länge besitzt. Der Vektor $\mathfrak{a}$ wird mit s multipliziert, indem jede seiner Komponenten mit s multipliziert wird:

$$s\cdot\mathfrak{a}=\begin{pmatrix}s\cdot a_x\\s\cdot a_y\end{pmatrix}\text{ in der Ebene;}\quad s\cdot\mathfrak{a}=\begin{pmatrix}s\cdot a_x\\s\cdot a_y\\s\cdot a_z\end{pmatrix}\quad\text{im Raum}$$

Beispiel:

$\mathfrak{a}=\begin{pmatrix}5\\7\\9\end{pmatrix};\quad s_1=4;\quad s_2=-0{,}5$

$$\Rightarrow s_1\cdot\mathfrak{a}=\begin{pmatrix}4\cdot5\\4\cdot7\\4\cdot9\end{pmatrix}=\begin{pmatrix}20\\28\\36\end{pmatrix};\quad s_2\cdot\mathfrak{a}=\begin{pmatrix}-0{,}5\cdot5\\-0{,}5\cdot7\\-0{,}5\cdot9\end{pmatrix}=\begin{pmatrix}-2{,}5\\-3{,}5\\-4{,}5\end{pmatrix}$$

Geometrisch bedeutet die Multiplikation eines Vektors mit einer reellen Zahl seine *zentrische Streckung* mit dem Faktor s und dem Anfangspunkt des Vektors als Streckzentrum.

Dabei wird für $|s| > 1$ der Vektor verlängert; für $|s| < 1$ wird er verkürzt. Für $|s| = 1$ bleibt sein Betrag unverändert. Ist $s < 0$, kehrt sich die Richtung des Vektors um.

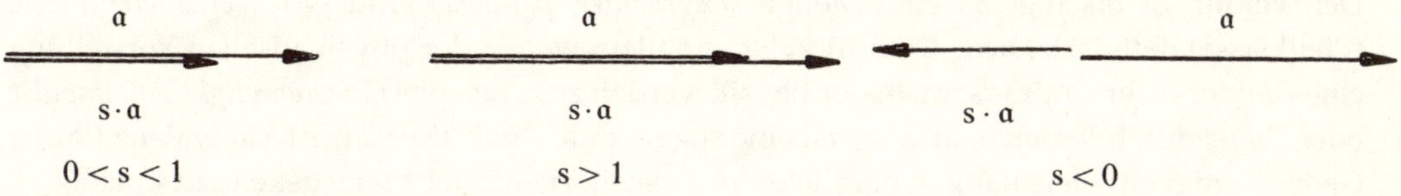

Abb. 501 Die Multiplikation eines Vektors $\mathfrak{a}$ mit einem Skalar s

Ist $s = 0$, so ist $s \cdot \mathfrak{a}$ der Nullvektor $\mathfrak{o}$.

Insgesamt gelten folgende Rechenregeln für die Multiplikation eines Vektors mit einem Skalar:

$$|s \cdot \mathfrak{a}| = |s| \cdot |\mathfrak{a}|$$
$$(s_1 + s_2) \cdot \mathfrak{a} = s_1 \cdot \mathfrak{a} + s_2 \cdot \mathfrak{a}$$
$$s \cdot (\mathfrak{a} + \mathfrak{b}) = s \cdot \mathfrak{a} + s \cdot \mathfrak{b}$$

Beispiele:

1. $$\left|-3 \cdot \begin{pmatrix} 3 \\ 4 \\ 5 \end{pmatrix}\right| = \left|\begin{matrix} -9 \\ -12 \\ -15 \end{matrix}\right| \approx 21{,}21$$

$$\left|-3 \cdot \begin{pmatrix} 3 \\ 4 \\ 5 \end{pmatrix}\right| = |-3| \cdot \left|\begin{pmatrix} 3 \\ 4 \\ 5 \end{pmatrix}\right| = 3 \cdot \sqrt{50} \approx 21{,}21$$

2. $$(4-6)\begin{pmatrix} -3 \\ 7 \end{pmatrix} = (-2)\begin{pmatrix} -3 \\ 7 \end{pmatrix} = \begin{pmatrix} 6 \\ -14 \end{pmatrix}$$

$$(4-6) \cdot \begin{pmatrix} -3 \\ 7 \end{pmatrix} = 4 \cdot \begin{pmatrix} -3 \\ 7 \end{pmatrix} - 6 \cdot \begin{pmatrix} -3 \\ 7 \end{pmatrix} = \begin{pmatrix} -12 \\ 28 \end{pmatrix} - \begin{pmatrix} -18 \\ 42 \end{pmatrix} = \begin{pmatrix} 6 \\ -14 \end{pmatrix}$$

3. $$3 \cdot \left[\begin{pmatrix} 5 \\ -3 \\ 11 \end{pmatrix} - \begin{pmatrix} -2 \\ 6 \\ 8 \end{pmatrix}\right] = 3 \begin{pmatrix} 7 \\ -9 \\ 3 \end{pmatrix} = \begin{pmatrix} 21 \\ -27 \\ 9 \end{pmatrix}$$

$$3 \cdot \left[\begin{pmatrix} 5 \\ -3 \\ 11 \end{pmatrix} - \begin{pmatrix} -2 \\ 6 \\ 8 \end{pmatrix}\right] = 3 \cdot \begin{pmatrix} 5 \\ -3 \\ 11 \end{pmatrix} - 3 \cdot \begin{pmatrix} -2 \\ 6 \\ 8 \end{pmatrix} = \begin{pmatrix} 15 \\ -9 \\ 33 \end{pmatrix} - \begin{pmatrix} -6 \\ 18 \\ 24 \end{pmatrix} = \begin{pmatrix} 21 \\ -27 \\ 9 \end{pmatrix}$$

Vektorraum

Der **Vektor** ist bislang als eine Menge *kongruenter, paralleler* und *gleichgerichteter* Pfeile (Pfeilklasse) definiert. Diese Definition ist vor allem wegen der physikalischen Vorstellung eines Vektors sehr einprägsam. In der Physik werden zum Beispiel *Geschwindigkeiten, Impulse* oder *Kräfte* durch *Vektoren*, also durch eine sogenannte *Äquivalenzklasse* (Äquivalenz (lat.) = Gleichwertigkeit) gleichlanger, paralleler und gleichorientierter Pfeile gekennzeichnet.

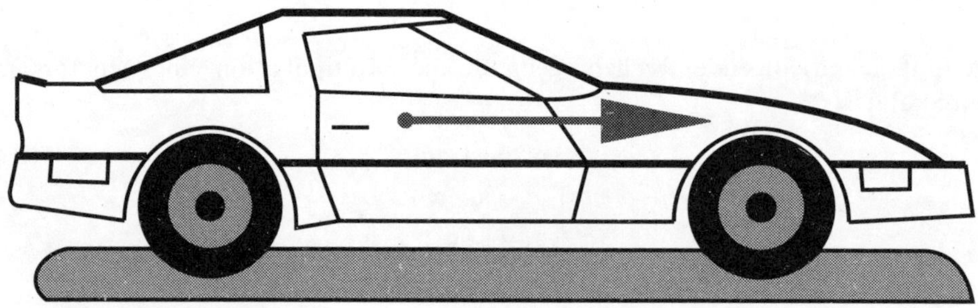

Abb. 502 Geschwindigkeitsvektor

Vektoren werden aber auch in ganz anderem Zusammenhang verwendet. Die angesprochene *Pfeilklasse* stellt zwar einen *Vektor* dar, ein Vektor muß aber noch lange keine Pfeilklasse sein.

Ein **Vektor** ist nichts anderes als ein Element einer besonders strukturierten Menge, die die Eigenschaften eines (linearen) **Vektorraumes** besitzt.

Die Menge V aller Vektoren bildet bezüglich der **Addition** eine **kommutative Gruppe**, denn:

1. $\mathfrak{a} + \mathfrak{b} \in V$ für alle $\mathfrak{a}, \mathfrak{b}$ aus V:	Abgeschlossenheit
2. $(\mathfrak{a} + \mathfrak{b}) + \mathfrak{c} = \mathfrak{a} + (\mathfrak{b} + \mathfrak{c})$ für alle $\mathfrak{a}, \mathfrak{b}, \mathfrak{c} \in V$:	Assoziativgesetz
3. $\mathfrak{a} + \mathfrak{o} = \mathfrak{o} + \mathfrak{a}$:	Der Nullvektor $\mathfrak{o}$ ist neutrales Element.
4. $\mathfrak{a} + (-\mathfrak{a}) = (-\mathfrak{a}) + \mathfrak{a} = \mathfrak{o}$:	Zu jedem Vektor gibt es ein inverses Element, den Gegenvektor.
5. $\mathfrak{a} + \mathfrak{b} = \mathfrak{b} + \mathfrak{a}$ für alle $\mathfrak{a}, \mathfrak{b} \in V$:	Kommutativgesetz

Ferner gilt für die **Multiplikation** mit reellen Zahlen:

6. $s \cdot \mathfrak{a} \in V$ für alle $\mathfrak{a} \in V$
7. $1 \cdot \mathfrak{a} = \mathfrak{a}$ für alle $a \in V$

8. $(m + n) \cdot \mathfrak{a} = m \cdot \mathfrak{a} + n \cdot \mathfrak{a}$	für alle reellen Zahlen m und n und jeden Vektor $\mathfrak{a}$ aus V
9. $m \cdot (\mathfrak{a} + \mathfrak{b}) = m \cdot \mathfrak{a} + m \cdot \mathfrak{b}$	für alle Vektoren $\mathfrak{a}$ und $\mathfrak{b}$ aus V und jede reelle Zahl m

Dabei können die Elemente dieses Vektorraumes sehr viel anders aussehen, als man dies bei der Vorstellung von *gerichteten Pfeilen* (als typisches Vektorbeispiel) gewohnt ist.

Einführungsbeispiele:

1. Eine Getränkefirma vertreibt die 10 Biersorten A (Alt), B (Bock), C, …, K. Bei der täglichen Bilanz der Bierkästen wird der Lagerbestand durch Kennzeichnung der Kastenanzahlen in sogenannten *10er-Tupeln* festgehalten:

$$
\begin{array}{cccc}
 & 31.12.89 & 1.1.90 & 2.1.90 \\
\begin{pmatrix} A \\ B \\ C \\ D \\ E \\ F \\ G \\ H \\ I \\ K \end{pmatrix} &
\begin{pmatrix} 50 \\ 75 \\ 93 \\ 82 \\ 70 \\ 60 \\ 50 \\ 10 \\ 0 \\ 15 \end{pmatrix} &
\begin{pmatrix} 40 \\ 65 \\ 93 \\ 80 \\ 70 \\ 58 \\ 11 \\ 0 \\ 50 \\ 5 \end{pmatrix} &
\begin{pmatrix} 35 \\ 55 \\ 90 \\ 77 \\ 70 \\ 20 \\ 0 \\ 100 \\ 10 \\ 2 \end{pmatrix}
\end{array}
$$

Auch jedes solcher Tupel genügt den *Vektorraumkriterien*; es handelt sich folglich auch um *Vektoren*. Beispielsweise könnte man durch Subtraktion zweier aufeinanderfolgender Vektoren den Verkauf der verschiedenen Biersorten für einen bestimmten Tag ausweisen.

2. Die Menge aller in einem *Intervall stetigen Funktionen* $\mathbb{F}$ (Polynome) mit *dem Grade* $\leq n$ ist ebenfalls ein Modell für einen *linearen Vektorraum vom Grade n*. Die Vektorraumeigenschaften lassen sich folglich für die Elemente dieser Menge nachweisen:

Abgeschlossenheit	$g(x) + f(x) = h(x) \in \mathbb{F}$
Nullvektor	$f(x) + 0 = f(x)$
Kommutativgesetz	$f(x) + g(x) = g(x) + f(x)$
Skalarmultiplikation	$s \cdot f(x) \in \mathbb{F}$

In Vektorräumen existieren also zwei *innere Verknüpfungen*. Innere Verknüpfung bedeutet hier, daß die Anwendung der Verknüpfung nicht *aus* der Menge hinausführt. Neben der **Vektoraddition** und der **skalaren Multiplikation** (s-Multiplikation) müssen wir zwei Mengen unterscheiden, die hier eine Rolle spielen: die **Menge der Vektoren** und die **Menge der reellen Zahlen** $\mathbb{R}$, die als *Skalare* zur Verfügung stehen. Man spricht deshalb auch häufig von einem Vektorraum $\mathbb{W}$ über dem Körper der reellen Zahlen.

Den Vektorraum aller reellen n-Tupel wollen wir mit $\mathbb{R}^n$ bezeichnen; dementsprechend bezeichnen wir mit $\mathbb{R}^2$ den reellen Vektorraum aller geordneter *Paare*, also den *zweidimensionalen Vektorraum* über $\mathbb{R}$ und analog mit $\mathbb{R}^3$ den *dreidimensionalen Vektorraum* oder Vektorraum aller geordneter Tripel.

Zweidimensionale Vektoren werden häufig in der Schreibweise $\mathfrak{a} = \begin{pmatrix} a_1 \\ a_2 \end{pmatrix}$ dargestellt; man spricht hier von einem geordneten Zahlenpaar $(a_1 \mid a_2)$. Für dreidimensionale Vektoren ist die Schreibweise $\mathfrak{a} = \begin{pmatrix} a_1 \\ a_2 \\ a_3 \end{pmatrix}$ üblich und man spricht hier von einem Zahlentripel.

Bei *vierdimensionalen Vektoren* erhält man jeweils ein *Quadrupel* und analog erhält man bei *n-dimensionalen Vektoren* sogenannte n-Tupel $\mathfrak{a} = \begin{pmatrix} a_1 \\ a_2 \\ \vdots \\ a_n \end{pmatrix}$.

Übungsaufgaben:

1. Welche der folgenden physikalischen Größen sind Vektoren, welche sind skalare Größen a) Volumen b) Gewicht c) Kraft d) Leistung e) Weg f) Wärmemenge g) elektrische Feldstärke h) Masse?
2. Weshalb stellt die Menge aller Polynome vom Grad n = 3 keinen Vektorraum bezüglich der Rechenoperationen „+" und „·" dar?
3. Gegeben seien nun folgende Mengen:

a) $M_1 = \left\{ \begin{pmatrix} a_1 \\ a_2 \\ a_3 \end{pmatrix} \middle| \; a_1 = 3\,a_2 \wedge a_1; a_2; a_3 \in \mathbb{R} \right\}$

b) $M_2 = \left\{ \begin{pmatrix} a_1 \\ a_2 \\ a_3 \\ a_4 \end{pmatrix} \middle| \; a_2 = a_3^2 \wedge a_1; a_2; a_3; a_4 \in \mathbb{R} \right\}$

c) $M_3 = \left\{ \begin{pmatrix} a_1 \\ a_2 \\ a_3 \\ a_4 \\ a_5 \end{pmatrix} \middle| \; a_1 \le a_2 \le a_3 \le a_4 \le a_5 \wedge a_i \in \mathbb{R} \right\}$

Prüfen Sie, ob die vorgegebenen Mengen Vektorräume über $\mathbb{R}$ bezüglich der Vektoraddition und s-Multiplikation darstellen.

4. Man stelle sich ein dreidimensionales Koordinatensystem mit den Koordinatenachsen x, y und z und dem Koordinatenursprung O vor. Wir nennen $\overrightarrow{OP}$ den Ortsvektor des Punktes P. Durch das gegebene Koordinatensystem wird der Raum $\mathbb{R}^3$ in 8 sogenannte Oktanten zerlegt. In welchen Oktanten liegen folgende Punkte und die Endpunkte folgender Ortsvektoren?

a) $P(x < 0 \mid y \mid z)$

b) $P(x \mid y = 0 \mid z < 0)$

c) $\mathfrak{x} = 2\mathfrak{i} + 3\mathfrak{j} - 4\mathfrak{k}$

d) $\mathfrak{x} = -\mathfrak{i} + 4\mathfrak{k}$

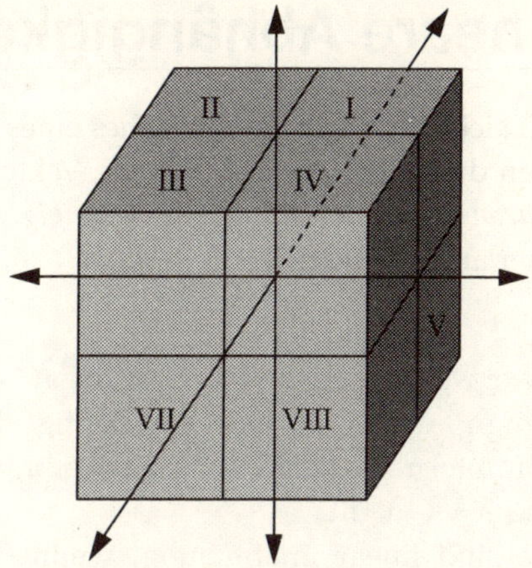

Abb. 503 Die 8 Oktanten im $\mathbb{R}^3$

5. Gegeben ist ein Viereck ABCD, wobei $\overrightarrow{AB} = \mathfrak{a}$, $\overrightarrow{BC} = \mathfrak{b}$ und $\overrightarrow{CD} = \mathfrak{c}$ sein soll. Man drücke $\overrightarrow{AC}$, $\overrightarrow{AD}$ und $\overrightarrow{BD}$ durch die gegebenen Vektoren $\mathfrak{a}$, $\mathfrak{b}$ und $\mathfrak{c}$ aus und bestimme die zugehörigen Gegenvektoren.

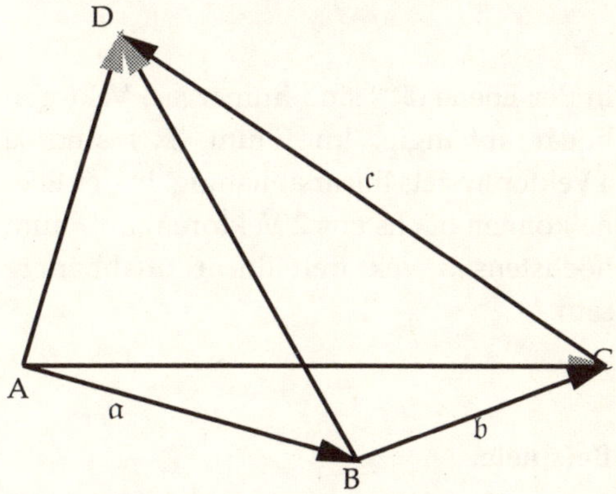

Abb. 504 Vektoren des Vierecks ABCD

6. Die drei Vektoren $\mathfrak{a}$, $\mathfrak{b}$ und $\mathfrak{c}$ spannen ein sogenanntes **Parallelflach** (auch **Spat** oder **Parallelepiped** genannt) auf. Dadurch werden 8 Eckpunkte A, B, C, D, E, F, G und H des Parallelflaches definiert. Man bestimme folgende Vektoren mit Hilfe der Grundvektoren $\mathfrak{a}$, $\mathfrak{b}$ und $\mathfrak{c}$:

$\overrightarrow{AG}$; $\overrightarrow{HA}$; $\overrightarrow{BC}$; $\overrightarrow{FD}$; $\overrightarrow{FC}$; $\overrightarrow{HF}$!

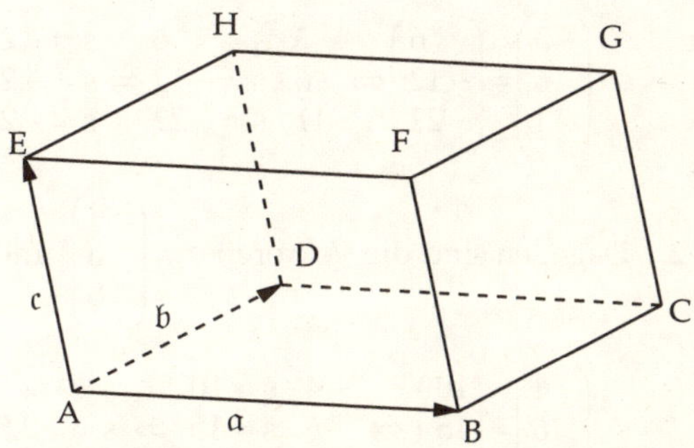

Abb. 505 Parallelflach

Lösungen S. 808

Lineare Abhängigkeit, Basis und Dimension

Läßt sich ein Vektor als Vielfaches eines anderen darstellen, so heißen beide Vektoren *linear abhängig*, sonst *linear unabhängig*. Genauer ausgedrückt:

Zwei Vektoren $\mathfrak{a}$ und $\mathfrak{b}$ sind linear abhängig, wenn es eine (eindeutig bestimmte) reelle Zahl s (Skalar) gibt, so daß $\mathfrak{b} = s \cdot \mathfrak{a}$ gilt.
Sie sind linear unabhängig, wenn die Darstellung $s \cdot \mathfrak{a} = \mathfrak{b}$ für keine reelle Zahl s möglich ist.

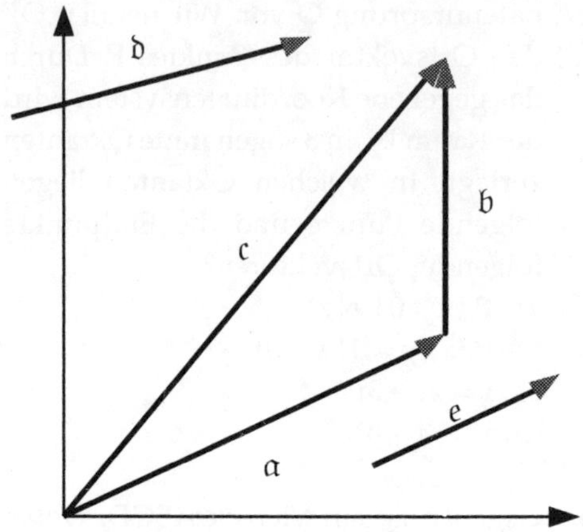

linear abhängige Vektormengen	linear unabhängige Vektormengen, z. B.:
$\{\mathfrak{a}, \mathfrak{e}\}$	$\{\mathfrak{a}, \mathfrak{b}\}$
$\{\mathfrak{a}, \mathfrak{b}, \mathfrak{c}\}$	$\{\mathfrak{b}, \mathfrak{c}\}$
$\{\mathfrak{a}, \mathfrak{c}, \mathfrak{d}\}$	$\{\mathfrak{e}, \mathfrak{d}\}$

Abb. 506

In der Ebene ($\mathbb{R}^2$) sind immer je 3 Vektoren linear abhängig. Im Raum ($\mathbb{R}^3$) sind je 4 Vektoren stets linear abhängig. In der Ebene können höchstens 2 Vektoren, im Raum höchstens 3 Vektoren linear unabhängig sein.

Beispiele:

1. Die Vektoren $\mathfrak{a} = \begin{pmatrix} -3 \\ 6 \\ 11 \end{pmatrix}$ und $\mathfrak{b} = \begin{pmatrix} 6 \\ -12 \\ -22 \end{pmatrix}$ sind linear abhängig, denn:

$$s \cdot \begin{pmatrix} -3 \\ 6 \\ 11 \end{pmatrix} = \begin{pmatrix} 6 \\ -12 \\ -22 \end{pmatrix} \Leftrightarrow \begin{matrix} -3 \cdot s = 6 \\ 6 \cdot s = -12 \\ 11 \cdot s = -22 \end{matrix} \Leftrightarrow \begin{matrix} s = -2 \\ s = -2 \\ s = -2 \end{matrix}$$

2. Dagegen sind die Vektoren $\mathfrak{a} = \begin{pmatrix} -4 \\ 6 \\ 8 \end{pmatrix}$ und $\mathfrak{b} = \begin{pmatrix} 10 \\ -15 \\ -20 \end{pmatrix}$ linear unabhängig, denn:

$$s \cdot \begin{pmatrix} -4 \\ 6 \\ 8 \end{pmatrix} = \begin{pmatrix} 10 \\ 15 \\ 20 \end{pmatrix} \Leftrightarrow \begin{matrix} -4 \cdot s = 10 \\ 6 \cdot s = 15 \\ 8 \cdot s = 20 \end{matrix} \Leftrightarrow \begin{matrix} s = -2{,}5 \\ s = 2{,}5 \\ s = 2{,}5 \end{matrix}$$

Hier kann kein gemeinsames s gefunden werden.

Die obige Aussage läßt sich folgendermaßen verallgemeinern:

Die n Vektoren $\mathfrak{a}_1, \mathfrak{a}_2, \mathfrak{a}_3 \ldots \mathfrak{a}_n$ nennt man **linear abhängig**, wenn mindestens einer dieser Vektoren als **Linearkombination** der anderen dargestellt werden kann; eine Linearkombination ist die Summe der Vielfachen von Vektoren:

$$\mathfrak{a}_n = \lambda_1\mathfrak{a}_1 + \lambda_2\mathfrak{a}_2 + \lambda_3\mathfrak{a}_3 + \ldots + \lambda_{n-1}\mathfrak{a}_{n-1} = \sum_{i=1}^{n-1} \lambda_1\mathfrak{a}_1$$

Hierbei sind die Skalare $\lambda_1, \lambda_2, \ldots \lambda_{n-1}$ reelle Zahlen, die nicht alle Null sind.

Gibt es keine Darstellung dieser Art, so nennt man die Vektoren $\mathfrak{a}_1, \mathfrak{a}_2, \ldots \mathfrak{a}_n$ linear unabhängig.

Einführungsbeispiel:

Der Vektor $\mathfrak{a} = \begin{pmatrix} 3 \\ -1 \\ 2 \end{pmatrix}$ läßt sich als Linearkombination der sogenannten Basisvektoren $\mathfrak{i} = \begin{pmatrix} 1 \\ 0 \\ 0 \end{pmatrix}$, $\mathfrak{j} = \begin{pmatrix} 0 \\ 1 \\ 0 \end{pmatrix}$ und $\mathfrak{k} = \begin{pmatrix} 0 \\ 0 \\ 1 \end{pmatrix}$ in folgender Weise darstellen:

$$\mathfrak{a} = 3 \cdot \mathfrak{i} - \mathfrak{j} + 2 \cdot \mathfrak{k} = 3 \cdot \begin{pmatrix} 1 \\ 0 \\ 0 \end{pmatrix} - \begin{pmatrix} 0 \\ 1 \\ 0 \end{pmatrix} + 2 \cdot \begin{pmatrix} 0 \\ 0 \\ 1 \end{pmatrix}$$

$$= \begin{pmatrix} 3 \\ -2 \\ 1 \end{pmatrix}$$

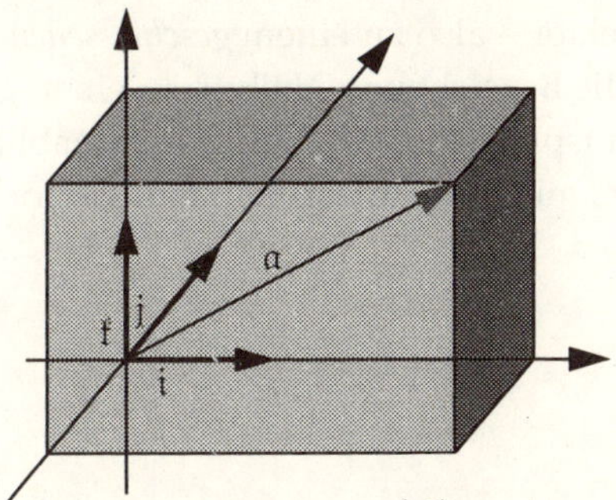

Abb. 507 Der Vektor $\mathfrak{a} = \begin{pmatrix} 3 \\ -1 \\ 2 \end{pmatrix}$ als Linearkombination der Basisvektoren $\mathfrak{i}$, $\mathfrak{j}$ und $\mathfrak{k}$

Die Vektoren $\mathfrak{i}$, $\mathfrak{j}$ und $\mathfrak{k}$ sind linear unabhängig, weil sich keiner dieser drei Vektoren als Linearkombination der anderen darstellen läßt. Allerdings sind die Vektoren $\mathfrak{i}$, $\mathfrak{j}$, $\mathfrak{k}$ und $\mathfrak{a}$ linear abhängig wegen obiger Darstellung der Linearkombination.

In einer Menge linear abhängiger Vektoren läßt sich also stets mindestens ein Vektor mit Hilfe der anderen *linear kombinieren*. Aus der zugehörigen Vektorgleichung kann deshalb stets der **Nullvektor** $\mathfrak{o}$ durch Vektoraddition oder Vektorsubtraktion erzeugt werden:

$$\mathfrak{a}_n = \lambda_1\mathfrak{a}_1 + \lambda_2\mathfrak{a}_2 + \lambda_3\mathfrak{a}_3 + \ldots + \lambda_{n-1}\mathfrak{a}_{n-1}$$

$$\Leftrightarrow \mathfrak{o} \;= \lambda_1\mathfrak{a}_1 + \lambda_2\mathfrak{a}_2 + \lambda_3\mathfrak{a}_3 + \ldots + \lambda_{n-1}\mathfrak{a}_{n-1} - \mathfrak{a}_n$$

Von den vorstehenden Skalaren λ_i ist mindestens einer von Null verschieden, sonst wäre nämlich auch notwendigerweise $\mathfrak{a}_n = \mathfrak{o}$. Man spricht deshalb bei der letzten Summe von der *nichttrivialen Nullsumme*.

Damit ist der Nullvektor $\mathfrak{o}$ als Linearkombination einer Menge linear abhängiger Vektoren $\mathfrak{a}_1, \mathfrak{a}_2, \mathfrak{a}_3, \ldots \mathfrak{a}_n$ dargestellt worden. Andererseits muß eine Vektormenge, die den Nullvektor $\mathfrak{o}$ enthält, in jedem Fall linear abhängig sein, weil ja hier dann die Bildung der nichttrivialen Nullsumme (ein $\lambda_i \neq 0$) bestimmt möglich ist.

Eine Menge von Vektoren heißt genau dann **linear abhängig**, wenn mit diesen Vektoren eine **nichttriviale Nullsumme** erzeugbar ist; andernfalls heißt die Menge dieser Vektoren **linear unabhängig**.

Geometrisch bedeutet der letzte Satz, daß sich linear abhängige Vektoren stets durch Vervielfachung oder Verkürzung und Addition oder Subtraktion (Hintereinanderkettung) zu dem Nullvektor – also zu einem *geschlossenen Polygonzug* – schließen lassen. Hierdurch gewinnt auch die Bezeichnung *Nullsumme* einen geometrischen Sinn.

Dementsprechend können linear unabhängige Vektoren nur durch „Multiplikation jedes Vektors mit Null" linear zum Nullvektor kombiniert werden.

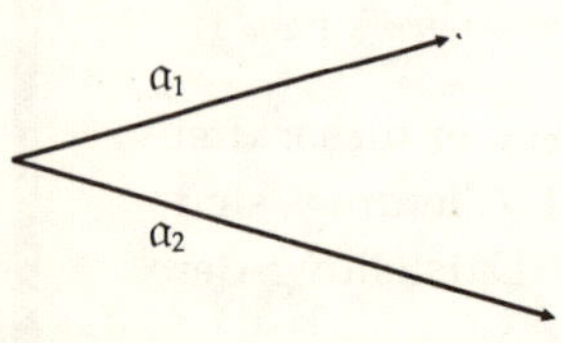

Abb. 508
$\mathfrak{o} = 0 \cdot \mathfrak{a}_1 + 0 \cdot \mathfrak{a}_2$
Die triviale Nullsumme, gebildet aus linear unabhängigen Vektoren

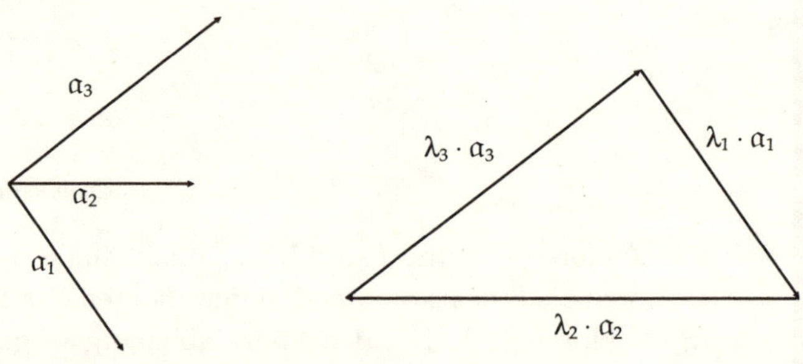

Abb. 509
$\mathfrak{o} = \lambda_1 \cdot \mathfrak{a}_1 + \lambda_2 \cdot \mathfrak{a}_2 + \lambda_3 \cdot \mathfrak{a}_3$
Die nichttriviale Nullsumme, gebildet aus linear abhängigen Vektoren

Damit muß einleuchten, daß eine linear unabhängige Vektorenmenge durch Wegnahme eines Vektors niemals linear abhängig werden kann. Umgekehrt kann eine linear abhängige Vektorenmenge durch Hinzufügung eines Vektors nie linear unabhängig werden.

Jede Obermenge einer linear abhängigen Menge von Vektoren ist stets linear abhängig. Ebenso ist jede Teilmenge einer linear unabhängigen Menge von Vektoren stets linear unabhängig.

Man überlegt sich leicht, daß in der Ebene $\mathbb{R}^2$ höchstens zwei Vektoren linear unabhängig sein können; für je drei Vektoren existiert stets eine nichttriviale Nullsumme.
Im Raum $\mathbb{R}^3$ können höchstens je drei Vektoren linear unabhängig sein, im $\mathbb{R}^n$ sind es natürlich höchstens n Vektoren. Ist in einer Menge die maximal mögliche Anzahl linear unabhängiger Vektoren zusammengefaßt, so läßt sich dann aber auch jeder andere Vektor dieses damit *aufgespannten Vektorraumes* aus den gegebenen linear kombinieren.
Es handelt sich somit um ein System von Vektoren, die den gesamten Raum *erzeugen* oder wie zuvor formuliert *aufspannen*.

Eine Menge von linear unabängigen Vektoren eines Vektorraumes heißt **Basis** dieses Vektorraumes, wenn sich mit diesen Vektoren jeder andere Vektor aus dem Vektorraum linear kombinieren läßt. Die Anzahl der in der Basis vorkommenden Vektoren (*Basisvektoren*) nennt man **Dimension** des zugehörigen Vektorraumes.

Hieraus folgt natürlich, daß jede Menge n linear unabhängiger Vektoren stets auch eine Basis im n-dimensionalen Vektorraum darstellt, und daß sich jede Menge k ($k < n$) linear unabhängiger Vektoren zu einer Basis ergänzen läßt.

Beispiel:

Die Vektoren $e_1 = \begin{pmatrix} 1 \\ 0 \\ 0 \end{pmatrix}$; $e_2 = \begin{pmatrix} 0 \\ 1 \\ 0 \end{pmatrix}$ und $e_3 = \begin{pmatrix} 0 \\ 0 \\ 1 \end{pmatrix}$ stellen eine Basis im $\mathbb{R}^3$ dar. Ebenso sind die

Vektoren $a_1 = \begin{pmatrix} 1 \\ 1 \\ 1 \end{pmatrix}$, $a_2 = \begin{pmatrix} 1 \\ 1 \\ 0 \end{pmatrix}$ und $a_3 = \begin{pmatrix} 1 \\ 0 \\ 1 \end{pmatrix}$ Basisvektoren

des *Vektorraumes der reellen Zahlentripel*, da sie sicher linear unabhängig sind.

Wie heißt die Linearkombination für $\mathfrak{x} = \begin{pmatrix} 1 \\ -5 \\ 2 \end{pmatrix}$ unter Verwendung der Basisvektoren?

a) $\mathfrak{x} = 1\mathfrak{e}_1 - 5\mathfrak{e}_2 + 2\mathfrak{e}_3 = 1 \cdot \begin{pmatrix} 1 \\ 0 \\ 0 \end{pmatrix} - 5 \cdot \begin{pmatrix} 0 \\ 1 \\ 0 \end{pmatrix} + 2 \cdot \begin{pmatrix} 0 \\ 0 \\ 1 \end{pmatrix} = \begin{pmatrix} 1 \\ -5 \\ 2 \end{pmatrix}$

b) $\mathfrak{x} = \lambda_1\mathfrak{a}_1 + \lambda_2\mathfrak{a}_2 + \lambda_3\mathfrak{a}_3 = \lambda_1 \cdot \begin{pmatrix} 1 \\ 1 \\ 1 \end{pmatrix} + \lambda_2 \begin{pmatrix} 1 \\ 1 \\ 0 \end{pmatrix} + \lambda_3 \begin{pmatrix} 1 \\ 0 \\ 1 \end{pmatrix} = \begin{pmatrix} 1 \\ -5 \\ 2 \end{pmatrix}$

Die Vektorgleichung $\begin{pmatrix} 1 \\ -5 \\ 2 \end{pmatrix} = \lambda_1 \begin{pmatrix} 1 \\ 1 \\ 1 \end{pmatrix} + \lambda_2 \begin{pmatrix} 1 \\ 1 \\ 0 \end{pmatrix} + \lambda_3 \begin{pmatrix} 1 \\ 0 \\ 1 \end{pmatrix}$

kann als *lineares Gleichungssystem* mit den drei Unbekannten λ_1, λ_2 und λ_3 gedeutet werden:

$$\left| \begin{array}{rcl} 1 &=& \lambda_1 + \lambda_2 + \lambda_3 \\ -5 &=& \lambda_1 + \lambda_2 \\ 2 &=& \lambda_1 + \lambda_3 \end{array} \right|$$

Auf den Seiten 159 ff. werden Lösungsverfahren für lineare Gleichungssysteme behandelt. Dabei spielt die **Cramerregel** (siehe S. 162) eine besondere Rolle. Nach der Cramerregel existiert genau dann eine eindeutige Lösung für das gegebene Gleichungssystem, wenn die **Determinante D** von 0 verschieden ist:

$$D = \begin{vmatrix} 1 & 1 & 1 \\ 1 & 1 & 0 \\ 1 & 0 & 1 \end{vmatrix} = 1 \begin{vmatrix} 1 & 0 \\ 0 & 1 \end{vmatrix} - 1 \begin{vmatrix} 1 & 0 \\ 1 & 1 \end{vmatrix} + 1 \begin{vmatrix} 1 & 1 \\ 1 & 0 \end{vmatrix} = 1 - 1 - 1 = -1$$

$$D_1 = \begin{vmatrix} 1 & 1 & 1 \\ -5 & 1 & 0 \\ 2 & 0 & 1 \end{vmatrix} = 1 \begin{vmatrix} 1 & 0 \\ 0 & 1 \end{vmatrix} - 1 \begin{vmatrix} -5 & 0 \\ 2 & 1 \end{vmatrix} + 1 \begin{vmatrix} -5 & 1 \\ 2 & 0 \end{vmatrix} = 1 + 5 - 2 = 4$$

$$D_2 = \begin{vmatrix} 1 & 1 & 1 \\ 1 & -5 & 0 \\ 1 & 2 & 1 \end{vmatrix} = 1 \begin{vmatrix} -5 & 0 \\ 2 & 1 \end{vmatrix} - 1 \begin{vmatrix} 1 & 0 \\ 1 & 1 \end{vmatrix} + 1 \begin{vmatrix} 1 & -5 \\ 1 & 2 \end{vmatrix} = -5 - 1 + 7 = 1$$

$$D_3 = \begin{vmatrix} 1 & 1 & 1 \\ 1 & 1 & -5 \\ 1 & 0 & 2 \end{vmatrix} = 1 \begin{vmatrix} 1 & -5 \\ 0 & 2 \end{vmatrix} - 1 \begin{vmatrix} 1 & -5 \\ 1 & 2 \end{vmatrix} + 1 \begin{vmatrix} 1 & 1 \\ 1 & 0 \end{vmatrix} = 2 - 7 - 1 = -6$$

$$\Rightarrow \lambda_1 = \frac{D_1}{D} = \frac{4}{-1} = -4\,; \quad \lambda_2 = \frac{D_2}{D} = \frac{1}{-1} = -1\,; \quad \lambda_3 = \frac{D_3}{D} = -\frac{6}{-1} = 6$$

Also heißt die gesuchte Linearkombination

$$\begin{pmatrix} 1 \\ -5 \\ 2 \end{pmatrix} = -4 \cdot \begin{pmatrix} 1 \\ 1 \\ 1 \end{pmatrix} - 1 \cdot \begin{pmatrix} 1 \\ 1 \\ 0 \end{pmatrix} + 6 \begin{pmatrix} 1 \\ 0 \\ 1 \end{pmatrix} = \begin{pmatrix} -4 & -1 & +6 \\ -4 & -1 & +0 \\ -4 & +0 & +6 \end{pmatrix} = \begin{pmatrix} 1 \\ -5 \\ 2 \end{pmatrix}$$

Das Beispiel lehrt uns, daß eine eindeutige Lösung für ein lineares Gleichungssystem und damit eine Lösung für eine Linearkombination dann *und nur dann* existiert, wenn die aus den Vektoren gebildete Determinante von Null verschieden ist.

Eine Menge von n Vektoren ist genau dann linear abhängig, wenn die aus den Vektoren gebildete Determinante den Wert 0 hat.
Die Vektoren sind linear unabhängig, wenn die zugehörige Determinante nicht den Wert Null hat.

Beispiele:

Man überprüfe die Vektormengen auf lineare Abhängigkeit oder lineare Unabhängigkeit!

1. $V_1 = \left\{ \begin{pmatrix} 1 \\ 4 \end{pmatrix}; \begin{pmatrix} 5 \\ 3 \end{pmatrix} \right\}$

Die Determinante von V_1 lautet $D = \begin{vmatrix} 1 & 5 \\ 4 & 3 \end{vmatrix} = 1 \cdot 3 - 4 \cdot 5 = 3 - 20 = -17 \neq 0$

V_1 besteht folglich aus linear unabhängigen Vektoren.

2. $V_2 = \left\{ \begin{pmatrix} -3 \\ 4 \end{pmatrix}; \begin{pmatrix} 4{,}5 \\ -6 \end{pmatrix} \right\}$

Die Determinante von V_2 lautet $D = \begin{vmatrix} -3 & 4{,}5 \\ 4 & -6 \end{vmatrix} = (-3)\,(-6) - 4 \cdot 4{,}5 = 18 - 18 = 0$

V_2 besteht aus linear abhängigen Vektoren.

3. $V_3 = \left\{ \begin{pmatrix} 2 \\ 3 \\ 5 \end{pmatrix}; \begin{pmatrix} 1 \\ 5 \\ 2 \end{pmatrix}; \begin{pmatrix} -1 \\ 3 \\ 0 \end{pmatrix} \right\}$

Die Determinante von V_3 lautet

$$D = \begin{vmatrix} 2 & 1 & -1 \\ 3 & 5 & 3 \\ 5 & 2 & 0 \end{vmatrix} = 2 \cdot \begin{vmatrix} 5 & 3 \\ 3 & 0 \end{vmatrix} - 1 \cdot \begin{vmatrix} 3 & 3 \\ 5 & 0 \end{vmatrix} - 1 \cdot \begin{vmatrix} 3 & 5 \\ 5 & 2 \end{vmatrix} = -12 + 15 + 19 = 22$$

V_3 besteht aus linear unabhängigen Vektoren.

Die drei Vektoren $\begin{pmatrix} 2 \\ 3 \\ 5 \end{pmatrix}$, $\begin{pmatrix} 1 \\ 5 \\ 2 \end{pmatrix}$ und $\begin{pmatrix} -1 \\ 3 \\ 0 \end{pmatrix}$ spannen also den Raum auf.

Übungsaufgaben:

1. Welche Aussage läßt sich über die lineare Abhängigkeit von 3 zweidimensionalen oder 4 dreidimensionalen Vektoren machen?

2. Ein Rechteck ABCD mit dem Mittelpunkt M sei durch die Basisvektoren $\overrightarrow{AB} = \mathfrak{a}$ und $\overrightarrow{AD} = \mathfrak{b}$ aufgespannt (Abb. 510).

a) Bestimmen Sie folgende Vektoren als Linearkombination von $\mathfrak{a}$ und $\mathfrak{b}$: $\overrightarrow{AE}$; $\overrightarrow{AC}$; $\overrightarrow{EB}$; und $\overrightarrow{DE}$

b) Geben Sie Beispiele für nichttriviale Nullsummen an!

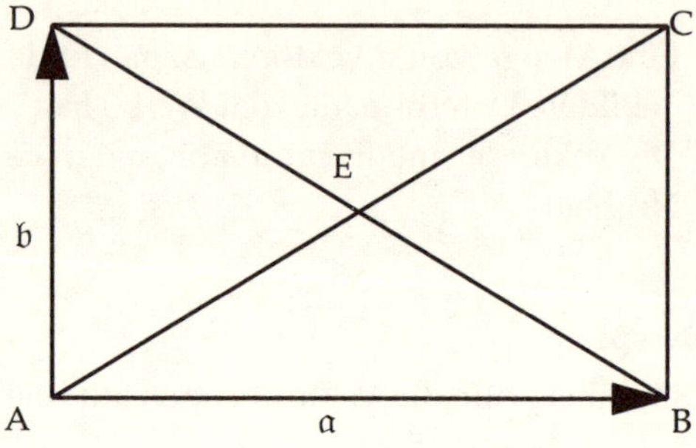

Abb. 510

3. Durch die beiden Basisvektoren $\mathfrak{a}$ und $\mathfrak{b}$ ist das Parallelogramm ABCD aufgespannt. M_1 und M_2 seien die Mittelpunkte der Seiten $\overrightarrow{BC}$ und $\overrightarrow{CD}$. Bestimmen Sie die Vektoren $\overrightarrow{AM_1}$, $\overrightarrow{AM_2}$ und $\overrightarrow{M_2M_1}$ als Linearkombination von $\mathfrak{a}$ und $\mathfrak{b}$, und kennzeichnen Sie die nichttriviale Nullsumme im Dreieck AM_1M_2 (Abb. 511).

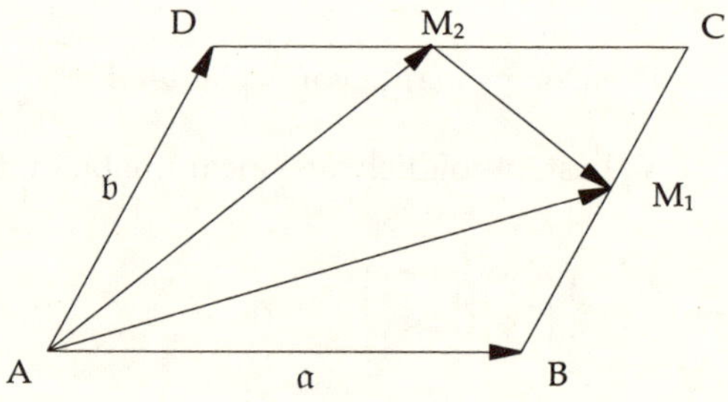

Abb. 511

4. Gilt in einer Vektormenge $\{\mathfrak{a}_1, \mathfrak{a}_2, \dots \mathfrak{a}_n\}$ für 2 beliebige Vektoren aus dieser Menge $\mathfrak{a}_i = \lambda \mathfrak{a}_k$, so ist die gesamte Vektormenge linear abhängig. Stimmt diese Aussage?

5. Gegeben ist ein Parallelflach ABCDEFGH mit den ausgewählten Seitenmittelpunkten M_1, M_2, M_3, M_4, M_5 und M_6.
Zeigen Sie, daß die Seitenmittelpunkte ein ebenes Sechseck bilden (Abb. 512).

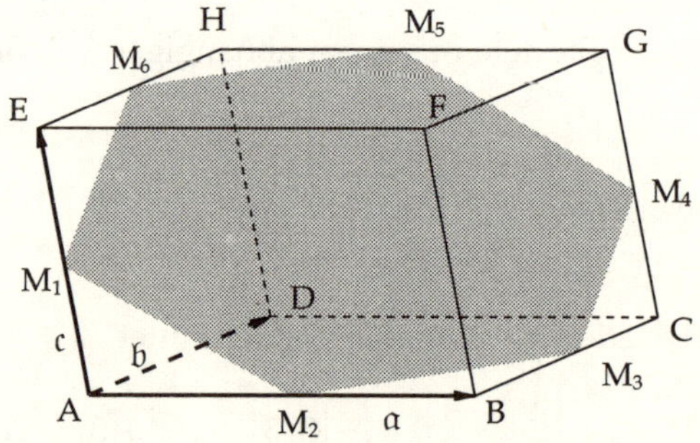

Abb. 512

6. Gegeben ist das Gleichungssystem

$$\left| \begin{array}{rcl} 3x - 2y + 6z &=& 24 \\ 2x + 10y - 20z &=& -46 \\ -5x + 2y &=& -4 \end{array} \right|$$

Bestimmen Sie die Lösungsmenge $(x \mid y \mid z) \in \mathbb{R} \times \mathbb{R} \times \mathbb{R}$.
Wie könnte man die Bestimmung der Lösungsmenge geometrisch mit Hilfe von Vektoren erklären?

7. Gegeben sind die Vektoren $\mathfrak{a} = \begin{pmatrix} 5 \\ 6 \\ -3 \end{pmatrix}$ und $\mathfrak{b} = \begin{pmatrix} 0 \\ 2 \\ 4 \end{pmatrix}$,

die offenbar linear unabhängig sind (warum?).

Konstruieren Sie einen weiteren Vektor $\mathfrak{c} = \begin{pmatrix} c_1 \\ c_2 \\ c_3 \end{pmatrix}$,

so daß $\mathfrak{a}$, $\mathfrak{b}$ und $\mathfrak{c}$ eine Basis des $\mathbb{R}^3$ bilden.

8. Untersuchen Sie, ob die Vektoren kollinear sind, das heißt: liegen sie auf einer Geraden?

a) $\mathfrak{a} = \begin{pmatrix} 4 \\ 3 \end{pmatrix}$ $\mathfrak{b} = \begin{pmatrix} -3 \\ 4 \end{pmatrix}$ b) $\mathfrak{a} = \begin{pmatrix} 6 \\ 16 \end{pmatrix}$ $\mathfrak{b} = \begin{pmatrix} 9 \\ 24 \end{pmatrix}$

c) $\mathfrak{a} = \begin{pmatrix} 4 \\ 2 \\ 1 \\ 6 \end{pmatrix}$ $\mathfrak{b} = \begin{pmatrix} 2 \\ 1 \\ 2 \\ 3 \end{pmatrix}$

9. Sind folgende Vektoren komplanar, das heißt: liegen sie in einer Ebene?

$\mathfrak{a} = \begin{pmatrix} 3 \\ 2 \\ 4 \end{pmatrix}$ $\mathfrak{b} = \begin{pmatrix} 5 \\ 1 \\ 7 \end{pmatrix}$ $\mathfrak{c} = \begin{pmatrix} 6 \\ 4 \\ 8 \end{pmatrix}$ und $\mathfrak{d} = \begin{pmatrix} -15 \\ -3 \\ -21 \end{pmatrix}$

Lösungen S. 809

Determinanten und Matrizen

Sehr viele Aufgabenstellungen und Probleme der Analytischen Geometrie führen auf die Lösung *linearer Gleichungssysteme*. Hierfür gibt es verschiedene Lösungsverfahren, von denen sich die sogenannte *Cramerregel* besonders gut für vektorielle Probleme eignet.
Die in der Lösungsmenge auftretenden Terme sind sehr kompliziert. Allerdings ist diese schwierige Lösungsdarstellung vermeidbar mit den Begriffen der *Matrix* und *Determinante.*

Eine **Matrix** (Mehrzahl: Matrizen) ist eine quadratische oder rechteckige Anordnung von Zahlen.

Beispiel:
Die Koeffizienten eines linearen Gleichungssystems bilden eine Matrix, die sogenannte **Koeffizientenmatrix.**

Das Gleichungssystem $\left| \begin{array}{r} 4x + 3y = 17 \\ -6x + 4y = 12 \end{array} \right|$ besitzt die Koeffizientenmatrix $\begin{pmatrix} 4 & 3 \\ -6 & 4 \end{pmatrix}$.

Unter einer Determinante versteht man eine Zahl D, die sich aus einer quadratischen Matrix nach einem genau festgelegten Schema bestimmen läßt.

Eine Determinante ordnet folglich jeder quadratischen Matrix eine wohlbestimmte Zahl eindeutig zu. Matrizen werden im allgemeinen in runde Klammern gesetzt, Determinanten erhalten zur Unterscheidung seitlich senkrechte Striche.

Für *zweireihige Matrizen* $\begin{pmatrix} a_1 & b_1 \\ a_2 & b_2 \end{pmatrix}$ berechnet sich die zugehörige Determinante aus der Differenz des Produkts entlang der *Hauptdiagonalen* und des Produktes entlang der *Nebendiagonalen:*

$$D = \begin{vmatrix} a_1 & b_1 \\ a_2 & b_2 \end{vmatrix} = a_1b_2 - a_2b_1$$

Für die Bestimmung der Determinante einer *dreireihigen Matrix* schreibt man sich zunächst die erweiterte Matrix auf und berechnet die Produkte entlang der Hauptdiagonalen und entlang der Nebendiagonalen. Die Determinante ergibt sich aus der Differenz der Summe der Produkte entlang der Hauptdiagonalen und der Summe der Produkte entlang der Nebendiagonalen.

$$\begin{pmatrix} a_1 & b_1 & c_1 \\ a_2 & b_2 & c_2 \\ a_3 & b_3 & c_3 \end{pmatrix}$$

$$\begin{pmatrix} a_1 & b_1 & c_1 & a_1 & b_1 \\ a_2 & b_2 & c_2 & a_2 & b_2 \\ a_3 & b_3 & c_3 & a_3 & b_3 \end{pmatrix}$$
$$- \quad - \quad - \qquad + \quad + \quad +$$

$$D = \begin{vmatrix} a_1 & b_1 & c_1 \\ a_2 & b_2 & c_2 \\ a_3 & b_3 & c_3 \end{vmatrix} = a_1b_2c_3 + b_1c_2a_3 + c_1a_2b_3 - c_1b_2a_3 - a_1c_2b_3 - b_1a_2c_3$$

Die Cramerregel ist aber auch ohne großes Umdenken auf Gleichungssysteme mit mehr als drei Unbekannten übertragbar. Dies hat den Vorteil, daß Vektorprobleme ohne Rücksicht auf die Anzahl ihrer Komponenten n jeweils in gleicher Weise angefaßt werden. Folgendes Gleichungssystem wird nach der *Cramerregel* aufgestellt:

Ein Gleichungssystem n-ter Ordnung

$$\begin{aligned} a_{11}x_1 + a_{12}x_2 + a_{13}x_3 + \dots a_{1n}x_n &= b_1 \\ a_{21}x_1 + a_{22}x_2 + a_{23}x_3 + \dots a_{2n}x_n &= b_2 \\ a_{31}x_1 + a_{32}x_2 + a_{33}x_3 + \dots a_{3n}x_n &= b_3 \\ &\vdots \\ a_{n1}x_1 + a_{n2}x_2 + a_{n3}x_3 + \dots a_{nn}x_n &= b_n \end{aligned}$$

besitzt genau dann eine eindeutige Lösung (n-Tupel)

$$\mathbb{L} = (x_1\ x_2, x_3, \dots, x_n) \text{ mit } x_m = \frac{D_m}{D} \quad (m = 1, 2, 3, \dots, n),$$

wenn die aus den zugehörigen Koeffizienten a_{ik} (i; k = 1 , 2 , 3 , ... , n) gebildete Determinante D von Null verschieden ist.

D_m ist diejenige Determinante, deren Matrix dadurch entsteht, daß man die m-te Spalte durch den Spaltenvektor

$$\mathfrak{b} = \begin{pmatrix} b_1 \\ b_2 \\ b_3 \\ \vdots \\ b_n \end{pmatrix} \text{ ersetzt.}$$

Für n-dimensionale Räume bietet sich eine systematische Bezeichnung der Koeffizienten an, bei der man sofort die Position der Koeffizienten innerhalb der Matrix erkennt: Beispielsweise steht das Glied a_{57} in der 5. Zeile und der 7. Spalte; bei den Koeffizienten a_{ik} gibt also der erste Index i die Zeile, der 2. Index k die Spalte des entsprechenden Koeffizienten innerhalb der Matrix an.

Einführungsbeispiele:

1. $x \cdot \begin{pmatrix} 2 \\ 1 \end{pmatrix} + y \cdot \begin{pmatrix} 3 \\ 4 \end{pmatrix} = \begin{pmatrix} 8 \\ 9 \end{pmatrix}$

Wir untersuchen die vorgegebene Linearkombination der Vektoren $\begin{pmatrix} 2 \\ 1 \end{pmatrix}, \begin{pmatrix} 3 \\ 4 \end{pmatrix}$ und $\begin{pmatrix} 8 \\ 9 \end{pmatrix}$.

Äquivalent hierzu ist folgendes Gleichungssystem: $\left| \begin{array}{r} 2x + 3y = 8 \\ x + 4y = 9 \end{array} \right|$

Nach der Cramerregel folgt hieraus $D = \begin{vmatrix} 2 & 3 \\ 1 & 4 \end{vmatrix} = 2 \cdot 4 - 1 \cdot 3 = 5$

$$D_x = \begin{vmatrix} 8 & 3 \\ 9 & 4 \end{vmatrix} = 8 \cdot 4 - 9 \cdot 3 = 5$$

$$D_y = \begin{vmatrix} 2 & 8 \\ 1 & 9 \end{vmatrix} = 2 \cdot 9 - 1 \cdot 8 = 10$$

also ist $x = \frac{D_x}{D} = \frac{5}{5} = 1$ und

$$y = \frac{D_y}{D} = \frac{10}{5} = 2 \Rightarrow \mathbb{L} = \{(1 \mid 2)\}.$$

2. $x \cdot \begin{pmatrix} 2 \\ 1 \end{pmatrix} + y \cdot \begin{pmatrix} -4 \\ -2 \end{pmatrix} = \begin{pmatrix} 8 \\ 9 \end{pmatrix} \Rightarrow \left| \begin{array}{r} 2x - 4y = 8 \\ x - 2y = 9 \end{array} \right|$

$$D = \begin{vmatrix} 2 & -4 \\ 1 & -2 \end{vmatrix} = 2 \cdot (-2) - 1 \cdot (-4) = 0$$

$$D_x = \begin{vmatrix} 8 & -4 \\ 9 & -2 \end{vmatrix} = 8 \cdot (-2) - 9 \cdot (-4) = 20$$

$$D_y = \begin{vmatrix} 2 & 8 \\ 1 & 9 \end{vmatrix} = 2 \cdot 9 - 1 \cdot 8 = 10$$

wegen $x = \frac{D_x}{D} = \frac{20}{0}$ und $y = \frac{D_y}{D} = \frac{10}{0} \Rightarrow \mathbb{L} = \{\}$ (leere Menge) existiert hier keine Lösung, da durch Null bekanntlich nicht dividiert werden darf.

Die Einführungsbeispiele lehren, daß die **Lösbarkeit** eines Gleichungssystems mit der Frage der *linearen Abhängigkeit/Unabhängigkeit* der Spalten- oder Zeilenvektoren zusammenhängt. Im ersten Beispiel gibt es genau eine Möglichkeit, wie sich der Vektor $\begin{pmatrix} 8 \\ 9 \end{pmatrix}$ aus den beiden linear unabhängigen Vektoren $\begin{pmatrix} 2 \\ 1 \end{pmatrix}$ und $\begin{pmatrix} 3 \\ 4 \end{pmatrix}$ linear darstellen läßt.

Im zweiten Beispiel existiert für eine Linearkombination des Vektors $\begin{pmatrix} 8 \\ 9 \end{pmatrix}$ keine Möglichkeit, da die „Pseudobasisvektoren" in Wirklichkeit linear abhängig sind, der Vektor $\begin{pmatrix} 8 \\ 9 \end{pmatrix}$ aber linear unabhängig ist von $\begin{pmatrix} 2 \\ 1 \end{pmatrix}$ und $\begin{pmatrix} -4 \\ -2 \end{pmatrix}$. Folglich können die beiden Vektoren $\begin{pmatrix} 2 \\ 1 \end{pmatrix}$ und $\begin{pmatrix} -4 \\ -2 \end{pmatrix}$ unmöglich die Ebene aufspannen, in der sich der Vektor $\begin{pmatrix} 8 \\ 9 \end{pmatrix}$ befindet.

Die Wichtigkeit und Ökonomie bei der Anwendung von Determinanten für viele vektorielle Probleme dürfte ohne Zweifel feststehen. Deshalb sollen nun Möglichkeiten aufgezeigt werden, wie *Matrizen* (Singular: *Matrix*) und Determinanten umgeformt und damit möglicherweise vereinfacht werden können. Betrachten wir zunächst die **Regel von Sarrus** (franz. Mathematiker um 1800):

Schreibt man die ersten beiden Spalten einer dreireihigen Determinante rechts neben die Determinante in dieser Reihenfolge, so ergibt sich der Wert der Determinante aus der Differenz der Produktsumme der Hauptdiagonalen und der Nebendiagonalen:

$$D = \begin{vmatrix} a_{11} & a_{12} & a_{13} \\ a_{21} & a_{22} & a_{23} \\ a_{31} & a_{32} & a_{33} \end{vmatrix} = \begin{vmatrix} a_{11} & a_{12} & a_{13} & a_{11} & a_{12} \\ a_{21} & a_{22} & a_{23} & a_{21} & a_{22} \\ a_{31} & a_{32} & a_{33} & a_{31} & a_{32} \end{vmatrix}$$

$$- \quad - \quad - \qquad + \quad + \quad +$$

$$D = a_{11}a_{22}a_{33} + a_{12}a_{23}a_{31} + a_{13}a_{21}a_{32} - a_{13}a_{22}a_{31} - a_{11}a_{23}a_{32} - a_{12}a_{21}a_{33}$$

Beispiel:

$$D = \begin{vmatrix} 1 & 4 & 7 \\ 2 & 5 & 8 \\ 3 & 6 & 9 \end{vmatrix} = \begin{vmatrix} 1 & 4 & 7 & 1 & 4 \\ 2 & 5 & 8 & 2 & 5 \\ 3 & 6 & 9 & 3 & 6 \end{vmatrix} = 1 \cdot 5 \cdot 9 + 4 \cdot 8 \cdot 3 + 7 \cdot 2 \cdot 6 - 7 \cdot 5 \cdot 3 - 1 \cdot 8 \cdot 6 - 4 \cdot 2 \cdot 9$$

$$D = 45 + 96 + 84 - 105 - 48 - 72 = 0$$

Für den nachfolgenden *Entwicklungssatz* ist der Begriff der **Unterdeterminanten** von Bedeutung:
Werden in einer Determinante (Matrix) die Zeile und die Spalte zu einem bestimmten Element gestrichen, so erhält man die zu diesem Element gehörige Unterdeterminante. Besteht die ursprüngliche Determinante aus $n \times n$ Elementen, so besitzt jede Unterdeterminante $(n-1) \times (n-1)$ Elemente.

Beispiel:

In der Determinante $D = \begin{vmatrix} 1 & 4 & 7 \\ 2 & 5 & 8 \\ 3 & 6 & 9 \end{vmatrix}$ gehört zum Element $a_{21} = 2$ wegen $\begin{vmatrix} 1 & 4 & 7 \\ 2 & 5 & 8 \\ 3 & 6 & 9 \end{vmatrix}$

die Unterdeterminante $\begin{vmatrix} 4 & 7 \\ 6 & 9 \end{vmatrix}$

zu dem Element $a_{33} = 9$ gehört wegen $\begin{vmatrix} 1 & 4 & 7 \\ 2 & 5 & 8 \\ 3 & 6 & 9 \end{vmatrix}$

die Unterdeterminante $\begin{vmatrix} 1 & 4 \\ 2 & 5 \end{vmatrix}$.

Entwicklungssatz für n-reihige Determinanten

Man erhält den Wert einer Determinante durch Addition der Produkte aus den Elementen einer beliebigen Zeile oder einer Spalte mit den entsprechenden Unterdeterminanten. Das Vorzeichen der jeweiligen Unterdeterminante richtet sich nach folgendem Schema:

$+ - + - + - + \ldots$

$- + - + - + -$

$+ - + - + - +$

$\vdots$

Das Vorzeichen der zum Element a_{ik} gehörigen Unterdeterminante kann auch auf folgende Weise ermittelt werden: Ist i+k gerade, so ist das Vorzeichen positiv (+), ist i + k ungerade, so ist das Vorzeichen der zugehörigen Unterdeterminante negativ (–).

Dabei ist bedeutungslos, *nach welcher Zeile* oder *Spalte die Determinante entwickelt* wird; in jedem Fall sollte man sich die einfachste Zeile oder Spalte der Matrix aussuchen.

Beispiel:

$D = \begin{vmatrix} 1 & 4 & 7 \\ 2 & 5 & 8 \\ 3 & 6 & 9 \end{vmatrix}$ Wir entwickeln nach der 1. Spalte:

$$D = 1 \cdot \begin{vmatrix} 5 & 8 \\ 6 & 9 \end{vmatrix} - 2 \begin{vmatrix} 4 & 7 \\ 6 & 9 \end{vmatrix} + 3 \begin{vmatrix} 4 & 7 \\ 5 & 8 \end{vmatrix} = 5 \cdot 9 - 6 \cdot 8 - 2 \cdot (4 \cdot 9 - 6 \cdot 7) + 3\,(4 \cdot 8 - 5 \cdot 7) = 0$$

Und jetzt nach der 2. Zeile:

$$D = -2 \cdot \begin{vmatrix} 4 & 7 \\ 6 & 9 \end{vmatrix} + 5 \begin{vmatrix} 1 & 7 \\ 3 & 9 \end{vmatrix} - 8 \begin{vmatrix} 1 & 4 \\ 3 & 6 \end{vmatrix} = -2\,(4 \cdot 9 - 6 \cdot 7) + 5\,(1 \cdot 9 - 3 \cdot 7) - 8\,(1 \cdot 6 - 3 \cdot 4) = 0$$

Mit Hilfe des *Entwicklungssatzes* ist es also möglich, n-reihige Determinanten durch (n–1)reihige Determinanten auszurechnen. Durch sukzessive Anwendung des Satzes kann also jede (auch noch so umfangreiche) Determinante berechnet werden.
Allerdings sollte man für große n (n > 3) einen programmierbaren Rechner einsetzen.
Manchmal ist es für die Bestimmung der Determinante sinnvoll, die Zeilen oder Spalten der zugehörigen Matrix durch zulässige Umformungen zu vereinfachen:

Eine Determinante ändert ihren Wert nicht, wenn man die Werte an der Hauptdiagonalen spiegelt. Man spricht in diesem Fall von einer **gestürzten Matrix**:

$$D = \begin{vmatrix} a_{11} & a_{12} & a_{13} \\ a_{21} & a_{22} & a_{23} \\ a_{31} & a_{32} & a_{33} \end{vmatrix} = \begin{vmatrix} a_{11} & a_{21} & a_{31} \\ a_{12} & a_{22} & a_{32} \\ a_{13} & a_{23} & a_{33} \end{vmatrix}$$

Beispiel:

$$D = \begin{vmatrix} 1 & 4 & 7 \\ 2 & 5 & 8 \\ 3 & 6 & 9 \end{vmatrix} = \begin{vmatrix} 1 & 2 & 3 \\ 4 & 5 & 6 \\ 7 & 8 & 9 \end{vmatrix} = 0$$

Der Nachweis für diese Möglichkeit leuchtet unmittelbar ein, wenn man bedenkt, daß nach dem *Entwicklungssatz* nach der 1. Zeile oder aber auch nach der 1. Spalte entwickelt werden darf.

Vertauscht man in einer Determinante zwei Zeilen oder zwei Spalten, so ändert sich das Vorzeichen der Determinante. Mehrere Vertauschungen bewirken entsprechend mehrfache Vorzeichenveränderungen.

Beispiel:

$$D = \begin{vmatrix} 2 & -2 & 0 \\ 3 & 8 & 1 \\ 7 & 5 & 4 \end{vmatrix} = - \begin{vmatrix} -2 & 2 & 0 \\ 8 & 3 & 1 \\ 5 & 7 & 4 \end{vmatrix} = \begin{vmatrix} 0 & 2 & -2 \\ 1 & 3 & 8 \\ 4 & 7 & 5 \end{vmatrix} = 64$$

Diese Regel wird auch durch den Entwicklungssatz verständlich:
Jede Unterdeterminante erfährt durch Vertauschen benachbarter Zeilen oder Spalten einen *Vorzeichenwechsel.*

Wenn zwei Zeilen oder zwei Spalten einer Determinante zueinander proportional sind (die eine ist Vielfaches der anderen), so ist ihr Wert Null.

Beispiel:

$$D = \begin{vmatrix} 1 & 2 & 5 \\ 2 & 4 & -1 \\ 3 & 6 & 3 \end{vmatrix} = 1 \cdot \begin{vmatrix} 4 & -1 \\ 6 & 3 \end{vmatrix} - 2 \begin{vmatrix} 2 & -1 \\ 3 & 3 \end{vmatrix} + 5 \begin{vmatrix} 2 & 4 \\ 3 & 6 \end{vmatrix} = 12 + 6 - 2\,(6 + 3) + 5\,(12 - 12) = 0$$

Wenn zwei Spalten oder zwei Zeilen zueinander proportional sind, so sind die entsprechenden Zeilen- oder Spaltenvektoren linear abhängig.

Man multipliziert eine Determinante mit einer Zahl, indem man die Elemente einer Zeile oder einer Spalte mit dieser Zahl multipliziert. Man dividiert eine Determinante durch eine Zahl, indem man die Elemente einer Zeile oder einer Spalte durch diese Zahl dividiert.

Beispiele:

1. $D = 5 \cdot \begin{vmatrix} 2 & -1 & 0 \\ 3 & 2 & 1 \\ 5 & -2 & 4 \end{vmatrix} = \begin{vmatrix} 10 & -5 & 0 \\ 3 & 2 & 1 \\ 5 & -2 & 4 \end{vmatrix} = -135$

2. $D = \begin{vmatrix} 2 & -3 & 0 \\ 16 & 20 & 24 \\ 9 & 5 & 3 \end{vmatrix} = 4 \begin{vmatrix} 2 & -3 & 0 \\ 4 & 5 & 6 \\ 9 & 5 & 3 \end{vmatrix} = 12 \begin{vmatrix} 2 & -3 & 0 \\ 4 & 5 & 2 \\ 9 & 5 & 1 \end{vmatrix} = -624$

Ersetzt man einen Vektor $\mathfrak{a}$ durch ein Vielfaches $\lambda\mathfrak{a}$, so ändert sich in einem System von Vektoren natürlich *nicht* die *lineare Abhängigkeit* oder *Unabhängigkeit.*

Addiert (oder subtrahiert) man zu den Elementen einer Zeile oder einer Spalte ein beliebiges Vielfaches einer anderen Zeile oder einer Spalte, so ändert sich der Wert der Determinante nicht.

Beispiel:

$D = \begin{vmatrix} 1 & 2 & 3 \\ 4 & 5 & 6 \\ 7 & 6 & 9 \end{vmatrix} = \begin{vmatrix} 1 & (2+3) & 3 \\ 4 & (5+6) & 6 \\ 7 & (6+9) & 9 \end{vmatrix} = \begin{vmatrix} 1 & 5 & 3 \\ 4 & 11 & 6 \\ 7 & 15 & 9 \end{vmatrix} = -12$

Wenn ein Vektor $\mathfrak{a}$ durch den Vektor $\mathfrak{a} + \lambda\mathfrak{b}$ innerhalb eines Systems $\{\mathfrak{a}, \mathfrak{b}, \ldots\}$ ersetzt wird, so ändert sich dadurch natürlich die *lineare Abhängigkeit* oder *Unabhängigkeit* nicht.
Die Beispiele lassen deutlich erkennen, wie wirkungsvoll diese Regeln für die praktische Arbeit mit Determinanten eingesetzt werden können.

Übungsaufgaben

1. Berechnen Sie folgende Determinanten:

a) $\begin{vmatrix} 1 & 2 & 3 \\ 1 & 2 & 3 \\ 1 & 2 & 3 \end{vmatrix}$ b) $\begin{vmatrix} 2 & -3 & 4 \\ 7 & 2 & 1 \\ 4 & -6 & 8 \end{vmatrix}$ c) $\begin{vmatrix} 5 & 10 & 20 \\ 0 & 1 & 3 \\ 4 & 2 & 1 \end{vmatrix}$

2. a) $\begin{vmatrix} 1 & 3 & 7 \\ 6 & 7 & 3 \\ 5 & 6 & 2 \end{vmatrix}$ b) $\begin{vmatrix} 1 & -1 & 1 \\ -1 & 1 & -1 \\ 1 & -1 & 1 \end{vmatrix}$ c) $\begin{vmatrix} 0 & 1 & 2 \\ 1 & 0 & 1 \\ 2 & 1 & 0 \end{vmatrix}$

3. $\begin{vmatrix} \sin x & -\cos x \\ \cos x & \sin x \end{vmatrix}$

4. Lösen Sie einige der Gleichungssystem-Übungen mit Hilfe von Determinanten und verifizieren Sie die auf andere Weise gefundenen Lösungen.

Lösungen S. 812

Systeme linearer Gleichungen

Auf den zurückliegenden Seiten 159 ff. wurde bereits einiges über *lineare Gleichungssysteme* ausgesagt. Wir wollen uns nun noch etwas intensiver mit diesem Thema auseinandersetzen und dabei die vektorielle Bedeutung herausstellen.

Das Gleichungssystem

$$\begin{aligned} a_{11}x_1 + a_{12}x_2 + a_{13}x_3 + \ldots + a_{1n}x_n &= b_1 \\ a_{21}x_1 + a_{22}x_2 + a_{23}x_3 + \ldots + a_{2n}x_n &= b_2 \\ &\vdots \\ a_{n1}x_1 + a_{n2}x_2 + a_{n3}x_3 + \ldots + a_{nn}x_n &= b_n \end{aligned}$$

läßt sich vektoriell darstellen als:

$$\mathfrak{a}_1 x_1 + \mathfrak{a}_2 x_2 + \mathfrak{a}_3 x_3 + \ldots + \mathfrak{a}_n x_n = \mathfrak{b}$$

Dabei besitzen die Spaltenvektoren $\mathfrak{a}_1, \mathfrak{a}_2, \mathfrak{a}_3, \ldots \mathfrak{a}_n$ und $\mathfrak{b}$ jeweils n Komponenten (n-Tupel). Die Gleichungsvariablen (Unbekannten) $x_1, x_2, x_3, \ldots x_n$ sind reelle Zahlen.

Das Gleichungssystem nennt man **homogen**, wenn alle $b_i = 0$ (i = 1, 2, 3, ... n), also wenn $\mathfrak{b}$ dem Nullvektor entspricht. Andernfalls wird das Gleichungssystem **inhomogen** genannt.

Bei der Lösung eines linearen Gleichungssystems wird also die Menge $\mathbb{L}$ (*Lösungsmenge*) aller geordneter n-Tupel von reellen Zahlen gesucht, die alle n Gleichungen des linearen Gleichungssystems zu wahren Aussagen machen, wenn diese n-Tupel für $x_1, x_2, x_3, \ldots x_n$ eingesetzt werden. Dabei kann es vorkommen, daß keine, genau eine oder unendlich viele Lösungen existieren.

Einführungsbeispiele:

1. Das System $x_1 \cdot \begin{pmatrix} 2 \\ 1 \end{pmatrix} + x_2 \cdot \begin{pmatrix} 3 \\ 4 \end{pmatrix} = \begin{pmatrix} 8 \\ 9 \end{pmatrix}$ besitzt genau eine Lösung, nämlich $\mathbb{L} = \{(1 \mid 2)\}$

2. Das System $x_1 \cdot \begin{pmatrix} 2 \\ 1 \end{pmatrix} + x_2 \cdot \begin{pmatrix} -4 \\ -2 \end{pmatrix} = \begin{pmatrix} 8 \\ 9 \end{pmatrix}$ besitzt keine Lösung: $\mathbb{L} = \{\ \}$

3. Das System $x_1 \cdot \begin{pmatrix} 2 \\ 1 \end{pmatrix} + x_2 \cdot \begin{pmatrix} -4 \\ -2 \end{pmatrix} = \begin{pmatrix} 8 \\ 4 \end{pmatrix}$ besitzt unendlich viele Lösungen, nämlich $\mathbb{L} = \{(x_1 \mid x_2) \mid x_1 - 2x_2 = 4\}_{\mathbb{R} \times \mathbb{R}}$

Die Beispiele zeigen, daß *genau eine* Lösung existiert, wenn die vorkommenden Spaltenvektoren $\mathfrak{a}_1$ und $\mathfrak{a}_2$ des homogenen Systems linear unabhängig sind. Dagegen existiert keine Lösung, wenn die Spaltenvektoren $\mathfrak{a}_1$ und $\mathfrak{u}_2$ des homogenen Systems linear abhängig, die Vektoren $\mathfrak{a}_1$ und $\mathfrak{b}$ (und damit auch $\mathfrak{a}_2$ und $\mathfrak{b}$) jedoch linear unabhängig sind. Man spricht hier von *unerfüllbaren* oder *kontradiktorischen Aussageformen*.

Unendlich viele Lösungen existieren, wenn alle Vektoren $\mathfrak{a}_1$, $\mathfrak{a}_2$ und $\mathfrak{b}$ linear abhängig sind (vergleiche hierzu die *Cramerregel*). Im letzten Fall kann eine Komponente des *geordneten Lösungspaares* $(x_1 | x_2)$ frei gewählt werden, während sich die andere dann notgedrungen hieraus errechnet. Deshalb wollen wir in einem solchen Fall von (∞^1) Lösungen (*1 Freiheitsgrad*) reden. Es gibt dann natürlich auch noch den trivialen Fall, daß alle Spaltenvektoren gleich dem *Nullvektor* $\mathfrak{o}$ sind. Dann kann für jede Komponente des geordneten Lösungspaares $(x_1 | x_2)$ jede beliebige Zahl frei und unabhängig von der Wahl der anderen festgelegt werden. Man spricht in einem solchen Fall von (∞^2) Lösungen (*2 Freiheitsgrade*) und nennt das zugehörige Gleichungssystem allgemeingültig mit *tautologischen Aussageformen*.

Unser Gleichungssystem $\mathfrak{a}_1 x_1 + \mathfrak{a}_2 x_2 + \mathfrak{a}_3 x_3 + \ldots + \mathfrak{a}_n x_n = \mathfrak{b}$ besitzt die Koeffizientenmatrix

$$M = (\mathfrak{a}_1, \mathfrak{a}_2, \mathfrak{a}_3, \ldots, \mathfrak{a}_n) = \begin{pmatrix} a_{11} & a_{12} & a_{13} & \cdots & a_{1n} \\ a_{21} & a_{22} & a_{23} & \cdots & a_{2n} \\ \vdots & & & & \\ a_{n1} & a_{n2} & a_{n3} & \cdots & a_{nn} \end{pmatrix}$$

und die erweiterte Koeffizientenmatrix

$$\overline{M} = (\mathfrak{a}_1, \mathfrak{a}_2, \mathfrak{a}_3, \ldots, \mathfrak{a}_n, \mathfrak{b}) = \left(\begin{array}{ccccc|c} a_{11} & a_{12} & a_{13} & \cdots & a_{1n} & b_1 \\ a_{21} & a_{22} & a_{23} & \cdots & a_{2n} & b_2 \\ \vdots & & & & & \\ a_{n1} & a_{n2} & a_{n3} & \cdots & a_{nn} & b_n \end{array}\right)$$

Die Koeffizientenmatrix M ist also eine sogenannte (n x n)-Matrix, während die erweiterte Koeffizientenmatrix $\overline{M}$ eine $(n \cdot (n + 1))$-Matrix darstellt. Eine *Matrix* ist folglich im Gegensatz zu einer *Determinante* weder eine Zahl noch ein Term, sie ist lediglich eine Zusammenstellung von Zahlen oder Variablen zu einem Zahlenschema. Jede reelle Zahl kann damit als (1×1)-Matrix gedeutet werden.

Der **Rang einer Matrix** (Rg M) gibt die Maximalzahl der linear unabhängigen Spaltenvektoren an:
Rg M = n $\Leftrightarrow$ Spaltenvektoren stellen Basis dar
Rg M = o $\Leftrightarrow$ alle Spaltenvektoren sind gleich dem Nullvektor

Man überlegt sich leicht, daß der *Spaltenrang* immer gleich dem *Zeilenrang* ist.
Einleuchtend ist auch, daß sich ein durch drei Vektoren (Basisvektoren) aufgespannter dreidimensionaler Vektorraum nicht verändern kann, wenn man

- die Reihenfolge der Basisvektoren vertauscht,
- einen Basisvektor durch ein skalares Vielfaches dieses Basisvektors ersetzt oder
- einen Basisvektor zu einem anderen Basisvektor addiert und den Summenvektor als neuen Basisvektor verwendet.

Dementsprechend ändert sich auch der Rang einer Matrix durch folgende **Matrixumformungen**:
- Vertauschen zweier Zeilen oder Spalten,
- Multiplikation einer Zeile oder Spalte mit einer reellen Zahl $k \neq 0$,
- Addition einer mit einer reellen Zahl ($k \in \mathbb{R}/\{0\}$) multiplizierten Zeile (oder Spalte) zu einer anderen Zeile (oder Spalte).

Die *Matrixumformungen* erlauben es, eine Matrix beliebig zu verändern. Unter den veränderten Darstellungen wird dann eine dabei sein, die ein möglichst einfaches und für weitere Überlegungen nützliches Aussehen besitzt.

Jede Matrix kann durch Matrixumformungen in die sogenannte *Dreiecksform* überführt werden:

$$\begin{pmatrix} a_{11} & a_{12} & a_{13} & \dots & a_{1n} \\ a_{21} & a_{22} & a_{23} & \dots & a_{2n} \\ \vdots \\ a_{n1} & a_{n2} & a_{n3} & \dots & a_{nn} \end{pmatrix} \Rightarrow \begin{pmatrix} d_{11} & 0 & 0 & \dots & 0 & 0 & 0 \\ d_{21} & d_{22} & 0 & & & & \\ d_{31} & d_{32} & d_{33} & . & 0 & 0 & \dots 0 \\ & & & . & d_{rr} & 0 & \dots 0 \\ \vdots & \vdots & \vdots & & \vdots & \vdots & \vdots \\ d_{n1} & d_{n2} & d_{n3} & & d_{nr} & 0 & \dots 0 \end{pmatrix} \text{ mit } d_{ii} \neq 0 \; (i = 1, 2, \dots, r), \; r \leq n$$

Die Dreiecksmatrix besitzt den Rang r.

Die Umformungen in die *Dreiecksmatrix* sind bei quadratischen Matrizen immer möglich. Es sollte verständlich sein, daß der Rang dieser Dreiecksmatrix am bestehenden Schema abgelesen werden kann, weil die ersten r Spaltenvektoren von links nach rechts linear unabhängig sein müssen wegen ihrer abnehmenden Komponentenzahl.
Hier wird auch erkennbar, daß ein *inhomogenes Gleichungssystem mit n Unbekannten* nur dann *genau eine* Lösung besitzen kann, wenn der Rang der Koeffizientenmatrix M gleich dem Rang der erweiterten Matrix $\overline{M}$ ist und beide Matrizen den Rang n besitzen. Ist der Rang der erweiterten Matrix $\overline{M}$ größer als derjenige der Matrix M, so können natürlich keine Lösungen für das Gleichungssystem existieren, weil sich der Vektor $\mathfrak{b}$ des Gleichungssystems $\mathfrak{a}_1 x_1 + \mathfrak{a}_2 x_2 + \mathfrak{a}_3 x_3 + \dots + \mathfrak{a}_n x_n = \mathfrak{b}$ in einem „höherdimensionierten" Vektorraum befindet als die Vektoren $\mathfrak{a}_1, \mathfrak{a}_2, \mathfrak{a}_3, \dots, \mathfrak{a}_n$. Sind die Ränge der Matrizen M und $\overline{M}$ gleich, aber kleiner als n, so gibt es unendlich viele Lösungen, und die *Freiheitsgrade* wachsen mit kleiner werdendem Rang.
Der Rang der erweiterten Matrix $\overline{M}$ kann natürlich nie kleiner sein als der Rang der Matrix M, da sich die Dimension eines aufgespannten Vektorraumes durch die Hinzunahme eines Vektors nicht verkleinern kann. In den nachfolgenden Tabellen sind die Anzahlen der Lösungen für zweidimensionale und dreidimensionale Gleichungssysteme dargestellt:

$n = 2$	$\mathbb{L} = \{x_1 \mid x_2\}$	
Rg M	Rg $\overline{M}$	Anzahl der Lösungen
2	2	1
1	2	0
1	1	∞^1
0	1	0
0	0	∞^2

$n = 3$	$\mathbb{L} = \{x_1 \mid x_2 \mid x_3\}$	
Rg M	Rg $\overline{M}$	Anzahl der Lösungen
3	3	1
2	3	0
2	2	∞^1
1	2	0
1	1	∞^2
0	1	0
0	0	∞^3

Einführungsbeispiele:

1. $x_1\begin{pmatrix}2\\1\end{pmatrix}+x_2\begin{pmatrix}3\\4\end{pmatrix}=\begin{pmatrix}8\\9\end{pmatrix}$

$\Rightarrow M=\begin{pmatrix}2 & 3\\1 & 4\end{pmatrix}$ (1. Spalte · (–1,5) , dann zur 2. Spalte addieren)

$M=\begin{pmatrix}2 & 0\\1 & 2{,}5\end{pmatrix}\Rightarrow \text{Rg } M=2$

$\overline{M}=\left(\begin{array}{cc|c}2 & 3 & 8\\1 & 4 & 9\end{array}\right)$ (1. Spalte · (–4), 2. Spalte · (–2), dann zur 3. Spalte addieren)

$\overline{M}=\left(\begin{array}{cc|c}2 & 0 & 0\\1 & 2{,}5 & 0\end{array}\right)\Rightarrow \text{Rg } \overline{M}=2$

Es muß folglich genau eine Lösung existieren $\Rightarrow \mathbb{L} = \{(1 \mid 2)\}$

2. $x_1\begin{pmatrix}2\\1\end{pmatrix}+x_2\begin{pmatrix}-4\\-2\end{pmatrix}=\begin{pmatrix}8\\9\end{pmatrix}$

$\Rightarrow M=\begin{pmatrix}2 & -4\\1 & -2\end{pmatrix}$ (1. Spalte · (2), dann zur 2. Spalte addieren)

$M=\begin{pmatrix}2 & 0\\1 & 0\end{pmatrix}\Rightarrow M=\begin{pmatrix}0 & 0\\1 & 0\end{pmatrix}$

$\overline{M}=\left(\begin{array}{cc|c}2 & -4 & 8\\1 & -2 & 9\end{array}\right)$ (1. Spalte · (2), dann zur 2. Spalte addieren)

$\overline{M}=\left(\begin{array}{cc|c}2 & 0 & 8\\1 & 0 & 9\end{array}\right)=\left(\begin{array}{cc|c}2 & 0 & 0\\1 & 0 & 1\end{array}\right)=\left(\begin{array}{cc|c}2 & 0 & 0\\1 & 1 & 0\end{array}\right)$

Es ist Rg M = 1 und Rg $\overline{M}$ = 2, also gibt es keine Lösung $\Rightarrow \mathbb{L} = \{\ \}$

3. $x_1\begin{pmatrix}2\\1\end{pmatrix}+x_2\begin{pmatrix}-4\\-2\end{pmatrix}=\begin{pmatrix}8\\4\end{pmatrix}$

$$\Rightarrow M=\begin{pmatrix}2 & -4\\1 & -2\end{pmatrix}=\begin{pmatrix}2 & 0\\1 & 0\end{pmatrix}=\begin{pmatrix}0 & 0\\1 & 0\end{pmatrix} \qquad \Rightarrow \operatorname{Rg} M=1$$

$$\overline{M}=\left(\begin{array}{cc|c}2 & -4 & 8\\1 & -2 & 4\end{array}\right)=\left(\begin{array}{cc|c}2 & 0 & 8\\1 & 0 & 4\end{array}\right)=\left(\begin{array}{cc|c}2 & 0 & 0\\1 & 0 & 0\end{array}\right)=\left(\begin{array}{cc|c}0 & 0 & 0\\1 & 0 & 0\end{array}\right)\Rightarrow \operatorname{Rg}\overline{M}=1$$

Es gibt folglich unendlich viele Lösungen mit einem Freiheitsgrad (∞^1):
$\mathbb{L}=\{(x_1\,|\,x_2)\,|\,x_1-2x_2=4\}_{\mathbb{R}\times\mathbb{R}}$

4. Gegeben ist das Gleichungssystem $a_1\cdot x_1+a_2\cdot x_2+a_3\cdot x_3=b$, wobei $a_1=a_2=a_3=b=0$.
Es leuchtet ein, daß $\operatorname{Rg} M=\operatorname{Rg}\overline{M}=0$ ist und somit unendlich viele Lösungen mit drei Freiheitsgraden (∞^3) existieren: $\mathbb{L}=\{(x_1\,|\,x_2\,|\,x_3)\}_{\mathbb{R}\times\mathbb{R}\times\mathbb{R}}$

Die oftmals aufwendigen Matrixumformungen lohnen sich natürlich erst dann, wenn man neben dem Rang auch noch die Lösungen des zugehörigen Gleichungssystems ablesen kann. Da jede Matrixzeile für eine bestimmte Gleichung des zu lösenden Gleichungssystems steht, dürfen für die Lösungsermittlung natürlich auch nur Matrixumformungen benutzt werden, die die Lösungsmenge des Gleichungssystems nicht verändern.
Man spricht bei solchen Umformungen von **Äquivalenzumformungen für Gleichungssysteme**. Die Umformungen lassen folgendes zu:

- Gleichungen (Zeilen) dürfen vertauscht werden.
- Jede Gleichung (Zeile) kann mit einer von Null verschiedenen Zahl multipliziert (oder dividiert) werden.
- Eine Gleichung (Zeile) kann durch die Summe aus dieser und einer anderen Gleichung (Zeile) ersetzt werden.

Diese Äquivalenzumformungen sind damit auch für Matrizenzeilen verwendbar und sehr arbeitserleichternd. Bei Matrixumformungen arbeitet man allerdings in der Regel mit der erweiterten Matrix $\overline{M}$, weil die Matrix M ja ganz in $\overline{M}$ enthalten ist.
Ziel einer solchen Matrixumformung sollte die **erweiterte Dreiecksform** sein, bei der die Lösungskomponenten direkt ablesbar sind.

Beispiele:

1. Das Gleichungssystem $\left| \begin{array}{r} 4x_1 + 3x_2 = 17 \\ -6x_1 + 8x_2 = 12 \end{array} \right|$ besitzt die Lösung $\mathbb{L} = \{(2 \mid 3)\}$.

Wir bestimmen die Lösung durch Umformung der Matrix in die erweiterte Dreiecksform:

$$\overline{M} = \left(\begin{array}{rr|r} 4 & 3 & 17 \\ -6 & 8 & 12 \end{array}\right) \Rightarrow \left(\begin{array}{rr|r} 4 & 3 & 17 \\ -6 & 8 & 12 \end{array}\right)\begin{array}{l} \cdot 3 \\ \cdot 2 \end{array} \Rightarrow \left(\begin{array}{rr|r} 12 & 9 & 51 \\ -12 & 16 & 24 \end{array}\right)\downarrow + \Rightarrow \left(\begin{array}{rr|r} 4 & 3 & 17 \\ 0 & 25 & 75 \end{array}\right) : 25$$

$$\Rightarrow \left(\begin{array}{rr|r} 4 & 3 & 17 \\ 0 & 1 & 3 \end{array}\right) \cdot (-3) \Rightarrow \left(\begin{array}{rr|r} 4 & 3 & 17 \\ 0 & -3 & -9 \end{array}\right)\uparrow + \Rightarrow \left(\begin{array}{rr|r} 4 & 0 & 8 \\ 0 & 1 & 3 \end{array}\right) : 4 \Rightarrow \left(\begin{array}{rr|r} 1 & 0 & 2 \\ 0 & 1 & 3 \end{array}\right)$$

Dieser Matrix ist die Lösung $x_1 = 2$ und $x_2 = 3$ unmittelbar zu entnehmen.

2. Das Gleichungssystem $\left| \begin{array}{rcl} 2x_1 + 3x_2 - 4x_3 &=& 17 \\ 6x_2 + 18x_3 &=& 0 \\ -x_1 - 4x_2 \qquad &=& -14 \end{array} \right|$ besitzt die Matrix $\overline{M}$:

$$\Rightarrow \left(\begin{array}{rrr|r} 2 & 3 & -4 & 17 \\ 0 & 6 & 18 & 0 \\ -1 & -4 & 0 & -14 \end{array}\right) \begin{array}{l} \\ \cdot \frac{4}{6} \;\; : (-2) \uparrow + : 4 \\ \downarrow + \end{array} \Rightarrow \left(\begin{array}{rrr|r} 2 & 0 & -13 & 17 \\ 0 & 1 & 3 & 0 \\ -1 & 0 & 12 & -14 \end{array}\right) \begin{array}{l} \uparrow + \\ \\ \cdot 2 \end{array} \Rightarrow \left(\begin{array}{rrr|r} 0 & 0 & 11 & -11 \\ 0 & 1 & 3 & 0 \\ -1 & 0 & 12 & -14 \end{array}\right) \cdot \left(-\tfrac{14}{11}\right) \downarrow +$$

$$\Rightarrow \left(\begin{array}{rrr|r} 0 & 0 & 1 & -1 \\ 0 & 1 & 3 & 0 \\ -1 & 0 & -2 & 0 \end{array}\right) \cdot (-3) \downarrow + \Rightarrow \left(\begin{array}{rrr|r} 0 & 0 & 1 & -1 \\ 0 & 1 & 0 & 3 \\ -1 & 0 & -2 & 0 \end{array}\right) \cdot 2 \downarrow + \Rightarrow \left(\begin{array}{rrr|r} 0 & 0 & 1 & -1 \\ 0 & 1 & 0 & 3 \\ -1 & 0 & 0 & -2 \end{array}\right) \cdot (-1)$$

$$\Rightarrow \left(\begin{array}{rrr|r} 1 & 0 & 0 & 2 \\ 0 & 1 & 0 & 3 \\ 0 & 0 & 1 & -1 \end{array}\right)$$

Die Lösung lautet somit $x_1 = 2$; $x_2 = 3$; $x_3 = -1$.

3. Das Gleichungssystem $\left| \begin{array}{rcl} 4x_1 \qquad + 3x_3 \qquad &=& -13 \\ x_1 - x_2 \qquad\qquad &=& 1 \\ -2x_1 + x_2 \qquad\quad + x_4 &=& -4 \\ x_1 + x_2 + \quad x_3 - x_4 &=& -2 \end{array} \right|$ besitzt die Matrix $\overline{M}$:

$$\Rightarrow \left(\begin{array}{rrrr|r} 4 & 0 & 3 & 0 & -13 \\ 1 & -1 & 0 & 0 & 1 \\ -2 & 1 & 0 & 1 & -4 \\ 1 & 1 & 1 & -1 & -2 \end{array}\right) \downarrow + \downarrow + \Rightarrow \left(\begin{array}{rrrr|r} 4 & 0 & 3 & 0 & -13 \\ 1 & -1 & 0 & 0 & 1 \\ -1 & 0 & 0 & 1 & -3 \\ 2 & 0 & 1 & -1 & -1 \end{array}\right) \cdot 2 \downarrow + \Rightarrow \left(\begin{array}{rrrr|r} 4 & 0 & 3 & 0 & -13 \\ 1 & -1 & 0 & 0 & 1 \\ -1 & 0 & 0 & 1 & -3 \\ 0 & 0 & 1 & 1 & -7 \end{array}\right) \cdot (-3) \uparrow +$$

$$\Rightarrow \left(\begin{array}{rrrr|r} 4 & 0 & 0 & -3 & 8 \\ 1 & -1 & 0 & 0 & 1 \\ -1 & 0 & 0 & 1 & -3 \\ 0 & 0 & 1 & 1 & -7 \end{array}\right) \cdot 3 \uparrow + \Rightarrow \left(\begin{array}{rrrr|r} 1 & 0 & 0 & 0 & -1 \\ 1 & -1 & 0 & 0 & 1 \\ -1 & 0 & 0 & 1 & -3 \\ 0 & 0 & 1 & 1 & -7 \end{array}\right) \downarrow + \; - \; \downarrow + \Rightarrow \left(\begin{array}{rrrr|r} 1 & 0 & 0 & 0 & -1 \\ 0 & 1 & 0 & 0 & -2 \\ 0 & 0 & 0 & 1 & -4 \\ 0 & 0 & 1 & 1 & -7 \end{array}\right) - \downarrow +$$

$$\Rightarrow \left(\begin{array}{rrrr|r} 1 & 0 & 0 & 0 & -1 \\ 0 & 1 & 0 & 0 & -2 \\ 0 & 0 & 0 & 1 & -4 \\ 0 & 0 & 1 & 0 & -3 \end{array}\right) \Rightarrow \left(\begin{array}{rrrr|r} 1 & 0 & 0 & 0 & -1 \\ 0 & 1 & 0 & 0 & -2 \\ 0 & 0 & 1 & 0 & -3 \\ 0 & 0 & 0 & 1 & -4 \end{array}\right)$$

Die Lösung ist jetzt ablesbar: $\mathbb{L} = \{(-1 \mid -2 \mid -3 \mid -4\}$

4. $G = \mathbb{Q} \times \mathbb{Q}$ $\quad \left| \begin{array}{r} -4x + 2y = 8 \\ 9x + 3y = -6 \end{array} \right| \Rightarrow$

$$D = \begin{vmatrix} -4 & 2 \\ 9 & 3 \end{vmatrix} = -12 - 18 = -30$$

$$D_x = \begin{vmatrix} 8 & 2 \\ -6 & 3 \end{vmatrix} = 24 + 12 = 36 \Rightarrow x = \frac{36}{-30} = -\frac{6}{5}$$

$$D_y = \begin{vmatrix} -4 & 8 \\ 9 & -6 \end{vmatrix} = 24 - 72 = -48 \Rightarrow y = \frac{-48}{-30} = \frac{8}{5}$$

$$\mathbb{L} = \left\{ \left(-\frac{6}{5} \,\middle|\, \frac{8}{5} \right) \right\}$$

5. $G = \mathbb{Q} \times \mathbb{Q}$ $\quad \left| \begin{array}{r} 2x + 2y = 4 \\ -3x - 3y = 9 \end{array} \right| \Rightarrow D = \begin{vmatrix} 2 & 2 \\ -3 & -3 \end{vmatrix} = -6 + 6 = 0$

$$D_x = \begin{vmatrix} 4 & 2 \\ 9 & -3 \end{vmatrix} = -12 - 18 = -30 \Rightarrow$$

$$D_y = \begin{vmatrix} 2 & 4 \\ -3 & 9 \end{vmatrix} = 18 + 12 = 30 \Rightarrow$$

es existiert keine Lösung; $\mathbb{L} = \{\,\}$

6. $G = \mathbb{Q} \times \mathbb{Q}$ $\quad \left| \begin{array}{r} 6x + 3y = 3 \\ -8x - 4y = -4 \end{array} \right| \Rightarrow D = \begin{vmatrix} 6 & 3 \\ -8 & -4 \end{vmatrix} = -24 + 24 = 0$

$$D_x = \begin{vmatrix} 3 & 3 \\ -4 & -4 \end{vmatrix} = -12 + 12 = 0 \Rightarrow$$

$$D_y = \begin{vmatrix} 6 & 3 \\ -8 & -4 \end{vmatrix} = -24 + 24 = 0 \Rightarrow$$

es existieren unendlich viele Lösungen;

$$\mathbb{L} = \{ (x \mid y) \mid 6x + 3y = 3 \}_{\mathbb{Q} \times \mathbb{Q}}$$

7. $G = \mathbb{N} \times \mathbb{N} \times \mathbb{N}$ $\quad \left| \begin{array}{r} 3x - 2y + 6z = 24 \\ 2x + 10y - 20z = -46 \\ -5x + 2y = -4 \end{array} \right| \Rightarrow$

$$D = \begin{vmatrix} 3 & -2 & 6 \\ 2 & 10 & -20 \\ -5 & 2 & 0 \end{vmatrix} = 0 - 200 + 24 + 300 + 120 - 0 = 244$$

$$D_x = \begin{vmatrix} 24 & -2 & 6 \\ -46 & 10 & -20 \\ -4 & 2 & 0 \end{vmatrix} = 0 - 160 - 552 + 240 + 960 - 0 = 488$$

$$D_y = \begin{vmatrix} 3 & 24 & 6 \\ 2 & -46 & -20 \\ -5 & -4 & 0 \end{vmatrix} = 0 + 2400 - 48 - 1380 - 240 - 0 = 732$$

$$D_z = \begin{vmatrix} 3 & -2 & 24 \\ 2 & 10 & -46 \\ -5 & 2 & -4 \end{vmatrix} = -120 - 460 + 96 + 1200 + 276 - 16 = 976$$

Damit ist $x = \frac{488}{244} = 2$; $y = \frac{732}{244} = 3$; $z = \frac{976}{244} = 4 \Rightarrow \mathbb{L} = \{ (2 \mid 3 \mid 4) \}$.

Übungsaufgaben

1. Bestimmen Sie die Ränge der zugehörigen Matrizen M und $\overline{M}$, und ermitteln Sie die Lösungen mit Hilfe der erweiterten Dreiecksform:

a) $$\begin{aligned} 2x_1 + 3x_2 - 4x_3 &= 17 \\ 6x_2 + 18x_3 &= 0 \\ -x_1 - 4x_2 &= -14 \end{aligned}$$

b) $$\begin{aligned} 4x_1 - 10x_2 &= -4 \\ -x_1 + 4x_3 &= -4 \\ x_2 - x_3 &= 2 \end{aligned}$$

c) $$\begin{aligned} -3x_1 + 2x_2 - x_3 &= 8 \\ 4x_2 - 6x_3 &= 16 \\ -x_1 + x_2 - x_3 &= 5 \end{aligned}$$

2. a) $$\begin{aligned} 2x_1 - 4x_2 - x_3 + x_4 &= 3 \\ -x_1 + 5x_2 - x_4 &= -7 \\ 2x_2 - 2x_3 &= -10 \\ x_3 - 2x_4 &= 11 \end{aligned}$$

b) $$\begin{aligned} 2x_1 + 3x_2 - x_4 &= 0 \\ x_1 - x_3 &= 0 \\ x_2 - 4x_3 - x_4 &= -4 \\ 5x_1 + x_4 &= 4 \end{aligned}$$

3. Ein Rechenkünstler soll drei Zahlen ermitteln. Er erhält als Hinweise die drei Summen aus jeweils zwei dieser drei Zahlen. Die Summen lauten 9, 20 und 21. Wie heißen die drei gesuchten Zahlen?

Lösungen S. 812

Teilverhältnisse

Die *lineare Abhängigkeit* ist in einem eigenen Abschnitt sehr ausführlich behandelt. Wir wollen nun diese Kenntnisse nutzen, um Teilverhältnisse in *ebenen* und *räumlichen* Figuren zu ergründen.

Einführungsbeispiel:

Gegeben sei ein Parallelogramm ABCD (Abb. 513).
Gefordert wird der Beweis, daß sich die Diagonalen $\overline{AC}$ und $\overline{BD}$ gegenseitig halbieren:

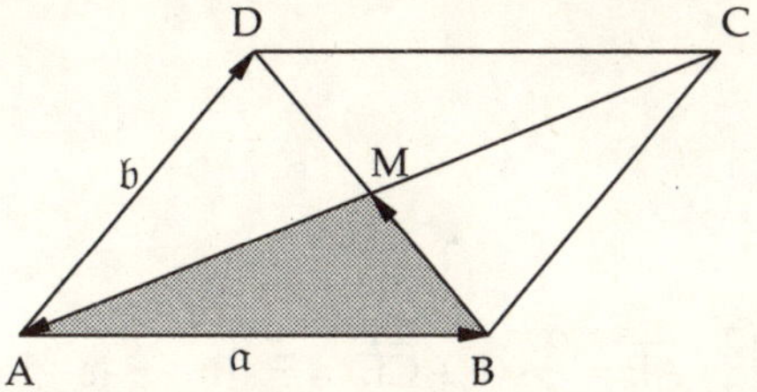

Abb. 513

Die Parallelogrammebene wird durch die linear unabhängigen Vektoren $\overrightarrow{AB} = \mathfrak{a}$ und $\overrightarrow{AD} = \mathfrak{b}$ aufgespannt; $\mathfrak{a}$ und $\mathfrak{b}$ sind somit Basisvektoren. Folglich läßt sich jeder andere Vektor dieser Parallelogrammebene durch $\mathfrak{a}$ und $\mathfrak{b}$ linear kombinieren. Die Vektoren $\overrightarrow{AB}$, $\overrightarrow{BM}$ und $\overrightarrow{MA}$ bilden einen geschlossenen Polygonzug, ihre Summe ist deshalb der Nullvektor:

$\overrightarrow{AB} + \overrightarrow{BM} + \overrightarrow{MA} = \mathfrak{o}$

Da sich jeder dieser Vektoren durch die Basisvektoren darstellen läßt, erhält man hieraus eine Vektorgleichung, die nur aus den linear unabhängigen Vektoren $\mathfrak{a}$ und $\mathfrak{b}$ besteht.

Wegen $\overrightarrow{AB} = \mathfrak{a}, \overrightarrow{BM} = n \cdot \overrightarrow{BD} = n \cdot (\mathfrak{b} - \mathfrak{a})$ und $\overrightarrow{MA} = m \cdot \overrightarrow{CA} = m \cdot (-\mathfrak{a} - \mathfrak{b})$ ergibt sich somit mit Hilfe obiger Gleichung:

$\mathfrak{a} + n \cdot (\mathfrak{b} - \mathfrak{a}) + m \cdot (-\mathfrak{a} - \mathfrak{b}) = \mathfrak{o}$

Hierbei sind n und m reelle Zahlen ($n, m \in \mathbb{R}$ also Skalare, die das gesuchte Teilverhältnis zum Ausdruck bringen.

$\Rightarrow \mathfrak{a} + n\mathfrak{b} - n\mathfrak{a} - m\mathfrak{a} - m\mathfrak{b} = \mathfrak{o}$

$\Rightarrow \mathfrak{a}\,(1 - n - m) + \mathfrak{b}\,(n - m) = \mathfrak{o}$

Zwei linear unabhängige Vektoren können als Summenvektor dann und nur dann den Nullvektor $\mathfrak{o}$ ergeben, wenn sie zuvor jeweils mit dem Skalar 0 multipliziert wurden. Folglich muß sowohl $(1 - n - m)$ als auch $(n - m)$ gleich Null sein:

$$1 - n - m = 0 \wedge n - m = 0 \Rightarrow n = m$$
$$\Rightarrow 1 - n - n = 0 \qquad \Rightarrow 1 = 2n \Rightarrow n = \frac{1}{2}; m = \frac{1}{2}$$

Also $\overrightarrow{BM} = \frac{1}{2} \cdot \overrightarrow{BD}$ oder $\overrightarrow{MA} = \frac{1}{2} \cdot \overrightarrow{CA}$, was zu beweisen war. Die Diagonalen halbieren sich demnach.

Das Einführungsbeispiel zeigt, wie man mit Hilfe der *linearen Abhängigkeit* der Vektoren eines geeigneten Polygonzuges eine Darstellung mit linear unabhängigen Basisvektoren und letztlich ein Gleichungssystem für fehlende Koeffizienten erhält. In dem verwendeten Polygonzug muß natürlich der für die Aufgabenstellung bedeutsame Teilungspunkt vorkommen.

Beispiel:

Die Schwerlinien eines Tetraeders (Abb. 514) treffen sich alle in einem Punkt S im Teilverhältnis 3 : 1

$\overrightarrow{AG} + \overrightarrow{GS} + \overrightarrow{SF} + \overrightarrow{FA} = \mathfrak{o}$

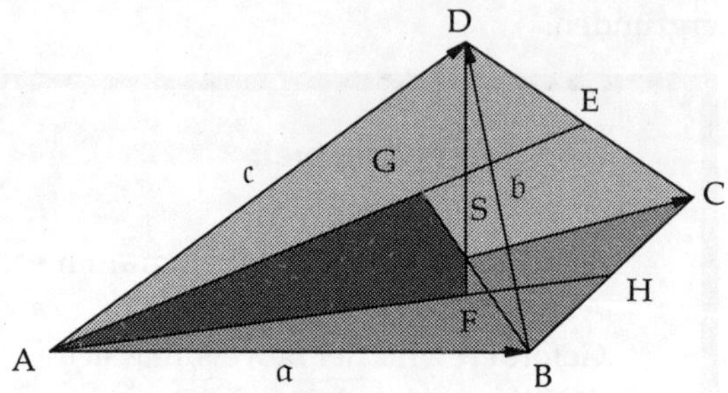

Abb. 514

Mit

$$\overrightarrow{AG} = \frac{2}{3} \cdot \overrightarrow{AE} = \frac{2}{3} \cdot (\mathfrak{b} + \overrightarrow{CE}) = \frac{2}{3} \cdot \left(\mathfrak{b} + \frac{1}{2}(\mathfrak{c} - \mathfrak{b})\right) = \frac{2}{3}\mathfrak{b} + \frac{1}{3}\mathfrak{c} - \frac{1}{3}\mathfrak{b} = \frac{1}{3}\mathfrak{b} + \frac{1}{3}\mathfrak{c}$$

$$\overrightarrow{GS} = n \cdot \overrightarrow{GB} = n\,(-AG + \mathfrak{a}) = n\left(-\frac{1}{3} \cdot \mathfrak{b} - \frac{1}{3} \cdot \mathfrak{c} + \mathfrak{a}\right) = n\mathfrak{a} - \frac{1}{3}n\mathfrak{b} - \frac{1}{3}n\mathfrak{c}$$

$$\overrightarrow{SF} = m \cdot \overrightarrow{DF} = m\,(-\mathfrak{c} + \overrightarrow{AF}) = m\,(-\mathfrak{c} + \frac{2}{3}\overrightarrow{AH}) = m\left(-\mathfrak{c} + \frac{2}{3}\left(\mathfrak{a} + \frac{1}{2}(\mathfrak{b} - \mathfrak{a})\right)\right) = -m\mathfrak{c} + \frac{1}{3}m\mathfrak{a} + \frac{1}{3}m\mathfrak{b}$$

$$\overrightarrow{FA} = \frac{2}{3}\overrightarrow{HA} = \frac{2}{3}\left(-\frac{1}{2}(\mathfrak{b} - \mathfrak{a}) - \mathfrak{a}\right) = -\frac{1}{3}\mathfrak{b} + \frac{1}{3}\mathfrak{a} - \frac{2}{3}\mathfrak{a} = -\frac{1}{3}\mathfrak{b} - \frac{1}{3}\mathfrak{a}$$

erhält man weiter durch Einsetzen:

$$\frac{1}{3}\mathfrak{b} + \frac{1}{3}\mathfrak{c} + n\mathfrak{a} - \frac{1}{3}n\mathfrak{b} - \frac{1}{3}n\mathfrak{c} - m\mathfrak{c} + \frac{1}{3}m\mathfrak{a} + \frac{1}{3}m\mathfrak{b} - \frac{1}{3}\mathfrak{b} - \frac{1}{3}\mathfrak{a} = \mathfrak{o}$$

$$\Rightarrow \mathfrak{a}\left(n + \frac{1}{3}m - \frac{1}{3}\right) + \mathfrak{b}\left(\frac{1}{3} - \frac{1}{3}n + \frac{1}{3}m - \frac{1}{3}\right) + \mathfrak{c}\left(\frac{1}{3} - \frac{1}{3}n - m\right) = \mathfrak{o}$$

$$\Rightarrow \left\{\begin{array}{ll} \text{I.} & n + \frac{1}{3}m = \frac{1}{3} \\ \text{II.} & -\frac{1}{3}n + \frac{1}{3}m = 0 \\ \text{III.} & \frac{1}{3}n + m = \frac{1}{3} \end{array}\right\} \Rightarrow \frac{4}{3}m = \frac{1}{3} \Rightarrow m = n = \frac{1}{4} = 0{,}25$$

Das Teilverhältnis muß demnach 3 : 1 betragen.

Übungsaufgaben

1. Zeigen Sie: Die Seitenhalbierenden im Dreieck (Abb. 515) schneiden sich im Verhältnis 2 : 1.

2. In einem Rechteck ABCD (Abb. 516) wird die Strecke $\overrightarrow{AB}$ durch den Punkt E im Verhältnis 3 : 1 und die Strecke $\overrightarrow{AD}$ durch den Punkt F im Verhältnis 2 : 1 geteilt. Wie teilen sich die Transversalen (Verbindungsstrecken innerhalb der Figur) $\overrightarrow{DE}$ und $\overrightarrow{BF}$?

3. In einem Dreieck schneiden sich zwei Transversalen zu den jeweils gegenüberliegenden Seiten im Verhältnis 3 : 1 (jeweils). In welchem Verhältnis werden die Seiten von den Endpunkten der Transversalen geteilt?

4. In einem Würfel ABCDEFGH (Abb. 517) teilt der Punkt J die Strecke $\overrightarrow{EH}$ im Verhältnis 1 : 2. In welchem Verhältnis teilen sich die Raumdiagonale $\overrightarrow{BH}$ und die Transversale $\overrightarrow{CJ}$?

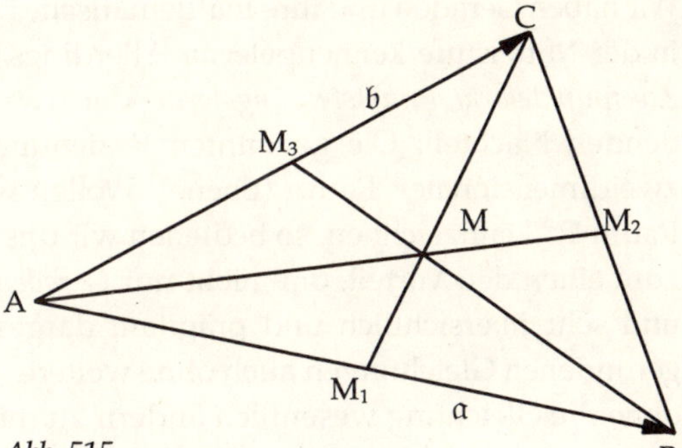

Abb. 515

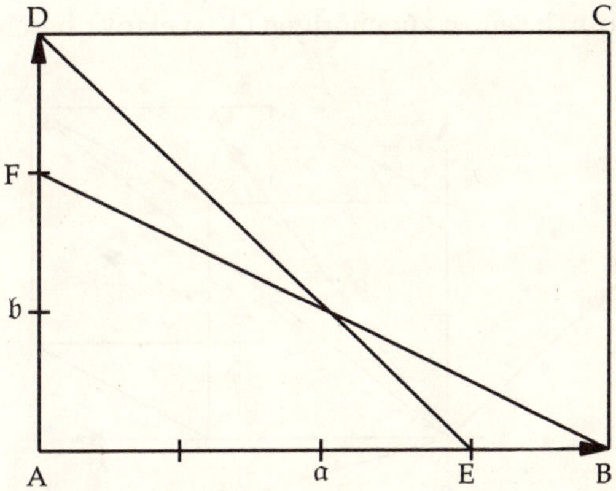

Abb. 516

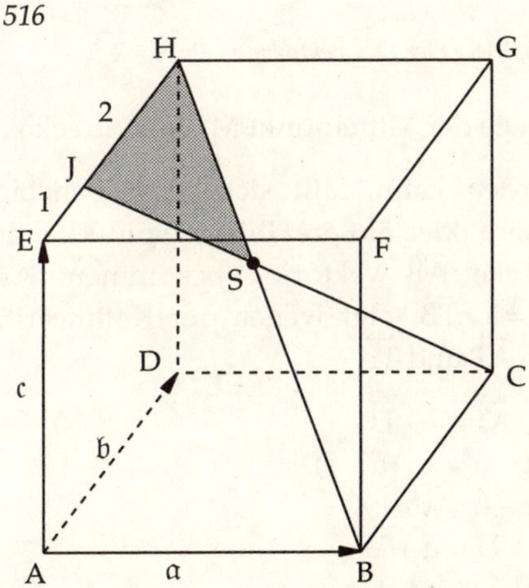

Abb. 517

Lösungen S. 813

Geradengleichungen

Wir haben Geraden und ihre mathematische Beschreibung mit Hilfe von Gleichungen bereits in der Mittelstufe kennengelernt. Allerdings hat die Beschreibung von Geraden durch die *Zweipunkteform*, *Punktsteigungsform* oder etwa durch die *Achsenabschnittsform* einen entscheidenden Nachteil: Die genannten Beziehungen gelten nur für Geraden im $\mathbb{R}^2$, also im zweidimensionalen Raum (Ebene). Wollen wir jedoch auch Geraden im n-dimensionalen Raum $\mathbb{R}^n$ kennzeichnen, so bedienen wir uns sinnvollerweise der Vektorrechnung. Dies hat zum einen den Vorteil, daß nicht nur *Geraden*, sondern auch *Ebenen als Punktmengen* erfaßt und sehr übersichtlich und prägnant dargestellt werden können. Zum anderen sind die gefundenen Gleichungen auch ohne weiteres auf höher dimensionierte Räume übertragbar, ohne die Gleichung wesentlich ändern zu müssen. Es sind dann lediglich die Koordinaten der vorkommenden Vektoren entsprechend zu ergänzen.
Der Begriff des **Ortsvektors** taucht wieder auf. Jeder Punkt X im Koordinatensystem läßt sich durch seinen zugehörigen Ortsvektor $\mathfrak{x}$ beschreiben und definieren:

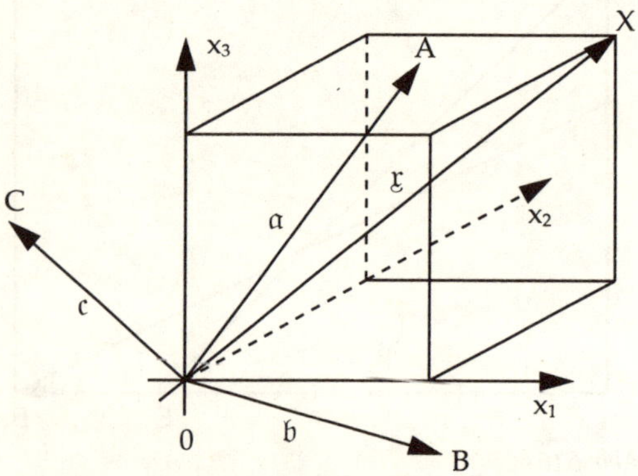

Abb. 518 Der Ortsvektor zum Punkt X

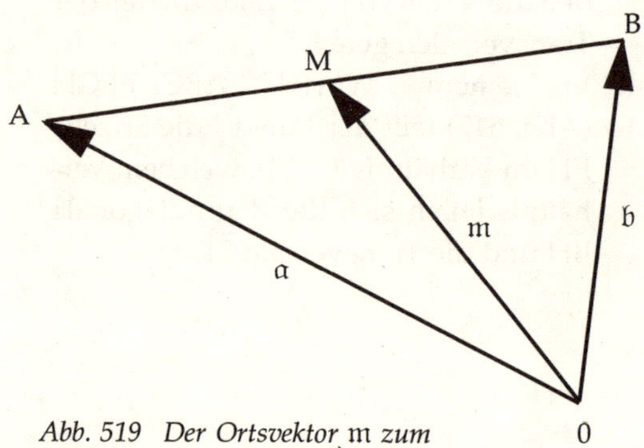

Abb. 519 Der Ortsvektor $\mathfrak{m}$ *zum Mittelpunkt der Strecke* $\overrightarrow{AB}$

So wie der Mittelpunkt M einer Strecke $\overrightarrow{AB}$ durch den Ortsvektor $\mathfrak{m} = \frac{1}{2}(\mathfrak{a} + \mathfrak{b})$ beschrieben werden kann, läßt sich jeder beliebige **innere** oder **äußere Teilungspunkt** T der Strecke $\overrightarrow{AB}$ vektoriell bestimmen: Aus $\overrightarrow{AT} = \lambda \cdot \overrightarrow{TB}$ folgt wegen der Kollinearität von $\overrightarrow{AT}$ und $\overrightarrow{TB}$

$$\begin{aligned}
\overrightarrow{AT} &= \lambda \cdot \overrightarrow{TB} \\
\mathfrak{t} - \mathfrak{a} &= \lambda \cdot (\mathfrak{b} - \mathfrak{t}) \\
\mathfrak{t} - \mathfrak{a} &= \lambda\mathfrak{b} - \lambda\mathfrak{t} \\
\mathfrak{t} + \lambda\mathfrak{t} &= \mathfrak{a} + \lambda\mathfrak{b} \\
\mathfrak{t}(1 + \lambda) &= \mathfrak{a} + \lambda\mathfrak{b} \\
\mathfrak{t} &= \frac{\mathfrak{a} + \lambda\mathfrak{b}}{1 + \lambda}
\end{aligned}$$

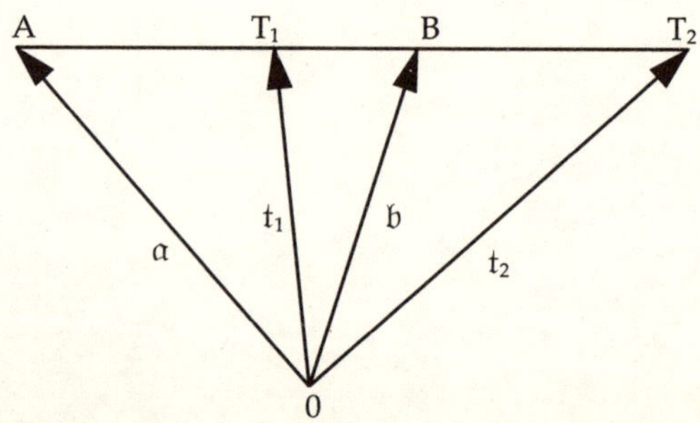

Abb. 520 Der Ortsvektor $\mathfrak{t}$ *zum Teilpunkt der Strecke* $\overrightarrow{AB}$

Man überzeugt sich leicht mit Hilfe der Umformung $\lambda = \frac{|\overrightarrow{AT}|}{|\overrightarrow{TB}|}$ (λ ist das Teilverhältnis der beiden Strecken $|\overrightarrow{AT}|$ und $|\overrightarrow{TB}|$), so daß genau dann $\mathfrak{t} = \mathfrak{m}$ ist, wenn $\lambda = 1$, weiterhin ist $\mathfrak{t} = \mathfrak{a}$ für $\lambda = 0$, und $\mathfrak{t} = \mathfrak{b}$ ist, falls $\lambda = \pm\infty$.

Durchläuft nun T die gesamte durch A und B bestimmte Gerade g, so verändert sich natürlich auch das Teilverhältnis λ entsprechend. Wir sind damit in der Lage, jeden Teilungspunkt innerhalb oder außerhalb der Strecke $\overrightarrow{AB}$ mathematisch mit Hilfe des zugehörigen Ortsvektors zu beschreiben.

Jeder Punkt der durch $\overrightarrow{AB}$ verlaufenden Geraden läßt sich allerdings auch als Linearkombination des durch A und B definierten Vektors $\mathfrak{v} = \overrightarrow{AB}$ festlegen. Die Gerade ist ja bekanntlich durch die Angabe eines auf ihr liegenden Punktes (zum Beispiel A) und durch die Angabe ihrer Richtung (Steigung) eindeutig bestimmt. Den Punkt A kennzeichnen wir wie immer durch seinen zugehörigen Ortsvektor $\mathfrak{a}$, die Geradensteigung oder die Geradenrichtung wollen wir hier durch den Vektor $\mathfrak{v} = \overrightarrow{AB}$ angeben. Mit diesen Angaben kann nun jeder Punkt X, der mit der Gerade g *inzidiert* (auf ihr liegt), vektoriell durch den zugehörigen Ortsvektor beschrieben werden: Der Richtungsvektor $\mathfrak{v}$ wird dabei zur Erreichung des Punktes X lediglich mit dem **Parameterwert** λ (veränderliche Hilfsgröße) gestaucht (wenn $0 < |\lambda| < 1$) und gestreckt ($|\lambda| > 1$) oder richtungsmäßig umgekehrt ($\lambda < 0$).

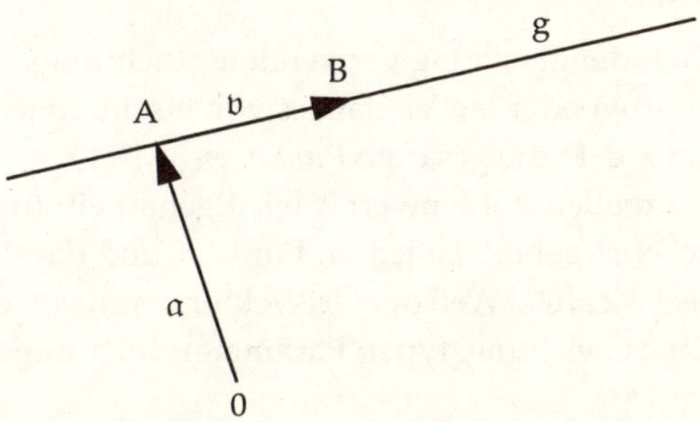

Abb. 521 Richtungsvektor

Einführungsbeispiel:

Gegeben sind die beiden Punkte A (1 | 2) und B (–1 | 1) im kartesischen Koordinatensystem. Man konstruiere die durch A und B verlaufende Gerade g und bestimme die zugehörige Vektorgleichung. Das Ergebnis ist anhand einer Skizze zu kontrollieren (Abb. 522):

Die Vielfachen des Richtungsvektors

$$\mathfrak{v} = \overrightarrow{AB} = (\mathfrak{b} - \mathfrak{a}) = \begin{pmatrix} -1 \\ 1 \end{pmatrix} - \begin{pmatrix} 1 \\ 2 \end{pmatrix} = \begin{pmatrix} -2 \\ -1 \end{pmatrix}$$

erzeugen die gesamte Gerade g durch die beiden Punkte A und B.

g: $\mathfrak{x} = \mathfrak{a} + \lambda\mathfrak{v}$ oder $\mathfrak{x} = \mathfrak{b} + \mu\mathfrak{v}$ mit einer reellen Zahl λ.

Dabei kann der Richtungsvektor $\mathfrak{v}$ vom Punkt A oder auch vom Punkt B oder von einem beliebigen Punkt der Geraden g aus „gerichtet" werden.

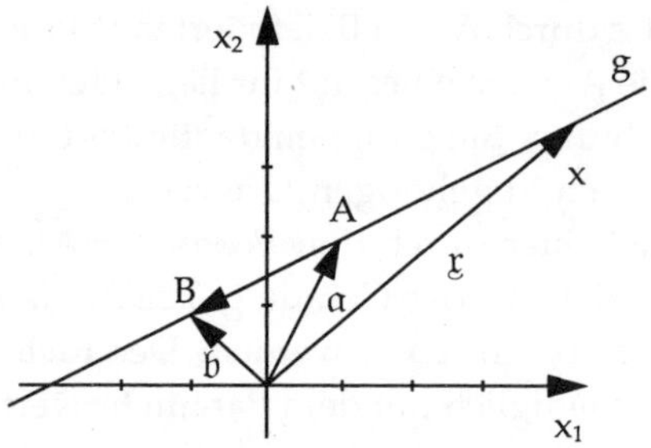

Abb. 522

Freilich kann ein in der Geradengleichung verwendeter Richtungsvektor auch in die andere Richtung zeigen ($\mathfrak{v}' = -\mathfrak{v} = \overrightarrow{BA}$) oder ein Vielfaches von $\mathfrak{v}$ sein. In jedem Fall wird durch die skalare Multiplikation mit $\lambda \in \mathbb{R}$ die gesamte *Punktmenge* $[X \mid X \in g]$ der Geraden auf diese Weise erfaßt. Durch jeden reellen Zahlenwert λ wird genau ein (und nur ein) Punkt X der Geraden definiert. Umgekehrt gehört zu jedem Punkt X und damit zu jedem Ortsvektor $\mathfrak{x}$ der Geraden g nur eine reelle Zahl λ. Weil der Ortsvektor $\mathfrak{v}$ nun von der Wahl des Parameters λ abhängt, nennt man diese Gleichungstypen **Parametergleichungen**.

Die Gerade durch den Punkt A mit dem zugehörigen Ortsvektor $\mathfrak{a}$ und dem Richtungsvektor $\mathfrak{v}$ ist bestimmt durch die **Punktrichtungsform**.

$\mathfrak{x} = \mathfrak{a} + \lambda\mathfrak{v}$

Die Gerade durch die beiden Punkte A und B ist bestimmt durch die **Zweipunkteform**.

$\mathfrak{x} = \mathfrak{a} + \lambda\,(\mathfrak{b} - \mathfrak{a})$.

Beispiele:

1. Die Gerade g durch die Punkte A (1 | 2 | 3) und B (0 | –1 | 4) besitzt die Zweipunkteform

$$\mathfrak{x} = \mathfrak{a} + \lambda\,(\mathfrak{b} - \mathfrak{a}) = \begin{pmatrix} 1 \\ 2 \\ 3 \end{pmatrix} + \lambda \begin{pmatrix} 0 - 1 \\ -1 - 2 \\ 4 - 3 \end{pmatrix} = \begin{pmatrix} 1 \\ 2 \\ 3 \end{pmatrix} + \lambda \begin{pmatrix} -1 \\ -3 \\ 1 \end{pmatrix}$$

und die Punktrichtungsform

$$\mathfrak{x} = \mathfrak{a} + \lambda\mathfrak{v} = \begin{pmatrix} 1 \\ 2 \\ 3 \end{pmatrix} + \lambda \begin{pmatrix} -1 \\ -3 \\ 1 \end{pmatrix}$$

Wie erwähnt, kann bei der Konstruktion der Geradengleichung der Richtungsvektor

$\mathfrak{v} = \mathfrak{b} - \mathfrak{a} = \begin{pmatrix} -1 \\ -3 \\ 1 \end{pmatrix}$ auch durch $\mathfrak{v}' = \mathfrak{a} - \mathfrak{b} = \begin{pmatrix} 1 \\ 3 \\ -1 \end{pmatrix}$ ersetzt werden.

Jeder Punkt, der auf der Geraden g liegt, muß natürlich die zugehörige Vektorgleichung der Geraden erfüllen. Verwendet man anstelle des Vektors $\mathfrak{x}$ in der Gleichung $\mathfrak{x} = \mathfrak{a} + \lambda\mathfrak{v} = \mathfrak{a} + \lambda(\mathfrak{b} - \mathfrak{a})$ den Ortsvektor eines Geradenpunktes, so muß stets für alle einzelnen Koordinatengleichungen eine wahre Aussage entstehen. Die λ-Werte müssen in diesem Fall natürlich Übereinstimmung aufweisen, da ja alle Koordinaten *proportional* gestreckt oder gestaucht werden.

2. Man prüfe, ob der Punkt P (1 | –1 | 9) auf der Geraden g liegt. Die Gerade g hat die Gleichung $\mathfrak{x} = \begin{pmatrix} 5 \\ 1 \\ 9 \end{pmatrix} + \lambda \begin{pmatrix} 2 \\ 1 \\ 0 \end{pmatrix}$. Liegt P auf g, so erfüllen die Koordinaten von P die Vektorgleichung:

$$\begin{pmatrix} 1 \\ -1 \\ 9 \end{pmatrix} = \begin{pmatrix} 5 \\ 1 \\ 9 \end{pmatrix} + \lambda \begin{pmatrix} 2 \\ 1 \\ 0 \end{pmatrix} \Leftrightarrow \left| \begin{array}{rcl} 1 &=& 5 + 2\lambda \\ -1 &=& 1 + \lambda \\ 9 &=& 9 + 0\lambda \end{array} \right| \Leftrightarrow \left| \begin{array}{l} \lambda = -2 \\ \lambda = -2 \\ \lambda = \text{beliebig} \end{array} \right|$$

Folglich stimmt die Gleichung für $\lambda = -2$, weshalb P auf g liegen muß.

Man kann sich natürlich vorstellen, daß in der Geradengleichung $\mathfrak{x} = \mathfrak{a} + \lambda\mathfrak{v}$ der Richtungsvektor $\mathfrak{v}$ durch ein Vielfaches ersetzt wird. Dadurch ändert sich freilich nicht die Gerade, sondern nur die äußere Form der Geradengleichung. Damit leuchtet ein, daß die Geraden g und h genau dann *parallel* verlaufen, wenn ihre Richtungsvektoren $\mathfrak{v}$ und $\mathfrak{u}$ *linear abhängig (kollinear)* sind. Die beiden Geraden g und h sind sogar identisch, wenn der Verbindungsvektor zwischen $A \in g$ und $B \in h$ in bezug auf $\mathfrak{v}$ (und damit auch in bezug auf $\mathfrak{u}$) linear abhängig ist.

> Zwei Geraden (Abb. 523)
> **g:** $\mathfrak{x} = \mathfrak{a} + \lambda\mathfrak{v}$ und
> **h:** $\mathfrak{x} = \mathfrak{b} + \mu\mathfrak{u}$
> sind genau dann parallel, wenn $\mathfrak{v}$ und $\mathfrak{u}$ linear abhängig sind.
> Die Geraden g und h sind sogar gleich (identisch), wenn $\mathfrak{v}$, $\mathfrak{u}$ und $\mathfrak{b} - \mathfrak{a}$ linear abhängig (kollinear) sind.

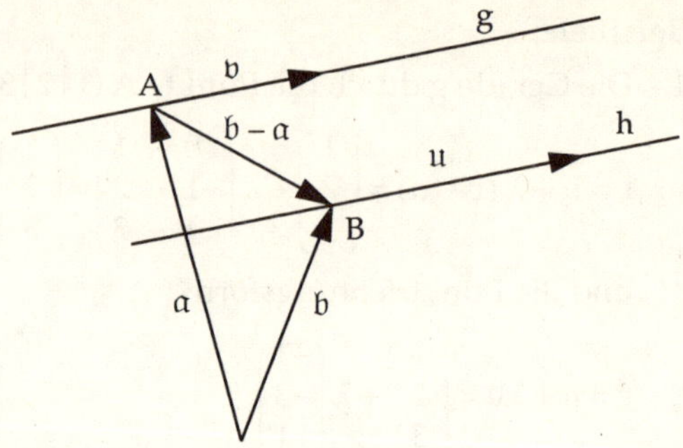

Abb. 523

Wenn $\mathfrak{v}$, $\mathfrak{u}$ und $\mathfrak{b} - \mathfrak{a}$ linear abhängig sind, dann sind es auch die Vektoren $\mathfrak{v}$, $\mathfrak{u}$ und $\mathfrak{a} - \mathfrak{b}$.

Wir wollen jetzt einmal alle möglichen Lagen von zwei Geraden zueinander untersuchen. Zwei Geraden können bekanntlich parallel zueinander verlaufen (identisch sein), oder sie können einen gemeinsamen Schnittpunkt S besitzen. Betrachten wir jedoch Geraden im mehrdimensionalen Raum, so gibt es noch die sogenannte **windschiefe** Lage zweier Geraden zueinander.

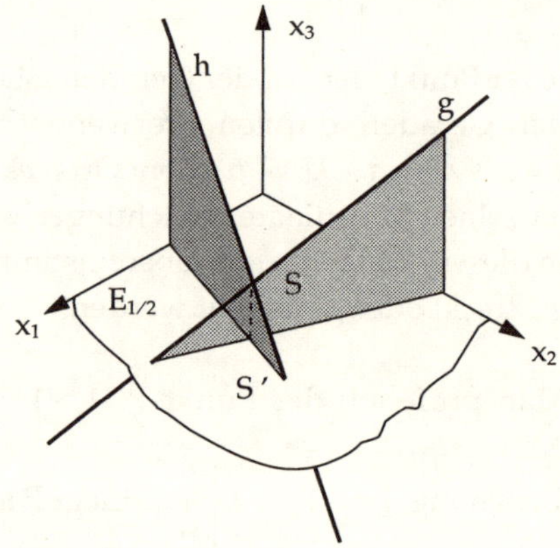

Abb. 524 Geraden im mehrdimensionalen Raum

In diesem Fall laufen die beiden Geraden g und h räumlich aneinander vorbei. Ein existierender Schnittpunkt S würde sowohl die Gleichung von g als auch die von h erfüllen. Mit

g: $\mathfrak{x} = \mathfrak{a} + \lambda\mathfrak{v}$ und
h: $\mathfrak{x} = \mathfrak{b} + \mu\mathfrak{u}$ folgt für einen Schnittpunkt

$$\mathfrak{s} = \mathfrak{a} + \lambda_s\mathfrak{v}$$
$$\mathfrak{s} = \mathfrak{b} + \mu_s\mathfrak{u}$$

Wegen der Gleichheit der beiden linken Ortsvektoren $\mathfrak{s}$ können die beiden rechten Seiten gleichgesetzt werden:

$$\mathfrak{a} + \lambda_s\mathfrak{v} = \mathfrak{b} + \mu_s\mathfrak{u} \Rightarrow \lambda_s\mathfrak{v} - \mu_s\mathfrak{u} = \mathfrak{b} - \mathfrak{a}$$

Man erhält eine Vektorgleichung mit den beiden Unbekannten λ_s und μ_s. Im dreidimensionalen Raum $\mathbb{R}^3$ (n = 3) läßt sich diese Vektorgleichung in drei Koordinatengleichungen überführen. Man erhält folglich drei Gleichungen mit nur zwei Unbekannten λ_s und μ_s. Ein Schnittpunkt S existiert somit nur, wenn alle drei Gleichungen von ein und demselben Lösungspaar $(\lambda_s \mid \mu_s)$ erfüllt werden. Führt nur die erste und zweite Gleichung bei der Belegung mit $(\lambda_s \mid \mu_s)$ auf eine wahre Aussage, jedoch nicht die dritte Gleichung, so existiert zwar kein wirklicher Schnittpunkt S, wohl aber ein *projizierter* Schnittpunkt S'. Die Geraden g und h verlaufen dann windschief zueinander und schneiden sich nur in ihrer Projektion.

Beispiel:

Man untersuche, ob die beiden Geraden g und h sich schneiden oder ob sie windschief zueinander verlaufen:

g: $\mathfrak{x} = \begin{pmatrix} 1 \\ 1 \\ 2 \end{pmatrix} + \lambda \begin{pmatrix} 2 \\ 2 \\ 3 \end{pmatrix}$

h: $\mathfrak{x} = \begin{pmatrix} -4 \\ -7 \\ 2 \end{pmatrix} + \mu \begin{pmatrix} 1 \\ 2 \\ -1 \end{pmatrix}$

Für einen möglichen Schnittpunkt S gilt der Ansatz:

$$\mathfrak{s} = \begin{pmatrix} 1 \\ 1 \\ 2 \end{pmatrix} + \lambda_s \begin{pmatrix} 2 \\ 2 \\ 3 \end{pmatrix} = \begin{pmatrix} -4 \\ -7 \\ 2 \end{pmatrix} + \mu_s \begin{pmatrix} 1 \\ 2 \\ -1 \end{pmatrix} \Rightarrow \begin{pmatrix} 1 \\ 1 \\ 2 \end{pmatrix} - \begin{pmatrix} -4 \\ -7 \\ 2 \end{pmatrix} = \mu_s \begin{pmatrix} 1 \\ 2 \\ -1 \end{pmatrix} - \lambda_s \begin{pmatrix} 2 \\ 2 \\ 3 \end{pmatrix}$$

Hieraus ergeben sich folgende Koordinatengleichungen:

I. $5 = \mu_s - 2\lambda_s$

II. $8 = 2\mu_s - 2\lambda_s$

III. $0 = -\mu_s - 3\lambda_s$

Aus **I.** folgt $\mu_s = 5 + 2\lambda_s$, und aus **II.** folgt $\mu_s = 4 + \lambda_s$.

Das Gleichsetzen ergibt somit

$5 + 2\lambda_s = 4 + \lambda_s \Rightarrow \lambda_s = -1$

Mit den umgeformten Gleichungen **I.** oder **II.** folgt $\mu_s = 3$. Setzen wir die gefundenen Parameterwerte in die 3. Koordinatengleichung ein, so ergibt sich $0 = -(3) - (-1) = -3 + 3 = 0$, also zweifelsfrei eine wahre Aussage. Der Schnittpunkt S existiert somit, und seine Koordinaten lauten

g: $\mathfrak{s} = \begin{pmatrix} 1 \\ 1 \\ 2 \end{pmatrix} - \begin{pmatrix} 2 \\ 2 \\ 3 \end{pmatrix} = \begin{pmatrix} -1 \\ -1 \\ -1 \end{pmatrix}$ oder mit Hilfe von h

h: $\mathfrak{s} = \begin{pmatrix} -4 \\ -7 \\ 2 \end{pmatrix} + 3 \begin{pmatrix} 1 \\ 2 \\ -1 \end{pmatrix} = \begin{pmatrix} -1 \\ -1 \\ -1 \end{pmatrix} \Rightarrow S\,(-1 \mid -1 \mid -1)$

Übungsaufgaben

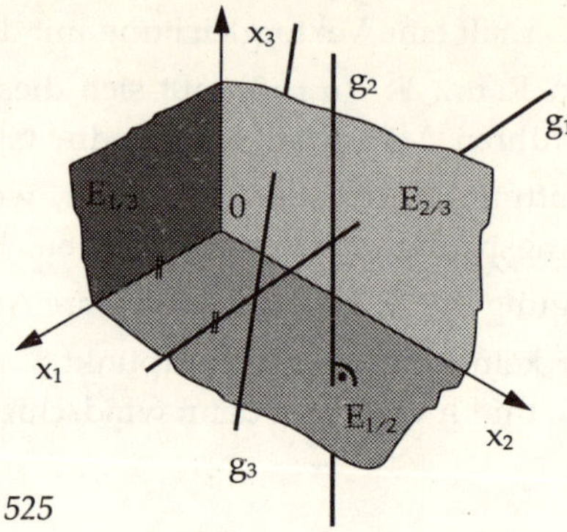

Abb. 525

1. Welche Aussage läßt sich über den Richtungsvektor $\mathfrak{u}$ machen, wenn in einem kartesischen Koordinatensystem die Gerade **g:** $\mathfrak{x} = \mathfrak{a} + \lambda\mathfrak{u}$ (Abb. 525).

a) parallel zur x_1-Achse verläuft?

b) senkrecht zur x_1-x_2-Ebene verläuft

c) parallel zur x_1-x_2-Ebene verläuft?

2. Beschreiben Sie die Lage folgender Geraden:

a) $\mathfrak{x} = \begin{pmatrix}1\\0\\0\end{pmatrix} + \lambda\begin{pmatrix}5\\0\\-1\end{pmatrix}$ b) $\mathfrak{x} = \begin{pmatrix}1\\2\end{pmatrix} + \lambda\begin{pmatrix}0\\1\end{pmatrix}$ c) $\mathfrak{x} = \lambda\begin{pmatrix}1\\1\\1\end{pmatrix}$

3. Wie heißt die Gleichung der Geraden g mit folgenden Eigenschaften

a) $A(1|2|-3) \in g \wedge B(2|0|4) \in g$

b) $O \in g \wedge A(2|-3|0) \in g$

c) $A(1|-1|1) \in g \wedge \mathfrak{v} = \begin{pmatrix}2\\1\\0\end{pmatrix}$ ist Richtungsvektor von g

4. Prüfen Sie, ob der Punkt X auf der Geraden g liegt (mit g inzidiert):

a) $X = (0|4|0)$; **g:** $\mathfrak{x} = \begin{pmatrix}2\\5\\3\end{pmatrix} + \lambda\begin{pmatrix}2\\1\\3\end{pmatrix}$

b) $X = (-4|5)$; **g:** $\mathfrak{x} = \begin{pmatrix}1\\2\end{pmatrix} - \lambda\begin{pmatrix}5\\3\end{pmatrix}$

5. Ein affines Koordinatensystem unterscheidet sich von einem kartesischen Koordinatensystem dadurch, daß die Koordinatenachsen nicht senkrecht, sondern in einem beliebigen Winkel zueinander stehen (e_1 und e_2 sind Einheitsvektoren, die das System erzeugen):

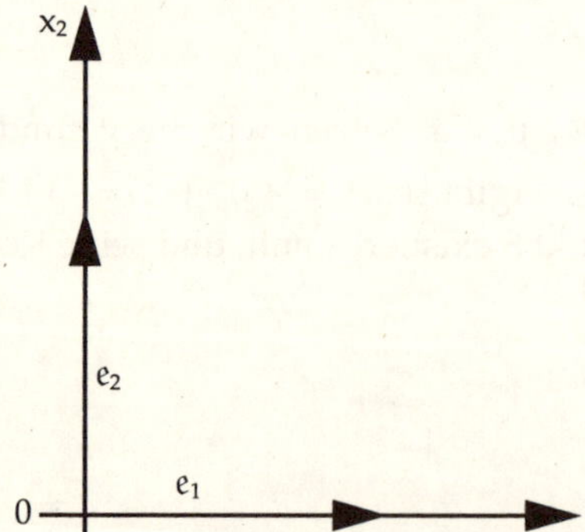

Abb. 526 kartesisches Koordinatensystem

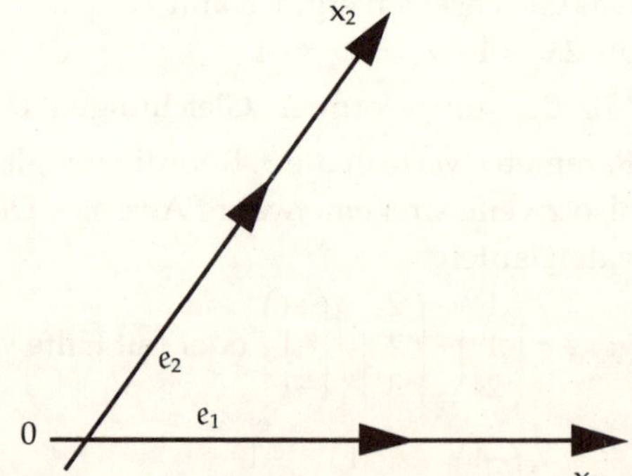

Abb. 527 affines Koordinatensystem

Konstruieren Sie die Gleichungen der Seiten eines gleichseitigen Dreiecks mit der Kantenlänge 1 L.E. (Längeneinheit) in einem

a) geeigneten affinen Koordinatensystem

b) in einem kartesischen Koordinatensystem

6. Untersuchen Sie, ob sich folgende Geraden schneiden. Bestimmen Sie gegebenenfalls den Schnittpunkt S und fertigen Sie eine Skizze an.

a) **g:** $\mathfrak{x} = \begin{pmatrix} -1 \\ 0 \end{pmatrix} + \lambda \begin{pmatrix} 2 \\ 2 \end{pmatrix}$ **h:** $\mathfrak{x} = \begin{pmatrix} 4 \\ 4 \end{pmatrix} + \mu \begin{pmatrix} 3 \\ 2 \end{pmatrix}$

b) **g:** $\mathfrak{x} = \begin{pmatrix} -2 \\ 2 \end{pmatrix} + \lambda \begin{pmatrix} 4 \\ -1 \end{pmatrix}$ **h:** $\mathfrak{x} = \begin{pmatrix} -2 \\ -1 \end{pmatrix} + \mu \begin{pmatrix} 6 \\ -1{,}5 \end{pmatrix}$

c) **g:** $\mathfrak{x} = \begin{pmatrix} 1 \\ 4 \end{pmatrix} + \lambda \begin{pmatrix} 3 \\ -5 \end{pmatrix}$ **h:** $\mathfrak{x} = \begin{pmatrix} 4 \\ -1 \end{pmatrix} + \mu \begin{pmatrix} -6 \\ 10 \end{pmatrix}$

7. Untersuchen Sie folgende Geraden g und h auf einen Schnittpunkt, oder überprüfen Sie, ob g und h windschief sind:

a) **g:** $\mathfrak{x} = \begin{pmatrix} 4 \\ 1 \\ 5 \end{pmatrix} + \lambda \begin{pmatrix} 3 \\ 2 \\ 0 \end{pmatrix}$ **h:** $\mathfrak{x} = \begin{pmatrix} 10 \\ 5 \\ 5 \end{pmatrix} + \mu \begin{pmatrix} 4{,}5 \\ 3 \\ 0 \end{pmatrix}$

b) **g:** $\mathfrak{x} = \begin{pmatrix} 1 \\ 5 \\ 7 \end{pmatrix} + \lambda \begin{pmatrix} -3 \\ 0 \\ 4 \end{pmatrix}$ **h:** $\mathfrak{x} = \begin{pmatrix} 3 \\ 2 \\ 1 \end{pmatrix} + \mu \begin{pmatrix} 3 \\ 0 \\ -4 \end{pmatrix}$

c) **g:** $\mathfrak{x} = \begin{pmatrix} 2 \\ 3 \\ 5 \end{pmatrix} + \lambda \begin{pmatrix} -0{,}5 \\ 3 \\ 1 \end{pmatrix}$ **h:** $\mathfrak{x} = \begin{pmatrix} 8 \\ 27 \\ -7 \end{pmatrix} + \mu \begin{pmatrix} 4 \\ 6 \\ -8 \end{pmatrix}$

d) **g:** $\mathfrak{x} = \begin{pmatrix} 5 \\ -2 \\ 0 \end{pmatrix} + \lambda \begin{pmatrix} 2{,}\overline{3} \\ 1 \\ 1 \end{pmatrix}$ **h:** $\mathfrak{x} = \begin{pmatrix} -1 \\ 0{,}5 \\ 1 \end{pmatrix} + \mu \begin{pmatrix} -1 \\ 0{,}5 \\ 2 \end{pmatrix}$

e) **g:** $\mathfrak{x} = \begin{pmatrix} 8 \\ 5 \\ 4 \end{pmatrix} + \lambda \begin{pmatrix} 2 \\ 3 \\ 2 \end{pmatrix}$ **h:** $\mathfrak{x} = \begin{pmatrix} 2 \\ 5 \\ 2 \end{pmatrix} + \mu \begin{pmatrix} 3 \\ 1 \\ 5 \end{pmatrix}$

Lösungen S. 815

Ebenengleichungen

Einführungsbeispiel:

Das Segel eines Bootes wird durch die Festlegung zweier Steifteile fixiert und damit festgelegt. Hierbei wird sozusagen eine Segelebene bestimmt, die sich durch Veränderung der waagerechten Halterung bei horizontaler Drehung um die Längsachse und auch durch Veränderung der meist senkrecht stehenden Hauptachse in jede beliebige Lage bringen läßt.

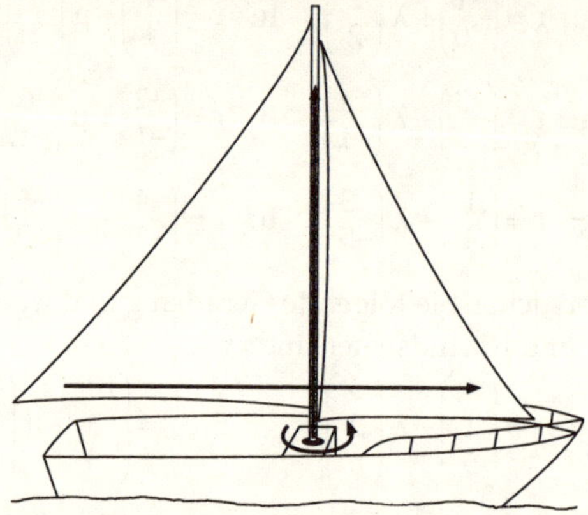

Abb. 528

Es ist leicht nachvollziehbar, daß sich jede beliebige Ebene im dreidimensionalen Raum $\mathbb{R}^3$ auf folgende Weise erzeugen läßt:

1. Vom Koordinatenursprung 0 aus eines beliebigen affinen oder kartesischen Koordinatensystems wird zu einem beliebigen Punkt A der Ebene E der zugehörige Ortsvektor $\mathfrak{a}$ konstruiert.
2. Vom Ebenenpunkt A aus spannen die nicht kollinearen Richtungsvektoren $\mathfrak{v}$ und $\mathfrak{u}$ die Ebene E auf.
3. Jeder Ortsvektor $\mathfrak{x}$ zu einem beliebigen Punkt dieser Ebene E kann durch Linearkombination der Vektoren $\mathfrak{a}$, $\mathfrak{v}$ und $\mathfrak{u}$ erzeugt werden.

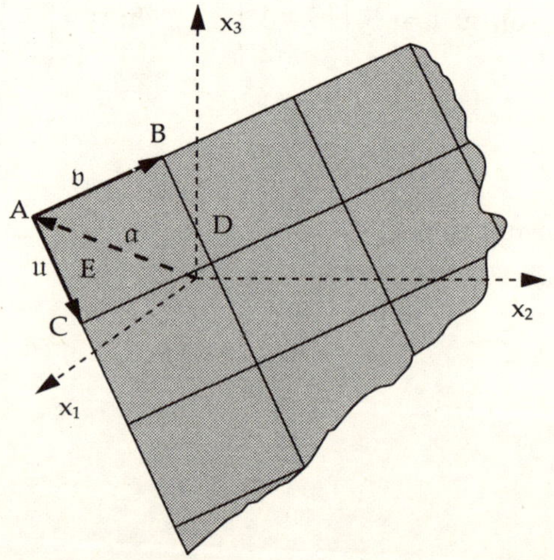

Abb. 529 Die Erzeugung der Ebene E

Man nennt eine Parameterdarstellung **E:** $\mathfrak{x} = \mathfrak{a} + \lambda\mathfrak{b} + \mu\mathfrak{u}$ mit $\lambda, \mu \in \mathbb{R}$ **Punktrichtungsgleichung der Ebene**.

Durchlaufen die Paramter λ und μ voneinander unabhängig die Menge $\mathbb{R}$ der reellen Zahlen, so werden alle zur Ebene gehörenden Ortsvektoren $\mathfrak{v}$ erzeugt. Dabei werden allerdings nur die Punkte dieser bestimmten Ebene erfaßt. Punkte außerhalb der Ebene E sind auf diese Weise nicht erzeugbar.
Die Konstruktion der Ebene E mit Hilfe der beiden Richtungsvektoren $\mathfrak{b}$ und $\mathfrak{u}$ und mit Hilfe des „Startpunktes" A bedeutet im Prinzip, daß in der Ebene E ein *affines Koordinatensystem* errichtet wurde und die konkretisierten Parameter die Koordinaten eines bestimmten Ebenenpunktes X bezüglich dieses Koordinatensystems darstellen. Damit leuchtet ein, daß beliebig viele „affine Koordinatensysteme" dieser Art für ein und dieselbe Ebene existieren.

Beispiele:

1. Man überprüfe, ob der Punkt P (4 | 7 | 3) in der Ebene E liegt:

$$\textbf{E: } \mathfrak{x} = \begin{pmatrix} 4 \\ 0 \\ 1 \end{pmatrix} + \lambda \begin{pmatrix} -2 \\ 3 \\ 2 \end{pmatrix} + \mu \begin{pmatrix} -1 \\ 5 \\ 2 \end{pmatrix}$$

Wenn $P \in E$, dann muß der zugehörige Ortsvektor $\mathfrak{p}$ die Ebenengleichung erfüllen, also $\mathfrak{p}$ muß erzeugbar (linear kombinierbar) sein aus $\mathfrak{a}$, $\mathfrak{b}$ und $\mathfrak{u}$:

$$\begin{pmatrix} 4 \\ 7 \\ 3 \end{pmatrix} = \begin{pmatrix} 4 \\ 0 \\ 1 \end{pmatrix} + \lambda \begin{pmatrix} -2 \\ 3 \\ 2 \end{pmatrix} + \mu \begin{pmatrix} -1 \\ 5 \\ 2 \end{pmatrix} \Leftrightarrow \begin{pmatrix} 0 \\ 7 \\ 2 \end{pmatrix} = \lambda \begin{pmatrix} -2 \\ 3 \\ 2 \end{pmatrix} + \mu \begin{pmatrix} -1 \\ 5 \\ 2 \end{pmatrix}$$

$$\text{I. } 0 = -2\lambda - \mu \quad \Rightarrow \mu = -2\lambda$$

$$\left.\begin{array}{l} \text{II. } 7 = 3\lambda + 5\mu \\ \text{III. } 2 = 2\lambda + 2\mu \end{array}\right\} \Rightarrow -4 = -4\lambda \Rightarrow \lambda = -1 \Rightarrow \mu = 2$$

Die gefundenen Parameterwerte erfüllen alle drei Koordinatengleichungen zugleich. Folglich liegt P in der Ebene.

2. Liegt die Gerade g in der Ebene E?

$$\textbf{g:}\ \mathfrak{x} = \begin{pmatrix} -7 \\ 11 \\ 15 \end{pmatrix} + \lambda \begin{pmatrix} 8 \\ 2 \\ 10 \end{pmatrix}; \quad \textbf{E:}\ \mathfrak{x} = \begin{pmatrix} 3 \\ 9 \\ 2 \end{pmatrix} + \mu \begin{pmatrix} 4 \\ 1 \\ 5 \end{pmatrix} + \nu \begin{pmatrix} 6 \\ 0 \\ -1 \end{pmatrix}$$

Wenn $g \subset E$ sein soll, muß der Punkt A (–7 | 11 | 15) in der Ebene E liegen und der Richtungsvektor der Geraden komplanar zu den beiden Richtungsvektoren der Ebene sein. Die *Komplanarität* läßt sich mit Hilfe der *Determinante* der drei Richtungsvektoren nachweisen.

$$\textbf{A} \in \textbf{E:}\ \begin{pmatrix} -7 \\ 11 \\ 15 \end{pmatrix} = \begin{pmatrix} 3 \\ 9 \\ 2 \end{pmatrix} + \mu \begin{pmatrix} 4 \\ 1 \\ 5 \end{pmatrix} + \nu \begin{pmatrix} 6 \\ 0 \\ -1 \end{pmatrix}$$

$\Rightarrow$ I. $-10 = 4\mu + 6\nu$

II. $2 = \mu + 0 \Rightarrow \mu = 2$

III. $13 = 5\mu - \nu \Rightarrow \nu = -3$

Die gefundenen Parameter μ und ν erfüllen alle drei Koordinatengleichungen, weshalb der Punkt A (–7 | 11 | 15) in der Ebene E liegt. Wir überprüfen jetzt die Komplanarität aller Richtungsvektoren:

$$D = \begin{vmatrix} 4 & 6 & 8 \\ 1 & 0 & 2 \\ 5 & -1 & 10 \end{vmatrix}$$ nach der Regel von Sarrus erhält man für die Determinante:

$$D = 4 \cdot 0 \cdot 10 + 6 \cdot 2 \cdot 5 + 8 \cdot 1 \cdot (-1) - 8 \cdot 0 \cdot 5 - 4 \cdot 2 \cdot (-1) - 6 \cdot 1 \cdot 10$$
$$D = 0 + 60 - 8 - 0 + 8 - 60 = 0$$

Die drei Richtungsvektoren $\begin{pmatrix} 4 \\ 1 \\ 5 \end{pmatrix} \cdot \begin{pmatrix} 6 \\ 0 \\ -1 \end{pmatrix}$ und $\begin{pmatrix} 8 \\ 2 \\ 10 \end{pmatrix}$ sind linear abhängig, sie liegen folglich in einer Ebene $\Rightarrow g \subset E$.

Bekanntlich ist eine *Gerade* durch *zwei Punkte* oder durch *einen Punkt und die Geradensteigung* eindeutig festgelegt. Eine *Ebene* wird eindeutig durch *einen Punkt* und *zwei nichtkollineare Richtungsvektoren* oder durch die Angabe *dreier nichtkollinearer Punkte* bestimmt. Es ist klar, daß durch diese drei Punkte A, B und C wieder zwei linear unabhängige Richtungsvektoren $\mathfrak{v}$ und $\mathfrak{u}$ erzeugbar sind, zum Beispiel: $\mathfrak{v} = \mathfrak{b} - \mathfrak{a}$ und $\mathfrak{u} = \mathfrak{c} - \mathfrak{a}$.

Die Gleichung der Ebene durch die drei Punkte A, B und C wird bestimmt durch die **Dreipunkteform der Ebene:**

E: $\mathfrak{x} = \mathfrak{a} + \lambda\,(\mathfrak{b} - \mathfrak{a}) + \mu\,(\mathfrak{c} - \mathfrak{a})$ mit $\lambda; \mu \in \mathbb{R}$

Beispiele:

1. Die drei Punkte A (1|0|0), B (0|1|0) und C (0|0|1) spannen folgende Ebene (Abb. 530) auf:

$$\mathfrak{b}-\mathfrak{a}=\begin{pmatrix}-1\\1\\0\end{pmatrix},\quad \mathfrak{c}-\mathfrak{a}=\begin{pmatrix}-1\\0\\1\end{pmatrix}$$

$$\mathbf{E:}\quad \mathfrak{x}=\begin{pmatrix}1\\0\\0\end{pmatrix}+\lambda\begin{pmatrix}-1\\1\\0\end{pmatrix}+\mu\begin{pmatrix}-1\\0\\1\end{pmatrix}$$

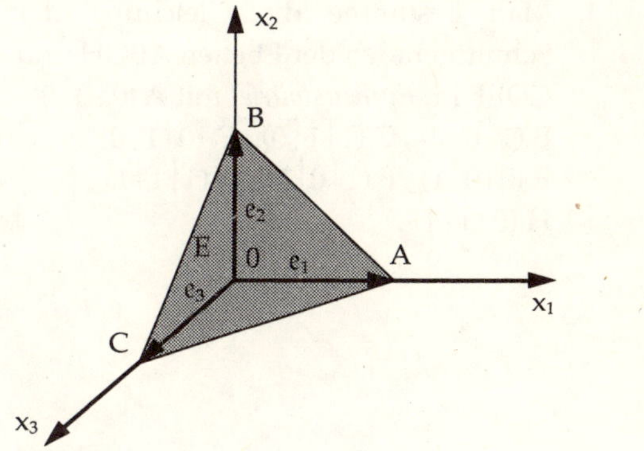

Abb. 530

2. Sind zwei Ebenen (Abb. 531) gegeben, etwa $\mathbf{E_1}$: $\mathfrak{x}=\mathfrak{a}+\lambda\mathfrak{v}+\mu\mathfrak{u}$ und

$\mathbf{E_2}$: $\mathfrak{x}=\mathfrak{b}+\nu\mathfrak{t}+\sigma\mathfrak{w}$,

so sind diese beiden Ebenen *genau dann parallel,* wenn alle vorkommenden Richtungsvektoren $\mathfrak{v}$, $\mathfrak{u}$, $\mathfrak{t}$ und $\mathfrak{w}$ *komplanar*, also in einer Ebene darstellbar sind. Die Ebenen E_1 und E_2 sind sogar gleich (identisch), wenn außerdem der Verbindungsvektor $\mathfrak{b}-\mathfrak{a}$ oder $\mathfrak{a}-\mathfrak{b}$ in E_1 (und damit auch in E_2) liegt. Zwei nichtparallele Ebenen E_1 und E_2 haben natürlich irgendwo eine gemeinsame **Schnittgerade** g.

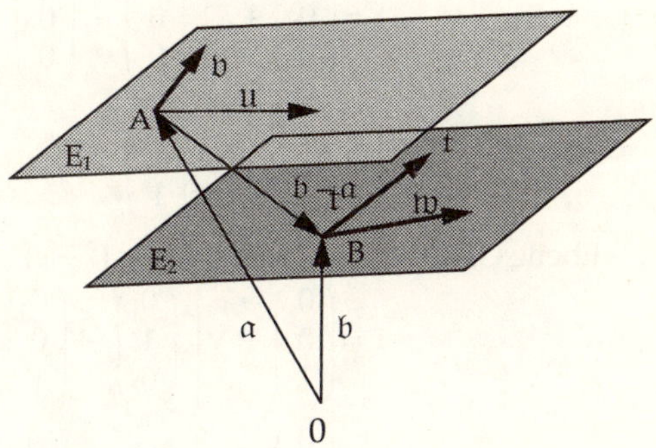

Abb. 531

3. Die Gerade g (Abb. 532) erfüllt als Schnittgerade sowohl die Gleichung von E_1 als auch die von E_2.

Zur Bestimmung der Schnittgeraden setzen wir also gleich:

$$\mathfrak{a}+\lambda_s\mathfrak{v}+\mu_s\mathfrak{u}=\mathfrak{b}+\nu_s\mathfrak{t}+\sigma_s\mathfrak{w}$$

$$\Rightarrow\qquad \mathfrak{a}-\mathfrak{b}=\nu_s\mathfrak{t}+\sigma_s\mathfrak{w}-\lambda_s\mathfrak{v}-\mu_s\mathfrak{u}$$

Die gemeinsame Gerade g muß nun komplett in E_1 und auch in E_2 liegen. Insbesondere muß sie also mit den Parameterwerten ein und derselben Ebene darstellbar sein. Wir sind deshalb bestrebt, eine Beziehung zwischen den Parameterwerten ein und derselben Ebene aus der zweiten Gleichung herzuleiten, um so eine Parameterdarstellung der gesuchten Geraden zu erhalten; das Verfahren soll an zwei Beispielen erläutert werden.

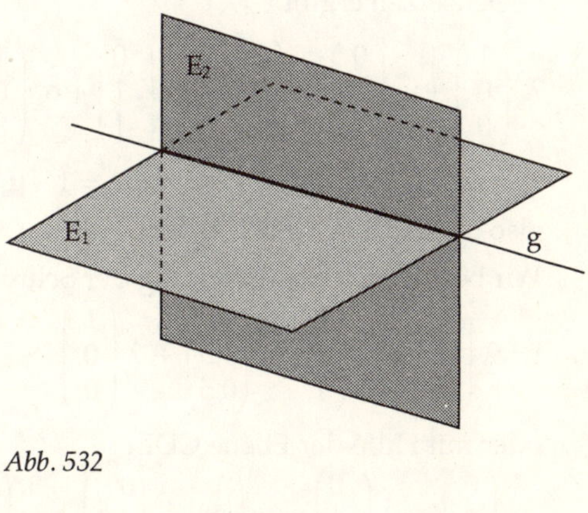

Abb. 532

Beispiele:

1. Man bestimme die Gleichung der Schnittgeraden der Ebenen ABGH und CDEF im *Einheitswürfel* mit A (0 | 0 | 0), B (1 | 0 | 0), C (1 | 1 | 0), D (0 | 1 | 0), E (0 | 0 | 1), F (1 | 0 | 1), G (1 | 1 | 1), H (0 | 1 | 1).

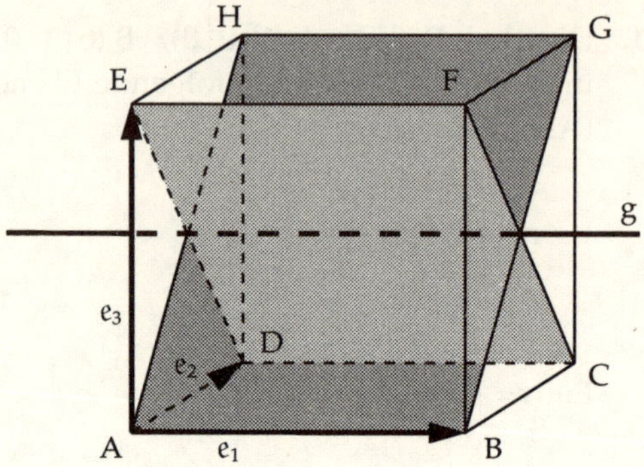

Abb. 533 Einheitswürfel

Ebene ABGH: $\mathfrak{x} = \mathfrak{a} + \lambda(\mathfrak{b} - \mathfrak{a}) + \mu(\mathfrak{h} - \mathfrak{a})$

$$\mathfrak{x} = \begin{pmatrix}0\\0\\0\end{pmatrix} + \lambda\left[\begin{pmatrix}1\\0\\0\end{pmatrix} - \begin{pmatrix}0\\0\\0\end{pmatrix}\right] + \mu\left[\begin{pmatrix}0\\1\\1\end{pmatrix} - \begin{pmatrix}0\\0\\0\end{pmatrix}\right]$$

$$\mathfrak{x} = \lambda\begin{pmatrix}1\\0\\0\end{pmatrix} + \mu\begin{pmatrix}0\\1\\1\end{pmatrix}$$

Ebene CDEF: $\mathfrak{x} = \mathfrak{e} + \nu(\mathfrak{d} - \mathfrak{e}) + \sigma(\mathfrak{f} - \mathfrak{e})$

$$\mathfrak{x} = \begin{pmatrix}0\\0\\1\end{pmatrix} + \nu\left[\begin{pmatrix}0\\1\\0\end{pmatrix} - \begin{pmatrix}0\\0\\1\end{pmatrix}\right] + \sigma\left[\begin{pmatrix}1\\0\\1\end{pmatrix} - \begin{pmatrix}0\\0\\1\end{pmatrix}\right]$$

$$\mathfrak{x} = \begin{pmatrix}0\\0\\1\end{pmatrix} + \nu\begin{pmatrix}0\\1\\-1\end{pmatrix} + \sigma\begin{pmatrix}1\\0\\0\end{pmatrix}$$

Gleichsetzen ergibt:

$$\lambda_s\begin{pmatrix}1\\0\\0\end{pmatrix} + \mu_s\begin{pmatrix}0\\1\\1\end{pmatrix} = \begin{pmatrix}0\\0\\1\end{pmatrix} + \nu_s\begin{pmatrix}0\\1\\-1\end{pmatrix} + \sigma_s\begin{pmatrix}1\\0\\0\end{pmatrix}$$

$\lambda_s = \sigma_s \wedge \mu_s = \nu_s \wedge \mu_s = 1 - \nu_s \Rightarrow \mu_s = 1 - \mu_s$

also $\mu_s = 0{,}5 \wedge \nu_s = 0{,}5 \wedge \lambda_s = \sigma_s$

Wir bestimmen die Gleichung der Schnittgeraden mit Hilfe der Ebene ABGH:

$$\mathfrak{x} = \lambda\begin{pmatrix}1\\0\\0\end{pmatrix} + \frac{1}{2}\begin{pmatrix}0\\1\\1\end{pmatrix} = \begin{pmatrix}0\\0{,}5\\0{,}5\end{pmatrix} + \lambda\begin{pmatrix}1\\0\\0\end{pmatrix}$$

oder mit Hilfe der Ebene CDEF:

$$\mathfrak{x} = \begin{pmatrix}0\\0\\1\end{pmatrix} + \frac{1}{2}\begin{pmatrix}0\\1\\-1\end{pmatrix} + \sigma\begin{pmatrix}1\\0\\0\end{pmatrix} = \begin{pmatrix}0\\0{,}5\\0{,}5\end{pmatrix} + \sigma\begin{pmatrix}1\\0\\0\end{pmatrix}$$

2. Gegeben sind die beiden Ebenen $\mathbf{E_1}$: $\mathfrak{x} = \begin{pmatrix} 3 \\ 2 \\ 1 \end{pmatrix} + \lambda \begin{pmatrix} 0 \\ 1 \\ 5 \end{pmatrix} + \mu \begin{pmatrix} 4 \\ -1 \\ 3 \end{pmatrix}$

$\mathbf{E_2}$: $\mathfrak{x} = \begin{pmatrix} 1 \\ 0 \\ 4 \end{pmatrix} + \nu \begin{pmatrix} 2 \\ 1 \\ 1 \end{pmatrix} + \sigma \begin{pmatrix} 2 \\ 5 \\ 0 \end{pmatrix}$

Um die Schnittgerade zu ermitteln, setzen wir die beiden Gleichungen einander gleich:

$$\begin{pmatrix} 3 \\ 2 \\ 1 \end{pmatrix} + \lambda_s \begin{pmatrix} 0 \\ 1 \\ 5 \end{pmatrix} + \mu_s \begin{pmatrix} 4 \\ -1 \\ 3 \end{pmatrix} = \begin{pmatrix} 1 \\ 0 \\ 4 \end{pmatrix} + \nu_s \begin{pmatrix} 2 \\ 1 \\ 1 \end{pmatrix} + \sigma_s \begin{pmatrix} 2 \\ 5 \\ 0 \end{pmatrix}$$

I. $2 = -4\mu_s + 2\nu_s + 2\sigma_s$

II. $2 = -\lambda_s + \mu_s + \nu_s + 5\sigma_s$

III. $-3 = -5\lambda_s - 3\mu_s + \nu_s$

Wir suchen jetzt entweder eine Beziehung zwischen λ_s und μ_s oder zwischen ν_s und σ_s:

II. minus III. $\Rightarrow$ IV. $\Rightarrow$ $5 = 4\lambda_s + 4\mu_s + 5\sigma_s$

I. minus 2mal II. $\Rightarrow$ V. $\Rightarrow$ $-2 = 2\lambda_s - 6\mu_s - 8\sigma_s$

Gleichung **IV.** wird mit dem Faktor 8, Gleichung **V.** mit dem Faktor 5 multipliziert. Die Addition der Gleichungen **IV.** und **V.** ergibt:

$30 = 42\lambda_s + 2\mu_s$

$\mu_s = 15 - 21\lambda_s$

eingesetzt in E_1 ergibt dies:

$$\mathfrak{x} = \begin{pmatrix} 3 \\ 2 \\ 1 \end{pmatrix} + \lambda \begin{pmatrix} 0 \\ 1 \\ 5 \end{pmatrix} + (15 - 21\lambda) \begin{pmatrix} 4 \\ -1 \\ 3 \end{pmatrix}$$

$$\mathfrak{x} = \begin{pmatrix} 3 \\ 2 \\ 1 \end{pmatrix} + \lambda \begin{pmatrix} 0 \\ 1 \\ 5 \end{pmatrix} + \begin{pmatrix} 60 \\ -15 \\ 45 \end{pmatrix} - \lambda \begin{pmatrix} 84 \\ -21 \\ 63 \end{pmatrix}$$

$$\mathfrak{x} = \begin{pmatrix} 63 \\ -13 \\ 46 \end{pmatrix} + \lambda \begin{pmatrix} -84 \\ 22 \\ -58 \end{pmatrix}$$

Dies ist die gesuchte Gleichung der Schnittgeraden $E_1 \cap E_2$. Als Kontrolle könnte man untersuchen und nachweisen, daß $\begin{pmatrix} 63 \\ -13 \\ 46 \end{pmatrix}$ sowohl in E_1 als auch in E_2 liegt und $\begin{pmatrix} -84 \\ 22 \\ -58 \end{pmatrix}$ komplanar zu den beiden jeweiligen Richtungsvektoren von E_1 und von E_2 ist.

Übungsaufgaben

1. Gegeben ist eine Gerade g und ein Punkt P. Bestimmen Sie eine Ebene E, für die $g \subset E \wedge P \in E$ ist:

a) **g:** $\mathfrak{x} = \begin{pmatrix} 4 \\ 2 \\ 1 \end{pmatrix} + \lambda \begin{pmatrix} -3 \\ 0 \\ 2 \end{pmatrix}$; $P(0|1|5)$

b) **g:** $\mathfrak{x} = \begin{pmatrix} 1 \\ 0 \\ 0 \end{pmatrix} + \lambda \begin{pmatrix} 0 \\ 1 \\ 0 \end{pmatrix}$; $P(0|0|1)$

2. Zeigen Sie, daß sich die beiden Geraden g und h schneiden:

$$\mathbf{g:}\ \mathfrak{x} = \begin{pmatrix} 5 \\ 1 \\ 0 \end{pmatrix} + \lambda \begin{pmatrix} -1 \\ 1 \\ 3 \end{pmatrix}$$

$$\mathbf{h:}\ \mathfrak{x} = \begin{pmatrix} -1 \\ 3 \\ 8 \end{pmatrix} + \mu \begin{pmatrix} 4 \\ 0 \\ -2 \end{pmatrix}$$

Geben Sie eine Parameterdarstellung der durch g und h aufgespannten Ebene an.

3. Bestimmen Sie die Ebenengleichungen der Dreiecke
$A(4|1|0)$, $B(3|-1|5)$ und $C(0|2|1)$ sowie
$A'(0|0|1)$, $B'(-2|-2|2)$ und $C'(3|0|2)$.

4. Prüfen Sie, ob die gegebene Gerade g in der Ebene E liegt. Verläuft g zu E parallel oder gibt es einen gemeinsamen Schnittpunkt?

g: $\mathfrak{x} = \begin{pmatrix} 2 \\ 1 \\ 0 \end{pmatrix} + \lambda \begin{pmatrix} 4 \\ 1 \\ 2 \end{pmatrix}$; **E:** $\mathfrak{x} = \begin{pmatrix} 3 \\ 1 \\ 2 \end{pmatrix} + \mu \begin{pmatrix} 1 \\ 5 \\ -1 \end{pmatrix} + \nu \begin{pmatrix} 9 \\ 7 \\ 3 \end{pmatrix}$

5. Gegeben sind die drei Punkte $A(a|0|0)$, $B(0|b|0)$ und $C(0|0|c)$ auf den drei Koordinatenachsen. Bestimmen Sie:

a) die zugehörige Parameterdarstellung der Ebene durch ABC,
b) die Parameterdarstellungen der drei Begrenzungsgeraden des Dreiecks ABC,
c) die **parameterfreie Achsenabschnittsform** der drei Begrenzungsgeraden des Dreiecks ABC,
d) die zugehörige parameterfreie Achsenabschnittsform der Ebenengleichung durch ABC.

Lösungen S. 818

Skalarprodukt

Vektoren kann man, wie gesehen, addieren und mit reellen Zahlen multiplizieren. Kann man auch Vektoren miteinander malnehmnen?
Die ist sogar auf zwei verschiedene Weisen möglich. Eine Variante ergibt wieder einen Vektor (s. S. 580), die andere einen Skalar, also eine Größe, die lediglich einen Betrag, aber keine Richtung besitzt.

Einführungsbeispiel:

Früher wurden in Bergwerken die Loren (Grubenwagen) von Hand gezogen. Warum lehnten sich die Arbeiter beim Ziehen bzw. Drücken nach vorne, anstatt den Wagen aufrecht zu ziehen?

Abb. 534 a

Abb. 534 b

Bei dieser Frage haben wir es mit zwei vektoriellen Größen zu tun: Kraft und Weg, deren Produkt in der Physik als „Arbeit" bezeichnet wird. Die Kraft, die den Wagen wirklich in Bewegung setzt, muß in Richtung des Weges wirken. Eine nach oben wirkende Kraft wäre allenfalls in der Lage, den Wagen hochzuheben. Jede schräg wirkende Kraft läßt sich nach den Gesetzen der Vektoraddition in einen Anteil parallel zum Weg und einen zweiten Anteil senkrecht dazu zerlegen. Nur die waagrecht wirkende Kraft jedoch kann den Wagen vorwärtsbewegen. Somit sind die insgesamt aufgewandte und die wirksame Kraft im allgemeinen nicht dasselbe.
Dies beantwortet auch die Frage, weshalb sich die Arbeiter nach vorne lehnten: Das Seil, mittels dessen die Kraft übertragen wird, verläuft dann (beinahe) parallel zum Boden (= Weg), (fast) die gesamte eingesetzte Muskelkraft kann wirksam werden. Je steiler dagegen der Winkel zwischen Seil und Erde wird, desto mehr Kraft bleibt ungenutzt.

Durch die Zerlegung der eingesetzten Kraft in zwei zueinander senkrechte Komponenten entsteht ein rechtwinkliges Dreieck; die zum Weg parallele Kraft erhält man somit als $F \cdot \cos\alpha$. Die Arbeit $W = F \cdot s \cdot \cos\alpha$ selbst hat dann – im Gegensatz zu den konstituierenden Größen Kraft und Weg – keine Richtung mehr, sondern nur noch einen Betrag: Sie ist ein Skalar.

Abb. 535 a

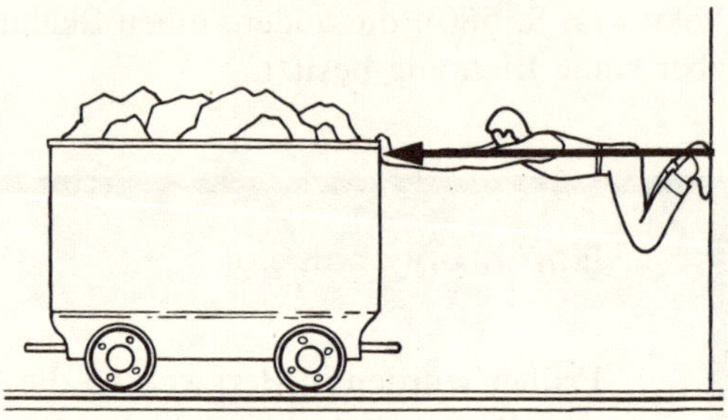

Abb. 535 b

Unter dem **Skalarprodukt** $\mathfrak{a} \cdot \mathfrak{b}$ (lies: „$\mathfrak{a}$ *mal* $\mathfrak{b}$") der Vektoren $\mathfrak{a}$ und $\mathfrak{b}$ versteht man die eindeutig bestimmte reelle Zahl,

$$\mathfrak{a} \cdot \mathfrak{b} = |\mathfrak{a}| \cdot |\mathfrak{b}| \cdot \cos\alpha = a \cdot b \cdot \cos\alpha,$$

wobei α der Winkel zwischen den Vektoren $\mathfrak{a}$ und $\mathfrak{b}$ ist.

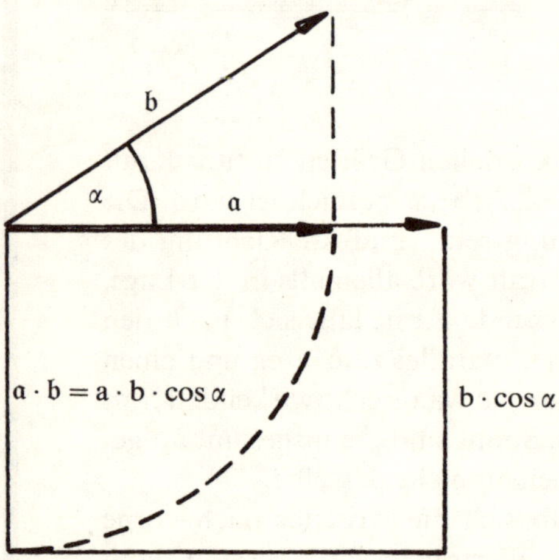

Abb. 536

Geometrisch bedeutet das Skalarprodukt den Flächeninhalt des Rechtecks mit den Seiten a und $b \cdot \cos\alpha$ (Projektion von $\mathfrak{b}$ auf $\mathfrak{a}$). Eine solche Fläche existiert natürlich nur, wenn nicht eine der Seiten die Länge Null hat, oder wenn $\cos\alpha \neq 0$, also $\alpha \neq 90°$ ist.

Die senkrechte Projektion von $\mathfrak{b}$ auf $\mathfrak{a}$ wird gelegentlich mit $\mathfrak{b}_{\mathfrak{a}} = \mathfrak{b} \cdot \cos\alpha$ bezeichnet: $\mathfrak{a} \cdot \mathfrak{b} = \mathfrak{a} \cdot \mathfrak{b}_{\mathfrak{a}}$.

Das Skalarprodukt zweier Vektoren $\mathfrak{a} \neq 0$ und $\mathfrak{b} \neq 0$ ist dann gleich Null, wenn sie senkrecht aufeinander stehen:

$$\mathfrak{a} \cdot \mathfrak{b} = 0 \Leftrightarrow \mathfrak{a} \perp \mathfrak{b}$$

Beispiel:

Die Basisvektoren eines rechtwinkligen Koordinatensystems (Orthonormalbasis) stehen senkrecht aufeinander. Deshalb ist das Skalarprodukt aus verschiedenen Basisvektoren 0, und das Skalarprodukt eines Basisvektors mit sich selbst ergibt immer 1:

$$\mathfrak{i} \cdot \mathfrak{i} = \mathfrak{j} \cdot \mathfrak{j} = \mathfrak{k} \cdot \mathfrak{k} = 1; \quad \mathfrak{i} \cdot \mathfrak{j} = \mathfrak{j} \cdot \mathfrak{k} = \mathfrak{k} \cdot \mathfrak{i} = 0$$

Anders als bei der Addition ist die Menge aller Vektoren in bezug auf das Skalarprodukt nicht abgeschlossen. Die Rechenoperation führt vielmehr für jedes beliebige Produkt zweier Vektoren aus der Menge heraus. Auch das Assoziativgesetz ist nicht gültig: $\mathfrak{a} \cdot (\mathfrak{b} \cdot \mathfrak{c}) = \mathfrak{a} \cdot |\mathfrak{b}| \cdot |\mathfrak{c}| \cdot \cos(\mathfrak{b}; \mathfrak{c})$ ist ein Vielfaches von $\mathfrak{a}$; $(\mathfrak{a} \cdot \mathfrak{b}) \cdot \mathfrak{c} = |\mathfrak{a}| \cdot |\mathfrak{b}| \cdot \cos(\mathfrak{a}; \mathfrak{b}) \cdot \mathfrak{c}$ dagegen ein Vielfaches von $\mathfrak{c}$.

Jedoch gilt:

Das Skalarprodukt ist kommutativ: $\mathfrak{a} \cdot \mathfrak{b} = \mathfrak{b} \cdot \mathfrak{a}$
und distributiv bezüglich der Vektoraddition: $\mathfrak{a} \cdot (\mathfrak{b} + \mathfrak{c}) = \mathfrak{a} \cdot \mathfrak{b} + \mathfrak{a} \cdot \mathfrak{c}$

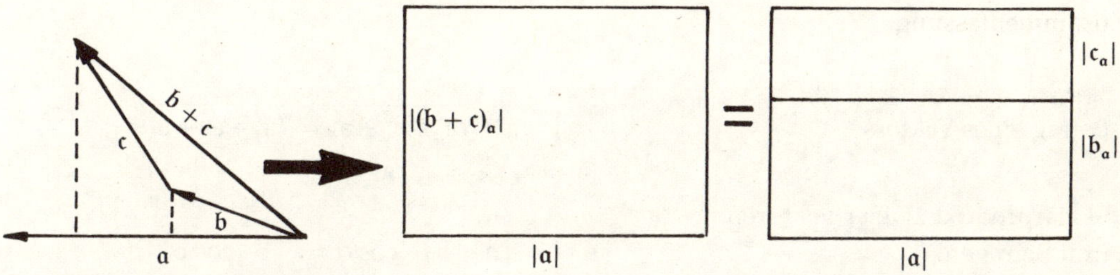

Abb. 537 Das Distributivgesetz $\mathfrak{a} \cdot (\mathfrak{b} + \mathfrak{c}) = \mathfrak{a} \cdot \mathfrak{b} + \mathfrak{a} \cdot \mathfrak{c}$

Das Kommutativgesetz ist über die Komponentendarstellung und die Basisvektoren leicht nachweisbar, z.B. in der Ebene:

$$\begin{aligned}
\mathfrak{a} \cdot \mathfrak{b} &= (a_x \cdot \mathfrak{i} + a_y \cdot \mathfrak{j}) \cdot (b_x \cdot \mathfrak{i} + b_y \cdot \mathfrak{j}) \\
\mathfrak{a} \cdot \mathfrak{b} &= a_x \mathfrak{i} \cdot b_x \mathfrak{i} + a_y \mathfrak{j} \cdot b_x \mathfrak{i} + a_x \mathfrak{i} \cdot b_y \mathfrak{j} + a_y \mathfrak{j} \cdot b_y \mathfrak{j} \\
\mathfrak{a} \cdot \mathfrak{b} &= a_x b_x \mathfrak{i} \cdot \mathfrak{i} + a_y b_x \mathfrak{j} \cdot \mathfrak{i} + a_x b_y \mathfrak{i} \cdot \mathfrak{j} + a_y b_y \mathfrak{j} \cdot \mathfrak{j} \\
\mathfrak{a} \cdot \mathfrak{b} &= a_x b_x \cdot 1 + a_y b_x \cdot 0 + a_x b_y \cdot 0 + a_y b_y \cdot 1 \\
\mathfrak{a} \cdot \mathfrak{b} &= a_x b_x + a_y b_y \\
\mathfrak{a} \cdot \mathfrak{b} &= b_x a_x + b_y a_y = \mathfrak{b} \cdot \mathfrak{a}
\end{aligned}$$

Analog verläuft der Nachweis für Vektoren mit drei und mehr Komponenten.

Für die Komponentendarstellung des Skalarprodukts gilt:

$$\mathfrak{a} \cdot \mathfrak{b} = \begin{pmatrix} a_x \\ a_y \end{pmatrix} \begin{pmatrix} a_y \\ b_y \end{pmatrix} = a_x a_y + b_x b_y \quad \text{bzw.} \quad \mathfrak{a} \cdot \mathfrak{b} = \begin{pmatrix} a_x \\ a_y \\ a_z \end{pmatrix} \begin{pmatrix} b_x \\ b_y \\ b_z \end{pmatrix} = a_x b_x + a_y b_y + a_z b_z.$$

Den Winkel zwischen $\mathfrak{a}$ und $\mathfrak{b}$ bestimmt man durch

$$\cos\alpha = \frac{\mathfrak{a} \cdot \mathfrak{b}}{|\mathfrak{a}| \cdot |\mathfrak{b}|}.$$

Die Berechnung des eingeschlossenen Winkels α zwischen zwei Vektoren ergibt sich dabei durch Umformung der Gleichung von S. 567.

Beispiele:

1. $\mathfrak{a} = \begin{pmatrix} -3 \\ 5 \end{pmatrix}$; $\mathfrak{b} = \begin{pmatrix} 10 \\ 6 \end{pmatrix} \Rightarrow \mathfrak{a} \cdot \mathfrak{b} = (-3) \cdot 10 + 5 \cdot 6 = 0$

also auch $\cos \alpha = \dfrac{0}{\sqrt{(9+25)} \cdot \sqrt{(100+36)}} = 0 \Rightarrow \alpha = 90°$

2. $\mathfrak{a} = \begin{pmatrix} 9 \\ 3 \end{pmatrix}$; $\mathfrak{b} = \begin{pmatrix} 2 \\ -5 \end{pmatrix} \Rightarrow |\mathfrak{a}| = a = \sqrt{81+9} = \sqrt{90}$; $|\mathfrak{b}| = b = \sqrt{4+25} = \sqrt{29}$

$\mathfrak{a} \cdot \mathfrak{b} = 9 \cdot 2 + 3 \cdot (-5) = 18 - 15 = 3 \Rightarrow \cos \alpha = \dfrac{3}{\sqrt{90} \cdot \sqrt{29}} \approx 0{,}05872 \Rightarrow \alpha \approx 86{,}63°$

Zusammenfassung:

Betrag eines Vektors: $|\mathfrak{a}| = a = \sqrt{a_x^2 + a_y^2 + a_z^2} = \sqrt{a_1^2 + a_2^2 + a_3^2}$

$(a_x = a_1 ; a_y = a_2 ; a_z = a_3)$

Skalarprodukt zweier Vektoren:
(mit Beträgen) $\mathfrak{a} \cdot \mathfrak{b} = |\mathfrak{a}|\,|\mathfrak{b}| \cdot \cos \alpha = a \cdot b \cdot \cos \alpha$

Skalarprodukt zweier Vektoren:
(mit Komponenten) $\mathfrak{a} \cdot \mathfrak{b} = \begin{pmatrix} a_1 \\ a_2 \\ a_3 \end{pmatrix} \cdot \begin{pmatrix} b_1 \\ b_2 \\ b_3 \end{pmatrix} = a_1 b_1 + a_2 b_2 + a_3 b_3$

Winkel zwischen zwei Vektoren: $\cos (\mathfrak{a} ; \mathfrak{b}) = \dfrac{\mathfrak{a} \cdot \mathfrak{b}}{|\mathfrak{a}| \cdot |\mathfrak{b}|} = \dfrac{\mathfrak{a} \cdot \mathfrak{b}}{a \cdot b}$

Kommutativgesetz des Skalarproduktes: $\mathfrak{a} \cdot \mathfrak{b} = \mathfrak{b} \cdot \mathfrak{a}$

Distributivgesetz des Skalarproduktes: $\mathfrak{a}\,(\mathfrak{b} + \mathfrak{c}) = \mathfrak{a}\mathfrak{b} + \mathfrak{a}\mathfrak{c}$

Das Skalarprodukt $\mathfrak{a} \cdot \mathfrak{b}$ ist gleich dem Produkt der zugehörigen Beträge

$\mathfrak{a} \cdot \mathfrak{b} = |\mathfrak{a}| \cdot |\mathfrak{b}|$

wenn $\mathfrak{a}$ und $\mathfrak{b}$ kollinear und damit $\mathfrak{a} \cdot \mathfrak{a} = \mathfrak{a}^2 = a^2$

Für $\mathfrak{a} \neq 0$ und $\mathfrak{b} \neq 0$ gilt: $\mathfrak{a} \cdot \mathfrak{b} = 0 \Leftrightarrow \mathfrak{a} \perp \mathfrak{b}$

Anders als in der Algebra kann das Skalarprodukt $\mathfrak{a} \cdot \mathfrak{b} = c$ (c ist wohlgemerkt ein Skalar!) durch eine *Division nicht rückgängig* gemacht werden. Folglich kann es auch nicht durch einen Vektor gekürzt werden, weil durch einen *Vektor nicht geteilt* werden kann; der rechte Term ist somit nicht definiert: $\dfrac{\mathfrak{a} \cdot \mathfrak{b}}{\mathfrak{a}^2} \neq \dfrac{\mathfrak{b}}{\mathfrak{a}}$

Die Tatsache, daß ein skalares Produkt auch Null sein kann, wenn keiner der beiden Vektoren der Nullvektor ist, hat große Bedeutung für viele Anwendungsaufgaben.

Einführungsbeispiele:

1. Die Vektoren $\mathfrak{a} = \begin{pmatrix} -14 \\ 2 \\ 5 \end{pmatrix}$ und $\mathfrak{b} = \begin{pmatrix} 2 \\ -10 \\ 11 \end{pmatrix}$ spannen ein Parallelogramm (Abb. 538) im $\mathbb{R}^3$ auf.

Man beweise, daß es sich bei dem Parallelogramm um eine Raute (Rhombus) handelt.

Wir konstruieren die beiden Diagonalen

$\mathfrak{a} + \mathfrak{b} = \begin{pmatrix} -12 \\ -8 \\ 16 \end{pmatrix}$ und $\mathfrak{a} - \mathfrak{b} = \begin{pmatrix} -16 \\ 12 \\ -6 \end{pmatrix}$

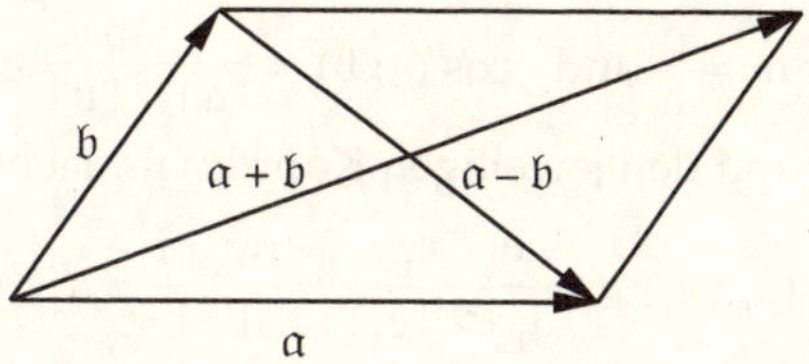

Abb. 538

und bilden das zugehörige Skalarprodukt mit Hilfe der Komponenten:

$$(\mathfrak{a} + \mathfrak{b})(\mathfrak{a} - \mathfrak{b}) = \begin{pmatrix} -12 \\ -8 \\ 16 \end{pmatrix} \cdot \begin{pmatrix} -16 \\ 12 \\ -6 \end{pmatrix} = (-12)(-16) - 8 \cdot 12 - 16 \cdot 6 = 0$$

Hieraus folgt bereits: $(\mathfrak{a} + \mathfrak{b}) \perp (\mathfrak{a} - \mathfrak{b})$

Mit Hilfe der Beträge dieser Vektoren läßt sich dann auch der Winkel zwischen den beiden Diagonalen leicht bestimmen:

$|\mathfrak{a} + \mathfrak{b}| = \sqrt{12^2 + 8^2 + 16^2} = \sqrt{464}$ und $|\mathfrak{a} - \mathfrak{b}| = \sqrt{16^2 + 12^2 + 6^2} = \sqrt{436}$

$(\mathfrak{a} + \mathfrak{b})(\mathfrak{a} - \mathfrak{b}) = \sqrt{464} \cdot \sqrt{436} \cdot \cos\alpha = 0$

Wenn $\cos\alpha = 0$, dann ist $\alpha = 90°$.

Bei dem Parallelogramm handelt es sich folglich um eine Raute, weil die zugehörigen Diagonalen senkrecht zueinander stehen (außerdem ist $|\mathfrak{a}| = |\mathfrak{b}| = \sqrt{225} = 15$ L.E.)

2. Man beweise vektoriell den **Lehrsatz von Pythagoras**:

$a^2 + b^2 = c^2$

Aus $\mathfrak{a} + \mathfrak{b} = \mathfrak{c}$

erhält man durch *Quadrieren*

$(\mathfrak{a} + \mathfrak{b})^2 = \mathfrak{c}^2$ und damit

$\mathfrak{a}^2 + 2\mathfrak{a}\mathfrak{b} + \mathfrak{b}^2 = \mathfrak{c}^2$.

Nun ist nach Voraussetzung $\mathfrak{a} \perp \mathfrak{b}$ und damit $\mathfrak{a} \cdot \mathfrak{b} = 0$ und folglich $\mathfrak{a}^2 + \mathfrak{b}^2 = \mathfrak{c}^2$, und wegen $\mathfrak{a}^2 = $ a2, $\mathfrak{b}^2 = $ b2 und $\mathfrak{c}^2 = c^2$ ergibt sich hieraus

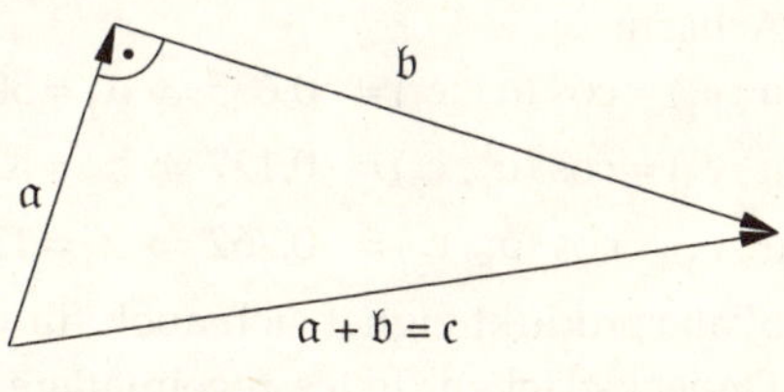

Abb. 539

$a^2 + b^2 = c^2$.

Ein Vektor $\mathfrak{a}$ mit dem Betrag a läßt sich auf seinen zugehörigen **Einheitsvektor** $\mathfrak{a}_E$ reduzieren oder verlängern, indem man $\mathfrak{a}$ durch seinen Betrag a dividiert. *Der Betrag eines jeden Einheitsvektors ist somit immer gleich 1.*

Wir bestimmen jetzt einmal die Winkel zwischen einem beliebigen Einheitsvektor $\mathfrak{a}_E$ und den drei Koordinatenachsen, die ja durch die Vektoren $\mathfrak{e}_1 = \begin{pmatrix} 1 \\ 0 \\ 0 \end{pmatrix}$, $\mathfrak{e}_2 = \begin{pmatrix} 0 \\ 1 \\ 0 \end{pmatrix}$ und $\mathfrak{e}_3 = \begin{pmatrix} 0 \\ 0 \\ 1 \end{pmatrix}$ festgelegt sind.

Mit $\mathfrak{a}_E = \frac{\mathfrak{a}}{a}$ und $\cos(\mathfrak{a}; \mathfrak{b}) = \frac{\mathfrak{a} \cdot \mathfrak{b}}{|\mathfrak{a}| \cdot |\mathfrak{b}|}$ erhält man die Winkel zwischen dem Einheitsvektor $\mathfrak{a}_E$ und den jeweiligen Koordinatenachsen:

$$\left.\begin{aligned} \cos(\mathfrak{a}_E, \mathfrak{e}_1) &= \frac{\mathfrak{a}_E \cdot \mathfrak{e}_1}{|\mathfrak{a}_E| \cdot |\mathfrak{e}_1|} = \frac{\mathfrak{a}_{1E} \cdot 1}{1 \cdot 1} = \mathfrak{a}_{1E} \\ \cos(\mathfrak{a}_E, \mathfrak{e}_2) &= \frac{\mathfrak{a}_E \cdot \mathfrak{e}_2}{|\mathfrak{a}_E| \cdot |\mathfrak{e}_2|} = \frac{\mathfrak{a}_{2E} \cdot 1}{1 \cdot 1} = \mathfrak{a}_{2E} \\ \cos(\mathfrak{a}_E, \mathfrak{e}_3) &= \frac{\mathfrak{a}_E \cdot \mathfrak{e}_3}{|\mathfrak{a}_E| \cdot |\mathfrak{e}_3|} = \frac{\mathfrak{a}_{3E} \cdot 1}{1 \cdot 1} = \mathfrak{a}_{3E} \end{aligned}\right\} \Rightarrow \mathfrak{a}_E = \begin{pmatrix} \mathfrak{a}_{1E} \\ \mathfrak{a}_{2E} \\ \mathfrak{a}_{3E} \end{pmatrix}$$

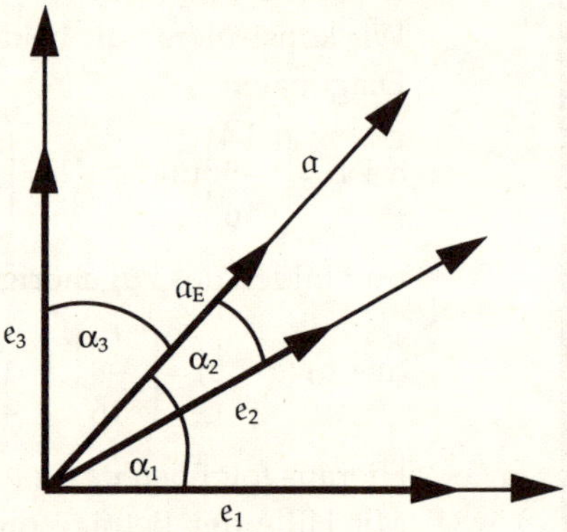

Abb. 540 Einheitsvektoren

Beispiel:

Der Vektor $\mathfrak{a} = \begin{pmatrix} 5 \\ 1 \\ -6 \end{pmatrix}$ besitzt den Betrag $\mathfrak{a} = a = \sqrt{25 + 1 + 36} = \sqrt{62} \approx 7{,}874$.

Somit lauten die Koordinaten des zugehörigen Einheitsvektors

$$\mathfrak{a}_E = \frac{1}{\sqrt{62}} \begin{pmatrix} 5 \\ 1 \\ -6 \end{pmatrix} = \begin{pmatrix} 0{,}635 \\ 0{,}127 \\ -0{,}762 \end{pmatrix}$$

Aus diesen Koordinaten bestimmen wir direkt die gesuchten Winkel zwischen $\mathfrak{a}$ und den drei Achsen:

$\cos(\mathfrak{a}; \mathfrak{e}_1) = \cos(\mathfrak{a}_E, \mathfrak{e}_1) = 0{,}635 \Rightarrow \alpha_1 = 50{,}58°$

$\cos(\mathfrak{a}; \mathfrak{e}_2) = \cos(\mathfrak{a}_E, \mathfrak{e}_2) = 0{,}127 \Rightarrow \alpha_2 = 82{,}71°$

$\cos(\mathfrak{a}; \mathfrak{e}_3) = \cos(\mathfrak{a}_E, \mathfrak{e}_3) = -0{,}762 \Rightarrow \alpha_3 = 139{,}64°$

Das Skalarprodukt eignet sich auch für die Berechnung von Vielecksflächen, insbesondere von Dreiecksflächen. Jedes regelmäßige oder unregelmäßige Vieleck läßt sich in Dreiecke zerlegen; die Berechnung der zugehörigen Fläche führt somit über die Berechnung von Dreiecksflächen.

Bekanntlich bestimmt man den Flächeninhalt eines Dreiecks nach der Formel $F = \frac{1}{2} \cdot g \cdot h$, wobei g die Grundseite und h die Höhe des Dreiecks ist.

Nun ist $h = b \cdot \sin\alpha$ und $g = c$, so daß sich die Fläche nach der Beziehung $F = \frac{1}{2} \cdot b \cdot c \cdot \sin\alpha$ berechnet.

Da nach dem *trigonometrischen Pythagoras*

$\sin^2\alpha + \cos^2\alpha = 1$ ist und somit

$$\sin\alpha = \sqrt{1 - \cos^2\alpha} \quad \text{und}$$

$$\cos\alpha = \frac{\mathfrak{b} \cdot \mathfrak{c}}{b \cdot c}$$

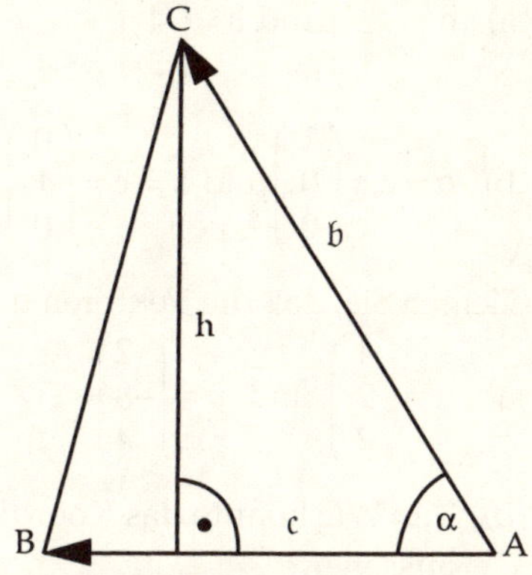

Abb. 541 Flächeninhalt eines Dreiecks

Es folgt unmittelbar:

$$\sin\alpha = \sqrt{1 - \frac{(\mathfrak{b} \cdot \mathfrak{c})^2}{b^2\, c^2}} = \frac{1}{b \cdot c} \cdot \sqrt{b^2 \cdot c^2 - (\mathfrak{b} \cdot \mathfrak{c})^2}$$

und

$$F_{\text{Dreieck}} = \frac{1}{2}\sqrt{b^2 \cdot c^2 - (\mathfrak{b} \cdot \mathfrak{c})^2}$$

Beispiele:

1. Ein Dreieck (Abb. 542) ist durch seine Eckpunkte P (2 | 1), Q (7 | 1) und R (6 | 4) gegeben. Man bestimme seinen Flächeninhalt:

$$\left.\begin{array}{l} \mathfrak{b} = \mathfrak{q} - \mathfrak{p} = \begin{pmatrix} 7 \\ 1 \end{pmatrix} - \begin{pmatrix} 2 \\ 1 \end{pmatrix} = \begin{pmatrix} 5 \\ 0 \end{pmatrix} \\ \mathfrak{c} = \mathfrak{r} - \mathfrak{p} = \begin{pmatrix} 6 \\ 4 \end{pmatrix} - \begin{pmatrix} 2 \\ 1 \end{pmatrix} = \begin{pmatrix} 4 \\ 3 \end{pmatrix} \end{array}\right\} \Rightarrow \mathfrak{b} \cdot \mathfrak{c} = \begin{pmatrix} 5 \\ 0 \end{pmatrix}\begin{pmatrix} 4 \\ 3 \end{pmatrix} = 20$$

$$|\mathfrak{b}| = b = \sqrt{25} = 5$$

$$|\mathfrak{c}| = c = \sqrt{16 + 9} = 5$$

$$F = \frac{1}{2} \cdot \sqrt{25 \cdot 25 - 20^2} = 7{,}5 \text{ F.E.}$$

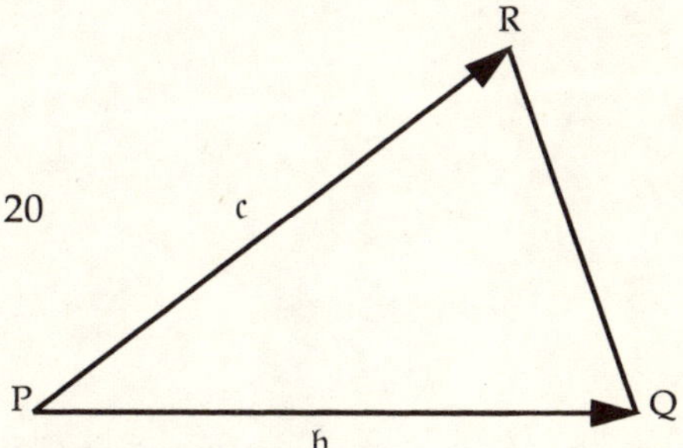

Abb. 542

2. Den Flächeninhalt des räumlichen Dreiecks P (2 | 1 | 2), Q (1 | 0 | − 1) und R (5 | 2 | 1) berechnet man so:

$$\mathfrak{b} = \mathfrak{q} - \mathfrak{p} = \begin{pmatrix} 1 \\ 0 \\ -1 \end{pmatrix} - \begin{pmatrix} 2 \\ 1 \\ 2 \end{pmatrix} = \begin{pmatrix} -1 \\ -1 \\ -3 \end{pmatrix} \qquad \mathfrak{c} = \mathfrak{r} - \mathfrak{p} = \begin{pmatrix} 5 \\ 2 \\ 1 \end{pmatrix} - \begin{pmatrix} 2 \\ 1 \\ 2 \end{pmatrix} = \begin{pmatrix} 3 \\ 1 \\ -1 \end{pmatrix}$$

$$\mathfrak{b} \cdot \mathfrak{c} = \begin{pmatrix} -1 \\ -1 \\ -3 \end{pmatrix}\begin{pmatrix} 3 \\ 1 \\ -1 \end{pmatrix} = -3 - 1 + 3 = -1$$

$$|\mathfrak{b}| = b = \sqrt{1 + 1 + 9} = \sqrt{11}$$

$$|\mathfrak{c}| = c = \sqrt{9 + 1 + 1} = \sqrt{11}$$

$$F = \frac{1}{2}\sqrt{11 \cdot 11 - 1} = \frac{1}{2} \cdot \sqrt{120} \approx 5{,}48 \text{ F.E.}$$

Übungsaufgaben

1. Welche Winkel bilden jeweils die beiden Vektoren miteinander?

a) $\mathfrak{a} = \begin{pmatrix} 3 \\ 2 \\ 1 \end{pmatrix}$ und $\mathfrak{b} = \begin{pmatrix} 0 \\ 4 \\ 5 \end{pmatrix}$

b) $\mathfrak{a} = \mathfrak{e} = \begin{pmatrix} 1 \\ 0 \\ 0 \end{pmatrix}$ und $\mathfrak{b} = \mathfrak{e} = \begin{pmatrix} 0 \\ 1 \\ 0 \end{pmatrix}$

2. Zeigen Sie, daß die Vektoren $\mathfrak{a}$ und $\mathfrak{b}$ senkrecht zueinander stehen

a) $\mathfrak{a} = \begin{pmatrix} 4 \\ 2 \\ 2 \end{pmatrix}$ und $\mathfrak{b} = \begin{pmatrix} 2 \\ -8 \\ 4 \end{pmatrix}$

b) Tip: Wie könnte das Koordinatensystem aussehen?

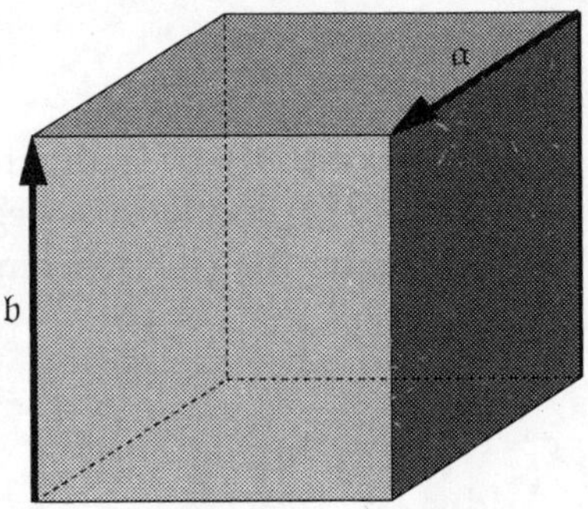

Abb. 543

3. Bestimmen Sie den Winkel zwischen dem Vektor und den drei Koordinatenachsen.

a) $\mathfrak{a} = \begin{pmatrix} 4 \\ -1 \\ 3 \end{pmatrix}$ b) $\mathfrak{a} = \begin{pmatrix} 1 \\ 1 \\ 1 \end{pmatrix}$

4. Bestimmen Sie den Flächeninhalt des Dreiecks A (5 | 2 | 1), B (–1 | 4 | 6) und C (3 | 0 | –3).

5. Bestimmen Sie den Flächeninhalt des folgenden Vierecks:
A (2 | 2), B (7 | 0), C (10 | 3) und D (5 | 6).

6. Bestimmen Sie die Oberfläche des Tetraeders:
A (0 | 0 | 0), B (1 | 0 | 0), C (0 | 1 | 0) und D (0 | 0 | 1).

7. Es sei $\mathfrak{a} = \begin{pmatrix} 3 \\ 4 \end{pmatrix}$ und $\mathfrak{b} = \begin{pmatrix} -5 \\ 12 \end{pmatrix}$. Berechnen Sie

a) $\mathfrak{a} \cdot \mathfrak{b}$ b) $-\mathfrak{a} \cdot \mathfrak{b}$ c) $\mathfrak{a} \cdot \mathfrak{a}$ d) $\mathfrak{b} \cdot \mathfrak{b}$ e) $\mathfrak{a} \cdot (\mathfrak{a} \cdot \mathfrak{b})$ f) $\mathfrak{a} \cdot (\mathfrak{b} \cdot \mathfrak{a}) \cdot \mathfrak{b}$

und den Winkel zwischen den beiden Vektoren.

8. Bestimmen Sie den Winkel $\alpha = w(\mathfrak{a}; \mathfrak{b})$, $\beta = w(\mathfrak{b}; \mathfrak{c})$, $\gamma = w(\mathfrak{a}; \mathfrak{c})$ für die Vektoren

$\mathfrak{a} = \begin{pmatrix} 2 \\ 3 \\ 4 \end{pmatrix}$, $\mathfrak{b} = \begin{pmatrix} -1 \\ 5 \\ 6 \end{pmatrix}$ und $\mathfrak{c} = \begin{pmatrix} 2 \\ -2 \\ 2 \end{pmatrix}$.

9. Beweisen Sie den Kosinussatz der Trigonometrie mit Hilfe des Skalarprodukts.

10. Beweisen Sie den Thalessatz mit dem Skalarprodukt.

11. Beweisen Sie für ein beliebiges Dreieck ABC den Satz des Pythagoras und dessen Umkehrung:
$\overrightarrow{AC} \perp \overrightarrow{BC} \Leftrightarrow |\overrightarrow{AB}|^2 = |\overrightarrow{AC}|^2 + |\overrightarrow{BC}|^2$

12. Beweisen Sie den Kathetensatz und den Höhensatz vektoriell.

13. Beweisen Sie für ein beliebiges Parallelogramm ABCD:
$|\overrightarrow{AB}|^2 + |\overrightarrow{BC}|^2 + |\overrightarrow{CD}|^2 + |\overrightarrow{DA}|^2 = |\overrightarrow{AC}|^2 + |\overrightarrow{BD}|^2$

Lösungen S. 821

Normalenform, Hessesche Normalenform

Wir haben jetzt bereits Möglichkeiten kennengelernt, Geraden und Ebenen durch Gleichungen zu beschreiben. Eine weitere Möglichkeit soll jetzt noch hinzukommen, die auf dem *Skalarprodukt* aufbaut und zu einer besonders anschaulichen und einfachen Geradengleichung und Ebenengleichung führt.

Durch jede Ebene oder zu jeder Geraden, die definiert werden soll, lassen sich sogenannte **Normalenvektoren** konstruieren. Ein Normalenvektor ist dabei ein **Lotvektor**, der senkrecht (lotrecht) zur Ebene und zur Geraden verläuft. Natürlich gibt es unendlich viele Lot- und Normalenvektoren. In jedem Fall kann aber aus der unendlichen Menge solcher Lotvektoren einer Ebene und einer Geraden ein Repräsentant $\mathfrak{n}$ ausgewählt werden, der die entsprechende Ebene und Gerade dann eindeutig definiert, wenn neben $\mathfrak{n}$ ein Punkt A dieser Ebene oder dieser Geraden angegeben wird.

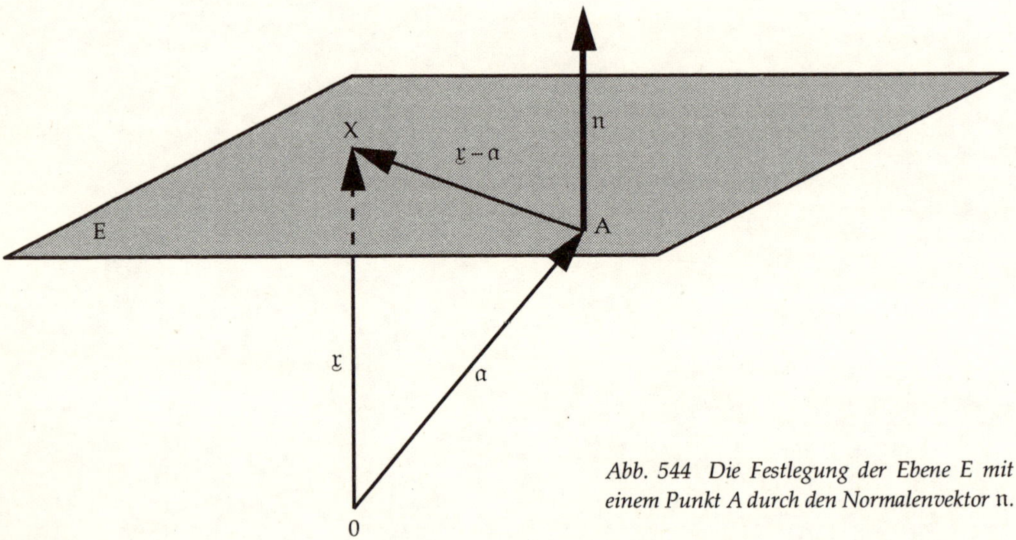

Abb. 544 Die Festlegung der Ebene E mit einem Punkt A durch den Normalenvektor $\mathfrak{n}$.

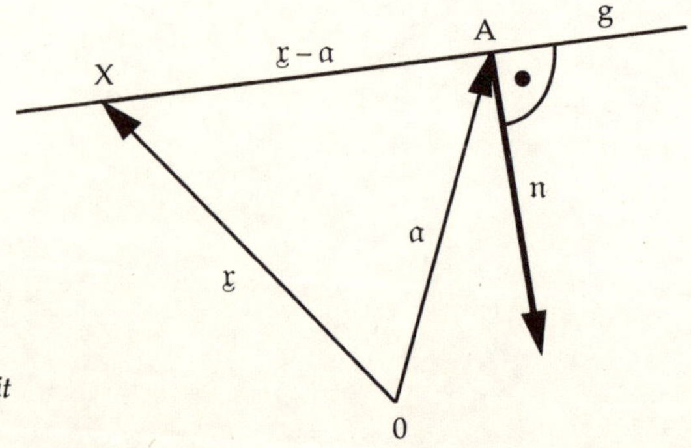

Abb. 545 Die Festlegung der Geraden g im $\mathbb{R}^2$ *mit einem Punkt A durch den Normalenvektor* $\mathfrak{n}$.

Allerdings ist die Zuordnung Normalenvektor → Gerade bei vorgegebenem Punkt A auf der Geraden nur im $\mathbb{R}^2$ eindeutig, da es im $\mathbb{R}^3$ unendlich viele Geraden mit einem Punkt A zu einem Normalenvektor $\mathfrak{n}$ gibt.

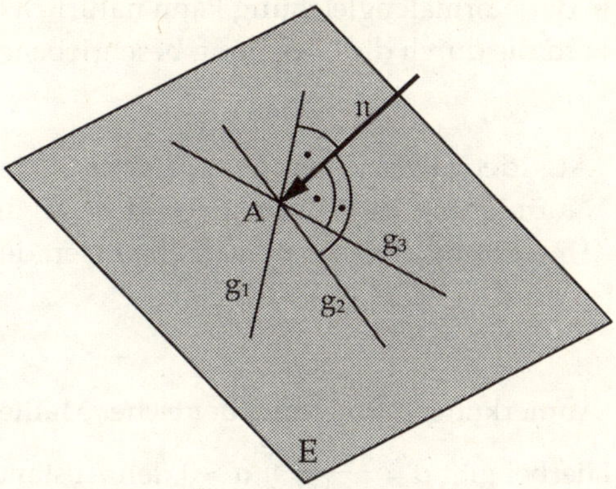

Abb. 546 Im $\mathbb{R}^3$ ist die Gerade g durch die Angabe von A und $\mathfrak{n}$ nicht eindeutig bestimmt.

Wenn der Normalenvektor $\mathfrak{n}$ senkrecht zu der Ebene E und zu der Geraden g steht, so steht $\mathfrak{n}$ auch senkrecht zu jedem anderen Vektor $\mathfrak{x} - \mathfrak{a}$ in der Ebene E und auf der Geraden g. Hierbei soll $\mathfrak{x}$ einen beliebigen Ortsvektor in der Ebene E und auf der Geraden g darstellen. Da $\mathfrak{n}$ und $\mathfrak{x} - \mathfrak{a}$ zueinander senkrecht stehen, muß das zugehörige Skalarprodukt Null ergeben.

$\mathfrak{n}(\mathfrak{x} - \mathfrak{a}) = 0 \Leftrightarrow \mathfrak{n}\mathfrak{x} - \mathfrak{n}\mathfrak{a} = 0 \Leftrightarrow \mathfrak{n}\mathfrak{x} = \mathfrak{n}\mathfrak{a}$

Die letzte Gleichung bedeutet (geometrisch), daß das Skalarprodukt aus dem Normalenvektor und jedem beliebigen Vektor der Ebene und der Geraden immer gleich ist. Dies muß natürlich so sein, weil die senkrechte *Projektion* eines jeden Vektors der Ebene und der Geraden auf den Normalenvektor immer gleich ist.

Eine Ebene im $\mathbb{R}^3$ und eine Gerade im $\mathbb{R}^2$ ist durch die Angabe eines Punktes A in der Ebene und auf der Geraden und durch die Angabe eines Normalenvektors $\mathfrak{n}$ festgelegt.
Die **Punktnormalengleichung** der Ebene beziehungsweise der Geraden lautet:
$\mathfrak{n}\mathfrak{x} = \mathfrak{n}\mathfrak{a}$

Das Skalarprodukt $\mathfrak{n}\mathfrak{a}$ ist natürlich bestimmbar, wenn zumindest A und $\mathfrak{n}$ gegeben sind. Es handelt sich dabei um eine reelle Zahl $\mathfrak{n}\mathfrak{a} = c$, so daß die Gleichung auch noch anders dargestellt werden kann:

Die **allgemeine Normalengleichung** der Ebene beziehungsweise der Geraden lautet:
$\mathfrak{n}\mathfrak{x} = c$

Wir wollen jetzt unter den Normalengleichungen eine mit einer besonders praktischen Verwendungsmöglichkeit betrachten. Dazu normieren wir den Normalenvektor $\mathfrak{n}$, indem wir ihn auf den entsprechenden *Einheitsvektor* verkürzen oder verlängern.

$$\mathfrak{n}^{\circ} = \frac{\mathfrak{n}}{|\mathfrak{n}|} = \frac{\mathfrak{n}}{\sqrt{n_1^2 + n_2^2}}$$

In der Normalengleichung kann natürlich anstelle von $\mathfrak{n}$ auch $\mathfrak{n}^\circ$ verwendet werden. Dabei wird die durch die Gleichung beschriebene Ebene und die Gerade nicht verändert.

Aus der allgemeinen Normalenform der Ebene und der Geraden erhält man durch Normierung des Normalenvektors $\mathfrak{n}$ die sogenannte **Hessesche Normalform** oder **Hesseform** einer Ebene und einer Geraden:
$\mathfrak{n}^\circ\mathfrak{x} = d$

(Anmerkung: Otto Hesse, deutscher Mathematiker, von 1811–1874).

Hierbei gibt $d = \frac{c}{|\mathfrak{n}|} = \mathfrak{n}^\circ\mathfrak{a} > 0$ den Abstand der Ebene und den Abstand der Geraden vom Nullpunkt an. Der Normaleneinheitsvektor $\mathfrak{n}^\circ$ zeigt für $d > 0$ stets vom Nullpunkt zur Ebene und zur Geraden (andernfalls könnte man die Gleichung mit –1 multiplizieren) (Abb. 547).

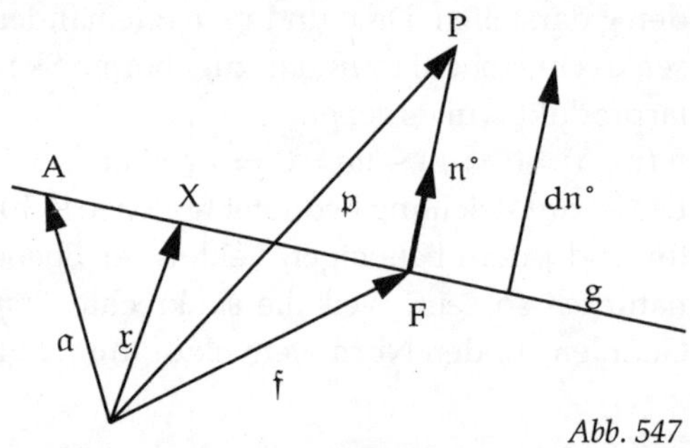

Abb. 547

In Abb. 529 ist der Sachverhalt für eine Gerade dargestellt. Ist ein Punkt P gegeben, der nicht auf der Geraden g liegt, und ist $\overrightarrow{FP}$ der Normalenvektor vom Fußpunkt F zum Punkt P, so ist $\overrightarrow{FP} = \mathfrak{n} = \mathfrak{n}^\circ d$. Weil $\mathfrak{n}^\circ$ der Einheitsvektor ist, also $|\mathfrak{n}^\circ| = 1$, muß $|d|$ den Abstand von P zur Geraden angeben. Nun ist aber F ein Punkt der Geraden g, also

$\mathfrak{n}^\circ(\mathfrak{f} - \mathfrak{a}) = 0$ und wegen $\mathfrak{f} = \mathfrak{p} - d\mathfrak{n}^\circ$ somit
$\mathfrak{n}^\circ(\mathfrak{p} - d\mathfrak{n}^\circ - \mathfrak{a}) = 0$ oder
$\mathfrak{n}^\circ\mathfrak{p} - d\mathfrak{n}^\circ\mathfrak{n}^\circ - \mathfrak{a}^\circ = 0$

Mit dem Skalarprodukt $\mathfrak{n}^\circ\mathfrak{n}^\circ\mathfrak{a} = 1$ folgt hieraus:

Ist $\mathfrak{n}^\circ\mathfrak{x} = d$ und $\mathfrak{n}^\circ(\mathfrak{x} - \mathfrak{a}) = 0$ die Hesseform einer Ebene E und einer Geraden g, so bestimmt die reelle Zahl
$|d| = |\mathfrak{n}^\circ(\mathfrak{p} - \mathfrak{a})|$
den Abstand des Punktes P von der Ebene E und der Geraden g.

Ist $d > 0$, so liegen P und der Koordinatenursprung 0 in verschiedenen *Halbräumen* von E und auf verschiedenen Seiten von g (in verschiedenen *Halbebenen*).

Einführungsbeispiele:

1. Gegeben ist die Punktrichtungsform einer Geraden durch die Gleichung

$g\colon\ \mathfrak{x} = \begin{pmatrix} 1 \\ 2 \end{pmatrix} + \lambda \begin{pmatrix} 3 \\ 2 \end{pmatrix}.$

Man bestimme die Normalenform, die Hesseform und die parameterlose Punktsteigungsform und zeichne die Gerade in ein Koordinatensystem. Außerdem ist der Abstand von g zum Nullpunkt 0 und der Abstand von dem Punkt P (3 | 8) anzugeben.

Normalenform: Es ist $\mathfrak{n} = \begin{pmatrix} -2 \\ 3 \end{pmatrix}$ und damit

$$\mathfrak{n}\,(\mathfrak{x} - \mathfrak{a}) = \begin{pmatrix} -2 \\ 3 \end{pmatrix}\mathfrak{x} - \begin{pmatrix} -2 \\ 3 \end{pmatrix}\begin{pmatrix} 1 \\ 2 \end{pmatrix} = 0, \text{ also}$$

$$\begin{pmatrix} -2 \\ 3 \end{pmatrix}\mathfrak{x} = 4$$

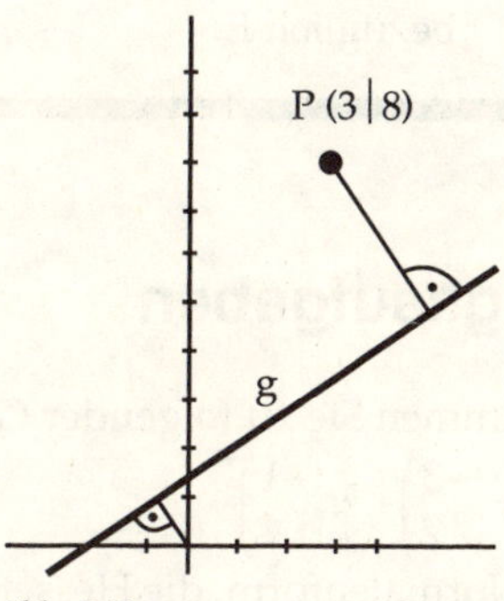

Abb. 548

Hesseform: $|\mathfrak{n}| = \sqrt{(-2)^2 + 3^2} = \sqrt{13}$

$$\Rightarrow \mathfrak{n}^\circ = \frac{\mathfrak{n}}{|\mathfrak{n}|} = \frac{1}{\sqrt{13}}\begin{pmatrix} -2 \\ 3 \end{pmatrix}$$

$$\mathfrak{n}^\circ\,\mathfrak{x} = \frac{1}{\sqrt{13}}\begin{pmatrix} -2 \\ 3 \end{pmatrix}\mathfrak{x} = \frac{4}{\sqrt{13}}$$

$$\Rightarrow \frac{1}{\sqrt{13}}\begin{pmatrix} -2 \\ 3 \end{pmatrix}\mathfrak{x} = 1{,}109$$

Punktsteigungsform:

Aus der Normalenform folgt unmittelbar in der gewohnten Schreibweise

$$\begin{aligned} -2x_1 + 3x_2 &= 4 \\ \Rightarrow\quad 3x_2 &= 2x_1 + 4 \\ \Rightarrow\quad x_2 &= \frac{2}{3}x_1 + \frac{4}{3} \\ y &= \frac{2}{3}x + \frac{4}{3} \end{aligned}$$

Der Abstand d der Geraden g vom Nullpunkt ist somit 1,109 L.E. Um den Abstand von P zur Geraden g zu berechnen, setzen wir die Koordinaten von P in die Hesseform für $\mathfrak{x}$ ein:

$$\mathfrak{n}^\circ\,(\mathfrak{x} - \mathfrak{a}) = 0$$

$$\Rightarrow \mathfrak{n}^\circ\left(\begin{pmatrix} 3 \\ 8 \end{pmatrix} - \begin{pmatrix} 1 \\ 2 \end{pmatrix}\right) = \frac{1}{\sqrt{13}}\begin{pmatrix} -2 \\ 3 \end{pmatrix}\begin{pmatrix} 3 \\ 8 \end{pmatrix} - \frac{1}{\sqrt{13}}\begin{pmatrix} -2 \\ 3 \end{pmatrix}\begin{pmatrix} 1 \\ 2 \end{pmatrix} = \frac{14}{\sqrt{13}} = 3{,}88$$

P und der Koordinatenursprung liegen also auf verschiedenen Seiten von g.

2. Es soll der Abstand der Ebene **E**: $2x_1 - 3x_2 + 4x_3 = 5$ vom Nullpunkt und der Abstand des Punktes P (1 | 2 | 3) von der Ebene E bestimmt werden.

Aus der Gleichung für E folgt: $\mathfrak{x}\begin{pmatrix}2\\-3\\4\end{pmatrix} = 5,$

nach der Normierung: $\mathfrak{x}\frac{1}{\sqrt{29}}\begin{pmatrix}2\\-3\\4\end{pmatrix} - \frac{5}{\sqrt{29}} = 0\,.$

Setzt man für $\mathfrak{x}$ die Koordinaten von P ein, so ergibt

sich $d = \frac{1}{\sqrt{29}}\begin{pmatrix}1\\2\\3\end{pmatrix}\begin{pmatrix}2\\-3\\4\end{pmatrix} - \frac{5}{\sqrt{29}} = \frac{8}{\sqrt{29}} - \frac{5}{\sqrt{29}} = \frac{3}{\sqrt{29}}.$

Der Ursprung 0 und der Punkt P liegen also in verschiedenen Halbräumen bezüglich E.

Übungsaufgaben

1. Bestimmen Sie zu folgender Geradengleichung

$g\colon \mathfrak{x} = \begin{pmatrix}-3\\2\end{pmatrix} + \lambda\begin{pmatrix}-1\\4\end{pmatrix}$

die Normalenform, die Hesseform und die parameterfreie Punktsteigungsform. Skizzieren Sie die Gerade und verdeutlichen Sie den Sachverhalt. Bestimmen Sie den Abstand vom Punkt (3 | 3) und auch den Abstand der Geraden vom Nullpunkt (0 | 0).

2. Wie heißt die Geradengleichung (Normalenform, Hesseform, Punktsteigungsform) von g, wenn P (3 | 4) den Lotfußpunkt von (0 | 0) auf der Gerade darstellt? Kontrollieren Sie Ihr Ergebnis an einer Zeichnung.

3. Vom Punkt A (1 | 2) aus steht auf der Geraden g im Punkt B (–3 | –1) das Lot. Wie heißt die Gleichung von g (alle Formen)?
Zeichnen Sie die Gerade.

4. Berechnen Sie den Abstand von der Geraden g: $\frac{x_1}{5} + \frac{x_2}{2} = 1$ für folgende Punkte

a) P_1(0 | 0)

b) P_2(1 | 4)

c) P_3(4 | –1).

Zeichnen Sie eine Figur.

5. Berechnen Sie die Längen der Höhen in folgendem Dreieck:
A (–1 | –1), B (5 | 1), C (1 | 4).
Fertigen Sie eine Zeichnung an, und kontrollieren Sie die Lösungen!

6. Gegeben sind die beiden Geraden

g: $\frac{x_1}{3} + \frac{x_2}{4} = 1$

h: $\begin{pmatrix} 4 \\ 3 \end{pmatrix}\left(\mathfrak{x} - \begin{pmatrix} -1 \\ 0 \end{pmatrix}\right) = 0$

Welchen Abstand haben g und h voneinander?

7. Welchen Abstand besitzen folgende Ebenen voneinander?

$\mathbf{E_1}$: $\begin{pmatrix} 1 \\ 2 \\ 3 \end{pmatrix}\mathfrak{x} - 14 = 0$ $\mathbf{E_2}$: $\begin{pmatrix} 2 \\ 1 \\ 0 \end{pmatrix}\mathfrak{x} - 25 = 0$

8. Wo schneidet die Ebene die Koordinatenachsen?

a) $\mathbf{E_1}$: $\begin{pmatrix} -5 \\ 15 \\ -3 \end{pmatrix}\mathfrak{x} = -15$

b)

$\mathbf{E_2}$: $\begin{pmatrix} -32 \\ -8 \\ 16 \end{pmatrix}\mathfrak{x} + 64 = 0$

9. Welche Ebene besitzt den Normalenvektor $\mathfrak{n}$ und vom Nullpunkt den Abstand 3 L.E.?

$\mathfrak{n} = \begin{pmatrix} 4 \\ 2 \\ -1 \end{pmatrix}$

10. Wie lauten die Gleichungen der Ebenen, die von der Ebene **E** den Abstand 5 L.E. besitzen?

E: $\begin{pmatrix} 2 \\ 1 \\ 3 \end{pmatrix}\mathfrak{x} - 2 = 0$

Lösungen S. 823

Vektorprodukt

Einführungsbeispiel:

Wenn Sie ein Waschbecken oder eine Badewanne gefüllt haben und den Abflußstöpsel ziehen, so bildet sich beim Abfließen des Wassers ein Strudel mit einer Rechtsdrehung.
Das Abfließen selbst ist durch die Schwerkraft bedingt; der rechtsdrehende Strudel entsteht durch die *Corioliskraft*. Diese Zusatzkraft ist in bewegten Systemen zu beobachten, und als solches hat man die Erde aufgrund ihrer Eigendrehung anzusehen.

Es entsteht also durch das Zusammenwirken zweier vektorieller Größen (Bewegung aufgrund der Schwerkraft und Bewegung mit der Erddrehung) eine dritte, ebenfalls vektorielle Größe. Alle drei stehen, was ihre Richtungen betrifft, in einem eindeutigen Zusammenhang, und der Betrag der dritten Größe läßt sich aus den beiden Primärgrößen direkt ableiten. Insgesamt gilt:

Unter dem **Vektorprodukt** $\mathfrak{a} \times \mathfrak{b} = \mathfrak{c}$ (lies: $\mathfrak{a}$ *kreuz* $\mathfrak{b}$) versteht man einen Vektor $\mathfrak{c}$ mit folgenden Eigenschaften:

1. Das Vektortripel $\mathfrak{a}, \mathfrak{b}, \mathfrak{c}$ bildet in dieser Reihenfolge ein Rechtssystem.
2. Der Vektor $\mathfrak{c}$ steht senkrecht auf der $\mathfrak{a}$ und $\mathfrak{b}$ gemeinsamen Ebene.
3. Der Betrag von $\mathfrak{c}$ ist gleich dem Flächeninhalt des von $\mathfrak{a}$ und $\mathfrak{b}$ erzeugten Parallelogramms:
   $|\mathfrak{a} \times \mathfrak{b}| = |\mathfrak{a}| \cdot |\mathfrak{b}| \cdot \sin(\mathfrak{a}; \mathfrak{b}) = ab \cdot \sin \alpha$

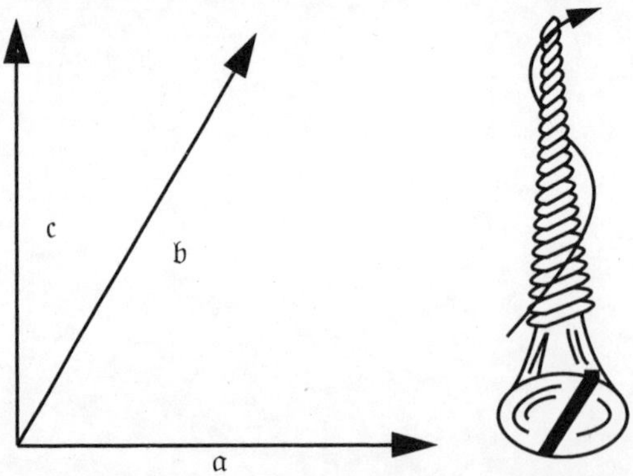

Abb. 549 Ein Rechtssystem läßt sich mit der Schraubenregel nachweisen: Dreht man eine Schraube von $\mathfrak{a}$ auf $\mathfrak{b}$ zu, so bewegt sich die Schraube in Richtung von $\mathfrak{c}$

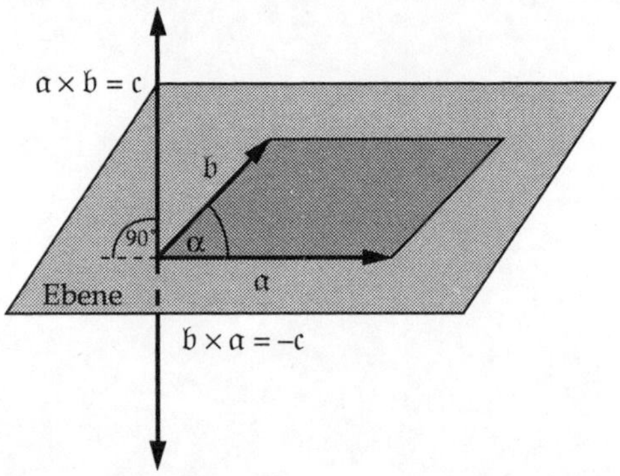

Abb. 550 Das Vektorprodukt und seine geometrische Bedeutung

Ist also das Vektorprodukt gleich Null, so ist entweder einer der beiden Vektoren der Nullvektor, oder beide Vektoren sind parallel (d. h. $\alpha = 0^\circ$ oder $\alpha = 180^\circ$).

Den Vektor $\mathfrak{c}$ erhält man über die Komponenten von $\mathfrak{a}$ und $\mathfrak{b}$ mit Hilfe einer **Determinante:**

$$\mathfrak{c} = \mathfrak{a} \times \mathfrak{b} = \begin{vmatrix} \mathfrak{i} & a_x & b_x \\ \mathfrak{j} & a_y & b_y \\ \mathfrak{k} & a_z & b_z \end{vmatrix} = \begin{vmatrix} \mathfrak{i} & \mathfrak{j} & \mathfrak{k} \\ a_x & a_y & a_z \\ b_x & b_y & b_z \end{vmatrix}$$

$$\mathfrak{c} = \mathfrak{a} \times \mathfrak{b} = (a_y\, b_z - b_y\, a_z)\, \mathfrak{i} + (a_z\, b_x - b_z\, a_x)\, \mathfrak{j} + (a_x\, b_y - b_x\, a_y)\, \mathfrak{k}$$

Die Auflösung von Determinanten wird auf S. 532 behandelt.

Beispiel:

$$\mathfrak{a} = \begin{pmatrix} 3 \\ 5 \\ 7 \end{pmatrix};\ \mathfrak{b} = \begin{pmatrix} 2 \\ 9 \\ -4 \end{pmatrix} \Rightarrow \mathfrak{a} \times \mathfrak{b} = \begin{vmatrix} \mathfrak{i} & \mathfrak{j} & \mathfrak{k} \\ 3 & 5 & 7 \\ 2 & 9 & -4 \end{vmatrix}$$

$$\mathfrak{a} \times \mathfrak{b} = (5 \cdot (-4) - 7 \cdot 9)\, \mathfrak{i} + (7 \cdot 2 + 4 \cdot 3)\, \mathfrak{j} + (3 \cdot 9 - 2 \cdot 5)\, \mathfrak{k}$$

$$\mathfrak{a} \times \mathfrak{b} = -83\mathfrak{i} + 26\mathfrak{j} + 17\mathfrak{k} = \begin{pmatrix} -83 \\ 26 \\ 17 \end{pmatrix} = \mathfrak{c}$$

$$|\mathfrak{c}| = \sqrt{(-83)^2 + 26^2 + 17^2} = 88{,}62$$

Ferner ist $|\mathfrak{a}| = \sqrt{9 + 25 + 49} = 9{,}11$; $|\mathfrak{b}| = \sqrt{4 + 81 + 16} = 10{,}05$

$$\Rightarrow \sin\alpha = \frac{|\mathfrak{a} \times \mathfrak{b}|}{|\mathfrak{a}| \cdot |\mathfrak{b}|} = \frac{88{,}62}{9{,}11 \cdot 10{,}05} = 0{,}9679 \Rightarrow \alpha = 75{,}45^\circ$$

Wir wollen als Kontrolle den Winkel α über das Skalarprodukt bestimmen:

$$\cos\alpha = \frac{\mathfrak{a} \cdot \mathfrak{b}}{a \cdot b} = \frac{3 \cdot 2 + 5 \cdot 9 - 7 \cdot 4}{\sqrt{83}\,\sqrt{101}} = \frac{23}{\sqrt{83}\,\sqrt{101}} = 0{,}2512 \Rightarrow \alpha = 75{,}45^\circ$$

Aus der Berechnungsvorschrift folgt für das Vektorprodukt:

$\mathfrak{a} \times \mathfrak{b} = -\,\mathfrak{b} \times \mathfrak{a}$: alternatives Gesetz
$(\mathfrak{a} + \mathfrak{b}) \times \mathfrak{c} = \mathfrak{a} \times \mathfrak{c} + \mathfrak{b} \times \mathfrak{c}$: Distributivgesetz

Beispiele:

1. $$\mathfrak{b} \times \mathfrak{a} = \begin{vmatrix} \mathfrak{i} & \mathfrak{j} & \mathfrak{k} \\ 2 & 9 & -4 \\ 3 & 5 & 7 \end{vmatrix} = \begin{vmatrix} \mathfrak{i} & \mathfrak{j} & \mathfrak{k} & \mathfrak{i} & \mathfrak{j} \\ 2 & 9 & -4 & 2 & 9 \\ 3 & 5 & 7 & 3 & 5 \end{vmatrix}$$

$$\mathfrak{b} \times \mathfrak{a} = (9 \cdot 7 + 4 \cdot 5)\, \mathfrak{i} + ((-4) \cdot 3 - 2 \cdot 7)\, \mathfrak{j} + (2 \cdot 5 - 9 \cdot 3)\, \mathfrak{k}$$

$$\mathfrak{b} \times \mathfrak{a} = 83\mathfrak{i} - 26\mathfrak{j} - 17\mathfrak{k} = \begin{pmatrix} 83 \\ -26 \\ -17 \end{pmatrix} = -\mathfrak{c}$$

2. $\mathfrak{i} \times \mathfrak{j} = \mathfrak{k}$; $\mathfrak{j} \times \mathfrak{k} = \mathfrak{i}$; $\mathfrak{k} \times \mathfrak{i} = \mathfrak{j}$; $\mathfrak{i} \times \mathfrak{i} = \mathfrak{j} \times \mathfrak{j} = \mathfrak{k} \times \mathfrak{k} = \mathfrak{o}$

Das Volumen des durch die Vektoren $\mathfrak{a}$, $\mathfrak{b}$ und $\mathfrak{c}$ aufgespannten Spates (Parallelepipeds) berechnet sich aus $V_{Spat} = (\mathfrak{a} \times \mathfrak{b}) \cdot \mathfrak{c}$.
Das **Spatprodukt** ist positiv, wenn die Vektoren $\mathfrak{a}$, $\mathfrak{b}$ und $\mathfrak{c}$ in dieser Reihenfolge ein Rechtssystem bilden, sonst negativ.

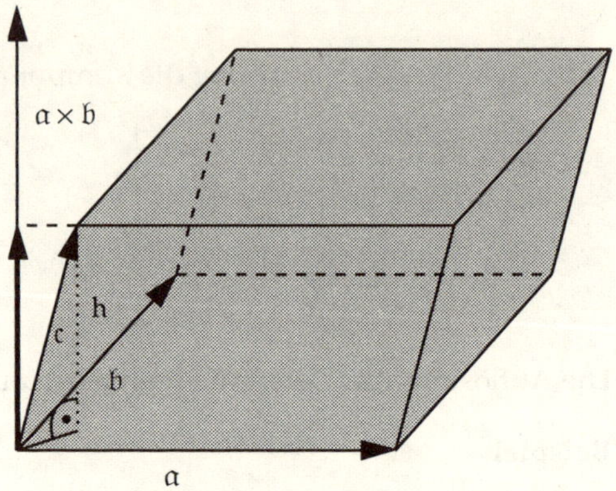

Abb. 551 Das Spatprodukt

Während also die Grundfläche noch durch einen Vektor repräsentiert werden kann, ist das Volumen ein Skalar.
In der Literatur werden die Beklammerung und das Kreuz beim gemischten Produkt vielfach weggelassen: $(\mathfrak{a} \times \mathfrak{b}) \cdot \mathfrak{c} = \mathfrak{a}\,\mathfrak{b}\,\mathfrak{c}$; die Berechnung des Spatproduktes verläuft über die Determinante:

$$(\mathfrak{a} \times \mathfrak{b}) \cdot \mathfrak{c} = \begin{vmatrix} \mathfrak{i} & \mathfrak{j} & \mathfrak{k} \\ a_x & a_y & a_z \\ b_x & b_y & b_z \end{vmatrix} \cdot \begin{pmatrix} c_x \\ c_y \\ c_z \end{pmatrix} = \begin{vmatrix} c_x & c_y & c_z \\ a_x & a_y & a_z \\ b_x & b_y & b_z \end{vmatrix} = \begin{vmatrix} a_x & a_y & a_z \\ b_x & b_y & b_z \\ c_x & c_y & c_z \end{vmatrix} = \begin{vmatrix} a_x & b_x & c_x \\ a_y & b_y & c_y \\ a_z & b_z & c_z \end{vmatrix}$$

Beispiel:
Wie groß ist das Volumen des Spats, der von den Vektoren

$\mathfrak{a} = \begin{pmatrix} 2 \\ 0 \\ 3 \end{pmatrix}$; $\mathfrak{b} = \begin{pmatrix} -1 \\ -2 \\ -3 \end{pmatrix}$ und $\mathfrak{c} = \begin{pmatrix} 4 \\ 5 \\ 6 \end{pmatrix}$ aufgespannt wird?

$$\mathfrak{a}\,\mathfrak{b}\,\mathfrak{c} = \begin{vmatrix} 2 & -1 & 4 \\ 0 & -2 & 5 \\ 3 & -3 & 6 \end{vmatrix} = \begin{vmatrix} 2 & 0 & 3 \\ -1 & -2 & -3 \\ 4 & 5 & 6 \end{vmatrix} = \begin{vmatrix} 2 & 0 & 3 & 2 & 0 \\ -1 & -2 & -3 & -1 & -2 \\ 4 & 5 & 6 & 4 & 5 \end{vmatrix}$$

$\mathfrak{a}\,\mathfrak{b}\,\mathfrak{c} = 2 \cdot (-2) \cdot 6 + 0 \cdot (-3) \cdot 4 + 3 \cdot (-1) \cdot 5 - 3 \cdot (-2) \cdot 4 - 2 \cdot (-3) \cdot 5 - 0 \cdot (-1) \cdot 6$
$\mathfrak{a}\,\mathfrak{b}\,\mathfrak{c} = -24 + 0 - 15 + 24 + 30 - 0 = 15$
Der Spat hat also das Volumen 15 V.E. (Volumeneinheiten).

Übungsaufgaben:

1. Nach der Definition des Vektorproduktes ist der Betrag von $\mathfrak{a} \times \mathfrak{b}$ gleich dem Flächeninhalt des von $\mathfrak{a}$ und $\mathfrak{b}$ erzeugten Parallelogramms:

$$F_{\text{Parallelogramm}} = |\mathfrak{a} \times \mathfrak{b}|$$

Berechnen Sie den Flächeninhalt des von $\mathfrak{a}$ und $\mathfrak{b}$ aufgespannten Parallelogramms:

a) $\mathfrak{a} = \begin{pmatrix} 3 \\ 2 \\ 4 \end{pmatrix}$ $\mathfrak{b} = \begin{pmatrix} 5 \\ 1 \\ 2 \end{pmatrix}$ b) $\mathfrak{a} = \begin{pmatrix} 0 \\ -1 \\ 3 \end{pmatrix}$ $\mathfrak{b} = \begin{pmatrix} 0 \\ 2 \\ 1 \end{pmatrix}$ auf zwei Wegen!

2. Zwei nicht kollineare Vektoren bestimmen nicht nur ein Parallelogramm, sondern auch ein Dreieck (als halbes Parallelogramm):

$$F_{\text{Dreieck}} = \frac{1}{2} |\mathfrak{a} \times \mathfrak{b}|$$

Bestimmen Sie den Flächeninhalt der Dreiecke mit den erzeugenden Vektoren der vorstehenden Aufgabe 1.

3. Gegeben ist die *kanonische Basis* des Vektorraumes der reellen Tripel, und zwar

$\mathfrak{e}_1 = \begin{pmatrix} 1 \\ 0 \\ 0 \end{pmatrix}$ $\mathfrak{e}_2 = \begin{pmatrix} 0 \\ 1 \\ 0 \end{pmatrix}$ $\mathfrak{e}_3 = \begin{pmatrix} 0 \\ 0 \\ 1 \end{pmatrix}$

Zu berechnen sind die jeweiligen Vektorprodukte, die in einer Tabelle zusammengestellt werden sollen.

4. a) Berechnen Sie das Volumen des Spats, der von den Vektoren $\mathfrak{a} = \begin{pmatrix} 2 \\ 1 \\ 2 \end{pmatrix}$; $\mathfrak{b} = \begin{pmatrix} 1 \\ 3 \\ 4 \end{pmatrix}$ und $\mathfrak{c} = \begin{pmatrix} -2 \\ -2 \\ 5 \end{pmatrix}$ aufgespannt wird.

b) Was bedeutet es, wenn $(\mathfrak{a} \times \mathfrak{b}) \cdot \mathfrak{c} = 0$ ist?

c) Zeigen Sie an einem Beispiel, daß das Kreuzprodukt nicht assoziativ ist.

d) Gegeben ist der Spat durch die Vektoren $\mathfrak{a} = \begin{pmatrix} 1 \\ 2 \\ 3 \end{pmatrix}$, $\mathfrak{b} = \begin{pmatrix} 4 \\ 0 \\ 1 \end{pmatrix}$ und $\mathfrak{c} = k \cdot \begin{pmatrix} 2 \\ 4 \\ 8 \end{pmatrix}$ mit dem Volumen 8 Einheiten. Wie groß muß k sein?

5. Durch die vier Punkte A, B, C, D bzw. E, F, G, H ist ein Parallelogramm gegeben. Berechnen Sie seine Fläche unter folgenden Gegebenheiten:

a) A = (0 | 6 | 0), B = (8 | 4 | 0), C = (6 | 16 | 0)

b) E = (1,5 | 2,5 | 3,5), F = (0,5 | 0 | 2,5), G = (1 | 0,5 | 4,5)

Wo liegt jeweils der noch fehlende Punkt (D bzw. H)?

6. Welches Volumen hat die Pyramide mit den Ecken der Grundfläche A = (1 | 0 | 2), B = (3 | 3 | 7), C = (4 | 2 | 12), D = (2 | –1 | 7) und der Spitze S = (2 | 4 | 15)?

Hinweis: Überzeugen Sie sich zunächst davon, daß die Eckpunkte wirklich in einer Ebene liegen.

Lösungen S. 828

Kreis und Kugel

Der **Kreis** (Kreisperipherie) ist bekanntlich die Menge aller Produkte einer Ebene E, die von einem festen Punkt M die Entfernung r (Abstand) haben.
Entsprechend versteht man unter der **Kugel** (Kugelperipherie) die Menge aller Punkte eines Raumes, die von einem festen Punkt M die Entfernung r (Abstand) besitzen. M nennen wir Mittelpunkt, r heißt **Radius**.

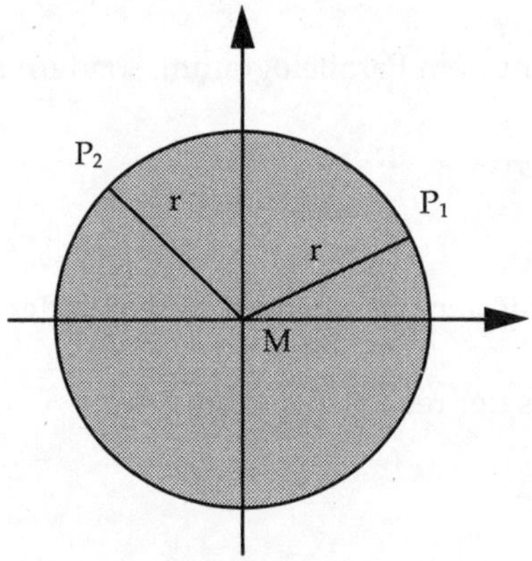

Abb. 552 Kreis in Ursprungslage

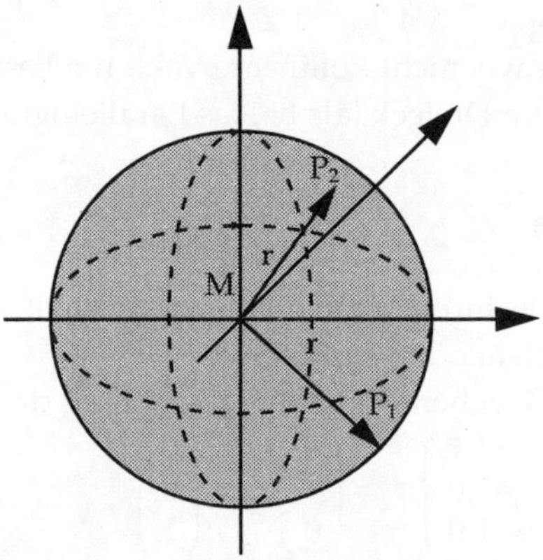

Abb. 553 Kugel in Ursprungslage

Den **Abstand** zweier Punkte kann man mit Hilfe des *Lehrsatzes von Pythagoras* bestimmen:

Abstand zweier Punkte $A(a_1 | a_2 | a_3)$ und $B(b_1 | b_2 | b_3)$:
im $\mathbb{R}^2$ gilt: $|AB| = \sqrt{(b_1 - a_1)^2 + (b_2 - a_2)^2}$
im $\mathbb{R}^3$ gilt: $|AB| = \sqrt{(b_1 - a_1)^2 + (b_2 - a_2)^2 + (b_3 - a_3)^2}$

Damit ist klar, wie die Gleichung eines Kreises im $\mathbb{R}^2$, respektive die Gleichung der Kugel im $\mathbb{R}^3$ aussehen muß:

Der **Kreis** mit dem Mittelpunkt M (0 | 0) und dem Radius r besitzt die Gleichung (Ursprungslage):

$x_1^2 + x_2^2 = r^2$

Die **Kugel** mit dem Mittelpunkt M (0 | 0 | 0) und dem Radius r besitzt die Gleichung (Ursprungslage):

$x_1^2 + x_2^2 + x_3^2 = r^2$

Für den Fall, daß M nicht mit dem Koordinatenursprung zusammenfällt, folgert man die Kreis- und Kugelgleichung leicht aus der Abstandsformel:

Der Kreis mit dem Mittelpunkt M $(m_1 | m_2)$ besitzt die Gleichung:

$(x_1 - m_1)^2 + (x_2 - m_2)^2 = r^2$

Die Kugel mit dem Mittelpunkt M $(m_1 | m_2 | m_3)$ besitzt die Gleichung:

$(x_1 - m_1)^2 + (x_2 - m_2)^2 + (x_3 - m_3)^2 = r^2$

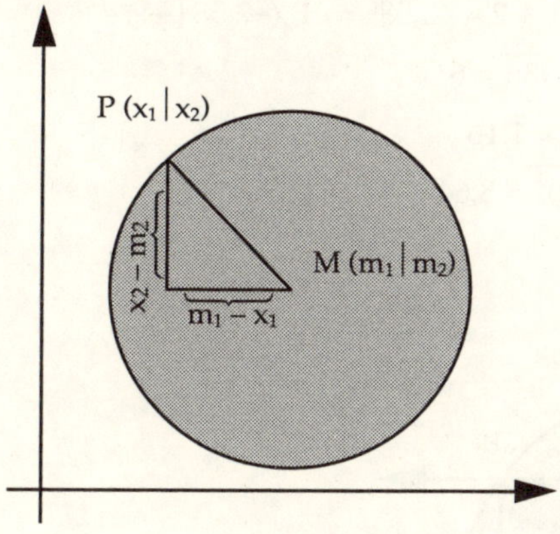

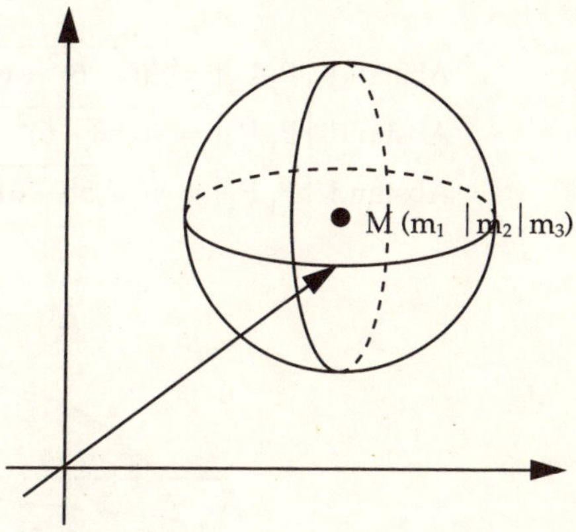

Abb. 554/555 Abstandsformel für Kreis und Kugel

Einführungsbeispiel:

1. Gegeben ist ein Kreis (Abb. 556) mit dem Radius $r = 5$ in
a) Ursprungslage
b) mit dem Mittelpunkt M $(2 \mid -3)$.

Man bestimme die zugehörige Kreisgleichung und berechne den Abstand zweier beliebiger Peripheriepunkte:

a) $x_1^{\ 2} + x_2^{\ 2} = 25$

b) $(x_1 - 2)^2 + (x_2 + 3)^2 = 25$

Zwei beliebige Punkte auf der Kreisperipherie erhält man durch Vorgabe einer Koordinate, zum Beispiel $x_1 = 6$.

$(6 - 2)^2 + (x_2 + 3)^2 = 25 \Rightarrow (x_2 + 3)^2 = 25 - 16$

$\Rightarrow x_2 \ = \pm 3 - 3$

$x_{2;1} = 0 \Rightarrow P_1(6 \mid 0)$

$x_{2;2} = -6 \Rightarrow P_2(6 \mid -6)$

Für $x_2 = -1$ lautet die Rechnung:

$(x_1 - 2)^2 + (-1 + 3)^2 = 25 \Rightarrow (x_1 - 2)^2 = 25 - 4$

$x_1 = \pm\sqrt{21} + 2$

$x_{1;1} = \sqrt{21} + 2 \approx 6{,}58 \quad \Rightarrow P_3(6{,}58 \mid -1)$

$x_{1;2} = -\sqrt{21} + 2 \approx -2{,}58 \quad \Rightarrow P_4(-2{,}58 \mid -1)$

Abstand $|P_1 P_2| = \sqrt{(6 - 6)^2 + (-6 - 0)^2} = \sqrt{36} = 6$

Abstand $|P_1 P_3| = \sqrt{6{,}58 - 6)^2 + (-1 - 0)^2} \approx 1{,}16$

Abstand $|P_1 P_4| = \sqrt{(-2{,}58 - 6)^2 + (-1 - 0)^2} \approx 8{,}64$

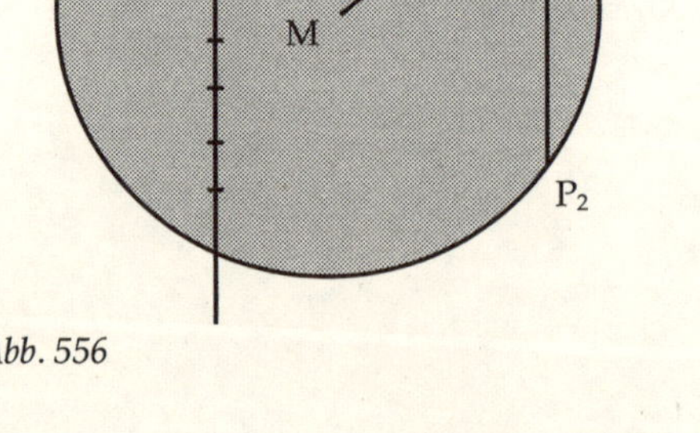

Abb. 556

2. Gegeben ist eine Kugel mit r = 3. Wie heißen die Gleichungen in Ursprungslage und wenn M (–1 | –1 | –1) ist?

Ursprungslage: $x_1^2 + x_2^2 + x_3^2 = 9$

mit M (–1 | –1 | –1) folgt: $(x_1 + 1)^2 + (x_2 + 1)^2 + (x_3 + 1)^2 = 9$

Möchte man einen beliebigen Punkt der Kugel bestimmen, so müssen von diesem Punkt zwei Koordinaten vorgegeben werden. Die dritte Koordinate ist daraus zu bestimmen, zum Beispiel $x_1 = 2$; $x_2 = -1$

$$(2 + 1)^2 + (-1 + 1)^2 + (x_3 + 1)^2 = 9$$
$$(x_3 + 1)^2 = 9 - 9$$
$$x_3 + 1 = 0$$
$$x_3 = -1 \Rightarrow P\,(2 \,|\, -1 \,|\, -1)$$

Die Definition des Skalarproduktes ermöglicht eine sehr einfache und bequeme Darstellung der Kreis- und Kugelgleichung:

Die Gleichung des Kreises im $\mathbb{R}^2$ und die Gleichung der Kugel im $\mathbb{R}^3$ mit dem Radius r lautet:

$$\mathfrak{x} \cdot \mathfrak{x} = r^2\,, \quad \text{für } M\,(0|0) \text{ oder } M\,(0|0|0)$$

und $(\mathfrak{x} - \mathfrak{m})\,(\mathfrak{x} - \mathfrak{m}) = r^2$, für $M\,(m_1 | m_2)$ oder $M\,(m_1 | m_2 | m_3)$

Beispiele:

1. $x_1^2 + x_2^2 = 25 \Rightarrow \quad \mathfrak{x}^2 = 25$ oder $\begin{pmatrix} x_1 \\ x_2 \end{pmatrix}\begin{pmatrix} x_1 \\ x_2 \end{pmatrix} = 25$

2. $(x_1 - 2)^2 + (x_2 + 3)^2 = 25 \Rightarrow (\mathfrak{x} - \mathfrak{m})^2 = 25$ oder $\begin{pmatrix} x_1 - 2 \\ x_2 + 3 \end{pmatrix}\begin{pmatrix} x_1 - 2 \\ x_2 + 3 \end{pmatrix} = 25$

3. $x_1^2 + x_2^2 + x_3^2 = 9 \Rightarrow \quad \mathfrak{x}^2 = 9$ oder $\begin{pmatrix} x_1 \\ x_2 \\ x_3 \end{pmatrix}\begin{pmatrix} x_1 \\ x_2 \\ x_3 \end{pmatrix} = 9$

4. $(x_1 + 1)^2 + (x_2 + 1)^2 + (x_3 + 1)^2 = 9 \Rightarrow (\mathfrak{x} - \mathfrak{m})^2 = 9$ oder $\begin{pmatrix} x_1 + 1 \\ x_2 + 1 \\ x_3 + 1 \end{pmatrix}\begin{pmatrix} x_1 + 1 \\ x_2 + 1 \\ x_3 + 1 \end{pmatrix} = 9$

Es soll jetzt noch die Gleichung einer **Tangente** an einem Kreis und die Gleichung einer **Tangentialebene** einer Kugel untersucht werden (Abb. 557).

Wenn X ein beliebiger Punkt der Tangente (Tangentialebene) ist, T der Berührpunkt dieser Tangente (Tangentialebene) und M der Mittelpunkt des zugehörigen Kreises (Kugel) ist, so läßt sich das Skalarprodukt $\overrightarrow{MT} \cdot \overrightarrow{MX}$ wegen der *Orthogonalität* der Tangente (Tangentialebene) zu dem Berührradius darstellen als:

$\overrightarrow{MT} \cdot \overrightarrow{MX} = \overrightarrow{MT} \cdot \overrightarrow{MT} = |\overrightarrow{MT}|^2 = r^2$

Dies ist deshalb möglich, weil $\overrightarrow{MT}$ die *senkrechte Projektion* von $\overrightarrow{MX}$ auf $\overrightarrow{MT}$ ist.

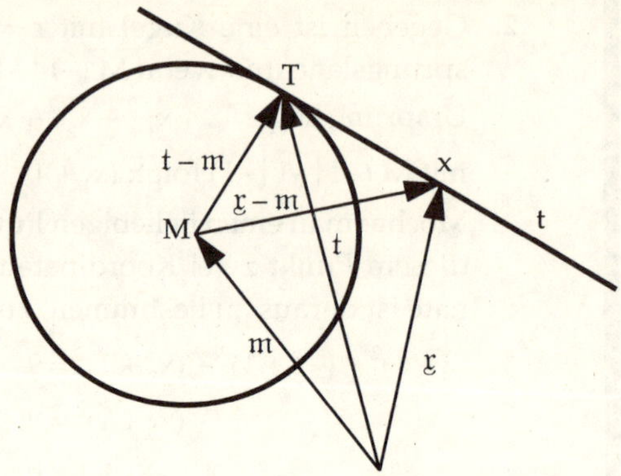

Abb. 557

Nun kann $\overrightarrow{MT}$ und auch $\overrightarrow{MX}$ durch die zugehörigen Ortsvektoren gekennzeichnet werden:

$\overrightarrow{MT} = \mathfrak{t} - \mathfrak{m}$ und $\overrightarrow{MX} = \mathfrak{x} - \mathfrak{m}$

Setzt man diese Vektoren in die Ausgangsgleichung, so ergibt sich:

Die Gleichung der Tangente (Tangentialebene) eines Kreises (Kugel) mit dem Radius r, dem Mittelpunkt M und dem Tangentenberührpunkt T lautet: $(\mathfrak{x} - \mathfrak{m})(\mathfrak{t} - \mathfrak{m}) = r^2$

Beispiele:

1. Gegeben ist der Kreis (Abb. 558) mit dem Radius r = 5 und dem Mittelpunkt M(2 | –3). Bestimmen Sie die Gleichung der Tangente im Berührungspunkt a) $T_1(2\,|\,2)$ und

b) $T_2(-2\,|\,?)$.

a) $(\mathfrak{x} - \mathfrak{m})(\mathfrak{t} - \mathfrak{m}) = r^2$

$$\left(\mathfrak{x} - \begin{pmatrix} 2 \\ -3 \end{pmatrix}\right)\left(\begin{pmatrix} 2 \\ 2 \end{pmatrix} - \begin{pmatrix} 2 \\ -3 \end{pmatrix}\right) = 25$$

$$\begin{pmatrix} x_1 - 2 \\ x_2 + 3 \end{pmatrix}\begin{pmatrix} 0 \\ 5 \end{pmatrix} = 25$$

$$\Rightarrow 5x_2 + 15 = 25 \Rightarrow x_2 = 2$$

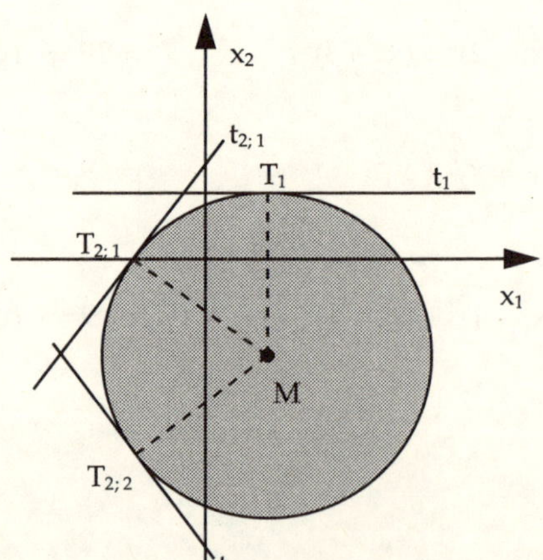

Abb. 558

b) Kreisgleichung:

$(x_1 - 2)^2 + (x_2 + 3)^2 = r^2 \Rightarrow (-2 - 2)^2 + (x_2 + 3)^2 = 25$

$\Rightarrow (x_2 + 3)^2 = 9 \Rightarrow x_{2;1} = 0 \Rightarrow T_{2;1}(-2\,|\,0)$

$x_{2;2} = -6 \Rightarrow T_{2;2}(-2\,|\,-6)$

Die Gleichung der Tangenten lautet somit:

$$\left(\mathfrak{x} - \begin{pmatrix} 2 \\ -3 \end{pmatrix}\right)\left(\begin{pmatrix} -2 \\ 0 \end{pmatrix} - \begin{pmatrix} 2 \\ -3 \end{pmatrix}\right) = 25$$

$$\Rightarrow \left(\mathfrak{x} - \begin{pmatrix} 2 \\ -3 \end{pmatrix}\right)\begin{pmatrix} -4 \\ 3 \end{pmatrix} = 25$$

$$-4x_1 + 8 + 3x_2 + 9 = 25$$

$$3x_2 = 8 + 4x_1$$

$$x_2 = \frac{4}{3}x_1 + \frac{8}{3} \quad \text{für } T_{2;1}(-2\,|\,0)$$

bzw. $$x_2 = -\frac{4}{3}x_1 - \frac{26}{3} \quad \text{für } T_{2;2}(-2\,|\,-6)$$

2. Gegeben ist die Kugeloberfläche mit der Gleichung

$$\mathfrak{x}^2 = 9$$

und die Gerade $\mathfrak{x} = \begin{pmatrix} 4 \\ -1 \\ 10 \end{pmatrix} + \lambda \begin{pmatrix} 2 \\ -2 \\ 8 \end{pmatrix}$

a) Bestimmen Sie die Schnittpunkte der Geraden mit der Kugel:

$$\begin{pmatrix} 4 + 2\lambda \\ -1 - 2\lambda \\ 10 + 8\lambda \end{pmatrix}^2 = 9 \Rightarrow 16 + 16\lambda + 4\lambda^2 + 1 + 4\lambda + 4\lambda^2 + 100 + 160\lambda + 64\lambda^2 = 9$$

$$\Rightarrow \lambda^2 + \frac{5}{2}\lambda + \frac{3}{2} = 0$$

$$\lambda_1 = -1 \Rightarrow P_1(2\,|\,1\,|\,2)$$

$$\lambda_2 = -\frac{3}{2} \Rightarrow P_2(1\,|\,2\,|\,-2)$$

b) Wie lang ist das Geradenstück innerhalb der Kugel zwischen P_1 und P_2?

$$|P_1 P_2| = \sqrt{(2-1)^2 + (1-2)^2 + (2+2)^2} = \sqrt{1 + 1 + 16} = \sqrt{18} = 3\sqrt{2}$$

c) Wie heißen die Gleichungen der beiden Tangentialebenen in den beiden Durchstoßpunkten P_1 und P_2?

$(\mathfrak{x} - m)\,(t - m) = r^2$

für $\mathbf{P_1}$: $\left[\mathfrak{x} - \begin{pmatrix}0\\0\\0\end{pmatrix}\right]\left[\begin{pmatrix}2\\1\\2\end{pmatrix} - \begin{pmatrix}0\\0\\0\end{pmatrix}\right] = 9 \Rightarrow \begin{pmatrix}2\\1\\2\end{pmatrix}\mathfrak{x} = 9$

$\Rightarrow 2x_1 + x_2 + 2x_3 = 9$

für $\mathbf{P_2}$: $\left[\mathfrak{x} - \begin{pmatrix}0\\0\\0\end{pmatrix}\right]\left[\begin{pmatrix}1\\2\\-2\end{pmatrix} - \begin{pmatrix}0\\0\\0\end{pmatrix}\right] = 9 \Rightarrow \begin{pmatrix}1\\2\\-2\end{pmatrix}\mathfrak{x} = 9$

$\Rightarrow x_1 + 2x_2 - 2x_3 = 9$

Übungsaufgaben:

1. Gegeben sind die Kreisgleichungen:

a) $x_1^2 + x_2^2 = 16$

b) $(x_1 - 1)^2 + (x_2 + 3)^2 = 100$

Wie heißen die fehlenden Koordinaten der Peripheriepunkte $P(x_P\,|\,3)$ und $Q(9\,|\,y_Q)$?

2. Bestimmen Sie den Mittelpunkt derjenigen Kugel mit der Gleichung $(x_1 - x_m)^2 + (x_2 - 3)^2 + (x_3 + 4)^2 = 54$, die den Peripheriepunkt $P(1\,|\,2\,|\,3)$ besitzt!

3. Gegeben ist der Kreis $x_1^2 + x_2^2 = 34$ und die Gerade $x_2 - \frac{3}{5}x_1 = 0$.

Geben Sie die Kreis- und auch die Geradengleichung mit Hilfe des Skalarproduktes an. Bestimmen Sie die Länge der bei dem Schnitt entstehenden Sehne.

4. Gegeben ist die Kugel mit der Gleichung $\left(\mathfrak{x} - \begin{pmatrix}2\\-1\\-3\end{pmatrix}\right)^2 = 9$

und die Gerade mit der Gleichung $\mathfrak{x} = \begin{pmatrix}5\\-1\\3\end{pmatrix} + \lambda\begin{pmatrix}1\\-1\\4\end{pmatrix}$.

Bestimmen Sie die gemeinsamen Schnittpunkte von Kugel und Gerade.

5. Berechnen Sie die Sehnenlänge der Schnittpunkte der Geraden und Kugel der vorstehenden Aufgabe.

Lösungen S. 830

Kombinatorik, Statistik, Wahrscheinlichkeits-rechnung

Stochastik stammt aus dem Griechischen und bedeutet soviel wie „Kunst des Mutmaßens". Heute versteht man unter der Stochastik **Statistik** und **Wahrscheinlichkeitsrechnung**. Die Wahrscheinlichkeitsrechnung entstand im 17. Jahrhundert aus dem Bestreben, bei Glücksspielen Gesetzmäßigkeiten für *Zufallsereignisse* zu finden und so gewinnbringende Spieltechniken zu entwickeln; es sollten damit günstige Ausgänge eines Zufallsexperimentes vorhergesagt werden. Die Mathematiker *Fermat* und *Pascal* behandelten zunächst Einzelprobleme, erst *Bernoulli* und *Laplace* erreichten im 18. und 19. Jahrhundert eine weitgehende Systematisierung.

Anwendungen in der Praxis erfolgten damals allerdings nur mit Vorsicht und Mißtrauen. Darum blieben *Mendels* Erkenntnisse über die Blütenfarben von Pflanzen bei Zuchtversuchen lange ohne Bedeutung, und Ähnliches widerfuhr auch *Quetelet* bei seinen statistischen Erhebungen; *Quetelet* fand heraus, daß die menschliche Körpergröße *normalverteilt* ist, d. h., daß es sehr viele Leute mittlerer Größe, aber nur wenige mit extremen Größen gibt.

Auch innerhalb der Mathematik bekam die Wahrscheinlichkeitsrechnung erst ihren Stellenwert, als es *Kolmogorow* 1933 gelang, ein **Axiomensystem** (System von Grundregeln) zu erstellen.

In der Folgezeit ging man mehr und mehr dazu über, jede endliche Zahl von Resultaten als **Stichprobe** aus einer unbegrenzten Menge von Möglichkeiten aufzufassen. So gelang es, die Statistik auf den Gesetzen der Wahrscheinlichkeitslehre aufzubauen. Dies ermöglichte endlich auch die Interpretation und Anwendung von Resultaten, denen man bislang verständnislos gegenübergestanden hatte. So ist zwar eine Aussage über das Verhalten eines *bestimmten* Moleküls in einem Gasvolumen wegen der Vielzahl der Einflüsse, denen es ausgesetzt ist, genausowenig möglich wie eine Aussage über den Zerfallszeitpunkt eines *bestimmten* Radiumatoms; eine Aussage über das *mittlere* Verhalten der gesamten betrachteten Menge dagegen läßt sich sehr wohl machen.

Analog verhält es sich mit Aussagen zu (spontanen) Genmutationen in der Biologie – dies hat mit der Möglichkeit künstlicher Mutationen sehr an Brisanz gewonnen – oder der Interpretation klinischer Testwerte in der Medizin. Die Sozialwissenschaftler benutzen wahrscheinlichkeitstheoretische Verfahren zur Ergründung des Verhaltens von Bevölkerungsgruppen (Wahlprognosen; Bevölkerungsentwicklungen), und auch in wirtschaftliche

Planungen hat die Wahrscheinlichkeitsrechnung und Statistik Eingang gefunden (Marktanalysen für Produkte, Warteschlangen, Kapazitätsprobleme).
Die Wahrscheinlichkeitsrechnung und Statistik sind also als Teilgebiete der Mathematik von zunehmender praktischer Bedeutung.

Kombinatorik

Mit Hilfe der **Kombinatorik** (combinare *lat.* = verbinden) kann man die Eigenschaften von Mengen mit endlicher Kardinalzahl untersuchen und Teilmengen mit vorgegebener Elementezahl bestimmen.

Einführungsbeispiel:

Aus einer Tennismannschaft mit 6 Spielern soll ein Doppel mit 2 Spielern ausgewählt werden. Wie viele Möglichkeiten gibt es, aus dieser Menge zu 6 Elementen Teilmengen zu je 2 Elementen (Paare) auszuwählen?
Nehmen wir an, die Tennisspieler haben die Bezeichnung A, B, C, D, E und F. Dann gibt es für eine Paarbildung folgende Möglichkeiten:
AB, AC, AD, AE, AF, BC, BD, BE, BF, CD, CE, CF, DE, DF und EF.
Hier wurde systematisch vorgegangen, um kein Paar zu vergessen. Es gibt also insgesamt 15 Möglichkeiten, aus einer Menge zu 6 Elementen eine Teilmenge zu 2 Elementen auszuwählen.

Es leuchtet ein, daß diese Methode desto unübersichtlicher und komplizierter wird, je mehr Elemente die Mengen besitzen. Wir müssen also versuchen, die Anzahl der verschiedenen Möglichkeiten auf mathematischem Wege zu finden. Dies leistet die **Kombinatorik**. Wegen der Wichtigkeit der Kombinatorik für stochastische Fragestellungen ist die Kombinatorik vor allem als Hilfsmittel der Wahrscheinlichkeitsrechnung anzusehen.
Das grundlegende Prinzip der Kombinatorik besteht in erster Linie darin, komplexe Experimente in Einzelschritte zu zerlegen, um dann alle Möglichkeiten für die Ausführung des Experimentes zu erhalten.

Produktregel der Kombinatorik

Einführungsbeispiel:

Ein Fuhrunternehmer verfügt über 4 Fahrer, 3 Lastwagen und 2 Anhänger. Wie viele Möglichkeiten hat er, einen Lastzug (1 Fahrer + 1 Lastwagen + 1 Anhänger) zusammenzustellen?

Dieses und viele andere ähnliche Probleme löst man am besten mit Hilfe eines **Baumdiagramms** (s. Abb. 559):

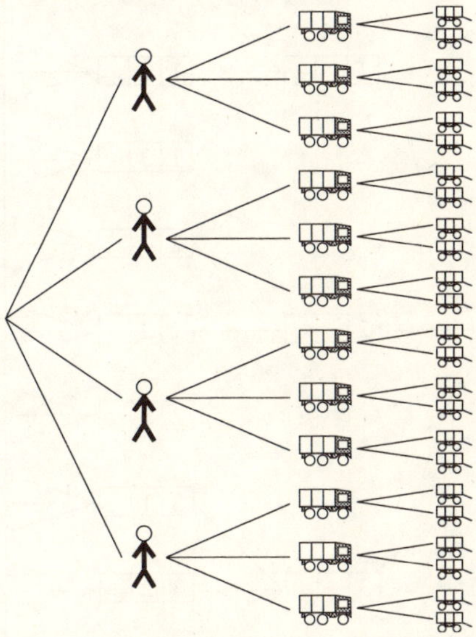

Abb. 559 Fahrer – Lkw – Anhänger

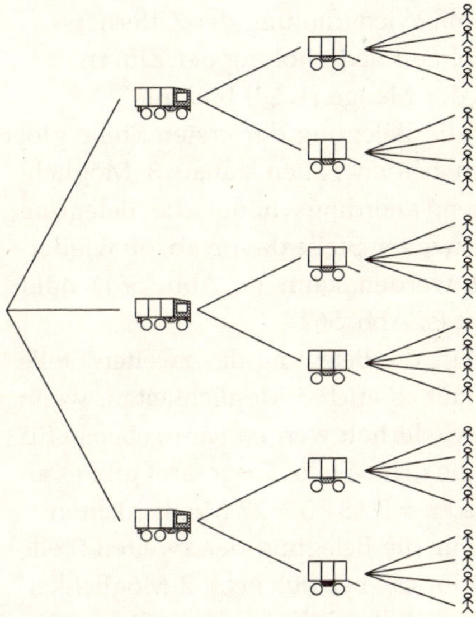

Abb. 560 Lkw – Anhänger – Fahrer

Man sucht zunächst den Fahrer (4 Möglichkeiten), dann den Lastwagen (3 Möglichkeiten) und letztlich den Anhänger (2 Möglichkeiten) aus. Es gibt – wie man dem Baumdiagramm entnimmt – für eine solche Auswahl insgesamt

$$4 \cdot 3 \cdot 2 = 24 \text{ Möglichkeiten.}$$

Es leuchtet ein, daß die Auswahl natürlich auch in einer anderen Reihenfolge, also zuerst Lastwagen, dann Anhänger und zuletzt Fahrer, erfolgen kann; die Anzahl der Möglichkeiten kann sich freilich dadurch nicht verändern (s. Abb. 560)

Das Lastzugproblem läßt sich somit als **dreistufiges Zufallsexperiment** auffassen, bei dem sich die Gesamtzahl der Möglichkeiten für die Durchführung als Produkt der Möglichkeiten auf jeder Stufe berechnet.

Produktregel der Kombinatorik:
Sind n Entscheidungen zu treffen und die Entscheidungen jeder Stufe 1, 2, 3, ... , n läßt jeweils m_1, m_2, m_3, ... m_n Möglichkeiten zu, so erhält man die Gesamtzahl der Entscheidungsmöglichkeiten, indem man die Anzahl der Entscheidungsmöglichkeiten jeder einzelnen Stufe miteinander multipliziert:
$k = m_1 \cdot m_2 \cdot m_3 \cdot ... \cdot m_n$

Beispiele:

1. Wie viele Ziffertripel (3 geordnete Ziffern) lassen sich
   a) mit Wiederholung der Ziffern
   b) ohne Wiederholung der Ziffern
   aus der Menge {1,2,3} bilden?
   Für die Belegung der ersten Stelle gibt es in beiden Fällen genau 3 Möglichkeiten, allerdings hängt die Belegung der zweiten Stelle davon ab, ob wiederholt werden kann (s. Abb. 561) oder nicht (s. Abb. 562).
   a) Für die Belegung der zweiten Stelle gibt es auch 3 Möglichkeiten, wenn wiederholt werden kann; ebenso für die dritte Stelle. Insgesamt gibt es also $n = 3 \cdot 3 \cdot 3 = 27$ Möglichkeiten.
   b) Für die Belegung der zweiten Stelle gibt es aber nur noch 2 Möglichkeiten, falls nicht wiederholt werden kann; es gibt in diesem Fall nur $n = 3 \cdot 2 \cdot 1 = 6$ Möglichkeiten, um ein Ziffertripel zu bilden.
2. Drei Patienten kommen in ein Wartezimmer mit 6 Stühlen. Wie viele Möglichkeiten gibt es für diese Leute, auf den Stühlen Platz zu nehmen?
   Der erste Patient hat 6 Stühle (Möglichkeiten) zur Auswahl, der zweite Patient nur noch 5 Stühle, und der dritte Patient kann dann nur noch unter 4 Stühlen auswählen.
   Es gibt also $6 \cdot 5 \cdot 4 = 120$ verschiedene Sitzordnungen.

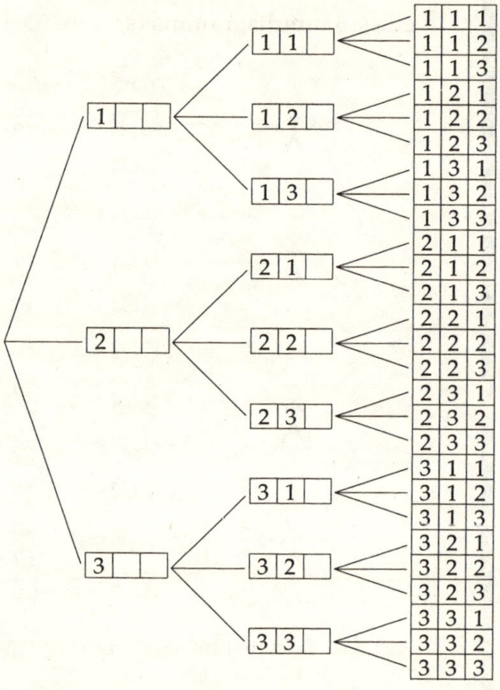

Abb. 561 Mit Wiederholung

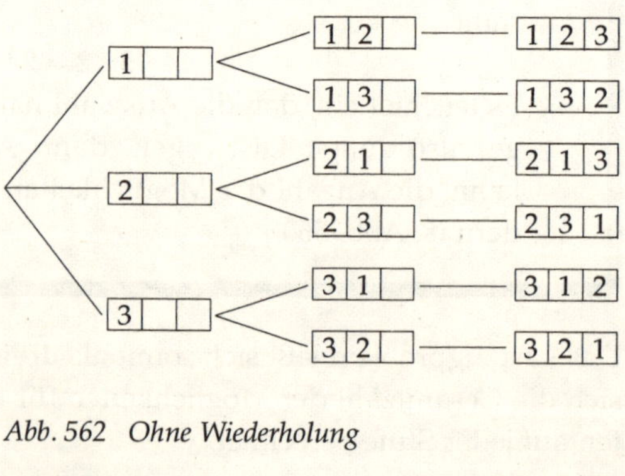

Abb. 562 Ohne Wiederholung

Summenregel der Kombinatorik

Einführungsbeispiel:

Luisa spielt mit ihrer Puppe. Sie will aus einer Kiste mit 2 gelben und 3 roten Hosen, 2 schwarzen und 4 blauen Jacken und 4 lila und 5 bordeauxroten Hüten eine Kleiderkombination für ihre Puppe zusammenstellen.
Wie viele Möglichkeiten hat sie dazu?
Für die Auswahl der Hosen gibt 2 + 3 = 5 Möglichkeiten, für die Auswahl der Jacken gibt es 2 + 4 = 6 Möglichkeiten und für die Auswahl der Hüte gibt es 4 + 5 = 9 Möglichkeiten. Insgesamt hat Luisa damit also 5 · 6 · 9 = 270 Möglichkeiten, ihre Puppe anzukleiden.

Hier ist zunächst die Summenregel, dann die Produktregel der Kombinatorik benutzt worden. Wichtige Voraussetzung bei der Anwendung der Summenregel ist, daß die beiden (oder mehrere) **Ereignisse** oder **Ausfälle des Zufallsexperimentes** nicht gleichzeitig eintreten können; wir sagen in einem solchen Fall, es handelt sich um **unvereinbare** Ereignisse. Wenn die Hosen, Jacken und Hüte jeweils getrennt und zufällig ausgewählt werden, dann sind also die gelben und die roten Hosen (respektive schwarze und blaue Jacken bzw. lila und bordeauxrote Hüte) nicht gleichzeitig auswählbar und damit *unvereinbar*.

Summenregel der Kombinatorik:
Haben die beiden unvereinbaren Ereignisse E_1 oder E_2 genau m_1 bzw. m_2 Möglichkeiten für ihr Auftreten, dann gibt es für das zusammengesetzte Ereignis E_1 oder E_2 genau $m_1 + m_2$ Möglichkeiten.

Beispiel:
Nehmen wir an, in einem fernen Land gäbe es nur die drei Ziffern { * ; <> ; # }. Wie viele einstellige, zweistellige und dreistellige Zahlen könnten dort aus diesen drei Ziffern ohne Wiederholung der Ziffern gebildet werden?
Für die Bildung der einstelligen gibt es natürlich nur 3 Möglichkeiten: *, <> und #. Zweistellige Zahlen können auf 6 Weisen konstruiert werden: *<>, <>*, *#, #*, <># und #<>.
Dreistellige Zahlen gibt es ebenfalls 6: *<>#, *#<>, <>*#, <>#*, #<>* und letztlich #*<>.
Zusammen gibt es folglich 3 + 6 + 6 = 15 Zahlen dieser Art.

Permutationen

Wir wollen einer in der *Kombinatorik* häufig gestellten Frage nachgehen und untersuchen, wie viele Möglichkeiten es gibt, *n Elemente einer Menge anzuordnen* oder *in einer Reihe aufzulisten*.

Einführungsbeispiel:

Zwei Personen A und B kann man nur auf genau 2 Weisen auf 2 Stühlen Platz nehmen lassen, nämlich entweder AB oder BA. Bei 3 Personen gibt es für die Verteilung auf 3 Stühle bereits 6 Möglichkeiten: ABC, ACB, BCA, BAC, CAB und CBA.

Im Einführungsbeispiel hat uns die erkennbare Systematik noch weitergeholfen: Sind 4 Personen auf 4 Stühle oder gar 5 Personen auf 5 Stühle zu verteilen, so fällt die Aufzählung auch mit systematischen Mitteln bereits schwer:
für $n = 4$ gibt es die Möglichkeiten ABCD, ABDC, ACBD, ACDB ...
und für $n = 5$ ABCDE, ABCED, ABDEC, ABDCE, ABECD, ABEDC ...
Mengen mit größerer Elementezahl n sind auf diese Weise kaum noch auf ihre Anordnungsmöglichkeiten untersuchbar.

Beispiel:

Wie viele Möglichkeiten haben 6 Rennpferde, nacheinander ins Ziel einzulaufen?
Nun, 6 Pferde haben die Möglichkeit, den 1. Platz zu belegen, aber nur noch 5 Pferde können danach den 2. Platz belegen, für den 3. Platz stehen dann nur noch 4 Pferde zur Verfügung, für den 4. Platz nur noch 3, für den 5. Platz noch 2 Pferde und für den letzten Platz natürlich nur noch 1 Pferd. Insgesamt gibt es damit $6 \cdot 5 \cdot 4 \cdot 3 \cdot 2 \cdot 1 = 720$ Möglichkeiten, bei einem Pferderennen mit 6 Pferden den Einlauf der Pferde vorherzusagen.
Ob es nun Pferde sind, die nacheinander in ein Ziel einlaufen, oder ob es Personen sind, die sich auf Stühle setzen, ist für das mathematische Problem gleichgültig. Es handelt sich in beiden Fällen um eine **Permutation ohne Wiederholung**, weil ja weder ein Pferd ein zweites Mal durch das Ziel laufen noch eine sich auf einem Stuhl befindliche Person sich nochmals setzen kann.
Das Wort **Permutation** kommt aus dem Lateinischen (permutare) und bedeutet soviel wie „die Reihenfolge ändern". An dieser Stelle ergibt sich die Frage, ob sich die Regel auch auf Mengen mit beliebig großer Elementezahl übertragen läßt, ob also eine Menge mit n Elementen $1 \cdot 2 \cdot 3 \cdot 4 \cdot 5 \cdot ... \cdot n$ Anordnungsmöglichkeiten für alle ihre Elemente besitzt. Wir wollen dies jetzt untersuchen, doch zunächst noch eine Vereinfachung.

Für ein Produkt mit fortlaufenden Faktoren, beginnend mit dem Faktor 1, schreibt man kurz $1 \cdot 2 \cdot 3 \cdot 4 \cdot 5 \cdot ... \cdot n = n!$
Der Ausdruck n! wird gelesen als *„n-Fakultät"*.

Wir wissen, daß die Behauptung, eine Menge mit n Elementen habe n! Permutationen, für die Menge mit einem Element (n = 1) richtig ist, da eine einelementige Menge natürlich auch nur 1! = 1 Anordnungsmöglichkeit besitzt. Setzen wir jetzt einmal voraus, daß eine Menge mit k Elementen $P_k = 1 \cdot 2 \cdot 3 \cdot ... \cdot k$ verschiedene Permutationen besitzt, und man denke sich all diese k! Permutationen untereinander hingeschrieben. Vergrößert man nun die Menge mit k Elementen um eines, also um das (k + 1). Element, so gibt es für dieses Element genau (k + 1) Möglichkeiten der Anordnung in jeder der k! Permutationen.

Beispiel:

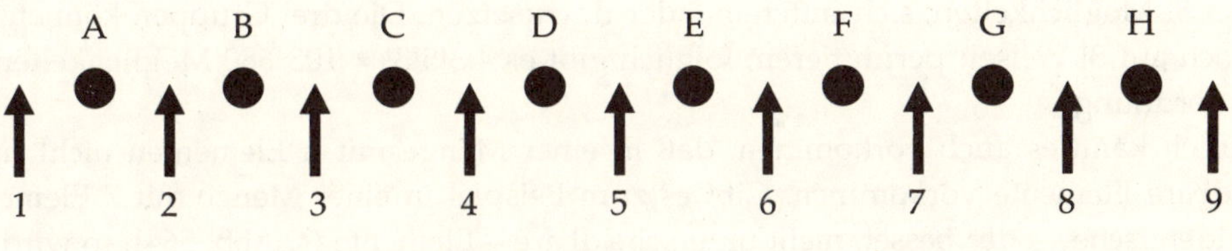

Abb. 563 Anordnungsmöglichkeiten eines weiteren Elements

Es gibt 9 Anordnungsmöglichkeiten für ein 9. Element bei jeder der 8! = 40 320 Permutationen einer 8-elementigen Menge (s. Abb. 563).
Durch die Hinzunahme eines einzigen Elementes vermehren sich also die k! Permutationen einer k-elementigen Menge mit dem Faktor (k + 1).
$P_{k+1} = k! \cdot (k + 1) = (k + 1)!$

Wenn man aus der Gültigkeit der Beziehung $P_k = k!$ wie gezeigt die Richtigkeit der Beziehung $P_{k+1} = k! \cdot (k + 1) = (k + 1)!$ folgern darf, so muß, da $P_1 = 1!$ auch $P_2 = 1! \cdot 2 = 2!$ und auch $P_3 = 2! \cdot 3 = 3!$ richtig und gültig sein. Also gilt diese Aussage dann auch für alle n. Eine solche Schlußweise ist durchaus zulässig und in der Mathematik auch üblich; man nennt dieses Beweisverfahren *Vollständige Induktion* (induktiv = vom Einzelfall auf die Allgemeinheit schließend).
Damit ist gezeigt:

Eine Menge mit n verschiedenen Elementen besitzt genau
$P_n = 1 \cdot 2 \cdot 3 \cdot ... \cdot n = n!$
verschiedene **Permutationen ohne Wiederholungen**.

Beispiele:

1. Auf einem Regal stehen 8 Bücher. Wie viele Möglichkeiten gibt es, diese Bücher umzuordnen?
   Es gibt für diese 8 Bücher insgesamt 8! = 40 320 Möglichkeiten; eine davon existiert ja bereits im Regal, also gibt es noch 40 319 weitere Anordnungsmöglichkeiten.
2. Wie viele Anordnungen der Zahlen 1, 2, 3, 4, 5, 6, 7, 8, 9 beginnen mit a) 7 b) 713 c) 71 356?
   a) Ist eine Zahl festgelegt, so gibt es nur noch (9 – 1)! = 8! = 40 320 Anordnungsmöglichkeiten.
   b) (9 – 3)! = 6! = 720 Permutationen
   c) (9 – 5)! = 4! = 24 Permutationen
3. 4 Frauen, 3 Herren und 5 Kinder wollen in einem Kino in einer Reihe so Platz nehmen, daß die Frauen, die Herren und die Kinder jeweils zusammen (nebeneinander) sitzen. Die Frauen haben 4! Möglichkeiten, die Herren 3! Möglichkeiten und die Kinder 5! Möglichkeiten, sich untereinander umzusetzen. Die drei Gruppen können aber noch auf 3! Weisen permutieren; folglich gibt es 4!3!5!3! = 103 680 Möglichkeiten der Anordnung.

Natürlich kann es auch vorkommen, daß in einer Menge mit n Elementen nicht unterscheidbare Elemente vorkommen. Gibt es zum Beispiel in einer Menge mit 7 Elementen zwei identische – oder besser, nicht unterscheidbare – Elemente (s. Abb. 564), so wird sich eine vorhandene Auflistung dieser Elemente auf keinen Fall durch eine Permutation dieser beiden identischen Elemente ändern.

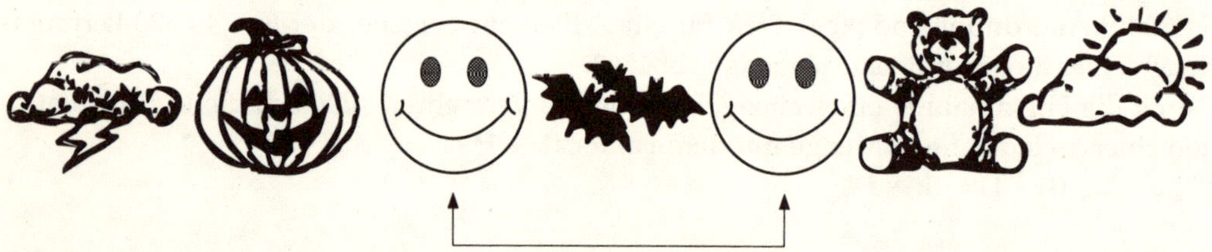

Abb. 564 Permutation nicht unterscheidbarer Elemente

Analoges gilt natürlich auch für den Fall, daß nicht nur zwei, sondern möglicherweise drei oder mehr Elemente einer Menge nicht zu unterscheiden sind oder daß mehrere Gruppen mit nicht unterscheidbaren Elementen existieren.

Beispiele:

1. Die Menge M = {a,b,c,a,d,a} hätte $P_6 = 6! = 720$ Permutationen, wenn alle Elemente unterscheidbar wären. Dies ist aber nicht der Fall. Für die drei identischen Elemente „a" gibt es natürlich nur $P_3 = 3! = 6$ Permutationen, die jede Ausgangssituation unverändert lassen. Folglich hat die Menge M nicht 720, sondern nur $\frac{720}{6} = 120$ Permutationen, die wirklich andere Situationen beschreiben.

2. Wie viele verschiedene Wörter (auch unsinnige) kann man aus den Buchstaben **OTTO** konstruieren?
Es gibt zunächst 4! Permutationen, wobei $2! \cdot 2! = 2 \cdot 2 = 4$ Permutationen nicht unterscheidbar sind. Also gibt es nur $\frac{4!}{2! \cdot 2!} = \frac{1 \cdot 2 \cdot 3 \cdot 4}{1 \cdot 2 \cdot 1 \cdot 2} = 6$ wirkliche Permutationen:

OTTO TOTO OTOT TOOT OOTT TTOO

Sind unter den n Elementen einer Menge k Elemente identisch, so berechnet sich die Anzahl der möglichen Permutationen nach $P_n^k = \frac{n!}{k!} = \frac{1 \cdot 2 \cdot 3 \cdot 4 \cdot \ldots \cdot n}{1 \cdot 2 \cdot 3 \cdot 4 \cdot \ldots \cdot k}$ (mit $k < n$) Sind mehrere Gruppen mit jeweils identischen Elementen vorhanden, so gilt: $P_n^{k_1;k_2;\ldots k_i} = \frac{n!}{k_1!k_2!\ldots k_i!}$

Man spricht hierbei von **Permutationen mit Wiederholungen**.

Beispiel:

Beim Skatspiel bekommt jeder der drei Spieler 10 Karten, die verbleibenden 2 Karten der insgesamt 32 Karten kommen in den „Skat" oder „Stock". Zwar gibt es für die Art und Weise des Kartenausteilens feste Regeln, doch ist es bedeutungslos, ob man eine bestimmte Karte als erste oder etwa als 10. Karte erhält. Die Elemente (Karten) eines Spielers sind zwar unterscheidbar, doch hat man es „kombinatorisch" betrachtet mit nicht unterscheidbaren Elementen zu tun, weil jede Permutation der Karten eines bestimmten Spielers überhaupt nichts verändert. Es gibt also zunächst 32! Permutationen, die sich aber mit den Divisoren 10!, 10!, 10! und 2! reduzieren, weil hier doch nichts verändert wird:

$$P_{32}^{10,10,10,2} = \frac{32!}{10!\,10!\,10!\,2!} \approx 2{,}7533 \cdot 10^{15}$$

Es gibt damit fast 3 Billiarden oder 2753 Billionen Möglichkeiten, Skatkarten zu verteilen. Eine bereits vorgekommene Kartenverteilung (s. Abb. 565) wird sich also wahrscheinlich nie mehr (auf der ganzen Welt bei allen Skatspielen) wiederholen.

Abb. 565 Eine von fast 3 Billiarden Möglichkeiten

Kombinationen

Nach den voranstehenden Beispielen dürfte es nicht schwerfallen, sich Mengen mit nur zwei unterscheidbaren Elementen vorzustellen. Kommt in einer Menge mit n Elementen das eine (von den beiden unterscheidbaren) Element k-mal vor, so muß das andere Element genau (n – k)-mal vorkommen, denn andernfalls wären ja mehr als zwei Elemente unterscheidbar.

Beispiel:

Wie viele Möglichkeiten gibt es, aus einer Menge von fünf Kindern zwei auszuwählen?

Das Problem kann als Permutation mit Wiederholungen aufgefaßt werden: $P_5^{2,3} = \frac{5!}{2!\,3!} = 10$

Die fünf Kinder können nämlich in einer Reihe aufgestellt und innerhalb der Zweiergruppe und damit auch innerhalb der Dreiergruppe ohne Konsequenzen vertauscht werden:

AB*CDE	AC*BDE	AD*BCE	AE*BCD	BC*ADE
BD*ACE	BE*ACD	CD*ABE	CE*ABC	DE*ABC

Weder in der Zweier- noch in der Dreiergruppe kann ein Kind mehrfach auftreten.

Eine Kombination von n Elementen zur k-ten Klasse ist eine Auswahl einer Teilmenge mit k Elementen. Dabei kann selbstverständlich unterschieden werden, ob in dieser Auswahl Elemente mehrmals vorkommen dürfen oder nicht.

Eine Menge mit n Elementen hat $K_n^k = P_n^{k,n-k} = \frac{n!}{k! \cdot (n-k)!}$ **Kombinationen von n Elementen zur k-ten Klasse** (ohne Wiederholungen).

Der dabei vorkommende Quotient $\frac{n!}{k! \cdot (n-k)!}$ ist durch das Kürzel $\binom{n}{k}$ darstellbar. Die Symbolik $\binom{n}{k}$ heißt **Binomialkoeffizient** und wird gelesen als *„n über k"*.

Ein wichtiges Beispiel für *Kombinationen ohne Wiederholungen* ist das Lottoproblem:

Beispiel:

Wie viele Möglichkeiten gibt es beim Zahlenlotto 6 aus 49, einen Tippschein auszufüllen? Wie viele Gewinne gibt es dabei mit a) 6 Richtigen, b) 5 Richtigen mit Zusatzzahl, c) 5 Richtigen, d) 4 Richtigen, e) 3 Richtigen? Wie viele Gewinne gibt es überhaupt, und wie groß ist die **Gewinnwahrscheinlichkeit**?

Aus einer Menge mit 49 Zahlen muß eine Teilmenge zu 6 Zahlen (natürlich ohne Wiederholung) gezogen werden; dafür gibt es

$K_{49}^6 = \binom{49}{6} = \frac{49!}{6!\,43!} = \frac{44 \cdot 45 \cdot 46 \cdot 47 \cdot 48 \cdot 49}{1 \cdot 2 \cdot 3 \cdot 4 \cdot 5 \cdot 6} = 13\,983\,816$ Möglichkeiten. Nur eine einzige davon entfällt auf *6 Richtige*.

Sollen *5 Richtige mit Zusatzzahl* angekreuzt sein, so müssen 5 Zahlen aus den 6 Glückszahlen ausgewählt sein. Für die Auswahl der Zusatzzahl gibt es natürlich nur eine Möglichkeit, da diese ja bekanntlich zusätzlich gezogen wird: $\binom{1}{1} = 1$. Es gibt also unter den 13 983 816 verschiedenen Möglichkeiten, ein Lottofeld auszufüllen, genau $\binom{6}{5} = \frac{6!}{5!\,1!} = 6$ Möglichkeiten für *5 Richtige mit Zusatzzahl*. Den Gewinn *5 Richtige (ohne Zusatzzahl)* gibt es natürlich noch häufiger. Aus 6 Gewinnzahlen müssen zunächst 5 gezogen werden; dann muß noch die 6. Zahl aus einer Menge von 49 – 6 – 1 = 42 anderen Zahlen gezogen werden (die Zusatzzahl darf es ja nicht sein!), wofür es insgesamt $\binom{6}{5} \cdot \binom{42}{1} = 6 \cdot 42 = 252$ Möglichkeiten gibt.

Analog gibt es für *4 Richtige* genau $\binom{6}{4} \cdot \binom{43}{2} = \frac{6 \cdot 5 \cdot 43 \cdot 42}{2 \cdot 2} = 13\,545$ Möglichkeiten, weil die 5. und 6. Zahl jetzt aus einer Menge zu 49 – 6 = 43 Elementen gezogen werden darf (die Zusatzzahl kann es jetzt auch sein!).

Für *3 Richtige* gibt es $\binom{6}{3} \cdot \binom{43}{3} = \frac{6!}{3! \cdot 3!} \cdot \frac{43!}{3! \cdot 40!} = 246\,820$ Möglichkeiten. Insgesamt gibt es somit unter den 13 983 816 verschiedenen Tippmöglichkeiten „nur" 260 624 Gewinne; folglich ist die Gewinnwahrscheinlichkeit $P(G) = \frac{260\,624}{13\,983\,816} = 0{,}018637 \approx 1{,}9\%$

Auch das Skatspielproblem (s. S. 599) läßt sich mit Hilfe von Kombinationen lösen:

Beispiel:

Für die Verteilung beim Skat hat der erste Spieler $\binom{32}{10}$ Möglichkeiten, der zweite $\binom{22}{10}$ und der dritte Spieler noch $\binom{12}{10}$ Möglichkeiten, während für den Stock nur $\binom{2}{2}$ Möglichkeiten bleiben. Damit gibt es nach der *Produktregel der Kombinatorik* (s. S. 593 f.) insgesamt $\frac{32!}{10!22!} \cdot \frac{22!}{10!12!} \cdot \frac{12!}{10!12!} \cdot \frac{2!}{2!0!} = \frac{32!}{10! \cdot 10! \cdot 10! \cdot 2!}$ Möglichkeiten.

Bei der Auswahl der k-elementigen Menge kann auch vereinbart werden, daß Elemente mehrmals vorkommen dürfen. Maximal kann ein Element dann also k-mal verwendet werden; deshalb wächst damit die Gesamtmenge der für die Auswahl zur Verfügung stehenden Elemente auf n + (k – 1) an.

Die Anzahl der **Kombinationen von n Elementen zur k-ten Klasse mit Wiederholungen** beträgt: $\overline{K}_n^k = K_{n+k-1}^k = \binom{n+k-1}{k} = \frac{(n+k-1)!}{k! \cdot (n-1)!}$

Beispiel:

Ein kleiner Junge darf sich aus einer Menge von 9 Typen von Spielzeugautos 4 Autos zu seinem Geburtstag aussuchen. Wie viele Möglichkeiten ergeben sich für ihn, wenn auch 2 oder mehr Autos vom selben Typ sein können? Sucht er sich 4 verschiedene Autos aus, so reichen die 9 Muster aus. Möchte er aber 2 gleiche und andere verschiedene, so braucht man dazu zunächst die 9 Muster und ein Duplikat außerdem. Bei 3 gleichen Autos werden zusätzlich 2 und bei 4 gleichen Autos sogar zusätzlich 3 Duplikate des ausgewählten Typs erforderlich sein. Damit braucht man maximal 9 + 3 = 12 Autos, von denen er sich 4 aussucht: $\overline{K}_{12}^4 = \binom{12}{4} = \frac{12}{4!8!} = 495$ Möglichkeiten.

Variationen

Bei der aus einer Menge mit n Elementen gezogenen Untermenge zu k Elementen kann unter Umständen die Reihenfolge der ausgewählten Elemente von Bedeutung sein.

Einführungsbeispiel:

Wie viele dreistellige Zahlen kann man aus der Menge M = {1, 2, 3, 4, 5, 6, 7, 8, 9} bilden, wenn jede Zahl höchstens einmal auftreten darf? Hier ist natürlich die Ziffernfolge der „gezogenen" dreistelligen Zahl wichtig, da die Zahl 147 sicher eine andere Zahl darstellt als 471. Wenn aber die Reihenfolge der Ziffern eine Rolle spielt, so muß die Anzahl der Möglichkeiten einer solchen geordneten Auswahl auch um ein Vielfaches größer sein als bei einer Auswahl mit bedeutungsloser Reihenfolge. Eine konkrete dreiziffrige Zahl, in unserem Beispiel 147, besitzt nun genau 3! = 6 *Permutationen* (s. S. 596 ff.) ihrer Ziffern, nämlich 147 174 471 417 714 und 741, so daß sich die Anzahl der Möglichkeiten bei geordneten Untermengen zur k-ten Klasse mit dem Faktor k! vervielfachen muß. Da die Anzahl der Kombinationen von 9 Elementen zur 3. Klasse *ohne Wiederholung* $K_9^3 = \binom{9}{3} = \frac{9!}{3!6!} = \frac{7 \cdot 8 \cdot 9}{1 \cdot 2 \cdot 3} = 84$ beträgt, muß die entsprechende Anzahl unter Berücksichtigung der Reihenfolge 84 · 3! = 84 · 6 = 504 sein.

Eine **Variation** ist eine Kombination gleicher Art, wobei zusätzlich die Reihenfolge der ausgewählten Elemente von Bedeutung ist:

Die Menge aller geordneten Zusammenstellungen von k verschiedenen Elementen aus einer Menge mit n verschiedenen Elementen nennt man **Variationen von n Elementen zur k-ten Klasse ohne Wiederholungen**:

$$V_n^k = K_n^k \cdot k! = \frac{n!}{(n-k)!} = n \cdot (n-1) \cdot (n-2) \cdot (n-3) \cdot \ldots \cdot (n-k+1)$$

Bei der geordneten Zusammenstellung von k verschiedenen Elementen stehen, wie sich aus der vorstehenden Berechnungsvorschrift für V_n^k schließen läßt, für die Belegung der 1. Stelle der Variationen genau n Elemente bereit. An die 2. Stelle kann dann nur noch eins von (n – 1) Elementen gesetzt werden usw., bis bei der k-ten Stelle nur noch (n – k + 1) Möglichkeiten für die Belegung bleiben.

Beispiel:

Die Anzahl der Variationen von 9 Elementen zur 3. Klasse (s. Einführungsbeispiel) ohne Wiederholungen beträgt nach dieser Berechnungsvorschrift $V_9^3 = \frac{9!}{6!} = 9 \cdot 8 \cdot 7 = 504$.

Aus den zuletzt formulierten Überlegungen für die Berechnung einer Variation ohne Wiederholung läßt sich sofort die Anzahl der Variationen mit Wiederholungen herleiten. Für jede der zu belegenden k Stellen stehen dann natürlich auch n Elemente zur Verfügung und man erhält:

Die Anzahl der Variationen von n Elementen zur k-ten Klasse beträgt $\overline{V}_n^k = n^k$

Beispiele:

1. Wie viele dreistellige Zahlen kann man aus der Menge M = {1, 2, 3, 4, 5, 6, 7, 8, 9, 0} bilden, wenn auch Wiederholungen zugelassen sind? Es gibt hierfür $\overline{V}_{10}^3 = 10^3 = 1000$ Variationen, nämlich 000, 001, 002, 003, ..., 555, 556, 557, ..., 997, 998, 999.
2. Beim Gleisbau einer Bergbahn gibt es 4 verschiedene Gleistypen: kurze, lange, gebogene und halbgebogene.
   Wie viele Möglichkeiten gibt es, 3 verschiedene Gleise aneinanderzufügen, wobei die Reihenfolge mit von Bedeutung sein soll? Es gibt $V_4^3 = \frac{4!}{1!} = 24$ Möglichkeiten. Können Gleise auch mehrmals vorkommen und spielt die Reihenfolge der Anordnung eine Rolle, so beträgt die Anzahl sogar $\overline{V}_4^3 = 4^3 = 64$.

Übungsaufgaben

1. Ein Spielautomat, an dem 4 Scheiben mit jeweils 4 Symbolen rotieren (s. Abb. 566), wirft einen Gewinn aus, wenn auf allen 4 Scheiben dasselbe Bild im Sichtfenster erscheint. Wie viele Gewinnsituationen, wie viele „Nieten" gibt es?
2. Wie viele Permutationen von Buchstaben gibt es für die Worte LOTTO und MISSISSIPPI?

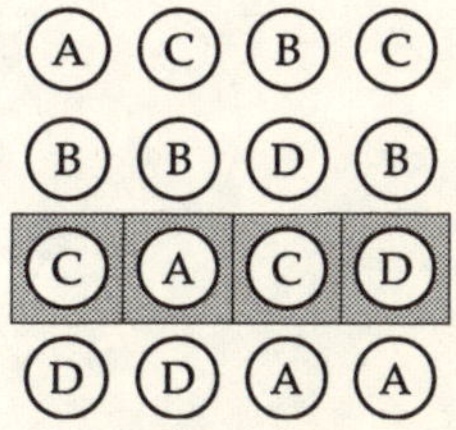

Abb. 566 Spielautomat

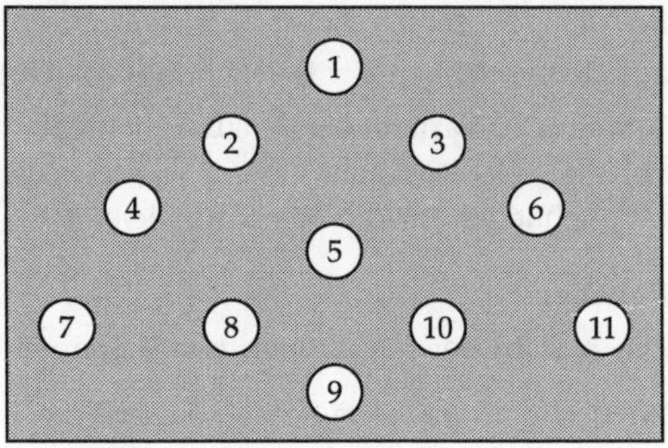

Abb. 567 Fußballmannschaft (Aufstellung)

3. Wie viele Möglichkeiten hat ein Fußballtrainer, seine aus 11 Spielern bestehende Mannschaft aufzustellen, wenn
   a) jeder Spieler auf jedem Platz spielen kann,
   b) der Torwart feststeht, sonst jeder Spieler auf jedem Platz spielen kann?
   c) Wie viele Mannschaften sind möglich, wenn von den 11 Spielern nur 2 im Tor, nur 2 in der Abwehr, 3 im Mittelfeld und 5 Spieler im Angriff eingesetzt werden können?

4. Wie viele verschiedene vierziffrige Zahlen gibt es
   a) im *Zehnersystem*, wenn die Null nicht die erste Ziffer sein darf,
   b) im computerangepaßten *Dualsystem*?

5. Wie viele Möglichkeiten gibt es beim Fußballtoto (Elferwette), einen Tippschein auszufüllen? Für jede Spielpaarung gibt es dabei die drei Möglichkeiten 1 (für Heimsieg), 2 (für Auswärtssieg) und 0 (für Unentschieden).

6. Auf wie viele Arten können die 4 Räder eines PKW montiert werden? Wie ändert sich die Anzahl der Möglichkeiten, wenn das Ersatzrad mitgezählt werden soll?

7. Zehn Besucher einer Party begrüßen sich, wobei jeder jedem genau einmal die Hand schüttelt. Wie oft werden die Hände hier insgesamt geschüttelt?

8. In einem Tanzkurs ist Damenüberschuß: An diesem Abend sind 6 Damen und nur 4 Herren gekommen. Wie viele Möglichkeiten gibt es, Paare zu bilden?

9. Wie viele Kreise lassen sich höchstens durch 20 feste Punkte einer Ebene legen, von denen keine 3 auf einer Geraden liegen sollen (s. Abb. 568)?

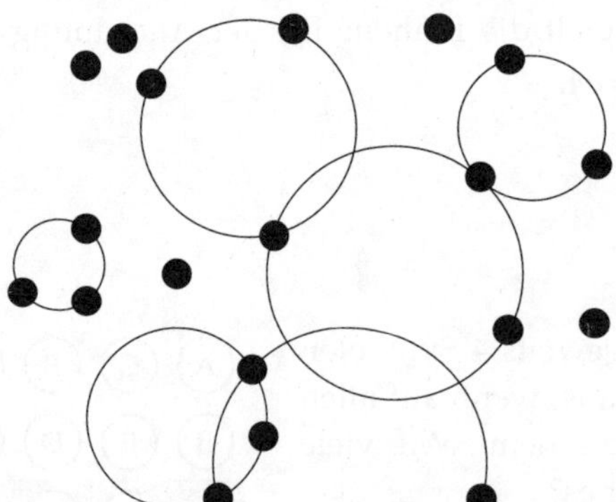

Abb. 568 Drei Punkte bestimmen einen Kreis

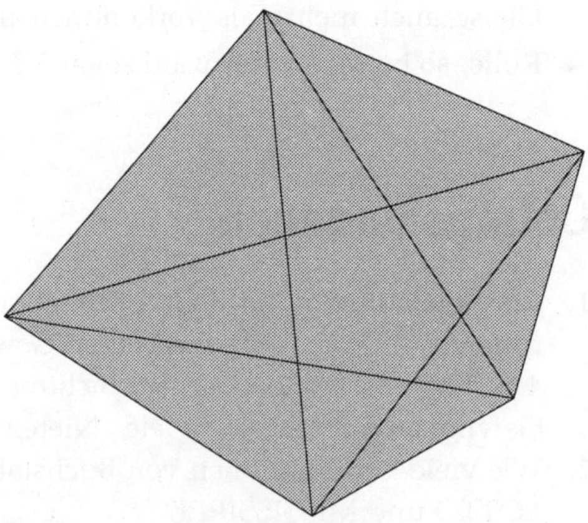

Abb. 569 Die n-Eck Diagonalen

10. Wie viele Diagonalen besitzt ein a) 100-Eck b) n-Eck (s. Abb. 569)?

11. In einer Lostrommel (Urne) befinden sich 6 blaue und 5 schwarze Kugeln (s. Abb. 570). Es sollen 4 Kugeln mit einem Griff herausgeholt werden. Wie viele Möglichkeiten gibt es,
a) 2 blaue und 2 schwarze
b) 3 blaue und 1 schwarze
c) 3 schwarze und 1 blaue
d) 4 schwarze
Kugeln zu ziehen?

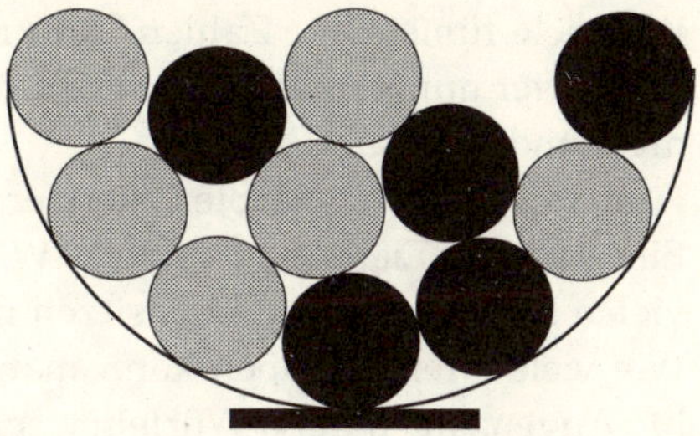

Abb. 570

12. Wie viele vierstellige Zahlen kann man aus der Menge M = {1, 2, 3, 4, 5, 6, 7, 8, 9}
a) ohne b) mit Wiederholungen bilden?

13. An die 8 Sprinter des 100 m-Endlaufs sind die Gold-, Silber- und Bronzemedaille zu vergeben. Wie viele Varianten gibt es für den Einlauf und damit für die Verteilung der Medaillen? Wie viele Möglichkeiten haben die drei Sieger A, B und C für ihren Einlauf über die Ziellinie?

14. In der *Relativitätstheorie* verwendet man ein vierdimensionales sogenanntes *„Raum-Zeit-Kontinuum"* mit den drei Raumrichtungen x, y und z und der Zeit t. Verschiedene Größen werden dann durch Indexvariablen (Indizes) gebildet. Bilden Sie aus den Buchstaben x, y, z, t und den drei Ziffern 1, 2, 3 solche Indexvariablen wie x_1, t_3. Wie viele Möglichkeiten gibt es hierfür?

15. Für die Abbildungen eines Mathematikbuches hat man 4 Farben zur Verfügung. Diese können in 3 Stufen von hell bis dunkel, als Raster oder als Schraffur verwendet werden. Wie viele Möglichkeiten hat man für die farbliche Gestaltung eines Bildes?

16. Wie viele Möglichkeiten haben 3 Reisende, sich auf 4 Plätze in einem Auto (incl. Fahrersitz) zu setzen, wenn nur 2 der 3 einen Führerschein besitzen?

17. In Wiesbaden sind die Telefonnummern im allgemeinen sechsstellig. Für wie viele Anschlüsse reichen die vorhandenen Kombinationen aus, wenn am Anfang ja bekanntlich keine Null vorkommen kann?

18. In einer Geldbörse befinden sich fünf 50-Cent-Stücke und sieben 5-Cent-Stücke. Drei Geldstücke werden herausgenommen. Wieviel Geld hat man a) mindestens b) höchstens in der Hand? Wie viele Münzkombinationen können auftreten (c) und wie oft kommt dabei der Betrag von 0,60 € zustande (d)?

19. Man wirft einen Würfel, ein 2-€-Stück und ein 1-€-Stück. Beim Würfel wird jeweils die oben liegende Augenzahl gewertet, bei den Münzen zählt das Wappen 0, ansonsten die Zahlen 2 beziehungsweise 1. Jeder Wurf ergibt so eine dreistellige Zahl, die in der Reihenfolge Würfel, 2-€-Münze und 1-€-Münze zu lesen ist, also etwa 320 oder 601.
a) Wie viele verschiedene Zahlen entstehen auf diese Weise?
b) Wie viele gerade Zahlen sind darunter?
c) Wie viele Zahlen davon sind durch 25 teilbar?

20. Zu einer Familie gehören die beiden Elternteile und drei Kinder. Auf wie viele Weisen kann man die Familie für ein Gruppenbild postieren, wenn die Eltern außen stehen sollen?

21. Wie viele fünfstellige Zahlen kann man aus den Ziffern 1, 2, 3, 4 und 5 bilden, wenn jede Ziffer nur einmal vorkommen darf? Wie viele Zahlen darunter haben in der Mitte die 1 und die 5 am Ende?

22. Fünf verschieden gefärbte Ostereier werden mit verbundenen Augen auf fünf wie die Eier gefärbte Eierbecher verteilt. Wie viele Möglichkeiten gibt es hierfür und bei wie vielen Möglichkeiten davon sitzen mindestens 4 Eier auf den passenden Bechern?

23. Wie viele Dreiergruppen kann man aus folgenden Mengen bilden a) {Z, A, H, L} b) Augenzahlen bei 6 Würfeln c) {1, 2, 3, 4, 5} d) Augenzahlen bei 6 Würfeln, die alle verschiedene Augenzahlen zeigen?

24. Für die neue Serie der Sondermarken sollen Werte zu 77 Cent, 82 Cent, 1 € und 2,04 € gedruckt werden. In der Druckerei stehen 7 Farben zur Auswahl. Wie viele Varianten gibt es, wenn jede Marke ihre eigene Farbe erhalten soll?

25. Auf einer Tanzveranstaltung sitzen 5 Herren und 6 Damen in einer Runde zusammen. Auf wie viele Weisen kann man 3 Paare bilden?

26. Wie viele Wörter mit fünf verschiedenen Buchstaben kann man aus dem deutschen Alphabet (26 Buchstaben) bilden?

27. Für 4 gleichartige offene Stellen gibt es 10 Bewerber. Wie viele Möglichkeiten hat der Personalchef zur Auswahl?

28. Für die Klärung einer Sachfrage will ein Ausschuß aus seinen 14 Mitgliedern einen „Fünferrat" bilden. Dieser ist jedoch arbeitsunfähig, wenn ihm 2 bestimmte Ausschußmitglieder gleichzeitig angehören, da diese beiden sich nicht mögen. Wie viele Varianten gibt es für die Bildung des Fünferrates?

29. Das Restaurant „Zu den 1000 Menus" bietet 5 verschiedene Vorspeisen, 7 Salate, 12 Hauptgerichte und 4 Desserts an. Wie viele Menukombinationen gibt es?

30. Auf wie viele Arten kann man 8 Türme so auf einem Schachbrett plazieren, daß kein Turm einen anderen bedroht (ihn also schlagen könnte)?

Lösungen S. 832

Beschreibende Statistik

Stichproben, Darstellungsweisen, Häufigkeiten

Aufgabe der *beschreibenden Statistik* ist es, die numerischen Ergebnisse einer statistischen Untersuchung zu sammeln und so aufzubereiten, daß sie mit anderen Ergebnissen zum gleichen Thema vergleichbar werden. Nur im Idealfall aber erstreckt sich eine statistische Erhebung auf alle Individuen der zu untersuchenden **Grundgesamtheit**. In fast allen Fällen wird aus Kosten und Zeitgründen lediglich eine **repräsentative Stichprobe** untersucht, die dann, falls sie repräsentativ ist, Rückschlüsse und Aussagen auf die Grundgesamtheit gestattet. Eine geeignete Stichprobe sollte zufällig und zugleich repräsentativ sein. Bei der Untersuchung werden bestimmte **Merkmale** bei allen **Merkmalsträgern** erfragt.

Einführungsbeispiel:

1. Will man in einer „Stammkneipe" einer SPD-Ortsgruppe eine Umfrage über den Ausgang einer anstehenden Landtagswahl durchführen, so ist die untersuchte Stichprobe, also die Gäste dieser Kneipe, ganz sicher nicht repräsentativ. Auf keinen Fall lassen sich die Ergebnisse dieser Umfrage dazu verwenden, um treffende Aussagen über das Wahlverhalten der Bürger im gesamten Bundesland zu machen. Das Merkmal der Untersuchung ist das „Wahlverhalten", die Merkmalsträger sind die befragten Gäste.
2. Eine Autozählung vor den Toren der Adam-Opel-Werke in Rüsselsheim kann natürlich nicht repräsentativ sein, wenn dabei die Frage untersucht werden soll, welche Automarken in Deutschland überwiegend gefahren werden.

Bei der Untersuchung eines Merkmals kann die zu untersuchende *Merkmalsausprägung* zum einen durch einen konkreten Zahlenwert ausdrückbar sein, zum anderen gibt es aber auch *Merkmale*, die keine zahlenmäßige Ausprägung besitzen. Die Merkmalsausprägungen sind dann Namen oder Bezeichnungen. Man spricht bei der Auflistung solcher Daten von einer **Nominalskala**.
Dagegen hat man es bei der zahlenmäßigen Angabe von Merkmalsausprägungen entweder (falls die Zahlen keine Namen symbolisieren) mit einer *rangmäßigen* Darstellung *(Ordnung)* zu tun – das ist dann eine **Rang-** oder **Ordinalskala** –, oder es handelt sich um eine **metrische Skala**, bei der z.B. Differenzen und Verhältnisse von Merkmalsausprägungen sinnvoll sind.

Beispiele:

Nominalskala	Ordinalskala	Metrische Skala
Geschlecht (männlich oder weiblich) Spielresultat beim Fußballtoto (1, 0, 2)	Besoldungsgruppen der Beamten (A1, A2 ... A10 ...) Schulleistungen (1, 2, 3, 4, 5, 6)	PS-Zahl bei PKW (30 PS, 40 PS ...) Alkoholgehalt im Blut (0,2‰, 0,3‰ ...)

Die *Merkmalsausprägungen* 0, 1, 2 sind beim Fußballtoto zwar zahlenmäßig ausgedrückt, doch stehen sie hier als *„Platzhalter"* für die Bezeichnungen „Niederlage", „Unentschieden" und „Sieg".
Aus der letzten Bemerkung erkennt man, daß prinzipiell jede Merkmalsausprägung durch Zahlenwerte gekennzeichnet werden kann. Es erscheint daher sinnvoll, diejenigen Merkmale, die aus zwingenden Gründen durch Zahlen ersetzt werden müssen, von solchen abzugrenzen, bei denen keine Notwendigkeit dieser Art besteht.

Merkmale, deren Ausprägungen nur durch Zahlen gekennzeichnet werden können *(metrische Skala)*, nennt man **quantitative Merkmale**. Dagegen heißen solche mit *Nominal-* oder *Ordinalskalen* **qualitative Merkmale**.

Die quantitativen Merkmale können darüber hinaus in **diskrete** und **stetige** Merkmalsausprägungen unterteilt werden. Bei diskreten Merkmalen sind nur spezielle Merkmalswerte möglich, die z.B. durch Zählen ermittelt werden können. Stetige Ausprägungen können jeden beliebigen Zahlenwert (Meßwert) innerhalb eines *Intervalls* annehmen.

Beispiele:

qualitative Merkmale sind:	a)	Beruf des Vaters
	b)	Hausnummer
	c)	Schulnote
quantitative Merkmale sind:		
diskrete	a)	Kinderzahl (0, 1, 2, 3, ...)
	b)	PS-Zahl bei Serien-PKW (15 PS, 20 PS, 30 PS ...)
	c)	Schuhgröße (36, 37 ... 46, 47)
stetige	a)	Körpergewicht (50 kg, 51,7 kg ...)
	b)	Körpergröße (171,9 cm ...)
	c)	Benzinverbrauch pro 100 km (10,4 l, 12,8 l ...)

Bei der Durchführung einer *statistischen Erhebung* (Stichprobe) werden zunächst alle Ergebnisse (Daten) in einer sogenannten **Urliste** notiert, bevor sie weiter aufbereitet werden. Häufig verwendet man dazu Strichlisten, um einen schnellen Überblick über die Stichprobenwerte zu erhalten. Die Anzahl der verschiedenen Merkmalsausprägungen zählt man nach der durchgeführten Erhebung zusammen.

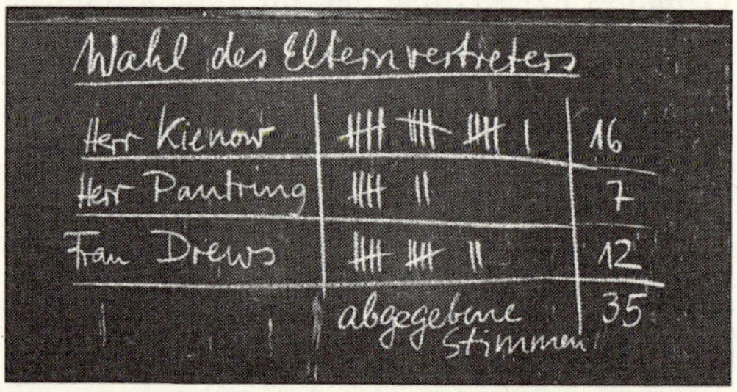

Abb. 571 Eine Urliste (Strichliste)

Die Anzahl der Stichprobenwerte von ein und derselben Merkmalsausprägung nennt man **absolute Häufigkeit** h_a dieser Merkmalsausprägung.

Beispiel:

Noten	1	2	3	4	5	6	Zeilensumme
Jungen	2	3	5	2	1	2	15
Mädchen	3	4	4	4	2	–	17
Spaltensumme	5	7	9	6	3	2	32

Häufigkeitstabelle der Schulnoten einer Klasse

Die Summe aller absoluten Häufigkeiten entspricht dem *Gesamtumfang* (32) der Stichprobe. In der letzten Tabelle sind die absoluten Häufigkeiten der Zensuren einer Klassenarbeit festgehalten. Um nun einen Vergleich, etwa mit den Noten der Schüler einer anderen Klasse anstellen zu können, genügt es nicht, die absoluten Häufigkeiten in beiden Klassen zu vergleichen. Es muß vielmehr jede absolute Häufigkeit in Beziehung *(Relation)* zu der Gesamtklassenstärke gebracht werden.

Einführungsbeispiel:

Man vergleiche die Noten der Klasse 10a mit denen der Klasse 10b. Welche Klasse hat besser abgeschnitten?

Noten	1 2 3 4 5 6	
10a	2 4 6 10 6 2	30
10b	1 3 5 7 4 2	22

Vergleicht man die absoluten Häufigkeiten der einzelnen Notenverteilungen, so will man voreilig den Schluß ziehen, daß die Klasse 10a aufgrund der Häufigkeiten im Bereich der guten Noten (1 – 3) besser als ihre Parallelklasse abgeschnitten hat.

Man muß jedoch alle Häufigkeiten *im Verhältnis* zu dem Gesamtstichprobenumfang – das ist hier die Klassenstärke – sehen, um Aufschluß über die Qualität der Klassenleistungen zu erhalten.

Es ist sicher einzusehen, daß in einer Klasse mit 20 Schülern 5 Noten mit „sehr gut" höher zu bewerten sind als 6 „Einsen" in einer Klasse mit 30 Schülern. Während das Verhältnis der absoluten Häufigkeiten der Note „1" zu der Schülergesamtzahl im 1. Fall $\frac{5}{20} = \frac{1}{4} = 0{,}25$ beträgt, ist es im 2. Beispiel mit $\frac{6}{30} = \frac{1}{5} = 0{,}20$ als geringer anzusehen.

Mit den Methoden der *Prozentrechnung* lassen sich diese Verhältniszahlen auch prozentual ausdrücken: $\frac{1}{4} = 0{,}25 = 25\%$ bzw. $\frac{1}{5} = 0{,}20 = 20\%$

Bezogen auf unsere Ausgangsfragestellung bedeutet dies, daß ein direkter Vergleich der guten Noten (1 – 3) der beiden Klassen nur prozentual, also im Verhältnis zur Gesamtschülerzahl, möglich ist.

Das Verhältnis der absoluten Häufigkeit h_a eines Stichprobenwertes (Merkmalsausprägung) zu dem Gesamtumfang n der Stichprobe nennt man **relative Häufigkeit**: $h_r = \frac{h_a}{n}$

Multipliziert man den Zahlenwert der relativen Häufigkeit mit 100%, so ergibt sich die *prozentuale Darstellung* der relativen Häufigkeit: $h_p = \frac{h_a}{n} \cdot 100\%$

Die Summe aller relativen Häufigkeiten in einer statistischen Erhebung ist stets gleich 1.

Die relativen bzw. prozentualen Häufigkeiten der einzelnen Noten betragen in den Klassen 10a und 10b somit:

		1	2	3	4	5	6	Zeilensumme
10a	h_a	2	4	6	10	6	2	30
	h_r	0,067	0,133	0,20	0,333	0,20	0,067	1,00
	h_p	6,7%	13,3%	20%	33,3%	20%	6,7%	100%

		1	2	3	4	5	6	Zeilensumme
10b	h_a	1	3	5	7	4	2	22
	h_r	0,045	0,136	0,227	0,318	0,182	0,091	0,999
	h_p	4,5%	13,6%	22,7%	31,8%	18,2%	9,1%	99,9%

Bemerkung: Die Abweichung der relativen Häufigkeitssumme von 100% ergibt sich aufgrund der gerundeten Einzelhäufigkeiten.

Wir wollen die relative Häufigkeit der Merkmalsausprägung x_i mit $h(x_i)$ bezeichnen. Da die zugehörige absolute Häufigkeit h_i nie größer als der Stichprobenumfang n sein kann, folgt aufgrund der Berechnungsvorschrift für die relative Häufigkeit:

Die relative Häufigkeit $h(x_i)$ ist immer eine positive Zahl zwischen oder gleich 0 und 1:
$0 \leq h(x_i) \leq 1$

Die Summe aller relativen Häufigkeiten einer statistischen Erhebung ist stets gleich 1:
$h(x_1) + h(x_2) + h(x_3) + ... + h(x_k) = 1$

Beweis:

Nach der Definition der *relativen Häufigkeit* ist

$$h(x_1) + h(x_2) + h(x_3) + ... + h(x_k) = \frac{h_1}{n} + \frac{h_2}{n} + \frac{h_3}{n} + \ldots + \frac{h_k}{n};$$

hier läßt sich $\frac{1}{n}$ ausklammern, also

$$h(x_1) + h(x_2) + h(x_3) + ... + h(x_k) = \frac{1}{n}(h_1 + h_2 + h_3 + \ldots + h_k)$$

In der rechten Klammer befindet sich jetzt die Summe der zugehörigen *absoluten Häufigkeiten*, und diese ist natürlich immer gleich n, folglich ist die Aussage bewiesen:

$$h(x_1) + h(x_2) + h(x_3) + ... + h(x_k) = \frac{1}{n} \cdot n = 1$$

Man kann die Häufigkeiten auch gleich als Summe aller vorhergehenden Häufigkeiten angeben. Man erhält dann eine Darstellung der **Summenhäufigkeiten**:

		1	2	3	4	5	6
10a	s_{ha}	2	6	12	22	28	30
	s_{hr}	0,067	0,2	0,4	0,733	0,933	1,0
	s_{hp}	6,7%	20%	40%	73,3%	93,3%	100%

In der Klasse 10a haben 20% der Schüler eine 1 oder 2, 73,3% die Note 4 oder besser erreicht.

		1	2	3	4	5	6
10b	s_{ha}	1	4	9	16	20	22
	s_{hr}	0,045	0,182	0,409	0,727	0,909	1,0
	s_{hp}	4,5%	18,2%	40,9%	72,7%	90,9%	100%

Mit der Darstellung der Summenhäufigkeit läßt sich jetzt leicht zeigen, daß die Klasse 10b im Bereich der Noten 1 – 3 besser als die Klasse 10a abgeschnitten hat. Im Bereich der Noten 1 – 2 bzw. 1 – 4 liegt der Sachverhalt umgekehrt; da hat die Klasse 10a die besseren Noten.

Tabellen der gezeigten Art sind für manchen Betrachter, besonders für Laien, manchmal etwas unübersichtlich. Der eine oder andere wird nämlich Probleme bei der Interpretation derselben haben. Deshalb bedient man sich in der Praxis, etwa im Wirtschaftsteil einer Tageszeitung, graphischer Darstellungsmöglichkeiten einzelner Häufigkeitstabellen.

Beispiel:

Eine Statistik soll dem Betrachter eine optische Information über die in der BRD verwendeten Energien im Haushalt geben.

Die verschiedenen Energien im Haushalt	Öl	Strom	Gas	Kohle	Fernwärme
	62%	13%	12%	10%	3%

Die jeweiligen Häufigkeiten werden beim Stabdiagramm durch die *Stablänge* (s. Abb. 572), beim Säulendiagramm durch die *Flächeninhalte der Rechtecke* (s. Abb. 573) und beim Kreisdiagramm durch die *Flächeninhalte der Kreisausschnitte* (s. Abb. 574) gekennzeichnet.

Die Darstellung im Säulendiagramm kann aber bei metrischer Merkmalsausprägung mit zu Klassen unterschiedlicher Breite zusammengefaßter Ausprägungen (z.B. bei stetigen Merkmalsausprägungen) problematisch werden. Es muß dann hierbei darauf geachtet werden, daß dem Flächeninhalt (Länge × Breite) des Rechtecks gerade die Klassenhäufigkeit entspricht.

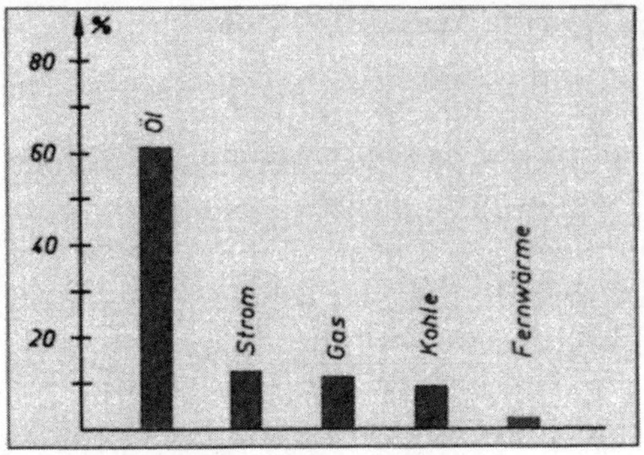

Abb. 572 Stabdiagramm

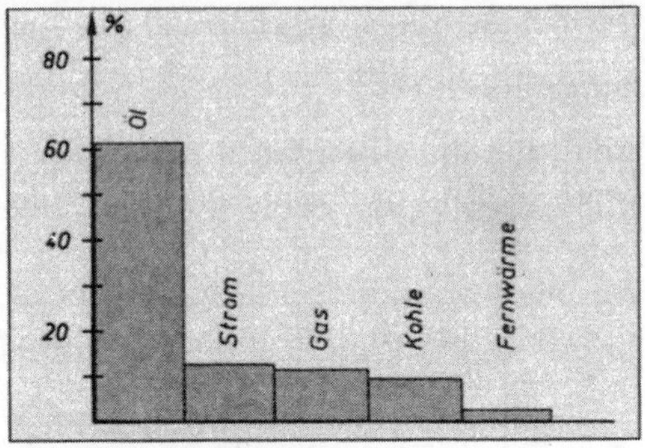

Abb. 573 Säulendiagramm

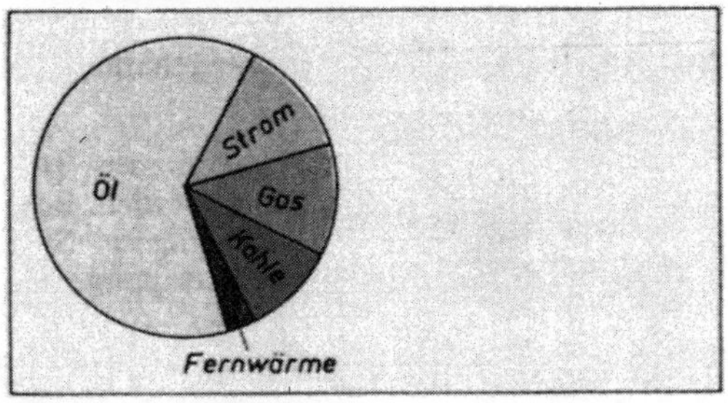

Abb. 574 Kreisdiagramm

Beispiel:

Bei einem Sportfest wurden beim Hochsprung folgende Leistungen erzielt:

Sprunghöhe	Anzahl der Schüler
[80 – 100[	20
[100 – 110[	35
[110 – 115[	45
[115 – 130[	45
[130 – 160[	15

Darstellung im Säulendiagramm: Den Flächeninhalten im Säulendiagramm entsprechen die absoluten Häufigkeiten der Sprunghöhengruppen. Z.B. beträgt die Breite des 1. Intervalls 20 Einheiten, während die Höhe 1 Einheit lang ist. Deshalb ist der Flächeninhalt 20 · 1 = 20 Flächeneinheiten.

Abb. 575 Sprungleistungen ...

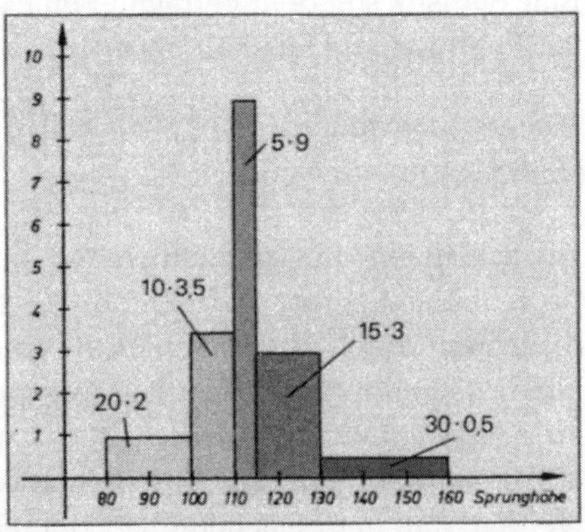

Abb. 576 ... als Säulendiagramm

Kennwerte von Stichproben

Wir haben gesehen, daß Häufigkeiten zum einen durch Häufigkeitstabellen, zum anderen aber durch Häufigkeitsdiagramme, sogenannte **Histogramme**, dargestellt werden können. Im Folgenden sollen darüber hinaus *statistische Maßzahlen* zur Kennzeichnung einer *Häufigkeitsverteilung* angegeben werden. Bei einer gegebenen Häufigkeitsverteilung kann man sich zunächst einmal für den *„mittleren"* Stichprobenwert interessieren. Man spricht hier von dem **Lagemaß** der Häufigkeitsverteilung.
Für die Bestimmung des Lagemaßes muß unterschieden werden, ob es sich um *metrisch-* oder *ordinal*-skalierte Daten handelt. Während man im ersten Fall das *arithmetische Mittel* als Lagemaß verwendet, wird bei Ordinalskalierung der mittlere Wert am geeignetsten durch den *Zentralwert* gekennzeichnet.

Als Lagemaß für den „mittleren" Wert einer *ordinalskalierten* Stichprobe kann der **Zentralwert,** auch **Median** genannt, verwendet werden. Zur Bestimmung des Zentralwertes $\tilde{x}$ (lies: *„x-Schlange"*) werden die Stichprobenwerte zunächst ihrer Rangfolge entsprechend geordnet *(Rangieren einer Stichprobe)*. Der Zentralwert steht dann genau in der Mitte dieser Anordnung.

Als Lagemaß einer *metrisch-skalierten* Stichprobe kann das **arithmetische Mittel,** auch **Mittelwert** oder **Durchschnittswert** genannt, verwendet werden. Das arithmetische Mittel $\bar{x}$ (lies: *„x quer"*) ergibt sich aus der Division der Summe aller Stichprobenwerte durch den Stichprobenumfang n:

$$\bar{x} = \frac{x_1 + x_2 + \ldots x_n}{n}$$

Kommen unter den Stichprobenwerten die Merkmalsausprägungen $x_1, x_2, x_3, \ldots x_k$ mit den absoluten Häufigkeiten $h_1, h_2, h_3, \ldots h_k$ vor, so berechnet sich der Mittelwert $\bar{x}$ vereinfacht nach:

$$\bar{x} = \frac{h_1x_1 + h_2x_2 + h_3x_3 \ldots h_kx_k}{n} = \frac{1}{n} \cdot \sum_{i=1}^{k} h_ix_i \quad (k \leq n)$$

Bemerkung: Das Summenzeichen $\sum$ (Sigma) findet bei der Darstellung von Summen häufig Verwendung. Hierbei ist i die Laufvariable und durchläuft die Werte 1 bis k.

Beispiele:

$$\sum_{n=1}^{4} n = 1 + 2 + 3 + 4 \text{ oder } \sum_{k=4}^{9} k^2 = 4^2 + 5^2 + 6^2 + 7^2 + 8^2 + 9^2$$

Beispiele:

Das Ergebnis einer Klassenarbeit ist in folgender Tabelle zusammengestellt:

Note	1	2	3	4	5	6	
Anzahl der Schüler	5	3	10	11	7	1	37

Versucht man, die „mittlere Note" mit Hilfe des *Zentralwertes* $\tilde{x}$ auszudrücken, so ergibt sich nach dem Rangieren der Noten $\underbrace{111112223333333333}_{18 \text{ Werte}} \overset{4}{\downarrow} \underbrace{444444444455555556}_{18 \text{ Werte}}$, $\tilde{x} = 4$

Die geordneten Ergebnisse der Klassenarbeit zeigen, daß die Note 4 der Zentralwert ist. (Bei Stichproben mit geradzahligem Stichprobenumfang ist das arithmetische Mittel der beiden in der Mitte stehenden Werte der Zentralwert der Stichprobe.)

Will man jedoch die mittlere Leistung der Klassenarbeit mit Hilfe des Durchschnittswertes $\bar{x}$ aller Noten ausdrücken, so findet man:

$$\bar{x} = \frac{1+1+1+\ldots+5+5+6}{37} = \frac{5 \cdot 1 + 3 \cdot 2 + 10 \cdot 3 + 11 \cdot 4 + 7 \cdot 5 + 1 \cdot 6}{37}$$

$$\bar{x} = \frac{126}{37} = 3{,}41$$

Während man als Ergebnis der Mittelwertberechnung mit dem Median $\tilde{x}$ sagen könnte, daß die Arbeit „ausreichend" ausgefallen ist, muß das Ergebnis aufgrund der Mittelwertbestimmung mit $\bar{x}$ als „befriedigend" angesehen werden (gerundet).

Strenggenommen ist die Angabe des arithmetischen Mittelwertes als Lagemaß bei Schulleistungen unzulässig.

Die Schulnoten 1, 2, ... 6 (ebenso die Punkte 0, 1, 2, ... 14, 15 in der Oberstufe) bilden nämlich eine *Ordinalskalierung*, bei der lediglich angenommen werden darf, daß eine „3" beispielsweise eine bessere Leistung symbolisiert als eine „4". Dagegen wäre unzulässig zu folgern: „Einer 4 entspricht eine doppelt so schlechte Leistung wie einer 2"!

Die Skala der Schulnoten ist folglich nicht metrisch.

In der Praxis wird also den Schulnoten über das *arithmetische Mittel* $\bar{x}$ ein Aussagewert zugeschrieben, den sie in der Wirklichkeit überhaupt nicht besitzen.

Allerdings ist der Mittelwert allein noch nicht sonderlich aussagekräftig, da durchaus zwei recht verschiedene Häufigkeitsverteilungen zum selben Mittelwert führen können. Betrachten wir dazu die folgende Kinderhäufigkeitsverteilung:

Beispiele:

Häufigkeitsverteilung A

Anzahl der Familien	135	210	126	41	5
Anzahl der Kinder	0	1	2	3	4

$$\bar{x} = \frac{135 \cdot 0 + 210 \cdot 1 + 126 \cdot 2 + 41 \cdot 3 + 5 \cdot 4}{135 + 210 + 126 + 41 + 5} = \frac{605}{517} = 1{,}17$$

Häufigkeitsverteilung B

Anzahl der Familien	160	181	120	45	7	3	1
Anzahl der Kinder	0	1	2	3	4	5	6

$$\overline{x} = \frac{160 \cdot 0 + 181 \cdot 1 + 120 \cdot 2 + 45 \cdot 3 + 7 \cdot 4 + 3 \cdot 5 + 1 \cdot 6}{160 + 181 + 120 + 45 + 7 + 3 + 1} = \frac{605}{517} = 1{,}17$$

Man sieht hier übrigens, daß der Mittelwert eine fiktive Zahl sein kann, die selbst keineswegs als konkreter Stichprobenwert vorkommen muß.

Demnach werden zur vollständigen Charakterisierung einer Häufigkeitsverteilung noch weitere Zahlenwerte benötigt. Diese sollen beschreiben, wie weit die einzelnen konkreten Stichprobenwerte vom Mittelwert entfernt sind.

Die **Spannweite u** ist die Differenz zwischen dem größten und dem kleinsten vorkommenden Stichprobenwert.

Den Mittelwert (s. S. 613) zwischen der kleinsten und der größten Merkmalsausprägung (Stichprobenwert) nennt man **Bereichsmitte**.

Die erste Kinderstatistik besitzt eine Spannweite von 4, die zweite eine Spannweite von 6. Viel aufschlußreicher und damit informativer sind die Differenzbildungen zwischen dem Mittelwert $\overline{x}$ und den konkreten Stichprobenwerten.

Zwei *metrische* Häufigkeitsverteilungen können freilich äußerlich sehr verschieden aussehen, jedoch aber denselben *arithmetischen Mittelwert* besitzen. Ist dies der Fall, dann kann man sich natürlich fragen, wie weit die einzelnen Stichprobenwerte im Durchschnitt von dem errechneten Mittelwert entfernt liegen. Es geht also hierbei um die *Streuung* der Stichprobenwerte $x_1, x_2, \ldots x_n$ um das zugehörige arithmetische Mittel $\overline{x}$.

Bildet man die Summe der einfachen Abweichungen $\overline{x} - x_i$, der sogenannten *linearen Abweichungen*, so kann sich natürlich Null ergeben, weil positive und negative Abweichungen sich gegenseitig aufheben. Um trotzdem ein Maß für die Streuung zu erhalten, müßte man die Beträge der Abweichungen berücksichtigen. Dies ist aber aus verständlichen Gründen zu umständlich. In der Praxis verwendet man deshalb das Quadrat einer jeden Abweichung $(\overline{x} - x_i)^2$, da hierbei außerdem große Abweichungen stärker gewichtet werden als kleine.

Die **mittlere Abweichung a** einer Stichprobe mit den Werten $x_1, x_2, \ldots x_n$ ist der Mittelwert der Beträge der linearen Abweichungen:

$$a = \frac{|\overline{x} - x_1| + |\overline{x} - x_2| + |\overline{x} - x_3| + \ldots + |\overline{x} - x_n|}{n}$$

Die **mittlere quadratische Abweichung s^2**, auch **Varianz** genannt, gibt ein Maß für die Verteilung der einzelnen Stichprobenwerte um ihren arithmetischen Mittelwert $\bar{x}$:

$$s^2 = \frac{(\bar{x} - x_1)^2 + (\bar{x} - x_2)^2 + \ldots + (\bar{x} - x_{n-1})^2 + (\bar{x} - x_n)^2}{n}$$

Bei vielen Untersuchungen wird aus s^2 noch die Wurzel gezogen, da ja alle vorkommenden Maßeinheiten hier quadratisch auftreten.

Die Quadratwurzel aus der Varianz s^2 nennt man **Streuung s** oder **empirische Standardabweichung**:

$$s = \sqrt{\frac{\text{Summe der einzelnen quadratischen Abweichungen}}{\text{Anzahl der Stichprobenwerte}}}$$

$$s = \sqrt{\frac{\sum_{i=1}^{n} (\bar{x} - x_i)^2}{n}} = \sqrt{\frac{(\bar{x} - x_1)^2 + (\bar{x} - x_2)^2 + \ldots + (\bar{x} - x_n)^2}{n}}$$

Die empirische Standardabweichung ist eine gute Kennzahl für die Streuung. Ist nämlich $\bar{x}$ der Mittelwert und s die Standardabweichung einer Stichprobe, so liegen im allgemeinen etwa 2/3 aller Messungen im Intervall $[\bar{x} - s; \bar{x} + s]$.

s-Regel:
Von den Meßwerten einer Stichprobe liegen im „Normalfall" im Bereich:
$[\bar{x} - s; \bar{x} + s]$ etwa 68,3%
$[\bar{x} - 2s; \bar{x} + 2s]$ etwa 95,4%
$[\bar{x} - 3s; \bar{x} + 3s]$ etwa 99,7%
der Meßwerte einer Stichprobe.

Beispiel:
Beim Mathematikwettbewerb der Klassen 8 waren maximal 5 Aufgaben zu lösen. Die Schüler der Klassen 8a und 8b hatten bei der Bearbeitung der Aufgaben unterschiedlichen Erfolg, wie aus nachfolgender Tabelle hervorgeht:

Anzahl der gelösten Aufgaben:	0	1	2	3	4	5	
Schüler in der Klasse 8a	5	8	2	4	2	4	25
Schüler in der Klasse 8b	3	5	8	6	2	1	25

Der *arithmetische Mittelwert* beträgt in beiden Klassen $\bar{x} = 2{,}08$, d.h., in jeder Klasse wurden durchschnittlich 2,08 Aufgaben gelöst.

Es soll nun ein Maß für die Verteilung der Aufgabenanzahlen um den errechneten Mittelwert 2,08 bestimmt werden.

Klasse 8a:

x_i	h_a	$h_a \cdot x_i$	$(\bar{x} - x_i)$	$(\bar{x} - x_i)^2$	$h_a(\bar{x} - x_i)^2$
$x_1 = 0$	5	0	2,08	4,3264	21,6320
$x_2 = 1$	8	8	1,08	1,1664	9,3312
$x_3 = 2$	2	4	0,08	0,0064	0,0128
$x_4 = 3$	4	12	–0,92	0,8464	3,3856
$x_5 = 4$	2	8	–1,92	3,6864	7,3728
$x_6 = 5$	4	20	–2,92	8,5264	34,1056
$n = 25$		52			$\sum_{i=1}^{n} (\bar{x} - x_i)^2 = 75{,}8400$

$\Rightarrow \bar{x} = \frac{52}{25} = 2{,}08$

Es ergibt sich also die *Streuung* der Aufgabenzahlen um den Mittelwert in Klasse 8a:

$s = \sqrt{\frac{75{,}84}{25}} = 1{,}74$

Klasse 8b:

x_i	h_a	$h_a \cdot x_i$	$(\bar{x} - x_i)$	$(\bar{x} - x_i)^2$	$h_a(\bar{x} - x_i)^2$
$x_1 = 0$	3	0	2,08	4,3264	12,9792
$x_2 = 1$	5	5	1,08	1,1664	5,8320
$x_3 = 2$	8	16	0,08	0,0064	0,0512
$x_4 = 3$	6	18	–0,92	0,8464	5,0784
$x_5 = 4$	2	8	–1,92	3,6864	7,3728
$x_6 = 5$	1	5	–2,92	8,5264	8,5264
$n = 25$		52			$\sum_{i=1}^{n} (\bar{x} - x_i)^2 = 39{,}8400$

$\Rightarrow \bar{x} = \frac{52}{25} = 2{,}08$

Es ergibt sich für die *Streuung* in Klasse 8b: $s = \sqrt{\frac{39{,}84}{25}} = 1{,}26$

Die Aufgabenzahl streut bei Klasse 8a durchschnittlich mit 1,74 Aufgaben, in Klasse 8b durchschnittlich mit 1,26 Aufgaben um den Mittelwert 2,08 Aufgaben. Die Leistungen der Klasse 8b liegen also viel dichter beisammen.

Nach der s-Regel ergibt sich hierbei, daß in der Klasse 8a etwa 2/3 der Schüler mehr als 2,08 – 1,74 = 0,34 Aufgaben und weniger als 2,08 + 1,74 = 3,82 Aufgaben gelöst haben. In der Klasse 8b haben etwa 2/3 der Schüler mehr als 2,08 – 1,26 = 0,82 Aufgaben und weniger als 2,08 + 1,26 = 3,34 Aufgaben gelöst.

Dies sind natürlich nur statistische Aussagen, die bei großen Stichproben viel bedeutungsvoller sind, als dies hier der Fall ist.

Lineare Regression, linearer Schätzwert und Korrelationskoeffizient

Wir haben es bislang überwiegend mit Datenmengen zu tun gehabt, die sich aufgrund von Beobachtungen, Messungen oder beispielsweise statistischen Umfragen (Erhebungen) als Merkmalsausprägungen nur eines *einzigen* Merkmals ergaben. In unserer Natur und in unserer Umgebung treten allerdings viel häufiger zwei oder gar mehrere Merkmale *gleichzeitig* und *voneinander abhängig* auf. Wir sprechen hierbei von einer gegenseitigen Abhängigkeit oder **Korrelation** dieser (beiden oder vielen) Merkmale.

Einführungsbeispiele:

1. In einer Schülergruppe kann man eine statistische Erhebung über die Körpermasse (kg) durchführen. Es handelt sich dann um nur ein Merkmal. Man kann aber ebenso bei derselben Gruppe den Zusammenhang von Körpermasse (kg) und Körpergröße (cm) untersuchen; in diesem Fall handelt es sich um eine mehr oder weniger ausgeprägte Korrelation von 2 Merkmalen. Neben der Körpermasse und der Körpergröße könnte man noch die Schuhgröße und die Zeugnissportnote erfassen und nach dem Zusammenhang fragen. Hier hat man es dann mit 3 bzw. 4 Merkmalen zu tun, die mehr oder weniger wechselseitig voneinander abhängen.
2. Es besteht sicher eine Korrelation zwischen „Zufriedenheit“ und „Erfolg“ im beruflichen Bereich. Eine solche Untersuchung könnte z.B. über eine Befragung (Angaben von „0“ für keinen Erfolg bzw. Unzufriedenheit bis „6“ für sehr viel Erfolg bzw. große Zufriedenheit) durchgeführt werden.

Es gibt allerdings auch sogenannte **Scheinkorrelationen**, die unter Umständen sogar mathematisch nachweisbar sind, weil ein zufälliger Zusammenhang besteht, der jedoch ohne praktische Bedeutung ist.

Beispiele:

1. In der Frauenzeitschrift „Frau mit Herz“ wird behauptet, daß ein Zusammenhang zwischen der Abnahme der Kindergeburten und der Abnahme der Zahl der Störche festzustellen sei. Die Behauptung wird anhand von Statistiken belegt.
2. Der Zusammenhang von „gutem Aussehen“ (was das auch immer sein soll) und Einkommen ist sicher nur eine Scheinkorrelation.

Wir wollen jetzt anhand eines Beispieles aufzeigen, wie zwei sich gegenseitig bedingende Merkmale statistisch erfaßt und ausgewertet werden können. Hier soll zum einen eine

Maßzahl für die Größe der Korrelation (**Korrelationskoeffizient**) und zum anderen ein bestehender funktionaler Zusammenhang (**Regressionsfunktion**) mathematisch ermittelt werden.

Einführungsbeispiel:

In einer Urliste sind die Merkmale *Körperlänge* und *Körpergewicht (Körpermasse)* von 26 Schülern (Jungen) einer Altersklasse zusammengestellt.

Nr.	Körpermasse (kg)	Körperlänge (cm)	Nr.	Körpermasse (kg)	Körperlänge (cm)
1	65	164	14	60	154
2	54	157	15	71	167
3	50	156	16	84	180
4	61	163	17	78	174
5	64	168	18	74	175
6	78	172	19	54	155
7	58	161	20	65	164
8	50	157	21	65	170
9	71	182	22	70	172
10	63	167	23	70	171
11	65	169	24	65	163
12	72	173	25	70	169
13	60	159	26	65	168

Die Merkmalsausprägungen Körpermasse (kg) sollen mit x, die Merkmalsausprägungen Körperlänge (cm) mit y bezeichnet werden, das Datenmaterial ist in einem x-y-Koordinatensystem festzuhalten.
Jedes Paar (x|y) stellt bekanntlich einen Punkt in diesem Koordinatensystem dar. Die Menge all dieser 26 Punkte legt in der *Merkmalsebene* eine *Punktwolke* oder einen *Punkteschwamm* fest (s. Abb. 577).

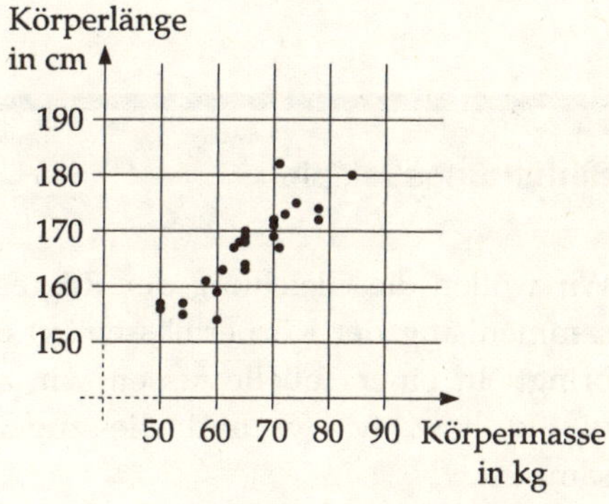

Abb. 577 Eine „Punktewolke"

Es wäre jetzt bedeutungsvoll, wenn es eine Möglichkeit gäbe, zu einer vorgegebenen Merkmalsausprägung und einem vorgegebenen Zusammenhang vieler Merkmalspaare die zugehörige zweite Merkmalsausprägung *mathematisch* zu bestimmen.

Einleuchtend ist, daß im allgemeinen wohl keine mathematische Formel existiert, mit deren Hilfe sich jedes Merkmalspaar ermitteln läßt. Gefragt ist daher eine *Kurve* oder *Gerade*, die durch die Punktewolke verläuft, die die Quadrate der Abstände der Datenpaare von der Geraden minimiert und damit einen Zusammenhang zwischen den beiden Größen schafft.
Die Kopplung der beiden Merkmale ist um so größer, je weniger die Punkte der Datenerfassung von der **Regressionsgeraden** abweichen. Zur Auffindung der Regressionsgeraden könnte man zeichnerisch vorgehen und eine Gerade empirisch entwickeln, die gleichviele Punkte auf beiden Seiten der Geraden läßt und die die Abstände der Punkte zur Geraden optisch minimiert.
Für die mathematische Entwicklung der Gleichung der Regressionsgeraden soll hier eine Formel ohne Beweis gegeben werden, die sowohl die linearen als auch die quadratischen Abstände der Einzelkomponenten von den Mittelwerten der Merkmale x und y berücksichtigt.

Sind von 2 Merkmalen x und y n Paare von Merkmalsausprägungen $(x_i; y_i)$ gegeben, mit i = 1 ... n, so läßt sich die Abhängigkeit von x und y durch die **Gleichung der Regressionsgeraden** $y = ax + b$

mit $b = \overline{y} - a\overline{x}$ und $a = \dfrac{\sum_i (x_i - \overline{x})(y_i - \overline{y})}{\sum_i (x_i - \overline{x})^2}$ beschreiben.

Dabei sind $\overline{x} = \frac{1}{n}\sum_i x_i$ und $\overline{y} = \frac{1}{n}\sum_i y_i$ die Mittelwerte der Merkmale x und y.

Einführungsbeispiel:

Wir wollen die Gleichung der **Regressionsgeraden** ermitteln, die den Zusammenhang der Körpermassen (x) und Körperlängen (y) zum Ausdruck bringt. In einer Tabelle fassen wir zunächst die linearen Abweichungen $(x_i - \overline{x})$ bzw. $(y_i - \overline{y})$ und die zugehörigen Produkte $(x_i - \overline{x})(y_i - \overline{y})$ zusammen.
Zuvor berechnen wir

$$\overline{x} = \frac{\sum x_i}{n} = \frac{1702}{26} = 65{,}462 \qquad \text{und} \qquad \overline{y} = \frac{\sum y_i}{n} = \frac{4330}{26} = 166{,}538$$

Die Quadrate $(x_i - \overline{x})^2$ bzw. $(y_i - \overline{y})^2$ der linearen Abweichung werden für den Korrelationskoeffizienten nötig sein, deshalb wollen wir auch diese Werte in der Tabelle zusammenstellen: $\overline{x} = 65{,}462$; $\overline{y} = 166{,}538$

Nr.	$(x_i - \overline{x})$	$(y_i - \overline{y})$	$(x_i - \overline{x})(y_i - \overline{y})$	$(x_i - \overline{x})^2$	$(y_i - \overline{y})^2$
1.	– 0,462	– 2,538	1,17256	0,21344	6,44144
2.	–11,462	– 9,538	109,32456	131,37744	90,97344
3.	–15,462	–10,538	162,93856	239,07344	111,04944
4.	– 4,462	– 3,538	15,78656	19,90944	12,51744
5.	– 1,462	1,462	– 2,13744	2,13744	2,13744
6.	12,538	5,462	68,482556	157,20144	29,83344
7.	– 7,462	– 5,538	41,324556	55,68144	30,66944
8.	–15,462	– 9,538	147,476556	239,07344	90,97344
9.	5,538	15,462	85,628556	30,66944	239,07344
10.	– 2,462	0,462	– 1,137444	6,06144	0,21344
11.	– 0,462	2,462	– 1,137444	0,21344	6,06144
12.	6,538	6,462	42,248556	42,74544	41,75744
13.	– 5,462	– 7,538	41,172556	29,83344	56,82144
14.	– 5,462	–12,538	68,482556	29,83344	157,20144
15.	5,538	0,462	2,558556	30,66944	0,21344
16.	18,538	13,462	249,558556	343,65744	181,22544
17.	12,538	7,462	93,558556	157,20144	55,68144
18.	8,538	8,462	72,248556	72,89744	71,60544
19.	–11,462	–11,538	132,248556	131,37744	133,12544
20.	– 0,462	– 2,538	1,172556	0,21344	6,44144
21.	– 0,462	3,462	– 1,599444	0,21344	11,98544
22.	4,538	5,462	24,786556	20,59344	29,83344
23.	4,538	4,462	20,248556	20,59344	19,90944
24.	– 0,462	– 3,538	1,634556	0,21344	12,51744
25.	4,538	2,462	11,172556	20,59344	6,06144
26.	– 0,462	1,462	– 0,675444	0,21344	2,14744

$$\sum_i (x_i - \overline{x})^2 = 1782{,}46144$$

$$\sum_i (x_i - \overline{x})(y_i - \overline{y}) = 1386{,}53848$$

$$\sum_i (y_i - \overline{y})^2 = 1406{,}46154$$

Den Wert a (Steigung) der Regressionsgeraden erhalten wir jetzt so:

$$a = \frac{\sum_i (x_i - \overline{x})(y_i - \overline{y})}{\sum_i (x_i - \overline{x})^2} = \frac{1386{,}53848}{1782{,}46144} = 0{,}777879$$

und damit weiter für b

$b = \overline{y} - a\overline{x} =$

$166{,}538 - 0{,}77788 \cdot 65{,}462 = 115{,}6165$

Unsere Regressionsgerade hat damit das Aussehen

$y = 0{,}7778 \cdot x + 115{,}6165$

(s. Abb. 578).

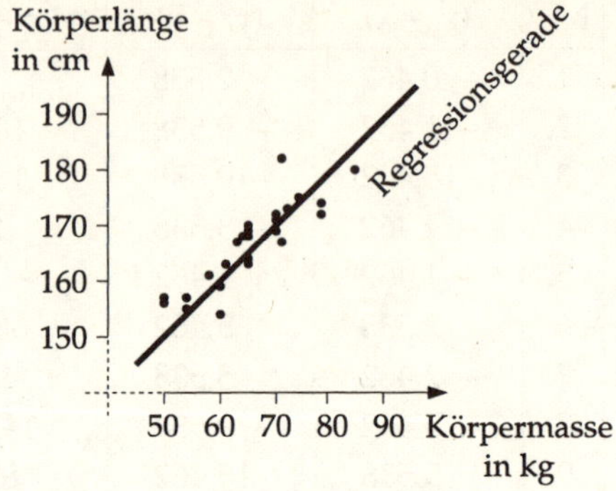

Abb. 578 Die Regressionsgerade ...

Ist jetzt ein x-Wert vorgegeben, so kann der zugehörige y-Wert durch Einsetzen in diese Gleichung der Regressionsgeraden ermittelt werden und umgekehrt. Es handelt sich hierbei um den sogenannten **linearen Schätzwert**.

Einführungsbeispiel:

Wir suchen die passende Körperlänge eines Schülers mit dem Gewicht von 80 kg:

$y = 0{,}7778 \cdot 80 + 115{,}6165 = 177{,}8$ cm

Ein Schüler mit der Körperlänge von 190 cm hätte dann folgendes Gewicht (zu haben):

$190 = 0{,}7778 \cdot x + 115{,}6165 \Rightarrow x =$

$$\frac{190 - 115{,}6165}{0{,}7778} = 95{,}6333\text{kg}$$

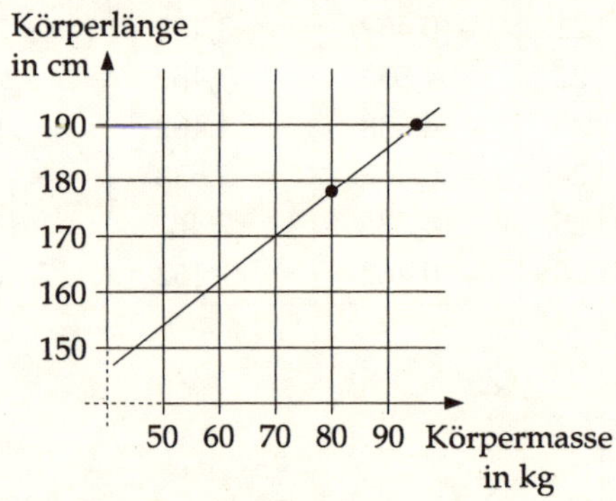

Abb. 579 ... und mögliche Zuordnungen

Es wurde ja bereits festgehalten, daß die Regressionsgerade im allgemeinen nicht durch alle Punkte des Datenmaterials verlaufen kann. Eine Maßzahl für die Schwankungen der Punkte um die Regressionsgerade ist der aus dem gegebenen Datenmaterial berechenbare **empirische Korrelationskoeffizient**.

Die Größe $r = \dfrac{\sum_i (x_i - \bar{x})(y_i - \bar{y})}{\sqrt{\sum_i (x_i - \bar{x})^2 \sum_i (y_i - \bar{y})^2}} = \dfrac{n \sum_i x_i y_i - (\sum_i x_i)(\sum_i y_i)}{\sqrt{(n \sum_i x_i^2 - (\sum_i x_i)^2 (n \sum_i y_i^2 - \sum_i y_i)^2)}}$

heißt **empirischer Korrelationskoeffizient** und ist eine Maßzahl für die gegenseitige lineare Abhängigkeit zweier Merkmale.

Der Korrelationskoeffizient r ist immer eine Zahl zwischen –1 und +1, also $-1 < r < 1$. Je näher r beim Wert 1 (positive Korrelation; s. Abb. 580) oder beim Wert –1 (negative Korrelation; s. Abb. 583) liegt, desto weniger streuen die Punkte der Datenerhebung um die ermittelte Regressionsgeraden.

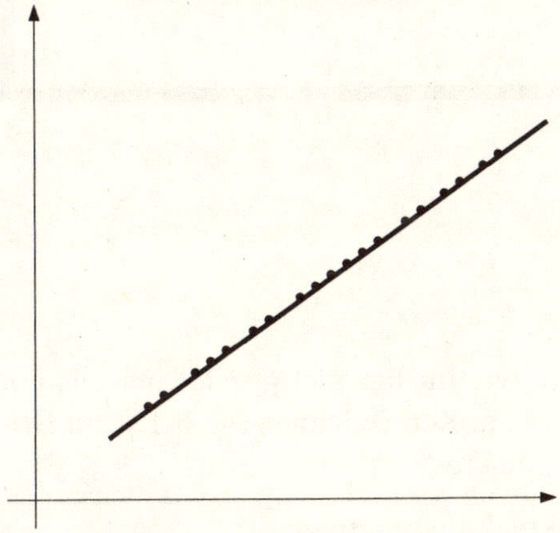

Abb. 580 r = 1

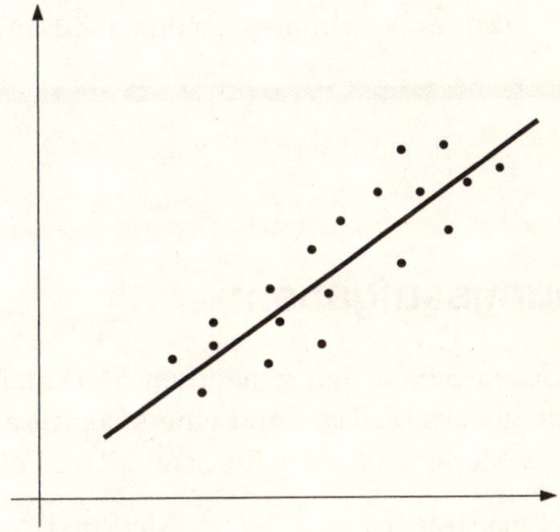

Abb. 581 r = 0,7

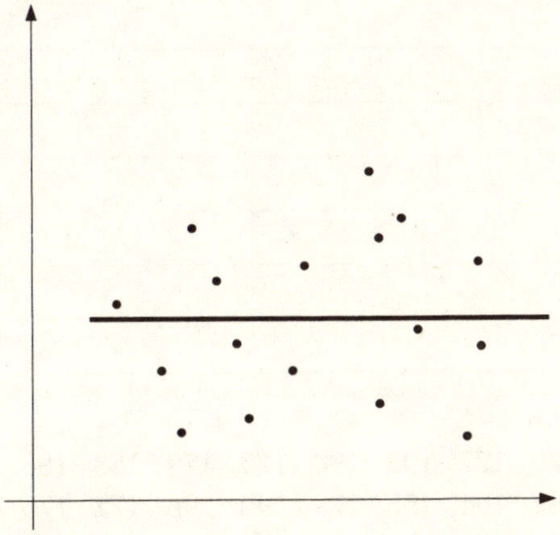

Abb. 582 r = 0

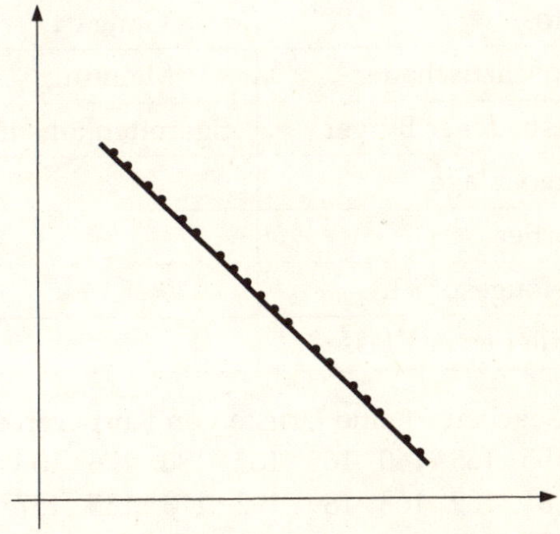

Abb. 583 r = –1

Die Lage der Regressionsgeraden und der empirische Korrelationskoeffizient

Einführungsbeispiel:

Wir wollen den Korrelationskoeffizienten r zu unserem Einführungsbeispiel ermitteln. Dazu verwenden wir die Werte der Tabelle auf S. 621:

$$r = \frac{\sum_i (x_i - \bar{x})(y_i - \bar{y})}{\sqrt{\sum_i (x_i - \bar{x})^2 \sum_i (y_i - \bar{y})^2}} = \frac{1386{,}53848}{\sqrt{1782{,}46144 \cdot 1406{,}46154}}$$

$$r = \frac{1386{,}53848}{1583{,}339} = 0{,}876$$

Die beiden Merkmale „Körpermasse" und „Körperlänge" sind *positiv korreliert*, es besteht also ein enger Zusammenhang.

Übungsaufgaben:

1. Geben Sie zu den genannten Merkmalsträgern, wie im Beispiel gezeigt, jeweils ein mögliches *Merkmal* und eine *Merkmalsausprägung* an. Kennzeichnen Sie bei *quantitativen* Merkmalen ein s für „stetig" und ein d für „diskret":

Merkmalsträger	Merkmal	Merkmalsausprägungen	Art
15jährige Schüler	Größe	30 kg – 70 kg	(s) quantitativ
Autos	Gangart		
Fernsehzuschauer	Meinung		
Wiesbadener Bürger	Zigarettenkonsum		
Stereoanlage			
Sportler			
Telefongespräch			
Schüler einer Klasse			

2. Gegeben ist eine Urliste von Körpergrößen in cm:

155	165	160	165	162	180	176	153	168	170	177	193	190	175	179	188	188
181	189	168	189	192	173	185	157	152	182	154	155	179	190	196	172	176
155	184	182	176	194	190	162	169	163	186	173	177	159	150	186	167	166
156	182	179	173	149	198	165	164	178	171	169	183	191	189			

a) Bestimmen Sie $\tilde{x}$
b) Bestimmen Sie $\bar{x}$
c) Fertigen Sie eine *Häufigkeitstabelle* für die absoluten und relativen Häufigkeiten an.
d) Ermitteln Sie die *Klassenhäufigkeit* bei einer geeigneten Klassierung der Daten.

3. In der Bundesrepublik fallen folgende Müllanteile an: 70% Hausmüll; 11% Sondermüll; 7,5% Autowracks; 6,5% Industriemüll; 2% Bauschutt; 3% Sonstiges. Zeichnen Sie ein Kreisdiagramm. Mit wieviel Tonnen der einzelnen Müllarten muß man an einem Tag rechnen, an dem insgesamt 0,5 Millionen Tonnen Müll anfallen?

4. Für einen jahrgangsübergreifenden Test der Rechenleistungen im 4. Schuljahr werden 9 Aufgaben ausgesucht, die bei richtiger Lösung jeweils einen Punkt erbringen. Die teilnehmenden Schüler erreichten folgende Punktzahlen:
8, 0, 3, 4, 2, 7, 3, 4, 2, 5, 7, 4, 6, 2, 6, 3, 7, 4, 5, 8, 3, 1, 4, 5, 2, 7, 1, 8, 2, 7, 2, 6, 8, 0, 6, 4, 6, 5, 8, 3, 2, 4, 6, 3, 4, 6, 5, 7, 6, 4, 5, 1, 8, 5, 3, 9, 6, 3, 4, 6, 2, 5, 3, 5, 1, 4, 6, 2, 5, 6, 1, 6, 2, 5, 4, 7, 6, 3, 4, 2, 3, 1, 6, 7, 3, 5, 7, 4, 6, 3, 7, 4, 0, 2, 7, 5, 3, 4, 1, 3, 2, 4, 9, 5, 7, 4, 6, 3, 8, 7, 1, 4, 6, 5, 7, 5, 3, 4, 7, 5, 5, 2, 5, 4, 7, 5, 3, 8, 1, 4, 1, 8, 2, 6, 3, 5, 4, 7, 3, 8, 1, 4, 2, 9, 6, 1, 5, 4, 1, 7.
Stellen Sie eine Häufigkeitstabelle auf, zeichnen Sie ein Stabdiagramm und bestimmen Sie Mittelwert, Median, mittlere Abweichung und Standardabweichung.

5. In einer feinmechanischen Werkstatt wurden die Innendurchmesser von Zylindern in cm gemessen. Ergebnis:
8,988; 8,995; 9,022; 8,988; 9,021; 8,989; 9,022; 8,990; 9,017; 9,008; 8,982; 8,995; 9,008; 8,932; 8,995; 9,008; 9,017; 9,003; 8,994; 9,012; 8,888; 9,007; 9,012; 8,996; 9,011; 9,001; 8,997; 9,008; 8,999; 9,001; 8,995; 9,000.
Wie groß sind Mittelwert und Standardabweichung? Welcher Anteil liegt im Bereich $[\bar{x} - s; \bar{x} + s]$?

6. Zeigen Sie: Die Formel für das Quadrat der Standardabweichung
$s^2 = \frac{(x_1 - \bar{x})^2 + \ldots + (x_n - \bar{x})^2}{n}$ kann umgeformt werden in $s^2 = \frac{x_1^2 + \ldots + x_n^2}{n} - \bar{x}^2$

7. In einem Krankenhaus werden die Anzahlen der Geburten in einer Tabelle zusammengefaßt:

Wochentag	Montag	Dienstag	Mittwoch	Donnerstag	Freitag	Samstag	Sonntag
Jungen	41	38	54	59	54	42	27
Mädchen	54	46	48	35	49	51	35

Weichen die Anzahlen an einem Wochentag signifikant vom Mittelwert ab?

8. An einer Schule werden die Schüler nach der Personenzahl in ihrer Familie befragt. Die daraus errechnete mittlere Personenzahl pro Familie liegt erheblich über dem Ortsdurchschnitt. Woran liegt das?

9. In der Physik wird der Wert einer Größe oft über wiederholte Messungen bestimmt. Sind dabei $x_1, ..., x_n$ die beobachteten Werte, so wird angenommen, daß der wahre Wert im Bereich zwischen $\overline{x} - s$ und $\overline{x} + s$ liegt. 10 Messungen der Lichtgeschwindigkeit im Vakuum liefern die Werte (in km/s):
299 792; 299 795; 299 790; 299 785; 299 792; 299 794; 299 793; 299 791; 299 791; 299 797.
Berechnen Sie Mittelwert und Standardabweichung. Wie genau ist der wahre Wert (299 792, 458 km/s) getroffen, wie präzise ist also die Meßeinrichtung?

10. Bei einer Versuchsperson wurden je 8 Messungen der Reaktionszeit in Sekunden einmal ohne und dann unter Medikamenteneinfluß durchgeführt.

ohne (s)	0,33	0,36	0,38	0,35	0,37	0,32	0,36	0,33
mit (s)	0,39	0,44	0,38	0,32	0,35	0,42	0,36	0,38

Berechnen Sie jeweils Mittelwert und Standardabweichung. Was können Sie über den Einfluß des Medikaments sagen?

11. Jede Schule einer Stadt soll 3% ihrer Schüler (die besten) zum Schulsportvergleich schicken. Bei der Sportveranstaltung sind 18 Schüler der Leibnizschule erschienen. Wie viele Schüler hat die Leibnizschule, wenn genau 3% erschienen sind?

12. Die Angestellten, Arbeiter, Beamten und Selbständigen verhalten sich in einer Großstadt wie 5 : 3 : 3 : 1. Berechnen Sie die zugehörigen Prozentzahlen und bestimmen Sie die absoluten Häufigkeiten für eine Stadt mit 402 000 Einwohnern, wenn 60% berufstätig sind.

13. Ein Bauer hat eine neue Reisart entwickelt, und seine Ertragsrate wurde als Funktion der Düngung mit Stickstoff gemessen. Ermitteln Sie die Regressionsgerade x (Stickstoff) → y (Ertrag) und den Korrelationseffizienten r.

x (Stickstoff in kg pro Hektar)	0	30	40	50	70	75
y (Ertrag in Tonnen pro Hektar)	4,51	5,42	6,71	6,99	8,23	8,61

Mit welchem Ertrag ist bei 80 kg/Hektar Stickstoff zu rechnen?

Lösungen S. 834

Wahrscheinlichkeitsrechnung

Zufallsexperimente und Ereignismengen

Die Hauptaufgabe der Wahrscheinlichkeitsrechnung besteht in der Voraussage des (idealisierten) Ablaufs von *Massenvorgängen.* Schon damit ist klar, daß die Ergebnisse der Wahrscheinlichkeitsrechnung über den Ausgang eines *bestimmten einzelnen* Vorgangs keine Aussagen liefern oder ermöglichen.

Jeden kontrolliert ablaufenden Vorgang bezeichnet man dabei als **Versuch** oder **Experiment**. Die möglichen Versuche lassen sich grob in zwei Gruppen einteilen:

Einführungsbeispiele:

1. Ein Stein wird nach oben geworfen. Er bewegt sich dabei gemäß den physikalischen Gesetzen auf einer Bahn, die durch die Formel $s(t) = v \cdot t - 0{,}5\, g \cdot t^2$ beschrieben wird. Er kehrt nach einer gewissen Zeit immer wieder zur Erde zurück.

2. Durch einen Draht fließt ein Strom. Der Zusammenhang zwischen Strom und Spannung wird (bei konstanter Temperatur) durch das Ohmsche Gesetz $U = R \cdot I$ beschrieben.

Beides sind sogenannte **kausale Experimente**.

3. Sie werfen eine Münze (die nicht auf dem Rand stehenbleiben kann). Bei jedem Wurf erscheint entweder Wappen oder Zahl, ohne daß der Ausgang vorhersagbar ist.

4. Ein Augenarzt untersucht seine Patienten auf Rot-Grün-Blindheit.

Solche Versuche bezeichnet man als **Zufallsexperimente**.

Für unsere Überlegungen sind Zufallsexperimente von größerer Bedeutung als kausale Experimente.

Ein **Zufallsexperiment** liegt vor, wenn folgende Bedingungen erfüllt sind:

1. Das Experiment ist beliebig oft unter den gleichen Bedingungen durchführbar.

2. Die möglichen Ausgänge können eindeutig angegeben werden.

3. Es ist nicht voraussagbar, welcher der möglichen Ausgänge des Experiments eintritt.

Werden mehrere Ausgänge als zusammengehörig betrachtet, so faßt man sie als **Ereignis** zusammen. Das Ereignis E ist also eingetreten, wenn das Experiment einem der zu E gehörigen Ausgänge hat. Gehört zu einem Ereignis nur ein einziger Ausgang, so spricht man von einem **Elementarereignis**. Die Menge aller möglichen Ausgänge eines Experiments nennt man den **Ergebnisraum** oder **Ergebnismenge** Ω.

Beispiele:

1. Beim Werfen eines Würfels gibt es sechs mögliche Ausgänge, d.h. $\Omega = \{1; ...; 6\}$ ist hier die Ergebnismenge. Diese sechs möglichen Ausgänge können außerdem als Elementarereignisse $\{1\}; \{2\}; \{3\}; \{4\}; \{5\}; \{6\}$ betrachtet werden.
   Das Ereignis E_1: „Die geworfene Zahl ist gerade" tritt genau dann ein, wenn eine 2, 4 oder 6 gewürfelt wird, also $E_1 = \{2,4,6\}$.
   Das Ereignis E_2: „Die Zahl ist größer als 4" tritt genau dann ein, wenn eine 5 oder 6 gewürfelt wird, also $E_2 = \{5,6\}$.
   Bei den Ereignissen E_1 und E_2 werden also mehrere mögliche Ausgänge als zusammengehörig betrachtet.
2. Beim Roulette ist $\Omega = \{0; ...; 36\}$; hier gibt es also 37 Elementarereignisse. Folgende „Gewinnereignisse" sind beim Roulette üblich:

E_1:	Plein (eine einzelne Nummer)	Gewinn:	$35 \times$ Einsatz
E_2:	à Cheval (zwei Zahlen nebeneinander)	Gewinn:	$17 \times$ Einsatz
E_3:	Transversale pleine (Querreihe)	Gewinn:	$11 \times$ Einsatz
E_4:	Carré (Viererblock auf dem Plan)	Gewinn:	$8 \times$ Einsatz
E_5:	Transversale simple (zwei Querreihen)	Gewinn:	$5 \times$ Einsatz
E_6:	Dutzend	Gewinn:	$2 \times$ Einsatz
E_7:	Kolonne	Gewinn:	$2 \times$ Einsatz
E_8:	Einfache Chance	Gewinn:	$1 \times$ Einsatz

Pair; Impair; Rouge; Noir; Manque; Passe
(gerade; ungerade; rot; schwarz; Nr. 1 – 18; Nr. 19 – 36)

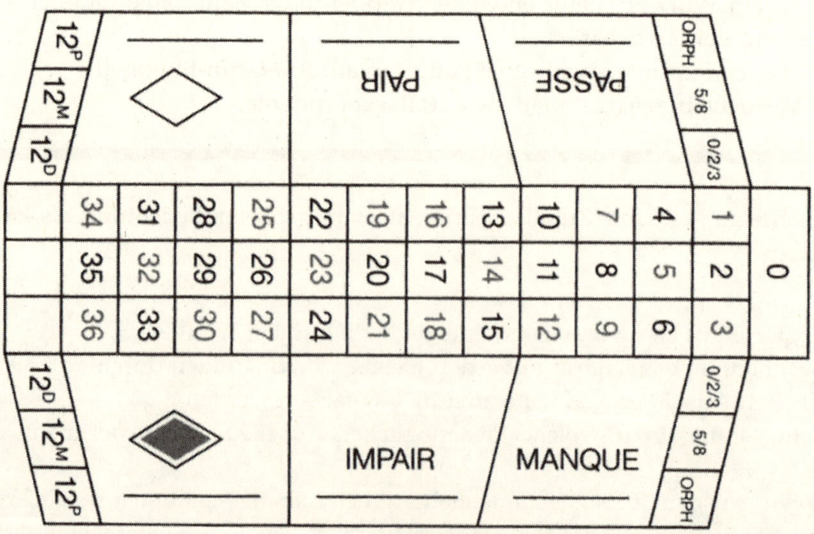

Abb. 584 Das Roulettespiel als Zufallsexperiment

3. Auch Versuche wie das Fallenlassen eines Steines kann man natürlich als Wahrscheinlichkeitsexperiment auffassen und etwa die Ereignisse definieren:
E_1: „Der Stein fällt zur Erde zurück."
E_2: „Der Stein bleibt in der Luft hängen."
Es ist klar, daß E_1 immer eintritt, während E_2 nie eintreten kann:
$\Omega = \{\text{Der Stein fällt zur Erde zurück}\}$
$E_1 = \Omega$; $E_2 = \{\ \}$

Ein Ereignis, das immer eintritt, heißt **sicheres Ereignis**, ein Ereignis, das nie eintreten kann, heißt **unmögliches Ereignis**.

Schon hier zeigt sich, was bei echten Zufallsexperimenten immer gilt:

Dem sicheren Ereignis entspricht der gesamte Wahrscheinlichkeitsraum Ω; jedem unmöglichen Ereignis entspricht die leere Menge $\{\ \}$.

Mit Hilfe der Mengenoperationen *Disjunktion* $\cup$ (s. Abb. 585) und *Konjunktion* $\cap$ (s. Abb. 586) lassen sich zusammengesetzte Ereignisse konstruieren.

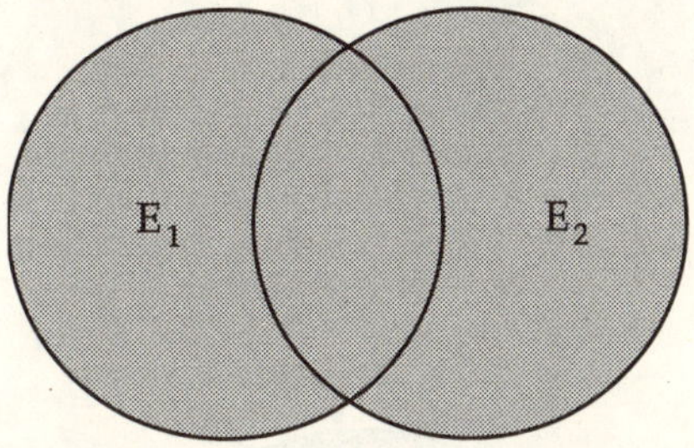

Abb. 585 E_1 *oder* E_2

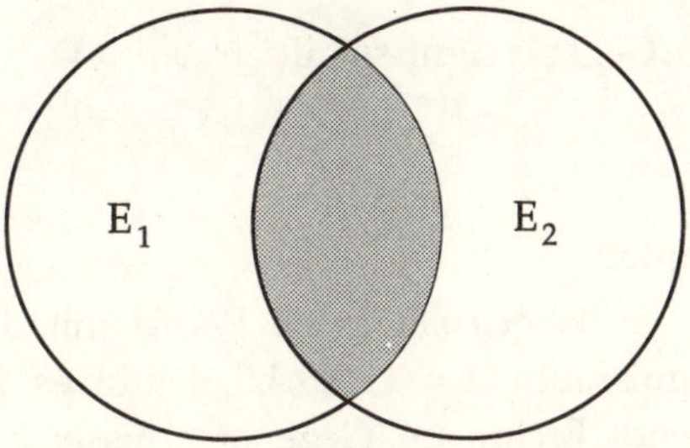

Abb. 586 E_1 *und* E_2

Das Ereignis E_1 oder E_2 (Disjunktion $E_1 \cup E_2$) tritt genau dann ein, wenn *mindestens eines* der beiden Ereignisse eintritt.
Das Ereignis E_1 und E_2 (Konjunktion $E_1 \cap E_2$) tritt genau dann ein, wenn *beide* Ereignisse *zusammen* eintreten.

Beispiel:

Wir werfen mit einem Würfel.

E_1: „Die gewürfelte Zahl ist gerade." $E_1 = \{2; 4; 6\}$
E_2: „Die gewürfelte Zahl ist eine Primzahl." $E_2 = \{2; 3; 5\}$
E_3: „Die gewürfelte Zahl ist ungerade." $E_3 = \{1; 3; 5\}$

Dann ist: $E_1 \cup E_2 = \{2; 3; 4; 5; 6\}$
$E_1 \cap E_2 = \{2\}$
$E_1 \cup E_3 = \{1; 2; 3; 4; 5; 6\}$
$E_1 \cap E_3 = \{\,\}$
$E_2 \cup E_3 = \{1; 2; 3; 5\}$
$E_2 \cap E_3 = \{3; 5\}$

Im Zusammenhang mit der Mengenlehre wurde festgehalten, daß jede Menge mit n Elementen genau 2^n Teilmengen (*Potenzmenge*) besitzt. Der Ergebnisraum $\Omega = \{1,2,3,4,5,6\}$ besitzt demnach $2^6 = 64$ mögliche Teilmengen; es können also 64 verschiedene Ereignisse für das Experiment *Werfen mit einem Würfel* definiert werden.
Es gibt außer dem sicheren Ereignis Ω und dem unmöglichen Ereignis $\{\,\}$ natürlich 6 Elementarereignisse {1}, {2}, {3}, {4}, {5} und {6} und 6 fünfelementige Ereignisse {1,2,3,4,5}, {2,3,4,5,6}, {1,3,4,5,6}, {1,2,4,5,6}, {1,2,3,5,6} und {1,2,3,4,6} und 15 zwei- und 15 vierelementige Ereignisse sowie 20 Ereignisse mit genau drei Elementen.

Die Menge aller Teilmengen des Ergebnisraumes Ω nennt man **Ereignisraum** $\mathfrak{P}(\Omega)$.

Zwei zueinandergehörige Gegenereignisse werden mit E und $\overline{E}$ bezeichnet.

Für Gegenereignisse gilt: $E \cup \overline{E} = \Omega$
$E \cap \overline{E} = \{\,\}$

Beispiel:

Für das *Werfen mit einem Würfel* mit dem Ereignisraum $\Omega = \{1,2,3,4,5,6\}$ gibt es z.B. folgende Ereignisse/Gegenereignisse:
$E_1 = \{2,4,6\}$; $\overline{E}_1 = \{1,3,5\}$
E_2: „Werfen einer Primzahl"; $\overline{E}_2$: „Werfen keiner Primzahl"
$E_3 = \Omega$; $\overline{E}_3 = \{\,\}$
Die formale Schreibweise der Mengenalgebra ist oft nur schwer verständlich und auf die Ereignissprache nicht leicht zu übertragen. Auf der folgenden Seite sollen deshalb die wichtigsten Formulierungen der Mengenalgebra in die Ereignissprache übersetzt und tabellarisch festgehalten werden.

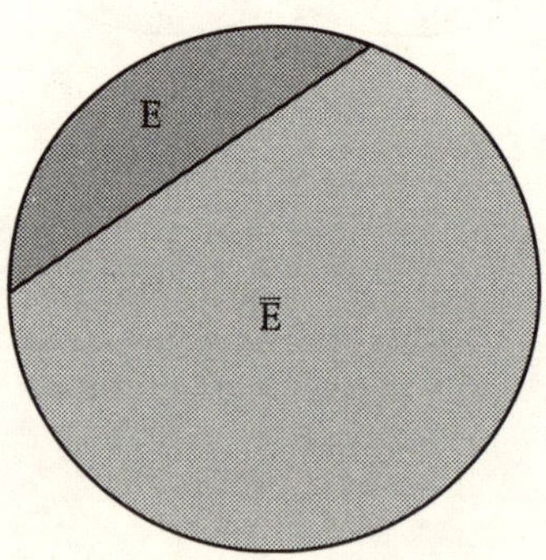

Abb. 587 Die Gegenereignisse E und $\overline{E}$

Mengenlehre/Mengensprache	Formalsprache	Ereignissprache
a ist ein Element von E	$a \in E$	das Ereignis E tritt ein
a ist kein Element von E	$a \notin E$	das Ereignis E tritt nicht ein
Grundmenge	Ω	Ergebnisraum
Potenzmenge	$\mathfrak{P}(\Omega)$	Ereignisraum
E ist Teilmenge von Ω	$E \subseteq \Omega$	E gehört zum Ereignisraum
Leere Menge	$\{\}$	unmögliches Ereignis
Grundmenge	Ω	sicheres Ereignis
E_1 ist Teilmenge von E_2	$E_1 \subseteq E_2$	das Ereignis E_1 zieht das Ereignis E_2 nach sich
Komplementärmenge von E	$\overline{E}$	Gegenereignis
Vereinigung von E_1 und E_2	$E_1 \cup E_2$	Ereignis E_1 oder E_2 oder beide
Schnittmenge von E_1 und E_2	$E_1 \cap E_2$	Ereignis E_1 und E_2 zugleich
E_1 und E_2 sind elementfremd	$E_1 \cap E_2 = \{\}$	die Ereignisse E_1 und E_2 sind unvereinbar

Wahrscheinlichkeit

Aufgabe der Wahrscheinlichkeitsrechnung ist es, aufgrund theoretischer Berechnungen Voraussagen zu liefern. Eine Voraussage ist aber nur brauchbar, wenn ihr Eintreten auch weitgehend sicher erwartet werden kann.

Wir müssen also eine Möglichkeit bereitstellen, die unabhängig von der persönlichen Ansicht eines Einzelnen ein *objektives Maß* und ein *quantitatives Maß* darstellt, um brauchbare Aussagen zur Beschreibung der „Wirklichkeit" zu liefern.

Aus unserer täglichen Erfahrung ist bekannt, daß sich der Einfluß des Zufalls zwar nicht zyklisch, wohl aber „zufällig" auszugleichen scheint, wenn ein und derselbe Versuch oft oder gar sehr oft wiederholt wird.

Einführungsbeispiel:

Im Physikunterricht soll ein Meßwert, z.B. die Lichtgeschwindigkeit, bestimmt werden. Es werden einige Versuche zur Ermittlung dieses Meßwertes durchgeführt; die Bedingungen der Versuchsdurchführung müssen natürlich immer gleich sein. Es ist dann durchaus sinnvoll und legitim, wenn die Ergebnisse alle zusammengefaßt und der Mittelwert (s. S. 613) gebildet wird, weil die Hoffnung besteht, daß sich zufallsbedingte Abweichungen (Meßfehler) gegenseitig ausgleichen. Es leuchtet aber auch ein, daß ein Gesamtergebnis um so genauer sein wird, je öfter das Experiment durchgeführt wurde.

Wir haben damit eine Brücke zu einem zentralen Begriff der Wahrscheinlichkeitsrechnung geschlagen, der auch in der Statistik eine außerordentlich wichtige Rolle spielt: die **relative Häufigkeit**.

Es ist das Verdienst des Schweizer Mathematikers *Jakob Bernoulli*, diesen Zusammenhang zwischen *Wahrscheinlichkeit* und *relativer Häufigkeit* aufgedeckt zu haben. *Bernoulli* bezeichnete die im vorstehenden Einführungsbeispiel beschriebene Erfahrungstatsache als das **empirische Gesetz der großen Zahl**.

In den folgenden Beispielen bezeichnet h_a die absolute Häufigkeit, h_r die relative Häufigkeit (pro Serie) und h_s die relative Summenhäufigkeit bei einer fortlaufenden Zusammenfassung aller Serien.

Beispiele:

1. Werfen einer Münze mit den Ausfällen Wappen (W) oder Zahl (Z):

Serie	Ergebnis (W oder Z)	$h_a(W)$	$h_a(Z)$	$h_r(W)$	$h_r(Z)$	$h_s(W)$	$h_s(Z)$
1	WZZZWZZWZZWWZZWZZZWZ	7	13	0,35	0,65	0,35	0,65
2	WWZZZZWWZWWZZWWWZZZZ	9	11	0,45	0,55	0,40	0,60
3	ZWZZZZWWZWWZWWZWWZZW	10	10	0,50	0,50	0,43	0,57
4	ZWZZWZZZZZWWZWWZZWZZ	7	13	0,35	0,65	0,41	0,59
5	ZZWZWWZZWWWWWZWZWWWZW	12	8	0,60	0,40	0,45	0,55
6	WZWWWWWWWZWZZWWZZZWZW	12	8	0,60	0,40	0,47	0,53
7	WWZWWZZWZZWWZWWZWZWZ	11	9	0,55	0,45	0,49	0,51
8	WWWWWZWZWWZWZWWWWZWZ	14	6	0,70	0,30	0,51	0,49
9	WZWWWWWZZWZWZZWZWZZZ	10	10	0,50	0,50	0,51	0,49
10	WWWWZZWWWZZZZZZWZWWZ	10	10	0,50	0,50	0,51	0,49

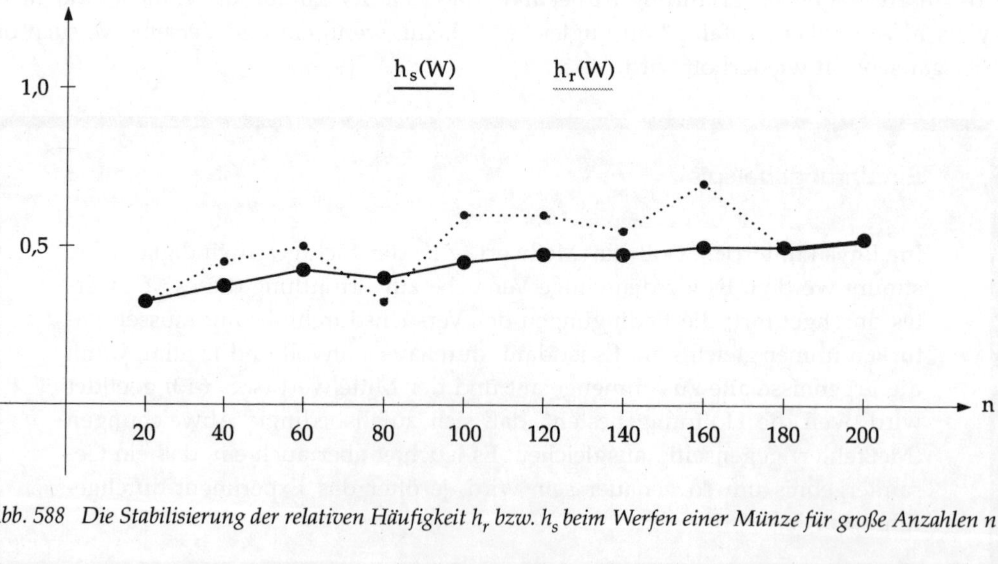

Abb. 588 Die Stabilisierung der relativen Häufigkeit h_r bzw. h_s beim Werfen einer Münze für große Anzahlen n

2. Werfen eines Reißnagels mit den Ausfällen Spitze (S) oder Flachseite (F):

Serie	Ergebnis (S oder F)	$h_a(S)$	$h_a(F)$	$h_r(S)$	$h_r(F)$	$h_s(S)$	$h_s(F)$
1	FSFSFFFFFSFSFFSSFFFSSFFSF						
	FSFFSSSFFFSFSFSFFSSFSFFFS						
	SSFFSFSFFSFFSFFSFFSFFFSSF						
	FFFFFSSFFSFSFFFFSFFFFSFFF	36	64	0,36	0,64	0,36	0,64
2	FSFSSFSFFFFFFSFFFFSFFFFSF						
	SFFSSFSFFSSFFFFSFSFSFFSSF						
	SFSFFFFFSSSSFFFSFSFSFFSFF						
	FSSFSFFFFFSSFSSSFSFSFFFSS	40	60	0,40	0,60	0,38	0,62
3	FFFFSSSFSFFFSFFFFFSSSSFFS						
	SFSFFFSSFSFFFSFFSFFSFFFSF						
	SFFSSSFFSFFFFSFFSFFSFFFFS						
	SSSFFFFSSSFSFSFSFSFFSFSSF	41	59	0,41	0,59	0,39	0,61
4	SFFFSFFFSFFFFSFSSSSFFSFFS						
	SFFFFSFFFSFFSSSFFSSSFSSFF						
	FFSFFSFFFFSFFFFSFFFFFSFFS						
	FSSSFFFFFSSFSSSSSSSSFSSFF	42	58	0,42	0,58	0,40	0,60
5	FSSFFSFSSSFFSFFFSFFSFFFSS						
	SSFFSFFSFFFFFSFFFFSFFSSSS						
	SFSFFSFFFFSFFSFFFFSFFSFFS						
	FFSSSSFFSFSSSFSSFSSSSFFSF	44	56	0,44	0,56	0,41	0,59
6	SFSFFFFSFFSFFFSFFSFFSFFFF						
	FSFFFFSFFFSSSSSFSFSFFSFFF						
	SFFSFFFSFFSSSSFFFSFFFFFFS						
	SFSSSFFSSSSSSFFSFSFSSFSSS	43	57	0,43	0,57	0,41	0,59
7	SFSFFFSFSSSSFFFSFFFSFFSSS						
	SFSFSSSFSSSFFSSSSSSFFSFFS						
	SFFFFSFFSSSSFFSFFFSFSSFSF						
	SFFFFSSFFSFSFSFSFSFFSFSFS	50	50	0,50	0,50	0,42	0,58
8	SFFFFSFFSFSFFFSFFFSFFFFSS						
	FFSFFSFFSFFSFFSSSSFFSFFSS						
	SSSSFFSFFFSFFSSSFFSFFSSFF						
	SFSSSFFFFSSFSFSSFFFFFSFSF	42	48	0,42	0,58	0,42	0,58
9	SSFFFSFFSFFSFFSFSSFFSFSSS						
	FFSFFSFFSFFSFFSSSSFFSFFSS						
	SSSSFFSFFFSFFSSSFFSFFSSFF						
	SFFFFFFSFFSSFFSSSFSSFFFFFF	44	56	0,44	0,56	0,42	0,58
10	SFFSFFFSFSSSFFFSFFSFFSFFF						
	FFSFFSFSSFFFFSSSFSFSFFSFS						
	SFFSFFSSSFFSFFSFFSFFFFFSF						
	SFSSFFSSFSFSSSFFFSFSSFSSF	43	57	0,43	0,57	0,42	0,58

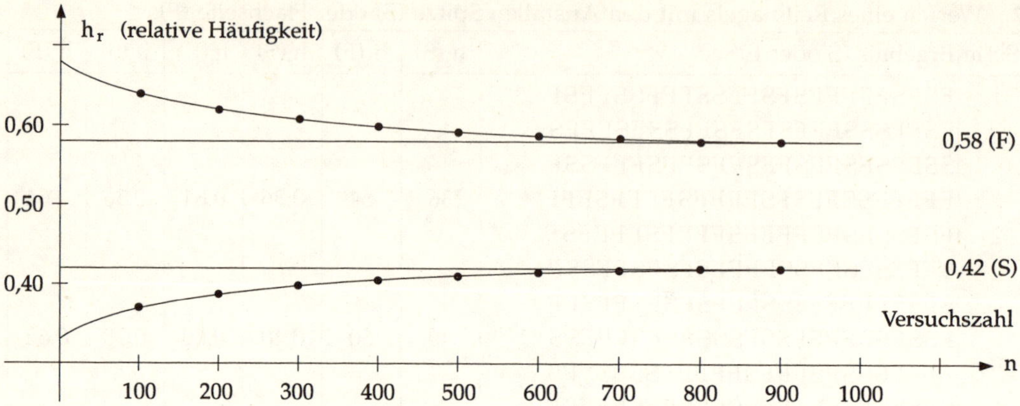

Abb. 589 Stabilisierung der relativen Häufigkeit für das Zufallsexperiment „Werfen eines Reißnagels" mit wachsender Versuchszahl n

3. Ziehen einer Karte mit den betrachteten Ereignissen Bild (B) oder kein Bild (kB):

Serie	7	8	9	10	B	D	K	As	$h_a(B)$	$h_a(kB)$	$h_r(B)$	$h_r(kB)$	$h_s(B)$	$h_s(kB)$
1	9	4	11	5	5	4	6	8	15	37	0,29	0,71	0,29	0,71
2	7	5	9	13	8	4	7	9	19	43	0,31	0,69	0,30	0,70
3	14	8	14	14	14	11	10	16	35	66	0,35	0,65	0,32	0,68
4	4	9	9	6	12	9	7	11	28	39	0,42	0,58	0,34	0,66
5	12	6	8	9	8	9	7	11	24	46	0,34	0,66	0,34	0,66

Wir sehen, daß die Häufigkeiten um bestimmte Werte schwanken, wenn wir jede Serie separat betrachten. Faßt man aber nach und nach mehrere Serien zu einer neuen (größeren) zusammen, d.h. erhöht man die Zahl der durchgeführten Versuche, so werden die Schwankungen geringer (Summenhäufigkeiten), es wird ein Zahlenwert angenähert. Die relative Häufigkeit stabilisiert sich mit wachsender Versuchszahl n auf die sogenannte **Wahrscheinlichkeit** des betrachteten Ereignisses:

> Es gibt Ereignisse, deren relative Häufigkeit für ihr Auftreten nach einer hinreichend großen Anzahl von Versuchen ungefähr gleich einem festen Zahlenwert ist. Dieser Zahlenwert heißt **statistische Wahrscheinlichkeit.**

Beispiele:

Damit gilt für vorstehende Beispiele:

1. Werfen mit (dieser) Münze P(W) = 0,51 und P(Z) = 0,49. Die Summe muß natürlich 1 ergeben: P(W) + P(Z) = 1

2. Werfen mit einem Reißnagel: P(S) = 0,42; P(F) = 0,58. Diese Wahrscheinlichkeiten sind nur statistisch mit Hilfe von relativen Häufigkeiten bestimmbar.

3. Ziehen einer Karte: P(B) = 0,34; P(kB) = 0,66

Ist kein Ausfall durch den Aufbau des Zufallsexperiments oder die Durchführung der Versuche bevorzugt, so definiert man die **Wahrscheinlichkeit P(A)** eines Ausfalls:

$P(A) = \frac{1}{n}$; n ist die Anzahl der möglichen Ausfälle,

und analog die Wahrscheinlichkeit eines Ereignisses:

$P(E) = \frac{k}{n}$; k ist die Anzahl der Ausfälle, die zu E gehören. (Wir sprechen von günstigen Ausfällen.)

Ist die Versuchszahl n sehr groß, so kommt die relative Häufigkeit der Wahrscheinlichkeit beliebig nahe: $h_r(E) \approx P(E)$.
Das P in der Schreibweise P(E) erinnert an das englische Wort „probability" = Wahrscheinlichkeit. In der Literatur findet man aber auch die Schreibweise w(E).

Beispiele:

1. **Werfen mit einer Münze**: Wie gezeigt, ist die statistische Wahrscheinlichkeit in unserer Versuchsserie P(W) = 0,51 und P(Z) = 0,49. Bei einer größeren Versuchsreihe wird sich aber ein jeweils anderer Wert für die Wahrscheinlichkeiten einstellen:

   $P(W) = \frac{1}{2}$ und $P(Z) = \frac{1}{2}$

   weil es jeweils 1 günstigen und 2 mögliche Ausfälle gibt.
2. **Ziehen einer Karte**: In den 8 Karten jeder Farbe sind 3 Bildkarten und 5 Karten ohne Bild enthalten; folglich müßten sich folgende Wahrscheinlichkeiten bei langen Versuchsreihen ergeben:

   $P(B) = \frac{3}{8} = 0{,}375$ und $P(kB) = \frac{5}{8} = 0{,}625$

Grundgesetze (Axiome) der Wahrscheinlichkeit:

1. $0 \le P(E) \le 1$ für jedes Ereignis E.
2. $P(\Omega) = 1$ Das sichere Ereignis hat die Wahrscheinlichkeit 1.
3. $E_1 \cap E_2 = \{\,\} \Rightarrow P(E_1 \cup E_2) = P(E_1) + P(E_2)$

Sind zwei Ereignisse elementfremd, so ist die Wahrscheinlichkeit für ihre Vereinigungsmenge gleich der Summe der Einzelwahrscheinlichkeiten.

Die vorstehenden Axiome wurden erstmals von dem russischen Mathematiker *Andrei Nikolajewitsch Kolmogorow* Anfang der dreißiger Jahre formuliert. Aus dem **Kolmogorowschen Axiomensystem** kann unmittelbar gefolgert werden:

4. $P(E) + P(\overline{E}) = P(\Omega) = 1$ Die jeweilige Wahrscheinlichkeit von Ereignis und Gegenereignis ergänzen sich auf 1.
5. $P(\{\,\}) = 0$ Die Wahrscheinlichkeit des unmöglichen Ereignisses ist gleich Null.

Ist ein Ereignis E_1 ganz in E_2 enthalten, so kann die Wahrscheinlichkeit für E_2 nur größer sein als die für E_1:

6. $E_1 \subseteq E_2 \Rightarrow P(E_1) \leq P(E_2)$

Nach dem Prinzip der *vollständigen Induktion* läßt sich zeigen, daß das vorstehende 3. Gesetz verallgemeinert werden kann:

Summenregel:
Sind $E_1, E_2, E_3, \ldots, E_k$ paarweise unvereinbare Ereignisse, so gilt:
$P(E_1 \cup E_2 \cup E_3 \cup \ldots E_k) = P(E_1) + P(E_2) + \ldots P(E_k)$

Beispiel:

Werfen mit einem Würfel:

$\Omega = \{1,2,3,4,5,6\}$

$\Rightarrow E(\Omega) = 1; E(\{\ \}) = 0$

Es sei $E_1 = \{2,4,5\}; E_2 = \{3\}$

$$\Rightarrow P(E_1 \cup E_2) = P(E_1) + P(E_2) = \frac{3}{6} + \frac{1}{6} = \frac{4}{6} = \frac{2}{3}, \text{ weil } E_1 \cup E_2 = \{2,3,4,5\}$$

mit $E_1 = \{2,4,5\}$ und $\overline{E}_1 = \{1,3,6\}$ gilt:

$$P(E_1) + P(\overline{E}) = P(\Omega) = 1$$

wenn $E_3 = \{2,4\}$ und $E_4 = \{2,4,6\}$, also $E_3 \subseteq E_4$, so gilt

$$P(E_3) \leq P(E_4) \Rightarrow \frac{1}{3} \leq \frac{1}{2}$$

Ist $E_2 = \{3\}$, $E_3 = \{2,4\}$ und $E_5 = \{1,6\}$, so gilt

$$P(E_1 \cup E_3 \cup E_5) = P(\{1,2,3,4,6\}) = \frac{1}{6} + \frac{1}{3} + \frac{1}{3} = \frac{5}{6}$$

Zufallsexperimente, bei denen alle Ausfälle die gleiche Wahrscheinlichkeit für ihr Auftreten besitzen, bezeichnet man als **Laplace-Experimente**, die zugehörigen Wahrscheinlichkeiten als **Laplace-Wahrscheinlichkeiten** (nach dem Franzosen *Pierre Simon de Laplace*, 1749–1827). Unter bestimmten Bedingungen lassen sich „gewöhnliche" Experimente auf Laplace-Experimente zurückführen.

Einführungsbeispiel:

Auf einem Jahrmarkt wird ein Glücksrad mit 12 gleichgroßen Sektoren gedreht. Von den 12 Sektoren sind 7 weiß, 3 blau und 2 schwarz (s. Abb. 590). Man gewinnt, wenn das Rad nach vorheriger Ansage auf der entsprechenden Farbe stehenbleibt.

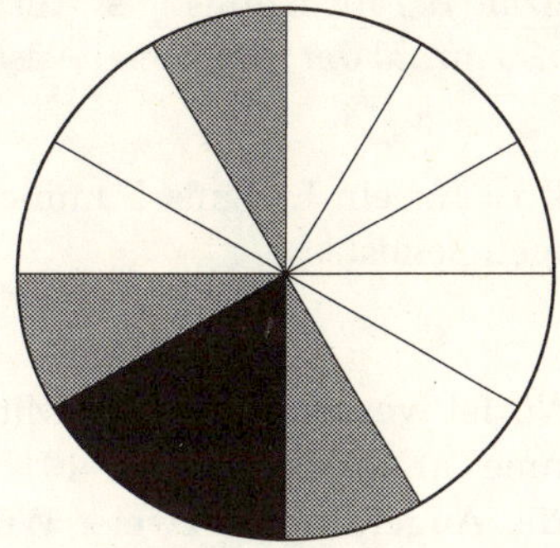

Abb. 590

Offenbar ist das vorstehende Experiment kein Laplace-Experiment, weil die Gewinnchancen *nicht gleichverteilt* sind. Allerdings ist es möglich, dieses Experiment als ein Laplace-Experiment aufzufassen, wenn man nicht von den Farben, sondern von der Anzahl der Sektoren ausgeht; die Sektoren haben nämlich alle dieselbe Gewinnwahrscheinlichkeit (s. Abb. 591).

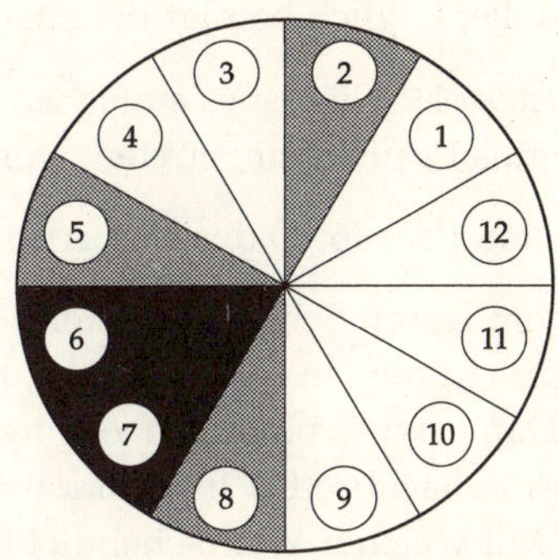

Abb. 591

Der Ergebnisraum lautet $\Omega = \{weiß, schwarz, blau\}$, wenn man die Farbe als Ausfall zugrunde legt. Er lautet allerdings

$\Omega' = \{1,2,3,4,5,6,7,8,9,10,11,12\}$, wenn die Sektoren betrachtet werden. Im 1. Fall liegt kein Laplace-Experiment vor, wohl aber im 2. Fall. Damit wird klar, wie sich die zugehörigen Gewinnwahrscheinlichkeiten ermitteln lassen:

$$P(\text{weiß}) = P(1) + P(3) + P(4) + P(9) + P(10) + P(11) + P(12)$$

$$P(\text{weiß}) = \frac{1}{12} + \frac{1}{12} + \frac{1}{12} + \frac{1}{12} + \frac{1}{12} + \frac{1}{12} + \frac{1}{12} = \frac{7}{12}$$

$$P(\text{blau}) = P(2) + P(5) + P(8) = \frac{1}{12} + \frac{1}{12} + \frac{1}{12} = \frac{3}{12} = \frac{1}{4}$$

$$P(\text{schwarz}) = P(6) + P(7) = \frac{1}{12} + \frac{1}{12} = \frac{2}{12} = \frac{1}{6}$$

Besteht ein Ergebnisraum Ω aus n gleichwahrscheinlichen Elementarereignissen, so ist die Wahrscheinlichkeit P(E) für das Eintreten des Ereignisses E gleich dem Verhältnis aus der Anzahl der für das Ereignis *günstigen* Ausfälle und der Anzahl n der *möglichen* Ausfälle:

$$P(E) = \frac{\text{Anzahl der für E günstigen Ausfälle in } \Omega}{\text{Anzahl der möglichen Ausfälle}} = \frac{E}{\Omega}$$

Ein Ausfall ist für ein Ereignis E immer dann *günstig*, wenn dieses Ereignis bei diesem Ausfall eingetreten ist.

Beispiele:

1. Zwei Würfel werden geworfen. Mit welcher Wahrscheinlichkeit erhält man die Augensumme a) mindestens 10, b) höchstens 11?
Wenn die Augensumme zweier Würfel mindestens 10 sein soll, so ist das Ereignis eingetreten, wenn die Augensumme 10, 11 oder 12 beträgt.
Man erhält höchstens 11 Augen, wenn die Augensumme 2, 3, 4, ... , 10 oder 11 beträgt.
Somit gehören folgende Paare geworfener „Augen" zu den günstigen Ausfällen:

a) *mindestens 10*: (5/5); (4/6); (6/4); (5/6); (6/5); (6/6). Es gibt $6 \cdot 6 = 36$ mögliche Ausfälle; folglich beträgt die zugehörige Wahrscheinlichkeit $P(E) = \frac{6}{36} = \frac{1}{6}$

b) *höchstens 11*: Hier ist es einfacher, mit dem Gegenereignis (s. S. 630) zu arbeiten. Das Ereignis ist nicht eingetreten, wenn die Augensumme 12 erscheint, und dies ist nur bei dem Paar (6/6) der Fall. Also ist $P(E) = 1 - \frac{1}{12} = \frac{11}{12}$

2. Auf einem leeren Schachbrett steht der schwarze König in einer Ecke. Die weiße Dame wird blind auf ein freies Feld des Schachbrettes in Position gebracht. Mit welcher Wahrscheinlichkeit bietet sie dem König Schach?
Die Dame kann senkrecht, waagerecht und diagonal beliebig ziehen. Folglich gibt es für die Dame $3 \cdot 7 = 21$ günstige und natürlich 63 mögliche Ausfälle, also $P(E) = \frac{21}{63} = \frac{1}{3}$

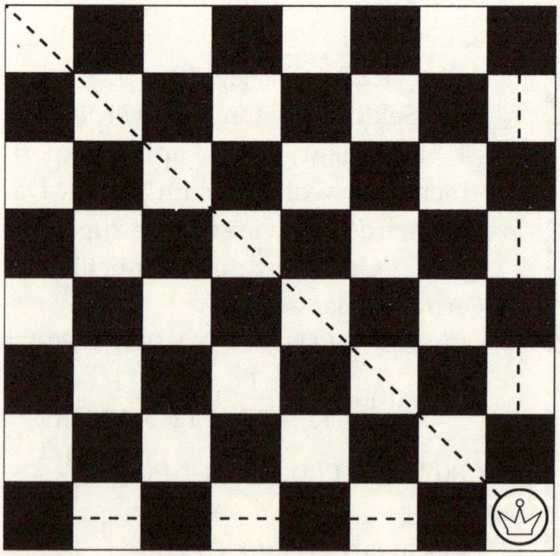

Abb. 592 Schachpositionen der weißen Dame

Mehrstufige Zufallsexperimente, Baumdiagramme und Pfadregeln

Bisher haben wir immer nur einzelne Vorgänge betrachtet, die nach zufälligen Gegebenheiten ablaufen. In der Regel hat man es jedoch mit mehreren Ereignissen/Ergebnissen zu tun, die entweder nacheinander oder gleichzeitig ablaufen. Dabei muß noch zwischen solchen unterschieden werden, die sich gegenseitig beeinflussen, und solchen, die unabhängig voneinander ablaufen. Wir sprechen in solchen Fällen von *mehrstufigen Zufallsexperimenten* oder Zufallsversuchen.

Einführungsbeispiel:

Peter und Carola werfen eine Münze dreimal hintereinander. Die Münze soll nie auf dem Rand stehenbleiben, also immer entweder Wappen oder Zahl zeigen. Peter gewinnt immer, wenn mindestens zweimal Zahl fällt. Carola gewinnt immer, wenn beim zweiten Wurf das Wappen oben liegt.
Es ist klar, daß hier jeweils drei Kennzeichnungen einen Ausfall darstellen, also z.B. (W,W,Z) oder (Z,W,Z). Es ist allerdings gar nicht so einfach, alle Tripel komplett zu finden. Deshalb benutzt man ein graphisches Hilfsmittel, das **Baumdiagramm** (s. Abb. 593).

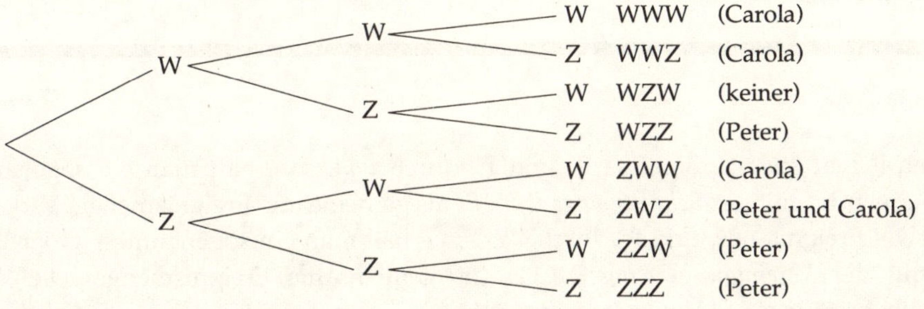

Abb. 593 Gewinnplan: Dreimaliges Werfen einer Münze

Beim ersten Wurf kann also Wappen oder Zahl fallen. Unabhängig davon ist beim zweiten Wurf wieder W oder Z mit gleicher Wahrscheinlichkeit möglich, ebenso beim dritten Wurf. Deshalb bezeichnet man dieses Spiel auch als **Zufallsexperiment mit Zurücklegen**. Diese Bezeichnung stammt von Versuchen mit Losen, die aus einer Trommel gezogen und – anders als etwa beim Lotto – nach dem Ziehen und Notieren des Ausfalles wieder hineingelegt werden. Insgesamt entspricht jedem Ausfall gerade ein Ast dieses *Wahrscheinlichkeitsbaumes*.

Außerdem stellen wir fest, daß es kurzschlüssig gewesen wäre, beim zweiten Versuch abzubrechen, wenn das Wappen oben liegt. Bei der Vereinbarung der Spielregeln können durchaus unentschiedene Ausgänge zustande kommen: Bei (Z,W,Z) haben sowohl Peter als auch Carola gewonnen (unentschieden), bei (W,Z,W) keiner von beiden. Erst jetzt wird auch deutlich, daß trotz der völlig unterschiedlichen Beschreibungen des Gewinnereignisses beide die gleiche Gewinnchance besitzen.
Sie beträgt für beide jeweils

$$\text{P(Peter gewinnt)} = \text{P(Carola gewinnt)} = \frac{4}{8} = 0{,}5$$

Hier ist auf die Formulierung zu achten: E_1 = „Peter gewinnt" ist etwas anderes als E_2 = „Peter gewinnt und Carola verliert". Die Wahrscheinlichkeit für dieses letztere Ereignis wäre nämlich $P(E_2) = \frac{3}{8} = 0{,}375$

In unserem Fall sind die beiden Ereignisse „Peter gewinnt" und „Carola gewinnt" keine *unvereinbaren Ereignisse,* sondern *vereinbare Ereignisse,* weil ja beide Ereignisse gleichzeitig eintreten können. Wie folgende Überlegungen zeigen, kann die Summenformel von S. 636 für unvereinbare Ereignisse nicht verwendet werden:
P(Peter gewinnt) + P(Carola gewinnt) = 0,5 + 0,5 = 1
P(Peter oder Carola gewinnt) = 1 – P(Peter und Carola gewinnen) = 1 – 0,125 = 0,875
Die Pattsituation ist nach den Spielregeln für beide als Gewinnsituation ausgewiesen.

Verknüpft man zwei Ereignisse E_1 und E_2 durch *und,* so erhält man ein sogenanntes „Und-Ereignis" mit der *Schnittmenge* $E_1 \cap E_2$ als gemeinsame Ereignismenge. Verknüpft man zwei Ereignisse E_1 und E_2 durch *oder,* so erhält man ein sogenanntes „Oder-Ereignis" mit der *Vereinigungsmenge* $E_1 \cup E_2$ als gemeinsame Ereignismenge. Die Wahrscheinlichkeit für ein Oder-Ereignis beträgt:
$P(E_1 \cup E_2) = P(E_1) + P(E_2) - P(E_1 \cap E_2)$
Die Wahrscheinlichkeit für ein Und-Ereignis beträgt demnach:
$P(E_1 \cap E_2) = P(E_1) + P(E_2) - P(E_1 \cup E_2)$

Beispiel:

In einem Stall sitzen 5 Kaninchen: Das erste ist ein gescheckter Rammler, das zweite ein schwarzer Rammler, Nummer drei ist ein braunes, Nummer vier ein weißes und Nummer fünf ein geschecktes Weibchen. Nacheinander holt man je ein Kaninchen aus dem Stall. Wie groß ist die Chance, schon beim 2. Griff ein Pärchen erwischt zu haben, wenn man nichts darüber weiß, wie Farben und Geschlechter zusammenhängen?

Es ist wieder sinnvoll, ein Baumdiagramm zu zeichnen (s. Abb. 594):

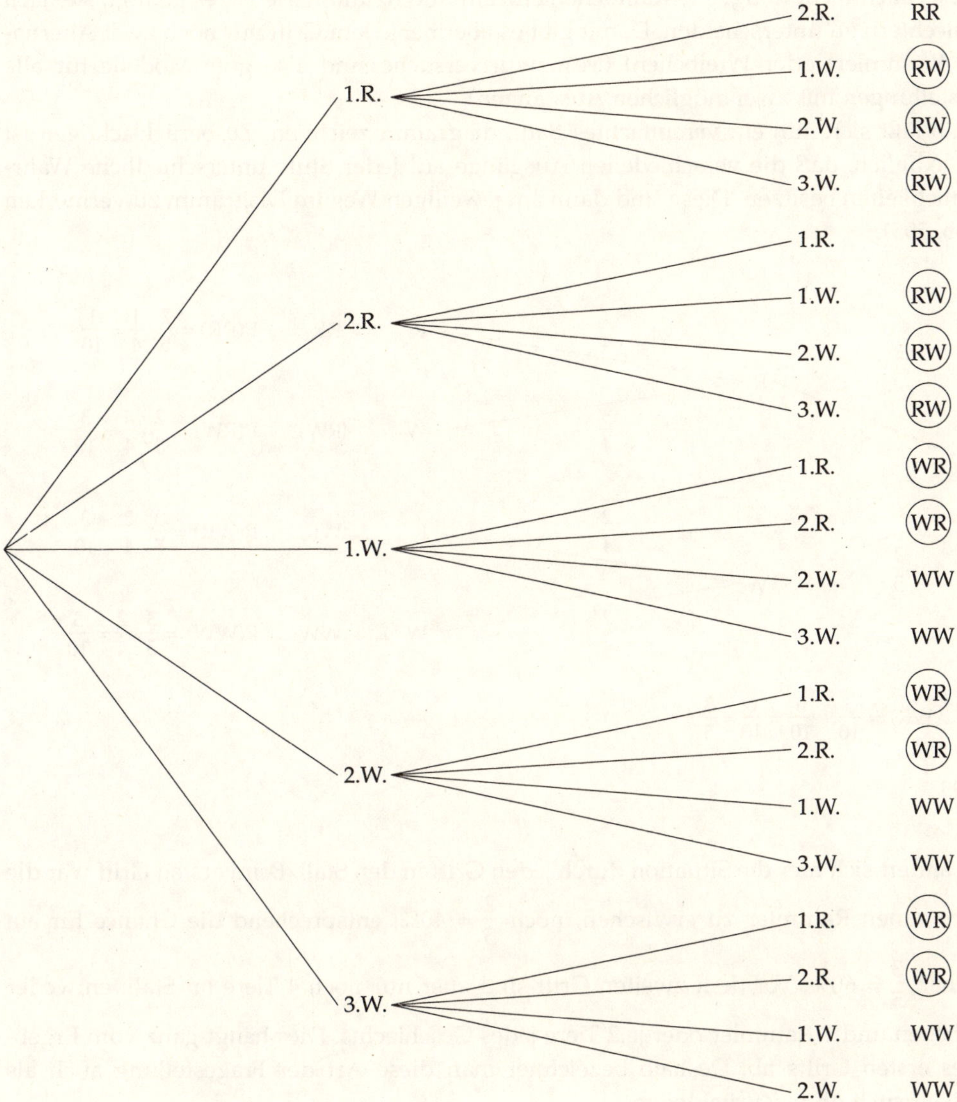

$$P(RW \cup WR) = \frac{12}{20} = \frac{6}{10} = \frac{3}{5}$$

Abb. 594

Was haben nun die Kaninchen mit den Münzen zu tun? Auf den ersten Blick nichts; aber wenn man die Fragestellung genau überlegt, doch eine ganze Menge! Gewünscht ist offenbar nicht eine bestimmte Kombination, sondern nur ein Rammler und ein Weibchen. Daher ist es auch nicht nötig, alle Kaninchen einzeln durchzunumerieren; es genügt, sie nach Geschlechtern zu unterscheiden. Damit gibt es aber bei jedem Griff nur noch zwei Alternativen: R(ammler) oder W(eibchen) (Münzwurfversuche sind also gute Modelle für alle Fragestellungen mit zwei möglichen Ausgängen).
Deshalb läßt sich nun ein vereinfachtes Baumdiagramm zeichnen. Zu berücksichtigen ist dabei lediglich, daß die verschiedenen Ausgänge auf jeder Stufe unterschiedliche Wahrscheinlichkeiten besitzen. Diese sind dann am jeweiligen Weg im Diagramm zu vermerken (s. Abb. 595).

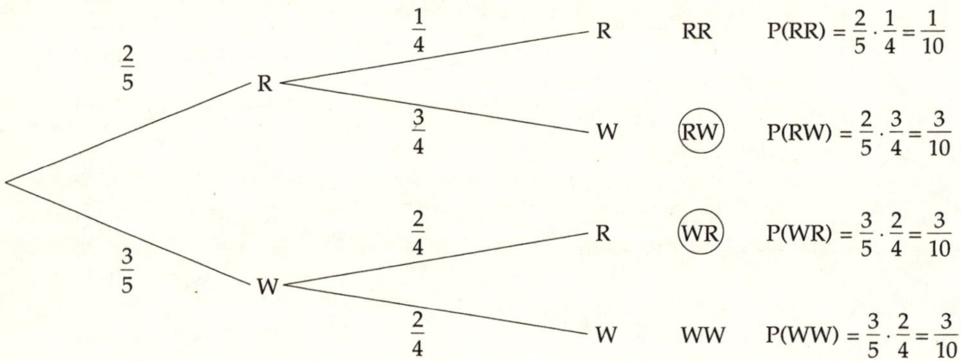

$$P(RW \cup WR) = \frac{3}{10} + \frac{3}{10} = \frac{6}{10} = \frac{3}{5}$$

Abb. 595

Somit ändert sich hier die Situation durch jeden Griff in den Stall. Beim ersten Griff war die Chance, einen Rammler zu erwischen, noch $\frac{2}{5}$ = 40%; entsprechend die Chance für ein Weibchen $\frac{3}{5}$ = 60%. Vor dem zweiten Griff sind aber nur noch 4 Tiere im Stall: entweder 3 Weibchen und 1 Rammler oder je 2 Tiere jedes Geschlechts. Dies hängt ganz vom Ergebnis des ersten Griffs ab. Deshalb bezeichnet man diese Art der Fragestellung auch als **Zufallsversuch ohne Zurücklegen**.
Charakteristisch für diese Versuche ist, daß die Wahrscheinlichkeiten der folgenden Stufe vom Ergebnis der vorhergegangenen Stufen abhängen. Hat man also zuerst einen Rammler gefangen, ist die Chance, ein Weibchen zu greifen, $\frac{3}{4}$ = 75%; hat man mit dem ersten Griff ein Weibchen erwischt, ist nun die Chance, einen Rammler dazuzubekommen, $\frac{2}{4}$ = 50%.

Pfadregeln:
Produktregel: Die Wahrscheinlichkeit eines Ausfalls bei einem mehrstufigen Zufallsexperiment erhält man durch Multiplikation der Teilwahrscheinlichkeiten längs des entsprechenden Weges im Baumdiagramm.
Summenregel: Die Wahrscheinlichkeit eines Ereignisses ist die Summe der Wahrscheinlichkeiten der Ausfälle, die zu dem Ereignis gehören.

Beispiele:

1. Jemand spielt in 3 Losbuden mit den Gewinnwahrscheinlichkeiten 0,3, 0,4 und 0,45.
   a) Mit welcher Wahrscheinlichkeit verliert (N) er genau einmal, wenn er von jeder Losbude genau ein Los besitzt?
   b) Mit welcher Wahrscheinlichkeit gewinnt (S) er mindestens einmal?
   c) Mit welcher Wahrscheinlichkeit gewinnt er genau zweimal oder dreimal?
   Wir zeichnen ein Baumdiagramm, um Klarheit über die Verhältnisse zu erhalten:

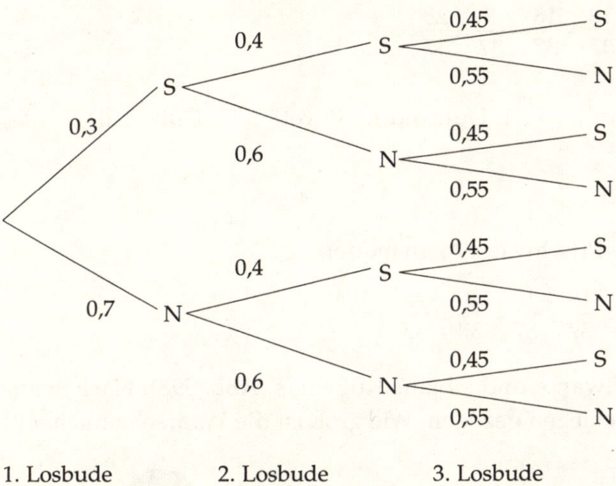

P(SSS) = 0,3 · 0,4 · 0,45 = 0,054
P(SSN) = 0,3 · 0,4 · 0,55 = 0,066
P(SNS) = 0,3 · 0,6 · 0,45 = 0,081
P(SNN) = 0,3 · 0,6 · 0,55 = 0,099
P(NSS) = 0,7 · 0,4 · 0,45 = 0,126
P(NSN) = 0,7 · 0,4 · 0,55 = 0,154
P(NNS) = 0,7 · 0,6 · 0,45 = 0,189
P(NNN) = 0,7 · 0,6 · 0,55 = 0,231

Abb. 596

   a) Er verliert genau einmal, wenn er genau zweimal gewinnt; dies ist bei 3 Ästen des Baumdiagramms der Fall:
   P(SSN) + P(SNS) + P(NSS) = 0,066 + 0,081 + 0,126 = 0,273
   b) 1 – P(NNN) = 1 – 0,231 = 0,769
   c) P(SSN) + P(SNS) + P(NSS) + P(SSS) = 0,273 + 0,054 = 0,327

2. Ein Berufsspieler interessiert sich beim Roulette für folgende Wahrscheinlichkeiten:
   a) schwarz und ungerade
   b) rot und gerade
   c) rot oder gerade
   d) rot und 1. Dutzend
   e) schwarz oder manque (1 – 18)

Wir können uns hier ausnahmsweise ein aufwendiges Baumdiagramm sparen und entweder durch Abzählen oder mit Hilfe der Beziehungen von Seite 628 vorgehen:

Abb. 597 Der Roulettetisch

a) $P(\{schwarz\} \cap \{ungerade\}) =$
$P(\{schwarz\}) + P(\{ungerade\}) -$
$P(\{schwarz\} \cup \{ungerade\})$
$P(\{11,13,15,17,29,31,33,35\}) =$
$\frac{18}{37} + \frac{18}{37} - \frac{28}{37} = \frac{8}{37}$

b) $P(\{rot\} \cap \{gerade\}) = P(\{rot\}) + P(\{gerade\}) - P(\{rot\}) \cup \{gerade\})$
$P(\{12,14,16,18,30,32,34,36\}) = \frac{18}{37} + \frac{18}{37} - \frac{28}{37} = \frac{8}{37}$

c) $P(\{rot\} \cup \{gerade\}) = P(\{rot\}) + P(\{gerade\}) - P(\{rot\}) \cap \{gerade\})$
$$\left(\left\{\begin{array}{l}1,3,5,7,9,12,14,16,18\\19,21,23,25,27,30,32,34\\36,2,4,6,8,10,20,22\\24,26,28\end{array}\right\}\right) = \frac{18}{37} + \frac{18}{37} - \frac{8}{37} = \frac{28}{37}$$

d) $P(\{rot\} \cap \{1. Dutzend\}) = P(\{rot\}) + P(\{1. Dutzend\}) - P(\{rot\} \cup \{1. Dutzend\})$
$P(\{1,3,5,7,9,12\}) = \frac{18}{37} + \frac{12}{37} - \frac{24}{37} = \frac{6}{37}$

e) $P(\{schwarz\} \cup \{manque\}) =$
$P(\{schwarz\}) + P(\{manque\}) - P(\{schwarz\} \cap \{manque\})$
$$P\left(\left\{\begin{array}{l}2,4,6,8,10,11,13,15,17,20\\22,24,26,28,29,31,33,35\\1,3,5,7,9,12,14,16,18\end{array}\right\}\right) = \frac{18}{37} + \frac{18}{37} - \frac{9}{37} = \frac{27}{37}$$

3. In einer Urne sind 3 weiße, 4 schwarze und 5 blaue Kugeln (s. Abb. 598). Nacheinander werden 3 Kugeln ohne Zurücklegen gezogen. Wie groß ist die Wahrscheinlichkeit,

a) 3 verschiedenfarbige Kugeln,
b) 3 gleichfarbige Kugeln,
c) 3 verschiedenfarbige oder 3 gleichfarbige Kugeln,
d) 2 schwarze und 1 weiße oder 2 weiße und 1 schwarze Kugel zu erhalten?

Abb. 598

Wir entnehmen dem Baumdiagramm (s. Abb. 599) folgende Wahrscheinlichkeiten:

a) P(3 verschiedene Kugeln) =
P(swb) + P(sbw) + P(wsb) +
P(wbs) + P(bsw) + P(bws) =
$0{,}0\overline{45} + 0{,}0\overline{45} + 0{,}0\overline{45} + 0{,}0\overline{45} + 0{,}0\overline{45} + 0{,}0\overline{45} = 6 \cdot 0{,}0\overline{45} = 0{,}\overline{27} \mathrel{\hat{=}} 27{,}3\%$
Es gibt genau $3 \cdot 2 \cdot 1 = 6$ verschiedene Möglichkeiten (vgl. Produktregel der Kombinatorik, s. S. 593), 3 verschiedenfarbige Kugeln zu ziehen.

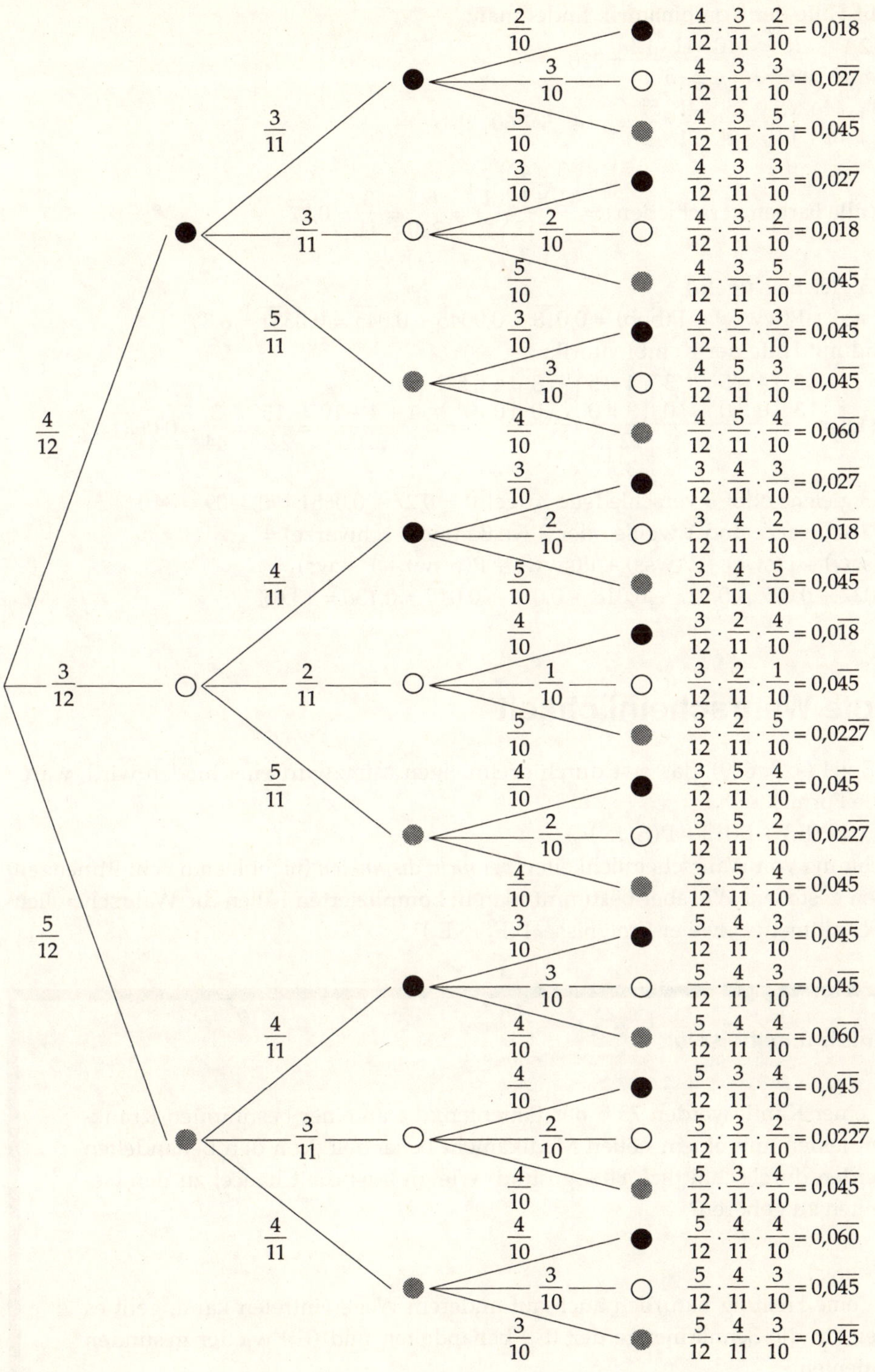
4/12
3/12
5/12
3/11
3/11
5/11
4/11
2/11
5/11
4/11
3/11
4/11
2/10
3/10
5/10
3/10
2/10
5/10
3/10
3/10
4/10
3/10
2/10
5/10
4/10
1/10
5/10
4/10
2/10
4/10
3/10
3/10
4/10
4/10
2/10
4/10
4/10
3/10
3/10
$\frac{4}{12} \cdot \frac{3}{11} \cdot \frac{2}{10} = 0{,}0\overline{18}$
$\frac{4}{12} \cdot \frac{3}{11} \cdot \frac{3}{10} = 0{,}0\overline{27}$
$\frac{4}{12} \cdot \frac{3}{11} \cdot \frac{5}{10} = 0{,}0\overline{45}$
$\frac{4}{12} \cdot \frac{3}{11} \cdot \frac{3}{10} = 0{,}0\overline{27}$
$\frac{4}{12} \cdot \frac{3}{11} \cdot \frac{2}{10} = 0{,}0\overline{18}$
$\frac{4}{12} \cdot \frac{3}{11} \cdot \frac{5}{10} = 0{,}0\overline{45}$
$\frac{4}{12} \cdot \frac{5}{11} \cdot \frac{3}{10} = 0{,}0\overline{45}$
$\frac{4}{12} \cdot \frac{5}{11} \cdot \frac{3}{10} = 0{,}0\overline{45}$
$\frac{4}{12} \cdot \frac{5}{11} \cdot \frac{4}{10} = 0{,}0\overline{60}$
$\frac{3}{12} \cdot \frac{4}{11} \cdot \frac{3}{10} = 0{,}0\overline{27}$
$\frac{3}{12} \cdot \frac{4}{11} \cdot \frac{2}{10} = 0{,}0\overline{18}$
$\frac{3}{12} \cdot \frac{4}{11} \cdot \frac{5}{10} = 0{,}0\overline{45}$
$\frac{3}{12} \cdot \frac{2}{11} \cdot \frac{4}{10} = 0{,}0\overline{18}$
$\frac{3}{12} \cdot \frac{2}{11} \cdot \frac{1}{10} = 0{,}0\overline{45}$
$\frac{3}{12} \cdot \frac{2}{11} \cdot \frac{5}{10} = 0{,}02\overline{27}$
$\frac{3}{12} \cdot \frac{5}{11} \cdot \frac{4}{10} = 0{,}0\overline{45}$
$\frac{3}{12} \cdot \frac{5}{11} \cdot \frac{2}{10} = 0{,}02\overline{27}$
$\frac{3}{12} \cdot \frac{5}{11} \cdot \frac{4}{10} = 0{,}0\overline{45}$
$\frac{5}{12} \cdot \frac{4}{11} \cdot \frac{3}{10} = 0{,}0\overline{45}$
$\frac{5}{12} \cdot \frac{4}{11} \cdot \frac{3}{10} = 0{,}0\overline{45}$
$\frac{5}{12} \cdot \frac{4}{11} \cdot \frac{4}{10} = 0{,}0\overline{60}$
$\frac{5}{12} \cdot \frac{3}{11} \cdot \frac{4}{10} = 0{,}0\overline{45}$
$\frac{5}{12} \cdot \frac{3}{11} \cdot \frac{2}{10} = 0{,}02\overline{27}$
$\frac{5}{12} \cdot \frac{3}{11} \cdot \frac{4}{10} = 0{,}0\overline{45}$
$\frac{5}{12} \cdot \frac{4}{11} \cdot \frac{4}{10} = 0{,}0\overline{60}$
$\frac{5}{12} \cdot \frac{4}{11} \cdot \frac{3}{10} = 0{,}0\overline{45}$
$\frac{5}{12} \cdot \frac{4}{11} \cdot \frac{3}{10} = 0{,}0\overline{45}$

Abb. 599

Mit Hilfe der Kombinatorik findet man:

$$\binom{12}{3} = \frac{12!}{3!9!} = \frac{10 \cdot 11 \cdot 12}{2 \cdot 3} = 220$$

$$\binom{3}{1} \cdot \binom{4}{1} \cdot \binom{5}{1} = \frac{3!}{2!} \cdot \frac{4!}{3!} \cdot \frac{5!}{4!} = 3 \cdot 4 \cdot 5 = 60\text{, also}$$

$$P(\text{alle Farben verschieden}) = \frac{\binom{3}{1}\binom{4}{1}\binom{5}{1}}{\binom{12}{3}} = \frac{60}{220} = \frac{3}{11} = 0{,}\overline{27}$$

b) P(3 gleiche Kugeln) =
$P(sss) + P(www) + P(bbb) = 0{,}0\overline{18} + 0{,}00\overline{45} + 0{,}0\overline{45} = 0{,}06\overline{81} \mathrel{\hat{=}} 6{,}8\%$
und mit Hilfe der Kombinatorik:

$$P(E) = \frac{\binom{3}{3}\binom{4}{0}\binom{5}{0} + \binom{3}{0}\binom{4}{3}\binom{5}{0} + \binom{3}{0}\binom{4}{0}\binom{5}{3}}{\binom{12}{3}} = \frac{1+4+10}{220} = \frac{15}{220} = \frac{3}{44} = 0{,}06\overline{81}$$

c) P(3 gleiche oder 3 verschiedene Kugeln) $= 0{,}\overline{27} + 0{,}06\overline{81} = 0{,}34\overline{09} \mathrel{\hat{=}} 34{,}1\%$

d) P(2 schwarze und 1 weiße oder 2 weiße und 1 schwarze) =
$P(ssw) + P(sws) + P(wss) + P(sww) + P(wsw) + P(wws) =$
$0{,}0\overline{27} + 0{,}0\overline{27} + 0{,}0\overline{27} + 0{,}0\overline{18} + 0{,}0\overline{18} + 0{,}0\overline{18} = 0{,}1\overline{36} \mathrel{\hat{=}} 13{,}6\%$

Bedingte Wahrscheinlichkeit

Bei dem Spiel (s. S. 639), das erst durch dreimaligen Münzwurf entschieden wird, waren wir auf die Formel
$P(E_1 \cup E_2) = P(E_1) + P(E_2) - P(E_1 \cap E_2)$
zur Berechnung von Wahrscheinlichkeiten bei *nicht disjunkten* (nicht leeren Schnittmengen) Ereignissen gestoßen. Wie aber bestimmt man in komplizierten Fällen die Wahrscheinlichkeit der Schnittmenge zweier Ereignisse: $P(E_1 \cap E_2)$?

Einführungsbeispiel:

In einer Klinik werden 75% der Patienten, die an einer bestimmten Krankheit leiden, mit einem neuen Medikament behandelt. Von den Behandelten werden durchschnittlich 80% gesund. Wie groß ist die Chance, zu den Geheilten zu gehören?

Lösung:
Da eine Heilung natürlich auch auf anderem Wege eintreten kann, geht es hier um die Schnittmenge der (E_1) behandelten und (E_2) wieder gesunden Patienten.

Setze ich nun voraus, daß ich das Medikament erhalte, so ist für mich $P(E_1) = 1$. Unter dieser Bedingung beträgt dann meine Heilungschance 80%, also $P(E_2$ unter der Bedingung $E_1) = 0{,}8$. Da nun bei meinem Eintreffen in der Klinik $P(E_1)$ nur 0,75 ist, erhält man für die Wahrscheinlichkeit, auf diesem Weg gesund zu werden,

$P(E_1) \cdot P(E_2$ unter der Bedingung $E_1) = 0{,}75 \cdot 0{,}8 = 0{,}6$

Dies entspricht einem zweistufigen Zufallsversuch mit

Stufe 1: Ich erhalte das Medikament;

Stufe 2: Ich werde anschließend gesund;

wobei das Resultat der ersten Stufe auch die zweite Stufe beeinflußt (s. Abb. 600). Damit ist die Wahrscheinlichkeit der Schnittmenge $P(E_1 \cap E_2)$, also die Wahrscheinlichkeit dafür, daß ein behandelter Patient gesund wird, bestimmt. So zeigt sich

$P(E_1) \cdot P(E_2$ unter der Bedingung $E_1) = P(E_1 \cap E_2)$

und damit

$$P(E_2 \text{ unter der Bedingung } E_1) = \frac{P(E_1 \cap E_2)}{P(E_1)}$$

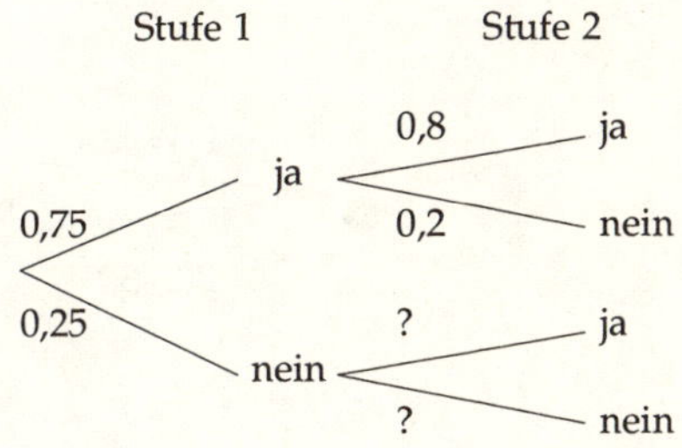

Abb. 600

Weil das folgende Ereignis nicht unabhängig vom vorausgegangenen ist, haben wir es mit einer sogenannten bedingten Wahrscheinlichkeit zu tun.

Die **bedingte Wahrscheinlichkeit** berechnet sich nach

$$P(E_2|E_1) = \frac{P(E_1 \cap E_2)}{P(E_1)}$$

$P(E_2|E_1)$ ist die bedingte Wahrscheinlichkeit von E_2 unter der Bedingung von E_1.

Beispiel:

In einer Urne befinden sich 5 schwarze und 4 weiße Kugeln. Es werden nacheinander 2 Kugeln *ohne Zurücklegen* gezogen. Man berechne folgende Wahrscheinlichkeiten für die Ereignisse:

a) beide Kugeln sind schwarz,
b) die 1. Kugel ist weiß, die 2. schwarz,
c) die 1. Kugel ist schwarz, die 2. weiß,
d) beide Kugeln sind weiß.

Wir wollen zunächst ein Baumdiagramm zeichnen (s. Abb. 601):

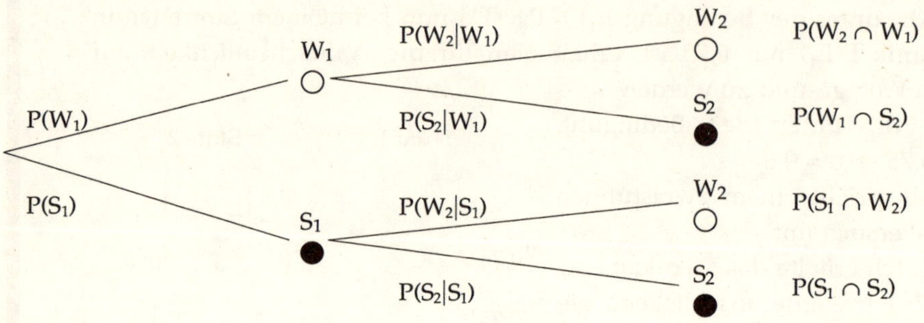

Abb. 601

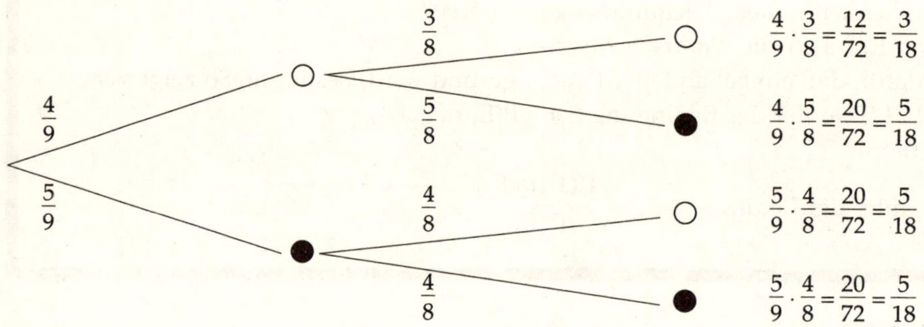

Abb. 602

Hierbei bedeutet S_1: „die 1. Kugel ist schwarz"
S_2: „die 2. Kugel ist schwarz"
W_1: „die 1. Kugel ist weiß"
W_2: „die 2. Kugel ist weiß"

Offenbar gilt:

$P(S_1) = \frac{5}{9}$; $P(W_1) = \frac{4}{9}$; $P(S_2|S_1) = \frac{4}{8}$; $P(W_2|S_1) = \frac{4}{8}$; $P(S_2|W_1) = \frac{5}{8}$ und $P(W_2|W_1) = \frac{3}{8}$

Somit folgt (s. Abb. 602):

a) $P(\{SS\}) = P(S_1 \cap S_2) = \frac{5}{9} \cdot \frac{4}{8} = \frac{5}{18}$

b) $P(\{WS\}) = P(W_1 \cap S_2) = \frac{4}{9} \cdot \frac{5}{8} = \frac{5}{18}$

c) $P(\{SW\}) = P(S_1 \cap W_2) = \frac{5}{9} \cdot \frac{4}{8} = \frac{5}{18}$

d) $P(\{WW\}) = P(W_1 \cap W_2) = \frac{4}{9} \cdot \frac{3}{8} = \frac{3}{18}$

Der **Satz von Bayes** für die Bestimmung der bedingten Wahrscheinlichkeit $P(E_1|E_2)$ geht von einem schon eingetretenen Ereignis E_2 aus und fragt nach der Wahrscheinlichkeit, mit der E_1 ebenfalls eingetreten ist und als „Ursache“ für das Eintreten von E_2 in Betracht kommt.

Einführungsbeispiel:

Die beiden Maschinen m_1 und m_2 stellen gleiche Rohlinge mit den Ausschußanteilen von 2% (Maschine m_1) und 5% (Maschine m_2) her. Maschine m_1 produziert 6000 Stück, Maschine m_2 5000 Stück. Berechnen Sie die Wahrscheinlichkeit, daß ein zufällig entnommener Rohling ein Ausschußstück ist, der von der Maschine m_1 stammt. Wir wollen folgende Ereignisse benennen:

E_1: „Probestück stammt von der Maschine m_1“

$\overline{E}_1$: „Probestück stammt nicht von der Maschine m_1“

E_2: „Probestück ist ein Ausschußstück“

$\overline{E}_2$: „Probestück ist kein Ausschußstück“

Damit sind folgende Wahrscheinlichkeiten bekannt:

$$P(E_1) = \frac{6000}{11\,000} = \frac{6}{11}; \quad P(\overline{E}_1) = \frac{5000}{11\,000} = \frac{5}{11}$$

$$P(E_2|E_1) = \frac{2}{100}; \quad P(E_2|\overline{E}_1) = \frac{5}{100}$$

Gesucht ist $P(E_1|E_2) = \dfrac{P(E_1 \cap E_2)}{P(E_2)}$

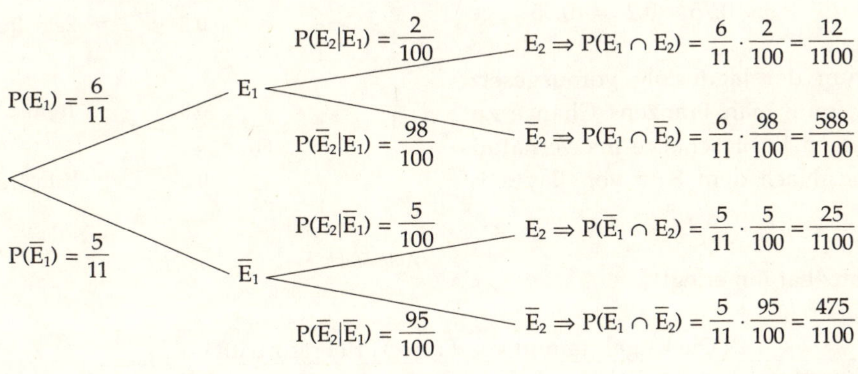

Abb. 603

Damit ist $P(E_2) = P(E_1 \cap E_2) + P(\overline{E}_1 \cap E_2) = \frac{12}{1100} + \frac{25}{1100} = \frac{37}{1100}$

und somit $P(E_1|E_2) = \frac{P(E_1 \cap E_2)}{P(E_2)} = \frac{\frac{12}{1100}}{\frac{37}{1100}} = \frac{12}{37}$

Satz von Bayes:

$$P(E_1|E_2) = \frac{P(E_1) \cdot P(E_2|E_1)}{P(E_1) \cdot P(E_2|E_1) + P(\overline{E}_1) \cdot P(E_2|\overline{E}_1)}$$

hierbei sind E_1 und $\overline{E}_1$ Gegenereignisse (s. S. 51) mit $E_1 \cup \overline{E}_1 = \Omega$

Beispiel:

Hans Zielwasser und Franz Streuschuß gehen auf Fasanenjagd. Hans als der bessere Schütze hat eine Trefferquote von 80%, während bei Franz nur jeder fünfte Schuß ein Treffer ist. Dafür benutzt Franz einen Drilling (dreiläufiges Gewehr, bei dem jeder Schuß einzeln erfolgt). Plötzlich flattern vier Fasane auf. Beide schießen ihre Waffen leer, wobei jeder Fasan genau einmal anvisiert wird.

a) Wie groß ist die Wahrscheinlichkeit, daß ein Fasan getroffen wird?

b) Wie groß ist die Wahrscheinlichkeit, daß ein getroffener Fasan von Franz erlegt wurde?

Lösung:

a) Aufgrund der verschiedenen Trefferquoten und der jeweils abgefeuerten Schüsse (s. Abb. 604) wird ein Tier mit $P = 0{,}25 \cdot 0{,}8 + 0{,}75 \cdot 0{,}2 = 0{,}35$ getroffen.

b) Da nun der Jagderfolg vorausgesetzt wird, muß man Franzens Chance zur gesamten Erfolgschance ins Verhältnis setzen. Nach dem Satz von Bayes ist das

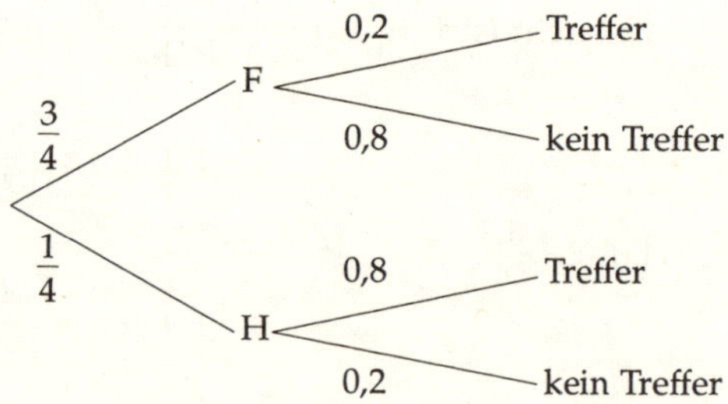

Abb. 604

P(Franz hat ihn erlegt)

$$= \frac{P(\text{Die Kugel stammt von Franz}) \cdot P(\text{Franz trifft})}{P(\text{Kugel von Franz}) \cdot P(\text{Franz trifft}) + P(\text{Kugel von Hans}) \cdot P(\text{Hans trifft})}$$

$$= \frac{0{,}75 \cdot 0{,}2}{0{,}75 \cdot 0{,}2 + 0{,}25 \cdot 0{,}8} = \frac{3}{7} \approx 0{,}43$$

Monte-Carlo-Methode

In Wissenschaft und Technik ist es oft sinnvoll und notwendig, Situationen oder Eigenschaften von Objekten anhand von Modellen zu untersuchen. So haben die Erdrutsch- und Überschwemmungskatastrophen der letzten Jahre die Forscher darauf gebracht, kleine Hügel künstlich aufzuschütten und zu beregnen, bis sie zu rutschen beginnen. Oder das Strömungsverhalten von Flüssen wird durch mehr oder minder gewundene Röhren in Laboratorien nachgestellt.
Eine ähnliche Rolle spielt heute die **Monte-Carlo-Methode** bei der statistischen Analyse und Planung von Entscheidungsprozessen. Sie wurde 1949 entwickelt, als *J. v. Neumann* und *S. Ulam* in den USA stochastische Probleme erstmals mit computererzeugten **Zufallsziffern** experimentell lösten. Bei der Monte-Carlo-Methode wird zu einem Problem ein von der Struktur her identisches Zufallsexperiment konstruiert, dessen Ausgänge dann auf das reale Problem rückübertragen werden. Das Zufallsexperiment wird nicht real durchgeführt (das wäre bei komplexen Problemen zu schwierig!), sondern seine Ausgänge werden durch oben erwähnte Zufallsziffern dargestellt (simuliert).
Zufallsziffern sind Ziffernfolgen, die mit einfachen Glücksspielgeräten erzeugbar sind. Weil nun eines dieser Geräte das Roulette ist, geht der Name der Methode tatsächlich auf das bekannte Spielcasino von Monte Carlo zurück; mit dem Roulettespiel selbst und seinen Gewinnregeln aber hat die Methode wenig zu tun.

Einführungsbeispiel:

Bauer Tierlieb möchte seinen 10 zum Verkauf stehenden Schweinen eine Überlebenschance einräumen. Deshalb führt er die vom Äußeren her nicht zu unterscheidenden Tiere zehn Metzgern vor, und fordert diese einzeln auf, sich eines der Schweine auszusuchen, ohne den anderen Metzgern zu sagen, welches. Ein Schwein soll nicht geschlachtet werden, wenn es von keinem der Metzger als Schlachttier gewünscht wird.
Die einfachste Art, dieses Problem zu lösen, wäre ein Baumdiagramm mit 10 Stufen, die der Wahl der 10 Metzger entsprechen. Dabei entstehen auf der ersten Stufe 10 Äste (für jedes Schwein einer), auf der zweiten Stufe schon 10 x 10 usw. So wird das Problem auf ein reines Laplace-Experiment zurückgeführt, dessen Lösung jedoch extrem umständlich wird.
Betrachtet man das Problem aus der Sicht eines (beliebigen) Schweines, so erhält man ein vereinfachtes Diagramm mit nur zwei Alternativen auf jeder Stufe und bei jedem Ausgangspunkt: das Tier wird gewählt ($P = 0{,}1$) oder nicht ($P = 0{,}9$), wenn sich der Metzger für eines der anderen entscheidet. Daraus ergibt sich die Wahrscheinlichkeit, das Schlachtfest zu überleben, nach der *Produktregel* (s. S. 594) zu $0{,}9^{10} = 0{,}3486784401 \approx 0{,}35$. Statistisch gesehen überleben somit 35% jedes Schweines, was natürlich unsinnig ist, beziehungsweise 3,5 (also 3 bis 4) von 10 Tieren oder 35 von 100 Tieren usw.

Selbst diesen reduzierten Baum zu zeichnen ist noch eine Sisyphusarbeit, da er auf der 10. Stufe schon 1024 (= 2^{10}) Verzweigungen hat! Deshalb bietet es sich an, dieses Experiment mit Hilfe oben erwähnter Zufallszahlen zu simulieren. Solche Zufallsziffern lassen sich z.B. mit Hilfe eines Laplace-Glücksrades mit 10 Feldern erzeugen. Es reichen aber auch durch einen Computer erzeugte *Pseudo-Zufallsziffern* aus. Diese entstehen dann zwar aufgrund eines Algorithmus, also einer Rechenvorschrift, so daß man prinzipiell eine bestimmte Ziffer vorhersagen könnte (man spricht daher von *Pseudo*-Zufallsziffern). Dennoch sind solche Listen für den Außenstehenden nicht von Listen mit echten Zufallsziffern zu unterscheiden, und sie bringen auch sonst alle Eigenschaften von echten Zufallsziffern mit, insbesondere die der *Gleichverteilung*, also annähernd gleicher Häufigkeit aller Ziffern, aller Paare, aller Dreierblocks usw.

Ein hierfür geeigneter Algorithmus zur Konstruktion von Zufallsziffern ist die *137-Methode*. Man beginnt mit einer Zahl zwischen 0 und 1, die mindestens 7 Nachkommastellen hat und auf 1, 3, 7 oder 9 endet, etwa die Zahl 0,3257019. Diese wird nun mit 137 multipliziert und um ihren ganzzahligen Anteil vermindert, so daß nur die Ziffernfolge hinter dem Komma übrigbleibt: $0{,}3257019 \cdot 137 = 44{,}6211603$; $44{,}6211603 - 44 = 0{,}6211603$. Die ersten fünf Nachkommastellen nimmt man nun als erste Zufallsziffierngruppe (62116) und wiederholt dann den Vorgang mit dieser neuen Zahl. Auf diese Weise entstehen Zufallsziffern-tabellen wie im Anhang (s. S. 875).

Für die **Simulation des Zufallsexperiments** ordnet man nun jedem der Metzger mit den Nummern 1 bis 10 fortlaufend die Ziffern zu, die man der Tabelle ab einer beliebigen Stelle entnimmt. Diese Ziffern gelten als „Schlachtauswahl", wobei die 0 die 10 ersetzt (z.B. die Folge 86776 88315):

Metzger Nr.	1	2	3	4	5	6	7	8	9	10
	↓	↓	↓	↓	↓	↓	↓	↓	↓	↓
Schwein Nr.	8	6	7	7	6	8	8	3	1	5

Die Simulation ist nun so zu verstehen, daß sich die Metzger Nr. 1, 6 und 7 das Schwein Nr. 8 ausgesucht haben, die Metzger Nr. 3 und 4 möchten Schwein Nr. 7 schlachten usw. Demnach überleben in diesem Simulationsdurchgang die Schweine 1, 4, 9 und 10, weil die zugehörige Zufallsziffern nicht vorkommen. Diese eine Simulation ist jedoch nicht ausreichend, um eine statistische Aussage zur Überlebenschance der Schweine zu machen.

Der Sinn des Experimentes liegt in den Parallelen zwischen dem Entstehen der Zufallsziffern und der Auswahl der Schweine.

Da sich die Schweine äußerlich nicht unterscheiden sollen, hat jedes Schwein vor jeder Wahl dieselben Chancen, nicht als Kotelett zu enden. Ebenso haben etwa beim Glücksrad alle 10 Zahlen dieselbe Chance, zu fallen. Insgesamt werden auf jedes Schwein bei ausreichend vielen Wahlentscheidungen gleich viele Stimmen gefallen sein, und auch die zehn Ziffern 0, 1, 2, ..., 9 werden bei z.B. 10 000 Versuchen jeweils etwa 1000mal vorgekommen sein.

Diese Übereinstimmung sei abschließend mit Hilfe zweier Listen demonstriert, deren eine durch ein Zufallsrad erzeugt wurde, während die andere auf den 137-Algorithmus zurückgeht.

Nr.	Zufalls-ziffernblock	überlebende Schweine	Zufalls-ziffernblock	überlebende Schweine
1.	86776 88315	4	35814 27501	2
2.	99280 01428	4	72965 25652	5
3.	95712 12575	5	31981 66876	4
4.	22893 36406	3	65197 67906	4
5.	87660 09443	3	99300 69738	4
6.	93723 40085	2	47878 94663	4
7.	91668 58605	4	78915 83979	4
8.	28957 67152	3	87915 72827	4
9.	99925 89750	4	60875 50066	5
10.	95783 22296	3	16385 36444	4
11.	54617 82564	3	15706 76030	4
12.	11388 60203	4	68733 95257	3
13.	47932 66736	4	86682 57081	3
14.	42960 85562	3	10486 42250	3
15.	22058 21953	3	77053 39884	3
16.	07686 53059	3	22459 70177	3
17.	69181 77903	3	01049 08205	3
18.	72754 67383	3	48327 61261	3
19.	31491 14272	4	59790 41655	3
20.	55351 83220	4	68035 41724	1
21.	01173 60749	3	38220 24075	3
22.	22666 05258	5	43889 28209	4
23.	20416 97021	3	95629 40909	4
24.	91884 88185	5	18741 13972	3
25.	81407 52775	4	92291 56575	4
26.	30194 36688	3	48564 37355	4
27.	26333 07699	4	82618 73322	4
28.	54784 05455	5	18370 28456	1
29.	47383 91480	3	46570 90586	3
30.	32840 99173	2	46115 85756	4
31.	86743 83806	4	15403 89151	3
32.	81551 72529	4	37763 30136	5
33.	36601 14365	4	07896 07132	2
34.	68103 30212	4	00908 54280	4
35.	39144 62844	3	67850 92035	2
36.	09685 26909	4	75518 74085	4
37.	86561 58930	3	79506 60638	3
38.	73483 67306	4	96025 96117	3
39.	21038 82311	5	95241 06863	1
40.	76686 06093	4	22864 44890	4
	Endsumme	145	Endsumme	133

Demnach überleben bei 20 Simulationen $\frac{69}{20} = 3{,}45$ bzw. $\frac{68}{20} = 3{,}40$ Schweine,

bei 40 Simulationen $\frac{145}{40} = 3{,}63$ bzw. $\frac{133}{40} = 3{,}33$ Schweine.

Dies liegt schon in der Nähe des theoretischen Wertes von ca. 3,48; bei einer Erhöhung der Anzahl der Simulationen, etwa durch Zusammenfassen beider Listen, verbessert sich die Übereinstimmung auf $\frac{278}{80} = 3{,}48$

Übungsaufgaben

1. Eine Münze wird viermal geworfen. Dabei sollen folgende Ereignisse untersucht werden: E_1: höchstens einmal Zahl; E_2: dreimal Zahl.
Geben Sie Ω, E_1 und E_2 in aufzählender Form an und bestimmen Sie $P(E_1)$ und $P(E_2)$. Ist das Gegenereignis von WWWW wirklich ZZZZ?

2. Die Wahrscheinlichkeit für das Ziehen einer Niete bei einer Verlosung wird mit 80% angegeben. Fritz und Franz beobachten die Verteilung der letzten 100 Lose. Nach einer gewissen Zeit sind 80 Lose ausgegeben worden, aber nur 8 Lose haben einen Gewinn erbracht.
   a) Wie viele Gewinne könnten unter den letzten 20 Losen sein?
   b) Kann dem Losbudenbesitzer aufgrund der gemachten Beobachtungen Betrug vorgeworfen werden?
   c) Wie viele Gewinne sind bei 6000 Losen vorhanden, wenn alles mit rechten Dingen zugeht?

3. Bei 10 000 Vorsorgeuntersuchungen von Neugeborenen ergaben sich folgende Zahlen: 140 Kinder mit Hüftschaden, 80 Kinder mit Nabelbruch, 600 Kinder mit sonstigen Problemen. Wie groß ist die Wahrscheinlichkeit, daß ein Baby
   a) einen Hüftschaden hat,
   b) einen Hüftschaden oder einen Nabelbruch hat,
   c) einen Nabelbruch hat oder völlig gesund ist
   d) nicht völlig gesund sind,
   wenn vorausgesetzt werden darf, daß kein Kind zwei oder mehr dieser Leiden hat?

4. Zeigen Sie:
   a) $P(\overline{E}) = 1 - P(E)$
   b) $E_1 \subset E_2 \Rightarrow P(E_1) \leq P(E_2)$
   c) $E_1 \cap E_2 = \{0\} \Rightarrow P(E_1 \cup E_2) = P(E_1) + P(E_2)$
   d) $E_1 \cap E_2 \neq \{0\} \Rightarrow P(E_1 \cup E_2) = P(E_1) + P(E_2) - (E_1 \cap E_2)$

5. Die 12 Flächen eines regelmäßigen Dodekaeders sind mit den Zahlen 1 bis 12 beschriftet. Wie groß ist die Wahrscheinlichkeit,
   a) eine durch 2 oder 3 teilbare Zahl zu werfen;
   b) eine Zahl $3 \leq x \leq 10$ zu werfen;
   c) eine Primzahl zu werfen?

6. Mit welcher Wahrscheinlichkeit zieht man aus einem Skatspiel mit 32 Karten:
a) ein As;
b) einen Buben oder eine Dame;
c) ein Bild;
d) einen Buben oder keine Dame?

7. Auf einem Jahrmarkt befinden sich 3 Losbuden mit den Gewinnchancen 45%, 40% und 30%. Mit welcher Wahrscheinlichkeit verliert man
a) bei allen drei Buden nacheinander;
b) nur genau einmal;
c) höchstens einmal?

8. Ein Betrunkener hat in seiner Tasche 6 Schlüssel, von denen aber nur einer in das Schloß zu seiner Wohnung paßt. Mit welcher Wahrscheinlichkeit hat er
a) gleich beim ersten Griff;
b) spätestens beim 3. Griff;
c) genau mit dem vierten Griff den richtigen Schlüssel, wenn ein falsch gezogener Schlüssel nicht wieder in die Tasche zurückgesteckt wird?

9. Jäger Knallegut hat bei 2500 Schuß bislang 2000 Treffer erzielt, Jäger Glanzlos bei 2400 Schuß 1500mal getroffen, Jäger Zufall bei 1500 Schuß nur 500mal. Plötzlich springt vor ihnen ein Hase auf. Welche Überlebenschancen hat das arme Tier, wenn alle 3 Waidmänner auf den Hasen anlegen und je einen Schuß abgeben?

10. In einer Klasse mit 30 Schülern haben 6 die verlangte Hausaufgabe nicht erledigt. Der Lehrer kontrolliert nur 3 Schüler. Mit welcher Wahrscheinlichkeit hat er mindestens 2 der Säumigen erwischt?

11. Sie kommen in eine Gruppe von 35 Personen, die sich über unglaubliche Zufälle unterhalten. Um alle zu verblüffen, wetten Sie, daß mindestens einer der 35 am selben Tag wie Sie Geburtstag hat. Welches Risiko gehen Sie mit dieser Wette ein?

12. Ein Höhlenforscher befindet sich in einem schwer durchschaubaren Labyrinth am Punkt S (s. Abb. 605). Leider hat er seine Wegskizze verloren und auch vergessen, wie weiland Herakles, einen Faden zu spannen. Deshalb macht er seine Richtungsentscheidungen vom Zufall abhängig. Gerät er in eine Sackgasse, so kehrt er einfach zum Kreuzungspunkt zurück. Simulieren Sie das Experiment mit der Zufallszahlentabelle im Anhang, und finden Sie heraus, wie groß die Wahrscheinlichkeit ist, daß der Forscher die Höhle auf direktem Weg verlassen kann. Überprüfen Sie Ihr Ergebnis durch eine Rechnung.

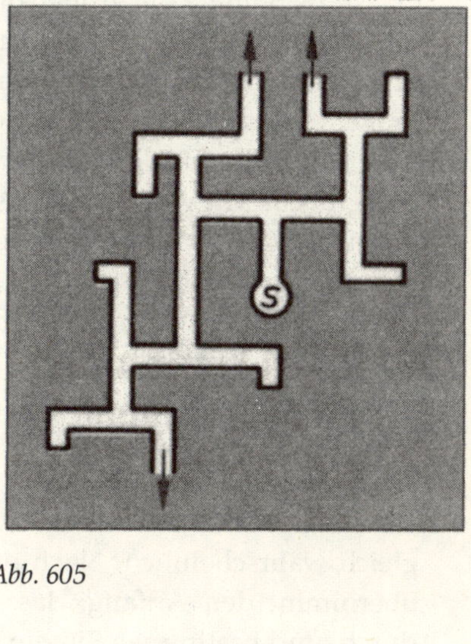

Abb. 605

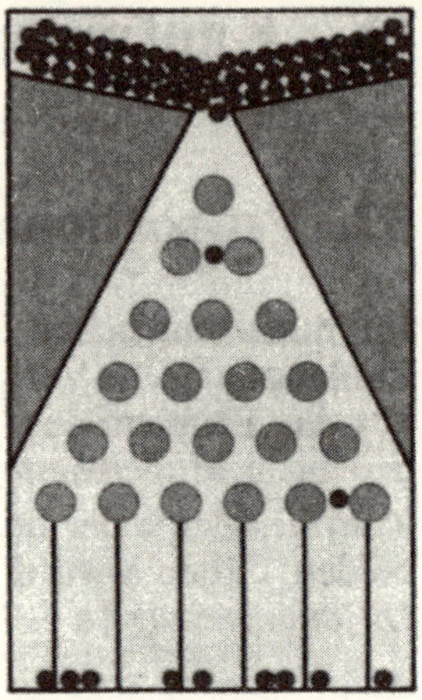

Abb. 606 Galton-Brett

13. Suchen Sie aus der Tabelle der Zufallsziffern im Anhang Dreierblöcke von hintereinanderstehenden Ziffern heraus, und stellen Sie fest, bei wie vielen dieser Blöcke die mittlere Ziffer größer ist als die Summe der beiden außenstehenden. Vergleichen Sie dieses Ergebnis mit der berechneten Wahrscheinlichkeit für dieses Ereignis.

14. Bei einem sogenannten Galton-Brett sind in mehreren Reihen Hindernisse symmetrisch angebracht, wobei ihre Anzahl der Zeilennummer entspricht. Von oben läßt man Kugeln durchfallen (s. Abb. 606). Wie werden 100 Kugeln am Ende auf dem Boden des Brettes verteilt sein? Simulieren Sie das Zufallsexperiment, und vergleichen Sie das Ergebnis mit der berechneten Wahrscheinlichkeit.

15. Am Flughafen von Manchester kontrollieren 5 Beamte die Pässe und 4 das Gepäck. Dabei lassen 3 Paßkontrolleure die Reisenden ohne Formalitäten einreisen, und auch 2 Zollbeamte verzichten auf eine Kontrolle. Mit welcher Wahrscheinlichkeit muß Herr Scholl

a) keine Kontrolle;

b) eine Kontrolle;

c) zwei Kontrollen über sich ergehen lassen?

16. Zwei gleiche, reelle Würfel (sogenannte Laplace-Würfel) werden gleichzeitig geworfen. Mit welcher Wahrscheinlichkeit

a) haben beide Würfel die gleiche Augenzahl;

b) haben beide Würfel verschiedene Augenzahlen;

c) ist die Summe der Augenzahlen kleiner oder gleich 6;

d) hat genau ein Würfel die Augenzahl 5?

17. Ein Prüfling muß sich drei Prüfern stellen. Der erste hat 2 leichte und 3 schwere Fragen, der zweite 2 leichte und 2 schwere, der dritte 4 leichte und 3 schwere. Von jedem Prüfer erhält er eine Frage zugelost. Wie viele Zusammenstellungen von Fragen gibt es? Mit welcher Wahrscheinlichkeit erhält ein Prüfling

a) nur leichte beziehungsweise

b) nur schwere Fragen?

18. Wie groß ist die Wahrscheinlichkeit, daß mindestens zwei von vier Personen im selben Monat Geburtstag haben? Spielen Sie das Problem mit der Monte-Carlo-Methode durch (Hinweis: Zwölferreste bei Zweiergruppen. Warum müssen dabei 97, 98, 99, 00 ausgelassen werden?), und vergleichen Sie das Ergebnis mit dem theoretischen Wert.

19. Drei Fußballspieler üben den Direktpaß: Jeder spielt den Ball einem der anderen zu – oder schießt ihn ins Aus, wenn es schiefgeht. Alle drei Möglichkeiten gelten als gleich wahrscheinlich. Nach dem Aus ist die Serie beendet, und ein anderer Spieler übernimmt den Anfang; das geht reihum. Spielen Sie 10 Serien mit Zufallsziffern durch, und bestimmen Sie die durchschnittliche Anzahl der Schüsse.

Lösungen S. 836

Zufallsvariablen und ihre Wahrscheinlichkeitsverteilung

Definitionen von Variable und Verteilung

In vielen Fällen werden Ereignisse nicht über Zahlen, sondern mit Worten beschrieben: „Es regnet“; „Die Partei X erhält die Stimme“. Oft jedoch lassen sich den einzelnen Ausfällen Zahlen zuordnen, die eine ebenso gute und korrekte Beschreibung ermöglichen.

Einführungsbeispiel:

Eine Klinik (600 Betten) wählt aus dem Angebot einer Großküche folgendermaßen aus:

Gericht	Kalorienzahl	Preis	Anzahl
Putenbrust auf Reis mit Salat	500 kcal	5,–	100
Salatplatte	500 kcal	3,–	150
Kochfisch mit Kartoffeln und Senfsauce	500 kcal	7,–	75
Wiener Schnitzel mit Pommes frites und Salat	1100 kcal	7,–	150
Eintopf	950 kcal	3,–	50
Spaghetti Carbonara	950 kcal	4,–	75

Wie oft jedes Essen gewählt wird, also P(...), ist nur für die Disposition von Bedeutung. Dagegen interessiert sich der kaufmännische Leiter eher für die Verpflegungskosten, die Ärzte eher für die Kalorienzahlen.
Man kann also folgende Zuordnungen aufstellen:
X: Gericht → Kosten des Essens
Y: Gericht → Kalorienzahl
Um ein Zufallsexperiment handelt es sich, da nicht von vornherein klar ist, welcher Patient sich für welches Gericht entscheidet.

Eine Abbildung $X: \Omega \to \mathbb{R}$, die jedem Ausgang eines Zufallsexperiments eine reelle Zahl zuordnet, heißt **Zufallsvariable**.

Kann X die Werte $x_1, \ldots, x_n$ annehmen, so bezeichnet man das Ereignis $\{a_i | X(a_j) = x_j\}$ mit $X = x_j$.

Durch die Einführung von Zufallsvariablen kann man also dieselbe Ausfallsmenge verschiedenen Problemen anpassen. Da alle Ausgänge genau einmal aufgeführt sind, bilden die Ereignisse $X = x_i$ und $Y = y_i$ je eine Zerlegung von Ω.
Der Name „Variable" für die Abbildung X (bzw. Y) kommt daher, daß etwa jedem Essen eine Kalorienzahl und jeder Kalorienzahl über die Anzahl von Patienten, die das betreffende Essen erhalten, eine Wahrscheinlichkeit zugeordnet werden kann. Die Kalorien treten also einmal als Bilder und einmal als Urbilder auf. Die Wahrscheinlichkeit ist nämlich ebenso gut als Funktion der Variablen „Kalorienzahl" wie als Funktion von „Der Patient erhält das Essen xxx" definierbar.

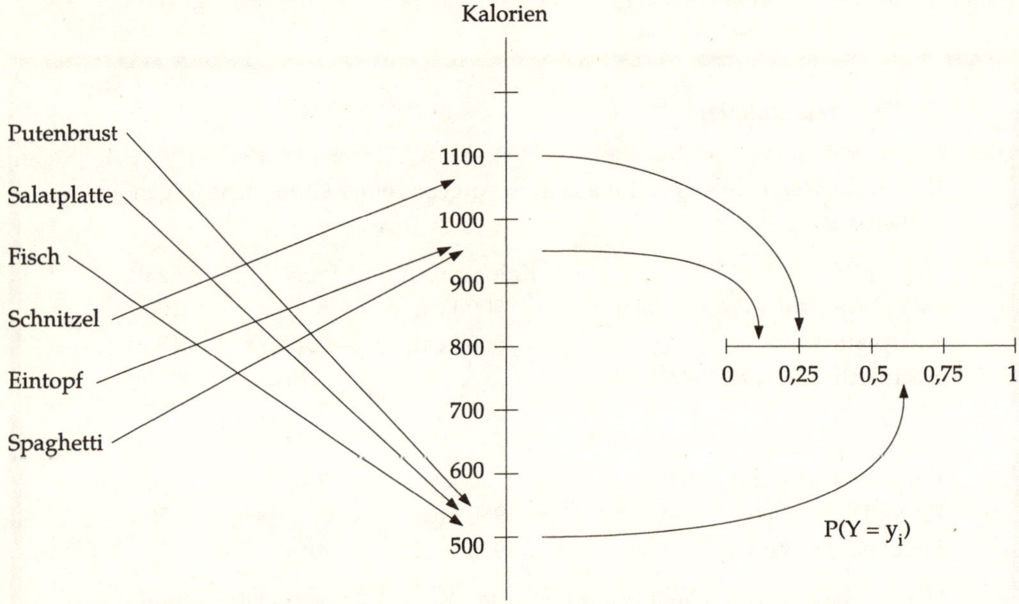

Abb. 607 Wahrscheinlichkeitsverteilung der Zufallsvariablen „Kalorienzahl"

Die Abbildung P: $x_i \to P(X = x_i)$ heißt **Wahrscheinlichkeitsverteilung** der Zufallsvariablen X.

Interessiert man sich nur dafür, ob jemand Fleisch ißt oder nicht, kann man dies durch eine neue Zufallsvariable Z mit

$$Z(a_i) = \begin{cases} 1, & \text{falls das Gericht Fleisch enthält} \\ 0, & \text{falls das Gericht kein Fleisch enthält} \end{cases}$$

wiedergeben. Eine solche Variable heißt **Indikatorvariable**, Indikatorfunktion oder kurz Indikator. Da Indikatoren nur zwei Werte (0 und 1) annehmen können, gehören sie zu den Bernoulli-Variablen (s. S. 673).

Beispiel:

Z(Wiener Schnitzel) = Z(Eintopf) = 1

Z(Spaghetti) = Z(Salatplatte) = Z(Fisch) = Z(Putenbrust) = 0

mit $P(Z = 1) = \frac{1}{3}$ $\quad P(Z = 0) = \frac{2}{3}$

Werden über derselben Ausfallsmenge Ω gleichzeitig zwei Zufallsvariablen betrachtet, so bezeichnet man mit $(X = x_k\, ; Y = y_j)$ das Ereignis, dessen Ausfällen X den Wert x_k und Y den Wert y_j zuordnet.

Die Abbildung $(x_k; y_j) \rightarrow P(X = x_k; Y = y_j)$ heißt **gemeinsame Wahrscheinlichkeitsverteilung** der Zufallsvariablen X und Y. Die Variablen X und Y heißen unabhängig, wenn für alle Paare $(x_k; y_j)$ gilt: $P(X = x_k; Y = y_j) = P(X = x_k) \cdot P(Y = y_j)$. Sonst heißen X und Y abhängig.

Zur Überprüfung bedient man sich sinnvoll des folgenden Schemas, bei dem an den Rändern die Werte von X bzw. Y sowie deren Wahrscheinlichkeiten stehen, während die Matrixelemente in der Mitte die Werte der gemeinsamen Verteilung sind.

Beispiel:

Gemeinsame Wahrscheinlichkeitsverteilung von Kalorienzahl und Essenspreis

y_i / x_i	3	4	5	7	$P(X = x_i)$
500	0,25	0	0,167	0,125	0,542
950	0,083	0,125	0	0	0,208
1100	0	0	0	0,25	0,25
$P(Y = y_j)$	0,333	0,125	0,167	0,375	1

Aber: $P(X = 500) \cdot P(Y = 3) = 0{,}542 \cdot 0{,}333 = 0{,}181 \neq 0{,}25 = P(X = 500; Y = 3)$. Hier sind X und Y also nicht unabhängig.

Diese Definition, die übrigens auf n Variable verallgemeinert werden kann, schließt damit an die alte Definition der Unabhängigkeit von Ereignissen an:

A: Das Essen kostet 3 € B: Das Gericht hat 500 kcal

$P(A \cap B) = 0{,}25 \neq 0{,}542 \cdot 0{,}333 = 0{,}181 = P(A) \cdot P(B)$

$\Rightarrow$ A und B sind abhängig.

Erwartungswert und Varianz einer Zufallsvariablen

Einführungsbeispiel:

Eine Schule möchte sich ein Kopiergerät mieten. In die engere Wahl kommen zwei Angebote, bei denen jeweils vierteljährlich abgerechnet wird.

Firma A: bei 0 bis maximal 10 000 Kopien je Kopie 5,5 Cent
bei 10 001 bis maximal 15 000 Kopien je Kopie 5 Cent
bei 15 001 bis maximal 20 000 Kopien je Kopie 4,7 Cent
(jeweils bezogen auf den Abrechnungszeitraum)

Firma B: bei 0 bis maximal 10 000 Kopien je Kopie 6 Cent
bei 10 001 bis maximal 15 000 Kopien je Kopie 5,2 Cent
bei 15 001 bis maximal 20 000 Kopien je Kopie 4,5 Cent
(ebenfalls bezogen auf den Abrechnungszeitraum)

Welche Firma macht das insgesamt günstigste Angebot? Dazu überprüft die Schule die Anzahlen gemachter Kopien des letzten Jahres und stellt fest:

1. Quartal: 18 000 Kopien
(zum Beispiel wegen des schriftlichen Abiturs)

2. Quartal: 14 000 Kopien
(wegen der Bundesjugendspiele, trotz der Ferienzeiten)

3. Quartal: 9 000 Kopien
(wegen der Sommerferien blieb das Gerät zeitweise unbenutzt)

4. Quartal: 19 000 Kopien
(wenig Ferien; schulinterne Wettbewerbe)

Betrachtet man dies nur als Statistik des abgelaufenen Jahres, so ließen sich die Gesamtkosten, aber auch die mittleren Kosten pro Kopie berechnen. Aus Erfahrung weiß die Schule jedoch, daß diese Zahlen sich Jahr für Jahr wieder ähnlich ergeben. Damit lassen sie sich auch zur Bestimmung der *wahrscheinlichen Kosten pro Kopie* in der Zukunft verwenden. Dies ist wichtig, wenn die Finanzierung über den Verkauf von Kopierkarten oder einen Münzautomaten erfolgt. Es ergeben sich, wenn X die Verteilung der Kopierkosten gemäß dem nach Stückzahlen aufgeschlüsselten Angebot beschreibt, bei Firma A:

$$18000 \cdot 4{,}7\text{ Cent} + 14000 \cdot 5\text{ Cent} + 9000 \cdot 5{,}5\text{ Cent} + 19000 \cdot 4{,}7\text{ Cent} = 2\,934\text{ €}$$

Also kostet die Kopie durchschnittlich $\dfrac{2934\text{ €}}{60000\text{ Kopien}} \approx 4{,}9$ Cent

Bei Firma B:

$$18000 \cdot 4{,}5\text{ Cent} + 14000 \cdot 5{,}2\text{ Cent} + 9000 \cdot 6\text{ Cent} + 19000 \cdot 4{,}5\text{ Cent} = 2\,933\text{ €}$$

Damit kostet die Kopie durchschnittlich $\dfrac{2933\text{ €}}{60000\text{ Kopien}} \approx 4{,}9$ Cent

Die Angebote erscheinen also gleich günstig.

Dies legt folgende Definition nahe:

> Ist X eine Zufallsvariable mit Werten $x_1, ..., x_n$, so heißt
>
> $$E(X) = x_1 \cdot P(X = x_1) + ... + x_n \cdot P(X = x_n) = \sum_{i=1}^{n} x_i \cdot P(X = x_i)$$
>
> der **Erwartungswert** von X.

Bemerkungen:

1. Diese mittlere Ausprägung muß keinem der Werte von X entsprechen. Sie sagt auch nichts über eine geringe Zahl von Realisierungen oder gar ein einzelnes Ergebnis des Zufallsexperiments aus.
2. Ein Spiel heißt fair, wenn der Erwartungswert des Gewinns für jeden Spieler Null ist, also alle die gleichen Chancen besitzen.
3. Statt E(X) schreibt man auch oft μ_x oder kurz μ.

Beispiele:

1. Sind die Variablen X als „Kalorienzahl" und Y als „Kosten" wie im Einführungsbeispiel des letzten Abschnitts definiert, so ergeben sich
   $E(X) = 1100 \cdot 0{,}25 + 950 \cdot 0{,}208 + 500 \cdot 0{,}542 = 743{,}6$ als mittlere Kalorienzahl für jeden Patienten";
   $E(Y) = 7 \cdot 0{,}375 + 5 \cdot 0{,}167 + 4 \cdot 0{,}125 + 3 \cdot 0{,}333 = 4{,}96$ als „mittlere Kosten pro Essen".
2. Bei einem Würfelspiel erhält man bei einer Sechs 3 € Gewinn, bei einer Fünf oder Eins 1 €, bei einer Zwei oder Vier muß man 2 € bezahlen, bei einer Drei erhält oder verliert man nicht. Die Variable X beschreibt die Gewinnsummen, der Würfel soll fair sein. Ist es das Spiel auch?

x_i	–2	0	1	3
$P(X = x_i)$	0,333	0,167	0,333	0,167 (gerundet)

Also ist $E(X) = (-2) \cdot 0{,}333 + 0 \cdot 0{,}167 + 1 \cdot 0{,}333 + 3 \cdot 0{,}167 \approx 0{,}17$
Dies bedeutet, bei oftmaligem Spiel kann man durchschnittlich mit einem Gewinn von 17 Cent rechnen. Damit ist der Spielpartner im Nachteil; das Spiel ist nicht fair.

Der Erwartungswert allein beschreibt aber die Verteilung nicht vollständig. So ist zwar in obigem Beispiel 1 die mittlere Kalorienzahl für jeden Patienten 743,6; dennoch könnte bei extrem einseitigem Wahlverhalten jemand immer ein kalorienarmes Essen erhalten und damit bei längerem Krankenhausaufenthalt unterernährt werden. Um die möglichen Abweichungen in den Griff zu bekommen, legt man daher analog zur Statistik fest:

Ist X eine Zufallsvariable mit Werten $x_1, \ldots, x_n$ und Erwartungswert $E(X) = \mu$, so heißt

$$V(X) = (x_1 - \mu)^2 \cdot P(X = x_1) + \ldots + (x_n - \mu)^2 \cdot P(X = x_n) = \sum_{i=1}^{n} (x_i - \mu)^2 \cdot P(X = x_i)$$

Varianz von X; $\sigma = \sqrt{V(X)}$ heißt **Standardabweichung** von X.

Beispiele:

1. Ist X die Kalorienzahl pro Essen wie oben, so ist
   $V(X) = (1100 - 743{,}6)^2 \cdot 0{,}25 + (950 - 743{,}6)^2 \cdot 0{,}208 + (500 - 743{,}6)^2 \cdot 0{,}542$
   $= 72779{,}04$
   $\sigma = 269{,}776$
   Dies bedeutet, daß im ungünstigen Fall Patienten nur so viel Kalorien zu sich nehmen, wie etwa im Rahmen eines Diätplans vertretbar wäre.
2. Beschreibt Y die Kosten pro Essen wie oben, so ist
   $V(Y) = (7 - 4{,}96)^2 \cdot 0{,}375 + (5 - 4{,}96)^2 \cdot 0{,}167 + (4 - 4{,}96)^2 \cdot 0{,}125 + (3 - 4{,}96)^2 \cdot 0{,}333$
   $= 4{,}86$
   $\sigma = 2{,}20$
   Dies bedeutet etwa, daß die Kosten pro Essen deutlich streuen, weshalb die Kalkulation für kurze Zeiträume problematisch wird.
3. Zwei Maschinen schneiden Kanthölzer auf Stücke von ca. 1 m Länge zu. Um die Toleranzen zu prüfen, entnimmt man der Produktion je 50 Stücke und mißt sie nach. Man erhält bei Serie A: je 10mal 99 cm; 99,5 cm; 100 cm; 100,5 cm und 101 cm
   bei Serie B: je 5mal 99 cm; 99,4 cm; 100,6 cm und 101 cm, außerdem je 15mal 99,8 cm und 100,2 cm.
   Für die Auswertung ist folgendes Schema hilfreich: bei Serie A

x_i	$P(X = x_i)$	$x_i \cdot P(X = x_i)$	$x_i - \mu$	$(x_i - \mu)^2$	$(x_i - \mu)^2 \cdot P(X = x_i)$
99	0,2	19,8	−1	1	0,2
99,5	0,2	19,9	−0,5	0,25	0,05
100	0,2	20	0	0	0
100,5	0,2	20,1	0,5	0,25	0,05
101	0,2	20,2	1	1	0,2

$\mu = 100$ $\sigma^2 = 0{,}5 \Rightarrow \sigma = 0{,}707$

sowie bei Serie B

99	0,1	9,9	−1	1	0,1
99,4	0,1	9,94	−0,6	0,36	0,036
99,8	0,3	29,94	−0,2	0,04	0,012
100,2	0,3	30,06	0,2	0,04	0,012
100,6	0,1	10,06	0,6	0,36	0,036
101	0,1	10,1	1	1	0,1

$\mu = 100$ $\sigma^2 = 0{,}296 \Rightarrow \sigma = 0{,}544$

Die zweite Maschine arbeitet also offensichtlich mit durchschnittlich geringerer Toleranz, obwohl sie den Idealwert 100 cm selbst nie trifft.

Die Tschebyscheff-Ungleichung

Vergleicht man mehrere Verteilungen zum selben Problem (s. Beispiel 2 des vorigen Abschnitts), so kann man durch einen Vergleich der Erwartungswerte und Standardabweichungen die relativ günstigste Lösung heraussuchen. Oft aber ist nur eine Lösung verfügbar. Und manchmal ist sogar von dieser die genaue Verteilung nicht bekannt, sondern lediglich Mittelwert und Standardabweichung empirisch zugänglich. Kann man auch dann noch diesen beiden Werten Informationen abgewinnen? Oder, anders gefragt: Wie wahrscheinlich ist es, daß ein konkreter Wert um mehr als σ, 2σ, ... vom Mittelwert abweicht? Dazu betrachten wir folgendes

Einführungsbeispiel:

Von einem Arzneimittel wird behauptet, daß es den Blutdruck reguliert. Ein Arzt möchte es seinen Patienten verordnen, weiß aber nur noch, daß sich bei einer langen klinischen Testreihe für den systolischen Druck der Erwartungswert 120 und die Standardabweichung 5,5 ergeben haben. Wie groß ist die Wahrscheinlichkeit, daß bei einem seiner Patienten sich ein systolischer Blutdruckwert von höchsten 100 oder 140 und mehr ergibt (diese Zahlen sind eine Art Toleranzgrenze zum Blutunterdruck bzw. Bluthochdruck)?
Sei dabei X die Variable für den Blutdruck. A sei die Menge der Patienten mit einem Blutdruck im Normbereich, also $A = \{x_i \mid |x_i - E(X)| < c\}$. B seien die Patienten mit Unter- oder Hochdrucksymptomen, also
$B = \{x_i \mid |x_i - E(X)| \geq c\}$. Dann folgt für die Varianz von X:

$$V(X) = \sigma^2 = \sum_{x_i \in A} (x_i - 100)^2 \cdot P(X = x_i) + \sum_{x_i \in B} (x_i - 100)^2 \cdot P(X = x_i)$$

$$\Rightarrow 30{,}25 \geq \sum_{x_i \in B} (x_i - 100)^2 \cdot P(X = x_i)$$

bei der Vernachlässigung all derer, denen das Medikament hilft. Da für die anderen $|x_i - 100| \geq c = 20$ ist, kann man weiter abschätzen:

$$30{,}25 \geq \sum_{x_i \in B} c^2 \cdot P(X = x_i) \Leftrightarrow \sum_{x_i \in B} P(X = x_i) \leq \frac{30{,}25}{400} = \frac{V(X)}{c^2}$$

Dabei steht zum Schluß auf der linken Seite der Ungleichung die gesamte Wahrscheinlichkeit, daß der Blutdruck einen Wert annimmt, der um mehr als 20 vom „Idealwert" abweicht. Deshalb kann man auch schreiben:

$$P(|X - 100| \geq 20) \leq \frac{30{,}25}{400} \approx 0{,}076 = 7{,}6\%$$

Also hilft in schlimmstenfalls 7,6% aller Fälle das Medikament nicht oder nur unzureichend. In mindestens 92,4% der Fälle dagegen reguliert es den Blutdruck im gewünschten Maß.

Die hierbei benutzte Abschätzung liefert die Aussage der **Tschebyscheff-Ungleichung**, die in allgemeiner Form lautet:

$$P(|X - E(X)| \geq c) \leq \frac{V(X)}{c^2}$$

Oft interessiert man sich für Abweichungen von Erwartungswerten, die ein Vielfaches der Standardabweichung sind. Dann erhält man:

$$P(|X - E(X)| \geq \sigma) \leq \frac{V(X)}{\sigma^2} = \frac{V(X)}{V(X)} = 1 \text{ (dies ist natürlich trivial)}$$

$$P(|X - E(X)| \geq 2\sigma) \leq \frac{V(X)}{4\sigma^2} = \frac{1}{4}$$

$$P(|X - E(X)| \geq 3\sigma) \leq \frac{V(X)}{9\sigma^2} = \frac{1}{9}$$

Bemerkung

Die Abschätzung mit der Tschebyscheff-Ungleichung ist sehr grob, da alle Werte mit $|x_i - E(X)| < c$ vernachlässigt werden. Außerdem berücksichtigt die Abschätzung die konkrete Verteilung X in keiner Weise, obwohl X in der Formel vorkommt. Gerade darin aber liegt letztlich ihr Wert: Sie liefert Abschätzungen, die für jede beliebige Verteilung gültig sind. Deshalb geben wir hier drei weitere Varianten der Ungleichung:

a) $P(|X - E(X)| > c) < \frac{V(X)}{c^2}$

b) $P(|X - E(X)| < c) \geq 1 - \frac{V(X)}{c^2}$

c) $P(|X - E(X)| \leq c) > 1 - \frac{V(X)}{c^2}$

Dabei ist a) nur die Verschärfung der Grundform der Tschebyscheff-Ungleichung; b) und c) folgen direkt, da hier die jeweiligen Gegenereignisse abgeschätzt werden.

Die Variable Y = aX + b

Zufallsvariable lassen sich ähnlich wie Variable oder Funktionen der Analysis weiterverarbeiten. Dies zeigt folgendes

Einführungsbeispiel:

Bei einem Würfelspiel erhält man das Doppelte der gewürfelten Augenzahl ausbezahlt. Ist dieses Spiel fair, wenn der Einsatz pro Runde 7 DM beträgt? Ein Spiel ist fair, wenn der Erwartungswert für den Gewinn Null ist. Deshalb definieren wir die „Reingewinnsvariable" Y = 2X – 7 und berechnen ihren Erwartungswert. Dieser ist

$$E(Y) = \sum_{i=1}^{6} y_i \cdot P(Y = y_i) = \sum_{i=1}^{6} y_i \cdot P(X = x_i),$$ da die Werte von Y nur von den Werten von X abhängen.

$$= \sum_{i=1}^{6} (2x_i - 7) \cdot \frac{1}{6} = -\left[2 \cdot \sum_{i=1}^{6} x_i - 6 \cdot 7\right]$$

$$= \frac{1}{3} \cdot 21 - 7 = 0$$

Also ist das Spiel fair.

Dieses Verhalten des Erwartungswertes beschreibt der

Verschiebungssatz (s. auch Abb. 608)
Ist X eine Zufallsvariable mit dem Erwartungswert E(X), so gilt mit beliebigen reellen Zahlen a und b: Die Variable Y = aX + b hat den Erwartungswert E(Y) = a · E(X) + b. Ferner gilt für die Varianz: Y = aX + b hat die Varianz $V(aX + b) = a^2 \cdot V(X)$.

Denn mit $\mu = E(X)$ erhalten wir:

$$V(aX + b) = \sum_{i=1}^{n} \left[(ax_i + b) - (a\mu + b)\right]^2 \cdot P(X = x_i) = \sum_{i=1}^{n} \left[a \cdot (x_i - \mu)\right]^2 \cdot P(X = x_i)$$

$$= a^2 \cdot \sum_{i=1}^{n} (x_i - \mu)^2 \cdot P(X = x_i) = a^2 \cdot V(X)$$

Also ist $\sigma(aX + b) = |a| \cdot \sigma(X)$, d.h eine Verschiebung aller Werte von X ändert die Standardabweichung nicht, da diese auf den Mittelwert normiert ist. Dagegen wirkt sich eine Streckung mit dem Faktor a auch auf die Standardabweichung aus, da dann alle Einzelwerte um |a| weiter vom Mittelwert entfernt sind.

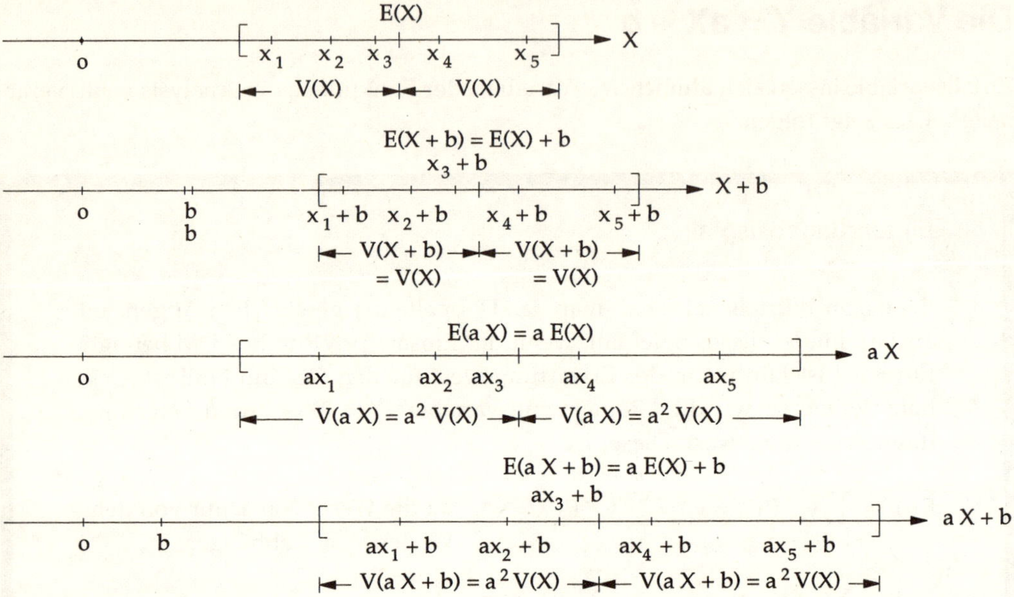

Abb. 608 Der Verschiebungssatz

Ferner gilt:

Ist $E(X) = \mu$, $V(X) = \sigma^2$, so hat $Y = \frac{X-\mu}{\sigma}$ den Erwartungswert

$E(Y) = E\left(\frac{X-\mu}{\sigma}\right) = \frac{1}{\sigma} \cdot [E(X) - \mu] = 0$ und die Varianz $V(Y) = V\left(\frac{X-\mu}{\sigma}\right) = \frac{1}{\sigma^2}\,\sigma^2 = 1$

Y heißt die zu X gehörende standardisierte Zufallsvariable.

Beispiel:

x_i	1	2	3	4	5	6
$P(X = x_i)$	0,2	0,1	0,1	0,3	0,2	0,1

$\Rightarrow$ $E(X) = 0{,}2 + 0{,}2 + 0{,}3 + 1{,}2 + 1 + 0{,}6 = 3{,}5$

$V(X) = 2{,}5^2 \cdot 0{,}2 + 1{,}5^2 \cdot 0{,}1 + \ldots + 2{,}5^2 \cdot 0{,}1 = 2{,}65 = \sigma^2$

$y_i = \frac{x_i - \mu}{\sigma}$	$-\frac{2{,}5}{\sigma}$	$-\frac{1{,}5}{\sigma}$	$-\frac{0{,}5}{\sigma}$	$\frac{0{,}5}{\sigma}$	$\frac{1{,}5}{\sigma}$	$\frac{2{,}5}{\sigma}$
$P(Y = y_i)$	0,2	0,1	0,1	0,3	0,2	0,1

$\Rightarrow$ $E(Y) = \frac{1}{\sqrt{2{,}65}} \cdot ((-2{,}5) \cdot 0{,}2 + \ldots + 2{,}5 \cdot 0{,}1) = 0$

$V(Y) = \frac{1}{2{,}65} \cdot (6{,}25 \cdot 0{,}2 + \ldots + 6{,}25 \cdot 0{,}1) = \frac{1}{2{,}65} \cdot 2{,}65 = 1$

Summe und Produkt von Zufallsvariablen

Einführungsbeispiel:

Eine Firma stellt in zwei Werken Autos her. Werk A produziert täglich 100, 110, 115 oder 120 Stück; Werk B 80 oder 90 Stück. Mit welchem Tagesausstoß kann die Firma rechnen?

b_j \ a_i	100	110	115	120
80	180	190	195	200
90	190	200	205	210

Letztendlich interessiert also die Gesamtproduktion mehr als die Komponenten. Offenbar lassen sich die entstehenden Summen als Werte einer Zufallsvariablen interpretieren, wobei verschiedene Werte der Summanden zum gleichen Wert der Summe führen können.

Deshalb definiert man:

1. X und Y seien Zufallsvariable mit den Werten $x_1, x_2, ..., x_n$ und $y_1, ..., y_m$. Dann versteht man unter der Summe X + Y von X und Y diejenige Zufallsvariable, welche jedem der möglichen Paare $(x_i; y_j)$ die Summe $x_i + y_j$ zuordnet.
Das Produkt $X \cdot Y$ entsteht durch Zuordnung von $(x_i; y_j)$ auf $x_i \cdot y_j$.

2. Unter der Wahrscheinlichkeitsverteilung von $Z = X + Y$ (bzw. $Z = X \cdot Y$) versteht man diejenige Abbildung, welche jedem Wert z_k von Z die Summe aller Wahrscheinlichkeiten $P(X = x_i; Y = y_j)$ mit $x_i + y_j = z_k$ (bzw. $x_i \cdot y_j = z_k$) zuordnet.

In unserem Einführungsbeispiel ergibt sich:

b_j \ a_i	100	110	115	120	$P(B = b_j)$
80	0,125	0,125	0,125	0,125	0,5
90	0,125	0,125	0,125	0,125	0,5
$P(A = a_i)$	0,25	0,25	0,25	0,25	1

wenn die Werke unabhängig voneinander produzieren; oder etwa

b_j \ a_i	100	110	115	120	$P(B = b_j)$
80	0,05	0,25	0,25	0,05	0,6
90	0,15	0,05	0,05	0,15	0,4
$P(A = a_i)$	0,2	0,3	0,3	0,3	1

wenn die Produktionsziffern des einen Werkes die des anderen beeinflussen. Daraus ergibt sich die gemeinsame Verteilung von Z = A + B:

z_k	180	190	195	200	205	210
$P(Z = z_k)$	0,125	0,25	0,125	0,25	0,125	0,125

bei unabhängiger Produktion in beiden Werken;

z_k	180	190	195	200	205	210
$P(Z = z_k)$	0,05	0,4	0,25	0,1	0,05	0,15

bei Verflechtung der Produktionsbedingungen.

Für die Erwartungswerte und Varianzen ergibt sich im Fall a:

a_i	$P(A = a_i)$	$a_i \cdot P(A = a_i)$	$a_i - \mu_A$	$(a_i - \mu_A)^2$	$(a_i - \mu_A)^2 \cdot P(A = a_i)$
100	0,25	25	–11,25	126,5625	31,640625
110	0,25	27,5	– 1,25	1,5625	0,390625
115	0,25	28,75	3,75	14,0625	3,515625
120	0,25	30	8,75	76,5625	19,140625

$\mu_A = 111{,}25$ $\qquad$ $V(A) = 54{,}6875$

b_j	$P(B = b_j)$	$b_j \cdot P(B = b_j)$	$b_j - \mu_B$	$(b_j - \mu_B)^2$	$(b_j - \mu_B)^2 \cdot P(B = b_j)$
80	0,5	40	–5	25	12,5
90	0,5	45	5	25	12,5

$\mu_B = 85$ $\qquad$ $V(B) = 25$

z_k	$P(Z = z_k)$	$z_k \cdot P(Z = z_k)$	$z_k - \mu_Z$	$(z_k - \mu_Z)^2$	$(z_k - \mu_Z)^2 \cdot P(Z = z_k)$
180	0,125	22,5	–16,25	264,0625	33,0078125
190	0,25	47,5	– 6,25	39,0625	9,765625
195	0,125	24,375	– 1,25	1,5625	0,1953125
200	0,25	50	3,75	14,0625	3,515625
205	0,125	25,625	8,75	76,5625	9,5703125
210	0,125	26,25	13,75	189,0625	23,6328125

$\mu_Z = 196{,}25$ $\qquad$ $V(Z) = 79{,}6875$

im Fall b:

a_i	$P(A = a_i)$	$a_i \cdot P(A = a_i)$	$a_i - \mu_A$	$(a_i - \mu_A)^2$	$(a_i - \mu_A)^2 \cdot P(A = a_i)$
100	0,2	20	–11,5	132,25	26,45
110	0,3	33	–1,5	2,25	0,675
115	0,3	34,5	3,5	12,25	3,675
120	0,2	24	8,5	72,25	14,45

$\mu_A = 111{,}5$ $\qquad$ $V(A) = 45{,}25$

b_j	$P(B = b_j)$	$b_j \cdot P(B = b_j)$	$b_j - \mu_B$	$(b_j - \mu_B)^2$	$(b_j - \mu_B)^2 \cdot P(B = b_j)$
80	0,6	48	–4	16	9,6
90	0,4	36	6	36	14,4

$\mu_B = 84$ $\qquad$ $V(B) = 24$

z_k	$P(Z = z_k)$	$z_k \cdot P(Z = z_k)$	$z_k - \mu_Z$	$(z_k - \mu_Z)^2$	$(z_k - \mu_Z)^2 \cdot P(Z = z_k)$
180	0,05	9	–15,5	240,25	12,0125
190	0,4	76	– 5,5	30,25	12,1
195	0,25	48,75	– 0,5	0,25	0,0625
200	0,1	20	4,5	20,25	2,025
205	0,05	10,25	9,5	90,25	4,5125
210	0,15	31,5	14,5	210,25	31,5375

$\mu_Z = 195{,}5$ $\qquad$ $V(Z) = 62{,}25$

Diese Ergebnisse legen nahe:

(1) Haben X und Y die Erwartungswerte E(X) und E(Y), so hat Z = X + Y den Erwartungswert $E(Z) = E(X + Y) = E(X) + E(Y)$.
Dies läßt sich mittels vollständiger Induktion verallgemeinern auf n Zufallsvariable $X_1, \ldots, X_n$. Es ist dann $E(X_1 + X_2 + \ldots + X_n) = E(X_1) + E(X_2) + \ldots + E(X_n)$.

(2) Faßt man die Varianz von X wegen $E(X) = \Sigma x_i \cdot P(X = x_i)$ und $V(X) = \Sigma(x_i - E(X))^2 \cdot P(X = x_i)$ als Erwartungswert von $[X - E(X)]^2$ auf, so gilt wegen
$V(X) = E[(X - E(X)]^2 = E[(X^2 - 2X \cdot E(X) + E^2(X)]$
$= E(X^2) - 2E(X) \cdot E[E(X)] + E^2(X) = E(X^2) - 2E^2(X) + E^2(X)$ kurz:
$V(X) = E(X^2) - E^2(X)$, da E(X) eine Konstante und somit $E[E(X)] = E(X)$ ist.
Über die Varianzen erhält man aus den Beispielen folgende Aussagen:

(3) Nur wenn X und Y unabhängig sind, gilt: $V(X + Y) = V(X) + V(Y)$.

(4) Allgemein gilt $V(X + Y) = V(X) + V(Y) + 2 \cdot [E(XY) - E(X) \cdot E(Y)]$.

(5) Dies läßt sich verallgemeinern auf:
$V(X_1 + X_2 + \ldots + X_n) = V(X_1) + V(X_2) + \ldots + V(X_n)$.

(6) Aus (3) und (4) ergibt sich als Konsequenz: Sind X und Y unabhängig, so ist $E(X \cdot Y) = E(X) \cdot E(Y)$.

Übungsaufgaben

1. Zeigen Sie: Die Würfe von zwei Würfeln sind unabhängig.
2. In einem Kilobeutel befinden sich 8 Äpfel, von denen aber 2 gequetscht sind. Die Hälfte der Äpfel wird ausgeschüttet. X beschreibt die Anzahl der gequetschten unter ihnen. Wie ist die Wahrscheinlichkeitsverteilung von X?
3. X beschreibt, daß eine Münze so lange geworfen wird, bis „Zahl" oben liegt. Wie sieht die Wahrscheinlichkeit von X aus?
4. Gegeben sei die Wahrscheinlichkeitsverteilung

x_i	1	2	3	4	5	6
$P(X = x_i)$	$2k$	$4k$	$2k^2$	$3k^2 + k$	$5k^2 + 2k$	0

Bestimmen Sie k sowie $P(X \geq 2)$ und $P(1 < X < 4)$.

5. Die 32 Karten eines Skatspiels werden folgendermaßen gewertet:

Karte	7	8	9	10	Bube	Dame	König	As
Wert	0	0	0	10	2	3	4	11

a) Die Variable X beschreibt den Wert einer zufällig gezogenen Karte. Wie lautet die Wahrscheinlichkeitsverteilung von X?

b) Ein Stich besteht aus drei Karten. Angenommen, alle drei Spieler müssen dieselbe Farbe bedienen: Wie ist dann die Verteilung der Augensumme im Stich? (Bemerkung für Nicht-Skatspieler: Der Bube gilt als Trumpf und scheidet als Karte hier aus.)

6. Eine Lebensversicherung über 50 000 € kostet einen 37jährigen 400 € Jahresprämie. Die Wahrscheinlichkeit, daß er schon im nächsten Jahr stirbt, ist 3 Promille. Wie hoch ist der für dieses Jahr zu erwartende Gewinn der Versicherungsgesellschaft?
7. Ein „einarmiger Bandit" (Spielautomat) hat zwei Räder, die durch Ziehen an einem Hebel gestartet werden. Auf jedem Rad sind 4 Äpfel, 5 Kirschen und 1 Stern in jeweils gleich großen Feldern. Nach dem Stop erscheint in jedem Fenster ein Symbol. Für zwei Sterne werden 5,– € ausgezahlt, für zwei Äpfel 1,– € und für zwei Kirschen 0,50 €. Der Einsatz beträgt 50 Cent. Wie hoch ist der durchschnittliche Gewinn des Automaten?
8. Daniel hat sein Taschengeld bis auf 5 € ausgegeben, Heiko hat fleißig gespart und schon 500 €. Deshalb schlägt er Daniel vor, eine Münze zu werfen. Bei Wappen verliert Daniel auch die letzten 5 €, bei Zahl erhält er von Heiko 50 € dazu. Heute mittag sollen die beiden in den Zirkus gehen dürfen, wenn sie sich die Eintrittskarte (4 € für Kinder) leisten können. Wird Daniel, der wahnsinnig gerne in den Zirkus geht, auf den Vorschlag von Heiko eingehen?
9. Jeder Flugzeugmotor versagt mit einer Wahrscheinlichkeit von 3% während des Fluges. Ein Flugzeug kann noch sicher landen, wenn höchstens die Hälfte der Motoren ausgefallen ist. Sind dann zweimotorige oder viermotorige Flugzeuge sicherer?
10. Acht identische Glühbirnen sind in Reihe geschaltet. Brennt eine von ihnen durch, ist der gesamte Stromkreis ausgeschaltet. In aller Regel sind aber die übrigen 7 Glühbirnen dann noch in Ordnung. Um das durchgebrannte Stück zu finden, dem man äußerlich nichts ansieht, hat man drei Möglichkeiten:

a) Man testet jede Glühbirne, angefangen mit der ersten, bis man die durchgebrannte gefunden hat.

b) Man prüft zunächst maximal 4 Zweiergruppen und anschließend beide Elemente der defekten Gruppe.

c) Man prüft zunächst zwei Vierergruppen, anschließend jede einzelne Glühbirne in der defekten Gruppe.

Welche Strategie ist auf Dauer die günstigste?

11. Beim Volleyball gewinnt diejenige Mannschaft, die zuerst drei Sätze gewonnen hat, das Spiel. Wie viele Sätze müssen im Durchschnitt gespielt werden, wenn die Gegner die gleiche Spielstärke besitzen?

12. In der Klasse 11a befinden sich 5 Schülerinnen oder Schüler im Alter von 16 Jahren, 11 Schüler/-innen von 17 Jahren, 3 Achtzehnjährige und 1 Neunzehnjähriger.

a) Berechnen Sie Erwartungswert und Varianz der Variablen X, die das Alter beschreibt.

b) Bestimmen Sie reelle Zahlen a und b so, daß $aX + b$ den Erwartungswert 0 und die Varianz 1 hat.

13. Man würfelt gleichzeitig mit zwei Würfeln und betrachtet die beiden Zufallsvariablen X: Summe der Augenzahlen; Y: Produkt der Augenzahlen.

a) Stellen Sie die Wahrscheinlichkeitsverteilung von X und Y auf.

b) Berechnen Sie Erwartungswert und Varianz der beiden Zufallsvariablen.

14. Es wird mit drei Würfeln gewürfelt und die Augensumme betrachtet. Nur bei einer Summe von mindestens 15 gibt es einen Gewinn. Definieren Sie eine entsprechende Indikatorvariable, bestimmen Sie ihre Wahrscheinlichkeitsverteilung und berechnen Sie Erwartungswert und Varianz.

15. Bei welchem Einsatz ist ein Würfelspiel mit zwei Würfeln fair, wenn man a) die Summe, b) das Produkt der Augenzahlen ausgezahlt erhält?

16. Berechnen Sie die a) zur Summe, b) zum Produkt der Augenzahlen zweier Würfel gehörenden standardisierten Zufallsvariablen.

17. Wie groß ist bei einem Spiel mit zwei Würfeln die Wahrscheinlichkeit, Zahlen zu würfeln, a) deren Summe um mehr als 2, b) deren Produkt um mehr als 10 vom Erwartungswert abweicht? Verwenden Sie die Tschebyscheffsche Ungleichung.

18. Bestimmen Sie mit der Tschebyscheffschen Ungleichung die Wahrscheinlichkeit dafür, daß im Beispiel 1 (S. 657) die Kosten des Essens um mehr als 1,50 € vom Erwartungswert abweichen.

19. Beweisen Sie die Aussagen Nr. 3 und 4 von S. 669.

20. Eine Münze wird viermal geworfen. X sei die Indikatorvariable für das Auftreten von Wappen im ersten Wurf; Y gibt den Betrag der Differenz der geworfenen Anzahlen von Wappen und Zahl an.

a) Wie sieht die gemeinsame Wahrscheinlichkeitsverteilung von X und Y aus? Sind die beiden Variablen unabhängig? Bestimmen Sie auch E(X) und E(Y).

b) Berechnen Sie die Wahrscheinlichkeitsverteilung von $A = X + Y$ und $B = X \cdot Y$.

c) Bestimmen Sie E(A) und E(B).

Lösungen S. 839

Spezielle Verteilungen

Die Binomialverteilung

Wahrscheinlichkeiten kann man in der Regel nur bestimmen, wenn alle möglichen Ausgänge explizit bekannt sind, oder wenn man zumindest alle Möglichkeiten in der Theorie kennt und so das Experiment gedanklich ersetzen kann. Aber auch dann bleibt das Problem, daß die Wahrscheinlichkeit eines Ereignisses wenig darüber aussagt, was im konkreten Fall passiert. Betrachtet man nun nicht eine einzelne Realisierung des Experiments, sondern eine gewisse Anzahl, eine Stichprobe, so stellt sich die Frage, inwieweit man die Wahrscheinlichkeiten von der Grundgesamtheit zumindest auf diese kleinere Menge übertragen darf.

Einführungsbeispiel:

Die Wahrscheinlichkeit, daß ein Mann rot-grün-blind ist, beträgt in Deutschland etwa 8%. Wie groß ist dann die Wahrscheinlichkeit, daß unter fünf Männern, die sich zufällig treffen, einer mit dieser Sehschwäche ist (zwei, mindestens einer, höchstens einer mit dieser Sehschwäche sind)?
Auf herkömmliche Weise löst man diese und ähnliche Fragen mit Hilfe von Baumdiagrammen.
Dies ergäbe hier einen fünfstufigen Baum:

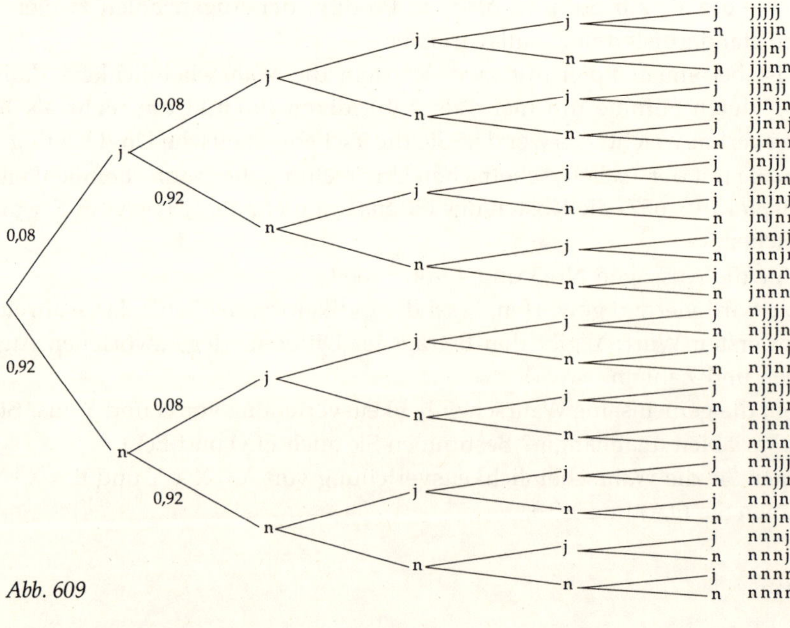

Abb. 609

Mit den Pfadregeln erhält man

P(Einer von fünf ist rot-grün-blind) $= 5 \cdot 0{,}08 \cdot 0{,}92^4$
$= 0{,}2866 = 28{,}66\%$

P(Zwei sind rot-grün-blind) $= 5 \cdot 2 \cdot 0{,}08^2 \cdot 0{,}92^3$
$= 0{,}0498 = 4{,}98\%$

P(Höchstens einer ist rot-grün-blind) $= 5 \cdot 0{,}08 \cdot 0{,}92^4 + 5 \cdot 0{,}08^0 \cdot 0{,}92^5$
$= 0{,}9456 = 94{,}56\%$

P(Mindestens einer ist rot-grün-blind) = 1 – P(Keiner ist rot-grün-blind)
$= 1 - 0{,}92^5 = 1 - 0{,}6591$
$= 0{,}3409 = 34{,}09\%$

Schon hier ist das Diagramm nicht sonderlich übersichtlich, und bei der Rechnung läuft man Gefahr, eine Variante zu übersehen. Deshalb berechnet man die letzte Variante besser über die Gegenwahrscheinlichkeit. Aber auch hier kann man durch die Beschreibung mit Hilfe von Zufallsvariablen zu einer Vereinfachung kommen.
Zunächst stellen wir fest: Auf jeder Stufe sind nur zwei Ausgänge möglich (im Beispiel: der Betreffende ist rot-grün-blind oder nicht), und die Wahrscheinlichkeit für das Eintreffen oder Nichteintreffen des Ereignisses ist auf jeder Stufe gleich. Dies entsprach dem Urnenmodell mit Zurücklegen; das Experiment mit nur zwei möglichen Ausgängen hieß Bernoulli-Experiment. Analog definiert man:

Eine Zufallsvariable, die nur die Werte 0 und 1 annehmen kann, heißt **Bernoulli-Variable**.

Die Bernoulli-Variablen sind die Grundlage vieler Experimente, deren Ausgänge durch nichtnegative ganze Zahlen beschrieben werden können. Oft gelingt es, diese Experimente als mehrstufige Experimente mit voneinander unabhängigen Stufen darzustellen. Dabei kann dann jede Stufe durch eine Bernoulli-Variable beschrieben werden. Dann läßt sich das Gesamtexperiment durch die gemeinsame Verteilung der so entstandenen Folge von Bernoulli-Variablen beschrieben werden, und es gilt:

Seien $X_1, \ldots, X_n$ voneinander unabhängige Bernoulli-Variablen, die mit derselben Wahrscheinlichkeit p den Wert 1 annehmen, und sei X die „Summenvariable", welche die Anzahl der Einsen zählt. Dann ist $P(X = k) = \binom{n}{k} \cdot p^k \cdot (1-p)^{n-k}$

Begründung: Die gemeinsame Verteilung erbringt Varianten von keiner bis hin zu n Einsen, also Summen von 0 bis n. Dabei gibt es für k auftretende Einsen und somit n – k Nullen innerhalb der Variablen $\binom{n}{k}$ Kombinationen.

Die *Zufallsvariable* X heißt in diesem Fall **binomialverteilt** (mit den Parametern n und p); ihre Verteilung bezeichnet man abgekürzt mit $B_{n;p}(k)$.

Dies erinnert an den binomischen Satz der Analysis: $(a + b)^n = \sum_{k=0}^{n} \binom{n}{k} a^k \cdot b^{n-k}$

Demnach ist auch $\sum_{k=0}^{n} B_{n;p}(k) = \sum \binom{n}{k} p^k \cdot (1-p)^{n-k} = (p + 1 - p)^n = 1$

Also ist die Binomialverteilung wirklich eine Wahrscheinlichkeitsverteilung, denn die Summe aller Teilwahrscheinlichkeiten bei sich ausschließenden Ausgängen ist 1.
Die Binomialverteilung läßt sich mit Hilfe eines Histogramms veranschaulichen.

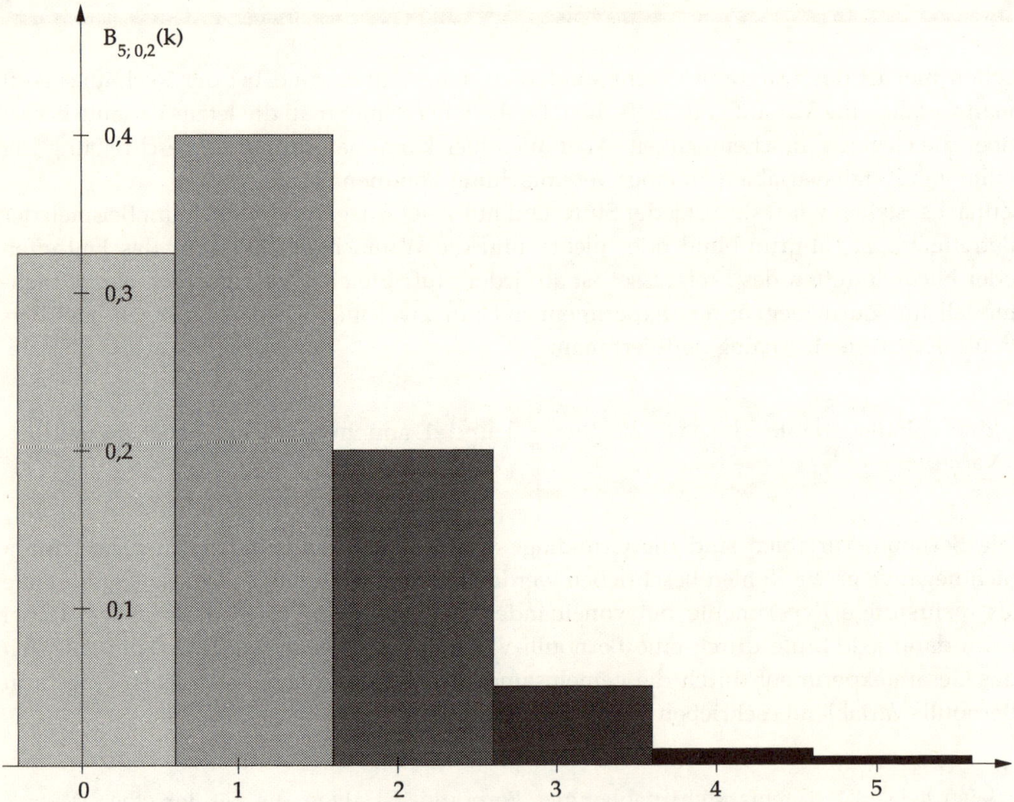

Abb. 610 Veranschaulichung von $B_{5;\,0,2}(k)$ durch ein Histogramm

Für Fragestellungen wie „höchstens ..." oder „mindestens ..." muß man jeweils mehrere Werte zusammenfassen:

a) „höchstens zwei" ist dasselbe wie „keiner oder einer oder zwei";
b) „mindestens zwei" ist dasselbe wie „zwei oder drei oder vier oder fünf", also auch dasselbe wie „alle Möglichkeiten, aber nicht keiner oder einer".

Für diese „aufsummierte Binomialverteilung" läßt sich auch ein entsprechendes Summenhistogramm zeichnen.

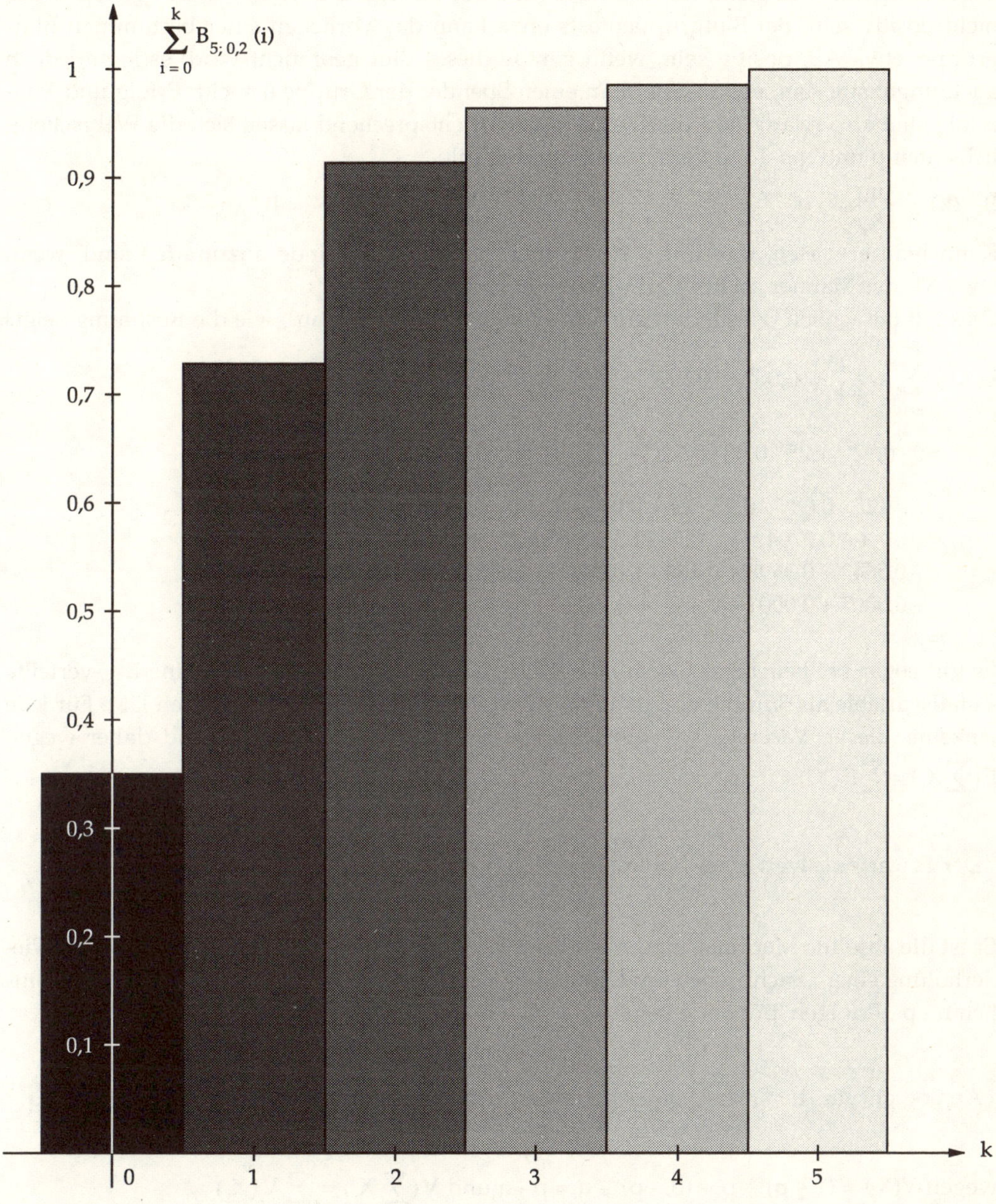

Abb. 611 Veranschaulichung von $\sum_{i=0}^{k} B_{5;\,0,2}(i)$ *durch ein Histogramm*

Bemerkung:
Aus dem Sprachgebrauch der Urnenmodelle werden oft Begriffe wie „Treffer" oder „günstiger Ausgang" übernommen. Dennoch muß das Eintreffen dessen, wonach gefragt wird, nicht positiv sein. Bei Blutgruppentests etwa kann das Vorliegen einer bestimmten Blutgruppe, etwa AB, positiv sein, wenn gerade dieses Blut gebraucht wird; es kann jedoch auch ungünstig sein, etwa wenn man einen Spender der Gruppe 0 sucht. Erfolg und Mißerfolg sind also relativ und quasi austauschbar; entsprechend lassen sich die Wahrscheinlichkeiten p und q = 1 – p vertauschen, und es gilt:

$$B_{n;p}(k) = \binom{n}{k} p^k \cdot q^{n-k} = \frac{n!}{k!(n-k)!} p^k \cdot q^{n-k} = \binom{n}{n-k} q^{n-k} \cdot p^k = B_{n;q}(n-k)$$

Kann man erwarten, daß unter 25 Männern 2 Rot-Grün-Blinde anzutreffen sind, wenn etwa 8% der Männer an Rot-Grün-Blindheit leiden?
Dies gilt tatsächlich (zumindest auf 4 Nachkommastellen genau), wie die Rechnung zeigt:

$$E(X) = \sum_{k=0}^{25} k \cdot \binom{25}{k} \cdot 0{,}08^k \cdot 0{,}92^{25-k}$$

$$= 0 \cdot 0{,}92^{25} + 25 \cdot 0{,}08 \cdot 0{,}92^{24} + \frac{25!}{2!23!} 0{,}08^2 \cdot 0{,}92^{23} \cdot 2 + \ldots$$

$$\ldots + 25 \cdot 0{,}08^{24} \cdot 0{,}92 \cdot 24 + 0{,}08^{25} \cdot 25$$

$$= \ 0 \ + \ 0{,}2704 \ + \ 0{,}5642 \ + \ 05642$$

$$+ 0{,}5642 + 0{,}3598 + 0{,}1643 + 0{,}0571 + 0{,}0157 + 0{,}0035$$

$$+ 0{,}0007 + 0{,}0001 + 0 + \ldots + 0 + 0$$

$$= 2$$

Es gilt sogar bei beliebiger Genauigkeit! Der Grund dafür ist, daß sich eine $B_{n;p}$-verteilte Zufallsvariable als Summe von unabhängigen Bernoulli-Variablen darstellen läßt. Für jede einzelne dieser Variablen X_i gilt: $E(X_i) = 1 \cdot p + 0 \cdot (1 - p) = p$, und daher wegen $E(\sum X_i) = \sum E(X_i)$:

Der Erwartungswert einer binomialverteilten Zufallsvariablen X ist $E(X) = n \cdot p$

Er ist die absolute Merkmalshäufigkeit bei n Wiederholungen. Bei genügend häufiger Wiederholung einer „Stichprobe vom Umfang n" wird der Gesamtmittelwert bei durchschnittlich $n \cdot p$ „Erfolgen"pro Serie liegen.

Analog gilt für die Varianz einer binomialverteilten Zufallsvariablen X: $V(X) = n \cdot p \cdot q$

wegen $V(X_i) = (1 - p)^2 \cdot p + (0 - p)^2 \cdot q = p \cdot q$ und $V(\sum X_i) = \sum V(X_i)$
Damit ist die Standardabweichung dieser Variablen X:
$\sigma_x = \sqrt{n \cdot p \cdot q}$,
wobei jeweils $q = 1 - p$ ist.

Wegen

$$P(X = k) = \binom{n}{k} p^k \cdot q^{n-k} = \frac{n!}{k!(n-k)!} p^k \cdot q^{n-k} = \binom{n}{n-k} q^{n-k} \cdot p^k = P(X = k\,;\,\overline{X} = n-k)$$

liegt folgende Ausweitung der Binomialverteilung nahe:

$X_1, X_2, ..., X_k$ seinen Zufallsvariablen mit Werten 0, ..., n. Sie heißen multinomialverteilt (oder polynomialverteilt) mit Parametern n, $p_1, ..., p_n$, wenn ihre gemeinsame Verteilung die Form hat

$$P(X_1 = n_1, ..., X_k = n_k) = \frac{n!}{n_1!n_2! \dots n_k!} p_1^{\,n_1} \cdot p_2^{\,n_2} \cdot \dots \cdot p_k^{\,n_k}$$

wobei $\sum_{i=1}^{k} n_i = n$; $\sum_{i=1}^{k} p_i = 1$

Entsprechend ist bei multinomialverteilten $X_1, X_2, ..., X_k$ jedes X_i binomialverteilt, also $E(X_i) = n \cdot p_i$ und $V(X_i) = n \cdot p_i \cdot (1 - p_i)$. Für die gemeinsame Erwartung des Produkts von je zwei X_j, X_m erhält man $E(X_j, X_m) = n\,(n-1)\,p_j p_m$

Beispiel:

Eines der „plausibelsten" Resultate beim Würfeln mit einem fairen Würfel wäre bei 50 Würfen das folgende: 8mal die 1, 9mal die 2, 8mal die 3, 9mal die 4, 8mal die 5 und 8mal die 6. Die Wahrscheinlichkeit dafür aber ist lediglich:

$$P(X_1 = 8; X_2 = 9; ...; X_6 = 8) = \frac{50!}{8!9!8!9!8!8!} \cdot \left(\frac{1}{6}\right)^{50} \approx 10^{-4} = 0{,}1 \text{ Promille}$$

Dies liegt daran, daß es bei 50 Würfen $6^{50} \approx 8{,}08 \cdot 10^{38}$ Varianten für das Ergebnis gibt, so daß auf jedes Einzelergebnis nur noch sehr kleine Wahrscheinlichkeiten entfallen.
Offenbar ist unter diesen Bedingungen die Frage nach einem einzelnen Ausfall wenig sinnvoll.

Die Poisson-Verteilung

Für steigendes n wird die Berechnung der Binomialkoeffizienten immer komplizierter. Dies gilt speziell bei Verwendung eines Taschenrechners, da die dabei entstehenden Zahlen ab 69! zu groß werden und eine Fehlermeldung erfolgt. Es bleibt nur die mühsame Handeingabe von abwechselnd Zahlen des Zählers und des Nenners – oder die Frage, ob es in diesen Fällen nicht einen „handlicheren" Ersatz für die Binomialverteilung gibt.

Einführungsbeispiel:

Trotz aller Bemühungen ist – wie die Erfahrung zeigt – eine Seite nur zu 99% fehlerfrei zu bekommen. Wie groß ist dann die Wahrscheinlichkeit, daß sich auf den 225 Textseiten dieses Buches höchstens drei Seiten mit Druckfehlern befinden? Wie verändert sich diese Wahrscheinlichkeit mit zunehmender Dicke des Buches?

Die erste Frage beantwortet man mit etwas Mühe mit Hilfe des Ansatzes

$$\begin{aligned} P(k \leq 3) &= B_{225;0,01}(0) + B_{225;0,01}(1) + B_{225;0,01}(2) + B_{225;0,01}(3) \\ &= 1 \cdot 1 \cdot 0{,}99^{225} + 225 \cdot 0{,}01 \cdot 0{,}99^{224} + 225 \cdot 112 \cdot 0{,}01^2 \cdot 0{,}99^{223} \\ &\quad + \frac{225 \cdot 224 \cdot 223}{1 \cdot 2 \cdot 3} \cdot 0{,}01^3 \cdot 0{,}99^{222} \\ &= 0{,}1042 + 02368 + 0{,}2679 + 0{,}2012 \\ &= 0{,}8101 \approx 81\% \end{aligned}$$

Die zweite Frage zielt in Richtung eines „Grenzwertes" für $B_{n;p}(k)$ für $n \to \infty$ (bei festem k). Dieser existiert jedoch nur für $p \approx 0$, da p mit dem Erwartungswert der Binomialverteilung μ über $n \cdot p = \mu$ zusammenhängt.

Für diesen gilt:

$$\begin{aligned} \lim_{n\to\infty} B_{n;p}(k) &= \lim_{n\to\infty}\left[\binom{n}{k} p^k (1-p)^{n-k}\right] \\ &= \lim_{n\to\infty}\left[\binom{n}{k}\left(\frac{\mu}{n}\right)^k \left(1-\frac{\mu}{n}\right)^{n-k}\right] \\ &= \lim_{n\to\infty}\left[\frac{n\cdot(n-1)\cdot \ldots \cdot(n-k+1)}{k!}\left(\frac{\mu}{n}\right)^k\left(1-\frac{\mu}{n}\right)^{n-k}\right] \\ &= \lim_{n\to\infty}\left[\frac{n}{n}\cdot\frac{n-1}{n}\cdot \ldots \cdot \frac{n-k+1}{n}\cdot\frac{\mu^k}{k!}\left(1-\frac{\mu}{n}\right)^{n-k}\right] \\ &= \lim_{n\to\infty}\left[1\cdot\left(1-\frac{1}{n}\right)\cdot \ldots \cdot\left(1-\frac{k-1}{n}\right)\cdot\left(1-\frac{\mu}{n}\right)^n\cdot\left(1-\frac{\mu}{n}\right)^k\cdot\frac{\mu^k}{k!}\right] \end{aligned}$$

Dies läßt sich auflösen, wenn jeder Grenzwert existiert. Nun ist

$$\lim_{n\to\infty}\left(1-\frac{1}{n}\right) = \ldots = \lim_{n\to\infty}\left(1-\frac{k-1}{n}\right) = 1, \text{ da k fest ist;}$$

$$\lim_{n\to\infty}\left(1-\frac{\mu}{n}\right)^n = e^{-\mu}; \quad \lim_{n\to\infty}\left(1-\frac{\mu}{n}\right)^k = 1$$

Also ist

$$\lim_{n\to\infty} B_{n;p}(k) = \frac{\mu^k}{k!} e^{-\mu}$$

Dies macht folgende Definition sinnvoll:

Die Verteilung $P(X = k) = \frac{a^k}{k!} \cdot e^{-a}$ heißt **Poisson-Verteilung** mit Parameter a. Für sie schreibt man auch $P_a(k)$. Dabei ist $a = n \cdot p$ der Erwartungswert der (zugrundeliegenden) Binomialverteilung.

Man verwendet die neue Variable a, um die Eigenständigkeit der Poisson-Verteilung zu betonen und Verwechslungen mit dem Erwartungswert der Poisson-Verteilung selbst zu vermeiden.
Die Poisson-Verteilung ist eine Wahrscheinlichkeitsverteilung, denn es gilt:

$$\sum_{k=0}^{\infty} \frac{a^k}{k!} \cdot e^{-a} = e^{-a} \cdot \left(\frac{a^0}{0!} + \frac{a^1}{1!} + \frac{a^2}{2!} + \ldots\right) = e^{-a} \cdot e^{a} = 1$$

Für das Beispiel ergibt sich $\mu = n \cdot p = 225 \cdot 0{,}01 = 2{,}25$ und daraus:

$$\begin{aligned} P(X \leq 3) &= P_{2,25}(0) + P_{2,25}(1) + P_{2,25}(2) + P_{2,25}(3) \\ &= \frac{2{,}25^0}{0!} e^{-2,25} + \frac{2{,}25^1}{1!} e^{-2,25} + \frac{2{,}25^2}{2!} e^{-2,25} + \frac{2{,}25^3}{3!} e^{-2,25} \\ &= e^{-2,25} \cdot \left(1 + 2{,}25 + \frac{2{,}25^2}{2} + \frac{2{,}25^3}{6}\right) \\ &= 0{,}8094 \approx 81\% \end{aligned}$$

Für Erwartungswert und Varianz einer Poisson-verteilten (oder kurz: P_a-verteilten Zufallsvariablen X erhalten wir:

$E(X) = a \qquad V(X) = a$

Denn: $E(X) = \sum_{k=0}^{\infty} k \frac{a^k}{k!} e^{-a} = a \cdot e^{-a} \sum_{k=1}^{\infty} \frac{a^{k-1}}{(k-1)!} = a \cdot e^{-a} \sum_{k=0}^{\infty} \frac{a^k}{k!} = a \cdot e^{-a} \cdot e^{a} = a$

$$\begin{aligned} V(X) &= E(X^2) - (E(X))^2 = E(X(X-1)) + E(X) - (E(X))^2 \\ &= \sum_{k=0}^{\infty} k(k-1) \frac{a^k}{k!} e^{-a} + a - a^2 = a^2 e^{-a} \sum_{k=2}^{\infty} \frac{a^k - 2}{(k-2)!} + a - a^2 \\ &= a^2 e^{-a} \sum_{k=0}^{\infty} \frac{a^k}{k!} + a - a^2 = a^2 e^{-a} e^{a} + a - a^2 = a \end{aligned}$$

Obwohl die Poisson-Verteilung über einen Grenzwert entwickelt wurde, liefert sie doch auch für endliche Werte von n brauchbare bis sehr gute Näherungswerte. Allerdings sollte n größer als 10 sein und $a \approx 1$, zumindest aber – bei entsprechend größerem n – im Bereich kleiner Zahlen liegen.
Gegenüber den bisher betrachteten Verteilungen stellt die Poisson-Verteilung jedoch eine Verallgemeinerung dar. Sie ist nämlich die Verteilung zu einer Zufallsvariablen, die unendlich viele Werte ($n \in \mathbb{N}$) annehmen kann, während die bisher betrachteten Variablen alle sich auf endliche Anzahlen von Werten beschränkten!

Beispiel:

Bei der alten preußischen Armee wurde über die Anzahl der tödlichen Unfälle durch Hufschlag Buch geführt. Aus insgesamt 200 Meldungen von 10 Kavallerieregimentern innerhalb von 20 Jahren ergab sich folgendes Bild:
109mal kam es zu keinem Todesfall, 65mal zu einem, 22mal zu zwei, 3mal zu drei, 1mal zu vier Hufschlagtoten. Fünf oder mehr Todesfälle durch Hufschlag hatte keines der Regimenter zu irgendeinem Zeitpunkt zu beklagen. (Quelle: L.v. Borikienicz, Das Gesetz der kleinen Zahlen. Leipzig 1898)
Der Tod durch Hufschlag ist also offensichtlich ein seltenes Ereignis; die Anwendung der Poisson-Verteilung erscheint gerechtfertigt.
Da der Parameter a in der Poisson-Formel dem Erwartungswert einer Binomialverteilung zum gleichen Problem entspricht, können wir sagen:
$a = (0 \cdot 109 + 1 \cdot 65 + 2 \cdot 22 + 3 \cdot 3 + 4 \cdot 1 + 0) : 200 = 0{,}61$
Dies führt auf folgende Tabelle, wobei die Zahlen $200 \cdot P_{0,61}(k)$ die absoluten Häufigkeiten für $X = k$ bei 200 Ausfällen darstellen.

k	0	1	2	3	4	≥ 5	
n_k	109	65	22	3	1	0	(tatsächlich)
$P_{0,61}(k)$	0,543	0,331	0,101	0,021	0,003	0	
$200 \cdot P_{0,61}(k)$	109	66	20	4	1	0	(berechnet)

Es ergibt sich also eine gute Übereinstimmung mit den tatsächlichen Zahlen von Todesfällen.

Die Normalverteilung

Außer der Poisson-Verteilung gibt es noch eine zweite Verteilung, die für große n eine einfachere und schnellere Berechnung der Wahrscheinlichkeiten erlaubt als die Binomialverteilung. Dazu folgendes

Einführungsbeispiel:

Das Galton-Brett ist eine schiefe Ebene mit eingelassenen Zapfen. In jeder Reihe kommt ein Zapfen hinzu. Alle Zapfen zusammen bilden ein Dreieck. Läßt man nun von oben eine Kugel das Brett hinunterrollen, trifft sie in jeder Reihe einen dieser Zapfen und rollt zu 50% dann nach links, zu 50% nach rechts weiter. Am Ende des Bretts fällt die Kugel dann in einen der Auffangbehälter. Von diesen existieren bei einem 10reihigen Galton-Brett 11, bei einem 20reihigen Brett 21, allgemein $n + 1$ bei einem n-reihigen Brett. Dies ist ein mehrstufiges Zufallsexperiment mit der Wahrscheinlichkeit $p = 0{,}5$ auf jeder Stufe.

Wird dieses Experiment mit vielen Kugeln nacheinander durchgeführt, so sammeln sich die meisten Kugeln in der mittleren Tasche. Nach beiden Seiten hin wird es symmetrisch weniger bis hin zu den außen liegenden Taschen, in denen sich kaum Kugeln finden.

Führt man für die Anzahl der Ablenkungen nach rechts die Zufallsvariable X ein, so ist X $B_{n;0,5}$-verteilt, also

$$P(X = k) = \binom{n}{k} 0{,}5^k (1 - 0{,}5)^{n-k} = \binom{n}{k} \cdot 0{,}5^n$$

für die Nummern der Taschen von 0 bis n.

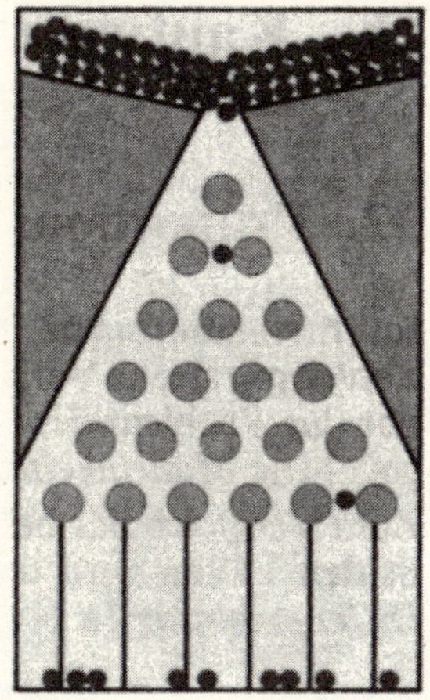

Abb. 612 Galton-Brett

Die Histogramme zeigen ebenfalls die Symmetrie des Experiments, wobei die Bilder mit wachsendem n zu „zerfließen" scheinen (s. Abb. 613).

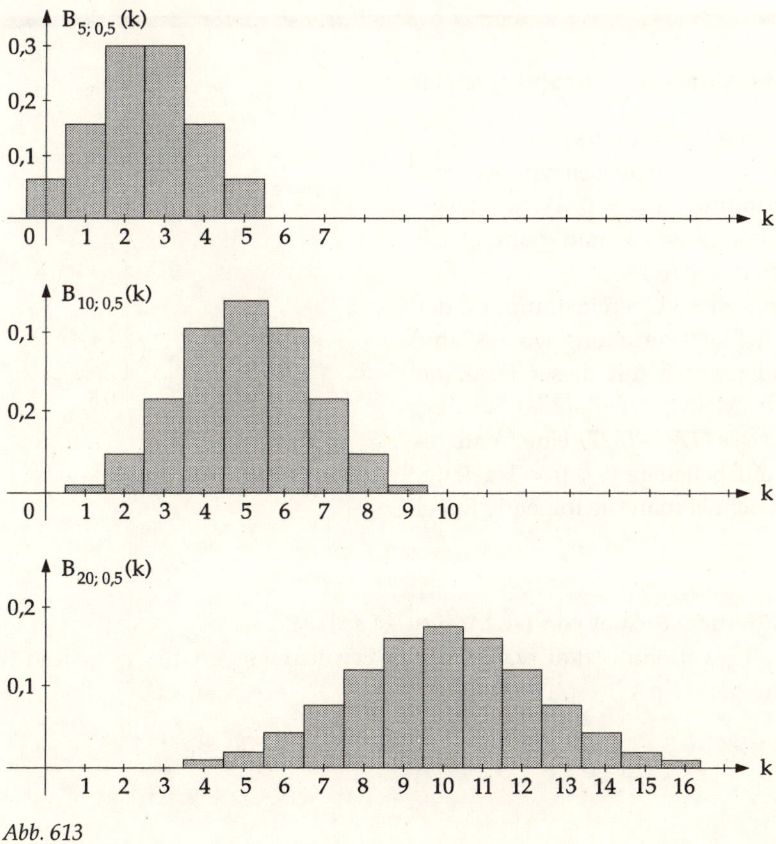

Abb. 613

Um besser vergleichen zu können, gehen wir deshalb zu der zugehörigen standardisierten Variablen $X^* = \frac{X - \mu}{\sigma}$ (siehe S. 666) über. Die Histogramme zeigen dann immer deutlicher eine „Glockenform" (s. Abb. 614).

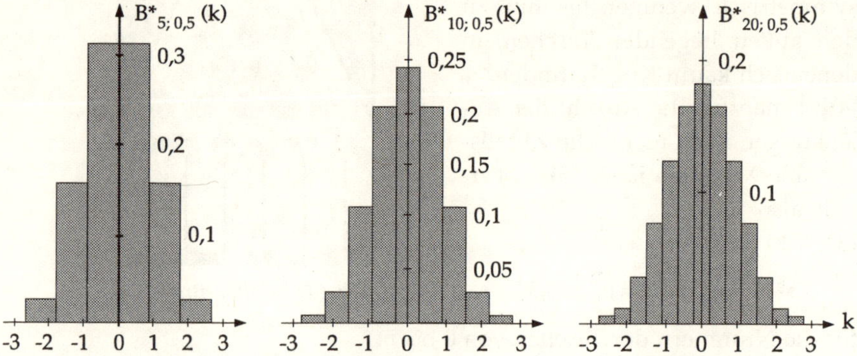

Abb. 614 Darstellung der standardisierten Variablen $X^* = \frac{x - n \cdot 0{,}5}{0{,}5\sqrt{n}}$ *für n = 5; 10; 15*

Wie man mit Mitteln der Analysis zeigen kann, besitzt die Funktion $f(x) = c \cdot e^{-\frac{x^2}{2}}$ eine solche Form. Sie ist y-achsensymmetrisch, hat ein Maximum für x = 0, Wendestellen bei x = 1 und x = –1 und nähert sich asymptotisch der x-Achse.

Die näherungsweise Übereinstimmung der Wahrscheinlichkeitsverteilung von X* für große n und p = 0,5 mit dieser Funktion geht auf *De Moivre (1667–1754)* zurück, während *Laplace (1740–1827)* eine Verallgemeinerung auf beliebige 0 < p < 1 gelang. Deshalb bezeichnet man die folgende Regel als

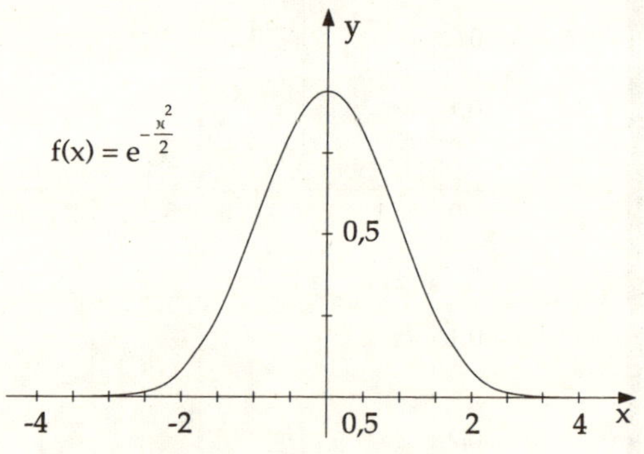

Abb. 615 Der Graph von $f(x) = e^{-\frac{x^2}{2}}$

(lokale) **Näherungsformel von De Moivre – Laplace**
Ist X eine $B_{n;p}$-verteilte Zufallsvariable mit Erwartungswert $\mu = n \cdot p$ und Standardabweichung $\sigma = n \cdot p \cdot (1 - p)$, so ist

$$P(X = k) = B_{n;p}(k) \approx \frac{1}{\sqrt{2\pi} \cdot \sigma} \cdot e^{-\frac{1}{2}\left(\frac{k-\mu}{\sigma}\right)^2}$$

Für große n wird jedoch das Auftreten eines bestimmten Wertes k beliebig unwahrscheinlich. Interessanter sind da Intervallwahrscheinlichkeiten, also $P(X \leq k)$ oder $P(a \leq X \leq b)$. Dabei tritt für $n \to \infty$ an die Stelle der Summation die Integration, und es gilt

$$\lim_{n\to\infty} P(a \leq X \leq b) = \int_a^b \frac{1}{\sqrt{2\pi}\cdot\sigma} \cdot e^{-\frac{1}{2}\left(\frac{k-\mu}{\sigma}\right)^2} dx \quad \text{bzw.}$$

$$\lim_{n\to\infty} P(X \leq b) = \int_{\infty}^b \frac{1}{\sqrt{2\pi}\cdot\sigma} \cdot e^{-\frac{1}{2}\left(\frac{k-\mu}{\sigma}\right)^2} dx \quad (1),$$

wobei das letzte ein uneigentliches Integral ist. Für die standardisierte Variable X* geht dies über in die einfacheren Formeln

$$\lim_{n\to\infty} P(a \leq X^* \leq b) = \int_a^b \frac{1}{\sqrt{2\pi}} \cdot e^{-\frac{x^2}{2}} dx \quad \text{bzw.}$$

$$\lim_{n\to\infty} P(X^* \leq b) = \int_{\infty}^b \frac{1}{\sqrt{2\pi}} \cdot e^{-\frac{x^2}{2}} dx \quad (2)$$

Dies legt folgende Definition nahe:

Eine Zufallsvariable X*, deren Wahrscheinlichkeiten über die Formeln (2) erklärt sind, heißt **standardnormalverteilt** oder kurz N(0;1)-verteilt.
Eine Zufallsvariable X, deren Wahrscheinlichkeiten über die Formeln (1) erklärt sind, heißt **normalverteilt** oder kurz $N(\mu;\sigma)$-verteilt.

Dabei heißt die Funktion $\varphi(x) = \frac{1}{\sqrt{2\pi}} e^{-\frac{x^2}{2}}$ **Dichtefunktion** von X.

$\varphi(x)$ heißt auch **Gauß-Funktion** nach *Carl-Friedrich Gauß (1777–1855)*. Das Integral von $\varphi(x)$ bezeichnet man auch als Gaußsche Summenfunktion $\Phi(x)$.
Anders ausgedrückt: Eine Zufallsvariable X ist normalverteilt, wenn ihre standardisierte Variable X* standardnormalverteilt ist.
Das bedeutet, daß sich alle normalverteilten Variablen auf die Standardnormalverteilung zurückführen lassen. Dies ist deshalb bedeutsam, weil sich die Integrale (1) bzw. (2) nicht elementar bestimmen lassen. Man ist daher auf Näherungswerte angewiesen, die für die Funktion φ bzw Φ in Tabellen zusammengefaßt sind. Dabei sind meist nur die Werte für positive x berücksichtigt. Wegen $\varphi(x) = \varphi(-x)$ und $\Phi(-x) = 1 - \Phi(x)$ lassen sich die Werte für negative x dann sofort gewinnen.

Weitere Eigenschaften der Funktion $\Phi(x)$:

* $\Phi(x) > 0$ für alle $x \in \mathbb{R}$;
* Φ ist auf ganz $\mathbb{R}$ streng monoton steigend;
* $\Phi(0) = 0{,}5$;
* Φ hat im Nullpunkt seinen Wendepunkt;
* $\lim_{n\to\infty} \Phi(x) = 1$;
* Φ ist beliebig oft differenzierbar. Dabei ist $\Phi'(x) = \varphi(x)$.

Damit ergibt sich folgende Approximation einer $B_{n;p}$-verteilten Zufallsvariablen X durch die Normalverteilung:

a) $P(a \leq X \leq b) \approx \Phi\left(\frac{b-\mu+0{,}5}{\sigma}\right) - \Phi\left(\frac{a-\mu-0{,}5}{\sigma}\right)$

b) $P(X \leq b) \approx \Phi\left(\frac{b-\mu+0{,}5}{\sigma}\right)$

für $\mu = n \cdot p$; $\sigma = n \cdot p \cdot (1-p)$,
wobei die Approximation für $n \cdot p \cdot (1-p) > 9$, also hinreichend großes n oder hinreichend kleines p schon befriedigend ist.

Speziell gilt:
$P(\mu - k \cdot \sigma \leq X \leq \mu + k \cdot \sigma) = 2 \cdot \Phi(k) - 1$
daraus ergibt sich für k = 1; 2; 3:

$P(\mu - \sigma \leq X \leq \mu - \sigma) \quad = 0{,}6826$
$P(\mu - 2\sigma \leq X \leq \mu + 2\sigma) = 0{,}9544$
$P(\mu - 3\sigma \leq X \leq \mu - 3\sigma) = 0{,}9974$

Es ist also praktisch sicher, daß nur Werte aus dem sogenannten 3σ-Intervall auftreten, und die Wahrscheinlichkeit, daß ein Wert außerhalb des 2σ-Intervalls liegt, ist immer noch kleiner als 5%.

Ferner gilt:

1. Ist X eine $N(\mu;\sigma)$-verteilte Zufallsvariable, so ist die Zufallsvariable $Y = a \cdot X$ $(a \neq 0)$ eine $N(a \cdot \mu; |a| \cdot \sigma)$-verteilte Zufallsvariable.
2. Ist X $N(\mu_1;\sigma_1)$-verteilt und Y $N(\mu_2;\sigma_2)$-verteilt und sind X und Y unabhängig, so ist $Z = X + Y$ $N(\mu_1 + \mu_2; \sqrt{\sigma_1^2 + \sigma_2^2})$-verteilt.

Die Normalverteilung umfaßt aber noch andere als die binomialverteilten Zufallsvariablen. Dazu der

Zentrale Grenzwertsatz:
Ist $X = X_1 + \ldots + X_n$ die Summe von n unabhängigen und identisch verteilten Zufallsvariablen mit $E(X_i) = \mu$ und $V(X_i) = \sigma^2$, dann gilt für große n näherungsweise:

$P(X \leq k) \approx \Phi\left(\frac{k - n \cdot \mu}{\sqrt{n} \cdot \sigma}\right)$ für alle $x \in \mathbb{R}$

„Große n" bedeutet dabei, daß der Einfluß jeder einzelnen Summandenvariablen gering ist. Davon kann man aber bei vielen additiv zusammengesetzten Zufallsvariablen ausgehen.

Ljapunoff (1857–1918) zeigte sogar, daß der zentrale Grenzwertsatz unter geringen und beinahe immer erfüllbaren Zusatzbedingungen auch für nicht identisch verteilte X_i gilt.

Beispiel:

Bei einem 50reihigen Galton-Brett ist
$\mu = n \cdot p = 25$; $\sigma = n \cdot p \cdot (1-p) = 12{,}5$ wegen $p = 1 - p = 0{,}5$

und damit $P(X = 0) = \frac{1}{\sqrt{2\pi} \cdot 12{,}5} \cdot e^{-0{,}5\left(\frac{0-25}{12{,}5}\right)^2} = 0{,}0043$

$P(X = 5) = 0{,}0089$

$P(X = 10) = 0{,}0184$

$P(X = 15) = 0{,}0232$

$P(X = 20) = 0{,}0295$

$P(X = 25) = 0{,}0319$

Die Wahrscheinlichkeiten für $P(X \le x)$ erhält man besser aus einer Tabelle (siehe Anhang):

$P(X \le 5) = P(X^* \le -1{,}6) = \Phi(-1{,}6) = 1 - \Phi(1{,}6) = 0{,}0548$

$P(X \le 10) = P(X^* \le -1{,}2) = \Phi(-1{,}2) = 1 - \Phi(1{,}2) = 0{,}1151$

$P(X \le 15) = P(X^* \le -0{,}8) = \Phi(-0{,}8) = 0{,}2119$

$P(X \le 20) = P(X^* \le -0{,}4) = \Phi(-0{,}4) = 0{,}3446$

$P(X \le 25) = P(X^* \le 0) = \Phi(0) = 0{,}5$

wobei für $X \le x$ gilt: $X^* \le \frac{x-\mu}{\sigma}$

Die Hypergeometrische Verteilung

Während die bisher behandelten Verteilungen „Ersatz" für die Binomialverteilung waren und deshalb Situationen behandelten, die auf Urnenversuche „mit Zurücklegen" zurückführbar sind, soll es nun um Versuche „ohne Zurücklegen" gehen. Diesen entsprechen Situationen, bei denen sich die Gesamtzahlen und damit die Chancen für Erfolg oder Mißerfolg von Teilschritt zu Teilschritt ändern.

Einführungsbeispiel:

Daniel und Heiko stehen auf dem Jahrmarkt an einer Losbude. Im Loseimer sind 100 Lose, der Verkäufer verkündet lauthals: „Jedes zweite Los gewinnt!". Daniel, dadurch ermutigt, kauft 10 Lose. Als alle geöffnet sind, hat er nur einen Gewinn. „Du bist halt ein Pechvogel", meint Heiko. Aber Daniel will sich damit nicht zufriedengeben. „Ich glaube, hier geht nicht alles mit rechten Dingen zu", sagt er. – Wer von beiden hat vermutlich recht?
Es geht also um die Frage, mit welcher Wahrscheinlichkeit ein Ergebnis wie bei Daniel zustande kommt. Dazu unterteilen wir die Lose in zwei Gruppen: die Gewinnlose und die Nieten. Unterstellen wir weiter (nach dem Grundsatz: Im Zweifel für den Angeklagten), daß der Losverkäufer nicht gelogen hat, so hat Daniel nur eines der 50 Gewinnlose, aber 9 von den 50 Nieten gezogen. Da wir nicht wissen, welches Gewinnlos und welche Nieten, erhalten wir (vgl. Abschnitt „Permutationen", S. 596) dafür $\binom{50}{1}$ bzw. $\binom{50}{9}$, insge-

samt für die „Stichprobe vom Umfang 10 aus 100“ $\binom{100}{10}$ Varianten. Damit ergibt sich die Wahrscheinlichkeit

$$p = \frac{\binom{50}{1}\binom{50}{9}}{\binom{100}{10}} = 50 \cdot \frac{50!}{9!41!} \cdot \frac{10!90!}{100!} = 0{,}007$$

Auch jetzt ist allerdings noch nicht zweifelsfrei klar, wer von den beiden wirklich recht hat. Denn auch für den „Idealfall“ 5 Gewinne und 5 Nieten ergäbe sich nur die Wahrscheinlichkeit

$$p^* = \frac{\binom{50}{5}\binom{50}{5}}{\binom{100}{10}} = \left(\frac{50!}{5!45!}\right)^2 \cdot \frac{10!90!}{100!} = \frac{(46 \cdot 47 \cdot 48 \cdot 49 \cdot 50)^2}{1 \cdot 2 \cdot 3 \cdot 4 \cdot 5} \cdot \frac{6 \cdot \ldots \cdot 10}{91 \cdot \ldots \cdot 100} = 0{,}259$$

Im Abschnitt „Hypothesentest“ werden wir deshalb versuchen, dieser Frage noch ein wenig weiter nachzugehen.
Zunächst aber halten wir fest:

Seien K, N und n natürliche Zahlen mit $K < N$ und $n \leq N$. Sei ferner $k \in \mathbb{N}_0$ mit $k \leq n$. Dann heißt die durch

$$P(X = k) = \frac{\binom{K}{k} \cdot \binom{N-K}{n-k}}{\binom{N}{n}}$$

gegebene Verteilung **hypergeometrische Verteilung** (mit Parametern N, K, n).

Um Erwartungswert und Varianz dieser Verteilung zu bekommen, stellen wir X als Summe von Indikatoren dar:
$X = X_1 + X_2 \ldots + X_K$. Dabei bedeutet $X_i = 1$, daß (im Beispiel) das i-te Gewinnlos gezogen wird.
Nun hat jeder Gewinn die gleiche Chance, gezogen zu werden.
Deshalb ist

$$E(X_i) = P(X_i = 1) = \frac{n}{N}, \text{ also } E(X) = K \cdot \frac{n}{N} = n \cdot p$$

Dabei ist $p = \frac{K}{N}$ die Chance auf einen Gewinn (und entsprechend $q = \frac{N-K}{N}$ die Chance auf eine Niete).
Wegen $V(X) = E(X^2) - E^2(X)$ benötigen wir eine Darstellung von X^2. Sinnvoll ist:

$$X^2 = \sum_i X_i^2 + \sum_{i \neq j} X_i \cdot X_j = \sum_i X_i + \sum_{i \neq j} X_i \cdot X_j$$

Dann wird $E(X^2) = n \cdot p + K(K-1) \cdot \frac{n(n-1)}{N(N-1)}$

wegen $E(X_iX_j) = P(X_i \cdot X_j = 1) = P(X_i = 1 \wedge X_j = 1) = \frac{n}{N} \cdot \frac{(n-1)}{(N-1)}$

Also ist $V(X) = np + K(K-1) \cdot \frac{n-1}{N-1} - n^2p^2$

$$= np[1 + (K-1)\frac{n-1}{N-1} - K \cdot \frac{n}{N}] = np \cdot \frac{(N-n)(N-K)}{N(N-1)}$$

$$= npq \cdot \frac{N-n}{N-1}$$

Insgesamt ist also

$E(X) = \mu = n \cdot p$ (wie bei der Binomialverteilung);

$V(X) = \sigma^2 = npq \cdot \frac{N-n}{N-1}$ (um den letzten Faktor kleiner als bei der Binomialverteilung).

Ist N allerdings viel größer als n, so wird $N - n \approx N - 1$, d.h. der letzte Faktor in der Varianz wird ungefähr gleich 1. Dies bedeutet, daß man in diesem Fall die Hypergeometrische Verteilung durch die Binomialverteilung oder sogar die Poisson-Verteilung oder Normalverteilung ersetzen oder zumindest annähern kann.

Beispiele

1. Ein Händler bestellt 100 Transistoren. Er weiß, daß je 1000 Stück 20 defekte Transistoren die Endkontrolle unbemerkt überstehen. Mit welcher Wahrscheinlichkeit befinden sich unter seinen 100 Transistoren genau 2 defekte Exemplare?

a) Die Hypergeometrische Verteilung liefert $P(2) = \frac{\binom{20}{2}\binom{980}{98}}{\binom{1000}{100}} = 0{,}288$

Dies ist mit herkömmlichen Taschenrechnern nur noch mit Mühe zu bewältigen, da sie in der Regel nur Zahlen bis 69! direkt berechnen können.

b) Die Binomialverteilung führt auf $P(2) = \binom{100}{2} \cdot 0{,}02^2 \cdot 0{,}98^{98} = 0{,}273$

c) Die Poisson-Verteilung erbringt $P(2) = \frac{2^2}{2!} \cdot e^{-2} = 0{,}271$

d) Mit der Normalverteilung schließlich ist $P(2) = \frac{1}{\sqrt{2\pi} \cdot 1{,}96} \cdot e^{-0{,}5 \cdot \left(\frac{2-2}{1{,}96}\right)^2} = 0{,}204$

2. Die Anzahl der Bären im Yellowstone-Nationalpark kann verständlicherweise nicht über eine direkte Zählung ermittelt werden. Hier (wie in ähnlich gelagerten Fällen) hilft man sich mit Stichproben. Man fängt einige Bären und markiert sie etwa mit einem Metallclip im Ohr. Bei weiteren Fangaktionen prüft man, wie viele bereits markiert sind. Unter der plausiblen Annahme, daß bei willkürlichen Fängen der Anteil der markierten Bären im Fang gleich dem Anteil in der Population ist, erhält man

$\frac{k}{N} = \frac{K}{N} \Leftrightarrow N = K \cdot \frac{n}{k}$

Übungsaufgaben

1. Daniel weiß, daß 20% der hergestellten Gummibärchen rot sind. Wie groß ist seine Chance, in einer Tüte mit 25 Stück a) mindestens zwei; b) höchstens fünf; c) genau 10 rote Bärchen zu finden?

2. Firma Leuchtstark gibt an, daß nur 3% ihrer Glühbirnen die Endkontrolle defekt passieren. Wie wahrscheinlich ist es dann, unter 100 Birnen 7 defekte zu finden?

3. Der Hinweis „Radarkontrolle" veranlaßt 9 von 10 Autofahrern, die Geschwindigkeitsbegrenzung einzuhalten. Wie groß ist die Wahrscheinlichkeit, unter 50 kontrollierten Autos a) nur eines, b) mehr als 10 mit zu hoher Geschwindigkeit zu finden?

4. Mit welcher Wahrscheinlichkeit zeigen beim Werfen von sechs Münzen genau (mindestens) drei von ihnen das Wappen?

5. Bei einer Serienfertigung wird jeder Artikel dreimal unabhängig kontrolliert. Bei jeder Kontrolle wird ein fehlerhaftes Exemplar mit der Wahrscheinlichkeit 0,9 entdeckt und anschließend sofort ausgesondert.

a) Mit welcher Wahrscheinlichkeit fällt ein fehlerhafter Artikel im Verlauf der Kontrolle auf?

b) Wie groß ist die Wahrscheinlichkeit, daß von 10 defekten Exemplaren alle entdeckt werden?

c) Kann man das Prüfverfahren so einrichten, daß ein Gerät, das die Kontrolle erfolgreich passiert hat, mit einer Irrtumswahrscheinlichkeit von 0,1 Promille auch wirklich funktioniert?

6. In einer Verstärkerschaltung befinden sich drei Transistoren. Diese werden einem Set von 7 Stück entnommen, in dem sich zwei defekte Exemplare befinden.

a) Wie groß ist die Wahrscheinlichkeit dafür, daß die Schaltung anschließend nicht funktioniert?

b) Dieses Verfahren soll in die Produktion gehen. Ist dies eine kluge Entscheidung? Berechnen Sie dazu den Erwartungswert für die Anzahl der eingebauten defekten Transistoren.

7. Bei einem Glücksrad auf dem Jahrmarkt ist der Gewinnsektor gerade ein Viertelkreis. Allerdings gewinnt nur derjenige, der bei einer festgelegten Anzahl von Drehversuchen genau zweimal den Drehstab auf dem Gewinnsektor zum Stillstand bringt.
Wie groß ist die Gewinnchance bei 10 Durchgängen?

8. Wie verändert sich die Gewinnchance für das Glücksrad aus Aufgabe 7 bei festgelegten 10 Durchgängen und 2 Treffern mit der Größe des Gewinnsektors?

9. Bei einer komplizierten Produktion entstehen 10% Ausschußexemplare. Ist es dann wahrscheinlicher, unter 10 Stücken kein defektes oder unter 20 Stücken mindestens ein fehlerhaftes Exemplar zu finden?

10. Eine Operation wird mit 80%igem Erfolg durchgeführt. Wie groß ist dann die Wahrscheinlichkeit, daß bei 4 der nächsten 5 Patienten die Operation erfolgreich durchgeführt wird?

11. Die beiden Autoren lesen unabhängig voneinander je ein Exemplar dieses Buches. Der eine entdeckt noch 6 Druckfehler, der andere 8 Fehler. Dabei sind 4 der gefundenen Fehler identisch. Wie viele Druckfehler sind dann insgesamt vorhanden?

12. Ein Warenhaus bezieht seit Jahren zu extrem günstigen Konditionen große Partien von Uhren. Einziger Schönheitsfehler: 30% müssen während der Garantiezeit kostenlos durch neue ersetzt werden.

a) Wie groß ist dann die Wahrscheinlichkeit, daß von 10 Uhren bei einer, zwei, ..., allen zehn die Garantie in Anspruch genommen wird?

b) Wie groß ist die Wahrscheinlichkeit, daß höchstens zwei (mindestens fünf) Uhren reklamiert werden?

13. Aufgrund von Erfahrungswerten weiß man, daß 2% der hergestellten Autos sogenannte „Montagsautos" sind. Wie groß ist die Wahrscheinlichkeit dafür, daß Händler Reusch bis zu zwei davon bei 50 bestellten Exemplaren erhält?
Benutzen Sie a) die Binomialverteilung, b) die Poissonverteilung.

14. Jeder Arbeitnehmer des Betriebs X fehlt an durchschnittlich 8 von 250 Arbeitstagen. Wie wahrscheinlich ist es, daß jemand a) immer; b) nie zur Arbeit erscheint; c) genau 8 Tage fehlt.

15. 4% der männlichen und 1% der weiblichen Bevölkerung sind farbenblind. Wie viele Männer, wie viele Frauen muß man dann untersuchen, bis man mit einer Wahrscheinlichkeit von 50% mindestens einen farbenblinden Probanden gefunden hat?

16. Mit welcher Wahrscheinlichkeit sind unter 225 Männern mehr als 9 Farbenblinde, wenn 4% der männlichen Bevölkerung an dieser Sehschwäche leiden?

17. Auf 256 Seiten eines Buches sind bei der Endkorrektur noch 15 Druckfehler festgestellt worden. Wären sie unkorrigiert geblieben: Auf wieviel Seiten hätte man dann mit 0, 1, 2, 3 Druckfehlern rechnen können?

18. In Wiesbaden wird die Feuerwehr durchschnittlich 0,3mal am Tag zu einem Großbrand gerufen. An wieviel Tagen des Jahres kann man dann mit 0, 1, 2, usw. Alarmen am Tag rechnen?

19. Bei einem genetischen Experiment sei die Wahrscheinlichkeit für eine Mutation 0,5 Promille. Wie oft muß dann das Experiment wiederholt werden, bis mit mindestens 50% (90%) Wahrscheinlichkeit eine Mutation erfolgt ist?

20. Rutherford und Geiger untersuchten die Radioaktivität eines Poloniumpräparats, das durchschnittlich etwa ein Teilchen in 2 Sekunden emittierte. Wie groß ist dann die Wahrscheinlichkeit, in einem Intervall mehr als ein Teilchen beobachten zu können?

21. Die Körpergröße der Männer ist normalverteilt um den Wert „Körpergröße minus 100 in kg". Dies bezeichnet man als das Normalgewicht. Ein um 10% geringeres Gewicht nannte man geraume Zeit Idealgewicht, ein um 10% höheres Gewicht sah man als Grenze zum Übergewicht an. Wieviel Prozent der männlichen Bevölkerung fallen aus dem Intervall [90% · N; 110% · N] heraus, wenn die Standardabweichung 5% des Normalgewichts beträgt?

22. Eine Abfüllanlage ist auf 1-Liter-Flaschen eingestellt. Leider bleiben Toleranzen von $\sigma = 5\ cm^3$ unvermeidlich. Wie groß ist dann der Anteil an fehlerhaft gefüllten Flaschen, wenn

a) die Abfüllmenge höchstens 1010 cm^3 betragen darf;

b) die Menge nicht unter 992 cm^3 sinken darf;

c) die Abweichung von 1 Liter höchstens 7 cm^3 betragen soll.

Lösungen S. 845

Beurteilende Statistik

Einführungsbeispiele:

a) Aus einem Eimer mit 100 Losen zieht Daniel 10 Stück. Er zieht einen Gewinn, aber neun Nieten. Ist es unter diesen Bedingungen noch glaubhaft, daß 50% der Lose im Eimer Gewinne sind?
Lösung: Die hypergeometrische Verteilung liefert für diesen Ausgang nur eine Wahrscheinlichkeit von 0,007. Diese beträgt weniger als 3% der Wahrscheinlichkeit für den „plausibelsten" Ausgang 5 Nieten und 5 Gewinne (p = 0,259). Es ist daher recht zweifelhaft, daß 50% der Lose im Eimer Gewinnlose sein sollen.

b) Ein idealer Würfel wird 60mal geworfen. Mit welcher Wahrscheinlichkeit weicht die Anzahl der gewürfelten Einsen um mehr als drei vom Erwartungswert ab?
Lösung: Beschreibt A die Anzahl der Einsen, so ist A $B_{60;\frac{1}{6}}$-verteilt mit $E(A) = 10$. Dann ist $P(|A - 10| \leq 3) = P(7 \leq A \leq 13) = 0{,}7766$ und die gesuchte Wahrscheinlichkeit $P^* = 1 - 0{,}7766 = 0{,}2234$

Beispiel b) beschreibt eine in der Wahrscheinlichkeitsrechnung übliche Situation: Sind die Bedingungen genau bekannt (hier: idealer Würfel), so lassen sich die Wahrscheinlichkeiten der einzelnen Ausfälle bzw. Ereignisse bestimmen.
Das Beispiel a) dagegen ist praxisnäher. Im allgemeinen sind nämlich nicht alle Bedingungen klar. Dies ist auch der Grund, warum man sich in der *beschreibenden Statistik* mit der Berechnung von relativen Häufigkeiten auf der Basis der durchgeführten Versuche, $h_n(X)$, zufriedengibt.
Wegen $\lim\limits_{n \to \infty} h_n(X) = P(X)$ könnte man das zugrundeliegende Experiment natürlich sehr oft durchspielen. Allerdings kostet so etwas Zeit und Geld. Deshalb ist das Ziel eine Reduzierung der Versuchsdurchführungen auf eine möglichst niedrige, aber noch als hinreichend anzusehende Zahl. Daß diese Zahl jeweils ein Stück weit willkürlich festgelegt wird, ist einer der Gründe dafür, daß man keine sicheren Resultate erhält, sondern nur solche mit mehr oder minder großer Plausibilität. Daher ist es nur konsequent, sich auch über den jeweils möglichen Fehler Gedanken zu machen.
Zusammenfassend kann man sagen:
In der **beurteilenden Statistik** versucht man, aus den Ergebnissen, die bei mehrmaliger Durchführung eines Zufallsexperiments auftreten, auf die (unbekannte) Wahrscheinlichkeitsverteilung zu schließen, die dem Experiment zugrundegelegen haben muß. Dazu vergleicht man jeweils die praktischen Ergebnisse mit denen eines (simulierten) idealen Experiments.

In der Regel ordnet man dem zu beobachtenden Merkmal den Wert 1 zu; alle anderen erhalten den Wert 0. Damit wird
$P(X = 1) = p$, $P(X = 0) = 1 - p$

Signifikanztest und Testfehler

Einführungsbeispiel:

Vier Medikamente werden getestet. Sie sollen als heilend eingestuft werden, wenn sie bei mindestens 95% der Probanden meßbare Besserung der Beschwerden bewirken. Für jedes Medikament wird eine Prüfgruppe von 100 Patienten zusammengestellt. Medikament A hilft 80% der Gruppe, Medikament B 99%, Medikament C 93%, Medikament D 95%. Nach dem obigen Kriterium würden deshalb A und C abgelehnt, während man B und D als heilsam einzustufen hätte.
Mehrere Vergleichstests ergeben aber, daß Medikament B allenfalls in 90% der Fälle wirklich hilft, während die Rate bei Medikament C auf 97% steigt. Hätte man also allein nach dem ersten Test entschieden, wäre B wohl zu Unrecht akzeptiert, C ebenfalls zu Unrecht abgelehnt worden. Bei A und D dagegen werden die ersten Entscheidungen bestätigt. Dabei wäre jedoch die irrtümliche Akzeptanz hier offenbar das schwerwiegendere Problem gewesen, denn die Gesundheit von Menschen hätte auf dem Spiel gestanden. Die Ablehnung von C dagegen wäre für die betroffene Herstellerfirma allenfalls finanziell ärgerlich gewesen.

Demnach ist man also damit zufrieden oder muß damit zufrieden sein, wenn man sagen kann, daß ein vorliegendes Problem *vermutlich* eine angenommene Verteilung hat oder nicht. Zu diesem Zweck prüft man, ob die Ergebnisse innerhalb gewisser Grenzen mit den „idealen" Ergebnissen übereinstimmen. Man stellt also zunächst die Hypothese auf, daß die (reale) unbekannte Verteilung mit einer (theoretischen) bekannten Verteilung übereinstimmt, und bezeichnet diese Übereinstimmung als die **Nullhypothese H_0** (d.h., der Unterschied zwischen Theorie und Praxis ist Null). Die sogenannte Gegenhypothese H_1 besagt dann schlicht, daß keine Übereinstimmung besteht. Mit Hilfe der Stichprobe will man dann zwischen H_0 und H_1 unterscheiden.
Erbringt nun die Stichprobe deutlich andere als die vorhergesagten Ergebnisse, so spricht man von einem **signifikanten** Unterschied und lehnt H_0 ab. Erbringt die Stichprobe dagegen keine signifikanten Differenzen zu H_0, so behält man die Nullhypothese bei. Deshalb spricht man bei dieser Vorgehensweise auch von einem **Signifikanztest**.

Weder die Beibehaltung noch die Ablehnung von H_0 muß zu Recht geschehen! Genau betrachtet, sagen die Testergebnisse ja nur, daß *bei dieser Stichprobe* ein Widerspruch zu H_0 aufgetreten ist oder auch nicht. Bei einer anderen Stichprobe könnte das Ergebnis wieder ganz anders aussehen. Die getroffene Entscheidung ist also nur eine Entscheidung im Hinblick auf die höhere Plausibilität hin. Und allgemein gilt, daß mit kleineren Abweichungen vom Ideal immer zu rechnen ist.
Damit ergeben sich wie im Eingangsbeispiel zwei mögliche Fehlervarianten, die sich durch folgende Tafel beschreiben lassen:

Entscheidung	wirklicher Zustand	
	H_0 ist wahr	H_0 ist falsch
H_0 wird abgelehnt	Fehler 1. Art	richtige Entscheidung
H_0 wird beibehalten	richtige Entscheidung	Fehler 2. Art

Beide Fehler werden jedoch nicht gleichrangig behandelt. Vielmehr wird für den Fehler 1. Art eine Schranke α vorgegeben. α heißt Irrtumswahrscheinlichkeit oder *Risiko 1. Art.* Somit ist die Irrtumswahrscheinlichkeit nicht die Wahrscheinlichkeit, mit der man sich bei einem Test irrt. Sie ist nur die Wahrscheinlichkeit, mit der eine an sich richtige Hypothese irrtümlich abgelehnt wird.
Die Wahrscheinlichkeit für den Fehler 2. Art oder auch das *Risiko 2. Art* β läßt sich nur angeben, wenn auch H_1 festgelegt werden kann. Weiß man von der Verteilung nur, daß sie irgendwie anders sein muß, so ergeben sich unendlich viele Werte $p \neq p_0$, wobei β für jeden dieser p-Werte anders wäre (siehe folgendes Einführungsbeispiel).

Der zweiseitige Signifikanztest

Jedes Verfahren, mit Hilfe einer Stichprobe darüber zu entscheiden, ob eine Hypothese über das Vorliegen einer bestimmten Verteilung zutrifft oder nicht, bezeichnet man als Signifikanztest. Hat man eine konkrete Verteilung im Auge, so kann man für sie einen Erwartungswert bestimmen. Dann sind Abweichungen von diesem Erwartungswert nach oben und unten von gleichem Interesse. Deshalb spricht man von einem **zweiseitigen Signifikanztest**.

Einführungsbeispiel:

a) Es wird behauptet, daß 10% der männlichen Bevölkerung rot-grünblind sind. Zur Probe werden 100 Personen untersucht. Man findet darunter 19 Personen mit der genannten Sehschwäche. Wie wird bei einer Irrtumswahrscheinlichkeit von 5% entschieden?
(1) H_0: $p = 0{,}1$; H_1: $p \neq 0{,}1$
(2) Stichprobenumfang $n = 100$

(3) Irrtumswahrscheinlichkeit $\alpha = 0{,}05$

(4) X: Anzahl der Personen der Stichprobe mit Rot-Grün-Blindheit
X ist bei wahrer Hypothese H_0 $B_{100;0,1}$-verteilt.

(5) Festlegung des Ablehnungsbereiches
Sei g_l die linke, g_r die rechte Signifikanzgrenze. Dann wird bei zweiseitigen Tests die Irrtumswahrscheinlichkeit gleichmäßig auf beide Ränder verteilt. Also:
Aus $P(X \leq g_l) \leq 0{,}025$ folgt $g_l = 4$
Aus $P(X \geq g_r) \leq 0{,}025$ folgt $P(X \leq g_r - 1) \geq 0{,}975$
[X ist ganzzahlig],
und daraus $g_r - 1 = 16$, also $g_r = 17$
Also ist der Ablehnungsbereich $K = \{0; ...; 4\} \cup \{17; ...; 100\}$

(6) Wegen $19 \in K$ wird H_0 abgelehnt, d.h., man entscheidet sich dafür, daß der Anteil der Personen mit Rot-Grün-Blindheit nicht 10% ist. Dabei nimmt man in Kauf, daß man sich in 5% der Untersuchungen in Gruppen von 100 Personen, bei denen der Anteil der Rot-Grün-Blinden doch 10% ist, falsch entscheidet.
Die Ablehnung von H_0 heißt übrigens nicht, daß man sich automatisch für eine andere Prozentzahl, also etwa für 20% entscheidet!

b) Wäre man mit der Annahme von 20% Rot-Grün-Blinden in die Untersuchung eingestiegen, so hätte sich ergeben:

1) H_0: $p = 0{,}2$; H_1: $p \neq 0{,}2$
2) $n = 100$
3) $\alpha = 0{,}05$
4) Ist H_0 richtig, so ist das wie oben definierte X $B_{100;0,2}$-verteilt.
5) $P(X \leq g_l) \leq 0{,}025 \Rightarrow g_l = 11$
6) $P(X \geq g_r) \leq 0{,}025 \Rightarrow P(X \geq g_r - 1) \geq 0{,}975 \Rightarrow g_r - 1 = 28 \Rightarrow$
$g_r = 29 \Rightarrow K = \{0; ...; 11\} \cup \{29; ...; 100\}$

(6) Wegen $19 \notin K$ wird H_0 beibehalten.

Allerdings muß p auch nicht 0,2 sein. Dann hätte man einen Fehler 2. Art begangen. Die Größe dieses Fehlers hängt von der tatsächlichen Wahrscheinlichkeit p ab (die man jedoch nicht kennt).

$$\text{Für } p = 0{,}3 \text{ wäre } \beta = \sum_{j=12}^{28} B_{100;0,3}(i) = 0{,}3768 \approx 40\,\%$$

$$\text{Für } p = \frac{1}{6} \text{ wäre } \beta = \sum_{j=12}^{28} B_{100;\frac{1}{6}}(i) = 0{,}9208 \approx 92\,\%$$

$$\text{für } p = 0{,}4 \text{ wäre } \beta = \sum_{j=12}^{28} B_{100;0,4}(i) = 0{,}084 \approx 1\,\%$$

Das Risiko 2. Art kann also überraschend groß sein. Wollte man es verkleinern, müßte man den Ablehnungsbereich vergrößern. Dadurch aber würde automatisch das Risiko 1. Art größer.

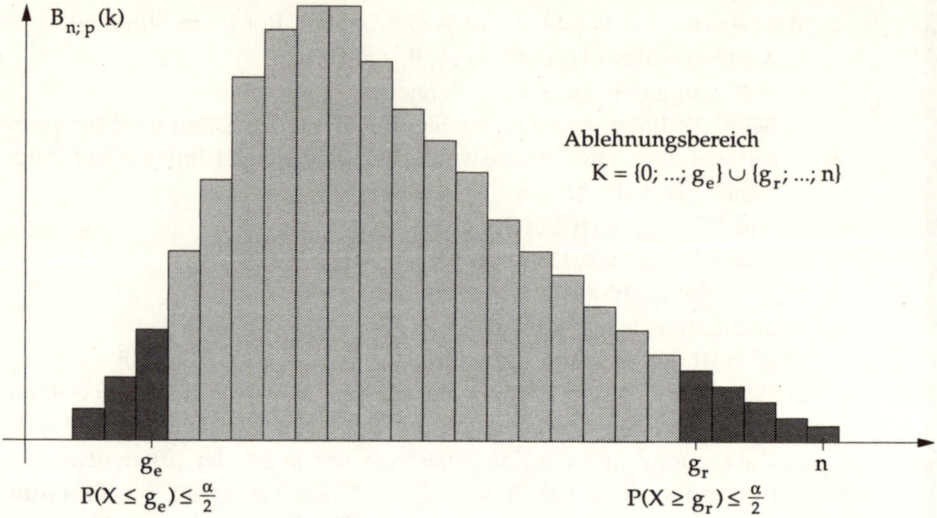

Abb. 616 Zweiseitiger Signifikanztest (Schema)

Sollen beide Fehler klein gehalten werden, hilft nur eine Vergrößerung des Stichprobenumfangs n.
Die Vorgehensweise im Einführungsbeispiel läßt sich in einem allgemein verwendbaren Schema zusammenfassen:

(1) Wie lauten die Nullhypothese und die Gegenhypothese?
(2) Wie groß ist der Stichprobenumfang?
(3) Wie groß ist die Irrtumswahrscheinlichkeit α (Festlegungssache!)?
(4) Welche Prüfvariable wird gewählt, und wie ist sie verteilt?
(5) Wie lautet der Ablehnungsbereich?
(6) Wie wird aufgrund der Stichprobe entschieden?

Der einseitige Signifikanztest

Es gibt Situationen, in denen die zur Hypothese H_0 gehörende Verteilung nicht eindeutig festgelegt werden kann. Zum Beispiel bei den Heilungschancen eines Medikaments interessiert man sich nicht dafür, ob es in genau 70% der Fälle heilt, sondern eher dafür, daß es in *mindestens* 70% der Fälle heilend wirkt.
Damit wäre H_0: $p \geq 70\% = p_0$; H_1 : $p < 70\%$

Damit umfaßt aber H_0 unendlich viele Verteilungen (z.B. p = 70%, p = 75%; p = 87,35%; ...) und H_1 natürlich auch. Um den Ablehnungsbereich eindeutig festlegen zu können, muß jedoch zunächst die Prüfverteilung eindeutig feststehen.

Dazu benutzt man hier den „Extremfall" $p = p_0$. Kann nämlich H_0 für diesen Fall abgelehnt werden, weil die Prüfvariable sehr kleine Werte erbringt, so kann H_0 erst recht für $p > p_0$ abgelehnt werden.

Im Fall der Ablehnung von H_0 müssen also die Werte der Prüfvariablen kleiner sein als diejenigen, welche nach der angenommenen Verteilung zu erwarten gewesen wären (also auf dem Zahlenstrahl links von diesen liegen). Daher spricht man von einem **linksseitigen Signifikanztest**.

Analog wird bei einem rechtsseitigen Signifikanztest $H_0 : p \leq p_0$ abgelehnt, wenn die Prüfvariable (verglichen mit der angenommenen Verteilung mit $p = p_0$) zu große Werte annimmt.

Natürlich ist bei einem einseitigen Signifikanztest der Ablehnungsbereich ebenfalls nur auf einer Seite zu finden. Bei vorgegebener Irrtumswahrscheinlichkeit α gilt:

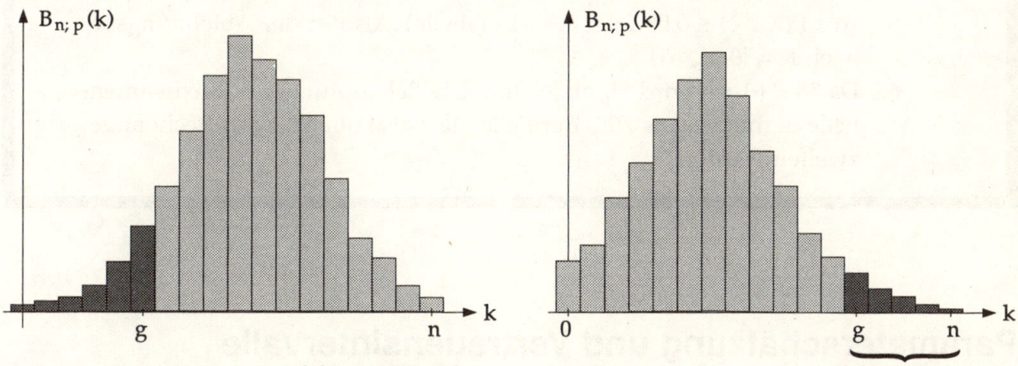

$P(x \leq g) \leq \alpha \Rightarrow$ Ablehnungsbereich $K = \{0; ...; g\}$

$P(x \geq g) \leq \alpha \Rightarrow$ Ablehnungsbereich $K = \{g; g + 1; ...; n\}$

Abb. 617 Links- und rechtsseitiger Signifikanztest (Schema)

Einführungsbeispiele:

a) Bei der bevorstehenden Wahl erhofft sich die Partei X die absolute Mehrheit. Um den Wahlkampf nicht teurer als nötig zu führen, will sie ihre Chancen durch eine Repräsentativumfrage an 200 Personen untersuchen lassen. Falls ihr diese Umfrage einen Stimmanteil von maximal 55% bei einer Irrtumswahrscheinlichkeit von 5% vorhersagt, will sie einen umfangreichen Wahlkampf führen, sonst einen eher bescheidenen Wahlkampf.

1. $H_0 : p \leq 0{,}55$; $H_1 : p > 0{,}55$
   Es handelt sich also um einen rechtsseitigen Test.

2. $n = 200$
3. $\alpha = 0{,}05$
4. Stimmanteil von X ist $B_{200;0,55}$-verteilt
5. $B_{200;0,55}(X \geq c) \leq 0{,}05 = c \geq 122$, d.h. der Annahmebereich ist [0; 122].
6. Sprechen sich also bei der Umfrage höchstens 122 Personen für die Partei X aus, wird sie eine große Wahlkampagne starten.

b) Von einem Medikament wird behauptet, daß es in mindestens 70% der Anwendungsfälle heilend wirkt. Bei klinischen Tests an 100 Personen werden aber nur 58 Personen wirklich geheilt. Widerlegt das die Behauptung bei einer Irrtumswahrscheinlichkeit von 5%?

1. $H_0 : p \geq 0{,}7$; $H_1 : p < 0{,}7$
   Es handelt sich also um einen linksseitigen Test.
2. $n = 100$
3. $\alpha = 0{,}05$
4. X: Anzahl der geheilten Personen.
   X ist bei wahrer Nullhypothese $B_{100;0,7}$-verteilt.
5. Aus $P(X \leq c) \leq 0{,}05$ folgt $c = 61$ (Tabelle). Also ist der Ablehnungsbereich $K = \{0, ..., 61\}$.
6. Da $58 < 61$ ist, wird H_0 abgelehnt. Die Behauptung, das Medikament heile in mindestens 70% der Fälle, darf also offenbar mit Recht angezweifelt werden.

Parameterschätzung und Vertrauensintervalle

Eine Aufgabe der beurteilenden Statistik ist es, mit Hilfe von Stichproben eine nicht oder nicht vollständig bekannte Verteilung näher zu definieren. Wegen des Gesetzes der großen Zahlen ist zwar $h_n(x) \approx P(x)$, wenn n groß genug ist. Ebenso kann man den Stichprobenmittelwert $\overline{X} = \frac{1}{n} \cdot \sum_{i=1}^{n} X_i$ als Schätzwert für den Erwartungswert $E(X) = \mu$ benutzen, da $E(\overline{X}) = \mu$ ist. Dagegen muß man die Stichprobenvarianz gegenüber *Kennwerte von Stichproben*, S. 613 etwas abändern auf $s_n^2 = \frac{1}{n-1} \cdot \sum_{i=1}^{n} (X_i - \overline{X})^2$, damit $E(s^2) = \sigma^2$ gilt. Diese Eigenschaft, daß die idealen Kennwerte reproduziert werden, heißt **Erwartungstreue**.

Wie groß ist aber nun die Abweichung der Schätzwerte von den „echten Kennwerten"? Bilden wir mit Hilfe einer Zahl k die Ungleichungsketten

$h_n(X) - k \leq p \leq h_n(X) + k$; $\mu - k \leq \overline{X} \leq \mu + k$; $s_n^{\,2} - k \leq \sigma^2 \leq s_n^{\,2} + k$,

so können diese Ungleichungen richtig oder falsch sein, da die Zahl k ebenfalls aus Stichproben gewonnen werden muß. Immerhin kann man versuchen, diese Zahl k so zu bestimmen, daß die Ungleichung zumindest in beispielsweise 95% aller Fälle richtig ist.

Dies legt folgende Definition nahe:

Es sei w ein wahrscheinlichkeitstheoretischer Parameter (also p, μ oder σ^2). Das Zufallsintervall $[Z_1; Z_2]$ mit der Eigenschaft $P(Z_1 \leq w \leq Z_2) = \gamma$ heißt **Vertrauensintervall** (Konfidenzintervall) für den Parameter w zur Vertrauenswahrscheinlichkeit γ. Eine aus einer Stichprobe gewonnene Realisierung $[z_1; z_2]$ dieses Intervalls heißt **empirisches Vertrauensintervall.**

Wie man ein solches Vertrauensintervall bestimmt, zeigt folgendes

Einführungsbeispiel:

(1) Eine automatische Drehbank soll Bolzen mit vorbestimmter Dicke herstellen. Die tatsächliche Dicke ist normalverteilt mit einer Standardabweichung von 0,1 mm unabhängig vom Bolzenmaß. Eine Stichprobe aus der Tagesproduktion ergibt folgendes Bild:

Dicke x (mm)	29,95	29,98	30	30,05	31
Anzahl n_d	10	25	50	10	5

Der Mittelwert ist $\bar{x} = 30$ mm. Wie groß ist das Vertrauensintervall für den Erwartungswert auf dem 95%-Plateau?

Ist die Bolzendicke normalverteilt, so ist $Y = \sqrt{n} \cdot \dfrac{\bar{x} - \mu}{\sigma}$ N(0;1)-verteilt.

Wir bestimmen k so, daß $P(|Y| \leq k) = 95\%$. Wegen der Symmetrie der Standardnormalverteilung erhalten wir diese Zahl aus der Bedingung $\Phi(k) = \dfrac{1-\alpha}{2} + \alpha = \dfrac{1+\alpha}{2}$. Dies ist unabhängig von unserer Zufallsvariable X, und wir erhalten für $\alpha = 0{,}95$ die Zahl $k = 1{,}96$

Damit wird die halbe Konfidenzintervallbreite

$$a = 1{,}96 \cdot \frac{0{,}1}{\sqrt{100}} = 0{,}0196 \approx 0{,}02$$

und wir erhalten das empirische Konfidenzintervall

$[30 - 0{,}02; 30 + 0{,}02] = [29{,}98; 30{,}02]$

(2) In einer Klinik wird anhand der Krankheitsgeschichten von 120 Patienten die Dauer eines bestimmten Heilungsprozesses untersucht. Man erhält:

Tage n	18	21	22	23	27	28	30	34
Patientenzahl X_n	12	18	29	22	15	10	10	4

Wie lange dauert durchschnittlich die Heilung mit 95prozentiger Sicherheit?

Wir erhalten den Mittelwert $\overline{x} \approx 23{,}8$. Da die Varianz σ^2 nicht bekannt ist, schätzen wir sie durch $s^2 = \frac{1}{n-1} \cdot \sum_{i=1}^{n} (x_i - \overline{x})^2$ und erhalten $s \approx 3{,}9$

Aus der Tabelle erhalten wir k = 1,96 und damit

$a = 1{,}96 \cdot \frac{3{,}9}{120} = 0{,}0637 \approx 0{,}06$

Das Vertrauensintervall ist somit [23,74; 23,86], d.h., der Heilungsprozeß liegt durchschnittlich zwischen 23,74 und 23,86 Tagen (also grob bei knapp 24 Tagen).

Bemerkung:

Ersetzt man in $Y = \sqrt{n} \cdot \frac{\overline{x} - \mu}{\sigma}$ die Standardabweichung σ durch s, so erhält man eine neue Variable $T = \sqrt{n} \cdot \frac{\overline{x} - \mu}{s}$. Aufgrund des anderen Nenners in der Formel für s^2 (siehe S. 696) weicht diese sogenannte t-Verteilung oder Student-Verteilung für große n kaum, für kleine n dagegen erheblich von der Normalverteilung ab.

(3) Die hessische Bevölkerung von 5 507 777 Einwohnern am 25. 5. 1987 (dem Tag der Volkszählung) teilt sich auf in 2 656 257 männliche und 2 851 520 weibliche Personen. Nimmt man an, daß dieses Zahlenverhältnis eine Aussage über die Geburten zuläßt, kann man die Wahrscheinlichkeit einer Jungengeburt P(M) schätzen. Die Sicherheit soll 99% betragen.

Zwar ist M_n binomialverteilt, aber für große n ist die Standardisierung von M_n,

$$\overline{M} = \frac{M_n - n \cdot p}{\sqrt{n \cdot p \cdot (1-p)}}$$

angenähert normalverteilt. Nun gilt $P(|\overline{M}| \le k) = \alpha \Leftrightarrow \Phi(k) = \frac{1+\alpha}{2}$, also für $\alpha = 99\%$ ist k = 2,576. Man kann auch zeigen, daß

$$P\left(h_n(M) - k \cdot \sqrt{\frac{h_n(M) \cdot (1 - h_n(M))}{n}} \le p \le h_n(M) + k \cdot \sqrt{\frac{h_n(M) \cdot (1 - h_n(M))}{n}} \right) = \alpha$$

wobei $h_n(M)$ der Anteil der Männer an der Bevölkerung ist. Damit erhält man für das empirische Konfidenzintervall für p

$$\left[\frac{2656257}{5507777} - 2{,}576 \cdot \sqrt{\frac{\frac{2656257}{5507777} \cdot \left(1 - \frac{2656257}{5507777}\right)}{5507777}}\ ;\ \frac{2656257}{5507777} + 2{,}576 \cdot \sqrt{\frac{\frac{2656257}{5507777} \cdot \left(1 - \frac{2656257}{5507777}\right)}{5507777}}\right]$$

$= [0{,}4817;\ 0{,}4828]$

Dies bedeutet, daß etwa 48% der Neugeborenen Jungen sein müßten.

Man erhält daraus folgende allgemeingültige Konstruktionsvorschriften:

(1) Vertrauensintervall für den Erwartungswert *bei bekannter Varianz*

1. Man gibt die Irrtumswahrscheinlichkeit α oder die Vertrauenswahrscheinlichkeit $\gamma = 1 - \alpha$ vor.
2. Aus der Tabelle der Normalverteilung bestimmt man k mit $\Phi(k) = \frac{1+\gamma}{2}$

   Damit berechnet man $a = k \cdot \frac{\sigma}{\sqrt{n}}$
3. Man berechnet $\bar{x}$ und damit $[\bar{x} - a;\ \bar{x} + a]$.

(2) Vertrauensintervall für den Erwartungswert *bei unbekannter Varianz*

1. Man wählt die Irrtumswahrscheinlichkeit α und damit die Vertrauenswahrscheinlichkeit $\gamma = 1 - \alpha$
2. Aus der Tabelle der Student-(t-)-Verteilung oder für große n näherungsweise aus der Tabelle der Normalverteilung bestimmt man k mit

   $F_{n-1}(k) = \frac{1+\gamma}{2}$ bzw. $\Phi(k) = \frac{1+\gamma}{2}$
3. Man berechnet Mittelwert $\bar{x}$ und empirische Varianz s^2 der Stichprobe und damit $k \cdot \frac{s}{\sqrt{n}}$ und das empirische Konfidenzintervall.

(3) Vertrauensintervall für eine unbekannte Wahrscheinlichkeit

1. Man gibt die Vertrauenswahrscheinlichkeit γ vor und bestimmt dazu aus der Tabelle der Normalverteilung $\Phi(k) = \frac{1+\gamma}{2}$
2. Man berechnet die relative Häufigkeit $h_n(A)$ des zugrundeliegenden Bernoulli-Experiments von n Realisierungen und anschließend

   $a = k \cdot \sqrt{\frac{h_n(A) \cdot (1 - h_n(A))}{n}}$
3. Damit erhält man das empirische Vertrauensintervall $[h_n(A) - a;\ h_n(A) + a]$ für die gesuchte Wahrscheinlichkeit $P(A) = p$

Graphischer Test auf Normalverteilung

Viele Vorgänge sind für große n annähernd normalverteilt. Das Problem ist es dann, Erwartungswert μ und Standardabweichung σ dieser empirischen Verteilung zu bestimmen. Oft aber geht es erst einmal darum, festzustellen, ob überhaupt angenähert Normalverteilung vorliegt.

a) Logarithmisches Auftragen

Diese vergleichsweise grobe Methode funktioniert folgendermaßen:
Zunächst nimmt man den Schwerpunkt der Verteilung (wo die meisten Beobachtungsergebnisse vorliegen) als empirischen Mittelwert $\overline{x}$ und damit als Näherung für μ. Wegen

$$\varphi(x) = \frac{1}{\sigma \cdot \sqrt{2\pi}} \cdot e^{-\frac{1}{2} \cdot \frac{(x-\overline{x})^2}{\sigma^2}}$$

erhalten wir für einen Wert aus dem Intervall $[x_0;\ x_0 + d]$ der Länge d die Wahrscheinlichkeit

$$P(x) \approx \frac{1}{\sigma \cdot \sqrt{2\pi}} \cdot e^{-\frac{1}{2} \cdot \frac{(x-\overline{x})^2}{\sigma^2}} \cdot d$$

Für die Anzahl der Ausfälle n_x in diesem Bereich erhalten wir

$$n_x = n \cdot P(x) = \frac{n}{\sigma \cdot \sqrt{2\pi}} \cdot e^{-\frac{1}{2} \cdot \frac{(x-\overline{x})^2}{\sigma^2}} \cdot d = \overline{n} \cdot e^{-\frac{1}{2} \cdot \frac{(x-\overline{x})^2}{\sigma^2}}$$

wobei n die Gesamtzahl der Ausfälle, $\overline{n}$ die (möglicherweise fiktive) Anzahl der Ausfälle mit $x = \overline{x}$ ist. Durch Logarithmieren erhalten wir:

$$\ln(n_x) = \ln(\overline{n}) - \frac{1}{2\sigma^2} \cdot (x - \overline{x})^2$$

Dies hat die Form $y = b + m \cdot z$ mit $z = (x - \overline{x})^2$ und ergibt wegen $m < 0$ eine fallende Gerade. Bei völliger Symmetrie bräuchten wir nur die Werte links oder rechts von $\overline{x}\ (z = 0)$ zu betrachten; ansonsten erhalten wir für jedes z zwei y-Werte.

Beispiel:

Bei Neugeborenen wird u.a. die Körpergröße gemessen. In einer solchen Tabelle findet man

Größe in cm	40–42	42–44	44–46	46–48	48–50	50–52	52–54	54–56	56–58	58–60
Abs. Häufigk.	57	70	238	738	2511	4596	2134	460	58	3

Ist demnach die Körpergröße normalverteilt?
Wir erhalten $\overline{x} = 51$ und daraus die Abweichungen

Größe in cm	40–42	42–44	44–46	46–48	48–50	50–52	52–54	54–56	56–58	58–60
Abweichung	–10	–8	–6	–4	–2	0	2	4	6	8
Quadr. Abw. z	100	64	36	16	4	0	4	16	36	64
In(H)	4,04	4,25	5,47	6,60	7,83	8,43	7,67	6,13	4,06	1,10

Die eingetragene Gerade hat die Steigung

$m = -\frac{8{,}1}{90} = -0{,}09$

Daraus ergeben sich

$\sigma^2 = \frac{1}{2m} = 5{,}556$ und $\sigma = 2{,}357$

Ferner folgt wegen

$b = \ln(\bar{n}) = 8{,}1$ für $\bar{n} \approx 3294$

$\Rightarrow n(x) \approx 3294 \cdot e^{-\frac{1}{2}\left(\frac{x-51}{2{,}357}\right)^2}$

Wegen d = 2; n = 10 865 hat die zugehörige Normalverteilung die Gleichung

$y = 0{,}15 \cdot e^{-\frac{1}{2}\left(\frac{x-51}{2{,}357}\right)^2}$

Da wir aber σ erst suchen, $\bar{x}$ nur empirisch festliegt und außerdem für jedes z zwei y-Werte existieren, wird in der Praxis die Gerade „nach Gefühl" in die Beobachtungspunkte eingepaßt. Entsprechend unsicher ist der daraus berechnete Wert für σ. Der Vorteil dieses Verfahrens liegt allerdings darin, daß man ohne spezielle technische Hilfsmittel auskommt.

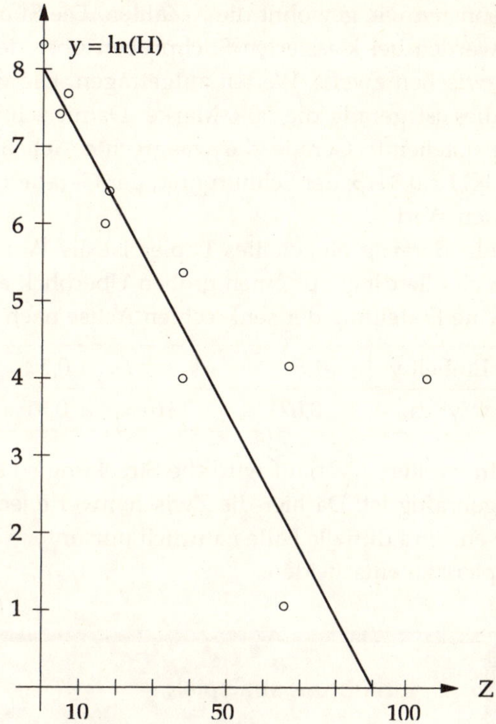

$m = -\frac{8{,}1}{90} = -0{,}09 = -\frac{-1}{2\sigma^2}$

$\Rightarrow \sigma^2 = \frac{1}{2m} = 5{,}556 \Rightarrow \sigma = 2{,}357$

Abb. 618 Gerade mit der Steigung $m = -\frac{8{,}1}{90} = -0{,}09$

b) Das Wahrscheinlichkeitspapier

Erheblich eleganter ist die folgende Vorgehensweise: Ist eine Verteilung angenähert normalverteilt, so gilt mit entsprechenden Werten für μ und σ

$$h(X \leq x) \approx P(X \leq x) \approx \Phi\left(\frac{x-\mu}{\sigma}\right)$$

Der Graph von Φ ist nun eine gekrümmte Linie. Zu entscheiden, ob eine andere gekrümmte Linie „von dieser Form" ist, fällt nicht immer leicht (denken Sie an x^4 und x^6 bzw. $\sqrt{x}$, lg(x) und ln(x), deren Graphen teilweise nur schwer voneinander unterscheidbar sind), zumal wenn diese neue Linie irgendwelchen Meßpunkten gefühlsmäßig angepaßt ist. Sehr gut aber kann man eine Gerade von einer gekrümmten Linie unterscheiden.

Durch die folgende Transformation wird nun Φ so gestreckt, daß ihr Graph eine Gerade ist: Statt der Zahlen $y = \frac{x-\mu}{\sigma}$ verwendet man auf der senkrechten Achse die Zahlen $y^* = \Phi(y)$. Dadurch wird zwar die Achseneinteilung ungleichmäßig (genauer: vom Achsenschnittpunkt aus in beide Richtungen immer stärker gestreckt), aber dies gleicht gerade die Krümmung von Φ aus. Auf der gleichmäßig unterteilten waagrechten Achse werden bei klassierten Stichproben die Klassengrenzen (nicht die Klassenmitten!) eingetragen, ansonsten wie gewohnt die X-Zahlen. Die Summenhäufigkeiten der empirischen Stichprobe werden bei klassierten Stichproben über der Grenze, bei nichtklassierten über der Mitte zwischen zwei X-Werten aufgetragen. Die waagrechte Achse geht dann durch $\Phi(0) = 0{,}5$; dies ist gerade die 50%-Marke. Damit schneidet die für eine normalverteilte Stichprobe entstehende Gerade die waagrechte Achse gerade bei $x = \mu$. Für $x = \mu + \sigma$ ergibt sich $\Phi(1) = 0{,}8413$; der Schnittpunkt der Geraden mit der Waagrechten durch $\Phi(1)$ markiert also den Wert σ.

Ein derartig eingeteiltes Papier ist als Wahrscheinlichkeitspapier im Handel. Man kann sich allerdings für einen groben Überblick auch so helfen, daß man auf normalem Papier eine Einteilung der senkrechten Achse nach folgender Tabelle selbst vornimmt:

Einheit y	–1,5	–1	–0,5	0	0,5	1	1,5
Φ(y) ca.	0,07	0,16	0,31	0,5	0,69	0,84	0,93

Im weiteren Verlauf wird die Streckung so stark, daß die Graphik nur noch wenig aussagekräftig ist. Da hier die Zwischenwerte jedoch nach Augenmaß eingepaßt werden müssen, sind diffizile Fälle natürlich nur unter Verwendung des echten Wahrscheinlichkeitspapiers zu entscheiden.

Einführungsbeispiel:

Aus der Tabelle über die Körpergröße von Neugeborenen erhält man:

x mit X ≤ x	42	44	46	48	50	52	54	56	58	60
H(X ≤ x)	57	127	365	1103	3614	8210	10344	10804	10862	10865
h(X ≤ x)	0,005	0,012	0,034	0,102	0,333	0,756	0,952	0,994	1,000	1,000

Wir erhalten den nebenstehenden Graph (siehe Abb. 619) und daraus $\mu = 50{,}5$ $\sigma = 2{,}4$ in recht guter Übereinstimmung mit den Ergebnissen aus (a), wobei der Graph im Wahrscheinlichkeitspapier allerdings weitaus mehr Vertrauen einflößt.

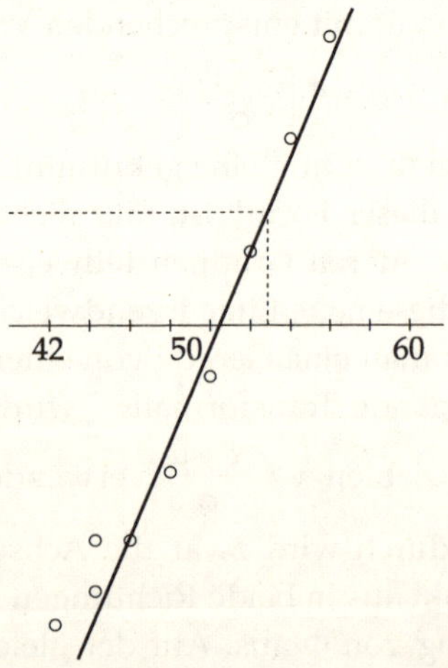

Abb. 619 Streckung durch Teilung der Ordinatenachse nach dem Gaußschen Integral

Der Chi-Quadrat-Test

Einführungsbeispiel:

Ein Würfel wird 120mal geworfen. Man erhält folgendes Ergebnis:

Augenzahl k	1	2	3	4	5	6
Häufigkeit H(k)	25	15	19	25	21	15

Hat man Grund zu der Annahme, daß der Würfel nicht fair ist?

Bei einem idealen Würfel ist $P(X = 1) = ... = P(X = 6) = \frac{1}{6}$; also hätte jede Zahl 20mal auftauchen müssen. Man könnte natürlich nun für jede Zahl die Hypothese $\{P(X = k) = \frac{1}{6}\}$ testen. Dies ist jedoch mit erheblichem Aufwand verbunden. Deshalb sucht man nach einer Methode, um alle sechs Hypothesen gleichzeitig zu testen.

Beschreibt nun die Zufallsvariable X_k, daß k Augen gewürfelt wurden, so ist jedes X_k binomialverteilt und $H(k) = X_k$. Als Maß für die Abweichung verwenden wir

$$\chi^2 = \frac{(H_1 - n \cdot p_1)^2}{n \cdot p_1} + \frac{(H_2 - n \cdot p_2)^2}{n \cdot p_2} + \ldots + \frac{(H_6 - n \cdot p_6)^2}{n \cdot p_6}$$

$$= \frac{\left(25 - 120 \cdot \frac{1}{6}\right)^2}{120 \cdot \frac{1}{6}} + \ldots + \frac{\left(15 - 120 \cdot \frac{1}{6}\right)}{120 \cdot \frac{1}{6}} = 6{,}2$$

Dieser Wert ist nicht zu groß, so daß es noch keinen Grund dazu gibt, an der Fairneß des Würfels zu zweifeln.

Doch was heißt in diesem Zusammenhang „zu groß"? Allgemein ist

$$\chi^2 = \sum_{i=1}^{r} \frac{(X_i - n \cdot p_i)^2}{n \cdot p_i} = \frac{1}{n} \cdot \left(\sum_{i=1}^{r} \frac{X_i^2}{p_i}\right) - n$$

Damit ist χ^2 selbst eine Zufallsvariable.

Da alle X_i $B_{n;pi}$-verteilt sind, gilt $E(X_i) = n \cdot p_i$ und

$V(X_i) = E(X_i - n \cdot p_i)^2 = n \cdot p_i \cdot (1 - p_i)$

Daraus folgt

$$E(\chi^2) = \sum_{i=1}^{r} \frac{n \cdot p_i \cdot (1 - p_i)}{n \cdot p_i} = \sum_{i=1}^{r} (1 - p_i) = r - 1 \quad \text{wegen} \quad \sum_{i=1}^{r} p_i = 1$$

Die Zahl $f = r - 1$ heißt **„Anzahl der Freiheitsgrade"**. Das bedeutet anschaulich, daß man nur $r - 1$ der X_i frei wählen kann. Die letzte Zahl steht dann wegen $\sum_{i=1}^{n} X_i = n$ fest. Man kann auch sagen, daß $P(X \leq x)$ für große n nur noch von der Anzahl r der zu untersuchenden Wahrscheinlichkeiten abhängt.

Ferner kann man zeigen, daß für die Varianz von χ^2 gilt:

$V(\chi^2) \approx 2 \cdot (r - 1) = 2f$

Ein beobachteter Wert von χ^2 liegt nun meist in der Gegend seines Erwartungswertes f. Er ist in der Regel erst dann „schlecht", wenn er um mehr als zwei Standardabweichungen größer ist als dieser. Als Faustregel gilt deshalb: Die Hypothese H_0 wird (auf dem 5%-Niveau) abgelehnt, wenn das beobachtete $\chi^2 \geq f + 2 \cdot \sqrt{f}$ ist.

In unserem Einführungsbeispiel hätte danach also erst $\chi^2 = 11{,}32$ Anlaß dazu gegeben, den Würfel als unfair zu bezeichnen.

Allgemein ergibt sich daraus folgende Testdurchführung:

(1) Man gibt die Irrtumswahrscheinlichkeit α vor.

(2) Man bestimmt aus einer Tabelle für die χ^2-Verteilung mit $r - 1$ Freiheitsgraden die Zahl k, ab der H_0 abgelehnt wird (für $\alpha = 5\%$ ist $k = f + 2\sqrt{f}$). Für dieses k gilt $P(X \leq k) = 1 - \alpha$.

(3) Man berechnet $\chi^2 = \frac{1}{n} \cdot \sum_{i=1}^{n} \frac{H_i}{p_i} - n$

und trifft danach die Entscheidung.

Beispiele:

1. Das zweite Mendelsche Gesetz besagt, daß bei der Kreuzung zweier rosablühender Pflanzen die Abkömmlinge im Verhältnis 1 : 2 : 1 weiß, rosa und rot gefärbt sind. Ein Biologe, der das nachprüft, erhält bei 500 Pflanzen 120 weiße, 240 rosafarbene und 140 rote Exemplare. Was ist von seinem Ergebnis zu halten?

Es ist $\chi^2 = \frac{1}{500} \cdot \left(\frac{120^2}{\left(\frac{1}{4}\right)} + \frac{240^2}{\left(\frac{1}{2}\right)} + \frac{140^2}{\left(\frac{1}{4}\right)} \right) - 500 = 2{,}4$

Für $\alpha = 0{,}01$ erhalten wir aus der Tabelle der χ^2-Verteilung mit zwei Freiheitsgraden den Wert 9,21. Damit ist die Hypothese des Mendelschen Gesetzes nicht zu widerlegen.

Im Gegenteil – der kleine Wert von χ^2 ist beinahe schon ein Ergebnis, das „zu schön ist, um wahr zu sein". Besonders kleine Werte entstehen nämlich dann, wenn Ergebnisse an die Idealwerte künstlich angepaßt worden sind, um überzeugender zu wirken. Wegen $\chi^2 = 2{,}4 \approx 2 = f$ kann man das immerhin hier noch nicht unterstellen.

2. Das Anfangssemester Mathematik ist so zahlreich geworden, daß man beschließt, nur die eine Hälfte am normalen Vorlesungsbetrieb teilnehmen zu lassen, während die andere Hälfte ein Skript zugeschickt erhält und nur zu den Übungen an die Universität kommt. Diese Gruppe absolviert das Semester somit in einer Art Fernstudium. Die Abschlußprüfung bringt folgendes Ergebnis:

	bestanden	nicht bestanden
Vorlesungsgruppe	400	100
Skript-Gruppe	425	75

Darf man auf dem 2,5%-Niveau daraus den Schluß ziehen, daß die neue Variante sogar günstiger ist?

Weil wir für „günstiger" keine konkrete Verteilung benennen können, prüfen wir statt dessen die Gegenhypothese „Die Methoden sind gleich gut". Dazu setzen wir die Quoten der Vorlesungsgruppe als Normfall an und erhalten die Wahrscheinlichkeiten P(bestanden) = 0,8 und P(nicht bestanden) = 0,2. Wir erhalten

$$\chi^2 = \frac{(425-400)^2}{400^2} + \frac{(75-100)^2}{100^2} = 7{,}8125$$

Aus der χ^2-Tabelle mit einem Freiheitsgrad erhalten wir für $\alpha = 0{,}025$ den Wert 5,02. Damit dürfen wir berechtigte Zweifel an der getesteten Gegenhypothese haben.

Dies ist ein Test mit den abstrakten Ausfällen 0 ($\hat{=}$ nicht bestanden) und 1 ($\hat{=}$ bestanden). Für große n ist damit die Situation der Normalverteilung beschrieben. Dies zeigt auch die allgemeine Umformung

$$\chi^2 = \frac{[(n-H_n)-n\cdot q]^2}{n\cdot q} + \frac{[H_n - n\cdot p]^2}{n\cdot p} = \frac{[n\cdot(1-q)-H_n]^2}{n\cdot q} + \frac{[H_n-n\cdot p]^2}{n\cdot p}$$

$$= \frac{[n\cdot p - H_n]^2}{n\cdot q} + \frac{[H_n - n\cdot p]^2}{n\cdot p} = \frac{p\cdot[H_n-n\cdot p]^2 + q\cdot[H_n-n\cdot p]^2}{n\cdot p\cdot q}$$

$$= \frac{(p+q)\cdot[H_n-n\cdot p]^2}{n\cdot p\cdot q} = \frac{[H_n-n\cdot p]^2}{n\cdot p\cdot q}$$

Damit ist $\chi = \frac{H_n - n\cdot p}{\sqrt{n\cdot p\cdot q}}$ normalverteilt.

Bemerkung:

Analog läßt sich eine Vier-Felder-Tafel behandeln, wenn die Randwahrscheinlichkeiten bekannt sind. Mit einer Zahl der Tafel stehen dann nämlich durch Differenzbildung auch die drei übrigen Zahlen fest, so daß wir wieder eine χ^2-Verteilung mit einem Freiheitsgrad haben. Nach einigen Umformungen erhält man für die Berechnung die Formel

$$\chi^2 = \frac{n\cdot(a\cdot d - b\cdot c)^2}{(a+b)\cdot(a+c)\cdot(b+d)\cdot(c+d)}$$

wenn a, b, c, d die Zahlen in den vier Feldern der Tafel sind und n = a + b + c + d ist.

Übungsaufgaben

1. Darf Heiko bei einer Irrtumswahrscheinlichkeit von 5% daran zweifeln, daß 20% der Gummibärchen rot sind, wenn er in einer Tüte mit 25 Stück nur drei rote findet?

2. Daniel behauptet aufgrund dessen, daß nur 10% der Bärchen rot sind.

a) Ist diese Hypothese bei einer Irrtumswahrscheinlichkeit von 5% widerlegbar?

b) Es werden tatsächlich 20% rote Bärchen hergestellt. Wie groß ist dann der Fehler 2. Art?

3. Beim Traditionsverein Hacker 04 hofft Herr Fähnlein auf mindestens 60% der Stimmen bei der nächsten Vorstandswahl. Ist diese Hoffnung bei $\alpha = 5\%$ noch berechtigt, wenn von den 50 Besuchern des Vereinslokals sich nur 25 spontan so geäußert haben, „nur ihn und sonst keinen" zu wählen?

4. Herr Strahlemann findet beim Austesten von 100 Glühbirnen aus einer Lieferung 11 defekte Birnen. Ist es dann bei $\alpha = 3\%$ noch glaubhaft, daß mindestens 95% der gesamten Lieferung funktionieren?

5. Bei der bevorstehenden Wahl erhofft sich eine Partei die absolute Mehrheit. Vorher will sie ihre Chancen durch eine Repräsentativumfrage untersuchen lassen. Ergibt diese höchstens einen zu erwartenden Stimmanteil von 55%, soll ein intensiver Wahlkampf geführt werden, sonst aus Kostengründen ein eher zurückhaltender.

a) Es werden 200 Wahlberechtigte gefragt. Bestimmen Sie den Annahmebereich für die Nullhypothese „Der Stimmanteil ist $\leq 55\%$, bei einer Irrtumswahrscheinlichkeit $\alpha = 5\%$.

b) H_0 wird aufgrund der Umfrage irrtümlich abgelehnt, obwohl der zu erwartende Stimmanteil bei 60% gelegen hätte. Wie groß ist der dann begangene Fehler 2. Art?

6. Gärtner Grünfinger behauptet, daß höchstens 10% seiner Zwetschgen madig sind. Herr Zweifel pflückt 50 Stück.

a) Wie lautet die Nullhypothese?

b) Wie ist der Annahmebereich bei $\alpha = 10\%$?

c) Es sind genau 2 Zwetschgen madig. Ist dann Gärtner Grünfinger wohl zu Recht stolz auf seinen Baum?

7. Herr Pendler behauptet, nach 8 Uhr könne man auf dem Elsässer Platz in Wiesbaden höchstens noch mit der Wahrscheinlichkeit von 30% einen Parkplatz bekommen. Daraufhin fährt Herr Kühn 15mal den Platz an und findet tatsächlich nur zweimal einen Parkplatz. Ist damit Herrn Pendlers Behauptung auf dem 95%-Niveau gesichert?

8. Hochempfindliche elektronische Bauteile haben nach Angaben der Herstellerfirma höchstens eine Ausschußquote von 3%. Wie lautet die Strategie für einen Test von 100 Stück auf dem 95%-Niveau?

9. In zehn aufeinanderfolgenden Ziehungen der Lottozahlen tritt 7mal die Zahl 13 auf.

a) Wie groß ist dafür die Wahrscheinlichkeit?

b) Darf man dann die 13 bei einer Irrtumswahrscheinlichkeit von 10% als Glückszahl bezeichnen?

10. Bei einer Untersuchung von Schulanfängern ergab sich ein Anteil von 12% Linkshändern. Es wurden a) 100; b) 1000 Kinder untersucht. Wie groß ist jeweils das Vertrauensintervall bei $\alpha = 5\%$?

11. Zu Unterrichtsbeginn werden 857 Schüler der Leibnizschule gefragt, ob sie gefrühstückt haben. Davon verneinen 72 diese Frage. Wie groß ist dann bei einer Irrtumswahrscheinlichkeit von $\alpha = 5\%$ die Anzahl der Schüler ohne Frühstück?

12. Für die Bestimmung des Anhaltewegs eines Fahrzeugs ist außer dem Bremsweg die Reaktionszeit, im Volksmund „Schrecksekunde“ genannt, wichtig. Während dieser Zeit fährt nämlich das Fahrzeug noch mit der ursprünglichen Geschwindigkeit weiter. Deshalb werden in Simulatoren die Reaktionszeiten von Personen gemessen. Bei solchen Messungen stellte man fest, daß 28 von 165 Personen die üblicherweise veranschlagte Zeit überschreiten. Wie groß ist auf dem 5%-Niveau das Vertrauensintervall für die Wahrscheinlichkeit, daß eine beliebige Person zu langsam reagiert?

13. Anschließend werden weitere 400 Personen auf dem Simulator getestet. Für die Reaktionszeit ergibt sich dabei ein Mittelwert von 0,8 Sekunden. Die Reaktionszeit sei normalverteilt mit $\sigma = 0{,}04$ Sekunden. Bestimmen Sie ein Vertrauensintervall für den Erwartungswert zur Vertrauenswahrscheinlichkeit $\gamma = 0{,}9$ ($\gamma = 0{,}95$; $\gamma = 0{,}99$).

14. Eine Stichprobe vom Umfang 9 habe den Mittelwert 20. Bestimmen Sie ein Vertrauensintervall für den Erwartungswert, falls

a) die Varianz der normalverteilten Grundgesamtheit 4 ist,

b) falls die empirische Varianz der Stichprobe 4 ist.

15. Von 50 untersuchten Schülern sind 12 blond und blauäugig. Ebenfalls 12 Blauäugige haben eine andere Haarfarbe, 6 Blonde haben keine blauen Augen, und 20 sind weder blond noch blauäugig. Sind dann die Merkmale blond und blauäugig unabhängig voneinander?

16. In einer Tüte mit 25 Gummibärchen findet Daniel 7 rote, 6 grüne, 5 gelbe, 4 orangefarbene und 3 weiße Bärchen. Ist bei einer Irrtumswahrscheinlichkeit von 5% daran zu zweifeln, daß die Firma alle Geschmacksrichtungen (= Farben) in gleicher Anzahl herstellt?

17. Ist ein Würfel fair, bei dem in 1000 Würfen 175mal die Eins, 215mal die Zwei, 220mal die Drei, 190mal die Vier, 170mal die Fünf und 230mal die Sechs fällt?

18. Circa 30% der Bevölkerung rauchen, circa 8% sterben an Krebs. Die Rate der Krebstoten ist bei den Rauchern um 50% höher als bei den Nichtrauchern. Gibt es nach dem χ^2-Test einen signifikanten Zusammenhang auf dem 1%-Irrtumsniveau?

19. Bei 1186 werdenden Müttern setzen die Wehen zu folgenden Stunden des Tages ein:

Zeit	0	1	2	3	4	5	6	7	8
n	52	73	89	88	68	47	58	47	48
Zeit	9	10	11	12	13	14	15	16	17
n	53	47	34	21	31	40	24	37	31
Zeit	18	19	20	21	22	23			
n	47	34	36	44	78	59			

Ist das Einsetzen der Wehen dann noch gleichverteilt?

20. Die Größe von 75 Neugeborenen verteilt sich wie folgt:

Größe (cm)	47	48	49	50	51	52	53	54	55	56	57
Anzahl	1	2	5	15	17	12	12	4	3	1	3
h_i (%)	1,3	2,7	6,7	20	22,7	16	16	5,3	4	1,3	4
Summe (%)	1,3	4	10,7	30,7	53,4	69,4	85,4	90,7	94,7	96	100

a) Tragen Sie diese graphisch auf.

b) Bestimmen Sie aus der Graphik Erwartungswert und Varianz der zugehörigen Normalverteilung.

21. Bei 200 Patienten wurden die Blutdruckwerte gemessen. Es ergab sich folgende Verteilung:

Wert ≤	90	95	100	105	110	115	120	125	130	140	150	155
Anzahl	2	4	6	18	29	38	32	26	22	15	6	2

Tragen Sie die Werte graphisch auf und bestimmen Sie Erwartungswert und Standardabweichung der zugehörigen Normalverteilung.

Lösungen S. 847

Lösungen

Mengen und Mengenoperationen

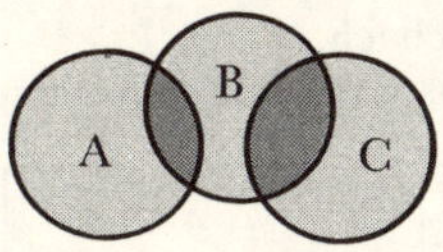

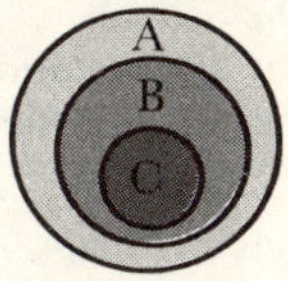

1. a) *Abb. 618* b) *Abb. 619*

2. a) $G \backslash A \cup B$ = Menge aller Mädchen der Schule, die 14 Jahre oder älter sind.

b) $A \backslash B$ = Menge aller Mädchen der Schule, die jünger als 14 Jahre sind.

c) $A \cap B$ = Menge aller Jungen der Schule unter 14 Jahren.

d) $B \backslash A$ = Menge aller Jungen, die 14 Jahre oder älter sind.

3. a) $\{\ \} \cup \{0\} = \{0\}$ b) $\mathbb{N}_0 \cap \mathbb{Z} = \mathbb{N}_0$

c) $\{x \mid x < 0\} \cup \{y \mid y^2 = 9\} = \{-3; 3\}$

d) $(\mathbb{Z} \backslash \mathbb{N}) \cap \{x \mid x > 0\} = \{\ \}$

4. *Abb. 620*

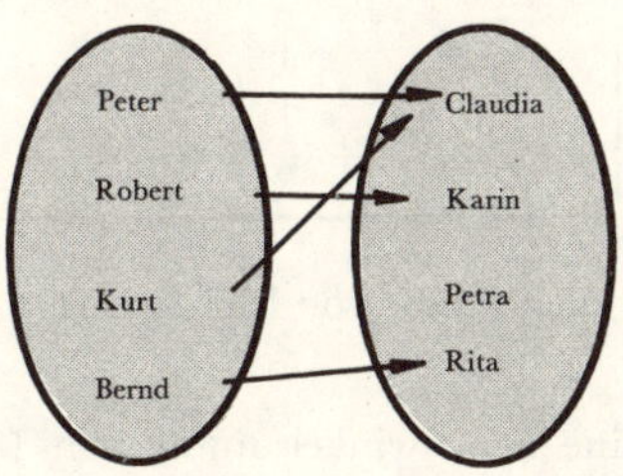

5. *Abb. 621*

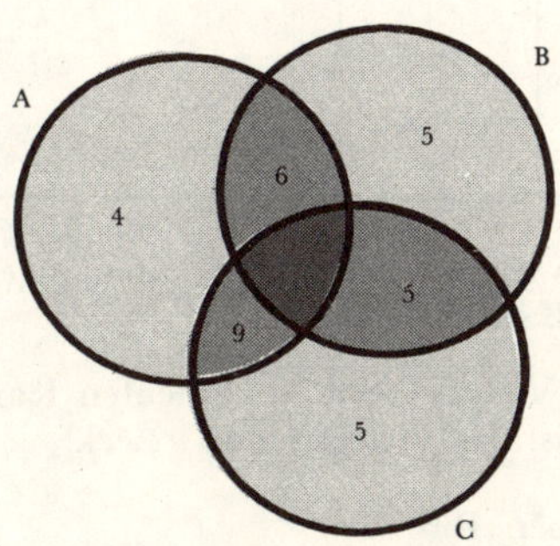

a) $|B| = 16$ b) $|C| = 19$ c) $|B \backslash C| = 11$

d) $|A \cap B \cap C| = 0$ e) $|A \cup B \cup C| = 34$

6. *Abb. 622*

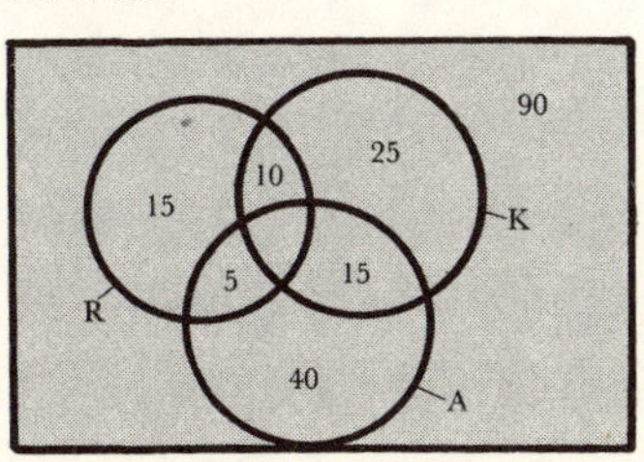

a) 25 Kreislaufpatienten
15 Rheumapatienten
40 Patienten mit Atembeschwerden

b) 90

7. a) $A \cup A = A$ b) $A \setminus A = \{\ \}$ c) $A \setminus \{\ \} = A$ d) $\{\ \} \setminus A = \{\ \}$

8. a) $A \cup B = B \Rightarrow B \supseteq A$ b) $A \cap B = \{\ \}$ c) $A = B = \{\ \}$

Logische Grundlagen

1. a) $A \vee B$: Herr Müller spielt Tennis oder Schach.
$\neg A$: Herr Müller spielt nicht Tennis.
$\neg B$: Herr Müller spielt nicht Schach.
$\neg A \wedge \neg B$: Herr Müller spielt nicht Tennis und nicht Schach.
$\neg(\neg A \wedge \neg B)$: Es ist nicht so, daß Herr Müller nicht Tennis und nicht Schach spielt.

b)

A	B	$A \vee B$	$\neg A$	$\neg B$	$\neg A \wedge \neg B$	$\neg(\neg A \wedge \neg B)$
w	w	w	f	f	f	w
w	f	w	f	w	f	w
f	w	w	w	f	f	w
f	f	f	w	w	w	f

2. a) $\exists (a; b) \mid (a+b)^2 = a^2 + b^2$, nämlich $a = 1 \wedge b = 0$

b) $\forall (a; b)$ gilt: $(a+b)^2 = a^2 + 2ab + b^2$ (1. Binomische Formel)

3.

A	B	$A \Leftrightarrow B$	$\neg(A \wedge \neg A)$	$\neg(B \wedge \neg A)$	$\neg(A \wedge \neg B) \wedge \neg(B \wedge \neg A)$
w	w	w	w	w	w
w	f	f	f	w	f
f	w	f	w	f	f
f	f	w	w	w	w

4. a) Wenn ein Vieleck kongruente Kantenlängen und eine Innenwinkelsumme von 180° besitzt, so ist das Vieleck ein Dreieck!

b) Wenn ein Vieleck keine kongruenten Kantenlängen oder eine Innenwinkelsumme von 180° besitzt, so ist das Vieleck kein Dreieck!

5. a) $A \Rightarrow B$, aber $B \not\Rightarrow A$

b) $A \Rightarrow B \wedge B \Rightarrow A$, also $A \Leftrightarrow B$

c) $A \Leftrightarrow B$

Zahlenbereiche

Die Menge $\mathbb{N}$ der natürlichen Zahlen

1. a) 148 b) 218 c) 315 d) 140

e) 90 f) 3144 g) 77896

2. a) b) In der Primfaktorzerlegung von $b + c$ muß wegen $b = a \cdot x$ und $c = a \cdot y$ der Faktor a in jedem Fall vorkommen:

$b + c = ax + ay = a \cdot (x + y)$; $b \cdot c = ax \cdot ay = a^2 \cdot xy$

c) Setzt man $b = ax$ und $d = cy$, so gilt

$bd = ax \cdot cy = acxy \Rightarrow ac|bd$

d) $b = ax \Rightarrow bc = acx$

e) Wenn a und b teilerfremd sind, müssen alle Primfaktoren von a und alle Primfaktoren von b in c vorkommen, da ja kein Primfaktor existiert, der zugleich in a und b vorkommt.

3. a) $5|10 \wedge 5|20 \Rightarrow 5|30$

b) $5|90 \wedge 5|505 \Rightarrow 5|45450$

c) $7|49 \wedge 13|65 \Rightarrow 91|3185$

d) $12|144 \Rightarrow 12 \cdot 11|144 \cdot 11 \Rightarrow 132|1584$

e) $a = 30$; $b = 77$; $c = 4620$
$30|4620 \wedge 77|4620 \Rightarrow 30 \cdot 77|4620$

4. $7 \,|\, (71 + 13)$, aber $7 \nmid 71 \wedge 7 \nmid 13$

5. a) $2016 = 2^5 \cdot 3^2 \cdot 7$ b) $1782 = 2 \cdot 3^4 \cdot 11$

c) $5005 = 5 \cdot 7 \cdot 11 \cdot 13$ d) $26741 = 11^2 \cdot 13 \cdot 17$

6. a) ggT (16; 18) = 2; kgV (16; 18) = 144

b) ggT (46; 88) = 2; kgV (46; 88) = 2024

c) ggT (48; 112) = 16; kgV (48; 112) = 336

7. kgV (68; 70; 74) $= 2^2 \cdot 5 \cdot 7 \cdot 17 \cdot 37 = 88060$
Die Wanderer gehen nach 880,60 m wieder im Gleichschritt.

8. Das kgV und der ggT der Zahlen lautet:

$28 = 2 \cdot 2 \cdot 7$
$126 = 2 \cdot 3 \cdot 3 \cdot 7$
$392 = 2 \cdot 2 \cdot 2 \cdot 7 \cdot 7$
$588 = 2 \cdot 2 \cdot 3 \cdot 7 \cdot 7$
$882 = 2 \cdot 3 \cdot 3 \cdot 7 \cdot 7$

$\Rightarrow$ kgV $= 2^3 \cdot 3^2 \cdot 7^2 = 3528$

ggT $= 2 \cdot 7 = 14$

Die Menge $\mathbb{Z}$ der ganzen Zahlen

1. a) 19 b) 6 c) −17 d) 15 e) 17 f) 137

2. a) 0 b) −7452 c) −27 d) −2

3. a) −7 b) −95

4. a) $x = 11$ b) $x = -2$

c) $\mathbb{L} = \{(1/-10); (-1/10); (2/-5); (-2/5); (5/-2); (-5/2); (10/-1); (-10/1)\}$

d) $x = 0$ e) $x = -35$ f) $x + 23 - 5 = 10 \Rightarrow x = -8$

g) $x + 4 + 4 + 4 = -13 \Rightarrow x = -25$ h) $y = 3 \vee y = -3$

Die Menge $\mathbb{Q}$ der rationalen Zahlen, Bruchzahlen

1. a) $\frac{1}{2}$ b) $\frac{2}{9}$ c) $\frac{1}{16}$ d) $-\frac{12}{11}$ e) $\frac{21}{17}$ f) $\frac{2}{3}$ g) $\frac{4}{5}$ h) $\frac{7}{11}$

2. a) $\frac{1}{3} < \frac{1}{2}$, weil $2 < 3$ b) $\frac{5}{4} > \frac{4}{5}$, weil $5 \cdot 5 > 4 \cdot 4$

c) $\frac{7}{3} > \frac{6}{4}$, weil $7 \cdot 4 > 3 \cdot 6$ d) $\frac{5}{8} = \frac{95}{152}$, weil $5 \cdot 152 = 8 \cdot 95$

e) $-\frac{7}{4} > -\frac{8}{3}$, weil $-7 \cdot 3 > -8 \cdot 4$ f) $-\frac{2}{7} < -\frac{3}{11}$, weil $-2 \cdot 11 < -3 \cdot 7$

3. a) $\frac{11}{7} = \frac{22}{14} > \frac{21}{14} = \frac{3}{2}$ b) $-\frac{6}{5} = -\frac{18}{15} > -\frac{20}{15} = -\frac{4}{3}$

c) $-\frac{6}{20} = -\frac{30}{100} < -\frac{28}{100} = -\frac{7}{25}$ d) $\frac{2}{9} = \frac{34}{153} < \frac{36}{153} = \frac{12}{51}$

4. endlich: $\frac{1}{5} = 0{,}2$; $\frac{12}{30} = 0{,}4$; $\frac{3}{120} = 0{,}025$; $-\frac{17}{512} = 0{,}033203125$

unendlich: $\frac{1}{150} = 0{,}00\overline{6}$; $\frac{80}{70} = 1{,}\overline{142857}$

5. a) $0{,}\overline{58} = \frac{58}{99}$ b) $0{,}7\overline{9} = \frac{7}{10} + \frac{9}{9} \cdot \frac{1}{10} = \frac{7}{10} + \frac{9}{90} = \frac{72}{90} = \frac{4}{5} = 0{,}8$

Aus diesem Grund ist eine 9 als Periode unsinnig.

c) $2{,}4\overline{55} = \frac{24}{10} + \frac{55}{99} \cdot \frac{1}{10} = \frac{2431}{990} = 2\frac{451}{990}$

d) $12{,}056\overline{73} = \frac{12056}{1000} + \frac{73}{99} \cdot \frac{1}{1000} = \frac{1193617}{99000} = 12\frac{5617}{99000}$

e) $11{,}00\overline{001} = \frac{1100}{100} + \frac{1}{999} \cdot \frac{1}{100} = \frac{1098901}{99900} = 11\frac{1}{99900}$

f) $2{,}43\overline{453} = 2{,}4\overline{345} = \frac{24}{10} + \frac{345}{999} \cdot \frac{1}{10} = \frac{24321}{9990} = 2\frac{4341}{9990}$

6. a) $\frac{1}{3} = 0{,}\overline{3}$ b) $\frac{2}{3} = 0{,}\overline{6}$ c) $\frac{1}{4} = 0{,}25$ d) $\frac{3}{4} = 0{,}75$

e) $\frac{1}{5} = 0{,}2$ f) $\frac{3}{5} = 0{,}6$ g) $\frac{1}{6} = 0{,}1\overline{6}$ h) $\frac{5}{6} = 0{,}8\overline{3}$

i) $\frac{3}{7} = 0{,}\overline{428571}$ j) $\frac{1}{15} = 0{,}0\overline{6}$ k) $\frac{7}{12} = 0{,}58\overline{3}$ l) $\frac{7}{18} = 0{,}3\overline{8}$

m) $0{,}67 = \frac{67}{100}$ n) $3{,}057 = 3\frac{57}{1000}$ o) $-2{,}1073 = -2\frac{1073}{10000}$

p) $0{,}4375 = \frac{4375}{10000} = \frac{7}{16}$ q) $0{,}53125 = \frac{53125}{1000000} = \frac{17}{320}$

r) $0{,}0000100 = \frac{1}{100000}$

7. a) $0{,}75$: $0{,}745 \leqq x \leqq 0{,}754$

b) $0{,}379$: $0{,}3785 \leqq x \leqq 0{,}3794$

c) $1{,}0$: $0{,}95 \leqq x \leqq 1{,}04$

d) $0{,}3476$: $0{,}34755 \leqq x \leqq 0{,}34764$

8. a) $\frac{1}{4}$ b) $-\frac{1}{180}$ c) $\frac{37}{72}$ d) $\frac{31}{208}$ e) $-1\frac{26}{63}$ f) $11\frac{11}{35}$

9. a) $\frac{5}{12}$ b) $\frac{1}{3}$ c) $\frac{4}{7}$ d) $1\frac{3}{125}$ e) $\frac{5}{2}$ f) $\frac{9}{2}$

10. a) $5{,}19577$ b) $-479{,}7348$ c) $2{,}9341\overline{6}$ d) $13{,}8213\overline{8}$

11. a) $\frac{9}{18} : 4 = \frac{1}{8}$ b) $\frac{2}{7} \cdot \frac{1}{9} : 5 = \frac{2}{315}$ c) $10\frac{11}{25} : 13 = \frac{261}{25} \cdot \frac{1}{13} = \frac{261}{325}$

d) $\frac{32}{55} : \frac{8}{77} = \frac{32}{55} \cdot \frac{77}{8} = \frac{28}{5} = 5\frac{3}{5}$ e) $12\frac{1}{5} : 16\frac{4}{9} = \frac{61}{5} \cdot \frac{9}{148} = \frac{549}{740}$

f) $201\frac{4}{13} : \frac{5}{26} = \frac{2617}{13} \cdot \frac{26}{5} = \frac{5234}{5} = 1046\frac{4}{5}$

12. a) $6\frac{8}{11}$ b) $-3\frac{3}{22}$ c) $-4\frac{1}{6}$ d) $-1\frac{41}{180}$

13. a) $\dfrac{7}{\frac{5}{6}} = 8\frac{2}{5}$ b) $\dfrac{\frac{13}{7}}{\frac{26}{14}} = 1$ c) $\dfrac{\frac{72}{17}}{\frac{12}{17}} = 6$

d) $\dfrac{\frac{13}{5}}{\frac{15}{7}} = \frac{13}{5} \cdot \frac{7}{15} = \frac{91}{75} = 1\frac{16}{75}$

e) $\dfrac{13}{\dfrac{5}{\frac{15}{7}}} = \dfrac{13}{1} : \left(\dfrac{5}{1} \cdot \dfrac{7}{15}\right) = \dfrac{13}{1} \cdot \dfrac{3}{7} = \dfrac{39}{7} = 5\frac{4}{7}$

f) $\dfrac{\dfrac{13}{\frac{5}{15}}}{7} = \frac{13}{1} : (\frac{5}{15} \cdot \frac{1}{7}) = \frac{13}{1} \cdot \frac{21}{1} = 273$

g) $\dfrac{4\frac{1}{5}}{3\frac{1}{3}} = \frac{21}{5} \cdot \frac{3}{10} = \frac{63}{50} = 1\frac{13}{50}$

14. a) $\dfrac{\frac{5}{12} - \frac{1}{2} \cdot \frac{1}{6} + 3\frac{1}{3}}{(\frac{7}{8} - \frac{1}{9}) : 2\frac{1}{2}} = \dfrac{\frac{5}{12} - \frac{1}{12} + \frac{10}{3}}{\frac{55}{72} \cdot \frac{2}{5}} = \dfrac{\frac{44}{12}}{\frac{11}{36}} = \dfrac{\frac{11}{3}}{\frac{11}{36}} = 12$

b) $\dfrac{\dfrac{2\frac{1}{2} - 3\frac{1}{4}}{4\frac{1}{6}}}{\dfrac{5\frac{1}{9} - 3\frac{2}{9}}{10\frac{1}{2}}} = \dfrac{\dfrac{-\frac{3}{4}}{\frac{25}{6}}}{\dfrac{\frac{17}{9}}{\frac{21}{2}}} = (-\frac{3}{4} \cdot \frac{6}{25}) : (\frac{17}{9} \cdot \frac{2}{21}) = -1\frac{1}{1700}$

15. a) $\dfrac{1}{2 + \dfrac{1}{3 + \frac{1}{4}}} = \dfrac{1}{2 + \dfrac{1}{\frac{13}{4}}} = \dfrac{1}{2 + \frac{4}{13}} = \dfrac{1}{\frac{30}{13}} = \frac{13}{30}$

b) $\dfrac{1}{3 + \dfrac{1}{3 + \dfrac{1}{3 + \frac{1}{3}}}} = \dfrac{1}{3 + \dfrac{1}{3 + \frac{3}{10}}} = \dfrac{1}{3 + \frac{10}{33}} = \frac{33}{109}$

16. a) $4 \cdot 4\frac{1}{2} - 3\frac{1}{9} : \frac{1}{7} = 4 \cdot \frac{9}{2} - \frac{28}{9} \cdot \frac{7}{1} = 18 - \frac{196}{9} = -3\frac{7}{9}$

b) $\frac{1}{2} \cdot \frac{1}{3} = \frac{1}{6}$

c) $\frac{4}{5} : x = \frac{1}{7} \Leftrightarrow \frac{1}{7} \cdot x = \frac{4}{5}$, also $x = \frac{4}{5} : \frac{1}{7} = \frac{28}{5}$

d) $\frac{2}{3} \cdot x = 70 \Leftrightarrow \frac{1}{3} \cdot x = 35 \Leftrightarrow x = 105$ Rinder

e) $4\frac{3}{5} : 3\frac{2}{5} = \frac{23}{5} : \frac{17}{5} = \frac{23}{5} \cdot \frac{5}{17} = \frac{23}{17} = 1\frac{6}{17}$ Std.
Nun ist $\frac{1}{17}$ Std. $= \frac{60}{17}$ Minuten $= \frac{3600}{17}$ Sekunden, also $\frac{6}{17}$ h. $= \frac{360}{17}$ min $= \frac{21600}{17}$ sec.
Fritz und Peter benötigen somit 1 Std. 21 Minuten und 10,59 Sekunden.

f) I. $\frac{1}{3} \cdot \frac{1}{6} = \frac{1}{18}$ II. $\frac{1}{5} \cdot \frac{1}{2} \cdot \frac{1}{2} = \frac{1}{20}$
Folglich ist ein Drittel von einem Sechstel mehr als ein Fünftel von der Hälfte vom Halben.

g) Die Anteile der Radumdrehungen lauten:
$\frac{1}{4}$; $\frac{1}{12}$; $\frac{1}{90}$. Wenn sich das 2. Rad $1\frac{7}{8} = \frac{15}{8}$mal dreht, macht das 3. Rad eine viertel Umdrehung. Folglich macht das 3. Rad bei einer ganzen Umdrehung des 2. Rades $\frac{2}{15}$ Umdrehungen. Führt das 2. Rad jedoch $\frac{1}{12}$ Umdrehung aus, so dreht sich das 3. Rad um den 90sten Teil. Bei einer vollen Umdrehung des 3. Rades muß sich demnach das 2. Rad $\frac{90}{12} = 7{,}5$mal drehen und das 1. Rad $\frac{90}{4} = 22{,}5$mal.
Somit dreht sich das 1. Rad also 2250mal, das 2. Rad 750mal, wenn sich das 3. Rad 100mal dreht.

h) Zauberquadrat:

$\frac{1}{3}$	$\frac{3}{4}$	$\frac{1}{6}$
$\frac{1}{4}$	$\frac{5}{12}$	$\frac{7}{12}$
$\frac{2}{3}$	$\frac{1}{12}$	$\frac{1}{2}$

i) Nennen wir x die Anzahl der erforderlichen Goldstücke, dann werden auf dem 1. Weg $\frac{x}{2}$ Goldstücke, auf dem 2. Weg $\frac{x}{2} \cdot \frac{2}{3} = \frac{x}{3}$ Goldstücke und auf dem 3. Weg $\left(x - \frac{x}{2} - \frac{x}{3}\right) \cdot \frac{3}{4} = \frac{x}{6} \cdot \frac{3}{4} = \frac{x}{8}$ gefordert.

Die Mindestanzahl der erforderlichen Goldstücke beträgt somit 24, falls nur ganzzahlige Lösungen zugelassen sind $\frac{x}{2}$; $\frac{x}{3}$; $\frac{x}{6}$; $\frac{x}{8}$ müssen nämlich ganzzahlig sein!).

Die Menge $\mathbb{R}$ der reellen Zahlen

1. a) $\sqrt{700} = \sqrt{7} \cdot \sqrt{100} = 26{,}4575$ b) $\sqrt{0{,}7} = \sqrt{70} : \sqrt{100} = 0{,}83666$

c) $\sqrt{0{,}07} = \sqrt{7} : \sqrt{100} = 0{,}264575$

d) $\sqrt{70000} = \sqrt{7} \cdot \sqrt{10000} = 264{,}575$

2. a) $\sqrt{2500} = 50$ b) $\sqrt[3]{8000} = 20$ c) $\sqrt{0{,}04} = 0{,}2$

d) $\sqrt{0{,}0121} = 0{,}11$ e) $\sqrt[3]{-0{,}001} = -0{,}1$ f) $\sqrt[5]{-32} = -2$

g) $\sqrt[10]{1024} = 2$ h) $\sqrt[3]{-0{,}000064} = -0{,}04$

3. a) $14{,}544 = 1{,}4544 \cdot 10^1$ b) $0{,}00005370 = 5{,}37 \cdot 10^{-5}$

c) $0{,}40037900 = 4{,}00379 \cdot 10^{-1}$ d) $14000000000 = 1{,}4 \cdot 10^{10}$

4. a) $\sqrt{x+1}$; $x + 1 \geqq 0 \Leftrightarrow x \geqq -1$; $\mathbb{D} = \{x | x \geqq -1\}_{\mathbb{R}}$

b) $\sqrt{x^2}$; $x^2 \geqq 0 \Rightarrow x \in \mathbb{R}$; $\mathbb{D} = \mathbb{R}$

c) $\sqrt[3]{-x}$; $-x \in \mathbb{R} \Rightarrow x \in \mathbb{R}$; $\mathbb{D} = \mathbb{R}$

d) $\sqrt[4]{1-x}$; $1 - x \geqq 0 \Leftrightarrow 1 \geqq x$ oder $x \leqq 1$; $\mathbb{D} = \{x | x \leqq 1\}_{\mathbb{R}}$

5. a) $\sqrt[3]{5} = 5^{\frac{1}{3}}$ b) $\sqrt[3]{7^2} = 7^{\frac{2}{3}}$ c) $\sqrt[3]{9^4} = 9^{\frac{4}{3}}$

d) $\sqrt[4]{x^7} = x^{\frac{7}{4}}$ e) $\sqrt[3]{x^3 - y^3} = (x^3 - y^3)^{\frac{1}{3}}$

6. a) $4^{\frac{2}{3}} = \sqrt[3]{4^2} = \sqrt[3]{16}$ b) $(-2)^{\frac{1}{3}} = \sqrt[3]{-2}$

c) $x^{2,5} = x^{\frac{5}{2}} = \sqrt{x^5}$ d) $1296^{-0,25} = 1296^{-\frac{1}{4}} = \frac{1}{\sqrt[4]{1296}} = \frac{1}{6}$

e) $(\frac{1}{4})^{-0,5} = (\frac{1}{4})^{-\frac{1}{2}} = 4^{\frac{1}{2}} = \sqrt{4} = 2$

7. a) $3\sqrt{4} + 4\sqrt{4} - 30\sqrt{4} = -23\sqrt{4}$

b) $\sqrt{5} \cdot \sqrt{45} = \sqrt{225} = 15$ c) $\sqrt{5}\,\sqrt{2}\,\sqrt{20}\,\sqrt{18} = \sqrt{100}\,\sqrt{36} = 10 \cdot 6 = 60$

d) $\frac{\sqrt{98}}{\sqrt{2}} = \sqrt{49} = 7$

e) $\sqrt{2}\,(\sqrt{8} + \sqrt{50} - \sqrt{72}) = \sqrt{16} + \sqrt{100} - \sqrt{144} = 4 + 10 - 12 = 2$

8. a) $\sqrt{200} = 10\sqrt{2}$ b) $\sqrt{432} = \sqrt{144 \cdot 3} = 12\sqrt{3}$

c) $\sqrt{\frac{5}{8}} : \sqrt{\frac{5}{32}} = \sqrt{\frac{5}{8} \cdot \frac{32}{5}} = \sqrt{4} = 2$

d) $\sqrt[3]{\frac{9}{8}} : \sqrt[3]{2\frac{2}{3}} = \sqrt[3]{\frac{9}{8} \cdot \frac{3}{8}} = \sqrt[3]{\frac{27}{64}} = \frac{3}{4}$

e) $(10\sqrt{48} - 6\sqrt{27} + 4\sqrt{75}) : \sqrt{3} = 10\sqrt{16} - 6\sqrt{9} + 4\sqrt{25} = 40 - 18 + 20 = 42$

9. a) $(\sqrt{xy^3} + \sqrt{x^3y}) : \sqrt{xy} = \sqrt{y^2} + \sqrt{x^2} = y + x$

b) $x^{\frac{2}{3}} \cdot x^{-\frac{2}{3}} = x^0 = 1$

c) $\sqrt{x^2 + y^2} \neq x + y$

Der Term kann nicht vereinfacht werden.

d) $\sqrt[12]{r^4 s^6 t^3} = r^{\frac{4}{12}} s^{\frac{6}{12}} t^{\frac{3}{12}} = r^{\frac{1}{3}} s^{\frac{1}{2}} t^{\frac{1}{4}} = \sqrt[3]{r} \cdot \sqrt{s} \cdot \sqrt[4]{t}$

10. a) $\sqrt{2} \cdot \sqrt[4]{4} = 2^{\frac{1}{2}} \cdot 4^{\frac{1}{4}} = 2^{\frac{1}{2}} \cdot 2^{\frac{2}{4}} = 2^1 = 2$

b) $\sqrt[5]{4} \cdot \sqrt[5]{8} = \sqrt[5]{32} = 2$ c) $\sqrt{\sqrt[3]{9}} = \sqrt[6]{9} = \sqrt[3]{\sqrt{9}} = \sqrt[3]{3}$

d) $(4^3)^7 = 4^{21}$ e) $(9^9)^9 = 9^{81}$ f) $9^{(9^9)} = 9^{387420489}$

11. a) $\dfrac{7}{\sqrt{3}} = \dfrac{7\sqrt{3}}{3} = \frac{7}{3}\sqrt{3}$ b) $\dfrac{15}{\sqrt{15}} = \dfrac{15\sqrt{15}}{15} = \sqrt{15}$

c) $$\frac{1}{\sqrt{2}+3} = \frac{\sqrt{2}-3}{(\sqrt{2}+3)(\sqrt{2}-3)} = \frac{\sqrt{2}-3}{2-9} = -\tfrac{1}{7}\sqrt{2} + \tfrac{3}{7}$$

d) $$\frac{12}{7-3\sqrt{5}} = \frac{12(7+3\sqrt{5})}{(7-3\sqrt{5})(7+3\sqrt{5})} = \frac{84+36\sqrt{5}}{49-45} = 21 + 9\sqrt{5}$$

e) $$\frac{\sqrt{5+2\sqrt{6}}}{\sqrt{5-2\sqrt{6}}} = \frac{\sqrt{(5+2\sqrt{6})(5+2\sqrt{6})}}{\sqrt{(5-2\sqrt{6})(5+2\sqrt{6})}} = \frac{5+2\sqrt{6}}{\sqrt{25-24}} = 5 + 2\sqrt{6}$$

f) $$\frac{1}{\sqrt{3}+\sqrt{2}-\sqrt{8}} = \frac{\sqrt{3}+\sqrt{2}+\sqrt{8}}{(\sqrt{3}+\sqrt{2}-\sqrt{8})(\sqrt{3}+\sqrt{2}+\sqrt{8})} = \frac{\sqrt{3}+\sqrt{2}+\sqrt{8}}{(\sqrt{3}+\sqrt{2})^2-8}$$

$$= \frac{\sqrt{3}+\sqrt{2}+\sqrt{8}}{3+2\sqrt{6}+2-8} = \frac{\sqrt{3}+\sqrt{2}+\sqrt{8}}{2\sqrt{6}-3}$$

$$= \frac{(\sqrt{3}+\sqrt{2}+\sqrt{8})(2\sqrt{6}+3)}{(2\sqrt{6}-3)(2\sqrt{6}+3)}$$

$$= \frac{2\sqrt{18}+2\sqrt{12}+2\sqrt{48}+3\sqrt{3}+3\sqrt{2}+3\sqrt{8}}{24-9}$$

$$= \frac{6\sqrt{2}+4\sqrt{3}+8\sqrt{3}+3\sqrt{3}+3\sqrt{2}+3\sqrt{8}}{15}$$

$$= \frac{9\sqrt{2}+15\sqrt{3}+6\sqrt{2}}{15} = \frac{15\sqrt{2}+15\sqrt{3}}{15} = \sqrt{2}+\sqrt{3}$$

12. a) $\sqrt{\dfrac{a^2}{4b^2}} = \dfrac{1}{2} \cdot \dfrac{a}{b}$ b) $\dfrac{\sqrt{125xy^3}}{\sqrt{5xy}} = \sqrt{25y^2} = 5y$

c) $2\sqrt{\sqrt{81x^4}} = 2 \cdot \sqrt{9x^2} = 2 \cdot 3x = 6x$

d) $\frac{x^{\frac{1}{4}}}{\sqrt[3]{x}} = x^{\frac{1}{4}} \cdot x^{-\frac{1}{3}} = x^{-\frac{1}{12}} = \frac{1}{\sqrt[12]{x}}$

e) $\sqrt[2x+1]{a^{4x+2} \cdot 6^{8x+4}} = a^2 \cdot 6^4 = 1296\,a^2$

f) $16\sqrt{a^6 b^7} : 4\sqrt{a^4 b^5} = 4\sqrt{a^2 b^2} = 4ab$

g) $\left(\sqrt{\frac{y^4}{x^3}} - \sqrt{\frac{x^3}{y^2}}\right) : \sqrt{\frac{y^6}{x^5}} = \sqrt{\frac{y^4 x^5}{x^3 y^6}} - \sqrt{\frac{x^3 x^5}{y^2 y^6}} = \sqrt{\frac{x^2}{y^2}} - \sqrt{\frac{x^8}{y^8}}$

$= \frac{x}{y} - \frac{x^4}{y^4} = \frac{xy^3 - x^4}{y^4}$

13. a) $h = \frac{1}{2}g \cdot t^2 \Leftrightarrow h = \frac{1}{2} \cdot g \cdot 10^2 \Leftrightarrow h = 490{,}5\,\text{m}$

b) $1000 = \frac{1}{2}g \cdot t^2 \Leftrightarrow t^2 = \frac{2000}{g} \Leftrightarrow t = \sqrt{\frac{2000}{g}} = 14{,}28$ Sekunden

14. a) $a \cdot b = 1$ oder $a(a\sqrt{2}) = 1$ oder $a^2\sqrt{2} = 1$

$\Rightarrow a = \sqrt{\frac{\sqrt{2}}{2}} = 0{,}841\,\text{m}$ und damit

$b = a\sqrt{2} = 0{,}841\sqrt{2} = 1{,}189\,\text{m}$

b)

	Länge (m)	Breite (m)
DIN A0	1,189	0,841
DIN A1	0,841	0,595
DIN A2	0,595	0,420
DIN A3	0,420	0,297
DIN A4	0,297	0,210

c) $\sqrt{2} : 1$

Die Menge $\mathbb{C}$ der komplexen Zahlen

1. a) $i - \frac{1}{i} = i - i^{-1} = i - \frac{-i}{1} = i + i = 2i = (0; 2)$

es ist nämlich $\frac{1}{i} = \frac{1}{\sqrt{-1}} = \frac{\sqrt{-1}}{-1} = -i$

b) $4i + 3i - 2 = 7i - 2 = (-2; 7)$

c) $\frac{1}{i^2} - i^3 = \frac{1}{-1} - (-1) \cdot i = i - 1 = (-1; 1)$

d) $i^{-7} + 4 = \frac{1}{(-1)(-1)(-1) \cdot i} + 4 = -\frac{1}{i} + 4 = 4 + i = (4; 1)$

2. a) $i^2 = -1$ b) $i^3 = -i$ c) $i^4 = 1$ d) $i^5 = i$ e) $i^6 = -1$ f) $i^7 = -i$
g) $i^8 = 1$

3. a) $(-i)^{2n} = [(-i)^2]^n = (-1)^n = \begin{cases} 1 & \text{für gerade } n \\ -1 & \text{für ungerade } n \end{cases}$

b) $i^{4n} = 1$ c) $(-i)^{4n+2} = [(-i)^2]^{2n+1} = -1$ d) $i^{4n+3} = -i$ e) $i^{20n} = 1$

4. a) $6 \cdot 2i = 12i \Rightarrow |z| = 12$

b) $-12i \Rightarrow |z| = 12$

c) $15i \Rightarrow |z| = 15$

d) $2 + \sqrt{2}i \Rightarrow |z| = \sqrt{6}$

e) $-2 - 3i \Rightarrow |z| = \sqrt{13}$

f) $-7 - 22i \Rightarrow |z| = \sqrt{533}$

g) $-6 + 8i \Rightarrow |z| = 10$

h) $\frac{4}{3}\sqrt{6} \Rightarrow |z| = \frac{4}{3}\sqrt{6}$

i) $-52 - 221i \Rightarrow |z| = \sqrt{51545} = 13\sqrt{305}$

k) $-18 - 30i \Rightarrow |z| = \sqrt{1224} = 6\sqrt{34}$

l) $-4 - 3i \Rightarrow |z| = 5$

m) $-18 - 8i \Rightarrow |z| = 2\sqrt{97}$

5. a) $5(\cos 53{,}13° + i \cdot \sin 53{,}13°)$

b) $\sqrt{61}(\cos 50{,}19° - i \cdot \sin 50{,}19°)$

c) $\sqrt{20}(\cos 153{,}43° + i \cdot \sin 153{,}43°)$

d) $2\sqrt{26}(\cos 11{,}31° + i \cdot \sin 11{,}31°)$

e) $\sqrt{58}(\cos 66{,}80° + i \cdot \sin 66{,}80°)$

6. a) $3{,}28 + 2{,}29i$ b) $-0{,}26 + 1{,}48i$ c) $0{,}6$ d) $-0{,}31 - 0{,}11i$

7. a) $\frac{2}{13} - \frac{3}{13}i$ b) $-\frac{10}{101} + \frac{1}{101}i$ c) $-\frac{1}{5}i$ d) $\frac{1}{35}$ e) $\frac{1}{290} + \frac{1}{116}i$

8. a) $-\frac{7}{10} + \frac{1}{10}i$ b) $\frac{8}{25} + \frac{4}{25}i$

9. a) z_1 b) z_2 c) $9 - 1{,}5i$ d) $9 - 1{,}5i$ e) $24{,}75 + 13{,}375i$

f) $24{,}75 + 13{,}375i$ g) $0{,}425 + 0{,}225i$ h) $0{,}425 + 0{,}225i$

10. a) $z^2 = 53(\cos 148{,}11° + i \cdot \sin 148{,}11°)$
$z^3 = 385{,}85(\cos 222{,}16° + i \cdot \sin 222{,}16°)$
$z^7 = 1083840{,}92(\cos 518{,}38° + i \cdot \sin 518{,}38°)$

b) $z^2 = 17{,}65(\cos 103{,}53° - i \cdot \sin 103{,}53°)$
$z^3 = 74{,}15(\cos 155{,}30° - i \cdot \sin 155{,}30°)$
$z^7 = 23099{,}71(\cos 362{,}36° - i \cdot \sin 362{,}36°)$

c) $z^2 = 4(\cos 180° + i \cdot \sin 180°)$
$z^3 = 8(\cos 270° + i \cdot \sin 270°)$
$z^7 = 128(\cos 630° + i \cdot \sin 630°)$

11. a) 3. Wurzeln:
$1{,}372 + 1{,}165i$
$-1{,}695 + 0{,}606i$
$0{,}322 - 1{,}771i$

5. Wurzeln:
$1{,}298 + 0{,}583i$
$-0{,}153 + 1{,}415i$
$-1{,}393 + 0{,}291i$
$-0{,}707 - 1{,}235i$
$0{,}956 - 1{,}054i$

6. Wurzeln:
$1{,}259 + 0{,}462i$
$0{,}229 + 1{,}322i$
$-1{,}030 + 0{,}859i$
$-1{,}259 - 0{,}462i$
$-0{,}229 - 1{,}322i$
$1{,}030 - 0{,}859i$

b) 3. Wurzeln:
$2{,}037 + 0{,}853i$
$-1{,}757 + 1{,}337i$
$-0{,}279 - 2{,}191i$

5. Wurzeln: $1{,}563 + 0{,}379i$
$0{,}122 + 1{,}604i$
$-1{,}488 + 0{,}612i$
$-1{,}042 - 1{,}226i$
$0{,}844 - 1{,}369i$

6. Wurzeln: $1{,}457 + 0{,}293i$
$0{,}475 + 1{,}408i$
$-0{,}982 + 1{,}115i$
$-1{,}457 - 0{,}293i$
$-0{,}475 - 1{,}408i$
$0{,}982 - 1{,}115i$

c) 3. Wurzeln: $1{,}481 + 0{,}855i$
$-1{,}481 + 0{,}855i$
$-1{,}710i$

5. Wurzeln: $1{,}312 + 0{,}426i$
$1{,}380i$
$-1{,}312 + 0{,}426i$
$-0{,}811 - 1{,}116i$
$0{,}811 - 1{,}116i$

6. Wurzeln: $1{,}263 + 0{,}338i$
$0{,}338 + 1{,}263i$
$-0{,}925 + 0{,}925i$
$-1{,}263 - 0{,}338i$
$-0{,}338 - 1{,}263i$
$0{,}925 - 0{,}925i$

Termumformungen

1. a) $x + 5y + 13z$ b) $-2\alpha + 7\beta - \gamma$ c) $99x^2 - 4x^2y + 2xy^2 - z^2$

2. a) $0 = 2ab + 2ac + 2bc$ b) $0 = 576 + 192 + 384 = 1152\,\text{cm}^2$

3. a) $4x - 2y + 12xz - 2x = 2x - 2y + 12xz$ b) $-7y + 8x - 2z + 2$

4. a) $2a(2x + 7x^2 + 25ab)$ b) $4x(3a + 5b) + 2y(3a + 5b) = (4x + 2y)(3a + 5b)$

5. a) $8xy - 12xz + 20x$ b) $8ax - 12a - 4bx + 6b$

c) $10a^2z - 15abz - 2axz + 3bxz + 30a^2y - 45aby - 6axy + 9bxy$

d) $a^3 - a^2b - ab^2 + b^3$

6. a) $\frac{1}{16}x^2 + \frac{1}{6}xy + \frac{1}{9}y^2$ b) $16x^2 - 16xy + 4y^2$ c) $25x^4 - 9y^2$

d) $125a^6 + 225a^4x - 150a^4y^4 + 135a^2x^2 - 180a^2xy^4 + 60a^2y^8 - 54x^2y^4 + 36xy^8 + 27x^3 - 8y^{12}$

7. a) $(x + 12)(x - 12)$ b) $(xyz^2 + 1)(xyz^2 - 1)$ c) $\left(\frac{x}{y} + 2\right)^2$ d) $2xy(4x + 7y)(4x - 7y)$

8. a) $a^4b^4 - 4a^3b^3xy + 6a^2b^2x^2y^2 - 4abx^3y^3 + x^4y^4$

b) $64x^6 - 576x^5 + 2160x^4 - 4320x^3 + 4860x^2 - 2916x + 729$

9. $(a+b+c+d)^2 = a^2+b^2+c^2+d^2+2ab+2ac+2ad+2bc+2bd+2cd$

	a	b	c	d
a	a^2	ab	ac	ad
b	ab	b^2	bc	bd
c	ac	bc	c^2	cd
d	ad	bd	cd	d^2

10. a) $\mathbb{D} = \mathbb{R}\setminus\{\frac{1}{4}\}$ b) $\mathbb{D} = \mathbb{R}$ c) $\mathbb{D} = \mathbb{R}\setminus\{1; -1\}$

d) $\mathbb{D} = \mathbb{R}\setminus\{5; -5\}$ e) $\mathbb{D} = \mathbb{R}\setminus\{8\} \cap \mathbb{R}\setminus\{3; -3\} = \mathbb{R}\setminus\{3; 8; -3\}$

f) $\mathbb{D} = \{x \mid x \geqq -2\}_{\mathbb{R}} \cap \mathbb{R}\setminus\{0\} = \{x \mid x \neq 0 \wedge x \geqq -2\}_{\mathbb{R}}$

g) $\mathbb{D} = \mathbb{R} \cap \mathbb{R}^+ = \mathbb{R}^+$

h) $\mathbb{D}_1$: $x^2 - \frac{1}{2}x = 0 \Rightarrow x_1 = 0 \vee x_2 = \frac{1}{2}$

$\Rightarrow \mathbb{D}_1 = \{x \mid x \leqq 0 \vee x \geqq \frac{1}{2}\}_{\mathbb{R}}$

$\mathbb{D}_2$: $2x^2 - 1 = 0 \Rightarrow x_1 = \frac{1}{2}\sqrt{2} \vee x_2 = -\frac{1}{2}\sqrt{2}$

$\Rightarrow \mathbb{D}_2 = \mathbb{R}\setminus\{\sqrt{\frac{1}{2}}; -\sqrt{\frac{1}{2}}\}$

$\mathbb{D}_3$: $x - 2 > 0 \Rightarrow x > 2$

$\Rightarrow \mathbb{D}_3 = \{x \mid x > 2\}_{\mathbb{R}}$

$\mathbb{D}_{ges} = \mathbb{D}_1 \cap \mathbb{D}_2 \cap \mathbb{D}_3 = \{x \mid x > 2\}_{\mathbb{R}}$

11. a) $\frac{5(a-b) - 4(a+b) + 9b - a}{a^2 - b^2} = \frac{5a - 5b - 4a - 4b + 9b - a}{a^2 - b^2}$

$= \frac{0}{a^2 - b^2} = 0$ für $a \neq b$ und $a \neq -b$

b) $\frac{(x-2)^2 - (x-1)(x-3)}{(x-3)(x-2)} = \frac{1}{(x-3)(x-2)}$ für $x \neq 3; x \neq 2$

12. a) $\frac{x^3 - y^3}{2xy} : \frac{2y - 2x}{xy} = \frac{(x^3 - y^3)xy}{2xy(2y - 2x)} = \frac{x^3 - y^3}{4y - 4x}$

$= \frac{x^3 - y^3}{4(y - x)} = \frac{x^2 + xy + y^2}{-4}$ für $x \neq 0; y \neq 0; x \neq y$

b) $\frac{8x + 6}{5xy - x^2} \cdot \frac{25xy - 5x^2}{6xy} \cdot \frac{9x^3y^2}{20xy + 15y}$

$= \frac{2(4x+3) \cdot 5(5xy - x^2) \cdot 9x^3y^2}{(5xy - x^2) \cdot 6xy \cdot 5y(4x+3)} = 3x^2$ für $5y \neq x; x \neq 0; y \neq 0; x \neq -\frac{3}{4}$

c) $\frac{\frac{4 + x^2}{2x}}{\frac{4 - x^2}{2x}} = \frac{4 + x^2}{2x} \cdot \frac{2x}{4 - x^2} = \frac{4 + x^2}{4 - x^2}$ für $x \neq 0; x \neq 2; x \neq -2$

d) $\dfrac{\dfrac{x+1+1-x}{x^2-1}}{\dfrac{x+1+x-1}{x^2-1}} = \dfrac{2}{x^2-1} \cdot \dfrac{x^2-1}{2x} = \dfrac{1}{x}$ für $x \neq 0;\ x \neq 1;\ x \neq -1$

e) $\dfrac{1}{2+\dfrac{1}{\dfrac{4x^3+1}{2x^2}}} = \dfrac{1}{2+\dfrac{2x^2}{4x^3+1}} = \dfrac{1}{\dfrac{8x^3+2+2x^2}{4x^3+1}} = \dfrac{4x^3+1}{8x^3+2x^2+2}$

für $x \neq 0;\ 4x^3 \neq -1;\ 8x^3+2x^2 \neq -2$

Abbildungen, Relationen und Funktionen: Allgemeine Betrachtungen

1. a) $R = \{(-3/3);\ (4/-4);\ (6/6);\ (-6/6)\}$

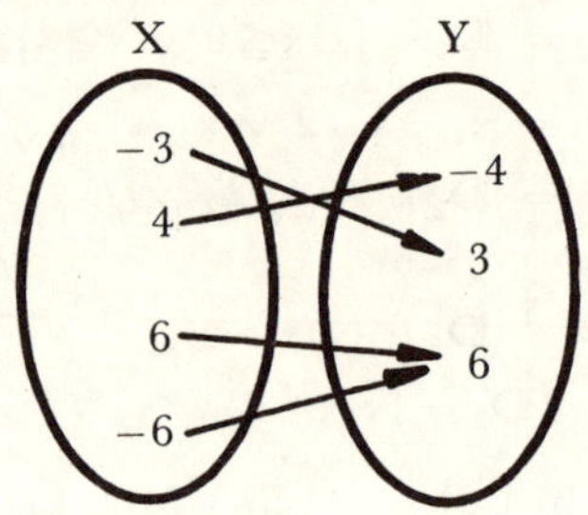

Abb. 623
R ist eine Funktion

b) $R = \{(-4/4);\ (3/-3);\ (6/6);\ (6/-6)\}$

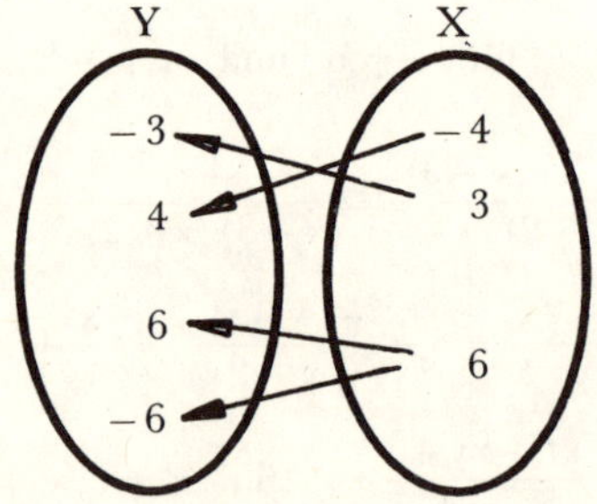

Abb. 624
R ist keine Funktion

2.

x	−3	−2	−1	0	1	2	3
$f(x) = 2x^2$	18	8	2	0	2	8	18
$f(x) = -\frac{5}{x}$	$\frac{5}{3}$	$\frac{5}{2}$	5	–	−5	$-\frac{5}{2}$	$-\frac{5}{3}$
$f(x) = x^3 + x$	−30	−10	−2	0	2	10	30
$f(x) = 2x + x^2$	3	0	−1	0	3	8	15

3. a) $O = 6a^2$; $a \in \mathbb{R}^+$ b) $V = a^3$; $a \in \mathbb{R}^+$

4. $V = a(a+1)(a+2) = (a^2+a)(a+2)$
$= a^3 + a^2 + 2a^2 + 2a = a^3 + 3a^2 + 2a$

5. a) $y = x^{\frac{1}{2}} = \sqrt{x} \Rightarrow f(0) = 0$; $f(-1)$ ist nicht definiert $f(10) = 3{,}16$
b) $y = |x| \Rightarrow f(0) = 0$; $f(-1) = 1$; $f(10) = 10$
c) $y = 2^x \Rightarrow f(0) = 1$; $f(-1) = \frac{1}{2}$; $f(10) = 1024$

6. gerade wegen $f(x) = f(-x)$ sind:
$y = \frac{1}{8}x^2$; $y = 6x^2 + 2$; $y = |x|$
ungerade ist wegen $f(x) = -f(-x)$ die Funktion $y = \frac{1}{3}x^3 + x$
Die Funktion $y = 2x^3 + 2x^2$ ist weder gerade noch ungerade.

7.

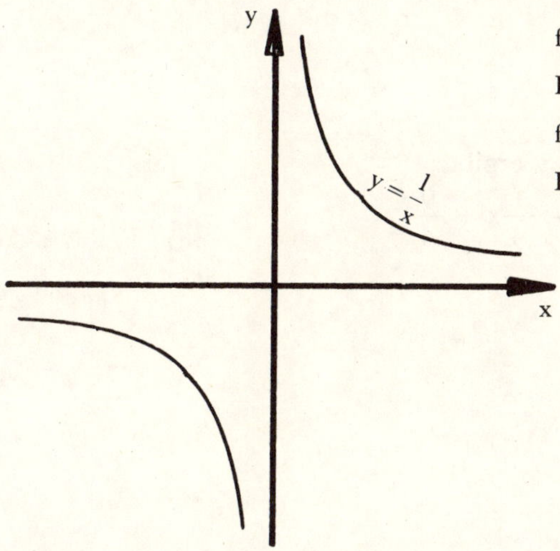

für x_1; $x_2 \in \mathbb{R}^+$ und $x_1 < x_2$ gilt immer $\frac{1}{x_1} > \frac{1}{x_2}$
Beispiel: $x_1 = 2$; $x_2 = 4 \Rightarrow \frac{1}{2} > \frac{1}{4}$
für x_1; $x_2 \in \mathbb{R}^-$ und $x_1 < x_2$ gilt immer $\frac{1}{x_1} > \frac{1}{x_2}$
Beispiel: $x_1 = -30$; $x_2 = -10 \Rightarrow -\frac{1}{30} > -\frac{1}{10}$

Abb. 625 Die Funktion $y = \frac{1}{x}$ ist für $x \in \mathbb{R}$ streng monoton fallend

8. a) $f(x) = 2x + 5$; $\mathbb{D}_f = [-3; 2]$; $\mathbb{W}_f = [-1; 9]$
f^{-1}: $x = 2y + 5$
$f^{-1}(x) = \frac{x-5}{2}$; $\mathbb{D}_{f^{-1}} = [-1; 9]$; $\mathbb{W}_{f^{-1}} = [-3; 2]$

b) $f(x) = \frac{1}{x}$; $\mathbb{D}_f = \mathbb{R}\setminus\{0\}$; $\mathbb{W}_f = \mathbb{R}\setminus\{0\}$
f^{-1}: $x = \frac{1}{y}$
$f^{-1}(x) = \frac{1}{x}$; $\mathbb{D}_{f^{-1}} = \mathbb{W}_{f^{-1}} = \mathbb{R}\setminus\{0\}$

Die Funktion stimmt mit ihrer Umkehrfunktion überein.

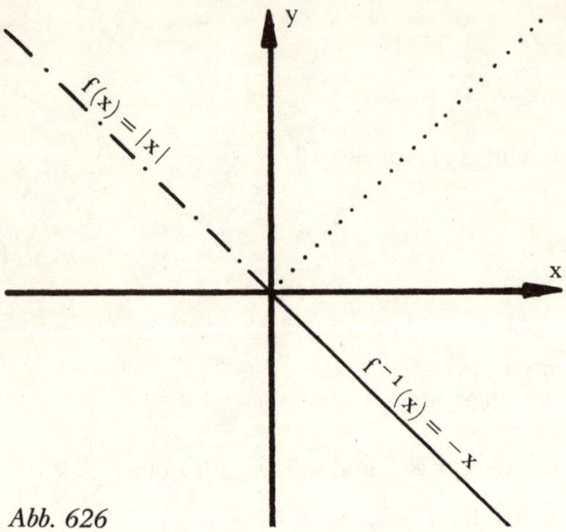

Abb. 626

c) $f((x) = |x|$; $\mathbb{D}_f = \mathbb{R}_0^-$; $\mathbb{W}_f = \mathbb{R}_0^+$
$f^{-1}(x) = -x$; $\mathbb{D}_{f^{-1}} = \mathbb{R}_0^+$; $\mathbb{W}_{f^{-1}} = \mathbb{R}_0^-$

9. Auflösen der Geradengleichungen nach y ergibt:
$y = \frac{2}{3}x + \frac{4}{3}$, $y = -3x + 16$ und $y = -\frac{1}{4}x + \frac{9}{4}$

Also ist $\tan\alpha = \frac{11}{3} \Rightarrow \alpha = 74{,}74°$

$\tan\beta = \frac{11}{7} \Rightarrow \beta = 57{,}53°$

$\tan\gamma = 1{,}1 \Rightarrow \gamma = 47{,}73°$

Proportionale und antiproportionale Funktionen, Dreisatz

1. a) $\frac{200\,t}{2\,kg} = \frac{200000\,kg}{2\,kg} = \frac{100000}{1} = 100000:1$

b) 1:1000

c) $\frac{4\,km}{30\,min} = \frac{8\,km}{1\,h} = 8\,km/h$

d) $\frac{3{,}2\,t}{400\,dm^3} = \frac{3200\,kg}{400\,dm^3} = 8\,kg/dm^3 = 8\,g/cm^3$

2. a) 5500 km – 385 l

$\frac{5500\,km}{385}$ – 1 l

$\frac{5500\,km \cdot 50}{385}$ – 50 l

714,286 km – 50 l

b) 5500 km – 385 l

100 km – $\frac{385}{55}$ l = 7 l

430 km – $7 \cdot 4{,}3 = 30{,}1$ l

3. 60 km/h – $3\frac{1}{2}$ Stunden
10 km/h – $6 \cdot 3\frac{1}{2} = 21$ Stunden
50 km/h – $\frac{21}{5} = 4\frac{1}{5}$ Stunden = 4 h 12 min
110 km/h – $\frac{21}{11} = 1\frac{10}{11}$ Stunden = 1 h 54,5 min

4. a) 5 cm · 10000 = 50000 cm = 500 m
b) 33 mm · 10000 = 330000 mm = 330 m
c) 1 dm · 10000 = 10000 dm = 1 km

5. $81 = a + b \wedge \frac{a}{b} = \frac{5}{4} \Rightarrow a = 45; \quad b = 36$

oder einfacher 81 : 9 = 9, also 5 · 9 = 45 und 4 · 9 = 36

6. $\frac{x-5}{7} = \frac{5-x}{4} \Leftrightarrow 4x - 20 = 35 - 7x$

$$11x = 55$$
$$x = 5$$

7. a) 40000 m – 1 h
1 m – $\frac{1}{40000}$ h
120 m – $\frac{120}{40000}$ h = 0,003 h = 10,8 s

b) 120000 m – 1 h
120 m – 0,001 h
360 m – 0,003 h

c) 40000 m – 1 h
1 m – $\frac{1}{40000}$ h
160 m – $\frac{160}{40000}$ h = 0,004 h = 14,4 s

8. x sei die Menge des entstehenden Kohlendioxids.

$\frac{100}{x} = \frac{3}{11} \Leftrightarrow x = \frac{100}{3} \cdot 11 = 366\frac{2}{3}$ g

9. Indirekte Proportionalität

$\frac{x}{16} = \frac{400}{36} \Leftrightarrow x = 177,\overline{7} \approx 178$ U/min

$\frac{y}{16} = \frac{400}{48} \Leftrightarrow y = 133,\overline{3} \approx 133$ U/min

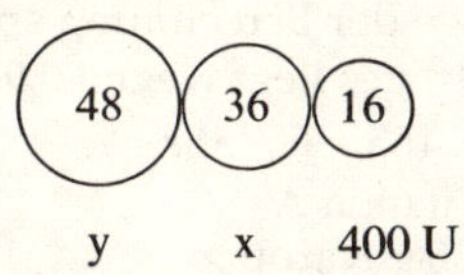

10. 900 Steine – 36 cm – 4050 kg
100 Steine – 36 cm – $\frac{4050}{9}$ kg
1100 Steine – 36 cm – $\frac{4050 \cdot 11}{9}$ kg
1100 Steine – 12 cm – $\frac{4050 \cdot 11}{9 \cdot 3}$ kg
1100 Steine – 24 cm – $\frac{4050 \cdot 11 \cdot 2}{9 \cdot 3}$ kg = 3300 kg

11. 4 Schüler – 1200 Ex. – 3 Std.
$\frac{4}{12}$ Schüler – 100 Ex. – 3 Std.
$\frac{4}{12} \cdot 21$ Schüler – 2100 Ex. – 3 Std.
$\frac{4 \cdot 21 \cdot 3}{12}$ Schüler – 2100 Ex. – 1 Std.
$\frac{4 \cdot 21 \cdot 3}{12 \cdot 2}$ Schüler – 2100 Ex. – 2 Std.

also $x = \frac{4 \cdot 21 \cdot 3}{12 \cdot 2} = 10,5$ Schüler;

es sind folglich 11 Schüler erforderlich.

Prozent-, Promille-, Zins- und Zinseszinsrechnung

1. 100% – 250 €
1% – 2,50 €
95,5% – 238,75 € oder 250 € : 0,955 = 238,75 €

2. 95,5% – 250 €
$1\% - \frac{250\,€}{95{,}5} = 2{,}62\,€$
100% – 261,78 € oder 250 € · 0,955 = 261,78 €

3. $\frac{70}{250} = 0{,}28$, also beträgt die Reduzierung 28%.

4. $450\,€ - 98\,€ = 352\,€ \Rightarrow \frac{98}{352} = 0{,}2784$;
die Preiserhöhung beträgt 27,84%.

5. a) 850,57 · 0,97 = 825,05 €
b) 156 : 0,98 = 159,18 € Preis vor Berechnung des Skontos
159,18 : 0,80 = 198,98 € Preis vor Berechnung des Rabattes.

6. Der Rechnungsbetrag sei hier x €.
a) zuerst Mehrwertsteuer $\Rightarrow x \cdot 1{,}16$
dann Rabatt (3%) $\Rightarrow x \cdot 1{,}16 \cdot 0{,}97$
b) zuerst Rabatt (3%) $\Rightarrow x \cdot 0{,}97$
dann Mehrwertsteuer $\Rightarrow x \cdot 0{,}97 \cdot 1{,}16$
Die Reihenfolge der Berechnung spielt also keine Rolle. Die Veränderung (Erhöhung) des Rechnungsbetrages liegt wegen 0,97 · 1,16 = 1,1252 bei ca. 12,52%.

7. 110 000 · 0,0015 = 165,– €/Jahr

8. 0,0005 ≙ 15 mg Vitamin A
1 ≙ 30 000 mg = 30 g Karotten

9. $7000\,cm^3 \triangleq 1000‰$
$\frac{7000}{1000} \cdot 1{,}7\,cm^2 \triangleq 1{,}7‰$, also $11{,}9\,cm^3$ Alkohol.

10. $$z = \frac{K_0 \cdot p \cdot t}{100 \cdot 360} \Rightarrow 270 = \frac{K_0 \cdot 7{,}5}{100} \Rightarrow K_0 = \frac{270 \cdot 100}{7{,}5} = 3600{,}–\ €$$

11. $$K_t = K_0 + K_0 \cdot \frac{p \cdot t}{100 \cdot 360} \Leftrightarrow K_t = K_0\left(1 + \frac{p \cdot t}{100 \cdot 360}\right)$$
$$\Rightarrow 8000 = 7000\left(1 + \frac{4 \cdot t}{36000}\right) \Leftrightarrow \left(\frac{8000}{7000} - 1\right) \cdot \frac{36000}{4} = t$$
$$\Rightarrow t = 1285{,}71 \text{ Tage} \approx 3 \text{ Jahre } 206 \text{ Tage}$$

12.

1. Hypothek:	2 600 €/Jahr	(40 000 · 0,065)
2. Hypothek:	4 650 €/Jahr	(60 000 · 0,0775)
3. Hypothek:	7 425 €/Jahr	(90 000 · 0,0825)
	14 675 €/Jahr = 1 222,92 €/Monat	

13. a) $23\,000 \cdot 1{,}055^{10} = 39\,287{,}32\,€$
b) $23\,000 \cdot 1{,}055^{100} = 4\,863\,778{,}62\,€$

14. $40\,000 \cdot 1{,}02^{10} = 48\,759{,}78\,€$

15. a) A: $160000 + \frac{200000}{1{,}04^5} = 324385{,}42$ €

B: $100000 + \frac{180000}{1{,}04^3} = 260019{,}34$ €

C: $\frac{80000}{1{,}04} + \frac{100000}{1{,}04^2} + \frac{180000}{1{,}04^4} = 323243{,}45$ €

b) A: $160000 + \frac{200000}{1{,}08^5} = 296116{,}64$ €

B: $100000 + \frac{180000}{1{,}08^3} = 242889{,}80$ €

C: $\frac{80000}{1{,}08} + \frac{100000}{1{,}08^2} + \frac{180000}{1{,}08^4} = 292113{,}33$ €

Lineare Funktionen, lineare Gleichungen und Ungleichungen

1. für P: $2 \cdot 3 + 3 \cdot 2 = 5$ falsche Aussage
für Q: $2 \cdot (-2) + 3 \cdot 3 = 5$ wahre Aussage
für R: $2 \cdot 1 + 3 \cdot 0 = 5$ falsche Aussage
Der Punkt Q liegt auf der Geraden.

2. $y = m(x - x_1) + y_1$

a) $y = 2(x-3) + 4 \Leftrightarrow y = 2x - 2$

b) $y = 2(x+2) + \frac{1}{2} \Leftrightarrow y = 2x + 4{,}5$

3. $y = mx + n \Rightarrow -1 = m \cdot (-4) - 3 \Leftrightarrow m = -\frac{1}{2}$ also $y = -\frac{1}{2}x - 3$

4.

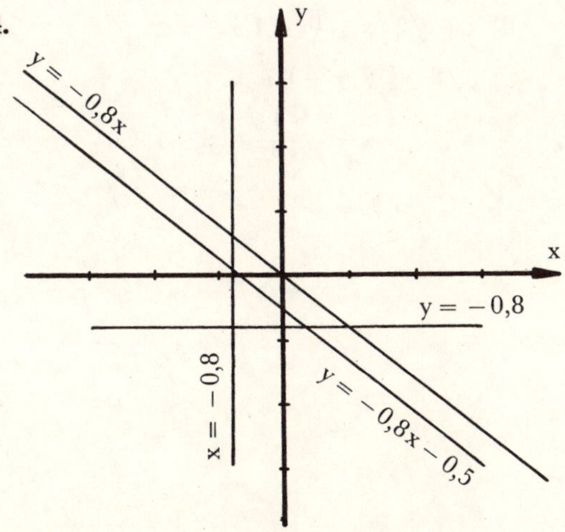

Abb. 627 x = − 0,8 ist keine Funktion, sondern nur eine Relation

5.

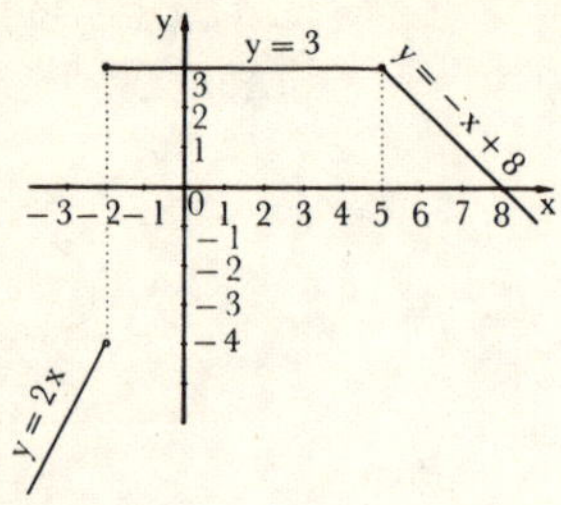

Abb. 628

6. $y = \frac{y_2 - y_1}{x_2 - x_1}(x - x_1) + y_1$

a) $y = \frac{-3-4}{-2-3}(x-3)+4 \Leftrightarrow y = \frac{7}{5}x - \frac{1}{5}$

b) Relation: $x = 4$

c) $y = 5$

7. $a = 5$; $b = -6$, also $\frac{x}{5} - \frac{y}{6} = 1 \Leftrightarrow y = \frac{6}{5}x - 6$

8. a) Jahre $\mapsto$ Zinsen: $y = 23x$

Zinsen $\mapsto$ Jahre: $y = \frac{x}{23}$

b) Stunden $\mapsto$ Fliesenfläche: $y = 2,\overline{6} \cdot x = 2\frac{2}{3} \cdot x$

Fliesenfläche $\mapsto$ Stunden: $y = \frac{x}{2,\overline{6}} = \frac{3}{8}x$

9. a)
$$-2x + 3 = 4x - 1$$
$$4 = 6x$$
$$x = \frac{2}{3}$$
$$\mathbb{L} = \{\tfrac{2}{3}\}$$

b)
$$\frac{2-x}{4} - \frac{x+1}{3} = 5$$
$$\frac{6 - 3x - 4x - 4}{12} = \frac{60}{12}$$
$$\frac{-7x+2}{12} = \frac{60}{12}$$
$$x = -\tfrac{58}{7} = -8\tfrac{2}{7}$$
$$\mathbb{L} = \{-8\tfrac{2}{7}\}$$

c)
$$\frac{2(x-4)}{3} - \frac{\frac{1}{2}x}{6} = 4\tfrac{1}{2}$$
$$\frac{4x - 16 - \frac{1}{2}x}{6} = \frac{27}{6}$$
$$\tfrac{7}{2}x = 43$$
$$x = \tfrac{86}{7} = 12\tfrac{2}{7}$$
$$\mathbb{L} = \{12\tfrac{2}{7}\}$$

d)
$$\tfrac{1}{5} + \sqrt{2} \cdot x = \tfrac{1}{2}x - 1,5$$
$$(\sqrt{2} - \tfrac{1}{2})x = -1,7$$
$$x = -\frac{1,7}{\sqrt{\ } - \frac{1}{2}} \approx -1,8595$$
$$\mathbb{L} = \{\ \}$$

10. a) $8x-5x-4+2x=2x-7 \;\Leftrightarrow\; 3x=-3 \;\Leftrightarrow\; x=-1 \;\Rightarrow\; \mathbb{L}=\{-1\}$

b)
$$2x^2+6x+4x+12-(x^2+5x+7x+35)=x^2+10x-\tfrac{1}{2}x-5+10$$
$$x^2-2x-23=x^2+9\tfrac{1}{2}x+5$$
$$11\tfrac{1}{2}x=-28$$
$$x=-\tfrac{56}{23}=-2\tfrac{10}{23}$$
$$\Rightarrow \mathbb{L}=\{-\tfrac{56}{23}\}$$

11. Sorte A: 4,30 €/kg; Sorte B: 5,80 €/kg; Mischung; 5,50 €/kg
Wir bezeichnen die auf 1 kg Mischung bezogene Menge von Sorte A mit x:

a)
$$4{,}30\cdot x+5{,}80\,(1-x)=5{,}50$$
$$1{,}50x=0{,}30$$
$$x=0{,}2$$

Von Sorte A müssen 0,2 kg, von Sorte B folglich 0,8 kg für die Spezialmischung genommen werden. Mischungsverhältnis also 1 : 4.

b) $3\,\text{kg}:4=\tfrac{3}{4}\,\text{kg}$ (über Mischungsverhältnis)
Man kann auch anders vorgehen:
$$4{,}30x+5{,}80\cdot 3=5{,}50\,(3+x)$$
$$4{,}30x+17{,}40=5{,}50x+16{,}50$$
$$1{,}2x=0{,}9$$
$$x=0{,}75$$

Es müssen 0,75 kg von Sorte A mit 3 kg von Sorte B gemischt werden.

12.
$$(x-3)(x+7)-23=x^2$$
$$x^2-3x+7x-21-23=x^2$$
$$4x=44$$
$$x=11$$

Das Quadrat hat die Kantenlänge 11 cm, das neue Rechteck die Kantenlängen a = 8 cm und b = 18 cm.

13. a)
$$3{,}5-4{,}5x\leqq -25+2x$$
$$28{,}5\leqq 6{,}5x$$
$$4{,}38\leqq x$$
$$\mathbb{L}=\{x\,|\,x\geqq 4{,}38\}_{\mathbb{R}}$$

b)
$$100z-30+34z<38+250z$$
$$134z-250z<68$$
$$-116z<68$$
$$z>-\tfrac{17}{29}$$
$$\mathbb{L}=\{z\,|\,z>-\tfrac{17}{29}\}_{\mathbb{R}}$$

14.
$$4x+10>0 \quad\wedge\quad 8x+4<-4x+52$$
$$4x>-10 \quad\wedge\quad 12x<48$$
$$x>-\tfrac{5}{2} \quad\wedge\quad x<4$$
$$\mathbb{L}=\{x\,|\,-\tfrac{5}{2}<x<4\}_{\mathbb{R}}$$

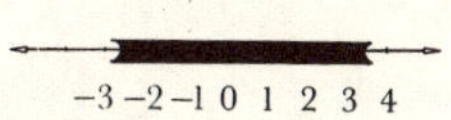

Abb. 629

15.
$$15+\tfrac{1}{2}\cdot 15\geqq x$$
$$15+7{,}5\geqq x$$
$$x\leqq 22{,}5$$

Im Dreieck ist die Summe zweier Seiten immer größer als die dritte Seite.

Lineare Gleichungs- und Ungleichungssysteme

1. a) $\mathbb{L} = \{(2/3)\}$ b) $\mathbb{L} = \{(0/-1)\}$ c) $\mathbb{L} = \{(-1/3)\}$ d) $\mathbb{L} = \{(4/0)\}$

2. a) $D = -66$; $D_x = -528$; $D_y = -198 \Rightarrow \mathbb{L} = \{(8/3)\}$
b) $D = -6$; $D_x = 0$; $D_y = -6$; $D_z = -18 \Rightarrow \mathbb{L} = \{(0/1/3)\}$

3. a) $\mathbb{L} = \{\ \}$ b) $\mathbb{L} = \{(x/y) \mid 5x + 10y = 13\}_{\mathbb{Q} \times \mathbb{Q}}$

4. a) $\mathbb{L} = \{(6/4)\}$ b) $\mathbb{L} = \{(24/18)\}$ c) $\mathbb{L} = \{(-2/7)\}$

5. a) $\mathbb{L} = \{(9/5/3)\}$ b) $\mathbb{L} = \{(1/1/2)\}$

6. $\begin{matrix} x + y = 15 \\ x - y = -1 \end{matrix} \Rightarrow \mathbb{L} = (7/8)$

7. $\begin{matrix} a + b = 22 \\ a + c = 23 \\ b + c = 25 \end{matrix} \Rightarrow \mathbb{L} = \{(10/12/13)\}$

8. $$\left| \begin{matrix} \frac{xy}{2} + 65 = \frac{(x+5)(y+2)}{2} \\ \frac{xy}{2} - 7 = \frac{(x+3)(y-2)}{2} \end{matrix} \right| \Leftrightarrow \left| \begin{matrix} 2x + 5y = 120 \\ -2x + 3y = -8 \end{matrix} \right|$$

$\Rightarrow \mathbb{L} = \{(25/14)\}$. Die Grundseite ist 25 cm, die Höhe 14 cm.

9. a)

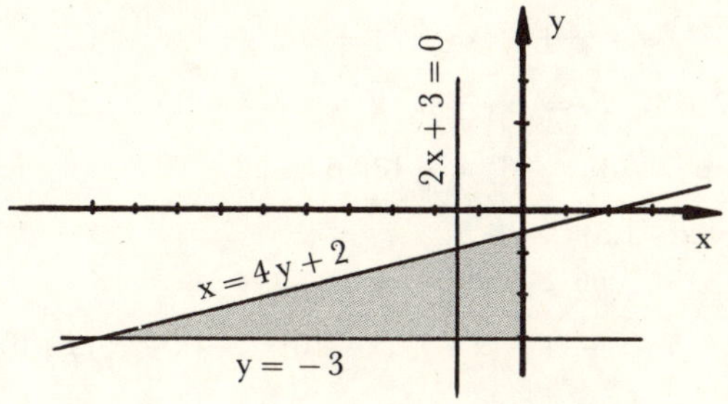

Abb. 630

b)

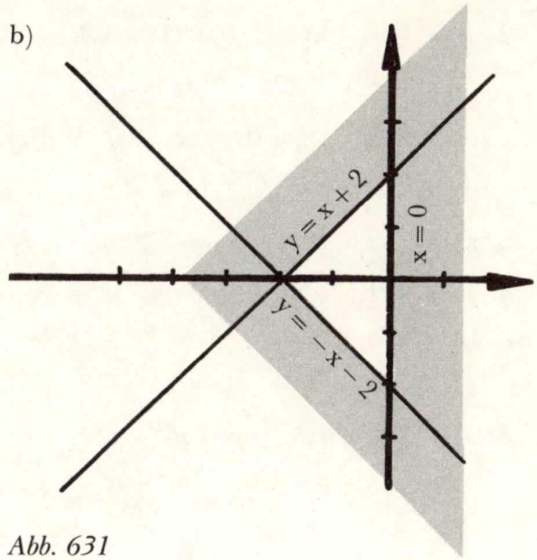

Abb. 631

c)

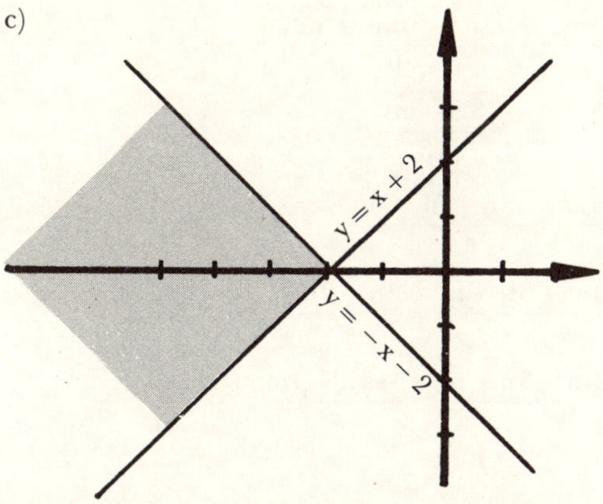

Abb. 632

d)

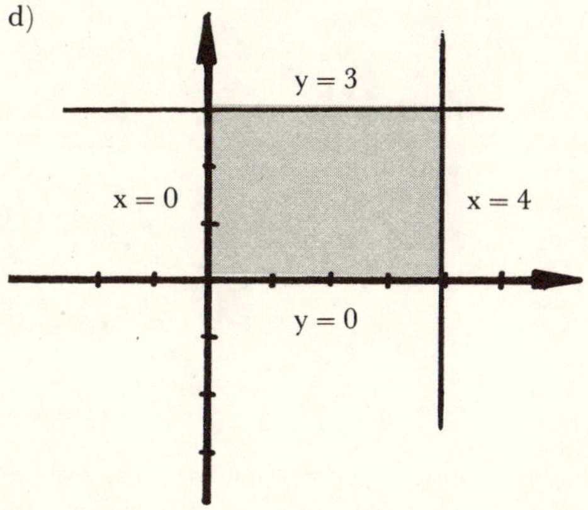

Abb. 633

Quadratische Funktionen, Gleichungen und Ungleichungen

1. a) $x_1 = 12 \quad \vee \quad x_2 = -12$ b) $y_1 = 1{,}5 \quad \vee \quad y_2 = -1{,}5$

c) $x_1 = \sqrt{200} \quad \vee \quad x_2 = -\sqrt{200}$

d) $2x^2 - 3x = 0 \Leftrightarrow x(2x-3) = 0 \Leftrightarrow x_1 = 0 \vee x_2 = \frac{3}{2}$

e) $x(-\frac{1}{2}x + 4) = 0 \Leftrightarrow x_1 = 0 \vee -\frac{1}{2}x_2 + 4 = 0 \Leftrightarrow x_2 = 8$

f) $4z^2 = \sqrt{13} \Leftrightarrow z^2 = \frac{1}{4}\sqrt{13} \Leftrightarrow z_1 = \frac{1}{2}\sqrt{\sqrt{13}} = \frac{1}{2}\sqrt[4]{13} \vee z_2 = -\frac{1}{2}\sqrt{\sqrt{13}} = -\frac{1}{2}\sqrt[4]{13}$

2. a) $x_{1;2} = -0{,}15 \pm \sqrt{0{,}0225 + 1{,}3} = -0{,}15 \pm 1{,}15 \Leftrightarrow x_1 = 1 \vee x_2 = -1{,}3$

b) $x^2 + \frac{18}{5}x + 3{,}24 = 0 \Leftrightarrow x_{1;2} = -\frac{9}{5} \pm \sqrt{3{,}24 - 3{,}24} \Leftrightarrow x_1 = x_2 = -\frac{9}{5} = -1{,}8$

c) $x^2 + \frac{15}{4}x - 1 = 0 \Leftrightarrow x_{1;2} = -\frac{15}{8} \pm \sqrt{\frac{225+64}{64}} = -\frac{15}{8} \pm \frac{17}{8} \Leftrightarrow x_1 = \frac{1}{4} \vee x_2 = -4$

d) $x_{1;2} = \sqrt{2} \pm \sqrt{2 + 16} = \sqrt{2} \pm \sqrt{18} = \sqrt{2} \pm 3\sqrt{2} \Leftrightarrow x_1 = 4\sqrt{2} \vee x_2 = -2\sqrt{2}$

3. a) $x_2 = 2{,}5$ b) $x_2 = -\frac{4}{3}$ c) $x_2 = 4;\ p = -8$ d) $q = 18;\ p = -3$

4. a) $x_1 = 1{,}5 \vee x_2 = -4{,}5 \Leftrightarrow x^2 + 3x - \frac{27}{4} = (x - 1{,}5)(x + 4{,}5)$

b) $x_1 = 5 \vee x_2 = -\frac{10}{4} \Leftrightarrow (x+1)(2x+3) - 4x^2 + 22 = -2(x-5)(x + \frac{10}{4})$

c) $x_1 = 9 \vee x_2 = -6 \Rightarrow (x-7)(x+3) - (x-5)(x+1) - (x+7)(x-10) = -(x-9)(x+6)$

5. a) $2x^2 + nx - 3mx + m^2 - n^2 = 0$

$$x^2 + \frac{n-3m}{2}x + \frac{m^2-n^2}{2} = 0$$

$$x_{1;2} = -\frac{n-3m}{4} \pm \sqrt{\frac{(n-3m)^2}{16} - \frac{m^2-n^2}{2}}$$

$$x_{1;2} = -\frac{n-3m}{4} \pm \sqrt{\frac{9n^2 - 6mn + m^2}{16}}$$

Beachte: $\sqrt{a^2} = |a|$

$$x_{1;2} = -\frac{n-3m}{4} \pm \sqrt{\frac{(3n-m)^2}{16}}$$

$$x_{1;2} = -\frac{n-3m}{4} \pm \frac{|3n-m|}{4}$$

$$x_1 = \frac{-n+3m+3n-m}{4} = \frac{2n+2m}{4}$$

$$x_2 = \frac{-n+3m-3n+m}{4} = \frac{-4n+4m}{4}$$

also $x_1 = \frac{1}{2}(n+m) \vee x_2 = m - n$

b) $x_1 = 2n \vee x_2 = -3m$

6. $\left| \begin{array}{l} a \cdot b = 63 \\ a + b = 16 \end{array} \right| \Rightarrow (16 - b) \cdot b = 63 \Leftrightarrow b^2 - 16b + 63 = 0$

$\Leftrightarrow b_1 = 9 \vee b_2 = 7$

wenn $b = 9$ ist, muß $a = 7$ sein und umgekehrt.

7. a) $\left| \begin{array}{l} x^2 + y^2 = 10 \\ y = 2x + 1 \end{array} \right| \Rightarrow x^2 + (2x+1)^2 = 10 \Leftrightarrow x^2 + \frac{4}{5}x - \frac{9}{5} = 0$

$\Leftrightarrow x_{1;2} = -\frac{2}{5} \pm \sqrt{\frac{4}{25} + \frac{45}{25}} = -\frac{2}{5} \pm \frac{7}{5} \Rightarrow x_1 = 1 \vee x_2 = -\frac{9}{5}$

Wenn $x_1 = 1$ ist, muß $y_1 = 2 \cdot 1 + 1 = 3$ sein.

Wenn $x_2 = -\frac{9}{5}$ ist, muß $y_2 = 2 \cdot (-\frac{9}{5}) + 1 = -\frac{13}{5}$ sein.

$\Rightarrow \mathbb{L} = \{(1/3);\ (-\frac{9}{5}/-\frac{13}{5})\}$

b) $\left| \begin{array}{l} x^2 + xy = 36 \\ y - x = 1 \end{array} \right| \Rightarrow x^2 + x(1+x) = 36 \Leftrightarrow x^2 + \frac{1}{2}x - 18 = 0$

$\Rightarrow x_{1:2} = -\frac{1}{4} \pm \sqrt{\frac{1}{16} + 18} = -\frac{1}{4} \pm \frac{17}{4}$

$\Rightarrow x_1 = -\frac{18}{4} \wedge y_1 = -\frac{14}{4} \vee x_2 = 4 \wedge y_2 = 5$

$\mathbb{L} = \{(-\frac{9}{2}/-\frac{7}{2});\ (4/5)\}$

8. $x^2 + x = 306 \Leftrightarrow x_{1;2} = -\frac{1}{2} \pm \sqrt{\frac{1}{4} + 306} = -\frac{1}{2} \pm 17{,}5$

$\Leftrightarrow x_1 = -18 \vee x_2 = 17 \Rightarrow \mathbb{L} = \{-18; 17\}$

9. Nach Pythagoras gilt

$x^2 + x^2 = 16^2 \Leftrightarrow 2x^2 = 256 \Leftrightarrow x_1 = \sqrt{128} \vee x_2 = -\sqrt{128} \Rightarrow \mathbb{L} = \{11{,}31\,\text{cm}\}$

10. Wir nennen die Anzahl der Tage, die die 1. Frau alleine stricken würde x, die Anzahl der Tage, die die 2. Frau alleine stricken würde ist dann $x + 9$;

folglich ist $\frac{1}{x}$ das Tagespensum der 1. Frau und $\frac{1}{x+9}$ das Tagespensum der 2. Frau.

$$\frac{1}{x} + \frac{1}{x+9} = \frac{1}{20} \Leftrightarrow 20[(x+9) + x] = x(x+9)$$

$$\Leftrightarrow x^2 - 31x - 180 = 0 \Leftrightarrow x_1 = 36 \vee x_2 = -5$$

Die negative Lösung ist unbrauchbar.
Die erste Frau würde 36 Tage, die 2. Frau 45 Tage alleine stricken.

11.
$$x(x+8) = 2x(2x-14) - 480$$
$$\Leftrightarrow x^2 + 8x = 4x^2 - 28x - 480$$
$$\Leftrightarrow 0 = x^2 - 12x - 160$$
$$\Leftrightarrow x_{1;2} = 6 \pm \sqrt{36 + 160}$$
$$\Leftrightarrow x_1 = 20 \vee x_2 = -8 \text{ (unbrauchbar)}$$

Die Leibnizschule besitzt 20 Klassen zu je 28 Schülern, die Oranienschule 40 Klassen zu je 26 Schülern.

12. a) $x^2 - x - 6 \leqq 0$

$\Leftrightarrow x_1 = -2 \vee x_2 = 3$

$\Rightarrow \mathbb{L} = \{x \mid -2 \leqq x \leqq 3\}$

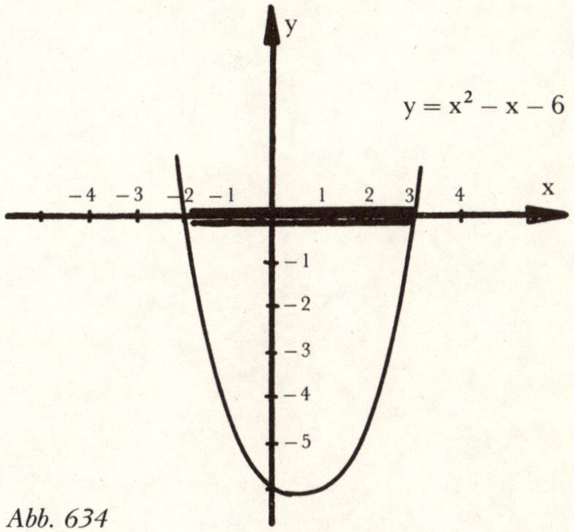

Abb. 634

b) $x^2 - 2x - 35 < 0$

$\Leftrightarrow x_1 = -5 \lor x_2 = 7$

$\Rightarrow \mathbb{L} = \{x \mid -5 < x < 7\}$

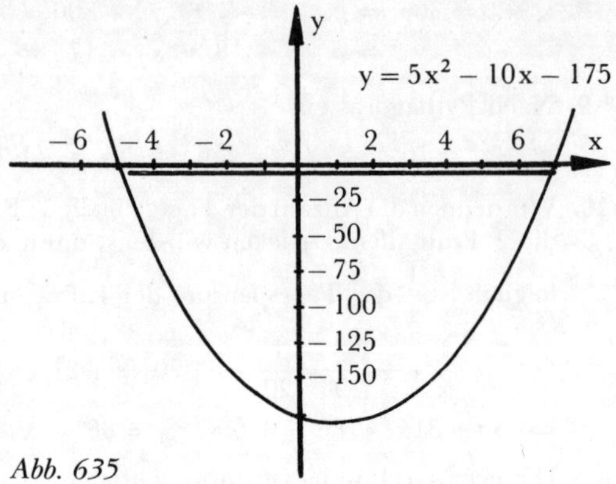

Abb. 635

c) $x^2 + 7x - 8 > 0$

$\Leftrightarrow x_1 = -8 \lor x_2 = 1$

$\Rightarrow \mathbb{L} = \{x \mid x < -8 \lor x > 1\}$

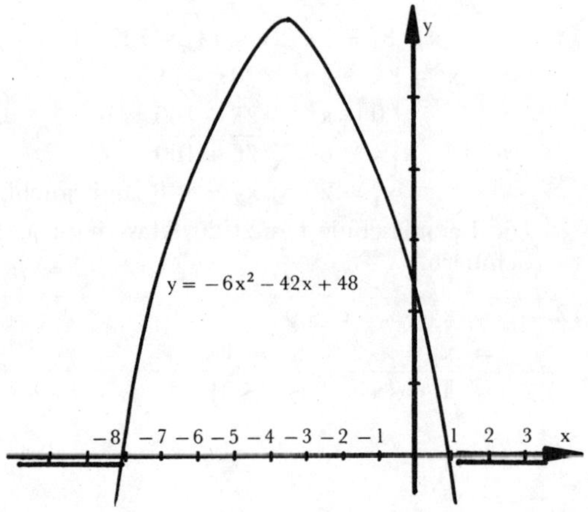

Abb. 636

Potenz- und Wurzelfunktionen, Gleichungen n-ten Grades und Wurzelgleichungen

1. $V = \frac{4}{3}\pi r^3$ (Kugel)

$V_1 = \frac{4}{3}\pi (r+4)^3 = \frac{4}{3}\pi (r^3 + 3r^2 \cdot 4 + 3r \cdot 4^2 + 4^3)$

$= \frac{4}{3}\pi (r^3 + 12r^2 + 48r + 64)$

Das Volumen V_1 hat sich gegenüber V um den Wert $\frac{4}{3}\pi (12r^2 + 48r + 64)$ vergrößert. War beispielsweise r vorher 5 cm und nachher 9 cm, so wurde dadurch das Kugelvolumen um $\frac{4}{3}\pi (12 \cdot 25 + 48 \cdot 5 + 64) = 2530{,}029\,\text{cm}^3$ vergrößert:

$V = \frac{4}{3}\pi \cdot 5^3 = 523{,}599\,\text{cm}^3$

$V_1 = \frac{4}{3}\pi \cdot 9^3 = 3053{,}628\,\text{cm}^3$.

2. a) $-x^3 + 2x^2 + 11x - 12 = 0$

Durch Probieren erhält man $x_1 = 1$

$\Rightarrow \quad -x^3 + 2x^2 + 11x - 12 = (x-1)(-x^2 + x + 12) = (x-1)(x+3)(4-x)$

also $\mathbb{L} = \{1; 4; -3\}$

b) $x^4 - 2x^2 - 11 = 0$; Substitution: $x^2 = z$

$z^2 - 2z - 11 = 0$ $\qquad x_1 = \sqrt{1+\sqrt{12}}$

$z_{1;2} = 1 \pm \sqrt{12} \quad \Leftrightarrow \quad x_2 = -\sqrt{1+\sqrt{12}}$

$x_3 = \sqrt{1-\sqrt{12}}$, $x_4 = -\sqrt{1-\sqrt{12}}$ existieren nicht in $\mathbb{R}$.

$\Rightarrow \quad x^4 - 2x^2 - 11 = [z - (1+\sqrt{12})]\,[z - (1-\sqrt{12})]$

$\Rightarrow \quad x^4 - 2x^2 - 11 = (x - \sqrt{1+\sqrt{12}})\,(x + \sqrt{1+\sqrt{12}})\,(x^2 - 1 + \sqrt{12})$

c) $x^6 - 35x^3 + 216 = 0$; $\quad x^3 = z$

$\Rightarrow \quad z^2 - 35z + 216 = 0 \quad \Leftrightarrow \quad z_1 = 27 \vee z_2 = 8$

$\Leftrightarrow \quad x_1 = 3 \vee x_2 = 2$

$\Rightarrow \quad x^6 - 35x^3 + 216 = (x-2)(x-3)(x^2+2x+4)(x^2+3x+9)$

$\Rightarrow \quad x^6 - 35x^3 + 316 = (x^3 - 8)(x^3 - 27)$

d) $x^8 + 65x^4 - 1296 = 0$; $\quad x^4 \doteq z$

$z^2 + 65z - 1296 = 0 \quad \Leftrightarrow \quad z_1 = -81 \vee z_2 = 16$

wegen $x^4 = z$ ist z_1 zur weiteren Bestimmung von Lösungen unbrauchbar.

$\Rightarrow \quad x_1 = 2 \vee x_2 = -2$

$\Rightarrow \quad x^8 + 65x^4 - 1296 = (x-2)(x-2)(x^6 + 4x^4 + 81x^2 + 324)$

$= (x^2+4)(x^2-4)(x^4+81) = (x^4-16)(x^4+81)$

3. a) $\sqrt{6x+7} + 9x = 32$; $\quad \mathbb{D}$: $6x + 7 \geqq 0 \Leftrightarrow x \geqq -\frac{7}{6} \Rightarrow \mathbb{D} = \{x \mid x \geqq -\frac{7}{6}\}_{\mathbb{R}}$

$\sqrt{6x+7} = 32 - 9x$

$6x + 7 = 1024 - 576x + 81x^2$

$81x^2 - 582x + 1017 = 0$

$x_1 = 3{,}00$

$x_2 = 4{,}19 \quad \Rightarrow \quad \mathbb{L} = \{3; 4{,}19\}$

b) $\sqrt[4]{3x-1} = 10$; $\quad \mathbb{D}$: $3x-1 \geqq 0 \Leftrightarrow x \geqq \frac{1}{3} \Rightarrow \mathbb{D} = \{x \mid x \geqq \frac{1}{3}\}_{\mathbb{R}}$

$$3x - 1 = 10000$$
$$3x = 10001$$
$$x = \frac{10001}{3} \Rightarrow \mathbb{L} = \{\tfrac{10001}{3}\}$$

c) $\sqrt{x-1} \cdot \sqrt{x+2} = 0 \qquad \mathbb{D} = \{x \mid x \geqq 1\} \cap \{x \mid x \geqq -2\} = \{x \mid x \geqq 1\}_{\mathbb{R}}$

$$(x-1)(x+2) = 0$$
$$x_1 = 1$$
$$\vee \; x_2 = -2 \Rightarrow \mathbb{L} = \{1\}$$

Probe: $\sqrt{1-1} \cdot \sqrt{1+2} = 0 \Leftrightarrow 0 = 0$

d) $\sqrt{x - \sqrt{3x}} = \sqrt{6} \qquad \mathbb{D}$: $3x \geqq 0 \Leftrightarrow x \geqq 0$

$x - \sqrt{3x} = 6 \qquad$ außerdem $x - \sqrt{3x} \geqq 0 \Leftrightarrow x \geqq \sqrt{3x} \Rightarrow x \geqq 3$

$x - 6 = \sqrt{3x} \qquad \Rightarrow \mathbb{D} = \{x \mid x \geqq 3\}_{\mathbb{R}}$

$$x^2 - 12x + 36 = 3x$$
$$x^2 - 15x + 36 = 0$$
$$x_1 = 12$$
$$\vee \; x_2 = 3$$

Probe: $\sqrt{12 - \sqrt{36}} = \sqrt{6}$ wahre Aussage; $\sqrt{3 - \sqrt{9}} = \sqrt{6}$ falsche Aussage $\Rightarrow \mathbb{L} = \{12\}$

Exponential- und Logarithmusfunktionen und -gleichungen

1. a) $3^x = 5 \Leftrightarrow x \cdot \lg 3 = \lg 5 \Leftrightarrow x = \dfrac{\lg 5}{\lg 3} = \dfrac{0{,}70}{0{,}48} = 1{,}46497$

b) $2^{x+1} = 15 \Leftrightarrow (x+1)\lg 2 = \lg 15 \Leftrightarrow x = 2{,}90689$

c) $e^x = 1 \Leftrightarrow x \cdot \ln e = \ln 1 \Leftrightarrow x = \ln 1 = 0$

d) $10^x \leqq 3{,}2 \Leftrightarrow x \cdot \lg 10 \leqq \lg 3{,}2 \Leftrightarrow x \leqq 0{,}50515$

Achtung: Logarithmieren Sie eine Ungleichung mit ln (Basis = e = 2,7 ...) oder mit lg (Basis = 10), dann bleibt das Relationszeichen bei der Ungleichung immer erhalten. Dies hängt mit den Monotonieeigenschaften der Funktionen $y = \ln x$ und $y = \lg x$ zusammen. Bei der Verwendung einer Basis mit $0 < a < 1$ ist dies jedoch anders.

2. a) $5^x = 625^2 \Leftrightarrow x \cdot \lg 5 = 2 \cdot \lg 625 \Leftrightarrow x = 8$

b) $2^x < 1 \Leftrightarrow x \cdot \lg 2 < \lg 1 \Leftrightarrow x < 0$

c) $2^x = \dfrac{1}{\sqrt{2}} \Leftrightarrow 2^x = 2^{-\frac{1}{2}} \Leftrightarrow x = -\frac{1}{2}$

d) $(\sqrt{5})^x = 25 \Leftrightarrow 5^{\frac{1}{2}x} = 5^2 \Leftrightarrow \frac{1}{2}x = 2 \Leftrightarrow x = 4$

3. a) $5^{2x} \cdot 6 = 3^x \;\Leftrightarrow\; 2x \cdot \lg 5 + \lg 6 = x \cdot \lg 3 \;\Leftrightarrow\; x = -0{,}84506$

b) $10^{x+x^2} = 3 \;\Leftrightarrow\; (x + x^2) \cdot \lg 10 = \lg 3$

$\Leftrightarrow\; x^2 + x - \lg 3 = 0$

$x_1 = -1{,}352714$

$\vee\; x_2 = 0{,}352714$

c) $2 \cdot 3^{x+1} = 54 \;\Leftrightarrow\; \lg 2 + (x+1)\lg 3 = \lg 54 \;\Leftrightarrow\; x = 2$

4. a) $2^x \doteq y \;\Rightarrow\; 3y^2 - 18y - 48 = 0 \;\Rightarrow\; y_1 = 8 \vee y_2 = -2$

Substitution wird rückgängig gemacht:

$2^x = 8 \;\Leftrightarrow\; x = 3$

$2^x = -2 \;\Rightarrow$ keine Lösung, also $\mathbb{L} = \{3\}$

b) $4^x \doteq y \;\Rightarrow\; y^2 - 24y + 128 = 0 \;\Rightarrow\; y_1 = 8 \vee y_2 = 16$

$4^x = 16 \;\Leftrightarrow\; x = 2$

$4^x = 8 \;\Rightarrow\; x = 1{,}5 \;\Rightarrow\; \mathbb{L} = \{1{,}5;\, 2\}$

c) $64^{2x} \doteq y \;\Rightarrow\; y^2 - 16y = 0 \;\Rightarrow\; y_1 = 0 \vee y_2 = 16$

$64^{2x} = 0 \;\Rightarrow$ keine Lösung

$64^{2x} = 16 \;\Leftrightarrow\; x = \frac{1}{3} \;\Rightarrow\; \mathbb{L} = \{\frac{1}{3}\}$

d) $5^{2x} \doteq y \;\Rightarrow\; y^2 - 10y - 14375 = 0 \;\Rightarrow\; y_1 = -115 \vee y_2 = 125$

$5^{2x} = 125 \;\Leftrightarrow\; x = \frac{3}{2} \;\Rightarrow\; \mathbb{L} = \{\frac{3}{2}\}$

5. a) $\lg x = \dfrac{\lg 16}{4} \;\Rightarrow\; x = 2$

b) $\lg x = \dfrac{\lg 13 - 0{,}5}{2} \;\Rightarrow\; x = 2{,}02755$

c) $\lg x = \dfrac{\lg 16}{3 - 5} \;\Rightarrow\; x = 0{,}25$

d) $\lg x = 4 \cdot \lg 7 - 18 \;\Rightarrow\; x = 2{,}40 \cdot 10^{-15}$

e) $\lg x = 3 \cdot \dfrac{\lg 5}{\lg 4} \;\Rightarrow\; x = 3040{,}1299$

f) $\lg x = 3 \cdot \dfrac{\lg 8}{\lg 2} - 4 \cdot \dfrac{\ln 6}{\ln e} \;\Rightarrow\; x = 68{,}07$

6. a) $K_n = K_0 \cdot q^n = 120000 \cdot 1{,}06^n$

b) $K_{10} = 120000 \cdot 1{,}06^{10} = 214901{,}72$ €

c) $1000000 = 120000 \cdot 1{,}06^n \;\Leftrightarrow\; 8\frac{1}{3} = 1{,}06^n$

$\Leftrightarrow\; n = \dfrac{\lg 8\frac{1}{3}}{\lg 1{,}06} = 36{,}388$ Jahre

7. $M_n = M_0 \cdot e^{-\frac{p}{100} \cdot n}$

a) $M_{12} = 10 \cdot e^{-0{,}13 \cdot 12} = 2{,}1014\,g$

b) $1 = 10 \cdot e^{-0{,}13 \cdot n} \;\Leftrightarrow\; \frac{1}{10} = e^{-0{,}13 \cdot n}$

$\Leftrightarrow\; \ln \frac{1}{10} = -0{,}13 \cdot n$

$n = \dfrac{\ln \frac{1}{10}}{-0{,}13} = 17{,}71$ Tage

c) $\frac{1}{2}M_0 = M_0 \cdot e^{-0,13 \cdot n} \Leftrightarrow \frac{1}{2} = e^{-0,13 \cdot n}$

$\Leftrightarrow \ln\frac{1}{2} = -0,13 \cdot n$

$\Leftrightarrow n = 5,33$ Tage

8. $M_n = M_0 \cdot e^{\frac{p}{100} \cdot n}$

$10 \cdot 10^9 = 5 \cdot 10^9 \cdot e^{0,016 \cdot n} \Leftrightarrow 2 = e^{0,016 \cdot n}$

$\Leftrightarrow \ln 2 = 0,016 \cdot n$

$n = \frac{\ln 2}{0,016} = 43,32$ Jahre

Spezielle Gleichungen und Ungleichungen

1. a) $\frac{x+3}{x} = 15 \quad \mathbb{D} = \mathbb{R}\setminus\{0\}$

$x + 3 = 15x$

$3 = 14x$

$x = \frac{3}{14} \Rightarrow \mathbb{L} = \{\frac{3}{14}\}$

b) $\frac{x+8}{2x} = \frac{4x+2}{5x} \quad \mathbb{D} = \mathbb{R}\setminus\{0\}$

$5x + 40 = 8x + 4$

$36 = 3x$

$x = 12 \Rightarrow \mathbb{L} = \{12\}$

c) $\frac{54}{2x+4} = \frac{72}{3x+2} \quad \mathbb{D} = \mathbb{R}\setminus\{-2; -\frac{2}{3}\}$

$54(3x+2) = 72(2x+4)$

$18x = 180$

$x = 10 \Rightarrow \mathbb{L} = \{10\}$

2. a) $\frac{2}{x+1} - \frac{3}{2x-2} = 0 \quad \mathbb{D} = \mathbb{R}\setminus\{-1; 1\}$

$4x - 4 - 3(x+1) = 0$

$x = 7 \Rightarrow \mathbb{L} = \{7\}$

b) $\frac{2x}{x^2-4} = \frac{1}{x-2} \quad \mathbb{D} = \mathbb{R}\setminus\{-2; 2\}$

$2x = 1(x+2)$

$x = 2 \Rightarrow \mathbb{L} = \{\ \}$

c) $\frac{3}{x^2+9x-10} = \frac{4x}{x+10} \quad \mathbb{D} = \mathbb{R}\setminus\{-10; 1\}$

$\frac{3}{(x+10)(x-1)} = \frac{4x}{x+10}$

$3 = 4x(x-1)$

$3 = 4x^2 - 4x$

$x^2 - x - \frac{3}{4} = 0$

$x_1 = \frac{3}{2} \vee x_2 = -\frac{1}{2} \Rightarrow \mathbb{L} = \{-\frac{1}{2}; \frac{3}{2}\}$

3. a) $\frac{3}{x-1} - \frac{4}{x} = \frac{7}{x^2 - x}$ $\quad \mathbb{D} = \mathbb{R}\setminus\{0;\ 1\}$

$3x - 4x + 4 = 7$

$x = -3 \Rightarrow \mathbb{L} = \{-3\}$

b) $\frac{3x-7}{x-7} - \frac{3(7-2x)}{5x-35} = \frac{13}{5x-35}$ $\quad \mathbb{D} = \mathbb{R}\setminus\{7\}$

$15x - 35 - 21 + 6x = 13$

$x = \frac{23}{7} \Rightarrow \mathbb{L} = \{\frac{23}{7}\}$

4. a) $\frac{x}{a} = b;\quad \mathbb{D} = \mathbb{R};\quad a \neq 0;\quad x = ab$

b) $\frac{1}{a+x} + \frac{1}{a-x} = \frac{1}{x};\quad \mathbb{D} = \mathbb{R}\setminus\{0;\ -a;\ a\}$

$x(a-x) + x(a+x) = (a+x)(a-x)$

$x^2 + 2ax - a^2 = 0$

$x_{1;2} = -a \pm \sqrt{a^2 + a^2}$

$x_1 = -a + a\sqrt{2} = a(\sqrt{2} - 1)$

$x_2 = -a - a\sqrt{2} = -a(1 + \sqrt{2})$

c) $\frac{a \cdot b}{a \cdot x} = 1;\quad \mathbb{D} = \mathbb{R}\setminus\{0\};\quad a \neq 0$

$a \cdot b = a \cdot x$

$x = b$

5. $x = K_1: \quad y = p_1$

$x + 200 = K_2; \quad y + 2 = p_2$

$$\text{I.}\quad x + x \cdot \frac{y}{100} = 5928$$

$$\text{II.}\quad (x+200) + (x+200)\,\frac{y+2}{100} = 6254$$

$$\text{I.}\quad x\left(1 + \frac{y}{100}\right) = 5928 \Leftrightarrow x = \frac{5928}{1 + \frac{y}{100}} = \frac{592800}{100 + y}$$

eingesetzt in II.

$$\text{II.}\quad \left(\frac{592800}{100+y} + 200\right)\left[1 + \frac{y+2}{100}\right] = 6254$$

II. $592800 + 20000 + 200y + 5928y + 11856 + 200y + 400 + 2y^2 + 4y = 625400 + 6254y$

II. $y^2 + 39y - 172 = 0$

$y_1 = 4$

$\vee\ y_2 = -43$ (unbrauchbar)

Mit $y = 4$ ergibt sich insgesamt:

$K_1 = 5700$ €; $K_2 = 5900$ €; $p_1 = 4\%$; $p_2 = 6\%$

6. $\frac{x-1}{x+1} < 1; \quad \mathbb{D} = \mathbb{R}\backslash\{-1\}$

1. Fall: $x+1>0 \quad \wedge \quad x-1<x+1$

$x>-1 \quad \wedge \quad -1<+1$ wahre Aussage $\Rightarrow \mathbb{L}_1 = \mathbb{D}$

2. Fall: $x+1<0 \quad \wedge \quad x-1>x+1$

$x<-1 \quad \wedge \quad -1>1$ falsche Aussage $\Rightarrow \mathbb{L}_2 = \{\ \}$

$\mathbb{L} = \mathbb{R} | \{-1\}$. Die Aussageform wird für alle reellen Zahlen -1 zu einer wahren Aussage.

7. $\frac{x+1}{x} > 2; \quad \mathbb{D} = \mathbb{R}\backslash\{0\}$

1. Fall: $x>0 \wedge x+1>2x \Leftrightarrow x<1 \Rightarrow \mathbb{L}_1 = \{x|0<x<1\}_{\mathbb{R}}$

2. Fall: $x<0 \wedge x+1<2x \Leftrightarrow x>1 \Rightarrow \mathbb{L}_2 = \{\ \}$

$\mathbb{L} = \mathbb{L}_1 \cup \mathbb{L}_2 = \{x|0<x<1\}_{\mathbb{R}}$

8. a) $\frac{1}{4-x} < -1; \quad \mathbb{D} = \mathbb{R}\backslash\{4\}$

1. Fall: $4-x>0 \wedge 1<-4+x$

$\Leftrightarrow 4>x \wedge 5<x \Rightarrow \mathbb{L}_1 = \{\ \}$

2. Fall: $4-x<0 \wedge 1>-4+x$

$\Leftrightarrow 4<x \wedge 5>x \Rightarrow \mathbb{L}_2 = \{x|4<x<5\}_{\mathbb{R}}$

$\mathbb{L} = \mathbb{L}_1 \cup \mathbb{L}_2 = \{x|4<x<5\}_{\mathbb{R}}$

b) $\frac{1-x}{x} > 2$

1. Fall: $x>0 \wedge 1-x>2x$

$\frac{1}{3}>x \Rightarrow \mathbb{L}_1 = \{x|0<x<\frac{1}{3}\}_{\mathbb{R}}$

2. Fall: $x<0 \wedge 1-x<2x$

$\frac{1}{3}<x \Rightarrow \mathbb{L}_2 = \{\ \}$

$\mathbb{L} = \mathbb{L}_1 \cup \mathbb{L}_2 = \{x|0<x<\frac{1}{3}\}_{\mathbb{R}}$

c) $\frac{2+x^2}{x-3} < x+2$

1. Fall: $x-3>0 \wedge 2+x^2<(x+2)(x-3)$

$\Leftrightarrow x>3 \wedge x<-8 \Rightarrow \mathbb{L}_1 = \{\ \}$

2. Fall: $x-3<0 \wedge 2+x^2>(x+2)(x-3)$

$\Leftrightarrow x<3 \wedge x>-8 \Rightarrow \mathbb{L}_2 = \{x|-8<x<3\}_{\mathbb{R}}$

$\mathbb{L} = \mathbb{L}_1 \cup \mathbb{L}_2 = \{x|-8<x<3\}_{\mathbb{R}}$

9. a) $\frac{1-e^x}{1+e^x} > 0; \quad \mathbb{D} = \mathbb{R}$

1. Fall: $1-e^x>0 \wedge 1+e^x>0$

$1>e^x \wedge e^x>-1$

$x<0 \wedge x\in\mathbb{R} \Rightarrow \mathbb{L}_1 = \{x|x<0\}_{\mathbb{R}}$

2. Fall: $1-e^x<0 \wedge 1+e^x<0$

$x<0 \wedge e^x<-1 \Rightarrow \mathbb{L}_2 = \{\ \}$

$\mathbb{L} = \mathbb{L}_1 \cup \mathbb{L}_2 = \{x|x<0\}_{\mathbb{R}}$

b) $\left|\frac{x}{x+1}\right| < 1 \Leftrightarrow \frac{|x|}{|x+1|} < 1 \Leftrightarrow |x| < |x+1| \qquad \mathbb{D} = \mathbb{R}\backslash\{-1\}$

1. Fall: Für $x \geqq 0 \wedge x+1 > 0$, also $x \geqq 0$, kann weiter geschrieben werden:
$x < x+1 \Leftrightarrow 0 < 1$ (wahre Aussage) $\Rightarrow \mathbb{L}_1 = \{x \mid x \geqq 0\}_{\mathbb{R}}$

2. Fall: Für $x < 0 \wedge x+1 > 0$, also $-1 < x < 0$,
folgt weiter: $-x < x+1 \Leftrightarrow -\frac{1}{2} < x \Rightarrow \mathbb{L}_2 = \{x \mid -\frac{1}{2} < x < 0\}_{\mathbb{R}}$

3. Fall: Für $x \geqq 0 \wedge x+1 < 0$ folgt $\mathbb{L}_3 = \{\,\}$

4. Fall: Für $x < 0 \wedge x+1 < 0$, also $x < -1$,
folgt weiter: $-x < -x-1 \Leftrightarrow 1 < 0 \Rightarrow \mathbb{L}_4 = \{\,\}$

$\mathbb{L} = \mathbb{L}_1 \cup \mathbb{L}_2 \cup \mathbb{L}_3 \cup \mathbb{L}_4 = \{x \mid x > -\frac{1}{2}\}_{\mathbb{R}}$

Ebene Geometrie

Geometrische Grundbegriffe, Koordinatensysteme, Geometrische Konstruktionen

1. a) $A \in g$
b) $A \in g \wedge B \in g$ oder $\overline{AB} \subset g$
c) $\overline{AB} \subset h$
d) $C \in \overline{AB}$ oder $\{C\} \subset \overline{AB}$
e) $g \cap h = \{\ \}$

2. 2 Strecken, 3 Strahlen, 2 Geraden

3. $a \parallel b$; $c \parallel d$; $e \parallel f$; $e \perp c$; $d \perp f$

4. Siehe Grundkonstruktionen, S. 19

5. $N \perp O$; $N \perp W$; $W \perp S$; $S \perp O$

6. *Abb. 637*

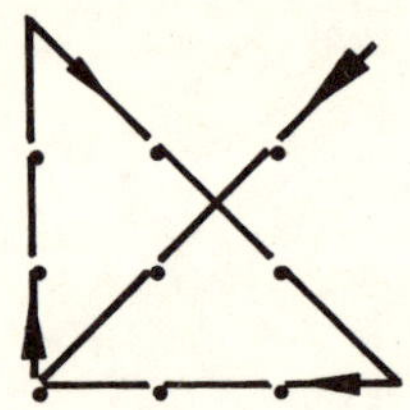

7. 4 Geraden zerlegen ein Rechteck in maximal 11 Teilflächen.

8. Wenn die Landkarte nur eine Schnittgerade besitzt, genügen natürlich 2 Farben. Kommt eine weitere Gerade hinzu, so müssen nur auf einer Seite der neu hinzugekommenen Geraden alle Farben vertauscht werden, damit man die neue Färbung mit nur 2 Farben erhält.

9. a) $a \parallel b \parallel c \parallel d$ b) Die beiden Trägergeraden sind parallel.

10. Zwei Strecken sind *gleich*, wenn sie „identisch" sind, d. h. aufeinander liegen.
Zwei Strecken sind *maßgleich*, wenn sie die gleiche Länge (Betrag) besitzen. Maßgleiche Strecken können somit verschiedene Lagen besitzen.

11. Siehe Abb. 306, S. 288.

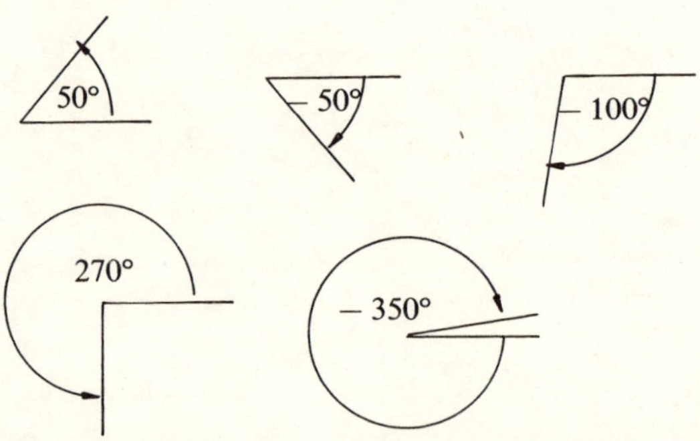

12. *Abb. 638*

13. a) $0°$ b) $120°$ c) $180°$ d) $-105°$ e) $-54°$

14. a) $4\delta = 30° \Rightarrow \delta = 7{,}5°$
$9\alpha = 180° - 30° = 150° \Rightarrow \alpha = 16\frac{2}{3}°$
$\Rightarrow 2\alpha = 33\frac{1}{3}° = 3\gamma \Rightarrow \gamma = 11\frac{1}{9}°$
$\Rightarrow 7\alpha = 116\frac{2}{3}° = \beta$
b) $\beta = 48° \Rightarrow \alpha = \gamma = \delta = \varrho = 132°$
$\eta = \varepsilon = 48°$
c) $\gamma = \delta = \eta = 73°; \quad \alpha = \beta = \varepsilon = \xi = 107°$
d) $3\alpha = 180° \Rightarrow \alpha = 60°$
$\Rightarrow 2\alpha = \gamma = \varepsilon = \eta = 120°$
$\alpha = \beta = \delta = \vartheta = \xi = 60°$

15. Weil der Winkel zwischen den Randstrahlen vom obersten und untersten Punkt des Gegenstandes zum Auge unterschiedlich groß ist. (Diesen Winkel bezeichnet man auch als Sehwinkel.)

16. Siehe Abb. 190, S. 225.

Ebene Figuren

Dreiecke

1. a)

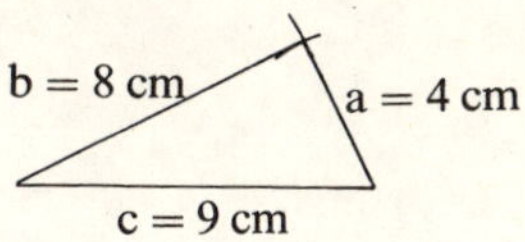

Abb. 639

b)

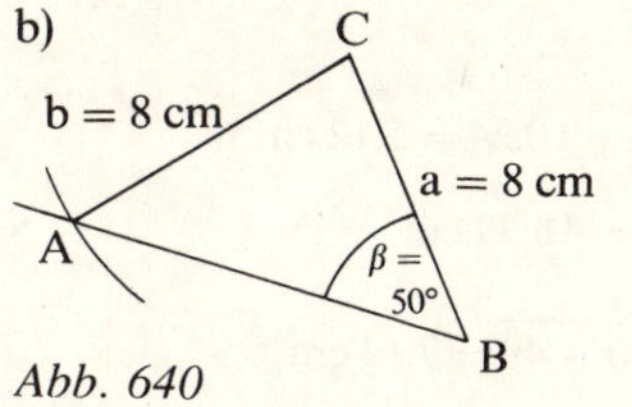

Abb. 640

c)

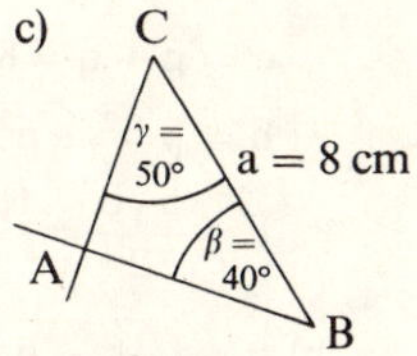

Abb. 641

2. Aus $F = \frac{a \cdot h_a}{2} = \frac{b \cdot h_b}{2} = \frac{c \cdot h_c}{2}$ folgt $2F = a \cdot h_a = b \cdot h_b = c \cdot h_c \Rightarrow \frac{a}{b} = \frac{h_b}{h_a}$ oder $\frac{a}{c} = \frac{h_c}{h_a}$ oder $h_a : h_b : h_c = \frac{1}{a} : \frac{1}{b} : \frac{1}{c}$.

3. a) $F = \frac{7 \cdot 6}{2} = 21\ \text{cm}^2$

b) $F = \frac{3 \cdot 5}{2} = 7{,}5\ \text{cm}^2$

c) Wegen $a = b = c = 6$ cm liegt ein gleichseitiges Dreieck vor:

$$h = \frac{a}{2}\sqrt{3} = \frac{6}{2}\sqrt{3} = 3\sqrt{3}, \quad \text{also } F = \frac{h \cdot a}{2} = \frac{3\sqrt{3} \cdot 6}{2} = 9\sqrt{3}.$$

d) Wegen $\alpha = 45°$ handelt es sich um ein gleichschenkliges Dreieck; also $F = \frac{10 \cdot 10}{2} = 50\ \text{cm}^2$.

4. a) $s = 6 \Rightarrow F = \sqrt{6 \cdot 3 \cdot 2 \cdot 1} = 6\ \text{cm}^2$ oder $F = \frac{a \cdot b}{2} = \frac{3 \cdot 4}{2} = 6\ \text{cm}^2$, da es sich um ein rechtwinkliges Dreieck handelt!
b) $s = 10; \quad c = 8 \Rightarrow F = \sqrt{10 \cdot 5 \cdot 3 \cdot 2} = 17{,}32\ \text{cm}^2$

c) $F = s \cdot \varrho = 17 \cdot 5 = 85\ \text{cm}^2$

$$a = b = \frac{2F}{h_a} = \frac{170}{13} = 13{,}08\ \text{cm}$$

$$u = \frac{F \cdot 2}{\varrho} = \frac{170}{5} = 34\ \text{cm}; \qquad \text{also}\ \ c = n - 2_a = 7{,}85\ \text{cm}$$

5. Die Dreiecke AMC und BCM sind gleichschenklig, also gilt: $\alpha = \delta$ und $\beta = \gamma$.
Nach dem Winkelsummensatz gilt außerdem:

$$\alpha + \delta + \gamma + \beta = 180° \Rightarrow 2\alpha + 2\beta = 180° \Rightarrow \alpha + \beta = 90° \Rightarrow \delta + \gamma = 90°.$$

6. Der Winkel ACP muß wegen der Winkelsumme 30° sein. Außerdem sind die beiden Dreiecke AMC und BCM gleichschenklig. Deshalb müssen die drei Winkel bei C alle je 30° sein.

7. a) $a^2 + b^2 = c^2 \Rightarrow (2n+1)^2 + (2n^2 + 2n)^2 = (2n^2 + 2n + 1)^2$

$$\Rightarrow 4n^2 + 4n + 1 + 4n^4 + 8n^3 + 4n^2 = 4n^4 + 4n^3 + 2n^2 + 4n^3 + 4n^2 + 2n + 2n^2 + 2n + 1$$

$$4n^4 + 8n^3 + 8n^2 + 4n + 1 = 4n^4 + 8n^3 + 8n^2 + 4n + 1$$

b) $(2nm)^2 + (n^2 - m^2)^2 = (n^2 + m^2)^2$

$$4n^2m^2 + n^4 - 2n^2m^2 + m^4 = n^4 + 2n^2m^2 + m^4$$

$$n^4 + 2n^2m^2 + m^4 = n^4 + 2n^2m^2 + m^4$$

8. a) $a = \sqrt{h^2 + q^2} = \sqrt{16 + 25} = 6{,}40\ \text{cm}$

$$p = \frac{h^2}{q} = \frac{16}{5} = 3{,}2\ \text{cm}$$

$$c = p + q = 8{,}2\ \text{cm}$$

$$b = \sqrt{h^2 + p^2} = \sqrt{16 + 10{,}24} = 5{,}12\ \text{cm}$$

$$F = \frac{a \cdot b}{2} = \frac{6{,}4 \cdot 5{,}12}{2} = 16{,}39\ \text{cm}^2$$

b) $p = \sqrt{b^2 - h^2} = \sqrt{100 - 49} = 7{,}14\ \text{cm}$

$$q = \frac{h^2}{p} = \frac{49}{7{,}14} = 6{,}86\ \text{cm}$$

$$c = p + q = 7{,}14 = 6{,}86 = 14\ \text{cm}$$

$$a = \sqrt{h^2 + q^2} = \sqrt{49 + 6{,}86^2} = 9{,}80\ \text{cm}$$

$$n = a + b + c = 33{,}80\ \text{cm}$$

$$F = \frac{a \cdot b}{2} = 49\ \text{cm}^2$$

c) $c = p + q = 16\ \text{cm}$

$$h = \sqrt{p \cdot q} = \sqrt{4 \cdot 12} = \sqrt{48} = 6{,}93\ \text{cm}$$

$$a = \sqrt{h^2 + q^2} = \sqrt{48 + 144} = 13{,}86\ \text{cm}$$

$$b = \sqrt{h^2 + p^2} = \sqrt{48 + 16} = 8\ \text{cm}$$

$$n = 37{,}86\ \text{cm}; \quad F = \frac{a \cdot b}{2} = 55{,}44\ \text{cm}$$

9. $h = \sqrt{a^2 - \left(\frac{a}{2}\right)^2} = \sqrt{a^2 - \frac{a^2}{4}} = \sqrt{\frac{3}{4}a^2} = \frac{a}{2}\sqrt{3}$

10. Aus der Heronschen Dreiecksformel folgt:

$$\varrho = \sqrt{\frac{(s-a)(s-b)(s-c)}{s}} = \frac{F}{s} \quad \text{und}$$

$$r = \frac{a \cdot b \cdot c}{4 \cdot s \cdot \varrho} \quad \text{mit} \quad s = \frac{n}{2} = \frac{a+b+c}{2}$$

Nun ist im gleichseitigen Dreieck $a = b = c$ und somit $s = \frac{3}{2}a$;

$$\Rightarrow \varrho = \sqrt{\frac{\frac{1}{8}a^3}{\frac{3}{2}a}} = \sqrt{\frac{1}{12}a^2} = \frac{a}{2}\sqrt{\frac{1}{3}} = \frac{a}{6}\sqrt{3} = \frac{r}{2}$$

$$\Rightarrow r = \frac{a^3}{4 \cdot \frac{a}{6}\sqrt{3} \cdot \frac{3}{2}a} = \frac{a}{\sqrt{3}} = \frac{a}{3}\sqrt{2} = 2 \cdot \varrho$$

11. Nach dem Kathetensatz ist $a \cdot b$ am größten, wenn $p \cdot q$ am größten ist. Dies ist genau dann der Fall, wenn $p = q$, also wenn $a = b$ ist; dann ist das rechtwinklige Dreieck gleichschenklig.

12. Nach Pythagoras folgt hieraus: $2x^2 = 3^2 + x^2 \Rightarrow x^2 = 9 \Rightarrow x = 3\,\text{cm} \Rightarrow 2x = 6\,\text{cm}$.
Die beiden Katheten sind je 3 cm, die Hypotenuse ist 6 cm lang; es handelt sich folglich um ein rechtwinklig-gleichschenkliges Dreieck.

13. $10^2 = x^2 + x^2 \Rightarrow 100 = 2x^2 \Rightarrow x = \sqrt{50} = 7{,}07\,\text{cm}$

14. a) $4 \cdot \frac{a \cdot b}{2} + (a - b)^2 = c^2 \Rightarrow 2ab + a^2 - 2ab + b^2 = c^2 \Rightarrow a^2 + b^2 = c^2$

b) Die Teilflächen in den Kathetenquadraten sind kongruent (deckungsgleich) zu den Teilflächen in dem Hypotenusenquadrat.

15. a)

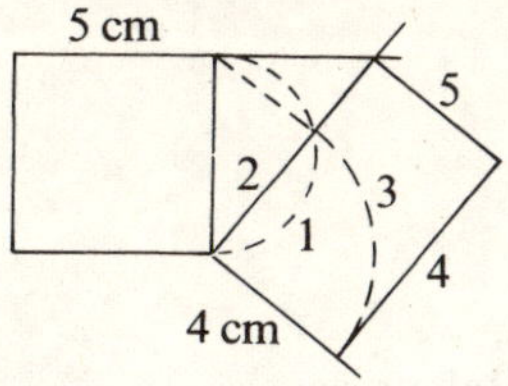

Abb. 642

b)

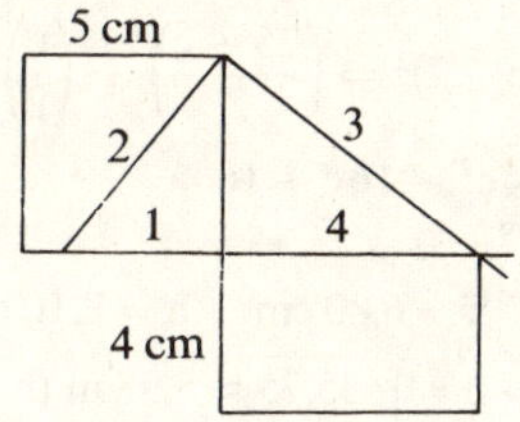

Abb. 643

16. Die zueinander kongruenten (deckungsgleichen) Teilflächen sind durch gleiche Nummern gekennzeichnet.

17. $|PC|^2 + |PM|^2 = |MC|^2 \Rightarrow |PC|^2 = |MC|^2 - |PM|^2$
Nach dem Höhensatz muß ferner gelten:

$$|PC|^2 = |AP| \cdot |PB|$$
$$\Rightarrow |AP| \cdot |PB| = |MC|^2 - |PM|^2$$
$$|AP| \cdot |PB| = [2|AP|]^2 - |AP|^2$$
$$|AP| \cdot |PB| = 4|AP|^2 - |AP|^2$$
$|AP| \cdot |PB| = 3|AP|^2$ ist eine wahre Aussage, weil $|PB| = 3|AP|$ ist.

18. a) $c^2 = 6^2 + 6^2 \Rightarrow c = \sqrt{72} = 8{,}49\,\text{cm}$
b) $c^2 = 8^2 + 8^2 \Rightarrow c = \sqrt{128} = 11{,}31\,\text{cm}$
c) $c^2 = x^2 + x^2 \Rightarrow c = \sqrt{2x^2} = x\sqrt{2}\,\text{cm}$

19. $(7 + 4)^2 + 6^2 = x^2 \Rightarrow 121 + 36 = x^2 \Rightarrow x = \sqrt{157} = 12{,}530\,\text{km}$

20. $11^2 + 10^2 = x^2 \Rightarrow x = \sqrt{221} = 14{,}866\,\text{km}$

21. a) $p = \frac{20^2}{29} = 13{,}793; \quad q = \frac{21^2}{29} = 15{,}206$

$\Rightarrow h = \sqrt{p \cdot q} = 14{,}482$

b) $3^2 = 5p \Rightarrow p = \frac{9}{5}$; $\quad 4^2 = 5q \Rightarrow q = \frac{16}{5}$
$h^2 = p \cdot q = \frac{9}{5} \cdot \frac{16}{5} = \frac{144}{25} \Rightarrow h = \sqrt{\frac{144}{25}} = \frac{12}{5}$
$y = q - 2 = \frac{16}{5} - 2 = \frac{6}{5}$
$x^2 = h^2 + y^2 = \frac{144}{25} + \frac{36}{25} = \frac{180}{25} \Rightarrow x = \frac{6}{5}\sqrt{5}$

c) $12^2 = 6^2 + (y + 4\sqrt{3})^2 \Rightarrow 144 - 36 = y^2 + 8\sqrt{3}y + 48$
$\Rightarrow y^2 + 8\sqrt{3}y - 60 = 0 \Rightarrow y = 2\sqrt{3}$
$y^2 + 6^2 = x^2 \Rightarrow 12 + 36 = x^2 \Rightarrow x = \sqrt{48} = 4\sqrt{3}$

22. $h = \sqrt{5^2 - 1{,}4^2} = 4{,}8$ m

23. $x = \sqrt{700^2 + 200^2} = 728{,}011$ m

24. a) $x^2 = 4{,}5^2 + 0{,}6^2 \Rightarrow x = \sqrt{20{,}61} = 4{,}54$ m
b) $x^2 = 5{,}3^2 - 4{,}5^2 \Rightarrow x = \sqrt{7{,}84} = 2{,}80$ m
c) $\left(\frac{x}{2}\right)^2 = 9{,}7^2 - 6{,}5^2 \Rightarrow x = \sqrt{207{,}36} = 14{,}40$ m

25. $l^2 = 3{,}5^2 + 0{,}75^2 \Rightarrow l = 3{,}58$ m
Die Stufen haben einen Abstand von $\frac{3{,}58}{11} = 0{,}33$ m.

26. I. $h = c - 2$ $\quad$ II. $a^2 - \left(\frac{c}{2}\right)^2 = h^2$ $\quad$ III. $25 = 2a + c$
$\Rightarrow a^2 - \left(\frac{c}{2}\right)^2 = (c-2)^2 \Rightarrow \left(\frac{25-c}{2}\right)^2 - \left(\frac{c}{2}\right)^2 = (c-2)^2$
$\Rightarrow 625 - 50c = 4c^2 - 16c + 16$
$\Rightarrow c^2 + \frac{34}{4}c - \frac{609}{4} = 0$
$\Rightarrow c = 8{,}80$ cm; $\quad h = 6{,}80$ cm; $\quad a = 8{,}10$ cm

27. $6^2 = 0{,}5^2 + h^2 \Rightarrow h = \sqrt{35{,}75} \approx 5{,}98$ m (h = Höhe zwischen den Halteträgern)
x soll die maximale Auslenkung einer Schiffschaukel sein:
$x^2 = 6^2 - (h - 2{,}5)^2 \Rightarrow x = \sqrt{36 - 12{,}10} = 4{,}88$ m

28. a) Konstruktion möglich
b) Konstruktion möglich
c) nicht möglich, wegen $b + c < a$
d) nicht möglich, wegen $a + c = b$

29. Ein gleichseitiges Dreieck muß auch kongruente Winkel besitzen, somit ist jeder Winkel 60° groß.

Vierecke

1. $\left(\frac{a}{2}\right)^2 + \left(\frac{a}{2}\right)^2 = b^2 \Rightarrow b = \sqrt{2 \cdot \frac{a^2}{4}} = \frac{a}{\sqrt{2}} = \frac{a}{2}\sqrt{2}$

2. a) $b = 0{,}80$ m; $\quad F = 0{,}16\ m^2$; $\quad d = 0{,}82$ m
b) $b = \frac{30}{5} = 6$ cm; $\quad u = 22$ cm; $\quad d = \sqrt{61}$ cm
c) $b = \sqrt{10{,}8^2 - 6^2} = 8{,}98$ cm; $\quad F = 53{,}88\ cm^2$; $\quad n = 29{,}96$ cm
d) $5^2 = a^2 + b^2$; $\quad 14 = 2a + 2b \Rightarrow 25 = (7-b)^2 + b^2 \Rightarrow b^2 - 7b + 12 = 0 \Rightarrow b_1 = 3$; $\quad b_2 = 4$
Das Rechteck hat die Kantenlängen 3 cm und 4 cm und den Flächeninhalt 12 cm^2.
e) $a = b = \frac{45}{2} = 22{,}5$ cm; $\quad F = 506{,}25\ cm^2$; $\quad d = 31{,}82$ cm

f) $a = b = 11$ cm; $n = 44$ cm; $d = 15{,}56$ cm

g) $d = \sqrt{2a^2} \Rightarrow a = 362{,}04$ m; $F = 131\,072{,}96\ m^2$; $n = 1448{,}16$ m

3. Es handelt sich um eine Raute mit $a = \sqrt{15^2 + 10^2} = 18{,}03$ m.

$$F = 30 \cdot 20 - 4 \cdot \frac{15 \cdot 10}{2} = 300 = 300\ m^2$$

$n = 4 \cdot a = 72{,}12$ m

4. $2a + 2b = 36$; $a \cdot b + 9{,}25 = (a + 4{,}5)(b - 3{,}5)$

$\Rightarrow a = 18 - b \Rightarrow (18 - b) \cdot b + 9{,}25 = (18 - b + 4{,}5)(b - 3{,}5)$

$\Rightarrow b = 11\ \text{cm} \Rightarrow a = 7$ cm

5. a) $F = 5{,}90\ cm^2$

$b = \sqrt{0{,}9^2 + 3{,}4^2} = 3{,}52$ cm

$n = a + 2b + c = 18{,}83$ cm

$d = \sqrt{(6{,}8 - 0{,}9)^2 + 3{,}4^2} = 6{,}81$ cm

b) $n = 20$ cm

$h = \sqrt{5^2 - 2^2} = 4{,}58$ cm

$$F = \frac{3 + 7}{2} \cdot 4{,}58 = 22{,}91\ cm^2$$

$d = \sqrt{5^2 + 4{,}58^2} = 6{,}78$ cm

c) $\cos 30° = \frac{1{,}25}{b} \Rightarrow b = \frac{1{,}25}{\cos 30°} = 1{,}44$ cm (s. S. 98)

$n = 12{,}39$ cm; $h = 1{,}25 \cdot \tan 30° = 0{,}72$ cm

$$F = \frac{a + c}{2} \cdot h = \frac{6 + 3{,}5}{2} \cdot 0{,}72 = 3{,}42\ cm^2$$

6. $h = \sqrt{90{,}5^2 - 9{,}5^2} = 90$ m; $F = \frac{131 + 150}{2} \cdot 90 = 12\,645\ m^2$

7. $\sin 45° = \frac{h}{11} \Rightarrow h = 11 \cdot \sin 45° = 7{,}78$ m

$\cos 45° = \frac{x}{11} \Rightarrow x = 11 \cdot \cos 45° = 7{,}78$ m

$\Rightarrow y = 40 - x - 4 = 28{,}22$ m

$\Rightarrow l^2 = 28{,}22^2 + h^2 \Rightarrow l = \sqrt{28{,}22^2 + 7{,}78^2} = 29{,}27$ m

8. $2h + 10 + 2b = 60 \Rightarrow h = 25 - b$

Ferner gilt: $5^2 + h^2 = b^2 \Rightarrow 25 + (25 - b)^2 = b^2 \Rightarrow 25 + 625 - 50b + b^2 = b^2$

$650 = 50b$; $b = 13\ \text{cm} \Rightarrow h = 12$ cm

$$F = \frac{12 + 22}{2} \cdot 12 = 204\ cm^2$$

9. a) $\cos\alpha = \frac{5^2 - 10^2 - 7^2}{-2 \cdot 10 \cdot 7} \Rightarrow \alpha = 27{,}66°$

$\cos\beta = \frac{10^2 - 7^2 - 5^2}{-2 \cdot 7 \cdot 5} \Rightarrow \beta = 111{,}80° \Rightarrow \gamma = 180 - \alpha - \beta = 40{,}32°$

$F = 2 \cdot \frac{10 \cdot 7 \cdot \sin\alpha}{2} = 32{,}50\ cm^2$; $n = 24$ cm

b) $\sin\alpha = \frac{3{,}7}{9} \Rightarrow \alpha = 24{,}27°$;

$b^2 = 9^2 + 7{,}5^2 - 2 \cdot 9 \cdot 7{,}5 \cdot \cos 24{,}27° \Rightarrow b = 3{,}77$ cm

$F = 7{,}5 \cdot 3{,}77 = 28{,}24\ cm^2$; $n = 19{,}54$ cm

c) $\sin 60° = \frac{h}{5} \Rightarrow h = 5 \cdot \sin 60° = 4{,}33$ cm

$F = 6 \cdot 4{,}33 = 25{,}98\ cm^2$; $n = 22$ cm

10. $a^2 = \left(\frac{a}{4}\right)^2 + \left(\frac{f}{2}\right)^2$, weil sich die Diagonalen rechtwinklig schneiden.

$\Rightarrow f = \frac{a}{2}\sqrt{15} \Rightarrow F = \frac{e \cdot f}{2} = \frac{a}{4}\sqrt{15} \cdot \frac{a}{2} = \frac{a^2}{8}\sqrt{15}$

11. $a^2 = 6^2 + 5^2 \Rightarrow a = 7{,}81$ cm; $n = 2a = 31{,}24$ cm; $F = \frac{10 \cdot 12}{2} = 60\ \text{cm}^2$

12. $\left(\frac{f}{2}\right)^2 + f^2 = 10^2 \Rightarrow f = 8{,}94\ \text{cm} \Rightarrow e = 17{,}89$ cm

$F = \frac{8{,}94 \cdot 17{,}89}{2} = 79{,}96\ \text{cm}^2$

13. $\gamma = 360° - 2 \cdot 110° - 70° = 70°$; es handelt sich um eine Raute!

14. $3^2 = x^2 + y^2$ bzw. $5^2 = (2x)^2 + y^2$

$\Rightarrow 3^2 - x^2 = 5^2 - 4x^2 \Rightarrow x^2 = \frac{16}{3} \Rightarrow x = \frac{4}{3}\sqrt{3}$; $y = \sqrt{9 - \frac{16}{3}} = \sqrt{\frac{11}{3}}$

Die beiden Diagonalen haben die Längen

$3x = 4\sqrt{3}$ und $2y = 2\sqrt{\frac{11}{3}} = \frac{2}{3}\sqrt{33}$;

$\Rightarrow F = \frac{4\sqrt{3} \cdot \frac{2}{3}\sqrt{33}}{2} = \frac{4}{3}\sqrt{99} \approx 13{,}27\ \text{cm}^2$

15. $d = \sqrt{20^2 + 20^2} = 28{,}28$

- großes Dreieck: $F = \left(\frac{d}{2}\right)^2 \cdot \frac{1}{2} = 100\ \text{cm}^2$
- mittleres Dreieck: $F = \frac{10 \cdot 10}{2} = 50\ \text{cm}^2$
- kleines Dreieck: $F = \left(\frac{d}{4}\right)^2 \cdot \frac{1}{2} = 25\ \text{cm}^2$
- Parallelogramm: $F = 10 \cdot 5 = 50\ \text{cm}^2$
- Quadrat: $F = \left(\frac{d}{4}\right)^2 = 50\ \text{cm}^2$

16. Es gibt unendlich viele Dreiecke mit den beiden Seiten $a = 3$ cm und $b = 4$ cm, und ferner gibt es auch unendlich viele Dreiecke mit den beiden Seiten $c = 5$ cm und $d = 6$ cm. Somit müssen auch unendlich viele Vierecke mit den gegebenen vier Seiten existieren.

Polygone oder n-Ecke

1. Jedes n-Eck besitzt $(n-1) \cdot \frac{n}{2} - n$ Diagonalen, da sich jede Ecke mit $(n-1)$ anderen Ecken verbinden läßt (dabei ist jede Verbindungsstrecke doppelt gezählt) und die Anzahl der n Seiten (das sind keine Diagonalen) abgezogen werden muß.
Die Formel für die Anzahl der Diagonalen läßt sich umformen in den einfachen Term:

$$(n-1) \cdot \frac{n}{2} - n = n\left(\frac{n-1}{2} - 1\right) = n\left(\frac{n-3}{2}\right).$$

Man kann die Anzahl der Diagonalen auch mit Hilfe der Kombinatorik bestimmen:

$$\binom{n}{2} - n = \frac{n!}{2!(n-2)!} - n = \frac{n \cdot (n-1)}{2} - n = \frac{n \cdot (n-3)}{2}$$

a) Ein 20-Eck besitzt $\dfrac{20 \cdot 17}{2} = 170$ Diagonalen.

b) Ein 70-Eck besitzt $\dfrac{70 \cdot 67}{2} = 2345$ Diagonalen.

c) Ein 150-Eck hat $\dfrac{150 \cdot 147}{2} = 11025$ Diagonalen.

d) Ein 555-Eck hat $\dfrac{555 \cdot 552}{2} = 153180$ Diagonalen.

2. a) $\delta = 180° - 82° = 98°; \quad \gamma = 180° - 120° = 60°$

$\beta = 180° - 93° = 87°; \quad \alpha = 360° - 82° - \gamma - \beta = 131°$

b) Das 6-Eck läßt sich in vier Teildreiecke zerlegen, folglich beträgt die Summe aller Innenwinkel:

$4 \cdot 180° = 720° \Rightarrow 36\alpha = 720° \Rightarrow \alpha = 20°$

$\Rightarrow 4\alpha = 80°; \quad 6\alpha = 120°; \quad 5\alpha = 100°; \quad 7\alpha = 140°$

$8\alpha = 160°; \quad \beta = 180° - 80° = 100°$

3.

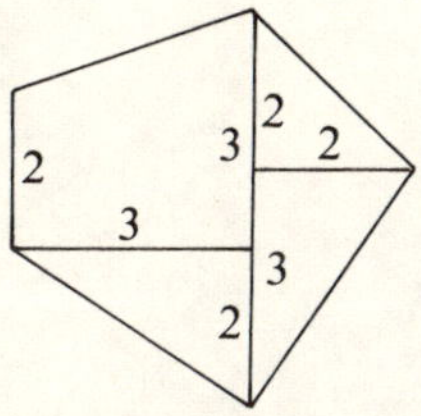

Abb. 644

$$F = 3 \cdot \frac{2+3}{2} + \frac{1}{2} \cdot 2 \cdot 2 + \frac{1}{2} \cdot 3 \cdot 2 + \frac{1}{2} \cdot 3 \cdot 2 = 15{,}50 \text{ F.E.}$$

Die Figur zerlegt man z. B. in ein Trapez und drei Teildreiecke.

4.

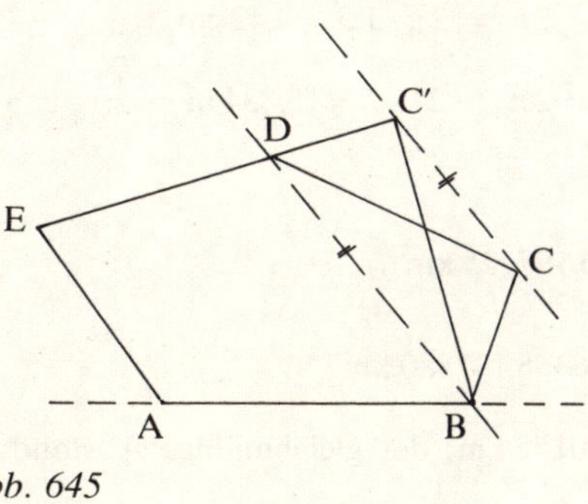

Abb. 645

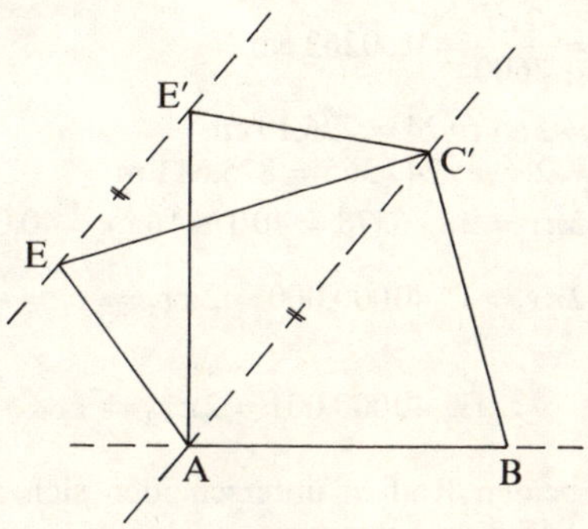

Abb. 646

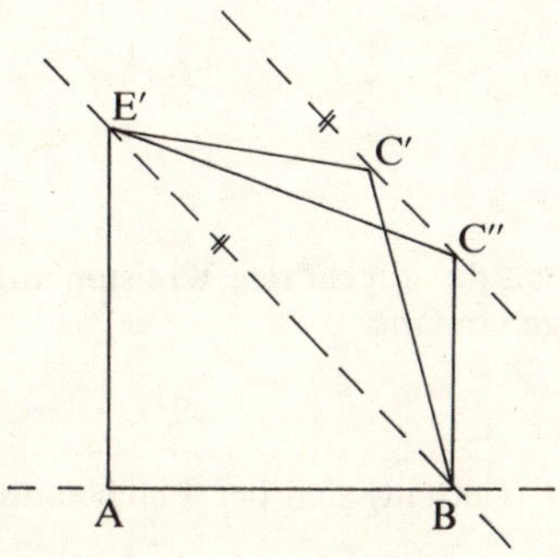

Abb. 647

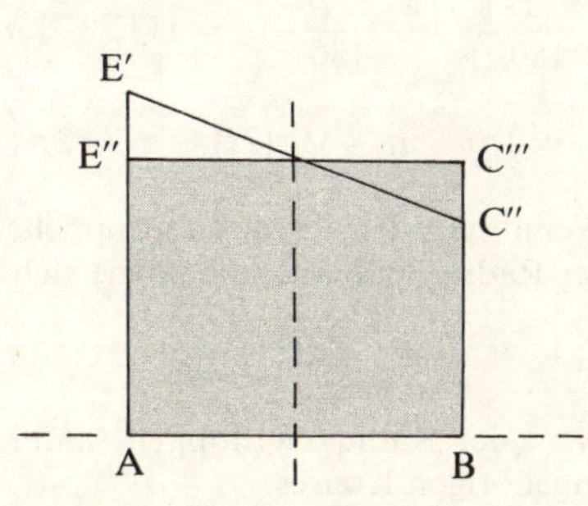

Abb. 648

5. 6-Eck: $F = \frac{2{,}9 \cdot 2{,}15}{2} + \frac{2{,}05 \cdot 2{,}05}{2} + \frac{4 \cdot 0{,}75}{2} + \frac{5 \cdot 1{,}35}{2} = 10{,}09$ F.E.

5-Eck: $F = \frac{4 \cdot 1}{2} + \frac{4 \cdot 3}{2} + \frac{4{,}6 \cdot 1{,}2}{2} = 10{,}76$ F.E.

6. $F = \frac{1}{2} \cdot 2 \cdot 2{,}5 + 1{,}5 \cdot \frac{4{,}1}{2} + 2{,}5 \cdot \frac{5{,}6}{2} + 3 \cdot 4 + \frac{1}{2} \cdot 3 \cdot 4 + \frac{1}{2} \cdot 2 \cdot 1 + 2 \cdot \frac{6}{2} + 3 \cdot \frac{7{,}3}{2} + 4 \cdot \frac{3{,}4}{2}$

$+ \frac{1}{2} \cdot 1 \cdot 1{,}1 = 55{,}88 \text{ m}^2$

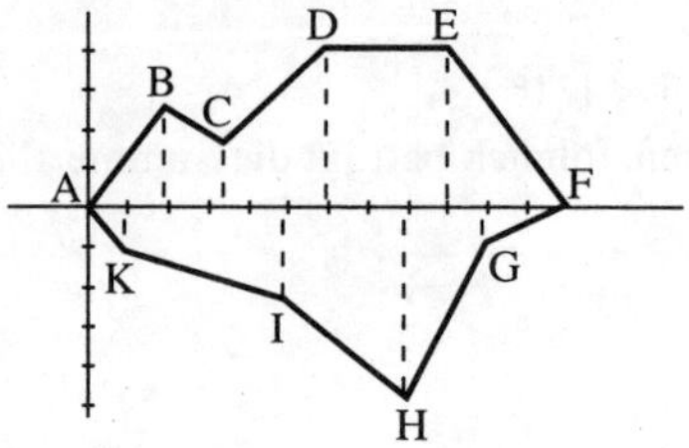

Abb. 649

Kreise und Ellipsen

1. $n = 2\pi r = 2\pi \cdot 4{,}7 = 29{,}53$ m

2. a) $s = \frac{2\pi r}{3600} = 0{,}00262$ cm

b) $s = 2\pi r = 2\pi \cdot 1{,}5 = 9{,}42$ cm

c) $s = 2\pi \cdot r \cdot 24 = 226{,}19$ cm

d) $s = 2\pi \cdot r \cdot 24 \cdot 7 = 15{,}834$ m

e) $s = 2\pi \cdot r \cdot 24 \cdot 365 = 825{,}611$ m

3. $n = 2\pi r = 2\pi \cdot 6378 = 40074{,}16 \text{ m} = 40{,}074$ km

4. $n = 2\pi r \Rightarrow$ I. $40000{,}000 = 2\pi r_1 \Rightarrow r_1 = \frac{40000}{2\pi} = 6366{,}197725$ km

II. $40000{,}001 = 2\pi r_2 \Rightarrow r_2 = \frac{40000{,}001}{2\pi} = 6366{,}197880$ km

Die beiden Radien unterscheiden sich also um 0,000155 km; der gleichmäßige Abstand muß somit 15,5 cm betragen.

5. Bei einem Äquatorradius von $r = 6378$ km (Aufgabe 3) ergibt sich eine Schnittfläche von $F = \pi r^2 = \pi \cdot 6378^2 = 127796483{,}1 \text{ km}^2$.

6. $b = \frac{\pi \cdot r \cdot \varepsilon}{180°} = \frac{\pi \cdot 6378 \cdot 1°}{180°} = 111{,}317$ km

7. a) $n_1 = 2\pi r$; $n_2 = 2\pi(2r)$; $n_3 = 2\pi\left(\frac{r}{2}\right)$

Wenn man den Radius verdoppelt, verdoppelt sich auch der zugehörige Kreisumfang; wird der Radius halbiert, so halbiert sich auch der zugehörige Umfang.

b) $F_1 = \pi r^2$; $F_2 = \pi(2r)^2 = \pi \cdot 4r^2$; $F_3 = \pi\left(\frac{r}{2}\right)^2 = \frac{\pi \cdot r^2}{4}$

Wird der Radius verdoppelt (halbiert), so vervierfacht (viertelt) sich der Flächeninhalt des zugehörigen Kreises.

8. Das Quadrat habe die Kantenlänge a, dann besitzt der große Kreis den Radius $r_1 = \frac{d}{2} = \frac{a}{2}\sqrt{2}$;

die Möndchen haben den Radius $r_2 = \frac{a}{2}$. Folglich erhält man die Flächen aus:

$$F_1 = a^2$$

$$F_2 = 4 \cdot \left[\frac{1}{2} \cdot \pi \cdot \left(\frac{a}{2}\right)^2\right] + a^2 - \pi \cdot \left(\frac{a}{2}\sqrt{2}\right)^2$$

$$F_2 = 2\pi \frac{a^2}{4} + a^2 - \frac{\pi}{2} a^2$$

$$F_2 = a^2$$

9. Wir nehmen ohne Beschränkung der Allgemeinheit an, daß die kleinen Kreise den Radius r besitzen:

a) $F_1 = 4 \cdot \pi r^2 = 4\pi r^2; \quad F_2 = 2 \cdot \pi (2r)^2 = 8\pi r^2$

$F_3 = \pi \cdot (4r)^2 = 16\pi r^2 \Rightarrow F_1 = 0{,}5 \cdot F_2 = 0{,}25 \cdot F_3$

b) $n_1 = 4 \cdot 2\pi r = 8\pi r; \quad n_2 = 2 \cdot 2\pi \cdot 2r = 8\pi r$

$n_3 = 2\pi \cdot 4 \cdot r = 8\pi r \Rightarrow n_1 = n_2 = n_3$

10. Das Quadrat habe die Seitenlänge a:

$$F_1 = \pi \cdot r_1^2 = \pi \cdot \left(\frac{a}{2}\right)^2 = \frac{\pi a^2}{4}$$

$$F_2 = \pi \cdot r_2^2 = \pi \cdot \left(\frac{d}{2}\right)^2 = \pi \cdot \left(\frac{a}{2}\sqrt{2}\right)^2 = \frac{\pi a^2}{2}$$

F_2 ist doppelt so groß wie F_1: $\quad F_1 = \frac{1}{2} \cdot F_2$.

11. Jeder Kreis verläuft jeweils durch den Mittelpunkt des anderen Kreises.

Sehnenlänge s: $\quad s = 2\sqrt{r^2 - \left(\frac{r}{2}\right)^2} = 2 \cdot \sqrt{\frac{3}{4} r^2} = r\sqrt{3}$

Näherungsweise kann die Fläche jetzt bestimmt werden:

$$F = 2 \cdot F_{sg} \approx 2 \cdot \frac{2}{3} \cdot s \cdot h = \frac{4}{3} \cdot r \cdot \sqrt{3} \cdot \frac{r}{2} = \frac{2}{3}\sqrt{3} \cdot r^2$$

Den genauen Wert erhält man auf trigonometrischem Weg über den Mittelpunktswinkel.

12. $F = \pi r_1^2 - \pi r_2^2 = \pi (r_1^2 - r_2^2)$

Der Kreisring soll eine Fläche von $\pi \cdot 100 = 314{,}16\ \text{cm}^2$ besitzen, also:

$\pi (r_1^2 - 100) = \pi \cdot 100; \quad r_1^2 = 200; \quad r_1 = 14{,}14\ \text{cm}.$

13. $F_1 = \frac{\pi}{2} \cdot 1^2 + \frac{\pi}{2} \cdot 4^2 - \frac{\pi}{2} \cdot 3^2 = \frac{\pi}{2}(1^2 + 4^2 - 3^2) = \frac{\pi}{2} \cdot 8 = 4\pi$

$F_2 = \frac{\pi}{2} \cdot 2^2 - \frac{\pi}{2} \cdot 1^2 + \frac{\pi}{2} \cdot 3^2 - \frac{\pi}{2} \cdot 2^2 = \frac{\pi}{2}(-1^2 + 3^2) = \frac{\pi}{2} \cdot 8 = 4\pi$

Aus Symmetriegründen ist $F_1 = F_4$ und $F_2 = F_3$.

14. a) $F = 25 = \pi r^2 \Rightarrow r = \sqrt{\frac{25}{\pi}} = 2{,}82\ \text{cm}$

b) $F = 24 = \pi r^2 \Rightarrow r = \sqrt{\frac{24}{\pi}} = 2{,}76\ \text{cm}$

c) $h = \sqrt{49 - (\frac{7}{2})^2} = 6{,}06\,\text{cm} \Rightarrow F = \frac{7}{2} \cdot h = 21{,}22\,\text{cm}^2$

$\Rightarrow 21{,}22 = \pi r^2 \Rightarrow r = \sqrt{\dfrac{21{,}22}{\pi}} = 2{,}60\,\text{cm}$

15. $F = \pi(r_1^2 - r_2^2) = \pi(51^2 - 50^2) = 317{,}30\,\text{mm}^2 = 3{,}173\,\text{cm}^2$

16. $s = v \cdot t = 8\,\dfrac{\text{km}}{\text{s}} \cdot 5280\,\text{s} = 42\,240\,\text{km}$

Der Satellit legt eine Entfernung von 42240 km bei einer Erdumkreisung zurück.

$$n = 2\pi r \Rightarrow 42\,240 = 2\pi r \Rightarrow r = \frac{42\,240}{2\pi} = 6722{,}70\,\text{km}$$

Der Erdradius beträgt 6378 km (Aufgabe 3), also fliegt der Satellit in einer Höhe von 6722,70 km − 6378 km = 344,70 km.

17. $u_{\text{Motor}} = 2\pi r = 2 \cdot 20 \cdot \pi = 125{,}66\,\text{cm}$

$u_{\text{Fräse}} = 2\pi \cdot 5 = 31{,}42\,\text{cm}$

Bei einer Motorumdrehung dreht sich die Fräse 4mal, folglich dreht sich die Fräse in der Minute 3200mal.

18. $F = \pi \cdot a \cdot b$

a) $F = \pi \cdot 40 \cdot 12 = 1507{,}96\,\text{cm}^2 = 15{,}0796\,\text{dm}^2$

b) $b^2 = a^2 - e^2 \Rightarrow b = \sqrt{36 - 1} = 5{,}92\,\text{cm}$

$\Rightarrow F = \pi \cdot 6 \cdot 5{,}92 = 111{,}52\,\text{cm}^2$

c) $r_1 + r_2 = 2a \Rightarrow a = \frac{7}{2} = 3{,}5\,\text{cm}$

$r_1^2 + r_2^2 = |F_1 F_2|^2 = 4e^2 = 7 \Rightarrow e = \frac{1}{2}\sqrt{7}; \quad \Rightarrow b = \sqrt{a^2 - e^2} = 3{,}24 \Rightarrow F = 35{,}63\,\text{cm}^2$

19. $F_1 = \pi \cdot a_1 \cdot b_1; \quad F_2 = \pi \cdot a_2 \cdot b_2 = \pi \cdot a_1 \cdot \dfrac{b_1}{2} = \dfrac{\pi \cdot a_1 b_1}{2}$, also $F_1 = 2 \cdot F_2$

20. a) $n = 2\pi r = 2\pi \cdot 150 \cdot 10^6 = 9{,}4248 \cdot 10^8\,\text{km}$

b) $v = \dfrac{s}{t} \Rightarrow v = \dfrac{9{,}4248 \cdot 10^8}{3{,}1536 \cdot 10^7} = 29{,}886\,\text{km/s}$

c) $2{,}5821309 \cdot 10^6\,\text{km}$

d) $r_1 = 147 \cdot 10^6\,\text{km}; \quad r_2 = 153 \cdot 10^6\,\text{km}$

$r_1 + r_2 = 2a \Rightarrow a = 150 \cdot 10^6\,\text{km};$

$a^2 - e^2 = b^2 \Rightarrow (a + e)(a - e) = b^2 = 153 \cdot 10^6 \cdot 147 \cdot 10^6$

$\Rightarrow b = 149\,969\,997\,\text{km}$

$\Rightarrow F = \pi \cdot a \cdot b = 7{,}067 \cdot 10^{16}\,\text{km}^2$

$n \approx \pi\sqrt{2(a^2 + b^2)} = 9{,}424 \cdot 10^6\,\text{km}$

21. a) Das Quadrat möge die Seite a besitzen. Dann bezeichnet $F_1 = a^2 - \pi \cdot \left(\dfrac{a}{2}\right)^2 = a^2\left(1 - \dfrac{\pi}{4}\right)$ $\approx 0{,}21\,a^2$ zwei der vier hellen Teilflächen. Folglich beträgt die gefärbte Gesamtfläche:

$$F = a^2 - 2F_1 = a^2 - 2a^2\left(1 - \frac{\pi}{4}\right) = a^2\left(1 - 2 + \frac{\pi}{2}\right) = a^2\left(\frac{\pi}{2} - 1\right) \approx 0{,}57\,a^2.$$

Es sind somit 57% der Gesamtfläche gefärbt.

b) Es soll R der Radius der beiden Halbkreise und r der Radius des kleineren Kreises sein. Man überlegt sich dann folgende Beziehung nach Pythagoras:

$$(2R - r)^2 + R^2 = (r + R)^2$$
$$\Rightarrow 4R^2 - 4Rr + r^2 + R^2 = r^2 + 2R + R^2$$
$$4R^2 = 6Rr$$
$$r = \tfrac{2}{3}R$$

Der äußere große Halbkreis besitzt die Fläche:

$F_1 = \frac{\pi}{2} \cdot (2R)^2 = 2\pi R^2$

und der kleine Vollkreis:

$F_2 = \pi \cdot r^2 = \pi \cdot (\frac{2}{3}R)^2 = \frac{4}{9}\pi R^2$.

Folglich beträgt das Verhältnis $\frac{F_2}{F_1} = \frac{\frac{4}{9}\pi R^2}{2\pi R^2} = \frac{2}{9} \approx 0{,}22$.

Somit sind ca. 22% der Gesamtfläche gefärbt.

22. a) $n = 2\pi r_1 = 2\pi \cdot 10 \approx 62{,}83\ \text{cm} \Rightarrow b = n$

$\Rightarrow b = \frac{\varepsilon \cdot \pi \cdot r_2}{180°} \Rightarrow \varepsilon = \frac{b \cdot 180°}{\pi \cdot r_2} = \frac{2\pi \cdot 10 \cdot 180°}{\pi \cdot 16} = 225°$

b) $F_{sk} = \frac{r \cdot b}{2} = \frac{16 \cdot 2\pi \cdot 10}{2} = 502{,}65$

23. a) $\varepsilon = \frac{b \cdot 180°}{\pi \cdot r} = \frac{r \cdot 180°}{\pi \cdot r} = \frac{180°}{\pi} = 57{,}30°$

b) $\varepsilon = \frac{2r \cdot 180°}{\pi \cdot r} = \frac{360°}{\pi} = 114{,}59°$

c) $\varepsilon = 28{,}65°$

24. $F_{sk} = \frac{r \cdot b}{2} = r^2 \Rightarrow b = 2r \Rightarrow \varepsilon = \frac{b \cdot 180°}{\pi \cdot r} = \frac{2r \cdot 180°}{\pi \cdot r} = \frac{360°}{\pi} = 114{,}59°$

25. Erdradius = 6378 km

$\Rightarrow r_1 = 6578\ \text{km} \Rightarrow n = 2\pi \cdot 6578^2 = 271\,873\,956\ \text{km}$

Die Umlaufzeit beträgt 5306 Sekunden.

a) $v = \frac{s}{t} \Rightarrow v = \frac{271873956}{5306}\ \text{km/s} = 51\,238{,}97\ \text{km/s}$

b) $s = v \cdot t \Rightarrow s = 3074337{,}99\ \text{km}$

Kongruenzabbildungen

1.

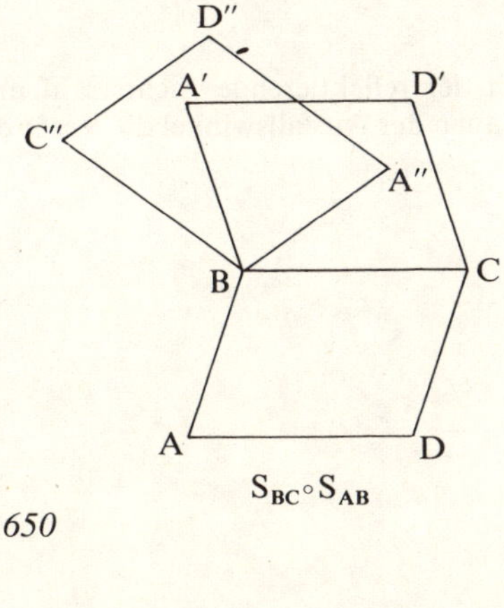

Abb. 650

2. Die entstehenden Teildreiecke sind alle kongruent, da die Kongruenzsätze a)–d) von Seite 79 unmittelbar einsichtig sind.

3. a)

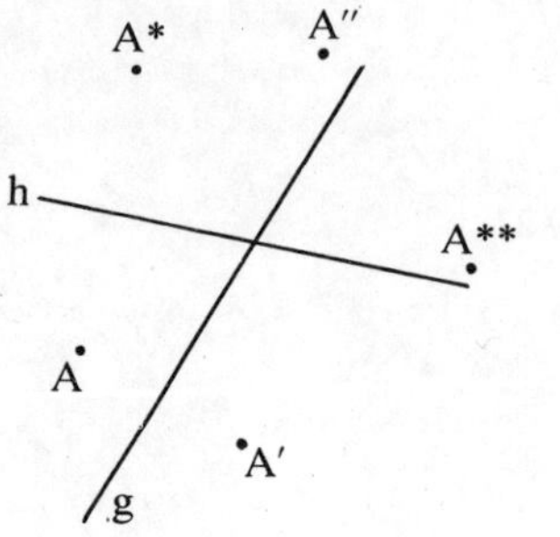

Abb. 651

b)

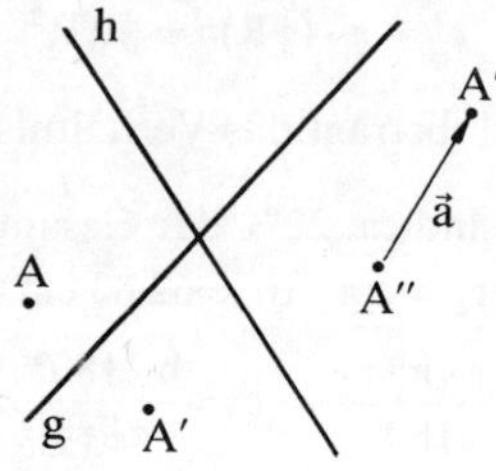

Abb. 652

4.

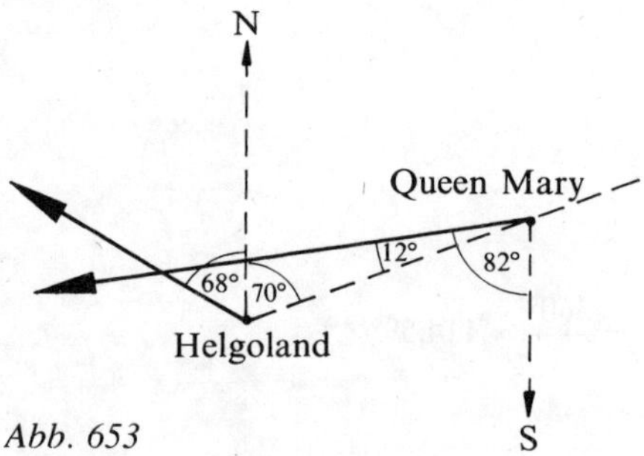

Abb. 653

a) $\alpha = 180° - (60° + 70°) - 12° = 38°$
b) Helgoland: ca. 1,7 km; Queen Mary: ca. 6,2 km

5. Die beiden Dreiecke ABP und ABQ besitzen eine übereinstimmende Seite (die Basis $\overline{AB}$) und benachbarte Winkel mit gleichem Winkelmaß. Folglich sind die Dreiecke kongruent.

6.
- Strecke: 1 Drehung/1 Spiegelung
- Kreis: unendlich viele Drehungen und Spiegelungen
- Parallelogramm: 1 Drehung
- gleichschenkliges Dreieck: 1 Spiegelung
- Rechteck: 1 Drehung/2 Spiegelungen
- Raute: 1 Drehung/2 Spiegelungen
- Quadrat: 3 Drehungen/4 Spiegelungen
- gleichseitiges Dreieck: 2 Drehungen/3 Spiegelungen

7. Dreht sich der Spiegel um den Winkel α, so muß sich der reflektierende Lichtstrahl um den Winkel 2α verändern, weil sowohl der Einfallswinkel als auch der Ausfallswinkel die Veränderung um den Winkel α erfahren.

8.

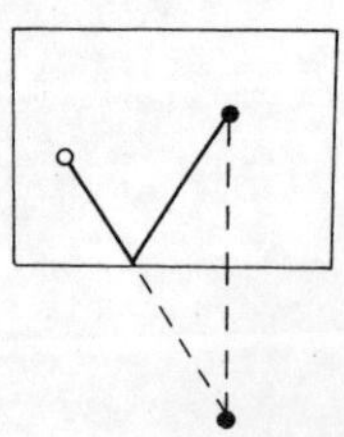

Abb. 654

9.

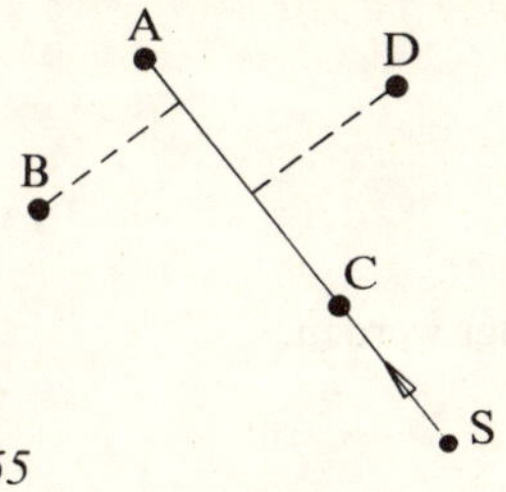

Abb. 655

Ähnlichkeitsabbildungen

1.

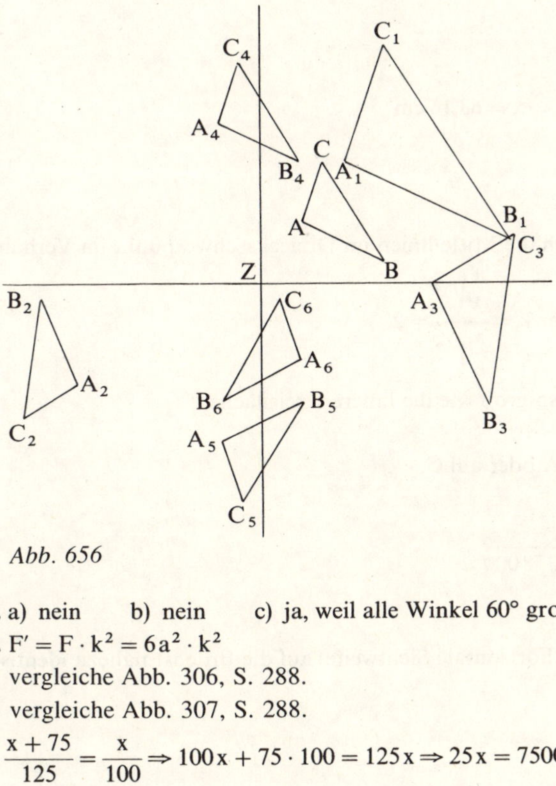

Abb. 656

2. a) nein b) nein c) ja, weil alle Winkel 60° groß sind.

3. $F' = F \cdot k^2 = 6a^2 \cdot k^2$

4. vergleiche Abb. 306, S. 288.

5. vergleiche Abb. 307, S. 288.

6. $\frac{x + 75}{125} = \frac{x}{100} \Rightarrow 100x + 75 \cdot 100 = 125x \Rightarrow 25x = 7500 \Rightarrow x = 300\,\text{m}$

7. a) Der Baum ist 10 m + 1,70 m = 11,70 m hoch.

b) Kennt man das Verhältnis von „Daumenlänge" zu „Armlänge" (z.B. $\frac{1}{5}$), so trifft dies auch auf die Höhe des zu schätzenden Objekts und den Abstand zum Objekt zu, wenn dessen Spitze über den Daumen angepeilt wird:

$$\frac{\text{Daumenlänge}}{\text{Armlänge}} = \frac{\text{Objekthöhe}}{\text{Entfernung zum Objekt}}$$

c) $$\frac{\text{Abstand der Augen}}{\text{Entfernung Augen} - \text{Daumen}} = \frac{\text{Abstand der Objekte}}{\text{Entfernung Daumen} - \text{Objekte}}$$

8. $\frac{l}{173} = \frac{80}{160} \Rightarrow l = \frac{80 \cdot 173}{160} = 86{,}50$

Der Spiegel muß eine Länge von 86,50 cm haben.

$\frac{8}{173 - h} = \frac{160}{80} \Rightarrow 8 \cdot 80 = 160(173 - h) \Rightarrow h = 169\ \text{cm}$

Der Spiegel muß 169 cm hoch (obere Spiegelkante) aufgehängt werden.

9. $\frac{B}{b} = \frac{G}{g}; \quad \frac{G}{f} = \frac{B}{b - f}$

Mit $B = \frac{G \cdot b}{g}$ folgt weiter:

$\frac{G}{f} = \frac{G \cdot b}{g(b - f)} \Leftrightarrow \frac{1}{f} = \frac{b}{gb - gf} \Leftrightarrow gb - gf = b \cdot f$

$\Leftrightarrow bg = f(g + b) \Leftrightarrow \frac{1}{f} = \frac{1}{b} + \frac{1}{g}$

10. $\frac{3{,}6}{12} = \frac{x}{480} \Leftrightarrow x = \frac{3{,}6 \cdot 480}{12} = 144\ \text{cm}$

11. $\frac{x}{20} = \frac{x + 1200}{400} \Leftrightarrow 400x = 20x + 24000 \Leftrightarrow x = 63{,}16\ \text{cm}$

12. $a^2 - \left(\frac{a}{2}\right)^2 = h^2 \Leftrightarrow h = \sqrt{\frac{3}{4}a^2} = \frac{a}{2}\sqrt{3}$

$\Rightarrow r_{\text{innen}} = \frac{a}{6}\sqrt{3}; \; r_{\text{außen}} = \frac{a}{3}\sqrt{3}$, weil sich die Mittellinien im Dreiecksschwerpunkt im Verhältnis 2 : 1 teilen. Somit lautet der Streckfaktor $k = \frac{\frac{a}{3}\sqrt{3}}{\frac{a}{6}\sqrt{3}} = 2$.

Die äußere Kreisfläche ist damit 4mal so groß wie die innere Kreisfläche.

13. Strahlensatzfigur.

14. Das Streckzentrum liegt entweder auf A oder auf C.

15. $18 \cdot 35 = 30 \cdot x \Rightarrow x = 21\ \text{cm}$

16. Nach dem Tangentensekantensatz gilt:

a) $40 \cdot r = x \cdot x \Rightarrow x = \sqrt{40 \cdot r} = \sqrt{40 \cdot 6378000}$

$\Rightarrow x = 15972{,}48\ \text{m}$

b) $x = \sqrt{2 \cdot 6378} = 112{,}942\ \text{km}$

Die Projektion der Sichtentfernung (horizontale Sichtweite) auf die Erde ist nahezu identisch.

c) $x = \sqrt{2 \cdot 1735} = 58{,}907\ \text{km}$

17. a) $\frac{u}{u + v} = \frac{m}{n} = \frac{x}{y} = \frac{1}{2}$

b) $\frac{u}{u + v} = \frac{x}{y} = \frac{1}{3}$

c) $\frac{u}{u + v} = \frac{x}{y} = \frac{2}{5}$

18. I. $\frac{u+v+w}{w} = \frac{2}{1} \Leftrightarrow \frac{u+v}{w} + 1 = 2 \Leftrightarrow \frac{u+v}{w} = 1 \Leftrightarrow u+v = w$

II. $\frac{a+b}{b} = \frac{2}{1} \Leftrightarrow \frac{a}{b} + 1 = 2 \Leftrightarrow \frac{a}{b} = 1 \Leftrightarrow a = b$

III. $\frac{x}{y} = \frac{a}{\frac{2}{3}a + b} \Leftrightarrow \frac{x}{y} = \frac{a}{\frac{5}{3}a} \Leftrightarrow \frac{x}{y} = \frac{3}{5}$

IV. $\frac{x}{y} = \frac{u}{v+w} \Leftrightarrow \frac{x}{y} = \frac{u}{v+u+v} = \frac{u}{2v+u} \Leftrightarrow \frac{y}{x} = \frac{2v}{u} + 1 = \frac{5}{3}$

$\Leftrightarrow \frac{2v}{u} = \frac{5}{3} - 1 \Leftrightarrow \frac{2v}{u} = \frac{2}{3} \Leftrightarrow \frac{u}{v} = \frac{3}{1} = 3$

V. $\frac{x}{y} = \frac{h}{H-h} \Leftrightarrow \frac{y}{x} = \frac{H-h}{h} = \frac{H}{h} - 1 = \frac{5}{3} \Leftrightarrow \frac{H}{h} = \frac{8}{3}$

Somit gilt insgesamt:

$$\frac{F_\triangle}{F_\square} = \frac{\frac{a \cdot h}{2}}{a \cdot H} = \frac{h}{2H} = \frac{3}{16} = 18{,}75\,\%$$

Affine Abbildungen

1.

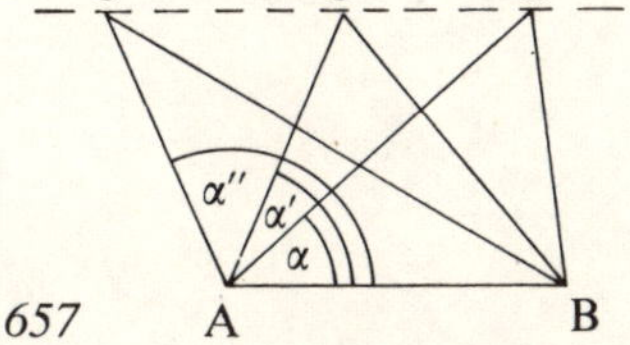

Abb. 657

2. Schrägspiegelung mit $k = -1$

3. Es handelt sich um eine „schräge“ Ellipse, vgl. hierzu Abb. 271, S. 268.

4.

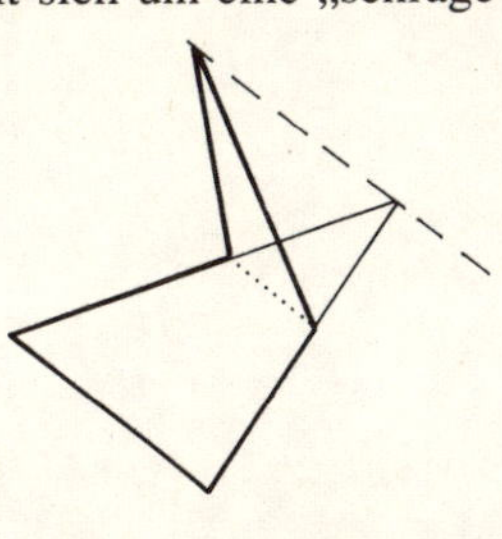

Abb. 658

5. $F' = k \cdot F \Rightarrow F' = \frac{1}{2} \cdot \pi \cdot 6^2 = 18\pi \approx 56{,}55\ \text{cm}^2$

6.

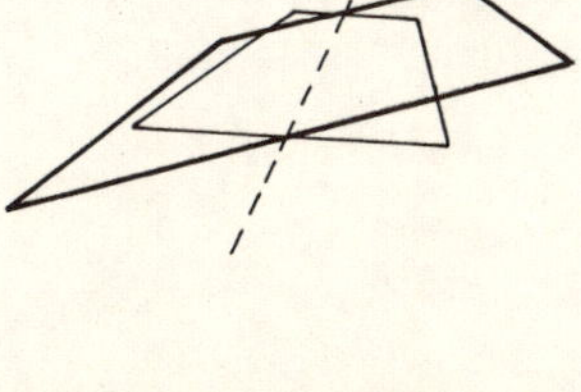

Abb. 659

Trigonometrie

1. a) $6{,}75° = 6°45'$
b) $120{,}48° = 120°28'48''$
c) $-75{,}68° = -75°40'48''$
d) $52°16' = 52{,}2\overline{6}°$
e) $97{,}13° = 97{,}21\overline{6}°$
f) $44°44'44'' = 44{,}74\overline{5}°$

2. a) $\frac{\pi}{3} \mathrel{\hat{=}} 60°$
b) $-\frac{\pi}{4} \mathrel{\hat{=}} -45°$
c) $\frac{2}{3}\pi \mathrel{\hat{=}} 120°$
d) $4 \text{ rad} \mathrel{\hat{=}} 229{,}18°$
e) $-3 \text{ rad} \mathrel{\hat{=}} -171{,}89°$
f) $4{,}7 \text{ rad} \mathrel{\hat{=}} 269{,}29°$

3. a) $15° \mathrel{\hat{=}} 0{,}262 \text{ rad} = \frac{\pi}{12}$
b) $-60° \mathrel{\hat{=}} -\frac{\pi}{3} = -1{,}047 \text{ rad}$
c) $540° \mathrel{\hat{=}} 3\pi = 9{,}425 \text{ rad}$
d) $20°15' \mathrel{\hat{=}} 0{,}353 \text{ rad}$
e) $15{,}75° \mathrel{\hat{=}} 0{,}275 \text{ rad}$

4. a) $\sin 20° = 0{,}342$
b) $\sin(-30°) = -0{,}5$
c) $\sin 172° = 0{,}139$
d) $\sin 1°4' = 0{,}019$
e) $\cos 35° = 0{,}819$
f) $\cos 380° = 0{,}940$
g) $\cos(-27°) = 0{,}891$
h) $\cos 47{,}9° = 0{,}675$
i) $\tan 11° = 0{,}194$
k) $\tan(-15°) = -0{,}268$
l) $\tan 33{,}33° = 0{,}654$
m) $\tan 13°13' = 0{,}235$
n) $\cot 87° = 0{,}052$
o) $\cot(-11°) = -5{,}145$
p) $\cot 14°14' = 3{,}942$
q) $\cot(-2°2') = 28{,}166$
r) $\sin\alpha = 0{,}8 \Rightarrow \alpha = 53{,}13°$
s) $\cos\alpha = 0{,}9 \Rightarrow \alpha = 25{,}84°$
t) $\tan\alpha = 2{,}5 \Rightarrow \alpha = 68{,}20°$
u) $\cot\alpha = -1 \Rightarrow \alpha = -45°$
v) $\sin\varphi = 0{,}3 \Rightarrow \varphi = 17{,}46°$
w) $\cos\varphi = -0{,}13 \Rightarrow \varphi = 97{,}47°$
x) $\tan\varphi = -4 \Rightarrow \varphi = -75{,}96°$
y) $\cot\varphi = 0{,}3 \Rightarrow \varphi = 73{,}30°$
z) $\arcsin(x) = \frac{\pi}{2} \Rightarrow x = 1$

5. a) $c^2 = 7^2 + 6^2 \Rightarrow c = \sqrt{85} = 9{,}2195 \text{ cm}$

$\tan\alpha = \frac{a}{b} = \frac{7}{6} \Rightarrow \alpha = 49{,}399° \Rightarrow \beta = 40{,}601°$

b) $\sin 66°45' = \frac{16}{c} \Rightarrow c = \frac{16}{\sin 66°45'} = 17{,}41 \text{ cm}$

$b = \sqrt{c^2 - a^2} = 6{,}874 \text{ cm}$
$\beta = 90° - \alpha = 23{,}25°$

c) $b = \sqrt{5^2 - 3^2} = 4 \text{ cm}; \quad \sin\alpha = \frac{a}{c} = \frac{3}{5} \Rightarrow \alpha = 36{,}870°$

$\sin\beta = \frac{b}{c} = \frac{4}{5} \Rightarrow \beta = 53{,}13°$

6. a) $\sin\alpha = \frac{h}{a} \Rightarrow h = a \cdot \sin\alpha = 10 \cdot \sin 80°40' = 9{,}868 \text{ cm}$

$\Rightarrow \beta = 18{,}67° = 18°40'$

$\cos\alpha = \frac{b}{2} : a \Rightarrow 2 \cdot a \cdot \cos\alpha = b \Rightarrow b = 3{,}244 \text{ cm}$

b) $\frac{b}{2} = \sqrt{12^2 - 8^2} \Rightarrow b = 17{,}889 \text{ cm}$

$\sin\alpha = \frac{h}{a} = \frac{8}{12} \Rightarrow \alpha = 41{,}810° \Rightarrow \beta = 96{,}379°$

c) $\alpha = \dfrac{180° - 40°}{2} = 70°$

$\sin\alpha = \dfrac{h}{a} \Rightarrow h = a \cdot \sin\alpha = 7 \cdot \sin 70° = 6{,}578\ \text{cm}$

$\cos\alpha = \dfrac{\frac{b}{2}}{a} \Rightarrow a \cdot \cos\alpha = \dfrac{b}{2} \Rightarrow b = 4{,}788\ \text{cm}$

7.

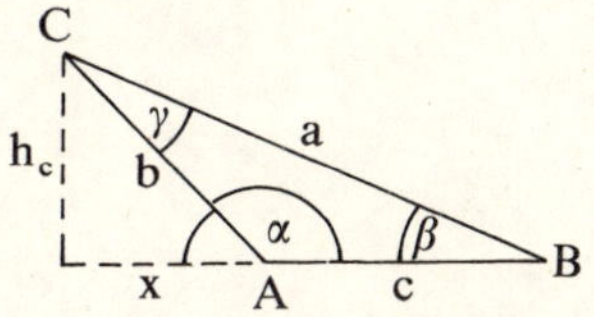

Abb. 660

$\sin(180° - \alpha) = \dfrac{h_c}{b} \Rightarrow h_c = b \cdot \sin(180° - \alpha)$

$\sin\beta = \dfrac{h_c}{a} \qquad \Rightarrow h_c = a \cdot \sin\beta$

Also gilt: $b \cdot \sin(180° - \alpha) = a \cdot \sin\beta$

Nun ist $\sin x = \sin(\pi - x)$ bzw. $\sin\alpha = \sin(180° - \alpha)$

für $0 \leq \alpha \leq 180°$ und folglich $b \cdot \sin\alpha = a \cdot \sin\beta \Rightarrow \dfrac{b}{a} = \dfrac{\sin\beta}{\sin\alpha}$

8. a) Es ist $\quad a^2 = h_c^2 + (c + x)^2 = h_c^2 + c^2 + 2cx + x^2$

und außerdem: $\cos(180° - a) = \dfrac{x}{b} \Leftrightarrow x = b \cdot \cos(180° - \alpha) = -b \cdot \cos\alpha$

$\sin(180° - \alpha) = \dfrac{h_c}{b} \Leftrightarrow h_c = b \cdot \sin(180° - \alpha) = b \cdot \sin\alpha$

Setzt man die entstandenen Ausdrücke in die obige Beziehung ein, so erhält man:

$a^2 = b^2 \sin^2\alpha + c^2 - 2bc\cos\alpha + b^2 \cdot \cos^2\alpha = b^2(\sin^2\alpha + \cos^2\alpha) + c^2 - 2bc\cos\alpha$

$\Rightarrow a^2 = b^2 + c^2 - 2bc\cos\alpha$, was zu beweisen war.

b) Wegen $\alpha = 90°$ und $\cos 90° = 0$ erhält man den Lehrsatz von Pythagoras.

9. Grundflächendiagonale $d_F = a\sqrt{2}$.
In dem entstehenden Dreieck gilt nach Pythagoras:

$\tan\alpha = \dfrac{a}{2} : \dfrac{1}{2} a\sqrt{2} = \dfrac{1}{2}\sqrt{2} \Rightarrow \alpha = 35{,}26°$

Die Raumdiagonale hat die Länge

$d_R = \sqrt{2a^2 + a^2} = \sqrt{3a^2} = a\sqrt{3}$.

Den Winkel zwischen den beiden Raumdiagonalen kann man mit Hilfe des Kosinussatzes bestimmen:

$$\cos\beta = \frac{a^2 - \left(\frac{a}{2}\sqrt{3}\right)^2 - \left(\frac{a}{2}\sqrt{3}\right)^2}{-2\left(\frac{a}{2}\sqrt{3}\right)\left(\frac{a}{2}\sqrt{3}\right)} = \frac{1}{3} \Rightarrow \beta = 70{,}53°$$

10.

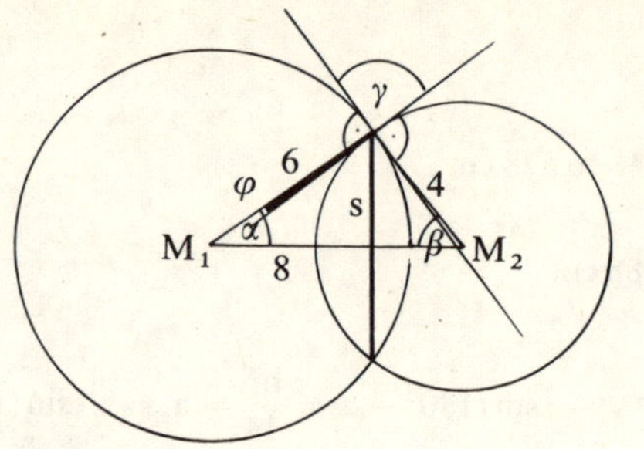

Abb. 661

$$|M_1 M_2|^2 = r_1^2 + r_2^2 - 2 r_1 r_2 \cos(90° + \varphi)$$

$$\Rightarrow \cos(90° + \varphi) = \frac{|M_1 M_2|^2 - r_1^2 - r_2^2}{-2 r_1 r_2} = -0{,}25$$

$$\Rightarrow 90° + \varphi = 104{,}4775° \Rightarrow \varphi = 14{,}48°$$

$$\Rightarrow \gamma = 90° - \varphi = 75{,}52°$$

Weiter mit dem Sinussatz:

$$\frac{\sin(90 + \varphi)}{8} = \frac{\sin\alpha}{4} \Rightarrow \sin\alpha = \frac{\sin(90° + \varphi)}{2} \Rightarrow \alpha = 28{,}96°$$

Länge der Sehne: $s = 2 \cdot r_1 \cdot \sin\alpha = 2 \cdot 6 \cdot \sin 28{,}96° = 5{,}81$ cm

11. I. $\dfrac{\sin\frac{\alpha}{2}}{\sin\delta_1} = \dfrac{a'}{b} \Leftrightarrow \sin\dfrac{\alpha}{2} = \dfrac{a'}{b} \cdot \sin\delta_1$

II. $\dfrac{\sin\frac{a}{2}}{\sin\delta_2} = \dfrac{a''}{c} \Leftrightarrow \sin\dfrac{\alpha}{2} = \dfrac{a''}{c} \cdot \sin\delta_2$

$$\Rightarrow \frac{a'}{b} \cdot \sin\delta_1 = \frac{a''}{c} \cdot \sin\delta_2$$

Wegen $\delta_2 = 180° - \delta_1 \Rightarrow \sin\delta_2 = \sin(180° - \delta_1) = \sin\delta_1$

folgt $\dfrac{a'}{b} \cdot \sin\delta_1 = \dfrac{a''}{c} \sin\delta_1 \Leftrightarrow \dfrac{a'}{b} = \dfrac{a''}{c} \Leftrightarrow \dfrac{c}{b} = \dfrac{a''}{a'}$

12. $\sin\alpha = \dfrac{1{,}5}{x} \Leftrightarrow x = \dfrac{1{,}5}{\sin 33°} = 2{,}75$ m

13. a) $\tan\alpha = \dfrac{y}{x} = 12\% = 0{,}12 \Rightarrow \alpha = 6{,}84°$

$\Rightarrow y = 1600 \cdot \sin 6{,}84° = 190{,}63$ m

b) $\tan\alpha = 0{,}12 = \dfrac{y}{1540} \Leftrightarrow y = 0{,}12 \cdot 1540 = 184{,}8$ m

c) $\sin\alpha = \dfrac{500}{1700} \Leftrightarrow \alpha = 17{,}105° \Rightarrow \tan\alpha = 0{,}3077$

Der Feldweg besitzt ein Gefälle von 30,8%.

14.

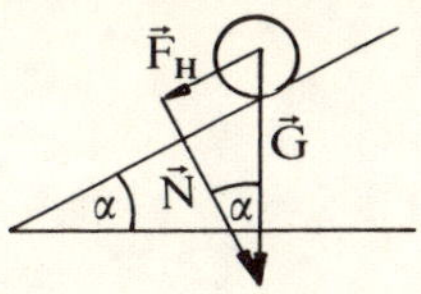

Abb. 662

$|\vec{F}_H| = |\vec{G}| \cdot \sin\alpha = 100 \cdot 9{,}81 \cdot \sin 25° = 414{,}59$ N
$|\vec{N}| = |\vec{G}| \cdot \cos\alpha = 100 \cdot 9{,}81 \cdot \cos 25° = 889{,}08$ N

15. $\sin 60° = \frac{y}{35} \Leftrightarrow y = 35 \cdot \sin 60° = 30{,}31$ m

16. $\tan\alpha = \frac{35}{12{,}5} \Leftrightarrow \alpha = 70{,}346°$

17. $\tan 18{,}5° = \frac{h_2}{d} \Leftrightarrow h_2 = d \cdot \tan 18{,}5°$

$\tan 8° = \frac{h_1}{d} = \frac{5}{d} \Leftrightarrow d = \frac{5}{\tan 8°} = 35{,}58$ m

$\Rightarrow h_2 = 35{,}58 \cdot \tan 18{,}5° = 11{,}904$ m
$\Rightarrow h = h_1 + h_2 = 16{,}904$ m

18. a) $\cos\alpha = \frac{4{,}5}{47} \Leftrightarrow \alpha = 84{,}51°$ (Winkel zwischen Turm und horizontaler Linie)

b) $\tan\alpha = \frac{150}{500} \Leftrightarrow \alpha = 16{,}699°$

c) i) $\tan\alpha = \frac{160}{1000} \Leftrightarrow \alpha = 9{,}09°$

ii) $\tan\alpha = \frac{137}{1000} \Leftrightarrow \alpha = 7{,}80°$

d) i) $\tan 10° = \frac{143}{x} \Leftrightarrow x = \frac{143}{\tan 10°} = 810{,}99$ m

ii) $\tan 10° = \frac{300}{x} \Leftrightarrow x = \frac{300}{\tan 10°} = 1701{,}38$ m

19. $\tan\alpha = \frac{h}{\left(\frac{a}{2}\right)} \Leftrightarrow \tan\alpha = \frac{137}{115} \Leftrightarrow \alpha = 49{,}99°$

$d = a\sqrt{2} = 230\sqrt{2} \Rightarrow s = \sqrt{\left(\frac{d}{2}\right)^2 + h^2} = 212{,}65$ m

$\sin\frac{\gamma}{2} = \frac{\frac{a}{2}}{s} = \frac{115}{212{,}65} \Leftrightarrow \gamma = 65{,}48°$

$\beta = (180° - \gamma) : 2 = 57{,}26°$

20. a) $\tan 30° = \frac{x}{h} \Leftrightarrow x = 1{,}8 \cdot \tan 30° = 1{,}04$

$\Rightarrow b = 2{,}5 + 2x = 4{,}58$ m

b) $\tan 30° = \frac{x'}{1{,}5} \Leftrightarrow x' = 0{,}866$ m

$\Rightarrow V = 3{,}366 \cdot 1{,}5 \cdot 10 = 50{,}490$ m^3

21. $\tan 26° = \frac{4{,}5}{x} \Leftrightarrow x = \frac{4{,}5}{\tan 26°} = 9{,}23$ m

$\tan 14° = \frac{4{,}5}{y} \Leftrightarrow y = \frac{4{,}5}{\tan 140} = 18{,}05$ m

Deichsohle: $6 + x + y = 33{,}28$ m

Querschnittsfläche: $F = \frac{33{,}27 + 6}{2} \cdot 4{,}5 = 88{,}38\ m^2$

22. $\tan 12° = \frac{100}{x} \Leftrightarrow x = \frac{100}{\tan 12°} = 470{,}46$ m

$\sphericalangle SHA = 180° - 12° = 168° \Rightarrow \sphericalangle HSA = 180° - 168° - 10{,}5° = 1{,}5°$

$\frac{|SH|}{2x} = \frac{\sin 10{,}5°}{\sin 1{,}5°} \Rightarrow |SH| = 6550{,}425$ m

$\Rightarrow \sin 12° = \frac{h_2}{|SH|} \Leftrightarrow h_2 = |SH| \cdot \sin 12° = 1361{,}901$ m

Höhe des Matterhorns über dem Riffelsee: $H = 100 + h_2 = 1461{,}91$ m

23.

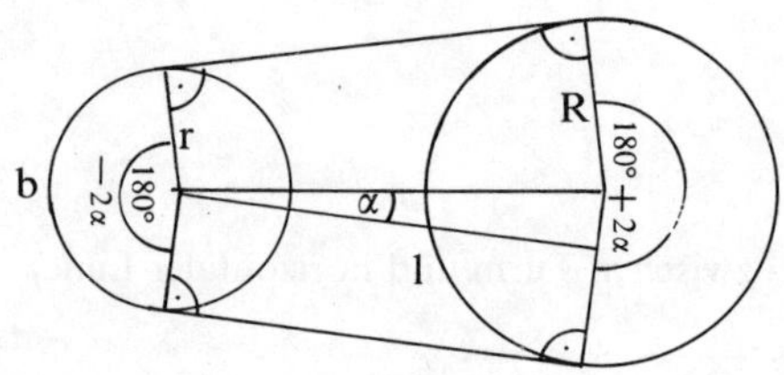

a) *Abb. 663*

$\sin\alpha = \frac{13}{200} \Leftrightarrow \alpha = 3{,}727°$

$\Rightarrow 180° + 2\alpha = 187{,}454°;\quad 180° - 2\alpha = 172{,}546°$

$l = 2 \cdot \cos\alpha = 1{,}996$ m

$\frac{180° + 2\alpha}{360°} = \frac{B}{2\pi R} \Leftrightarrow B = 114{,}509$ cm

$\frac{180° - 2\alpha}{360°} = \frac{b}{2\pi r} \Leftrightarrow b = 66{,}253$ cm

Riemenlänge: $L = 2l + B + b = 579{,}962$ cm

b) $\frac{R}{r} = \frac{D}{d} = \frac{200 - d}{d} = \frac{200}{d} - 1 \Rightarrow d = \frac{200}{1 + \frac{R}{r}} = 77{,}193$ cm

$\Rightarrow D = 200 - 77{,}193 = 122{,}807$ cm

$\sin\alpha = \frac{r}{d} \Leftrightarrow \alpha = 16{,}559°$

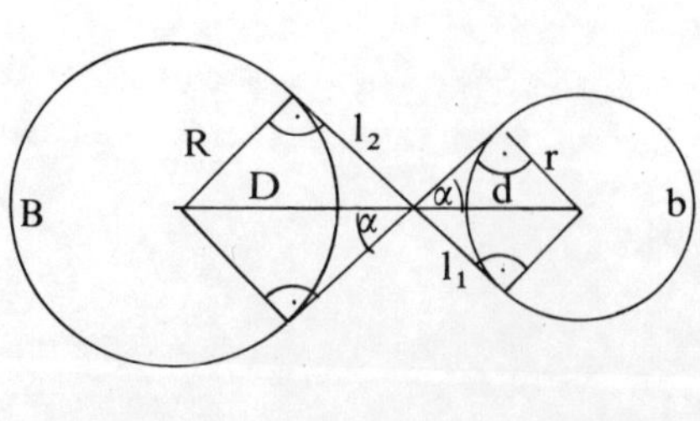

Abb. 664

$$\cos\alpha = \frac{l_1}{d} \Leftrightarrow l_1 = 73{,}99 \text{ cm}$$

$$\cos\alpha = \frac{l_2}{D} \Leftrightarrow l_2 = 117{,}71 \text{ cm}$$

$$\frac{180° + 2\alpha}{360°} = \frac{B}{2\pi R} = \frac{b}{2\pi r} \Leftrightarrow B = 130{,}186 \text{ cm}$$

$$b = 81{,}831 \text{ cm}$$

$$L = 2(l_1 + l_2) + B + b + 595{,}42 \text{ cm}$$

24. a) $|\vec{D}_1| = |\vec{D}_2|$; α tritt im Kräfteparallelogramm wieder auf.

$$\Rightarrow |\vec{F}|^2 = |\vec{D}|^2 + |\vec{D}|^2 - 2|\vec{D}|^2 \cdot \cos\alpha = 2|\vec{D}|^2(1 - \cos\alpha)$$

$$\Rightarrow |\vec{D}| = \sqrt{\frac{|\vec{F}|^2}{2(1-\cos\alpha)}} = \sqrt{\frac{5000^2}{2(1-\cos 6°)}} = 47\,768{,}3 \text{ N}$$

b) $|\vec{D}| = |\vec{F}| \Leftrightarrow |\vec{D}|^2 = |\vec{F}|^2 \Leftrightarrow 2(1-\cos\alpha) = 1$

$$\Leftrightarrow \quad 1 - \cos\alpha = \tfrac{1}{2}$$

$$\Leftrightarrow \quad \cos\alpha = \tfrac{1}{2}$$

$$\Rightarrow \quad \alpha = 60°$$

25. $\cos\alpha = \dfrac{r_{Erde}}{r_{Erde} + h} \Leftrightarrow r_{Erde} + h = \dfrac{r_{Erde}}{\cos\alpha}$

$$\Leftrightarrow h = \frac{r_{Erde}}{\cos\alpha} - r_{Erde} = \frac{6370}{\cos 5°} - 6370 = 24{,}332 \text{ km}$$

26. $\dfrac{|\vec{V}_R|}{|\vec{V}_z|} = \tan(115° - 90°) \Leftrightarrow |\vec{V}_R| = |\vec{V}_z| \cdot \tan 25° = 55{,}957 \text{ km/h}$

27. $\dfrac{\sin\alpha}{\sin\beta} = n \Leftrightarrow \sin\beta = \dfrac{\sin\alpha}{n} \Rightarrow \beta = \arcsin\left(\dfrac{\sin\alpha}{n}\right)$

Glas:	6,98°;	10,46°;	17,80°;	26,05°;	38,05°;	39,45°;	41,30°;	41,81°
Wasser:	7,88°;	11,81°;	20,17°;	29,69°;	44,04°;	45,78°;	48,11°;	48,75°

28. $|BK|^2 = 2R_E^2(1 - \cos(\varphi_1 + |\varphi_2|)) \Rightarrow |BK| = 8725{,}18 \text{ km}$

$$2\beta = 180° - (\varphi_1 + |\varphi_2|) \Leftrightarrow \beta = 46{,}775°$$

$$\alpha = 180° - \beta - \delta_1 = 101{,}145°$$

$$\gamma = 180° - \beta - \delta_2 = 77{,}505°$$

$$\varepsilon = 180° - \alpha - \gamma = 1{,}35°$$

$$\Rightarrow |BM| = \frac{\sin\gamma}{\sin\varepsilon} \cdot |BK| = 361\,570{,}806 \text{ km}$$

$$\Rightarrow |KM| = \frac{\sin\alpha}{\sin\varepsilon} \cdot |BK| = 363\,358{,}176 \text{ km}$$

29. π; $\frac{2}{3}\pi$; $\frac{\pi}{2}$; $\frac{\pi}{3}$; 2π; 6π; 3π

30. 0 V; 0 V; 311 V; 155,5 V; – 311 V; 311 V

31. a) $1{,}454 \cdot 10^{-4}\,s^{-1}$
b) $1{,}745 \cdot 10^{-3}\,s^{-1}$
c) $0{,}1047\,s^{-1}$

Erde: bei Drehung um sich selbst: $7{,}27 \cdot 10^{-5}\,s^{-1}$
bei Drehung um die Sonne: $1{,}992 \cdot 10^{-7}\,s^{-1}$

Reifen: 90 km/h = 25 m/s; U = 2,262 m $\Rightarrow$ 11,05 Umdrehungen/s

Stereometrie

Zeichnen geometrischer Körper

1.

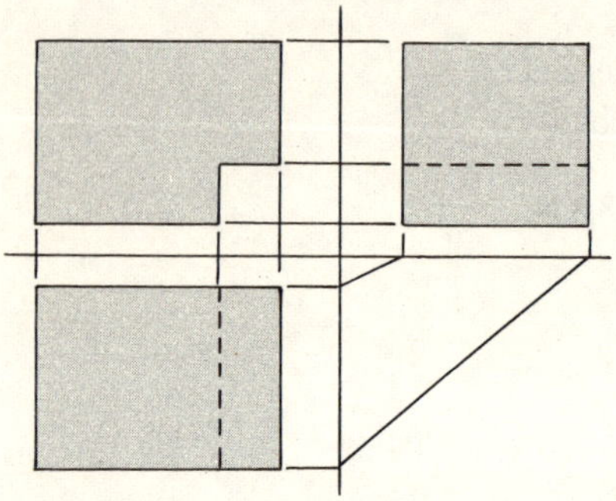

Abb. 665

2.

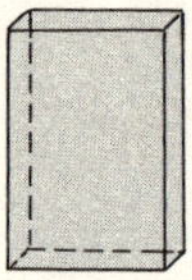

Abb. 666

3.

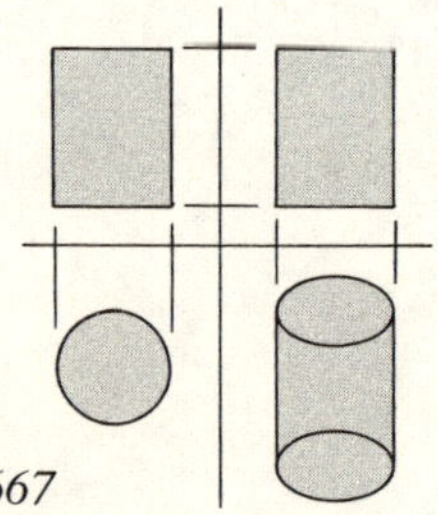

Abb. 667

4.

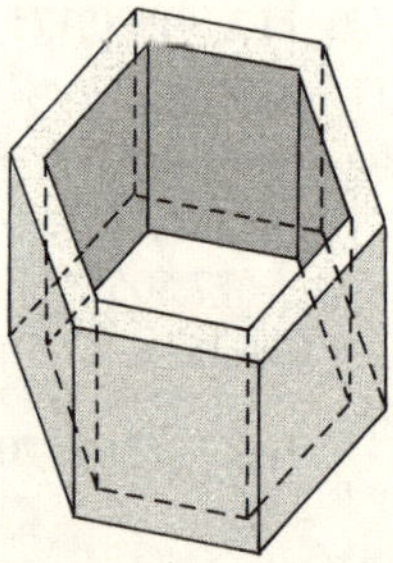

Abb. 668 Sechskantrohr in der Militärperspektive

Prismen und Zylinder

1. Ein regelmäßiges Sechseck läßt sich aus sechs gleichseitigen Dreiecken zusammensetzen. Die Sechseckfläche berechnet sich wie folgt:

$h_F = \sqrt{16+4} = \sqrt{20} = 2\sqrt{5}\,\text{cm} \Rightarrow F_\triangle = \frac{1}{2} \cdot 4 \cdot 2\sqrt{5} = 4\sqrt{5}\,\text{cm}^2$

$\Rightarrow F = 6 \cdot F_\triangle = 24\sqrt{5}\,\text{cm}^2$

$\Rightarrow V = G \cdot h = 24\sqrt{5} \cdot 5 = 120\sqrt{5}\,\text{cm}^3 \approx 268{,}33\,\text{cm}^3$

$M = (6 \cdot 4) \cdot 5 = 120\,\text{cm}^2$

$O = M + 2G = 120 + 2 \cdot 24\sqrt{5} = 120 + 48\sqrt{5} \approx 227{,}33\,\text{cm}^2$

2. $\sin 60° = \frac{h_F}{4{,}5} \Rightarrow h_F = 4{,}5 \cdot \sin 60° = 3{,}9\,\text{cm}$

$\Rightarrow G = 3 \cdot 3{,}9 = 11{,}69\,\text{cm}^2$

$V = G \cdot h \Rightarrow h = \frac{V}{G} = \frac{81}{11{,}69} = 6{,}93\,\text{cm}$

$O = 2G + M \Rightarrow 132 = 2 \cdot 11{,}69 + 2(4{,}5+3) \cdot c \Rightarrow c = 7{,}24\,\text{cm}$

3. $V = 3a \cdot 3b \cdot 3c = 27(abc)$

$O = 2(3a \cdot 3b + 3a \cdot 3c + 3b \cdot 3c) = 9 \cdot [2(ab + ac + bc)]$

Das Volumen wächst auf das 27fache, die Oberfläche auf das 9fache.

4. $V = a \cdot b \cdot c \Rightarrow 1 = a \cdot 2a \cdot 3a \Rightarrow 1 = 6a^3 \Rightarrow a = \sqrt[3]{\frac{1}{6}} = 0{,}55\,\text{m}$

5. $d_F = a\sqrt{2} \Rightarrow d_R = a\sqrt{3} \Rightarrow a = 6 \Rightarrow V = 6^3 = 216; \quad O = 6a^2 = 216$

6. $V = 2{,}605\,\text{m}^3; \quad m = V \cdot \varrho = 2{,}605 \cdot 2 = 5{,}21136\,\text{t}$

7. $V = \frac{27+39}{2} \cdot 8 \cdot 250 = 66000\,\text{m}^3$

8. $n = 2\pi r = 1{,}10 \cdot \pi = 3{,}456\,\text{m} \Rightarrow M = 3{,}456 \cdot 2{,}20 = 7{,}603\,\text{m}^2$

9. $V = \pi r^2 \cdot h = \pi \cdot 1{,}25^2 \cdot 28 = 137{,}445\,\text{cm}^3$

10. $m = V \cdot \varrho \Rightarrow V = \frac{m}{\varrho} = \frac{200}{13{,}6} = 14{,}71\,\text{cm}^3$

$G = \frac{V}{h} \Rightarrow G = \frac{14{,}71}{8{,}2} = 1{,}79\,\text{cm}^2$

11. $G = \pi r^2 = \pi \cdot 2{,}5^2 = 19{,}63\,\text{cm}^2; \quad V = G \cdot h \Rightarrow h = \frac{V}{G} = \frac{5}{19{,}63} = 0{,}2546\,\text{cm}$

12. $n_1 = 2\pi r_1 \Rightarrow 25 = 2\pi r_1 \Rightarrow r_1 = 3{,}9789\,\text{cm}$

$n_2 = 2\pi r_2 \Rightarrow 20 = 2\pi r_2 \Rightarrow r_2 = 3{,}1831\,\text{cm}$

Stimmt der Dosenumfang mit der längeren Seite überein, so beträgt der Radius der Dose 3,98 cm, sonst 3,18 cm.

$\Rightarrow V_1 = \pi r_1^2 \cdot h_1 = \pi \cdot 3{,}98^2 \cdot 20 = 994{,}718\,\text{cm}^3$

$V_2 = \pi r_2^2 \cdot h_2 = \pi \cdot 3{,}18^2 \cdot 25 = 795{,}775\,\text{cm}^3$

13. a) $G = \pi r^2 = \pi \cdot 25 = 78{,}540\,\text{cm}^2 \Rightarrow V = G \cdot h = 942{,}478\,\text{cm}^3$

$M = \pi r^2 \cdot h = 376{,}99\,\text{cm}^2; \quad O = M + 2G = 534{,}07\,\text{cm}^2$

b) $G = 254{,}469\,\text{cm}^2 \Rightarrow h = \frac{V}{G} = \frac{120}{254{,}469} = 0{,}47\,\text{cm}$

$M = 26{,}58\,\text{cm}^2; \quad O = 535{,}52\,\text{cm}^2$

c) $O = 2\pi r \cdot h + 2\pi r^2 \Rightarrow 300 = 2\pi r \cdot 6{,}5 + 2\pi r^2$

$$\Rightarrow r^2 + 6{,}5r - \frac{300}{2\pi} = 0$$

$$r = 4{,}386 \text{ cm}$$

r_2 ist negativ und damit unbrauchbar.

$\Rightarrow V = 392{,}832 \text{ cm}^3; \quad G = 60{,}44 \text{ cm}^2; \quad M = 179{,}13 \text{ cm}^2$

d) $M = 2\pi r \cdot h \Rightarrow 282 = 2\pi r \cdot h \Rightarrow h = \dfrac{282}{2\pi r}$

$$V = \pi r^2 \cdot h \Rightarrow 424 = \pi r^2 \cdot h \Rightarrow h = \frac{424}{\pi r^2}$$

$$\Rightarrow \frac{282}{2\pi r} = \frac{424}{\pi r^2} \Leftrightarrow r = \frac{424 \cdot 2}{282} = 3{,}007 \text{ cm}$$

$$h = \frac{M}{2\pi r} = \frac{282}{2\pi \cdot 3{,}007} = 14{,}93 \text{ cm}$$

$G = 28{,}46 \text{ cm}^2; \quad O = 338{,}92 \text{ cm}^2$

14. $d = a; \quad h = a \Rightarrow V = \pi r^2 \cdot h = \left(\dfrac{a}{2}\right)^2 \cdot \pi \cdot a = \dfrac{a^3}{4} \cdot \pi$

15. $\dfrac{h}{r} = \dfrac{3}{2} \Rightarrow h = \dfrac{3}{2} r; \quad V = \pi r^2 h = \dfrac{3}{2}\pi r^3 = 2000 \Rightarrow r = 7{,}515 \text{ cm}$

$h = 11{,}273; \quad M = 532{,}29 \text{ cm}^2$

16. Kupfer: $V_1 = 500 \cdot 10^3 \cdot 15^2 \cdot \pi = 353\,429\,173{,}6 \text{ mm}^3$

Gummi: $V_2 = 500 \cdot 10^3 \cdot \pi(20 - 15)(20 + 15) = 274\,889\,357{,}3 \text{ mm}^3$

$$\left.\begin{aligned} m_1 &= V_1 \cdot \varrho_1 = 353{,}429 \cdot 8{,}9 = 3145{,}518 \text{ kg} \\ m_2 &= V_2 \cdot \varrho_2 = 274{,}889 \cdot 1{,}2 = 329{,}867 \text{ kg} \end{aligned}\right\} \text{ Gesamtmasse: } 3{,}475 \text{ t}$$

17. $V = \pi \cdot 5 \cdot 10^6 \cdot (0{,}7^6 \quad 0{,}6^2) = 2{,}042035 \cdot 10^6 \text{ cm}^3 \approx 2{,}04 \text{ m}^3$

$m = 2{,}04 \cdot 11{,}3 = 23{,}075 \text{ t}$

18. $G = \pi \cdot a \cdot b = 1884{,}96 \text{ cm}^2 \Rightarrow V = 32{,}044 \text{ l}$

Pyramiden und Kegel, Pyramidenstümpfe und Kegelstümpfe

1. a) $V = 228{,}67 \text{ cm}^3; \quad O = 251{,}03 \text{ cm}^2; \quad h_a = 14{,}43 \text{ cm}$

b) $V = 440{,}96 \text{ cm}^3; \quad O = 382{,}8 \text{ cm}^2; \quad h_a = 14{,}14 \text{ cm}; \quad h = 13{,}23 \text{ cm}$

c) $a = 4 \text{ cm}; \quad h_a = 15{,}13 \text{ cm}; \quad O = 137{,}06 \text{ cm}^2$

d) $a = 16{,}61 \text{ cm}; \quad V = 920 \text{ cm}^3; \quad O = 707{,}75 \text{ cm}^2$

e) $h_a = 15{,}30 \text{ cm}; \quad a = 18{,}97 \text{ cm}$

$V = 1440 \text{ cm}^3; \quad O = 940{,}27 \text{ cm}^2$

f) $a = 16{,}67 \text{ cm}; \quad V = 799{,}5 \text{ cm}^3$

$O = 677{,}78 \text{ cm}^2; \quad h = 8{,}63 \text{ cm}$

2. $G = 6 \cdot 8 = 48\ \text{cm}^2$; $d_F = \sqrt{36 + 64} = 10\ \text{cm}$

$h = \sqrt{10^2 - 5^2} = \sqrt{75} = 8{,}66\ \text{cm}$

$h_{a_1} = \sqrt{10^2 - 3^2} = \sqrt{91} = 9{,}54\ \text{cm}$; $h_{a_2} = \sqrt{10^2 - 4^2} = 9{,}165\ \text{cm}$

$V = \dfrac{G \cdot h}{3} = 138{,}56\ \text{cm}^3$; $M = 2(6 \cdot 9{,}54 \cdot \frac{1}{2} + 8 \cdot 9{,}165 \cdot \frac{1}{2}) = 130{,}56\ \text{cm}^2$

$O = M + 48 = 178{,}56\ \text{cm}^2$

3. $V = \dfrac{a^2 \cdot h}{3}$; nach Strahlensatz gilt: $\dfrac{a'}{a} = \dfrac{h'}{h} \Rightarrow a' = \dfrac{a \cdot h'}{h}$

$\Rightarrow V' = \dfrac{a'^2 \cdot h'}{3} = \dfrac{a^2 \cdot h'^2}{h^2} \cdot \dfrac{h'}{3} = \dfrac{a^2 \cdot h'^3}{3h^2}$

Nun ist $V' = \dfrac{1}{2} V \Rightarrow \dfrac{a^2 \cdot h'^3}{3h^2} = \dfrac{a^2 \cdot h}{6} \Rightarrow h'^3 = \dfrac{h^3}{2} \Rightarrow h' = \dfrac{h}{\sqrt[3]{2}}$
(h' von oben gemessen).

4. $G = 41{,}57\ \text{cm}^2$; $h = 11{,}31\ \text{cm}$; $V = 156{,}72\ \text{cm}^3$; $O = 183{,}56\ \text{cm}^2$

5. $V = V_1 + V_2 + V_3 = \pi \cdot 1^2 \cdot 5 \cdot \dfrac{1}{3} + \dfrac{\pi \cdot 4}{3}(1^2 + 1{,}5 + 1{,}5^2) + \pi \cdot 1{,}5^2 \cdot 3 \cdot \dfrac{1}{3}$

$V = 5{,}236 + 19{,}897 + 7{,}069 = 32{,}201\ \text{cm}^3$

6. Der schnelle Rechner wird gemerkt haben, daß diese Aufgabenstellung „überbestimmt" ist. Die Gesamthöhe sollte nicht vorgegeben sein, denn sie ist durch Rechnung bestimmbar und beträgt 61,51 m.
Für die Berechnung der Dachfläche ist auch der Abstand von 10 m ohne Bedeutung; $s = 23{,}18$ m; $M = 436{,}93\ \text{dm}^2$.

7. $h^2 + \left(\dfrac{a}{2}\right)^2 = h_a^2 \Rightarrow h = \sqrt{14^2 - 6^2} = 12{,}649\ \text{m}$

$F = 4 \cdot \frac{1}{2} \cdot h_a \cdot a = 303{,}578\ \text{m}^2$

Die Dacheindeckung kostet 28 839,97 DM.

8. a) Schnittfläche:

$F = 6 \cdot 1 + 2 \cdot 2 \cdot 1 + 2 \cdot 1 = 12\ \text{cm}^2$

$V = 12 \cdot 4 = 48\ \text{cm}^3$

b) $V = 4 \cdot 3 \cdot 2 - \pi \cdot 1{,}5^2 \cdot 2 = 9{,}86\ \text{cm}^3$

9. a) $m = V \cdot \varrho = 12 \cdot 1{,}5 = 18$ g

b) $m = 14{,}79$ g

10. a) Würfel: $V_1 = a^3 = 0{,}60^3 = 0{,}216\ \text{m}^3$

Kegel: $V_2 = \frac{1}{3}\pi r^2 \cdot h = \frac{1}{3}\pi \cdot 0{,}3^2 \cdot 0{,}6 = 0{,}0565\ \text{m}^3$

Restkörper: $V_1 - V_2 = 0{,}159\ \text{m}^3$

b) Würfel: $V_1 = a^3$

Diabolo: $V_2 = 2 \cdot \dfrac{1}{3}\pi\left(\dfrac{a}{2}\right)^2 \cdot \dfrac{a}{2} = \dfrac{a^3 \cdot \pi}{12}$

Restkörper: $V_1 - V_2 = a^3 - \dfrac{a^3\pi}{12} = a^3\left(1 - \dfrac{\pi}{12}\right) \approx 0{,}738\, a^3$

c) Kreiszylinder: $V_1 = \pi r^2 \cdot h = \pi \cdot 0{,}3^2 \cdot 0{,}6 = 0{,}1696\ \text{m}^3$

Kegel: $V_2 = \frac{1}{3}\pi \cdot 0{,}3^2 \cdot 0{,}6 = 0{,}0565\ \text{m}^3$

Restkörper: $V_1 - V_2 = 0{,}113\ \text{m}^3$

d) Kreiszylinder: $V_1 = 0{,}1696\ \text{m}^3$

Diabolo: $V_2 = 2 \cdot \frac{1}{3}\pi \cdot (0{,}3)^2 \cdot 0{,}3 = 0{,}0565\ \text{m}^3$

Restkörper: $V_1 - V_2 = 0{,}113\ \text{m}^3$

Die Restkörper von c) und d) haben dasselbe Volumen.

11. Pyramide: $V = \frac{G \cdot h}{3} = \frac{5^2 \cdot 10}{3} = \frac{250}{3}\,cm^3 = 83\tfrac{1}{3}\,cm^3$

Die Grundseiten der jeweils entstehenden kleineren Pyramiden bestimmt man mit Hilfe des Strahlensatzes.

a) $\frac{\frac{3}{4}h}{h} = \frac{a'}{a} \Rightarrow a' = \frac{3}{4}a \Rightarrow V_1 = 83\tfrac{1}{3} - (\tfrac{3}{4} \cdot 5)^2 \cdot \tfrac{3}{4} \cdot 10 \cdot \tfrac{1}{3} = 83\tfrac{1}{3} - 35{,}156 = 48{,}177\,cm^3$

b) $a' = \frac{1}{2}a \Rightarrow V_2 = 83\tfrac{1}{3} - (\tfrac{1}{2} \cdot 5)^2 \cdot \tfrac{1}{2} \cdot 10 \cdot \tfrac{1}{3} = 83\tfrac{1}{3} - 10{,}417 = 72{,}917\,cm^3$

c) $a' = \frac{1}{4}a \Rightarrow V_3 = 83\tfrac{1}{3} - (\tfrac{5}{4})^2 \cdot \tfrac{10}{4} \cdot \tfrac{1}{3} = 83\tfrac{1}{3} - 1{,}302 = 82{,}031\,cm^3$

12. $b = \frac{1}{4}\pi r \cdot 2 = \frac{1}{2}\pi r = n_{Kreiskegel}$; $\quad s = r \Rightarrow d = \frac{r}{2}$

Kosinussatz: $\left(\frac{r}{2}\right)^2 = r^2 + r^2 - 2rr \cdot \cos\alpha \Rightarrow \frac{r^2}{4} = 2r^2(1 - \cos\alpha)$

$\Rightarrow \frac{1}{8} = 1 - \cos\alpha \Rightarrow \cos\alpha = \frac{7}{8} \Rightarrow \alpha = 28{,}955°$

13. $V = \frac{1}{3}\pi r^2 \cdot h \Rightarrow 1000 = \frac{\pi r^2}{3} \cdot 15 \Rightarrow r = \sqrt{\frac{3000}{\pi \cdot 15}} = 7{,}98\,cm$

14. $\alpha = 45° \Rightarrow h = r \Rightarrow V = \frac{1}{3}\pi r^2 \cdot h \Rightarrow 5 = \frac{\pi r^3}{3}$

$\Rightarrow r = \sqrt[3]{\frac{15}{\pi}} = 1{,}684\,m \Rightarrow d = 3{,}368\,m$

15. $V_1 = \frac{\pi r^2 \cdot h}{3}$; $\quad V_2 = \frac{\pi \cdot r'^2 \cdot h'}{3}$

Nach dem Strahlensatz gilt: $\frac{h'}{r'} = \frac{h}{r} \Rightarrow h' = \frac{h}{r} \cdot r'$

$\Rightarrow \frac{1}{2}V_1 = V_2 \Rightarrow \frac{\frac{1}{2}\pi r^2 \cdot h}{3} = \frac{\pi r'^2 \cdot h'}{3}$

$\Leftrightarrow \frac{\frac{1}{2}\pi r^2 \cdot h}{3} = \frac{\pi r'^2}{3} \cdot \frac{h}{r} \cdot r'$

$\Leftrightarrow \quad \frac{1}{2}r^3 = r'^3$

$\Leftrightarrow \quad r' = \sqrt[3]{\frac{r^3}{2}} = \frac{r}{\sqrt[3]{2}} \Rightarrow h' = \frac{h}{\sqrt[3]{2}}$

$\Rightarrow \quad r' \approx 0{,}79\,r \Rightarrow h' \approx 0{,}79\,h$

16. $V_1 = \frac{\pi r^2 \cdot h}{3} = \pi r^2 \cdot \frac{15}{3} = 5\pi r^2 \approx 15{,}71\,r^2$

$V_2 = \frac{\pi r'^2 \cdot h'}{3} = \pi r'^2 \cdot \frac{14}{3}$

Nun gilt nach dem Strahlensatz weiter: $\frac{r'}{14} = \frac{r}{15} \Rightarrow r' = \frac{14}{15}r.$

$\Rightarrow V_2 = \pi \cdot (\tfrac{14}{15}r)^2 \cdot \tfrac{14}{3} \approx 12{,}77\,r^2$

Folglich ist $\frac{V_2}{V_1} = 0{,}81$. Der Barkeeper füllt das Glas nur zu 81%; er spart folglich 19% Sekt.

17. $G = a^2$; $\quad h = a \Rightarrow V = \frac{1}{3}G \cdot h = \frac{1}{3}a^2 \cdot a = \frac{a^3}{3}$

18. $h_1 = \sqrt{\left(\frac{12{,}5 - 7}{2}\right)^2 + 4{,}5^2} = \sqrt{27{,}81} = 5{,}27\ \text{m}$

$h_2 = \sqrt{4{,}5^2 + 4{,}5^2} = \sqrt{40{,}5} = 6{,}36\ \text{m}$

$V = 9 \cdot 7 \cdot 4{,}5 + \frac{5{,}5 \cdot 9 \cdot 4{,}5}{3} = 357{,}75\ \text{m}^3$

$F = 2\left(\frac{12{,}5 + 7}{2} \cdot 6{,}36 + \frac{9 \cdot 5{,}27}{2}\right) = 171{,}45\ \text{m}^2$

19. $\tan(90° - 65°) = \frac{x}{2} \Rightarrow x = 2 \cdot \tan 25° = 0{,}93\ \text{m}$

Die untere Kante des Bassins besitzt somit die Länge $10 - 2 \cdot 0{,}93 = 8{,}13$ m.

$V = \frac{2}{3}(10^2 + 81{,}35 + 8{,}13^2) = 165{,}016\ \text{m}^3$

20. $V = \frac{\pi \cdot h}{3}(r_1^2 + r_1 \cdot r_2 + r_2^2) = \frac{\pi h}{3}(100 + 50 + 25) = \frac{175\pi h}{3}$

$V^* = \pi h \left(\frac{r_1 + r_2}{2}\right)^2 = \pi h \left(\frac{15}{2}\right)^2 = \frac{225}{4}\pi h$

Fehler: $\frac{V - V^*}{V} = \frac{\pi h\left(\frac{175}{3} - \frac{225}{4}\right)}{\frac{175\pi h}{3}} = \frac{3}{175}\left(\frac{175}{3} - \frac{225}{4}\right) = 0{,}0357 = 3{,}57\%$

21. $h_F = \sqrt{8^2 - 2^2} = \sqrt{60} = 7{,}75\ \text{dm}$

$F = 4 \cdot \frac{6 + 10}{2} \cdot 7{,}75 = 495{,}74\ \text{dm}^2 = 4{,}957\ \text{m}^2$

22. a) Berechnung der Körperhöhe: $h = \sqrt{10^2 - 0{,}5^2} = 9{,}987\ \text{cm}$

$V_1 = \frac{\pi \cdot h}{3}(5^2 + 5 \cdot 6 + 6^2) = 951{,}758\ \text{cm}^3$

$V_2 = \frac{\pi \cdot h}{3}(4^2 + 4 \cdot 3 + 3^2) = 386{,}978\ \text{cm}^3$

$V = V_1 - V_2 = 564{,}780\ \text{cm}^3 \Rightarrow m = 3671{,}067\ \text{g}$

b) $h = \sqrt{15^2 - 3^2} = 14{,}697\ \text{cm}$

$V_1 = \frac{1}{3}\pi r^2 \cdot h = \frac{1}{3}\pi \cdot 3^2 \cdot h = 138{,}515\ \text{cm}^3$

$V_2 = \frac{1}{3}\pi \cdot 1{,}5^2 \cdot h = 34{,}629\ \text{cm}^3$

$V = V_1 - V_2 = 103{,}886\ \text{cm}^3 \Rightarrow m = 259{,}715\ \text{g}$

c) $F_1 = 6 \cdot \frac{4 \cdot \sqrt{16 - 4}}{2} = 41{,}569\ \text{cm}^2$; $F_2 = 6 \cdot \frac{3 \cdot \sqrt{9 - 2{,}25}}{2} = 23{,}383\ \text{cm}^2$

$G = F_1 - F_2 = 18{,}186\ \text{cm}^2 \Rightarrow V = G \cdot h = 109{,}118\ \text{cm}^3$

$\Rightarrow m = 905{,}678\ \text{g}$

23. a) $M = 569{,}94\ \text{cm}^2$; $O = 1336{,}49\ \text{cm}^2$

$V = 3049{,}44\ \text{cm}^3$

b) $M = 284{,}34\ \text{cm}^2$; $O = 692{,}75\ \text{cm}^2$

$V = 817{,}57\ \text{cm}^3$

c) $r_2 = 1{,}13\ \text{cm}$; $M = 153{,}99\ \text{cm}^2$

$O = 236{,}52\ \text{cm}^2$; $V = 233{,}88\ \text{cm}^3$

Kugeln und Kugelteile, beliebig geformte Körper

1. $d_F = \sqrt{2a^2} = a\sqrt{2}$

$$\Rightarrow h = \sqrt{a^2 - \left(\frac{a}{2}\sqrt{2}\right)^2} = \sqrt{\frac{a^2}{2}} = \frac{a}{2}\sqrt{2}$$

$$V = a^3 + 6 \cdot \frac{a^2 \cdot \frac{a}{2}\sqrt{2}}{3} = a^3 + a\sqrt[3]{2} \approx 2{,}41\,a^3$$

2. Tetraeder: $O = a^2\sqrt{3}$; Kugel: $O = 4\pi r^2$ $\Big\}$ $a^2\sqrt{3} = 4\pi r^2 \Leftrightarrow \frac{a}{r} = \frac{\sqrt{4\pi}}{\sqrt[4]{3}}$

$$\Rightarrow \frac{V_T}{V_K} = \frac{\frac{a^3\sqrt{2}}{12}}{\frac{4}{3}\pi r^3} = \frac{a^3\sqrt{2} \cdot 3}{12 \cdot 4\pi r^3} = \frac{\sqrt{2}}{16\pi} \cdot \frac{\sqrt{(4\pi)^3}}{\sqrt[4]{3^3}} \approx 0{,}55$$

3. Ergibt sich aus dem Zusammenhang zwischen Volumen ($V = \frac{4}{3}\pi r^3$) und Oberfläche ($O = 4\pi r^2$) der Kugel (s. S. 155).

4. $r = 5\text{ cm} \Rightarrow V = \frac{4}{3}\pi r^3 = \frac{4}{3}\pi \cdot 5^3 = 523{,}60\text{ cm}^3$

$m = V \cdot \varrho = 10105{,}46\text{ g} = 10{,}105\text{ kg}$

5. a) Kugel: $V = \frac{4}{3}\pi r^3$

Zylinder: $V = \pi r^2 \cdot h$

Kegel: $V = \frac{\pi \cdot r^2 \cdot h}{3}$

I. $\frac{4}{3}\pi r^3 = \pi r^2 \cdot h \Rightarrow h = \frac{4}{3}r$ Zylinderhöhe

II. $\frac{4}{3}\pi r^3 = \frac{\pi r^2 \cdot h}{3} \Rightarrow h = 4r$ Kegelhöhe

b) Kugel: $O = 4\pi r^2$

Zylinder: $O = 2\pi r(h + r)$

Kegel: $O = \pi r(r + s)$

I. $4\pi r^2 = 2\pi r(h + r) \Rightarrow 2r = h + r \Rightarrow h = r$ Zylinderhöhe

II. $4\pi r^2 = \pi r(r + s) \Rightarrow 4r = r + s$

$\Rightarrow 3r = s$

$\Rightarrow 3r = h^2 + r^2$

$\Rightarrow h = \sqrt{3r - r^2}$ Kegelhöhe

6. $V_1 = \frac{4}{3}\pi r^3 = \frac{4}{3}\pi \cdot 2{,}5^3 \approx 65{,}45\text{ mm}^3$

$V_2 = \pi r^2 \cdot h \Rightarrow 65{,}45 = \pi \cdot 500^2 \cdot h \Rightarrow h = 8{,}3 \cdot 10^{-5}\text{ mm}$

7. $V_1 = \frac{4}{3}\pi r^3 = \frac{4}{3}\pi \cdot 2{,}5^3 \approx 65{,}45\text{ mm}^3$

$V_2 = \frac{4}{3}\pi(r_1^3 - r_2^3) \Rightarrow 65{,}45 = \frac{4}{3}\pi(50^3 - r_2^3)$

$r_2 = 49{,}99791663\text{ mm}$

$\Rightarrow r_1 - r_2 = 0{,}002\text{ mm}$

8. $V = \frac{m}{\varrho} = \frac{20}{2{,}6} = 7{,}692\text{ cm}^3$

$V = \frac{4}{3}\pi(r_1^3 - r_2^3) \Rightarrow 7{,}692 = \frac{4}{3}\pi(6^3 - r_2^3)$

$r_2 = 5{,}983\text{ cm}$

$\Rightarrow r_1 - r_2 = 0{,}017\text{ mm}$

9. $O = 4\pi r^2 = 4\pi \cdot 12{,}5^2 = 1963{,}495\ m^2$

a) $88\,357{,}3\ g = 88{,}3573\ kg$

b) $V = \frac{4}{3}\pi r^3 = \frac{4}{3}\pi \cdot 12{,}5^3 = 8181{,}231\ m^3$

$m = V \cdot \varrho = 0{,}7363\ t = 736{,}310\ kg$

10. $r_1 = \frac{a}{2}; \quad r_2 = \frac{1}{2} d = \frac{a}{2}\sqrt{3}$

Inkugel: $V = \frac{4}{3}\pi r^3 = \frac{4}{3}\pi\left(\frac{a}{2}\right)^3 = \frac{1}{6}\pi a^3 \approx 0{,}5236 a^3$

Würfel: $V = a^3$

Umkugel: $V = \frac{4}{3}\pi\left(\frac{a}{2}\sqrt{3}\right)^3 = \frac{1}{6}\pi \cdot 3\sqrt{3} \cdot a^3 = \frac{1}{2}\pi\sqrt{3}a^3 \approx 2{,}72 a^3$

11. a) $O = 37{,}8276 \cdot 10^6\ km^2; \quad V = 2{,}188 \cdot 10^{10}\ km^3$

b) $O = 1{,}478 \cdot 10^8\ km^2; \quad V = 1{,}69 \cdot 10^{11}\ km^3$

c) $O = 4{,}996 \cdot 10^8\ km^2; \quad V = 1{,}05 \cdot 10^{12}\ km^3$

d) $O = 6{,}478 \cdot 10^{10}\ km^2; \quad V = 1{,}55 \cdot 10^{15}\ km^3$

12. $\frac{1}{2} \cdot \frac{4}{3}\pi 18^3 = [\frac{4}{3}\pi(18^3 - r^3) \cdot \frac{1}{4} + \frac{4}{3}\pi r^3 \cdot 11{,}4] \cdot \frac{1}{2}$

$\Leftrightarrow 18^3 = (18^3 - r^3) \cdot \frac{1}{4} + 11{,}4\, r^3$

$\Leftrightarrow \frac{18^3(1 - \frac{1}{4})}{11{,}15} = r^3 \Rightarrow r = \sqrt[3]{\frac{18^3 \cdot (0{,}75)}{11{,}15}} = 7{,}32\ cm$

13. $400\,000\,000 \cdot 4 \cdot \pi \cdot 0{,}15^2 = 113\,097\,335\ mm^2 = 113{,}097\ m^2$

14. $h = 7 \Rightarrow V_1 = \frac{1}{3}\pi h^2(3r - h) = \frac{1}{3}\pi \cdot 7^2(30 - 7) = 1180{,}192\ cm^3$

Schnittflächenradius: $\varrho = \sqrt{h(2r - h)} = \sqrt{7(20 - 7)} = 9{,}539\ cm$

$\Rightarrow F = \pi\varrho^2 = 285{,}885\ cm^2$

$V_2 = \frac{1}{3}\pi 13^2(30 - 13) = 3008{,}599\ cm^3$

15. a) $M = 188{,}5\ cm^2; \quad V = 340{,}34\ cm^3$

b) $r = 2{,}65\ cm; \quad V = 46{,}73\ cm^3$

c) $M = 307{,}88\ cm^2; \quad V = 718{,}38\ cm^3$

d) $h = 11{,}14\ cm; \quad V = 2450{,}99\ cm^3$

16. $\cos\alpha = \frac{r}{r + h} = \frac{6370}{6380} \Rightarrow \alpha = 3{,}20837°$

$\Rightarrow \tan\alpha \approx \frac{x}{r} \Rightarrow x = 6370 \cdot \tan 3{,}20837° = 357{,}071\ km$

Näherung für kleine Winkel (Erdoberfläche ist gekrümmt)

$\Rightarrow$ überschaubare Fläche: $F = \pi r^2 = 3{,}98 \cdot 10^5\ km^2$

17. $\varrho = \sqrt{r^2 - \left(\frac{r}{2}\right)^2} = \frac{r}{2}\sqrt{3}$

a) $M_1 = M_2 = 2\pi r h = 2 \cdot \pi \cdot r \cdot \frac{r}{2} = \pi r^2 \Rightarrow \frac{M_1}{M_2} = 1$

b) $V_1 = \frac{1}{3}\pi\left(\frac{r}{2}\right)^2 \cdot \left(3r - \frac{r}{2}\right) = \frac{5}{24}\pi r^3$

$V_2 = \frac{1}{6}\pi \cdot \frac{r}{2} \cdot \left[3r^2 + 3 \cdot \left(\frac{r}{2}\sqrt{3}\right)^2 + \left(\frac{r}{2}\right)^2\right] = \frac{11}{24}\pi r^3$

$\Rightarrow \frac{V_1}{V_2} = \frac{5}{24} \cdot \frac{24}{11} = \frac{5}{11} = 0{,}\overline{45}$

18. $V = 1{,}0830326 \cdot 10^{12}\ km^3$

19. $V = 12 \cdot 1 \cdot 1{,}20 = 14{,}4$ Raummeter

Differentialrechnung

Funktionen und Grenzwerte

1.

	a_1	a_2	a_3	a_4	a_5	a_6	a_7	…	a_{15}	a_{16}	…	Grenzwert
$a_n = n^3$	1	8	27	64	125	216	343	…	3375	4096	…	—
$a_n = 4 \cdot \frac{1}{n^2}$	3	$3\frac{3}{4}$	$3\frac{8}{9}$	$3\frac{15}{16}$	$3\frac{24}{25}$	$3\frac{35}{36}$	$3\frac{48}{49}$	…	$3\frac{224}{225}$	$3\frac{255}{256}$	…	4
$a_n = (-1)^n \cdot \frac{1}{n}$	-1	$\frac{1}{2}$	$-\frac{1}{3}$	$\frac{1}{4}$	$-\frac{1}{5}$	$\frac{1}{6}$	$-\frac{1}{7}$	…	$-\frac{1}{15}$	$\frac{1}{16}$	…	0
$a_n = 2n + n^2$	3	8	15	24	35	48	63	…	255	288	…	—

2. a)
$$\left.\begin{aligned} a_{k-1} &= a_1 + (k-2) \cdot d \\ a_k &= a_1 + (k-1) \cdot d \\ a_{k+1} &= a_1 + k \cdot d \end{aligned}\right\} \quad \text{zu beweisen: } a_k = \frac{a_{k-1} + a_{k+1}}{2}$$

also gilt:
$$a_1 + (k-1) \cdot d = \frac{a_1 + (k-2) \cdot d + a_1 + k \cdot d}{2}$$
$$a_1 + (k-1) \cdot d = \frac{2a_1 + 2kd - 2d}{2}$$
$$a_1 + (k-1) \cdot d = a_1 + kd - d$$
$$a_1 + (k-1) \cdot d = a_1 + (k-1)\,d$$

b)
$$\left.\begin{aligned} a_{k-1} &= a_1 \cdot q^{k-2} \\ a_k &= a_1 \cdot q^{k-1} \\ a_{k+1} &= a_1 \cdot q^k \end{aligned}\right\} \quad \text{zu beweisen: } a_k = \sqrt{a_{k-1} \cdot a_{k+1}}$$

also gilt:
$$a_1 \cdot q^{k-1} = \sqrt{a_1 \cdot q^{k-2} \cdot a_1 \cdot q^k}$$
$$a_1 \cdot q^{k-1} = \sqrt{a_1^2 \cdot q^{2k-2}}$$
$$a_1 \cdot q^{k-1} = a_1 \cdot q^{k-1}$$

3. a) $a_1 = 2;\quad d = 2;\quad s_n = 2n + \frac{n(n-1) \cdot 2}{2} = n^2 + n$

b) $a_1 = 1;\quad d = 2;\quad s_n = n + \frac{n(n-1) \cdot 2}{2} = n^2$

c) $s_{1000} = 1001000$ d) $s_{10000} = 100000000$

4. a) $a_1 = 7;\quad d = 5;\quad \frac{a_n - a_1}{d} = n - 1 \Rightarrow \frac{187 - 7}{5} = 36 \Rightarrow n = 37 \quad s_{37} = \frac{37}{2}(7 + 187) = 3589$

b) $a_1 = 95;\quad d = 5;\quad \frac{1055 - 95}{5} = n - 1 \Rightarrow n = 193 \quad s_{193} = \frac{193}{2}(95 + 1055) = 110975$

c) $a_1 = 1000;\quad d = -20;\quad \frac{-60 - 1000}{-20} = n - 1 \Rightarrow n = 54 \quad s_{54} = \frac{54}{2}(1000 - 60) = 25380$

d) $a_1 = 3^2 = 9;\quad q = 3;\quad a_n = a_1 \cdot q^{n-1} \Rightarrow \frac{a_n}{a_1} = q^{n-1} \Rightarrow \frac{3^{10}}{3^2} = 3^8 = q^{n-1} \Rightarrow n = 9$

$s_9 = 9 \cdot \frac{1 - 3^9}{1 - 3} = 88569$

e) $a_1 = -1; \quad q = -6$

$$\frac{a_n}{a_1} = \frac{-6^{10}}{-1} = 6^{10} = q^{n-1} \quad \Rightarrow \quad n = 11$$

$$s_{11} = -1 \cdot \frac{1-(-6)^{11}}{1+6} = \frac{-1-6^{11}}{7} = -51828151$$

5. $a_1 = 6; \quad d = 3; \quad a_7 = 6 + 6 \cdot 3 = 24$

$s_7 = \frac{7}{2}(6+24) = 105\,\text{km}$

Am 7. Tag läuft er 24 km und insgesamt 105 km.

6. $n = 100; \quad d = 1$

$$s_n = n \cdot a_1 + \frac{n(n-1)d}{2}$$

$$6650 = 100 \cdot a_1 + \tfrac{100 \cdot 99 \cdot 1}{2}$$

$$6650 = 100\,a_1 + 4950$$

$$a_1 = 17 \quad \Rightarrow \quad a_{100} = 117$$

7. $0{,}75^n < 0{,}1$

$n \cdot \ln 0{,}75 < \ln 0{,}1$ (s. S. 196)

$n \cdot -0{,}28768 < -2{,}302585$

$n > \frac{2{,}302585}{0{,}28768}$

$n > 8{,}0039$

$n = 9$

8. a) $9619 = 4270 \cdot 1{,}07^n \quad \Leftrightarrow \quad \frac{9619}{4270} = 1{,}07^n \quad \Rightarrow \quad n \approx 12$

b) $K_n = K_0 \cdot 1{,}045^n \quad \Rightarrow \quad 3200 + 3563 = 3200 \cdot 1{,}045^n \quad \Rightarrow \quad n = 17$

9. a) $a_1 = 1000; \quad q = \frac{1}{3}$

$$s = \frac{a_1}{1-q} = \frac{1000}{1-\frac{1}{3}} = \frac{3000}{2} = 1500$$ Er kann höchstens 1500 € verlieren.

b) $a_1 = 1000; \quad q = \frac{2}{3}$

$$s = \frac{a_1}{1-q} = \frac{1000}{1-\frac{2}{3}} = \frac{3000}{1} = 3000$$ Er kann höchstens 3000 € verlieren.

10. a) $1{,}\overline{1} = 1 + 0{,}1 + 0{,}01 + 0{,}001 + \ldots = 1 + \frac{1}{10} + \frac{1}{100} + \frac{1}{1000} + \ldots$

$\Rightarrow \quad a_1 = 1;$

$$q = \frac{1}{10} \quad \Rightarrow \quad s = \frac{1}{1-\frac{1}{10}} = \frac{10}{9} = 1\tfrac{1}{9}$$

b) $0{,}\overline{5} = 0{,}5 + 0{,}05 + 0{,}005 + \ldots = 0{,}5 + 0{,}5 \cdot \frac{1}{10} + 0{,}5 \cdot \frac{1}{100} + \ldots$

$\Rightarrow \quad a_1 = 0{,}5;$

$$q = \frac{1}{10} \quad \Rightarrow \quad s = \frac{0{,}5}{1-\frac{1}{10}} = \frac{5}{9}$$

c) $1{,}\overline{12} = 1 + 0{,}12 + 0{,}12 \cdot \frac{1}{100} + 0{,}12 \cdot \frac{1}{10000} + \ldots$

$$s = 1 + \frac{0{,}12}{1-\frac{1}{100}} = \frac{99}{99} + \frac{12}{99} = \frac{111}{99} = \frac{37}{33} = 1\tfrac{4}{33}$$

d) $1{,}1\overline{2} = 1{,}1 + 0{,}02 + 0{,}02 \cdot \frac{1}{10} + 0{,}02 \cdot \frac{1}{100} + \ldots$

$$s = 1{,}1 + \frac{0{,}02}{1-\frac{1}{10}} = \frac{99}{90} + \frac{2}{90} = \frac{101}{90} = 1\tfrac{11}{90}$$

11. a) $a_n = \dfrac{n+1}{n^2}$ $\quad b_n = \dfrac{1}{2^{n-2}}$ $\quad c_n = c_{n-1} + n = c_1 + \sum_{i=2}^{n} i = 1 + \dfrac{n}{2}(n+1)$

b) (a_n) und (b_n) haben untere Schranke 0 und obere Schranke 2, (c_n) hat untere Schranke 2 und ist nach oben unbeschränkt.

c) (a_n) ist streng monoton fallend, denn $\dfrac{n+1}{n^2} > \dfrac{n+2}{(n+1)^2}$ führt auf $1 + n^2 + 3n > 0$.

(b_n) ist ebenfalls streng monoton fallend, denn $\dfrac{1}{2^{n-2}} > \dfrac{1}{2^{n-1}} \Leftrightarrow 2 > 1$

(c_n) ist streng monoton steigend wegen $1 + \dfrac{n}{2}(n+1) < 1 + \dfrac{n+1}{2}(n+2) \Leftrightarrow 0 < 2n + 3$

12. a) 63; 127; 255

b) $a_{n+1} = 2a_n + 1$

c) $a_{n+1} = 2^{n+1} - 1$

d) $2^n - 1 \geq n \rightarrow \infty$

13. a) (a_n) ist streng monoton fallend, denn $\dfrac{3n-1}{n^2} > \dfrac{3(n+1)-1}{(n+1)^2}$ führt auf

$3n^2 + n - 1 > 3n^2 > 0$

b) $0 < \dfrac{3n-1}{n^2} < 2$ wegen a) und $n > \dfrac{1}{3}$

c) $\lim\limits_{n\to\infty} \dfrac{3n-1}{n^2} = \lim\limits_{n\to\infty} \left(\dfrac{3}{n} - \dfrac{1}{n^2}\right) = 0$

d) $\dfrac{3n-1}{n^2} < 0{,}1475 \Leftrightarrow 0 < n^2 - \dfrac{3n}{0{,}1475} + \dfrac{1}{0{,}1475} \Rightarrow n > 20$

14. $\dfrac{a}{b} = \dfrac{b}{\left(\dfrac{a}{2}\right)} \Leftrightarrow \dfrac{a}{\sqrt{2}} = b$

$F_1 = \dfrac{a^2}{\sqrt{2}}$ $\; F_2 = \dfrac{a^2}{2\sqrt{2}}$ $\; F_3 = \dfrac{a^2}{4\sqrt{2}}$ $\; \ldots \; F_n = \dfrac{a^2}{\sqrt{2}\, 2^{n-1}}$

$\Rightarrow \lim\limits_{n\to\infty} F_n = \dfrac{a^2}{\sqrt{2}}$ $\quad \lim\limits_{n\to\infty} \dfrac{1}{2^{n-1}} = 0$

15. $\lim\limits_{n\to\infty} a_n = 3$ $\quad \lim\limits_{n\to\infty} b_n = 0{,}5$ $\quad \lim\limits_{n\to\infty} c_n = 0$ $\quad \lim\limits_{n\to\infty} d_n = \infty$

$\Rightarrow \lim\limits_{n\to\infty} (a_n + b_n) = 3{,}5$

$\lim\limits_{n\to\infty} (b_n - c_n) = 0{,}5$

$\lim\limits_{n\to\infty} (c_n \cdot d_n) = \lim\limits_{n\to\infty} \dfrac{n+1}{2n+1} = 0{,}5$

$\lim\limits_{n\to\infty} (c_n : d_n) = 0$

16. a) $\lim\limits_{|x|\to\infty} f(x) = 4$

b) $\lim\limits_{|x|\to\infty} f(x) = 0$

c) $\lim\limits_{|x|\to\infty} f(x) = 0$

d) $\lim\limits_{x\to\infty} f(x) = 0;\ \lim\limits_{x\to-\infty} f(x) = \infty$

e) $\lim\limits_{|x|\to\infty} f(x) = 0$

f) $\lim\limits_{x\to\infty} f(x) = 1\ (\mathbb{D} = \mathbb{R}_0^+)$

g) $\lim\limits_{x\to\infty} f(x) = \lim\limits_{x\to\infty} \frac{x-4}{x-8} = 1$

$\lim\limits_{x\to-\infty} f(x) = \lim\limits_{x\to-\infty} \frac{4-x}{x-8} = -1$

h) $\lim\limits_{x\to\infty} f(x) = -1 \qquad \lim\limits_{x\to-\infty} f(x) = \lim\limits_{x\to\infty} \frac{1-\frac{1}{2^x}}{\frac{1}{2^x}} = \infty$

17. $-A_0 e^{-t} \le A_0 e^{-t} \cos \omega t \le A_0 e^{-t}$ wegen $-1 \le \cos x \le 1$

$\Rightarrow 0 = \lim\limits_{t\to\infty} \left(-A_0 e^{-t}\right) \le \lim\limits_{t\to\infty} A_0 e^{-t} \cos \omega t \le \lim\limits_{t\to\infty} A_0 e^{-t} = 0$

also $\lim\limits_{t\to\infty} A_0 e^{-t} \cos \omega t = 0$

18. $f(x) = \frac{(x+1)(x-2)}{(x+1)(x-1)} = \frac{x-2}{x-1}$ für alle $x \in \mathbb{D} = \mathbb{R}\setminus\{-1;\ 1\}$

$\lim\limits_{h\to0} \frac{x_0 \pm h - 2}{x_0 \pm h - 1} = \frac{x_0 - 2}{x_0 - 1} = f(x_0)$

$\lim\limits_{x\to-1} f(x) = \lim\limits_{h\to0} \frac{-3 \pm h}{-2 \pm h} = \frac{3}{2}$

d.h. $\tilde{f}(x) = \begin{cases} f(x) & x \neq -1 \\ \frac{3}{2} & x = -1 \end{cases}$

aber $\lim\limits_{1+h\to1} f(x) = -\infty;\ \lim\limits_{1-h\to1} f(x) = \infty$

19. a) $\lim\limits_{x\to\infty} f(x) = \lim\limits_{x\to-\infty} f(x) = 1$

b) $\mathbb{D} = \mathbb{R}\setminus\{-3; 2\}$ (p-q-Formel)

c) $\lim\limits_{h\to0} f(x_0 \pm h) = f(x_0)$, zum Beispiel: $\lim\limits_{h\to0} \frac{(x_0+h)^2 - 3(x_0+h) - 2}{(x_0+h)^2 + (x_0+h) - 6}$

$= \lim\limits_{h\to0} \frac{x_0^2 + h^2 + 2x_0h - 3x_0 - 3h - 2}{x_0^2 + h^2 + 2x_0h + x_0 + h - 6} = \frac{x_0^2 - 3x_0 - 2}{x_0^2 + x_0 - 6}$

d) $\lim\limits_{h \to 0} f(2+h) = \lim\limits_{h \to 0} f(2-h) = \frac{1}{5}$

$\Rightarrow$ f ist an $x = 2$ durch $\frac{1}{5}$ stetig ergänzbar, aber:

$\lim\limits_{h \to 0} f(-3+h) = -\infty$, $\lim\limits_{h \to 0} f(-3-h) = \infty$

$$\Rightarrow \tilde{f}(x) = \begin{cases} f(x) & \text{für } x \in \mathbb{D}_f \\ \frac{1}{5} & \text{für } x = +2 \end{cases}$$

20. a) $3x$; b) $1 - x^3$; c) $-x^2$; d) $-\frac{3}{2}$

21. 1. Schritt: $5^2 = 25 < 32 = 2^5$

2. Schritt: $0 < (n+1)^2 = n^2 + 2n + 1 < n^2 + n^2 \leq 2 \cdot 2^n = 2^{n+1}$

22. $$\sum_{i=1}^{n} \frac{1}{i(i+1)} = \sum_{i=1}^{n} \left(\frac{1}{i} - \frac{1}{i+1}\right) = 1 - \frac{1}{2} + \frac{1}{2} - \ldots - \frac{1}{n+1}$$

$$= 1 - \frac{1}{n+1} \Rightarrow \lim_{n \to \infty} s_n = 1$$

23. 1. Schritt: $1^3 = 1 = \frac{1}{4} \cdot 1^2 \cdot (1+1)^2$

2. Schritt: $$1^3 + 2^3 + \ldots + n^3 + (n+1)^3 = \frac{1}{4} n^2(n+1)^2 + (n+1)^3$$

$$= \left(\frac{1}{4} n^2 + n + 1\right)(n+1)^2$$

$$= \frac{1}{4}(n+1)^2 (n^2 + 4n + 4)$$

$$= \frac{1}{4}(n+1)^2 (n+2)^2$$

24. 1. Schritt: Für $n = 2$ ist die Ungleichung richtig, da $\alpha^2 > 0$ ist.

2. Schritt: $(1+\alpha)^{n+1} > (1 + n\alpha)(1+\alpha) = 1 + (n+1)\alpha + n\alpha^2$

$> 1 + (n+1)\alpha$

Die Steigung einer Funktion

1. a) $\lim\limits_{x \to x_0} \frac{x - x_0}{x - x_0} = \lim\limits_{h \to 0} \frac{x_0 + h - x_0}{h} = \lim\limits_{h \to 0} 1 = 1$ (linksseitige Ableitung analog)

b) $\lim\limits_{h \to 0} \frac{c - c}{h} = \lim\limits_{h \to 0} 0 = 0$

2. $\lim\limits_{x \to -1} |x + 1| = \lim\limits_{h \to 0} |-1 + h + 1| = |0| = 0 = f(-1)$

Der linksseitige Grenzwert wird analog berechnet. Daraus ergibt sich: f stetig in –1.

$\lim\limits_{x \to -1} \frac{|x + 1| - |-1 + 1|}{x + 1}$ existiert nicht, denn

$\lim\limits_{h \to 0} \frac{|-1 + h + 1|}{h} = \lim\limits_{h \to 0} \frac{|h|}{h} = \lim\limits_{h \to 0} \frac{h}{h} = \lim\limits_{h \to 0} 1 = 1$, aber

$\lim\limits_{h \to 0} \frac{|-1 - h + 1|}{-h} = \lim\limits_{h \to 0} \frac{|-h|}{-h} = \lim\limits_{h \to 0} \frac{h}{-h} = \lim\limits_{h \to 0} -1 = -1$

3. $\lim\limits_{h \to 0} \frac{(2[x_0 + h]^2 - 3[x_0 + h] + 1) - (2x_0^2 - 3x_0 + 1)}{h} =$

$\lim\limits_{h \to 0} \frac{2x_0^2 + 4x_0h + 2h^2 - 3x_0 - 3h + 1 - 2x_0^2 + 3x_0 - 1}{h} =$

$\lim\limits_{h \to 0} \frac{4x_0h - 3h}{h} = \lim\limits_{h \to 0} (4x_0 - 3) = 4x_0 - 3$

Die linksseitige Ableitung analog durchführen.

Also $f'(x) = 4x - 3$; $f'(2) = 5$; $f'(2) = m_t = 5$; $f(2) = 3 \Rightarrow 3 = 5 \cdot 2 + c \Leftrightarrow c = -7$

Die Tangentengleichung lautet demnach: $t(x) = 5x - 7$

4. $f(x_0 + h) = f(x_0) + h \cdot f'(x_0) + R(x)$

$2x_0^2 + 4x_0h + 2h^2 - 3x_0 - 3h + 1 = 2x_0^2 - 3x_0 + 1 + h(4x_0 - 3) + 2h^2$

Also $f'(x_0) = 4x_0 - 3$

5. $f''(x) = 4$; $f'''(x) = 0$; $f^{(4)}(x) = 0$, ebenso alle höheren Ableitungen.

Die Ableitung der ganzrationalen Funktion

1. $f'(x) = 4x^3 - 24x^2 + 12x + 40$

1. Nullstelle: $x_1 = -1$. Die Polynomdivision führt zu $x^2 - 7x + 10$

$\Rightarrow$ weitere Nullstellen $x_2 = 2$; $5 = x_3$ (p-q-Formel)

$$f''(x) = 12x^2 - 48x + 12 \begin{cases} f''(-1) = 72 & > 0 \Rightarrow \text{Min } (-1 \mid 29) \\ f''(2) = -36 & > 0 \Rightarrow \text{Max } (2 \mid 52) \\ f''(5) = 72 & > 0 \Rightarrow \text{Min } (5 \mid -29) \end{cases}$$

$f''(x) = 0$ für $x_4 = 2 + \sqrt{3}$ und $x_5 = 2 - \sqrt{3}$

$f'''(x) = 24x - 48$, $f'''(x_4) \neq 0$, $f'''(x_5) \neq 0 \Rightarrow W_1\,(3{,}732 \mid 7{,}002)$

$W_2\,(0{,}268 \mid 7{,}002)$

2. $f'(x) = 6x^5$
$f'(x) = 0$ für $x_0 = 0$
$f''(0) = f'''(0) = f^{(4)}(0) = f^{(5)}(0) = 0$
$f^{(6)}(x) = 720$, also auch $f^{(6)}(0) = 720 > 0 \Rightarrow$ Min $(0 \mid -12)$

3. $f'(x) = 3x^2 + 12x + 12$
$f'(x) = 0$ für $x = -2$ (doppelte Nullstelle)
$f''(x) = 6x + 12$, $f''(-2) = 0$; $f'''(x) = 6 \Rightarrow f'''(-2) = 6$,
also keine Extremstellen. $(-2 \mid -5)$ ist Sattelpunkt.

4. a) $f'(x) = x^2 - 2x + x(2x - 2) = 3x^2 - 4x = [x^3 - 2x^2]'$
b) $f'(x) = (8x + 1)(x^2 + 3x + 5) + (4x^2 + x - 1)(2x + 3) = 16x^3 + 39x^2 + 44x + 2$
$= [4x^4 + 13x^3 + 22x^2 + 2x - 5]'$

Anwendungen

1. a) $\mathbb{D} = \mathbb{R}$
b) $\lim\limits_{x\to\infty} f(x) = x^5\left(2 - \frac{4}{x^2} + \frac{2}{x^4}\right) = \infty$; analog: $\lim\limits_{x\to-\infty} f(x) = -\infty$
c) $f(x) = 0 = x \cdot (2x^4 - 4x^2 + 2)$
$x_1 = 0$; Substitution $z = x^2$ und p-q-Formel sind jeweils doppelte Nullstellen.
$\Rightarrow x_2 = 1, x_3 = -1$
d) $f'(x) = 10x^4 - 12x^2 + 2$
hat die Nullstellen $x_4 = 1$; $x_5 = -1$; $x_6 = \sqrt{0{,}2}$ und $x_7 = -\sqrt{0{,}2}$.
Damit ergeben sich die Bereiche
$]-\infty; -1[$ $]-1; -\sqrt{0{,}2}[$ $]-\sqrt{0{,}2}; \sqrt{0{,}2}[$ $]\sqrt{0{,}2}; 1[$ $]1; \infty[$
In diesen Bereichen ist f streng monoton:
steigend fallend steigend fallend steigend
Daher hat f die vier Extremalpunkte
$M_1(-1 \mid 0)$; $M_2(-\sqrt{2} \mid -0{,}572)$; $M_3(\sqrt{2} \mid 0{,}572)$; $M_4(1 \mid 0)$

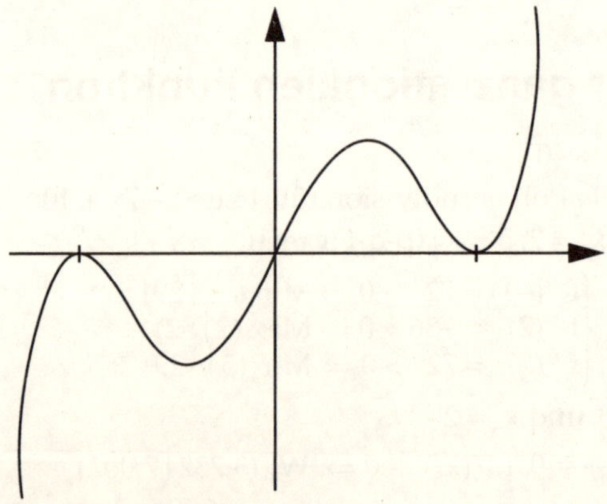

Abb. 669 $f(x) = 2x^5 - 4x^3 + 2x$

2. (1) $\mathbb{D} = \mathbb{R}$

(2) Keine Symmetrie, da gerade und ungerade Potenzen von x auftreten.

(3) $\lim\limits_{x \to \infty} f(x) = \infty$, $\lim\limits_{x \to -\infty} f(x) = -\infty \quad \Rightarrow$ f ist unbeschränkt.

f ist stetig auf ganz $\mathbb{D}$

(4) Nullstellen $x_1 = 0, x_2 = 3, x_3 = -2$

(5) $f'(x) = 3x^2 - 2x - 6 \Rightarrow f'(x) = 0$ für $x_4 = 1{,}79$, $x_5 = 1{,}12$

$f''(x) = 6x - 2 \Rightarrow f''(1{,}79) = 8{,}74 > 0 \Rightarrow$ Min $(1{,}79 \mid -8{,}20)$

$f''(-1{,}12) = -8{,}78 < 0 \Rightarrow$ Max $(-1{,}12 \mid 4{,}06)$

Also steigt f in $]-\infty; -1{,}12[$, fällt in $]-1{,}12; 1{,}79[$ und steigt wieder in $]1{,}79; \infty[$.

(6) $f''(x) = 0$ für $x = \frac{1}{3}$; $\quad f'''(x) = 6 \neq 0 \Rightarrow \left(\frac{1}{3} \mid -2{,}07\right)$ ist Wendepunkt.

In $]-\infty; \frac{1}{3}[$ ist f rechtsgekrümmt, in $]\frac{1}{3}; \infty[$ linksgekrümmt.

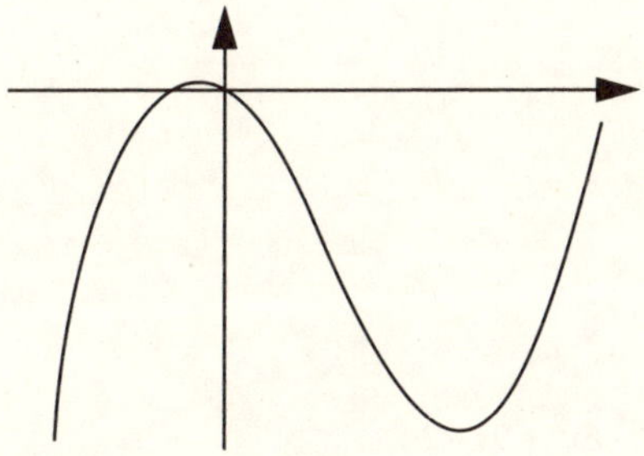

Abb. 670 $f(x) = x^3 - 6x^2 - 6x$

3. (1) $\mathbb{D} = \mathbb{R}$

(2) Keine Symmetrien, da gerade und ungerade Potenzen von x auftreten.

(3) $\lim\limits_{x \to \infty} f(x) = \mp \infty \Rightarrow$ f ist unbeschränkt.

(4) Nullstellen $x_1 = 0, x_2 = 2, x_3 = 3$ durch Ausklammern und p-q-Formel.

(5) $f'(x) = -0{,}3x^2 + x - 0{,}6$

$f'(x) = 0$ für $x_4 = 0{,}78$ und $x_5 = 2{,}55$

$f''(x) = -0{,}6x + 1 \Rightarrow f''(0{,}78) = \;\; 0{,}529 > 0 \Rightarrow$ Min $(0{,}78 \mid -0{,}21)$

$f''(2{,}55) = -0{,}529 < 0 \Rightarrow$ Max $(2{,}55 \mid 0{,}06)$

Damit fällt f in $]-\infty; 0{,}78[$, steigt in $]0{,}78; 2{,}55[$ und fällt wieder in $]2{,}55; \infty[$.

(6) $f''(x) = 0$ für $x = 1{,}67$

$f'''(x) = -0{,}6 \neq 0 \Rightarrow$ Wendepunkt W $(1{,}67 \mid -0{,}07)$.

In $]-\infty; 1{,}67[$ ist f linksgekrümmt, danach rechtsgekrümmt.

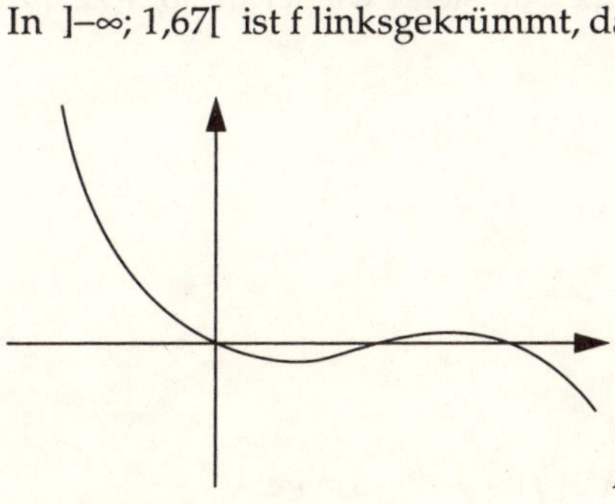

Abb. 671 $f(x) = 0{,}1x^3 + 0{,}5x^2 - 0{,}6x$

4. (1) $\mathbb{D} = \mathbb{R}$

(2) Da sowohl gerade als auch ungerade Potenzen von x vorkommen, ist f weder punktsymmetrisch zum Ursprung noch y-Achsen-symmetrisch.

(3) $\lim\limits_{x\to\infty} f(x) = \infty$, $\lim\limits_{x\to-\infty} f(x) = -\infty$, f ist also unbeschränkt.

(4) $x_1 = 2$, $x_2 = 3{,}732$, $x_3 = 0{,}268$ sind die Nullstellen.

(5) $f'(x) = 3x^2 - 12x + 9 \quad f'(x) = 0$ für $x_4 = 3$ und $x_5 = 1$

$f''(x) = 6x - 12 \quad \Rightarrow f''(3) = 6 > 0 \Rightarrow$ Min $(3|-2)$

$f''(1) = -6 < 0 \Rightarrow$ Max $(1|2)$

Also ist f streng monoton steigend in $]-\infty; 1[$, fallend in $]1; 3[$ und wieder steigend in $]3; \infty[$.

(6) $f''(x) = 0 \Rightarrow x = 2$

$f'''(x) = 6 \neq 0 \Rightarrow (2|0)$ ist Wendepunkt.

Damit ist f linksgekrümmt in $]-\infty; 2[$ und rechtsgekrümmt in $]2; \infty[$.

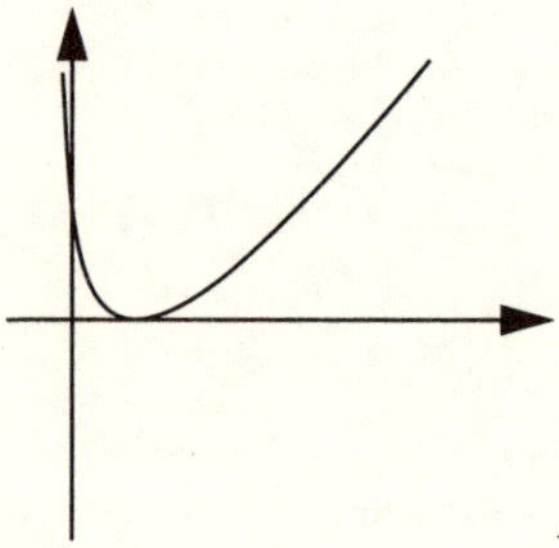

Abb. 672 $f(x) = x^3 - 6x^2 + 9x - 2$

5. (1) $\mathbb{D} = \mathbb{R}$

(2) f ist y-Achsen-symmetrisch, da nur gerade Potenzen von x vorkommen.

(3) $\lim\limits_{x\to\infty} f(x) = \lim\limits_{x\to-\infty} f(x) = -\infty$, also ist f unbeschränkt.

(4) Substitution $x^2 = z$ liefert $x_1 = 2$, $x_2 = -2$ aus $z_1 = 4$; $z_2 = -1$ liefert keine reellen Nullstellen.

(5) $f'(x) = -4x^3 + 6x = (-x)(4x^2 - 6) \Rightarrow f'(x) = 0$ für $x_3 = 0$, $x_4 = 1{,}225$ und $x_5 = -1{,}225$

$f''(x) = -12x^2 + 6 \Rightarrow f''(0) = 6 > 0 \Rightarrow$ Min $(0|4)$

$f''(1{,}225) = f''(-1{,}225) = -12 < 0$

$\Rightarrow$ Max $(1{,}225|6{,}25)$ und Max $(-1{,}225|6{,}25)$

Also steigt f in $]-\infty; -1{,}225[$, fällt in $]-1{,}225; 0[$, steigt wieder in $]0; 1{,}225[$ und fällt schließlich in $]1{,}225; \infty[$.

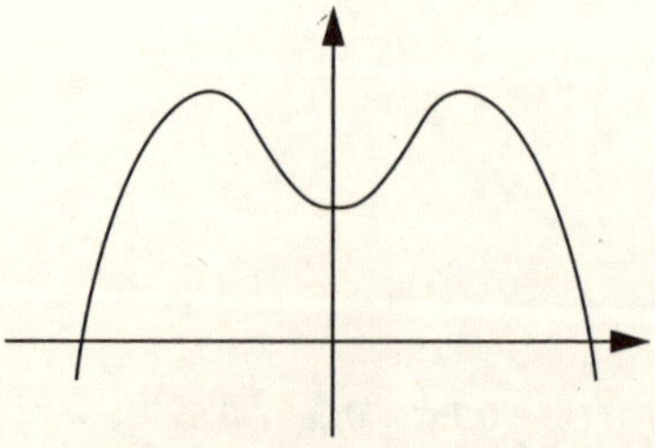

Abb. 673 $f(x) = -x^4 + 3x^2 + 4$

(6) $f''(x) = 0$ für $x_6 = 0{,}707$ und $x_7 = -0{,}707$

$f'''(x) = -24x \Rightarrow f'''(x_6) \neq 0$ und $f'''(x_7) \neq 0$

$\Rightarrow W_1 (-0{,}707 | 5{,}25)$ und $W_2 (0{,}707 | 5{,}25)$

f ist in $]-\infty; -0{,}707[$ rechtsgekrümmt, in $]-0{,}707; 0{,}707[$ linksgekrümmt und in $]0{,}707; \infty[$ rechtsgekrümmt.

6. $y = ax^3 + bx^2 + cx + d$

$\Rightarrow y' = 3ax^2 + 2bx + c$

$\Rightarrow y'' = 6ax + 2b$

Nullstelle bei $x = -1 \Leftrightarrow f(-1) = 0 \Rightarrow -a + b - c + d = 0$

Wendepunkt bei $x = -2 \Leftrightarrow f''(-2) = 0 \Rightarrow -12a + 2b = 0$

Tangente in Wendepunkt $\Rightarrow f'(-2) = 3 \Rightarrow 12a - 4b + c = 3$

$t(-2) = -3{,}5 = f(-2) \Rightarrow -8a + 4b - 2c + d = -3{,}5$

Dieses System hat die Lösung $(a | b | c | d) = (0{,}5 | 3 | 9 | 6{,}5)$ und damit wird

$f(x) = 0{,}5x^3 + 3x^2 + 9x + 6{,}5$

7. $y = ax^4 + bx^3 + cx^2 + dx + e$

$\Rightarrow y' = 4ax^3 + 3bx^2 + 2cx + d$

$\Rightarrow y'' = 12ax^2 + 6bx + 2c$

$f(1) = t(1) = 6 \Rightarrow 6 = a + b + c + d + e$

$f'(1) = 2 \Rightarrow 2 = 4a + 3b + 2c + d$

$P(0 | 4) \Rightarrow 4 = e$

$f'(0) = 0 \Rightarrow 0 = d$

$f''(0{,}5\sqrt{2}) = 0 \Rightarrow 0 = 6a + 3\sqrt{2}\, b + 2c$

Einsetzen der schon gefundenen Zahlen $e = 4$ und $d = 0$ und Lösen des Restsystems führt auf $a = -1$, $b = 0$, $c = 3$

also $f(x) = -x^4 + 3x^2 + 4$

8. $y = ax^5 + bx^4 + cx^3 + dx^2 + cx + f$

Symmetrie $\Rightarrow b = d = f = 0 \Rightarrow y = ax^5 + cx^3 + ex$

$\Rightarrow y' = 5ax^4 + 3cx^2 + e$

$A(2 | 36) \Rightarrow 36 = 32a + 8c + 2e$

$B(-3 | -384) \Rightarrow -384 = -243a - 27c - 3e$

$f'(3) = 704 \Rightarrow 704 = 405a + 27c + e$

Dieses System hat die Lösungen $a = 2$, $c = -4$, $e = 2$

also $f(x) = 2x^5 - 4x^3 + 2x$

9. Gemeinsame Nebenbedingung: $12 = a + b \Leftrightarrow a = 12 - b$

a) Hauptbedingung: $F(a; b) = a \cdot b \Rightarrow \max$; $\mathbb{D} = \{0 < x < 12\}$

Einsetzen der Nebenbedingungen: $F(b) = (12 - b) \cdot b = 12b - b^2$

$F'(b) = 12 - 2b$; $F'(b) = 0 \Leftrightarrow b = 6$

$F''(b) = -2 < 0 \Rightarrow (6 | 36)$ ist Maximum

b) Hauptbedingung: $S(a; b) = a^2 + b^2 \Rightarrow \max$

Einsetzen der Nebenbedingung: $S(b) = (12 - b)^2 + b^2 = 2b^2 - 24b + 144$

$S'(b) = 4b - 24$; $S'(b) = 0 \Leftrightarrow b = 6$

$S''(b) = 4 > 0 \Rightarrow (6 | 72)$ ist Minimum

10. Hauptbedingung: $V(a; b; c) = a \cdot b \cdot c \to \max$

Nebenbedingungen: (1) $l = 120 = 4a + 4b + 4c$

(2) $b = 3a$

$\Rightarrow 120 = 4a + 4 \cdot 3a + 4c \Rightarrow c = 30 - 4a$

Einsetzen: $V(a) = a \cdot 3a \cdot (30 - 4a) = 90a^2 - 12a^3$; $\mathbb{D} = \{0 < a < 30\}$

$V'(a) = 180a - 36a^2$

$V'(a) = 0$ für $a = 5$ oder $a = 0$ $(0 \notin \mathbb{D})$

$V''(a) = 180 - 72a \Rightarrow V''(5) = -180 < 0$

$\Rightarrow$ Maximales Volumen für $a = 5$, $b = 15$, $c = 10$

$V = 750\ cm^3$

11. Nebenbedingung: $y = 6 - 0{,}25x^2$; $y = 0$ für $x = \sqrt{24}$ oder $x = -\sqrt{24}$

a) Hauptbedingung: $U(a; b) = 2a + 2b \Rightarrow \max$

oder: $U(x; y) = 4x + 2y \Rightarrow \max$ (Symmetrie bzgl. x)

Einsetzen: $U(x) = 4x + 2(6 - 0{,}25x^{2)} = -\frac{1}{2}x^2 + 4x + 12$

$U'(x) = -x + 4$; $U'(x) = 0 \Leftrightarrow x = 4$

$U''(x) = -1 < 0 \Rightarrow (4|2)$ ist Maximalpunkt

$\Rightarrow a = 8, b = 2, U = 20\ cm$

b) Hauptbedingung: $V(x; y) = 2xy \Rightarrow \max$

Einsetzen: $V(x) = 12x - \frac{1}{2}x^3$

$V'(x) = 12 - 1{,}5x^2 \Rightarrow V'(x) = 0$ für $x = \pm\sqrt{8}$

$V''(x) = -3x$

$V'(\sqrt{8}) < 0 \Rightarrow$ Max; $V'(-\sqrt{8}) > 0 \Rightarrow$ Min

$\Rightarrow a = 2\sqrt{8}, b = 4$ (aus N.B.), $V = 8\sqrt{8}\ cm^2$

12. Hauptbedingung: $V(a, r, h) = V_{Zyl} + V_{Kegel}$

$= \pi r^2 a + \frac{1}{3}\pi r^2 h$

Nebenbedingung: $9a^2 = r^2 + h^2 \Leftrightarrow 9a^2 - h^2 = r^2$

$a = 5m$

Einsetzen: $V(h) = \pi(225 - h^2) \cdot 5 + \frac{1}{3}\pi(225 - h^2)h$

$= -\frac{1}{3}\pi h^3 - 5\pi h^2 + 75\pi h + 1125\pi$

$\mathbb{D} = \{0 < h < 15\}$, da die Seitenlinie stets länger ist als die Höhe.

$V'(h) = \pi(-h^2 - 10h + 75)$

$V'(h) = 0 \Leftrightarrow h = 5$ (oder $h = -15 \notin \mathbb{D}$)

$V''(h) = \pi(-2h - 10) \Rightarrow V''(5) = -20\pi < 0$

$\Rightarrow$ Max für $h = 5$; $r = 14{,}142$; $a = 5$

$V_{max} = \frac{4000}{3}\pi\ m^3$

Die Ableitung der gebrochen rationalen Funktion

1. a) $f'(x) = \dfrac{8x^4 - 8x^3 + 84x^2 + 4x - 1}{x^6 + 4x^5 + 2x^4 + 10x^3 + 29x^2 - 14x + 49}$

b) $f'(x) = \dfrac{-2x^5 + 6x^4 - 20x^3 + 2x^2 - 12x + 2}{x^8 + 2x^6 - x^4 - 2x^2 + 1}$

2. (1) $\mathbb{D} = \mathbb{R}$, da $N(x) = x^2 + 1 > 0$ für alle $x \in \mathbb{R}$

(2) Da $Z(x) = 2x^2 + 2x + 1$ weder gerade noch ungerade ist, besteht weder Symmetrie zum Ursprung noch zur y-Achse.

(3) $f(x) = 2 + \dfrac{2x+1}{x^2+1} \Rightarrow \lim\limits_{x\to\infty} f(x) = \lim\limits_{x\to-\infty} f(x) = 2$

Da f überall definiert und stetig ist, ist f beschränkt.

(4) Nullstellen gibt es nicht.

(5) $f'(x) = \dfrac{(-2)(x^2 - x - 1)}{(x^2+1)^2}$

$f'(x) = 0$ für $x_1 = 1{,}618$ und $x_2 = -0{,}618$

$f''(x) = \dfrac{4x^5 - 6x^4 - 8x^3 - 4x^2 - 12x + 2}{(x+1)^4}$

$f''(-0{,}618) = 434{,}958 > 0 \Rightarrow \text{Min}\,(-0{,}618 \mid 1{,}829)$

$f''(1{,}618) = -58{,}539 < 0 \Rightarrow \text{Max}\,(1{,}618 \mid 3{,}171)$

3. (1) $\mathbb{D} = \mathbb{R}\setminus\{-1\}$ wegen $(2x+2)^2 = 0 \Leftrightarrow 2x + 2 = 0 \Leftrightarrow x = -1$

(2) Da im Zählerpolynom sowohl gerade als auch ungerade Potenzen von x auftreten, besitzt f weder Ursprungssymmetrie noch y-Achsen-Symmetrie.

(3) $f(x) = x - 2 + \dfrac{4}{(x+1)^2} \Rightarrow g(x) = x - 2$ ist für große $|x|$ Asymptote von f. Damit ist f unbeschränkt.

$\lim\limits_{h\to0} f(-1+h) = \lim\limits_{h\to0} f(-1-h) = \infty$

Somit besitzt f bei $x = -1$ eine (gleichsinnige) Polstelle und ist nicht stetig ergänzbar.

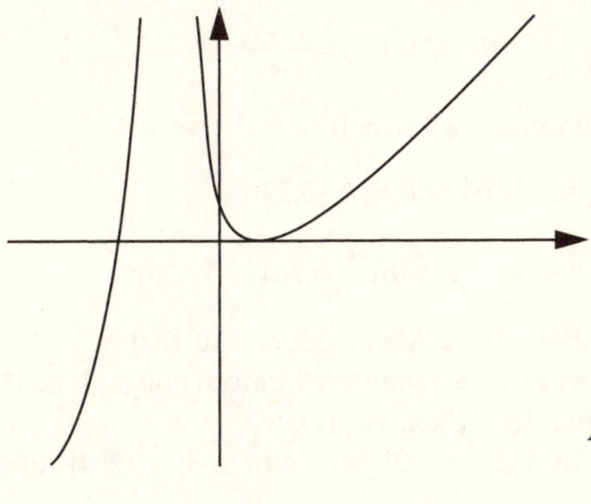

Abb. 674 $f(x) = \dfrac{4x^3 - 12x + 8}{(2x+2)^2}$

(4) $f(x) = 0 \Leftrightarrow Z(x) = 4x^3 - 12x + 8 = 0$
Z (x) hat Nullstelle $x_1 = 1$. Weitere Nullstelle ist $x_2 = -2$; x_1 ist doppelte Nullstelle, wie Polydivision und p-q-Formel zeigen.

(5) $f'(x) = \dfrac{8x^3 + 24x^2 + 24x - 56}{(2x+2)^3}$

$f'(x) = 0$ nur für $x = 1$ (wegen (4))

$f''(x) = \dfrac{384}{(2x+2)^4} > 0$ für alle $x \in \mathbb{D} \Rightarrow (1 \mid 0)$ ist Minimalpunkt.

Mit dem asymptotischen Verhalten folgt: f ist in $]-\infty; -1[$ streng monoton steigend, in $]-1; 1[$ streng monoton fallend und in $]1; \infty[$ streng monoton steigend.

(6) Wegen $f''(x) > 0$ für alle $x \in \mathbb{D}$ besitzt f keinen Wendepunkt. Also ist das Krümmungsverhalten einheitlich: f ist linksgekrümmt.

4. (1) $\mathbb{D} = \mathbb{R} \setminus \{-3\}$

(2) Da zwar das Zählerpolynom gerade, das Nennerpolynom jedoch weder gerade noch ungerade ist, ist f weder Ursprungs- noch y-Achsen-symmetrisch.

(3) $f(x) = x - 3 - \dfrac{5}{x+3}$. Demnach ist $x - 3$ Asymptote für große $|x|$, also

$\lim\limits_{x\to\infty} f(x) = \infty$, $\lim\limits_{x\to-\infty} f(x) = -\infty$, das heißt f ist unbeschränkt.

$\lim\limits_{h\to 0} f(-3+h) = \infty$, $\lim\limits_{h\to 0} f(-3-h) = -\infty$, deshalb liegt bei $x = -3$ eine ungleichsinnige Polstelle vor.

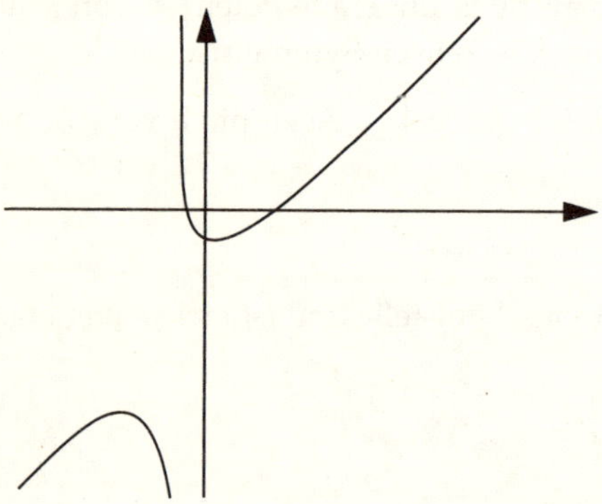

Abb. 675 $f(x) = \dfrac{x^2 - 4}{x+3}$

(4) $f(x) = 0$ für $x_1 = 2$ und $x_2 = -2$ (3. Binomische Formel)

(5) $f'(x) = \dfrac{x^2 + 6x + 4}{(x+3)^2}$; $f'(x) = 0$ für $x_3 = -0{,}764$ und $x_4 = -5{,}236$

$f''(x) = \dfrac{10}{(x+3)^3}$; $f''(-0{,}764) = 0{,}894 > 0 \Rightarrow \text{Min}(-0{,}764 \mid -1{,}528)$

$f''(-5{,}236) = -0{,}894 < 0 \Rightarrow \text{Max}(-5{,}236 \mid -10{,}472)$

Interessanterweise liegt (wegen des Pols) das relative Minimum höher als das relative Maximum. Dies zeigt die Bedeutung des Adjektivs „relativ"!
Also steigt f in $]-\infty; -5{,}236[$, fällt in $]-5{,}236; -3[$ sowie in $]-3; -0{,}764[$ und steigt wieder in $]-3; \infty[$.

(6) Wegen $f''(x) > 0$ für alle $x \in \mathbb{D}$ besitzt f keine Wendestellen.
Aus der Existenz des Minimums folgt: f ist rechtsgekrümmt in $]-\infty; -3[$. Wegen des Maximums ist f linksgekrümmt in $]-3; \infty[$.

5. Pol für $x = 2 \Rightarrow x = 2$ ist Nullstelle von $N(x) = x^2 + c \Leftrightarrow 0 = 4 + c \Rightarrow c = -4$.
$x = 1$ ist Nullstelle $\Rightarrow a \cdot 1^2 + b = 0$, also $-a = b$.

$y = 2$ ist Asymptote $\Rightarrow \lim\limits_{x \to \infty} \dfrac{ax^2 + b}{x^2 + c} = 2 = \lim\limits_{x \to \infty} \left(a + \dfrac{b - ac}{x^2 + c}\right) = a$

Also ist $a = 2$ und $b = -2 \Rightarrow f(x) = \dfrac{2x^2 - 2}{x^2 - 4}$

6. x_0 ist doppelte Nullstelle von f $\Leftrightarrow$ x_0 ist doppelte Nullstelle von g.

$\Rightarrow f(x) = \dfrac{(x - x_0)^2\, \tilde{g}(x)}{h(x)}$, wobei Grad $(\tilde{g})$ = Grad (g) – 2.

$$\text{Dann ist } f'(x) = \frac{[2(x - x_0)\, \tilde{g}(x) + (x - x_0)^2 \tilde{g}'(x)] \cdot h(x) - (x - x_0)^2 \tilde{g}(x) \cdot h'(x)}{h^2(x)}$$

$$= (x - x_0) \cdot \frac{2\tilde{g}(x)\, h(x) + (x - x_0)\, \tilde{g}'(x)\, h(x) - (x - x_0)\, \tilde{g}(x)\, h'(x)}{h^2(x)}$$

Also ist x_0 Nullstelle von f'.

Zur Ableitung weiterer Funktionen

1. a) $f'(x) = 4x^3 \cos x - x^4 \sin x$

b) $g'(x) = -\sin^2 x + \cos^2 x$

c) $h'(x) = -\sin x \cdot \sqrt[3]{x} + \dfrac{\cos x}{3\sqrt[3]{x^2}} = \dfrac{\frac{1}{3}\cos x - x \cdot \sin x}{\sqrt[3]{x^2}}$

d) $k'(x) = \dfrac{1}{x} \cdot x + (\ln x - 1) \cdot 1 = \ln x$

2. a) $f'(x) = x^2 \cos^2 x + 2x \sin x \cos x - x^2 \sin^2 x$

b) $g'(x) = \dfrac{\sin x}{2x\sqrt{x}} - \dfrac{\sin x \sqrt{x}}{x^2} + \dfrac{\sqrt{x} \cos x}{x} = \dfrac{\cos x \cdot \sqrt{x^3} - \frac{1}{2}\sqrt{x} \sin x}{x^2}$

3. a) $f'(x) = \dfrac{3{,}5x^6 \cdot 7 \cos x + 3{,}5x^7 \sin x}{49 \cos^2 x}$

b) $g'(x) = \dfrac{\frac{1}{2\sqrt{x}} \cdot \sin x - \sqrt{x} \cdot \cos x}{\sin^2 x} = \dfrac{\sin x - 2x \cos x}{2 \sin^2 x \sqrt{x}}$

c) $h'(x) = \dfrac{\frac{5}{3}\sqrt[3]{x^2} \cdot 4 \cos x + 4 \sin x \cdot \sqrt[3]{x^5}}{16 \cos^2 x}$

4. a) $f'(x) = \cos(3x^2+1) \cdot 6x$

b) $g'(x) = \sin(\sin^2 x)\, 2 \sin x \cos x = \sin(\sin^2 x) \cdot \sin^2 x$

c) $h'(x) = \dfrac{1}{\sqrt{2x-5}}$

d) $k'(x) = \dfrac{2\cos(2x+1) + 12x \sin(2x+1)}{3\sqrt[3]{x}\ \cos^3(2x+1)}$

e) $v'(x) = \dfrac{-1}{\cos x}(-\sin x) = \tan x$

5. $[f(x) \cdot g(x) \cdot h(x)]' = f'(x) \cdot [g(x) \cdot h(x)] + f(x) \cdot [g(x) \cdot h(x)]'$

$= f'(x) \cdot [g(x)\, h(x)] + f(x) \cdot [g'(x)\, h(x) + g(x)\, h'(x)]$

$= f'(x)\, g(x)\, h(x) + f(x)\, g'(x)\, h(x) + f(x)\, g(x)\, h'(x)$

6. a) $\lim\limits_{x \to -\infty} f(x) = -\infty$; $\lim\limits_{x \to \infty} f(x) = 0$ nach de l'Hospital

b) $f(x) = 0$ für $x + 1 = 0$, da Exponentialfunktionen keine Nullstellen haben
also $x_1 = -1$ einzige Nullstelle

c) $f'(x) = -x \cdot e^{1-x}$ mit Produkt- und Kettenregel
$f'(x) = 0$ für $x = 0$
$f''(x) = (x-1)\, e^{1-x} \Rightarrow f''(0) = -e^1 < 0 \Rightarrow \text{Max}\,(0 \mid e)$

d) $f''(x) = 0$ für $x = 1$

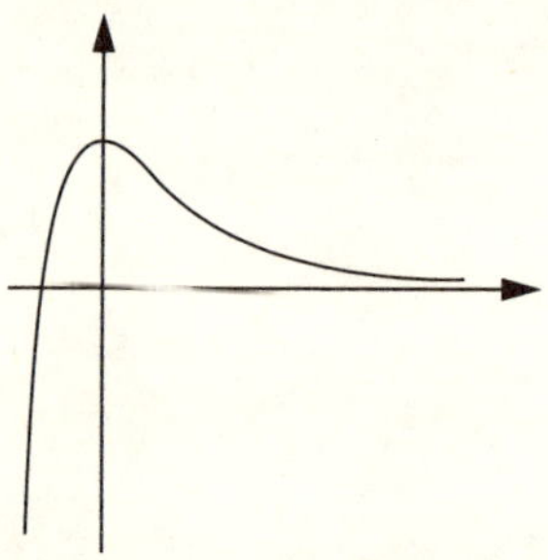

Abb. 676 $f(x) = (x+1) \cdot e^{1-x}$

$f''(x) = (2-x)\, e^{1-x} \Rightarrow f'''(1) = 1 \neq 0 \Rightarrow W\,(1 \mid 2)$

7. $\mathbb{D} = \{0 < \alpha < 90°\}$, das heißt: $\sin \alpha > 0$ und $\cos \alpha > 0$ für alle $\alpha \in \mathbb{D}$

$W'(\alpha) = \dfrac{2 v_0^2}{g}(\cos^2\alpha - \sin^2\alpha) = \dfrac{2v_0^2}{g}(2\cos^2\alpha - 1)$ mit $\sin^2\alpha = 1 - \cos^2\alpha$

$\Rightarrow W'(\alpha) = 0 \Leftrightarrow 2\cos^2\alpha = 1 \Leftrightarrow \cos^2\alpha = \dfrac{1}{2}$

$\Rightarrow \cos\alpha = \dfrac{1}{2}\sqrt{2}$ einzige Lösung in $\mathbb{D}$

$\Rightarrow \alpha = 45°$

$W''(\alpha) = \dfrac{2 v_0^2}{g} 4 \cos\alpha \cdot (-\sin\alpha) = -\dfrac{8 v_0^2}{g} \cos\alpha \sin\alpha < 0$ für $\alpha \in \mathbb{D}$

Also erreicht die Funktion W für $\alpha = 45°$ ihr Maximum $\dfrac{v_0^2}{g}$

8. $\mathbb{D}_{max} = \mathbb{R}^+$

$\lim_{x\to\infty} f(x) = \infty$, denn für $x > e^2$ ist $\ln x > 2$ und daher $(\ln x)^2 > 2 \ln x$

$\lim_{x\to 0} f(x) = \infty$, da beide Teilterme $(\ln x)^2$ und $-2 \ln x$ gegen ∞ gehen.

$f(x) = 0 \Leftrightarrow (\ln x - 2) \ln x = 0 \quad \Leftrightarrow \ln x = 0 \vee \ln x = 2$

$\Leftrightarrow \quad x = 1 \vee \quad x = e^2$

$f'(x) = \frac{2}{x}[\ln x - 1]$; $f'(x) = 0 \Leftrightarrow \ln x = 1 \Leftrightarrow x = e$

$f''(x) = \frac{2}{x^2}(2 - \ln x)$; $f''(e) = \frac{2}{e^2} > 0 \Rightarrow \text{Min}(e\,|\,-1)$

$f''(x) = 0 \Leftrightarrow \ln x = 2 \Leftrightarrow x = e^2$

$f'''(x) = \frac{2}{x^3}(\ln x - 5) \Rightarrow f'''(e^2) = \frac{-6}{e^6} \neq 0 \Rightarrow W(e^2\,|\,0)$

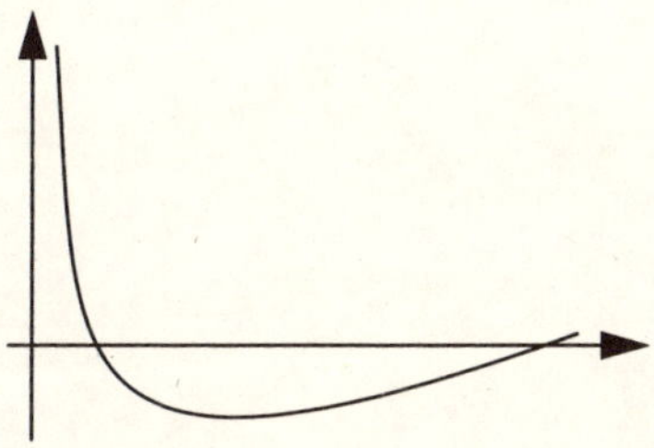

Abb. 677 $f(x) = (\ln(x))^2 - 2 \cdot \ln(x)$

9. (1) $\mathbb{D} = \mathbb{R}_0^+$

(2) entfällt hier

(3) $\lim_{x\to\infty} f(x) = \lim_{x\to\infty} [\sqrt{x}(2 - \sqrt{x})] = -\infty$

(4) $f(x) = 0$ für $x = 0$ oder $\sqrt{x} = 2$ das heißt $x = 4$

(5) $f'(x) = \frac{1}{\sqrt{x}} - 1 \Rightarrow f'(x) = 0$ für $x = 1$

$f''(x) = \frac{-1}{2\sqrt{x^3}} \Rightarrow f''(1) = -\frac{1}{2} < 0 \Rightarrow \text{Max}(1\,|\,1)$

Also steigt f in [0; 1[und fällt in]1; ∞[.

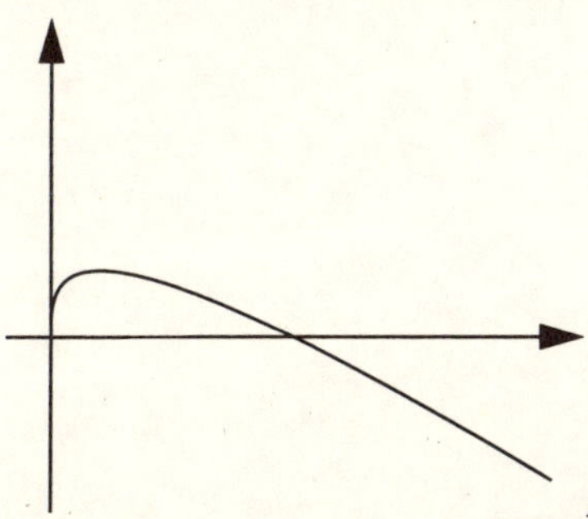

Abb. 678 $f(x) = 2 \cdot \sqrt{x} - x$

(6) $f''(x) < 0$ für alle $x \in \mathbb{D} \Rightarrow$ f ist überall rechtsgekrümmt.

10. a) Die Relation R setzt sich zusammen aus den Funktionen

f mit $f(x) = \frac{1}{3}\sqrt{x} \cdot (3 - x)$ und $g = -f$ mit $\mathbb{D}_f = \mathbb{D}_g = \mathbb{R}_0^+$

b) $\lim\limits_{h \to 0} \frac{f(h) - f(0)}{h} = \lim\limits_{h \to 0} \frac{\sqrt{h}\,(3 - h)}{3h} = \infty$

$\Rightarrow$ f ist an $x_0 = 0$ nicht differenzierbar, also auch nicht g.

c) Nullstellen sind $x = 0$ und $x = 3$.

$f'(x) = \frac{3 - 3x}{6\sqrt{x}}$; $\quad f'(x) = 0$ für $x = 1$

$f''(x) = \frac{-3x - 3}{12x\sqrt{x}}$; $\quad f''(1) = -\frac{1}{2} < 0 \Rightarrow \text{Max}\left(1 \middle| \frac{2}{3}\right)$

$f''(x) = 0$ für $x = -1 \notin \mathbb{D}_f \Rightarrow$ keine Wendepunkte

Es genügt die Betrachtung von f wegen $g = -f$.

Demnach hat g das Minimum $\left(1 \middle| -\frac{2}{3}\right)$.

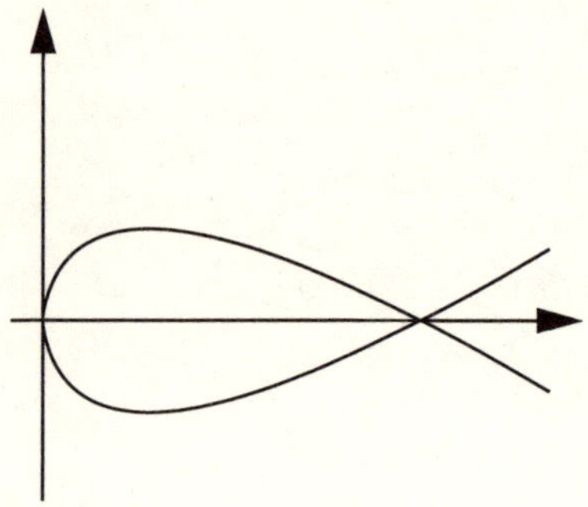

Abb. 679 $y^2 - \frac{1}{9} \cdot x \cdot (3 - x)^2 = 0$

Integralrechnung

Geometrische Aspekte der Integralrechnung

1. Da $f(x) = x^2 + 1 > 0$ für alle x ist, liegt jede Fläche unter der Kurve von f oberhalb der x-Achse. Damit sind die Flächenmaßzahl und das bestimmte Integral gleich und positiv (gleich Null für $k = 0$).

2. a) $\int_2^4 kx\,dx = \left[\frac{k}{2}x^2\right]_2^4 = 8k - 2k = 6k = 9 \Rightarrow k = 1{,}5$

b) $\int_k^3 \frac{1}{3}x^2 dx = \left[\frac{x^3}{9}\right]_k^3 = 3 - \frac{k^3}{9} = 6 \Rightarrow k^3 = -27 \Rightarrow k = -3$

c) $\int_0^k \left(x - \frac{1}{k}\right) dx = \left[\frac{x^2}{2} - \frac{x}{k}\right]_0^k = \frac{k^2}{2} - \frac{k}{k} = 6 \Leftrightarrow k^2 = 14$

$\Rightarrow k = \pm\sqrt{14}$

3. Im Zusammenhang mit f definiert man

$f^+(x) := \max\{f(x); 0\}$ (positiver Teil von f)

$f^-(x) := -\min\{f(x); 0\}$ (negativer Teil von f)

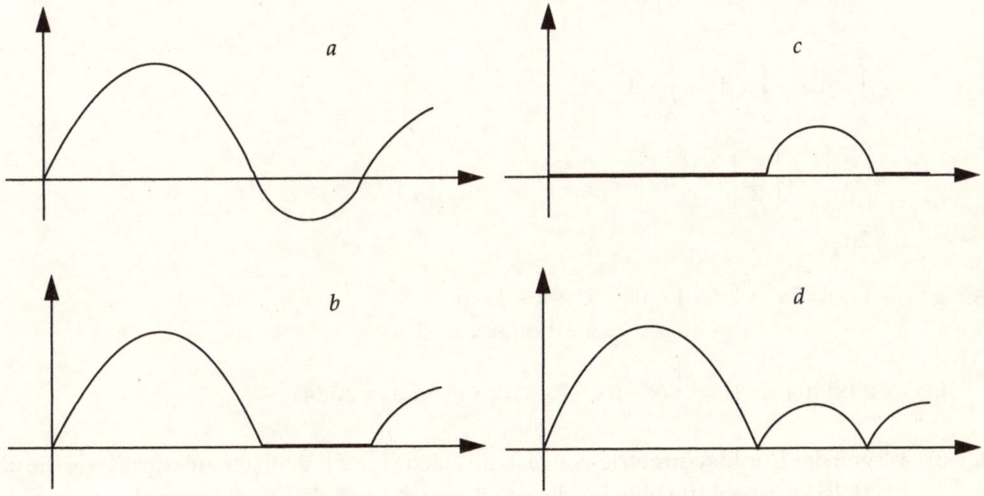

Abb. 680 a – d Zeichnerische Lösung zu 3

Dann ist $f = f^+ - f^-$ und $|f| = f^+ + f^-$

Aus den Eigenschaften des Integrals folgt die Integrierbarkeit von f^+ und f^-, und daraus die Intregierbarkeit von $|f|$.

Ferner gilt für jedes $x \in \mathbb{D}$:

$$-f^+(x) - f^-(x) \leq f^+(x) - f^-(x) \leq f^+(x) + f^-(x)$$

$$\Rightarrow -|f(x)| \leq f(x) \leq |f(x)|$$

Mit $f(x) \leq g(x)$

$$\Rightarrow \int_a^b f(x)\,dx \leq \int_a^b g(x)\,dx$$

$$\Rightarrow \left|\int_a^b f(x)\,dx\right| \leq \int_a^b |f(x)|\,dx$$

Der zweite Teil $\int_a^b f(x)\,dx \leq \left|\int_a^b f(x)\,dx\right|$ ist klar wegen $r \leq |r|$ für jedes $r \in \mathbb{D}$

4. $f(x) - g(x) = x^2 + x - 6 = 0 \Rightarrow x = 2$ oder $x = -3$

$g(x) > f(x)$ in $[-3, 2]$

$$\Rightarrow A = \int_{-3}^{2} (g(x) - f(x))\,dx$$

$$= -\int_{-3}^{2} x^2\,dx - \int_{-3}^{2} x\,dx + \int_{-3}^{2} 6\,dx$$

$$= \int_{2}^{-3} x^2\,dx + \int_{2}^{-3} x\,dx + \int_{-3}^{2} 6\,dx$$

$$= \left[\frac{x^3}{3}\right]_2^{-3} + \left[\frac{x^2}{2}\right]_2^{-3} + \left[6x\right]_{-3}^{2}$$

$$= 20\tfrac{5}{6}$$

5. $g(x) - f(x) = 2x^2 + 2x - 4 = 0 \Leftrightarrow x^2 + x - 2 = 0$

$\Rightarrow x = 1$ oder $x = -2$

$f(x) > g(x)$ in $[-2; 1] \Rightarrow \int_{-2}^{1} (4 - 2x - 2x^2)\,dx = 9$ analog zu (4)

6. a) Wegen der Punktsymmetrie von f ist die Fläche über $[-a; 0]$ genauso groß wie die über $[0; a]$. Jedoch liegt die eine Fläche unterhalb der x-Achse (das Integral wird negativ), die andere Fläche oberhalb. Wegen der Betragsgleichheit und den verschiedenen Vorzeichen wird die Summe Null.

b) Wegen der Achsensymmetrie sind die Flächen unter der Kurve über $[-a; 0]$ und $[0; a]$ gleich groß und haben gleiches Vorzeichen.

7. $F_a(x)$ hat noch eine weitere Nullstelle, wenn es ein $z \in [a; b]$ gibt mit $\int_a^z f(t)\,dt = -\int_z^b f(t)\,dt$.

Ein konkretes Beispiel liefert die Aufgabe 6 a.

8. a) $F'_a(x) = x^2 - 1$

b) $F'_b(x) = x^2 - 1$

c) $G'_a(x) = -x^2 + 1$

9. Der Graph von $y = \sqrt{1 - x^2}$ ist über $[-1; 1]$ ein Halbkreis mit dem Radius 1. Deshalb ist die Fläche: $\frac{\pi}{2}$

10. $U_u = (\Delta x)^4 \left[1^3 + 2^3 + \ldots + (n-1)^3\right] = (\Delta x)^4 \cdot \frac{(n-1)^2 n^2}{4}$

$0_u = (\Delta x)^4 \left[1^3 + 2^3 + \ldots + n^3\right] = (\Delta x)^4 \cdot \frac{n^2 (n+1)^2}{4}$

Mit $\Delta x = \frac{a}{n}$ folgt: $\lim\limits_{u \to \infty} 0_u = \lim\limits_{u \to \infty} U_u = \frac{1}{4} a^4$

Die Integration als Umkehrung der Differentiation

1. a) $F(x) = x^5 - \frac{7}{3}x^3 + x + c$

b) $G(x) = x^4 + 2x^3 - \frac{15}{2}x^2 + c$

c) $H(x) = -\frac{x^3}{3} + \frac{5}{2}x^2 - 7x + c$

2. a) $F(x) = \frac{2}{3}x^6 + \frac{1}{x} + c$

b) $G(x) = -\frac{1}{x^3} + \frac{2}{x^2} + c$

c) $H(x) = \ln|x| + c$

d) $K(x) = \sin|x| - 5x + c$

e) $M(x) = -4\cos(x) + \ln|\cos(x)| + c$

f) $N(x) = \sin(x) - \cos(x) + c$

g) $P(x) = x^2 + e^x + c$

h) $Q(x) = e^x - e^{-x} + c$

i) $R(x) = x(\ln(x) - 1) + e^x$

3. a) $\left[x^3 - 2x^2 + x\right]_1^2 = 2$

b) $\left[-\frac{1}{x} + \frac{1}{2x^4}\right]_1^2 = \frac{1}{32}$

c) $[-\cos x - \sin x]_{-\pi}^{\pi} = 0$

4. $\left(\frac{q}{p+q} \cdot x^{\frac{p}{q}+1}\right)' = \frac{q}{p+q} \cdot \left(\frac{p}{q} + 1\right) \cdot x^{\frac{p}{q}} = \frac{q}{p+q} \cdot \frac{p+q}{q} \cdot x^{\frac{p}{q}} = \sqrt[q]{x^p}$

5. $f(x) = 0 \Leftrightarrow x\left(x^2 + 8x + 16\right) = 0 \Leftrightarrow x = 0 \text{ oder } x = -4$

$\int_{-4}^{0} f(x)\,dx = \left[\frac{1}{16}x^4 + \frac{2}{3}x^3 + 2x^2\right]_{-4}^{0} = \frac{16}{3}$

6. $f'(x) = 3x^2 - 6x = 0 \Leftrightarrow x = 0 \text{ oder } x = 2$

$f''(x) = 6x - 6 \quad \Rightarrow f''(0) = -6 < 0 \Rightarrow \text{Max } (0 \mid 4)$

$f'(0) = 0 = m_t \quad \Rightarrow t(x) = 4$

Schnittpunkte: $f(x) = 4 \Leftrightarrow x^3 - 3x^2 = 0 \Leftrightarrow x = 0 \text{ oder } x = 3$

$$\int_0^3 \left(-x^3 + 3x^2\right) dx = \left[-\frac{x^4}{4} + x^3\right]_0^3 = 6{,}75$$

7. a) $\int_{-6}^{6} f(x)\,dx = \left[\frac{x^4}{4} + \frac{k}{3}x^3 - \frac{11}{2}x^2 - \frac{120x}{k}\right]_{-6}^{6} = 144k - \frac{1440}{k} = 216$

$\Rightarrow k^2 - \frac{3}{2}k - 10 = 0$

$\Rightarrow k = 4 \text{ oder } k = -2{,}5$ (p–q–Formel)

b) $f_4(x) = x^3 + 4x^2 - 11x - 30$ hat Nullstellen bei: $x = -5$, $x = -2$, $x = 3$ (Polynomdivision, p–q-Formel)

$\Rightarrow A = \left|\int_{-5}^{-2} f(x)\,dx\right| + \left|\int_{-2}^{3} f(x)\,dx\right| = \left|\frac{351}{12}\right| + \left|-\frac{1375}{12}\right| = \frac{1726}{12} \approx 143{,}8\overline{3}$

c) $\left|\int_{-1}^{1} (f_4(x) - f_{-2,5}(x))\,dx\right| = \left|\int_{-1}^{1} (6{,}5x^2 - 78)\,dx\right| = \left|\frac{13}{6}x^3 - 78x\right|_{-1}^{1} = 151{,}\overline{6}$

8. $f'(x) = 3x^2 - 6x - 9 = 0 \Leftrightarrow x^2 - 2x - 3 = 0 \Rightarrow x = 3 \text{ oder } x = -1$

$f''(x) = 6x - 6 \Rightarrow f''(3) \;=\; 12 > 0 \;\Rightarrow\; \text{Min } (3|-12)$

$f''(-1) = -12 > 0 \;\Rightarrow\; \text{Max } (-1|20)$

Gleichung der Geraden durch Minimum und Maximum:

$m = \frac{20 + 12}{-1 - 3} = -8 \Rightarrow b = 12 \Rightarrow g(x) = -8x + 12$

Bestimmung der Schnittpunkte:

$f(x) - g(x) = x^3 - 3x^2 - x + 3 = 0$ Nullstelle: $x = -1, x = 1, x = 3$

Bestimmung der Fläche:

$$A = \left|\int_{-1}^{1} (f(x) - g(x))\, dx\right| + \left|\int_{1}^{3} (f(x) - g(x))\, dx\right| = \left|\left[\frac{1}{4}x^4 - x^3 - \frac{x^2}{2} + 3x\right]_{-1}^{1}\right| + \left|\left[\ldots\right]_{1}^{3}\right|$$

$$= |4| + |-4| = 8$$

9. a) $x_0 = -1$ ist Wendestelle $\Rightarrow f''(-1) = 0$; $\quad m_t(-1) = -\frac{1}{e} \Rightarrow f'(-1) = \frac{-1}{e}$

$f'(x) = (ax + a + b)\, e^x$; $f''(x) = (ax + 2a + b)\, e^x$

$\Rightarrow 0 = (a + b) \cdot \frac{1}{e}$ und $-\frac{1}{e} = \frac{b}{e} \Rightarrow b = -1 \Rightarrow a = 1$

also: $f(x) = (x - 1)\, e^x$

b) $F(x) = (ax + b)\, e^x$ mit $F'(x) = (ax + a + b)\, e^x = f(x) = (x - 1)\, e^x$

Koeffizientenvergleich $\Rightarrow a = 1, b = -2 \Rightarrow F(x) = (x - 2)\, e^x$

c) $\left|\int_0^1 f(x)\, dx\right| = e - 2 = 0{,}718$

Weitere Integrationsmethoden

1. a) $\int e^{-x}(x - 1)\, dx = -e^{-x}(x - 1) + \int e^{-x}\, dx = -e^{-x}(x - 1) - e^{-x} = -xe^{-x}$

b) $\int (\ln x)^2 dx = x(\ln x)^2 - \int x \cdot 2 \ln x \cdot \frac{1}{x}\, dx = x(\ln x)^2 - 2\int \ln x\, dx = x(\ln x)^2 - 2x(\ln x - 1)$

c) $\int \sin 2x \cos\frac{1}{2}x\, dx = 2 \sin 2x \sin\frac{x}{2} + 8 \cos\frac{x}{2} \cos 2x + 16 \int \sin 2x \cos\frac{x}{2}\, dx$

durch zweimaliges partielles Integrieren

$\Rightarrow \int \sin 2x \cos\frac{x}{2}\, dx = -\frac{8}{15} \cos\frac{x}{2} \cos 2x - \frac{2}{15} \sin 2x \sin\frac{x}{2}$

d) $\int_1^e x \ln x\, dx = \left[\frac{x^2}{2} \ln x\right]_1^e - \int_1^e \frac{x^2}{2} \cdot \frac{1}{x}\, dx = \left[\frac{x^2}{2} \ln x - \frac{x^2}{4}\right]_1^e = \frac{1}{4}(e^2 + 1) = 2{,}097$

e) $\int\limits_0^{\pi} \cos^2 x\,dx = \left[\sin x \cos x\right]_0^{\pi} + \int\limits_0^{\pi} \sin^2 x\,dx = 0 + \int\limits_0^{\pi} \left(\underline{\qquad}{}^2 x\right) dx$

$\Rightarrow 2\int\limits_0^{\pi} \cos^2 x\,dx = \left[x\right]_0^{\pi} \Rightarrow \int\limits_0^{\pi} \cos^2 x\,dx = \frac{\pi}{2}$

f) $\int\limits_0^{1} e^{2x} \sin x\,dx = \left[-\cos x\, e^{2x}\right]_0^{1} + 2\int\limits_0^{1} \cos x\, e^{2x}\,dx$

$= \left[-\cos x\, e^{2x}\right]_0^{1} + 2\left(\left[\sin x\, e^{2x}\right]_0^{1} - 2\int\limits_0^{1} e^{2x} \cos x\,dx\right)$

$\Rightarrow 5\int\limits_0^{1} e^{2x} \cos x\,dx = \left[-\cos x + 2\sin x \cdot e^{2x}\right]_0^{1}$

$\Rightarrow \int\limits_0^{1} e^{2x} \cos x\,dx = 4{,}106$

2. a) Substitution: $x = \cos z \Rightarrow \frac{dx}{dz} = -\sin z$

$z_1 = \text{arc}\cos(0{,}5) = \frac{\pi}{3}$

$z_2 = \text{arc}\cos(0{,}5\sqrt{2}) = \frac{\pi}{4}$

$\Rightarrow \int\limits_{0,5}^{0,5\sqrt{2}} f(x)\,dx = \int\limits_{\frac{\pi}{3}}^{\frac{\pi}{4}} \frac{-\sin z\,dz}{\cos^2 z \sin z} = \left[-\tan z\right]_{\frac{\pi}{3}}^{\frac{\pi}{4}} = 0{,}732$

b) Substitution: $x = \ln z \Rightarrow \frac{dx}{dz} = \frac{1}{z}$

$\Rightarrow \int f(x)\,dx$

$= \int \frac{z^2}{\sqrt{z-1}} \cdot \frac{1}{z}\,dz$

$= 2z\sqrt{z-1} - 2\int \sqrt{z-1}\,dz$

$= 2z\sqrt{z-1} - \frac{4}{3}\sqrt{(z-1)^3}$

$= 2e^x\sqrt{e^x-1} - \frac{4}{3}\sqrt{(e^x-1)^3}$

c) $\int\limits_0^{1} f(x)\,dx = \left[\ln\left(x^2+1\right)\right]_0^{1} = \ln 2 = 0{,}693$

3. a) $\int_0^1 f(x)\,dx = \lim_{z\to 0}\left[\frac{3}{2}x^{\frac{2}{3}}\right]_z^1 = \lim_{z\to 0}\left(\frac{3}{2}-\frac{3}{2}z^{\frac{2}{3}}\right) = \frac{3}{2}$

b) $\int_0^\infty f(x)\,dx = \lim_{z\to\infty}\left(\frac{-1}{1+z}+1\right) = 1$

c) $\int x\,e^{-x}\,dx = -(x+1)\,e^{-x}$ durch partielle Integration

$\Rightarrow \int_0^\infty x\,e^{-x}\,dx = \lim_{z\to\infty}\left(-(z+1)e^{-z}+1\right) = 1$ wegen $\lim_{z\to\infty}\frac{-z}{e^z} = 0$

4. a) $\frac{x+1}{(x+2)(x-2)} = \frac{A}{x+2} + \frac{B}{x-2} = \frac{x(A+B)+2(B-A)}{x^2-4} \Rightarrow A = \frac{1}{4},\ B = \frac{3}{4}$

$\Rightarrow \int f(x)\,dx = \frac{1}{4}\ln|x+2| + \frac{3}{4}\ln|x-2|$

b) $\frac{2x+1}{(x+2)(x-3)} = \frac{A(x-3)+B(x+2)}{x^2-x-6} = \frac{x(A+B)+2B-3A}{x^2-x-6} \Rightarrow A = \frac{3}{5},\ B = \frac{7}{5}$

$\Rightarrow \int f(x)\,dx = \frac{3}{5}\ln|x+2| + \frac{7}{5}\ln|x-3|$

c) $\frac{x+2}{x\cdot(x+4)} = \frac{x\cdot(A+B)+4A}{x(x+4)} \Rightarrow A = B = \frac{1}{2} \Rightarrow \int f(x)\,dx = \frac{1}{2}\left(\ln|x| + \ln|x+4|\right)$

5. a) $V = \pi\int_0^3\left(-x^3+3x^2\right)^2 dx = \pi\left[\frac{x^7}{7}+\frac{9}{5}x^5-x^6\right]_0^3 = 65{,}435$

b) $V = 2\pi\int_0^3 x\left(3x^2-x^3\right)dx = 2\pi\left[\frac{3}{4}x^4-\frac{1}{5}x^5\right]_0^3 = 38{,}170\cdot 2 = 76{,}340$

6. a) $V = \pi\int_2^6\left(\frac{x}{2}-1\right)^2 dx = \pi\left[\frac{x^3}{12}-\frac{x^2}{2}+x\right]_2^6 = \frac{16}{3}\pi$

b) $h = b-a = 4;\ \ r = f(6) = 2 \ \Rightarrow\ V = \frac{1}{3}\pi r^2 h = \frac{16}{3}\pi$

c) $V = \pi\int_4^6\left(\frac{x}{2}-1\right)^2 dx = \frac{14}{3}\pi$

d) $f(2) = 0 \Rightarrow V = \pi\int_0^2 f^2(x)\,dx + \pi\int_2^6 f^2(x)\,dx = \frac{2}{3}\pi + \frac{16}{3}\pi = 6\pi$

7. $f_k(x) > 0$ für alle x und k $\Rightarrow$

$A(k) = \int_0^5 f_k(x)\,dx$

$= \frac{1}{4}\left[\frac{k^2}{3}x^3 - 5kx^2 + 25x\right]_0^5$

$= \frac{125}{12}k^2 - \frac{125}{4}k + \frac{125}{4}$

$$\frac{d\,A(k)}{dk} = \frac{125}{6}k - \frac{125}{4} = 0 \Leftrightarrow k = \frac{3}{2}$$

$$\frac{d^2\,A\,(k)}{dk^2} = \frac{125}{6} > 0 \Rightarrow A\left(\frac{3}{2}\right) = \frac{125}{16}$$ ist die minimale Fläche.

$$V = \pi \int_0^5 \left(0{,}25\,(kx-5)^2\right)^2 dx = \frac{\pi}{16} \int_0^5 \left(k^4x^4 - 20k^3x^3 + 150k^2x^2 - 500kx + 625\right) dx$$

$$= \frac{\pi}{16}\left[0{,}2k^4x^5 - 5k^3x^4 + 50k^2x^3 - 250kx^2 + 625x\right]_0^5$$

$$= \frac{\pi}{16}\left(625k^4 - 3125k^3 + 6250k^2 - 6250k + 3125\right)$$

=> für k = 1,5 : V = 84,369 (VE)

8. $A\,(z) = \int_1^z (f\,(x) - g\,(x))\,dx = \int_1^z \frac{2}{x^2}\,dx = \left[-\frac{2}{x}\right]_1^z = 2 - \frac{2}{z}$; $\lim\limits_{z\to\infty} A\,(z) = 2$

9. a) Nullstellen: x = –2 und x = 1 (doppelte Nullstelle und einzige im 1. Quadrant)

$$\Rightarrow \int_0^1 f\,(x)\,dx = \int_0^1 \left(x - 2 + \frac{4}{(x+1)^2}\right) dx = \left[\frac{x^2}{2} - 2x - \frac{4}{x+1}\right]_0^1 = \frac{1}{2}$$

b) $g\,(x) = ax^3 + bx^2 + cx + d\,;\quad g'(x) = 3ax^2 + 2bx + c$

$$f'(x) = \frac{(3x^2-3)\,(x+1)^2 - (x^3-3x+2)\,2\,(x+1)}{(x+1)^4}$$

$$\begin{array}{llll} g\,(1) & = 0 & \Rightarrow & a + b + c + d = 0 \\ g\,(-2) & = 0 & \Rightarrow & -8a + 4b - 2c + d = 0 \\ f\,(0) & = 2 \quad = g\,(0) & \Rightarrow & d = 2 \\ f'(0) & = g'(0) = -7 & \Rightarrow & c = 7 \end{array}$$

Dies führt zu $g\,(x) = -\frac{13}{4}x^3 + \frac{33}{4}x^2 - 7x + 2$

$$\Rightarrow \int_0^1 g\,(x)\,dx = \left[-\frac{13}{16}x^4 + \frac{11}{4}x^3 - \frac{7}{2}x^2 + 2x\right]_0^1 = \frac{7}{16}$$

$$\Rightarrow \Delta A = \frac{1}{16}$$

$$\frac{\Delta A}{A} = \frac{1}{8} = 12{,}5\%$$

c) Mit $g\,(x) = x - 2 \Rightarrow \int_0^z (f\,(x) - g\,(x))\,dx$

$$= \int_0^z \frac{4}{(x+1)^2}\,dx = \left[-\frac{4}{x+1}\right]_0^z$$

$$= 4 - \frac{4}{z+1} = A\,(z)$$

$$\Rightarrow \lim_{z\to\infty} A\,(z) = 4$$

10. $x = r \cdot \sin z \Rightarrow \frac{dx}{dz} = r \cdot \cos z$

$$\Rightarrow \int x \cdot f(x)\,dx = \int r^3 \cos^2 z \sin z\,dz = -r^3 \cos^3 z - \int r^3 \cos z \cdot 2 \cos z \sin z\,dz$$

$$\Rightarrow \int r^3 \cos^2 z \sin z\,dz = -\frac{1}{3} r^3 \cos^3 z = -\frac{1}{3}\left(\sqrt{r^2 - r^2 \sin^2 z}\right)^3$$

$$= -\frac{1}{3}\left(\sqrt{r^2 - x^2}\right)^3$$

$$\Rightarrow V = 2\pi \int_0^r x \cdot \sqrt{r^2 - x^2}\,dx = 2\pi \left[-\frac{1}{3}\left(\sqrt{r^2 - x^2}\right)^3\right]_0^r = \frac{2}{3}\pi r^3$$

11. a) $\int_{-1}^{2} f(x)\,dx = \left[\frac{1}{2}\left(e^x - e^{-x}\right)\right]_{-1}^{2} = 4{,}8$

b) $\pi \int_{-1}^{2} f^2(x)\,dx = \frac{\pi}{4} \cdot \left[\frac{e^{2x}}{2} - \frac{e^{-2x}}{2} + 2x\right]_{-1}^{2} = 28{,}99$

12. a) Aus der Substitution $z = 2x + 1 \Rightarrow \frac{dz}{dx} = 2$

$$\Rightarrow \int f(x)\,dx = \frac{1}{2}\int \frac{dz}{z^2} = -\frac{1}{2z} + c = -\frac{1}{4x+2} + c$$

b) $A_0(\infty) = \lim_{t\to\infty} \int_0^t f(x)\,dx = \lim_{t\to\infty}\left(\frac{1}{2} - \frac{1}{4t+2}\right) = \frac{1}{2}$

c) $V(a) = \pi \int_0^a f^2(x)\,dx = \pi \left[\frac{-1}{6\,(2x+1)^3}\right]_0^a = \pi\left(\frac{1}{6} - \frac{1}{6\,(2a+1)^3}\right)$

d) $\lim_{a\to\infty} V(a) = \frac{\pi}{6}$

Numerische Verfahren, Differentialgleichungen

Numerische Verfahren der Analysis

1. f(0) = 7; f(1) = –6; f(2) = 7

Also liegen die Nullstellen in]0;1[und]1;2[. $f'(x) = 10x^4 - 3x^2 - 28x$. Wir wählen als Startwerte 0,5 und 2 und erhalten

n	Newton-Verfahren	Newton-Verfahren mit konstanter Ableitung	
0	0,5	0,5	f′(0,5) = –14,125
1	0,74336	0,74336	
2	0,70767	0,69430	
3	0,70711	0,71124	
4	0,70711	0,70573	
5		0,70756	
6		0,70696	
7		0,70716	
8		0,70709	
9		0,70711	
10		0,70710	
11		0,70711	
12		0,70711	
0	2	2	f′(2) = 92
1	1,92391	1,92391	
2	1,91314	1,91547	
3	1,91293	1,91355	
4	1,91293	1,91308	
5		1,91297	
6		1,91294	
7		1,91293	
8		1,91293	

2. Der Skizze entnimmt man als Startwerte 0,4 bzw. –2,8

$f'(x) = 3x - 7 \Rightarrow f'(0,4) = -6,52; f'(-2,8) = 16,52$

n	x_n	x_n
0	0,4	–2,8
1	0,44049	–2,83923
2	0,44080	–2,83844
3	0,44081	–2,83847
4	0,44081	–2,83847

3.

n	Newton-V.	Newton-V. mit f′(0,8) = 4,92	Newton-V. mit f′(0,8) ≈ 5
0	0,8	0,8	0,8
1	0,4114	0,4114	0,4176
2	0,3248	0,3496	0,3525
3	0,3222	0,3310	0,3322
4		0,3251	0,3256
5		0,3231	0,3233
6		0,3225	0,3226
7		0,3223	0,3223
8		0,3222	0,3222

4. $\bar{x} \approx 0,42 \quad |T_1'(0,4)| \approx 0,5; |T_2'(0,4)| > 1; |T_3'(0,4)| \approx 0,01$

Die 3. Iterationsformel liefert also die beste Konvergenz. Nach zwei Iterationsschritten erhält man –0,42385.

5. $f'(x) = 2x - 5 \Rightarrow x_{n+1} = x_n - \dfrac{x_n^2 - 5x_n + 4}{2x_n - 5} \Rightarrow x_0 = 0; x_1 = 0,8; x_2 = 0,99995$

6. Wir erhalten nach Umformen die Iterationsformel $x_{n+1} = \dfrac{x^2 + 4}{5}$ und erhalten:

$x_0 = 0;\ x_1 = 0,8;\ x_2 = 0,928;\ x_3 = 0,9722$ als gute Näherung für $\bar{x} = 1$

7. $f'(x) = \ln x + x \cdot \dfrac{1}{x} = \ln x + 1 \Rightarrow x_{n+1} = x_n - \dfrac{x \cdot \ln x - 1}{\ln x + 1}$

$f(1) = -1;\ f(2) = 0,386 \Rightarrow \bar{x} \in\ ]-1; 2[$

n	x_n
0	1,5
1	1,7788
2	1,7633
3	1,7632
4	1,7632

8. $f'(x) = -0{,}5\, e^{-0{,}5x} \cdot \left(\cos\frac{\pi}{4}x + \frac{\pi}{2}\sin\frac{\pi}{4}x\right)$

$f''(x) = 0{,}5\, e^{-0{,}5x} \cdot \left[\cos\frac{\pi}{4}x \cdot \left(0{,}5 - \frac{\pi^2}{8}\right) + \frac{\pi}{2}\sin\frac{\pi}{4}x\right]$

a) $f(x) = 1 + x \cdot (-0{,}5) + \frac{x^2}{2} \cdot 0{,}5 \cdot \left(0{,}5 - \frac{\pi^2}{8}\right) = 1 - 0{,}5x - 0{,}183x^2$

b) $f(x) = e^{-0{,}5}\cos\frac{\pi}{4} + (x-1)\left[\cos\frac{\pi}{4} + \frac{\pi}{2}\sin\frac{\pi}{4}\right](-0{,}5)\,e^{-0{,}5}$

$+ \frac{(x-1)^2}{2}\,0{,}5e^{-0{,}5}\left[\cos\frac{\pi}{4}\left(0{,}5 - \frac{\pi^2}{8}\right) + \frac{\pi}{2}\sin\frac{\pi}{4}\right]$

$= 0{,}429 + (-0{,}551)(x-1) + 0{,}09\,(x-1)^2$

$= 0{,}09x^2 - 0{,}731x + 1{,}07$

9. $f(x) = x_0^3 + ax_0^2 + bx_0 + c + (x - x_0)(3x_0^2 + 2ax_0 + b) + \frac{(x-x_0)^2}{2}(6x_0 + 2a)$

$+ \frac{(x-x_0)^3}{6} \cdot 6 + 0, \quad \text{da } f^{(4)}(x) \equiv 0$

$= x_0^3 + ax_0^2 + bx_0 + c + x(3x_0^2 + 2ax_0 + b) - x_0(3x_0^2 + 2ax_0 + b)$

$+ (3x_0 + a)(x^2 + x_0^2 - 2xx_0) + (x^3 - 3x^2x_0 + 3xx_0^2 - x_0^3)$

$= x^3 + x^2(3x_0 + a - 3x_0) + x(3x_0^2 + 2ax_0 + b - 6x_0^2 - 2ax_0 + 3x_0^2)$

$+ (x_0^3 + ax_0^2 + bx_0 + c - 3x_0^3 - 2ax_0^2 - x_0b + 3x_0^3 + ax_0^2 - x_0^3)$

$= x^3 + ax^2 + bx + c$

10. $f(0) = 1;\ f(1) = e^{-\frac{1}{2}}\cos\frac{\pi}{4} \approx 0{,}429;\ f(2) = e^{-1}\cos\frac{\pi}{2} = 0$

a) $P(x) = \frac{(x-1)(x-2)}{2} + 0{,}429\,\frac{x(x-2)}{(-1)}$

$= \frac{x^2 - 3x + 2}{2} - 0{,}429x^2 + 0{,}858x$

$= 0{,}071x^2 - 0{,}642x + 1$

b) $P(x) = a + bx + c\,(x-1)\,x$

$P(0) = 1 = a \quad \Rightarrow \quad a = 1$

$P(1) = 0{,}429 = a + b \qquad b = -0{,}571$

$P(2) = 0 \qquad = a + 2b + 2c \qquad c = 0{,}071$

$\Rightarrow P(x) = 0{,}071x^2 - 0{,}642x + 1$

11. $f(-1) = 15{,}0 \quad f(1) = -10{,}7 \quad f(3) = 24{,}2 \quad f(4) = 10{,}0$

$p(x) = ax^3 + bx^2 + cx + d$

a) $p(-1) = -a + b - c + d = 15 \qquad (1)$

$p(1) = a + b + c + d = -10{,}7 \qquad (2)$

$p(3) = 27a + 9b + 3c + d = 24{,}2 \qquad (3)$

$p(4) = 64a + 16b + 4c + d = 10 \qquad (4)$

$$\begin{array}{lll} (1)-(2) \Rightarrow (5)\ -2a \qquad\quad -2c = 25{,}7 & \cdot 50 \\ (3)-(1) \Rightarrow (6)\ 28a + 8b + 4c = 9{,}2 & \cdot 15 \\ (4)-(1) \Rightarrow (7)\ 65a + 15b + 5c = -5 & \cdot 8 \end{array}$$

(6') $420a + 120b + 60c = 138$

(7') $520a + 120b + 40c = -40$

$(7') - (6') \Rightarrow$ (8) $100a - 20c = -178$

(5') $-100a - 100c = 1285$

$(8) + (5') \Rightarrow$ $-120c = 1107$ $\quad\Rightarrow c = -9{,}225 \approx -9{,}2$

in (8) $\Rightarrow a = -3{,}62 \approx -3{,}6$

in (6) $\Rightarrow b = 18{,}35 \approx 18{,}4$

in (1) $\Rightarrow d = -16{,}2$

$\Rightarrow p(x) \approx -3{,}6x^3 + 18{,}4x^2 - 9{,}2x - 16{,}2 = p^*(x)$

$p^*(-1) = 15$ $\qquad p^*(1) = -10{,}6$

$p^*(3) = 24{,}6$ $\qquad p^*(4) = 11$

Die Übereinstimmung an den Stützstellen ist also trotz des recht hohen Rechenaufwandes nicht übermäßig gut.

b) Ansatz $p(x) = a + b(x+1) + c(x+1)(x-1) + d(x+1)(x-1)(x-3)$

$\Rightarrow$ $p(-1) = a = 15$

$p(1) = a + 2b = -10{,}7 \Rightarrow b = -12{,}85 \approx -12{,}9$

$p(3) = a + 4b + 8c = 24{,}2 \Rightarrow c = 7{,}6$

$p(4) = a + 5b + 15c + 15d = 10 \Rightarrow d = -3{,}63 \approx -3{,}6$

$\Rightarrow$ $p(x) = 15 - 12{,}9(x+1) + 7{,}6(x+1)(x-1) - 3{,}6(x+1)(x-1)(x-3)$

$= -3{,}6x^3 + 18{,}4x^2 - 9{,}3x - 16{,}3$

$p(-1) = 15 \quad p(1) = -10{,}8 \quad p(3) = 24{,}2 \quad p(4) = 10{,}5;$

also bessere Übereinstimmung bei geringerem Rechenaufwand!

c) $$p(x) = 15 \cdot \frac{(x-1)(x-3)(x-4)}{(-1-1)(-1-3)(-1-4)} - 10{,}7\frac{(x+1)(x-3)(x-4)}{(1+1)(1-3)(1-4)}$$

$$+24{,}2\frac{(x+1)(x-1)(x-4)}{(3+1)(3-1)(9-4)} + 10\frac{(x+1)(x-1)(x-3)}{(4+1)(4-1)(4-3)}$$

$$= -\frac{15}{40}\left(x^3 - 8x^2 + 19x - 12\right) - \frac{10{,}7}{12}\left(x^3 - 6x^2 + 5x + 12\right)$$

$$-\frac{24{,}2}{8}\left(x^3 - 4x^2 - x + 4\right) + \frac{10}{15}\left(x^3 - 3x^2 - x + 3\right)$$

$$\approx -3{,}6x^3 + 18{,}5x^2 - 9{,}2x - 16{,}3$$

$p(-1) = 15 \quad p(1) = -10{,}6 \quad p(3) = 25{,}4 \quad p(4) = 12{,}5;$

also zwar relativ geringer Rechenaufwand, aber hohe Rundungsfehler.

Für die Fehlerabschätzung benutzen wir das Newton-Polynom. Es ist

$$|R(x)| \le \frac{1}{4!} \cdot \max_{x\in[-1;4]} |f^{(4)}(x)| \cdot \max_{x\in[a,b]} |(x+1)(x-1)(x-3)(x-4)|$$

$$\le \frac{1}{24} \max_{x\in[-1;4]} \left| -0{,}559e^x - \frac{\pi^4}{16} \cdot 12{,}673 \sin \frac{\pi}{2} x \right| \max_{x\in[-1;4]} |x^4 - 7x^3 + 11x^2 - 12|$$

Dabei erreicht der erste Term das Maximum bei x = 1, der zweite bei x = 1,446. Dann ist

$$|R(x)| \le \frac{1}{24} \cdot 78{,}67 \cdot 5{,}79 = 18{,}98$$

12. a) $p(x) = 2 + 2(x-1)$ nach Newton

$$p(x) = 2\frac{x-3}{1-3} + 6\frac{x-1}{3-1} = 2x \quad \text{nach Lagrange}$$

b) $p(x) = 2 + 2(x-1) + \frac{1}{2}(x-1)(x-3)$ nach Newton

$$p(x) = 2\frac{(x-3)(x-5)}{(1-3)(1-5)} + 6\frac{(x-1)(x-5)}{(3-1)(3-5)} + 14\frac{(x-1)(x-3)}{(5-3)(5-1)} \quad \text{nach Lagrange}$$

13. $p(x) = \frac{1}{10}(-4 - (x+2) + 3(x+2)(x+1) - x(x+2)(x+1))$

14. $p(x) = a + b(x+2) + c(x+2)(x+1) + d(x+2)(x+1)x + e(x+2)(x+1)x(x-1)$

$$\left.\begin{aligned} p(-2) &= -1 = a \\ p(-1) &= 1 = a + b \\ p(0) &= 2 = a + 2b + 2c \\ p(1) &= 3 = a + 3b + 6c + 6d \\ p(2) &= 5 = a + 4b + 12c + 24d + 24e \end{aligned}\right\} \Rightarrow \begin{aligned} a &= -1 \\ b &= 0 \\ c &= 1{,}5 \\ d &= -\frac{5}{6} \\ e &= \frac{1}{3} \end{aligned}$$

15. a) $\int e^{-0{,}5x} \cos\frac{\pi}{4}x\,dx = \frac{4}{\pi} e^{-0{,}5x} \sin\frac{\pi}{4}x - \int \frac{4}{\pi}\sin\frac{\pi}{4}x \cdot (-0{,}5)\, e^{-0{,}5x}dx$

$$= \frac{4}{\pi} e^{-0{,}5x} \sin\frac{\pi}{4}x - \left[\frac{16}{\pi^2}\left(-\cos\frac{\pi}{4}x\right)(-0{,}5)e^{-0{,}5x} + \int \frac{16}{\pi^2}\cos\frac{\pi}{4}x \cdot 0{,}25e^{-0{,}5x}dx\right]$$

$$\Rightarrow \left(\frac{4}{\pi^2} - 1\right)\int e^{-0{,}5x}\cos\frac{\pi}{4}x\,dx = \frac{4}{\pi}e^{-0{,}5x}\sin\frac{\pi}{4}x - \frac{8}{\pi^2}\cos\frac{\pi}{4}x \cdot e^{-0{,}5x}$$

$$\Rightarrow \int_0^2 e^{-0{,}5x}\cos\frac{\pi}{4}x\,dx = \left[\frac{\pi^2}{4+\pi^2}\cdot\frac{4}{\pi}e^{-0{,}5x}\left(\sin\frac{\pi}{4}x - \frac{2}{\pi}\cos\frac{\pi}{4}x\right)\right]_0^2$$

$$= \frac{4\pi}{4+\pi^2}\left(e^{-1}\sin\frac{\pi}{2} - e^0\left(-\frac{2}{\pi}\cos 0\right)\right)$$

$$= \frac{4\pi}{4+\pi^2}\left(e^{-1} + \frac{2}{\pi}\right)$$

$$= 0{,}910$$

b) $J_S = \frac{2-0}{6}[f(0)+4f(1)+f(2)] = \frac{1}{3}(1+4\cdot 0{,}429+0) = 0{,}905$

c) $J_T = \frac{2-0}{2\cdot 2}[f(0)+2f(1)+f(2)] = \frac{1}{2}(1+2\cdot 0{,}429+0) = 0{,}929$

d) $\int_0^2 (0{,}09x^2 - 0{,}731x + 1{,}07)\,dx = \left[0{,}09\frac{x^3}{3} - 0{,}731\frac{x^2}{2} + 1{,}07x\right]_0^2 = 0{,}918$

16. $\int_{-1}^{1} f(x)\,dx = \left[\frac{x^8}{8} - 4\frac{x^7}{7} + \frac{x^6}{6} + 3\frac{x^5}{5} - 2\frac{x^4}{4} + \frac{x^3}{3} - \frac{x^2}{2} + 2x\right]_{-1}^{1}$

$= 4{,}7238$

$p(x) = 3\frac{(x-1)x}{(-1-1)(-1-0)} + 2\frac{(x+1)(x-1)}{(0+1)(0-1)} + 1\frac{(x+1)x}{(1+1)(1-0)}$

$= \frac{3}{2}(x^2 - x) - 2(x^2 - 1) + \frac{1}{3}(x^2 + x)$

$= -\frac{1}{6}x^2 - \frac{7}{6}x + 2$

$\int_{-1}^{1} p(x)\,dx = \left[-\frac{1}{6}\frac{x^3}{3} - \frac{7}{6}\frac{x^2}{2} + 2x\right]_{-1}^{+1} = 3{,}8889$

$\int_{-1}^{1} R(x)\,dx = \int_{-1}^{1} (f(x) - p(x))\,dx = 0{,}8349 \Rightarrow 17{,}67\%$ Fehler

Dies erscheint sehr viel; aber immerhin wurde ein Polynom 7. Grades durch ein quadratisches Polynom approximiert bzw. ersetzt und der Integrationsaufwand entsprechend vermindert.

17. a) T = 6,75. Der Integrationsfehler $\frac{1}{12}$ ist wegen p'' = 0 exakt.

b) n = 2: T = 0,65; Integrationsfehler 0,0607
n = 4: T = 0,6826; Integrationsfehler 0,0152
Exakter Wert des Integrals: ln 2 ≈ 0,6931; damit sind die tatsächlichen Abweichungen 0,0431 bzw. 0,0105.

c) n = 6: T = 1,0057; Integrationsfehler 0,032
Exakter Wert des Integrals: 1; damit ist die tatsächliche Abweichung 0,0057.

18. Simpsonregel: $J_S = \frac{b-a}{6n}\left[y_0 + 4y_1 + 2y_2 + 4y_3 + y_4\right]$

a) f(0) = 1; f(0,25) = 0,9412; f(0,5) = 0,8; f(0,75) = 0,64; f(1) = 0,5

$\Rightarrow J_S = \frac{1}{12}[1 + 4\cdot 0{,}9412 + 2\cdot 0{,}8 + 4\cdot 0{,}64 + 0{,}5] = 0{,}7854$

b) $f(0) = 1$; $f(0{,}25) = 1{,}0308$; $f(0{,}5) = 1{,}1180$; $f(0{,}75) = 1{,}25$; $f(1) = 1{,}4142$

$$\Rightarrow J_S = \frac{1}{12}\,[1 + 4 \cdot 1{,}0308 + 2 \cdot 1{,}1180 + 4 \cdot 1{,}25 + 1{,}4142] = 1{,}1478$$

c) $f(0) = 1$; $f(0{,}25) = 0{,}9394$; $f(0{,}5) = 0{,}7788$; $f(0{,}75) = 0{,}5698$; $f(1) = 0{,}3679$

$$\Rightarrow J_S = \frac{1}{12}\,[1 + 4 \cdot 0{,}9394 + 2 \cdot 0{,}7788 + 4 \cdot 0{,}5698 + 0{,}3679] = 0{,}7469$$

Differentialgleichungen

1. a) $\int x \sin 2x\,dx = -\frac{x}{2}\cos 2x + \frac{1}{2}\int \cos 2x\,dx = -\frac{x}{2}\cos 2x + \frac{1}{4}\sin 2x + c$

b) $\int x^2 e^{-x} dx = -x^2 e^{-x} + \int 2x e^{-x} dx$

$$= -x^2 e^{-x} - 2x e^{-x} - 2\int e^{-x} dx$$

$$y(x) = -e^{-x}\,(x^2 + 2x + 2) + c$$

c) $\int \sin^2 x \cdot \cos x\,dx = \int z^2\,dz$ mit $\sin x = z \Rightarrow \frac{dz}{dx} = \cos x$

$$= \frac{z^3}{3} + c$$

also $y(x) = \frac{\sin^3 x}{3} + c^*$

d) $x^x\,(1 + \ln x) = e^{x \cdot \ln x}(1 + \ln x)$

Setze $x \cdot \ln x = z \Rightarrow \frac{dz}{dx} = \ln x + 1$

$$\Rightarrow \int x^x\,(1 + \ln x)\,dx = \int e^z\,dz = e^z + c$$

$$y(x) = e^{x \cdot \ln x} + c = x^x + c$$

2. Substitution: $\sqrt{2x-3} = z \Rightarrow 2x - 3 = z^2;\; x = \frac{z^2 + 3}{2}$

$$\frac{dz}{dx} = \frac{1}{\sqrt{2x-3}}$$

$$\Rightarrow \int \frac{x\,dx}{\sqrt{2x-3}} = \int \frac{z^2+3}{2}\,dz = \frac{1}{2}\left[\frac{z^3}{3} + 3z\right] + c$$

$$= \frac{1}{2}\left[\frac{(2x-3)^{\frac{3}{2}}}{3} + 3\,(2x-3)^{\frac{1}{2}}\right] + c$$

$$= \sqrt{2x-3}\left(\frac{2x-3}{6} + \frac{3}{2}\right) + c$$

also $y(x) = \sqrt{2x-3}\left(\frac{1}{3}x + 1\right) - \frac{2}{3}$ wegen $y(2) = 1$

3. a) $$y' = \frac{1}{(x^2-1)(x+1)} = \frac{A}{x+1} + \frac{B}{(x+1)^2} + \frac{C}{x-1}$$

$$= \frac{A(x+1)(x-1) + B(x-1) + C(x+1)^2}{(x-1)(x+1)(x+1)}$$

$$= \frac{x^2(A+C) + x(B+2C) + C - A - B}{(x^2-1)(x+1)}$$

$$\Rightarrow A + C = 0 \qquad B + 2C = 0 \qquad C - (A + B) = 1$$

$$A = -C \qquad B = -2C \quad C - (-C - 2C) = 1 \quad \Rightarrow C = \frac{1}{4}; \; A = -\frac{1}{4}; \; B = \frac{1}{2}$$

$$\Rightarrow \int \frac{dx}{(x^2-1)(x+1)} = -\frac{1}{4}\int \frac{dx}{x+1} - \frac{1}{2}\int \frac{dx}{(x+1)^2} + \frac{1}{4}\int \frac{dx}{x-1}$$

$$= -\frac{1}{4}\ln|x+1| + \frac{1}{2(x+1)} + \frac{1}{4}\ln|x-1| + c$$

b) $$y' = \frac{x^4 + 5x^2 + 1}{x^2 + x - 2} = x^2 - x + 8 - \frac{10x - 17}{x^2 + x - 2}$$

$$\frac{10x-17}{x^2+x-2} = \frac{A}{x+2} + \frac{B}{x-1} \quad \Rightarrow \quad A = \frac{37}{3}; \; B = -\frac{7}{3}$$

$$\Rightarrow \int \frac{x^4 + 5x^2 + 1}{x^2 + x - 2}\,dx = \frac{x^3}{3} - \frac{x^2}{2} + 8x - \left(\frac{37}{3}\ln|x+2| - \frac{7}{3}\ln|x-1|\right) + c$$

4. $$\frac{dy}{dx} = e^y \sin x \;\Rightarrow\; \frac{dy}{e^y} = \sin x\,dx$$

$$\Rightarrow \int \frac{dy}{e^y} = \int \sin x\,dx + c \;\Rightarrow\; \cos x + c = e^{-y}$$

$$\Rightarrow -\ln(\cos x + c) = y(x)$$

5. a) $$y\,dy = x^2 dx \;\Rightarrow\; \frac{y^2}{2} = \frac{x^3}{3} + c \;\; (x \geq \sqrt[3]{-3c})$$

$$\Rightarrow y = \sqrt{\frac{2}{3}x^3 + 2c}$$

b) $$\frac{dy}{y} = \frac{dx}{x^2} \;\Rightarrow\; \ln y = \frac{-1}{x} + c$$

$$\Rightarrow y(x) = c^* \cdot e^{-\frac{1}{x}}, \qquad c^* \in \mathbb{R}$$

c) $$\frac{dy}{y} = x^2 dx \;\Rightarrow\; \ln y = \frac{x^3}{3} + c$$

$$\Rightarrow y(x) = K \cdot e^{\frac{1}{3}x^3}, \quad K \in \mathbb{R}$$

6. a) $\int e^x \cos x\, dx = e^x \sin x - \int e^x \sin x\, dx$

$$= e^x \sin x + e^x \cos x - \int e^x \cos x\, dx$$

$$\Rightarrow 2\int e^x \cos x\, dx = e^x(\sin x + \cos x)$$

$$\Rightarrow \int e^x \cos x\, dx = \frac{e^x}{2}(\sin x + \cos x)$$

b) $\int \ln^2(x)\, dx = x\ln^2 x - \int x \cdot 2\ln x \cdot \frac{1}{x}\, dx$

$$= x\ln^2 x - 2(x \cdot \ln x - x) + c$$

$$= x(\ln^2 x - 2\ln x + 2) + c$$

c) $\frac{dy}{y} = 2x\, dx \Rightarrow \ln|y| = x^2 + c \Rightarrow y(x) = K \cdot e^{(x^2)}$

7. a) Setze $\sqrt{5-x} = z \Rightarrow \frac{dz}{dx} = -\frac{1}{2\sqrt{5-x}} \Leftrightarrow -2\sqrt{5-x}\, dz = dx$

$$x = 5 - z^2 \quad \Leftrightarrow -2z\, dz = dx$$

$$\Rightarrow \int x \cdot \sqrt{5-x} = \int (5 - z^2) z(-2z)\, dz$$

$$= (-2)\int \left(5z^2 - z^4\right) dz$$

$$= (-2)\left(\frac{5}{3} z^3 - \frac{1}{5} z^5\right) + c$$

$$= (-2)\left(\frac{5}{3}(5-x)^{\frac{3}{2}} - \frac{1}{5}(5-x)^{\frac{5}{2}}\right) + c$$

b) Setze $x^3 = z \Rightarrow \frac{dz}{dx} = 3x^2$

$$\Rightarrow \int \frac{x^2 dx}{\sqrt{1-x^6}} = \frac{1}{3}\int \frac{dz}{\sqrt{1-z^2}} = \frac{1}{3}\arcsin z + c = \frac{1}{3}\arcsin\left(x^3\right) + c$$

c) $\frac{dy}{dx} = x(1-y) \Rightarrow \frac{dy}{1-y} = x\, dx \Rightarrow \int \frac{dy}{1-y} = \int x\, dx + c$

$$-\ln|1-y| = \frac{x^2}{2} + c$$

$$|1-y| = e^{-\frac{x^2}{2} - c}$$

8. $y = 1 \Rightarrow y' = 0$ für alle x

$y(1) = 2 \Rightarrow y > 1 \Rightarrow |1-y| = y - 1 = Ke^{-\frac{x^2}{2}}$

$\Rightarrow y(x) = Ke^{-\frac{x^2}{2}} + 1$

Wegen $y(1) = 2 \Rightarrow K = e^{\frac{1}{2}} \Rightarrow y(x) = e^{\frac{1}{2}} \cdot e^{-\frac{x^2}{2}} + 1$

9. a) Es ist $g(x) = \sin x \Rightarrow G(x) = -\cos x$

$\Rightarrow y_H(x) = C \cdot e^{\cos x}$ ist die Lösung der zugehörigen homogenen Gleichung. Ferner ist

$$\tilde{y}(x) = \int_0^x \sin^3 t \cdot e^{\cos x - \cos t} dt$$

$$\tilde{y}(x) = e^{\cos x} \int_1^{\cos x} (s^2 - 1) e^{-s} ds$$

$$\tilde{y}(x) = -e^{\cos x} \Big[\big[(s^2 - 1) + 2s + 2 \big] e^{-s} \Big]_1^{\cos x}$$

$$\tilde{y}(x) = \sin^2 x - 2 \cos x - 2 + 4e^{\cos x - 1}$$

eine spezielle Lösung der inhomogenen Gleichung. Dann ist die allgemeine Lösung der inhomogenen Gleichung

$$y_H(x) + \tilde{y}(x) = C \cdot e^{\cos x} + \sin^2 x - 2 \cos x - 2 + 4e^{\cos x - 1}$$

b) Die allgemeine Lösung der homogenen Gleichung lautet

$$y_H(x) = K \cdot e^{-\int \frac{1}{x} dx} = K \cdot e^{-\ln x} = K \cdot \frac{1}{x}$$

Dann lautet eine spezielle Lösung der inhomogenen Gleichung

$$\tilde{y}(x) = y_H(x) \cdot \int \frac{1+x}{\frac{1}{x}} dx = \frac{1}{x} \cdot \int (x^2 + x) dx = \frac{x}{2} + \frac{x^2}{3}$$

Somit ist die allgemeine Lösung der inhomogenen Gleichung

$$y(x) = K \cdot \frac{1}{x} + \frac{x}{2} + \frac{x^2}{3}$$

10. Setze $x + y = z \Rightarrow \frac{dz}{dx} = 1 + y' = 1 + (x + y)^2 = 1 + z^2$

$$\Rightarrow \int \frac{dz}{1 + z^2} = \int dx + c$$

Mit $z = \tan(u)$ und $\frac{dz}{du} = \frac{1}{\cos^2 u}$ sowie $u = \arctan z$ folgt:

$$x + c = \int \frac{dz}{1+z^2} = \int \frac{1}{1 + \tan^2 u} \cdot \frac{du}{\cos^2 u}$$

$$= \int \frac{du}{\cos^2 u + \sin^2 u}$$

$$= \int du = u = \arctan z$$

$\Rightarrow \tan(x + c) = z$

$\Rightarrow \tan(x + c) - x = y(z)$

$y(0) = 1 \Rightarrow \tan(c) = 1 \Rightarrow c = \frac{\pi}{4}$

$\Rightarrow y(x) = \tan\left(x + \frac{\pi}{4}\right) - x$

11. Setze $z = \frac{y}{x} \Rightarrow \frac{dz}{dx} = \frac{xy' - y}{x^2} = \frac{z^2 + z}{x}$ und $z_0 = -\frac{4}{3}$

$$\Rightarrow \frac{dz}{z^2 + z} = \frac{dx}{x}$$

Partialbruchzerlegung für $\frac{1}{z(z+1)}$ liefert: $\frac{1}{z(z+1)} = \frac{1}{z} - \frac{1}{z+1}$

$$\Rightarrow \int_{-\frac{4}{3}}^{z} \frac{du}{u} - \int_{-\frac{4}{3}}^{z} \frac{du}{1+u} = \int_{2}^{x} \frac{dt}{t}$$

$$\ln \frac{u}{\left(-\frac{4}{3}\right)} - \ln \frac{1+u}{1-\frac{4}{3}} = \ln \frac{x}{2}$$

$$\ln \frac{u}{1+u} \cdot \frac{\left(-\frac{1}{3}\right)}{\left(-\frac{4}{3}\right)} = \ln \frac{x}{2}$$

$$\frac{u}{1+u} \cdot \frac{1}{4} = \frac{x}{2}$$

$$\frac{y}{x+y} = 2x$$

$$y = 2x^2 + 2xy \Rightarrow y(x) = \frac{2x^2}{1-2x}$$

12. a) $(\cos x; \sin x)$ ist Lösung:

$y_1'(x) = -\sin x = -y_2(x)$; $y_1(0) = \cos 0 = 1$

$y_2'(x) = \cos x = y_1(x)$; $y_2(0) = \sin 0 = 0$

b) Eindeutigkeit:

$$\begin{aligned} a'(x) &= y_1'(x)\cos x - y_1(x)\sin x + y_2'(x)\sin x + y_2(x)\cos x \\ &= \sin x(y_2'(x) - y_1(x)) + \cos x(y_1'(x) + y_2(x)) \\ &= \sin x(y_1(x) - y_1(x)) + \cos x(-y_2(x) + y_2(x)) = 0, \quad \text{also } a(x) = \text{const.} \end{aligned}$$

Analog ergibt sich $b'(x) = 0 \Rightarrow f(x) = \text{const.}$

$\Rightarrow y_1(x) = c_1\cos x - c_2\sin x$

$\quad y_2(x) = c_2\cos x + c_1\sin x$

Aus den Anfangsbedingungen folgt $c_1 = 1$, $c_2 = 0$ und damit die Eindeutigkeit.

13. $y_0(x) = 2$ $\qquad$ $z_0(x) = 1$

$$y_1(x) = 2 + \int_1^x \frac{2}{t} \cdot z_0(t)\,dt = 2 + 2\ln x \qquad z_1(x) = 1 + \int_1^x \frac{1}{2t} \cdot y_0(t)\,dt = 1 + \ln x$$

$$y_2(x) = 2 + \int_1^x \frac{2}{t}\, z_1(t)\,dt \qquad z_2(x) = 1 + \int_1^x \frac{y_1(t)}{2t}\,dt$$

$$= 2 + \int_1^x \frac{2}{t}(1 + \ln t)\,dt \qquad = 1 + \int_1^x \left(\frac{1}{t} + \frac{\ln t}{t}\right)dt$$

$$= 2 + 2\ln x + \frac{2\ln x}{2} \qquad = 1 + \ln x + \frac{\ln^2 x}{2}$$

$$\vdots \qquad \vdots$$

$$y_n(x) = 2 \cdot \sum_{i=0}^{n} \frac{1}{i!}\left(\ln x\right)^i \qquad z_n(x) = \sum_{i=0}^{n} \frac{1}{i!}\left(\ln x\right)^i$$

$$\Rightarrow \lim_{n\to\infty} y_n(x) = 2 \cdot e^{\ln x} = 2x; \qquad \lim_{n\to\infty} z_n(x) = x$$

Dabei erfüllen $y(x) = 2x$; $z(x) = x$ auch die Anfangsbedingungen.

14. Das charakteristische Polynom lautet

$$\begin{aligned} P(\lambda) = \quad & (2-\lambda)(-4-\lambda) + 9 &&= 0 \\ & \lambda^2 + 2\lambda + 1 &&= 0 \\ & (\lambda+1)^2 &&= 0 \quad \Rightarrow \quad \lambda = -1 \end{aligned}$$

Demnach erhalten wir so nur den Lösungsvektor $y(x) = \begin{pmatrix} e^{-x} \\ e^{-x} \end{pmatrix}$

Mit einer analogen Überlegung zum Fall $p^2 - 4q = 0$ bei der DGl 2. Ordnung macht man den Ansatz

$$\begin{aligned} y_1(x) = x \cdot e^{-x} \quad & \Rightarrow \quad y_1'(x) = 2xe^{-x} - 3y_2 = e^{-x}(1-x) \\ & \Rightarrow \quad y_2(x) = k \cdot e^{-x} \\ & \Rightarrow \quad 2x - 3k = 1 - x \\ & \Rightarrow \quad k = \frac{3x-1}{3} \end{aligned}$$

Demnach ist $\tilde{y}(x) = \begin{pmatrix} xe^{-x} \\ \dfrac{3x-1}{3}\, e^{-x} \end{pmatrix}$ im zweiter Lösungsvektor.

Analytische Geometrie und lineare Algebra

Vektorraum

1. a) Skalar b) Vektor c) Vektor d) Skalar
e) Vektor f) Skalar g) Vektor h) Skalar

2. Diese Menge kann keine Gruppe sein bezüglich der Verknüpfung „+“, da das neutrale Element, das sogenannte Nullpolynom (entspricht dem Nullvektor), in dieser Menge nicht vorkommt.

3. a) Hier können alle Vektorraumeigenschaften nachgewiesen werden; deshalb liegt ein Vektorraum vor. Ist zum Beispiel $\begin{pmatrix} 0 \\ 0 \\ 0 \end{pmatrix}$ das neutrale Element, ist die Menge M_1 wegen

$$\begin{pmatrix} a_1 \\ 3a_1 \\ a_3 \end{pmatrix} + \begin{pmatrix} b_1 \\ 3b_1 \\ b_3 \end{pmatrix} = \begin{bmatrix} a_1 + b_1 \\ 3(a_1 + b_1) \\ a_3 + b_3 \end{bmatrix} \in M_1 \text{ abgeschlossen.}$$

Auch die skalare Multiplikation ändert nichts an der die Menge M_1 kennzeichnenden Bedingung $a_1 = 3a_2$.

b) kein Vektorraum, weil $\mathfrak{a} = \begin{pmatrix} 3 \\ 4 \\ 2 \\ 5 \end{pmatrix} \in M_2$, aber

$$2 \cdot \mathfrak{a} = 2 \cdot \begin{pmatrix} 3 \\ 4 \\ 2 \\ 5 \end{pmatrix} = \begin{pmatrix} 6 \\ 8 \\ 4 \\ 10 \end{pmatrix} \notin M_2$$

c) kein Vektorraum über $\mathbb{R}$, weil die skalare Multiplikation mit einer negativen reellen Zahl die Größenrelation innerhalb der Komponenten umkehrt.

4. a) In II., III., VI. oder VII. Oktanten
b) Auf der (–z) – x-Ebene
c) Im V. Oktanten
d) Auf der (–x) – (+z)-Ebene

5. $\overrightarrow{AC} = \mathfrak{a} + \mathfrak{b}$; $\overrightarrow{CA} = -\mathfrak{a} - \mathfrak{b} = -\overrightarrow{AC}$
$\overrightarrow{AD} = \mathfrak{a} + \mathfrak{b} + \mathfrak{c}$; $\overrightarrow{DA} = -(\mathfrak{a} + \mathfrak{b} + \mathfrak{c}) = -\mathfrak{a} - \mathfrak{b} - \mathfrak{c}$
$\overrightarrow{BD} = \mathfrak{b} + \mathfrak{c}$; $\overrightarrow{DB} = -(\mathfrak{b} + \mathfrak{c}) = -\mathfrak{b} - \mathfrak{c} = -\overrightarrow{BD}$

6. $\overrightarrow{AG} = \mathfrak{a} + \mathfrak{b} + \mathfrak{c}$; $\overrightarrow{HA} = -\mathfrak{b} - \mathfrak{c}$
$\overrightarrow{BC} = \mathfrak{b}$; $\overrightarrow{FD} = \mathfrak{b} - \mathfrak{a} - \mathfrak{c}$
$\overrightarrow{FC} = \mathfrak{b} - \mathfrak{c}$; $\overrightarrow{HF} = \mathfrak{a} - \mathfrak{b}$

7. a) $\mathfrak{a}$ und $\mathfrak{b}$ kollinear
b) $\mathfrak{a}$, $\mathfrak{b}$ und $\mathfrak{c}$ komplanar

Lineare Abhängigkeit

1. Drei zweidimensionale Vektoren müssen immer linear abhängig sein. Ebenso sind vier dreidimensionale und (n+1) n-dimensionale Vektoren immer linear abhängig, da die maximale Zahl linear unabhängiger Vektoren im $\mathbb{R}^n$ immer nur n sein kann.

2. a) $\overrightarrow{AC} = \mathfrak{a} + \mathfrak{b}$; $\overrightarrow{AE} = \frac{1}{2}(\mathfrak{a} + \mathfrak{b})$; $\overrightarrow{EB} = \frac{1}{2}(\mathfrak{a} - \mathfrak{b})$; $\overrightarrow{DE} = \frac{1}{2}(\mathfrak{a} - \mathfrak{b})$

b) Zum Beispiel

$$\overrightarrow{AE} + \overrightarrow{ED} + \overrightarrow{DA} = \mathfrak{o}$$
$$\frac{1}{2}(\mathfrak{a} + \mathfrak{b}) + \frac{1}{2}(\mathfrak{b} - \mathfrak{a}) - \mathfrak{b} = \mathfrak{o}$$
$$\frac{1}{2}\mathfrak{a} + \frac{1}{2}\mathfrak{b} + \frac{1}{2}\mathfrak{b} - \frac{1}{2}\mathfrak{a} - \mathfrak{b} = \mathfrak{o}$$
$$\mathfrak{o} = \mathfrak{o}$$

c) Zum Beispiel

$$\overrightarrow{AB} + \overrightarrow{BE} + \overrightarrow{EA} = \mathfrak{o}$$
$$\mathfrak{a} + \frac{1}{2}(\mathfrak{b} - \mathfrak{a}) - \frac{1}{2}(\mathfrak{a} + \mathfrak{b}) = \mathfrak{o}$$
$$\mathfrak{a} + \frac{1}{2}\mathfrak{b} - \frac{1}{2}\mathfrak{a} - \frac{1}{2}\mathfrak{a} - \frac{1}{2}\mathfrak{b} = \mathfrak{o}$$
$$\mathfrak{o} = \mathfrak{o}$$

3. $\overrightarrow{AM_1} = \mathfrak{a} + \frac{1}{2}\mathfrak{b}$; $\overrightarrow{AM_2} = \frac{1}{2}\mathfrak{a} + \mathfrak{b}$; $\overrightarrow{M_2M_1} = -\frac{1}{2}\mathfrak{b} + \frac{1}{2}\mathfrak{a}$

$$\overrightarrow{AM_1} + \overrightarrow{M_1M_2} + \overrightarrow{M_2A} = \mathfrak{o}$$
$$\overrightarrow{AM_1} - \overrightarrow{M_2M_1} - \overrightarrow{AM_2} = \mathfrak{o}$$
$$\mathfrak{a} + \frac{1}{b}\mathfrak{b} - (-\frac{1}{2}\mathfrak{b} + \frac{1}{2}\mathfrak{a}) - (\frac{1}{2}\mathfrak{a} + \mathfrak{b}) = \mathfrak{o}$$
$$\mathfrak{a} + \frac{1}{2}\mathfrak{b} + \frac{1}{2}\mathfrak{b} - \frac{1}{2}\mathfrak{a} - \frac{1}{2}\mathfrak{a} - \mathfrak{b} = \mathfrak{o} \Rightarrow \mathfrak{o} = \mathfrak{o}$$

4. Gilt $\mathfrak{a}_i = \lambda \cdot \mathfrak{a}_k$, so sind die Vektoren $\mathfrak{a}_i$ und $\mathfrak{a}_k$ linear abhängig und somit ist auch jede Obermenge dieser beiden Vektoren linear abhängig.
Anders gezeigt: Die nichttriviale Nullstelle lautet:
$\mathfrak{o} = \mathfrak{a}_i - \lambda \cdot \mathfrak{a}_k + \ldots$ für $\lambda \neq 0$ und $\mathfrak{a}_i \neq \mathfrak{o}$ und $\mathfrak{a}_h \neq \mathfrak{o}$

5. Wir drücken zunächst die Randvektoren des Sechseckes durch $\mathfrak{a}$, $\mathfrak{b}$ und $\mathfrak{c}$ aus.

$$\overrightarrow{M_1M_2} = \frac{1}{2}\mathfrak{a} - \frac{1}{2}\mathfrak{c} = \frac{1}{2}(\mathfrak{a} - \mathfrak{c})$$
$$\overrightarrow{M_2M_3} = \frac{1}{2}\mathfrak{a} + \frac{1}{2}\mathfrak{b} = \frac{1}{2}(\mathfrak{a} + \mathfrak{b})$$
$$\overrightarrow{M_3M_4} = \frac{1}{2}\mathfrak{b} + \frac{1}{2}\mathfrak{x} = \frac{1}{2}(\mathfrak{b} + \mathfrak{c})$$
$$\overrightarrow{M_4M_5} = -\frac{1}{2}\mathfrak{x} - \frac{1}{2}\mathfrak{n} = \frac{1}{2}(\mathfrak{x} - \mathfrak{a})$$
$$\overrightarrow{M_5M_6} = -\frac{1}{2}\mathfrak{a} - \frac{1}{2}\mathfrak{b} = \frac{1}{2}(-\mathfrak{a} - \mathfrak{b})$$
$$\overrightarrow{M_6M_1} = -\frac{1}{2}\mathfrak{b} - \frac{1}{2}\mathfrak{c} = \frac{1}{2}(-\mathfrak{b} - \mathfrak{c})$$

Aus den Darstellungen erkennt man, daß

$\overrightarrow{M_1M_2}$ und $\overrightarrow{M_3M_5}$,
$\overrightarrow{M_2M_3}$ und $\overrightarrow{M_5M_6}$,
$\overrightarrow{M_3M_4}$ und $\overrightarrow{M_6M_1}$

jeweils kollinear sind.

Nun untersuchen wir die Komplanarität der Vektoren $\overrightarrow{M_1M_2}$, $\overrightarrow{M_2M_3}$ und $\overrightarrow{M_3M_4}$:

$$D = \begin{vmatrix} \frac{1}{2}a_1 - \frac{1}{2}c_1 & \frac{1}{2}a_1 + \frac{1}{2}b_1 & \frac{1}{2}b_1 + \frac{1}{2}c_1 \\ \frac{1}{2}a_2 - \frac{1}{2}c_2 & \frac{1}{2}a_2 + \frac{1}{2}b_2 & \frac{1}{2}b_2 + \frac{1}{2}c_2 \\ \frac{1}{2}a_3 - \frac{1}{2}c_3 & \frac{1}{2}a_3 + \frac{1}{2}b_3 & \frac{1}{2}b_3 + \frac{1}{2}c_3 \end{vmatrix} = 0$$

Hier erkennt man auf den ersten Blick, daß die Determinante den Wert Null haben muß, weil die Addition des 1. und des 3. Spaltenvektors gerade den 2. Spaltenvektor ergibt: Wegen $\overrightarrow{M_1M_2} + \overrightarrow{M_3M_4} = \overrightarrow{M_2M_3}$ sind diese Vektoren also linear abhängig. Die Vektoren sind somit alle komplanar.

6. $$D = \begin{vmatrix} 3 & -2 & 6 \\ 2 & 10 & -20 \\ -5 & 2 & 0 \end{vmatrix} = 0 - 200 + 24 + 300 + 120 - 0 = 244$$

$$D_x = \begin{vmatrix} 24 & -2 & 6 \\ -46 & 10 & -20 \\ -4 & 2 & 0 \end{vmatrix} = 0 - 160 - 552 + 240 + 960 - 0 = 488$$

$$D_y = \begin{vmatrix} 3 & 24 & 6 \\ 2 & -46 & -20 \\ -5 & -4 & 0 \end{vmatrix} = 0 + 2400 - 48 - 1380 - 240 - 0 = 732$$

$$D_z = \begin{vmatrix} 3 & -2 & 24 \\ 2 & 10 & -46 \\ -5 & 2 & -4 \end{vmatrix} = -120 - 460 + 96 + 1200 + 276 - 96 = 976$$

also $x = \frac{D_x}{D} = \frac{488}{244} = 2;\ y = \frac{D_y}{D} = \frac{732}{244} = 3;\ z = \frac{D_z}{D} = \frac{976}{244} = 4$

$\Rightarrow \mathbb{L} = \{(2\,|\,3\,|\,4)\}_{\mathbb{R}\times\mathbb{R}\times\mathbb{R}}$

Damit sind die Koeffizienten der Linearkombination für die Spaltenvektoren bestimmt:

$$\mathfrak{a} = \begin{pmatrix} 3 \\ 2 \\ -5 \end{pmatrix};\ \mathfrak{b} = \begin{pmatrix} -2 \\ 10 \\ 2 \end{pmatrix};\ \mathfrak{c} = \begin{pmatrix} 6 \\ -20 \\ 0 \end{pmatrix};\ \mathfrak{d} = \begin{pmatrix} 24 \\ -46 \\ -4 \end{pmatrix} \Rightarrow \mathfrak{d} = 2\mathfrak{a} + 3\mathfrak{b} + 4\mathfrak{c}$$

7. $\mathfrak{a}$ und $\mathfrak{b}$ müssen linear sein, da $\mathfrak{a}$ dreidimensional, $\mathfrak{b}$ aber nur zweidimensional ist. Für den Vektor $\mathfrak{c}$ gibt es beliebig viele Möglichkeiten:

$$D = \begin{vmatrix} 5 & 0 & c_1 \\ 6 & 2 & c_2 \\ -3 & 4 & c_3 \end{vmatrix} \neq 0 \Rightarrow$$

$$D = 5 \begin{vmatrix} 2 & c_2 \\ 4 & c_3 \end{vmatrix} + c_1 \begin{vmatrix} 6 & 2 \\ -3 & 4 \end{vmatrix}$$

$$= 5\,(2c_3 - 4c_2) + c_1(24 + 6)$$

$$= 10c_3 - 20c_2 + 30c_1 \neq 0$$

Wählt man jetzt $c_1 = 1$; $c_2 = 2$ und $c_3 = 3$, so ergibt sich

$D = 30 - 40 + 30 = 20 \neq 0$ und damit ein Vektor $\mathfrak{c} = \begin{pmatrix} 1 \\ 2 \\ 3 \end{pmatrix}$ mit den gesuchten Eigenschaften.

8. a) $D = \begin{vmatrix} 4 & -3 \\ 3 & 4 \end{vmatrix} = 16 + 9 = 25 \neq 0 \Rightarrow$ $\mathfrak{a}$ und $\mathfrak{b}$ sind nicht kollinear

b) $D = \begin{vmatrix} 6 & 9 \\ 16 & 24 \end{vmatrix} = 144 - 144 = 0 \Rightarrow$ $\mathfrak{a}$ und $\mathfrak{b}$ sind kollinear

c) $\begin{pmatrix} 4 \\ 2 \\ 1 \\ 6 \end{pmatrix} = \lambda \begin{pmatrix} 2 \\ 1 \\ 2 \\ 3 \end{pmatrix} \Rightarrow \left\{ \begin{array}{l} 4 : 2\lambda \Rightarrow \lambda = 2 \\ 2 : \lambda \Rightarrow \lambda = 2 \\ 1 : 2\lambda \Rightarrow \lambda = \frac{1}{2} \\ 6 : 3\lambda \Rightarrow \lambda = 2 \end{array} \right\} \Rightarrow$ $\mathfrak{a}$ und $\mathfrak{b}$ sind folglich nicht kollinear

9. Die Vektoren $\mathfrak{a}$, $\mathfrak{b}$, $\mathfrak{c}$ und $\mathfrak{d}$ liegen in einer Ebene, wenn ihre Determinanten (aus drei Vektoren gebildet) alle den Wert Null besitzen. Wir müssen hier nur zwei verschiedene Determinanten überprüfen:

$$D_1 = \begin{vmatrix} 3 & 5 & 6 \\ 2 & 1 & 4 \\ 4 & 7 & 8 \end{vmatrix} = 0\,; \quad D_2 = \begin{vmatrix} 5 & 6 & -15 \\ 1 & 4 & -3 \\ 7 & 8 & -21 \end{vmatrix} = 0$$

Da je zwei Vektoren linear unabhängig sind (sonst wäre auch D = 0!), sind alle Vektoren komplanar.

Determinanten und Matrizen

1. a) $\begin{vmatrix} 1 & 2 & 3 \\ 1 & 2 & 3 \\ 1 & 2 & 3 \end{vmatrix} = \begin{vmatrix} 1 & 0 & 3 \\ 1 & 0 & 3 \\ 1 & 0 & 3 \end{vmatrix} = 0$

b) $\begin{vmatrix} 2 & -3 & 4 \\ 7 & 2 & 1 \\ 4 & -6 & 8 \end{vmatrix} = \begin{vmatrix} 2 & -3 & 4 \\ 7 & 2 & 1 \\ 0 & 0 & 0 \end{vmatrix} = 0$

c) $\begin{vmatrix} 5 & 10 & 20 \\ 0 & 1 & 3 \\ 4 & 2 & 1 \end{vmatrix} = 5 \cdot \begin{vmatrix} 1 & 2 & 4 \\ 0 & 1 & 3 \\ 4 & 2 & 1 \end{vmatrix} = 5 \cdot \left(\begin{vmatrix} 1 & 3 \\ 2 & 1 \end{vmatrix} + 4 \begin{vmatrix} 2 & 4 \\ 1 & 3 \end{vmatrix} \right) = 5 \cdot 3 = 15$

2. a) $\begin{vmatrix} 1 & 3 & 7 \\ 6 & 7 & 3 \\ 5 & 6 & 2 \end{vmatrix} = \begin{vmatrix} 1 & 3 & 7 \\ 1 & 1 & 1 \\ 5 & 6 & 2 \end{vmatrix} = \begin{vmatrix} -2 & 3 & 7 \\ 0 & 1 & 1 \\ -1 & 6 & 2 \end{vmatrix} = 1 \cdot \begin{vmatrix} -2 & 7 \\ -1 & 2 \end{vmatrix} - 1 \begin{vmatrix} -2 & 3 \\ -1 & 6 \end{vmatrix} = 12$

b) $\begin{vmatrix} 1 & -1 & 1 \\ -1 & 1 & -1 \\ 1 & -1 & 1 \end{vmatrix} = \begin{vmatrix} 0 & -1 & 1 \\ 0 & 1 & -1 \\ 0 & -1 & 1 \end{vmatrix} = 0$

c) $\begin{vmatrix} 0 & 1 & 2 \\ 1 & 0 & 1 \\ 2 & 1 & 0 \end{vmatrix} = -1 \begin{vmatrix} 1 & 1 \\ 2 & 0 \end{vmatrix} + 2 \begin{vmatrix} 1 & 0 \\ 2 & 1 \end{vmatrix} = -(-2) + 2(1) = 4$

oder $\begin{vmatrix} 0 & 1 & 2 & 0 & 1 \\ 1 & 0 & 1 & 1 & 0 \\ 2 & 1 & 0 & 2 & 1 \end{vmatrix} = 0 + 2 + 2 - 0 - 0 - 0 = 4$

3. $\begin{vmatrix} \sin x & -\cos x \\ \cos x & \sin x \end{vmatrix} = (\sin x)^2 + (\cos x)^2 = \sin^2 x + \cos^2 x = 1$

Systeme linearer Gleichungen

1. a) $\left(\begin{array}{ccc|c} 2 & 3 & -4 & 17 \\ 0 & 1 & 3 & 0 \\ -1 & -4 & 0 & -14 \end{array}\right) \Rightarrow \left(\begin{array}{ccc|c} 1 & 0 & 0 & 2 \\ 0 & 1 & 0 & 3 \\ 0 & 0 & 1 & -1 \end{array}\right) \Rightarrow \mathbb{L} = \{(2|3|-1)\}$

b) $\left(\begin{array}{ccc|c} 4 & -10 & 0 & -4 \\ -1 & 0 & 4 & -4 \\ 0 & 1 & -1 & 2 \end{array}\right) \Rightarrow \left(\begin{array}{ccc|c} 1 & 0 & 0 & 4 \\ 0 & 1 & 0 & 2 \\ 0 & 0 & 1 & 0 \end{array}\right) \Rightarrow \mathbb{L} = \{(4|2|0)\}$

c) $\left(\begin{array}{ccc|c} -3 & 2 & -1 & 8 \\ 0 & 4 & -6 & 16 \\ -1 & 1 & -1 & 5 \end{array}\right) \Rightarrow \left(\begin{array}{ccc|c} 1 & 0 & 0 & -4 \\ 0 & 1 & 0 & -5 \\ 0 & 0 & 1 & -6 \end{array}\right) \Rightarrow \mathbb{L} = \{(-4|-5|-6)\}$

2. a) $\left(\begin{array}{cccc|c} 2 & -4 & -1 & 1 & 3 \\ -1 & 5 & 0 & -1 & -7 \\ 0 & 2 & -2 & 0 & -10 \\ 0 & 0 & 1 & -2 & 11 \end{array}\right) \Rightarrow \left(\begin{array}{cccc|c} 1 & 0 & 0 & 0 & 1 \\ 0 & 1 & 0 & 0 & -2 \\ 0 & 0 & 1 & 0 & 3 \\ 0 & 0 & 0 & 1 & -4 \end{array}\right) \Rightarrow \mathbb{L} = \{(1\,|-2\,|\,3\,|-4)\}$

b) $\left(\begin{array}{cccc|c} 2 & 3 & 0 & -1 & 9 \\ 1 & 0 & -1 & 0 & 0 \\ 0 & 1 & -4 & -1 & -4 \\ 5 & 0 & 0 & 1 & 4 \end{array}\right) \Rightarrow \left(\begin{array}{cccc|c} 1 & 0 & 0 & 0 & 1 \\ 0 & 1 & 0 & 0 & -1 \\ 0 & 0 & 1 & 0 & 1 \\ 0 & 0 & 0 & 1 & -1 \end{array}\right) \Rightarrow \mathbb{L} = \{(1\,|-1\,|\,1\,|-1)\}$

3. $\left|\begin{array}{l} x_1 + x_2 = 9 \\ x_1 + x_3 = 20 \\ x_2 + x_3 = 21 \end{array}\right| \Rightarrow \left(\begin{array}{ccc|c} 1 & 1 & 0 & 9 \\ 1 & 0 & 1 & 20 \\ 0 & 1 & 1 & 21 \end{array}\right) \Rightarrow \left(\begin{array}{ccc|c} 1 & 0 & 0 & 4 \\ 0 & 1 & 0 & 5 \\ 0 & 0 & 1 & 16 \end{array}\right)$

$x_1 = 4;\ x_2 = 5;\ x_3 = 16 \Rightarrow \mathbb{L} = \{(4\,|\,5\,|\,16)\}$

Teilverhältnisse

1. $\overrightarrow{AB} = \mathfrak{a};\ \overrightarrow{AC} = \mathfrak{b}$

$\overrightarrow{AM} + \overrightarrow{MC} + \overrightarrow{CA} = 0$

$n \cdot \overrightarrow{AM_2} + m \cdot \overrightarrow{M_1C} - \mathfrak{b} = 0$

Mit $\overrightarrow{AM_2} = \mathfrak{a} + \frac{1}{2}\overrightarrow{BC} = \mathfrak{a} + \frac{1}{2}(-\mathfrak{a} + \mathfrak{b}) = \mathfrak{a} - \frac{1}{2}\mathfrak{a} + \frac{1}{2}\mathfrak{b} = \frac{1}{2}\mathfrak{a} + \frac{1}{2}\mathfrak{b}$

$\overrightarrow{M_1C} = -\frac{1}{2}\mathfrak{a} + \mathfrak{b}$ folgt weiter

$n \cdot \left(\frac{1}{2}\mathfrak{a} + \frac{1}{2}\mathfrak{b}\right) + m\left(-\frac{1}{2}\mathfrak{a} + \mathfrak{b}\right) - \mathfrak{b} = 0$

$\frac{1}{2}n\mathfrak{a} + \frac{1}{2}n\mathfrak{b} - \frac{1}{2}m\mathfrak{a} + m\mathfrak{b} - \mathfrak{b} = 0$

$\mathfrak{a}\left(\frac{1}{2}n - \frac{1}{2}m\right) + \mathfrak{b}\left(\frac{1}{2}n + m - 1\right) = 0$

$\Rightarrow \frac{1}{2}n - \frac{1}{2}m = 0 \Rightarrow n = m \Rightarrow \frac{1}{2}n + n = 1 \Rightarrow n = m = \frac{2}{3}$

2. $\overrightarrow{AB} = \mathfrak{a};\ \overrightarrow{AD} = \mathfrak{b};\ \overrightarrow{AE} = \frac{3}{4}\mathfrak{a};\ \overrightarrow{AF} = \frac{2}{3}\mathfrak{b}$

$$\overrightarrow{DE} = -\mathfrak{b} + \overrightarrow{AE} = -\mathfrak{b} + \frac{3}{4}\mathfrak{a};\ \overrightarrow{BF} = -\mathfrak{a} + \overrightarrow{AF} = -\mathfrak{a} + \frac{2}{3}\mathfrak{b}$$

$$\Rightarrow \overrightarrow{AE} + n \cdot \overrightarrow{ED} + m \cdot \overrightarrow{FB} + \overrightarrow{FA} = 0$$

$$\frac{3}{4}\mathfrak{a} - n \cdot \overrightarrow{DE} - m \cdot \overrightarrow{BF} - \overrightarrow{AF} = 0$$

$$\frac{3}{4}\mathfrak{a} - n\left(-\mathfrak{b} + \frac{3}{4}\mathfrak{a}\right) - m\left(-\mathfrak{a} + \frac{2}{3}\mathfrak{b}\right) - \frac{2}{3}\mathfrak{b} = 0$$

$$\frac{3}{4}\mathfrak{a} + n \cdot \mathfrak{b} - \frac{3}{4}n\mathfrak{a} + m\mathfrak{a} - \frac{2}{3}m\mathfrak{b} - \frac{2}{3}\mathfrak{b} = 0$$

$$\mathfrak{a}\left(\frac{3}{4} - \frac{3}{4}n + m\right) + \mathfrak{b}\left(n - \frac{2}{3}m - \frac{2}{3}\right) = 0$$

$$\Rightarrow \left| \begin{array}{l} \frac{3}{4} - \frac{3}{4}n + m = 0 \\ n - \frac{2}{3}m - \frac{2}{3} = 0 \end{array} \right| \Rightarrow \frac{3}{4}n - \frac{3}{4} = m$$

$$\Rightarrow n - \frac{2}{3}\left(\frac{3}{4}n - \frac{3}{4}\right) - \frac{2}{3} = 0 \Rightarrow \frac{1}{2}n - \frac{1}{6} = 0 \Rightarrow n = \frac{1}{3}$$

$$\Rightarrow m = \frac{3}{4} \cdot \frac{1}{3} - \frac{3}{4} \Rightarrow m = -\frac{1}{2}$$

Die Strecke $\overline{DE}$ wird im Verhältnis 2 : 1, die Strecke $\overline{BF}$ wird im Verhältnis 1 : 1 geteilt.

3. $\overrightarrow{AD} + \overrightarrow{DE} + \overrightarrow{EA} = 0$

$$n \cdot \mathfrak{a} + \frac{1}{4}\overrightarrow{DC} + \frac{3}{4}\overrightarrow{FA} = 0$$

$$n \cdot \mathfrak{a} + \frac{1}{4}(\mathfrak{b} - n \cdot \mathfrak{a}) + \frac{3}{4}(m \cdot \overrightarrow{CB} - \mathfrak{a}) = 0$$

Wegen $\overrightarrow{CB} = -\mathfrak{b} + \mathfrak{a}$ folgt weiter

$$n \cdot \mathfrak{a} + \frac{1}{4}(\mathfrak{b} - n \cdot \mathfrak{a}) + \frac{3}{4}\left[m(\mathfrak{a} - \mathfrak{b}) - \mathfrak{a}\right] = 0$$

$$n \cdot \mathfrak{a} + \frac{1}{4}\mathfrak{b} - \frac{1}{4}n\mathfrak{a} + \frac{3}{4}m\mathfrak{a} - \frac{3}{4}m\mathfrak{b} - \frac{3}{4}\mathfrak{a} = 0$$

$$\mathfrak{a}\left(n - \frac{1}{4}n + \frac{3}{4}m - \frac{3}{4}\right) + \mathfrak{b}\left(\frac{1}{4} - \frac{3}{4}m\right) = 0$$

$$\Rightarrow \left| \begin{array}{ll} n - \frac{1}{4}n + \frac{3}{4}m - \frac{3}{4} & = 0 \\ \frac{1}{4} - \frac{3}{4}m & = 0 \end{array} \right| \Rightarrow \frac{1}{4} = \frac{3}{4}m \Rightarrow m = \frac{1}{3}$$

$$\Rightarrow \frac{3}{4}n + \frac{3}{4} \cdot \frac{1}{3} - \frac{3}{4} = 0 \Rightarrow \frac{3}{4}n = \frac{1}{2} \Rightarrow n = \frac{2}{3}$$

4. $$\overrightarrow{JS} + \overrightarrow{SH} + \overrightarrow{HJ} = \vec{0}$$

$$n \cdot \overrightarrow{JC} + m \cdot \overrightarrow{BH} + \frac{2}{3}\,\overrightarrow{HE} = \vec{0}$$

$$n\left(\frac{1}{3}\,\overrightarrow{HE} - \mathfrak{c} + \mathfrak{a} + \mathfrak{b}\right) + m\,(\mathfrak{b} + \mathfrak{c} - \mathfrak{a}) - \frac{2}{3}\,\mathfrak{b} = \vec{0}$$

$$-\frac{1}{3}\,n\mathfrak{b} - n\mathfrak{c} + n\mathfrak{a} + n\mathfrak{b} + m\mathfrak{b} + m\mathfrak{c} - m\mathfrak{a} - \frac{2}{3}\,\mathfrak{b} = \vec{0}$$

$$\mathfrak{a}\,(n - m) + \mathfrak{b}\left(-\frac{1}{3}\,n + n + m - \frac{2}{3}\right) + \mathfrak{c}\,(-n + m) = \vec{0}$$

$$\Rightarrow \left|\begin{aligned} n - m &= 0 \\ -\frac{1}{3}\,n + n + m &= \frac{2}{3} \\ -n + m &= 0 \end{aligned}\right| \Rightarrow \left|\begin{aligned} m &= n \\ -\frac{1}{3}\,m + m + m &= \frac{2}{3} \\ m &= n \end{aligned}\right| \Rightarrow \frac{5}{3}\,m = \frac{2}{3} \Rightarrow m = n = \frac{2}{5}$$

Die Diagonale $\overrightarrow{BH}$ und die Transversale $\overrightarrow{CJ}$ schneiden sich jeweils im Verhältnis 2 : 3.

Geradengleichungen

1. a) keine x_1- und x_3-Komponente: $\mathfrak{u} = \begin{pmatrix} u_1 \\ 0 \\ 0 \end{pmatrix}$

b) keine x_1- und x_2-Komponente: $\mathfrak{u} = \begin{pmatrix} 0 \\ 0 \\ u_3 \end{pmatrix}$

c) keine x_3-Komponente: $\mathfrak{u} = \begin{pmatrix} u_1 \\ u_2 \\ 0 \end{pmatrix}$

2. a) Die Gerade verläuft parallel zur x_1-x_3-Ebene durch den Punkt P (1 | 0 | 0), also in der verschobenen x_1-x_3-Ebene.

b) Die Gerade verläuft parallel zur x_2-Achse (y-Achse) und geht durch den Punkt P (1 | 2); folglich ist der Abstand zur x_2-Achse 1 L.E. (Längeneinheit).

c) Die Gerade bildet mit allen Achsen im 1. und 7. Oktanten gleiche Winkel.

3. a) $\mathfrak{x} = \begin{pmatrix} 1 \\ 2 \\ -3 \end{pmatrix} + \lambda \left[\begin{pmatrix} 2 \\ 0 \\ 4 \end{pmatrix} - \begin{pmatrix} 1 \\ 2 \\ -3 \end{pmatrix} \right] = \begin{pmatrix} 1 \\ 2 \\ 3 \end{pmatrix} + \lambda \begin{pmatrix} 1 \\ -2 \\ 7 \end{pmatrix}$

b) $\mathfrak{x} = \lambda \begin{pmatrix} 2 \\ -3 \\ 0 \end{pmatrix}$

c) $\mathfrak{x} = \begin{pmatrix} 1 \\ -1 \\ 1 \end{pmatrix} + \lambda \begin{pmatrix} 2 \\ 1 \\ 0 \end{pmatrix}$

4. a) Der Punkt X liegt auf g, weil

$$\begin{pmatrix} 0 \\ 4 \\ 0 \end{pmatrix} = \begin{pmatrix} 2 \\ 5 \\ 3 \end{pmatrix} + \lambda \begin{pmatrix} 2 \\ 1 \\ 3 \end{pmatrix} \Rightarrow \lambda = -1$$

b) Der Punkt X liegt nicht auf g wegen
$-4 = 1 - 5\lambda \Rightarrow \lambda = 1$ und $5 = 2 - 3\lambda \Rightarrow \lambda = -1$

5. a) $\mathbf{g_{AB}}$: $\mathfrak{x} = \lambda \begin{pmatrix} 1 \\ 0 \end{pmatrix}$

$\mathbf{g_{AC}}$: $\mathfrak{x} = \lambda \begin{pmatrix} 0 \\ 1 \end{pmatrix}$

$\mathbf{g_{BC}}$: $\mathfrak{x} = \begin{pmatrix} 1 \\ 0 \end{pmatrix} + \lambda \left[\begin{pmatrix} -1 \\ 0 \end{pmatrix} + \begin{pmatrix} 0 \\ 1 \end{pmatrix} \right] = \begin{pmatrix} 1 \\ 0 \end{pmatrix} + \lambda \begin{pmatrix} -1 \\ 1 \end{pmatrix}$

b) $\mathbf{g_{AB}}$: $\mathfrak{x} = \lambda \begin{pmatrix} 1 \\ 0 \end{pmatrix}$

$\mathbf{g_{AC}}$: $\mathfrak{x} = \begin{pmatrix} -0{,}5 \\ 0 \end{pmatrix} + \lambda \begin{pmatrix} 0{,}5 \\ \sin 60^\circ \end{pmatrix} = \begin{pmatrix} -0{,}5 \\ 0 \end{pmatrix} + \lambda \begin{pmatrix} 0{,}5 \\ 0{,}5\sqrt{3} \end{pmatrix}$

$\mathbf{g_{BC}}$: $\mathfrak{x} = \begin{pmatrix} 0{,}5 \\ 0 \end{pmatrix} + \lambda \begin{pmatrix} -0{,}5 \\ \sin 60^\circ \end{pmatrix} = \begin{pmatrix} 0{,}5 \\ 0 \end{pmatrix} + \lambda \begin{pmatrix} -0{,}5 \\ 0{,}5\sqrt{3} \end{pmatrix}$

An den Lösungen in a) und b) erkennt man, daß durch eine geeignete Wahl eines affinen Koordinatensystems die Lösung manchmal sehr vereinfacht wird.

6. a) $\lambda_s = 1; \mu_s = -1 \Rightarrow S\begin{pmatrix} 1 \\ 2 \end{pmatrix}$

b) u und v sind linear abhängig und $\mathfrak{b} - \mathfrak{a} = \begin{pmatrix} -2 \\ -1 \end{pmatrix} - \begin{pmatrix} -2 \\ 2 \end{pmatrix} = \begin{pmatrix} 0 \\ -3 \end{pmatrix}$ ist weder zu u noch zu v linear abhängig; also verlaufen g und h parallel.

c) $\begin{pmatrix}1\\4\end{pmatrix}+\lambda_s\begin{pmatrix}3\\-5\end{pmatrix}=\begin{pmatrix}4\\-1\end{pmatrix}+\mu_s\begin{pmatrix}-6\\10\end{pmatrix}$

$$\Rightarrow \begin{pmatrix}-3\\5\end{pmatrix}=\mu_s\begin{pmatrix}-6\\10\end{pmatrix}-\lambda_s\begin{pmatrix}3\\-5\end{pmatrix}$$

$$\Rightarrow \begin{matrix}-1=-2\mu_s-\lambda_s\\ 1=\ \ 2\mu_s+\lambda_s\end{matrix}$$

Hierfür gibt es unendlich viele Lösungspaare $(\lambda_s \mid \mu_s)$, weshalb die Geraden g und h identisch sind.

7. a) g und h sind gleich: $\mathfrak{b}-\mathfrak{a}=\begin{pmatrix}6\\4\\0\end{pmatrix}$

b) g und h sind parallel, aber nicht gleich: $\mathfrak{b}-\mathfrak{a}=\begin{pmatrix}2\\-3\\-6\end{pmatrix}$

c) $$\left.\begin{matrix}2-\frac{1}{2}\lambda_s=\ \ 8+4\mu_s\\ 3+\ 3\lambda_s=27+6\mu_s\\ 5+\ \ \lambda_s=-7-8\mu_s\end{matrix}\right\}\Leftrightarrow\left\{\begin{matrix}-6=4\mu_s+\frac{1}{2}\lambda_s\\ -24=6\mu_s-3\lambda_s\\ 12=-8\mu_s-\ \lambda_s\end{matrix}\right.$$

$\Rightarrow 8+2\mu_s=-8\mu_s-12$

$\Rightarrow 10\mu_s \quad =-20$

$\Rightarrow \mu_s \quad =-2;\ \lambda_s=4$

$\Rightarrow S\,(0\,|\,15\,|\,9)$

d) $\begin{pmatrix}5\\-2\\0\end{pmatrix}+\lambda_s\begin{pmatrix}-\frac{7}{3}\\1\\1\end{pmatrix}=\begin{pmatrix}-1\\\frac{1}{2}\\1\end{pmatrix}+\mu_s\begin{pmatrix}-1\\\frac{1}{2}\\2\end{pmatrix}$

$$6=\frac{7}{3}\lambda_s-\mu_s$$
$$-\frac{5}{2}=-\lambda_s+\frac{1}{2}\mu_s\Rightarrow\lambda_s=\frac{5}{2}+\frac{1}{2}\mu_s$$
$$-1=-\lambda_s+2\mu_s\Rightarrow\lambda_s=1+2\mu_s$$

$$\Rightarrow\mu_s=1\Rightarrow\lambda_s=3\Rightarrow S\begin{pmatrix}-2\\1\\3\end{pmatrix}$$

e) $\begin{pmatrix}8\\5\\4\end{pmatrix}+\lambda_s\begin{pmatrix}2\\3\\2\end{pmatrix}=\begin{pmatrix}2\\5\\2\end{pmatrix}+\mu_s\begin{pmatrix}3\\1\\5\end{pmatrix}$

$6 = 3\mu_s - 2\lambda_s \Rightarrow \lambda_s = \frac{3}{2}\mu_s - 3$

$0 = \mu_s - 3\lambda_s$

$2 = 5\mu_s - 2\lambda_s \Rightarrow \lambda_s = \frac{5}{2}\mu_s - 1$

$\Rightarrow \frac{3}{2}\mu_s - 3 = \frac{5}{2}\mu_s - 1 \Rightarrow \mu_s = -2 \Rightarrow \lambda_s = -6$

eingesetzt in II ergibt dies:

0 = –2 – 3 (–6) = –2 + 18 = 16, also eine falsche Aussage. Der Schnittpunkt existiert lediglich in der Projektion auf die x_1-x_3-Ebene; g und h sind somit windschief.

Ebenengleichungen

1. a) $\mathfrak{a}=\begin{pmatrix}4\\2\\1\end{pmatrix};\ \mathfrak{p}=\begin{pmatrix}0\\1\\5\end{pmatrix}$

$\Rightarrow\ \mathfrak{p}-\mathfrak{a}=\begin{pmatrix}-4\\-1\\4\end{pmatrix}$

$E\colon \mathfrak{x} = \begin{pmatrix}4\\2\\1\end{pmatrix}+\lambda\begin{pmatrix}-3\\0\\2\end{pmatrix}+\mu\begin{pmatrix}-4\\-1\\4\end{pmatrix}$

b) $\mathfrak{a}=\begin{pmatrix}1\\0\\0\end{pmatrix};\ \mathfrak{p}=\begin{pmatrix}0\\0\\1\end{pmatrix}$

$\Rightarrow\ \mathfrak{p}-\mathfrak{a}=\begin{pmatrix}-1\\0\\1\end{pmatrix}$

$E\colon \mathfrak{x} = \begin{pmatrix}1\\0\\0\end{pmatrix}+\lambda\begin{pmatrix}0\\1\\0\end{pmatrix}+\mu\begin{pmatrix}-1\\0\\1\end{pmatrix}$

2. $\begin{pmatrix}5\\1\\0\end{pmatrix}+\lambda_s\begin{pmatrix}-1\\1\\3\end{pmatrix}=\begin{pmatrix}-1\\3\\8\end{pmatrix}+\mu_s\begin{pmatrix}4\\0\\-2\end{pmatrix}\Rightarrow\lambda_s=2\text{ und }\mu_s=1\Rightarrow S\,(3\,|\,3\,|\,6)$

$$\Rightarrow \mathbf{E}\text{:}\ \mathfrak{x}=\begin{pmatrix}3\\3\\6\end{pmatrix}+\lambda\left[\begin{pmatrix}5\\1\\0\end{pmatrix}-\begin{pmatrix}3\\3\\6\end{pmatrix}\right]+\mu\left[\begin{pmatrix}-1\\3\\8\end{pmatrix}-\begin{pmatrix}3\\3\\6\end{pmatrix}\right]$$

$$\mathbf{E}\text{:}\ \mathfrak{x}=\begin{pmatrix}3\\3\\6\end{pmatrix}+\lambda\begin{pmatrix}2\\-2\\-6\end{pmatrix}+\mu\begin{pmatrix}-4\\0\\2\end{pmatrix}$$

3. **ABC:** $\mathfrak{x}=\begin{pmatrix}4\\1\\0\end{pmatrix}+\lambda\begin{pmatrix}3-4\\-1-1\\5-0\end{pmatrix}+\mu\begin{pmatrix}0-4\\2-1\\1-0\end{pmatrix}$

$$\mathfrak{x}=\begin{pmatrix}4\\1\\0\end{pmatrix}+\lambda\begin{pmatrix}-1\\-2\\5\end{pmatrix}+\mu\begin{pmatrix}-4\\1\\1\end{pmatrix}$$

A'B'C': $\mathfrak{x}=\begin{pmatrix}0\\0\\1\end{pmatrix}+\nu\begin{pmatrix}-2-0\\-2-0\\2-1\end{pmatrix}+\sigma\begin{pmatrix}3-0\\0-0\\2-1\end{pmatrix}$

$$\mathfrak{x}=\begin{pmatrix}0\\0\\1\end{pmatrix}+\nu\begin{pmatrix}-2\\-2\\1\end{pmatrix}+\sigma\begin{pmatrix}3\\0\\1\end{pmatrix}$$

4. Wegen $\begin{vmatrix}4&1&9\\1&5&7\\2&-1&3\end{vmatrix}=60+14-9-90+28-3=0$ sind die drei Richtungsvektoren komplanar. Es sind A $(6\,|\,2\,|\,2)$ und B $(-2\,|\,0\,|\,-2)$ zwei Punkte der Geraden g ($\lambda=1$ und $\lambda=-1$).

Wir überprüfen, ob A und B in der Ebene liegen (dann muß auch g in E liegen):

$$\left.\begin{array}{l}6=3+\ \mu+9\nu\\2=1+5\mu+7\nu\\2=2-\ \mu+3\nu\end{array}\right\}\begin{array}{l}+\\ \\+\end{array}\Rightarrow 8=5+12\nu\Rightarrow\nu=\frac{1}{4}$$

Aus der ersten Gleichung folgt damit

$$6=3+\mu+\frac{9}{4}\Rightarrow\mu=\frac{3}{4}$$

Die gefundenen Werte erfüllen nur die erste und dritte Gleichung, nicht aber die zweite Gleichung. Folglich verläuft g parallel zu E, aber ohne gemeinsamen Punkt.

5. a) **E:** $\mathfrak{x}=\mathfrak{a}+\lambda(\mathfrak{b}-\mathfrak{a})+\mu(\mathfrak{c}-\mathfrak{a})$

$$\mathfrak{x}=\begin{pmatrix}a\\0\\0\end{pmatrix}+\lambda\begin{pmatrix}0-a\\b-0\\0-0\end{pmatrix}+\mu\begin{pmatrix}0-a\\0-0\\c-0\end{pmatrix}$$

$$\mathfrak{x}=\begin{pmatrix}a\\0\\0\end{pmatrix}+\lambda\begin{pmatrix}-a\\b\\0\end{pmatrix}+\mu\begin{pmatrix}-a\\0\\c\end{pmatrix}$$

b) Gerade **AB**: $\mathfrak{x} = \begin{pmatrix} a \\ 0 \\ 0 \end{pmatrix} + \lambda \begin{pmatrix} -a \\ b \\ 0 \end{pmatrix}$

Gerade **AC**: $\mathfrak{x} = \begin{pmatrix} a \\ 0 \\ 0 \end{pmatrix} + \lambda \begin{pmatrix} -a \\ 0 \\ c \end{pmatrix}$

Gerade **BC**: $\mathfrak{x} = \begin{pmatrix} 0 \\ b \\ 0 \end{pmatrix} + \lambda \begin{pmatrix} 0 \\ -b \\ c \end{pmatrix}$

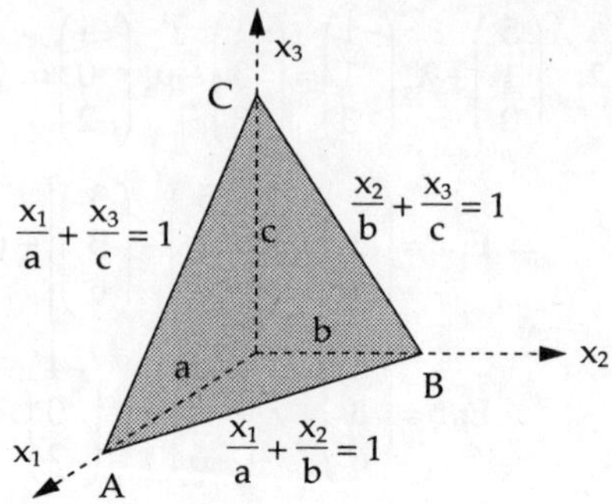

Abb. 681 Dreipunkteform der Ebene

c) parameterfreie Darstellungen:

Gerade **AB**:
$$x_1 - a = -\lambda a$$
$$x_2 = b\lambda \Rightarrow \lambda = \frac{x_2}{b}$$
$$x_3 = 0$$
$$\Rightarrow x_1 - a = -\frac{x_2}{b} \cdot a \Rightarrow \frac{x_1}{a} + \frac{x_2}{b} = 1$$

Gerade **BC**:
$$x_1 = 0$$
$$x_2 = b - \lambda b$$
$$x_3 = \lambda c \Rightarrow \lambda = \frac{x_3}{c}$$
$$\Rightarrow x_2 = b - \frac{x_3}{c} \cdot b \Rightarrow \frac{x_2}{b} + \frac{x_3}{c} = 1$$

Gerade **AC**:
$$x_1 = a - \lambda a$$
$$x_2 = 0$$
$$x_3 = \lambda c \Rightarrow \lambda = \frac{x_3}{c}$$
$$x_1 = a - \frac{x_3}{c} \cdot a \Rightarrow \frac{x_1}{a} + \frac{x_3}{c} = 1$$

d) Aus $\mathfrak{x} = \begin{pmatrix} a \\ 0 \\ 0 \end{pmatrix} + \lambda \begin{pmatrix} -a \\ b \\ 0 \end{pmatrix} + \mu \begin{pmatrix} -a \\ 0 \\ c \end{pmatrix}$ folgt

$$x_1 = a - \lambda a - \mu a$$
$$x_2 = \lambda b \Rightarrow \lambda = \frac{x_2}{b}$$
$$x_3 = \mu c \Rightarrow \mu = \frac{x_3}{c}$$

eingesetzt in die erste Gleichung liefert dies:

$$x_1 = a - \frac{x_2}{b} \cdot a - \frac{x_3}{c} \cdot a \quad \Big| : a$$
$$\Rightarrow \frac{x_1}{a} = 1 - \frac{x_2}{b} - \frac{x_3}{c} \Rightarrow \frac{x_1}{a} + \frac{x_2}{b} + \frac{x_3}{c} = 1$$

Skalarprodukt

1. a) $\mathfrak{a} \cdot \mathfrak{b} = \begin{pmatrix} 3 \\ 2 \\ 1 \end{pmatrix} \begin{pmatrix} 0 \\ 4 \\ 5 \end{pmatrix} = 0 + 8 + 5 = 13$

$|\mathfrak{a}| = a = \sqrt{9+4+1} = \sqrt{14}$

$|\mathfrak{b}| = b = \sqrt{0+16+25} = \sqrt{41}$

$\Rightarrow \cos\alpha = \frac{\mathfrak{a} \cdot \mathfrak{b}}{a \cdot b} = \frac{13}{\sqrt{14}\,\sqrt{41}} = 0{,}5426 \Rightarrow \alpha = 57{,}14^\circ$

b) $\mathfrak{a} \cdot \mathfrak{b} = 0\,;\ |\mathfrak{a}| = a = 1\,;\ |\mathfrak{b}| = b = 1$

$\Rightarrow \cos\alpha = \frac{0}{1} = 0 \Rightarrow \alpha = 90^\circ$

2. a) $\mathfrak{a} \cdot \mathfrak{b} = 4 \cdot 2 - 2 \cdot 8 + 2 \cdot 4 = 0 \Rightarrow \mathfrak{a} \perp \mathfrak{b}$

b) Wir führen ein geeignetes Koordinatensystem ein, so daß $\mathfrak{b} = \begin{pmatrix} 1 \\ 0 \\ 0 \end{pmatrix}$ und $\mathfrak{a} = \begin{pmatrix} 0 \\ 1 \\ 0 \end{pmatrix}$ ist.

Dann ist $\mathfrak{a} \cdot \mathfrak{b} = 0$, also $\mathfrak{a} \perp \mathfrak{b}$.

3. a) $|\mathfrak{a}| = \sqrt{16+1+9} = \sqrt{26} \Rightarrow \mathfrak{a}_E = \frac{1}{\sqrt{26}} \begin{pmatrix} 4 \\ -1 \\ 3 \end{pmatrix}$

$\cos(\mathfrak{a}; \mathfrak{e}_1) = \frac{4}{\sqrt{26}} = 0{,}78446 \Rightarrow \sphericalangle(\mathfrak{a}; \mathfrak{e}_1) = 38{,}330^\circ$

$\cos(\mathfrak{a}; \mathfrak{e}_2) = \frac{-1}{\sqrt{26}} = -0{,}196116 \Rightarrow \sphericalangle(\mathfrak{a}; \mathfrak{e}_2) = 101{,}31^\circ$

$\cos(\mathfrak{a}; \mathfrak{e}_3) = \frac{3}{\sqrt{26}} = 0{,}588348 \Rightarrow \sphericalangle(\mathfrak{a}; \mathfrak{e}_3) = 53{,}96^\circ$

b) $|\mathfrak{a}| = \sqrt{3} \Rightarrow \mathfrak{a}_E = \begin{pmatrix} 0{,}57735 \\ 0{,}57735 \\ 0{,}57735 \end{pmatrix}$

$\Rightarrow \sphericalangle(\mathfrak{a}; \mathfrak{e}_1) = \sphericalangle(\mathfrak{a}; \mathfrak{e}_2) = \sphericalangle(\mathfrak{a}; \mathfrak{e}_3) = 54{,}74^\circ$

4. $\mathfrak{b} = \begin{pmatrix} -6 \\ 2 \\ 5 \end{pmatrix};\ \mathfrak{c} = \begin{pmatrix} -2 \\ -2 \\ 4 \end{pmatrix} \Rightarrow \mathfrak{b} \cdot \mathfrak{c} = -12$

$|\mathfrak{b}| = \sqrt{65}\,;\ |\mathfrak{c}| = \sqrt{24}$

$\Rightarrow F = \frac{1}{2}\sqrt{65 \cdot 24 - 144} = 18{,}81$ F.E.

5. $\mathfrak{a} = \begin{pmatrix} 5 \\ -2 \end{pmatrix};\ \mathfrak{b} = \begin{pmatrix} 8 \\ 1 \end{pmatrix};\ \mathfrak{c} = \begin{pmatrix} 3 \\ 4 \end{pmatrix}$

$\Rightarrow \mathfrak{a} \cdot \mathfrak{b} = 38\,;\ \mathfrak{b} \cdot \mathfrak{c} = 28\,;\ |\mathfrak{a}| = \sqrt{29}\,;\ |\mathfrak{b}| = \sqrt{65}\,;\ |\mathfrak{c}| = 5$

$F_1 = \frac{1}{2}\sqrt{29 \cdot 65 - 38^2} = 10{,}5$ F.E. (Flächeneinheit)

$F_2 = \frac{1}{2}\sqrt{65 \cdot 25 - 28^2} = 14{,}5$ F.E.

$F = F_1 + F_2 = 25$ F.E.

6. $F_1 = \frac{1}{2} \cdot \sqrt{1-0} = \frac{1}{2} \Rightarrow F = 4 \cdot F_1 = 2$ F.E.

7. a) $\mathfrak{a} \cdot \mathfrak{b} = -15 + 48 = 33$ b) $-\mathfrak{a} \cdot \mathfrak{b} = 15 - 48 = -33$ c) $\mathfrak{a} \cdot \mathfrak{a} = 9 + 16 = 25$

d) $\mathfrak{b} \cdot \mathfrak{b} = 25 + 144 = 169$ e) $\mathfrak{a} \cdot (\mathfrak{a} \cdot \mathfrak{b}) = 33 \begin{pmatrix} 3 \\ 4 \end{pmatrix} = \begin{pmatrix} 99 \\ 132 \end{pmatrix}$

f) $\mathfrak{a} \cdot (\mathfrak{b} \cdot \mathfrak{a}) \cdot \mathfrak{b} = \mathfrak{a} \cdot (\mathfrak{b} \cdot \mathfrak{a}) \cdot \mathfrak{b} = \mathfrak{a} \cdot 33 \cdot \mathfrak{b} = \begin{pmatrix} 3 \\ 4 \end{pmatrix} \cdot 33 \cdot \begin{pmatrix} -5 \\ 12 \end{pmatrix} = \begin{pmatrix} 3 \\ 4 \end{pmatrix} \begin{pmatrix} -165 \\ 396 \end{pmatrix}$

$\mathfrak{a} \cdot (\mathfrak{b} \cdot \mathfrak{a}) \cdot \mathfrak{b} = -495 + 1584 = 1089$

Winkel zwischen $\mathfrak{a}$ und $\mathfrak{b}$:

$\mathfrak{a} \cdot \mathfrak{b} = a \cdot b \cdot \cos\alpha \Rightarrow \cos\alpha = \frac{\mathfrak{a} \cdot \mathfrak{b}}{a \cdot b} = \frac{33}{5 \cdot 13} \Rightarrow \alpha = 59{,}49°$

8. a) $\cos\alpha = \frac{-2 + 15 + 24}{\sqrt{29} \cdot \sqrt{62}} = \frac{37}{42{,}40} = 0{,}87 \Rightarrow \alpha = 29{,}24°$

b) $\cos\beta = \frac{-2 - 10 + 12}{\sqrt{62} \cdot \sqrt{12}} = \frac{0}{\sqrt{744}} = 0 \Rightarrow \beta = 90°$

c) $\cos\gamma = \frac{4 - 6 + 8}{\sqrt{29} \cdot \sqrt{12}} = \frac{6}{\sqrt{348}} = 0{,}32 \Rightarrow \gamma = 71{,}24°$

9. Für alle Vektoren gilt: $\mathfrak{a}^2 = a_x^2 + a_y^2 = a^2$

$\mathfrak{b} - \mathfrak{c} = \mathfrak{a} \Leftrightarrow (\mathfrak{b} - \mathfrak{c})^2 = \mathfrak{a}^2 \Leftrightarrow \mathfrak{b}^2 - 2 \cdot \mathfrak{b} \cdot \mathfrak{c} + \mathfrak{c}^2 = \mathfrak{a}^2$

$\Leftrightarrow b^2 - 2b \cdot c \cdot \cos\alpha + c^2 = \mathfrak{a}^2 \Leftrightarrow b^2 - 2bc \cdot \cos\alpha + c^2 = a^2$

10. Es sei $\overrightarrow{MC} = \mathfrak{a}$ und $\overrightarrow{MB} = \mathfrak{b}$ in einem Thaleskreis, dann gilt:

$|\mathfrak{a}| = |\mathfrak{b}| \Rightarrow (\mathfrak{a} + \mathfrak{b})(\mathfrak{a} - \mathfrak{b}) = \mathfrak{a}^2 - \mathfrak{b}^2 = a^2 - b^2 = 0$

Folglich stehen die Vektoren $\overrightarrow{AC} = \mathfrak{a} + \mathfrak{b}$ und $\overrightarrow{BC} = \mathfrak{a} - \mathfrak{b}$ senkrecht aufeinander.

11. $\overrightarrow{AB} = \mathfrak{b} - \mathfrak{a} \Rightarrow (\mathfrak{b} - \mathfrak{a})^2 = \mathfrak{a}^2 - 2 \cdot \mathfrak{a} \cdot \mathfrak{b} + \mathfrak{b}^2 = \mathfrak{a}^2 + \mathfrak{b}^2$, weil $\mathfrak{a} \perp \mathfrak{b}$.

12.

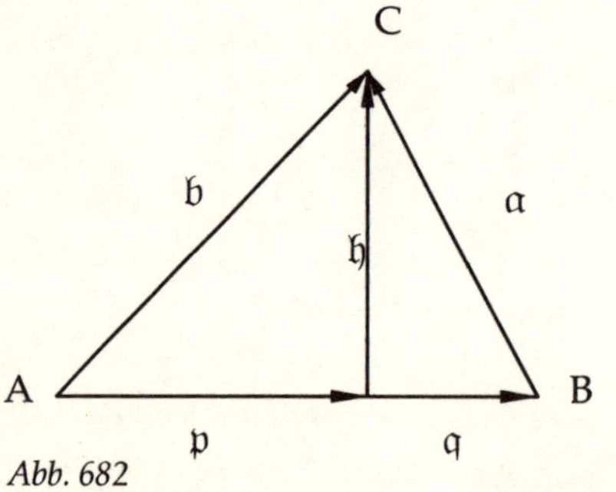

Abb. 682

a) Kathetensatz: Es ist $\mathfrak{c} = \mathfrak{p} + \mathfrak{q}$ und $\mathfrak{c} = \mathfrak{b} - \mathfrak{a}$. Da das Dreieck rechtwinklig ist, muß $\mathfrak{a} \cdot \mathfrak{b} = 0$ sein. Wir multiplizieren die Gleichung $\mathfrak{c} = \mathfrak{b} - \mathfrak{a}$ mit $\mathfrak{b}$ und erhalten: $\Rightarrow \mathfrak{b} \cdot \mathfrak{c} = \mathfrak{b}^2 - \mathfrak{a} \cdot \mathfrak{b} = \mathfrak{b}^2$, weil $\mathfrak{a} \cdot \mathfrak{b} = 0$ ist. Folglich gilt $\mathfrak{b} \cdot \mathfrak{c} = b^2$. Nun ist nach der Definition des Skalarproduktes auch $\mathfrak{b} \cdot \mathfrak{c} = \mathfrak{b}_c \cdot \mathfrak{c} = \mathfrak{p} \cdot \mathfrak{c} = p \cdot c$ und somit $b^2 = p \cdot c$, was zu beweisen war.

b) Höhensatz: Es ist $\mathfrak{b} = \mathfrak{p} + \mathfrak{h}$ und $\mathfrak{a} = \mathfrak{h} - \mathfrak{q} \Rightarrow \mathfrak{a} \cdot \mathfrak{b} = (\mathfrak{h} - \mathfrak{q})(\mathfrak{p} + \mathfrak{h}) =$
$\mathfrak{h} \cdot \mathfrak{p} - \mathfrak{q} \cdot \mathfrak{p} + \mathfrak{h}^2 - \mathfrak{q} \cdot \mathfrak{h} = 0$, weil $\mathfrak{a} \perp \mathfrak{b}$.
Nun ist $\mathfrak{h} \cdot \mathfrak{p}$ und $\mathfrak{q} \cdot \mathfrak{h}$ gleich Null, da die entsprechenden Vektoren senkrecht zueinander stehen. Also gilt $\mathfrak{h}^2 = \mathfrak{q} \cdot \mathfrak{p} \Rightarrow h^2 = p \cdot q$, was zu beweisen war.

13. $\overrightarrow{AB} + \overrightarrow{BC} = \overrightarrow{AC}$
$\Rightarrow (\overrightarrow{AB} + \overrightarrow{BC})^2 = \overrightarrow{AC}^2$
$\Rightarrow \overrightarrow{AB}^2 + \overrightarrow{BC}^2 + 2\overrightarrow{AB} \cdot \overrightarrow{BC} = \overrightarrow{AC}^2$

außerdem ist:
$(-\overrightarrow{AB} - \overrightarrow{DA}) = \overrightarrow{BD}$
$\Leftrightarrow (-\overrightarrow{AB} - \overrightarrow{DA})^2 = \overrightarrow{BD}^2$
$\Leftrightarrow \overrightarrow{AB}^2 + \overrightarrow{DA}^2 + 2\overrightarrow{AB}\overrightarrow{DA} = \overrightarrow{BD}^2$
Nun ist aber $\overrightarrow{DA} = -\overrightarrow{BC}$ und folglich
$\overrightarrow{AC}^2 + \overrightarrow{BD}^2 = \overrightarrow{AB}^2 + \overrightarrow{BC}^2 + \overrightarrow{CD}^2 + \overrightarrow{DA}^2$,
was zu beweisen war.

Normalenformen, Hessesche Normalenform

1. $\mathfrak{n}(\mathfrak{x} - \mathfrak{a}) = \begin{pmatrix} 4 \\ 1 \end{pmatrix}\left(\mathfrak{x} - \begin{pmatrix} -3 \\ 2 \end{pmatrix}\right) = 0$

$$\Rightarrow \begin{pmatrix} 4 \\ 1 \end{pmatrix}\mathfrak{x} = \begin{pmatrix} 4 \\ 1 \end{pmatrix}\begin{pmatrix} -3 \\ 2 \end{pmatrix}$$

$$\Rightarrow \begin{pmatrix} 4 \\ 1 \end{pmatrix}\mathfrak{x} = -10$$

Punktsteigungsform:
$4x_1 + x_2 = -10 \Rightarrow x_2 = -4x_1 - 10$ oder $y = -4x - 10$
Mit Hilfe der Parameterform:
$x_1 = -3 - \lambda \Rightarrow \lambda = x_1 - 3$
$x_2 = 2 + 4\lambda \Rightarrow x_2 = 2 + 4(-x_1 - 3)$; $x_2 = -4x_1 - 10$
Mit der Hesseschen Normalenform:
$\mathfrak{n} = \begin{pmatrix} 4 \\ 1 \end{pmatrix} \Rightarrow |\mathfrak{n}| = \sqrt{16 + 1} = \sqrt{17}$

$$\Rightarrow \frac{1}{\sqrt{17}}\begin{pmatrix} 4 \\ 1 \end{pmatrix}\mathfrak{x} = \frac{-10}{\sqrt{17}}$$

$$\Rightarrow \frac{1}{\sqrt{17}}\begin{pmatrix} 4 \\ 1 \end{pmatrix}\mathfrak{x} = -2{,}425 \text{ oder } \frac{1}{\sqrt{17}}\begin{pmatrix} -4 \\ -1 \end{pmatrix}\mathfrak{x} = 2{,}425$$

$\Rightarrow d = 2{,}425$

Abstand vom Punkt (3 | 3)

$$\frac{1}{\sqrt{17}}\begin{pmatrix} 4 \\ 1 \end{pmatrix}\left(\begin{pmatrix} 3 \\ 3 \end{pmatrix} - \begin{pmatrix} -3 \\ 2 \end{pmatrix}\right) = \frac{1}{\sqrt{17}}\begin{pmatrix} 4 \\ 1 \end{pmatrix}\begin{pmatrix} 6 \\ 1 \end{pmatrix} = \frac{23}{\sqrt{17}}$$

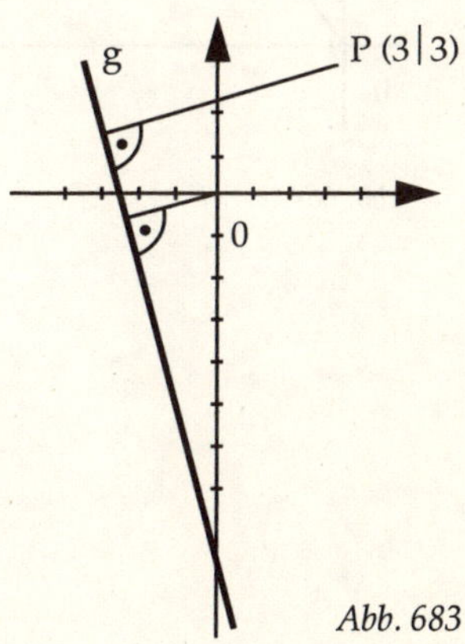

Abb. 683

2. $\mathfrak{n} = \overrightarrow{OP} = \begin{pmatrix} 3 \\ 4 \end{pmatrix} \Rightarrow |\overrightarrow{OP}| = 5$

$\Rightarrow \begin{pmatrix} 3 \\ 4 \end{pmatrix}(\mathfrak{x} - \mathfrak{a}) = 0$

$\begin{pmatrix} 3 \\ 4 \end{pmatrix}\left(\mathfrak{x} - \begin{pmatrix} 3 \\ 4 \end{pmatrix}\right) = 0$

$\begin{pmatrix} 3 \\ 4 \end{pmatrix}\mathfrak{x} = \begin{pmatrix} 3 \\ 4 \end{pmatrix}\begin{pmatrix} 3 \\ 4 \end{pmatrix}$

Normalenform: $\begin{pmatrix} 3 \\ 4 \end{pmatrix}\mathfrak{x} = 25$

Hessesche Normalenform: $\begin{pmatrix} \frac{3}{5} \\ \frac{4}{5} \end{pmatrix}\mathfrak{x} = 5$

Punktsteigeform:

$3x_1 + 4x_2 = 25$

$4x_2 = -3x_1 + 25$

$x_2 = -\frac{3}{4}x_1 + \frac{25}{4}$ und $y = -\frac{3}{4}x + \frac{25}{4}$

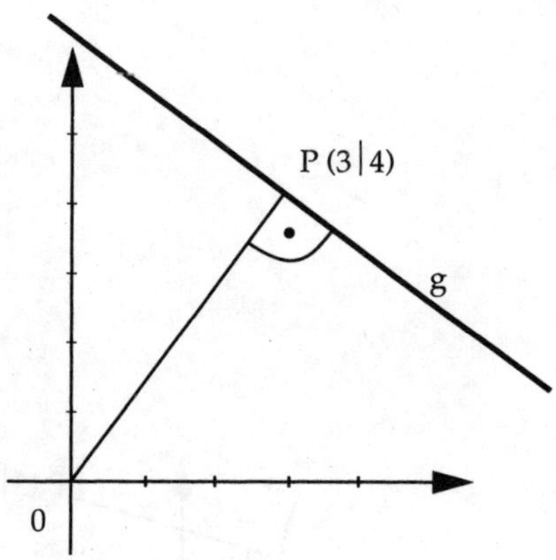

Abb. 684

3. $\overrightarrow{AB} = \begin{pmatrix} -3 \\ -1 \end{pmatrix} - \begin{pmatrix} 1 \\ 2 \end{pmatrix} = \begin{pmatrix} -4 \\ -3 \end{pmatrix}$ ist Lotvektor zu g,

also $\begin{pmatrix} 4 \\ 3 \end{pmatrix}\left(\mathfrak{x} - \begin{pmatrix} -3 \\ -1 \end{pmatrix}\right) = 0$

Normalenform: $\begin{pmatrix} 4 \\ 3 \end{pmatrix}\mathfrak{x} + 15 = 0$

Hessesche Normalenform: $\frac{1}{5}\begin{pmatrix} 4 \\ 3 \end{pmatrix}\mathfrak{x} + 3 = 0$

Koordinatenform:

$4x_1 + 3x_2 = -15$

$x_2 = -\frac{4}{3}x_1 - 5$

und $y = -\frac{4}{3}x - 5$

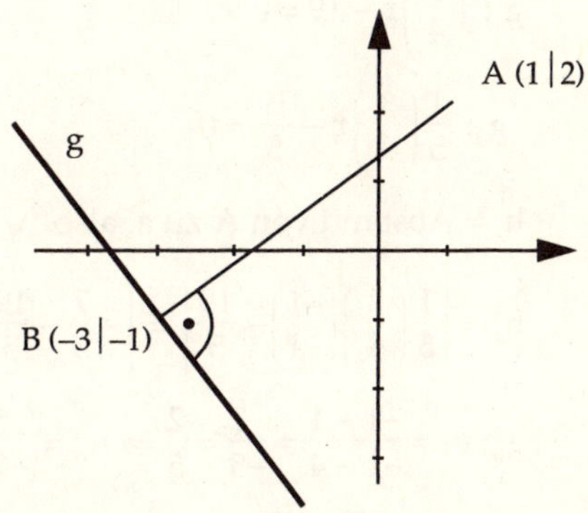

Abb. 685

4. g: $2x_1 + 5x_2 = 10 \Rightarrow \begin{pmatrix} 2 \\ 5 \end{pmatrix}\mathfrak{x} = 10$

Hessesche Normalenform: $\frac{1}{\sqrt{29}}\begin{pmatrix} 2 \\ 5 \end{pmatrix}\mathfrak{x} = \frac{10}{\sqrt{29}}$

a) $d = \frac{10}{\sqrt{29}} \approx 1{,}86$

b) $d = \left|\frac{1}{\sqrt{29}}\begin{pmatrix} 2 \\ 5 \end{pmatrix}\begin{pmatrix} 1 \\ 4 \end{pmatrix} - \frac{10}{\sqrt{29}}\right| = \left|\frac{22}{\sqrt{29}} - \frac{10}{\sqrt{29}}\right| = 2{,}23$

c) $d = \left|\frac{1}{\sqrt{29}}\begin{pmatrix} 2 \\ 5 \end{pmatrix}\begin{pmatrix} 4 \\ -1 \end{pmatrix} - \frac{10}{\sqrt{29}}\right| = \left|\frac{3}{\sqrt{29}} - \frac{10}{\sqrt{29}}\right| = 1{,}30$

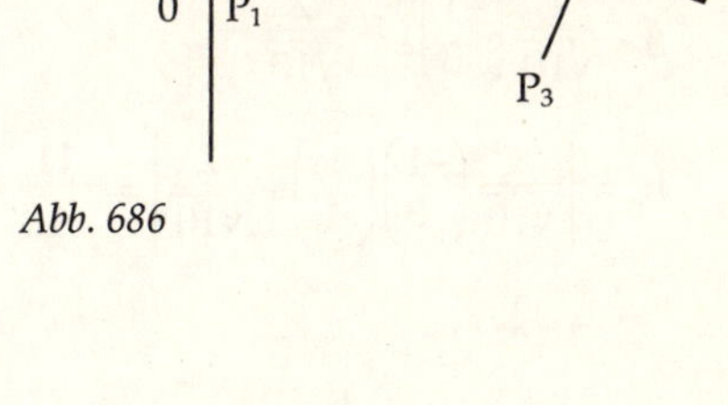

Abb. 686

5. $g_a\text{: } m = \frac{5-1}{1-4} = \frac{-4}{3} \Rightarrow \mathfrak{n}_a = \begin{pmatrix}3\\4\end{pmatrix}$

$g_a\text{: } \begin{pmatrix}3\\4\end{pmatrix}\left(\mathfrak{x} - \begin{pmatrix}5\\1\end{pmatrix}\right) = 0$

$g_a\text{: } \begin{pmatrix}3\\4\end{pmatrix}\mathfrak{x} - 19 = 0$

$g_a\text{: } \frac{1}{5}\begin{pmatrix}3\\4\end{pmatrix}\mathfrak{x} - \frac{19}{5} = 0$

h_a = Abstand von A zu a, also

$$h_a = \left|\frac{1}{5}\begin{pmatrix}3\\4\end{pmatrix}\begin{pmatrix}-1\\-1\end{pmatrix} - \frac{19}{5}\right| = \left|-\frac{7}{5} - \frac{19}{5}\right| = 5{,}20$$

$g_b\text{: } m = \frac{-1-1}{-1-4} = \frac{-2}{-5} = \frac{2}{5} \Rightarrow \mathfrak{n}_b = \begin{pmatrix}5\\-2\end{pmatrix}$

$g_b\text{: } \begin{pmatrix}5\\-2\end{pmatrix}\left(\mathfrak{x} - \begin{pmatrix}-1\\-1\end{pmatrix}\right) = 0$

$g_b\text{: } \begin{pmatrix}5\\-2\end{pmatrix}\mathfrak{x} + 3 = 0$

$g_b\text{: } \frac{1}{\sqrt{29}}\begin{pmatrix}5\\-2\end{pmatrix}\mathfrak{x} + \frac{3}{\sqrt{29}} = 0$

$$h_b = \left|\frac{1}{\sqrt{29}}\begin{pmatrix}5\\-2\end{pmatrix}\begin{pmatrix}5\\1\end{pmatrix} + \frac{3}{\sqrt{29}}\right| = \left|\frac{23}{\sqrt{29}} + \frac{3}{\sqrt{29}}\right| = \frac{26}{\sqrt{29}} = 4{,}83$$

$g_c\text{: } m = \frac{-1-5}{-1-1} = \frac{-6}{-2} = 3 \Rightarrow \mathfrak{n}_c = \begin{pmatrix}-1\\3\end{pmatrix}$

$g_c\text{: } \begin{pmatrix}-1\\3\end{pmatrix}\left(\mathfrak{x} - \begin{pmatrix}-1\\-1\end{pmatrix}\right) = 0$

$g_c\text{: } \begin{pmatrix}-1\\3\end{pmatrix}\mathfrak{x} + 2 = 0$

$g_c\text{: } \frac{1}{\sqrt{10}}\begin{pmatrix}-1\\3\end{pmatrix}\mathfrak{x} + \frac{2}{\sqrt{10}} = 0$

$$h_c = \left|\frac{1}{\sqrt{10}}\begin{pmatrix}-1\\3\end{pmatrix}\begin{pmatrix}1\\4\end{pmatrix} + \frac{2}{\sqrt{10}}\right| = \frac{11}{\sqrt{10}} + \frac{2}{\sqrt{10}} = \frac{13}{\sqrt{10}} = 4{,}11$$

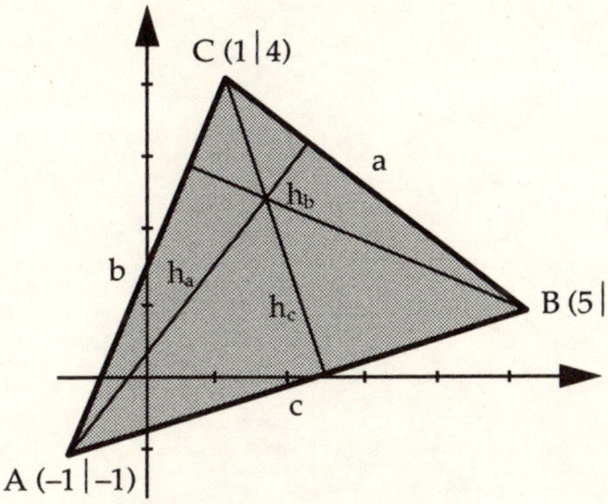

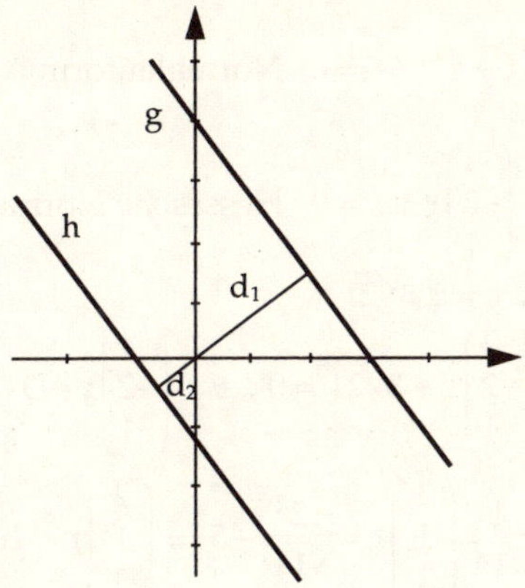

Abb. 687 / 688 Zeichnerische Darstellung der Aufgaben 5 und 6

6. **g:** $\begin{pmatrix} 3 \\ 4 \end{pmatrix} \mathfrak{x} - 12 = 0$

g: $\frac{1}{5} \begin{pmatrix} 3 \\ 4 \end{pmatrix} \mathfrak{x} - \frac{12}{5} = 0 \Rightarrow d_1 = 2\frac{2}{5} = 2{,}4$

h: $\begin{pmatrix} 3 \\ 4 \end{pmatrix} \mathfrak{x} + 4 = 0$

h: $\frac{1}{5} \begin{pmatrix} 3 \\ 4 \end{pmatrix} \mathfrak{x} + \frac{4}{5} = 0 \Rightarrow d_2 = \frac{-4}{5}$

Abstand der beiden Geraden: $d_1 - d_2 = 3{,}2$

7. $\mathbf{E_1}$: $\frac{1}{\sqrt{14}} \begin{pmatrix} 1 \\ 2 \\ 3 \end{pmatrix} \mathfrak{x} - \frac{14}{\sqrt{14}} = 0 \Rightarrow d_1 = \sqrt{14} \approx 3{,}74$

$\mathbf{E_2}$: $\frac{1}{\sqrt{5}} \begin{pmatrix} 2 \\ 1 \\ 0 \end{pmatrix} \mathfrak{x} - \frac{25}{\sqrt{5}} = 0 \Rightarrow d_2 = \frac{25}{\sqrt{5}} = 5 \cdot \sqrt{5} \approx 11{,}18$

$d = d_1 - d_2 \approx 7{,}44$

8. a) $-5x_1 + 15x_2 - 3x_3 = -15$

$\Rightarrow \frac{x_1}{3} + \frac{x_2}{-1} + \frac{x_3}{5} = 1$

also: $a = 3$; $b = -1$; $c = 5$

b) $\frac{x_1}{2} + \frac{x_2}{8} + \frac{x_3}{-4} = 1$

also: $a = 2$; $b = 8$; $c = -4$

9. $\begin{pmatrix}4\\-2\\1\end{pmatrix}\mathfrak{x}+c \quad =0$ Normalenform

$\frac{1}{\sqrt{21}}\begin{pmatrix}4\\-2\\1\end{pmatrix}\mathfrak{x}\pm 3=0$ Hessesche Normalenform

also: $c=\pm 3\sqrt{21}$

E_1: $\begin{pmatrix}4\\-2\\1\end{pmatrix}\mathfrak{x}+3\sqrt{21}=0$; E_2: $\begin{pmatrix}4\\-2\\1\end{pmatrix}\mathfrak{x}-3\sqrt{21}=0$

10. E_1: $\frac{1}{\sqrt{14}}\begin{pmatrix}2\\1\\3\end{pmatrix}\mathfrak{x}=\frac{2}{\sqrt{14}}-5 \Rightarrow \begin{pmatrix}2\\1\\3\end{pmatrix}\mathfrak{x}+16{,}71=0$

E_2: $\frac{1}{\sqrt{14}}\begin{pmatrix}2\\1\\3\end{pmatrix}\mathfrak{x}=\frac{2}{\sqrt{14}}+5 \Rightarrow \begin{pmatrix}2\\1\\3\end{pmatrix}\mathfrak{x}-20{,}71=0$

Vektorprodukt

1. a) $\mathfrak{a}\times\mathfrak{b}=\begin{vmatrix}\mathfrak{i} & 3 & 5\\ \mathfrak{j} & 2 & 1\\ \mathfrak{k} & 4 & 2\end{vmatrix}=\mathfrak{i}\begin{vmatrix}2 & 1\\4 & 2\end{vmatrix}-\mathfrak{j}\begin{vmatrix}3 & 5\\4 & 2\end{vmatrix}+\mathfrak{k}\begin{vmatrix}3 & 5\\2 & 1\end{vmatrix}$

$\mathfrak{a}\times\mathfrak{b}=0\cdot\mathfrak{i}+14\mathfrak{j}-7\mathfrak{k}$ und somit

$|\mathfrak{a}\times\mathfrak{b}|=\sqrt{14^2+7^2}=\sqrt{245}=15{,}65$ oder

$|\mathfrak{a}\times\mathfrak{b}|=|\mathfrak{a}|\cdot|\mathfrak{b}|\cdot\sin(\mathfrak{a};\mathfrak{b})$

$\Rightarrow \mathfrak{a}\cdot\mathfrak{b}=\begin{pmatrix}3\\2\\4\end{pmatrix}\begin{pmatrix}5\\1\\2\end{pmatrix}=15+2+8=25$

$|\mathfrak{a}|=\sqrt{9+4+16}=\sqrt{29}$; $|\mathfrak{b}|=\sqrt{25+1+4}=\sqrt{30}$

also $\cos(\mathfrak{a};\mathfrak{b})=\frac{\mathfrak{a}\cdot\mathfrak{b}}{|\mathfrak{a}|\cdot|\mathfrak{b}|}=\frac{25}{\sqrt{29}\cdot\sqrt{30}}=0{,}847579$

$\Rightarrow \sphericalangle(\mathfrak{a};\mathfrak{b})=32{,}05^\circ$ und somit

$|\mathfrak{a}\times\mathfrak{b}|=|\sqrt{29}|\cdot|\sqrt{30}|\cdot\sin 32{,}05^\circ=15{,}65$

Der Flächeninhalt des Parallelogramms beträgt 15,65 F.E.

b) $\mathfrak{a} \times \mathfrak{b} = \begin{vmatrix} \mathfrak{i} & 0 & 0 \\ \mathfrak{j} & -1 & 2 \\ \mathfrak{k} & 3 & 1 \end{vmatrix} = \mathfrak{i} \begin{vmatrix} -1 & 2 \\ 3 & 1 \end{vmatrix} - \mathfrak{j} \begin{vmatrix} 0 & 0 \\ 3 & 1 \end{vmatrix} + \mathfrak{k} \begin{vmatrix} 0 & 0 \\ -1 & 2 \end{vmatrix}$

$\mathfrak{a} \times \mathfrak{b} = -7\mathfrak{i} + 0\mathfrak{j} + 0\mathfrak{k} \Rightarrow |\mathfrak{a} \times \mathfrak{b}| = \sqrt{49} = 7$ oder

$\mathfrak{a} \cdot \mathfrak{b} = \begin{pmatrix} 0 \\ -1 \\ 3 \end{pmatrix} \begin{pmatrix} 0 \\ 2 \\ 1 \end{pmatrix} = 0 - 2 + 3 = 1$; $|\mathfrak{a}| = \sqrt{1+9} = \sqrt{10}$; $|\mathfrak{b}| = \sqrt{4+1} = \sqrt{5}$

$\cos(\mathfrak{a};\mathfrak{b}) = \dfrac{1}{\sqrt{10} \cdot \sqrt{5}} = \dfrac{1}{\sqrt{50}} = 0{,}14142 \Rightarrow \sphericalangle(\mathfrak{a};\mathfrak{b}) = 81{,}87°$

$\Rightarrow |\mathfrak{a} \times \mathfrak{b}| = \sqrt{10} \cdot \sqrt{5} \cdot \sin 81{,}87° = 7$

Der Flächeninhalt des Parallelogramms ist 7 Flächeneinheiten groß.

2. a) $F_\Delta = \frac{1}{2} |\mathfrak{a} \times \mathfrak{b}|$, also $F_\Delta = \frac{1}{2} \cdot 15{,}65 = 7{,}83$ F.E.

b) $F_\Delta = \frac{1}{2} \cdot 7 = 3{,}5$ F.E.

3. zum Beispiel: $\mathfrak{e}_1 \times \mathfrak{e}_2 = \mathfrak{e}_3$

$\mathfrak{e}_2 \times \mathfrak{e}_3 = \mathfrak{e}_1$

$\mathfrak{e}_3 \times \mathfrak{e}_1 = \mathfrak{e}_2$

x	$\mathfrak{e}_1$	$\mathfrak{e}_2$	$\mathfrak{e}_3$
$\mathfrak{e}_1$	0	$\mathfrak{e}_3$	$\mathfrak{e}_2$
$\mathfrak{e}_2$	$-\mathfrak{e}_3$	0	$\mathfrak{e}_1$
$\mathfrak{e}_3$	$-\mathfrak{e}_2$	$-\mathfrak{e}_1$	0

4. a) $\begin{vmatrix} 2 & 1 & -2 \\ 1 & 3 & -2 \\ 2 & 4 & 5 \end{vmatrix} = 41$ V.E.

b) Wenn das Spatvolumen 0 ist, liegen die Vektoren $\mathfrak{a}$, $\mathfrak{b}$ und $\mathfrak{c}$ in einer Ebene.

5. a) $\overrightarrow{BC} = \begin{pmatrix} -2 \\ 12 \\ 0 \end{pmatrix} \Rightarrow \overrightarrow{AD} = \begin{pmatrix} -2 \\ 12 \\ 0 \end{pmatrix}$, also $\mathfrak{a} + \begin{pmatrix} -2 \\ 12 \\ 0 \end{pmatrix} = \mathfrak{d} \quad \Rightarrow \mathfrak{d} = \begin{pmatrix} -2 \\ 18 \\ 0 \end{pmatrix} \Rightarrow D = (-2 \,|\, 18 \,|\, 0)$

Berechnung der Fläche:

$\overrightarrow{AB} = \begin{pmatrix} 8 \\ -2 \\ 0 \end{pmatrix}$; $\overrightarrow{AD} = \begin{pmatrix} -2 \\ 12 \\ 0 \end{pmatrix}$

$\cos\alpha = \dfrac{\overrightarrow{AB} \cdot \overrightarrow{AD}}{|\overrightarrow{AB}| \cdot |\overrightarrow{AD}|} = \dfrac{-16 - 24}{\sqrt{68}\,\sqrt{148}} = -0{,}399 \Rightarrow \alpha = 113{,}499°$

$\Rightarrow |\overrightarrow{AB} \times \overrightarrow{AD}| = |\overrightarrow{AB}| \cdot |\overrightarrow{AD}| \cdot |\sin\alpha| = \sqrt{68}\,\sqrt{148} \cdot |\sin 113{,}499°|$

$|\overrightarrow{AB} \times \overrightarrow{AD}| = 92$ F.E.

b) $\overrightarrow{EF} = \begin{pmatrix} 0{,}5 & -1{,}5 \\ 0 & -2{,}5 \\ 2{,}5 & -3{,}5 \end{pmatrix} = \begin{pmatrix} -1 \\ -2{,}5 \\ -1 \end{pmatrix}$; $\overrightarrow{FG} = \begin{pmatrix} 1 & -0{,}5 \\ 0{,}5 & -0 \\ 4{,}5 & -2{,}5 \end{pmatrix} = \begin{pmatrix} 0{,}5 \\ 0{,}5 \\ 2 \end{pmatrix}$

$\overrightarrow{EH} = \overrightarrow{FG} = \begin{pmatrix} 0{,}5 \\ 0{,}5 \\ 2 \end{pmatrix}$, also $\mathfrak{h} = \mathfrak{e} + \begin{pmatrix} 0{,}5 \\ 0{,}5 \\ 2 \end{pmatrix}$

$\Rightarrow \mathfrak{h} = \begin{pmatrix} 1{,}5 \\ 2{,}5 \\ 3{,}5 \end{pmatrix} + \begin{pmatrix} 0{,}5 \\ 0{,}5 \\ 2 \end{pmatrix} = \begin{pmatrix} 2 \\ 3 \\ 5{,}5 \end{pmatrix} \Rightarrow H = (2 \mid 3 \mid 5{,}5)$

$\cos\varepsilon = \dfrac{\overrightarrow{EF} \cdot \overrightarrow{EH}}{|\overrightarrow{EF}| \cdot |\overrightarrow{EH}|} = \dfrac{-0{,}5 - 1{,}25 - 2}{\sqrt{8{,}25}\,\sqrt{4{,}5}} = -0{,}615 \Rightarrow \varepsilon = 127{,}985°°$

$\overrightarrow{EF} \times \overrightarrow{EH} = |\overrightarrow{EF}| \cdot |\overrightarrow{EH}| \cdot \sin 127{,}985° = 4{,}802$ F.E.

6. $\overrightarrow{AB} = \begin{pmatrix} 3 & -1 \\ 3 & -0 \\ 7 & -2 \end{pmatrix} = \begin{pmatrix} 2 \\ 3 \\ 5 \end{pmatrix}$; $\overrightarrow{AC} = \begin{pmatrix} 4 & -1 \\ 2 & -0 \\ 12 & -2 \end{pmatrix} = \begin{pmatrix} 3 \\ 2 \\ 10 \end{pmatrix}$; $\overrightarrow{AD} = \begin{pmatrix} 2 & -1 \\ -1 & -0 \\ 7 & -2 \end{pmatrix} = \begin{pmatrix} 1 \\ -1 \\ 5 \end{pmatrix}$

Wenn das Spatprodukt dieser drei Vektoren 0 ist, so müssen die Vektoren in einer Ebene liegen:

$$\begin{vmatrix} 2 & 3 & 1 \\ 3 & 2 & -1 \\ 5 & 10 & 5 \end{vmatrix} = 1 \begin{vmatrix} 3 & 2 \\ 5 & 10 \end{vmatrix} + 1 \begin{vmatrix} 2 & 3 \\ 5 & 10 \end{vmatrix} + 5 \begin{vmatrix} 2 & 3 \\ 3 & 2 \end{vmatrix}$$

$$= 3 \cdot 10 - 2 \cdot 5 + 2 \cdot 10 - 3 \cdot 5 + 5(2 \cdot 2 - 3 \cdot 3) = 0$$

Die Vektoren $\overrightarrow{AB} = \begin{pmatrix} 2 \\ 3 \\ 5 \end{pmatrix}$; $\overrightarrow{AD} = \begin{pmatrix} 1 \\ -1 \\ 5 \end{pmatrix}$; und $\overrightarrow{AS} = \begin{pmatrix} 2 & -1 \\ 4 & -0 \\ 15 & -2 \end{pmatrix} = \begin{pmatrix} 1 \\ 4 \\ 13 \end{pmatrix}$

spannen die Pyramide A, B, C, D, S auf, und das zugehörige Volumen ist der dritte Teil des zugehörigen Spatvolumens.

$$\Rightarrow V_{Pyramide} = \frac{1}{3} \cdot V_{Spat} = \frac{1}{3} \begin{vmatrix} 2 & 1 & 1 \\ 3 & -1 & 4 \\ 5 & 5 & 13 \end{vmatrix} = \left| \frac{1}{3} \left[2 \begin{vmatrix} -1 & 4 \\ 5 & 13 \end{vmatrix} - 1 \begin{vmatrix} 3 & 4 \\ 5 & 13 \end{vmatrix} + 1 \begin{vmatrix} 3 & -1 \\ 5 & 5 \end{vmatrix} \right] \right|$$

$$= \left| \frac{1}{3} [2\,(-13 - 20) - 1\,(39 - 20) + 1\,(15 + 5)] \right| = \left| \frac{1}{3} \cdot (-65) \right| = \frac{65}{3} = 21\,\frac{2}{3} \text{ V.E.}$$

Kreis und Kugel

1. a) **P:** $x_1^2 + 9 = 16 \Rightarrow x_1 = \pm\sqrt{7}$

es gibt also zwei Punkte: $P_1(\sqrt{7} \mid 3)$ und $P_2(-\sqrt{7} \mid 3)$

Q: $81 + x_2^2 = 16 \Rightarrow x_2 = \sqrt{-65}$

auf der Kreisperipherie liegt also kein Punkt mit der Ordinate 9.

b) **P:** $(x_1 - 1)^2 + (3 + 3)^2 = 100 \Rightarrow (x_1 - 1)^2 = 64$

$\Rightarrow x_1 - 1 = 8$ oder $x_1 - 1 = -8$

$\Rightarrow \quad x_1 = 9$ oder $\quad x_1 = -7$

es gibt also zwei Punkte: $P_1(9 \mid 3)$ und $P_2(-7 \mid 3)$

Q: $(9-1)^2+(x_2+3)^2=100 \Rightarrow (x_2+3)^2=36$

$\Rightarrow x_2+3=6 \qquad \text{oder } x_2+3=-6$

$\Rightarrow \quad x_2=3 \qquad \text{oder } \quad x_2=-9$

es gibt also zwei Punkte: $Q_1(9\,|\,3)$ und $Q_2(9\,|\,-9)$

2. $(1-x_m)^2+(2-3)^2+(3+4)^2=54$

$$(1-x_m)^2=\ 4$$

$\Rightarrow 1-x_m=2 \qquad \text{oder} \quad 1-x_m=-2$

$\Rightarrow \quad x_{m_1}=-1 \qquad \text{oder} \quad x_{m_2}=\ 3$

es gibt also 2 Kugeln:

K_1: $M\,(-1\,|\,3\,|\,-4)$; $r=\sqrt{54}$

K_2: $M\,(\ 3\,|\,3\,|\,-4)$; $r=\sqrt{54}$

3. $\mathfrak{x}^2=34;\ \begin{pmatrix}-\frac{3}{5}\\1\end{pmatrix}\cdot\mathfrak{x}=0$

$$x_1^2+\left(\frac{3}{5}x_1\right)^2=34 \Rightarrow x_1^2+\frac{9}{25}x_1^2=34 \Rightarrow x_1^2=25 \Rightarrow x_1=\ 5 \text{ oder } x_1=-5$$

Also: $x_2-\frac{3}{5}(\pm 5)=0 \Rightarrow \left\{\begin{matrix} x_2=\ 3 \\ \text{oder} \\ x_2=-3\end{matrix}\right\} \Rightarrow S_1(5\,|\,3);\ S_2(-5\,|\,-3)\ \ d=2\sqrt{34}$

4. $\left[\begin{pmatrix}5\\-1\\3\end{pmatrix}+\lambda\begin{pmatrix}1\\-1\\4\end{pmatrix}-\begin{pmatrix}2\\-1\\-3\end{pmatrix}\right]^2 = 9$

$$\Rightarrow \begin{pmatrix}3+\lambda\\-\lambda\\6+4\lambda\end{pmatrix}^2 = 9$$

$$\Rightarrow 9+6\lambda+\lambda^2+\lambda^2+36+48\lambda+16\lambda^2= 9$$

$$\lambda^2+3\lambda+2 = 0$$

$$\lambda_{1;2} = -\frac{3}{2}\pm\sqrt{\frac{9}{4}-2} = -\frac{3}{2}\pm\frac{1}{2}$$

$$\lambda_1 = -1$$

$$\lambda_2 = -2$$

Die Schnittpunkte lauten:

$$\mathfrak{x}_1=\begin{pmatrix}5\\-1\\3\end{pmatrix}-2\begin{pmatrix}1\\-1\\4\end{pmatrix}=\begin{pmatrix}3\\1\\-5\end{pmatrix}$$

$$\mathfrak{x}_2=\begin{pmatrix}5\\-1\\3\end{pmatrix}-1\begin{pmatrix}1\\-1\\4\end{pmatrix}=\begin{pmatrix}4\\0\\-1\end{pmatrix}$$

5. $d=\sqrt{(3-4)^2+(1-0)^2+(-5+1)^2}=\sqrt{1+1+16}=\sqrt{18}$

Kombinatorik, Statistik, Wahrscheinlichkeitsrechnung

Kombinatorik

1. Es gibt $4^4 = 256$ Varianten, davon sind 4 Gewinne und 252 Nieten.

2. a) $\overline{P}_5^{2;2} = \frac{5!}{2!2!} = \frac{3 \cdot 4 \cdot 5}{1 \cdot 2} = 30$

b) $\overline{P}_{11}^{4;4;2} = \frac{11!}{4!4!2!} = \frac{5 \cdot 6 \cdot 7 \cdot 8 \cdot 9 \cdot 10 \cdot 11}{1 \cdot 2 \cdot 3 \cdot 4 \cdot 1 \cdot 2} = 34\,650$

3. a) $11! = 39\,916\,800$

b) $10! = 3\,628\,800$

c) $2!\,2!\,3!\,5! = 2880$

4. a) $9 \cdot 10^3 = 9000$, nämlich 1000 bis 9999

b) $1 \cdot 2^3 = 8$, nämlich 1000; 1001; 1010; 1011; 1100; 1101; 1110; 1111

5. $3^{11} = 177\,147$

6. a) $4! = 24$

b) $5! = 120$

7. $9 + 8 + 7 + 6 + 5 + 4 + 3 + 2 + 1 = 45$

8. $6 \cdot 4 = 24$

9. $\binom{20}{3} = \binom{20}{17} = \frac{20!}{3!17!} = 1140$

10. a) $\binom{100}{2} - 100 = \frac{100!}{2!98!} - 100 = \frac{99 \cdot 100}{2} - 100 = 4850$

b) $\binom{n}{2} - n = \frac{n!}{2!(n-2)!} - n = \frac{(n-1)n}{2} - \frac{2n}{2} = \frac{n(n-3)}{2}$

11. a) $\binom{6}{2}\binom{5}{2} = \frac{6!}{2!4!}\,\frac{5!}{2!3!} = 15 \cdot 10 = 150$

b) $\binom{6}{3}\binom{5}{1} = \frac{6!}{3!3!}\,\frac{5!}{4!} = 4 \cdot 5 \cdot 5 = 100$

c) $\binom{5}{3}\binom{6}{1} = \frac{5!}{2!3!}\,\frac{6!}{5!} = 10 \cdot 6 = 60$

d) $\binom{5}{4}\binom{6}{0} = 5 \cdot 1 = 5$

12. a) $V_9^3 = 9 \cdot 8 \cdot 7 \cdot 6 = 3024$

b) $\overline{V}_9 = 9^4 = 6561$

13. a) $8 \cdot 7 \cdot 6 = 336$

b) $P_3 = 3! = 6$

14. $4 \cdot 3 = 12$

15. $4 \cdot 3 \cdot 2 = 24$

16. $2!3! = 12$ oder $2! \cdot 3 \cdot 2 = 12$

17. $9 \cdot 10^5 = 900\,000$, nämlich die Nummern 100 000 – 999 999

18. a) 0,15 €

b) 1,50 €

c) $\binom{12}{3} = \frac{12!}{3!9!} = \frac{10 \cdot 11 \cdot 12}{3!} = 220$

d) $\binom{5}{1}\binom{7}{2} = 5 \cdot \frac{6 \cdot 7}{2} = 105$

19. a) $6 \cdot 2 \cdot 2 = 24$

b) $(?; ?; 0) \Rightarrow 6 \cdot 2 \cdot 1 = 12$

c) $(?; 0; 0)$ oder $(?; 2; 5) \Rightarrow 6 + 0 = 6$

20. $2! \cdot 3! = 2 \cdot 6 = 12$

21. a) $V_5^5 = \frac{5!}{0!} = \frac{5!}{1} = 5! = 120$

$\overline{V}_5^5 = 5^5 = 3125$ (mit Wiederholung)

b) (X X 1 X 5) $\Rightarrow$ Es gibt insgesamt 3 freie Plätze für die Zahlen 2, 3, 4, also 3! = 6 Möglichkeiten.

22. a) $5 \cdot 4 \cdot 3 \cdot 2 \cdot 1 = 120$ Möglichkeiten

b) Wenn 4 Eier passen, dann muß auch das 5. Ei richtig sein; also gibt es nur 1 Möglichkeit.

23. a) $4 \cdot 3 \cdot 2 = 24$

b) $6^3 = 216$

c) $5 \cdot 4 \cdot 3 = 60$

d) $6 \cdot 5 \cdot 4 = 120$

24. $7 \cdot 6 \cdot 5 \cdot 4 = 840$

25. Es müssen 3 Damen und 3 Herren aus jeder Gruppe ausgewählt werden. Die 1. Dame hat dann 3 Möglichkeiten, die 2. Dame 2 Möglichkeiten und die 3. Dame nur noch 1 Möglichkeit, einen Tanzpartner auszusuchen:

$$\binom{5}{3} \cdot \binom{6}{3} \cdot 3! = \frac{5!}{3!2!} \cdot \frac{6!}{3!3!} \cdot 3! = 10 \cdot 120 = 1200$$

26. $V_{26}^5 = \frac{26!}{21!} = 22 \cdot 23 \cdot 24 \cdot 25 \cdot 26 = 7\,893\,600$

27. $V_{10}^{4} = \frac{10!}{6!} = 7 \cdot 8 \cdot 9 \cdot 10 = 5040$

28. $\binom{12}{4}\binom{2}{1} = \frac{12!}{4!8!} \cdot 2! = 990$

29. $5 \cdot 7 \cdot 12 \cdot 4 = 1680$

30. $8! = 40\,320$

Beschreibende Statistik

1.

Merkmalsträger	Merkmal	Merkmalsausprägungen	Art
15jährige Schüler	Größe	30 kg–70 kg	(s) quantitativ
Autos	Gangzahl	1–5	qualitativ
Fernsehzuschauer	Meinung	gut – schlecht	qualitativ
Wiesbadener Bürger	Zigaretten-konsum	Raucher – Nichtraucher	qualitativ
Stereoanlage	Leistung	2 × 10 W–2 × 100 W	(d) quantitativ
Sportler	Wurfweite	60–90 m	(s) quantitativ
Telefongespräch	Dauer	0–60 min	(s) quantitativ
Schüler einer Klasse	Leistungen	1–6	qualitativ

2. a) $\tilde{x} = 176$ cm

b) $\bar{x} = \frac{11165}{65} = 171{,}77$ cm

d) z.B. für [149; 158] ist $h_a = 9$

3. Hausmüll: 350 000 t
Sondermüll: 55 000 t
Autowracks: 35 500 t
Industriemüll: 32 500 t
Bauschutt: 10 000 t
Sonstiges: 15 000 t

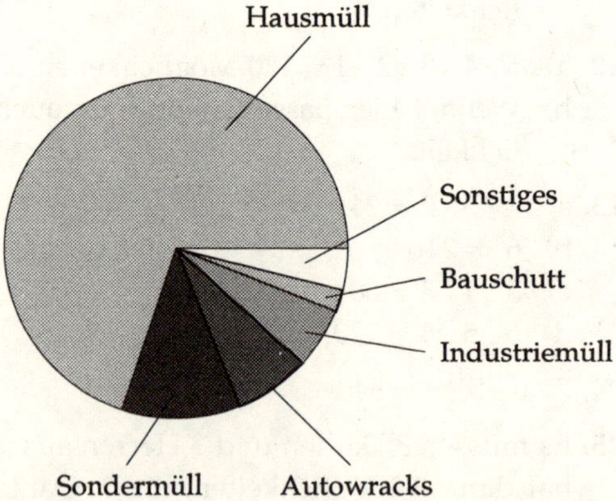

Abb. 689

4. $\bar{x} = 4{,}45\bar{3}$; $\tilde{x} = 4$; $a = 1{,}817$;
$s = 2{,}187$

5. $\bar{x} = 8{,}997$; $s = 0{,}025$;
also $[\bar{x} - s; \bar{x} + s] = [8{,}972; 9{,}022]$
Darin liegen 31 von 32 Proben, mithin 96,875%. Nach der S-Regel wären es nur 68,3%.

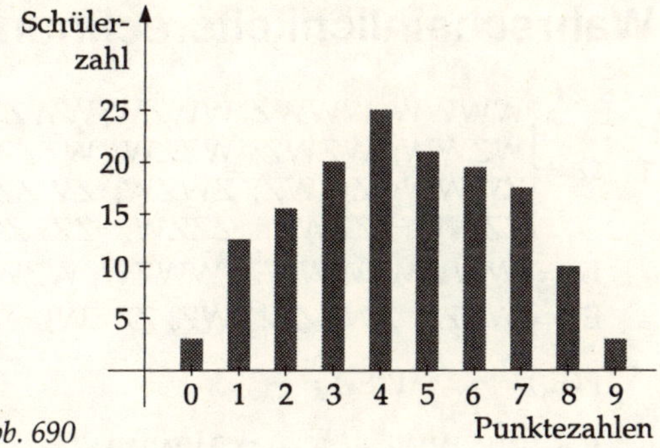

Abb. 690

6. $$s = \frac{1}{n}\left((x_1 - \bar{x})^2 + \ldots + (x_n - \bar{x})^2\right) = \frac{1}{n}\left(x_1^2 - 2x_1\bar{x} + \bar{x}^2 + \ldots + x_n^2 - 2x_n\bar{x} + \bar{x}^2\right)$$
$$= \frac{1}{n}\left(x_1^2 + \ldots + x_n^2\right) + \frac{1}{n}\, n \cdot \bar{x}^2 - \frac{2\bar{x} \cdot (x_1 + \ldots + x_n)}{n}$$
$$= \frac{1}{n}\left(x_1^2 + \ldots + x_n^2\right) + \bar{x}^2 - 2\bar{x}\bar{x} = \frac{1}{n}\left(x_1^2 + \ldots + x_n^2\right) - \bar{x}^2$$ was zu beweisen war.

7. $\bar{J} = 45$; $s = 10{,}39 \Rightarrow [\bar{x} - 2s; \bar{x} + 2s] = [24{,}22; 65{,}78]$
$\bar{M} = 45{,}43$; $s = 6{,}99 \Rightarrow [\bar{x} - 2s; \bar{x} + 2s] = [31{,}45; 59{,}41]$
Die Geburtenziffern weichen also an keinem Tag signifikant vom Mittelwert ab.

8. Es wurden Kinder befragt und damit nur Familien mit Kindern in die Untersuchung genommen. Single-Haushalte oder alleinstehende Menschen drücken die errechnete Zahl noch nach unten.

9. $\bar{x} = 299\,792$ km/s; $s = 3{,}066$ km/s
Der wahre Wert liegt dichter bei $\bar{x}$ als eine Standardabweichung. Die Meßapparatur war demzufolge sehr gut.

10. ohne Medikament: $\bar{x} = 0{,}35$; $s = 0{,}02 \Rightarrow [\bar{x} - s; \bar{x} + s] = [0{,}33; 0{,}37]$
mit Medikament: $\bar{x} = 0{,}38$; $s = 0{,}036 \Rightarrow [\bar{x} - s; \bar{x} + s] = [0{,}344; 0{,}416]$
Da sich die Intervalle deutlich überschneiden, läßt sich kein signifikanter Einfluß des Medikaments nachweisen.

11. 600 Schüler

12. Angestellte (100 500 = 41,67%)
Arbeiter (60 300 = 25%)
Beamte (60 300 = 25%)
Selbständige (20 100 = 8,33%)

13. $\bar{x} = 44{,}1\bar{6}$; $\bar{y} = 6{,}745$
$y = 0{,}05625x + 4{,}26059$
$r = 0{,}98363$; die Datenmenge ist zu klein, um aus der positiven Korrelation allgemeingültige Aussagen zu tätigen.
$\hat{y} = 8{,}761$ t/ha

Wahrscheinlichkeitsrechnung

1. $\Omega = \begin{Bmatrix} \text{WWWW; WWWZ; WWZW; WWZZ;} \\ \text{WZWW; WZWZ; WZZW; WZZZ;} \\ \text{ZWWW; ZWWZ; ZWZW; ZWZZ;} \\ \text{ZZWW; ZZWZ; ZZZW; ZZZZ} \end{Bmatrix}$

$E_1 = \{\text{WWWW; WWWZ; WWZW; WZWW; ZWWW}\}$

$E_2 = \{\text{WZZZ; ZWZZ; ZZWZ; ZZZW}\}$

$P(E_1) = \frac{5}{16}$; $P(E_2) = \frac{1}{4}$

$E = \{\text{WWWW}\} \Rightarrow \bar{E} = \Omega \setminus \{\text{WWWW}\}$

2. a) 12 Gewinne
b) nein
c) 1200 Gewinne

3. a) $P(\text{Hüftschaden}) = \frac{7}{500}$

b) $P(\text{Hüftschaden oder Nabelbruch}) = \frac{11}{500}$

c) $P(\text{Nabelbruch oder gesund}) = \frac{37}{500}$

d) $P(\text{nicht völlig gesund}) = \frac{41}{500}$

4. a) $P(E) + P(\bar{E}) = P(E \cup \bar{E}) = P(\Omega) = 1$
b) $E_1 \subseteq E_2 \Rightarrow E_2 = E_1 \cup (E_2 \setminus E_1) \Rightarrow P(E_2) = P(E_1) + P(E_2 \setminus E_1) \geq P(E_1)$
c) wie a)
d) $E_1 \cap E_2 \neq \{\} \Rightarrow E_1 \cup E_2 = E_1 \cap E_2 \cup E_1 \setminus E_2 \cup E_2 \setminus E_1 = E_1 \cup E_2 \setminus E_1 = E_2 \cup E_1 \setminus E_2$

$$\begin{aligned}
&\Rightarrow P(E_1 \cup E_2) = P(E_1) + P(E_2 \setminus E_1) = P(E_2) + P(E_1 \setminus E_2) \\
&\qquad = P(E_1 \cap E_2) + P(E_1 \setminus E_2) + P(E_2 \setminus E_1) \\
&\Rightarrow P(E_1 \cap E_2) + P(E_1 \setminus E_2) = P(E_1) \quad |+ \\
&\quad\; P(E_1 \cap E_2) + P(E_2 \setminus E_1) = P(E_2) \quad |+ \\
&\overline{\quad 2\,P(E_1 \cap E_2) + P(E_1 \setminus E_2) + P(E_2 \setminus E_1) = P(E_1) + P(E_2)} \\
&\Rightarrow 2\,P(E_1 \cap E_2) + P(E_1 \setminus E_2) + P(E_2 \setminus E_1) = P(E_1 \cup E_2) + P(E_1 \cap E_2)
\end{aligned}$$

5. a) $E = \{2, 3, 4, 6, 8, 9, 10, 12\} \Rightarrow P(E) = \frac{2}{3}$

b) $P(3 \leq x \leq 10) = \frac{2}{3}$

c) $P(\text{Primzahl}) = \frac{5}{12}$

6. a) $P(\text{As}) = \frac{4}{32} = \frac{1}{8}$

b) $P(B \vee D) = \frac{1}{4}$

c) $P(\text{Bild}) = \frac{12}{32} = \frac{3}{8}$

d) $P(B \vee \neg D) = P(\neg D) = 1 - P(D) = \frac{7}{8}$

7. a) $P(\neg 1 \wedge \neg 2 \wedge \neg 3) = \frac{55}{100} \cdot \frac{60}{100} \cdot \frac{70}{100} = 0{,}231$

b) $P(\neg 1 \vee \neg 2 \vee \neg 3) =$
$P(\neg 1 \wedge 2 \wedge 3) + P(1 \wedge \neg 2 \wedge 3) + P(1 \wedge 2 \wedge \neg 3) =$
$0{,}55 \cdot 0{,}4 \cdot 0{,}3 + 0{,}45 \cdot 0{,}6 \cdot 0{,}3 + 0{,}45 \cdot 0{,}4 \cdot 0{,}7 = 0{,}273$

c) $P(\text{höchstens einmal}) = 0{,}273 + 0{,}45 \cdot 0{,}4 \cdot 0{,}3 = 0{,}327$

8. a) $\frac{1}{6}$

b) $\frac{1}{6} + \frac{5}{6} \cdot \frac{1}{5} + \frac{5}{6} \cdot \frac{4}{5} \cdot \frac{1}{4} = \frac{1}{2}$

c) $\frac{6}{5} \cdot \frac{4}{5} \cdot \frac{3}{4} \cdot \frac{1}{3} = \frac{1}{6}$

9. Knallegut: 80% Treffer
Glanzlos: 62,5% Treffer
Zufall: 33,3% Treffer

$\left.\right\}$ $P(\text{Überleben}) = 0{,}2 \cdot 0{,}375 \cdot 0{,}667 = 0{,}05 = 5\%$

10. $P(\text{mindestens zweimal n}) = P(nnj) + P(njn) + P(jnn) + P(nnn)$

$$= 3 \cdot \left(\frac{6}{30} \cdot \frac{5}{29} \cdot \frac{24}{28} \right) + \frac{6}{30} \cdot \frac{5}{29} \cdot \frac{4}{28}$$

$$= 0{,}093596 = 9{,}36\%$$

11. Dies läßt sich besser über das Gegenereignis berechnen: Alle haben an einem anderen Tag Geburtstag als Sie. Die Wahrscheinlichkeit dafür ist: $\left(\frac{364}{365} \right)^{35} = 0{,}908$. Damit beträgt Ihre Erfolgschance ca. 9%.

12. Simulation: gerade Zahl $\hat{=}$ rechts
ungerade Zahl $\hat{=}$ links

$$P(E) = \left(\frac{1}{2} \right)^5 + \left(\frac{1}{2} \right)^3 + \left(\frac{1}{2} \right)^3 = 0{,}281$$

13. Es gibt 1000 verschiedene Dreierblöcke (000, 001, ..., 999). Dabei gibt es genau 1 Block mit der mittleren Ziffer 1 und der geforderten Eigenschaft, nämlich 010; ferner gibt es $2 \cdot 2 = 4$ Blöcke mit der mittleren Ziffer 2 (nämlich 020; 120; 021; 121); weiter $3 \cdot 3 = 9$ Blöcke mit der mittleren Ziffer 3 usw. Folglich gibt es genau $1^2 + 2^2 + 3^2 + 4^2 + 5^2 + 6^2 + 7^2 + 8^2 + 9^2 = 285$ Blöcke der geforderten Art. Damit ist $P(E) = 0{,}285$

14. Die Simulation könnte mit Sechserblöcken erfolgen, da in der Abbildung 6 Reihen existieren. Bei einer ungeraden Zahl soll die Kugel links, bei einer geraden Zahl rechts am Hindernis vorbeirollen. Die theoretischen Wahrscheinlichkeiten sind:

$$P(1) = P(7) = \left(\frac{1}{2}\right)^6 = 0{,}015625$$

$$P(2) = P(6) = 6 \cdot \left(\frac{1}{2}\right)^6 = 0{,}09375$$

$$P(3) = P(5) = 15 \cdot \left(\frac{1}{2}\right)^6 = 0{,}234375$$

$$P(4) = \frac{20}{64} = 0{,}3125$$

15. a) $P(0) = \frac{3}{5} \cdot \frac{2}{4} = \frac{3}{10}$; b) $P(1) = \frac{2}{5} \cdot \frac{2}{4} + \frac{3}{5} \cdot \frac{2}{4} = \frac{5}{10} = \frac{1}{2}$; c) $P(2) = \frac{2}{5} \cdot \frac{2}{4} = \frac{1}{5}$

16. a) $P(E) = \frac{6}{36} = \frac{1}{6}$

b) $P(E) = 1 - \frac{6}{36} = \frac{5}{6}$

c) E = {1/1; 1/2; 1/3; 1/4; 1/5; 2/1; 2/2; 2/3; 2/4; 3/1; 3/2; 3/3; 4/1; 4/2; 5/1}

$P(E) = \frac{15}{36} = \frac{5}{12}$

d) E = {5/1; 5/2; 5/3; 5/4; 5/6; 1/5; 2/5; 3/5; 4/5; 6/5}

$P(E) = \frac{10}{36} = \frac{5}{18}$

17. Es gibt $5 \cdot 4 \cdot 7 = 140$ Zusammenstellungen.

$P(\text{nur schwere}) = \frac{3}{5} \cdot \frac{2}{4} \cdot \frac{3}{7} = \frac{9}{70}$

$P(\text{nur leichte}) = \frac{2}{5} \cdot \frac{2}{4} \cdot \frac{4}{7} = \frac{4}{35}$

18. $P(\text{keine } 2) = \frac{11}{12} \cdot \frac{10}{12} \cdot \frac{9}{12} = 0{,}5729$

$P(\text{mindestens } 2) = 1 - 0{,}5729 = 0{,}4271$

Die Paare 97, 98, 99, 00 müssen ausgelassen werden, damit alle Zwölferreste gleichoft vorkommen.

19. Simulation mit den Dreierresten. Die Zahl 0 wird ignoriert.

Zufallsvariablen und ihre Wahrscheinlichkeitsverteilung

1.

y_j \ x_i	1	2	3	4	5	6	$P(Y = y_j)$
1	$\frac{1}{36}$	...	...	...	...	$\frac{1}{36}$	$\frac{1}{6}$
2	.					.	$\frac{1}{6}$
3	.					.	$\frac{1}{6}$
4	.					.	$\frac{1}{6}$
5	.					.	$\frac{1}{6}$
6	$\frac{1}{36}$	...	...	...	...	$\frac{1}{36}$	$\frac{1}{6}$
$P(X = x_i)$	$\frac{1}{6}$	$\frac{1}{6}$	$\frac{1}{6}$	$\frac{1}{6}$	$\frac{1}{6}$	$\frac{1}{6}$	1

X: Augenzahl des 1. Würfels
Y: Augenzahl des 2. Würfels

Es gilt immer: $P(X = x_i; Y = y_j) = P(X = x_i) \cdot P(Y = y_j)$

Somit sind die Würfe unabhängig. Dies berührt übrigens nicht die Frage, ob bestimmte Kombinationen häufiger auftreten als andere, da hier die Würfel als unterscheidbar angesehen werden.

2.

x_i	0	1	2
$P(X = x_i)$	$\frac{3}{14}$	$\frac{4}{7}$	$\frac{3}{14}$

3.

x_i	1	2	3	...	n
$P(X = x_i)$	$\frac{1}{2}$	$\frac{1}{4}$	$\frac{1}{8}$	...	$\frac{1}{2^n}$

4. $\sum_{x_i=1}^{6} P(X = x_i) = 1 \Rightarrow k = \frac{1}{10}$

x_i	1	2	3	4	5	6
$P(X = x_i)$	$\frac{1}{5}$	$\frac{2}{5}$	$\frac{1}{50}$	$\frac{13}{100}$	$\frac{1}{4}$	0

$P(X \geq 2) = \frac{4}{5}$

$P(1 < X < 4) = \frac{42}{100}$

5. a) Jede Karte ist viermal vorhanden.

x_i	0	2	3	4	10	11
$P(X = x_i)$	$\frac{3}{8}$	$\frac{1}{8}$	$\frac{1}{8}$	$\frac{1}{8}$	$\frac{1}{8}$	$\frac{1}{8}$

b)

Stich	789	7810	78D	78K	78As	7910	79D	79K	79As
Augensumme	0	10	3	4	11	10	3	4	11
Stich	710D	710K	710As	7DK	7DAs	7KAs	8910	89D	89K
Augensumme	13	14	21	7	14	15	10	3	4
Stich	89As	810D	810K	810As	8DK	8DAs	8KAs	910D	910K
Augensumme	11	13	14	21	7	14	15	13	14
Stich	910As	9DK	9DAs	9KAs	10DK	10DAs	10KAs	DKAs	
Augensumme	21	7	14	15	17	24	25	18	

x_i	3	4	7	10	11	13	14	15	17	18	21	24	25	0
$P(X = x_i)$	$\frac{3}{35}$	$\frac{3}{35}$	$\frac{3}{35}$	$\frac{3}{35}$	$\frac{3}{35}$	$\frac{3}{35}$	$\frac{6}{35}$	$\frac{3}{35}$	$\frac{1}{35}$	$\frac{1}{35}$	$\frac{3}{35}$	$\frac{1}{35}$	$\frac{1}{35}$	$\frac{1}{35}$

6. $400 - 50\,000 \cdot 0{,}003 = 250$ DM, wenn die Prämie am Jahresanfang fällig ist.

7. P(2 Sterne) = 0,01 P(2 Äpfel) = 0,16 P(2 Kirschen) = 0,25
$E(X) = 0{,}01 \cdot 5 + 0{,}16 \cdot 1 + 0{,}25 \cdot 0{,}5 = 0{,}335$
Also verliert der Spieler bei einem Einsatz von 50 Cent durchschnittlich 16,5 Cent. Dies ist der durchschnittliche Gewinn des Automaten.

8. Der Erwartungswert des Gewinns ist für Daniel $0{,}5 \cdot (-5) + 0{,}5 \cdot 50 = 22{,}50$
Allerdings dürfte er im Falle des Verlierens nicht in den Zirkus. Ob er dies höher einschätzt als eine Aufstockung seines Geldbeutels, ist mathematisch nicht zu beantworten.

9. Ein Flugzeug mit zwei Motoren übersteht den Flug mit
$P(X \le 1) = 1 - P(X = 2) = 1 - 0{,}03^2 = 0{,}9991$, wenn X die Anzahl der ausgefallenen Motoren beschreibt. Analog übersteht ein viermotoriges Flugzeug den Flug mit $P(X \le 2) = 1 - 4 \cdot 0{,}03^3 + 3 \cdot 0{,}03^4 = 0{,}99989443$
Die viermotorige Maschine ist also offenbar sicherer.

10.

Nummer der defekten Lampe		1	2	3	4	5	6	7	8
X: notwendige Tests	nach a)	1	2	3	4	5	6	7	7
	nach b)	2	3	4	4	2	3	4	4
	nach c)	2	2	3	3	4	4	4	4

Brennt jede Birne mit derselben Wahrscheinlichkeit durch, so erhält man
$E_a(X) \approx 4{,}4$; $E_b(X) = E_c(X) \approx 3{,}3$
Die Verfahren b) und c) sind somit günstiger.

11. Sind die Mannschaften gleich stark, so gewinnt jede einen Satz mit der Wahrscheinlichkeit 0,5. Sei X die Anzahl der Sätze bis zum Sieg einer Mannschaft, so erhalten wir

x_i	3	4	5
$P(X = x_i)$	$2 \cdot 0{,}5^3 = 0{,}25$	$2 \cdot 3 \cdot 0{,}5^4 = 0{,}375$	$2 \cdot 6 \cdot 0{,}5^5 = 0{,}375$

Die 2 in jedem Produkt steht dafür, daß beide gewinnen können. Es ergibt sich E(X) = 4,125. Also müssen durchschnittlich etwa 4 Sätze gespielt werden.

12. a) $E(X) = \frac{1}{20}(5 \cdot 16 + 11 \cdot 17 + 3 \cdot 18 + 1 \cdot 19) = 17$

$V(X) = \frac{1}{20}(5 \cdot 1 + 11 \cdot 0 + 3 \cdot 1 + 1 \cdot 4) = 0{,}6$

b) $a = \sqrt{\frac{5}{3}}$; $b = \frac{-17}{\sqrt{0{,}6}} = -17\sqrt{\frac{5}{3}}$

13.

x_i	$P(X = x_i)$	$x_i \cdot P(X = x_i)$	$x_i - \mu$	$(x_i - \mu)^2$	$(x_i - \mu)^2 \cdot P(X = x_i)$
2	$\frac{1}{36}$	$\frac{2}{36}$	–5	25	$\frac{25}{36}$
3	$\frac{2}{36}$	$\frac{6}{36}$	–4	16	$\frac{32}{36}$
4	$\frac{3}{36}$	$\frac{12}{36}$	–3	9	$\frac{27}{36}$
5	$\frac{4}{36}$	$\frac{20}{36}$	–2	4	$\frac{16}{36}$
6	$\frac{5}{36}$	$\frac{30}{36}$	–1	1	$\frac{5}{36}$
7	$\frac{6}{36}$	$\frac{42}{36}$	0	0	0
8	$\frac{5}{36}$	$\frac{40}{36}$	1	1	$\frac{5}{36}$
9	$\frac{4}{36}$	1	2	4	$\frac{16}{36}$
10	$\frac{3}{36}$	$\frac{30}{36}$	3	9	$\frac{27}{36}$
11	$\frac{2}{36}$	$\frac{22}{36}$	4	16	$\frac{32}{36}$
12	$\frac{1}{36}$	$\frac{12}{36}$	5	25	$\frac{25}{36}$
		$\mu = \frac{252}{36} = 7$			$V(X) = \sigma^2 = \frac{210}{36}$

y_i	$P(Y = y_i)$	$y_i \cdot P(Y = y_i)$	$y_i - \mu$	$(y_i - \mu)^2$	$(y_i - \mu)^2 \cdot P(Y = y_i)$
1	$\frac{1}{36}$	$\frac{1}{36}$	–11,25	126,5625	3,5156
2	$\frac{2}{36}$	$\frac{4}{36}$	–10,25	105,0625	5,8368
3	$\frac{2}{36}$	$\frac{6}{36}$	– 9,25	85,5625	4,7535
4	$\frac{3}{36}$	$\frac{12}{36}$	– 8,25	68,0625	5,6719
5	$\frac{2}{36}$	$\frac{10}{36}$	– 7,25	52,5625	2,9201
6	$\frac{4}{36}$	$\frac{24}{36}$	– 6,25	39,0625	4,3403
8	$\frac{2}{36}$	$\frac{16}{36}$	– 4,25	18,0625	1,0035
9	$\frac{1}{36}$	$\frac{9}{36}$	– 3,25	10,5625	0,2934
10	$\frac{2}{36}$	$\frac{20}{36}$	– 2,25	5,0625	0,2813
12	$\frac{4}{36}$	$\frac{48}{36}$	– 0,25	0,0625	0,0069
15	$\frac{2}{36}$	$\frac{30}{36}$	2,75	7,5625	0,4201
16	$\frac{1}{36}$	$\frac{16}{36}$	3,75	14,0625	0,3906
18	$\frac{2}{36}$	$\frac{36}{36}$	5,75	33,0625	0,9184
20	$\frac{2}{36}$	$\frac{40}{36}$	7,75	60,0625	3,3368
24	$\frac{2}{36}$	$\frac{48}{36}$	11,75	138,0625	7,6701
25	$\frac{1}{36}$	$\frac{25}{36}$	12,75	162,5625	4,5156
30	$\frac{2}{36}$	$\frac{60}{36}$	17,75	315,0625	17,5035
36	$\frac{1}{36}$	$\frac{36}{36}$	23,75	564,0625	15,6684
		$\mu = \frac{441}{36} = 12{,}25$			$V(X) \approx 79{,}0783$

Da die Würfe zweier Würfel unabhängig sind, gilt

$E(X) = E(X_1 + X_2) = E(X_1) + E(X_2) = 2E(X_1) = 7$

$V(X) = V(X_1) + V(X_2) = 2 \cdot \frac{17{,}5}{6} = \frac{17{,}5}{3}$

$E(Y) = E(Y_1 \cdot Y_2) = E(Y_1) \cdot E(Y_2) = 12{,}25$

$V(Y) = V(Y_1 \cdot Y_2 \quad -\left[(Y_1 \cdot Y_2)^2\right] - \left[(E(Y_1) \cdot E(Y_2)\right]^2 = \left[E(Y_1^2)\right]^2 - \left[E(Y_1)\right]^4$

$\quad = 230{,}0278 - 150{,}0625 = 79{,}9653$

Für Erwartungswert und Varianz eines Würfels gilt nämlich

x_i	$P(X_1 = x_i)$	$x_i \cdot P(X_1 = x_i)$	$x_i - \mu$	$(x_i - \mu)^2$	$P(X_1 = x_i) \cdot (x_i - \mu)^2$
1	$\frac{1}{6}$	$\frac{1}{6}$	–2,5	6,25	$\frac{1}{6} \cdot 6{,}25$
2	$\frac{1}{6}$	$\frac{2}{6}$	–1,5	2,25	$\frac{1}{6} \cdot 2{,}25$
3	$\frac{1}{6}$	$\frac{3}{6}$	–0,5	0,25	$\frac{1}{6} \cdot 0{,}25$
4	$\frac{1}{6}$	$\frac{4}{6}$	0,5	0,25	$\frac{1}{6} \cdot 0{,}25$
5	$\frac{1}{6}$	$\frac{5}{6}$	1,5	2,25	$\frac{1}{6} \cdot 2{,}25$
6	$\frac{1}{6}$	1	2,5	6,25	$\frac{1}{6} \cdot 6{,}25$
		$\mu = \frac{21}{6} = 3{,}5$			$V(X) = \frac{1}{6} \cdot 17{,}5$

14. I: Es wird gewonnen (Augensumme $X \geq 15$)

i	0	1
$P(I = i)$	$\frac{202}{216}$	$\frac{14}{216}$

denn: $P(15) = P(456) + P(555) \quad = \frac{1}{36} + \frac{1}{216} = \frac{7}{216}$

$P(16) = P(566) \quad = \frac{3}{216}$

$P(17) = P(566) \quad = \frac{3}{216}$

$P(18) = \frac{1}{216}$

$E(I) = \frac{14}{216} = V(I)$

15. a) Wegen $E(X) = 7$ hat $E(X - 7)$ den Erwartungswert 0. Also ist der Einsatz 7 DM.
b) Wegen $E(Y) = 12{,}25$ muß dies auch der Einsatz a sein, damit $E(Y - a) = 0$ ist.

16. Aufgrund der Ergebnisse von Aufgabe 13 ist

$$x^* = \frac{x - \mu_x}{6_x} = \frac{x - 7}{\sqrt{\frac{35}{6}}} \approx \frac{x - 7}{2{,}415}$$

$$y^* = \frac{y - \mu_y}{6_y} \approx \frac{y - 12{,}25}{8{,}942}$$

17. $P(|X-7|>2) \quad < \frac{17{,}5}{6\cdot 4} = 0{,}7292$ (wahrer Wert: $p = \frac{1}{3}$)

$P(|Y-12{,}25|>10) < \frac{79{,}97}{100} = 0{,}7997$ (wahrer Wert: $p = \frac{1}{6}$)

18. $P(|Y-4{,}96|>1{,}5) < \frac{4{,}86}{2{,}25} = 2{,}16$

Dies ist trivial, da Wahrscheinlichkeiten sogar kleiner als 1 sind, und bestätigt die lediglich grobe Abschätzung durch die Tschebyscheff-Ungleichung.

19.
$$\begin{aligned} V(X+Y) &= E\left[(X+Y)^2\right]-\left[E(X)+E(Y)\right]^2 \\ &= E\left[X^2+Y^2+2XY\right]-\left[E^2(X)+E^2(Y)+2E(X)E(Y)\right] \\ &= E(X^2)-E(Y^2)+2E(XY)-E^2(X)-E^2(Y)-2E(X)E(Y) \\ &= E(X^2)-E^2(X)+E(Y^2)-E^2(Y)+2\left[E(XY)-E(X)E(Y)\right] \end{aligned}$$

$\Rightarrow$ im allgemeinen gilt nur Aussage 4. Nur für $E(XY) = E(X)E(Y)$ gilt Aussage 3. Dies ist aber gerade für unabhängige X, Y der Fall.

20. a)

Ausfall	X	Y
BBBB	0	4
BBBW	0	2
BBWB	0	2
BWBB	0	2
WBBB	1	2
BBWW	0	0
BWBW	0	0
BWWB	0	0
WBWB	1	0
WWBB	1	0
WBBW	1	0
BWWW	0	2
WBWW	1	2
WWBW	1	2
WWWB	1	2
WWWW	1	4

x_i \ y_j	0	2	4	$P(X=x_i)$
1	$\frac{3}{16}$	$\frac{4}{16}$	$\frac{1}{16}$	$\frac{1}{2}$
0	$\frac{3}{16}$	$\frac{4}{16}$	$\frac{1}{16}$	$\frac{1}{2}$
$P(Y=y_j)$	$\frac{3}{8}$	$\frac{1}{2}$	$\frac{1}{8}$	1

Also sind X und Y unabhängig

$E(X) = 1\cdot\frac{1}{2}+0\cdot\frac{1}{2}=\frac{1}{2}$

$E(Y) = 0\cdot\frac{3}{8}+2\cdot\frac{1}{2}+4\cdot\frac{1}{8}=\frac{3}{2}$

b) $A = X + Y$

a_e	0	1	2	3	4	5
$P(A=a_e)$	$\frac{3}{16}$	$\frac{3}{16}$	$\frac{4}{16}$	$\frac{4}{16}$	$\frac{1}{16}$	$\frac{1}{16}$

$B = X\cdot Y$

b_k	0	2	4
$P(B=b_k)$	$\frac{11}{16}$	$\frac{4}{16}$	$\frac{1}{16}$

c) $E(A) = E(X)+E(Y) = 2$
$E(B) = E(X)\cdot E(Y) = 0{,}75$

Spezielle Verteilungen

1. a) $B_{25;0,2}(k \geq 2) = 1 - B_{25;0,2}(0) - B_{25;0,2}(1) = 1 - \left[\binom{25}{0} 0{,}2^0 \cdot 0{,}8^{25} + \binom{25}{1} 0{,}2^1 \cdot 0{,}8^{24}\right]$

$= 1 - [0{,}0038 + 25 \cdot 0{,}2 \cdot 0{,}0047] = 1 - 0{,}0273 = 0{,}9727$

b) $\sum_{k=0}^{5} B_{25;0,2}(k) = 0{,}6166$

c) $B_{25;0,2}(10) = \binom{25}{10} 0{,}2^{10} \cdot 0{,}8^{15} = 0{,}0118$

2. Der Tabelle entnehmen wir

$$B_{100;0,03}(7) = \sum_{k=0}^{7} B_{100;0,03}(k) - \sum_{k=0}^{6} B_{100;0,03}(k) = 0{,}9894 - 0{,}9688 = 0{,}0206$$

3. a) $B_{50;0,1}(1) = \binom{50}{1} 0{,}1^1 \cdot 0{,}9^{49} = 0{,}0286$

b) $B_{50;0,1}(k > 10) = 1 - \sum_{k=0}^{10} B_{50;0,1}(k) = 1 - 0{,}9906 = 0{,}0094$

4. $B_{6;0,5}(3) = \frac{5}{16} \approx 31\%$

Da für p = 0,5 die Binomialverteilung symmetrisch zum Mittelwert ist, gilt $B_{6;0,5}(k \geq 3) = \frac{5}{16} + \frac{11}{32} = \frac{21}{32} \approx 66\%$

5. a) Man rechnet vorteilhaft über die Gegenwahrscheinlichkeit: Bei jeder Kontrolle wird ein fehlerhafter Artikel mit p = 0,1 nicht gefunden, also insgesamt mit $0{,}1^3 = 0{,}001$. Demnach wird er zu 99,9% entdeckt.

b) $B_{10;0,999}(10) = 0{,}999^{10} = 0{,}9900$

c) Es müßten fünf gleichartige Einzelkontrollen eingerichtet werden.

6. a) Gegenereignis: Die Schaltung funktioniert; es sind also nur funktionierende Transistoren eingebaut. $p = \frac{5}{7} \cdot \frac{4}{6} \cdot \frac{3}{5} = \frac{2}{7} \Rightarrow$ die gesuchte Wahrscheinlichkeit ist $\frac{5}{7}$

b)

x_i	$P(X = x_i)$	$x_i \cdot P(X = x_i)$
0	$\frac{2}{7}$	0
1	$\frac{4}{7}$	$\frac{4}{7}$
2	$\frac{1}{7}$	$\frac{2}{7}$
		$E(X) = \frac{6}{7}$

X sei die Zählvariable für die Anzahl der defekten Transistoren.

Ca. 86% der Schaltungen werden nicht funktionieren. So sollte nicht produziert werden!

7. $E(X) = n \cdot p = n \cdot 0{,}25 = 2 \Rightarrow n = 8$

8. $B_{10;p}(2) = \binom{10}{2} p^2(1-p)^8$

Mit Hilfe der Differentialrechnung findet man:

$\frac{dB}{dp} = 90p(1-p)^7(1-5p) \overset{!}{=} 0 \Rightarrow p = 0{,}2$

Hier liegt ein Maximum vor. p = 0,2 entspricht einem Winkel von $\alpha = 72°$

9. a) $\binom{10}{0} 0{,}1^0 \cdot 0{,}9^{10} = 0{,}348$

b) $1 - \binom{20}{0} \cdot 0{,}1^0 \cdot 0{,}9^{20} = 0{,}8794$

10. $B_{5;0,8}(4) = 0{,}410$

11. $p_1 \approx \frac{6}{n}$; $p_2 \approx \frac{8}{n}$; $p_1 \cdot p_2 \approx \frac{4}{n} = \frac{6}{n} \cdot \frac{8}{n} = \frac{48}{n^2} \Rightarrow n = 12$

Es sind insgesamt wohl 12 Druckfehler vorhanden.

12. a)

x_i	0	1	2	3	4	5	6	7	8	9	10
$P(X = x_i)$	0,03	0,12	0,23	0,27	0,20	0,10	0,04	0,01	0	0	0

b) $P(X \leq 2) = 0{,}38$ $\quad P(X \geq 5) = 0{,}15$

13. $P = 0{,}02 \Rightarrow \mu = n \cdot p = 1$

$B_{50;0,02}(k \leq 2) = 0{,}9216 \quad P_1(k \geq 2) = e^{-1} + e^{-1} + \frac{e^{-1}}{2} = 2{,}5 \cdot e^{-1} = 0{,}9197$

14. $p = \frac{8}{250} = 0{,}032$

a) $B_{250;0,032}(0) = 0{,}968^{250} = 0{,}0003$

b) $B_{250;0,032}(250) = 0{,}032^{250} \approx 0$

c) $B_{250;0,032}(8) = 0{,}1419$

15. $B_{n;0,04}(k \geq 1) \geq 0{,}5 \Leftrightarrow 1 - B_{n;0,04}(k = 0) \geq 0{,}5 \Leftrightarrow B_{n;0,04}(0) \leq 0{,}5$

$\binom{n}{0} 0{,}04^0 \cdot 0{,}96^n \leq 0{,}5 \Rightarrow n \cdot \ln 0{,}96 \leq \ln 0{,}5 \Rightarrow n \geq \frac{\ln 0{,}5}{\ln 0{,}96} = 16{,}98 \Rightarrow n \geq 17$

Analog: $m \geq \frac{\ln 0{,}5}{\ln 0{,}99} = 68{,}97$

Man muß also mindestens 17 Männer oder 69 Frauen untersuchen.

16. $a = n \cdot p = 9$

$P_9(k > 9) = 1 - P_9(k \leq 9) \approx 41{,}3\%$

17. $a = \frac{15}{256} \approx 0{,}059$ N(x) sei die Anzahl der Seiten mit x Druckfehlern. Dann ist

$N(0) = 256 \cdot P_a(0) = \frac{0{,}059^0}{0!} e^{-0{,}059} \cdot 256 \approx 241$

$N(1) = 256 \cdot P_a(1) \approx 16$

$N(2) = 256 \cdot P_a(2) \approx 0$

$N(3) = 256 \cdot P_a(3) \approx 0$

18. a = 0,4. Gesamtzahl der Alarme: $365 \cdot 0,4 = 146 = N_{ges}$. Sei T(k) die Anzahl der Tage mit k Alarmen. Dann ist

$T(0) = 146 \cdot P_{0,4}(0) = 98$
$T(1) = 146 \cdot P_{0,4}(1) = 66$
$T(2) = 20$
$T(3) = 4$
$T(4) = 1$
$T(k > 4) = 0$

19. a) $B_{n;0,0005}(k \geq 1) = 1 - B_{n;0,0005}(0) \geq 0,5 \;\Rightarrow\; n \geq \dfrac{\ln 0,5}{\ln 0,9995} \approx 1386$

oder $P_{n \cdot 0,0005}(0) \leq 0,5 \;\Rightarrow\; n \cdot 0,0005 \geq 0,7 \;\Rightarrow\; n \geq 1400$

b) $B_{n;0,0005}(k \geq 1) \geq 0,9 \;\Rightarrow\; n \geq \dfrac{\ln 0,1}{\ln 0,9995} \approx 4604$

oder $P_{n \cdot 0,0005}(0) \leq 0,1 \;\Rightarrow\; n \cdot 0,0005 \geq 2,4 \;\Rightarrow\; n \approx 4800$

20. X: Anzahl der emittierten Teilchen pro 2 Sekunden. X ist näherungsweise P_1-verteilt.
$P_1(X > 1) = 1 - [P_1(0) + P_1(1)] = 1 - 2 \cdot e^{-1} = 0,2642$

21. Wir drücken alles mit Hilfe des Normalgewichts N aus und erhalten für den Anteil der Bevölkerung innerhalb der Toleranzgrenzen:

$$\Phi\left(\frac{110\,\%\,N - N}{5\,\%\,N}\right) - \Phi\left(\frac{90\,\%\,N - N}{5\,\%\,N}\right) = \Phi(2) - \Phi(-2) = 2\Phi(2) - 1 = 0{,}9544.$$

22. a) $\Phi\left(\dfrac{1010 - 1000}{5}\right) = 0,977$

b) $1 - \Phi\left(\dfrac{992 - 1000}{5}\right) = 0,945$

c) $\Phi\left(\dfrac{1007 - 1000}{5}\right) - \Phi\left(\dfrac{993 - 1000}{5}\right) = 2\Phi\left(\dfrac{1007 - 1000}{5}\right) - 1 = 0,839$

Beurteilende Statistik

1. H_0: p = 0,2; H_1: p ≠ 0,2
Stichprobenumfang n = 25, Irrtumswahrscheinlichkeit α = 5%
X: Anzahl der roten Bärchen; X ist $B_{25;0,2}$-verteilt
$P(X \leq g_e) \leq 0,025 \;\Rightarrow\; g_e = 0$
$P(X \geq g_r) \leq 0,025 \;\Rightarrow\; g_r = 10$
Also ist der Ablehnungsbereich {10; ...; 25}. Somit darf Daniel noch nicht an der Richtigkeit von H_0 zweifeln.

2. a) H_0: p = 0,1; H_1: p ≠ 0,1
n = 25; α = 5%; X ist $B_{25;0,1}$-verteilt.

$$\left.\begin{array}{l} P(X \leq g_e) \leq 0{,}025 \Rightarrow g_e = 0 \\ P(X \leq g_r) \leq 0{,}025 \Rightarrow g_r = 7 \end{array}\right\} K = \{7; \ldots; 25\}$$

Die Hypothese ist also ebenfalls nicht widerlegbar.

b) $\beta = \sum_{i=7}^{25} B_{25;\,0{,}02}(i) \approx 22\,\%$

3. H_0: $p \geq 60\%$; $H_1 = p < 60\%$
$n = 50$; $\alpha = 5\%$; X ist $B_{50;0,6}$-verteilt.
$P(X \leq g) \leq 5\% \;\Rightarrow\; g = 23$
Seine Hoffnung bleibt also (gerade noch) berechtigt.

4. H_0: $p \geq 0{,}95$; $H_1 = p < 95\%$
$n = 100$; $\alpha = 0{,}03$; X ist $B_{100;0,95}$-verteilt.
$P(X \leq g) \leq 3\% \;\Rightarrow\; g = 90$
Also dürften höchstens 9 Birnen defekt sein. Demnach ist H_0 abzulehnen.

5. a) $\sum_{k=c+1}^{200} B_{200;\,0{,}55}(k) \leq 0{,}05 \;\Rightarrow\; c \geq 122 \;\Rightarrow$ Annahmebereich {0; ...; 122}

b) $\sum_{k=0}^{122} B_{200;0,6}(k) = 0{,}6393 \approx 63{,}9\% = \beta$

6. a) H_0: $p \leq 10\%$; H_1: $p > 10\%$
$\alpha = 10\%$; $n = 50$; X ist $B_{50;0,1}$-verteilt.
$P(X \leq g) \leq 10\% \;\Rightarrow\; g = 1$
Demnach ist H_0 zu verwerfen.
Allerdings ist $P(X \leq 2) = 0{,}1117$ und damit so knapp über der Grenze, daß man wohl besser täte, eine weitere Stichprobe zu nehmen.

7. H_0: $p \leq 0{,}3$; H_1: $p > 0{,}3$
$n = 15$; $\alpha = 5\%$; X ist $B_{15;0,3}$-verteilt.
$P(X \leq 2) = 0{,}1268 > 0{,}05$
Herrn Pendlers Behauptung ist somit nicht gesichert.

8. H_0: $p \leq 0{,}03$; H_1: $p > 0{,}3$
$n = 100$; $\alpha = 5\%$; X ist $B_{100;0,03}$-verteilt.
$P(X \leq g) \leq 0{,}05 \;\Rightarrow\; g = 0$
Also muß die Sendung schon abgelehnt werden, wenn nur 1 Bauteil defekt ist.

9. a) Für das Auftreten der 13 bei einer Ziehung ist die Wahrscheinlichkeit $\frac{\binom{48}{5}}{\binom{49}{6}} = \frac{6}{49}$

Demnach tritt die 13 innerhalb von 10 Ziehungen siebenmal auf mit der Wahrscheinlichkeit $B_{10;\,\frac{6}{49}}(7) \approx 0{,}0000335$

b) H_0: $p \leq \frac{6}{49}$; H_1: $p > \frac{6}{49}$; $\alpha = 10\%$; $n = 10$; X ist $B_{10;\,\frac{6}{49}}$-verteilt.
$P(X \leq g) \leq 10\% \;\Rightarrow\; g = 3 < 7$
Demnach ist 13 offenbar als Glückszahl anzusehen.

10. $h = 0{,}12;\quad \gamma = 0{,}95 \;\Rightarrow\; k = 1{,}96$

a) $k \cdot \sqrt{\frac{h(1-h)}{n}} = 0{,}0637 \;\Rightarrow\; p \in [0{,}056;\, 0{,}184]$

Also gibt es zwischen 6 und 18 Linkshänder.

b) $k \cdot \sqrt{\frac{h(1-h)}{n}} = 0{,}02014 \;\Rightarrow\; p \in [0{,}1;\, 0{,}14]$

Also gibt es zwischen 100 und 140 Linkshänder.

11. $n = 857;\quad h = \frac{72}{857} \approx 0{,}084;\quad \gamma = 0{,}95$

$\Phi(k) = \frac{1+0{,}95}{2} = 0{,}975 \;\Rightarrow\; k = 1{,}96$

$k \cdot \sqrt{\frac{h(1-h)}{n}} = 0{,}0186 \;\Rightarrow\; p \in [0{,}065;\, 0{,}103]$

Also gehen zwischen 56 und 88 Schüler ohne Frühstück zur Schule.

12. $n = 165;\ h \approx 0{,}1697;\ \alpha = 1{,}96$

$k \cdot \sqrt{\frac{h(1-h)}{n}} = 0{,}057 \;\Rightarrow\; p \in [0{,}112;\, 0{,}227]$

13. $d = k \cdot \frac{\sigma}{\sqrt{n}} = \alpha \cdot \frac{0{,}04}{20} = 0{,}002 \cdot k$

a) $\frac{1+\gamma}{2} = 0{,}95 \;\Rightarrow\; k = 1{,}65 \;\Rightarrow\; d = 0{,}0033 \;\Rightarrow\; \mu \in [0{,}7967;\, 0{,}8033]$

b) $\frac{1+\gamma}{2} = 0{,}975 \;\Rightarrow\; k = 1{,}96 \;\Rightarrow\; d = 0{,}0039 \;\Rightarrow\; \mu \in [0{,}7961;\, 0{,}8039]$

c) $\frac{1+\gamma}{2} = 0{,}995 \;\Rightarrow\; k = 2{,}757 \;\Rightarrow\; d = 0{,}0052 \;\Rightarrow\; \mu \in [0{,}7948;\, 0{,}8052]$

14. a) $d = 1{,}96 \cdot \frac{2}{3} \approx 1{,}31 \;\Rightarrow$ Konfidenzintervall $[18{,}69;\, 21{,}31]$

b) Aus der t-Verteilung mit 8 Freiheitsgraden folgt
$k = 2{,}31 \;\Rightarrow\; d \approx 1{,}54 \;\Rightarrow\; [18{,}46;\, 21{,}54]$

15. $\chi^2 = \frac{50(240-72)^2}{24 \cdot 26 \cdot 18 \cdot 32} = 3{,}93$

$P(\chi^2 \geq 3{,}84) = 0{,}05$

	blauäugig	nicht	
blond	12	6	18
dunkel	12	20	32
	24	26	50

Also sind Blonde häufiger blauäugig als Dunkelhaarige.

16. $\chi^2 = \frac{(7-5)^2}{5} + \frac{(6-5)^2}{5} + \frac{(5-5)^2}{5} + \frac{(4-5)^2}{5} + \frac{(3-5)^2}{5} = 2$

$f = 4 \quad f + \sqrt{2f} = 6{,}828$

Wegen $2 < 6{,}828$ gibt es bei einer Irrtumswahrscheinlichkeit von 5% keinen Grund zu zweifeln.

17. $\chi^2 = \dfrac{(175-200)^2}{200} + \ldots + \dfrac{(230-200)^2}{200} = 13{,}25$

Der Tabelle entnimmt man (f = 5) den Wert 11,32. Wegen $\chi^2 > 11{,}32$ dürfte der Würfel gezinkt sein.

18. Die Bevölkerung zählt sicher mehr als 1000 Personen. Schon da gilt:

	R	$\overline{R}$	
K	48	32	80
$\overline{K}$	252	668	920
	300	700	1000

R: Raucher
K: Krebstote

$$\chi_2 = \frac{1000 \cdot (252 \cdot 668 - 48 \cdot 32)^2}{300 \cdot 700 \cdot 920 \cdot 80} \approx 1800$$

Nach der Tafel ist $P(\chi^2 \geq 6{,}6) = 1\%$; wegen $\chi^2 \approx 1800$ ist der Zusammenhang hochsignifikant.

19. Mit $\chi^2 = \sum_{i=1}^{k} \dfrac{H_i^2}{(np_i)^2} - n$ folgt mit n = 1186: $\chi^2 = 162{,}8$; f = 23

und dafür $P(\chi^2 \geq 41{,}61) = 0{,}01$

20. Da das beobachtete χ^2 sehr viel größer als 41,61 ist, liegt sicher keine Gleichverteilung vor.

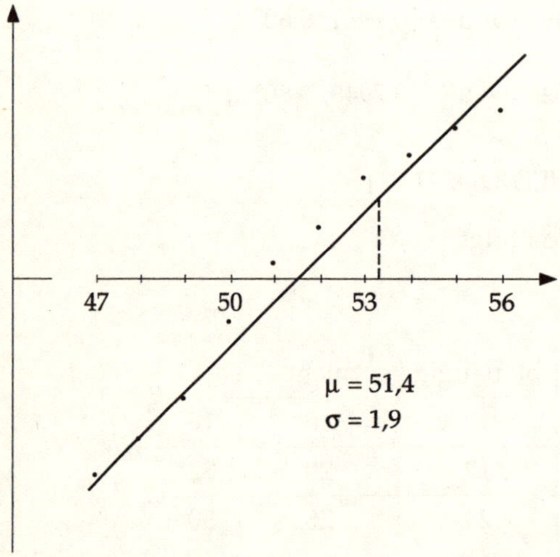

Abb. 691

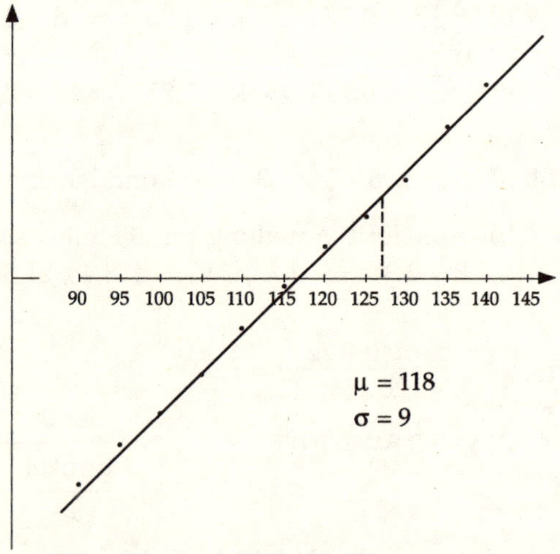

Abb. 692

21.

$h_i(\%)$	1	2	3	9	14,5	19	16	13	11	7,5	3	1
$\sum_{i=1}^{n} h_i(\%)$	1	3	6	15	29,5	48,5	64,5	77,5	88,5	96	99	100

Anhang

Das deutsche und das griechische Alphabet

A	a	$\mathfrak{A}$	$\mathfrak{a}$	N	n	$\mathfrak{N}$	$\mathfrak{n}$	Α	α	Alpha	Ν	ν	Ny
B	b	$\mathfrak{B}$	$\mathfrak{b}$	O	o	$\mathfrak{O}$	$\mathfrak{o}$	Β	β	Beta	Ξ	ξ	Xi
C	c	$\mathfrak{C}$	$\mathfrak{c}$	P	p	$\mathfrak{P}$	$\mathfrak{p}$	Γ	γ	Gamma	Ο	ο	Omikron
D	d	$\mathfrak{D}$	$\mathfrak{d}$	Q	q	$\mathfrak{Q}$	$\mathfrak{q}$	Δ	δ	Delta	Π	π	Pi
E	e	$\mathfrak{E}$	$\mathfrak{e}$	R	r	$\mathfrak{R}$	$\mathfrak{r}$	Ε	ε	Epsilon	Ρ	ρ	Rho
F	f	$\mathfrak{F}$	$\mathfrak{f}$	S	s	$\mathfrak{S}$	$\mathfrak{s}$	Ζ	ζ	Zeta	Σ	σ	Sigma
G	g	$\mathfrak{G}$	$\mathfrak{g}$	T	t	$\mathfrak{T}$	$\mathfrak{t}$	Η	η	Eta	Τ	τ	Tau
H	h	$\mathfrak{H}$	$\mathfrak{h}$	U	u	$\mathfrak{U}$	$\mathfrak{u}$	Θ	ϑ	Theta	Υ	υ	Ypsilon
I	i	$\mathfrak{I}$	$\mathfrak{i}$	V	v	$\mathfrak{V}$	$\mathfrak{v}$	Ι	ι	Iota	Φ	φ	Phi
J	j	$\mathfrak{J}$	$\mathfrak{j}$	W	w	$\mathfrak{W}$	$\mathfrak{w}$	Κ	κ	Kappa	Χ	χ	Chi
K	k	$\mathfrak{K}$	$\mathfrak{k}$	X	x	$\mathfrak{X}$	$\mathfrak{x}$	Λ	λ	Lambda	Ψ	ψ	Psi
L	l	$\mathfrak{L}$	$\mathfrak{l}$	Y	y	$\mathfrak{Y}$	$\mathfrak{y}$	Μ	μ	My	Ω	ω	Omega
M	m	$\mathfrak{M}$	$\mathfrak{m}$	Z	z	$\mathfrak{Z}$	$\mathfrak{z}$						

Mathematische Zeichen

$=$	gleich	$\overline{AB}$	Strecke von A nach B	
$\neq$	ungleich	$\overrightarrow{AB}$	gerichtete Strecke von A nach B	
$<$	kleiner als	$\overset{\frown}{AB}$	Bogen	
$>$	größer als	$\lvert a \rvert$	absoluter Betrag von a	
$\leqq$	kleiner oder gleich	i	imaginäre Einheit	
$\geqq$	größer oder gleich	e	Eulerzahl = 2,7182818...	
$\ll$	sehr klein gegen	π	Pi = Ludolfsche Zahl = 3,14159...	
$\gg$	sehr groß gegen	$\rightarrow$	strebt nach, konvergiert gegen	
$\approx$	ungefähr gleich	∞	unendlich	
$\sim$	proportional, ähnlich	f (x)	Funktion von x (lies f von x)	
$\cong$	kongruent	$x \mapsto f(x)$	x wird abgebildet auf f (x)	
$\triangleq$	entspricht	h (x) ; g (x)	h als Funktion von x;	
$\equiv$	identisch		g als Funktion von x	
$\parallel$	parallel	lim	Limes, Grenzwert	
$\nparallel$	nicht parallel	sin	Sinus	trigonometrische Funktionen
$\perp$	senkrecht auf	cos	Kosinus	
$\triangle$	Dreieck	tan	Tangens	
$\bigcirc$	Kreis	cot	Kotangens	
$\varnothing$	Durchmesser	arc sin	Arcussinus	zyklometrische Funktionen
$\sphericalangle$	Winkel	arc cos	Arcuskosinus	
$\sphericalangle$ (g, h)	Winkel zwischen den Geraden g und h	arc tan	Arcustangens	
		arc cot	Arcuskotangens	

$\log_a$	Logarithmus zur Basis a
lg	Logarithmus zur Basis 10, dekadischer Logarithmus
ln	Logarithmus zur Basis e, natürlicher Logarithmus
$\mathbb{C}$	komplexe Zahlen
$\mathbb{R}$	reelle Zahlen
$\mathbb{Q}$	rationale Zahlen
$\mathbb{Z}$	ganze Zahlen
$\mathbb{N}_0$	nichtnegative ganze Zahlen
$\mathbb{N}$	natürliche Zahlen
$\mathbb{D}$	Definitionsbereich
$\mathbb{W}$	Wertebereich
$\mathbb{L}$	Lösungsmenge
P(A)	Potenzmenge der Menge A
M, N, A, B, …	Mengen
$\emptyset$, { }	leere Menge
$\subset$	Teilmenge
$\supset$	Obermenge
$\cup$	Vereinigungsmenge
$\cap$	Durchschnittsmenge
$\overline{A}$; A'	Komplementmenge von A
$A \sim B$	Äquivalenz von Mengen: A äquivalent B
$A \times B$	Produktmenge: A kreuz B
$A \setminus B$	Differenzmenge: A ohne B
$a \mid b$	a ist Teiler von b, a teilt b
ggT (a; b)	größter gemeinsamer Teiler
kgV (a; b)	kleinstes gemeinsames Vielfaches
$a \in M$	a ist Element von M
$a \notin M$	a ist kein Element von M
$\forall x$	Allzeichen: für alle x gilt
$\exists x$	Seinszeichen: es existiert ein x
$A \wedge B$	Konjunktion: A und B
$A \vee B$	Disjunktion: A oder B (manchmal auch Alternative)
$A \Rightarrow B$	Implikation: aus A folgt B
$\neg$	Negation

$A \Leftrightarrow B$	Äquivalenz der Aussagen A und B: aus A folgt B und aus B folgt A
$\lVert A \rVert$	Matrix
$\lvert A \rvert$	Determinante
$\sqrt[n]{a}$	n-te Wurzel aus a
e^x	Exponentialfunktion von x
n!	n-Fakultät: $n! = 1 \cdot 2 \cdot 3 \cdot 4 \ldots n$
$\binom{n}{p} = \frac{n!}{p!\,(n-p)!}$	Binomialkoeffizient (lies: n über p)
]a; b[	offenes Intervall von a bis b $= \{x \mid a < x < b\}$
[a; b]	geschlossenes Intervall von a bis b $= \{x \mid a \leqq x \leqq b\}$
]a; b]	linksoffenes Intervall $= \{x \mid a < x \leqq b\}$
[a; b[	rechtsoffenes Intervall $= \{x \mid a \leqq x < b\}$
Σ	Summenzeichen (Sigma)
Π	Produktzeichen (Pi)
$\begin{pmatrix} 1 & 2 & 3 & 4 \\ a_1 & a_2 & a_3 & a_4 \end{pmatrix}$	Permutation
$\int$	Integralzeichen
$\int f$, $\int f(x)\,dx$	unbestimmtes Integral
$\int_a^b f(x)\,dx$	bestimmtes Integral in den Grenzen zwischen a und b
$\frac{d}{dx}$	Differential, z.B. $\frac{df(x)}{dx} = f'(x)$
f'(x)	1. Ableitung von f(x)
F(x)	Stammfunktion

Algebraische Strukturen

In der Mathematik tauchen bestimmte **Strukturen** an verschiedenen Stellen auf, so daß es lohnt, die wichtigsten davon mit ihren kennzeichnenden Eigenschaften zu nennen. Ergebnisse, die für eine bestimmte Struktur Gültigkeit haben, gelten auch in allen anderen Modellen dieser Struktur.

Name der Struktur	**kennzeichnende Gesetze und Regeln**	**Beispiele** *Modelle*
Gruppe	1. Eine Verknüpfung $\circ$ 2. Abgeschlossenheit bezüglich der Verknüpfung $\circ$ 3. Assoziativgesetz: $a \circ (b \circ c) = (a \circ b) \circ c$ 4. Neutrales Element e bezüglich der Verknüpfung: $a \circ e = e \circ a = a$ 5. Inverses Element a existiert zu jedem Element a: $\bar{a} \circ a = a \circ \bar{a} = e$ In einer kommutativen Gruppe gilt außerdem 6. Kommutativgesetz: $a \circ b = b \circ a$	1. $(\mathbb{Z}; +)$ ist eine kommutative Gruppe mit $e = 0$ und dem inversen Element $-a$ 2. Die Menge aller Kongruenzabbildungen (Drehungen, Verschiebungen, Spiegelungen) bilden eine Gruppe
Ring	1. Zwei Verknüpfungen $\square$ und $\square$ 2. $(M; \circ)$ ist eine kommutative Gruppe 3. $(M; \square)$ ist abgeschlossen und assoziativ (Halbgruppe) 4. Distributivgesetze: $a \square (b \circ c) = (a \square b) \circ (a \square c)$ $(a \circ b) \square c = (a \square c) \circ (b \square c)$ In einem kommutativen Ring gilt außerdem 5. Kommutativgesetz: $a \square b = b \square a$	$(\mathbb{Z}; +; \cdot)$ ist ein kommutativer Ring
Körper	1. Zwei Verknüpfungen $\circ$ und $\square$ 2. $(M; \circ)$ ist eine kommutative Gruppe 3. $(M \setminus e_0; \square)$ ist eine Gruppe; e_0 ist das neutrale Element bezüglich $\circ$ 4. Distributivgesetze: $a \square (b \circ c) = (a \square b) \circ (a \square c)$ $(a \circ b) \square c = (a \square c) \circ (b \square c)$ In einem kommutativen Ring gilt außerdem 5. Kommutativgesetz: $a \square b = b \square a$	1. $(Q; +; \cdot)$ ist ein kommutativer Körper mit $e_+ = 0$ und $e_\cdot = 1$ 2. $(\mathbb{R}; +; \cdot)$ und auch $(C; +; \cdot)$ sind kommutative Körper

Zahlensysteme

Dezimal	Dual	Quartal	Oktal	Hexadezimal
0	O	0	0	0
1	L	1	1	1
2	LO	2	2	2
3	LL	3	3	3
4	LOO	10	4	4
5	LOL	11	5	5
6	LLO	12	6	6
7	LLL	13	7	7
8	LOOO	20	10	8
9	LOOL	21	11	9
10	LOLO	22	12	A
11	LOLL	23	13	B
12	LLOO	30	14	C
13	LLOL	31	15	D
14	LLLO	32	16	E
15	LLLL	33	17	F
16	LOOOO	100	20	10
17	LOOOL	101	21	12
18	LOOLO	102	22	13
19	LOOLL	103	23	14

Beispiele:

$7 = 1 \cdot 2^2 + 1 \cdot 2^1 + 1 \cdot 2^0 \Rightarrow$ LLL (Dual)

$7 = 1 \cdot 4^1 + 3 \cdot 4^0 \Rightarrow$ 13 (Quartal)

$13 = 1 \cdot 2^3 + 1 \cdot 2^2 + 0 \cdot 2^1 + 1 \cdot 2^0 \Rightarrow$ LLOL (Dual)

$13 = 3 \cdot 4^1 + 1 \cdot 4^0 \Rightarrow$ 31 (Quartal)

$13 = 1 \cdot 8^1 + 5 \cdot 8^0 \Rightarrow$ 15 (Oktal)

$1122 = 1 \cdot 2^{10} + 0 \cdot 2^9 + 0 \cdot 2^8 + 0 \cdot 2^7 + 1 \cdot 2^6 + 1 \cdot 2^5 + 0 \cdot 2^4 + 0 \cdot 2^3 + 0 \cdot 2^2 + 1 \cdot 2^1 + 0 \cdot 2^0 \Rightarrow$ LOOOLLOOOLO (Dual)

$1216 = 4 \cdot 16^2 + 12 \cdot 16^1 + 0 \cdot 6^0 \Rightarrow$ 4CO (Hexadezimal)

Fakultäten

$n! = 1 \cdot 2 \cdot 3 \ldots (n-1) \cdot n$

1	2	3	4	5	6	7	8	9	10	n
1	2	6	24	120	720	5040	40320	362880	3628800	n!

Teilbarkeitsregeln

Teiler	Faustregel	Beispiele
a | 0	Die Null ist durch alle Zahlen teilbar.	$0:4 = 0$; $\frac{0}{3} = 0$
1 | a a | a	Jede Zahl a ≠ 0 ist durch 1 und durch sich selbst teilbar.	$4:1 = 4$; $17:1 = 17$; $\frac{35}{1} = 35$ $4:4 = 1$; $\frac{17}{17} = 1$; $35:35 = 1$
0 | a	Die Division durch Null ist nicht definiert!	
2 | a	Eine Zahl ist teilbar durch 2, wenn sie gerade ist, d.h. ihre letzte Ziffer durch 2 teilbar ist.	32; 55 346 10 004; 168 460
3 | a	Die 3 ist Teiler der Zahl a, wenn die *Quersumme* von a (Summe ihrer Ziffern) durch 3 teilbar ist.	351; 762; 33 333; 342 441 2 435 112;
4 | a	Sind die letzten beiden Ziffern der Zahl a durch 4 teilbar, so ist es auch a selbst.	4116; 3540 43 244; 100 188
5 | a	Ist die letzte Ziffer einer Zahl eine 0 oder 5, so ist sie durch 5 teilbar.	34 565; 34 560 200 455; 3 455 000
6 | a	Eine Zahl ist durch 6 teilbar, wenn sie durch 2 und 3 teilbar ist. Eine gerade Zahl ist durch 6 teilbar, wenn sie durch 3 teilbar ist.	336; 4 563 822 5346; 280 884
7 | a	siehe unten, 13 | a.	
8 | a	Sind die letzten drei Ziffern einer Zahl durch 8 teilbar, so ist es auch die Zahl selbst.	1000; 184; 1248; 20 792
9 | a	Ist die Quersumme von a teilbar durch 9, so auch a.	225; 39 924 602 991; 4 060 899
10 | a	Eine Zahl ist durch 10 teilbar, wenn ihre letzte Ziffer eine Null ist.	0; 100; 2000 30; 3 337 580
11 | a	Eine Zahl a ist durch 11 teilbar, wenn ihre *alternierende Quersumme* durch 11 teilbar ist.	2816; 406 538 4895; 28 259
	Die alternierende Quersumme sei an nebenstehendem Beispiel erläutert:	$734\,591 \Rightarrow 7 + 4 + 9 = 20$ $3 + 5 + 1 = 9$ Die alternierende Quersumme von 734 591 ist $20 - 9 = 11$

Teiler	Faustregel	Beispiele
13 | a	Teilt man die Zahl a von rechts nach links in Dreiergruppen und bildet dann abwechselnd die Differenz bzw. die Summe der entstehenden dreistelligen Zahlen und ist das entstehende Ergebnis durch 7, 11 oder 13 teilbar, so ist es auch die ursprüngliche Zahl.	378 896 wird zerlegt in 378 − 896 = −518. Weil 518 durch 7 teilbar ist, muß dies auch für 378 896 gelten. 586 608 074 wird zerlegt in −586 + 608 − 74 = −52. 52 ist teilbar durch 13, deshalb auch die Zahl 586 608 074.
25 | a	Eine Zahl ist genau dann teilbar durch 25, wenn die letzten beiden Ziffern durch 25 teilbar sind oder aus Nullen bestehen.	25; 3500 356 725; 23 400 545 750; 3 547 575
125 | a	Eine Zahl läßt sich durch 125 teilen, wenn die letzten drei Ziffern Nullen sind oder durch 125 teilbar sind.	345 125; 5 548 250 8875; 456 500 23 625; 257 750

Teilermengen

GRUND-ZAHL	TEILERMENGE	GRUND-ZAHL	TEILERMENGE
1	{1}	26	{1; 2; 13; 26}
2	{1; 2}	27	{1; 3; 9; 27}
3	{1; 3}	28	{1; 2; 4; 7; 14; 28}
4	{1; 2; 4}	29	{1; 29}
5	{1;5}	30	{1; 2; 3; 5; 6; 10; 15; 30}
6	{1; 2; 3; 6}	31	{1; 31}
7	{1; 7}	32	{1; 2; 4; 8; 16; 32}
8	{1; 2; 4; 8}	33	{1; 3; 11; 33}
9	{1; 3; 9}	34	{1; 2; 17; 34}
10	{1; 2; 5; 10}	35	{1; 5; 7; 35}
11	{1; 11}	36	{1; 2; 3; 4; 6; 9; 12; 18; 36}
12	{1; 2; 3; 4; 6; 12}	37	{1; 37}
13	{1; 13}	38	{1; 2; 19; 38}
14	{1; 2; 7; 14}	39	{1; 3; 13; 39}
15	{1; 3; 5; 15}	40	{1; 2; 4; 5; 8; 10; 20; 40}
16	{1; 2; 4; 8; 16}	41	{1; 41}
17	{1; 17}	42	{1; 2; 3; 6; 7; 14; 21; 42}
18	{1; 2; 3; 6; 9; 18}	43	{1; 43}
19	{1; 19}	44	{1; 2; 4; 11; 22; 44}
20	{1; 2; 4; 5; 10; 20}	45	{1; 3; 5; 9; 15; 45}
21	{1; 3; 7; 21}	46	{1; 2; 23; 46}
22	{1; 2; 11; 22}	47	{1; 47}
23	{1; 23}	48	{1; 2; 3; 4; 6; 8; 12; 16; 24; 48}
24	{1; 2; 3; 4; 6; 8; 12; 24}	49	{1; 7; 49}
25	{1; 5; 25}	50	{1; 2; 5; 10; 25; 50}

GRUNDZAHL	TEILERMENGE
51	{1; 3; 17; 51}
52	{1; 2; 4; 13; 26; 52}
53	{1; 53}
54	{1; 2; 3; 6; 9; 18; 27; 54}
55	{1; 5; 11; 55}
56	{1; 2; 4; 7; 8; 14; 28; 56}
57	{1; 3; 19; 57}
58	{1; 2; 29; 58}
59	{1; 59}
60	{1; 2; 3; 4; 5; 6; 10; 12; 15; 20; 30; 60}
61	{1; 61}
62	{1; 2; 31; 62}
63	{1; 3; 7; 9; 21; 63}
64	{1; 2; 4; 8; 16; 32; 64}
65	{1; 5; 13; 65}
66	{1; 2; 3; 6; 11; 22; 33; 66}
67	{1; 67}
68	{1; 2; 4; 17; 34; 68}
69	{1; 3; 23; 69}
70	{1; 2; 5; 7; 10; 14; 35; 70}
71	{1; 71}
72	{1; 2; 3; 4; 6; 8; 9; 12; 18; 24; 36; 72}
73	{1; 73}
74	{1; 2; 37; 74}
75	{1; 3; 5; 15; 25; 75}
76	{1; 2; 4; 19; 38; 76}
77	{1; 7; 11; 77}
78	{1; 2; 3; 6; 13; 26; 39; 78}
79	{1; 79}
80	{1; 2; 4; 5; 8; 10; 16; 20; 40; 80}
81	{1; 3; 9; 27; 81}
82	{1; 2; 41; 82}
83	{1; 83}
84	{1; 2; 3; 4; 6; 7; 12; 14; 21; 28; 42; 84}
85	{1; 5; 17; 85}
86	{1; 2; 43; 86}
87	{1; 3; 29; 87}
88	{1; 2; 4; 8; 11; 22; 44; 88}
89	{1; 89}
90	{1; 2; 3; 5; 6; 9; 10; 15; 18; 30; 45; 90}
91	{1; 7; 13; 91}
92	{1; 2; 4; 23; 46; 92}
93	{1; 3; 31; 93}
94	{1; 2; 47; 94}
95	{1; 5; 19; 95}
96	{1; 2; 3; 4; 6; 8; 12; 16; 24; 32; 48; 96}
97	{1; 97}
98	{1; 2; 7; 14; 49; 98}
99	{1; 3; 9; 11; 33; 99}
100	{1; 2; 4; 5; 10; 20; 25; 50; 100}
101	{1; 101}
102	{1; 2; 3; 6; 17; 34; 51; 102}
103	{1; 103}
104	{1; 2; 4; 8; 13; 26; 52; 104}
105	{1; 3; 5; 7; 15; 21; 35; 105}
106	{1; 2; 53; 106}
107	{1; 107}
108	{1; 2; 3; 4; 6; 9; 12; 18; 27; 36; 54; 108
109	{1; 109}
110	{1; 2; 5; 10; 11; 22; 55; 110}
111	{1; 3; 37; 111}
112	{1; 2; 4; 7; 8; 14; 16; 28; 56; 112}
113	{1; 113}
114	{1; 2; 3; 6; 19; 38; 57; 114}
115	{1; 5; 23; 115}
116	{1; 2; 4; 29; 58; 116}
117	{1; 3; 9; 13; 39; 117}
118	{1; 2; 59; 118}
119	{1; 7;17; 119}
120	{1; 2; 3; 4; 5; 6; 8; 10; 12; 15; 20; 24; 30; 40; 60; 120}
121	{1; 11; 121}
122	{1; 2;61; 122}
123	{1; 3; 41; 123}
124	{1; 2; 4; 31; 62; 124}
125	{1; 5; 25; 125}
126	{1; 2; 3; 6; 7; 9; 14; 18; 21; 42; 63; 126}
127	{1; 127}
128	{1; 2; 4; 8; 16; 32; 64; 128}
129	{1; 3; 43; 129}
130	{1; 2; 5; 10; 13; 26; 65; 130}
131	{1; 131}
132	{1; 2; 3; 4; 6; 11; 12; 22; 33; 44; 66; 132}
133	{1; 7; 19; 133}
134	{1; 2; 67; 134}
135	{1; 3; 5; 9; 15; 27; 45; 135}
136	{1; 2; 4; 8; 17; 34; 68; 136}
137	{1; 137}
138	{1; 2; 3; 6; 23; 46; 69; 138}
139	{1; 139}
140	{1; 2; 4; 5; 7; 10; 14; 20; 28; 35; 70; 140}
141	{1; 3; 47; 141}
142	{1; 2; 71; 142}
143	{1; 11; 13; 143}
144	{1; 2; 3; 4; 6; 8; 9; 12; 16; 18; 24; 36; 48; 72; 144}
145	{1; 5; 29; 145}
146	{1; 2; 73; 146}
147	{1; 3; 7; 21; 49; 147}
148	{1; 2; 4; 37; 74; 148}
149	{1; 149}
150	{1; 2; 3; 5; 6; 10; 15; 25; 30; 50; 75; 150}

GRUND-ZAHL	TEILERMENGE
151	{1; 151}
152	{1; 2; 4; 8; 19; 38; 76; 152}
153	{1; 3; 9; 17; 51; 153}
154	{1; 2; 7; 11; 14; 22; 77; 154}
155	{1; 5; 31; 155}
156	{1; 2; 3; 4; 6; 12; 13; 26; 39; 52; 78; 156}
157	{1; 157}
158	{1; 2; 79; 158}
159	{1; 3; 53; 159}
160	{1; 2; 4; 5; 8; 10; 16; 20; 32; 40; 80; 160}
161	{1; 7; 23; 161}
162	{1; 2; 3; 6; 9; 18; 27; 54; 81; 162}
163	{1; 163}
164	{1; 2; 4; 41; 82; 164}
165	{1; 3; 5; 11; 15; 33; 55; 165}
166	{1; 2; 83; 166}
167	{1; 167}
168	{1; 2; 3; 4; 6; 7; 8; 12; 14; 21; 24; 28; 42; 56; 84; 168}
169	{1; 13; 169}
170	{1; 2; 5; 10; 17; 34; 85; 170}
171	{1; 3; 9; 19; 57; 171}
172	{1; 2; 4; 43; 86; 172}
173	{1; 173}
174	{1; 2; 3; 6; 29; 58; 87; 174}
175	{1; 5; 7; 25; 35; 175}
176	{1; 2; 4; 8; 11; 16; 22; 44; 88; 176}
177	{1; 3; 59; 177}
178	{1; 2; 89; 178}
179	{1; 179}
180	{1; 2; 3; 4; 5; 6; 9; 10; 12; 15; 18; 20; 30; 36; 45; 60; 90; 180}
181	{1; 181}
182	{1; 2; 7; 13; 14; 26; 91; 182}
183	{1; 3; 61; 183}
184	{1; 2; 4; 8; 23; 46; 92; 184}
185	{1; 5; 37; 185}
186	{1; 2; 3; 6; 62; 93; 186}
187	{1; 11; 17; 187}
188	{1; 2; 4; 47; 94; 188}
189	{1; 3; 7; 9; 21; 27; 63; 189}
190	{1; 2; 5; 10; 19; 38; 95; 190}
191	{1; 191}
192	{1; 2; 3; 4; 6; 8; 12; 16; 24; 32; 48; 64; 96; 192}
193	{1; 193}
194	{1; 2; 97; 194}
195	{1; 3; 5; 13; 15; 39; 65; 195}
196	{1; 2; 4; 7; 14; 28; 49; 98; 196}
197	{1; 197}
198	{1; 2; 3; 6; 9; 11; 18; 22; 33; 66; 99; 198}
199	{1; 199}
200	{1; 2; 4; 5; 8; 10; 20; 25; 40; 50; 100; 200}
201	{1; 3; 67; 201}
202	{1; 2; 101; 202}
203	{1; 7; 29; 203}
204	{1; 2; 3; 4; 6; 12; 17; 34; 51; 68; 102; 204}
205	{1; 5; 41; 205}
206	{1; 2; 103; 206}
207	{1; 3; 9; 23; 69; 207}
208	{1; 2; 4; 8; 13; 16; 26; 52; 104; 208}
209	{1; 11; 19; 209}
210	{1; 2; 3; 5; 6; 7; 10; 14; 15; 21; 30; 35; 42; 70; 105; 210}
211	{1; 211}
212	{1; 2; 4; 53; 106; 212}
213	{1; 3; 71; 213}
214	{1; 2; 107; 214}
215	{1; 5; 43; 215}
216	{1; 2; 3; 4; 6; 8; 9; 12; 18; 24; 27; 36; 54; 72; 108; 216}
217	{1; 7; 31; 217}
218	{1; 2; 109; 218}
219	{1; 3; 73; 219}
220	{1; 2; 4; 5; 10; 11; 20; 22; 44; 55; 110; 220}
221	{1; 13; 17; 221}
222	{1; 2; 3; 6; 37; 74; 111; 222}
223	{1; 223}
224	{1; 2; 4; 7; 8; 14; 16; 28; 32; 56; 112; 224}
225	{1; 3; 5; 9; 15; 25; 45; 75; 225}
226	{1; 2; 113; 226}
227	{1; 227}
228	{1; 2; 3; 4; 6; 12; 19; 38; 57; 76; 114; 228}
229	{1; 229}
230	{1; 2; 5; 10; 23; 46; 115; 230}
231	{1; 3; 7; 11; 21; 33; 77; 231}
232	{1; 2; 4; 8; 29; 58; 116; 232}
233	{1; 233}
234	{1; 2; 3; 6; 9; 13; 18; 26; 39; 78; 117; 234}
235	{1; 5; 47; 235}
236	{1; 2; 4; 59; 118; 236}
237	{1; 3; 79; 237}
238	{1; 2; 7; 14; 17; 34; 119; 238}
239	{1; 239}
240	{1; 2; 3; 4; 5; 6; 8; 10; 12; 15; 16; 20; 24; 30; 40; 48; 60; 80; 120; 240}

GRUND-ZAHL	TEILERMENGE
241	{1; 241}
242	{1; 2; 11; 22; 121; 242}
243	{1; 3; 9; 27; 81; 243}
244	{1; 2; 4; 61; 122; 244}
245	{1; 5; 7; 35; 49; 245}
246	{1; 2; 3; 6; 41; 82; 123; 246}
247	{1; 13; 19; 247}
248	{1; 2; 4; 8; 31; 62; 124; 248}
249	{1; 3; 83; 249}
250	{1; 2; 5; 10; 25; 50; 125; 250}
251	{1; 251}
252	{1; 2; 3; 4; 6; 7; 9; 12; 14; 18; 21; 28; 36; 42; 63; 84; 126; 252}
253	{1; 11; 23; 253}
254	{1; 2; 127; 254}
255	{1; 3; 5; 15; 17; 51; 85; 255}
256	{1; 2; 4; 8; 16; 32; 64; 128; 256}
257	{1; 257}
258	{1; 2; 3; 6; 43; 86; 129; 258}
259	{1; 7; 37; 259}
260	{1; 2; 4; 5; 10; 13; 20; 26; 52; 65; 130; 260}
261	{1; 3; 9; 29; 87; 261}
262	{1; 2; 131; 262}
263	{1; 263}
264	{1; 2; 3; 4; 6; 8; 11; 12; 22; 24; 33; 44; 66; 88; 132; 264}
265	{1; 5; 53; 265}
266	{1; 2; 7; 14; 19; 38; 133; 266}
267	{1; 3; 89; 267}
268	{1; 2; 4; 67; 134; 268}
269	{1; 269}
270	{1; 2; 3; 5; 6; 9; 10; 15; 18; 27; 30; 45; 54; 90; 135; 270}
271	{1; 271}
272	{1; 2; 4; 8; 16; 17; 34; 68; 136; 272}
273	{1; 3; 7; 13; 21; 39; 91; 273}
274	{1; 2; 137; 274}
275	{1; 5; 11; 25; 55; 275}
276	{1; 2; 3; 4; 6; 12; 23; 46; 69; 92; 138; 276}
277	{1; 277}
278	{1; 2; 139; 278}
279	{1; 3; 9; 31; 93; 279}
280	{1; 2; 4; 5; 7; 8; 10; 14; 20; 28; 35; 40; 56; 70; 140; 280}
281	{1; 281}
282	{1; 2; 3; 6; 47; 94; 141; 282}
283	{1; 283}
284	{1; 2; 4; 71; 142; 284}
285	{1; 3; 5; 15; 19; 57; 95; 285}
286	{1; 2; 11; 13; 22; 26; 143; 286}
287	{1; 7; 41; 287}

GRUND-ZAHL	TEILERMENGE
288	{1; 2; 3; 4; 6; 8; 9; 12; 16; 18; 24; 32; 36; 48; 72; 96; 144; 288}
289	{1; 17; 289}
290	{1; 2; 5; 10; 29; 58; 145; 290}
291	{1; 3; 97; 291}
292	{1; 2; 4; 73; 146; 292}
293	{1; 293}
294	{1; 2; 3; 6; 7; 14; 21; 42; 49; 98; 147; 294}
295	{1; 5; 59; 295}
296	{1; 2; 4; 8; 37; 74; 148; 296}
297	{1; 3; 9; 11; 27; 33; 99; 297}
298	{1; 2; 149; 298}
299	{1; 13; 23; 299}
300	{1; 2; 3; 4; 5; 6; 10; 12; 15; 20; 25; 30; 50; 60; 75; 100; 150; 300}
301	{1; 7; 43; 301}
302	{1; 2; 151; 302}
303	{1; 3; 101; 303}
304	{1; 2; 4; 8; 16; 19; 38; 76; 152; 304}
305	{1; 5; 61; 305}
306	{1; 2; 3; 6; 9; 17; 18; 34; 51; 102; 153; 306}
307	{1; 307}
308	{1; 2; 4; 7; 11; 14; 22; 28; 44; 77; 154; 308}
309	{1; 3; 103; 309}
310	{1; 2; 5; 10; 31; 62; 155; 310}
311	{1; 311}
312	{1; 2; 3; 4; 6; 8; 12; 13; 24; 26; 39; 52; 78; 104; 156; 312}
313	{1; 313}
314	{1; 2; 157; 314}
315	{1; 3; 5; 7; 9; 15; 21; 35; 45; 63; 105; 315}
316	{1; 2; 4; 79; 158; 316}
317	{1; 317}
318	{1; 2; 3; 6; 53; 106; 159; 318}
319	{1; 11; 29; 319}
320	{1; 2; 4; 5; 8; 10; 16; 20; 32; 40; 64; 80; 160; 320}
321	{1; 3; 107; 321}
322	{1; 2; 7; 14; 23; 46; 161; 322}
323	{1; 17; 19; 323}
324	{1; 2; 3; 4; 6; 9; 12; 18; 27; 36; 54; 81; 108; 162; 324}
325	{1; 5; 13; 25; 65; 325}
326	{1; 2; 163; 326}
327	{1; 3; 109; 327}
328	{1; 2; 4; 8; 41; 82; 164; 328}
329	{1; 7; 47; 329}
330	{1; 2; 3; 5; 6; 10; 11; 15; 22; 30; 33; 55; 66; 110; 165; 330}

GRUND-ZAHL	TEILERMENGE
331	{1; 331}
332	{1; 2; 4; 83; 166; 332}
333	{1; 3; 9; 37; 111; 333}
334	{1; 2; 167; 334}
335	{1; 5; 67; 335}
336	{1; 2; 3; 4; 6; 7; 8; 12; 14; 16; 21; 24; 28; 42; 48; 56; 84; 112; 168; 336}
337	{1; 337}
338	{1; 2; 13; 26; 169; 338}
339	{1; 3; 113; 339}
340	{1; 2; 4; 5; 10; 17; 20; 34; 68; 85; 170; 340}
341	{1; 11; 31; 341}
342	{1; 2; 3; 6; 9; 18; 19; 38; 57; 114; 171; 342}
343	{1; 7; 49; 343}
344	{1; 2; 4; 8; 43; 86; 172; 344}
345	{1; 3; 5; 15; 23; 69; 115; 345}
346	{1; 2; 173; 346}
347	{1; 347}
348	{1; 2; 3; 4; 6; 12; 29; 58; 87; 116; 174; 348}
349	{1; 349}
350	{1; 2; 5; 7; 10; 14; 25; 35; 50; 70; 175; 350}
351	{1; 3; 9; 13; 27; 39; 117; 351}
352	{1; 2; 4; 8; 11; 16; 22; 32; 44; 88; 176; 352}
353	{1; 353}
354	{1; 2; 3; 6; 59; 118; 177; 354}
355	{1; 5; 71; 355}
356	{1; 2; 4; 89; 178; 356}
357	{1; 3; 7; 17; 21; 51; 119; 357}
358	{1; 2; 179; 358}
359	{1; 359}
360	{1; 2; 3; 4; 5; 6; 8; 9; 10; 12; 15; 18; 20; 24; 30; 36; 40; 45; 60; 72; 90; 120; 180; 360}
361	{1; 19; 361}
362	{1; 2; 181; 362}
363	{1; 3; 11; 33; 121; 363}
364	{1; 2; 4; 7; 13; 14; 26; 28; 52; 91; 182; 364}
365	{1; 5; 73; 365}
366	{1; 2; 3; 6; 61; 122; 183; 366}
367	{1; 367}
368	{1; 2; 4; 8; 16; 23; 46; 92; 184; 368}
369	{1; 3; 9; 41; 123; 369}
370	{1; 2; 5; 10; 37; 74; 185; 370}
371	{1; 7; 53; 371}
372	{1; 2; 3; 4; 6; 12; 31; 62; 93; 124; 186; 372}
373	{1; 373}

GRUND-ZAHL	TEILERMENGE
374	{1; 2; 11; 17; 22; 34; 187; 374}
375	{1; 3; 5; 15; 25; 75; 125; 375}
376	{1; 2; 4; 8; 47; 94; 188; 376}
377	{1; 13; 29; 377}
378	{1; 2; 3; 6; 7; 9; 14; 18; 21; 27; 42; 54; 63; 126; 189; 378}
379	{1; 379}
380	{1; 2; 4; 5; 10; 19; 20; 38; 76; 95; 190; 380}
381	{1; 3; 127; 381}
382	{1; 2; 191; 382}
383	{1; 383}
384	{1; 2; 3; 4; 6; 8; 12; 16; 24; 32; 48; 64; 96; 128; 192; 384}
385	{1; 5; 7; 11; 35; 55; 77; 385}
386	{1; 2; 193; 386}
387	{1; 3; 9; 43; 129; 387}
388	{1; 2; 4; 97; 194; 388}
389	{1; 389}
390	{1; 2; 3; 5; 6; 10; 13; 15; 26; 30; 39; 65; 78; 130; 195; 390}
391	{1; 17; 23; 391}
392	{1; 2; 4; 7; 8; 14; 28; 49; 56; 98; 196; 392}
393	{1; 3; 131; 393}
394	{1; 2; 197; 394}
395	{1; 5; 79; 395}
396	{1; 2; 3; 4; 6; 9; 11; 12; 18; 22; 33; 36; 44; 66; 99; 132; 198; 396}
397	{1; 397}
398	{1; 2; 199; 398}
399	{1; 3; 7; 19; 21; 57; 133; 399
400	{1; 2; 4; 5; 8; 10; 16; 20; 25; 40; 50; 80; 100; 200; 400}
401	{1; 401}
402	{1; 2; 3; 6; 67; 134; 201; 402}
403	{1; 13; 31; 403}
404	{1; 2; 4; 101; 202; 404}
405	{1; 3; 5; 9; 15; 27; 45; 81; 135; 405}
406	{1; 2; 7; 14; 29; 58; 203; 406}
407	{1; 11; 37; 407}
408	{1; 2; 3; 4; 6; 8; 12; 17; 24; 34; 51; 68; 102; 136; 204; 408}
409	{1; 409}
410	{1; 2; 5; 10; 41; 82; 205; 410}
411	{1; 3; 137; 411}
412	{1; 2; 4; 103; 206; 412}
413	{1; 7; 59; 413}
414	{1; 2; 3; 6; 9; 18; 23; 46; 69; 138; 207; 414}
415	{1; 5; 83; 415}
416	{1; 2; 4; 8; 13; 16; 26; 32; 52; 104; 208; 416}

GRUNDZAHL	TEILERMENGE
417	{1; 3; 139; 417}
418	{1; 2; 11; 19; 22; 38; 209; 418}
419	{1; 419}
420	{1; 2; 3; 4; 5; 6; 7; 10; 12; 14; 15; 20; 21; 28; 30; 35; 42; 60; 70; 84; 105; 140; 210; 420}
421	{1; 421}
422	{1; 2; 211; 422}
423	{1; 3; 9; 47; 141; 423}
424	{1; 2; 4; 8; 53; 106; 212; 424}
425	{1; 5; 17; 25; 85; 425}
426	{1; 2; 3; 6; 71; 142; 213; 426}
427	{1; 7; 61; 427}
428	{1; 2; 4; 107; 214; 428}
429	{1; 3; 11; 13; 33; 39; 143; 429}
430	{1; 2; 5; 10; 43; 86; 215; 430}
431	{1; 431}
432	{1; 2; 3; 4; 6; 8; 9; 12; 16; 18; 24; 27; 36; 48; 54; 72; 108; 144; 216; 432}
433	{1; 433}
434	{1; 2; 7; 14; 31; 62; 217; 434}
435	{1; 3; 5; 15; 29; 87; 145; 435}
436	{1; 2; 4; 109; 218; 436}
437	{1; 19; 23; 437}
438	{1; 2; 3; 6; 73; 146; 219; 438}
439	{1; 439}
440	{1; 2; 4; 5; 8; 10; 11; 20; 22; 40; 44; 55; 88; 110; 220; 440}
441	{1; 3; 7; 9; 21; 49; 63; 147; 441}
442	{1; 2; 13; 17; 26; 34; 221; 442}
443	{1; 443}
444	{1; 2; 3; 4; 6; 12; 37; 74; 111; 148; 222; 444}
445	{1; 5; 89; 445}
446	{1; 2; 223; 446}
447	{1; 3; 149; 447}
448	{1; 2; 4; 7; 8; 14; 16; 28; 32; 56; 64; 112; 224; 448}
449	{1; 449}
450	{1; 2; 3; 5; 6; 9; 10; 15; 18; 25; 30; 45; 50; 75; 90; 150; 225; 450}
451	{1; 11; 41; 451}
452	{1; 2; 4; 113; 226; 452}
453	{1; 3; 151; 453}
454	{1; 2; 227; 454}
455	{1; 5; 7; 13; 35; 65; 91; 455}
456	{1; 2; 3; 4; 6; 8; 12; 19; 24; 38; 57; 76; 114; 152; 228; 456}
457	{1; 457}
458	{1; 2; 229; 458}
459	{1; 3; 9; 17; 27; 51; 153; 459}
460	{1; 2; 4; 5; 10; 20; 23; 46; 92; 115; 230; 460}
461	{1; 461}
462	{1; 2; 3; 6; 7; 11; 14; 21; 22; 33; 42; 66; 77; 154; 231; 462}
463	{1; 463}
464	{1; 2; 4; 8; 16; 29; 58; 116; 232; 464}
465	{1; 3; 5; 15; 31; 93; 155; 465}
466	{1; 2; 233; 466}
467	{1; 467}
468	{1; 2; 3; 4; 6; 9; 12; 13; 18; 26; 36; 39; 52; 78; 117; 156; 234; 468}
469	{1; 7; 67; 469}
470	{1; 2; 5; 10; 47; 94; 235; 470}
471	{1; 3; 157; 471}
472	{1; 2; 4; 8; 59; 118; 236; 472}
473	{1; 11; 43; 473}
474	{1; 2; 3; 6; 79; 158; 237; 474}
475	{1; 5; 19; 25; 95; 475}
476	{1; 2; 4; 7; 14; 17; 28; 34; 68; 119; 238; 476}
477	{1; 3; 9; 53; 159; 477}
478	{1; 2; 239; 478}
479	{1; 479}
480	{1; 2; 3; 4; 5; 6; 8; 10; 12; 15; 16; 20; 24; 30; 32; 40; 48; 60; 80; 96; 120; 160; 240; 480}
481	{1; 13; 37; 481}
482	{1; 2; 241; 482}
483	{1; 3; 7; 21; 23; 69; 161; 483}
484	{1; 2; 4; 11; 22; 44; 121; 242; 484}
485	{1; 5; 97; 485}
486	{1; 2; 3; 6; 9; 18; 27; 54; 81; 162; 243; 486}
487	{1; 487}
488	{1; 2; 4; 8; 61; 122; 244; 488}
489	{1; 3; 163; 489}
490	{1; 2; 5; 7; 10; 14; 35; 49; 70; 98; 245; 490}
491	{1; 491}
492	{1; 2; 3; 4; 6; 12; 41; 82; 123; 164; 246; 492}
493	{1; 17; 29; 493}
494	{1; 2; 13; 19; 26; 38; 247; 494}
495	{1; 3; 5; 9; 11; 15; 33; 45; 55; 99; 165; 495}
496	{1; 2; 4; 8; 16; 31; 62; 124; 248; 496}
497	{1; 7; 71; 497}
498	{1; 2; 3; 6; 83; 166; 249; 498}
499	{1; 499}
500	{1; 2; 4; 5; 10; 20; 25; 50; 100; 125; 250; 500}

Primfaktoren

Zerlegung der natürlichen Zahlen 1–500 in Primfaktoren >3

$25 = 5^2$
$35 = 5 \cdot 7$
$49 = 7^2$
$55 = 5 \cdot 11$
$65 = 5 \cdot 13$
$85 = 5 \cdot 17$
$91 = 7 \cdot 13$
$95 = 5 \cdot 19$
$115 = 5 \cdot 23$
$119 = 7 \cdot 17$
$121 = 11^2$
$125 = 5^3$
$133 = 7 \cdot 19$
$143 = 11 \cdot 13$
$145 = 5 \cdot 29$
$155 = 5 \cdot 31$
$161 = 7 \cdot 23$
$169 = 13^2$
$175 = 5^2 \cdot 7$
$195 = 5 \cdot 37$
$187 = 11 \cdot 17$
$203 = 7 \cdot 29$
$205 = 5 \cdot 41$
$209 = 11 \cdot 19$
$215 = 5 \cdot 43$
$217 = 7 \cdot 31$
$221 = 13 \cdot 17$
$235 = 5 \cdot 47$
$245 = 5 \cdot 7^2$
$247 = 13 \cdot 19$
$253 = 11 \cdot 23$
$259 = 7 \cdot 37$
$265 = 5 \cdot 53$
$275 = 5^2 \cdot 11$
$287 = 7 \cdot 41$
$289 = 17^2$
$295 = 5 \cdot 59$
$299 = 13 \cdot 23$
$301 = 7 \cdot 43$
$305 = 5 \cdot 61$
$319 = 11 \cdot 29$
$323 = 17 \cdot 19$
$325 = 5^2 \cdot 13$
$329 = 7 \cdot 47$
$335 = 5 \cdot 67$
$341 = 11 \cdot 31$
$343 = 7^3$
$355 = 5 \cdot 71$
$361 = 19^2$
$365 = 5 \cdot 73$
$371 = 7 \cdot 53$
$377 = 13 \cdot 29$
$385 = 5 \cdot 7 \cdot 11$
$391 = 17 \cdot 23$
$395 = 5 \cdot 79$
$403 = 13 \cdot 31$
$407 = 11 \cdot 37$
$413 = 7 \cdot 59$
$415 = 5 \cdot 83$
$425 = 5^2 \cdot 17$
$427 = 7 \cdot 61$
$437 = 19 \cdot 23$
$445 = 5 \cdot 89$
$451 = 11 \cdot 41$
$455 = 5 \cdot 7 \cdot 13$
$473 = 11 \cdot 43$
$475 = 5^2 \cdot 19$
$481 = 13 \cdot 37$
$485 = 5 \cdot 97$
$493 = 17 \cdot 29$
$497 = 7 \cdot 71$

Potenzen

n	1	2	3	4	5	6	7	8	9
n^2	1	4	9	16	25	36	49	64	81
n^3	1	8	27	64	125	216	343	512	729
n^4	1	16	81	256	625	1296	2401	4096	6561
n^5	1	32	243	1024	3125	7776	16807	32768	59049
n^6	1	64	729	4096	15625	46656	117649	262144	531441

Die Primzahlen zwischen 1 und 10000

2	3	5	7	11	13	17	19	23	29	31	37
41	43	47	53	59	61	67	71	73	79	83	
89	97	101	103	107	109	113	127	131	137	139	
149	151	157	163	167	173	179	181	191	193	197	
199	211	223	227	229	233	239	241	251	257	263	
269	271	277	281	283	293	307	311	313	317	331	
337	347	349	353	359	367	373	379	383	389	397	
401	409	419	421	431	433	439	443	449	457	461	
463	467	479	487	491	499	503	509	521	523	541	
547	557	563	569	571	577	587	593	599	601	607	
613	617	619	631	641	643	647	653	659	661	673	
677	683	691	701	709	719	727	733	739	743	751	
757	761	769	773	787	797	809	811	821	823	827	
829	839	853	857	859	863	877	881	883	887	907	
911	919	929	937	941	947	953	967	971	977	983	
991	997	1009	1013	1019	1021	1031	1033	1039	1049	1051	
1061	1063	1069	1087	1091	1093	1097	1103	1109	1117	1123	
1129	1151	1153	1163	1171	1181	1187	1193	1201	1213	1217	
1223	1229	1231	1237	1249	1259	1277	1279	1283	1289	1291	
1297	1301	1303	1307	1319	1321	1327	1361	1367	1373	1381	
1399	1409	1423	1427	1429	1433	1439	1447	1451	1453	1459	
1471	1481	1483	1487	1489	1493	1499	1511	1523	1531	1543	
1549	1553	1559	1567	1571	1579	1583	1597	1601	1607	1609	
1613	1619	1621	1627	1637	1657	1663	1667	1669	1693	1697	
1699	1709	1721	1723	1733	1741	1747	1753	1759	1777	1783	
1787	1789	1801	1811	1823	1831	1847	1861	1867	1871	1873	
1877	1879	1889	1901	1907	1913	1931	1933	1949	1951	1973	
1979	1987	1993	1997	1999	2003	2011	2017	2027	2029	2039	
2053	2063	2069	2081	2083	2087	2089	2099	2111	2113	2129	
2131	2137	2141	2143	2153	2161	2179	2203	2207	2213	2221	
2237	2239	2243	2251	2267	2269	2273	2281	2287	2293	2297	
2309	2311	2333	2339	2341	2347	2351	2357	2371	2377	2381	
2383	2389	2393	2399	2411	2417	2423	2437	2441	2447	2459	
2467	2473	2477	2503	2521	2531	2539	2543	2549	2551	2557	
2579	2591	2593	2609	2617	2621	2633	2647	2657	2659	2663	
2671	2677	2683	2687	2689	2693	2699	2707	2711	2713	2719	
2729	2731	2741	2749	2753	2767	2777	2789	2791	2797	2801	
2803	2819	2833	2837	2843	2851	2857	2861	2879	2887	2897	
2903	2909	2917	2927	2939	2953	2957	2693	2969	2971	2999	
3001	3011	3019	3023	3037	3041	3049	3061	3067	3079	3083	
3089	3109	3119	3121	3137	3163	3167	3169	3181	3187	3191	
3203	3209	3217	3221	3229	3251	3253	3257	3259	3271	3299	
3301	3307	3313	3319	3323	3329	3331	3343	3347	3359	3361	
3371	3373	3389	3391	3407	3413	3433	3449	3457	3461	3463	
3467	3469	3491	3499	3511	3517	3527	3529	3533	3539	3541	
3547	3557	3559	3571	3581	3583	3593	3607	3613	3617	3623	
3631	3637	3643	3659	3671	3673	3677	3691	3697	3701	3709	
3719	3727	3733	3739	3761	3767	3769	3779	3793	3797	3803	
3821	3823	3833	3847	3851	3853	3863	3877	3881	3889	3907	
3911	3917	3919	3923	3929	3931	3943	3947	3967	3989	4001	
4003	4007	4013	4019	4021	4027	4049	4051	4057	4073	4079	
4091	4093	4099	4111	4127	4129	4133	4139	4153	4157	4159	
4177	4201	4211	4217	4219	4229	4231	4241	4243	4253	4259	
4261	4271	4273	4283	4289	4297	4327	4337	4339	4349	4357	
4363	4373	4391	4397	4409	4421	4423	4441	4447	4451	4457	
4463	4481	4484	4493	4507	4513	4517	4519	4523	4547	4549	

4561	4567	4583	4591	4597	4603	4621	4637	4639	4643	4649
4651	4657	4663	4673	4679	4691	4703	4721	4723	4729	4733
4751	4759	4783	4787	4789	4793	4799	4801	4813	4817	4831
4861	4871	4877	4889	4903	4909	4919	4931	4933	4937	4943
4951	4957	4967	4969	4973	4987	4993	4999	5003	5009	5011
5021	5023	5039	5051	5059	5077	5081	5087	5099	5101	5107
5113	5119	5147	5153	5167	5171	5179	5189	5197	5209	5227
5231	5233	5237	5261	5273	5279	5281	5297	5303	5309	5323
5333	5347	5351	5381	5387	5393	5399	5407	5413	5417	5419
5431	5437	5441	5443	5449	5471	5477	5479	5483	5501	5503
5507	5519	5521	5527	5531	5557	5563	5569	5573	5581	5591
5623	5639	5641	5647	5651	5653	5657	5659	5669	5683	5689
5693	5701	5711	5717	5737	5741	5743	5749	5779	5783	5791
5801	5807	5813	5821	5827	5839	5843	5849	5851	5857	5861
5867	5869	5879	5881	5897	5903	5923	5927	5939	5953	5981
5987	6007	6011	6029	6037	6043	6047	6053	6067	6073	6079
6089	6091	6101	6113	6121	6131	6133	6143	6151	6163	6173
6197	6199	6203	6211	6217	6221	6229	6247	6257	6263	6269
6271	6277	6287	6299	6301	6311	6317	6323	6329	6337	6343
6353	6359	6361	6367	6373	6379	6389	6397	6421	6427	6449
6451	6469	6473	6481	6491	6521	6529	6547	6551	6553	6563
6569	6571	6577	6581	6599	6607	6619	6637	6653	6659	6661
6673	6679	6689	6691	6701	6703	6709	6719	6733	6737	6761
6763	6779	6781	6791	6793	6803	6823	6827	6829	6833	6841
6857	6863	6869	6871	6883	6899	6907	6911	6917	6947	6949
6959	6961	6967	6971	6977	6983	6991	6997	7001	7013	7019
7027	7039	7043	7057	7069	7079	7103	7109	7121	7127	7129
7151	7159	7177	7187	7193	7207	7211	7213	7219	7229	7237
7243	7247	7253	7283	7297	7307	7309	7321	7331	7333	7349
7351	7369	7393	7411	7417	7433	7451	7457	7459	7477	7481
7487	7489	7499	7507	7517	7523	7529	7537	7541	7547	7549
7559	7561	7573	7577	7583	7589	7591	7603	7607	7621	7639
7643	7649	7669	7673	7681	7687	7691	7699	7703	7717	7723
7727	7741	7753	7757	7759	7789	7793	7817	7823	7829	7841
7853	7867	7873	7877	7879	7883	7901	7907	7919	7927	7933
7937	7949	7951	7963	7993	8009	8011	8017	8039	8053	8059
8069	8081	8087	8089	8093	8101	8111	8117	8123	8147	8161
8167	8171	8179	8191	8209	8219	8221	8231	8233	8237	8243
8263	8269	8273	8287	8291	8293	8297	8311	8317	8329	8353
8363	8369	8377	8387	8389	8419	8423	8429	8431	8443	8447
8461	8467	8501	8513	8521	8527	8537	8539	8543	8563	8573
8581	8597	8599	8609	8623	8627	8629	8641	8647	8663	8669
8677	8681	8689	8693	8699	8707	8713	8719	8731	8737	8741
8747	8753	8761	8779	8783	8803	8807	8819	8821	8831	8837
8839	8849	8861	8863	8867	8887	8893	8923	8929	8933	8941
8951	8963	8969	8971	8999	9001	9007	9011	9013	9029	9041
9043	9049	9059	9067	9091	9103	9109	9127	9133	9137	9151
9157	9161	9173	9181	9187	9199	9203	9209	9221	9227	9239
9241	9257	9277	9281	9283	9293	9311	9319	9323	9337	9341
9343	9349	9371	9377	9391	9397	9403	9413	9419	9421	9431
9433	9437	9439	9461	9463	9467	9473	9479	9491	9497	9511
9521	9533	9539	9547	9551	9587	9601	9613	9619	9623	9629
9631	9643	9649	9661	9677	9679	9689	9697	9719	9721	9733
9739	9743	9749	9767	9769	9781	9787	9791	9803	9811	9817
9829	9833	9839	9851	9857	9859	9871	9883	9887	9901	9907
9923	9929	9931	9941	9949	9967	9973				

Maßeinheiten

Zehnerpotenzen von Maßeinheiten können durch Vorsetzen von bestimmten Vorsilben (Vorsatz) vor den Namen der Einheit bezeichnet werden:

Vorsatz	Nano	Mikro	Milli	Zenti	Dezi
Zeichen	n	µ	m	c	d
Faktor	10^{-9}	10^{-6}	10^{-3}	10^{-2}	10^{-1}

Vorsatz	Deka	Hekto	Kilo	Mega	Giga
Zeichen	da	h	k	M	G
Faktor	10	10^2	10^3	10^6	10^9

Längenmaße

m	Meter	Beispiele
dam	**Dekameter** 1 dam = 10 m	3,75 dam = 37,5 m
hm	**Hektometer** 1 hm = 100 m = 10^2 m	1,95 hm = 195 m
km	**Kilometer** 1 km = 1000 m = 10^3 m 1 m = $\frac{1}{1000}$ km = 10^{-3} km	26,478 km = 26478 m 4506 m = 4,506 km
dm	**Dezimeter** 1 dm = $\frac{1}{10}$ m = 10^{-1} m 10 dm = 1 m	34 dm = 3,4 m 5,6 m = 56 dm
cm	**Zentimeter** 1 cm = $\frac{1}{10}$ dm = $\frac{1}{100}$ m 1 cm = 10^{-1} dm = 10^{-2} m 100 cm = 10 dm = 1 m	478 cm = 47,8 dm = 4,78 m 10,79 m = 107,9 dm = 1079 cm
mm	**Millimeter** 1 mm = $\frac{1}{10}$ cm = $\frac{1}{100}$ dm = $\frac{1}{1000}$ m 1 mm = 10^{-1} cm = 10^{-2} dm = 10^{-3} m 1000 mm = 100 cm = 10 dm = 1 m 10^3 mm = 10^2 cm = 10 dm = 1 m	470 mm = 47 cm = 4,7 dm = 0,47 m 36,8 m = 368 dm = 3680 cm 8 = 36800 mm

m	Meter	Beispiele
µm	**Mikrometer** $1\ \mu m = \frac{1}{1000}\ mm = \frac{1}{1000000}\ m$ $1\ \mu m = 10^{-3}\ mm = 10^{-6}\ m$ 1000000 µm = 1000 mm = 1 m $10^6\ \mu m = 10^3\ mm = 1\ m$	4000000 µm = 4000 mm = 4 m 0,00032 m = 0,32 mm = 320 µm
nm	**Nanometer** $nm = \frac{1}{1000000000}\ m = 10^{-9}\ m$	4000000 nm = 4 mm = 0,004 m
Å	**Ångström** $1\ Å = 10^{-10}\ m = 10^{-8}\ cm$	4563005800 Å ≈ 0,4563 m
1 Lichtsekunde = 300000 km; 1 Lichtjahr = 9,461 Billionen km		

Flächenmaße

m^2	Quadratmeter	Beispiele
dm^2	**Quadratdezimeter** $1\ dm^2 = \frac{1}{100}\ m^2 = 10^{-2}\ m^2$ $100\ dm^2 = 1\ m^2$	$560\ dm^2 = 5{,}6\ m^2$ $36{,}4\ m^2 = 3640\ dm^2$
cm^2	**Quadratzentimeter** $1\ cm^2 = \frac{1}{100}\ dm^2 = \frac{1}{10000}\ m^2$ $1\ cm^2 = 10^{-2}\ dm^2 = 10^{-4}\ m^2$ $10000\ cm^2 = 100\ dm^2 = 1\ m^2$ $10^4\ cm^2 = 10^2\ dm^2 = 1\ m^2$	$3650\ cm^2 = 36{,}5\ dm^2 = 0{,}365\ m^2$ $0{,}03\ m^2 = 3\ dm^2 = 300\ cm^2$
mm^2	**Quadratmillimeter** $1\ mm^2 = \frac{1}{100}\ cm^2 = \frac{1}{10000}\ dm^2 = \frac{1}{1000000}\ m^2$ $1\ mm^2 = 10^{-2}\ cm^2 = 10^{-4}\ dm^2 = 10^{-6}\ m^2$ $1000000\ mm^2 = 10000\ cm^2 = 100\ dm^2 = 1\ m^2$ $10^6\ mm^2 = 10^4\ cm^2 = 10^2\ dm^2 = 1\ m^2$	$4500000\ mm^2 = 4{,}5\ m^2$ $0{,}032\ m^2 = 32000\ mm^2$
a	**Ar** $1\ a = 100\ m^2 = 10^2\ m^2$ $1\ m^2 = \frac{1}{100}\ a = 10^{-2}\ a$	$2{,}56\ a = 256\ m^2$ $491\ m^2 = 4{,}91\ a$
ha	**Hektar** $1\ ha = 100\ a = 10000\ m^2 = 10^4\ m^2$ $1\ m^2 = \frac{1}{100}\ a = \frac{1}{10000}\ ha = 10^{-2}\ a = 10^{-4}\ ha$	$12\ ha = 120000\ m^2$ $1000000\ m^2 = 100\ ha$
km^2	**Quadratkilometer** $1\ km^2 = 100\ ha = 10000\ a = 1000000\ m^2$ $1\ km^2 = 10^2\ ha = 10^4\ a = 10^6\ m^2$ $1\ m^2 = \frac{1}{100}\ a = \frac{1}{10000}\ ha = \frac{1}{1000000}\ km^2$ $1\ m^2 = 10^{-2}\ a = 10^{-4}\ ha = 10^{-6}\ km^2$	$0{,}458\ km^2 = 45{,}8\ ha = 458000\ m^2$ $3700\ m^2 = 0{,}37\ ha = 0{,}0037\ km^2$

Körpermaße

m^3	Kubikmeter	Beispiele
dm^3	**Kubikdezimeter** $1\ dm^3 = \frac{1}{1000}\ m^3 = 10^{-3}\ m^3$ $10^3\ dm^3 = 1000\ dm^3 = 1\ m^3$	$5630\ dm^3 = 5{,}63\ m^3$ $24{,}7\ m^3 = 24700\ dm^3$

m^3	**Kubikmeter**	**Beispiele**
cm^3	**Kubikzentimeter** $1\,cm^3 = \frac{1}{1000}\,dm^3 = \frac{1}{1000000}\,m^3$ $1\,cm^3 = 10^{-3}\,dm^3 = 10^{-6}\,m^3$ $1000000\,cm^3 = 1000\,dm^3 = 1\,m^3$ $10^6\,cm^3 = 10^3\,dm^3 = 1\,m^3$	$680000\,cm^3 = 680\,dm^3 = 0{,}68\,m^3$ $0{,}0053\,m^3 = 5{,}3\,dm^3 = 5300\,cm^3$
mm^3	**Kubikmillimeter** $1\,mm^3 = \frac{1}{100}\,cm^3 = \frac{1}{1000000}\,dm^3 = \frac{1}{1000000000}\,m^3$ $1\,mm^3 = 10^{-3}\,cm^3 = 10^{-6}\,dm^3 = 10^{-9}\,m^3$ $1000000000\,mm^3 = 1000000\,cm^3$ $= 1000\,dm^3 = 1\,m^3$ $10^9\,mm^3 = 10^6\,cm^3 = 10^3\,dm^3 = 1\,m^3$	$678000000\,mm^3 = 678000\,cm^3$ $= 678\,dm^3 = 0{,}678\,m^3$ $0{,}8007\,m^3 = 800{,}7\,dm^3$ $= 800700\,cm^3$ $= 800700000\,mm^3$

Hohlmaße

1	**Liter ≙ Kubikdezimeter**	**Beispiele**
cl	**Zentiliter** $1\,cl = \frac{1}{100}\,l = 10^{-2}\,l$ $100\,cl = 10^2\,cl = 1\,l$	2 Liter ≙ $2\,dm^3 = 2000\,cm^3$ $780\,cl = 7{,}8\,l$ $30{,}5\,l = 3050\,cl$
ml	**Milliliter** $1\,ml = \frac{1}{1000}\,l = 10^{-3}\,l$ $1000\,ml = 10^3\,ml = 1\,l$	$3750\,ml = 3{,}75\,l$ $12\frac{1}{2}\,l = 12500\,ml$
µl	**Mikroliter** $1\,\mu l = \frac{1}{1000}\,ml = \frac{1}{1000000}\,l$ $1\,\mu l = 10^{-3}\,ml = 10^{-6}\,l$	$1800000\,\mu l = 1800\,ml = 1{,}8\,l$ $0{,}0005\,l = 0{,}5\,ml = 500\,\mu l$
hl	**Hektoliter** $1\,hl = 100\,l = 10^2\,l$ $1\,l = \frac{1}{100}\,hl = 10^{-2}\,hl$	$280\,l = 2{,}8\,hl$ $0{,}45\,hl = 45\,l$

Masse

kg	**Kilogramm**	**Beispiele**
g	**Gramm** $1\,g = \frac{1}{1000}\,kg = 10^{-3}\,kg$ $1000\,g = 10^3\,g = 1\,kg$	$4360\,g = 4{,}36\,kg$ $22{,}7\,kg = 22700\,g$
mg	**Milligramm** $1\,mg = \frac{1}{1000}\,g = \frac{1}{1000000}\,kg$ $1\,mg = 10^{-3}\,g = 10^{-6}\,kg$ $1000000\,mg = 1000\,g = 1\,kg$ $10^6\,mg = 10^3\,g = 1\,kg$	$560000\,mg = 560\,g = 0{,}56\,kg$ $0{,}0038\,kg = 3{,}8\,g = 3800\,mg$
t	**Tonne** $1\,t = 1000\,kg = 1000000\,g$ $1\,t = 10^3\,kg = 10^6\,g$ $1\,g = \frac{1}{1000}\,kg = \frac{1}{1000000}\,t$ $1\,g = 10^{-3}\,kg = 10^{-6}\,t$	$56780\,kg = 56{,}78\,t$ $0{,}435\,t = 435\,kg$
dz	**Doppelzentner** $1\,dz = \frac{1}{10}\,t$ $1\,dz = 100\,kg$	$7800\,kg = 78\,dz = 7{,}8\,t$ $0{,}7\,t = 7\,dz = 700\,kg$

Zeit

s (sek)	Sekunde	Beispiele
min	Minute 1 min = 60 s (sek) 1 s (sek) = $\frac{1}{60}$ min	$3\frac{1}{4}$ min = 195 s 2000 s = 33 min 20 s
h (Std.)	Stunde 1 h (Std.) = 60 min = 3600 s (sek)	2,5 h = 150 min = 9000 s 12000 s = 200 min = $3\frac{1}{3}$ h
d (Tg.)	Tag 1 d (Tg.) = 24 h (Std.) = 1440 min = 86400 s (sek)	0,125 d = 3 h = 180 min

Pythagoreische Zahlentripel, c < 200

$c^2 = a^2 + b^2$

c	a	b	c	a	b	c	a	b	c	a	b
5	4	3	61	60	11	101	99	20	157	132	85
13	12	5	65	56	33	109	91	60	169	120	119
17	15	8	65	63	16	113	112	15	173	165	52
25	24	7	73	55	48	125	117	44	181	180	19
29	21	20	85	77	36	137	105	88	185	153	104
37	35	12	85	84	13	145	143	24	185	176	57
41	40	9	89	80	39	145	144	17	193	168	95
53	45	28	97	72	65	149	140	51	197	195	28

Beispiele:

$53^2 = 45^2 + 28^2 \Leftrightarrow 2809 = 2025 + 784$

$193^2 = 168^2 + 95^2 \Leftrightarrow 37249 = 28224 + 9025$

Winkelumrechnung

Bogenmaß in Gradmaß $\alpha = \frac{180° \cdot x}{\pi}$

x	α
0	0°
0,01	0,57296°
0,02	1,14592°
0,03	1,71887°
0,04	2,29183°
0,05	2,86479°
0,06	3,43775°
0,07	4,01070°
0,08	4,58366°
0,09	4,15662°

Beispiele:

$$3{,}1416 = 3 + \frac{1}{10} + \frac{4}{100} + \frac{1}{1000} + \frac{6}{10000}$$

$$3{,}1416 = 3 + \frac{1416}{10000} \Rightarrow \alpha = 171{,}887° + 1416 \cdot 0{,}0057296°$$

$$\Rightarrow \alpha = 180°$$

$$5{,}16 = 286{,}479° + 16 \cdot 0{,}57296° \Rightarrow \alpha = 295{,}65°$$

Gradmaß in Bogenmaß $x = \frac{\pi \cdot \alpha}{180°}$

α	x	α	x	α	x
1°	0,01745	31°	0,54105	61°	1,06465
2°	0,03490	32°	0,55851	62°	1,08210
3°	0,05236	33°	0,57596	63°	1,09956
4°	0,06981	34°	0,59341	64°	1,11701
5°	0,08727	35°	0,61087	65°	1,13446
6°	0,10472	36°	0,62832	66°	1,15192
7°	0,12217	37°	0,64577	67°	1,16937
8°	0,13963	38°	0,66323	68°	1,18682
9°	0,15708	39°	0,68068	69°	1,20428
10°	0,17453	40°	0,69813	70°	1,22173
11°	0,19199	41°	0,71558	71°	1,23984
12°	0,20944	42°	0,73304	72°	1,25664
13°	0,22689	43°	0,75049	73°	1,27409
14°	0,24435	44°	0,76794	74°	1,29154
15°	0,26180	45°	0,78540	75°	1,30900
16°	0,27925	46°	0,80285	76°	1,32645
17°	0,29671	47°	0,82030	77°	1,34390
18°	0,31416	48°	0,83756	78°	1,36136
19°	0,33161	49°	0,85521	79°	1,37881
20°	0,34907	50°	0,87266	80°	1,39626
21°	0,36652	51°	0,89012	81°	1,41372
22°	0,38397	52°	0,90757	82°	1,43117
23°	0,40143	53°	0,92502	83°	1,44862
24°	0,41888	54°	0,94248	84°	1,46608
25°	0,43633	55°	0,95993	85°	1,48353
26°	0,45379	56°	0,97738	86°	1,50098
27°	0,47124	57°	0,99484	87°	1,51844
28°	0,48869	58°	1,01229	88°	1,53589
29°	0,50615	59°	1,02974	89°	1,55334
30°	0,52360	60°	1,04720	90°	1,57080

Die Sinus- und Kosinuswerte

⟵ sin 0° – sin 45°

	0′	6′	12′	18′	24′	30′	36′	42′	48′	54′	60′	
	0,0°	**0,1°**	**0,2°**	**0,3°**	**0,4°**	**0,5°**	**0,6°**	**0,7°**	**0,8°**	**0,9°**	**1,0°**	
0°	0,0000	0017	0035	0052	0070	0087	0105	0122	0140	0157	0175	**89°**
1°	0,0175	0192	0209	0227	0244	0262	0279	0297	0314	0332	0349	**88°**
2°	0349	0366	0384	0401	0419	0436	0454	0471	0488	0506	0523	**87°**
3°	0523	0541	0558	0576	0593	0610	0628	0645	0663	0680	0698	**86°**
4°	0,0698	0715	0732	0750	0767	0785	0802	0819	0837	0854	0872	**85°**
5°	0872	0889	0906	0924	0941	0958	0976	0993	1011	1028	1045	**84°**
6°	1045	1063	1080	1097	1115	1132	1149	1167	1184	1201	1219	**83°**
7°	0,1219	1236	1253	1271	1288	1305	1323	1340	1357	1374	1392	**82°**
8°	1392	1409	1426	1444	1461	1478	1495	1513	1530	1547	1564	**81°**
9°	1564	1582	1599	1616	1633	1650	1668	1685	1702	1719	1736	**80°**
10°	0,1736	1754	1771	1788	1805	1822	1840	1857	1874	1891	1908	**79°**
11°	0,1908	1925	1942	1959	1977	1994	2011	2028	2045	2062	2079	**78°**
12°	2079	2096	2113	2130	2147	2164	2191	2198	2215	2233	2250	**77°**
13°	2250	2267	2284	2300	2317	2334	2351	2368	2385	2402	2419	**76°**
14°	0,2419	2436	2453	2470	2487	2504	2521	2538	2554	2571	2588	**75°**
15°	2588	2605	2622	2639	2656	2672	2689	2706	2723	2740	2756	**74°**
16°	2756	2773	2790	2807	2823	2840	2857	2874	2890	2907	2924	**73°**
17°	0,2924	2940	2957	2974	2990	3007	3024	3040	3057	3074	3090	**72°**
18°	3090	3107	3123	3140	3156	3173	3190	3206	3223	3239	3256	**71°**
19°	3256	3272	3289	3305	3322	3338	3355	3371	3383	3404	3420	**70°**
20°	0,3420	3437	3453	3469	3486	3502	3518	3535	3551	3567	3584	**69°**
21°	0,3584	3600	3616	3633	3649	3665	3681	3697	3714	3730	3746	**68°**
22°	3746	3762	3778	3795	3811	3827	3843	3859	3875	3891	3907	**67°**
23°	3907	3923	3939	3955	3971	3987	4003	4019	4035	4051	4067	**66°**
24°	0,4067	4083	4099	4115	4131	4147	4163	4179	4195	4210	4226	**65°**
25°	4226	4242	4258	4274	4289	4305	4321	4337	4352	4368	4384	**64°**
26°	4384	4399	4415	4431	4446	4462	4478	4493	4509	4524	4540	**63°**
27°	0,4540	4555	4571	4586	4602	4617	4633	4648	4664	4679	4695	**62°**
28°	4695	4710	4726	4741	4756	4772	4787	4802	4818	4833	4848	**61°**
29°	4848	4863	4879	4894	4909	4924	4939	4955	4970	4985	5000	**60°**
30°	0,5000	5015	5030	5045	5060	5075	5090	5105	5120	5135	5150	**59°**
31°	0,5150	5165	5180	5195	5210	5225	5240	5255	5270	5284	5299	**58°**
32°	5299	5314	5329	5344	5358	5373	5388	5402	5417	5432	5446	**57°**
33°	5446	5461	5476	5490	5505	5519	5534	5548	5563	5577	5592	**56°**
34°	0,5592	5606	5621	5635	5650	5664	5678	5693	5707	5721	5736	**55°**
35°	5736	5750	5764	5779	5793	5807	5821	5835	5850	5864	5878	**54°**
36°	5878	5892	5906	5920	5934	5948	5962	5976	5990	6004	6018	**53°**
37°	0,6018	6032	6046	6060	6074	6088	6101	6115	6129	6143	6157	**52°**
38°	6157	6170	6184	6198	6211	6225	6239	6252	6266	6280	6293	**51°**
39°	6293	6307	6320	6334	6347	6361	6374	6388	6401	6414	6428	**50°**
40°	0,6428	6441	6455	6468	6481	6494	6508	6521	6523	6547	6561	**49°**
41°	0,6561	6574	6587	6600	6613	6626	6639	6652	6665	6678	6691	**48°**
42°	6691	6704	6717	6730	6743	6756	6769	6782	6794	6807	6820	**47°**
43°	6820	6833	6845	6858	6871	6884	6896	6909	6921	6934	6947	**46°**
44°	6947	6959	6972	6984	6997	7009	7022	7034	7046	7059	7071	**45°**
	1,0°	**0,9°**	**0,8°**	**0,7°**	**0,6°**	**0,5°**	**0,4°**	**0,3°**	**0,2°**	**0,1°**	**0,0°**	
	60′	**54′**	**48′**	**42′**	**36′**	**30′**	**24′**	**18′**	**12′**	**6′**	**0′**	

cos 45° – cos 90° ⟶

Beispiele: sin 16° 12′ = 0,2790
cos 55,3° = 0,5693

←— sin 45° – sin 90°

	0′	6′	12′	18′	24′	30′	36′	42′	48′	54′	60′	
	0,0°	**0,1°**	**0,2°**	**0,3°**	**0,4°**	**0,5°**	**0,6°**	**0,7°**	**0,8°**	**0,9°**	**1,0°**	
45°	0,7071	7083	7096	7108	7120	7133	7145	7157	7169	7181	7193	**44°**
46°	7193	7206	7218	7230	7242	7254	7266	7278	7290	7302	7314	**43°**
47°	7314	7325	7337	7349	7361	7373	7385	7396	7408	7420	7431	**42°**
48°	7431	7443	7455	7466	7478	7490	7501	7513	7524	7536	7547	**41°**
49°	7547	7559	7570	7581	7593	7604	7615	7627	7638	7649	7660	**40°**
50°	0,7660	7672	7683	7694	7705	7716	7727	7738	7749	7760	7771	**39°**
51°	0,7771	7782	7793	7804	7815	7826	7837	7848	7859	7869	7880	**38°**
52°	7880	7891	7902	7912	7923	7934	7944	7955	7965	7976	7986	**37°**
53°	7986	7997	8007	8018	8028	8039	8049	8059	8070	8080	8090	**36°**
54°	0,8090	8100	8111	8121	8131	8141	8151	8161	8171	8181	8192	**35°**
55°	8192	8202	8211	8221	8231	8241	8251	8261	8271	8281	8290	**34°**
56°	8290	8300	8310	8320	8329	8339	8348	8358	8368	8377	8387	**33°**
57°	0,8387	8396	8406	8415	8425	8434	8443	8453	8462	8471	8480	**32°**
58°	8480	8490	8499	8508	8517	8526	8536	8545	8554	8563	8572	**31°**
59°	8572	8581	8590	8599	8607	8616	8625	8634	8634	8652	8660	**30°**
60°	0,8660	8669	8678	8686	8695	8704	8712	8721	8729	8738	8746	**29°**
61°	0,8746	8755	8763	8771	8780	8788	8796	8805	8813	8821	8829	**28°**
62°	8829	8838	8846	8854	8862	8870	8878	8886	8894	8902	8910	**27°**
63°	8910	8918	8926	8934	8942	8949	8957	8965	8973	8980	8988	**26°**
64°	0,8988	8996	9003	9011	9018	9026	9033	9041	9048	9056	9063	**25°**
65°	9063	9070	9078	9085	9092	9100	9107	9114	9121	9128	9135	**24°**
66°	9135	9143	9150	9157	9164	9171	9178	9184	9191	9198	9205	**23°**
67°	0,9205	9212	9219	9225	9232	9239	9245	9252	9259	9265	9272	**22°**
68°	9272	9278	9285	9291	9298	9304	9311	9317	9323	9330	9336	**21°**
69°	9336	9342	9348	9354	9361	9367	9373	9379	9385	9391	9387	**20°**
70°	0,9397	9403	9409	9415	9421	9426	9432	9438	9444	9449	9455	**19°**
71°	0,9455	9461	9466	9472	9478	9483	9489	9494	9500	9505	9511	**18°**
72°	9511	9516	9521	9527	9532	9537	9542	9548	9553	9558	9563	**17°**
73°	9563	9568	9573	9578	9583	9588	9593	9598	9603	9608	9613	**16°**
74°	0,9613	9617	9622	9627	9632	9636	9641	9646	9650	9655	9659	**15°**
75°	9659	9664	9668	9673	9677	9681	9686	9690	9694	9699	9703	**14°**
76°	9703	9707	9711	9715	9720	9724	9728	9732	9736	9740	9744	**13°**
77°	0,9744	9748	9751	9755	9759	9763	9767	9770	9774	9778	9781	**12°**
78°	9781	9785	9789	9792	9796	9799	9803	9806	9810	9813	9816	**11°**
79°	9816	9820	9823	9826	9829	9833	9836	9839	9842	9845	9848	**10°**
80°	0,9848	9851	9854	9857	9860	9863	9866	9869	9871	9874	9877	**9°**
81°	0,9877	9880	9882	9885	9888	9890	9893	9895	9898	9900	9903	**8°**
82°	9903	9905	9907	9910	9912	9914	9917	9919	9921	9923	9925	**7°**
83°	9925	9928	9930	9932	9934	9936	9938	9940	9942	9943	9945	**6°**
84°	0,9945	9947	9949	9951	9952	9954	9956	9957	9959	9960	9962	**5°**
85°	9962	9963	9965	9966	9968	9969	9971	9972	9973	9974	9976	**4°**
86°	9976	9977	9978	9979	9980	9981	9982	9983	9984	9985	9986	**3°**
87°	0,9986	9987	9988	9989	9990	9990	9991	9992	9993	9993	9994	**2°**
88°	9994	9995	9995	9996	9996	9997	9997	9997	9998	9998	9998	**1°**
89°	9998	9999	9999	9999	9999	1,000	1,000	1,000	1,000	1,000	1,000	**0°**
	1,0°	**0,9°**	**0,8°**	**0,7°**	**0,6°**	**0,5°**	**0,4°**	**0,3°**	**0,2°**	**0,1°**	**0,0°**	
	60′	**54′**	**48′**	**42′**	**36′**	**30′**	**24′**	**18′**	**12′**	**6′**	**0′**	

cos 0° – cos 45° —→

Beispiele: sin 65° 40′ = 0,9112
cos 38,32° = 0,7846

Die Tangens- und Kotangenswerte

← tan 0° – tan 45°

	0′	6′	12′	18′	24′	30′	36′	42′	48′	54′	60′	
	0,0°	**0,1°**	**0,2°**	**0,3°**	**0,4°**	**0,5°**	**0,6°**	**0,7°**	**0,8°**	**0,9°**	**1,0°**	
0°	**0,0000**	0017	0035	0052	0070	0087	0105	0122	0140	0157	0175	**89°**
1°	**0,0175**	0192	0209	0227	0244	0262	0279	0297	0314	0332	0349	**88°**
2°	0349	0367	0384	0402	0419	0437	0454	0472	0489	0507	0524	**87°**
3°	0524	0542	0559	0577	0594	0612	0629	0647	0664	0682	0699	**86°**
4°	**0,0699**	0717	0734	0752	0769	0787	0805	0822	0840	0857	0875	**85°**
5°	0875	0892	0910	0928	0945	0963	0981	0998	1016	1033	1051	**84°**
6°	1051	1069	1086	1104	1122	1139	1157	1175	1192	1210	1228	**83°**
7°	**0,1228**	1246	1263	1281	1299	1317	1334	1352	1370	1388	1405	**82°**
8°	1405	1423	1441	1459	1477	1495	1512	1530	1548	1566	1584	**81°**
9°	1584	1602	1620	1638	1655	1673	1691	1709	1727	1745	1763	**80°**
10°	**0,1763**	1781	1799	1817	1835	1853	1871	1890	1908	1926	1944	**79°**
11°	**0,1944**	1962	1980	1998	2016	2035	2053	2071	2089	2107	2126	**78°**
12°	2126	2144	2162	2180	2199	2217	2235	2254	2272	2290	2309	**77°**
13°	2309	2327	2345	2364	2382	2401	2419	2438	2456	2475	2493	**76°**
14°	**0,2493**	2512	2530	2549	2568	2586	2605	2623	2642	2661	2679	**75°**
15°	2679	2698	2717	2736	2754	2773	2792	2811	2830	2849	2867	**74°**
16°	2867	2886	2905	2924	2943	2962	2981	3000	3019	3038	3057	**73°**
17°	**0,3057**	3076	3096	3115	3134	3153	3172	3191	3211	3230	3249	**72°**
18°	3249	3269	3288	3307	3327	3346	3365	3385	3404	3424	3443	**71°**
19°	3443	3463	3482	3502	3522	3541	3561	3581	3600	3620	3640	**70°**
20°	**0,3640**	3659	3679	3699	3719	3739	3759	3779	3799	3819	3839	**69°**
21°	**0,3839**	3859	3879	3899	3919	3939	3959	3979	4000	4020	4040	**68°**
22°	4040	4061	4081	4101	4122	4142	4163	4183	4204	4224	4245	**67°**
23°	4245	4265	4286	4307	4327	4348	4369	4390	4411	4431	4452	**66°**
24°	**0,4452**	4473	4494	4515	4536	4557	4578	4599	4621	4642	4663	**65°**
25°	4663	4684	4706	4727	4748	4770	4791	4813	4834	4856	4877	**64°**
26°	4877	4899	4921	4942	4964	4986	5008	5029	5051	5073	5095	**63°**
27°	**0,5095**	5117	5139	5161	5184	5206	5228	5250	5272	5295	5317	**62°**
28°	5317	5340	5362	5384	5407	5430	5452	5475	5498	5520	5543	**61°**
29°	5543	5566	5589	5612	5635	5658	5681	5704	5727	5750	5774	**60°**
30°	**0,5774**	5797	5820	5844	5867	5890	5914	5938	5961	5985	6009	**59°**
31°	**0,6009**	6032	6056	6080	6104	6128	6152	6176	6200	6224	6249	**58°**
32°	6249	6273	6297	6322	6346	6371	6395	6420	6445	6469	6494	**57°**
33°	6494	6519	6544	6569	6594	6619	6644	6669	6694	6720	6745	**56°**
34°	**0,6745**	6771	6796	6822	6847	6873	6899	6924	6950	6976	7002	**55°**
35°	7002	7028	7054	7080	7107	7133	7159	7186	7212	7239	7265	**54°**
36°	7265	7292	7319	7346	7373	7400	7427	7454	7481	7508	7536	**53°**
37°	**0,7536**	7563	7590	7618	7646	7673	7701	7729	7757	7785	7813	**52°**
38°	7813	7841	7869	7898	7929	7954	7983	8012	8040	8069	8098	**51°**
39°	8098	8127	8156	8185	8214	8243	8273	8302	8332	8361	8391	**50°**
40°	**0,8391**	8421	8451	8481	8511	8541	8571	8601	8632	8662	8693	**49°**
41°	**0,8693**	8724	8754	8785	8816	8847	8878	8910	8941	8972	9004	**48°**
42°	9004	9036	9067	9099	9131	9163	9195	9228	9260	9293	9325	**47°**
43°	9325	9358	9391	9424	9457	9490	9523	9556	9590	9623	9657	**46°**
44°	9657	9691	9725	9759	9793	9827	9861	9896	9930	9965	1,000	**45°**
	1,0°	**0,9°**	**0,8°**	**0,7°**	**0,6°**	**0,5°**	**0,4°**	**0,3°**	**0,2°**	**0,1°**	**0,0°**	
	60′	**54′**	**48′**	**42′**	**36′**	**30′**	**24′**	**18′**	**12′**	**6′**	**0′**	

cot 45° – cot 90° →

Beispiele: tan 14° 12′ = 0,2530
cot 48,70 = 0,8785

⟵ tan 45° – tan 90°

	0′	6′	12′	18′	24′	30′	36′	42′	48′	54′	60′	
	0,0°	**0,1°**	**0,2°**	**0,3°**	**0,4°**	**0,5°**	**0,6°**	**0,7°**	**0,8°**	**0,9°**	**1,0°**	
45°	1,000	1,003	1,007	1,011	1,014	1,018	1,021	1,025	1,028	1,032	1,036	**44°**
46°	1,036	1,039	1,043	1,046	1,050	1,054	1,057	1,061	1,065	1,069	1,072	**43°**
47°	1,072	1,076	1,080	1,084	1,087	1,091	1,095	1,099	1,103	1,107	1,111	**42°**
48°	1,111	1,115	1,118	1,122	1,126	1,130	1,134	1,138	1,142	1,146	1,150	**41°**
49°	1,150	1,154	1,159	1,163	1,167	1,171	1,175	1,179	1,183	1,188	1,192	**40°**
50°	1,192	1,196	1,200	1,205	1,209	1,213	1,217	1,222	1,226	1,230	1,235	**39°**
51°	1,235	1,239	1,244	1,248	1,253	1,257	1,262	1,266	1,271	1,275	1,280	**38°**
52°	1,280	1,285	1,289	1,294	1,299	1,303	1,308	1,313	1,317	1,322	1,317	**37°**
53°	1,327	1,332	1,337	1,342	1,347	1,351	1,356	1,361	1,366	1,371	1,376	**36°**
54°	1,376	1,381	1,387	1,392	1,397	1,402	1,407	1,412	1,418	1,423	1,428	**35°**
55°	1,428	1,433	1,439	1,444	1,450	1,455	1,460	1,466	1,471	1,477	1,483	**34°**
56°	1,483	1,488	1,494	1,499	1,505	1,511	1,517	1,522	1,528	1,534	1,540	**33°**
57°	1,540	1,546	1,552	1,558	1,564	1,570	1,576	1,582	1,588	1,594	1,600	**32°**
58°	1,600	1,607	1,613	1,619	1,625	1,632	1,638	1,645	1,651	1,658	1,664	**31°**
59°	1,664	1,671	1,678	1,684	1,691	1,698	1,704	1,711	1,718	1,725	1,732	**30°**
60°	1,732	1,739	1,746	1,753	1,760	1,767	1,775	1,782	1,789	1,797	1,804	**29°**
61°	1,804	1,811	1,819	1,827	1,834	1,842	1,849	1,857	1,865	1,873	1,881	**28°**
62°	1,881	1,889	1,897	1,905	1,913	1,921	1,929	1,937	1,946	1,954	1,963	**27°**
63°	1,963	1,971	1,980	1,988	1,997	2,006	2,014	2,023	2,032	2,041	2,050	**26°**
64°	2,050	2,059	2,069	2,078	2,087	2,097	2,106	2,116	2,125	2,135	2,145	**25°**
65°	2,145	2,154	2,164	2,174	2,184	2,194	2,204	2,215	2,225	2,236	2,246	**24°**
66°	2,246	2,257	2,267	2,278	2,289	2,300	2,311	2,322	2,333	2,344	2,356	**23°**
67°	2,356	2,367	2,379	2,391	2,402	2,414	2,426	2,438	2,450	2,463	2,475	**22°**
68°	2,475	2,488	2,500	2,513	2,526	2,539	2,552	2,565	2,578	2,592	2,605	**21°**
69°	2,605	2,619	2,633	2,646	2,660	2,675	2,689	2,703	2,718	2,733	2,747	**20°**
70°	2,747	2,762	2,778	2,793	2,808	2,824	2,840	2,856	2,872	2,888	2,904	**19°**
71°	2,904	2,921	2,937	2,954	2,971	2,989	3,006	3,024	3,042	3,060	3,078	**18°**
72°	3,078	3,096	3,115	3,133	3,152	3,172	3,191	3,211	3,230	3,251	3,271	**17°**
73°	3,271	3,291	3,312	3,333	3,354	3,376	3,398	3,420	3,442	3,465	3,487	**16°**
74°	3,487	3,511	3,534	3,558	3,582	3,606	3,630	3,655	3,681	3,706	3,732	**15°**
75°	3,732	3,758	3,785	3,812	3,839	3,867	3,895	3,923	3,952	3,981	4,011	**14°**
76°	4,011	4,041	4,071	4,102	4,134	4,165	4,198	4,230	4,264	4,297	4,331	**13°**
77°	4,331	4,366	4,402	4,437	4,474	4,511	4,548	4,586	4,625	4,665	4,705	**12°**
78°	4,705	4,745	4,787	4,829	4,872	4,915	4,959	5,005	5,050	5,097	5,145	**11°**
79°	5,145	5,193	5,242	5,292	5,343	5,396	5,449	5,503	5,558	5,614	5,671	**10°**
80°	5,671	5,730	5,789	5,850	5,912	5,976	6,107	6,107	6,174	6,243	6,314	**9°**
81°	6,314	6,386	6,460	6,535	6,612	6,691	6,772	6,855	6,940	7,026	7,115	**8°**
82°	7,115	7,207	7,300	7,396	7,495	7,596	7,700	7,806	7,916	8,028	8,144	**7°**
83°	8,144	8,264	8,386	8,513	8,643	8,777	8,915	9,058	9,205	9,357	9,514	**6°**
84°	9,514	9,677	9,845	10,02	10,20	10,39	10,58	10,78	10,99	11,20	11,43	**5°**
85°	11,43	11,66	11,91	12,16	12,43	12,71	13,00	13,30	13,62	13,95	14,30	**4°**
86°	14,30	14,67	15,06	15,46	15,89	16,35	16,83	17,34	17,89	18,46	19,08	**3°**
87°	19,08	19,74	20,45	21,20	22,02	22,90	23,86	24,90	26,03	27,27	28,64	**2°**
88°	28,64	30,14	31,82	33,69	35,80	38,19	40,92	44,07	47,74	52,08	57,29	**1°**
89°	57,29	63,66	71,62	81,85	95,49	114,6	143,2	191,0	286,5	573,0	∞	**0°**
	1,0°	**0,9°**	**0,8°**	**0,7°**	**0,6°**	**0,5°**	**0,4°**	**0,3°**	**0,2°**	**0,1°**	**0,0°**	
	60′	**54′**	**48′**	**42′**	**36′**	**30′**	**24′**	**18′**	**12′**	**6′**	**0′**	

cot 0° – cot 45° ⟶

Beispiele: tan 62,26° = 1,901
cot 22° 50′ = 2,454

Tabellen

Die Binomialkoeffizienten $\binom{n}{k}$

n \ k	0	1	2	3	4	5	6	7	8	9	10
0	1										
1	1	1									
2	1	2	1								
3	1	3	3	1							
4	1	4	6	4	1						
5	1	5	10	10	5	1					
6	1	6	15	20	15	6	1				
7	1	7	21	35	35	21	7	1			
8	1	8	28	56	70	56	28	8	1		
9	1	9	36	84	126	126	84	36	9	1	
10	1	10	45	120	210	252	210	120	45	10	1
11	1	11	55	165	330	462	462	330	165	55	11
12	1	12	66	220	495	792	924	792	495	220	66
13	1	13	78	286	715	1287	1716	1716	1287	715	286
14	1	14	91	364	1001	2002	3003	3432	3003	2002	1001
15	1	15	105	455	1365	3003	5005	6435	6435	5005	3003
16	1	16	120	560	1820	4368	8008	11440	12870	11440	8008
17	1	17	136	680	2380	6188	12376	19448	24310	24310	19448
18	1	18	153	816	3060	8568	18564	31824	43758	48620	43758
19	1	19	171	969	3876	11628	27132	50388	75582	92378	92378
20	1	20	190	1140	4845	15504	38760	77520	125970	167960	184756
21	1	21	210	1330	5985	20349	54264	116280	203490	293930	352716
22	1	22	231	1540	7315	26334	74613	170544	319770	497420	646646
23	1	23	253	1771	8855	33649	100947	245157	490314	817190	1144066
24	1	24	276	2024	10626	42504	134596	346104	735471	1307504	1961256
25	1	25	300	2300	12650	53130	177100	480700	1081575	2042975	3268760

Tabelle der Zufallsziffern

Zeile Nr.	Spalte Nr. 0	1	2	3	4	5	6	7	8	9
0	25727	89399	85272	67148	78358	02450	28053	66134	99445	91316
1	90500	75430	96762	71968	65838	57623	54382	35236	89244	27245
2	03304	21079	86459	21287	76566	91762	78849	93105	40481	99431
3	44914	80711	61738	61498	24288	87373	31137	31128	67050	34309
4	21174	39948	67268	29938	32476	67094	41485	54149	86088	10192
5	57688	04878	78348	68970	60048	94456	66747	76922	87627	71834
6	79798	58360	39175	75667	65782	68359	75292	27720	86889	81678
7	13168	76055	54833	22841	98999	52393	31404	32584	06837	79762
8	41454	86861	55824	79793	74575	59565	91254	11847	20672	37625
9	48409	47421	21195	98008	57305	48185	11066	20162	38230	16043
10	76546	63272	19312	81662	96557	19230	12187	86659	12971	52204
11	58491	55329	96875	19465	89687	84327	21942	81727	68735	89190
12	50280	12358	76174	48353	09682	77430	71210	00591	50124	12030
13	97085	03833	59806	12351	64253	12462	19108	70512	53926	25595
14	47751	38285	73520	08434	65627	11684	06644	57816	10078	45021
15	99442	19200	85406	45358	86253	60638	38858	44964	54103	57287
16	26869	44399	89452	06652	31271	00647	46551	83050	92058	83814
17	80988	08149	50499	98584	28385	63680	44638	91864	96002	87802
18	07511	79047	89289	17774	67194	37362	85684	55505	97809	67056
19	49779	12138	05048	03535	27502	63308	10218	53296	48687	61340
20	47938	55945	24003	19635	17471	65997	85906	98694	56420	78357
21	15604	06626	14360	79542	13512	87595	08542	03800	35443	52823
22	12307	27726	21864	00045	16075	03770	86978	52718	02693	09096
23	87331	82442	28104	26423	83640	17323	68764	84728	37995	96106
24	33628	17364	01409	87803	65641	33433	48944	64299	79066	31777
25	54680	13427	72496	16967	16195	96593	55040	53729	62035	66717
26	51199	49794	49407	10774	98140	83891	37195	24066	61140	65144
27	78702	98067	61313	91661	59861	54437	77739	18892	54817	88645
28	55672	16014	24892	13089	00410	81458	76156	28189	40595	21500
29	18880	58497	03862	32368	59320	24807	63392	79793	63043	09425
30	10242	62548	62330	05703	33535	49128	66298	16193	55301	01306
31	54993	17182	94618	23228	83895	73251	68199	64639	83178	70521
32	22686	50885	16006	04041	08077	33065	35237	02502	94755	72062
33	42349	03145	15770	70665	53291	32288	41568	66079	98705	31029
34	18093	09553	39428	75464	71329	86344	80729	40916	18860	51780
35	11535	03924	84252	74795	40193	84597	42497	21918	91384	84721
36	35066	73848	65351	53270	67341	70177	92373	17604	42204	60476
37	57477	22809	73558	96182	96779	01604	25748	59553	64876	94611
38	81315	12390	46074	47810	90171	36313	95440	77583	28506	38808
39	87026	52826	58341	76549	04105	66191	12914	55348	07907	06978
40	34301	76733	07251	90524	21931	83695	41340	53581	64582	60210
41	70734	24337	32674	49508	49751	90489	63202	24380	77943	09042
42	94710	31527	73445	32839	68176	53580	85250	53243	03350	00128
43	48647	33850	52956	45410	88212	05120	99391	32276	55961	41775
44	86857	81154	22223	74950	53296	67767	55866	49061	66937	81818
45	76462	16987	07775	43162	11777	16810	75158	13894	88945	15539
46	14348	28403	79245	69023	34196	46398	05964	64715	11330	17515
47	74618	89317	30146	25606	94507	98104	04239	44973	37636	88866
48	20182	36907	94644	99122	09774	29189	27212	79000	50217	71077
49	83687	31231	01133	41432	54542	60204	81618	09586	34481	87683

10	11	12	13	14	15	16	17	18	19
64996	84789	50185	32200	64382	29752	11876	00664	54547	62597
11963	13157	09136	01769	30117	71486	80111	09161	08371	71749
44335	91450	43446	90449	18338	19787	31339	60473	06606	89788
42277	11868	44520	01113	11341	11743	97949	49718	99176	42006
77562	18863	58515	90166	78508	14864	19111	57183	85808	59385
12896	36576	68686	08462	65652	76571	70891	09007	04581	01684
59090	05111	27587	90349	30789	50304	70650	06646	80126	15284
42486	67483	65282	19037	80588	73076	41820	46651	40442	40718
88662	03928	03249	85910	97533	88643	29829	21557	47328	36724
69403	03626	92678	53460	15465	83516	54012	80509	55976	46115
25993	72416	44473	41299	93095	17338	69802	98548	02429	85238
22842	57871	04470	37373	34516	04042	04078	35336	34393	97573
55704	31983	05234	22664	22181	40358	28089	15790	33340	18852
94258	18706	09437	96041	90052	80862	20420	24323	11635	91677
74145	20453	29657	98868	56695	53483	87449	35060	98942	62697
31313	59838	29147	76882	74328	09955	63673	96651	53264	29871
50767	41056	97409	44376	62219	35439	70102	99248	71179	27052
30522	95699	84966	26554	24768	72247	84993	85375	92518	16334
56434	70543	38696	98502	32092	95505	62091	39549	30117	98209
58227	62694	42837	29183	11393	68463	25150	86338	95620	39836
41272	94927	15413	40505	33123	63218	72940	98349	57249	40170
36819	01162	30425	14446	16065	68459	35776	64276	92868	07372
31700	66711	26115	55755	33584	18091	38709	57276	74660	90392
69855	63699	36839	90531	97125	87875	62824	03889	12538	24740
44322	17569	45439	41455	34324	90902	07978	26268	04279	76816
62226	36661	87011	66267	78777	78044	40819	49496	39814	73867
27284	19737	98741	72531	52741	26699	98755	19657	08665	16818
88341	21652	94743	77268	79525	44769	66583	30621	90534	62050
53266	18783	51903	56711	38060	69513	61963	80470	88018	86510
50527	49330	24839	42529	03944	95219	88724	37247	84166	23023
15655	07852	77206	35944	71446	30573	19405	57824	23576	23301
62057	22206	03314	83465	57466	10465	19891	32308	01900	67484
41769	56091	19892	96253	92808	45785	52774	49674	68103	65032
53005	11825	64608	87587	05742	31914	55044	41818	29667	77424
31985	81539	79942	49471	46200	27639	94099	42085	79231	03932
63499	60508	77522	15624	15088	78519	52279	79214	43623	69166
30506	42444	99047	66010	91657	37160	37408	85714	21420	80996
78248	16841	92357	10130	68990	38307	61022	56806	81016	38511
74176	19870	89874	64799	03792	57006	57225	36677	46825	14087
17114	93248	37065	91346	04657	93763	92210	43676	44944	75798
88881	12673	73961	89884	73247	97670	69570	88888	58560	72580
01508	56780	52223	35632	73347	71317	46541	88023	36656	76332
92060	43000	23233	06058	82527	25250	27555	20426	60361	63525
53366	35249	02117	68620	39388	69795	73215	01846	16983	78560
88057	54097	49511	74867	32291	90071	04147	46094	63519	07199
85492	82238	02668	91854	86149	28590	77853	81035	45561	16032
39453	62123	69611	53017	34964	09786	24614	49514	01056	18700
82627	98111	93870	56969	69566	62662	07353	84838	14570	14508
61142	51743	38209	31474	96095	15163	54380	77849	20465	03142
12031	32528	61311	53730	89032	16124	58844	35386	45521	59368

Gauß-Funktion φ

$$\varphi(x) = \frac{1}{\sqrt{2\pi}} \cdot e^{-\frac{1}{2}x^2} = 0, \ldots$$

x	0	1	2	3	4	5	6	7	8	9
0,0	3989	3989	3989	3988	3986	3984	3982	3980	3977	3973
0,1	3970	3965	3961	3956	3951	3945	3939	3932	3925	3918
0,2	3910	3902	3894	3885	3976	3867	3857	3847	3836	3825
0,3	3814	3802	3790	3778	3765	3752	3739	3726	3712	3697
0,4	3683	3668	3653	3637	3621	3605	3589	3572	3555	3538
0,5	3521	3503	3485	3467	3448	3429	3410	3391	3372	3352
0,6	3332	3312	3292	3271	3251	3230	3209	3187	3166	3144
0,7	3123	3101	3079	3056	3034	3011	2989	2966	2943	2920
0,8	2897	2874	2850	2827	2803	2780	2756	2732	2709	2685
0,9	2661	2637	2613	2589	2565	2541	2516	2492	2468	2444
1,0	2420	2396	2371	2347	2323	2299	2275	2251	2227	2203
1,1	2179	2155	2131	2107	2083	2059	2036	2012	1989	1965
1,2	1942	1919	1895	1872	1849	1826	1804	1781	1758	1736
1,3	1714	1691	1669	1647	1626	1604	1582	1561	1539	1518
1,4	1497	1476	1456	1435	1415	1394	1374	1354	1334	1315
1,5	1295	1276	1257	1238	1219	1200	1182	1163	1145	1127
1,6	1109	1092	1074	1057	1040	1023	1006	0989	0973	0957
1,7	0940	0925	0909	0893	0878	0863	0848	0833	0818	0804
1,8	0790	0775	0761	0748	0734	0721	0707	0694	0681	0669
1,9	0656	0644	0632	0620	0608	0596	0584	0573	0562	0551
2,0	0540	0529	0519	0508	0498	0488	0478	0468	0459	0449
2,1	0440	0431	0422	0413	0404	0396	0387	0379	0371	0363
2,2	0355	0347	0339	0332	0325	0317	0310	0303	0297	0290
2,3	0283	0277	0270	0264	0258	0252	0246	0241	0235	0229
2,4	0224	0219	0213	0203	0203	0198	0194	0189	0184	0180
2,5	0175	0171	0167	0163	0158	0154	0151	0147	0143	0139
2,6	0136	0132	0129	0126	0122	0119	0116	0113	0110	0107
2,7	0104	0101	0099	0096	0093	0091	0088	0086	0084	0081
2,8	0079	0077	0075	0073	0071	0069	0067	0065	0063	0061
2,9	0060	0058	0056	0055	0053	0051	0050	0048	0047	0046
3,0	0044	0043	0042	0040	0039	0038	0037	0036	0035	0034
3,1	0033	0032	0031	0030	0029	0028	0027	0026	0025	0025
3,2	0024	0023	0022	0022	0021	0020	0020	0019	0018	0018
3,3	0017	0017	0016	0016	0015	0015	0014	0014	0013	0013
3,4	0012	0012	0012	0011	0011	0010	0010	0010	0009	0009
3,5	0009	0008	0008	0008	0008	0007	0007	0007	0007	0006
3,6	0006	0006	0006	0005	0005	0005	0005	0005	0005	0004
3,7	0004	0004	0004	0004	0004	0004	0003	0003	0003	0003
3,8	0003	0003	0003	0003	0003	0002	0002	0002	0002	0002
3,9	0002	0002	0002	0002	0002	0002	0002	0002	0001	0001

Beispiele:

φ (1,61) = 0,1092; φ (3,36) = φ(–3,36) = 0,0014

Gaußsche Summenfunktion Φ

$\Phi(x) = 0, \ldots$

$\Phi(-x) = 1 - \Phi(x)$

x	0	1	2	3	4	5	6	7	8	9
0,0	5000	5040	5080	5120	5160	5199	5239	5279	5319	5359
0,1	5398	5438	5478	5517	5557	5596	5636	5675	5714	5753
0,2	5793	5832	5871	5910	5948	5987	6026	6064	6103	6141
0,3	6179	6217	6255	6293	6331	6368	6406	6443	6480	6517
0,4	6554	6591	6628	6664	6700	6736	6772	6808	6844	6879
0,5	6915	6950	6985	7019	7054	7088	7123	7157	7190	7224
0,6	7257	7291	7324	7357	7389	7422	7454	7486	7517	7549
0,7	7580	7611	7642	7673	7703	7734	7764	7794	7823	7852
0,8	7881	7910	7939	7967	7995	8023	8051	8078	8106	8133
0,9	8159	8186	8212	8238	8264	8289	8315	8340	8365	8389
1,0	8413	8438	8461	8485	8508	8531	8554	8577	8599	8621
1,1	8643	8665	8686	8708	8729	8749	8770	8790	8810	8830
1,2	8849	8869	8888	8907	8925	8944	8962	8980	8997	9015
1,3	9032	9049	9066	9082	9099	9115	9131	9147	9162	9177
1,4	9192	9207	9222	9236	9251	9265	9279	9292	9306	9319
1,5	9332	9345	9357	9370	9382	9394	9406	9418	9429	9441
1,6	9452	9463	9474	9484	9495	9505	9515	9525	9535	9545
1,7	9554	9564	9573	9582	9591	9599	9608	9616	9625	9633
1,8	9641	9649	9656	9664	9671	9678	9686	9693	9699	9706
1,9	9713	9719	9726	9732	9738	9744	9750	9756	9761	9767
2,0	9772	9778	9783	9788	9793	9798	9803	9808	9812	9817
2,1	9821	9826	9830	9834	9838	9842	9846	9850	9854	9857
2,2	9861	9864	9868	9871	9875	9878	9881	9884	9887	9890
2,3	9893	9896	9898	9901	9904	9906	9909	9911	9913	9916
2,4	9918	9920	9922	9925	9927	9929	9931	9932	9934	9936
2,5	9938	9940	9941	9943	9945	9946	9948	9949	9951	9952
2,6	9953	9955	9956	9957	9959	9960	9961	9962	9963	9964
2,7	9965	9966	9967	9968	9969	9970	9971	9972	9973	9974
2,8	9974	9975	9976	9977	9977	9978	9979	9979	9980	9981
2,9	9981	9982	9982	9983	9984	9984	9985	9985	9986	9986
3,0	9987	9987	9987	9988	9988	9989	9989	9989	9990	9990
3,1	9990	9991	9991	9991	9992	9992	9992	9992	9993	9993
3,2	9993	9993	9994	9994	9994	9994	9994	9995	9995	9995
3,3	9995	9995	9996	9996	9996	9996	9996	9996	9996	9997
3,4	9997	9997	9997	9997	9997	9997	9997	9997	9997	9998

Beispiele:

$\Phi(1{,}31) = 0{,}9049$

$\Phi(-1{,}31) = 1 - 0{,}9049 = 0{,}0951$

$\Phi(x) = 0{,}9484 \Rightarrow x = 1{,}63$

$\Phi(x) = 0{,}1492 = 1 - 0{,}8508 \Rightarrow -1{,}04$

Binomialverteilung

Wahrscheinlichkeitsfunktion $B_{n;p}(k) = \binom{n}{k} \cdot p^k \cdot (1-p)^{n-k}$

p

n	k	0,02	0,03	0,04	0,05	0,10	1/6	0,20	0,30	1/3	0,40	0,50		n
	0	0,9604	9409	9216	9025	8100	6944	6400	4900	4444	3600	2500	2	
2	1	0392	0582	0768	0950	1800	2778	3200	4200	4444	4800	5000	1	2
	2	0004	0009	0016	0025	0100	0278	0400	0900	1111	1600	2500	0	
	0	0,9412	9127	8847	8574	7290	5787	5120	3430	2963	2160	1250	3	
	1	0576	0847	1106	1354	2430	3472	3840	4410	4444	4320	3750	2	
3	2	0012	0026	0046	0071	0270	0694	0960	1890	2222	2880	3750	1	3
	3			0001	0001	0010	0046	0080	0270	0370	0640	1250	0	
	0	0,9224	8853	8493	8145	6561	4823	4096	2401	1975	1296	0625	4	
	1	0753	1095	1416	1715	2916	3858	4096	4116	3951	3456	2500	3	
4	2	0023	0051	0088	0135	0486	1157	1536	2646	2963	3456	3750	2	4
	3		0001	0002	0005	0036	0154	0256	0756	0988	1536	2500	1	
	4					0001	0008	0016	0081	0123	0256	0625	0	
	0	0,9039	8587	8154	7738	5905	4019	3277	1681	1317	0778	0313	5	
	1	0922	1328	1699	2036	3281	4019	4096	3602	3292	2592	1563	4	
5	2	0038	0082	0142	0214	0729	1608	2048	3087	3292	3456	3125	3	5
	3	0001	0003	0006	0011	0081	0322	0512	1323	1646	2304	3125	2	
	4					0005	0032	0064	0284	0412	0768	1563	1	
	5						0001	003	0024	0041	0102	0313	0	
	0	0,8858	8330	7828	7351	5314	3349	2621	1176	0878	0467	0156	6	
	1	1085	1546	1957	2321	3543	4019	3932	3025	2634	1866	0938	5	
	2	0055	0120	0204	0305	0984	2009	2458	3241	3292	3110	2344	4	
6	3	0002	0005	0011	0021	0146	0536	0819	1852	2195	2765	3125	3	6
	4				0001	0012	0080	0154	0595	0823	1382	2344	2	
	5					0001	0006	0015	0102	0165	0369	0938	1	
	6							0001	0007	0014	0041	0156	0	
	0	0,8681	8080	7514	6983	4783	2791	2097	0824	0585	0280	0078	7	
	1	1240	1749	2192	2573	3720	3907	3670	2471	2048	1306	0547	6	
	2	0076	0162	0274	0406	1240	2344	2753	3177	3073	2613	1641	5	
	3	0003	0008	0019	0036	0230	0781	1147	2269	2561	2903	2734	4	
7	4			0001	0002	0026	0156	0287	0972	1280	1935	2734	3	7
	5					0002	0019	0043	0250	0384	0774	1641	2	
	6						0001	0004	0036	0064	0172	0547	1	
	7								0002	0005	0016	0078	0	
	0	0,8508	7837	7214	6634	4305	2326	1678	0576	0390	0168	0039	8	
	1	1389	1939	2405	2793	3826	3721	3355	1977	1561	0896	0313	7	
	2	0099	0210	0351	0515	1488	2605	2936	2965	2731	2090	1094	6	
	3	0004	0013	0029	0054	0331	1042	1468	2541	2731	2787	2188	5	
8	4		0001	0002	0004	0046	0260	0459	1361	1707	2322	2734	4	8
	5					0004	0042	0092	0467	0683	1239	2188	3	
	6						0004	0011	0100	0171	0413	1094	2	
	7							0001	0012	0024	0079	0313	1	
	8								0001	0002	0007	0039	0	
	0	0,8337	7602	6925	6302	3874	1938	1342	0404	0260	0101	0020	9	
	1	1531	2116	2597	2985	3874	3489	3020	1556	1171	0605	0176	8	
	2	0125	0262	0433	0629	1722	2791	3020	2668	2341	1612	0703	7	
	3	0006	0019	0042	0077	0446	1302	1762	2668	2731	2508	1641	6	
	4		0001	0003	0006	0074	0391	0661	1715	2048	2508	2461	5	
9	5					0008	0078	0165	0735	1024	1672	2461	4	9
	6					0001	0010	0028	0210	0341	0743	1641	3	
	7						0001	0003	0039	0073	0212	0703	2	
	8								0004	0009	0035	0176	1	
	9									0001	0003	0020	0	
n		0,98	0,97	0,96	0,95	0,90	5/6	0,80	0,70	2/3	0,60	0,50	k	n

p

Binomialverteilung

Wahrscheinlichkeitsfunktion $B_{n;p}(k) = \binom{n}{k} \cdot p^k \cdot (1-p)^{n-k}$

p

n	k	0,02	0,03	0,04	0,05	0,10	1/6	0,20	0,30	1/3	0,40	0,50		n
	0	0,8171	7374	6648	5987	3487	1615	1074	0282	0173	0060	0010	10	
	1	1667	2281	2770	3151	3874	3230	2684	1211	0867	0403	0098	9	
	2	0153	0317	0519	0746	1937	2907	3020	2335	1951	1209	0439	8	
	3	0008	0026	0058	0105	0574	1550	2013	2668	2601	2150	1172	7	
	4		0001	0004	0010	0112	0543	0881	2001	2276	2508	2051	6	
10	5				0001	0015	0130	0264	1029	1366	2007	2461	5	10
	6					0001	0022	0055	0368	0569	1115	2051	4	
	7						0002	0008	0090	0163	0425	1172	3	
	8							0001	0014	0030	0106	0439	2	
	9								0001	0003	0016	0098	1	
	10										0001	0010	0	
	0	0,7386	6333	5421	4633	2059	0649	0352	0047	0023	0005	0000	15	
	1	2261	2938	3388	3658	3432	1947	1319	0305	0171	0047	0005	14	
	2	0323	0636	0988	1348	2669	2726	2309	0916	0599	0219	0032	13	
	3	0029	0085	0178	0307	1285	2363	2501	1700	1299	0634	0139	12	
	4	0002	0008	0022	0049	0428	1418	1876	2186	1948	1268	0417	11	
	5		0001	0002	0006	0105	0624	1032	2061	2143	1859	0916	10	
	6					0019	0208	0430	1472	1786	2066	1527	9	
15	7					0003	0053	0138	0811	1148	1171	1964	8	15
	8						0011	0035	0348	0574	1181	1964	7	
	9						0002	0007	0116	0223	0612	1527	6	
	10							0001	0030	0067	0245	0916	5	
	11								0006	0015	0074	0417	4	
	12								0001	0003	0016	0139	3	
	13										0003	0032	2	
	14											0005	1	
	15												0	
	0	0,6676	5438	4420	3585	1216	0261	0115	0008	0003	0000	0000	20	
	1	2725	3364	3683	3774	2702	1043	0576	0068	0030	0005	0000	19	
	2	0528	0988	1458	1887	2852	1982	1369	0278	0143	0031	0002	18	
	3	0065	0183	0364	0596	1901	2379	2054	0716	0429	0123	0011	17	
	4	0006	0024	0065	0133	0898	2022	2182	1304	0911	0350	0046	16	
	5		0002	0009	0022	0319	1294	1746	1789	1457	0746	0148	15	
	6			0001	0003	0089	0647	1091	1916	1821	1244	0370	14	
	7					0020	0259	0545	1643	1821	1659	0739	13	
	8					0004	0084	0222	1144	1480	1797	1201	12	
	9					0001	0022	0074	0654	0987	1597	1602	11	
20	10						0005	0020	0308	0543	1171	1762	10	20
	11						0001	0005	0120	0247	0710	1602	9	
	12							0001	0039	0092	0355	1201	8	
	13								0010	0028	0146	0739	7	
	14								0002	0007	0049	0370	6	
	15									0001	0013	0148	5	
	16										0003	0046	4	
	17											0011	3	
	18											0002	2	
	19												1	
n		0,98	0,97	0,96	0,95	0,90	5/6	0,80	0,70	2/3	0,60	0,50	k	n

p

Binomialverteilung

Summenfunktion $F_{n;p}(k) = B_{n;p}(0) + ... + B_{n;p}(k)$

n	k	0,02	0,03	0,04	0,05	0,10	1/6	0,20	0,30	1/3	0,40	0,50		n
2	0	0,9604	9409	9216	9025	8100	6944	6400	4900	4444	3600	2500	1	2
	1	9996	9991	9984	9975	9900	9722	9600	9100	8889	8400	7500	0	
	0	0,9412	9127	8847	8574	7290	5787	5120	3430	2963	2160	1250	2	
3	1	9988	9974	9953	9928	9720	9259	8960	7840	7407	6480	5000	1	3
	2			9999	9999	9990	9954	9920	9730	9630	9360	8750	0	
	0	09224	8853	8493	8145	6561	4823	4096	2401	1975	1296	0625	3	
4	1	9977	9948	9909	9860	9477	8681	8192	6517	5926	4752	3125	2	4
	2		9999	9998	9995	9963	9838	9728	9163	8889	8208	6875	1	
	3					9999	9992	9984	9919	9877	9744	9375	0	
	0	0,9039	8587	8154	7738	5905	4019	3277	1681	1317	0778	0313	4	
	1	9962	9915	9852	9774	9185	8038	7373	5282	4609	3370	1875	3	
5	2	9999	9997	9994	9988	9914	9645	9421	8369	7901	6826	5000	2	5
	3					9995	9967	9933	9692	9547	9130	8125	1	
	4						9999	9997	9976	9959	9898	9688	0	
	0	0,8858	8330	7828	7351	5314	3349	2621	1176	0878	0467	0156	5	
	1	9943	9875	9784	9672	8857	7368	6554	4202	3512	2333	1094	4	
6	2	9998	9995	9988	9978	9842	9377	9011	7443	6804	5443	3438	3	6
	3				9999	9987	9913	9830	9295	8999	8208	6563	2	
	4					9999	9993	9984	9891	9822	9590	8906	1	
	5							9999	9993	9986	9959	9844	0	
	0	0,8681	8080	7514	6983	4783	2791	2097	0824	0585	0280	0078	6	
	1	9921	9829	9706	9556	8503	6698	5767	3294	2634	1586	0625	5	
	2	9997	9991	9980	9962	9743	9042	8520	6471	5706	4199	2266	4	
7	3			9999	9998	9973	9824	9667	8740	8267	7102	5000	3	7
	4					9998	9980	9953	9712	9547	9037	7734	2	
	5						9999	9996	9962	9931	9812	9375	1	
	6								9998	9995	9984	9922	0	
	0	0,8508	7837	7214	6634	4305	2326	1678	0576	0390	0168	0039	7	
	1	9897	9777	9619	9428	8131	6047	5033	2553	1951	1064	0352	6	
	2	9996	9987	9969	9942	9619	8652	7969	5518	4682	3154	1445	5	
8	3		9999	9998	9996	9950	9693	9437	8059	7414	5941	3633	4	8
	4					9996	9954	9896	9420	9121	8263	6367	3	
	5						9996	9988	9887	9803	9502	8555	2	
	6							9999	9987	9974	9915	9648	1	
	7								9999	9998	9993	9961	0	
	0	0,8337	7602	6925	6302	3874	1938	1342	0404	0260	0101	0020	8	
	1	9869	9718	9222	9288	7748	5427	4362	1960	1431	0705	0195	7	
	2	9994	9980	9955	9916	9470	8217	7382	4628	3772	2318	0898	6	
	3		9999	9997	9994	9917	9520	9144	7297	6503	4826	2539	5	
9	4					9991	9911	9804	9012	8552	7334	5000	4	9
	5					9999	9989	9969	9747	9576	9006	7461	3	
	6						9999	9997	9957	9917	9750	9102	2	
	7								9996	9990	9962	9805	1	
	8									9999	9997	9980	0	
n		0,98	0,97	0,96	0,95	0,90	5/6	0,80	0,70	2/3	0,60	0,50	k	n

p

Binomialverteilung

Summenfunktion $F_{n;p}(k) = B_{n;p}(0) + \ldots + B_{n;p}(k)$

p

n	k	0,02	0,03	0,04	0,05	0,10	1/6	0,20	0,30	1/3	0,40	0,50		n
	0	0,8171	7374	6648	5987	3487	1615	1074	0282	0173	0060	0010	9	
	1	9838	9655	9418	9139	7361	4845	3758	1493	1040	0464	0107	8	
	2	9991	9972	9938	9885	9298	7752	6778	3828	2991	1673	0547	7	
	3		9999	9996	9990	9872	9303	8791	6496	5593	3823	1719	6	
10	4				9999	9984	9845	9672	8497	7869	6331	3770	5	10
	5					9999	9976	9936	9527	9234	8338	6230	4	
	6						9997	9991	9894	9803	9452	8281	3	
	7							9999	9984	9966	9877	9453	2	
	8								9999	9996	9983	9893	1	
	9										9999	9990	0	
	0	0,8007	7153	6382	5688	3138	1346	0859	0198	0116	0036	0005	10	
	1	9805	9587	9308	8981	6974	4307	3221	1130	0751	0302	0059	9	
	2	9988	9963	9917	9848	9104	7268	6174	3127	2341	1189	0327	8	
	3		9998	9993	9984	9815	9044	8389	5696	4726	2963	1133	7	
	4				9999	9972	9755	9496	7897	7110	5328	2744	6	
11	5					9997	9954	9883	9218	8779	7535	5000	5	11
	6						9994	9980	9784	9614	9006	7256	4	
	7						9999	9998	9957	9912	9707	8867	3	
	8								9994	9986	9941	9673	2	
	9									9999	9993	9941	1	
	10											9995	0	
	0	0,7847	6938	6127	5404	2824	1122	0687	0138	0077	0022	0002	11	
	1	9769	9514	9191	8816	6590	3813	2749	0850	0540	0196	0032	10	
	2	9985	9952	9893	9804	8891	6774	5583	2528	1811	0834	0193	9	
	3	9999	9997	9990	9978	9744	8748	7946	4925	3931	2253	0730	8	
	4			9999	9998	9957	9637	9274	7237	6315	4382	1938	7	
12	5					9995	9921	9806	8822	8223	6652	3872	6	12
	6						9987	9961	9614	9336	8418	6128	5	
	7						9998	9994	9905	9812	9427	8062	4	
	8							9999	9983	9961	9847	9270	3	
	9								9998	9995	9972	9807	2	
	10										9997	9968	1	
	11											9998	0	
	0	0,7690	6730	5882	5133	2542	0935	0550	0097	0051	0013	0001	12	
	1	9730	0436	9068	8646	6213	3365	2336	0637	0385	0126	0017	11	
	2	9980	9938	9865	9755	8661	6281	5017	2025	1387	0579	0112	10	
	3	9999	9995	9986	9969	9658	8419	7473	4206	3224	1686	0461	9	
	4			9999	9997	9935	9488	9009	6543	5520	3530	1334	8	
	5					9991	9873	9700	8346	7587	5744	2905	7	
13	6					9999	9976	9930	9376	8965	7712	5000	6	13
	7						9997	9988	9818	9653	9023	7095	5	
	8							9998	9960	9912	9679	8666	4	
	9								9993	9984	9922	9539	3	
	10								9999	9998	9987	9888	2	
	11										9999	9983	1	
	12											9999	0	
n		0,98	0,97	0,96	0,95	0,90	5/6	0,80	0,70	2/3	0,60	0,50	k	n

p

Binomialverteilung

Summenfunktion $F_{n;p}(k) = B_{n;p}(0) + ... + B_{n;p}(k)$

p

n	k	0,02	0,03	0,04	0,05	0,10	1/6	0,20	0,30	1/3	0,40	0,50		n
	0	0,7536	6528	5647	4877	2288	0779	0440	0068	0034	0008	0001	13	
	1	9690	9355	8941	8470	5846	2960	1979	0475	0274	0081	0009	12	
	2	9975	9923	9833	9699	8416	5795	4481	1608	1053	0398	0065	11	
	3	9999	9994	9981	9958	9559	8063	6982	3552	2612	1243	0287	10	
	4			9998	9996	9908	9310	8702	5842	4755	2793	0898	9	
	5					9985	9809	9561	7805	6898	4859	2120	8	
14	6					9998	9959	9884	9067	8505	6925	3953	7	14
	7						9993	9976	9685	9424	8499	6047	6	
	8						9999	9996	9917	9826	9417	7880	5	
	9								9983	9960	9825	9102	4	
	10								9998	9993	9961	9713	3	
	11									9999	9994	9935	2	
	12										9999	9991	1	
	13											9999	0	
	0	0,7386	6333	5421	4633	2059	0649	0352	0047	0023	0005	0000	14	
	1	9647	9270	8809	8290	5490	2596	1671	0353	0194	0052	0005	13	
	2	9970	9906	9797	9638	8159	5322	3980	1268	0794	0271	0037	12	
	3	9998	9992	9976	9945	9444	7685	6482	2969	2092	0905	0176	11	
	4		9999	9998	9994	9873	9102	8358	5155	4041	2173	0592	10	
	5				9999	9978	9726	9389	7216	6184	4032	1509	9	
	6					9997	9934	9819	8689	7970	6098	3036	8	
15	7						9987	9958	9500	9118	7869	5000	7	15
	8						9998	9992	9848	9692	9050	6964	6	
	9							9999	9963	9915	9662	8491	5	
	10								9993	9982	9907	9408	4	
	11								9999	9997	9981	9824	3	
	12										9997	9963	2	
	13											9995	1	
	14												0	
	0	0,7238	6143	5204	4401	1853	0541	0281	0033	0015	0003	0000	15	
	1	9601	9182	8673	8108	5147	2272	1407	0261	0137	0033	0003	14	
	2	9963	9887	9758	9571	7892	4868	3518	0994	0594	0183	0021	13	
	3	9998	9989	9968	9930	9316	7291	5981	2459	1659	0651	0106	12	
	4		9999	9997	9991	9830	8866	7982	4499	3391	1666	0384	11	
	5				9999	9967	9622	9183	6598	5469	3288	1051	10	
	6					9995	9899	9733	8247	7374	5272	2272	9	
16	7					9999	9979	9930	9256	8735	7161	4018	8	16
	8						9996	9985	9743	9500	8577	5982	7	
	9							9998	9929	9841	9417	7728	6	
	10								9984	9960	9809	8949	5	
	11								9997	9992	9951	9616	4	
	12									9999	9991	9894	3	
	13										9999	9979	2	
	14											9997	1	
	15												0	
n		0,98	0,97	0,96	0,95	0,90	5/6	0,80	0,70	2/3	0,60	0,50	k	n

p

Binomialverteilung

Summenfunktion $F_{n;p}(k) = B_{n;p}(0) + ... + B_{n;p}(k)$

n	k	0,02	0,03	0,04	0,05	0,10	1/6	0,20	0,30	1/3	0,40	0,50		n
							p							
	0	0,7093	5958	4996	4181	1668	0451	0225	0023	0010	0002	0000	16	
	1	9554	9091	8535	7922	4818	1983	1182	0193	0096	0021	0001	15	
	2	9956	9866	9714	9497	7618	4435	3096	0774	0442	0123	0012	14	
	3	9997	9986	9960	9912	9174	6887	5489	2019	1304	0464	0064	13	
	4		9999	9996	9988	9779	8604	7582	3887	2814	1260	0245	12	
	5				9999	9953	9496	8943	5968	4777	2639	0717	11	
	6					9992	9853	9623	7752	6739	4478	1662	10	
17	7					9999	9965	9891	8954	8281	6405	3145	9	17
	8						9993	9974	9597	9245	8011	5000	8	
	9						9999	9995	9873	9727	9081	6855	7	
	10							9999	9968	9920	9652	8338	6	
	11								9993	9981	9894	9283	5	
	12								9999	9997	9975	9755	4	
	13										9995	9936	3	
	14										9999	9988	2	
	15											9999	1	
	0	0,6951	5780	4796	3972	1501	0376	0180	0016	0007	0001	0000	17	
	1	9505	8997	8393	7735	4503	1728	0991	0142	0068	0013	0001	16	
	2	9948	9843	9667	9419	7338	4027	2713	0600	0326	0082	0007	15	
	3	9996	9982	9950	9891	9018	6479	5010	1646	1017	0328	0038	14	
	4		9999	9994	9985	9718	8318	7164	3327	2311	0942	0154	13	
	5				9998	9936	9347	8671	5344	4122	2088	0481	12	
	6					9988	9794	9487	7217	6085	3743	1189	11	
	7					9998	9947	9837	8593	7767	5634	2403	10	
18	8						9989	9957	9404	8924	7368	4073	9	18
	9						9998	9991	9790	9567	8653	5927	8	
	10							9998	9939	9856	9424	7597	7	
	11								9986	9961	9797	8811	6	
	12								9997	9991	9943	9519	5	
	13									9999	9987	9846	4	
	14										9998	9962	3	
	15											9993	2	
	16											9999	1	
	0	0,6812	5606	4604	3774	1351	0313	0144	0011	0005	0001	0000	18	
	1	9454	8900	8249	7547	4203	1502	0829	0104	0047	0008	0000	17	
	2	9939	9817	9616	9335	7054	3643	2369	0462	0240	0055	0004	16	
	3	9995	9978	9939	9868	8850	6070	4551	1332	0787	0230	0022	15	
	4		9998	9993	9980	9648	8011	6733	2822	1879	0696	0096	14	
	5			9999	9998	9914	9176	8369	4739	3519	1629	0318	13	
	6					9983	9719	9324	6655	5431	3081	0835	12	
	7					9997	9921	9767	8180	7207	4878	1796	11	
19	8						9982	9933	9161	8538	6675	3238	10	19
	9						9996	9984	9674	9352	8139	5000	9	
	10						9999	9997	9895	9759	9115	6762	8	
	11								9972	9926	9648	8204	7	
	12								9994	9981	9884	9165	6	
	13								9999	9996	9969	9682	5	
	14									9999	9994	9904	4	
	15										9999	9978	3	
	16											9996	2	
	17												1	
n		0,98	0,97	0,96	0,95	0,90	5/6	0,80	0,70	2/3	0,60	0,50	k	n
							p							

Binomialverteilung

Summenfunktion $F_{n;p}(k) = B_{n;p}(0) + \dots + B_{n;p}(k)$

n	k	0,02	0,03	0,04	0,05	0,10	1/6	0,20	0,30	1/3	0,40	0,50		n
							p							
	0	0,6676	5438	4420	3585	1216	0261	0115	0008	0003	0000	0000	19	
	1	9401	8802	8103	7358	3917	1304	0692	0076	0033	0005	0000	18	
	2	9929	9790	9561	9245	6769	3287	2061	0355	0176	0036	0002	17	
	3	9994	9973	9926	9841	8670	5665	4114	1071	0604	0160	0013	16	
	4		9997	9990	9974	9568	7687	6296	2375	1515	0510	0059	15	
	5			9999	9997	9887	8982	8042	4164	2972	1256	0207	14	
	6					9976	9629	9133	6080	4793	2500	0577	13	
	7					9996	9887	9679	7723	6615	4159	1316	12	
	8					9999	9972	9900	8867	8095	5956	2517	11	
20	9						9994	9974	9520	9081	7553	4119	10	20
	10						9999	9994	9829	9624	8725	5881	9	
	11							9999	9949	9870	9435	7483	8	
	12								9987	9963	9790	8684	7	
	13								9997	9991	9935	9423	6	
	14									9998	9984	9793	5	
	15										9997	9941	4	
	16											9987	3	
	17											9998	2	
	0	0,3642	2181	1299	0769	0052	0001	0000	0000	0000	0000	0000	49	
	1	7358	5553	4005	2794	0338	0012	0002	0000	0000	0000	0000	48	
	2	9216	8108	6767	5405	1117	0066	0013	0000	0000	0000	0000	47	
	3	9822	9372	8609	7604	2503	0238	0057	0000	0000	0000	0000	46	
	4	9968	9832	9510	8964	4312	0643	0185	0002	0000	0000	0000	45	
	5	9995	9963	9856	9622	6161	1388	0480	0007	0001	0000	0000	44	
	6	9999	9993	9964	9882	7702	2506	1034	0025	0005	0000	0000	43	
	7		9999	9992	9968	8779	3911	1904	0073	0017	0000	0000	42	
	8			9999	9992	9421	5421	3073	0183	0050	0002	0000	41	
	9				9998	9755	6830	4437	0402	0127	0008	0000	40	
	10					9906	7986	5836	0789	0284	0022	0000	39	
	11					9968	8827	7107	1390	0570	0057	0000	38	
	12					9990	9373	8139	2229	1035	0133	0002	37	
	13					9997	9693	8894	3279	1715	0280	0005	36	
	14					9999	9862	9393	4468	2612	0540	0013	35	
	15						9943	9692	5692	3690	0955	0033	34	
50	16						9978	9856	6839	4868	1561	0077	33	50
	17						9992	9937	7822	6046	2369	0164	32	
	18						9998	9975	8594	7126	3356	0325	31	
	19						9999	9991	9152	8036	4465	0595	30	
	20							9997	9522	8741	5610	1013	29	
	21							9999	9749	9244	6701	1611	28	
	22								9877	9576	7660	2399	27	
	23								9944	9778	8438	3359	26	
	24								9976	9892	9022	4439	25	
	25								9991	9951	9427	5561	24	
	26								9997	9979	9686	6641	23	
	27								9999	9992	9840	7601	22	
	28									9997	9924	8389	21	
	29									9999	9960	8987	20	
	30										9986	9405	19	
	31										9995	9675	18	
	32										9998	9836	17	
	33										9999	9923	16	
	34											9967	15	
	35											9987	14	
	36											9995	13	
	37											9998	12	
n		0,98	0,97	0,96	0,95	0,90	5/6	0,80	0,70	2/3	0,60	0,50	k	n
							p							

Binomialverteilung

Summenfunktion $F_{n;p}(k) = B_{n;p}(0) + \ldots + B_{n;p}(k)$

n	k	0,02	0,03	0,04	0,05	0,10	1/6	0,20	0,30	1/3	0,40	0,50		n
							p							
	0	0,1326	0476	0169	0059	0000	0000	0000	0000	0000	0000	0000	99	
	1	4033	1946	0872	0371	0003	0000	0000	0000	0000	0000	0000	98	
	2	6767	4198	2321	1183	0019	0000	0000	0000	0000	0000	0000	97	
	3	8590	6472	4295	2578	0078	0000	0000	0000	0000	0000	0000	96	
	4	9492	8179	6289	4360	0237	0001	0000	0000	0000	0000	0000	95	
	5	9845	9192	7884	6160	0576	0004	0000	0000	0000	0000	0000	94	
	6	9959	9688	8936	7660	1172	0013	0001	0000	0000	0000	0000	93	
	7	9991	9894	9525	8720	2061	0038	0003	0000	0000	0000	0000	92	
	8	9998	9968	9810	9369	3209	0095	0009	0000	0000	0000	0000	91	
	9		9991	9932	9718	4513	0213	0023	0000	0000	0000	0000	90	
	10		9998	9978	9885	5832	0427	0057	0000	0000	0000	0000	89	
	11			9993	9957	7030	0777	0126	0000	0000	0000	0000	88	
	12			9998	9985	8018	1297	0253	0000	0000	0000	0000	87	
	13				9995	8761	2000	0469	0001	0000	0000	0000	86	
	14				9999	9274	2874	0804	0002	0000	0000	0000	85	
	15					9601	3877	1285	0004	0000	0000	0000	84	
	16					9794	4942	1923	0010	0001	0000	0000	83	
	17					9900	5994	2712	0022	0002	0000	0000	82	
	18					9954	6965	3621	0045	0005	0000	0000	81	
	19					9980	7803	4602	0089	0011	0000	0000	80	
	20					9992	8481	5595	0165	0024	0000	0000	79	
	21					9997	8998	6540	0288	0048	0000	0000	78	
	22					9999	9370	7389	0479	0091	0001	0000	77	
	23						9621	8109	0755	0164	0003	0000	76	
	24						9783	8686	1136	0281	0006	0000	75	
	25						9881	9125	1631	0458	0012	0000	74	
	26						9938	9442	2244	0715	0024	0000	73	
	27						9969	9658	2964	1066	0046	0000	72	
	28						9985	9800	3768	1524	0084	0000	71	
	29						9993	9888	4623	2093	0148	0000	70	
	30						9997	9939	5491	2766	0248	0000	69	
	31						9999	9969	6331	3525	0398	0001	68	
	32							9985	7107	4344	0615	0002	67	
	33							9993	7793	5188	0913	0004	66	
	34							9997	8371	6019	1303	0009	65	
	35							9999	8839	6803	1795	0018	64	
100	36							9999	9201	7511	2386	0033	63	100
	37								9470	8123	3068	0060	62	
	38								9660	8630	3822	0105	61	
	39								9790	9034	4621	0176	60	
	40								9875	9341	5433	0284	59	
	41								9928	9566	6225	0443	58	
	42								9960	9724	6967	0666	57	
	43								9979	9831	7635	0967	56	
	44								9989	9900	8211	1356	55	
	45								9995	9943	8689	1841	54	
	46								9997	9969	9070	2421	53	
	47								9999	9983	9362	3087	52	
	48								9999	9991	9577	3822	51	
	49									9996	9729	4602	50	
	50									9998	9832	5398	49	

p

n	k	0,02	0,03	0,04	0,05	0,10	1/6	0,20	0,30	1/3	0,40	0,50		n
	51									9999	9900	6178	**48**	
	52										9942	6914	**47**	
	53										9968	7579	**46**	
	54										9983	8159	**45**	
	55										9991	8644	**44**	
	56										9996	9033	**43**	
	57										9998	9334	**42**	
	58										9999	9557	**41**	
	59											9716	**40**	
	60											9824	**39**	
	61											9895	**38**	
	62											9940	**37**	
	63											9967	**36**	
	64											9982	**35**	
	65											9991	**34**	
	66											9996	**33**	
	67											9998	**32**	
	68											9999	**31**	
n		0,98	0,97	0,96	0,95	0,90	5/6	0,80	0,70	2/3	0,60	0,50	**k**	**n**

p

Schranken für χ^2 bei *f* Freiheitsgraden

P / f	0,99	0,975	0,95	0,90	0,10	0,05	0,025	0,01
1	0,00016	0,00098	0,00393	0,01579	2,70554	3,84146	5,02389	6,63490
2	0,00201	0,00506	0,10259	0,21072	4,60517	5,99147	7,37776	9,21034
3	0,11483	0,21580	0,35185	0,58438	6,25139	7,81473	9,34840	11,3449
4	0,29711	0,48442	0,71072	1,06362	7,77944	9,48773	11,1433	13,2767
5	0,55430	0,83121	1,14548	1,61031	9,23635	11,0705	12,8325	15,0863
6	0,87209	1,23735	1,63539	2,20413	10,6446	12,5916	14,4494	16,8119
7	1,23904	1,68987	2,16735	2,83311	12,0170	14,0671	16,0128	18,4753
8	1,64648	2,17973	2,73264	3,48954	13,3616	15,5073	17,5346	20,0902
9	2,08781	2,70039	3,32511	4,16816	14,6837	16,9190	19,0228	21,6660
10	2,55821	3,24697	3,94030	4,86518	15,9871	18,3070	20,4831	23,2093
11	3,0535	3,8158	4,5748	5,5778	17,275	19,675	21,920	24,725
12	3,5706	4,4038	5,2260	6,3038	18,549	21,026	23,337	26,217
13	4,1069	5,0087	5,8919	7,0415	19,812	22,362	24,736	27,688
14	4,6604	5,6287	6,5706	7,7895	21,064	23,685	26,119	29,143
15	5,2294	6,2621	7,2604	8,5468	22,307	24,996	27,488	30,578
16	5,812	6,908	7,962	9,312	23,54	26,30	28,85	32,00
17	6,408	7,564	8,672	10,09	24,77	27,59	30,19	33,14
18	7,015	8,231	9,390	10,86	25,99	28,87	31,53	34,81
19	7,633	8,907	10,12	11,65	27,20	30,14	32,85	36,19
20	8,260	9,591	10,85	12,44	28,41	31,41	34,17	37,57
21	8,897	10,28	11,59	13,24	29,62	32,67	35,48	38,93
22	9,542	10,98	12,34	14,04	30,81	33,92	36,78	40,29
23	10,20	11,69	13,09	14,85	32,00	35,17	38,08	41,64
24	10,86	12,40	13,85	15,66	33,20	36,42	39,36	42,98
25	11,52	13,12	14,61	16,47	34,38	37,65	40,65	44,31
26	12,20	13,84	15,38	17,29	35,56	38,89	41,92	45,64
27	12,88	14,57	16,15	18,11	36,74	40,11	43,19	46,96
28	13,56	15,31	16,93	18,94	37,92	41,34	44,46	48,28
29	14,26	16,05	17,71	19,77	39,09	42,56	45,72	49,59
30	14,95	16,79	18,49	20,60	40,26	43,77	46,98	50,89

(Erläuterung der Tafel) Die 6. Zeile der Tafel bedeutet z.B.: Bei 6 Freiheitsgraden ist $P(\chi^2 \geq 0{,}87209) = 0{,}99$; $P(\chi^2 \geq 1{,}63539) = 0{,}95$ $P(\chi^2 \geq 16{,}8119) = 0{,}01$

Poisson-Verteilung $P_a(k) = \frac{a^k}{k!} \cdot e^{-a} = 0,...$

k	0,1	0,2	0,3	0,4	0,5	0,6	0,7	0,8	0,9	1,0
0	9048	8187	7408	6703	6065	5488	4966	4493	4066	3679
1	0905	1637	2222	2681	3033	3293	3476	3595	3659	3679
2	0045	0164	0333	0536	0758	0988	1217	1438	1647	1839
3	0002	0011	0033	0072	0126	0198	0284	0383	0494	0613
4	0000	0001	0002	0007	0016	0030	0050	0077	0111	0153
5	0000	0000	0000	0001	0002	0004	0007	0012	0020	0031
6	0000	0000	0000	0000	0000	0000	0001	0002	0003	0005
7	0000	0000	0000	0000	0000	0000	0000	0000	0000	0001

k	1,1	1,2	1,3	1,4	1,5	1,6	1,7	1,8	1,9	2,0
0	3329	3012	2725	2466	2231	2019	1827	1653	1496	1353
1	3662	3614	3543	3452	3347	3230	3106	2975	2842	2707
2	2014	2169	2303	2417	2510	2584	2640	2678	2700	2707
3	0738	0867	0998	1128	1255	1378	1496	1607	1710	1804
4	0203	0260	0324	0395	0471	0551	0636	0723	0812	0902
5	0045	0062	0084	0111	0141	0176	0216	0260	0309	0361
6	0008	0012	0018	0026	0035	0047	0061	0078	0098	0120
7	0001	0002	0003	0005	0008	0011	0015	0020	0027	0034
8	0000	0000	0001	0001	0001	0002	0003	0005	0006	0009
9	0000	0000	0000	0000	0000	0000	0001	0001	0001	0002

k	2,1	2,2	2,3	2,4	2,5	2,6	2,7	2,8	2,9	3,0
0	1225	1108	1003	0907	0821	0743	0672	0608	0550	0498
1	2572	2438	2306	2177	2052	1931	1815	1703	1596	1494
2	2700	2681	2652	2613	2565	2510	2450	2384	2314	2240
3	1890	1966	2033	2090	2138	2176	2205	2225	2237	2240
4	0992	1082	1169	1254	1336	1414	1488	1557	1622	1680
5	0417	0476	0538	0602	0668	0735	0804	0872	0940	1008
6	0146	0174	0206	0241	0278	0319	0362	0407	0455	0504
7	0044	0055	0068	0083	0099	0118	0139	0163	0188	0216
8	0011	0015	0019	0025	0031	0038	0047	0057	0068	0081
9	0003	0004	0005	0007	0009	0011	0014	0018	0022	0027
10	0001	0001	0001	0002	0002	0003	0004	0005	0006	0008
11	0000	0000	0000	0000	0000	0001	0001	0001	0002	0002
12	0000	0000	0000	0000	0000	0000	0000	0000	0000	0001

Poisson-Verteilung $P_a(k) = \frac{a^k}{k!} \cdot e^{-a} = 0,\ldots$

k	3,1	3,2	3,3	3,4	3,5	3,6	3,7	3,8	3,9	4,0
0	0450	0408	0369	0334	0302	0273	0247	0224	0202	0183
1	1397	1304	1217	1135	1057	0984	0915	0850	0789	0733
2	2165	2087	2008	1929	1850	1771	1692	1615	1539	1465
3	2237	2226	2209	2186	2158	2125	2087	2046	2001	1954
4	1734	1781	1823	1858	1888	1912	1931	1944	1951	1954
5	1075	1140	1203	1264	1322	1377	1429	1477	1522	1563
6	0555	0608	0662	0716	0771	0826	0881	0936	0989	1042
7	0246	0278	0312	0348	0385	0425	0466	0508	0551	0595
8	0095	0111	0129	0148	0169	0191	0215	0241	0269	0298
9	0033	0040	0047	0056	0066	0076	0089	0102	0116	0132
10	0010	0013	0016	0019	0023	0028	0033	0039	0045	0053
11	0003	0004	0005	0006	0007	0009	0011	0013	0016	0019
12	0001	0001	0001	0002	0002	0003	0003	0004	0005	0006
13	0000	0000	0000	0000	0001	0001	0001	0001	0002	0002
14	0000	0000	0000	0000	0000	0000	0000	0000	0000	0001

k	4,1	4,2	4,3	4,4	4,5	4,6	4,7	4,8	4,9	5,0
0	0166	0150	0136	0123	0111	0101	0091	0082	0074	0067
1	0679	0630	0583	0540	0500	0462	0427	0395	0365	0337
2	1393	1323	1254	1188	1125	1063	1005	0948	0894	0842
3	1904	1852	1798	1743	1687	1631	1574	1517	1460	1404
4	1951	1944	1933	1917	1898	1875	1849	1820	1789	1755
5	1600	1633	1662	1687	1708	1725	1738	1747	1753	1755
6	1093	1143	1191	1237	1281	1323	1362	1398	1432	1462
7	0640	0686	0732	0778	0824	0869	0914	0959	1002	1004
8	0328	0360	0393	0428	0463	0500	0537	0575	0614	0653
9	0150	0168	0188	0209	0232	0255	0280	0307	0334	0363
10	0061	0071	0081	0092	0104	0118	0132	0147	0164	0181
11	0023	0027	0032	0037	0043	0049	0056	0064	0073	0082
12	0008	0009	0011	0014	0016	0019	0022	0026	0030	0034
13	0002	0003	0004	0005	0006	0007	0008	0009	0011	0013
14	0001	0001	0001	0001	0002	0002	0003	0003	0004	0005
15	0000	0000	0000	0000	0001	0001	0001	0001	0001	0002

Student-*t*-Verteilung

F(x) Zahl der Freiheitsgrade	0,9	0,95	0,975	0,99	0,995	0,999
1	3,08	6,31	12,71	31,82	63,66	318,31
2	1,89	2,92	4,30	6,96	9,92	22,33
3	1,64	2,35	3,18	4,54	5,84	10,21
4	1,53	2,13	2,78	3,75	4,60	7,17
5	1,48	2,02	2,57	3,36	4,03	5,89
6	1,44	1,94	2,45	3,14	3,71	5,21
7	1,42	1,90	2,36	3,00	3,50	4,79
8	1,40	1,86	2,31	2,90	3,36	4,50
9	1,38	1,83	2,26	2,82	3,25	4,30
10	1,37	1,81	2,23	2,76	3,17	4,14
11	1,36	1,80	2,20	2,72	3,11	4,03
12	1,36	1,78	2,18	2,68	3,06	3,93
13	1,35	1,77	2,16	2,65	3,01	3,85
14	1,35	1,76	2,14	2,62	2,98	3,79
15	1,34	1,75	2,13	2,60	2,95	3,73
16	1,34	1,75	2,12	2,58	2,92	3,69
17	1,33	1,74	2,11	2,57	2,90	3,65
18	1,33	1,73	2,10	2,55	2,88	3,61
19	1,33	1,73	2,09	2,54	2,86	3,58
20	1,33	1,72	2,09	2,53	2,85	3,55
21	1,32	1,72	2,08	2,52	2,83	3,53
22	1,32	1,72	2,07	2,51	2,82	3,51
23	1,32	1,71	2,07	2,50	2,81	3,48
24	1,32	1,71	2,06	2,49	2,80	3,47
25	1,32	1,71	2,06	2,48	2,79	3,45
26	1,32	1,71	2,06	2,48	2,78	3,44
27	1,31	1,70	2,05	2,47	2,77	3,42
28	1,31	1,70	2,05	2,47	2,76	3,41
29	1,31	1,70	2,04	2,46	2,76	3,40
30	1,31	1,70	2,04	2,46	2,75	3,39
40	1,30	1,68	2,02	2,42	2,70	3,31
50	1,30	1,68	2,01	2,40	2,68	3,26
60	1,30	1,67	2,00	2,39	2,66	3,23
80	1,29	1,66	1,99	2,37	2,64	3,20
100	1,29	1,66	1,98	2,36	2,63	3,17
200	1,29	1,65	1,97	2,35	2,60	3,13
500	1,28	1,65	1,96	2,33	2,59	3,11
∞	1,28	1,65	1,96	2,33	2,58	3,09

Register

A

B

C

D

E

F

G

H

I

J

K

L

M

N

Q

R

S

T

U

V

W

X

Y

Z

Grafen der Winkelfunktionen

S. 306f

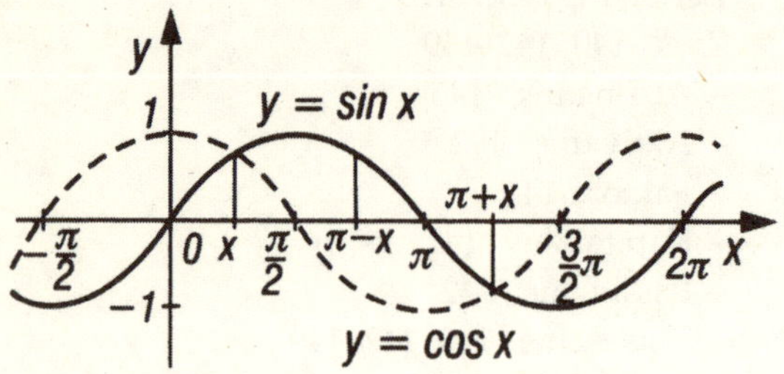

Sinusfunktion, Kosinusfunktion

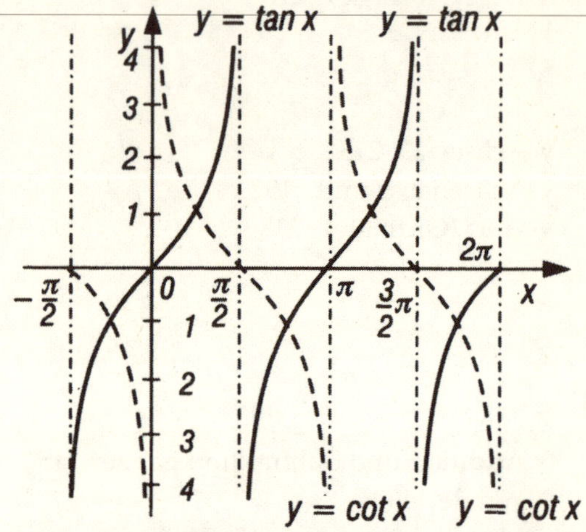

Tangensfunktion, Kotangensfunktion

Besondere Werte der Winkelfunktionen $(0 \leq x \leq 2\pi r)$

f (x) = / mit x		sin x	cos x	tan x	cot x
0°,	0 π	0	1	0	n.d.
180°,	π	0	– 1	0	n.d.
30°,	$^1/_6\,\pi$	½	$½\sqrt{3}$	$⅓\sqrt{3}$	$\sqrt{3}$
150°,	$^5/_6\,\pi$	½	$-½\sqrt{3}$	$-⅓\sqrt{3}$	$-\sqrt{3}$
45°	¼ π	$½\sqrt{2}$	$½\sqrt{2}$	1	1
135°	¾ π	$½\sqrt{2}$	$-½\sqrt{2}$	– 1	– 1
60°	⅓ π	$½\sqrt{3}$	½	$\sqrt{3}$	$⅓\sqrt{3}$
120°	$^2/_3\,\pi$	$½\sqrt{3}$	– ½	$-\sqrt{3}$	$-⅓\sqrt{3}$
90°	½ π	1	0	n.d.	0
270°	$^3/_2\,\pi$	– 1	0	n.d.	0

n.d.: nicht definiert